电力系统稳定性
及发电机励磁控制

DIANLI XITONG WENDINGXING
JI FADIANJI LICI KONGZHI

刘取　著

中国电力出版社
CHINA ELECTRIC POWER PRESS

内容提要

本书主要介绍防止大规模互联电力系统稳定性破坏的发电机励磁控制技术。本书共11章，分别为绪论、同步电机的基本方程式及数学模型、励磁系统数学模型、小干扰稳定性与励磁控制、电力系统稳定器的基本原理、状态空间—特征根分析法及其应用、电力系统稳定器的应用及发展、励磁控制系统功能的扩展、大规模电力系统小干扰稳定性的分析及控制、大区域联网中低频振荡实例、励磁控制与系统大干扰稳定性。为方便读者学习，每章后都附有参考文献，并且在书末附有名词索引，以方便读者查阅。

本书可供从事电力系统、发电厂的设计、科研、运行及管理人员，电机制造部门的技术人员在实际工作中参考，也可供相关专业大学本科生及研究生参考。

图书在版编目(CIP)数据

电力系统稳定性及发电机励磁控制/刘取著．—北京：中国电力出版社，2007.3（2022.3 重印）

ISBN 978-7-5083-4180-4

Ⅰ．电…　Ⅱ．刘…　Ⅲ．同步发电机-励磁系统　Ⅳ．TM341

中国版本图书馆 CIP 数据核字(2006)第 021147 号

中国电力出版社出版、发行

（北京市东城区北京站西街 19 号　100005　http://www.cepp.sgcc.com.cn）

北京天宇星印刷厂印刷

各地新华书店经售

*

2007 年 3 月第一版　2022 年 3 月北京第四次印刷

787 毫米×1092 毫米　16 开本　32 印张　727 千字

印数 7001—7500 册　定价 **112.00** 元

序言

非常荣幸为刘取教授的著作《电力系统稳定性及发电机励磁控制》一书作序。

刘取教授是我的老师。我是1965年春在清华大学毕业前夕第一次认识刘取老师的。当时我在黄眉先生的指导下在动模实验室做毕业设计，刘取老师当时已经研究生毕业，是动模实验室的教师，负责动模技术工作，他也是我的副指导老师。毕业设计题目是发电机离子励磁系统动模实验装置研制。那时清华大学强调“真刀真枪做毕业设计”，我们组的三个同学在老师和研究生的指导下做了很多实际的加工制作工作。记得刘取老师几次对我们说，不要轻视实际动手的工作，这是你们锻炼的好机会，是作为工程师的基本训练。刘取老师给我的印象是既重视理论又重视实践，是一位求真务实的学者，他的话对我毕业后的工作和人生道路产生了重要影响，过了几十年我仍然清晰地记得。

刘取教授是著名的电力系统专家，他早年在清华大学师从高景德教授，是电力系统最早的研究生之一，而且几十年来一直从事电力系统稳定和发电机励磁系统的研究和教学工作。他对新技术极为敏感，在20世纪60～70年代，即在我国推动大型发电机励磁采用新型自并励系统的研究和应用。记得当时他曾专门到我所在的中国电力科学研究院系统所讲课，从理论和实际两方面作了详细介绍，深入的理论分析、详细的计算和实验结果给我留下深刻的印象。其后的技术发展证明，自并励静态励磁系统以其优越的技术性能而得到广泛应用，不仅用于大型水轮发电机，也用于大型汽轮发电机。刘取教授的另一重要贡献是在国内首先提倡和推动电力系统稳定器（PSS）的研究和应用，也是他第一个到中国电力科学研究院介绍PSS的理论和应用，他深入浅出的讲解，给了我们关于PSS的清晰的概念。他同中国电力科学研究院的专家一起，推动了从70年代开始中国电力科学研究院对PSS的科研、生产和推广应用工作，对中国电力系统技术水平和电网稳定运行水平的提高发挥了重要作用。

刘取教授历来注重同工业界的交流与合作，注重理论联系实际。20世纪60～80年代，刘取教授在国内清华大学工作期间，同电力系统和电机制造部门联系紧密，特别是同中国电力科学研究院电力系统稳定和励磁系统研究的专家，以及动模实验室有着长期密切的合作关系。大家共同探讨学术问题，互相支援，解决现场实际技术难题，为推动国内发电机励磁系统、电力系统稳定性的研究，以及动态模拟技术的发展作出实际的贡献。90年代，刘取教授在国外电力公司研究部门工作，他深入了解国外的先进经验和实际应用中所遇到的问题，并有机会与国外本领域著名专家讨论切磋。刘取教授作为一位热爱中国的华人学者，时刻关注国内电力工业和电力系统的新发展。特别是近年退休之后，于2003年和2004年两度应邀到中国电力科学研究院指导工作。针对国内大区电网互联后出现的0.1Hz超低频振荡等新问题，与院内专家一起共同研讨产生机理与解决方案，协助将国内的研究成果介绍到国际学术舞台。刘取教授渊博的知识、平易近人的品格、谦虚好学的作风给大家留下深刻印象。

《电力系统稳定性及发电机励磁控制》一书是刘取教授多年理论研究和科学实践成果的结晶，是本领域一本难得的科学专著。书中理论体系严密、论述清晰，实际数据真实可用，参考文献完整齐全。无论是从事电力系统稳定性研究、发电机励磁系统研究的科研设计人员，或从事电网运行的专业技术人员，都可以从书中获得教益。

在本书最后一章，作者结合中国电力系统现况，分析了用励磁控制改善系统稳定性的潜力及发展前景，提出了在全系统推广应用最先进励磁控制的建议。对此希望引起有关方面的重视及进一步探讨。本书还介绍了北美近些年来对重大稳定事故的分析研究成果。北美稳定事故的经验及教训表明，对电力系统稳定性的研究，不仅应研究失稳前的过程及预防措施，对失去稳定后系统的行为，以及各种控制与保护配合以减小停电范围的研究，也应给予应有的重视。

相信这本书的出版将受到我国电气工程学界和电力系统产业界的欢迎和好评。

中国科学院院士、中国电力科学研究院总工程师　**周孝信**

2007年2月

前　言

20世纪60年代，用励磁控制提高系统稳定性技术在北美取得了突破，并且给系统稳定性学科带来深刻的变化。中国当时正处于十年“文化大革命”中，我们没有注意到这项新技术的进展。到了1976年，“文化大革命”结束，为了调查研究国外的情况，我查阅了大量资料，发现了IEEE的杂志上C. Concordia及P. F. de Mello那篇著名的关于电力系统稳定器（Power System Stabilizer，PSS）的文章，经过学习，特别是在模拟计算机及动模上的实践，证实电力系统稳定器不仅如已有文献记载的具有消除低频振荡的能力，而且还发现了它可以将系统的静稳极限功率推高到最大可能的线路功率极限。于是我向中国电力科学研究院及国内许多电力部门推荐，引起了高度重视。同时，电机工程学会及各地电力部门组织了多次大型发电机励磁控制及系统稳定研究班。本书的前身就是为这些研究班编写的一份讲义，也用作清华大学本科生及研究生的教材。1989年，曾经印发了修改后的讲义，但只有少数读者得到，其他均在清华教材科的一场大火中化为灰烬。

2002年及2003年，我曾受邀到国内各地作学术交流，深感国内技术的进步，过去播下的种子，都已成长、开花、结果。同时也看到随着电力系统规模、容量迅速的增长，系统的稳定性问题越来越突出，推广普及励磁控制技术的需要十分迫切，我深切感到应将这方面的基本理论及国内外的最新进展汇集成书。就在此时，中国电力出版社肖兰副总编，经过多方查找，跟我联系上，诚邀我着手写这方面的专著，也才使我下定决心写作本书。

写作本书对我来说，是一个总结、思考及再学习的过程。通过写作，感到颇有收获，一些长期存有疑惑的问题，例如励磁系统标幺值与x_{ad}系统标幺值互相转换关系，得到澄清。希望通过本书，将自己多年积累的经验，学习的心得无保留地提供给读者。“知识就是力量”，希望有助于读者在实现中国科学技术现代化的过程中作出更大贡献。

从事电力系统稳定及控制方面的专业人员，需要有多方面的基础知识，例如电机、电力系统、自动控制方面的理论及电子计算机方面的知识。其中电机及控制理论基础，可说是两项基本功。本书第1章绪论，通过介绍系统稳定性分类来说明系统稳定性的基本概念，并分析了北美几次系统稳定性的事故。第 2 章同步电机基本方程式及数学模型，从实用的角度介绍了同步电机基本理论，并将它应用到短路电流的分析中。第 3 章以 IEEE 公布的标准为基础，介绍了励磁系统数学模型，其中对复励式直流励磁系统的模型进行扩展，以适用于中国的实际情况，并对交流励磁机系统数学模型进行了改进。第 4 章小干扰稳定性与励磁控制阐述了为提高静态稳定性，必须采用高的电压增益的原因，但这会使动态品质恶化，甚至产生低频振荡。为了解决上述矛盾需要采用动态校正，本书介绍的动态校正技术，是借鉴电力拖动领域中的方法，应用来解决励磁控制系统的设计需要。这一章也介绍了前苏联推行的强力式调节器。第 5 章先介绍常用的单机—无穷大海佛容—飞利蒲斯数学模型，在该模型的基础上，分析同步及阻尼转矩，通过解剖产生振荡的原因，引出了电力系统稳定器的概念，并介绍了设计方法及硬件结构。第 6 章讨论状态空间—特征根分析法及其应用。第 7 章讨论电力系统稳定器的应用发展，包括它对静态稳定性、暂态稳定性、电压稳定性，以及像抽水蓄能电站、水锤效应引起的振荡等方式所起的作用，同时也介绍了稳定器微机化，现场调试方法等专题。第 8 章讨论励磁控制系统中各种限制和保护，以及它的控制功能向系统电压控制方向的扩展，主要指的是变压器高压侧电压控制及二次电压控制。第 9 章介绍状态空间—特征根法在多机系统中的应用，首先介绍了状态空间方程式的形成，在此基础上引出了一些数学工具及概念，包括模式、左右特征向量、灵敏度、参与矩阵，展示了如何运用这些工具去揭示电力系统基本动态特性，如本区模式、区域间模式、模态、模式—机组关联特性、可观性、可控性，并把它们应用到多机系统励磁控制的协调设计、降阶等课题中。接着介绍了分析大规模跨区高阶系统的三种计算方法，最后介绍了模型传递函数辨识，Prony 法及正规形理论的应用等新的进展。第 10 章介绍国内外出现的电力系统低频振荡实例，探讨分析及模拟重现事故过程中的关键因素及针对低频振荡的整体策略。第 11 章主要讨论励磁系统及控制对暂态稳定的作用，首先根据励磁控制作用的不同，将暂态过程分成了五个阶段。利用这个概念进行了励磁系统选型讨论，着重推荐了自并励系统，接着对自并励发电机的主要运行方式的过渡过程进行了理论分析及试验研究。应用五阶段概念，设计、试验了暂态稳定全过程励磁控制，证明可有效地提高暂态稳定。最后对励磁控制提高稳定性的潜力分成十个不同的等级进行了说明。为方便读者查阅，书末附有名词索引。

本书可供从事电力系统、发电厂的设计、科研、运行及管理人员，电机制造部门的技术人员在实际工作中参考，也可供相关专业大学本科生及研究生参考。

全书的校核、修改是由中国电力科学研究院李文锋完成的，他做了大量工作并提出不少改进的建议，对本书的出版作出了重要的贡献。

本书得以问世，需要在此诚挚感谢下述四方面人士，即过去清华大学的同事及研究生，国内科研生产部门合作者，国外专家及家人。

已故清华大学高景德教授是我当研究生时的导师，茅于抗教授是副导师，是他们指导我走向发电机励磁控制及稳定性研究方向的，自并励发电机的过渡过程的研究就是在当时完成的。清华大学的周双喜教授、马维新教授、沈善德教授、朱守贞教授多年来给予了大力的支持及帮助。在清华大学动模实验室的顾永昌教授、韩毅高级技师、秦荃华高工、冯庚烈高工，广西水电局的黄冠甫高工的支持及帮助下，我完成了多次高难度的动模试验。张庆民博士、冯治鸿博士、刘宪林博士、李兴源博士，以及王永强硕士、金继曾硕士、白玉兰硕士在清华做研究生期间，在电力系统稳定性及控制这个大方向下的各个专题上，都做出了很好的成绩，使我们团队向科技前沿接近，他们的部分研究成果也吸收在本书中。其中在加拿大 Power Tech Lab 公司工作的冯治鸿博士为本书校核了第 4 章～第 11 章。郑州大学刘宪林博士为本书校核了第 9 章。清华大学电机系从事发电机励磁控制研究起始于 20 世纪 50 年代，许多教授及同学在这方面取得了很好的成绩，为我的研究工作打下了基础。其中陈寿荪教授是整个课题的领导者，执行了正确的科研路线；茅于抗教授、已故的黄眉教授一直给予我直接的指导，宫莲教授和周静娟高工研制的离子管栅控装置是试验中必不可少的部件。卢强教授、金启玫教授与我同年同一个导师，类似的课题，在一起切磋讨论，互相启发，受益匪浅。

中国电力科学研究院的方思立教授、刘增煌教授、曾庆禹教授、朱方教授，多年来一直是我密切合作的伙伴，他们在励磁控制方面作出了卓越的贡献，具有丰富的经验，很高的造诣。我有幸于 2003 年及 2004 年两次受邀到中国电力科学研究院与他们一起工作，当面学习请教，讨论切磋，收获很大，他们公开发表的部分研究成果，也反映在本书中。在中国电力科学研究院工作期间，我有机会向中国电力科学研究院总工周孝信院士请教学科发展方向，当前面临的技术挑战等，受益良多。哈尔滨大电机研究所于升业高工，多年来与我密切合作，进行了多项稳定器、自并励的研究工作，并由他主持应用到生产实际中，本书的第 3 章由他审阅并提出了修改意见。原华北电力局中心试验所祝永铭高工、荣智健工程师、唐山陡河电厂杨梅英工程师与我合作，完成了陡河、大港自并励励磁系统的研究工作。原水电部科技司顾景芳，对推广水轮发电机自并励的应用作出了重要贡献。原哈尔滨大电机研究所于升业，原东北水电设计院曹保定，原长办设计院朱仲彦从一开始就坚定地支持自并励，给作者提供很多帮助，原云南水电设计院谢荣慈、鲍方昭等工程师，原武汉水电学院章贤老师等，在中国推广应用自并励系统方面，做了大量先驱工作。通过他们也使我有幸间接参与了三峡、白山、葛洲坝、鲁布格等电站励磁系统选型工作。华北电力集团的孟庆和高工、苏为民高工、吴涛博士也提供了宝贵资料。我不能忘记，在选择自并励系统作为研究生课题时，受到了当时辽宁电厂史大桢值长的启发，以及原北京电力局吴祖光总工程师多年来在各方面给予的支持，还有已故的原中国电力科学研究院王平洋总工程师多次给予了我宝贵的支持及难忘的鼓励。

我有幸在1980年前后，认识了北美电力系统大师级的两位专家：已故的C. Concordia和已故的E. Kimbark，当面聆听了他们的许多见解。我与著名的专家PTI公司的P. F. de Mello，在1980年曾有过一次长谈，他畅谈了系统稳定控制研究的趋向，他严谨的治学态度，使我感到遇到了知音，他对电力系统稳定控制技术的真知灼见，使我深受影响，以后又曾有机会多次见面及书信请教问题。我与P. Kundur，D. C. Lee曾在同一公司工作，他们给予的帮助及支持，更是难忘。原加拿大安大略省电力局的R. Belube、L. Hajagos、M. Coutes也曾提供了资料及信息。2002年10月，在昆明举行的IEEE Power Con国际会议上，认识了WECC的C. Taylor，并多次向他请教技术问题，都得到及时详尽的答复，对我及中国电力科学研究院的研究工作，都很有帮助。在同一次国际会议上还结识了俄罗斯的N. I. Varopi教授，他介绍了励磁控制在俄罗斯的进展，随后寄来的三本相关书籍也使我拓展了思路。我于1979～1980年，曾在加拿大哥伦比亚大学进修，已故的余耀南教授及H. Dommel教授是我的导师，这次进修使我不但在学识上有了进步，更使我开阔了视野，特别是Dommel教授推荐我与北美产业界合作，到B. C. Hydro及WECC实习调研，了解了在北美本专业的技术发展主流在产业界。在加拿大进修期间，我常年与K. C. Lee（李继中）博士在同一办公室工作，他对祖国具有深厚的情感，对我和其他访问学者的关怀帮助无微不至。

父母的养育之恩，已故妻子林义英及妻子陈爱娴的支持，恩重情深。

对本书的错误、不妥，或有何建议、改进之处，请发邮件切磋探讨。电邮地址：liuchuq@126. com。

刘　取

2007年2月于加拿大多伦多

目 录

第1章

绪　论

为了使读者对电力系统稳定性及发电机励磁控制这个课题有一个概括的了解，本章首先介绍了稳定性的分类及定义，著名的大系统稳定事故，以及励磁控制对系统稳定性的影响。

第1节　电力系统稳定性的分类及定义

通过对稳定性分类及定义，我们可以对电力系统稳定性有一个概括的理解，掌握各种形式的稳定性的特征，产生的原因及它们之间的相互关系，这对于系统稳定性分析及制定改善稳定性的措施是很重要的。同时，为了制定系统的运行与规划导则、标准，以及配备分析软件，都需要对稳定性有一个明确的、一致的分类及定义，以便在技术上不分国界，有一共同语言。

在20世纪60年代及以前，习惯上将电力系统稳定性分成静态稳定性和动态稳定性：

（1）静态稳定性（Steady-State Stability）：主要指系统受到小干扰后，保持所有运行参数接近正常值的能力。

（2）动态稳定性（Dynamic Stability）：是指系统受到大的扰动后，系统运行参数恢复到正常值的能力。

理论上说，上述的静态稳定性包括了以“滑行”失步形式（即功角单调地增长，直到失步，基本上无振荡），也包括了以振荡形式失步的现象。同样动态稳定性包括了第一摆中滑行失步，也包括了后续摆动中振荡失步。只不过早期电力系统中以振荡形式失步的现象不多见。

在前苏联，曾多次出现电力系统在实际运行中自动再同期的现象，也就是发电机在失去同步以后，经过较短时间的异步运行，又自动地牵入同步，主系统仍能保持正常运行。前苏联学者对再同期进行了大量的研究，认为这是在上述两种稳定形式以外的另一种稳定形式，称作综合稳定性。这反映在1958年前苏联学者维·柯·维尼柯夫的《电力系统机电过渡过程》一书中[5]，该书将电力系统运行状态分为：

（1）稳态下小干扰小变速运行状态。其研究的范畴相当于上面所说的静态稳定性。

（2）大干扰小变速的运行状态。其研究的范畴与上面所说的动态稳定性相同。

（3）大干扰大变速的运行状态。这主要指上面所说的综合稳定性。

应该说，前苏联学者的提法将稳定性的研究领域拓展了，使之不仅包括了失步以前的过程，也包括了失步以后异步运行，直到再同期全过程，在学术上有重要价值。

在北美，由于系统规模的扩展及高增益电压调节器的应用，以低频振荡形式出现的不稳定现象日益增多，于是就将这种形式出现的不稳定现象，称为动态不稳定性，此概念反映在1974年由美国学者拜尔利（R. T. Byerly）及金巴克（E. W. Kimbark）主编的论文集《大规模电力系统稳定性》的序言中[1]，他们将电力系统稳定性（或不稳定性）分为下述三类：

（1）静态不稳定性（Steady-State Instability）：主要指系统内由于功角过大，而使发电机间同步能力减弱，以致失去同步的现象，主要是指滑行失步的现象。

（2）动态不稳定性（Dynamic Instability）：无论是小干扰引起的，以振荡形式失步，或是大干扰后，在第一摆中未失去同步，而在后续摆动中，出现增幅振荡，引起失步，都可称为动态不稳定。

（3）暂态不稳定性（Transient Instability）：主要指系统受到大干扰后，发电机在第一摆中失去同步的现象。

北美的分类法是将早期的静态稳定性及动态稳态性中，以振荡形式失去同步的现象抽出来，定义为动态稳定性，而将原来的动态稳定性称作暂态稳定性。这样的分类法有它的积极的意义，因为它是按照不稳定产生的原因分类的，上述的动态不稳定性是由于发电机与转速变化成正比的阻尼转矩为负值引起的。而静态不稳定性及暂态不稳定性都是因发电机的与功角变化成正比的同步转矩不足引起的。由于有了这个认识，促进了励磁控制新技术，包括电力系统稳定器及暂态稳定控制的诞生，给电力系统学科带来了一系列深刻的变化。但是这种分类借用了动态稳定这个以前表达另一种形式的稳定性的术语，造成了混乱。1976年6月，国际大电网会议第32委员会（CIGRE Committee 32′）在关于稳定性分类的调查报告中[2]，仍沿用了1974年北美对稳定性的分类及定义，但调查的结果说明对于静态稳定性及动态稳定性这两个术语的理解相当的混乱。鉴于电力系统计算工具的发展，以及自动控制对于系统的过渡过程的影响的增大，该委员会认为应重新检讨电力系统稳定性的分类及定义。

美国电气及电子工程师学会（IEEE）为了澄清在电力系统稳定性分类上的混乱，由电力系统动态过程及行为分会组成了一个工作小组，并于1981年，在IEEE的电力工程分会的冬季会议上提出了关于电力系统稳定性新的分类及定义[3]，主要内容为：

（1）静态稳定性/小干扰稳定性：对于某个稳态运行状态，如果说系统是静态稳定的，那么当系统受到小的干扰后，系统会达到与受干扰前相同或接近的运行状态。

（2）暂态稳定性/大干扰稳定性：对于某个稳态运行状态及某种干扰，如果说系统是暂态稳定的，那么当系统遭受到这个干扰后，系统可以达到一个可接受的稳态运行状态。

1981年北美的分类法与1974年的分类法的重大不同在于取消了动态稳定的提法，把小干扰或大干扰引起的振荡形式的不稳定，分别归类到静态或暂态稳定性中。

所谓干扰是指电力系统的一个或几个参数或状态变量发生突然的或连续的改变，而小干扰及大干扰分别定义为：

（1）小干扰：所加的干扰足够的小，以致可以用系统的线性化的方程式来描述系统过渡过程，这样的干扰称作小干扰。

（2）大干扰：所加的干扰，使得不能用系统的线性化的方程式来描述系统过渡过程，这样的干扰称作大干扰。

可以看出，上述的分类法是按照干扰的大小，也就是按照是否可以把描述系统过渡过程的方程式线性化来分类的。

如果用更数学化的语言来表述上述两种稳定性的话，则可以说：

1）静态稳定或小干扰稳定性意味着：在某个运行点将描述系统的方程式线性化后得到的方程式是稳定的。

2）暂态稳定性或大干扰稳定性意味着：在某个运行点上加以干扰后，得到的可接受的稳态运行状态是渐近稳定的，而且对于这个干扰所表现的响应，随着时间的增长，其运行参数的轨迹趋于上述稳态运行状态。

另外一种稳定性的分类法，是按照控制是否为保持系统稳定性必不可少的手段来划分的：

（1）自然稳定性（固有稳定性）。某个系统在某一个稳态运行状态下，对某一个干扰，如果不需要任何控制来保持稳定性，则该系统为自然稳定的。

（2）条件稳定性。某个系统在某一个稳态运行状态下，对某一个干扰，如果必须用某种或某些控制来保持稳定性，则该系统为条件稳定的。

上述自然稳定性与前苏联学者提出的自然稳定性相同，而条件稳定性相当于他们提出的人工稳定性。我们也可以这样理解这两个术语：自然稳定性由于不计控制的作用，特别励磁控制的作用，在作稳定性计算时，是用E'或E'_q恒定的经典发电机模型，可归入经典稳定性理论的范畴。而条件稳定性或称人工稳定性，发电机的模拟必须至少要计入励磁控制系统的模型，可归入现代稳定性理论的范畴。

电力系统稳定性是研究电力系统的过渡过程的，如果不计毫秒级的电磁暂态过程（暂态操作过电压），则可以把电力系统过渡过程按照它的持续时间，或者说时间标尺的不同分成三个过程，并且在分析某一过程时，把其他过快或过慢过程的作用略去，着重模拟对该过程有重要影响的元件，从而使得分析简化。这三个过程为：

1）机电过渡过程，其持续时间在几秒至十几秒之间，它主要研究发电机在扰动下是否维持同步运行及是否维持一个可接受的电压水平。因此，电网的潮流、发电机的模型包括励磁及转速控制模型起着重要的作用。

2）系统频率及负荷调整的过渡过程，其持续时间大约由几秒至几分钟。主要关心的是负荷的变化及全网频率调整的过程。因此网络及机组的合并、简化是允许的，但原动机、调速器包括能源供给系统的模拟是重要的。

3）原动机能源供给系统的过渡过程，其持续时间由几分钟至几十分钟，对能源供给系统要详尽模拟，例如热电厂中的燃烧、供水系统，在核电厂中，燃料棒的控制等。

上述的机电过渡过程，一般又称为短期稳定性。而后面两种过程，大体上归入长期稳定性。

由上面介绍的关于电力系统稳定性不同的分类方法可见：①电力系统稳定性是一个很

复杂的现象，从不同的角度去观察，用不同的方法去对待，会得出不同看法，或许所有不同的分类法综合在一起，可以对电力系统稳定性有个较完全的理解；②稳定性的分类的演变是与控制，特别是与励磁控制的发展是分不开的，或者说，控制的引入，对电力系统稳定性产生了深刻的影响。

在上述分类方法中，IEEE 提出的分类法及定义，具有概括性，由于制定分类的特别小组成员都是北美电力系统著名的专家，因此也具有权威性，直到 2004 年，这种分类法一直为国际公认的标准。

2004 年 8 月，IEEE 发表了 CIGRE 第 38 委员会与 IEEE 的系统动态行为委员会联合小组制定的最新的电力系统稳定性的定义及分类[4]（在这之前，文献［6］中对稳定性分类也有了类似的新提法）。

制定最新的稳定性分类法的推动力在于，电力系统的规模由于区域性系统的互联而不断扩大，新的控制、保护技术的应用，改变了系统的特性，由于提高经济效益，使得送电稳定裕度减小，这些因素使新的形式的稳定性突出了，最明显的就是区域间以低频振荡出现的不稳定、电压不稳定，以及频率不稳定的现象日渐增多，这已由实际电力系统发生的多次大停电事故所证实。在 1981 年的分类法中，低频振荡形式的不稳定已明确包含在小干扰稳定性中，电压稳定性及频率稳定性可以说是隐含在小干扰及大干扰稳定性定义中，并没有明确提出来。因此，新的分类法，以系统失去稳定的特征在三个运行变量上的表现，分成功角、电压、频率三种不同形式的稳定性。而在每一种稳定性下面又分成小干扰稳定性及大干扰稳定性，并且建立了短期稳定性及长期稳定性与上述各种形式稳定性之间的联系，电力系统稳定性分类如图 1.1 所示。

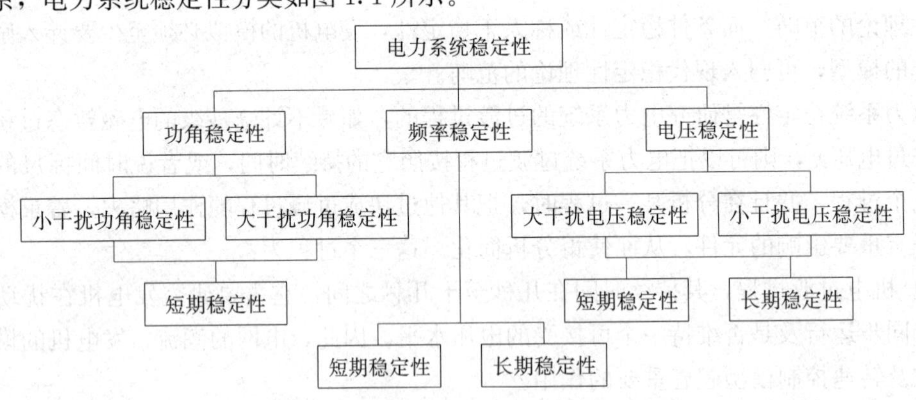

图 1.1 电力系统稳定性分类

由上可见，新的分类法与 1981 年分类法的主要不同，在于增加了两种新的形式的稳定性，即电压稳定性及频率稳定性。另外，把原来定义的静态稳定性（小干扰稳定性）及暂态稳定性（大干扰稳定性）合起来统称功角稳定性。下面分别对这三种稳定性物理概念及特征作一简单的解释，至于理论上严格的定义可参见文献［4］。

（1）功角稳定性。功角稳定性表征着系统维持同步的能力。失去同步的主要原因，是发电机输入、输出转矩平衡破坏，失步的形式可能是功角单调增长，也可能是增幅的振荡，失步以后，功角由0°到360°，周而复始变化，功率会从正到负周期变化。分析计算的时间在10～20s，所以又称短期稳定性。它又可以分成：

1）静态稳定性。静态稳定性是指系统在小干扰下维持同步的能力，亦称小干扰功角稳定性。它又可分成：

a）滑行失步型。其特征是因同步转矩不够，功角非周期增长而失去同步。

b）振荡失步型。其特征是阻尼转矩为负值，系统出现增幅的低频振荡而造成失去同步。振荡的频率在0.1～2.5Hz之间。它可能是由一个电厂与其他电厂之间的本机振荡模式引起，其振频约在0.7～2.5Hz之间，也可能是由一个区域内机组与另一个区域内机组之间的区域间振荡模式引起的，其振频约在0.1～0.3Hz之间。负阻尼主要是由系统中的自动控制特别是励磁控制产生的。

2）暂态稳定性。暂态稳定性是指系统遭受到大干扰（例如短路）后，维持同步运行的能力，亦称大干扰功角稳定性。在遭受到大干扰以后，功角会出现大的摆动，系统有可能在第一摆中就失去同步，也有可能第一摆能保住不失步，而在后续摆动中出现增幅的振荡，而逐渐失去同步，功角的摆动，可能是几个不同振频的模式叠加的结果，也可能主要表现为单独模式的摆动。

(2) 电压稳定性。电压稳定性表征电力系统在给定的初始条件下，受到扰动后维持所有母线的电压的能力。它产生的原因是负荷需求与系统可能提供的总量出现了不平衡。电压不稳定的表现，主要是电压持续下降（也可能上升），故又称电压崩溃。负荷的特性对电压稳定性起决定性的影响，恒定功率特性的负荷最易产生电压不稳定，恒定阻抗特性的负荷有助于电压稳定。引起系统供应能力不足，电压出现不稳定的一个重要因素是有功功率及无功功率通过传输线时产生的压降。发电机的励磁控制亦产生重要的影响，特别是在过渡过程中，当励磁电流的增长达到设定的限幅值，这相当于励磁控制退出的情况，这常常是出现电压不稳定的直接原因。电压不稳定可能出现在直流输电或背靠背连接的两端的整流或逆变站，特别是当它们连接的交流系统比较薄弱的情况。当发电机的电容性负荷过大时，会产生自励的现象，这时电压会突然跳升，之后再逐渐的升高。

电压稳定性可以再分成：

1）大干扰电压稳定性。这指的是系统在遭受到大的干扰（例如短路、大机组或线路切除）后，系统维持可接受的稳态电压的能力。这种能力取决于系统及负荷的特性，以及系统中连续的及断续的控制、保护，以及它们之间的相互作用。分析及确定电压不稳定性，需要计入系统的非线性，且必须延续几秒到几十分钟，以便能够计入那些像电动机、带负荷调压变压器及发电机励磁限制的作用。

2）小干扰电压稳定性。这是指系统在遭受到小干扰（例如负荷的变化）后，系统维持可接受的稳态电压的能力。它受负荷的特性、系统中的控制影响很大。分析这种稳定性，可以采用系统线性化方程，它提供非常有用的电压稳定性对于某些因素的灵敏度信息。分析的结果应用大干扰下的模拟计算来校核。

上面已经提到电压不稳定持续的时间可能是几秒到几十分钟，因此又可以把它分成：

1）短期电压稳定性。它包含了快速响应的负荷，像感应电动机、发电机励磁控制，直流输电等的动态特性及其相互作用。分析和模拟的时段，大约在几秒至十几秒，所以这与角度暂态稳定性的分析是很相近的，因此，分析这种电压稳定性，可以采用分析功角暂态稳定性同样的软件，但要特别注意对负荷中电动机的模拟。

2）长期电压稳定性。它包含了慢速响应的负荷，像带负荷调压变压器、热效应控制的负荷，以及发电机励磁限幅器等的动态特性及相互作用。分析模拟的时段从几分钟至几十分钟。失去稳定的原因可以归结为，事故后负荷企图恢复的功率超过了发电机及系统可能供给的功率，因而破坏了它们之间平衡关系，或者说，系统在事故后经过长时间的过渡过程，趋向的运行状态是事故后小干扰不稳定的。

（3）频率稳定性。这是指系统遭受到严重的故障造成出力与负荷出现较大的不平衡时，维持频率在可接受的范围内的能力。它取决于系统在切除最大可能切除的负荷之后，是否能够恢复出力与负荷之间的平衡。

频率发生不稳定时，潮流、电压及其他变量都会出现大的波动，并引起系统中的控制及保护的动作，造成更多的机组或负荷切除。一般说，这种情况出现在大系统因失去同步而解列成数个孤立系统的情况下，在这些系统中，发电机之间的稳定一般都不是问题，主要关心的是，出力及负荷是否会保持平衡。取决于是何种控制或保护起主要作用，频率不稳定的过渡过程可能只有几秒钟，也可能会持续到几分钟，在前一种情况下，起作用的主要是低压及低频减载、发电机的控制及保护，而后一种情况下，起主要作用的是供应原动机能源的系统（如锅炉/反应堆的保护控制）、机组的过速保护及负荷的调压系统（如带负荷调压变压器）等，所以在图1.1中，频率稳定性又分为短期稳定性和长期稳定性。

在频率变化的过程中，系统的电压起着非常重要的作用，当出力小于负荷时，高的电压水平会造成负荷增大，恶化出力与负荷的不平衡，而且还可能造成发电机电压/频率保护或欠励保护动作，而切除发电机。电压过低，则可能使线路阻抗保护误动、发电机过励限制动作。所以在这个过程中，控制与保护的协调是非常重要的，否则会造成事故扩大。

频率稳定性虽然是新提出的概念或术语，但实际系统中，确实出现过这种现象，国外有文献报道[24]，国内也有，例如1972年，湖北电力系统出现的停电事故，应归入频率不稳定的现象。当时，武汉地区是负荷中心，丹江水电站只有一条输电线送武汉，大约送180MW有功功率，无功功率很少，该线路因故切除后，武汉地区成为孤立系统，频率开始下降，但低频减载切除负荷不足以维持出力与负荷平衡，频率、电压都继续下降，直到火电厂的厂用电保护动作，切除主发电机，造成大面积停电，过程持续的时间超过几分钟。

上面介绍了各种稳定性特征，但实际电力系统出现纯粹一种稳定性的机会是不多的，特别是在高峰送电、系统事故扩大的过程中，很可能由一种稳定性破坏，导致失去另一种稳定性。在实际的稳定性事故中，要区分是哪一种稳定性事故最先发生，并不是件容易的事。

中国在2001年制定的DL 755—2001《电力系统安全稳定导则》中将稳定性分成了静态稳定性、动态稳定性、暂态稳定性，其定义与上面所述的1974年论文集《大规模电力系统稳定性》的序言中，以及1976年CIGRE调查报告中的相同。各种分类法看问题的角度各有不同，都有它的根据。国际上，从 1974 年到现在已经更新了两次，特别是最近一次，把稳定性概念展宽了，增加了电压及频率稳定性，反应了实际电力系统新的特点（如果能把苏联学者提出的综合稳定性包括进去，就更完善了）。为了技术上与国际接轨，建议修改导则中的定义。如果不作修改，则将“动态稳定”翻成英文时，最好不要用“Dynamic”这个词，文献［4］中特别提出不要使用这个词的建议（recommend against），以免引起混乱。

第 2 节　北美大系统稳定事故

为了进一步说明如何应用不同形式的稳定性的概念，分析系统的稳定事故，以及励磁控制所起的作用，下面我们来研究北美的三次重大稳定事故。

电力系统稳定性是一个非常复杂的现象，除了成千上万个不同时标的、相互作用的电能生产、转换的电气、机械、热力（核能、水力）过程外，还有成千上万个不同目标的控制、保护的参与，电力系统分析要面对高阶的、高度的非线性系统。每一次系统的大事故，都使人们加深了对电力系统的认识，学习到新的知识，但是这是以每次事故伴随的巨大的经济损失为代价的，所以应该尽量从事故中，挖掘出新的知识，积累经验。这里主要介绍北美出现的几次全系统性的稳定事故，之所以着重介绍北美的事故是因为：①这些事故规模都是世界上最大的；②事故具有典型意义；③有关部门公布的材料最完整、详尽；④公布了某些事故的分析研究结果。

1. 美国西部电力系统 1996 年 7 月 2 日大停电事故[9,10]

美国西部电力协调委员会（Western Electricity Coordinating Council，简称 WECC，以前称为 WSCC）下属的西部联合电力系统，分布面积达 4600 万 km^2，相当于美国大陆本土面积的一半，供电范围从加拿大的哥伦比亚省（British Columbia）及阿尔伯塔省（Alberta）到美国南部的加利福尼亚州（California）及墨西哥州（Mexio），并延伸到墨西哥的巴加加利福尼亚半岛（Baja California），包含了美国西部 14 个州的全部或部分。至 2002 年，设备总容量为 169GW，其发电容量主要分布在西北区及南部加利福尼亚区，分别占了 44.6%及 32%，而大部分负荷也是分布在这两个区中，分别占 38%及 36.4%。其他地区出力及负荷大致平衡，西北区内水电占 61%，南部区内火电及核电占 69%。一般白天北电南送承担尖峰负荷，夜间南电北送。丰水期北电南送，枯水期南电北送。送电的主要通道是太平洋沿岸的三回 500kV 的交流输电线，以及两条 500kV 的直流输电线，在喀斯喀特山脉以东的内陆地区，是十分复杂的交直流网。西北区负荷中心在沿海，电厂在内陆，所以是局部东电西送，另外，大量电力由北面加拿大送到该区。哥伦比亚河上电厂大发水电时，出现局部北电南送。图 1.2 为 WECC 1996 年 7 月 2 日故障示意图。

1.1　事故发生及扩大

事故发生前，通过交流/直流主干道北电南送功率分别为 4300MW 及 2800MW，这是很重的潮流，在 14 时 24 分，吉姆布瑞几（Jim Bridger）电厂至金姆波特（Kimport）345kV 线单相接地，由于线路继电保护误动，并行的三回 345kV 输电线切除，接着吉姆

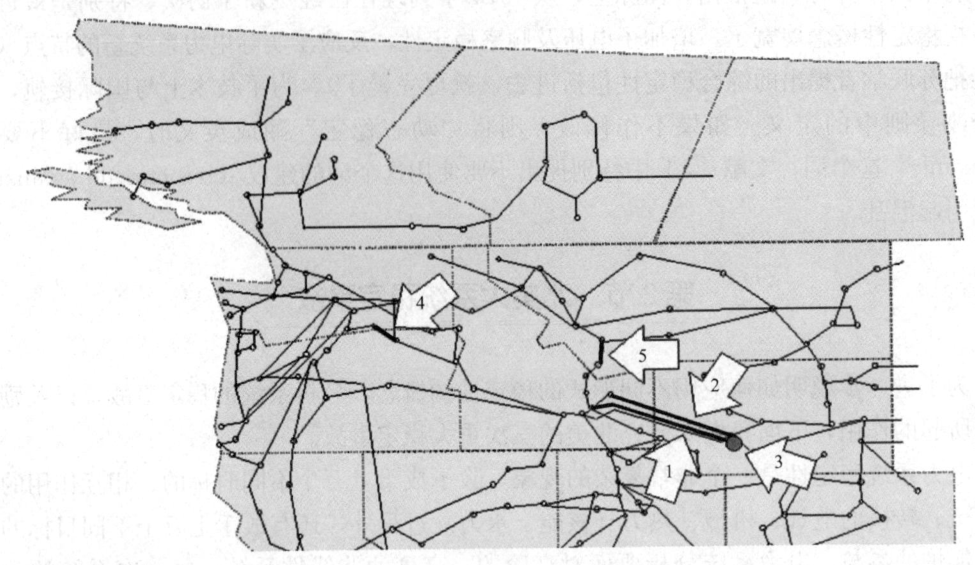

事故主要事件：

1. 14:24:37 怀俄明州(Wyoming)吉姆布瑞儿(Jim Bridger)电厂至爱达荷州(Idaho)的一回345kV线单相接地。
2. 14:24:37 平行的另两回345kV线路，因继保误动而切除。
3. 14:24:37 吉姆布瑞儿(Jim Bridger)电厂两台机因保护动作切除。
4. 14:24:38 华盛顿州(Washington)至爱达荷州(Idaho)的一回230kV线路因过负荷而切断。
5. 14:25:01 蒙大拿州(Montana)至爱达荷州(Idaho)的一回230kV称为AMPS线路因过电流切除。

图 1.2 WECC 1996 年 7 月 2 日故障示意图

布瑞儿电厂发电机亦跳闸，造成爱达荷州（Idaho）南部地区，缺乏大量无功功率及有功功率，于是从西部俄瑞冈州（Oregon）及东北部蒙大拿州（Montana），送入大量无功功率及有功功率，造成西部主联络线电压下降，并先后使得蒙大拿州（Montana）至爱达荷州（Idaho）及俄瑞冈州（Oregon）至爱达荷州（Idaho）的两回 230kV 输电线，因过负荷而先后切除，于是爱达荷州南部电压严重下降，并由主系统吸取大量无功功率，经过 2s，南北主通道交流输电线切断，从此引起一系列的线路、发电机切除，事故扩大到全系统，最后解列为五个独立系统，150 万～200 万用户停电[9,10]。

1.2 电压不稳定还是功角不稳定

1996 年 7 月 2 日的这次故障，不少的人认为是一次电压不稳定现象，但是从 WECC 公布的录波图来看，作者认为还不能充分支持这种看法，事故扩大过程中非常重要的信息，就是爱达荷州（Idaho）南部地区电压下降的过程，可惜 WECC 并没公布（估计是未能录到）。WECC 设置的可携带式电力系统监测器（Portable Power System Monitors）录下了马林（Malin）变电站的电压及交流联络线的功率变化，马林（Malin）变电站录波图如图 1.3 所示。将电压录波图放大，并注上事故过程的事件后，可得图 1.4。马林（Malin）变电站在南北主要交流 500kV 输电线的北端。由图 1.4 可见，当吉姆布瑞儿（Jim Bridger）电厂断开后，电压开始慢慢地的下降，并伴有约 0.2Hz 的等幅低频振荡，这个过程延续了大约 20s，电压由 535kV 降到 520kV 左右，当蒙大拿州（Montana）至爱达荷州（Idaho）的 AMPS 线路切除后，电压发生急剧下降，一直到 300kV 以下，像是发生了电压崩溃，据此人们认为这是电压失去稳定。但是如果仔细观察图 1.3 电压下降曲线[9]，我们会发现在时间为 40s 左右，电压降到 460kV 时，电压下降曲线斜率发生变化，且曲线变得十分光滑，说明这时又发生了突然的状态改变，由于公布的材料，没有明确说明发生了什么变化，作者估计，有可能是联络线此时断开，而记录用的电压互感器接在线路侧，因而失去了电压。因此在 460kV 以下的曲线，不能代表系统的实际电压。仅靠记录的电压曲线，判断为电压不稳定论据显得不足。

究竟应该怎样判断是电压失稳还是功角失稳，作者在 IEEE《电力工程评论》（Power Engineering Review）上发表的短文中[11] 曾提出了三个判据，对于分析这次事故起因，或许有一定帮助，现将它们用表 1.1 来表示。

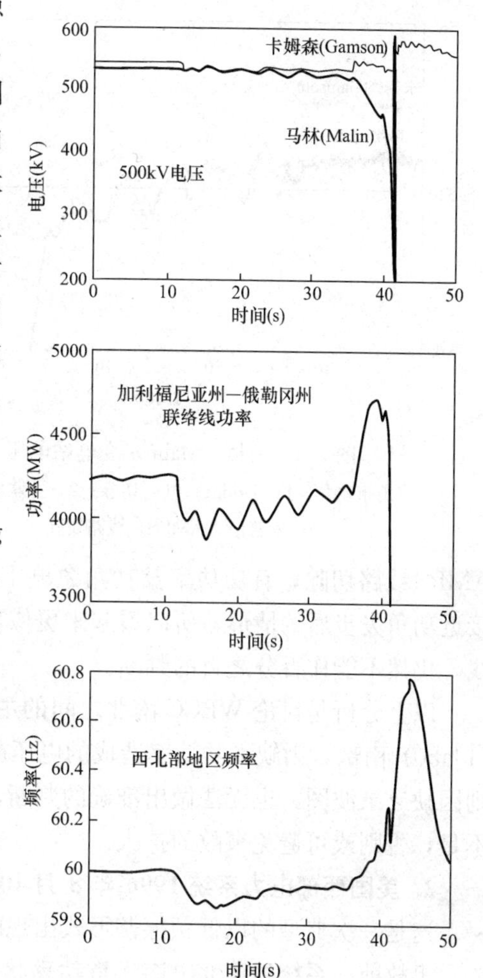

图 1.3　马林（Malin）变电站录波图

从电压不稳定性的机理，我们知道电压不稳定也可说是负荷的不稳定，而带负荷调压变压器的作用，常常是负荷不稳定主要的原因。因此特征 1 及 3 是显而易见的。而特征 2 主要是根据系统发生失步以后，如果联络线不切除或延后切除的话，则沿着联络线上各点的电压，都会随着两端功角由 0°至 180°再到 360°的变化，出现从最大值到最小值再到最大值相应的变化，尤其是线路中点（送电中心）电压更会由最大到零之间变化。与此同时，联络线的功率也会出现与电压相位相反的由正到负再到正的变化。所以只要联络线不切除，根据电压变化的特征，就可以判断是功角失稳还是电压失稳。

表 1.1　　电压失稳或功角失稳的判据

母线电压特征	电压不稳定	功角不稳定
1	所观察母线在负荷中心，或接近负荷中心	所观察母线在联络线上
2	电压是单调地下降	电压与联络线功率作反相位的周期性变化，即先下降再上升（如果联络线没有切除的话）
3	电压下降过程的时间较长，以致可以使带负荷调压变压器动作，例如十几秒到数分钟	电压下降过程的时间较短，不能使带负荷调压变压器动作，例如 1～2s

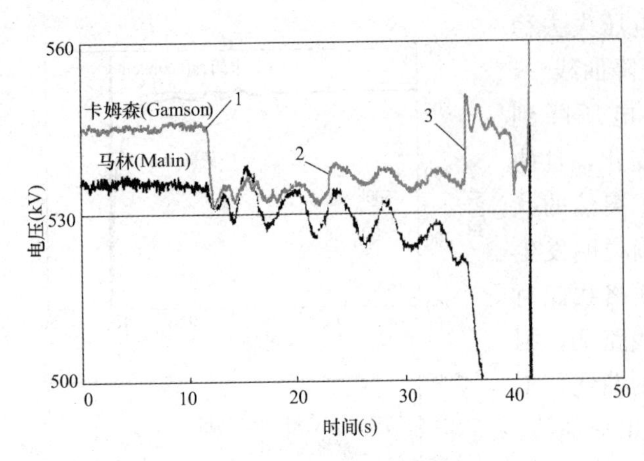

图 1.4 马林（Malin）变电站电压

1—吉姆布瑞几（Jim Bridge）电厂切除；2—并联电容投入；3—安普斯（AMPS）线路切除

根据以上判据，再来分析这次事故，我们可以说，如果马林（Malin）变电站（见图 1.4）是一个重负荷变电站，电压下降的过程较慢，并且是单调下降的，则可以判断为电压失稳，可惜该电压记录不完整，无法确定在时间大于 41s 以后电压是怎样变化的，而且电压急剧下降过程时间太短，判断为电压失稳，论据不足。相反，如果观察联络线的南送的功率，它起初是下降的，之后与电压一样有持续的低频振荡，相位与电压相反，直到 AMPS 线路切除，有功功率及功角急剧上升，造成了对应的电压急剧下降，下降速度也接近功角失步后的情形，所以看起来更像功角失稳，但因缺乏时间大于 41s 后电压实测曲线，仍然不能作百分之百的判断。

以上分析是讨论 WECC 南北之间的主通道或说主系统的不稳定形式，至于爱达荷州（Idaho）南部，因缺无功功率造成的电压严重下降，是否进一步引起了局部电压不稳定，则因缺乏录波图，也无法做出准确的判断，但有一点是肯定的，即该地区低压减载的数量不足，否则或可避免事故的扩大。

2. 美国西部电力系统 1996 年 8 月 10 日大停电事故[8]

这是一次典型的以低频振荡形式出现的静态不稳定现象，详细的介绍可见第 10 章。

事故前，系统处于北电南送重功率状态，主要联络线上功率达到 91%极限功率。故障是因一条 500kV 故障切除，另一条误切除开始的，功率的转移造成局部地区电压低落，使得一个电厂的 13 台机组因励磁保护误动而全部切除，引发了系统增幅低频振荡，最后导致系统失步，解列为四个独立系统。

这次事故中，励磁控制起着关键的作用，上述电厂过励保护误动，是系统的低频振荡触发事件。更值得关注的是，事故后分析研究证明，只要南部加州两个电厂，一个投入电力系统稳定器，一个重调参数，低频振荡就可以消除。事故的远因及 WECC 事后进行的详细的分析讨论，参见第 10 章。

3. 美国东北部电力系统 2003 年 8 月 14 日大停电事故[12]

2003 年 8 月 14 日下午 4 点 10 分左右，美国东北部及加拿大安大略省（Ontario）发生了大停电，此次停电涉及的地区是整个美国东部联合电力系统的一部分，它包括了美国俄亥俄州（Ohio）、密歇根州（Michigan）、纽约州（New York）、马萨诸塞州（Massachusetts）、康涅狄克州（Connecticut）、新泽西州（New Jersey）、宾夕法尼亚州（Pennsylvania）等州和加拿大的安大略省（Ontario），如图 1.5 所示。此次大停电共计损失 6180 万 kW 负荷，占整个东部联合电力系统的 10%，合 40 亿～100 亿美元，5000 万人受影响，停电面积 24087km²，大部分地区 29 个小时内恢复供电，美国部分地区 4 天后才恢复供电，加拿大有的地区事故后轮流停电超过一星期，是世界上有史以来最大的一次大停电。8 月 14 日大停电波及的地区如图 1.5 所示。

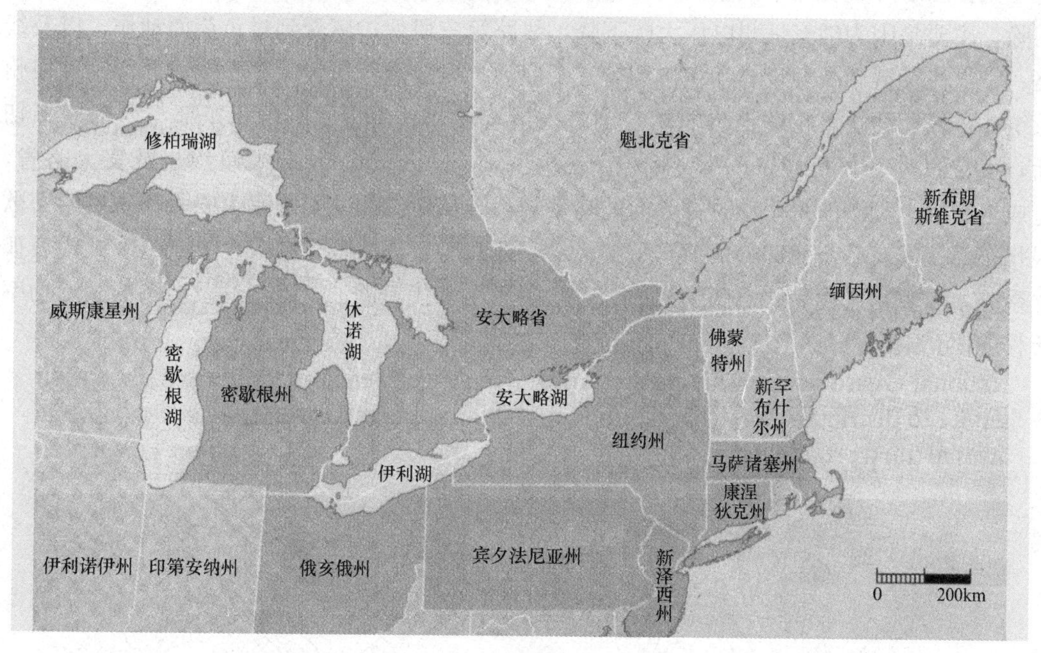

图 1.5　8 月 14 日大停电波及的地区（深色部分）

3.1　事故的发生及发展

事故的发生及发展大致可分成如下三个阶段。

3.1.1　事故初始状态（12:00～15:05）

在这个阶段开始时，各个区之间的功率传输，都在允许的界限内，但是由南部田纳西州（Tennessee）及西部明尼苏达州（Minnesota）、威斯康星州（Wisconsin）、伊利诺伊斯州（Illinois）、密苏里州（Missouri）等送到俄亥俄州（Ohio）、密歇根州（Michigan）及安大略省（Ontario）的功率比较大。在俄亥俄州（Ohio）的北部，伊利湖（Eire）的南面，围绕着克利福兰市（Cleveland）的阿克荣（Akron）区，是一个重负荷区。13:31 时，东湖（East Lake）电厂 5 号机带 597MW 切除（过励保护动作）；14:02，南部的一条 Suart-Atlanta 345kV 线路切除，但系统基本上处于正常运行状态。事后的分析计算说明，上述切除没有使其他线路出现过载，这中间，地区控制中心的计算机曾一度出现故障，导致失去信息采集及示警功能。

3.1.2　事故扩大阶段（15:05～16:10:38）

15:05～15:41 时，送电给阿克荣（Akron）地区的三条 345kV 线路哈定—章伯林（Hardinq-Chamberlin）、哈那—久尼泊（Hana-Juniper）、斯达—南康特恩（Star-South Canton）都因为线路与大树接触而切除。在斯达—南康特恩（Star-South Canton）线路切除后，送电到克利福兰市地区的多条 138kV 线路因严重过载切除，这造成另一条唯一剩下来的送电给克利福兰市的345kV沙密斯—斯达（Sammis-Star）线路切除（16:05）。克利福兰市阿克荣地区与南都的联系完全切断（见图1.6），可以说事故由此扩大。该区内电压大幅度下降，切除了大量负荷。这之后出现了俄亥俄州以外的一系列的线路及发电厂切除，主要是因为俄亥俄州电压大幅下降，线路第三段保护感受到过负荷而动作，以及线路、发电机及低频减载没有互相协调等三个原因。事故继续扩大，先是造成北部密歇根州系统分成东西两块，密歇根州的功率倒流入俄亥俄州。由于密歇根州东部与西部联系切断，大量的功率由PJM（Pennsylvania-New Jerney-Maryland）冲入纽约州及安大略省，造成了围绕伊利湖的一个反时钟方向的功率转移，从纽约州，经加拿大安大略省供给密歇根州东部及俄亥俄州北部的负荷（见图1.6～图1.8）。图1.6～图1.8中黑色区域代表孤立系统，黑色粗线代表停电区的界面，点状阴影区域代表湖泊，带斜线及剪头的表示功率转移方向。

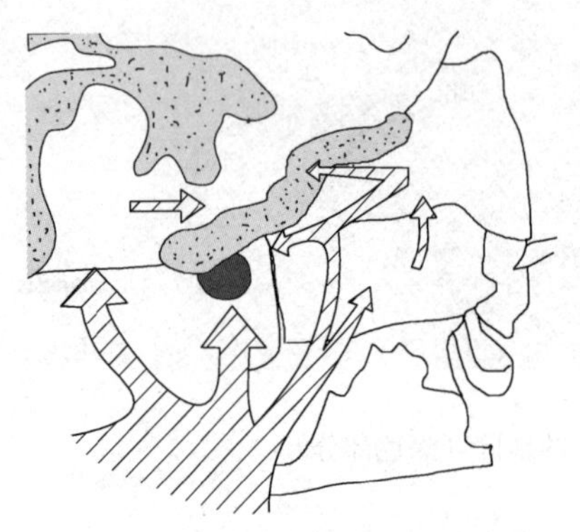

图1.6 克利福兰市阿克荣地区与南部联线全部切断（16:05:57）

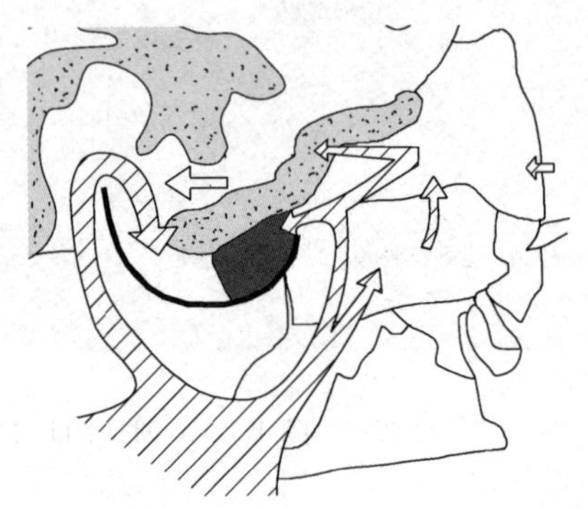

图1.7 功率开始向西北方向转移（16:10:37）

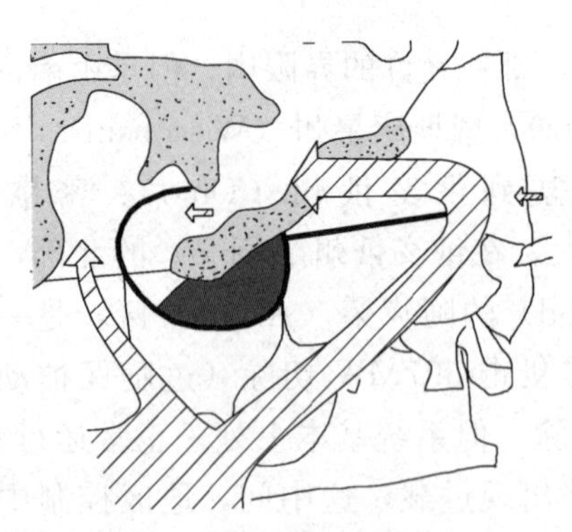

图1.8 形成绕伊利湖逆时针方向的功率转移（16:10:40）

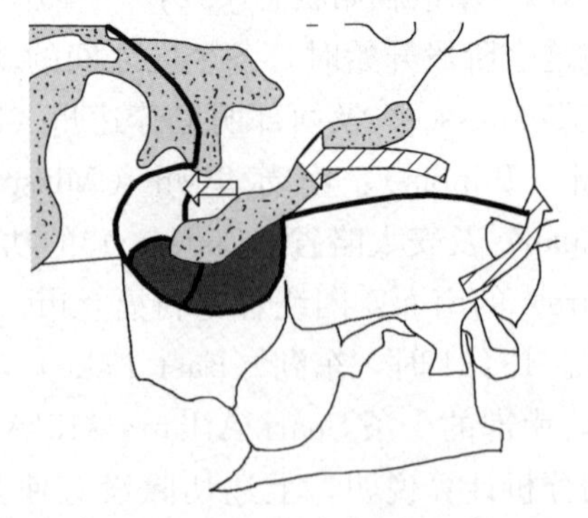

图1.9 宾夕法尼亚—新泽西—马里兰（PJM）与纽约州之间线路切断，美国东北部与安大略省形成孤立系统（16:10:45）

3.1.3 失去稳定—解列—大停电（16:10:38～16:13）

PJM与纽约州之间的线路的保护，把上述功率转移当作故障，切除了该线路，安大略省内的东西之间的线路也同时切除，这样就形成美国东北部系统与安大略省系统组成的孤立系统（见图 1.9），安大略省与密歇根州之间很快失去暂态稳定，功率在正负之间振荡。由于在这个孤立系统中，出力小于负荷，功率、频率及电压均激烈振荡，结果使更多的线路及发电机切除，进一步形成更小的孤立系统，由于出力与负荷还是不平衡，线路、发电机、负荷就再被切除，这样就使得大部分地区停电（见图 1.10）。只有少数孤立系统保持平衡，没有出现大停电，例如新英格兰地区（New England）及加拿大魁北克省（Quebec）系统。但是 PJM 南面及西面的整个西部联合系统的大部分，没有受到波及。当潮流发生逆时针方向转移后，图 1.11 是由安大略省进入密歇根州的有功功率、无功功率及电压，图 1.12 是各断面上测得的有功功率及频率。

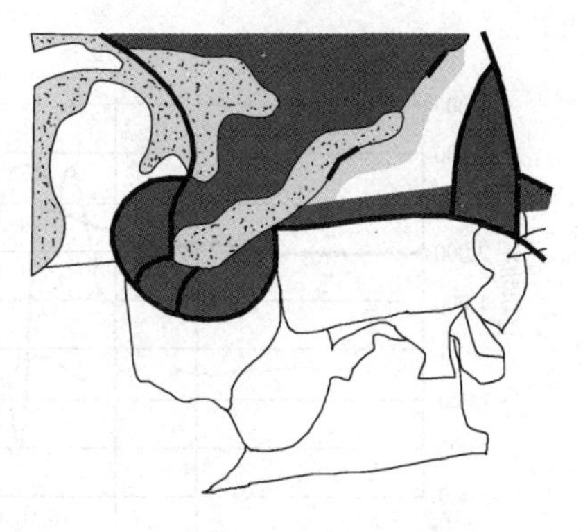

图 1.10　失去稳定—解列—大停电（16:13:00）

3.2　事故的分析及探讨

北美电力可靠性委员会（North America Electric Reliability Council，简称 NERC）公布的关于此次事故的材料相当详尽，可供研究分析的题目不少，这里仅提出以下两点供参考。

3.2.1　是电压稳定还是功角稳定

对于这次事故，有人认为是电压不稳定引起的，这在 NERC 的最后报告中，已经回答了这个问题：电压不稳定是无功功率出力少于无功负荷，而使得电压下降，并使线路充电功率及并联电容无功功率出力降低，电压进一步下降，这是一个逐渐加剧的过程。在 8 月 14 日故障的整个过程中，克利福兰—阿克荣（Cleveland-Akron）地区确实是缺少无功功率，但是还能维持稳定的较低的电压水平。该地区的 345kV 线路的切除，是因为导线与树的接触，并非低电压，而当每一次线路切除后，电压均能稳定在许可的范围内。当功率形成逆时针方向转移后，加拿大安大略省电力系统与美国密歇根州之间失去了暂态稳定，这可以由图 1.11 中安大略省—密歇根州的功率从＋3700MW变到 －2100MW 可以确定（相当于功角从 90°变到 180°），而由图 1.11 可

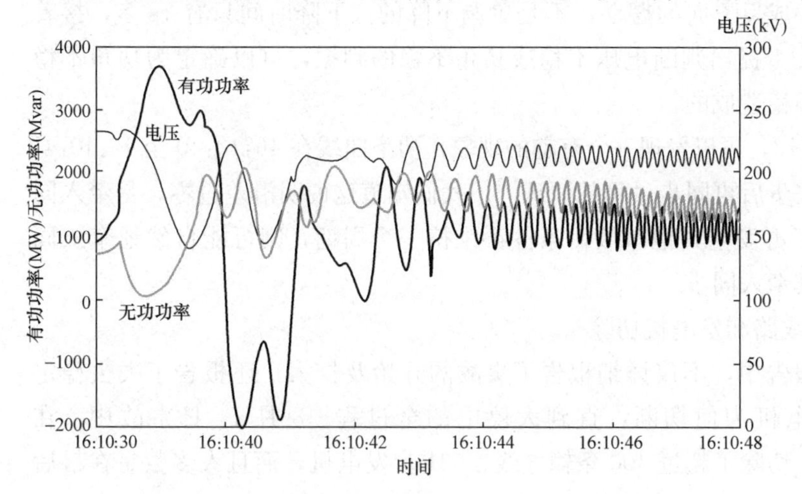

图 1.11　由安大略省进入密歇根州的有功功率、无功功率及电压

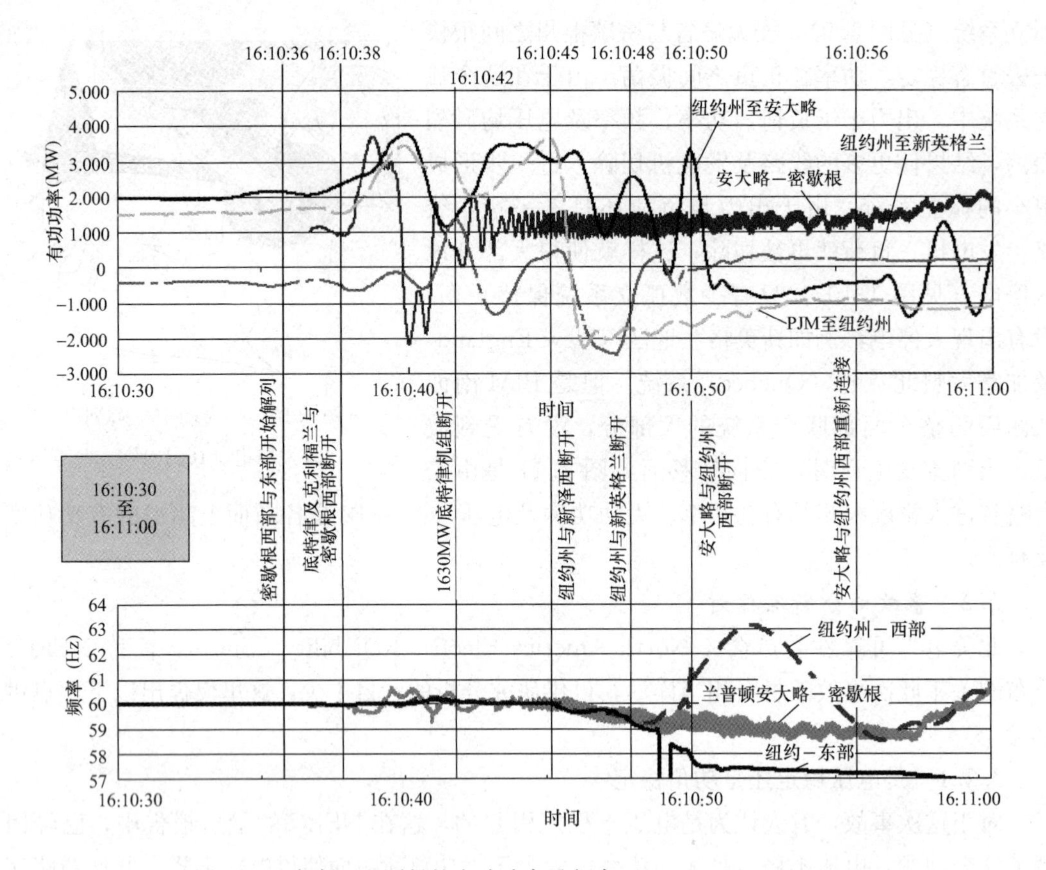

图 1.12 各断面上测得的有功功率及频率（16:10:30～16:11:00）

见，电压基本上是与功率成反方向的摆动，不是单调下降的，下降时间只有 1s 多，接着又上升了，所以按照表 1.1 提出判断电压不稳或功角不稳的判据，可以确定为功角不稳定，电压下降是由功角不稳造成的。

观察图 1.11 及图 1.12，可以发现一个有趣的现象，功率曲线在 16:10:40 至 16:10:41 之间出现了双峰，根据失步后再同步过程的原理[5]，我们知道这说明滑差过零，是牵入同步的好时机，如果当时不再发生其他事故，条件再维持一个周期，则可能自然地牵入同步，或者人为控制，使其牵入同步。

3.2.2 为什么大量线路和发电机切除

NERC 在系统事故报告中，不仅详细报告了事故的开始及扩大，还报告了失去稳定后，系统如何解列，发电机为何切断，直到大停电的全过程。8 月 14 日事故中，在 16：06以后的 8 分钟内，切除了超过 400 条输电线、531 台发电机，而且大多数是在最后 12s 切除的。报告提出了应研究在事故中，线路保护、低压、低频减载及发电机的保护应如何协调配合的课题，要对它们在系统大事故下的行为重新检讨，目的是使事故扩大范围减小，扩大的速度减慢，解列后的孤立系统切除最少发电机及负荷而维持两者的平衡。初步分析，可以看出：

（1）线路的切除主要是由于线路保护第 3 段动作，本来第 3 段是作为第 1、2 段保护的后备，而不是作为过负荷保护的，但是当系统失去稳定后的摇摆过程中，电压会降低，电流会增大，阻抗轨迹进入第 3 段，而造成不必要的线路切除。系统的保护应该区别短路及失步，不应使事故扩大。

（2）事后的分析证明，如果在克利福兰—阿克荣（Cleveland-Akron）地区装设了低压减载，切去 1500MW，则很可能 8 月 14 日的事故就只局限在该区。因此要求各地区都要提出装置低压减载的实施计划。

（3）NERC 的低频减载要求是，每一个可靠性协调区分几步至少要切除 20%～30%的负荷。在 8 月 14 日由低频减载切除的负荷总计为 25588MW。

（4）发电机是系统中最贵的元件，为防止它的损坏，设置了多种保护，8 月 14 日切除了 531 台发电机，切除的原因十分复杂：有的是过电流，有的是低电压，有相当一部分是由于励磁系统故障及保护，有的是频率过高，有的是由于电压/频率保护动作，有的是厂用电失去或厂用控制系统故障，还有 40%的发电机找不出切除的原因。NERC 的报告认为不少发电机的切除，并非是按照预先设计的条件，有些切除是缺乏协调配合，例如发电机的过速切除与低频减载若同时动作，就说明整定值不配合。因此要求保护的协调及整定需要加以检讨。

3.2.3　发电机动态无功功率的支持

发电机是一个磁能储藏元件，当系统需要时，可以释放出来，在动态过程中，它还可通过调节励磁支持系统的电压，这是事故状态下，挽救系统免于崩溃的重要手段。可是在 8 月 14 日故障中（其他几次北美大停电事故中，也有类似的情况），据报告有 17 台发电机由于过励保护，14 台由于欠励保护，18 台由于过电流动作切除，有多少是由于电压/频率保护切除，另外有多少机组（特别那些独立电力生产会公司，IPP）是用恒定功率因数励磁控制，报告中没有说明，其中有多少台是误动，多少台是整定值不合理（过励限制如能正确动作，可将励磁降到安全数值，就不会出现过励磁的现象）。有关过励限制、恒定功率因数的励磁控制、电压/频率之比控制方式等，详见本书第 8 章。设置或整定不合理都会使发电机对系统电压支持减小，甚至恶化了系统的运行。有人说，励磁系统是引起当天事故最早的起因，是指供电给克利福兰—阿克荣（Cleveland-Akron）地区的 East Lake 电厂 5 号机，因过励保护切断，造成线路过载。NERC 建议设定发电机稳态及故障后 15min 无功容量的标准及相应检验、测量的方法，以确定合理的整定值。这牵涉到风险管理的问题，要在系统的需要与设备的安全之间加以平衡。

第 3 节　励磁控制开辟了电力系统稳定性全新的方向

任何一门工程科学都是为了解决认识世界及改造世界，对于电力系统稳定这个专业来说，就是要解决分析及改善电力系统稳定性的课题，应该说这两个方面在 20 世纪里，特别是 50 年代以后，取得了巨大的进步，例如：

（1）利用计算技术及电力系统理论的成就，发展出的潮流计算及暂态过程时域模拟的软件，达到了非常成熟的阶段，特别是后者，可处理的系统的规模及模型的复杂程度（包括各种非线性、连续的、断续的控制）几乎没有限制。它可以用来分析系统的短期稳定性，长期稳定性，亦可用来分析功角稳定性（包括振荡失步及滑行失步），也可以用来分析电压稳定性。应用时域模拟软件再加上智能试探法，可以解决系统调度运行、规划设计的需要，同时也使得试图采用解析分析方法来分析大规模电力系统稳定性显得没有必要了[20]。

（2）在20世纪60年代，用发电机励磁控制提高系统稳定性取得了突破，这项称为电力系统稳定器（Power System Stabilizer）的技术，反映了WSCC的工程师们，在现场调试的实践过程中，不断探索事物的本质，积累出的一种工程智慧[20]。它与前苏联提出的强力式励磁调节器可说是异曲同工[5]，目的是相同的，但电力系统稳定器实现的手段、设计方法更为简单易行（详见第5章），所提出的理论把过去人们认为是深奥的系统稳定现象，解剖得非常浅显易懂。这项技术很快为全世界各国采用（除了前苏联以外），对于防止低频振荡起了重要的作用。中国从1979年，由本书作者开始引入这项技术[13]，并且用动模试验证明了电力系统稳定器不仅可以消除低频振荡，并且可以把由稳定性限制的最大的输送功率提高到线路极限（相当于同步电机内电抗等于零的水平[15]）。中国电力科学研究院在发展这项技术及工业应用推广方面，进行了出色的工作，使中国在这项技术上，接近了国际水平。

励磁控制也拓展到提高大干扰稳定性，这项技术称为暂态稳定励磁控制（Transient Stability Excitation Control，简称TSEC）或断续励磁控制（Discrete Excitation Control或Excitation Boosting），它可有效地提高受第一摆失去稳定限制的暂态稳定，在加拿大及美国都已应用到工业上，中国在1988年也完成了动模试验研究[16]。

为了提高电压稳定性，励磁控制也发展出了变压器高压侧控制器及二次电压控制系统（详见第8章）。

实践证明，励磁控制已成为全面提高系统安全稳定性的必选手段。电力系统稳定器在过去的40年里表现出极强的生命力，使得借用现代控制理论构造的各种各样励磁控制器，都失去了竞争力。随着励磁控制，特别是稳定器的广泛应用，使得电力系统的动态特性发生了深刻地变化，把一个自然的联系松弛的电力系统，转变成一个依靠控制而联系得更加紧密的电力系统。电力系统稳定性也不再仅仅是网络强度的表现，因而也就不仅仅靠加强一次设备来改善稳定性，而是把一次设备与控制结合起来制定系统的规划设计及运行计划。

励磁控制的普遍应用，也提出了对更有效的分析及设计方法的要求，小干扰稳定性的复频域法分析法应运而生。从某种意义上来说，是否考虑控制的作用是经典电力系统稳定性理论与现代电力系统稳定性理论的主要区别。美国已故的电力系统专家C. Concordia曾指出："快速励磁及其控制为电力系统稳定性开辟了一个全新的方向"[20]。

（3）建立在状态空间方程基础上的复频域法及其软件的出现及应用，使人们对于电力系统动态本质的认识大大地深入了，揭示了许多过去不为人知的动态过程的机理。例如可求得系统内所有振荡模式，定量的给出系统的稳定程度，各个振荡模式在系统内的分布、参数灵敏度等。大量的实践证明，在大规模电力系统中综合应用复频域法及时域模拟法来设计控制器，非常有效且具有很强的适应性。因而使得许多应用控制理论来分析及设计控制的那些经典方法（例如根轨迹作图法等）显得不必要了。

但是，由于系统本身的发展，以及控制及其他新技术的应用，电力工作者也面对严峻的挑战，例如：

（1）联结地区电网，构成跨区的大规模电力系统，这在技术上及经济上有明显的优越性。这使得电力系统不但在容量上、网路的复杂程度上，或是地理的跨度上，都迅速的增加，系统不稳定性的问题，从过去主要以暂态稳定形式出现，变成常常以低频振荡形式或电压不稳定形式出现。一旦局部地区出现故障，可能会发展成为全系统瓦解，大面积停电，经济损失及对社会的影响增大。

（2）电源的位置将更趋于远离负荷中心，这一点在中国特别突出，随着西南地区水利及西部煤炭资源的开发，将会形成由内地向沿海远距离送电的格局。此外，为减少大气污染等公害对人口密集地区的影响，也要求电厂远离城市。

（3）由于控制及其他新技术的应用，使得电力系统稳定性的分析，不但要分析短期稳定性，也要分析长期稳定性。需要处理成千上万个不同时标的互相作用的电气、机械、热力（水力、核能）系统的过渡过程，同时要计入上百万个不同目的，连续的或断续的、分层的控制及保护的作用。分析的对象是高度的非线性及具有很高的阶数。

（4）市场开放，参与的各个公司都追求自己最大的商业利润，降低各自的成本，电网建设缺乏统一长远的规划，运行调度面对更多的不定因素，调度的权威受到制约。所有这些，都使得系统的安全稳定性削弱了。美国 NERC 及 WECC 制定了许多详尽的安全稳定导则，但由于他们都属于同业公会性质，对各个电力公司并没有产权及上下级关系，这反映在美国 NERC 在 2003 年 8 月 14 日美国东北部及加拿大安大略省的大停电的报告中，多次提到有的公司没有执行该委员会制定的可靠性规定使得事故扩大，并提出要立法，对违反者要以法律论处，不知对这样高度技术性的诉讼，谁来当法官？看来既符合电力生产客观规律，又引入市场机制的运营模式，还有待实践中发展及创造。

（5）从事这个专业的人员，应具有深厚的理论基础，同时还得具有电机、系统、控制、计算机软硬件方面的专业知识，人才从哪里来？在北美，电力方面的高等教育逐渐式微，在中国，大学本科也逐渐走向美国式的通才教育，与电力生产分道扬镳。缺乏合格的专业人才，会给生产带来隐患。其他如单机容量增大，同杆并架输电线的应用，都有使安全稳定性削弱的趋势。

下面我们来讨论改善电力系统安全稳定性方法。在 2003 年 8 月 14 日美国大停电以后，出现一种说法，即完全避免罕见的多重故障造成的大停电事故是不现实的，但是，至少避免 8 月 14 日那样的大面积停电事故是否可能？NERC 关于这次事故的报告提到："这次事故是可以避免的"，如果事故前采用了下面任何一个改正的措施的话，事故扩大就可以防止，例如：

（1）及时砍除树木。

（2）在克利福兰—阿克荣（Cleveland-Akron）地区装设足够数量的低压减载。

（3）运行人员遵守可靠性标准。

(4) 合理整定发电机的保护，避免因误动而切断机组等。

这些都是代价很低的措施。

从战略上来说，面对上述所说的挑战，考虑到现代通信技术、计算机技术的发展，国外已开始研究及发展全系统在线安全稳定智能控制及保护系统，它包括广域的监测，在线的动态安全评估（Dynamic Security Assessment），智能分析及控制决策，它协调全系统的地区控制及保护，综合利用各种分析的手段及对系统稳定性积累的知识，预见到可能出现的严重故障，做出预防的调整或控制，亦称自我治疗（Self-healing）。

另外，总结美国几次大停电事故的经验，也应开展系统失去稳定后的行为的研究，以期使停电范围尽可能小，恢复供电尽可能快。

从技术管理上说，可改进的方面很多，这里仅提出其中一项：应着手研究是否需要修改目前所用的考核稳定性的准则，采用安全稳定性风险评估，考虑多重故障及不稳定带来的后果。

最先应该实现的是各地区的分散控制，它们也是上述的全系统安全稳定智能控制系统的基础。这包括发电机励磁、原动机、直流输电、灵活交流输电（Flexible AC Transmission，简称FACTS）的控制。

这里指的发电机励磁控制是在大部分机组上，实现全套改善稳定的励磁控制，它包括：

(1) 自并励或其他快速励磁系统——为实现各种控制提供良好基础。

(2) 高增益电压调节器——提高电能质量及系统的静态稳定。

(3) 电力系统稳定器——提高系统静态及暂态稳定，抑制低频振荡。

(4) 高压侧电压控制——提高电压稳定性。

(5) 二次电压控制——提高电压稳定性。

(6) 周密设计及整定的各种励磁限制及保护——在暂态或事故扩大情况下，输出最大可能无功功率，协助电压恢复。

(7) 根据需要设置的励磁暂态稳定控制——减小受大干扰后第一摆的摆幅，及后续振荡。

由此可见，励磁控制提高系统稳定性是全方位的：静态稳定、暂态稳定、电压稳定，也是全过程的：第一摆及后续摆动。其效果是相当显著的，详见第11章。

正如文献［18］指出的，发电机励磁系统是现成的，励磁控制只要加入几毫瓦功率，就可以控制几千瓦励磁功率，再放大即可达几个兆瓦。其他控制，例如可控串补，如要控制兆瓦级功率，需投入兆伏安级的设备。效率是不可比的。

励磁控制是分散布置的，对于功角稳定来说，它是从产生不稳定的“源”上消除不稳定的原因，正像汽车的减震器是装在轮轴上一样[18]。

另外，由于稳定性对控制的依赖，在制定系统的稳定性运行标准时，不得不考虑控制系统因故障退出对稳定性的影响，因励磁控制是分散布置的，不会同时出故障，只要在全系统励磁协调设计中，考虑某台机组的励磁控制退出，尚有其他机组励磁控制作为后备，就可以不影响整体的稳定性。

原动机的控制，由于受到热力及机械系统的限制，目前还没有达到普遍应用的阶段。

至于直流输电及灵活交流输电（FACTS），如果用它们来消除系统的低频振荡的话，则它们对于通过该线路的两端的两群机组之间的联络线模式应当是非常有效的，但有可能对机组本机模式的振荡提供了相位不适当的扰动，而恶化了该模式的阻尼。并且一旦出现故障，对系统的影响非常大。北美的一些系统专家在文献［18］中指出，灵活交流输电中的可控串补的应用，使输电线比未补偿时强送大得多的功率，改变了交流输电网络潮流的自然特性，通常用 $n-1$ 来考验系统的可靠性，则一旦线路或可控串补检修或者切除，对系统将造成更严重的影响。$n-1$ 故障后，目前系统的无功功率损耗可能达到传输功率的 3 倍，当采用灵活交流输电输送的有功功率大为增加后，一旦灵活交流输电因故障而断开，如何来供应这样大的无功功率需求？此外，对应用 m 个灵活交流输电的系统，$n-1$ 原则是否要修改？变成 $m(n-1)$？因而专家们认为可控串补的应用可能使系统总的可靠性降低的意见，可供我们参考。

综上所述，发电机励磁控制，由于它的有效性、经济性及成熟程度，在提高稳定性的控制中，应该是首选的措施。

将励磁控制的先进技术，全面的、普遍的应用到电力系统中，会使系统的安全稳定性大为改观。

参考文献

［1］ Richard T. Byerly，E. W. Kimbark. Stability of Large Electric Power System，IEEE Press，1974

［2］ CIGRE Study Committee 32. USA Response to Questionnaire on Control of the Dynamic Performance of Future Power System. CIGRE Report，1976

［3］ IEEE Task Force on Terms and Definitions. Proposed Terms and Definitions for Power System Stability. IEEE Trans.，Vol. PAS-101 June 1982

［4］ IEEE/CIGRE Joint Task Force on Stability Terms and Definitions. Definition and Classification of Power System Stability. IEEE Trans. On Power System，Aug. 2004，Vol. 19，No. 3，pp. 1387～1401

［5］ B . A . Веников. Электрмеханические переходные проце-ссы в электрических ситтемах. ГЭИ，1958

［6］ P. Kundur. Power System Stability and Control. New York：McGraw-Hill Inc.，1993

［7］ F. P. de Mello，C. Concordia. Concept of Synchronous Machine Stability as Affected by Excitation Control. IEEE Trans.，Vol. PAS-88，pp316-329，April 1969

［8］ WSCC Disturbance Report Task Force (Don Watkins，BPA-Chairman). Disturbance Report for the Power System Outage that Occurred on the west Interconnection on August 10，1996，1545 PAST. Approved by the WSCC Operations Committee on October 18，1996，www. bpa. biz

［9］ WSCC Disturbance Report Task Force (Vernon Porter，IPC-Chairman). Disturbance Report for the Power System Outage that Occurred on the west Interconnection on July2，1996，1424 MAST，July 3，1996，1403 MAST. Approved by the WSCC Operations Committee on September 19，1996，www. bpa. biz

［10］ C. Taylor，D. Erickson. Recoding and Analyzing the July 2 Cascading Outage. IEEE Computer Application in Power，January，1997

[11] Chu Liu. A Discussion of July 2, 1996 Outage in WSCC. Power Engineering Review, Oct. 1998, Vol. 18, Issue: 10

[12] US-Canada Power System Outage Task Force. Final Report on the August 14, 2003 Blackout in the United States and Canada: Causes and Recommendations. April 2004, www. doe. gov

[13] 刘取，周荣光，马维新，冯庚烈．电力系统镇定器的理论及实践．大电机技术，1979，1

[14] 曾庆禹，方思立．电力系统稳定器改善电力系统稳定性．电力技术，1982，5

[15] 刘取，于升业，马维新，秦荃华，李中华．采用电力系统镇定器提高系统稳定性的研究．清华大学学报，1979，2 (19)

[16] Chu Liu. Laboratory Verification of An Excitation Control System For Increasing Power System Stability. International Journal Power and Energy System, Vol. 5, No. 2, April 1983

[17] D. N. Kosterev, C. W. Taylor and W. A. Mittelstadt. Model Verification for the August 10, 1996 WSCC System Outage. IEEE Trans. Power System, Vol. 14, No. 3, pp. 967-979, August, 1999

[18] H. K. Clark, F. P. De Mello, N. D Peppen, and R. J. Ringlee. The Grid in Transition-FACTS or fiction when dealing with reliability? IEEE Power & Energy, Sep. /Oct. 2003

[19] 刘取，倪以信．电力系统稳定性与控制综述．电机工程学报，1990，11 (10)

[20] P. F. de Mello. Dynamic Analysis and Control System Engineering in Utility Systems. Key notes address , IEEE-ASME Conference on Control Applications, Albany N. Y. , USA, Sep. 28-29, 1995

[21] Kip Morison, Lei Wang, Prabha Kundur. Power System Security Assessment. IEEE Power & Energy, Sep. /Oct. 2004

[22] A. Choriton, G. Shackshaft. Comparison of accuracy of Methods for studying Stability Nothfeet Exercise. Electra, No. 23 July 1972

[23] IEEE, Proceedings of the International Symposium On Power System Stability, Ames, Iowa. 1985

[24] CIGRE Task Force. Analysis and Modeling Needs of Power Systems Under Major Frequency Disturbances. CIGRE Report 38. 02. 14 , Jan. 1999

第2章

同步电机的基本方程式及数学模型

电力系统稳定性与系统中各元件的动态特性有密切关系，其中发电机及其控制系统的影响尤为突出。描述同步发电机动态特性最常用的是以d，q，0坐标表示的基本方程式，它在西方被称为派克（Park）方程，在俄罗斯被称为派克—戈列夫（ΓOPEB）方程。有关这方面文献很多，而且有许多不同的表示方法，这常常造成学习上的困难，本书采用从事电力系统工作者最常用的表示方法，着重从物理概念上来分析这些方程，各个量之间的关系及含义，并且通过同步电机三相短路电流的分析，使读者较容易掌握，并应用基本方程式来解决具体工程问题。

第1节　理想电机及a、b、c坐标表示的方程式

根据同步电机理论，所谓的理想电机，将符合下述假定：

（1）铁心导磁系数为常数，不计饱和、涡流等。

（2）三相完全对称，空间分布相差120°，产生正弦分布的磁动势。

（3）定子、转子表面光滑，不计齿、槽的影响。

对于电压、电流及坐标轴的正方向的不同规定，会使同步电机的基本方程式出现不同的形式。本书定子绕组采用发电机极性惯例，定子各相正向电流产生与各相轴线方向相反的磁链，即产生去磁作用。向负荷方向看，电流正方向与电压降正方向一致，感生电动势与电压降方向一致，即感生电动势为$+\frac{d}{dt}\psi$。图2.1及图2.2分别表示出定子电流、定子及转子电压的正方向，图中⊙表示电流由纸面向上，⊗表示电流由纸面向下，从而，我们可以得到下述电压方程式

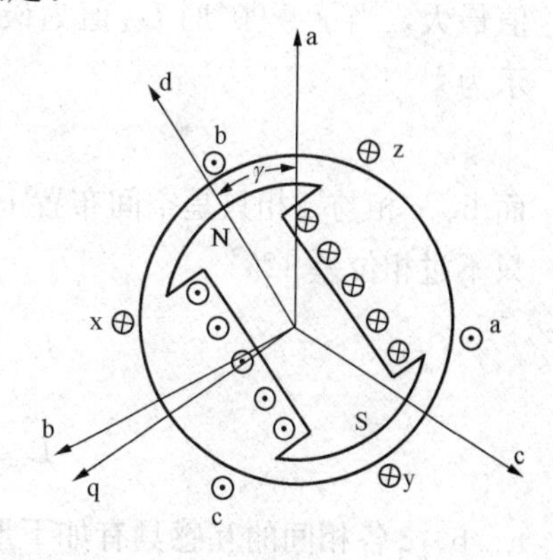

图2.1　定子电流的正方向

$$\left.\begin{aligned} u_a &= \frac{d}{dt}\psi_a - ri_a \\ u_b &= \frac{d}{dt}\psi_b - ri_b \\ u_c &= \frac{d}{dt}\psi_c - ri_c \end{aligned}\right\} \qquad (2.1)$$

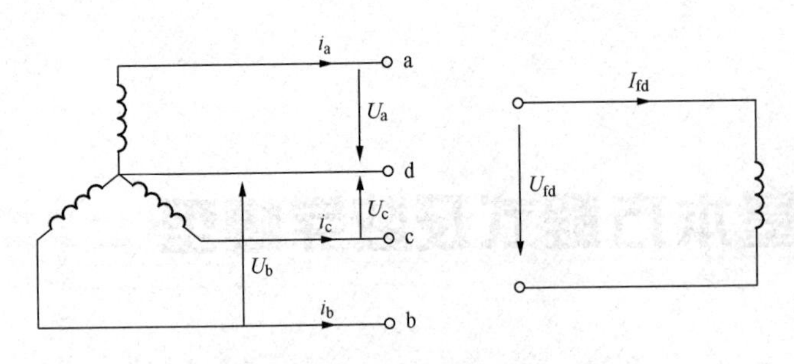

图 2.2 定子及励磁电压的正方向

对于转子，我们规定各量的正方向如下：转子的d轴及q轴的正方向如图2.1所示，d轴与磁极中心线一致，q轴顺转子正常旋转方向领先d轴90°。励磁绕组的磁链正方向与d轴正方向一致。当励磁绕组中电流产生的磁链方向与d轴正方向一致时，该电流定为正值。图2.1中，标出了励磁绕组中电流正方向。励磁电压正方向如图2.2所示，向励磁绕组方向看，电压降正方向与励磁电流正方向一致。据此，可得到励磁绕组电压方程式如下

$$U_{fd} = \frac{d}{dt}\Psi_{fd} + R_{fd}I_{fd} \tag{2.2}$$

式(2.1)、式(2.2)中各绕组的磁链为穿过该绕组的总磁链。定子绕组a相磁链为

$$\Psi_a = -L_{aa}i_a - L_{ab}i_b - L_{ac}i_c + L_{afd}i_{fd} + L_{akd}i_{kd} + L_{akq}i_{kq}$$

b、c相磁链具有类似的形式。使用的单位是韦伯(Wb)、亨利(H)和安培(A)。由于采用了上述正方向的规定，定子绕组电流都带有负号。L_{aa}是a相绕组的自感，它等于其他所有电路的电流都为零时，a相的磁链与a相电流之比，当d轴与a相夹角γ为零时，L_{aa}值最大，当$\gamma=90°$时L_{aa}值为最小，$\gamma=180°$时，L_{aa}值又变成最大，L_{aa}是γ的函数，可表示为[1]

$$L_{aa} = L_{aa0} + L_{aa2}\cos 2\gamma$$

而b、c相与a相只是空间布置上差120°，其他相同，所以b、c相的自感具有类似形式，只不过相位差120°

$$L_{bb} = L_{aa0} + L_{aa2}\cos 2\left(\gamma - \frac{2\pi}{3}\right)$$

$$L_{cc} = L_{aa0} + L_{aa2}\cos 2\left(\gamma + \frac{2\pi}{3}\right)$$

a、b、c各相间的互感具有如下形式

$$L_{ab} = L_{ba} = -L_{ab0} - L_{ab2}\cos\left(2\gamma + \frac{\pi}{3}\right)$$

$$L_{bc} = L_{cb} = -L_{ab0} - L_{ab2}\cos(2\gamma - \pi)$$

$$L_{ca} = L_{ac} = -L_{ab0} - L_{ab2}\cos\left(2\gamma - \frac{\pi}{3}\right)$$

转子绕组的磁链

$$\Psi_{fd} = L_{ffd}i_{fd} + L_{fkd}i_{kd} - L_{afd}i_a - L_{bfd}i_b - L_{cfd}i_c$$

其中L_{ffd}是转子上励磁绕组的自感与互感之和，与γ无关；L_{fkd}是转子上阻尼绕组与励磁绕组之间互感，与γ无关。

当d轴与定子a相夹角为零时，定于与转子之间的互感最大，当$\gamma=90°$时，互感为

零，所以转子各绕组与定子 a 相的互感可以表示为

$$L_{afd}=L_{afd0}\cos\gamma$$

$$L_{akd}=L_{akd0}\cos\gamma$$

$$L_{akq}=L_{akq0}\cos\left(\gamma+\frac{\pi}{2}\right)=-L_{akq}\sin\gamma$$

转子各绕组对 a、b、c 相的互感是相同的，例如

$$L_{afd}=L_{bfd}=L_{cfd}$$

由图 2.1 可以看出，由于发电机的转子是不对称的，各绕组的自感及绕组间的互感，就与转子的位置有关。因转子不停地转动，这些系数就与转速或者时间有关，因此以 a、b、c 为坐标的电机方程中包含了随时间变化的系数，就不再是常系数的微分方程了，这使计算及使用非常不便。

第 2 节　以 d、q、0 为坐标的方程式

以 a、b、c 为坐标，相当于将坐标固定在定子上，因而出现了时变的系数。如果我们将坐标固定在转子上，随转子一同旋转，如图 2.1 所示，并将定子三相绕组等效地化为 d、q 两个绕组。由于定子是对称的，由转子向定子看过去，不论沿 d 轴还是 q 轴方向，都是对称的，因而各绕组的自感及互感就不会出现周期变化，而是恒定的了。这就是 d、q、0 坐标的最大优点，并因此得到了广泛的应用。

由 a、b、c 坐标，转换到 d、q、0 坐标，主要利用派克变换，两种坐标中各分量的关系如下

$$\left.\begin{aligned}i_d&=\frac{2}{3}[i_a\cos\gamma+i_b\cos(\gamma-120°)+i_c\cos(\gamma+120°)]\\i_q&=-\frac{2}{3}[i_a\sin\gamma+i_b\sin(\gamma-120°)+i_c\sin(\gamma+120°)]\\i_0&=\frac{1}{3}(i_a+i_b+i_c)\end{aligned}\right\}\tag{2.3}$$

$$\left.\begin{aligned}i_a&=i_d\cos\gamma-i_q\sin\gamma+i_0\\i_b&=i_d\cos(\gamma-120°)-i_q\sin(\gamma-120°)+i_0\\i_c&=i_d\cos(\gamma+120°)-i_q\sin(\gamma+120°)+i_0\end{aligned}\right\}\tag{2.4}$$

γ 为 d 轴与定子 a 相轴线间夹角（见图 2.1）。其他磁链及电压也具有类似的形式。

利用上述的坐标转换关系式，并经过单位换算后，即可得到下面以 d、q、0 坐标表示的电压、磁链及转矩的方程式。

1. 定子端电压方程式

$$\left.\begin{aligned}u_d&=\frac{d}{dt}\Psi_d-\Psi_q\omega-ri_d\\u_q&=\frac{d}{dt}\Psi_q+\Psi_d\omega-ri_q\end{aligned}\right\}\tag{2.5}$$

式中，u_d、u_q 为定子 d 轴、q 轴绕组电压；Ψ_d、Ψ_q 为定子 d 轴、q 轴绕组磁链；i_d、i_q 为定子 d 轴、q 轴绕组电流；ω 为同步电机转速；r 为定子绕组电阻。

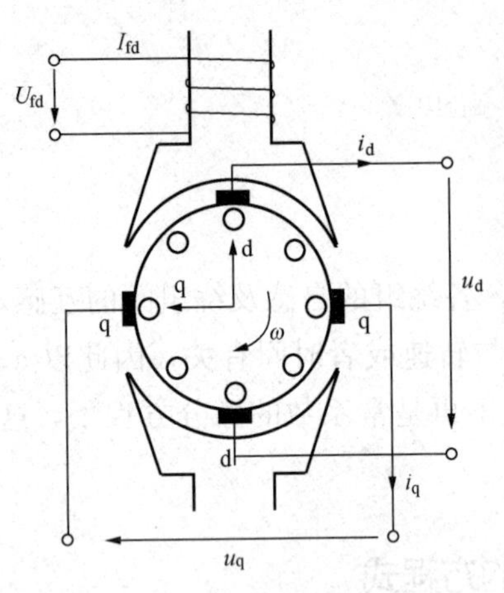

图 2.3 两相同步电机

苏联学者 A. И. Важнов 曾用一台表示同步电机的换向电机推导出上述方程[7]，它将坐标变换以清晰的物理概念加以阐明。下面就来介绍这种方法。

从电机工作原理来看，无论是电枢旋转还是磁场旋转，其效果是相同的，因而可用一个电枢旋转而磁场不动的两相同步电机对原来的模型进行分析❶。在图 2.3 中，为了能在 d、q 轴上分别量出电枢电压，沿 d、q 轴上放置了两套电刷，并把电枢环形绕组接到换向器上。

先看 d-d 轴上产生的变压器电动势，如图 2.4 所示（图上标出了 Ψ_d、i_d 正方向，即正的电流产生与轴线相反的磁链），它只能是由 Ψ_d 产生，即所谓的变压器电动势。按照前面电流、电压、电动势正方向的假定

$$e_{dT} = \frac{d}{dt}\Psi_d \tag{2.6}$$

同理，如图 2.5 所示，q-q 轴上产生的变压器电动势为

$$e_{qT} = \frac{d}{dt}\Psi_q \tag{2.7}$$

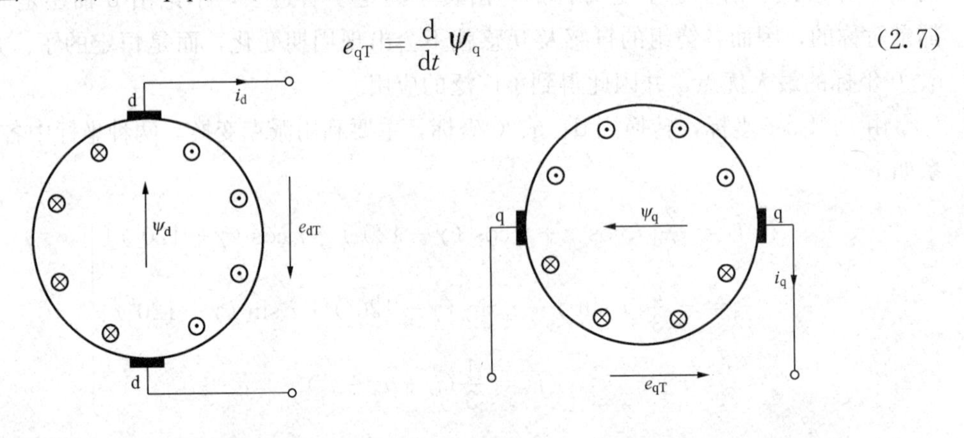

图 2.4 Ψ_d 产生的变压器电动势　　图 2.5 Ψ_q 产生的变压器电动势

另外，电枢是在一个磁场内转动，由于线圈切割磁力线，必然产生一个旋转电动势。

对于 d-d 轴来说，如图 2.6 所示，q 轴磁链 Ψ_q 在 d 轴线圈上产生的旋转电动势方向按照右手定则，如⊙及⊗所示，而 Ψ_d 产生的旋转电动势互相抵消了，因而在 d 轴上只有 Ψ_q 产生旋转电动势，Ψ_d 产生的旋转电动势等于零。

同理，对于 q-q 轴来说，如图 2.7 所示，Ψ_d 在 q 轴绕组内产生旋转电动势，而 Ψ_q 产生的旋转电动势，在绕组内互相抵消了。

❶ 在理想电机中，零序电流不产生气隙磁场，三相电机可用两相电机代替。

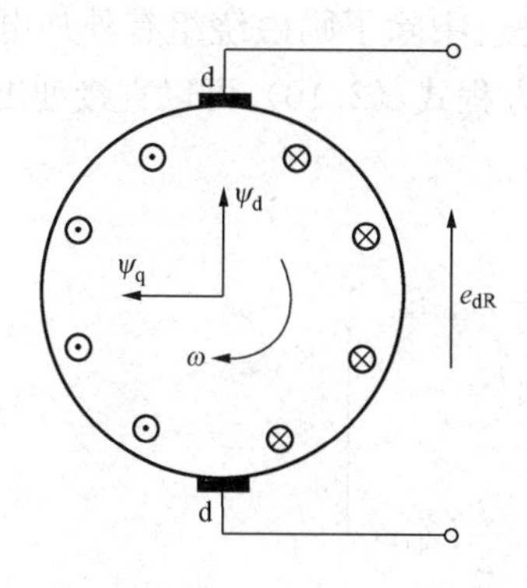

图 2.6　Ψ_q 产生的旋转电动势

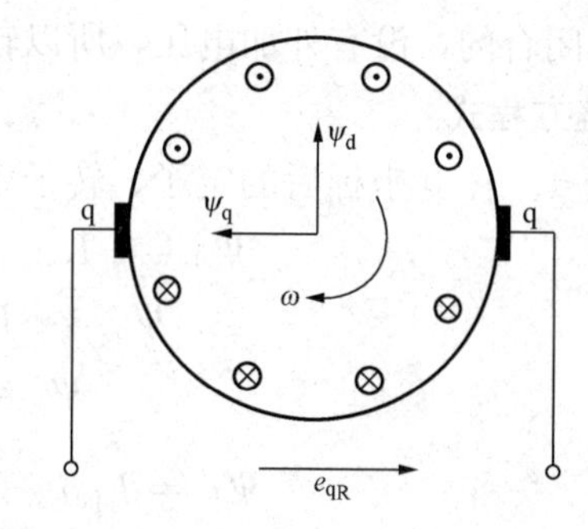

图 2.7　Ψ_d 产生的旋转电动势

由上面的分析，我们可以归结出来，只有与定子绕组同名的磁链才能产生变压器电动势，而只有与定子绕组异名的磁链才能产生旋转电动势。我们知道，旋转电动势与转速 ω 成正比，所以

$$\left.\begin{aligned} e_{dR} &= -\Psi_q\omega \\ e_{qR} &= \Psi_d\omega \end{aligned}\right\} \tag{2.8}$$

另外，由图 2.6、图 2.7 可知，在 d 轴绕组内，旋转电动势与变压器电动势是反方向的；而在 q 轴绕组内，它们是同方向的。所以，每个绕组的电压，都等于绕组内产生的电动势之和减去绕组内电阻压降，于是得

$$\begin{aligned} u_d &= e_{dT} + e_{dR} - ri_d = \frac{d}{dt}\Psi_d - \Psi_q\omega - ri_d \\ u_q &= e_{qT} + e_{qR} - ri_q = \frac{d}{dt}\Psi_q + \Psi_d\omega - ri_q \end{aligned} \tag{2.9}$$

由式（2.9）可见，不论 d 轴或 q 轴绕组的端电压，都是由同名的磁链产生的变压器电动势$\left(\frac{d}{dt}\Psi_d \text{ 或 } \frac{d}{dt}\Psi_q\right)$与异名的磁链产生的旋转电动势（$\Psi_q\omega$ 或 $\Psi_d\omega$）之和减去相应的电阻压降（ri_d 或 ri_q）。

2. 转子电压方程式

$$\left.\begin{aligned} U_{fd} &= \frac{d}{dt}\Psi_{fd} + R_{fd}I_{fd} \\ 0 &= \frac{d}{dt}\Psi_{kd} + R_{kd}I_{kd} \\ 0 &= \frac{d}{dt}\Psi_{kq} + R_{kq}I_{kq} \end{aligned}\right\} \tag{2.10}$$

式中，Ψ_{kd}、I_{kd}、R_{kd} 为纵轴阻尼绕组的磁链、电流及电阻；Ψ_{kq}、I_{kq}、R_{kq} 为横轴阻尼绕组的磁链、电流及电阻。

用大写字母表示的 R_{fd}、R_{kd}、R_{kq}、I_{fd}、I_{kd}、I_{kq} 是经过单位换算后的量。同样，转子上的自感、互感也都用大写字母表示。

因为坐标是固定在转子上并与转子一起旋转，所以转子上绕组的电压与磁链的变化及电阻压降相平衡（当转子绕组当作负荷时），转子绕组中除了励磁绕组有外加电压外，其他都是自己闭合的，没有外加电压，所以转子电压方程式（2.10）可以直接列出。

3. 磁链方程式

转换到d、q、0坐标后的定子、转子磁链方程

$$\left.\begin{aligned}\Psi_d &= -L_d i_d + L_{afd} i_{fd} + L_{akd} i_{kd}\\ \Psi_q &= -L_q i_q + L_{akq} i_{kq}\\ \Psi_0 &= -L_0 i_0\\ \Psi_{fd} &= L_{ffd} i_{fd} + L_{fkd} i_{kd} - \frac{3}{2} L_{afd} i_d\\ \Psi_{kd} &= L_{fkd} i_{fd} + L_{kkd} i_{kd} - \frac{3}{2} L_{akd} i_d\\ \Psi_{kq} &= L_{kkq} i_{kq} - \frac{3}{2} L_{akq} i_q\end{aligned}\right\} \tag{2.11}$$

其中

$$L_d = L_{aa0} + L_{ab0} + \frac{3}{2} L_{aa2}$$

$$L_q = L_{aa0} + L_{ab0} - \frac{3}{2} L_{aa2}$$

$$L_0 = L_{aa0} - 2L_{ab0}$$

可见，转换后的磁链方程中，无论自感及互感都是常数，但是由于定子绕组是三相，而转子绕组是两相，所以定转子之间互感抗就是不可逆的，即互不相等。例如：i_d 产生的与励磁绕组相链的互感磁链为 $\frac{3}{2}L_{afd}i_d$ ，而 i_{fd} 产生的与定子d轴绕组相链的互感磁链是 $L_{afd}i_{fd}$ 。

如采用 x_{ad} 基值系统，经变换（见附录A），并用大写符号表示变换后的转子量就可得到可逆的标幺值表示的方程式。另外，如发电机处于额定转速下，因转速基值 $\omega_{base} = 2\pi f_{base}$ ，所以 ω 的标幺值 $\omega = 1$ ，$X=L$，例如，$L_d=x_d$，$L_{afd}=x_{afd}$，于是得磁链方程

$$\left.\begin{aligned}\Psi_d &= -x_d i_d + X_{afd} I_{fd} + X_{akd} I_{kd}\\ \Psi_q &= -x_q i_q + X_{akq} I_{kq}\\ \Psi_{fd} &= -x_{afd} i_d + X_{ffd} I_{fd} + X_{fkd} I_{fd}\\ \Psi_{kd} &= -x_{akd} i_d + X_{fkd} I_{fd} + X_{kkd} I_{kd}\\ \Psi_{kq} &= -x_{akq} i_q + X_{kkq} I_{kq}\end{aligned}\right\} \tag{2.12}$$

式中，Ψ_d 、Ψ_q 、Ψ_{kd} 、Ψ_{kq} 、Ψ_{fd} 分别为d轴及q轴定子绕组、阻尼绕组和励磁绕组的磁链；x_d 、x_q 、X_{kkd} 、X_{kkq} 、X_{ffd} 分别为d轴及q轴定子绕组、阻尼绕组和励磁绕组的自感抗，其中 x_d 、x_q 又称为同步电抗；x_{afd} 、x_{akd} 、x_{akq} 、X_{afd} 、X_{fkd} 、 X_{akd}、 X_{akq}分别为d轴及q轴各绕组之间的互感抗。

上面已说明，用大写字母表示已折合后的转子上的量。

在互感可逆情况下，式（2.12）中，有

$$X_{afd} = X_{akd} = X_{fkd} = x_{akd} = x_{afd} = x_{ad}$$

$$X_{akq} = x_{akq} = x_{aq}$$

从物理概念上来说，式（2.12）也是很好理解的。每个绕组的磁链等于本绕组电流产生的自感磁链与其他绕组电流产生的互感磁链之和，其中定子绕组电流产生的磁链是去磁的，而 d 轴及 q 轴由于互差 90°，所以没有互感。

4. 转矩方程式

相应的理论分析，可以求出电磁转矩为

$$M_e = -i_d \Psi_q + i_q \Psi_d \tag{2.13}$$

为了便于理解，式（2.13）也可以由等效的直流电机中 d、q 两套绕组中电磁过程的分析中得出，电磁转矩的形成如图 2.8 所示。

凡是产生与旋转方向相反的转矩为正，因为它相当于发电机的制动转矩，而与旋转方向相同者为负（驱动转矩）。

如图 2.8 所示，当 $i_d > 0$ 时，它与 Ψ_q 产生的转矩，按照左手定则，可以看出为驱动转矩，设它为 M_e'，则

$$M_e' = -i_d \Psi_q \tag{2.14}$$

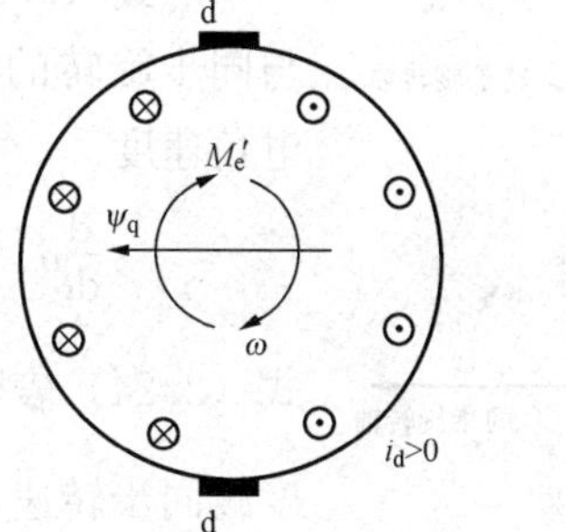

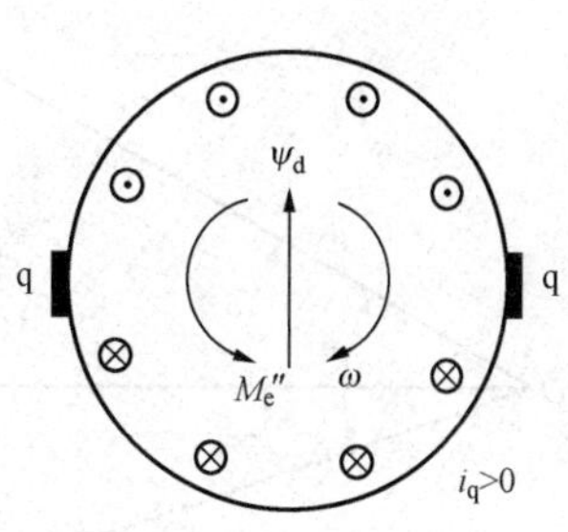

图 2.8　电磁转矩的形成

当 $i_q > 0$ 时，它与 Ψ_d 产生的转矩，按照左手定则，为一制动转矩，设它为 M_e''，则

$$M_e'' = i_q \Psi_d \tag{2.15}$$

总的转矩为

$$M_e = M_e' + M_e'' = -i_d \Psi_q + i_q \Psi_d \tag{2.16}$$

下面我们将上述转矩表达式，转换成功率的表达式。

我们在发电机定子端电压的表达式中，略去 $\frac{d}{dt}\Psi_d$、$\frac{d}{dt}\Psi_q$ 及电阻 r，因为它们与磁能变化及电阻损耗有关，对功率影响甚小。这样

$$\left.\begin{aligned} \Psi_q &= -u_d/\omega \\ \Psi_d &= +u_q/\omega \end{aligned}\right\} \tag{2.17}$$

代入式（2.16），可得

$$M_e = (i_d u_d + i_q u_q)/\omega \tag{2.18}$$

因为输出功率 $P_e = \omega M_e$，所以式（2.18）可得

$$P_e = i_d u_d + i_q u_q \tag{2.19}$$

5. 转子运动方程式

物体在直线运动中，存在着 $F = ma$（作用力等于物体质量乘加速度），与此类似，物体旋转运动有下述规律

$$\Delta M = J\alpha = J\frac{d}{dt}\Omega = J\frac{d^2}{dt^2}\gamma \tag{2.20}$$

式中，J 为物体的转动惯量，kgm²；α 为转子的机械角加速度，rad/s²；Ω 为角速度，

rad/s；γ 为机械角，rad；ΔM 为作用在转子上的不平衡转矩，即机械转矩与电磁转矩之差，Nm^2

$$\Delta M = M_{\mathrm{m}} - M_{\mathrm{e}} \tag{2.21}$$

下面，我们将机械角化为转子对同步旋转的参考轴的角位移 δ。

Ω 及 γ 与电角速度 ω 及电角度 θ 间有如下关系

$$\left.\begin{aligned}\Omega &= 2\omega/p_{\mathrm{f}}\\ \gamma &= 2\theta/p_{\mathrm{f}}\end{aligned}\right\} \tag{2.22}$$

式中，p_{f} 为极个数。

由图 2.9 可知，δ 与绝对电角度 θ 有如下关系

$$\delta = \theta - \omega_0 t \tag{2.23}$$

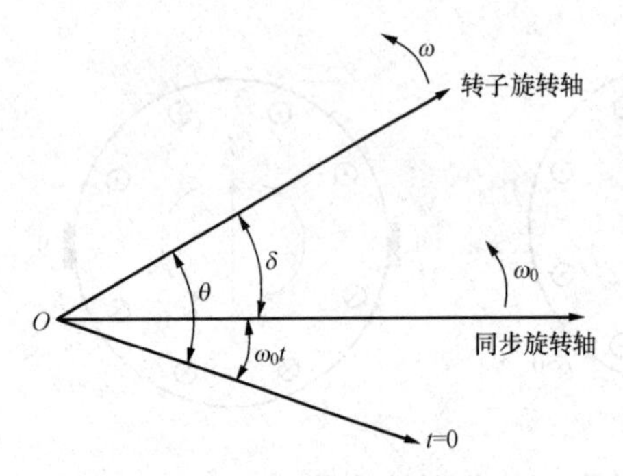

图 2.9 电角速度 ω 及电角度 θ 间的关系

对式（2.23）微分，即可得到转子电角速度与同步旋转的坐标轴之间的角速度之差，即相对电角速度

$$\frac{\mathrm{d}}{\mathrm{d}t}\delta = \frac{\mathrm{d}}{\mathrm{d}t}\theta - \omega_0 = \omega - \omega_0 = \Delta\omega \tag{2.24}$$

式（2.24）表明相对电角速度 $\frac{\mathrm{d}}{\mathrm{d}t}\delta$ 等于转子电角速度减同步转速 ω_0。

对式（2.24）再微分一次，即得相对角加速度与绝对角加速度相等的关系，即

$$\frac{\mathrm{d}^2}{\mathrm{d}t^2}\delta = \frac{\mathrm{d}^2}{\mathrm{d}t^2}\theta = \frac{\mathrm{d}}{\mathrm{d}t}\Delta\omega \tag{2.25}$$

将式（2.25）及式（2.22）代入式（2.20），即得到用相对电角度表示的转子运动方程式

$$\frac{2J}{p_{\mathrm{f}}}\frac{\mathrm{d}^2}{\mathrm{d}t^2}\delta = \frac{2J}{p_{\mathrm{f}}}\frac{\mathrm{d}}{\mathrm{d}t}\Delta\omega = \Delta M \tag{2.26}$$

并可化为两个一阶方程式

$$\frac{2J}{p_{\mathrm{f}}}\frac{\mathrm{d}}{\mathrm{d}t}\Delta\omega = \Delta M \tag{2.27}$$

$$\frac{\mathrm{d}}{\mathrm{d}t}\delta = \omega - \omega_0 = \Delta\omega \tag{2.28}$$

为了把式（2.27）、式（2.28）用标幺值来表示，等式两边除以 $M_{\mathrm{base}} = S_{\mathrm{base}}/\omega_{\mathrm{mbase}}$（见本章第4节，其中 M_{base} 为转矩基值，S_{base} 为发电机容量基值，ω_{mbase} 为机械角速度基值）后得

$$\frac{\Delta M}{S_{\mathrm{base}}/\omega_{\mathrm{mbase}}} = \Delta M^* \tag{2.29}$$

$$\frac{\dfrac{2J}{p_{\mathrm{f}}}\dfrac{\mathrm{d}\Delta\omega}{\mathrm{d}t}}{S_{\mathrm{base}}/\omega_{\mathrm{mbase}}} = \frac{J\omega_{\mathrm{mbase}}^2}{S_{\mathrm{base}}}\frac{\mathrm{d}\Delta\omega^*}{\mathrm{d}t} = T_{\mathrm{J}}\frac{\mathrm{d}\Delta\omega^*}{\mathrm{d}t} = 2H\frac{\mathrm{d}\Delta\omega^*}{\mathrm{d}t} \tag{2.30}$$

因此可得
$$\Delta M^* = T_J \frac{d\Delta\omega^*}{dt} \tag{2.31}$$

其中
$$T_J = 2H = \frac{J\omega_{mbase}^2}{S_{base}} \tag{2.32}$$

$$\Delta\omega^* = \Delta\omega/\omega_{base} \tag{2.33}$$

ω_{base}为电角速度基值，$\omega_{base}=p_f\omega_{mbase}/2$，$H$ 为惯性常数的标幺值，它等于以瓦・秒表示的动能除以额定容量（$J\omega_{mbase}^2/2S_{base}$），其量纲为 s，$T_J$ 为惯性时间常数，量纲为 s。现假定用额定转矩将转子从静止加速到额定转速，求所需时间 T_n，则利用式（2.31）可得

$$\Delta\omega^* = \frac{1}{T_J}\int_0^{T_n} 1.0dt = \frac{T_n}{T_J}$$

即 $T_n=T_J$，它表示以额定转矩将转子由静止加速到额定转速所需要的时间。

式（2.28）化成标幺值
$$\frac{1}{\omega_{base}}\frac{d}{dt}\delta = \Delta\omega^* \tag{2.34}$$

或合成为一个方程

$$\frac{1}{\omega_{base}}T_J\frac{d^2}{dt^2}\delta = \Delta M^* \tag{2.35}$$

式中，ΔM^* 为不平衡转矩标幺值；t 为时间，s；δ 为相对电角度，rad。

相对电角速度 ω 取为标幺值，即 $\omega^*=\omega/\omega_{base}$，其中 ω_{base} 通常都表示为 ω_0，$\omega_0=2\pi f_0$（当 $f_0=50$ Hz 时，$\omega_0=100\,\pi$/s）。

惯性时间常数 T_J，单位 s，当功率基值改变时，此数要进行折合。如原来以机组额定容量 S_N 为基值，现在要折算到系统基值 S_b，则原来的数要乘以 S_N/S_b，即系统基值越大，T_J 值越小，因为用更大功率或转矩将转子加速到额定转速所需时间要减小。

文献［6］中，列举转子运动方程式采用不同单位制的表达式，它们都可以由上述这种形式推演出来。目前，上述形式为较多的人所采用。

在以后的方程中，如不加注明，都表示标幺值，故将表示标幺值的 * 号去掉。

有一点需要加以说明，在转子运动方程式中，有时还加上一项与速度成正比的转矩项，成为

$$\left.\begin{aligned} T_J\frac{d}{dt}\Delta\omega + D\Delta\omega &= \Delta M = M_m - M_e \\ \frac{d}{dt}\delta &= \omega_0\Delta\omega \end{aligned}\right\} \tag{2.36}$$

其中，D 为所有与转速变化成正比的转矩的比例系数，可以用来近似地代替原动机，阻尼绕组及负荷的阻尼特性。影响该系数的因素很多，将在第 10 章低频振荡分析中详述这部分转矩，它有时称为 M_D

$$M_D = D\Delta\omega \tag{2.37}$$

其中 M_D、ω 是以标幺值表示的，所以 D 也以标幺值表示。

第 3 节　同步电机实用数学模型

上面，我们建立了由五个绕组构成的同步电机模型的方程式，这五个绕组是定子 d、q 绕组，转子励磁绕组（fd）及 d 轴阻尼绕组（kd）和 q 轴阻尼绕组（kq）。在进行分析时，可以根据研究课题的不同，对阻尼绕组作某些简化的假设，而根据对阻尼绕组的不同处理，可以得到不同的数学模型。例如，当考虑到小干扰稳定是属于转速变动不大的情况下的一种低频振荡现象，而且励磁控制系统相对来说将给予较大的影响时，阻尼绕组可以只作近似的考虑，即认为：d 轴已有励磁绕组，它能够代表一部分 d 轴上的阻尼作用，因此就不另设 d 轴阻尼绕组。而当发电机为汽轮发电机时，横轴的阻尼作用可以用一个假想的绕组 kq 来代表（有的国外文献称之为绕组 g），这样就得到所谓的四绕组模型。更进一步的简化，就是将两个阻尼绕组完全略去，其作用近似地在阻尼系数 D 中计入，这样就构成三绕组模型。

在电力系统分析中，我们希望从电机定子方面来看问题，所以一般均将转子方面的电压、电流、磁链转换成定子方面的假想电动势（如 E_{fd}、E_{d}、E_{q}、E'_{d} 及 E'_{q}）来表示，而不采用原始的派克方程的形式。这样做的好处是，可以将发电机当成一个含内阻抗的电动势，与外部联系，可以用一般电路方法处理。上述转换的另外一个重要好处是，以 x_{ad} 为基值的发电机励磁电压标幺值 U_{fd} 转换成的 E_{fd}，就变成以励磁标幺系统为基值的励磁机输出电压，因此发电机励磁输入电压就可以与励磁机输出电压直接接口，不需要再将它转换到发电机 x_{ad} 标幺系统，这一点过去很少人注意到（详见第 3 章）。本节将介绍以这些导出量表示的数学模型及它们的概念。

1. 四绕组模型（只计一个 q 轴阻尼绕组）

这时，电压方程式仍保持不变

$$u_{\mathrm{d}} = \frac{\mathrm{d}}{\mathrm{d}t}\Psi_{\mathrm{d}} - \Psi_{\mathrm{q}}\omega - ri_{\mathrm{d}} \tag{2.38}$$

$$u_{\mathrm{q}} = \frac{\mathrm{d}}{\mathrm{d}t}\Psi_{\mathrm{q}} + \Psi_{\mathrm{d}}\omega - ri_{\mathrm{q}} \tag{2.39}$$

磁链方程式变为

$$\Psi_{\mathrm{d}} = -x_{\mathrm{d}}i_{\mathrm{d}} + x_{\mathrm{ad}}I_{\mathrm{fd}} \tag{2.40}$$

$$\Psi_{\mathrm{q}} = -x_{\mathrm{q}}i_{\mathrm{q}} + x_{\mathrm{aq}}I_{\mathrm{kq}} \tag{2.41}$$

$$\Psi_{\mathrm{fd}} = -x_{\mathrm{ad}}i_{\mathrm{d}} + X_{\mathrm{ffd}}I_{\mathrm{fd}} \tag{2.42}$$

$$\Psi_{\mathrm{kq}} = -x_{\mathrm{aq}}i_{\mathrm{q}} + X_{\mathrm{kkq}}I_{\mathrm{kq}} \tag{2.43}$$

转子电压方程为

$$U_{\mathrm{fd}} = \frac{\mathrm{d}}{\mathrm{d}t}\Psi_{\mathrm{fd}} + R_{\mathrm{fd}}I_{\mathrm{fd}} \tag{2.44}$$

$$0 = \frac{\mathrm{d}}{\mathrm{d}t}\Psi_{\mathrm{kq}} + R_{\mathrm{kq}}I_{\mathrm{kq}} \tag{2.45}$$

现在假设两个分别与 I_{fd} 及 I_{kq} 成正比的电动势 E_{q}、E_{d} 为

$$E_q = x_{ad} I_{fd} \tag{2.46}$$

$$E_d = - x_{aq} I_{kq} \tag{2.47}$$

E_q 是与励磁电流成正比的无载励磁电动势，或称同步电抗后的内电动势。E_d 是一个与q轴阻尼绕组内电流成正比的假想电动势。将磁链方程式代入电压方程式，得

$$u_d = - x_d \frac{d}{dt} i_d + x_{ad} \frac{d}{dt} I_{fd} + \omega x_q i_q - \omega x_{aq} I_{kq} - r i_d \tag{2.48}$$

$$u_q = - x_q \frac{d}{dt} i_q + x_{aq} \frac{d}{dt} I_{kq} - \omega x_d i_d + \omega x_{ad} I_{fd} - r i_q \tag{2.49}$$

$$U_{fd} = - x_{ad} \frac{d}{dt} i_d + X_{ffd} \frac{d}{dt} I_{fd} + R_{fd} I_{fd} \tag{2.50}$$

$$0 = - x_{aq} \frac{d}{dt} i_q + X_{kkq} \frac{d}{dt} I_{kq} + R_{kq} I_{kq} \tag{2.51}$$

如果我们假定励磁电流为常数，发电机处于稳态或极缓慢的变化过程中，则所有的微分项都等于零，且转速近似为额定，即 $\omega = 1$，则得

$$\left.\begin{aligned} u_d &= - x_{aq} I_{kq} + x_q i_q - r i_d \\ u_d &= E_d + x_q i_q - r i_d \end{aligned}\right\} \tag{2.52}$$

或

$$\left.\begin{aligned} u_q &= x_{ad} I_{fd} - x_d i_d - r i_q \\ u_q &= E_q - x_d i_d - r i_q \end{aligned}\right\} \tag{2.53}$$

或

d、q轴上的电流、电压及电动势组成全电流 $\boldsymbol{I}$，电压 $\boldsymbol{U}$ 及电动势 $\boldsymbol{E}$，即

$$\boldsymbol{I} = i_d + j i_q \tag{2.54}$$

$$\boldsymbol{U} = u_d + j u_q \tag{2.55}$$

$$\boldsymbol{E} = E_d + j E_q \tag{2.56}$$

则

$$\boldsymbol{U} = \boldsymbol{E} + x_q i_q - j x_d i_d - r\boldsymbol{I} \tag{2.57}$$

如果进一步认为阻尼绕组中的电流为零，因而与电流成正比的假想电动势 $E_d = 0$，也即 $\boldsymbol{E} = jE_q$，发电机电压 $\boldsymbol{U}$ 与恒定电动势 E_q 之间的差，就是d、q绕组内同步电抗 x_d 及 x_q 上的压降（略去电阻压降）。

$$\boldsymbol{U} = jE_q - j x_d i_d + x_q i_q \tag{2.58}$$

如果式（2.58）右边加上 $j x_q i_d$ 再减去 $j x_q i_d$，则

$$\boldsymbol{U} = jE_q - j\boldsymbol{I} x_q + j i_d (x_q - x_d)$$

如令

$$E_Q = \boldsymbol{U} + j\boldsymbol{I} x_q \tag{2.59}$$

则

$$jE_q = E_Q + j i_d (x_d - x_q) \tag{2.60}$$

由式（2.60）可见，E_Q 是在q轴上的量。因此，我们可得凸极电机在稳态下的相量图（滞后电流、略去定子电阻），如图2.10所示。

由上可见，由于电机在d、q轴方向上的不对称，使得由端电压求内电动势 E_q 很不便利，因为这要求出d、q轴电流的分量在 x_d 及 x_q 上的压降，所以这里定义了一个电动势 E_Q，称为同步电机的假想电动势。由于 E_Q 的相位表示出了q轴的位置，在研究小扰动变化较慢的过程（如小干扰稳定）时，凸极电机可以用内电抗 x_q 及电动势 E_Q 来代表，在计

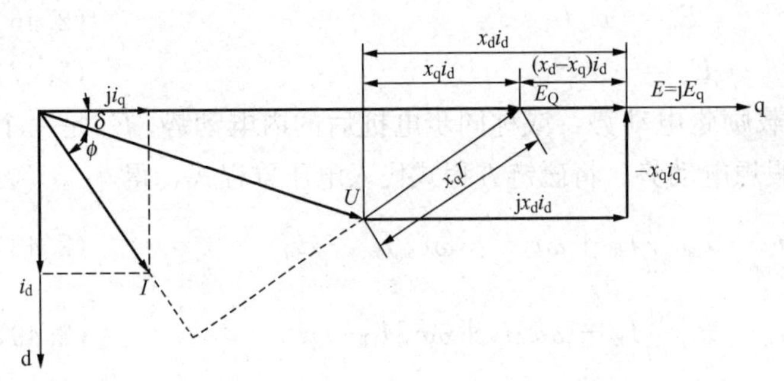

图 2.10 凸极电机在稳态下的相量图

(滞后电流、略去定子电阻)

算中 E_Q 要根据电流的变化作相应的调整。如果发电机是隐极的，x_d 及 x_q 可认为近似相等，则此时 $E_Q = E_q$ 。

现在我们再考虑发电机电流产生较快变化的情况。这时可以认为转子励磁绕组磁链 Ψ_{fd} 保持恒定。这样，我们定义另一个假想电动势 E'_q ，它正比于励磁绕组磁链 Ψ_{fd}

$$E'_q = \frac{x_{ad}}{X_{ffd}} \Psi_{fd} \tag{2.61}$$

E'_q 在定子电流发生突然变化时，具有保持不变的特性。下面我们将建立 E'_q 与其他量如 E_q 及 U_q 的关系，以便利用 E'_q 在突变前后不变的特性，求出电流突变后的量。由式 (2.46) 可知，$E_q = x_{ad} I_{fd}$。现在来考察 $E_q - E'_q$ ，按定义

$$E_q - E'_q = x_{ad} I_{fd} - \frac{x_{ad}}{X_{ffd}} \Psi_{fd}$$

代入式 (2.42)

$$E_q - E'_q = x_{ad} I_{fd} - \frac{x_{ad}}{X_{ffd}} (-x_{ad} i_d + X_{ffd} I_{fd})$$

即

$$E_q - E'_q = \frac{x_{ad}^2}{X_{ffd}} i_d \tag{2.62}$$

式 (2.62) 中，$\frac{x_{ad}^2}{X_{ffd}}$ 即等于 $x_d - x'_d$，其中 x'_d 为发电机的瞬变电抗，当发电机励磁绕组不励磁并且闭路时，在发电机端突加一电压，使它产生一个电流（电动机电流），这时，d 轴绕组磁链与其电流 i_d 之比即为 x'_d

$$x'_d = \Psi_d / i_d \tag{2.63}$$

不加励磁即 $U_{fd} = 0$ ，励磁绕组为一闭合回路，磁链不能发生突变，即突变前后 Ψ_{fd} 相等。在式 (2.42) 中，以 $i_d = -i_d$ 代入，计及 $\Psi_{fd} = 0$，得

$$x_{ad} i_d + X_{ffd} I_{fd} = 0 \tag{2.64}$$

另外，上述情况下，式 (2.40) 变为

$$\Psi_d = x_d i_d + x_{ad} I_{fd} \tag{2.65}$$

由式 (2.64) 及式 (2.65)，考虑到

$$X_{ffd} = x_{ad} + X_{fl} \tag{2.66}$$

$$x_d = x_{ad} + x_l \tag{2.67}$$

其中 X_{fl} 及 x_l 分别为励磁绕组及 d 轴定子绕组的漏电抗。这样我们可以得到 x'_d 的等值电路，如图 2.11 所示。

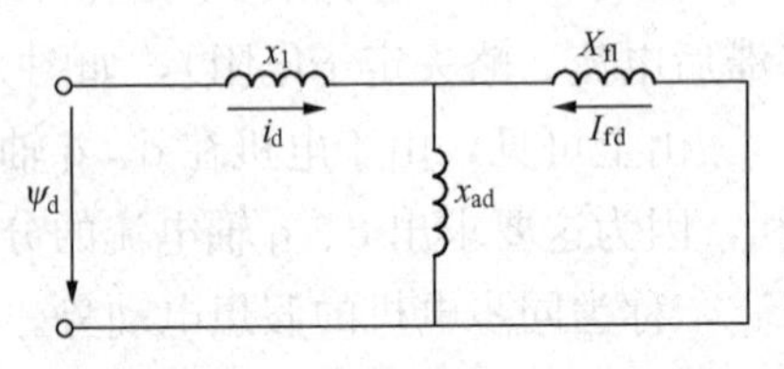

图 2.11 x'_d 的等值电路

按照定义

$$x'_{\rm d}=\frac{\Psi_{\rm d}}{i_{\rm d}}=x_{\rm l}+\frac{x_{\rm ad}X_{\rm fl}}{x_{\rm ad}+X_{\rm fl}}=x_{\rm l}+x_{\rm ad}+\frac{x_{\rm ad}X_{\rm fl}}{x_{\rm ad}+X_{\rm fl}}-x_{\rm ad}$$

$$=x_{\rm d}-\frac{x_{\rm ad}^2}{x_{\rm ad}+X_{\rm fl}}=x_{\rm d}-\frac{x_{\rm ad}^2}{X_{\rm ffd}}$$

故

$$\frac{x_{\rm ad}^2}{X_{\rm ffd}}=x_{\rm d}-x'_{\rm d} \tag{2.68}$$

再代回到式（2.62），得

$$E_{\rm q}-E'_{\rm q}=(x_{\rm d}-x'_{\rm d})i_{\rm d} \tag{2.69}$$

上面我们建立了 $E_{\rm q}$ 与 $E'_{\rm q}$ 的关系，现在我们来建立 $E'_{\rm q}$ 与电压 $u_{\rm q}$ 的关系，这时虽然处于突然变化的过程，但对电压方程式（2.38）及式（2.39）来说，变压器电动势 $\frac{\rm d}{{\rm d}t}\Psi_{\rm d}$、$\frac{\rm d}{{\rm d}t}\Psi_{\rm q}$ 与旋转电动势 $\Psi_{\rm q}\omega$、$\Psi_{\rm d}\omega$ 来比仍然是较小的，可以把它略去。这是因为这两项电动势之比大致相当于 $\frac{1}{T}$ 与 ω 之比（假设 $\Psi_{\rm d}$、$\Psi_{\rm q}$ 是以 ${\rm e}^{-t/T}$ 衰减），$\frac{1}{T}$ 最大约为 30（即 T 相当于阻尼绕组回路时间常数），则它只占 $\omega=2\pi f\approx 314$（$f=50$Hz）的 1/10，而且衰减极快，只在很短时间内起作用；$\frac{1}{T}$ 最小约为 0.1（即 T 相当于励磁绕组当定子开路时之时间常数），则它与 ω 之比就更小了。略去变压器电动势，也相当于略去了定子电流的过渡过程，即认为定子绕组磁链及电流可以突变。这样，由式（2.39）及式（2.40），仍假设 $\omega=1.0$

$$u_{\rm q}=\Psi_{\rm d}-ri_{\rm q}=-x_{\rm d}i_{\rm d}+x_{\rm ad}I_{\rm fd}-ri_{\rm q}=E_{\rm q}-x_{\rm d}i_{\rm d}-ri_{\rm q}$$

计入式（2.69），得

$$u_{\rm q}=E'_{\rm q}-x'_{\rm d}i_{\rm d}-ri_{\rm q} \tag{2.70}$$

与推导 $E'_{\rm q}$ 类似，我们也可以设横轴阻尼绕组的磁链不变，因而定义另一个假想电动势 $E'_{\rm d}$，它是正比于横轴阻尼绕组的磁链的

$$E'_{\rm d}=-\frac{x_{\rm aq}}{X_{\rm kkq}}\Psi_{\rm kq} \tag{2.71}$$

将式（2.43）两边乘以 $\frac{x_{\rm aq}}{X_{\rm kkq}}$，得

$$\frac{x_{\rm aq}}{X_{\rm kkq}}\Psi_{\rm kq}=-\frac{x_{\rm aq}^2}{X_{\rm kkq}}i_{\rm q}+x_{\rm aq}I_{\rm kq}$$

考虑前面的定义 $E_{\rm d}=-x_{\rm aq}I_{\rm kq}$，得

$$-(E_{\rm d}-E'_{\rm d})=\frac{x_{\rm aq}^2}{X_{\rm kkq}}i_{\rm q} \tag{2.72}$$

同样，可以证明式（2.72）中 $\frac{x_{\rm aq}^2}{X_{\rm kkq}}=x_{\rm q}-x'_{\rm q}$，其中 $x'_{\rm q}$ 为同步电机横轴暂态电抗，当在发电机中产生一个 $-i_{\rm q}$ 时，$x'_{\rm q}$定义为 q 轴绕组磁链与 $i_{\rm q}$ 之比

$$x'_{\rm q}=\Psi_{\rm q}/i_{\rm q} \tag{2.73}$$

因 q 轴没有励磁绕组，且变化前后 $\Psi_{\rm kq}=0$，将 $\Psi_{\rm kq}=0$ 及 $i_{\rm q}=-i_{\rm q}$ 代入（因为是电

动机电流）式（2.41）及式（2.43），得

$$\Psi_q = x_q i_q + x_{aq} I_{kq} \tag{2.74}$$

$$0 = x_{aq} i_q + X_{kkq} I_{kq} \tag{2.75}$$

上面两式中

$$x_q = x_{aq} + x_l \tag{2.76}$$

$$X_{kkq} = x_{aq} + X_{kl} \tag{2.77}$$

x_l 及 X_{kl} 分别为定子绕组及横轴阻尼绕组的漏抗。

这样，我们得到 x'_q 的等值电路，如图2.12所示。

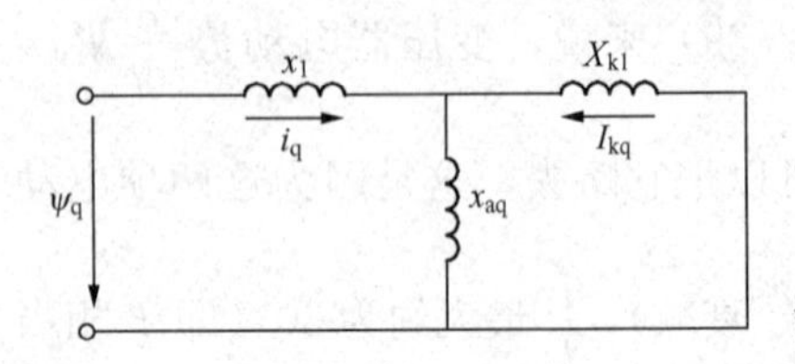

图2.12 x'_q 的等值电路

按定义

$$x'_q = \frac{\Psi_q}{i_q} = x_l + \frac{x_{aq} X_{kl}}{x_{aq} + X_{kl}} = x_q - \frac{x_{aq}^2}{X_{kkq}}$$

故

$$x_q - x'_q = \frac{x_{aq}^2}{X_{kkq}} \tag{2.78}$$

代回式（2.72），得

$$-(E_d - E'_d) = (x_q - x'_q) i_q \tag{2.79}$$

或

$$E_d + x_q i_q = E'_d + x'_q i_q$$

类似地，我们在式（2.38）中，设 $\frac{d}{dt}\Psi_d = 0$，并将式（2.41）代入，计及 $E_d = -x_{aq} I_{kq}$

$$u_d = -\Psi_q - r i_d = x_q i_q - x_{aq} I_{kq} - r i_d = x_q i_q + E_d - r i_d$$

则

$$u_d = E'_d + x'_q i_q - r i_d \tag{2.80}$$

如果我们略去定子绕组上的电阻压降，则可以得到用 E_q、E_d 及 E'_q、E'_d 表示的定子端电压公式

$$u_q = E_q - x_d i_d = E'_q - x'_d i_d \tag{2.81}$$

$$u_d = E_d + x_q i_q = E'_d + x'_q i_q \tag{2.82}$$

如果用等值电路的形式来表示上述两式，则如图2.13及图2.14所示。

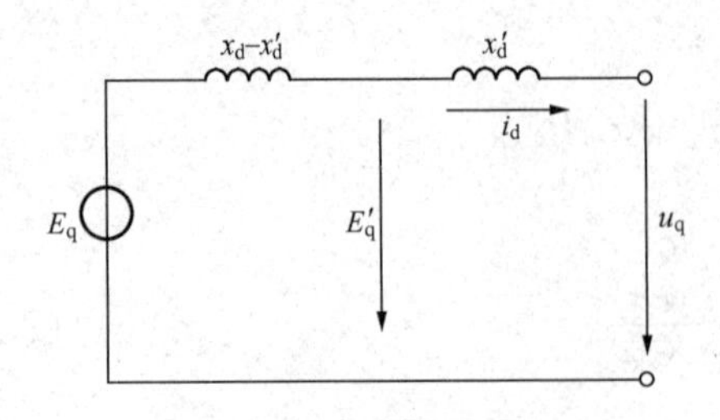

图2.13 q轴等值电路

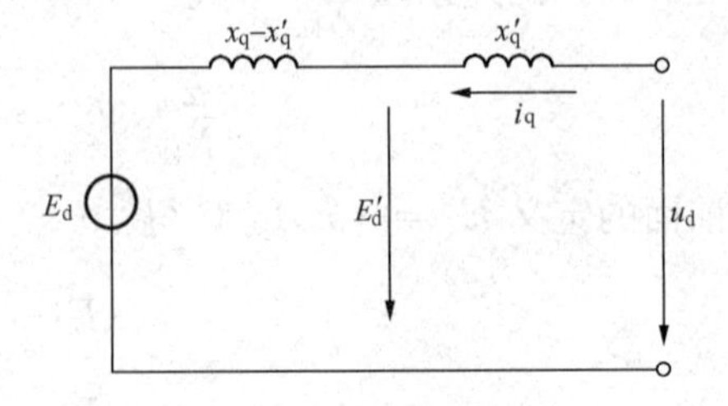

图2.14 d轴等值电路

与前面定义 $\boldsymbol{E}$ 相同，这里也可以定义

$$\boldsymbol{E}' = E'_d + jE'_q \tag{2.83}$$

$\boldsymbol{E}'$ 称为同步电机暂态电抗后的电压或称暂态电动势，当励磁绕组及q轴阻尼绕组磁

链恒定时，它保持不变。

如果将用 E'_d、E'_q 表示 u_d、u_q 的式（2.80）和式（2.70）合并，可得

$$\boldsymbol{U} = u_d + \mathrm{j}u_q = \boldsymbol{E}' - r\boldsymbol{I} - \mathrm{j}x'_d i_d + x'_q i_q \tag{2.84}$$

相应于式（2.69）、式（2.84）、式（2.79）等式所描述的暂态过程中同步电机的相量图如图 2.15 所示。

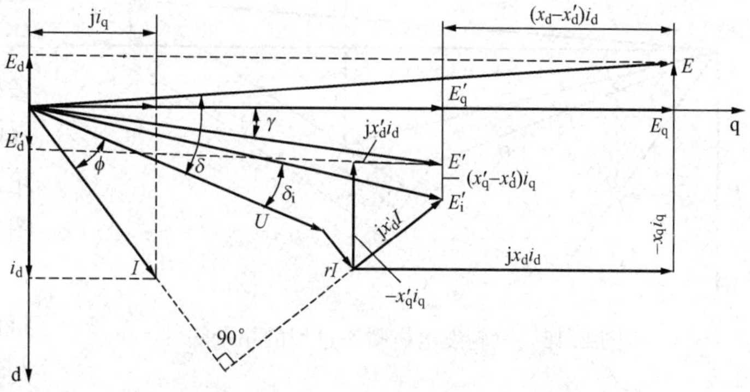

图 2.15　暂态过程中同步电机的相量图

上边我们得到了用 $\boldsymbol{E}$、$\boldsymbol{E}'$ 等量表达磁链的定子电压方程。同样，对转子电压方程也可以这样做。将式（2.44）两边同乘 $\dfrac{x_{ad}}{X_{ffd}}$

$$\frac{x_{ad}}{X_{ffd}}U_{fd} = \frac{x_{ad}}{X_{ffd}}\frac{\mathrm{d}}{\mathrm{d}t}\Psi_{fd} + \frac{x_{ad}}{X_{ffd}}R_{fd}I_{fd}$$

如假设

$$E_{fd} = \frac{x_{ad}}{R_{fd}}U_{fd} \tag{2.85}$$

E_{fd} 是与励磁电压相对应的稳态时的无载电动势，在第 4 章第 2 节中，将会证明 E_{fd} 也同时等于发电机励磁电压以励磁系统为基值的标幺值，换句话说它可以与励磁机输出电压接口，不需要再作基值的转换，这一点很重要，但一般教科书中都没有指出。在式（2.85）中再计入 $E_q = x_{ad}I_{fd}$ 及

$$T'_{d0} = \frac{X_{ffd}}{R_{fd}} \tag{2.86}$$

T'_{d0} 为发电机定子开路励磁绕组的时间常数，则可得

$$E_{fd} = T'_{d0}\frac{\mathrm{d}}{\mathrm{d}t}E'_q + E_q \tag{2.87}$$

或

$$\frac{\mathrm{d}}{\mathrm{d}t}E'_q = \frac{1}{T'_{d0}}(E_{fd} - E_q)$$

对于 q 轴阻尼绕组，同样可得

$$\frac{\mathrm{d}}{\mathrm{d}t}E'_d = -\frac{1}{T'_{q0}}E_d \tag{2.88}$$

其中，T'_{q0} 为定子绕组开路时，q 轴阻尼绕组的时间常数。

$$T'_{q0} = \frac{X_{kkq}}{R_{kq}} \tag{2.89}$$

对于汽轮发电机来说，由于 d 轴、q 轴磁路是接近对称的，可以在上述四绕组模型中设 $x_d = x_q$ 及 $x'_d = x'_q$，这样电抗上的压降就没有必要再分为 d 轴、q 轴两个分量了。在

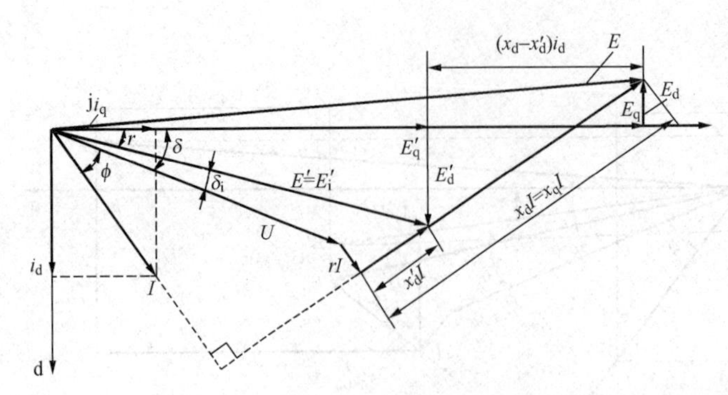

图 2.16　汽轮发电机瞬态过程的相量图

稳态时，因 q 轴阻尼绕组 K_q 中电流为零，所以 $E_d=0$，$E=E_q$；但瞬态过程中，K_q 绕组将会感应出电流并产生磁链，所以瞬态时 $E_d\neq 0$、$E'_d\neq 0$。汽轮发电机瞬态过程的相量图如图 2.16 所示。

为了便于比较及应用，我们将四绕组模型的基本方程分别以两种形式列在表 2.1 中。

表 2.1　　四绕组模型基本方程的两种形式

包含 I_{fd}、I_{kq}、ψ_f、ψ_{kq} 及 U_{fd} 等变量	包含 E_q、E_d、E_q'、E_d' 及 E_{fd} 等变量
$u_d=x_qi_q-x_{aq}I_{kq}-ri_d$	$u_d=E_d+x_qi_q-ri_d$
$u_q=-x_di_d+x_{ad}I_{fd}-ri_q$	$u_q=E_q-x_di_d-ri_q$
$\psi_{fd}=-x_{ad}i_d+X_{ffd}I_{fd}$	$E_q'=E_q-(x_d-x_d')i_d$
$\psi_{kq}=-x_{aq}i_q+X_{kkq}I_{kq}$	$E_d'=E_d+(x_q-x_q')i_q$
$M_e=(u_di_d+u_qi_q)/\omega$	$M_e=(u_di_d+u_qi_q)/\omega$
$\frac{d}{dt}\psi_{fd}=U_{fd}-R_{fd}I_{fd}$	$\frac{d}{dt}E_q'=\frac{1}{T_{d0}'}(E_{fd}-E_q)$
$\frac{d}{dt}\psi_{kq}=-R_{kq}I_{kq}$	$\frac{d}{dt}E_d'=-\frac{1}{T_{q0}'}E_d$
$\frac{d}{dt}\Delta\omega=\frac{1}{T_J}(M_m-M_e)-\frac{1}{T_J}D\Delta\omega$	$\frac{d}{dt}\Delta\omega=\frac{1}{T_J}(M_m-M_e)-\frac{1}{T_J}D\Delta\omega$
$\frac{d}{dt}\delta=\omega_0\Delta\omega$	$\frac{d}{dt}\delta=\omega_0\Delta\omega$

表 2.1 中，$E_{fd}=\frac{x_{ad}}{R_{fd}}U_{fd}$，$E_d=-x_{aq}I_{kq}$，$E_q=x_{ad}I_{fd}$，$E_q'=\frac{x_{ad}}{X_{ffd}}\Psi_{fd}$，$E_d'=-\frac{x_{aq}}{X_{kkq}}\Psi_{kq}$，$T_{d0}'=\frac{X_{ffd}}{R_{fd}}$，$T_{q0}'=\frac{X_{kkq}}{R_{kq}}$。

2. 五绕组模型（计入 d 轴及 q 轴阻尼绕组各一个）

由四绕组模型很容易得到以电动势表示的五绕组模型（即 d、q 轴各具有一个阻尼绕组）的方程式。

现设

$$
\begin{aligned}
E_q''&=\frac{x_{ad}X_{kkd}-X_{fkd}x_{ad}}{X_{ffd}X_{kkd}-X_{fkd}^2}\Psi_{fd}+\frac{x_{ad}X_{ffd}-X_{fkd}x_{ad}}{X_{ffd}X_{kkd}-X_{fkd}^2}\Psi_{kd}\\
&=\frac{x_{ad}}{X_{ffd}X_{kkd}-x_{ad}^2}(X_{kdl}\Psi_{fd}+X_{fl}\Psi_{kd})
\end{aligned}
\tag{2.90}
$$

E''_q称为超暂态电动势，或超暂态电抗 x''_d 后的电动势，它是与励磁绕组及 d 轴阻尼绕组磁链有关的一个假想电动势。类似地我们设

$$E''_d = -\frac{x_{aq}}{X_{kkq}}\Psi_{kq} \tag{2.91}$$

如果电机定子遭到突然的扰动，阻尼绕组及励磁绕组的磁链将保持不变，与之相应的超暂态电动势 $E'' = E''_d + jE''_q$ 也将保持不变，这样，只要将式（2.69）、式（2.70）、式（2.79）、式（2.80）、式（2.84）等式中的 E'_q 、x'_d 、E'_d 、x'_q 分别用 E''_q 、x''_d 、E''_d 、x''_q 代替，即可得如下等式[2]

$$E_q - x_d i_d = E''_q - x''_d i_d \tag{2.92}$$

$$u_q = E''_q - x''_d i_d - r i_q \tag{2.93}$$

$$-(E_d - E''_d) = (x_q - x''_q) i_q \tag{2.94}$$

$$u_d = E''_d + x''_q i_q - r i_d \tag{2.95}$$

$$\boldsymbol{U} = \boldsymbol{E}'' - jx''_d i_d + x''_q i_q - r\boldsymbol{I} \tag{2.96}$$

其中

$$\boldsymbol{E}'' = E''_d + jE''_q \tag{2.97}$$

x''_d 称为 d 轴超暂态电抗，它的等值电路如图 2.17 所示。用超暂态电动势 E''表示的同步电机相量图如图 2.18 所示。

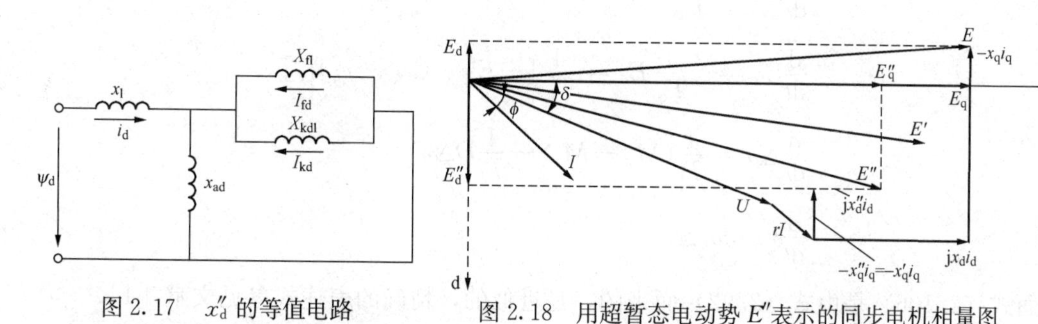

图 2.17　x''_d 的等值电路

图 2.18　用超暂态电动势 E''表示的同步电机相量图

图 2.17 中 X_{kdl} 为 d 轴阻尼绕组的漏抗。

因为 q 轴只有一个阻尼绕组，则显然这时 q 轴情况与四绕组模型时相同，即这时

$$\left.\begin{aligned} x''_q &= x'_q \\ E''_d &= E'_d \end{aligned}\right\} \tag{2.98}$$

同样，励磁绕组及 d 轴阻尼绕组的电压方程式可近似地分别化为

$$T'_{d0}\frac{d}{dt}E'_q = E_{fd} - E'_q - (x_d - x'_d) i_d \tag{2.99}$$

及

$$T''_{d0}\frac{d}{dt}E''_q = -E''_q - (x'_d - x''_d) i_d + E'_q + T''_{d0}\frac{d}{dt}E'_q \tag{2.100}$$

如将式（2.99）代入式（2.100），则最后一项前将出现系数 T''_{d0}/T'_{d0}，其值很小，可以略去，则上式可进一步简化为

$$T''_{d0}\frac{d}{dt}E''_q = E'_q - E''_q - (x'_d - x''_d)i_d \tag{2.101}$$

其中
$$T''_{d0} = \frac{X_{kkd} - x_{ad}^2/X_{ffd}}{R_{kd}}$$

q 轴阻尼绕组电压方程可化为

$$T'_{q0}\frac{d}{dt}E'_d = -E_d \tag{2.102}$$

其中
$$T'_{q0} = X_{kkq}/R_{kq}$$
$$E_d = -x_{ad}I_{kq}$$

五绕组模型简化的基本方程式如下

$$u_d = E'_d + x'_q i_q - r i_d \tag{2.103}$$
$$u_q = E''_q - x''_d i_d - r i_q \tag{2.104}$$
$$E'_d = E_d + (x_q - x'_q)i_q \tag{2.105}$$
$$E''_q = E_q - (x_d - x''_d)i_d \tag{2.106}$$
$$M_e = i_d u_d + i_q u_q \tag{2.107}$$
$$\frac{d}{dt}E'_q = \frac{1}{T'_{d0}}[E_{fd} - E'_q - (x_d - x'_d)i_d]$$
$$\frac{d}{dt}E''_q = \frac{1}{T''_{d0}}[E'_q - E''_q - (x'_d - x''_d)i_d]$$
$$\frac{d}{dt}E'_d = -\frac{1}{T'_{q0}}E_d = \frac{1}{T'_{q0}}[-E'_d + (x_q - x'_q)i_q]$$
$$\frac{d}{dt}\Delta\omega = \frac{1}{T_J}(M_m - M_e) - \frac{1}{T_J}D\Delta\omega$$
$$\frac{d}{dt}\delta = \omega_0\Delta\omega$$

上面式（2.106）是由式（2.92）而来的，是近似的，精确的表述式参见文献［4］。

其中
$$E_q = x_{ad}I_{fd} \tag{2.108}$$
$$E_d = -x_{aq}I_{kq} \tag{2.109}$$

五绕组模型基本方程的两种形式列于表 2.2 中。

表 2.2　五绕组模型基本方程的两种形式

包含 I_{fd}、ψ_{fd} 及 U_{fd} 等变量	包含 E_q、E'_q、E''_q 及 E_{fd} 等变量
$u_d = x_q i_q - x_{aq}I_{kq} - r i_d$	$u_d = E'_d + x'_q i_q - r i_d$
$u_q = -x_d i_d + x_{ad}I_{fd} + x_{ad}I_{kd} - r i_q$	$u_q = E''_q - x''_d i_d - r i_q$
$\psi_{fd} = -x_{ad}i_d + X_{ffd}I_{fd} + x_{ad}I_{kd}$ $\psi_{kd} = -x_{aq}i_d + x_{ad}I_{fd} + X_{kkd}I_{kd}$	$E''_q = E_q - (x_d - x''_d)i_d$
$\psi_{kq} = -x_{aq}i_q + X_{kkq}I_{kq}$	$E'_d = E_d + (x_q - x'_q)i_q$

续表

包含 I_{fd}、ψ_{fd} 及 U_{fd} 等变量	包含 E_q、E'_q、E''_q 及 E_{fd} 等变量
$U_{fd}=\frac{d}{dt}\psi_{fd}+R_{fd}I_{fd}$	$\frac{d}{dt}E'_q=\frac{1}{T'_{d0}}[E_{fd}-E'_q-(x_d-x'_d)i_d]$
$0=\frac{d}{dt}\psi_{kd}+R_{kd}I_{kd}$	$\frac{d}{dt}E''_q=\frac{1}{T''_{d0}}[E'_q-E''_q-(x'_d-x''_d)i_d]$
$0=\frac{d}{dt}\psi_{kq}+R_{kq}I_{kq}$	$\frac{d}{dt}E'_d=-\frac{1}{T'_{q0}}E_d=\frac{1}{T'_{q0}}[-E'_d+(x_q-x'_q)i_q]$
$\frac{d}{dt}\Delta\omega=\frac{1}{T_J}(M_m-M_e)-\frac{1}{T_J}D\Delta\omega$	$\frac{d}{dt}\Delta\omega=\frac{1}{T_J}(M_m-M_e)-\frac{1}{T_J}D\Delta\omega$
$\frac{d}{dt}\delta=\omega_0\Delta\omega$	$\frac{d}{dt}\delta=\omega_0\Delta\omega$

表 2.2 中方程，有时将 E'_d、x'_q、T'_{q0} 分别用 E''_d、x''_q、T''_{q0} 替代。表 2.2 中，$E_q=x_{ad}I_{fd}$，$E_d=-x_{ad}I_{kq}$，$E_{fd}=\frac{x_{ad}}{R_{fd}}U_{fd}$，$E'_d=E''_d=-\frac{x_{aq}}{X_{ffd}}\Psi_{kq}$，$E'_q=\frac{x_{ad}}{X_{ffd}}\Psi_{fd}$，$E''_q=\frac{x_{ad}}{X_{ffd}X_{kkd}-x_{ad}^2}(X_{kdl}\Psi_{fd}+X_{fl}\Psi_{kd})$。

电磁转矩方程与四绕组相同。

3. 六绕组模型

这是用来比较精确地模拟汽轮发电机转子的模型，除了定子的 d、q 绕组外，转子上 d 轴用励磁绕组 fd 及阻尼绕组 1d 来模拟，q 轴用两个阻尼绕组 1q 及 2q 来模拟，五绕组及六绕组模型对转子上绕组有不同的命名，不同的文献上的命名也不同，它们对应关系如下：

五绕组模型：	fd	kd	kq	
	|	|	|	
六绕组模型：	fd	1d	1q	2q
	|	|	|	|
有的文献：	fd	D	Q	g

六绕组的原始的基本方程式已在附录 A 中列出，正像前面四绕组及五绕组方程式那样，我们常把转子绕组中各电量消去，用一些假想的电动势如 E'_q、E''_q、E''_d、E'_d 来代替各转子绕组的磁链，这样在电力系统分析中，就可以只从电机的定子方面来看问题，可以得出等值电路，利用磁链瞬间不变特性分析问题。文献［4］对六绕组这种模型的建立，作出了很清晰的推导，这里将其结果直接加以引用，不再作重复的推导（电磁转矩及转子运动方程式与表 2.1 相同），见表 2.3。

表 2.3　六绕组模型基本方程的两种形式

包含 I_{fd}、ψ_{fd} 及 U_{fd} 等变量	包含 E_q、E'_q、E''_q 及 E_{fd} 等变量
$u_d=-\psi_q-ri_d=x_qi_q-x_{aq}I_{1q}-x_{aq}I_{2q}-ri_d$	$u_d=E''_d+x''_qi_q-ri_d$
$u_q=\psi_d-ri_q=-x_di_d+x_{ad}I_{fd}+x_{ad}I_{1d}-ri_q$	$u_q=E''_q-x''_di_d-ri_q$

续表

包含 I_{fd}、ψ_{fd} 及 U_{fd} 等变量	包含 E_q、E_q'、E_q'' 及 E_{fd} 等变量
$\psi_{fd}=-x_{ad}i_d+X_{ffd}I_{fd}+x_{ad}I_{1d}$ $\psi_{1d}=-x_{ad}i_d+x_{ad}I_{fd}+X_{11d}I_{1d}$	$E_q=\frac{x_d-x_l}{x_d'-x_l}E_q'-\frac{x_d-x_d'}{x_d'-x_l}E_q''+\frac{(x_d-x_d')(x_d''-x_l)}{x_d'-x_l}i_d$
$\psi_{1q}=-x_{aq}i_q+X_{11q}I_{1q}+x_{aq}I_{2q}$ $\psi_{2q}=-x_{aq}i_q+x_{aq}I_{1q}+X_{22q}I_{2q}$	$E_d=\frac{x_q-x_l}{x_q'-x_l}E_d'-\frac{x_q-x_q'}{x_q'-x_l}E_d''-\frac{(x_q-x_q')(x_q''-x_l)}{x_q'-x_l}i_q$
$U_{fd}=\frac{d}{dt}\psi_{fd}+R_{fd}I_{fd}$	$\frac{d}{dt}E_q'=\frac{1}{T_{d0}'}\left(E_{fd}-\frac{x_d-x_d''}{x_d'-x_d''}E_q'+\frac{x_d-x_d'}{x_d'-x_d''}E_q''\right)$
$0=\frac{d}{dt}\psi_{1d}+R_{1d}I_{1d}$	$\frac{d}{dt}E_q''=\frac{1}{T_{d0}''}[E_q'-E_q''-(x_d'-x_d'')i_d]$
$0=\frac{d}{dt}\psi_{1q}+R_{1q}I_{1q}$	$\frac{d}{dt}E_d''=\frac{1}{T_{q0}''}[E_d'-E_d''+(x_q'-x_q'')i_q]$
$0=\frac{d}{dt}\psi_{2q}+R_{2q}I_{2q}$	$\frac{d}{dt}E_d'=\frac{1}{T_{q0}'}\left(-\frac{x_q-x_q''}{x_q'-x_q''}E_d'+\frac{x_q-x_q'}{x_q'-x_q''}E_d''\right)$

表 2.3 中电动势及时间常数为

$$E_q'=\frac{x_{ad}}{X_{ffd}}\Psi_{fd}$$

$$E_q''=\frac{x_{ad}}{X_{ffd}X_{11d}-x_{ad}^2}(X_{1dl}\Psi_{fd}+X_{fl}\Psi_{1d})$$

$$E_d'=\frac{x_{aq}}{X_{22q}}\Psi_{2q}$$

$$E_d''=-\frac{x_{aq}}{X_{22q}X_{11q}-x_{aq}^2}(X_{1ql}\Psi_{2q}+X_{2ql}\Psi_{1q})$$

$$E_q=x_{ad}I_{fd}$$

$$E_{fd}=\frac{x_{ad}}{R_{fd}}U_{fd}$$

$$E_d=-x_{aq}I_{2q}$$

式中，X_{11d}、X_{1dl} 为 d 轴阻尼绕组的全电抗及漏电抗；X_{11q}、X_{1ql} 为 q 轴第一个阻尼绕组的全电抗及漏电抗；X_{22q}、X_{2ql} 为 q 轴第二个阻尼绕组的全电抗及漏电抗。

$$T_{d0}'=X_{ffd}/R_{fd}$$

$$T_{q0}'=X_{22q}/R_{2q}$$

$$T_{d0}''=\left(X_{11d}-\frac{x_{ad}^2}{X_{ffd}}\right)/R_{1d}$$

$$T_{q0}''=\left(X_{11q}-\frac{x_{aq}^2}{X_{22q}}\right)/R_{1q}$$

式中，R_{fd}，R_{1d} 分别为 d 轴励磁绕组，d 轴阻尼绕组的电阻；R_{1q}，R_{2q} 分别为 q 轴第一个及第二个阻尼绕组电阻。

4. 三绕组模型（不计阻尼绕组）

四绕组模型是近似地考虑了阻尼绕组的作用，三绕组模型则完全忽略了阻尼绕组的影响；这在研究稳定问题，特别是小干扰稳定性时是允许的，因为阻尼绕组的时间常数（约在 0.03～0.04s 左右）远比发电机转子摆动周期（约在 1s 这样一个数量级）要小得多。这样，同步电机就可以用定子 d、q 轴绕组及转子励磁绕组（fd）来代表。另外，我们也略去定子电流的过渡过程，即认为定子电流是能突变的（在电压方程式中即相当 $\frac{d}{dt}\Psi_d = \frac{d}{dt}\Psi_q = 0$）。由短路电流分析可知，这相当于略去了定子 a、b、c 绕组中的直流分量（因直流分量是在定子绕组中感应出来平衡定子电流的突然变化的），一般来说，这个分量的衰减是很快的，时间常数在 0.1～0.3s 之间，当故障远离机端时，此值会急剧减小，这说明了认为 $\frac{d}{dt}\Psi_d$、$\frac{d}{dt}\Psi_q$ 等于零是允许的。

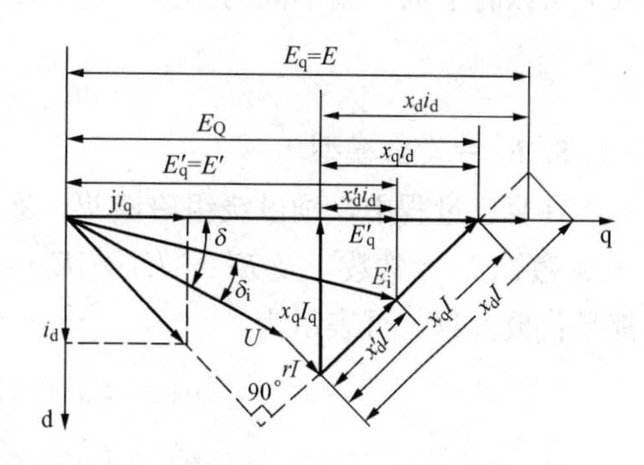

图 2.19　水轮发电机（$x'_q = x_q$）的相量图

因为没有横轴阻尼绕组，$I_{kq} = 0$，因此 $E_d = 0$，$E = jE_q$，电动势 E 总是在 q 轴上，另外，在 x'_q 的等值电路图 2.12 中，将具有 I_{kq} 的支路开路，可得 $x'_q = x_l + x_{aq} = x_q$，按定义可得 $E'_d = E_d = 0$，因此

$$u_d = x_q i_q - r i_d \tag{2.110}$$

暂态电抗 x'_d 后的电动势 $E' = jE'_q$，而且不论稳态及暂态过程中 E'、E_Q 及 E_q 都位于 q 轴上，水轮发电机（$x'_q = x_q$）的相量图如图 2.19 所示，此图在稳态及瞬态都适用。

三绕组模型基本方程的两种形式见表 2.4。

表 2.4　三绕组模型基本方程的两种形式

包含 I_{fd}、ψ_{fd} 及 U_{fd} 等变量	包含 E_q、E'_q 及 E_{fd} 等变量
$u_d = x_q i_q - r i_d$	$u_d = x_q i_q - r i_d$
$u_q = -x_d i_d + x_{ad} I_{fd} - r i_q$	$u_q = E_q - x_d i_d - r i_q$
$\psi_{fd} = -x_{ad} i_d + x_{ffd} I_{fd}$	$E'_q = E_q - (x_d - x'_d) i_d$
$M_e = (i_d u_d + i_q u_q)/\omega$	$M_e = (i_d u_d + i_q u_q)/\omega$
$\frac{d}{dt}\psi_{fd} = U_{fd} - R_{fd} I_{fd}$	$\frac{d}{dt}E'_q = \frac{1}{T'_{d0}}(E_{fd} - E_q)$
$\frac{d}{dt}\Delta\omega = \frac{1}{T_J}(M_m - M_e) - \frac{1}{T_J}D\Delta\omega$	$\frac{d}{dt}\Delta\omega = \frac{1}{T_J}(M_m - M_e) - \frac{1}{T_J}D\Delta\omega$
$\frac{d}{dt}\delta = \omega_0 \Delta\omega$	$\frac{d}{dt}\delta = \omega_0 \Delta\omega$

前面叙述了按照同步电机绕组的不同数目建立的数学模型，下面从另一角度，即对同步电机凸极效应的不同处理，以及利用有关的转子绕组磁链不变的原理，来讨论同步电机

的数学模型。

由于同步电机转子的不对称，我们采用与转子一同转动的 d、q 轴坐标系统，这样就得到了常系数的微分方程式。同时，发电机的定子电流及电压就必须分解为 i_d、i_q、u_d、u_q，也就出现了电抗压降如 $x_d i_d$、$x_q i_q$ 等。但是，当研究同步电机与电网并联的运行状态时，我们希望将发电机看成为一个等值电动势与一个内阻抗串联（或并联），这样便于与网络方程式联立求解。事实上，在一定条件下，同步电机可以近似看成是一个电动势与某个阻抗相串联，有时也可以忽略转子的不对称性。由于对转子绕组模拟的不同的考虑，大致上可以有下面一些不同的模型，这些模型都略去了定子电压中变压器分量，即认为

$$\frac{\mathrm{d}}{\mathrm{d}t}\Psi_d=\frac{\mathrm{d}}{\mathrm{d}t}\Psi_q=0$$

5. E' ＝常数模型

在暂态过程中，励磁绕组磁链 Ψ_{fd} 及 q 轴阻尼绕组磁链保持不变，与之相应的是：$E'_q=$ 常数、$E'_d=$ 常数，及 $E'=E'_d+\mathrm{j}E'_q=$ 常数。这时基本方程中，除转子运动方程式外，都是代数方程，可表示为

$$u_d=E'_d+x_q i_q-r i_d \tag{2.111}$$

$$u_q=E'_q-x'_d i_d-r i_q \tag{2.112}$$

$$M_e=(i_d u_d+i_q u_q)/\omega$$

$$\frac{\mathrm{d}}{\mathrm{d}t}\Delta\omega=\frac{1}{T_J}(M_m-M_e)-\frac{1}{T_J}D\Delta\omega$$

$$\frac{\mathrm{d}}{\mathrm{d}t}\delta=\omega_0\Delta\omega$$

如认为 $x'_d=x'_q$，并略去电阻 r，则式（2.111）、式（2.112）亦可表示为 $U=E'-\mathrm{j}x'_d I$。

6. E'_q ＝常数模型

这时，不计阻尼绕组，并认为励磁绕组的时间常数较大，在发生暂态变化后的一段时间内，它的磁链的衰减是不大的，特别是近似的认为励磁调节的作用补偿了磁链的衰减（在第 11 章将详细讨论这种模型的真实性），则可以假定 $E'_q=$ 常数。

$E'_q=$ 常数模型未计入阻尼绕组，但已计入水轮发电机的凸极效应，用电动势 E_Q 与电抗 x_q 串联来表示同步电机，其等值电路如图 2.20 所示，电动势 E_Q 可表示为

$$E_Q=U+\mathrm{j}Ix_q$$

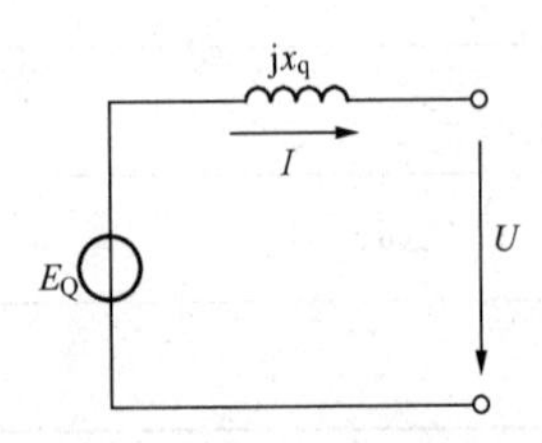

图 2.20 用 E_Q 及 x_q 表示同步电机的等值电路

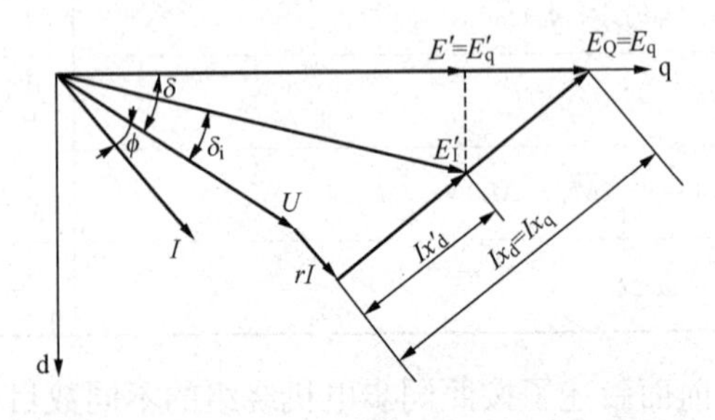

图 2.21 $x_d=x_q$ 无阻尼绕组时的相量图

E_Q在暂态过程中是改变的，如果我们可以从网络方程中求出改变后的电流 i_d ，则可以利用 E'_q 在变化前后恒定的假设，求出新的 E_Q来，由式（2.60）及式（2.81）可得

$$E_Q = j[E'_q + (x_q - x'_d)i_d] \tag{2.113}$$

这样，基本方程式除式（2.59）、式（2.113）外，其他转矩方程、运动方程都与 E' = 常数模型相同。

7. E'_i =常数模型

在上述模型中，如进一步略去 d、q 轴方向上磁路的不对称，即 $x_d = x_q$，则可得图 2.21 所示相量图。

由图 2.21 可知

$$E_Q = jE_q = E'_i + jI(x_d - x'_d) \tag{2.114}$$

$$E'_i = U + jIx'_d \tag{2.115}$$

其他方程与 E' =常数模型相同。

第 4 节　同步电机方程的标幺值

前面我们讨论了同步电机的基本方程，习惯上在研究电机及电力系统的问题时，都是采用标幺值。但同步电机定子具有三相绕组，转子是两相绕组，所以同步电机不能像变压器那样具有明显的匝数比，适当地选取定子及转子电流的基值，采用所谓“x_{ad} 基值系统”可使互感系数成为可逆的（所谓可逆即互感相等，例如：定子 a 相绕组对转子 fd 绕组的互感与转子 fd 绕组对定子 a 相绕组互感相等）。满足互感可逆条件的基值系统并不是唯一的，“x_{ad} 基值系统”是使用最普遍的。详细的推导，请参见附录 A 及文献［3］。

在前面所列的同步电机派克方程中包括电压、磁链、转矩及功率方程，所有各量都是标幺值，下面分别介绍定子及转子各量的基值。

1. 定子方面基值

（1）定子电压（u_d, u_q）基值　U_{sbase} = 定子额定相电压的峰值，V。

（2）定子电 流（i_d, i_q）基 值　i_{sbase} = 定子额定相电流的峰值，A。

（3）发电机容量基值　$S_{base} = \frac{3}{2}U_{sbase} \times i_{sbase}$ = 3×额定相电压（有效值）×额定相电流（有效值），VA。

（4）频率基值　f_{base} = 额定频率，Hz。

（5）电角速度基值　$\omega_{base} = 2\pi f_{base}$，rad/s。

（6）定子阻抗基值　$Z_{sbase} = U_{sbase}/i_{sbase} = \frac{\text{额定相电压峰值}}{\text{额定相电流峰值}}$，Ω。

（7）定子电感基值　$L = Z_{sbase}/\omega_{base}$，H。

（8）定子磁链基值　$\Psi_{sbase} = L_{sbase}i_{sbase} = U_{sbase}/\omega_{base}$，Wb·匝。

（9）机械角速度基值　$\omega_{mbase} = \omega_{base}\frac{2}{p_f}$，rad/s（$p_f$：电机的极数）。

(10) 转矩基值 $M_{base} = S_{base}/\omega_{mbase} = \frac{3}{2} \times \frac{p_f}{2} \Psi_{sbase} i_{sbase}$，Nm。

2. 转子方面基值

为了使磁链方程得以简化，转子量的基值的选择应满足：

(1) 使各绕组间的互感是可逆的，即相等，例如，使得 $L_{afd}^* = L_{fda}^* = L_{ad}^*$（见附录A），其中 L_{afd}^* 是励磁电流在d轴定子绕组中产生的磁链所对应的电感标幺值，L_{fda}^* 是定子电流 i_d 在励磁绕组中产生的磁链所对应的电感标幺值，L_{ad}^* 是同步电机电枢反应电感标幺值，$L_{ad}^* = L_d^* - L_l^*$。

(2) 任何两个位于d轴或q轴上的绕组间的互感都相等，例如 $L_{akd}^* = L_{afd}^*$，L_{akd}^* 为d轴阻尼绕组中电流 I_{kd} 在d轴定子绕组中产生的磁链所对应的电感标幺值，L_{afd}^* 为励磁电流在d轴定子绕组中产生的磁链所对应的电感标幺值（见附录A）。

为了满足第一个要求，则所有转子回路（即fd、kd、kq等）的电压及电流的乘积必须等于同步电机功率基值，即

$$I_{fdbase} U_{fdbase} = I_{kdbase} U_{kdbase} = I_{kqbase} U_{kqbase} = S_{base} \tag{2.116}$$

为满足第二个要求，则任何一个转子回路的电流基值，如以励磁绕组来说，在定子绕组中感应的开路电压幅值，即为 $I_{fdbase} L_{afd}$，也就是励磁绕组电流基值在定子绕组上感应的开路电压等于定子电流基值乘上 x_{ad} 的有名值 $L_{ad} i_{sbase}$（或 $x_{AD}\, i_{sbase}$），即

$$I_{fdbase} L_{afd} = L_{ad} i_{sbase}$$

或写成

$$I_{fdbase} X_{AFD} = x_{AD} i_{sbase} \tag{2.117}$$

L_{afd} 及 L_{ad} 为有名值，X_{AFD} 及 x_{AD} 分别为 X_{afd} 及 x_{ad} 的有名值。

满足了上述两个要求，就得到

$$X_{afd} = X_{fkd} = X_{akd} = X_{fda} = x_{ad} \tag{2.118}$$

$$X_{akq} = x_{aq} \tag{2.119}$$

这样，当 X_{AFD} 及 x_{AD} 都已知时，即可由式（2.117）计算出 I_{fdbase}。

但是，一般情况下，制造厂提供的是电抗的标幺值，而不是有名值，例如 x_d、x_q、x_{ad} 等，由下面的推导，可以找出一个简单实用的计算 I_{fdbase} 的方法。

设发电机处于空载、额定转速，并且已知对应于气隙空载额定电压的励磁电流为 I_{FD0}（有名值）。

此时，因 $i_d = i_q = 0$，$I_{kq} = 0, p = 0$

$$\Psi_q = 0$$

$$E_q = \Psi_d = x_{ad} I_{fd}$$

因 $\omega = 1$，则

$$u_d = p\Psi_d - \Psi_q = 0$$

$$u_q = p\Psi_q + \Psi_d = x_{ad} I_{fd}$$

发电机端电压为 $U_t = \sqrt{u_d^2 + u_q^2} = \Psi_d = x_{ad} I_{fd}$，此时，$U_t = 1.0$

因此

$$I_{fd} = \frac{1}{x_{ad}} \tag{2.120}$$

于是可得

$$I_{fd}=\frac{I_{FD0}}{I_{fdbase}}=\frac{1}{x_{ad}}$$

$$I_{fdbase}=I_{FD0}x_{ad} \tag{2.121}$$

由式（2.116），可知

$$U_{fdbase}=\frac{S_{base}}{I_{fdbase}}=\frac{S_{base}}{I_{FD0}x_{ad}} \tag{2.122}$$

相应地，励磁绕组阻抗基值

$$Z_{fdbase}=\frac{U_{fdbase}}{I_{fdbase}}=\frac{U_{fdbase}}{I_{FD0}x_{ad}} \tag{2.123}$$

励磁绕组电感基值

$$L_{fdbase}=\frac{Z_{fdbase}}{\omega_{base}} \tag{2.124}$$

除了在同步电机中应用的 x_{ad} 基值系统外，在励磁机及其控制系统中，由于希望其标幺值与物理量有直接的关系，励磁电压的标幺值不致太小，还采用了另一种标幺值系统，因此在励磁系统与发电机接口处，就需要加入一个标幺值转换环节，这在以后章节中再作介绍。由上面介绍的 x_{ad} 标幺值系统的定义可见，定子方面的基值是很容易理解及计算的，转子方面的基值要根据给定条件来计算，文献［3］是按已知发电机容量、电压、电流、频率及一系列的电感（如 L_{afd}、L_{ffd} 等）的有名值，按定义先计算出定子量的标幺值，再计算出转子量的基值及相应的标幺值。但是制造厂除了容量、电压、频率外，只提供同步电机的电抗标幺值，如 x_d、x_q、x_{ad}（或 x_d、x_l）等，一般都不给出电抗的有名值，按本书上面提供的方法，可以很方便的计算出转子方面的基值，计算中不涉及电抗的有名值，毕竟我们对电抗的有名值并不是十分关心的。［例2-1］给出一个计算实例，该实例有意选取与文献［3］中［例3-1］一样，但电抗标幺值等按实际情况是已知的，因此在计算转子方面的基值的方法是与文献［3］是不同的，读者可以加以比较。

【例2-1】 已知同步电机555MVA，24kV，$\cos\phi=0.9$，60Hz，极对数为1，$x_d=1.81$，$x_q=1.76$，$x_{ad}=1.66$，$X_{ffd}=1.85$，$x_{aq}=1.61$，$r=0.003\ \Omega$，励磁绕组电阻 $R_{FD}=0.715\ \Omega$，由发电机无载特性上，可求得气隙上定子额定电压所对应的励磁电流 $I_{FD0}=1300$A。（文献［3］是假设电机的各电抗的有名值已知，然后求发电机参数的标幺值。）

定子及转子基值计算如下：

（1）定子电压基值 $U_{sbase}=\sqrt{2}\times\frac{24}{\sqrt{3}}=19.596(\text{kV})$

（2）定子电流基值 $i_{sbase}=\frac{2}{3}\times\frac{S_{base}}{U_{sbase}}=\frac{2}{3}\times\frac{555}{19.596}=18.881(\text{kA})$

（3）发电机容量基值 $S_{base}=555(\text{MVA})$

（4）频率基值 $f_{base}=60(\text{Hz})$

（5）电角速度基值 $\omega_{base}=2\pi\times60=377(\text{rad/s})$

（6）定子阻抗基值 $Z_{sbase}=\frac{U_{sbase}}{i_{sbase}}=\frac{19.596}{18.881}=1.0378(\Omega)$

（7）定子电感基值 $L_{sbase}=\frac{Z_{sbase}}{\omega_{base}}=\frac{1.0378}{377}\times10^3=2.753(\text{mH})$

(8) 定子磁链基值 $\Psi_{sbase} = L_{sbase} i_{sbase} = 2.753 \times 10^{-3} \times 18881 = 51.979$(Wb·匝)

(9) 机械角速度基值 $\omega_{mbase} = 377 \times \dfrac{2}{2} = 377$(rad/s)

(10) 转矩基值

$$M_{base} = \frac{3}{2} \times \frac{2}{2} \Psi_{sbase} i_{sbase} = \frac{3}{2} \times \frac{2}{2} \times 51.979 \times 18881 = 1472 \times 10^3 \text{(Nm)}$$

(11) 励磁电流基值 $I_{fdbase} = I_{FD0} x_{ad} = 1300 \times 1.66 = 2158$(A)

注:文献[3]求 I_{fdbase} 是用 $I_{fdbase} L_{afd} = i_{sbase} L_{ad}$ 公式,假定 L_{afd} 已知为40mH,这在实际中是很难做到的,还是用(11)式办法好。

(12) 励磁电压基值 $U_{fdbase} = \dfrac{S_{base}}{I_{fdbase}} = \dfrac{555 \times 10^6}{2158} = 257.18$(kV)

(13) 励磁绕组阻抗基值 $Z_{fdbase} = \dfrac{U_{fdbase}}{I_{fdbase}} = \dfrac{257.18 \times 10^3}{2158} = 119.18(\Omega)$

(14) 励磁绕组电感基值 $L_{fdbase} = \dfrac{Z_{fdbase}}{\omega_{base}} = \dfrac{119.18}{377} = 0.316$(H)

至此同步电机基值已全部求出,但为了对同步电机电抗、电阻等量的实在值大小有个物理概念,且为了与文献[3]中给出的有名值作一校核,下面对一些电抗及电阻的有名值进行反算:

发电机d轴同步电感有名值 $L_d = \dfrac{x_d Z_{sbase}}{\omega_{base}} = \dfrac{1.81 \times 1.0378}{377} = 4.982$(mH)

发电机q轴同步电感有名值 $L_q = \dfrac{x_q Z_{sbase}}{\omega_{base}} = \dfrac{1.76 \times 1.0378}{377} = 4.845$(mH)

发电机d轴电枢反应电感有名值 $L_{ad} = \dfrac{x_{ad} Z_{sbase}}{\omega_{base}} = \dfrac{1.66 \times 1.0378}{377} = 4.569$(mH)

发电机q轴电枢反应电感有名值 $L_{aq} = \dfrac{x_{aq} Z_{sbase}}{\omega_{base}} = \dfrac{1.61 \times 1.0378}{377} = 4.432$(mH)

由励磁电流 I_{fd} 产生的与定子d轴绕组相链的互感有名值

$$L_{afd} = \frac{L_{ad} i_{sbase}}{I_{fdbase}} = \frac{4.569 \times 18881}{2158} = 39.97 \text{(mH)}$$

以上计算结果与文献[3]是完全相同的。

另外,我们可以得出定子电阻、转子电阻及空载额定励磁电压的标幺值,它们的数值都非常的小:

定子电阻标幺值 $r = 0.003/1.0378 = 0.00289$

励磁绕组电阻标幺值 $R_{fd} = 0.715/119.18 = 0.00599$

励磁绕组对应气隙线上空载电压标幺值 $U_{fd0} = 1300 \times 0.715 / (257.18 \times 10^3) = 0.00361$

第5节 基本方程式的应用——三相突然短路分析

这一节我们将应用同步电机基本方程来求解同步电机三相短路电流的时间函数。同步电机受到大的干扰时,例如突然启动电动机等,其过渡过程都与三相短路类似,掌握同步电机三相短路对分析系统暂态过渡过程很有帮助，例如检验软件计算的结果是否正确，发电机参数的测量方法及参数的物理意义。文献［1］对同步电机三相短路作了详尽清晰的分析，本书将在更为简化的条件下分析三相突然短路。

1. 发电机采用三绕组模型并略去 $p\Psi_d$ 及 $p\Psi_q$

我们首先来考虑短路后的瞬态过程，即考查阻尼绕组造成的超瞬变分量及 $p\Psi_d$、$p\Psi_q$ 造成的直流分量都已衰减完了以后的过程。这样，我们假定：

(1) 不计阻尼绕组。

(2) $p\Psi_d = p\Psi_q = 0$。

(3) 定子电阻 $r=0$。

(4) 短路前后，发电机转速不变，即 $\omega = 1.0$。

(5) 短路前发电机为空载。

现先将短路电流的分析分成三部分，即短路前稳态部分，短路电流的起始值部分及短路电流的稳态部分，之后再来分析短路电流的衰减时间常数。

1.1　短路前的稳态部分

因 $i_d = i_q = 0, r = 0$，由式（2.9）得定子电压

$$u_d = -\Psi_q \tag{2.125}$$

$$u_q = \Psi_d \tag{2.126}$$

因为三相对称短路 $u_0 = 0$

相应地，定子磁链为

$$\Psi_d = x_{ad} I_{fd} - x_d i_d = x_{ad} I_{fd} \tag{2.127}$$

$$\Psi_q = x_q i_q = 0 \tag{2.128}$$

因此

$$u_{d0} = 0 \tag{2.129}$$

$$u_{q0} = x_{ad} I_{fd0} = E_{q0} \tag{2.130}$$

其中 $E_{q0} = x_{ad} I_{fd0}$ 为与励磁电流成正比的一个发电机内电动势。

1.2　突然短路后电流的起始值

短路后，相当于在发电机端，突然加上了一个与短路前大小相等，方向相反的电压，由上面可知该电压为

$$-u_{d0} = 0 \tag{2.131}$$

$$-u_{q0} = -E_{q0} \tag{2.132}$$

此时端电压为

$$u_d = -u_{d0} = -\Psi_q = 0 \tag{2.133}$$

$$u_q = -u_{q0} = -E_{q0} = \Psi_d \tag{2.134}$$

而磁链方程式，只剩下 Ψ_d 及 Ψ_{fd} 两个方程

$$\Psi_d = -x_d i_d + x_{ad} I_{fd} \tag{2.135}$$

$$\Psi_{fd} = -x_{ad} i_d + X_{ffd} I_{fd} \tag{2.136}$$

转子电压

$$U_{fd} = p\Psi_{fd} - I_{fd} R_{fd} \tag{2.137}$$

将式（2.136）代入式（2.137）

$$U_{fd}=-px_{ad}i_d+pX_{ffd}I_{fd}+R_{fd}I_{fd}$$

得
$$E_{q0}=u_{q0}=1.0 \tag{2.138}$$

代入式(2.135)

$$\begin{aligned}\Psi_d&=-x_di_d+x_{ad}\left(\frac{U_{fd}+px_{ad}i_d}{R_{fd}+pX_{ffd}}\right)=x_{ad}\frac{U_{fd}}{R_{fd}+pX_{ffd}}+i_d\left(\frac{px_{ad}^2}{R_{fd}+pX_{ffd}}-x_d\right)\\&=G(p)U_{fd}-x_d(p)i_d\end{aligned} \tag{2.139}$$

其中
$$G(p)=\frac{x_{ad}}{R_{fd}+pX_{ffd}} \tag{2.140}$$

$$x_d(p)=x_d-\frac{px_{ad}^2}{R_{fd}+pX_{ffd}} \tag{2.141}$$

$G(p)$ 称为运算电导，$x_d(p)$ 称为运算电抗。在式(2.139)中，第一项是 U_{fd} 产生的，但 U_{fd} 的作用在短路前稳态中已计入，考虑外加电压引起的电流起始值时，可以略去它，因此

$$\Psi_d=-x_d(p)i_d \tag{2.142}$$

为了求电流起始值，先求 $x_d(p)$ 在 $t=0$ 之值，根据运算微积的理论，$t=0$ 时，即相当 $p=\infty$ 的数值，因此

$$x_d(p)\mid_{p=\infty}=x_d-\frac{x_{ad}^2}{X_{ffd}} \tag{2.143}$$

将 $x_d=x_{ad}+x_l$ 及 $X_{ffd}=x_{ad}+X_{fl}$ 代入式(2.143)

$$\begin{aligned}x_d(p)\Big|_{p=\infty}&=x_l+x_{ad}-\frac{x_{ad}^2}{X_{ffd}}=x_l+\frac{x_{ad}X_{ffd}-x_{ad}^2}{X_{ffd}}=x_l+\frac{x_{ad}(X_{ffd}-x_{ad})}{X_{ffd}}\\&=x_l+\frac{x_{ad}X_{fl}}{x_{ad}+X_{fl}}=x_l+\frac{1}{\dfrac{1}{x_{ad}}+\dfrac{1}{X_{fl}}}=x'_d\end{aligned} \tag{2.144}$$

x'_d 称同步电机的瞬态电抗，其等值电路可由式(2.144)推出，x'_d 的等值电路如图2.22所示。

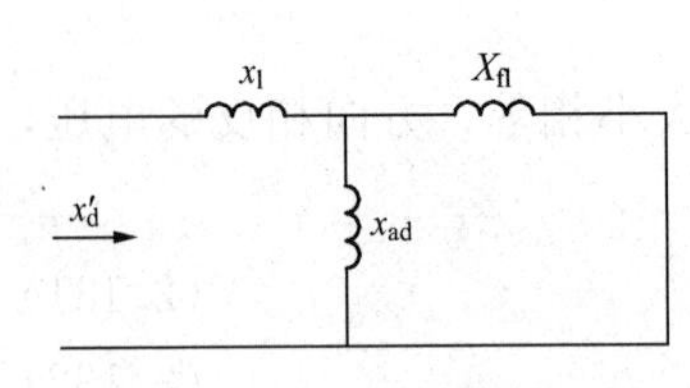

图2.22 x'_d 的等值电路

以上的分析指出，当 $t=0$，即 $p=\infty$ 时，$x_d(p)=x'_d$，从式(2.141) $x_d(p)$ 的公式可见，如果令 $R_{fd}=0$，$x_d(p)=x'_d$，就是说，$p=\infty$ 与 $R_{fd}=0$ 是一回事，这是因为任何闭合的电感回路，当磁链突然发生变化的第一瞬间，都具有保持磁链不变的特性。如果此回路电阻为零，即成为超导体，磁链就可以保持起始值不变，因此用 $R_{fd}=0$ 求得的 $x_d(p)$ 与 $p=\infty$ 求得的 $x_d(p)$ 相等。

利用式(2.144)及式(2.142)，即可求得短路电流的起始值

$$\Psi_d=-E_{q0}=-i_dx_d(p)\Big|_{p=\infty}=-x'_di'_{d0}$$

故
$$i'_{d0}=E_{q0}/x'_d \tag{2.145}$$

1.3 突然短路电流的稳态值

同样，利用式(2.142)，在 $t=\infty$，即 $p=0$ 时，可得

$$\Psi_d = -E_{q0} = -i_{ds}x_d(p)\Big|_{p=0} = -i_{ds}x_d \tag{2.146}$$

$$x_d(p)\Big|_{p=0} = x_d$$

x_d 即同步电机 d 轴同步电抗。

短路电流的稳态值

$$i_{ds} = E_{q0}/x_d \tag{2.147}$$

1.4　短路电流的衰减时间常数

我们已知短路电流的起始值为 E_{q0}/x'_d，而稳态值为 E_{q0}/x_d，因 $x_d > x'_d$，所以稳态值比起始值要小，也就是说短路电流由起始值按某个时间常数衰减到稳态值，现在来求这个时间常数。

由式（2.142）及式（2.134），可知

$$i_d x_d(p) = E_{q0}$$

上式中 E_{q0} 是常数，要求 i_d 的衰减时间常数，即相当于求下述特征方程式的根

$$x_d(p) = 0$$

$$x_d(p) = x_d - \frac{px_{ad}^2}{R_{fd} + pX_{ffd}}$$

或

$$x_d R_{fd} + pX_{ffd}x'_d = 0$$

因此

$$p = -\frac{x_d R_{fd}}{x'_d X_{ffd}} = -\frac{1}{\dfrac{x'_d}{x_d}\dfrac{X_{ffd}}{R_{fd}}} = -\frac{1}{\dfrac{x'_d}{x_d}T'_{d0}} = -\frac{1}{T'_d}$$

其中

$$T'_d = \frac{x'_d}{x_d}T'_{d0} \tag{2.148}$$

$$T'_{d0} = \frac{X_{ffd}}{R_{fd}}$$

T'_d 为发电机短路时励磁绕组时间常数。

1.5　突然三相短路电流的时间函数

我们已知短路前的电流为零（因发电机短路前为空载，短路后瞬间的起始值为 i'_{d0}，参见式（2.145），稳态值 i_{ds}，参见式（2.147），所以总的短路电流为

$$i_d = \left(\frac{1}{x'_d} - \frac{1}{x_d}\right)E_{q0}e^{-t/T'_d} + \frac{E_{q0}}{x_d} \tag{2.149}$$

因为短路前发电机处于空载额定电压下，即 $E_{q0} = u_{q0} = 1.0$ 故短路电流可写成

$$i_d = \left(\frac{1}{x'_d} - \frac{1}{x_d}\right)e^{-t/T'_d} + \frac{1}{x_d} \tag{2.150}$$

现将 i_d 转换成 a 相电流，因 $i_q = 0$，$i_0 = 0$，则

$$i_a = i_d\cos\gamma \tag{2.151}$$

$$\cos\gamma = \cos(\omega t + \gamma_0)$$

γ_0 为短路时，转子 d 轴超前定子 a 相轴线的角度，设 $\gamma_0 = 0$，因 $\omega = 1.0$，则

$$i_a=\left(\frac{1}{x_d'}-\frac{1}{x_d}\right)e^{-t/T_d'}\cos t+\frac{1}{x_d}\cos t \tag{2.152}$$

图2.23表示 i_d 及 i_a 随时间的变化。由图2.23可见，i_a 是按余弦变化的交流，或者说是周期电流，i_d 是随时间变化的直流，或说非周期电流，这正是d,q,0坐标转换的目的，另外可以看出来，i_d 变化的轨迹与 i_a 变化的包络线一致，i_a 的幅值等于 i_d 的瞬时值。

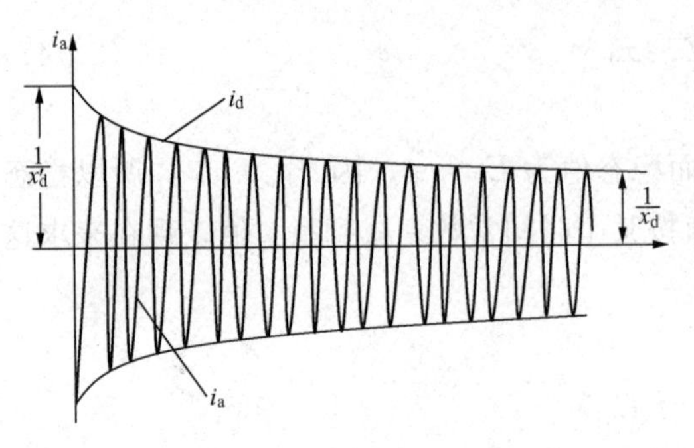

图2.23 i_d 及 i_a 随时间的变化

现在来求定子三相突然短路后的励磁电流时间函数，短路前励磁电流稳态值 I_{fd0} 是已知的，它对应于定子额定电压，由于已假定 $\gamma=0$，$p\Psi_d=p\Psi_q=0$，且 $\omega=1.0$，可得

$$u_d=-\Psi_q=0 \tag{2.153}$$

$$u_q=\Psi_d=-x_d i_d+x_{ad}I_{fd}=0 \tag{2.154}$$

或

$$I_{fd}=\frac{x_d}{x_{ad}}i_d \tag{2.155}$$

可见，短路后的励磁电流 I_{fd} 与定子电流 i_d 成正比，其比例系数为 x_d/x_{ad}，这时发电机相当于一个电流互感器。I_{fd} 及 i_d 的关系，相当于一次侧及二次侧电流关系，但需要说明的是，这是在略去阻尼绕组超瞬变分量及忽略 $p\Psi_d$、$p\Psi_q$ 的作用的前提下才成立，更准确的说，这结论在阻尼绕组造成的超瞬变分量及 $p\Psi_d$、$p\Psi_q$ 造成a相电流中的直流分量衰减完了之后，才成立，但是它在考察较长短路的瞬变过程时，是一个有用的结论。

应用式（2.155）及式（2.149）得励磁电流表达式

$$I_{fd}=\frac{x_d}{x_{ad}}i_d=\frac{x_d}{x_{ad}}E_{q0}\left(\frac{1}{x_d'}-\frac{1}{x_d}\right)e^{-t/T_d'}+\frac{E_{q0}}{x_{ad}} \tag{2.156}$$

其中，$\frac{E_{q0}}{x_{ad}}=I_{fd0}$，即短路前稳态时的励磁电流，由于没有计入励磁调节的作用，短路后的励磁电流最终要用到短路前的稳态电流。

由式（2.68）已知 $x_d-x_d'=\frac{x_{ad}^2}{X_{ffd}}$，则式（2.156）可化成

$$I_{fd}=I_{fd0}+\frac{x_{ad}}{x_d'X_{ffd}}E_{q0}e^{-t/T_d'}=I_{fd0}+\frac{x_{ad}}{X_{ffd}}i_{d0}'e^{-t/T_d'} \tag{2.157}$$

其中 $i_{d0}'=\frac{E_{q0}}{x_d'}$ 是短路后 i_d 的起始值。

当 $t=0$ 时，由式（2.156）可得

$$\begin{aligned}I_{fd0}'&=\frac{x_d}{x_{ad}}E_{q0}\left(\frac{1}{x_d'}-\frac{1}{x_d}\right)+\frac{E_{q0}}{x_{ad}}=\frac{E_{q0}}{x_{ad}}\left(\frac{x_d-x_d'}{x_d'}+1\right)\\&=\frac{E_{q0}}{x_{ad}}\frac{x_d}{x_d'}=I_{fd0}\frac{x_d}{x_d'}\end{aligned} \tag{2.158}$$

式中 $I_{fd0}=\frac{E_{q0}}{x_{ad}}$ 即为短路前励磁电流的稳态值。图2.24为短路后励磁电流随时间的变化。

以上说明了，定子三相短路后，励磁电流瞬间值 I'_{fd0} 为短路前电流 I_{fd0} 的 $\frac{x_d}{x'_d}$ 倍，对水轮发电机约为3～4倍，对汽轮发电机可达6～7倍。这是因为在假定的条件下，定子电流会突然增大，转子要保持磁链不变，会感应出一个自由分量以抵消定子电流产成的去磁效应，如果有阻尼绕组的话，它会分担一部分感应电流，$t=0$ 时，励磁电流的突变就不会那么大，详见下面的分析。

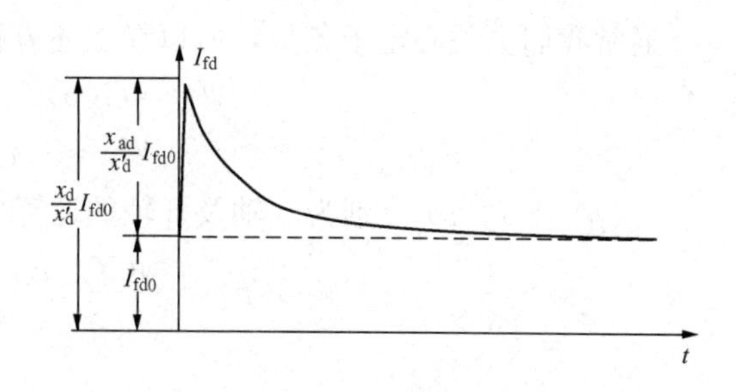

图2.24　短路后励磁电流随时间的变化

2. 发电机采用五绕组模型并计入 $p\Psi_d$ 及 $p\Psi_q$

五绕组模型即认为d轴及q轴各有一阻尼绕组，并假定：

(1) 发电机短路前后，转速保持不变，即 $\omega=1.0$。

(2) 发电机短路前空载，并保持额定电压。

与前面分析一样，将短路电流分成短路前稳态部分、短路瞬间的起始值及稳态值三部分。

2.1　短路前稳态部分

前面得到的式（2.125）～式（2.130）同样适用。

2.2　突然短路后电流的起始值

突然短路相当于在定子端加上了一个与短路前电压大小相等方向相反的电压

$$-u_{d0}=0$$

$$-u_{q0}=-E_{q0}$$

此时定子电压方程式为

$$u_d=-u_{d0}=p\Psi_d-\Psi_q-ri_d \tag{2.159}$$

$$u_q=-u_{q0}=p\Psi_q+\Psi_d-ri_q=-E_{q0} \tag{2.160}$$

磁链方程式为

$$\Psi_d=-x_di_d+x_{ad}I_{fd}+x_{ad}I_{kd}$$

$$\Psi_q=-x_qi_q+x_{aq}I_{kq}$$

$$\Psi_{fd}=-x_{ad}i_d+X_{ffd}I_{fd}+x_{ad}I_{kd}$$

$$\Psi_{kd}=-x_{ad}i_d+x_{ad}I_{fd}+X_{kkd}I_{kd}$$

$$\Psi_{kq}=-x_{aq}i_d+X_{kkq}I_{kq}$$

转子绕组电压方程式

$$U_{fd}=p\Psi_{fd}+R_{fd}I_{fd}$$

$$0=p\Psi_{kd}+R_{kd}I_{kd}$$

$$0=p\Psi_{kq}+R_{kq}I_{kq}$$

通常我们更关心定子各量，所以在上述方程中，消去转子绕组的电流，可得

$$\Psi_d = G(p)U_{fd} - x_d(p)i_d \tag{2.161}$$

$$\Psi_q = - x_q(p)i_q \tag{2.162}$$

$x_d(p)$ 及 $x_q(p)$ 分别为 d 轴及 q 轴的运算电抗，$G(p)$ 为运算电导

$$G(p) = \frac{p(X_{kkd}x_{ad} - x_{ad}^2) + x_{ad}R_{kd}}{A(p)} \tag{2.163}$$

$$x_d(p) = x_d - \frac{B(p)}{A(p)} \tag{2.164}$$

$$x_q(p) = x_q - \frac{px_{aq}^2}{pX_{kkq} + R_{kq}} \tag{2.165}$$

$$A(p) = p^2(X_{kkd}X_{ffd} - x_{ad}^2) + p(X_{kkd}R_{fd} + X_{ffd}R_{kd}) + R_{kd}R_{fd} \tag{2.166}$$

$$B(p) = p^2(X_{kkd}x_{ad}^2 - 2x_{ad}^3 + X_{ffd}x_{ad}^2) + p(x_{ad}^2R_{kd} + x_{ad}^2R_{fd}) \tag{2.167}$$

与前面无阻尼绕组时一样，利用 $t=0$，相当于 $p=\infty$，可以求出此时之 $x_d(p)$

$$x_d(p)\mid_{p=\infty} = x_d - \frac{X_{kkd}x_{ad}^2 - 2x_{ad}^3 + X_{ffd}x_{ad}^2}{X_{kkd}X_{ffd} - x_{ad}^2} = x_l + \frac{1}{\dfrac{1}{x_{ad}} + \dfrac{1}{X_{fl}} + \dfrac{1}{X_{kdl}}} = x_d'' \tag{2.168}$$

x_d'' 为 d 轴超瞬变电抗，其等值电路如图 2.25 所示。

相应地，$p=\infty$ 时，$x_q(p)$ 为

$$x_q(p)\mid_{p=\infty} = x_q - \frac{x_{aq}^2}{X_{kkq}} = \frac{1}{x_l} + \frac{1}{\dfrac{1}{x_{aq}} + \dfrac{1}{X_{kql}}} = x_q'' \tag{2.169}$$

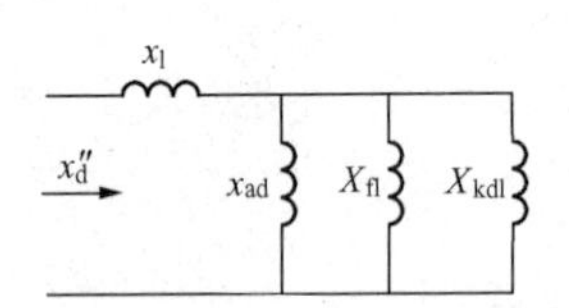

图 2.25 x_d'' 的等值电路

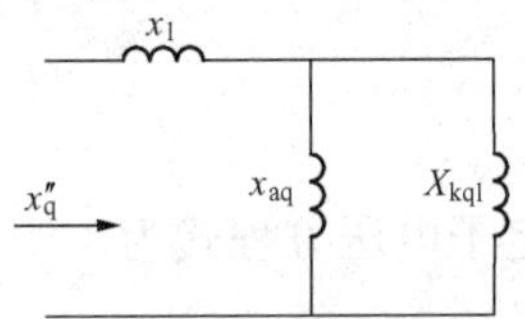

图 2.26 x_q'' 的等值电路

x_q'' 的等值电路如图 2.26 所示。

由 x_q'' 及 x_d''（包括前面 x_d'）的公式可见，它们的数值主要取决于定子及转子漏抗，这是因为突然短路后，定子绕组内电流突然增大，电枢反应的去磁效应也增大，但转子上的闭合回路要保持磁链不变，就会在其中产生非周期电流，这样就把电枢反应的磁链“挤到”转子及定子的漏磁路上，因而磁阻增加，感抗减小。

现在来求外加电压引起电流的起始值，此时可以不计励磁电压，它的作用已经计入短路前的稳态部分了，式（2.161）及式（2.162）就变成

$$\Psi_d = - x_d(p)i_d \tag{2.170}$$

$$\Psi_q = - x_q(p)i_q \tag{2.171}$$

与式（2.159）及式（2.160）联解，即可得

$$i_d = \frac{x_q(p)E_{q0}}{[px_d(p)+r][px_q(p)+r] + x_d(p)x_q(p)} \tag{2.172}$$

$$i_q = \frac{[px_d(p)+r]E_{q0}}{[px_d(p)+r][px_q(p)+r] + x_d(p)x_q(p)} \tag{2.173}$$

为求起始值，可以应用超导体的概念，认为此时定子电阻 $r=0$，且 $x_d(p)=x''_d$，$x_q(p)=x''_q$，则

$$i_d=\frac{E_{q0}}{x''_d(1+p^2)} \tag{2.174}$$

$$i_q=\frac{pE_{q0}}{x''_q(1+p^2)} \tag{2.175}$$

利用运算微积（即拉普拉斯变换及反变换），可求得 i_d 及 i_q

$$i_d=\frac{E_{q0}}{x''_d}(1-\cos t) \tag{2.176}$$

$$i_q=\frac{E_{q0}}{x''_q}\sin t \tag{2.177}$$

如将 i_d、i_q 转换到 a，b，c 坐标，则

$$i_a=\frac{E_{q0}}{x''_d}\cos(t+\gamma_0)-\left(\frac{1}{x''_d}-\frac{1}{x''_q}\right)\frac{E_{q0}}{2}\cos\gamma_0-\left(\frac{1}{x''_d}-\frac{1}{x''_q}\right)\frac{E_{q0}}{2}\cos(2t+\gamma_0) \tag{2.178}$$

其中 γ_0 为短路前瞬间 d 轴领先定子 a 相角度，i_b、i_c 只需将 γ_0 换成（$\gamma_0-120°$）或（$\gamma_0+120°$）。

下面对各个分量加以说明：式（2.178）中第一项为电流的基波分量，第二项为直流分量（或非周期分量），第三项为二次谐波分量。当定子突然加上三相电压后，定子绕组中会产生基波电流，但定子及转子绕组都是闭合电感回路，它们会产生感应电流及相应的磁链以保持原来的磁链不变。在转子绕组内感应的电流，下面还会谈到。在定子绕组感应的就是第二项，即一个直流分量。由于转子以同步速旋转，这个分量在转子绕组就会产生一个基波电流，但由于转子 d、q 轴不对称，它产生的磁场可以分成相对于转子正向旋转及反向旋转的磁场。反向旋转的磁场相对于定子是静止的，而正向旋转的磁场，相对定子为 2 倍的同步速，所以在定子绕组中产生了 2 倍基波频率的电流，也就是式（2.178）中的第三项。

2.3　所加电压造成的稳态值

此时，用 $p=0$，代入式（2.164）及式（2.165）

$$x_d(p)=x_d \tag{2.179}$$

$$x_q(p)=x_q \tag{2.180}$$

令 $U_{fd}=0$ 及 $p=0$，稳态电流可由式（2.161）、式（2.162）得出

$$\Psi_d=-i_dx_d \tag{2.181}$$

$$\Psi_q=-i_qx_q \tag{2.182}$$

在式（2.159）及式（2.160）中，令 $p=0, r=0$，则

$$u_d=-u_{d0}=-\Psi_q=0 \tag{2.183}$$

$$u_q=-u_{q0}=\Psi_d=-E_{q0} \tag{2.184}$$

故短路电流的稳态值

$$i_d=E_{q0}/x_d \tag{2.185}$$

$$i_q=0 \tag{2.186}$$

2.4 所加电压产生的电流的衰减时间常数

前面已说明，定子绕组中的直流分量及二次谐波分量与转子绕组中基波电流分量是互相对应的，它们是以同样时间常数 T_a 衰减，所以 T_a 应与定子及转子电阻有关，但是转子绕组的感抗比电阻大得多，故此在求 T_a 时，可以近似认为转子电阻为零，但不能认为定子电阻为零，否则 T_a 就变成无穷大了。

前面已证明，此时 $x_d(p)=x''_d$，$x_q(p)=x''_q$，由式（2.172）及式（2.173）可知

$$i_d=\frac{x''_q E_{q0}}{(px''_d+r)(px''_q+r)+x''_d x''_q} \tag{2.187}$$

$$i_q=\frac{(px''_d+r)E_{q0}}{(px''_d+r)(px''_q+r)+x''_d x''_q} \tag{2.188}$$

解上述方程的特征方程式，就可以得到一个接近基波的分量及一个接近二次谐波的分量（与前得到的起始值不同的是，现在计入了定子电阻），而这两个分量的衰减时间常数皆为 T_a，且

$$T_a=\frac{1}{\frac{r}{2}\left(\frac{1}{x''_d}+\frac{1}{x''_q}\right)}=\frac{1}{r}\frac{2x''_d x''_q}{x''_d+x''_q}=\frac{x_2}{r} \tag{2.189}$$

其中，$x_2=2\frac{x''_d x''_q}{x''_d+x''_q}$，称为负序电抗。

2.5 时间常数 T'_d，T''_d，T_q

定子中的基波电流对应于转子中非周期分量，它们按同一时间常数衰减，且与定子及转子绕组的电阻、电抗有关，为了简化，近似地认为定子电阻为零，在此条件下

$$i_d=\frac{E_{q0}}{x_d(p)(1+p^2)} \tag{2.190}$$

$$i_q=\frac{pE_{q0}}{x_q(p)(1+p^2)} \tag{2.191}$$

分母中因子（$1+p^2$）的根为 $\pm j1.0$，它对应电流 i_d 及 i_q 中的基波分量（$\omega=1.0$），亦即定子 a，b，c 中的非周期分量及二次谐波分量，前面已证明，它们的衰减时间常数为 T_a。

分母中因子 $x_d(p)$ 及 $x_q(p)$ 的根对应于 i_d、i_q 中的非周期分量亦即 a，b，c 中的基波分量，可根据 $x_d(p)=0$，及 $x_q(p)=0$ 来求得

$$x_q(p)=\frac{(X_{kkq}x_q-x_{aq}^2)p+R_{kq}x_q}{X_{kkq}+R_{kq}}=0$$

解得
$$p=\frac{-R_{kq}x_q}{X_{kkq}x_q-x_{aq}^2}$$

故时间常数

$$T''_q=-\frac{1}{p}=\frac{X_{kkq}x_q-x_{aq}^2}{R_{kq}x_q}=\frac{X_{kkq}}{R_{kq}}\frac{x_q-\frac{x_{aq}^2}{X_{kkq}}}{x_q}=\frac{X_{kkq}}{R_{kq}}\frac{x''_q}{x_q}$$

$$=T'_{q0}\frac{x''_q}{x_q} \tag{2.192}$$

式（2.192）中，T'_{q0} 是 q 轴阻尼绕组在定子绕组开路时的时间常数，T''_{q} 是 q 轴阻尼绕组在定子短路（$r=0$）时的时间常数，又称 q 轴超瞬变电流衰减时间常数，它等于 q 轴绕组本身的时间常数 T'_{q0} 乘以 q 轴超瞬变电抗 x''_{q} 与同步电抗 x_{q} 之比。

再来看 $x_{d}(p)=0$，为简化求解方程式的根，可作如下假设：因为阻尼绕组 kd 的电阻比励磁绕组 fd 的电阻要大很多，可能达数十倍，因此阻尼绕组中非周期电流要比励磁绕组中电流衰减快很多，因而可以认为在短路后某个时段内 $R_{fd}=0$，即励磁绕组内非周期分量不衰减，在这个时段内，阻尼绕组中非周期分量所对应的定子绕组内基波电流将根据时间常数 T''_{d} 衰减，设 $R_{fd}=0$，求得

$$T''_{d}=\frac{X_{kkd}-\dfrac{x_{ad}^{2}}{X_{ffd}}}{R_{kd}}\frac{x''_{d}}{x'_{d}}=T''_{d0}\frac{x''_{d}}{x'_{d}} \tag{2.193}$$

$$T''_{d0}=\frac{X_{kkd}-\dfrac{x_{ad}^{2}}{X_{ffd}}}{R_{kd}}=\frac{1}{R_{kd}}\left(X_{kdl}+\frac{1}{\dfrac{1}{x_{ad}}+\dfrac{1}{X_{fl}}}\right) \tag{2.194}$$

T''_{d0} 为定子开路及励磁绕组闭路，且 $R_{fd}=0$ 时，d 轴阻尼绕组的时间常数。T''_{d} 为定子绕组及励磁绕组均短路，且 $r=0$，$R_{fd}=0$ 时阻尼绕组的时间常数，称为纵轴超瞬变电流衰减的时间常数。

当经过一段时间后，阻尼绕组中的非周期电流已经完全衰减了，其后主要由励磁绕组中非周期分量的衰减来决定定子电流周期分量的衰减，这时可以认为阻尼绕组已经断开，可以把 $R_{kd}=\infty$ 代入 $x_{d}(p)=0$，则得

$$x_{d}(p)=x_{d}-\frac{x_{ad}^{2}}{pX_{ffd}+R_{fd}}=0$$

相应的时间常数

$$T'_{d}=-\frac{1}{p}=\frac{x_{d}X_{ffd}-x_{ad}^{2}}{x_{d}R_{fd}}=\frac{X_{ffd}}{R_{fd}}\frac{x_{d}-\dfrac{x_{ad}^{2}}{X_{ffd}}}{x_{d}}$$

将 $x'_{d}=x_{d}-\dfrac{x_{ad}^{2}}{X_{ffd}}$ 及 $T'_{d0}=\dfrac{X_{ffd}}{R_{fd}}$ 代入上式，则

$$T'_{d}=T'_{d0}\frac{x'_{d}}{x_{d}} \tag{2.195}$$

另外

$$\begin{aligned}T'_{d}&=\frac{x_{d}X_{ffd}-x_{ad}^{2}}{R_{fd}x_{d}}=\frac{1}{R_{fd}}\frac{x_{d}(x_{ad}+X_{fl})-x_{ad}^{2}}{x_{d}}\\&=\frac{1}{R_{fd}}\left(X_{fl}+\frac{1}{\dfrac{1}{x_{ad}}+\dfrac{1}{x_{l}}}\right)\end{aligned} \tag{2.196}$$

式（2.196）中 T'_{d} 为定子短路，且 $r=0$，阻尼绕组开路时，励磁绕组的时间常数，T'_{d0} 为励磁绕组在定子开路时的时间常数。

T'_{d0}、T'_{d}、T_{a} 及 T''_{d} 的实际数据见表 2.5。

表 2.5 T'_{d0}、T'_d、T_a 及 T''_d 的实际数据

类型 时间常数(s)	水轮发电机	汽轮发电机	同步调相机	类型 时间常数(s)	水轮发电机	汽轮发电机	同步调相机
T'_{d0}	5～7.5	8～12	4.5～10	T_a	0.12～0.4	0.16～0.4	0.1～0.3
T'_d	1.5～3.0	0.8～1.6	0.6～2.4	T''_d	0.02～0.06	0.03～0.11	0.007～0.03

2.6 突然三相短路电流的时间函数

按照上面所作的假定，在某个时段内，阻尼绕组中产生的非周期分量按 T''_d 衰减，而励磁绕组中产生的非周期分量不衰减，等到阻尼绕组的非周期分量衰减完以后，励磁绕组内非周期分量开始按 T'_d 衰减，一直衰减到稳态值，按上述假定求得了短路后超瞬变分量起始值[式(2.176)、式(2.177)]，瞬变分量起始值[式(2.145)]及稳态值[式(2.185)、式(2.186)]，因此总的短路电流

$$i_d = E_{q0}\left[\left(\frac{1}{x''_d}-\frac{1}{x'_d}\right)e^{-t/T''_d}+\left(\frac{1}{x'_d}-\frac{1}{x_d}\right)e^{-t/T'_d}\right]+\frac{E_{q0}}{x_d}+\frac{E_{q0}}{x''_d}e^{-t/T_a}\cos t \tag{2.197}$$

$$i_q = \frac{E_{q0}}{x''_q}e^{-t/T_a}\sin t \tag{2.198}$$

将式(2.197)、式(2.198)中 i_d、i_q 转换到 a，b，c 坐标，则有

$$\begin{aligned} i_a = {} & E_{q0}\left[\left(\frac{1}{x''_d}-\frac{1}{x'_d}\right)e^{-t/T''_d}+\left(\frac{1}{x'_d}-\frac{1}{x_d}\right)e^{-t/T'_d}+\frac{1}{x_d}\right]\cos(t+\gamma_0) \\ & -\frac{E_{q0}}{2}e^{-t/T_a}\left[\left(\frac{1}{x''_d}-\frac{1}{x''_q}\right)\cos\gamma_0+\left(\frac{1}{x''_d}-\frac{1}{x''_q}\right)\cos(2t+\gamma_0)\right] \end{aligned} \tag{2.199}$$

式(2.199)中 γ_0 换成 $(\gamma_0-120°)$ 及 $(\gamma_0+120°)$ 即可得 i_b、i_c。式(2.199)展开后其中第一项是超瞬变分量，第二项是瞬变分量，第三项是稳态分量，第四项是非周期分量，第五项是二次谐波分量。

如果是隐极发电机，则 $x''_d=x''_q$，二次谐波分量就不出现，如进一步假定 $\gamma_0=0$，则式(2.199)变成

$$i_a = E_{q0}\cos t\left(\frac{1}{x''_d}-\frac{1}{x'_d}\right)e^{-t/T''_d}+E_{q0}\cos t\left(\frac{1}{x'_d}-\frac{1}{x_d}\right)e^{-t/T'_d}+\frac{E_{q0}}{x_d}\cos t-\frac{E_{q0}}{x''_d}e^{-t/T_a} \tag{2.200}$$

再假定，$E_{q0}=1.0$，则式(2.200)的有效值

$$I_a=\left(\frac{1}{x''_d}-\frac{1}{x'_d}\right)e^{-t/T''_d}+\left(\frac{1}{x'_d}-\frac{1}{x_d}\right)e^{-t/T'_d}+\frac{1}{x_d}$$

图 2.27 为计入阻尼绕组后短路电流随时间的变化。由图 2.27 可见，在 $t=0$ 时，非周分量与周期分量相等，正好互相抵消，这是保持 a 相磁链不变所需的。另外由于非周期分量叠加在周期分量上，使得 i_a 的曲线与横轴不对称，两个分量叠加的结果，使得总电流在 1/2 周期达到最大值。

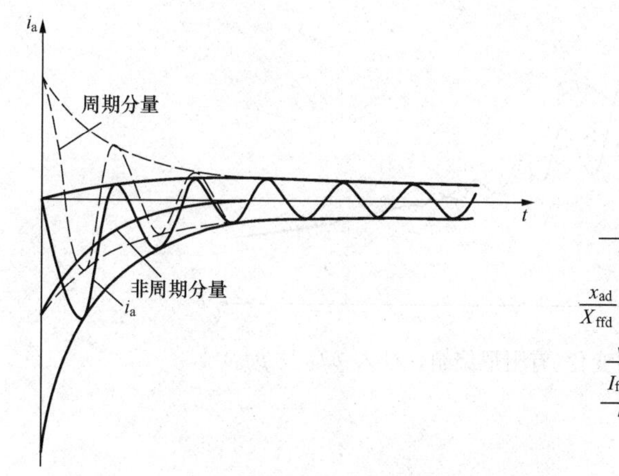

图 2.27　计入阻尼绕组后短路电流随时间的变化

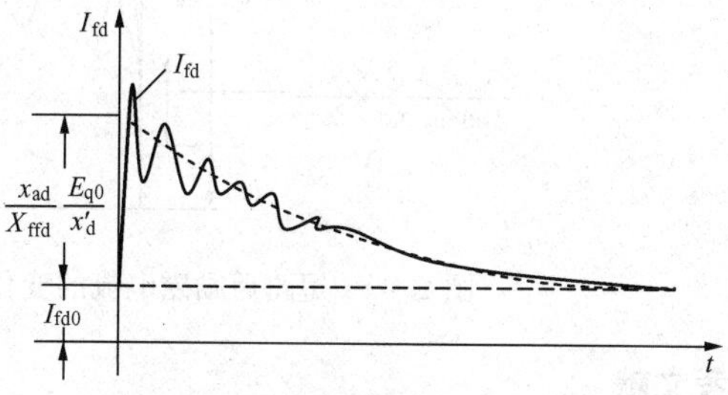

图 2.28　短路后励磁电流的变化
（无阻尼绕组，计入 $p\Psi_d$ 及 $p\Psi_q$）

2.7　突然三相短路后的励磁电流

可以证明，对于无阻尼绕组，如不忽略 $p\Psi_d$ 及 $p\Psi_q$，短路瞬间的励磁电流 I'_{fd0} 与 i'_{d0} 的关系为

$$I'_{fd0} = \frac{x_{ad}}{X_{ffd}} i'_{d0} \tag{2.201}$$

同样情况下，有阻尼绕组时，I'_{fd0} 与 i'_{d0} 的关系为

$$I'_{fd0} = \frac{X_{kkd} - x_{ad}^2}{X_{kkd}X_{ffd} - x_{ad}^2} i'_{d0} \tag{2.202}$$

由于不考虑励磁调节器，所以励磁电流由短路后瞬态值衰减到稳态值。当没有阻尼绕组，但计入 $p\Psi_d$ 及 $p\Psi_q$ 时（即保留定子电流的非周期分量），可以表示为

$$I_{fd} = I_{fd0} + \frac{x_{ad}}{X_{ffd}}\frac{E_{q0}}{x'_d}e^{-t/T'_d} - \frac{x_{ad}}{X_{ffd}}\frac{E_{q0}}{x'_d}e^{-t/T_a}\cos t \tag{2.203}$$

图 2.28 所示为短路后励磁电流的变化，与图 2.24 不同的是，励磁电流在短路后一段时间内，有一个基波分量叠加在它上面，它是按时间常数 T_a 衰减的，这就是 $p\Psi_q$ 的作用。

当有阻尼绕组时，I_{fd} 的时间函数为

$$I_{fd} = I_{fd0} + \left[\left(\frac{X_{kkd}x_{ad} - x_{ad}^2}{X_{kkd}X_{ffd} - x_{ad}^2}\frac{1}{x''_d} - \frac{x_{ad}}{X_{ffd}}\frac{1}{x'_d}\right)e^{-t/T''_d} + \frac{x_{ad}}{X_{ffd}}\frac{1}{x'_d}\right]E_{q0}$$
$$- \frac{X_{kkd}x_{ad} - x_{ad}^2}{(X_{kkd}X_{ffd} - x_{ad}^2)x''_d}E_{q0}e^{-t/T_a}\cos t \tag{2.204}$$

短路后励磁电流的变化如图 2.29 所示。由图可见，由于励磁电流中按 T_a 衰减的周期分量是负值，所以 I_{fd} 的非周分量在 $t=0$ 时，比无阻尼绕组时要小，这是因为阻尼绕组的存在，分担了一部分励磁电流的变化。

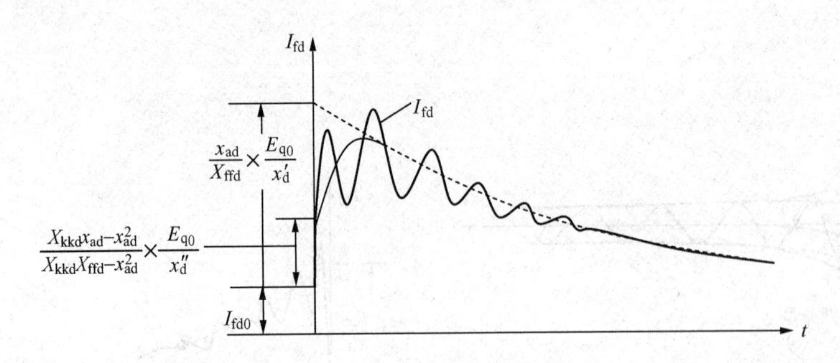

图 2.29　短路后励磁电流的变化(有阻尼绕组，计入 $p\psi_d$ 及 $p\psi_q$)

参考文献

[1] 高景德编著．交流电机过渡历程及运行方式的分析．北京：科学出版社，1963

[2] E. W. Kimbark，Power System Stability，Vol. Ⅲ，John Wiley and Sons，Inc.，1956

[3] P. Kundur. Power System Stability and Control. New York：McGraw-Hill，Inc.，1993

[4] 倪以信，陈寿孙，张宝霖．动态电力系统的理论及分析．北京：清华大学出版社，2000

[5] M. Raiz. Hybrid－parameter Model of Synchronous Machines. IEEE，Trans. Vol. PAS-93，1974

[6] B. Adkins，R. G. Harley. The General Theory of Alternating Current Machines：Application to Practical Problems. London：Chapman and Hall，1975

[7] А. И. Важнов. Основы теории дереходных процессов синхронной машины. ГЭИ，1960

[8] [俄] И. М. 马尔柯维奇著．动力系统及其运行情况．张钟俊译．北京：电力工业出版社，1956

第3章

励磁系统数学模型

鉴于励磁控制对于电力系统的稳定性起着重要的、有时是关键性的作用，所以在研究分析电力系统稳定性时，需要很好地掌握励磁控制系统的特性、参数，并建立相应的模型。IEEE 早在 1968 年就提出了励磁控制系统的数学模型[11]，以后又分别在 1981、1992、2005 年三次更新了提出的数模[12,1,9]，中国在 1991、1994 年也提出了稳定计算用励磁系统模型[13,14]。20 世纪 90 年代以后，改进励磁控制数模的工作一直在进行[2]。由于计算技术的发展，使得模型可以包括非线性等详尽的细节，现在的励磁控制系统模型不但对控制回路环节进行了详尽模拟，而且也对保护、限制等附加功能也作了详尽模拟。本章将着重介绍控制系统的模拟，对于保护限制功能的模拟留到第 8 章再作介绍。

本章先介绍对励磁系统的要求及励磁系统的分类，然后分别介绍三种主要励磁系统的数模来源，考虑到目前许多应用软件均采用或参考 IEEE 的数模，而且它是目前最完善最详尽的数模，所以接着对 IEEE 的数模及典型参数加以介绍，最后介绍模型中一些特殊元件的模拟及参数测量、建模的技术。

第1节 对励磁系统的要求

对励磁系统最基本的要求是发电机励磁绕组能够提供足够的、可靠的、连续可调的直流电流。一般说励磁绕组的额定容量大约为发电机的 0.25%～0.5%。早期励磁系统都是由同轴直流励磁机供电的。当发电机容量超过 200MW 时，特别是汽轮发电机，由于转速较高，直流励磁机换向困难，所以运行可靠性不高，于是发展了各种不同类型的交流励磁机系统。在交流励磁机系统中，同轴的交流发电机经二极管整流器向发电机励磁绕组供电，解决了直流机换向的困难。但这种系统反应速度较慢，所以又出现了高起始响应的交流励磁机系统，用晶闸管（又称可控整流器）代替二极管整流器的他励晶闸管系统等不同的系统；为了省去滑环，又出现了无刷励磁系统；为了省去励磁机，又出现了静态励磁系统，其电源由厂用电或直接从机端取来，经过可控整流器向发电机励磁绕组供电。静态励磁系统由于省掉了同轴励磁机，没有旋转部件，可靠性大为提高，且它的反应速度快，因而得到了广泛的应用，很好地解决了对励磁系统的容量，可靠性及连续可调的要求。

励磁控制系统中采用了两种反馈方式，一种为误差反馈方式，一种为校正/补偿反馈方式。按照控制理论的基本定义，“反馈控制系统是一种能对输出变量与参考值进行比较并力图减小两者之间误差的控制系统”。“它利用输出量与参考输入量之间的误差来进行控制”。在励磁控制中，这就是对机端电压的控制，它将端电压与其参考值比较后产生的误差进行控制，一般称为AVR，这是励磁控制最基本、最首要的目标。另一种控制就是PSS或前苏联采用的强力调节器，它们是用来改造原系统的传递函数或特性的。它们采用其他的变量，如功率、转速、频率等变量，经过处理，只取上述变量中随时间的变化量，稳态的变化都被隔离，在PSS中称为隔直环节或washout，在强力调节器中这些变量都是通过微分环节引入，因此也具备了隔离变量的稳态的作用。误差反馈方式与校正/补偿反馈方式的控制目标、过程及作用是非常不同的。由于同步并网发电机运行的特点，在发电机正常运行中，只采用也只能采用对端电压这一个变量进行误差反馈控制。采用全状态（全部变量）线性误差反馈是不可行的，因为这就包括了对其中的一个变量——电功率误差（P_e-P_{eref}）进行反馈控制，以调整励磁。它的作用会削弱维持端电压这个励磁控制的主要作用，例如当稳态输出电功率增加时，端电压会下降，这时全状态反馈控制中的功率误差$P_e-P_{eref}>0$，因它是负反馈，所以就去减小励磁，与端电压误差反馈控制作用相抵消，最后就会使端电压调节精度下降。在动态过程中，功率误差控制也会给系统的稳定性带来负面的影响。频率或转速误差的反馈控制也有类似的作用，但作用较小，发电机并联于系统运行的基本现象就是改变发电机励磁不可能改变发电机的输出电功率及发电机的转速/频率，只有改变原动机输入发电机的机械功率才能改变电功率，发电机的频率/转速是随着系统频率变化而变化，也不受励磁控制的影响，可见企图用励磁控制来维持电功率及转速恒定的构想不符合发电机运行的规律，不但是不可行的，而且是有害的。按照反馈控制的原理，为使被控量——电压的误差减小，为了维持电压水平，需要采用较大的电压放大倍数。研究表明，这种高放大倍数的励磁控制再配上快速反应的励磁系统对提高电力系统的稳定性具有明显的效果，但同时也证明了它会使电力系统的阻尼减弱，甚至提供负阻尼造成电力系统的低频振荡。强力调节器及电力系统稳定器，都可以使得励磁控制在高放大倍数下，不但可以克服负阻尼，还可以提供正阻尼。虽然它们也采用了功率及频率的反馈，但这些反馈信号都不是经过与某个参考值比较后得到的误差进行反馈控制，而是经过微分或类似带惯性的微分环节进行反馈，所以实际上相当于一个并联于电压反馈上的动态校正。不论功率及频率稳态运行值怎样变化，都不会影响电压的稳态运行值，它只在暂态过程中起作用。在北美称电力系统稳定器为励磁的附加控制，它很好地解决了提高发电机维持电压的能力与产生低频振荡或说恶化动态品质之间的矛盾。

对励磁控制的另一重要的要求是对励磁电流或励磁电压的限制及保护。在电力系统出现大的扰动时，励磁控制可以使发电机提供瞬时的或短时的无功功率去支援电力系统，这对抬高系统在暂态过程中电压和保持系统稳定性，具有重要的作用。但是发电机短期的过负荷能力受到以下一些因素的限制：励磁电压过高引起绝缘损坏，励磁电流过高引起转子过热，在欠励状态下运行造成定子端部过热，以及磁链过高引起的发热等。发热的限制都具有反时限特性，短时发热允许时间可达15～60s，在发热条件允许的前提下，充分利用发电机的过载能力是励磁系统应具有的重要功能。根据上述要求设计的励磁控制系统功能示意图如图3.1所示。

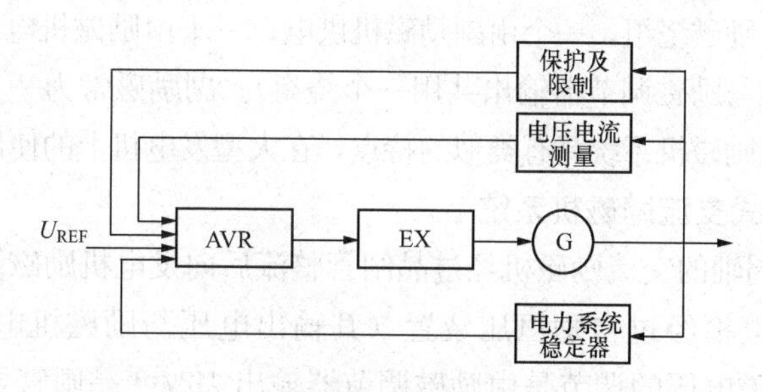

图 3.1　励磁控制系统功能示意图

AVR—自动电压调节器；EX—励磁机；G—发电机

第 2 节　励磁系统的分类

一般按照励磁电源的不同，将励磁系统分为直流励磁机系统、交流励磁机系统、静态励磁系统三大类。由于结构的不同，这三种励磁又分为以下不同类型的子系统：

- 直流励磁机系统
  - 自并励式(见图 3.2)
  - 自复励式(见图 3.3)
- 交流励磁机系统
  - 他励可控整流式(见图 3.4)
  - 不可控整流式
    - 自励式交流励磁机系统(二机系统)(见图 3.5)
    - 具有副励磁机式交流励磁机系统(三机系统)(见图 3.6)
    - 无刷励磁系统(见图 3.7)
- 静态励磁系统
  - 自并励式(见图 3.8)
  - 自复励式(见图 3.9)

下面分别对上述各种系统作一简单介绍，并给出原理性的框图。

1. 自并励式直流励磁机系统

这种系统中的直流励磁机的励磁是由励磁机电枢经磁场电阻供给的，励磁机除了一个自并励绕组外，还有一个或两个附加绕组由励磁调节器供电。有的系统在并励绕组回路中串联了一个电机放大机，调节器供电给电机放大机的励磁绕组。直流励磁机一般都是同轴的，也有的是由另一台感应电动机拖动，而感应电动机由厂用母线供电。这种系统在小型发电机上使用较为广泛，是一种传统的励磁方式。但是它的反应速度较慢，运行维护也不方便，随着半导体整流器的发展，这种系统的使用已经越来越少了。

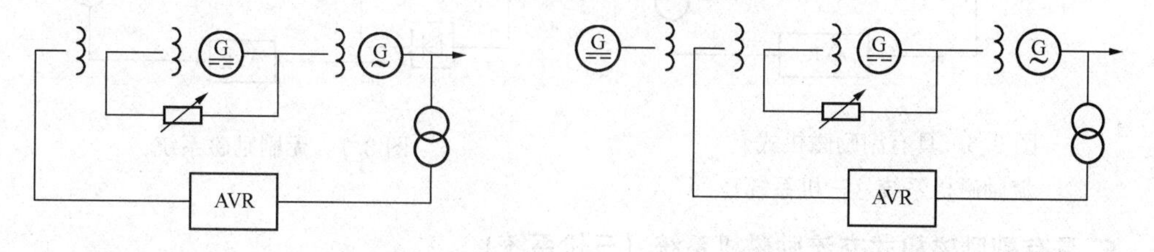

图 3.2　自并励式直流励磁机系统　　图 3.3　自复励式直流励磁机系统

2. 自复励式直流励磁机系统

这种励磁系统中主励磁机的励磁是分别由励磁机的电枢及与发电机同轴的副励磁机提供

的。这时励磁机有三个励磁绕组，一个由副励磁机供电，一个由励磁机电枢供电，一个由调节器供电（有时并励励磁与励磁调节器输出共用一个绕组）。副励磁常为一直流永磁机。这种系统与上述自并励式直流励磁机系统具有类似的特点，在大型发电机上的使用已在减少。

3. 他励可控整流式交流励磁机系统

在这种系统中，同轴的交流励磁机经过晶闸管整流后向发电机励磁绕组供电，而励磁机的励磁是由励磁机的电枢经过自励恒压装置（其输出电压与励磁机电枢电压及电流成正比）供电。发电机励磁电压的调节是由励磁调节器输出去改变晶闸管导通角来实现的。这是反应速度最快的一种系统。励磁电压的调节范围可以由正向最大到负向最大。由于励磁机与主发电机同轴，其电源不受发电机电压的影响，可以说是保证和提高电力系统稳定性最理想的系统。不过这种系统造价较高，励磁机是旋转的。国外运行经验证明，其可靠性不如静态励磁系统，在美国由GE（通用电气公司）生产的这种系统称为ALTHYREX系统。

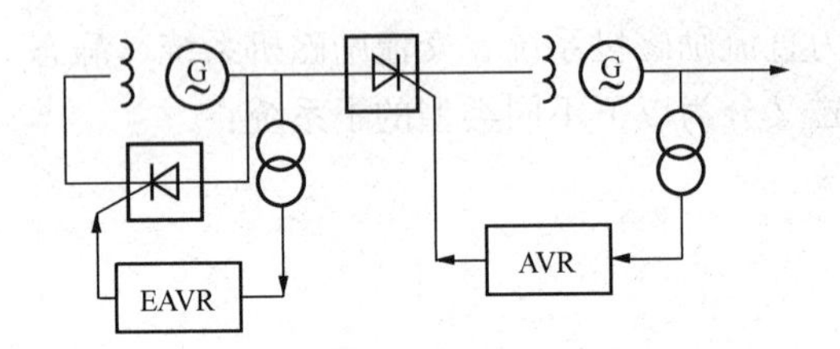

图 3.4 他励可控整流式交流励磁机系统

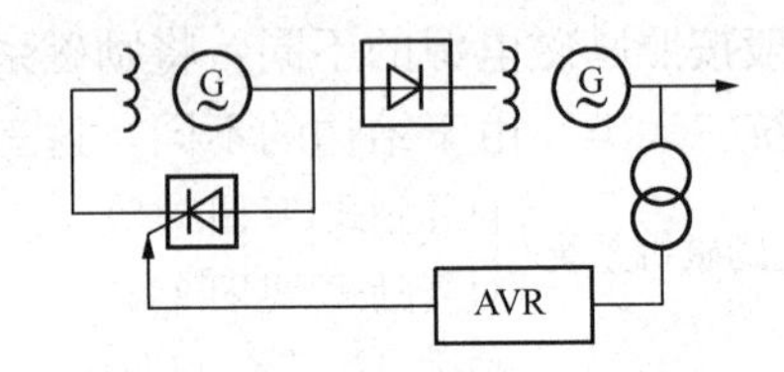

图 3.5 自励式交流励磁机系统（二机系统）

4. 自励式交流励磁机系统（二机系统）

在这种系统中，励磁机的输出经不可控整流器供电给发电机励磁绕组，而励磁机的励磁是由励磁机本身的电枢经可控整流器供电。有的系统的励磁机励磁除了电压源经可控整流供电外，还有电流源经不可控整流后与之并联。这类系统不使用副励磁机，简化了系统，但是为使发电机在各种运行方式下，励磁机自励系统都能正常工作，励磁机的控制系统比较复杂，目前实际采用这种系统的不多。美国GE公司生产的这类系统亦称为ATERREX。在中国，由于同轴上有发电机——励磁机，故称二机系统。

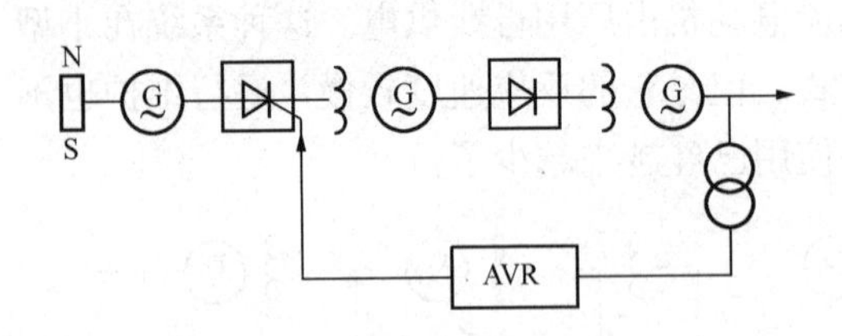

图 3.6 具有副励磁机式交流励磁机系统（三机系统）

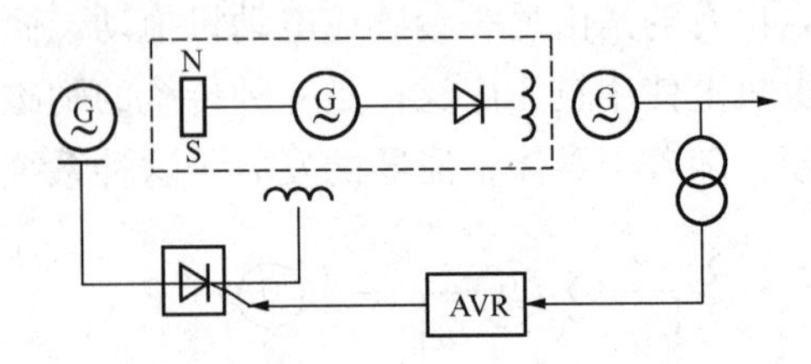

图 3.7 无刷励磁系统

5. 具有副励磁机式交流励磁机系统（三机系统）

在这种系统中，励磁机的输出经不可控整流器供电给发电机励磁绕组，而励磁机的励磁是由副励磁机经可控整流提供的，副励磁机为永磁式交流发电机，有时也采用自励磁式的交流发电机作副励磁机。在汽轮发电机上，这种系统采用相当普遍。其中的励磁机，如果不加特殊设计，属于低起始响应励磁系统，其性能比可控整流器交流励磁系统要差，如果加以特殊设计，减小等值时间常数，加大励磁机顶值电压，构成高起始响应励磁系统。这类系统都是用不可控整流器整流，因此不能提供负向电压。在中国，由于同轴上有发电机—励磁机—副励磁机，故称三机系统。

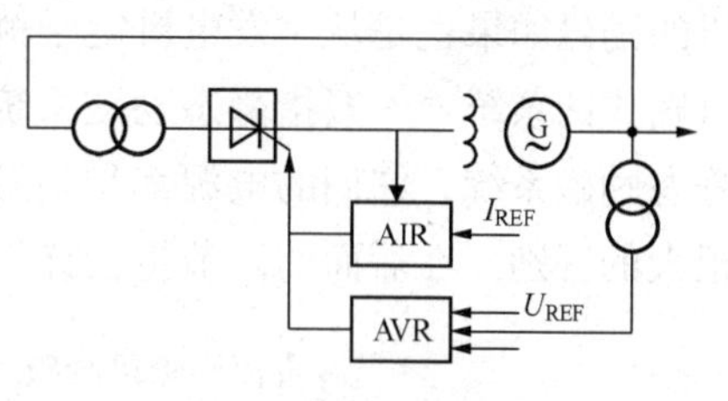

图 3.8 静态自并励系统
AVR—自动电压调节器；AIR—自动电流调节器

6. 无刷励磁系统

这种系统与三机励磁系统最大的区别在于，它的交流励磁机的励磁绕组安放在定子上，而三相电枢绕组安置在转子上，其输出所联结的二极管整流器固定在发电机转轴上，与转子一同旋转，其输出的直流电流可以直接通入发电机励磁绕组而不需要滑环及碳刷，当发电机容量进一步增大，无法解决滑环接触的困难时，这可能是唯一能选用的方案。

7. 静态自并励系统

在这种系统中，发电机的励磁是由发电机定子侧经变压器及可控整流器整流后，直接供电的。这种系统由于结构简单，没有旋转部件，因而运行可靠性大大高于其他系统。曾经有人担心发电机近端短路时，定子电压降低而使这种励磁系统强励能力降低。但是一系列的研究工作表明，这种担心是没有必要的。20 世纪 60 年代，本书的作者，在进行一系列的分析及实验的基础上，提出了发电机可以采用这种系统，并对它的性能进行了重新评价。目前这种系统无论在国内还是在国外都得到广泛的采用，例如，加拿大安大略省电力系统，采用自并励的发电机容量比例高达 75%以上，这个比例还没有包括一些采用高起始响应的交流励磁机系统的发电机，其励磁机的励磁，是由发电机定子侧经整流器供电的，性能与静态自并励大致相同。

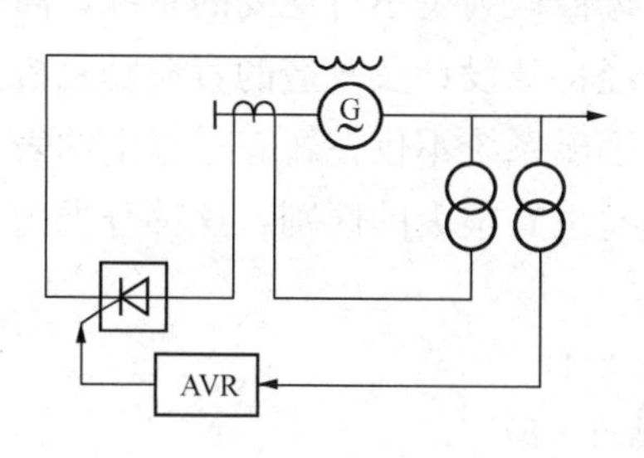

图 3.9 静态自复励系统

8. 静态自复励系统

在这种系统中，发电机的励磁是由发电机定子侧经整流变压器、串联变压器（其一次绕组通过定子电流），再经晶闸管整流器供给的。这种系统也属于静态励磁，其中串联变压器是为在近端短路时，提供与定子电流成正比的附加强励电压而设计的。随着人们对于励磁控制对稳定性作用的深入研究，已认识到串联变压器在短路过程中带来的收益，并不如想象那样大，串联变压器使换弧压降增大，使得晶闸管负向可能提供的电压大大降低，减小了晶闸管输出电压可调整的范围。由于上述这些原因，在大型发电机上采用这种系统的已不多见了。

以上简要介绍了按照不同电源分类的各种励磁系统，可以说是按硬件的结构来区分不同的励磁系统。下面介绍两种按励磁系统的运行性能，也可以说是按励磁系统对电力系统稳定性的影响来区分不同的励磁系统。

如果按照励磁系统的电源是否受发电机运行状态的影响，可以把励磁系统分为自励式及他励式两大类。他励式主要指的是，具有一个与发电机同轴的直流或交流励磁机的系统，它的电源与主发电机运行状态无关，有时亦称为旋转励磁系统，但是励磁机或副励磁机的励磁如果也是从主发电机定子侧引来的话，则不是真的他励系统，应归入自励系统。自励式的系统，一般指静态励磁系统，它们不包含旋转部件，不论是自并励或自复励式的静态励磁系统，它们的电源都受到发电机运行状态的影响，自励与他励系统的运行特性有很大的区别，在后面的章节将会详细介绍，这种分类法如下：

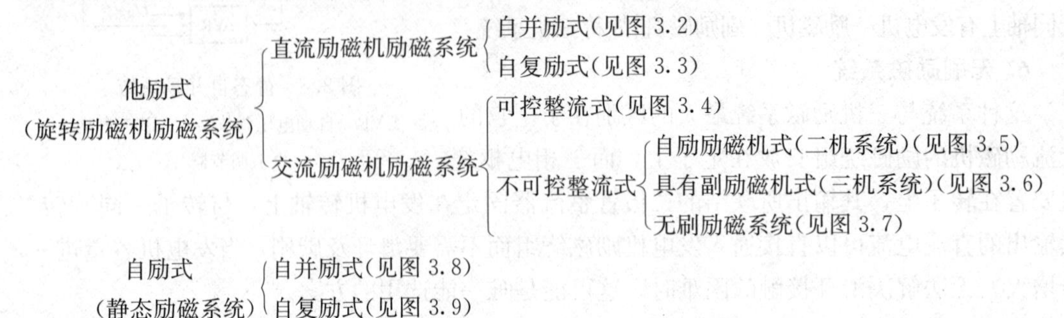

还有一种分类方法，也是经常使用的，按照励磁系统对稳定性所能产生的影响的不同，分成快速励磁系统及慢速励磁系统。快速励磁系统主要指的是他励可控整流器与交流励磁机系统及静态励磁系统，其等效的励磁机时间常数大约在 0.1s 以下。有一种高起始响应的交流励磁机系统，其励磁机经特殊设计或在其励磁回路中串接电阻以减小其时间常数，并且提高励磁电压顶值倍数，可以做到使励磁电压由额定励磁电压上升到顶值电压的 95％所需时间小于 0.1s，这种系统也可以归入快速励磁系统，如果进一步考察在暂态过程中励磁系统能否提供负向电压，又可将快速励磁系统分为可逆变及不可逆变两种，可逆变的主要指的是励磁系统中采用全控桥整流线路的他励可控整流器与交流励磁机系统及自并励系统。不可逆变的主要指的是系统中采用半控桥整流线路，自复励系统由于换向电抗较大，只能工作在很浅的逆变状态，逆变的作用很小，可近似认为是不可逆变的系统，高起始响应系统也属于这一类。慢速励磁系统主要指的是未经特殊设计及改造的直流励磁机及交流励磁机系统，有时也称常规励磁系统。快速与慢速励磁系统不仅在暂态过程中的表现有很大不同，当配备电力系统稳定器以后，所发挥的效益也有很大的区别，这种分类的方法如下：

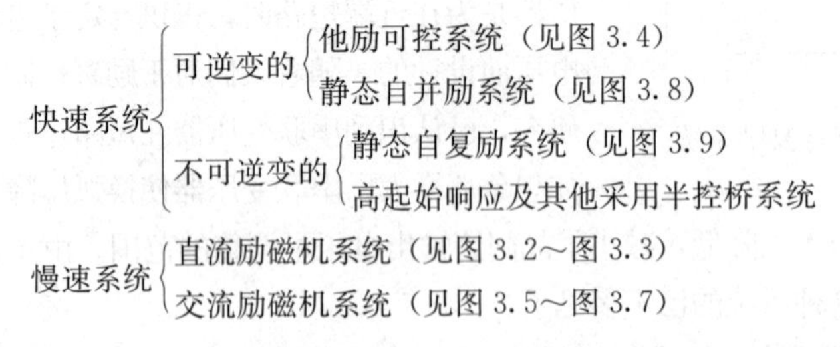

第3节 直流励磁机励磁系统的数学模型

直流励磁机励磁系统包括自并励式（励磁机励磁由励磁机电枢供电）及复励式（励磁机励磁由电枢及副励磁机共同担负）。当需要调整励磁机电压时，无论是改变并励部分的励磁电流或改变他励部分的励磁电流，励磁机的时间常数及放大倍数都随着改变，有时改变的范围很大。美国IEEE在1992年提出的励磁系统数模标准[1]也包括了直流励磁机的系统（见图3.10），其中励磁调节器是供电给一个电机放大机励磁绕组，而电机放大机电枢是串联在励磁绕组回路内的，由于电机放大机时间常数很小，可以略去，相当于调节器输出电压是与并励绕组串联的。

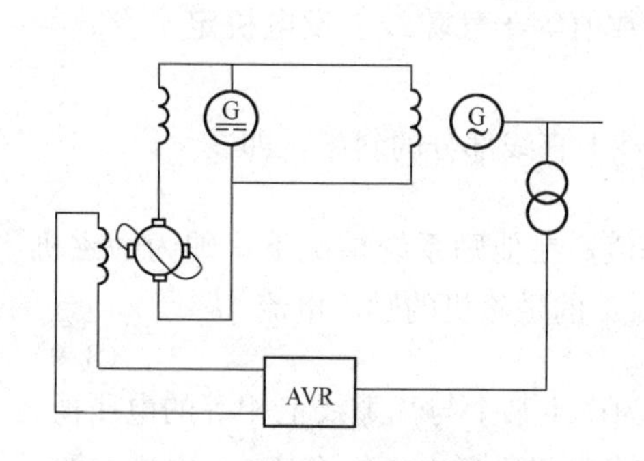

图3.10　IEEE的直流励磁机系统

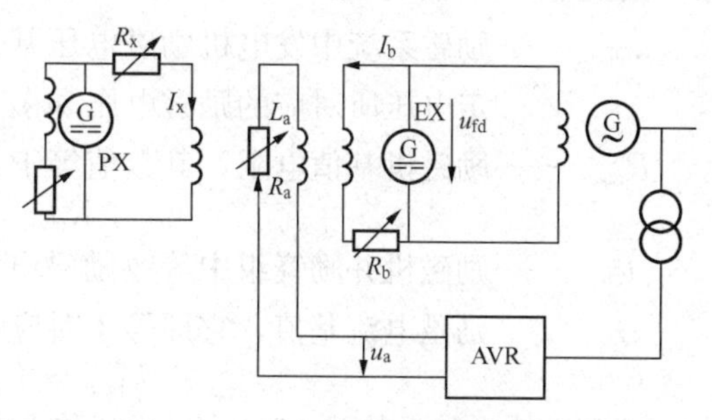

图3.11　复励式直流励磁机系统
EX—主励磁机；PX—副励磁机

但是很多的直流励磁机具有多个励磁绕组，分别由励磁机的电枢、调节器及副励磁机供电。这时调节绕组及并励绕组的时间常数往往都不能略去，因此无法直接采用IEEE模型，本书将IEEE的数学模型推广到图3.11所示的更一般的复励式直流励磁机系统，然后可以分别导出自励式及他励式的直流励磁系统数学模型。

在以下的推导中，下标x代表他励绕组的量，下标b代表并励绕组的量，而a代表由调节器供电的绕组的量。设L_a，L_b，L_x；R_a，R_b，R_x；W_a，W_b，W_x；I_a，I_b，I_x分别为调节器绕组、并励绕组及他励绕组的电感、电阻、匝数及电流。电压及电流的正方向已标在图上。

励磁机的总安匝为

$$WI = W_a I_a + W_b I_b + W_x I_x \tag{3.1}$$

式中，I为等效的总励磁电流；W为等效的匝数。

如设

$$I'_a = \frac{W_a}{W_b} I_a \tag{3.2}$$

$$I'_x = \frac{W_x}{W_b} I_x \tag{3.3}$$

其中，I'_a及I'_x为折合到并励绕组的等效调节器绕组及他励绕组的电流，则总励磁安匝为

$$WI = W_b(I'_a + I_b + I'_x) \tag{3.4}$$

如果不考虑饱和效应，则励磁机电压与总励磁安匝成正比，即

$$u_{fd} = kW_b(I'_a + I_b + I'_x) \tag{3.5}$$

现将K_b及I_e分别定义为

$$K_b = kW_b \tag{3.6}$$

$$I_e = I'_a + I_b + I'_x \tag{3.7}$$

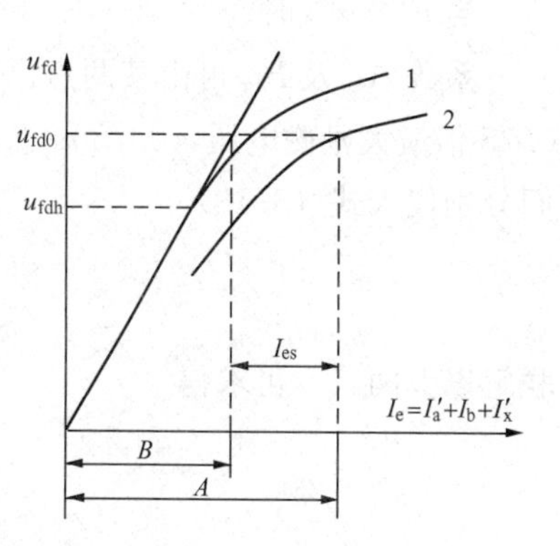

图3.12　励磁机空载特性及负载特性（恒定电阻负荷）
1—空载特性；2—负载特性

其中，K_b相当于励磁机空载特性（见图3.12）中直线

部分斜率，I_e 为总的等效并励绕组内的励磁电流。

下面来定义励磁标幺系统的基值，前面章节已提到，励磁系统的标幺值系统与发电的 x_{ad} 标幺值系统是不同的，这是为了使时间常数、放大倍数又称增益，与测量获得数据一致，励磁电压的标幺值也不至于太小，励磁标幺系统基值定义如下：

u_{fdbase} ——励磁系统中发电机励磁电压基值，其数值等于气隙线上发电机定子空载额定电压所对应的励磁电压 u_{FDO} ，V。

R_{gbase} ——励磁机基值电阻，其数值等于无载特性上直线部分的斜率，即

$$R_{gbase}=K_b \tag{3.8}$$

I_{ebase} ——励磁机并励绕组中等效励磁电流的基值，在他励系统情况下，即为励磁机励磁电流基值，它即等于对应上述 u_{fdbase} 的励磁机的励磁电流

$$I_{ebase}=u_{fdbase}/R_{gbase} \tag{3.9}$$

励磁机的饱和系数 S_E 定义为：由于饱和效应，为产生某个与气隙线上相等的电压值，需要增加的额外的励磁机励磁电流的标幺值 I_{es}^* 与该发电机励磁电压标幺值 u_{fd}^* 之比，即

$$S_E=\frac{I_{es}^*}{u_{fd}^*} \tag{3.10}$$

式中，u_{fd}^* 为发电机励磁电压的标幺值，在直流励磁机系统中，此电压即为励磁机输出电压；I_{es}^* 为附加的励磁电流标幺值。

由图 3.12 可见

$$I_{es}^*=(A-B)/I_{ebase} \tag{3.11}$$

因此，S_E 表示为

$$S_E=\frac{(A-B)/I_{ebase}}{u_{fd}/u_{fdbase}}=\frac{A-B}{u_{fd}\Big/\dfrac{u_{fdbase}}{I_{ebase}}}=\frac{A-B}{B} \tag{3.12}$$

$$u_{fd}\Big/\frac{u_{fdbase}}{I_{ebase}}=u_{fd}/R_{gbase}=I_e=B$$

由上面的定义可以看出，饱和系数 S_E 是随着励磁机运行电压而变化的，其变化可用下述函数来近似：

当 $u_{fd}^*\leqslant u_{fdh}^*$ 时 $$S_E=0$$

当 $u_{fd}^*>u_{fdh}^*$ 时 $$S_E=A_{ex}e^{B_{ex}u_{fdmax}^*} \tag{3.13}$$

系数 A_{ex} 及 B_{ex} 可由某两点已知的饱和系数来求出。通常给出励磁电压最大值 u_{fdmax}^* 及 0.75 倍最大励磁电压，0.75 u_{fdmax}^* 两点的饱和系数，设它们分别为 S_{Emax} 及 $S_{E0.75max}$ ，将它们分别代入式（3.13）

$$S_{Emax}=A_{ex}e^{B_{ex}u_{fdmax}^*} \tag{3.14}$$

$$S_{E0.75max}=A_{ex}e^{B_{ex}(0.75u_{fdmax}^*)} \tag{3.15}$$

联解以上两式，可求得

$$A_{ex}=\frac{S_{E0.75max}^4}{S_{Emax}^3} \tag{3.16}$$

$$B_{ex}=\left(\frac{4}{u_{fdmax}^*}\right)\ln\left(\frac{S_{Emax}}{S_{E0.75max}}\right) \tag{3.17}$$

上述的饱和曲线，也可以用二次函数来近似：

当 $u_{fd}^* \leqslant u_{fdh}^*$ 时　　$S_E = 0$

当 $u_{fd}^* > u_{fdh}^*$ 时　　$S_E = B_{ex}(u_{fd}^* - A_{ex})^2 / u_{fd}^*$　　(3.18)

给出了 S_{Emax} 及 $S_{E0.75max}$ 后，用同样方法，可以求出 A_{ex} 及 B_{ex} 。

这样，在任一个励磁电压下，我们都可以求得该电压下的等值的并励绕组内电流

$$I_e = \frac{u_{fd}}{K_b} + I_{es}$$

化为标幺值

$$I_e^* = u_{fd}^* + u_{fd}^* S_E = u_{fd}^*(1 + S_E) \tag{3.19}$$

在式（3.19）中，$I_e^* = I_a'^* + I_x'^* + I_b^*$ ，在某一个运行点上，他励电流 $I_x'^*$ ，整定好以后是不变的，即 $\Delta I'^*_x = 0$ ，所以取偏差后

$$\Delta I_e^* = \Delta I_a'^* + \Delta I_b^* = \Delta u_{fd}^*(1 + S_E) = K_S u_{fd}^* \tag{3.20}$$

其中

$$K_S = 1 + S_E \tag{3.21}$$

对并励绕组及调节器绕组，列出它们的电压方程式，并取偏差后，因为 $\Delta I'^*_x = 0$ ，则可得

$$\Delta u_{fd} = \Delta I_b R_b + L_b \frac{d}{dt}\Delta I_b + \frac{W_b}{W_a} M \frac{d}{dt}\Delta I_a' \tag{3.22}$$

$$\Delta u_a = \frac{W_b}{W_a}\Delta I_a' R_a + \frac{W_b}{W_a} L_a \frac{d}{dt}\Delta I_a' + M\frac{d}{dt}\Delta I_b \tag{3.23}$$

上式中 M 为并励绕组及调节器绕组之间的互感。

先将式（3.22）化成标幺值

$$\Delta u_{fd}^* = \Delta I_b^* \frac{R_b}{R_{gb}} + \frac{L_b}{R_{gb}}\frac{d}{dt}\Delta I_b^* + \frac{W_b}{W_a}\frac{M}{R_{gb}}\frac{d}{dt}\Delta I_a'^* \tag{3.24}$$

由于并励及调节器绕组是绕在同一个磁极上的，互相耦合紧密，其间的漏磁可以略去，所以下式近似成立

$$M = \sqrt{L_a L_b} \tag{3.25}$$

另外，还存在着下列关系

$$\frac{W_b}{W_a} = \frac{K_b}{K_a} = \sqrt{\frac{L_b}{L_a}} \tag{3.26}$$

式中，K_a 为励磁机电压与调节器绕组中电流之间的比例系数。

由式（3.20）解出 ΔI_b^* 代入式（3.24）

$$\Delta u_{fd}^* = \frac{R_b}{R_{gb}}(K_S \Delta u_{fd}^* - \Delta I'^*_a) + \frac{L_b}{R_{gb}}\frac{d}{dt}(K_S u_{fd}^* - \Delta I'^*_a) + \frac{W_b}{W_a}\frac{M}{R_{gb}}\frac{d}{dt}\Delta I'^*_a$$

因

$$\frac{W_b}{W_a} M = \sqrt{\frac{L_b}{L_a}} \times \sqrt{L_a L_b} = L_b$$

故

$$\Delta I'^*_a = \left(K_S - \frac{R_{gb}}{R_b} + K_S \frac{L_b}{R_b}\frac{d}{dt}\right)\Delta u_{fd}^* \tag{3.27}$$

由式（3.20）解出的 ΔI_b^* 代入式（3.23），将它化成标幺值，并考虑

$$\frac{M}{R_{gb}} = \frac{M}{K_b} = \frac{\sqrt{L_a L_b}}{K_a \sqrt{L_b / L_a}} = L_a / K_a$$

及

$$\frac{W_b}{W_a} L_a = \sqrt{\frac{L_b}{L_a}} L_a = \sqrt{L_a L_b} = M$$

则可得
$$\Delta u_{a}^{*}=\frac{R_{a}}{K_{a}}\left[1-\frac{K_{b}}{R_{b}}+S_{E}+K_{S}(T_{a}+T_{b})\frac{d}{dt}\right]\Delta u_{fd}^{*} \tag{3.28}$$

式中
$$T_{a}=L_{a}/R_{a} \tag{3.29}$$
$$T_{b}=L_{b}/R_{b} \tag{3.30}$$
如令
$$K_{E}=1-K_{b}/R_{b} \tag{3.31}$$
$$T_{au}=K_{S}T_{a} \tag{3.32}$$
$$T_{bu}=K_{S}T_{b} \tag{3.33}$$

K_E 称自励系数，T_{au} 及 T_{bu} 相当于考虑了饱和作用后，调节器绕组及并励绕组的实际时间常数。

这样，将 $\frac{d}{dt}$ 换成符号 s，就得了励磁机的传递函数

$$\frac{\Delta u_{fd}^{*}}{\Delta u_{R}^{*}}=\frac{1}{K_{E}+S_{E}+T_{E}s} \tag{3.34}$$

其中
$$\Delta u_{R}^{*}=\frac{K_{a}}{R_{a}}\Delta u_{a}^{*}=\frac{K_{a}}{R_{a}}\frac{\Delta u_{a}}{u_{fdbase}} \tag{3.35}$$
$$T_{E}=T_{au}+T_{bu}=(T_{a}+T_{b})(1+S_{E}) \tag{3.36}$$
$$K_{E}=1-K_{b}/R_{b} \tag{3.37}$$
$$\Delta u_{fd}^{*}=\Delta u_{fd}/u_{fdbase} \tag{3.38}$$

式中，Δu_R^* 为折合后等效调节器输出电压偏差量的标幺值。

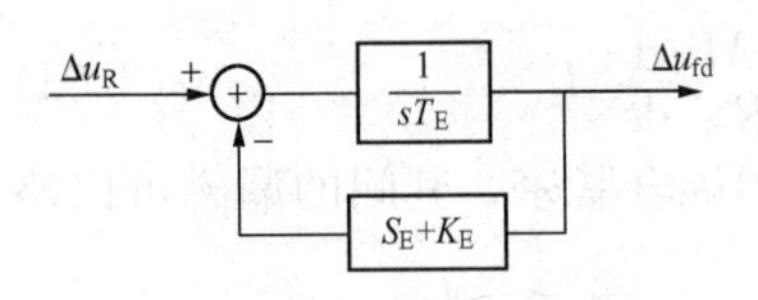

图 3.13 自复励式直流励磁机数模框图

式（3.34）～式（3.38）定义了自复励式的数模及参数，自复励式直流励磁机数模框图如图 3.13 所示。

在上面的推导中，用右上方的 * 表示标幺值，以后在用到直流励磁系统的数模时，如不加特别说明，都是指标幺值，不再用 * 了。

上述模型是一个一般化的模型，也适用于 IEEE 提出的电机放大机串联在自并励回路内的情况，以及其他形式的复励的情况。

1. IEEE 的电机放大机串联于自并励绕组的方式

这时，模型框图不变，只要把 $T_a=0$，$K_a=K_b$ 代入各参数表达式，即可得到与 IEEE 相同的结果

$$\Delta u_{R}=\frac{K_{b}}{R_{b}}\Delta u_{a}=\frac{R_{gb}}{R_{b}}\Delta u_{a} \tag{3.39}$$

Δu_a、Δu_R 均为标幺值，其基值都等于 u_{fdbase}。

$$K_{E}=1-K_{b}/R_{b} \tag{3.40}$$

$$T_{E}=T_{bu}=T_{b}(1+S_{E}) \tag{3.41}$$

$$S_{E}=(A-B)/B \tag{3.42}$$

式（3.42）中 A、B 由饱和曲线图 3.12 上相应的运行点决定。

2. 他励式直流励磁机系统

他励式直流励磁机系统如图 3.14 所示，此时励磁系统数模框图不变，只需将 $R_b=\infty$

（相当于断开并励绕组）代入相应的参数计算公式即可

$$\Delta u_R = \frac{K_a}{R_a}\Delta u_a = \frac{R_{gb}}{R_a}\Delta u_a \quad (3.43)$$

$$T_E = T_a(1+S_E) \quad (3.44)$$

$$K_E = 1 \quad (3.45)$$

Δu_a、Δu_R均为标幺值，其基值都等于 u_{fdbase}。

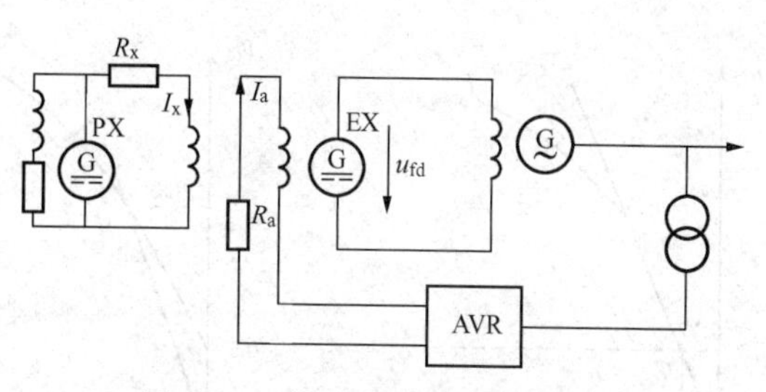

图 3.14　他励式直流励磁机系统

A 及 B 系数由 $U_{fd}=f(I_a)$ 曲线上获得。

3. 自并励式直流励磁机系统

文献［1］建议取 $K_E=-S_{E0}$，S_{E0} 为起始稳定运行点（例如发电机空载额定时）之饱和系数。因为当稳态时，可以将 $s=0$ 代入式（3.34）中，去掉 * 号，得

$$\Delta u_R = (K_E + S_{E0})u_{fd} \quad (3.46)$$

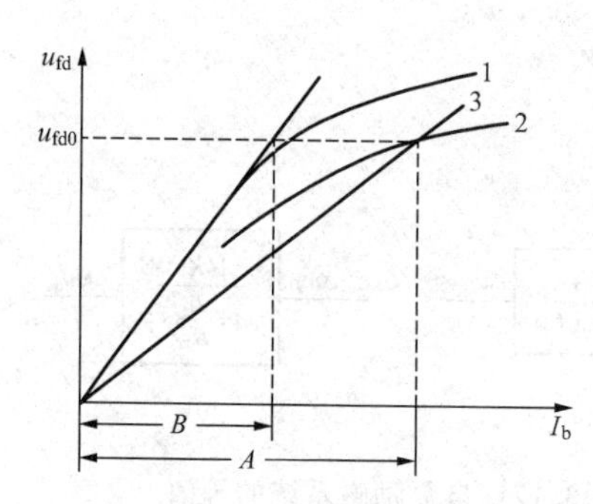

图 3.15　自并励的空载特性、负载特性及电阻线

1—空载特性；2—负载特性；3—电阻线

由于自并励的作用，励磁机可以在没有输入的情况下（只靠很小的剩磁），产生励磁，即 $\Delta u_R=0$，又靠饱和的作用，建立稳定的工作点。所以在式（3.46）中当 $\Delta u_R=0$ 时，必然满足下式

$$K_E = -S_{E0} \quad (3.47)$$

上述结论也可以由图形分析得到更清楚的解释，由图 3.15 可见，稳定工作点建立在励磁机的负载特性与电阻线的交点，电阻线的斜率为并励绕组的电阻 R_b，空载特性直线部分的斜率为 K_b，由图 3.15 可知

$$A = u_{fd0}/R_b$$

$$B = u_{fd0}/K_b$$

代入式（3.42）

$$S_E = S_{E0} = \frac{A-B}{B} = \frac{u_{fd0}\left(\frac{1}{R_b}-\frac{1}{K_b}\right)}{u_{fd0}/K_b} = -\left(1-\frac{K_b}{R_b}\right) = -K_E$$

由图 3.15 也可以看出，$K_b > R_b$，这是熟知的自并励式励磁机可以建立起始励磁的条件，由 $K_b > R_b$ 也可得到 $K_E < 0$ 的结论。

由于 $K_E=-S_{E0}$，这时励磁机由一个惯性环节，变成一个积分环节，积分时间常数为 T_E。

4. 自复励直流励磁系统

自复励系统中，励磁机有可能在负载特性的直线段工作，这可以从图 3.16 看出。

假定他励励磁电流 I'_x 产生励磁电压为 u_{fdx}，则在以 I_b 为横坐标的励磁机负载特性上（见图 3.16），在 $I_b=0$ 时，已有起始电压 u_{fdx}，以后 I_b 增大，将沿着 ab 曲线变化，此时若并励绕组的电阻线与负载特性相交在 M 点，则励磁机可以在这点稳定工作，在这一点，

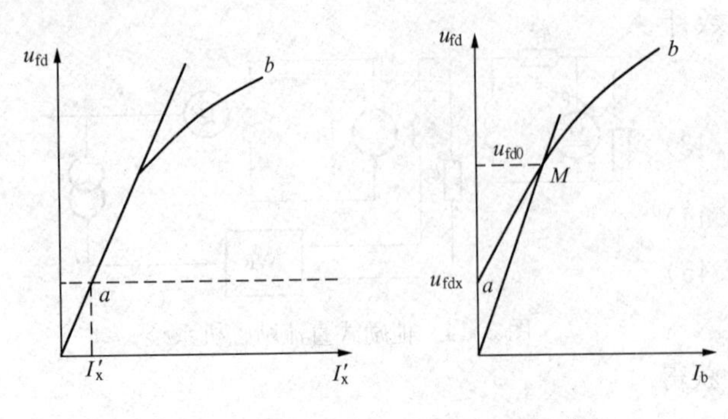

图 3.16 自复励磁机负载特性及负载线

很明显的是 $R_b > K_b$，也就是说

$$K_E = 1 - \frac{K_b}{R_b} > 0$$

设想励磁机具有较高的顶值，则励磁机在空载额定电压工作时，工作点仍处在负载特性的直线段，若是并励系统，则不能稳定工作，但若是他励系统则可稳定工作。

K_E 的数值可以由式（3.34）令 $s=0$ 求出

$$\Delta u_R = (K_E + S_{E0})\Delta u_{fd}$$

其中

$$\Delta u_R = \frac{K_x}{R_x}\Delta u_x$$

测量出 Δu_{fd} 及 Δu_x 并将它们折合成标幺值，则可求出 K_E

$$K_E = \frac{\Delta u_R}{\Delta u_{fd}} - S_{E0}$$

若稳定工作点在直线段 $S_{E0} = 0$，则

$$K_E = \frac{\Delta u_R}{\Delta u_{fd}}$$

Δu_R → $\frac{1}{K_E + T_E s}$ → Δu_{fd}

(a)

Δu_R → $\frac{1/K_E}{1+\frac{T_E}{K_E}s}$ → Δu_{fd}

(b)

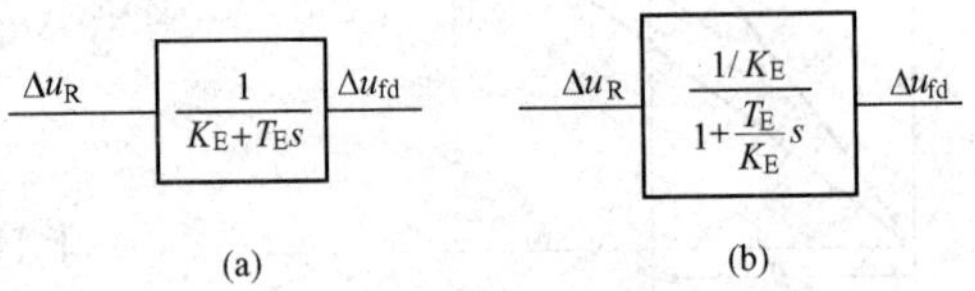

图 3.17 自复励磁系统的等值

（a）等值前；（b）等值后

此时，自复励磁系统可以等效为一个时间常数为 T_E/K_E 及放大倍数为 $1/K_E$ 的一阶惯性环节，如图 3.17 所示。

由于此时 $1.0 > K_E > 0$，所以等效时间常数及放大倍数，均比原来数值增大。当自并励回路电阻减小，使 K_E 减小，等效的时间常数及放大倍数都增大。这是因为并励回路是一个正反馈回路。由此我们可以想到，不同的他励及自励的比例，会使时间常数及放大倍数都发生变化，例如，当初始的他励电流减小后，为维持相同的励磁机电压，必须减小并励回路电阻，增加并励电流，这将使 K_E 减小，等效的时间常数及放大倍数增大。

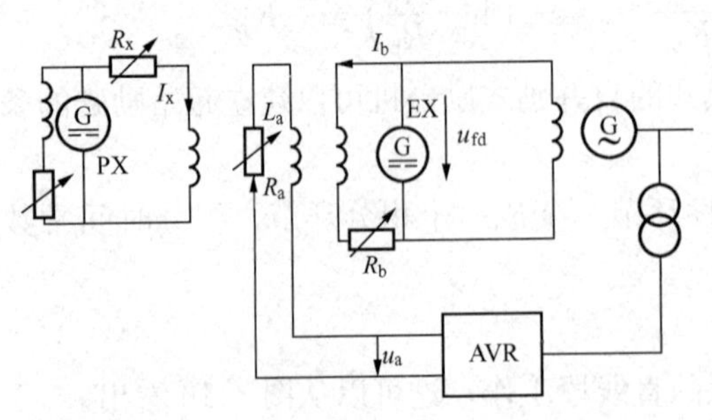

图 3.18 150MVA 水轮发电机的自复励直流励磁机系统

下面，我们以一台 150MVA 水轮发电机的自复励直流励磁机系统作为实例（见图 3.18），计算等效时间常数随着运行情况的变化。

励磁机原始数据如下：

励磁机型式：BBC-285/32-16

容量：735kW

空载励磁电压：140V

满载励磁电压：310V

转速：100r/min，调节器绕组的时间常

数、电阻及匝数为：$T_a = 1.425\text{s}$，$R_a = 125\Omega$，$W_a = 180$ 匝，当励磁电压为 142V 时，并励绕组的时间常数、电阻、匝数、电流分别为：$T_b = 0.094\text{ s}$，$R_b = 53.8\ \Omega$，$W_b = 120$ 匝，$I_b = 26\text{A}$，他励绕组此时的电流及匝数分别为：$I_x = 6.7\text{A}$，$W_x = 120$ 匝。

以 I_b 为横坐标的励磁机负载特性如图 3.19 所示，由图可见，励磁机从空载至满载都是工作在负载特性的直线段上，所以 $S_E = 0$，$K_S = 1.0$。

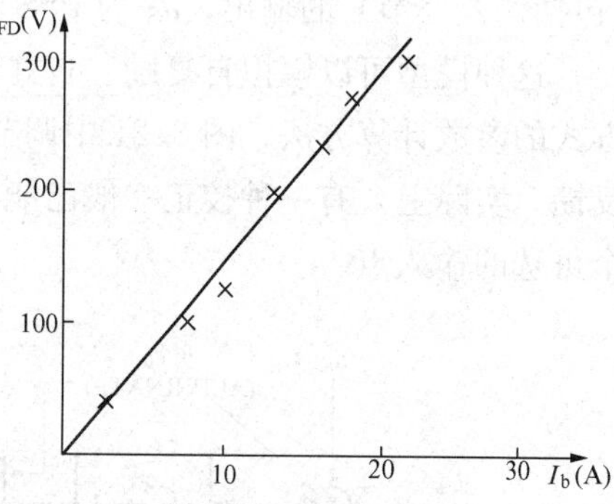

图 3.19 励磁机负载特性

励磁机时间常数 $T_E = T_{au} + T_{bu} = 1.425 + 0.094 = 1.519\text{ s}$，由负载特性可知 $K_b = 142/9.3 = 15.26$

$$K_E = 1 - \frac{K_b}{R_b} = 1 - \frac{15.26}{53.8} = 0.716$$

励磁机等效时间常数及放大倍数为

$$T_E/K_E = 1.519/0.716 = 2.12(\text{s})$$

$$1/K_E = 1/0.716 = 1.39$$

励磁机从空载到满载是靠减小回路电阻来实现的，随着 R_b 的减小，K_E 降低，等效时间常数增大。在满载时，励磁电压为 310V，相应的等效的并励绕组的电流应为 20A，如仍保持他励电流不变 $I_x = 6.7\text{A}$，因并励与他励绕组匝数相等，则并励绕组所需电流为 $I_b = 20 - 6.7 = 13.3\text{A}$，并励回路电阻

$$R_b = 310/13.3 = 23.3(\Omega)$$

$$K_E = 1 - \frac{15.26}{23.3} = 0.345$$

$$T_b = 0.094 \times \frac{53.8}{23.3} = 0.217(\text{s})$$

$$T_E/K_E = (0.217 + 1.425)/0.345 = 4.76$$

$$1/K_E = 2.89$$

因此，励磁机从空载到满载，时间常数及放大倍数都增加到空载的 2.24 倍。图 3.20 表示了励磁机等效时间常数及放大倍数随励磁机运行电压的变化。

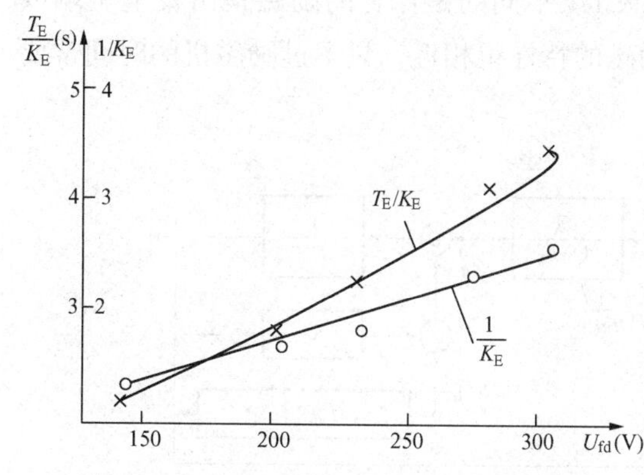

图 3.20 励磁机等效时间常数及放大倍数随励磁机运行电压的变化

由上述分析可以得到下面的结论：

（1）励磁机的等效时间常数及放大倍数随励磁机运行电压的变化而改变。

（2）励磁机的等效时间常数比起其本身的时间常数（$T_a + T_b$）要大很多，可能达到 4～5s。

5. IEEE DC1A（自复励直流励磁机系统）[1]

请注意，IEEE 模型中电压用大写 V，

励磁电流 I_{FD} 也是用大写，它们都是以励磁非可逆标幺系统为基值，本书采用小写 u 及 i_{fd}，也是以励磁非可逆标幺系统为基值。另外，IEEE 发电机励磁电压标幺值不用 u_{fd} 而用 E_{FD}（即 E_{fd}），第 2 章已经说明 $u_{fd}=E_{fd}$，在所有 IEEE 框图中 U_C 为调节器测量环节（包括调差环节）的输出，u_S 为 PSS 输出。

这种模型可以模拟自复励、自并励或者他励式直流励磁系统，前面已经得出了对不同方式的参数计算方法，图 3.21 中调节器是包括了串联校正（领先—滞后）及励磁电压软反馈。实际上，有一种校正一般已能满足要求，图 3.21 上的低励限制（UEL）可以有两个可选的输入点。

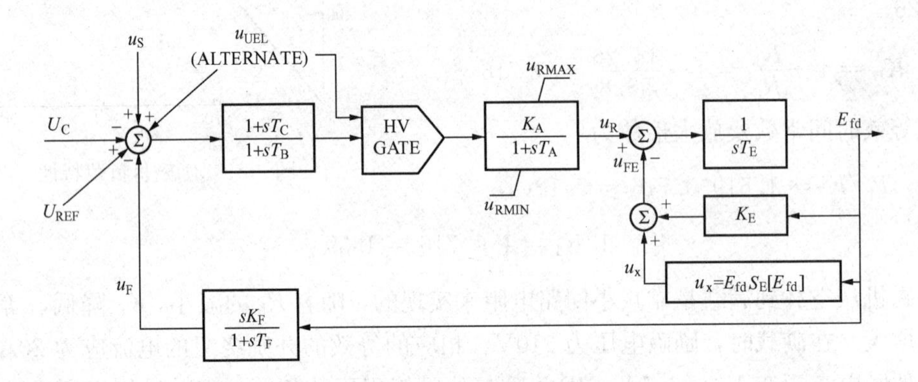

图 3.21 IEEEDC1A（自复励直流励磁机系统）

IEEE 提供的 DC1A 的典型参数如下：

$K_A=46$	$K_F=0.1$	$E_{fd2}=2.3$
$T_A=0.06$	$T_F=1.0$	K_E 待定
$T_B=0$	$S_E=[E_{fd1}]=0.33$	$u_{RMAX}=1.0$
$T_C=0$	$S_E=[E_{fd2}]=0.10$	$u_{RMIN}=-0.9$
$T_E=0.46$	$E_{fd1}=3.1$	

6. IEEE DC2A（自复励直流励磁机系统）[1]

IEEE DC2A（见图 3.22）系统与 IEEE DC1A 不同的是，它的励磁是由发电机端或厂用电供电的，所以这种系统与自并励静态励磁的特性很相近，只不过励磁机的时间常要

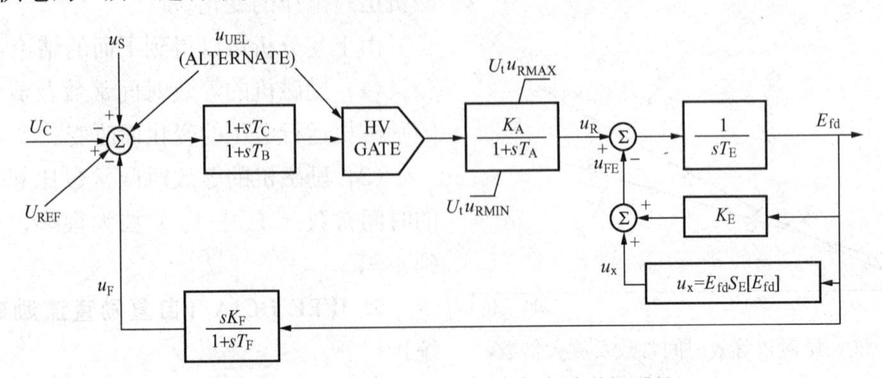

图 3.22 IEEE DC2A（自复励直流励磁机系统）

大得多。

IEEE 提供的 DC2A 的典型参数如下：

$K_A=300$	$K_E=1.0$	$E_{fd1}=3.05$
$T_A=0.01$	$K_F=0.1$	$E_{fd2}=2.29$
$T_B=0.0$	$T_F=0.675$	$u_{RMAX}=4.95$
$T_C=0.0$	$S_E\ [E_{fd1}]=0.279$	$u_{RMIN}=-4.9$
$T_E=1.33$	$S_E\ [E_{fd2}]=0.117$	

IEEE 还提供了一种具有断续动作的调节器的直流励磁系统模型，是在早期小容量机组上采用，现在多半已淘汰，在此不再赘述。

第 4 节　交流励磁机系统的数学模型

这种系统采用与主发电机同轴的交流发电机（一般是中频的）作为励磁机，再通过静止的或旋转的不可控或可控的整流器，向发电机转子磁场绕组供电。这类系统的数模的核心是交流励磁机本身的数模，它牵涉到同步电机的过渡过程及整流器的换向过程，以及两个过程的相互影响。早期 IEEE 提出的交流励磁机数模，没有考虑交流励磁机电枢反应的去磁效应及整流器换向过程，相当于把交流励磁机当作直流励磁机，用一个一阶惯性环节来模拟。虽然直到现在仍有人采用这种简化的模型，但随着技术进步，认识深化，发现这种简化的模型在暂态过程的模拟中有较大的失真，所以在后来 IEEE 更新的数模中，例如文献［1］对整流器换向作用作了详尽模拟即考虑整流器可能工作在三个不同的工作段，对交流励磁机电枢反应的去磁效应也用一个系统 K_D 加以计入，但是在 IEEE 发表的励磁系统数模文献中未见到 K_D 的计算公式，文献［4］给出了几个不同的公式可供选择。事实上电枢反应的去磁效应是与励磁机定子基波电流分量有关，而基波分量大小是由整流器工作段决定的。既然模型中考虑了整流器的不同的工作段，也应考虑 K_D 随着工作段即整流器的工作特性的变化而改变，也就是说 K_D 应是一个变数。本书从交流励磁机的基本方程出发，结合早期对交流发电机带整流器工作的研究成果[3]，改进了 IEEE 的数模对于电枢反应去磁作用的模拟，导出了 K_D 计算公式，可供今后与现场试验结果作比较，以验证其正确性。

1. 交流励磁机的数学模型

本书中交流励磁机的数学模型，是建立在如下的一些假设之上的。

（1）整流器的换向过程，仅持续几分之一个周期，而发电机励磁电流，励磁机的定子电流及励磁机内电动势的变化，都需要几分之一秒的时间，因此在研究整流器的外特性时，可以把励磁机当作某个暂态电抗后的电动势 E_s' 恒定，而在研究发电机励磁回路的过渡过程时，可以用整流器稳态外特性来表示，而无需去研究整流器在换向过程中的暂态过程。

（2）一般交流励磁机转子都是叠片的，因而阻尼绕组的作用可以略去，这相当于 $x''_{de}=x'_{de}, x''_{qe}=x'_{qe}$。

（3）整流器本身压降很小，可以略去。

(4) 在计算交流励磁机电枢反应及漏抗压降时，略去励磁机定子线电流中的谐波，只考虑其基波。

(5) 略去交流励磁机的定子电阻。

(6) 不计励磁机转速的变化。

对于交流励磁机，一般都已具备下列数据：

(1) 励磁机的饱和特性。

(2) 励磁机的同步电抗及暂态电抗。

(3) 励磁机的开路时间常数。

在推导数模之前，先对推导过程中使用的符号及其代表的基值系统作一个介绍，它包括了三个不同的标幺值系统：

(1) 交流励磁机励磁标幺系统，其励磁机励磁电压、电流及电阻的标幺值/基值为 u_{fe}、i_{fe}、r_{fe}/u_{febase}、i_{febase}、r_{febase}。

(2) 交流励磁机 x_{ad} 可逆标幺系统，其定子电压、电流及励磁电压、电流、电阻标幺值/基值为 u_e、i_{d1}、U_{fe}、I_{fe}、R_{fe}/u_{ebase}、i_{ebase}、U_{febase}、I_{febase}、R_{febase}。

(3) 发电机的励磁标幺系统，其励磁电压、电流及电阻的标幺值/基值为 u_{fd}、i_{fd}、r_{fd}/u_{fdbase}、i_{fdbase}、r_{fdbase}。

交流发电机的 x_{ad} 可逆基值系统的定义已在前面章节作过介绍，此处不再重复。

关于励磁系统基值的定义及两种基值系统的转换将在本章后续章节中介绍。

为了推导交流励磁机的数学模型，需要研究由交流励磁机供电的整流器的运行特性。多数研究整流器运行特性的文献，均采用下述的电感因数来决定整流器的工作状态，它的定义为

$$I_N = \frac{X_C i_{fd}}{E'_s} \tag{3.48}$$

式中，X_C 为换向电抗；i_{fd} 为整流器的输出直流电流，也就是发电机的磁场电流；E'_s 为励磁机换向电抗后的电压。

它们都以发电机励磁标幺系统定义的标幺值，E'_s 相当于励磁机内部的某个电动势，I_N 是随着 i_{fd} 及 E'_s 的变化而改变的。当 i_{fd}、X_C 已知，还需求出 E'_s，才能求出 I_N，但 E'_s 是随 I_N 而改变的，因而无法求出 I_N。这相当于以计算结果为计算初始条件的难题。文献[3] 提出用电感负荷因数 F_{xd} 来确定整流器的工作状态，它的定义为

$$F_{xd} = \frac{X_C i_{fd}}{u_{fd}} \tag{3.49}$$

其中，X_C、i_{fd} 与前面电感因数的说明相同，如略去了整流器本身的压降后，则整流器的输出电压，就等于交流励磁

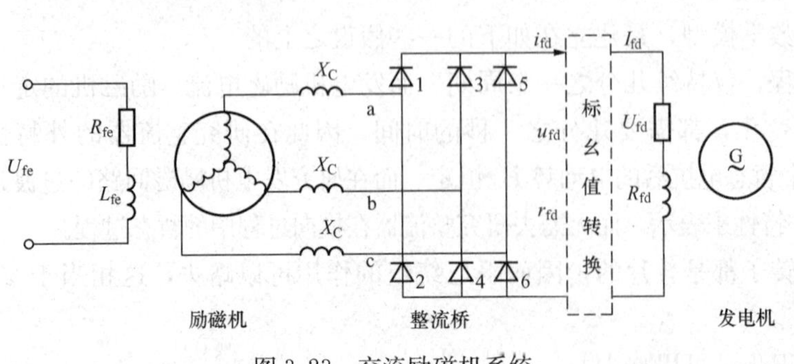

图 3.23 交流励磁机系统

机输出电压 u_{fd}（见图 3.23）。

F_{xd} 可进一步简化

$$F_{xd}=\frac{X_C i_{fd}}{u_{fd}}=X_C\Big/\frac{u_{fd}}{i_{fd}}=X_C/r_{fd} \tag{3.50}$$

实际上，式（3.50）中应用了 $u_{fd}/i_{fd}=r_{fd}$ 的假设，这表示已达到稳态，所以用 F_{xd} 来解决整流器外特性，适用于作为初值状态的计算。F_{xd} 采用有名值计算比较方便。

在整流器换向过程中，由于回路中有电感的存在，有时会出现短时两相短路的情况：例如，当 ac 线电压最大时，整流器 1、6 导通，电流从 a 相经过整流器 1 及转子绕组及整流器 6 回到 c 相，但在下一时刻 ab 间的电压最大时，整流器 4 导通，但在同时，整流器 6 由于回路中电感，还可以维持导通，当整流器 4、6 同时导通，b 相及 c 相的电位相等，相当于出现了一个二相短路。此时励磁机所反映出来的内电抗，称为换向电抗，它与励磁机的负序电抗 x_2 有关，而近似地，$x_2=\frac{1}{2}(x''_{de}+x''_{qe})$，对于交流励磁机 $x_2=\frac{1}{2}(x'_{de}+x'_{qe})$，但是，在换向过程中，励磁机还在转动，绕组之间的互感还在变化，因而换向电抗并非常数，励磁机的换向电抗为

$$X_C=\frac{1}{2}[(x'_{de}+x'_{qe})-(x'_{de}-x'_{qe})\cos2\delta] \tag{3.51}$$

其中，x'_{de} 及 x'_{qe} 是励磁机的暂态直轴及横轴电抗，δ 为转子位置角，图 3.24 表示了 X_C 随 δ 的变化。

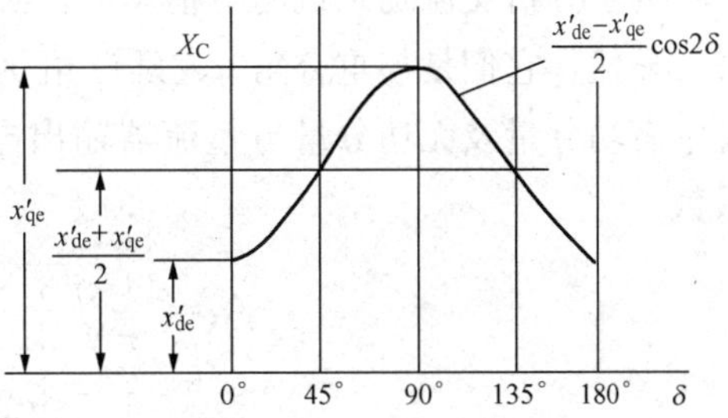

由于转子位置角 δ 可由整流器导通开始计算，所以这里机械角就与电角度相同了，即 δ 等于整流器导通中的延迟角 γ 为及重叠角 u 之和

$$\delta=\gamma+u \tag{3.52}$$

图 3.24　X_C 随 δ 的变化

其中 γ 及 u 分别为换向时的延迟角及重叠角。

为了简化计算，如整流器工作在它外特性第Ⅰ段或第Ⅱ段内（详见后面的叙述）X_C 的有效值可以认为是由零度到 $\delta=\gamma+u$ 之间的平均值，即

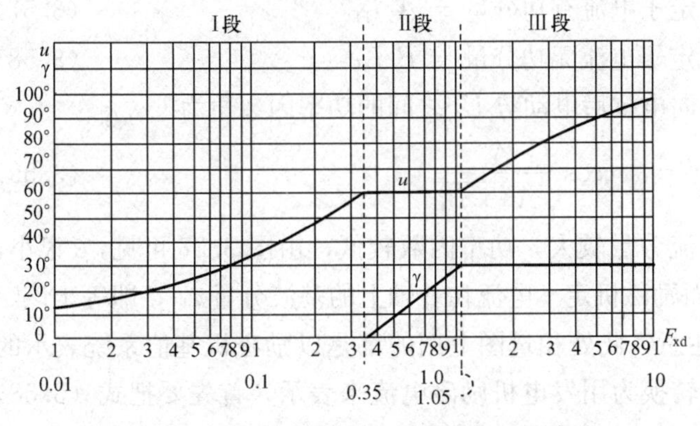

图 3.25　F_{xd} 与重叠角 u 及延迟角 γ 的关系

$$\begin{aligned}X_C&=x'_{de}+\frac{1}{2}(x'_{qe}-x'_{de})\left[1+\frac{1}{\delta}\int_0^{\delta}(-\cos2\delta)\mathrm{d}\delta\right]\\&=x'_{de}+\frac{1}{2}(x'_{qe}-x'_{de})\left[1-\frac{\sin2(\gamma+u)}{2(\gamma+u)}\right]\end{aligned} \tag{3.53}$$

由上面的分析可见，欲确定换向电抗，需先算出 $\gamma+u$，而

$\gamma+u$本身又是换向电抗或者说电感负荷因数决定的，F_{xd}与重叠角 u 及延迟角 γ 的关系如图 3.25 所示，为此准确的换向电抗要用试算法或计算机迭代法来计算，实际上，自并励系统多数工作在整流器外特性第Ⅰ段及第Ⅱ段部分区域内，X_C 可以用式（3.54）来近似[3]

$$X_C = \frac{1}{2}(x'_{de} + x'_{qe}) \tag{3.54}$$

在计算电感负荷因数 F_{xd} 过程中，采用有名值比较方便。当决定了这个参数后就可以很方便地决定整流器的运行状态了。表 3.1 表示了 F_{xd} 与整流器运行区段及重叠角 u 和延迟角 γ 的关系。

表 3.1　F_{xd}与整流器运行区段及 γ、u 的关系

工　作　段	第Ⅰ段	第Ⅱ段	第Ⅲ段
I_N	0～0.51	0.51～0.75	0.75～1.0
F_{xd}	0～π/9 (0～0.35)	π/9～π/3 (0.35～1.05)	π/3～∞ 1.05～∞
重叠角 u	0～60	60	60～120
延迟角 γ	0	0～30	30

为了分析交流励磁机的电枢反应，必须将定子电流的基波分量及有功、无功分量求出来。显然，它们是与重叠角 u、延迟角 γ 有关的。文献［3］给出了交流励磁机定子线电流中有功分量及无功分量与整流器输出电流—发电机励磁电流 I_{FD}（有名值）之间的比例系数

$$A_1 = \frac{1}{\pi}\sqrt{\frac{3}{2}}\ [\cos\gamma + \cos(u+\gamma)] \tag{3.55}$$

$$B_1 = \frac{1}{\pi}\left[\frac{\sin 2(u+\gamma) - \sin\gamma - 2u}{2\cos\gamma - 2\cos(\gamma+u)}\right] \tag{3.56}$$

式中，A_1 为交流励磁机定子线电流中基波分量中有功分量与整流器输出电流之比；B_1 为交流励磁机定子线电流基波分量中无功分量与整流器输出电流之比。

图 3.26 给出了 A_1 、B_1 与 F_{xd}的关系。只要知道了发电机励磁电流有名值 I_{FD} ，则

$$\text{励磁机定子电流有功分量} = A_1 I_{FD} \tag{3.57}$$

$$\text{励磁机定子电流无功分量} = B_1 I_{FD} \tag{3.58}$$

励磁机定子电流基波分量与换向电抗后电动势 E'_s 之间的功率因数角为

$$\phi = \arccos\frac{A_1}{\sqrt{A_1^2 + B_1^2}} \tag{3.59}$$

交流励磁机定子电流中无功电流分量较大，功率因数较低，由图 3.27 可见，β 很小，可以近似的认为 E'_s 就在 q 轴上，而励磁机定子电流在 d 轴上的基波分量 i_{d1} ，即等于该定子电流基波分量 i_{e1} 的无功分量，注意，此处相量图上用的都是以励磁机基值系统表示的标幺值，现在我们要将此无功分量转换为用发电机励磁电流来表示，首先要把式（3.58）中定子无功分量有名值，转换为标幺值，这就需要把无功分量有名值除以励磁机定子电流

基值 i_{ebase}，同时发电机励磁电流有名值 I_{FD} 也以其基值乘以它本身的标幺值 i_{fdbase} 来表示，即

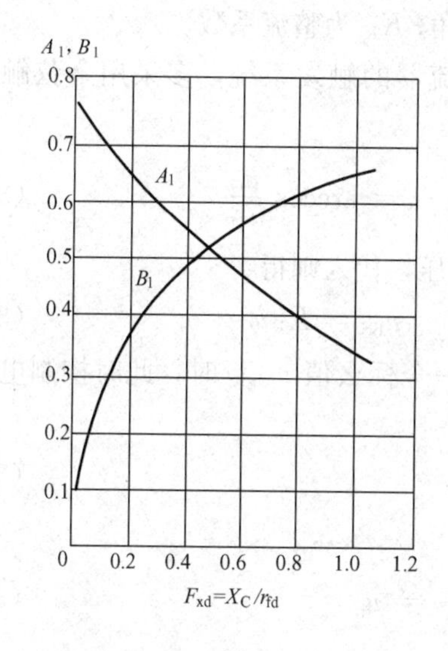

图 3.26　A_1、B_1 与 F_{xd}的关系

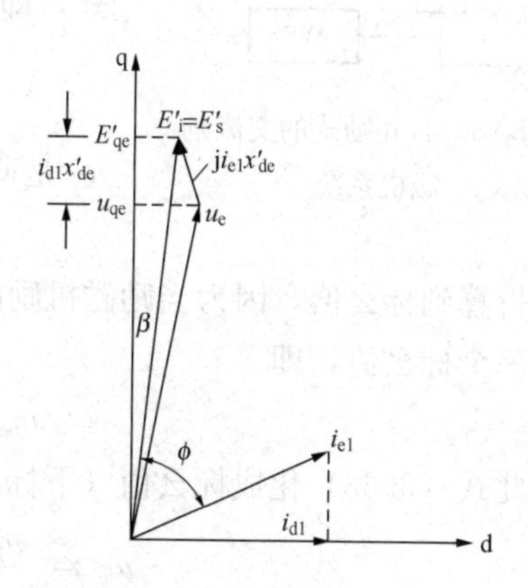

图 3.27　交流励磁机相量图

$$i_{dl} = B_1 \frac{I_{FD}}{i_{ebase}} = B_1 \frac{i_{fd} i_{fdbase}}{i_{ebase}} \tag{3.60}$$

$$i_{ebase} = S_{eN} / \sqrt{3} u_{ebase} \tag{3.61}$$

$$u_{ebase} = u_{eN}$$

式中，i_{fdbase} 为发电机空载特性气隙线上对应于发电机额定电压的励磁电流；i_{ebase} 为交流励磁机定子电流基值；S_{eN} 为交流励磁机的额定容量；u_{eN} 为交流励磁机定子额定电压。

将 i_{dl} 写成

$$i_{dl} = B_2 i_{fd} \tag{3.62}$$

其中

$$B_2 = \frac{i_{fdbase}}{i_{ebase}} B_1 \tag{3.63}$$

由图（3.27）可见

$$E_{qe} = E'_{qe} + i_{dl}(x_{de} - x'_{de})$$

将式（3.62）代入上式

$$E_{qe} = E'_{qe} + B_2(x_{de} - x'_{de}) i_{fd} = E'_{qe} + K_d i_{fd} \tag{3.64}$$

其中

$$K_d = B_2(x_{de} - x'_{de}) \tag{3.65}$$

x_{de} 及 x'_{de} 分别为交流励磁机的同步及暂态电抗。

下面来建立交流励磁机的励磁回路方程式。一般说交流励磁机的励磁都是由副励磁机供给的，少数采自并励式，但为了使数学模型一般化，也为了与 IEEE 一致，在这里考虑交流励磁机的励磁是由励磁机端供给的，（实际上若只为省去副励磁机，励磁机励磁电流多半是由发电机机端取来），自并励式的交流励磁机系统如图 3.28 所示。

如果略去自并励中换弧压降，则励磁机的励磁电压，u_{FE}（有名值，下标大写）可表为

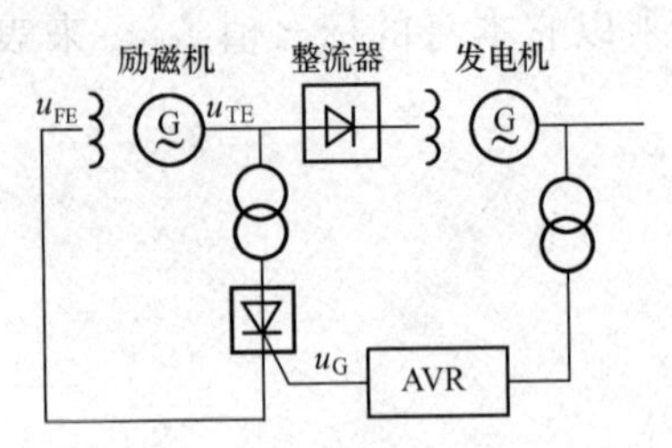

图 3.28 自并励式的交流励磁机系统

$$u_{FE} = K_R u_{TE} \cos\alpha \tag{3.66}$$

式中，u_{TE}、u_{FE} 为励磁机定子电压及转子电压有名值；α 为可控整流器控制角；K_R 为整流系数。

目前，可控整流器的触发系统，多采用余弦触发方式，即

$$\alpha = \arccos\frac{u_G}{u_{TE}} \tag{3.67}$$

u_G 是调节器输出电压，代入则得

$$u_{FE} = K_R u_G \tag{3.68}$$

现折算到标幺值，因为当励磁机励磁电压，为一个标幺值 u_{febase} 时，此时控制电压亦应该为一个标幺值，即

$$u_{febase} = K_R u_{Gbase} \tag{3.69}$$

因此式（3.68）化成标幺值（下标小写），即为

$$u_{fe} = \frac{u_{FE}}{u_{febase}} = \frac{K_R u_G}{K_R u_{Gbase}} = u_g \tag{3.70}$$

计入励磁机励磁回路的过渡过程，需采用 x_{ad} 标幺系统来表示（励磁电压等用大写）

$$U_{fe} = I_{fe} R_{fe} + p\Psi_{fe} \tag{3.71}$$

电动势 E'_{qe} 与 Ψ_{fe} 是成正比的，因为

$$E'_{qe} = \frac{x_{ade}}{X_{fde}}\Psi_{fe} \tag{3.72}$$

所以

$$\Psi_{fe} = \frac{X_{fde}}{x_{ade}}E'_{qe} \tag{3.73}$$

电动势 E_{qe} 是与励磁机转子电流成正比的

$$E_{qe} = I_{fe} x_{ade} \tag{3.74}$$

所以

$$I_{fe} = E_{qe}/x_{ade} \tag{3.75}$$

以上各式中，Ψ_{fe} 为励磁机转子磁链；E'_{qe} 为与励磁机转子磁链成正比的暂态电动势；E_{qe} 为与励磁机励磁电流成正比的励磁机内电动势；X_{fde} 为励磁机励磁绕组电抗；x_{ade} 为励磁机电枢反应电抗。

式（3.71）中的 U_{fe} 是励磁机励磁电压标幺值，是以 x_{ad} 可逆标幺系统定义的，式（3.70）中的 u_{fe} 是励磁机励磁电压标幺值，是以励磁机励磁标幺系统定义的，物理上它们根本是一个电压，以有名值表示它们是相等的，但以标幺值表示时就需要有一个转换，从 u_{fe} 转换成 U_{fe} 要乘以 R_{fe}/x_{ade}，即

$$U_{fe} = u_{fe} R_{fe}/x_{ade} \quad 或 \quad \frac{x_{ade}}{R_{fe}}U_{fe} = u_{fe} \tag{3.76}$$

将式（3.71）、式（3.73）及式（3.75）代入式（3.76）

$$\frac{x_{ade}}{R_{fe}}U_{fe} = u_{fe} = E_{qe} + p\frac{X_{fde}}{R_{fe}}E'_{qe} \tag{3.77}$$

再将式（3.64）中的 $E_{qe} = E'_{qe} + K_d i_{fd}$ 及式（3.70）代入式（3.77）

$$\frac{x_{ade}}{R_{fe}}U_{fe}=u_{fe}=u_{g}=(E'_{qe}+K_{d}i_{fd})+pT_{E}E'_{qe} \tag{3.78}$$

其中 T_E 为励磁机励磁绕组的时间常数

$$T_E=X_{fde}/R_{fe} \tag{3.79}$$

另外，式（3.78）中右边括弧内的 $E'_{qe}+K_{d}i_{fd}$ 即 E_{qe}，它是正比励磁机励磁电流 I_{fe} 的。为了计入励磁机的饱和作用，可按直流励磁系统中类似的方法处理，不过此时用的励磁机空载特性，因为换向电抗及电枢反应电抗已另外加以考虑了，饱和特性纵轴为励磁机交流电压标幺值 u_e（其基值为励磁机额定电压），横轴为励磁机励磁电流标幺值 i_{fe}（其基值为气隙线上额定电压所对应的励磁电流），励磁机空载特性如图 3.29 所示，饱和系数为

$$S_E=\frac{C-B}{B} \tag{3.80}$$

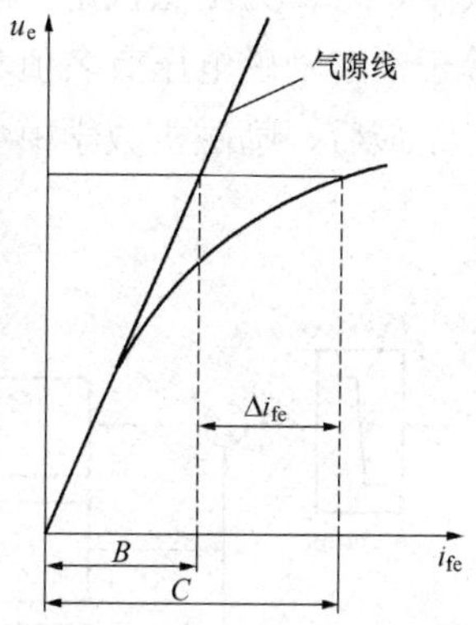

图 3.29　励磁机空载特性

由饱和系数的定义可知，因饱和作用需要增加一个 Δi_{fe}

$$\Delta i_{fe}=u_{e}S_{E} \tag{3.81}$$

因现在考虑的是空载，则励磁机端电压 u_e 等于内电动势 E'_{qe}

$$E'_{qe}=u_{e} \tag{3.82}$$

则因饱和而增加的 Δi_{fe} 为

$$\Delta i_{fe}=E'_{qe}S_{E} \tag{3.83}$$

Δi_{fe} 是以励磁机励磁系统标幺值系统定义的，根据式（3.111）要转化为交流励磁机可逆标幺系统的 ΔI_{fe} 需除以 x_{ade}

$$\Delta I_{fe}=\Delta i_{fe}/x_{ade} \tag{3.84}$$

而它产生的附加 $\Delta E_{qe}=x_{ade}\Delta I_{fe}=\Delta i_{fe}=E'_{qe}S_{E}$

则式（3.78）中的 $E'_{qe}+K_{d}i_{fd}$ 即可用 $E'_{qe}+E'_{qe}S_{E}+K_{d}i_{fd}$ 来代替，则式（3.78）变为

$$u_{g}=E'_{qe}(1+S_{E})+K_{d}i_{fd}+pT_{E}E'_{qe} \tag{3.85}$$

或

$$E'_{qe}=\frac{1}{T_{E}p}[u_{g}-E'_{qe}(1+S_{E})-K_{d}i_{fd}] \tag{3.86}$$

式（3.86）中 E'_{qe} 是以交流励磁机 x_{ad} 基值系统（即 u_{ebase}、i_{ebase} 等）表示的标幺值，要把它与发电机励磁回路连在一起，E'_{qe} 要转换到以发电机励磁的标幺系统中去（即 u_{fdbase}、i_{fdbase} 等为基值）也就是式（3.86）两端要乘以 u_{ebase}/u_{fdbase}。

为了与 IEEE 符号接近一致，式（3.86）左边乘以 u_{ebase}/u_{fdbase} 后定义为 u_E

$$u_{E}=E'_{qe}u_{ebase}/u_{fdbase} \tag{3.87}$$

式（3.86）中右边括弧内第一项 u_g 变为

$$u_{R}=u_{g}u_{ebase}/u_{fdbase} \tag{3.88}$$

式中，u_R 为调节器输出电压，即励磁机励磁电压的标幺值。

系数 K_d 变为

$$K_{D}=K_{d}u_{ebase}/u_{fdbase} \tag{3.89}$$

将 $K_d = B_2(x_{de} - x'_{de}) = \dfrac{i_{fdbase}}{i_{ebase}} B_1(x_{de} - x'_{de})$ 代入，则

$$K_D = \frac{i_{fdbase}}{i_{ebase}} B_1(x'_{de} - x'_{de}) \frac{u_{ebase}}{u_{fdbase}} = \frac{Z_{ebase}}{r_{fdbase}} B_1(x_{de} - x'_{de}) \tag{3.90}$$

式中，Z_{ebase} 为励磁机定子阻抗基值；r_{fdbase} 为发电机励磁标幺系统中励磁绕组电阻基值，它等于额定励磁电压有名值与额定励磁电流有名值之比。

最后，励磁机数学模型可表示为

$$u_E = \frac{1}{pT_E}[u_R - u_E(1 + S_E) - K_D i_{fd}] \tag{3.91}$$

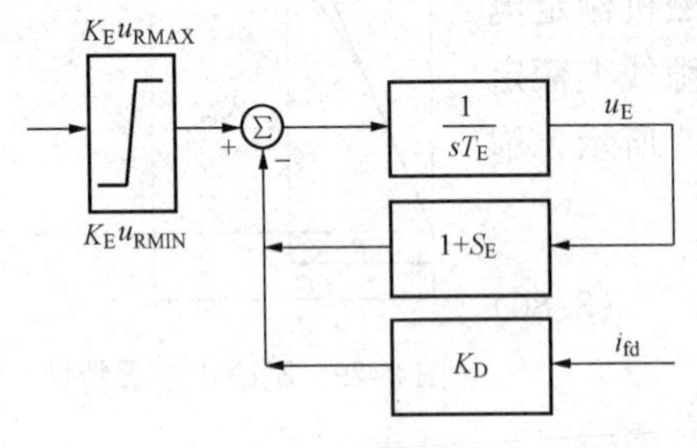

图 3.30 交流励磁机数学模型

式（3.91）表示的交流励磁机数学模型如图 3.30 所示。注意，尽管在推导中，尽量保持与 IEEE 之数模一致，但仍然有下面一些不同，IEEE 模型中励磁机的负反馈为 $(K_E + S_E)$，其中 K_E 用来表示励磁机采用自并励方式，而当励磁机采用他励方式时，$K_E = 1.0$。在图 3.30 所示模型中，如果要表示励磁机采用自并励，可设 $K_E = 1.0$（不表示励磁机采用他励方式），这与主发电机自并励励磁系统一样，可控整流器采用了余弦触发，控制电压 u_R 与整流器输出电压，即励磁机励磁电压成正比，而与励磁机端电压没有关系，这是指电压调节器的控制作用，完全抵消了励磁机端电压对其励磁电压影响的情况，当超过调节器控制范围，励磁机励磁电压就与励磁机端电压成正比，这种影响，用调节器输出的上下限幅来模拟，也就是在上下限幅值上，乘以一个系数 K_E，当励磁机采用他励时，$K_E = 1.0$，当励磁机采用自并励时 $K_E = u_E$（这里还采用了忽略励磁机换向电抗上压降的假设），若励磁机励磁由发电机机端取来，则 $K_E = U_t$，U_t 为发电机机端电压标幺值。不过交流励磁机通常都采用他励，所以在使用 IEEE 的模型时，只要设 $K_E = 1.0$ 就可以了。

本书 IEEE 模型的励磁机输出用符号 u_E 表示，但不要误解，它不是励磁机的端电压，在 IEEE 文献中，称 u_E 为励磁机换向电抗后的电动势，在本书中，假定换向电抗等于 $\frac{1}{2}(x'_{de} + x'_{qe})$，当 $x_{de} = x'_{qe}$ 时，换向电抗就等于 x'_{de}，即认为换向电抗后的电动势 E'_s 即等于 E'_e，而 E'_e 又近似为 E'_{qe}，所以励磁机输出用 E'_{qe} 来表示，不过以后为了与 IEEE 符号类似，我们也采用 u_E 来表示 E'_{qe}（或者说 E'_s）。

整流器的换向电抗大小，还随着整流器外特性的工作段而改变，工作段分成Ⅰ、Ⅱ、Ⅲ三段，是由电感因数 $I_N = X_C i_{fd}/u_E$ 来决定。文献［3］用拟合的办法，将三段特性，即整流器输出电压 u_{fd} 表示为 I_N 的函数，如图 3.31 所示，图中纵坐标为 u_{fd}/u_E，其中 u_{fd} 及 u_E 都是标幺值，横坐标为 $I_N = K_C i_{fd}/u_E$。

在图 3.31 中励磁机的输出电压 u_{fd} 表示为

$$u_{fd} = F_{EX} u_E \tag{3.92}$$

F_{EX} 随看整流器工作的区段而变化，当整流器工作在第Ⅰ段时，$I_N \leqslant 0.433$

$$F_{EX} = 1 - 0.577 I_N \tag{3.93}$$

在第Ⅱ区段工作时，$0.433 < I_N < 0.75$

$$F_{EX} = \sqrt{0.75 - I_N^2} \tag{3.94}$$

当 $I_N > 1$ 时，模型应把 F_{EX} 设为零。

第Ⅲ区段工作时，$I_N > 0.75$

$$F_{EX} = 1.732 \times (1 - I_N)$$

按照新定下来的符号（即 $E'_{qe} = u_E$），I_N 表示为

$$I_N = K_C i_{fd} / u_E \tag{3.95}$$

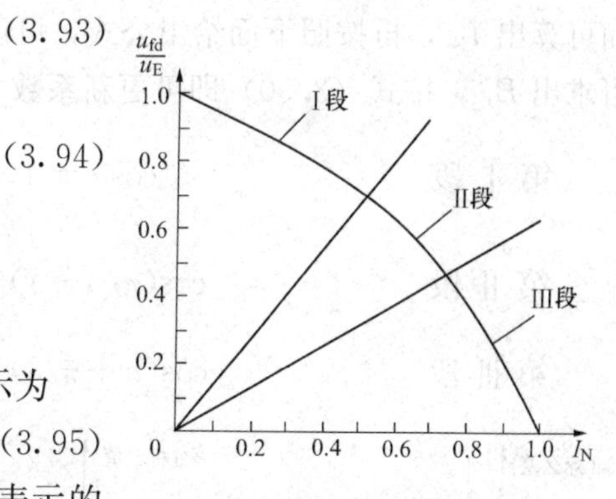

图 3.31　整流器外特性

其中，K_C, i_{fd}, u_E 都是以发电机励磁标幺系统表示的标幺值，而 K_C 可称换向电抗系数，它等于折合到发电机励磁标幺系统的换向电抗的标幺值。前面已知，若以励磁机 x_{ad} 标幺系统表示的换向电抗标幺值 X_C 为，则

$$X_C = \frac{1}{2}(x'_{de} + x'_{qe}) \tag{3.96}$$

设将其折合到以发电机励磁标幺系统表示的标幺值为 K_C，则

$$K_C = X_C \frac{Z_{ebase}}{r_{fdbase}} = \frac{1}{2}(x'_{de} + x'_{qe}) \frac{Z_{ebase}}{r_{fdbase}} \tag{3.97}$$

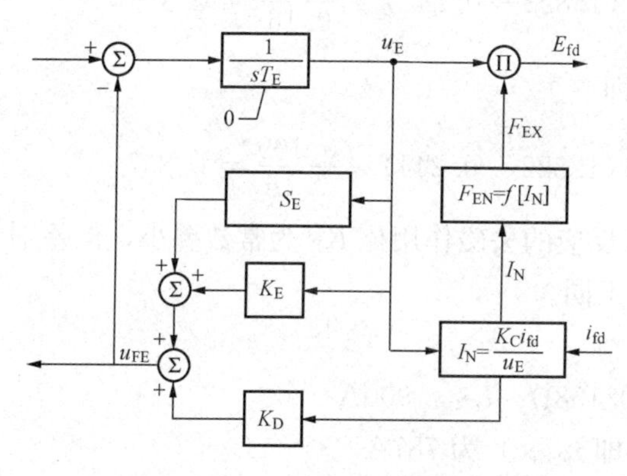

图 3.32　改进的交流励磁机系统数学模型

改进的交流励磁机系统数学模型如图 3.32 所示，它基本上与 IEEE AC1A 相同，只不过计入了 K_D 是随 I_N 变化而变化的，而不是像 IEEE 中 K_D 是一个常数。

另外，上述 IEEE AC1A 模型，是用来模拟交流励磁机系统中，具有励磁机励磁电流软反馈的系统，从励磁机数模最后表达式 (3.91)

$$u_E = \frac{1}{pT_E}[u_R - u_E(1 + S_E) - K_D i_{fd}]$$

可见，其中 $-u_E(1 + S_E) - K_D i_{fd}$ 是从原始励磁机励磁回路的微分方程式 (3.71)：$U_{fe} = I_{fe}R_{fe} + p\Psi_{fe}$ 中 $I_{fe}R_{fe}$ 演变而来的，换句话说，是与励磁机励磁电流成正比的，模型中定义这个与励磁机励磁电流成正比的量为 u_{FE}，即

$$u_{FE} = -u_E(1 + S_E) - K_D i_{fd} \tag{3.98}$$

因此，励磁机励磁电流的软反馈，就可以从 u_{FE} 引出。

在前面的分析中，我们采用了电感负荷因数 F_{xd} 去计算 K_D，这在稳态的情况下是可以，如果要在暂态过程中确定 K_D，要应用电感因数 $I_N = K_C i_{fd}/u_E$，也就是说 I_N 随 i_{fd} 及 u_E 的变化而变化，在稳态时，按前述可离线计算出 K_D，在暂态过程中计算机按模型框图就可算出 u_E，前面已经说明，整流器在Ⅰ、Ⅱ段内工作，可以认为 K_C（X_C）不变，因

而可算出 I_N，再按照下面给出公式，可以求出重叠角 u 和延迟角 γ，再按式（3.56）即可求出 B_1，按式（3.90）即可更新系数 K_D

第Ⅰ段 $$\cos u = 1-\sqrt{\frac{3}{2}}I_N \qquad \gamma = 0 \tag{3.99}$$

第Ⅱ段 $$\cos(\pi/3-\gamma) = \sqrt{\frac{2}{3}}I_N \qquad \gamma = 60^\circ \tag{3.100}$$

第Ⅲ段 $$\cos(u+\pi/3) = 1-\sqrt{2}I_N \quad \gamma = 30^\circ \tag{3.101}$$

图3.33给出了 K_D 为变数及常数时，三相短路时励磁电压的响应[10]，计算是在一个6机系统中3号机上，采用了改进的 K_D 是变数的AC1A及 K_D 是常数两种模型。改进模型 K_D 的初值的计算（$B_1=0.35$，$Z_{ebase}=0.109$，$r_{fdbase}=0.16$）

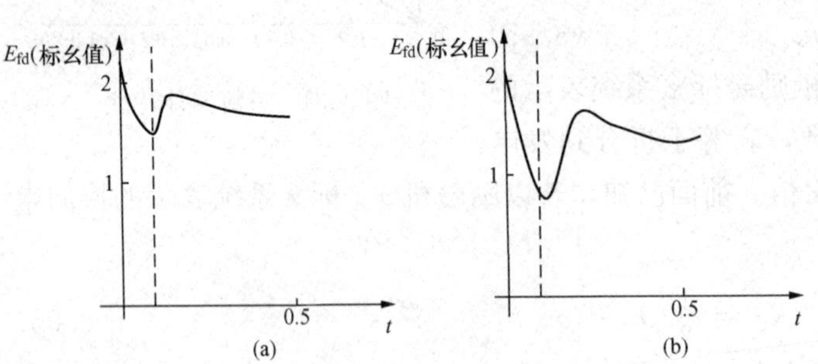

图3.33 三相短路时励磁电压的响应

(a) K_D 为变数；(b) K_D 为常数

$$K_D = B_1(x_{de}-x'_{de})\times\frac{Z_{ebase}}{r_{fdbase}} = 0.35\times(1.822-0.244)\times\frac{0.109}{0.16} = 0.376$$

K_D 是常数时采用文献［4］中的公式计算 K_D 即

$$K_D = \frac{\sqrt{6}}{\pi}(x_{de}-x'_{de})\times\frac{Z_{ebase}}{r_{fdbase}} = 0.78\times(1.822-0.244)\times\frac{0.109}{0.16} = 0.837$$

计算的结果显示，K_D 为变数的模型的电枢反应的去磁作用比 K_D 为常数要小，但差别不是很大。但随着系统参数的不同，结果可能不同。

另一计算实例，其参数

发电机：300MW $\cos\phi$：0.85 R_{FD}：0.158Ω I_{FD0}：900A

空载气隙线上对应额定电压的励磁电流（即 i_{fdbase}）为787A

U_{FD0}：142.2V

励磁机 S_{en}：1670kVA U_{en}：590.5V x_{de}：1.8 x'_{de}：0.29 T_E：0.68s

励磁机定子电流基值 $I_{ebase}=\sqrt{2}\times1670000/(\sqrt{3}\times590.5)=2304.99$（A）

励磁机定子电压基值 $u_{ebase}=\sqrt{2}\times590.5/\sqrt{3}=481.27$（V）

励磁机定子阻抗基值 $Z_{ebase}=481.27/2304.99=0.209(\Omega)$

X_C（有名值）$=0.29\times0.209=0.06$（Ω）

发电机励磁回路阻抗基值 $r_{fdbase}=0.158$（Ω）

$$F_{xd} = 0.06/0.158 = 0.38$$

查图3.26 $$B_1 = 0.49$$

$K_D = Z_{ebase}B_1\times(x_{de}-x'_{de})/r_{fdbase} = 0.209\times0.49\times(1.8-0.29)/0.158 = 0.978$

$K_C = X_C Z_{ebase}/r_{fdbase} = 0.29\times0.209/0.158 = 0.383$

如按文献［4］中提供的算法（即 K_D 为励磁机空载特性与负载特性之差再减 X_C），得出 $K_D=2.03$。这与改进模型 $K_D=0.978$ 的比较见图 3.34。

图 3.34 中表示了发电机励磁电压、励磁机励磁电压及发电机励磁电流，在变压器高压侧三相短路时的响应。

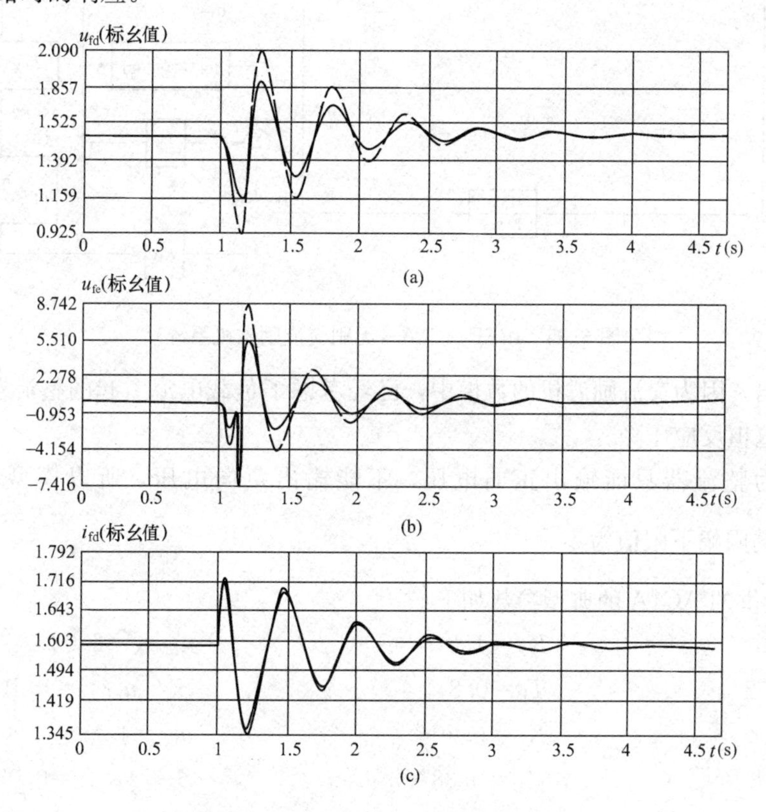

图 3.34　变压器高压侧三相短路时各量的响应

（a）发电机励磁电压；（b）励磁机励磁电压；（c）发电机励磁电流

虚线 $K_D=2.03$；实线 $K_D=0.978$

2. IEEE AC1A（无刷交流励磁机系统）[1]

这是用来模拟无刷交流励磁机系统的，其中励磁机的模型除了未考虑 K_D 为变数及励磁机自并励的模拟与本书前面提出的模型不同以外，其他都是相同的。

IEEE 模型有几点要加以说明：

（1）因为励磁机的电枢及整流器都是与主轴一同旋转的，所以励磁机输出电压是无法引出来的，励磁控制系统所需要的动态校正即“励磁电压软反馈”，只能改为“励磁机励磁电流软反馈”，并且从 u_{FE} 引出，由图 3.35 可见

$$u_{FE}=u_E(1+S_E)+K_Di_{fd}\qquad(\text{设 }K_E=1)$$

由前面交流励磁数模的推导可知，上式是由 $U_{fe}=I_{fe}R_{fe}+p\Psi_e$（式 3.71）中 $I_{fe}R_{fe}$ 或者说 E_{qe} 通过式（3.78）及式（3.85）演变而来，也就是说 u_{FE} 是与励磁机励磁电流成正比的。

（2）饱和系数 S_E 的计算，由交流励磁机空载特性求出，不像直流励磁机系统是由负

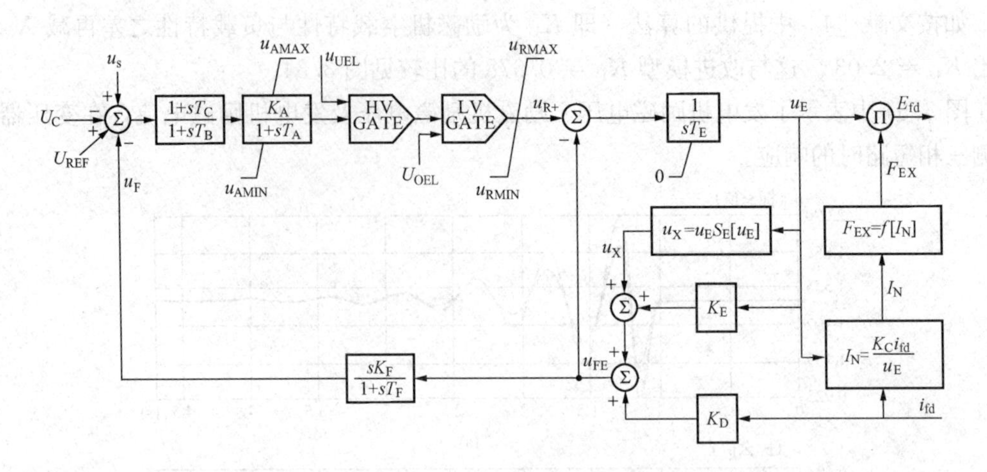

图 3.35　IEEE AC1A（无刷交流励磁机系统）

载特性上求出，因为交流励磁机的数模中，已经考虑了负载电流引起的整流器换向压降，以及励磁机电枢反应压降。

(3) 因为整流器只能输出正向电压，不能输出负向电压，所以模型中，励磁机 $\left(\frac{1}{sT_E}\right)$ 环节的限幅下限值为零。

IEEE 提供的 AC1A 的典型参数如下：

$K_A=400$	$K_E=1.0$	$u_{RMAX}=6.03$
$T_A=0.02$	$T_E=0.8$	$S_E[u_{E1}]=0.10$
$T_B=0$	$K_C=0.20$	$u_{E1}=4.18$
$T_C=0$	$K_D=0.38$	$S_E[u_{E2}]=0.03$
$K_F=0.03$	$u_{AMAX}=14.5$	$u_{RMIN}=-5.43$
$T_F=1.0$	$u_{AMIN}=-14.5$	$u_{E2}=3.14$

3. IEEE AC2A（高起始响应交流励磁机系统）[1]

IEEE AC2A（见图 3.36）属于高起始响应的系统，它能够使发电机励磁电压，由额定值上升到顶值电压的 90%所需时间小于 0.1s，这主要是靠增加强励顶值倍数及用负反馈减小励磁机等效时间常数来达到。

由图 3.36 可以看出，在正常工作状态下，低励及过励都不起作用，设 $K_E=1$，并且不考虑 i_{fd} 的负反馈效应，励磁机的框图如图 3.37（a）所示，将 u_{FE} 负反馈相加点，移到放大倍数 K_B 的前面，则得到图 3.37（b）的等效框图。

等效的励磁机传递函数

$$\frac{u_E}{u_A}=\frac{K_B/sT_E}{1+\frac{K_B}{sT_E}\left(K_H+\frac{1}{K_B}\right)(1+S_E)}=\frac{K_B/[(K_BK_H+1)(1+S_E)]}{1+sT_E/[(K_BK_H+1)(1+S_E)]}$$

可见，等效的励磁机时间常数减小到原来的 $1/(K_BK_H+1)$（文献 [1] 中误为 $1/K_BK_H$），上式中 $1/(1+S_E)$ 是反映了饱和效应使等效时间常数减小的比例。

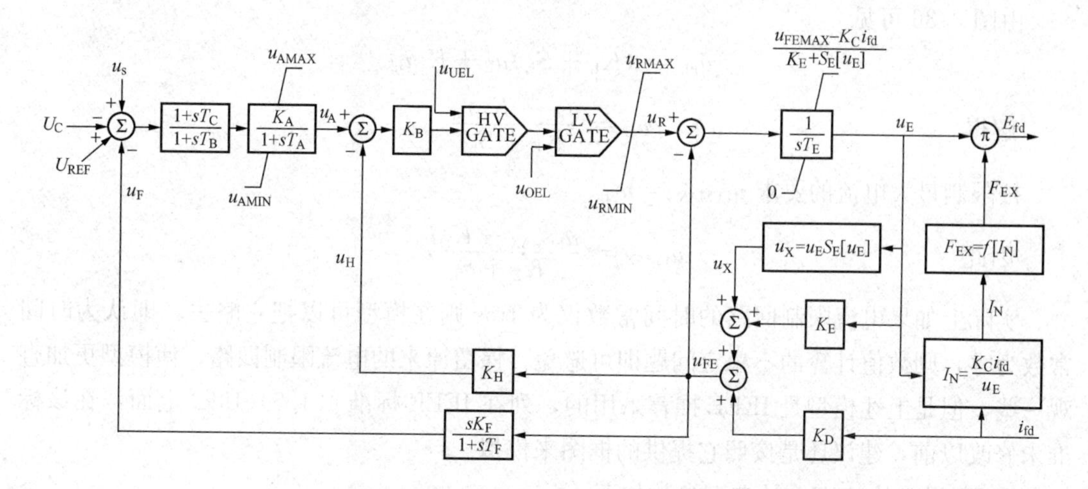

图 3.36　IEEE AC2A（高起始响应交流励磁机系统）

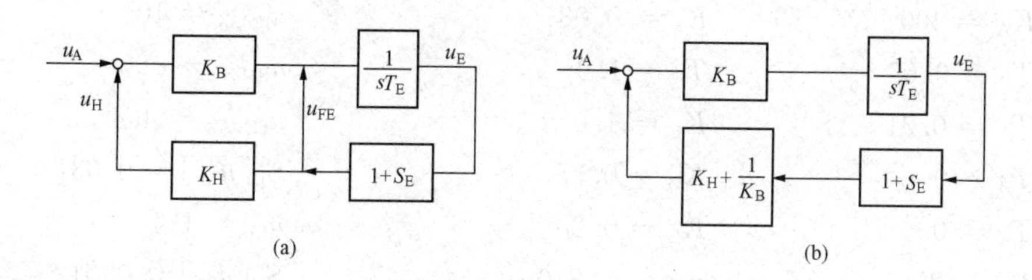

(a)　(b)

图 3.37　励磁机环节的等值

（a）励磁机框图；（b）等效框图

为了达到高起始响应，励磁机励磁电压的强励倍数可达几十倍，甚至上百倍（见 AC2A 典型参数），由于励磁机励磁绕组，特别是发电机励磁绕组的惯性，励磁电流可能会产生过调，以至超过绕组的最大电流允许值，所以一定要有可靠的过电流限制，图 3.38 即为 AC2A 系统的过电流限制框图。

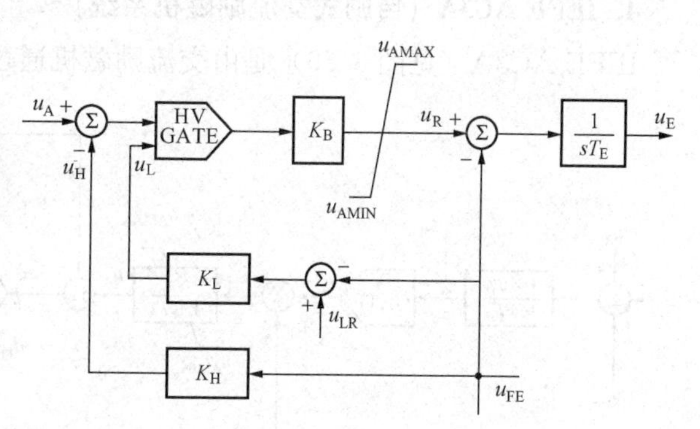

图 3.38　AC2A 系统的过电流限制框图

在正常状态下限制器的输出 u_L 处于高电位，所以限制器不起作用，但当励磁机励磁电流超过限幅的整定值 u_{LR}，则限制器输出负电位，它的信号可以通过低压逻辑门 LV，使得 u_E 减小，以限制励磁电流超过允许值，由于电流限制回路包含的时间常数非常小，只有 1ms 左右，如果计入了该时间常数，会使暂态过程的模拟计算中所要求的步长大大减小，这会使得整个过程计算时间加长，否则会出现数值计算的不稳定。为此，IEEE 提出的此种系统的模型将过电流限制回路取消改为在励磁机输出限幅上加以模拟，使其作用等值于原来的限制回路，励磁机输出限幅的上限 u_{FEMAX} 如下决定：

由图 3.36 可见

$$u_{FE}=(K_E+S_E)u_E+K_Di_{fd}$$

解得

$$u_E=\frac{u_{FE}-K_Di_{fd}}{K_E+S_E}$$

按限制最大电流的要求 $u_{FEMAX}=u_{LR}$

因此

$$u_{EMAX}=\frac{u_{FEMAX}-K_Di_{fd}}{K_E+S_E}$$

实际上如果电流限制回路的时间常数仅为 1ms 则在模型可以把它略去，即认为时间常数为零，则数值计算的不稳定问题即可避免，保留原来的电流限制回路，使模型更加直观一些，但是上述模型是 IEEE 推荐采用的，列在 IEEE 标准 421.5—1992 上面，在该标准未修改以前，建议还是按照它提供的框图来模拟。

IEEE 提供的 AC2A 的典型参数如下：

$K_A=400$	$K_F=0.03$	$u_{RMAX}=105$
$T_E=0.6$	$T_F=1.0$	$u_{RMIN}=-95$
$T_A=0.01$	$K_E=1.0$	$u_{FEMAX}=4.4$
$T_B=0$	$K_D=0.35$	$S_E[u_{E1}]=0.037$
$T_C=0$	$K_C=0.28$	$u_{E1}=4.4$
$K_B=25$	$u_{AMAX}=8.0$	$S_E[u_{E2}]=0.012$
$K_H=1.0$	$u_{AMIN}=-8.0$	$u_{E2}=3.3$

4. IEEE AC3A（自励式交流励磁机系统）[1]

IEEE AC3A（见图 3.39）是由交流励磁机通过不可控整流器供主发电机励磁，交流

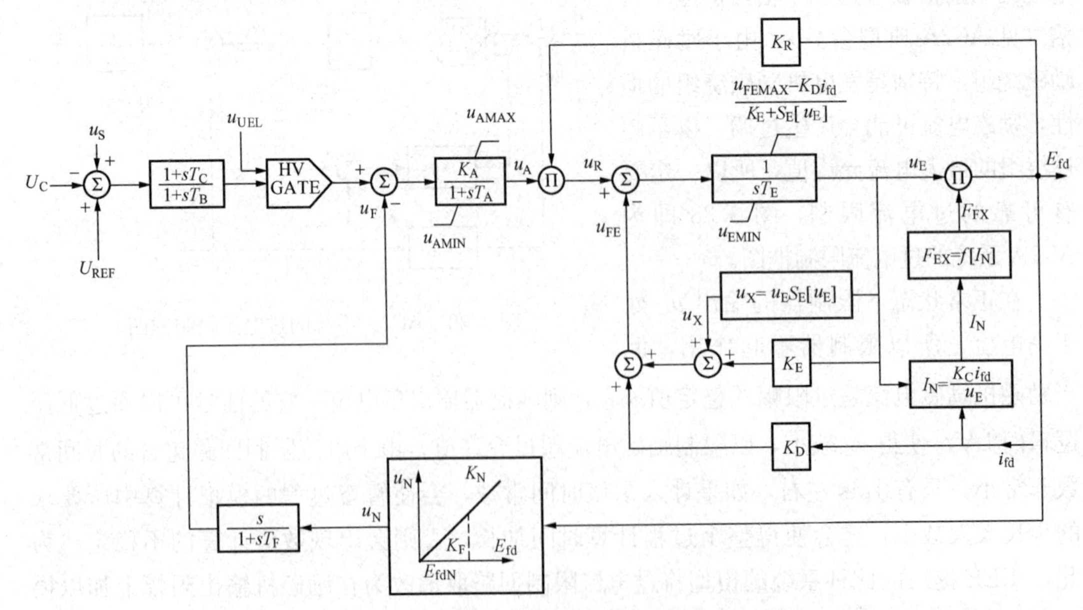

图 3.39 IEEE AC3A（自励式交流励磁机系统）

励磁机是采用自并励（经可控整流器）或自复励（经自励恒压装置）方式，电压调节器的电源也取自励磁机机端，因此框图中有一个 E_{fd} 经 K_R 的正反馈，它与调节器输出 u_A 相乘后形成 u_R 。另外，它的励磁电压软反馈的放大倍数按 E_{fd} 大小，分成两段，AC3A 的最小励磁限制的框图及参数参见文献［1］，其他部分与 AC2A 基本相同，这种系统主要是针对 GE 公司的 ALTERREX 励磁系统来模拟的。

IEEE 提供的 AC3A 的典型参数如下：

$T_C=0$	$u_{EMAX}=u_{E1}=6.24$	$K_C=0.104$
$T_B=0$	$S_E[u_{E1}]=1.143$	$K_D=0.499$
$T_A=0.013$	$u_{E2}=0.75u_{EMAX}$	$K_E=1.0$
$T_E=1.17$	$S_E[u_{E2}]=0.100$	$K_F=0.143$
$T_F=1.0$	$E_{fdN}=2.36$	$K_N=0.05$
$u_{AMAX}=1.0$	$K_A=45.62$	$u_{FEMAX}=16$
$u_{AMIN}=-0.95$	$K_R=3.77$	

5. IEEE AC4A（他励晶闸管交流励磁机系统）[1]

在 IEEE AC4A（见图 3.40）中，交流励磁机通过可控整流供给发电机励磁。交流励磁机的励磁是由一个自励的交流副励磁机供给，其输出电压是固定的，维持在可供强励的高电压水平，发电机励磁电压的调整完全靠励磁机输出的可控整流器来进行。励磁机电枢电流的去磁效应已被略去，但整流器换向压降在励磁机输出电压的上限中加以近似的考虑，即用 $-K_C i_{fd}$ 计入，其中 K_C 应用式（3.97）计算

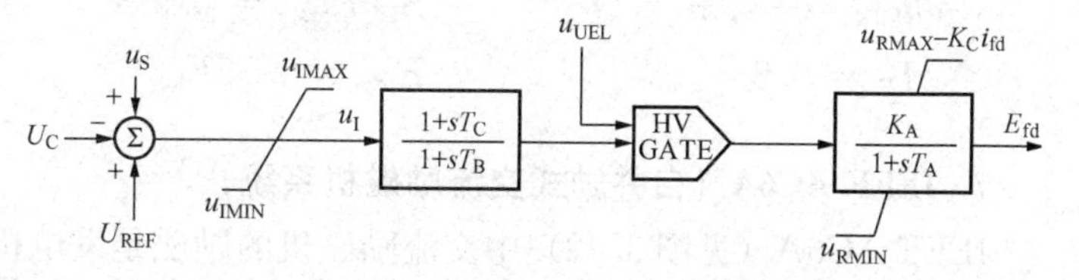

图 3.40　IEEE AC4A（他励晶闸管交流励磁机系统）

$$K_C=\frac{1}{2}(x'_{de}+x'_{qe})\frac{Z_{ebase}}{r_{fdbase}}$$

式中，x'_{de} 、x'_{qe} 为交流励磁机的 d 轴及 q 轴暂态电抗标幺值；Z_{ebase} 为交流励磁机定子阻抗基值（有名值）；r_{fdbase} 为发电机励磁电阻基值（有名值），它等于励磁机空载特性气隙线上对应于额定定子电压的励磁电压与励磁电流之比。

这种系统是主要针对 GE 公司生产的 ALTHYREX 励磁系统来模拟的，该调节器中采用了领先—滞后校正而没有用励磁电压软反馈，IEEE 给出的 AC4A 的典型参数如下：

$T_R=0$	$u_{IMAX}=10$	$K_A=200$
$T_C=1.0$	$u_{IMIN}=-10$	$K_C=0$
$T_B=10$	$u_{RMAX}=5.64$	
$T_A=0.015$	$u_{RMIN}=-4.53$	

6. IEEE AC5A（具有副励磁机或自励式的交流励磁机系统简化模型）[1]

IEEE AC5A（见图 3.41）具有交流副励磁机（可能是永磁机）经可控整流器供电给

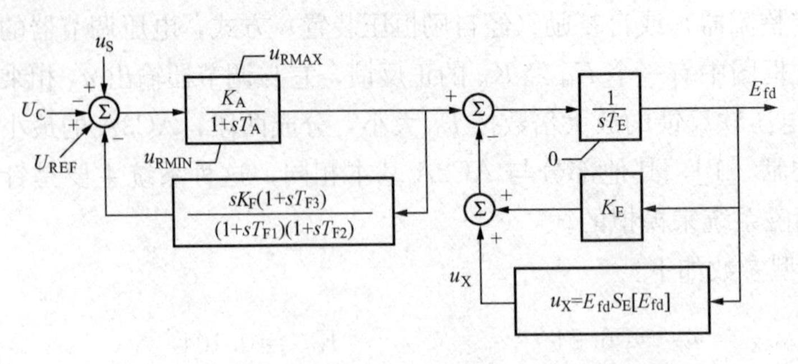

图3.41 IEEE AC5A（具有副励磁机或自励式的交流励磁机系统简化模型）

交流励磁机励磁，交流励磁机通过不可控整流器供电给发电机励磁，又称三机系统，它也可以代表自励式励磁机，只要设 $K_E<1$，IEEE AC5A是一种简化的数模，它没有计入励磁机电枢电流去磁效应及整流器换向的作用。它适合于对小容量发电机或离故障点较远的发电机，或者在动态等值中应用。它把交流励磁机当直流励磁机来模拟，但在确定饱和系数时，采用负荷特性曲线而非空载特性曲线，IEEE提供的AC5A的典型参数如下：

$K_A=400$	$K_E=1.0$	$K_F=0.03$
$T_A=0.02$	$S_E[E_{fd1}]=0.86$	$T_{F1}=1.0$
$u_{RMAX}=7.3$	$E_{fd1}=5.6$	$T_{F2}=T_{F3}=0$
$u_{MIN}=-7.3$	$S_E[E_{fd2}]=0.5$	
$T_E=0.8$	$E_{fd2}=0.75E_{fd1}$	

7. IEEE AC6A（自并励式交流励磁机系统）[1]

IEEE AC6A（见图3.42）中交流励磁机的励磁是发电机端电压经晶闸管整流供给的，它与IEEE AC3A系统不同，AC3A是由励磁机端电压经晶闸管整流供电的，而这种系统励磁机励磁由发电机端供电，所以其特性与自并励静态励磁系统相似，只不过功率元件使用了交流励磁机，模型中对交流励磁机的模拟是属于详尽的模型，发电机机端电压对励磁机励磁的影响用调节器输出电压的限幅乘以端电压标幺值 U_t 来计入，模型中考虑了励磁机励磁电流限制，其限制值为 u_{FELIM}。

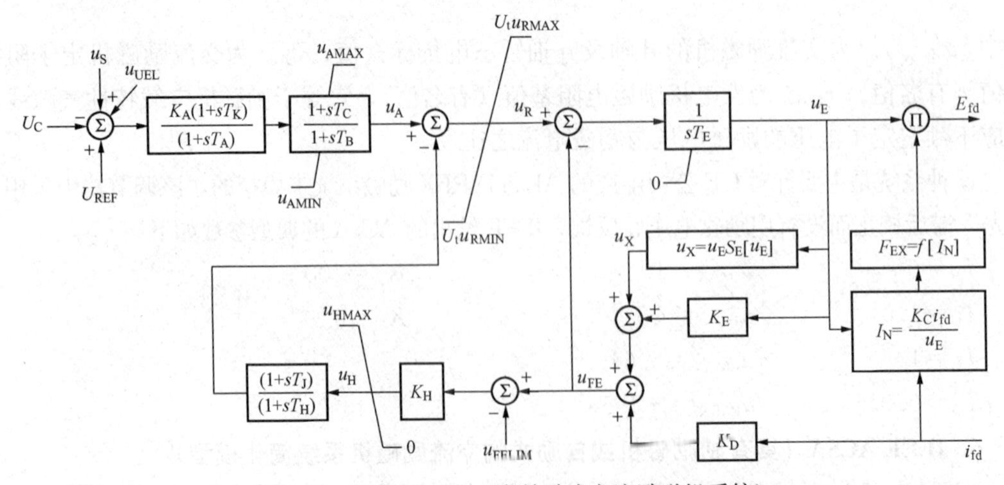

图3.42 IEEE AC6A（自并励式交流励磁机系统）

IEEE 提供的 AC6A 的典型参数如下：

$K_A=536$　　$T_J=0.02$　　$u_{HMAX}=75$

$T_A=0.086$　　$K_D=1.91$　　$u_{FELIM}=19$

$S_E[u_{E1}]=0.214$　　$T_B=9.0$　　$K_E=1.6$*

$u_{E1}=7.4$　　$T_K=0.18$　　$T_C=3.0$

$K_C=0.173$　　$u_{AMAX}=75$　　$S_E[u_{E2}]=0.044$

$K_H=92$　　$u_{AMIN}=-75$　　$u_{E2}=5.55$

$T_E=1.0$　　$u_{RMAX}=44$

$T_H=0.08$　　$u_{AMIN}=-36$

*　对此种系统 $K_E=1.6$ 不合理，应为 $K_E=1.0$。

8. IEEE AC7B（自励式交流励磁机系统＋微机式调节器）[9]

IEEE AC7B(见图 3.43)类似 AC6A,其励磁机的励磁是由发电机机端取来,所以调节器的输出电压 u_A 与发电机电压成正比的 K_PU_t 相乘后,输出到励磁机。该系列的模型是 IEEE 将要推出的新的励磁系统数模。主要用来模拟调节器微机化以后调节系统的改变。这种 AC7B 模型,其励磁机的模型与 A 系列完全相同,但原来采用高放大倍数加励磁电压/电流软反馈的方式改为比例—积分(比例部分采用低放大倍数)加励磁电压/电流负反馈方式。

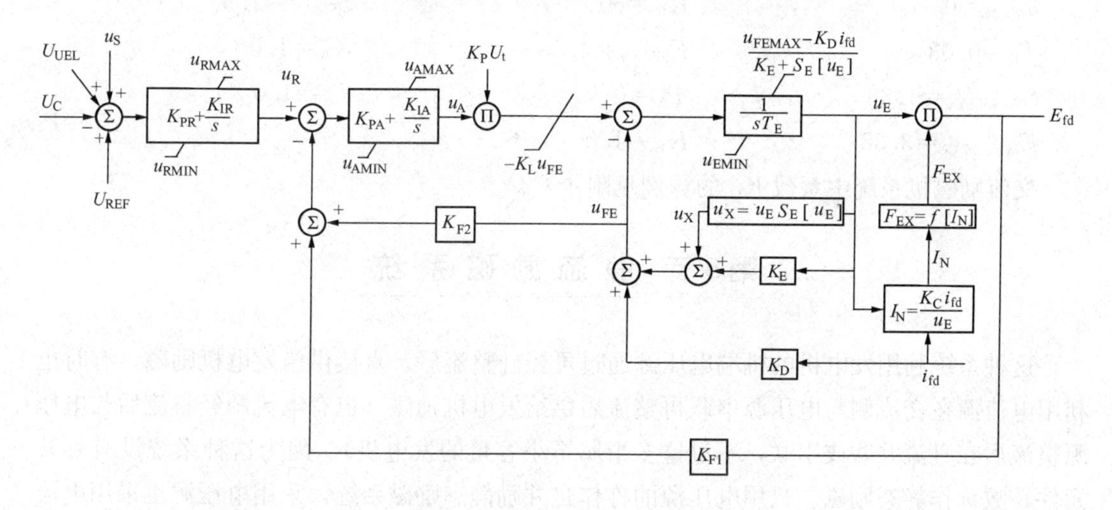

图 3.43　IEEE AC7B（自励式交流励磁机系统＋微机式调节器）

IEEE 提供的 AC7B 的典型参数如下：

$K_{IA}=59.69$　　$K_D=0.02$　　$K_{PR}=4.24$

$u_{AMAX}=1.0$　　$K_E=1.0$　　$K_{IR}=4.24$

$u_{AMIN}=-0.95$　　$K_{F1}=0.212$　　$K_{DR}=0.0$

$K_P=4.96$　　$K_{F2}=0.0$　　$T_{DR}=0.0$

$K_L=10$　　$S_{EMAX}=0.44$　　$u_{RMAX}=5.79$

$T_E=1.1$　　$u_{EMAX}=6.30$　　$u_{RMIN}=-5.79$

$u_{FEMZX}=6.9$　　$S_{E0.75MAX}=0.075$　　$K_{PA}=65.36$

$K_C=0.18$ $u_{E0.75max}=3.02$

9. IEEE AC8B（类似 AC5A 的简化模型＋微机调节器）[2]

IEEE AC8B（见图 3.44）与 AC5A 类似，励磁机采用简化的模型，但调节器采用了比例—积分—微分控制方式。

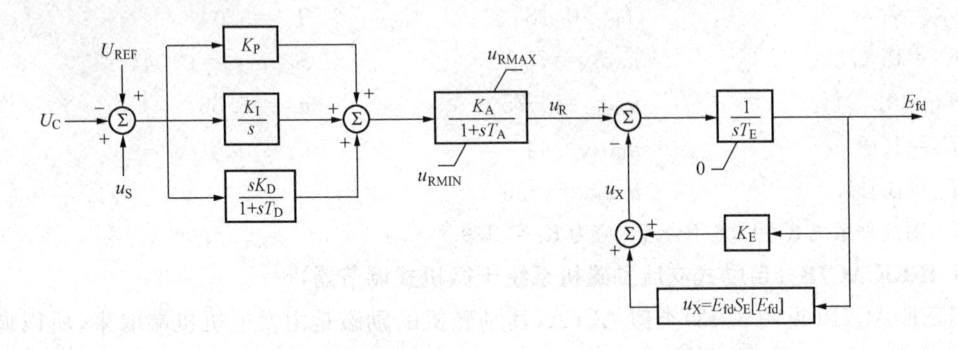

图 3.44 IEEE AC8B（类似 AC5A 的简化模型＋微机调节器）

IEEE 提供的 AC8B 的典型参数如下：

$K_P=170$ $u_{RMAX}=10$ $K_I=130$

$u_{RMIN}=0$ $K_D=60$ $S_{EMAX}=1.5$

$T_D=0.03$ $E_{fdMAX}=4.5$ $K_A=1.0$

$S_{E0.75MAX}=1.36$ $T_A=0.0$ $T_E=1.0$

$E_{fd0.75MAX}=3.38$ $K_E=1.0$

交流励磁机系统中系数 K_D 的算例见附录 C。

第5节 静态励磁系统

这种系统利用发电机的机端电压源通过可控硅整流后，直接供给发电机励磁，有时也利用电流源在交流侧与电压源串联再整流后供给发电机励磁（也有电流源经整流后与电压源整流后在直流并联或串联，不过这多半属于小容量的发电机）。因为这种系统没有旋转元件，故称作静态励磁。只用电压源的称作自并励静态励磁系统，采用电压源也采用电流源的称作自复励静态励磁系统。

1. 自并励静态励磁系统

自并励输出的直流电压可以近似表示为

$$E_{fd}=K_RU_t\cos\alpha \tag{3.102}$$

式中 K_R—— 整流变压器变比与整流系数的乘积；

U_t—— 发电机定子电压；

α—— 可控硅整流器的控制角，如果是余弦触发方式，则

$$\alpha=\arccos u_R/U_t \tag{3.103}$$

代入(3.102)得

$$E_{fd}=K_R u_R \quad (3.104)$$

式（3.104）说明，励磁电压与调节器输出是线性关系。

当然，这是指在可控硅控制角的调节范围内而言，当控制角已调到极限值时，励磁电压输出值，就与端电压成正比了。在这种系统中，整流器总是工作在外特性的第Ⅰ区段内，其换向压降 $K_C i_{fd}$ 可以归算到输出电压限幅幅值内，因此该限幅幅值分别表示为

$$U_t u_{Rmax}-K_C i_{fd} \text{ 及 } U_t u_{Rmin}-K_C i_{fd}$$

IEEE ST1A 自并励静态励磁系统数模可用图 3.45 表示。

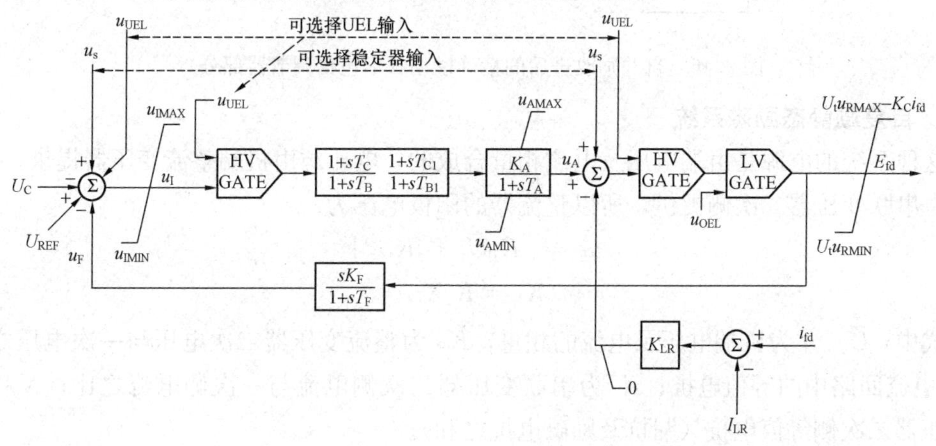

图 3.45 IEEE ST1A（自并励励磁系统）[3]

这种系统的励磁机时间常数 T_E 接近零，一般不采用励磁电压软反馈进行校正，而是采用领先—滞后校正，或称暂态放大倍数减小，但框图中两种校正都画出来了。

模型中的低励限制（u_{UEL}）可以由三个不同输入点选择一个，电力系统稳定器的输入（u_s）也可以在两个点中选其一。HV GATE 是高电位门（高通），LV GATE 是低电位门（低通），发电机励磁电流限制值是由 I_{LR} 确定的。

IEEE 给出的 ST1A 的典型参数如下：（无暂态放大倍数减小）：

$K_A=210$	$T_{B1}=0$	$K_F=0$
$T_A=0$	$u_{RMAX}=6.43$	$T_F=0$
$T_C=1.0$	$u_{RMIN}=-6.0$	$K_{LR}=4.54$
$T_B=1.0$	$K_C=0.038$	$I_{LR}=4.4$
$T_B=1.0$	$u_{IMAX}=999$	$u_{IMIN}=-999$
$T_{C1}=0$		

ST1A 另一组具有暂态增益减小的数据如下：

$K_A=190$	$T_{B1}=0$	$u_{IMIN}=-999$
$T_A=0$	$u_{RMAX}=7.8$	$K_F=0$
$T_C=1.0$	$u_{RMIN}=-6.7$	$T_F=1$
$T_B=10.0$	$K_C=0.08$	$K_{LR}=0$
$T_{C1}=0$	$u_{IMAX}=999$	$I_{LR}=0$

IEEE 自并励系统的数模是用输出电压的正负限幅与端电正成正比来模拟的，但是却忽

略了控制作用较小或扰动较小时，或励磁调节器因内部故障而“冻住”时，端电压对励磁电压的影响，因而该模型是不够精确的。图3.46为改进后的精确模型（不包括调节器部分）。

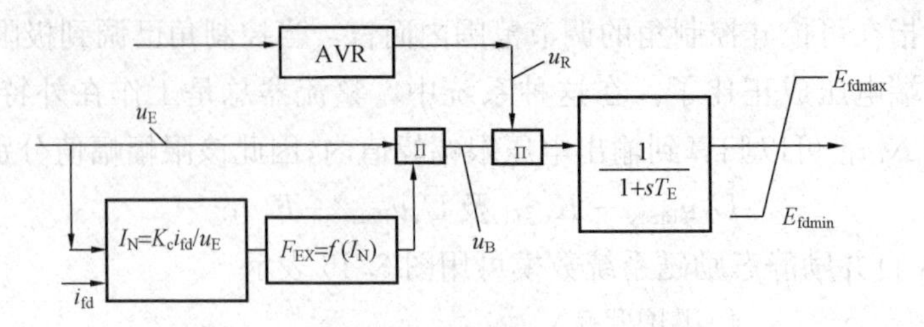

图3.46 自并励改进后的精确模型（不包括调节器部分）

2. 自复励静态励磁系统

这种系统的电源是由端电压及电流相量合成的，电压源由机端整流变压器提供，电流源是由串联变压器二次侧提供，所以整流器的阳极电压为

$$u_E = |K_P\overline{U}_t + jK_I\overline{i}_t|$$

$$K_I = K_i X_{\mu 2}$$

式中，$\overline{U}_t$、$\overline{i}_t$ 为机端电压及电流的相量；K_P 为整流变压器二次电压与一次电压之比；K_I 为电流回路中的等值电抗；K_i 为串联变压器二次侧电流与一次侧电流之比；$X_{\mu 2}$ 为串联变压器二次侧等值电抗（漏抗及励磁电抗之和）。

上述阳极电压 u_E 还应乘以 u_{sbase}/u_{fdbase} 才能放入模型（U_{sbase} 为端电压额定值），整流器外特性工作区段的变化，仍用系数 F_{EX} 计入，这时等值的换向电抗系数 K_C 为

$$K_C = K_i X_{\mu 2}\frac{Z_{sbase}}{r_{fdbase}}$$

式中，Z_{sbase} 是定子阻抗基值；r_{fdbase} 是励磁标幺系统下的励磁绕组电阻标幺值。

设 $u_B = k_R u_E F_{EX}$，K_R 为整流系数，这时整流器的输出电压为

$$E_{fd} = K_R u_E F_{EX}\cos\alpha = u_B\cos\alpha$$

IEEE在自复励静态励磁系统模型中，采用了与自并励不同的触发方式，即设

$$\alpha = \arccos u_R$$

因此自复励系统输出电压，也即发电机励磁电压为

$$E_{fd} = u_B u_R$$

式中，u_B 为扣除了换弧压降以后等效的阳极电压，于是整流器的输出电压 E_{fd} 等于阳极电压 u_B 与控制电压 u_R 的乘积，如图3.47所示（该图只画出了自复励系统中相当于励磁机的那部分，完整的框图可参见后面的IEEE模型）。

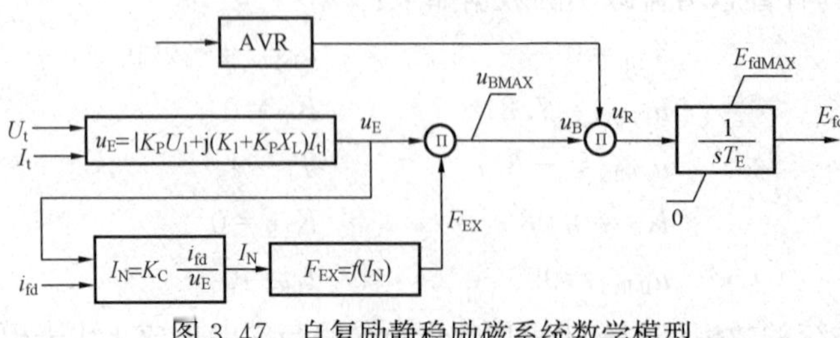

图3.47 自复励静稳励磁系统数学模型

3. IEEE ST2A（具有磁放大器或饱和电抗器的自复励静态励磁系统）

这种系统的电源是由电压及电流相量合成的，通过调节器的输出来控制饱和电抗器的饱和程度，E_{FDmax}用来模拟饱和特性，其时间常数用 T_E 来模拟，比可控硅要大很多，约在 0.6～1s 范围内，只能在小机组上应用。IEEE ST2A（具有磁放大器的自复励静态励磁系统）如图 3.48 所示。

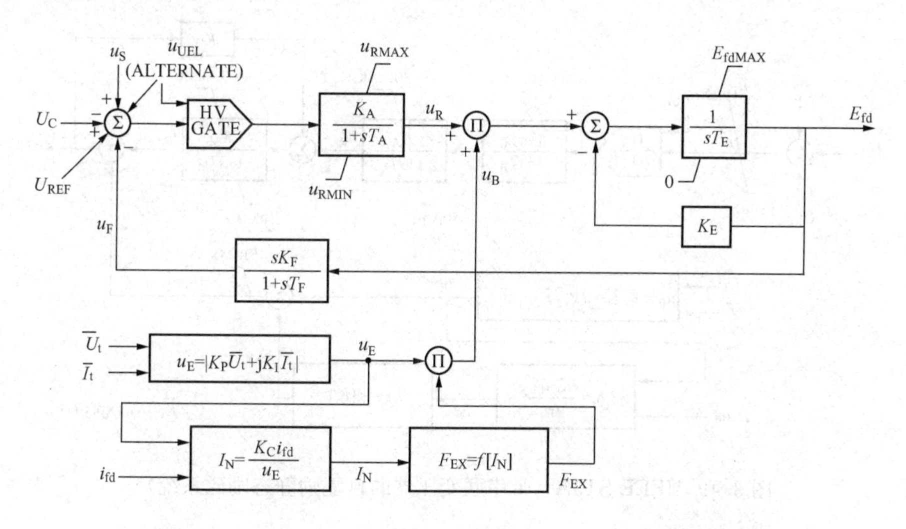

图 3.48　IEEE ST2A（具有磁放大器的自复励静态励磁系统）

IEEE 给出的 ST2A 的典型参数如下：

$T_R=0$	$u_{RMAX}=1.0$	$K_F=0.05$
$T_E=0.5$	$u_{RMIN}=0$	$K_P=4.88$
$T_A=0.15$	$K_E=1.0$	$K_I=8.0$
$T_F=1.0$	$K_A=120$	$K_C=1.82$

$E_{FDMAX}=2.75x_d^*$

* 该标准中未说明来源，实际应用中，此值可由试验或设备的技术资料中确定。

4. IEEE ST3A（带串联变压器的自复励静态励磁系统）[3]

模型中励磁电压 E_{FD}经 K_G 的反馈是用来使励磁控制特性线性化，如果可控硅整流器采用了余弦触发，则可设 $K_G=0$。它可以模拟具有串联变压器的自复励系统，也可以模拟 GE 公司生产的 GENERREX 励磁系统，作为这种系统的电压源及电流源的变压器绕组都是嵌在主发电机定子槽里面的，这种模型也可以模拟只有电压源的情况。IEEE ST3A（带串联变压器的自复励静态励磁系统如图 3.49 所示。

IEEE 提供的 ST3A 典型参数如下：

仅有电压源的模型：

$T_A=0$	$u_{IMIN}=-0.2$	$K_G=1.0$
$T_R=0$	$u_{MMAX}=1.0$	$K_M=7.93$
$T_M=0.4^*$	$u_{MMIN}=0$	$K_A=200$
$T_B=10.0$	$u_{RMAX}=10.0$	$K_P=6.15$

$T_C=1.0$	$u_{RMIN}=-10.0$	$\theta_P=0°$
$X_L=0.081$	$u_{GMAX}=5.8$	$K_I=0$
$X_{Imax}=0.2$	$E_{FDMAX}=6.9$	$K_C=0.2$

* T_M可以增至1.0以便作计算时可以用较长的步长，如0.02s。

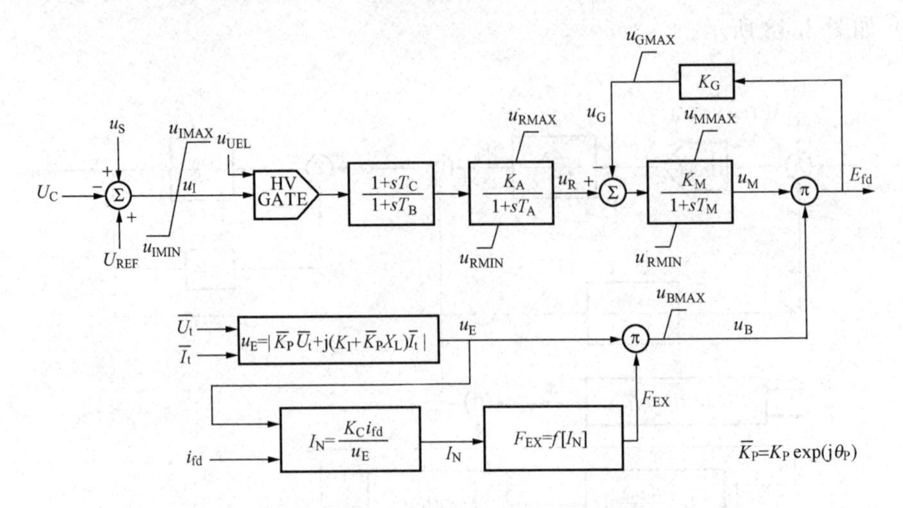

图3.49 IEEE ST3A（带串联变压器的自复励静态励磁系统）

具有电压及电流源的模型：

$T_A=0$	$u_{MIN}=-0.2$	$K_G=1.0$
$T_R=0$	$u_{MMAX}=1.0$	$K_M=7.04$
$T_M=0.4^*$	$u_{RMIN}=0$	$K_A=200$
$T_B=6.67$	$u_{RMAX}=10.0$	$K_P=4.37$
$T_C=1.0$	$u_{RMIN}=-10.0$	$\theta_P=20°$
$X_L=0.09$	$u_{GMAX}=6.53$	$K_I=4.83$
$u_{IMAX}=0.2$	$E_{FDMAX}=8.63$	$K_C=1.10$

* T_M可以增至1.0以便作计算时可以用较长的步长如0.02s。

5. IEEE ST4B（自并励、自复励及GENERREX通用模型）[2]

这是IEEE新提出来的B系列模型之一，B系列主要是为模拟微机构成的控制系统。与ST3A模型相比，主要改变在于电压控制由原来的领先—滞后方式改为比例—积分方式。另外，过励限制（OEL）用一个低压门（LV GATE）加入，而低励限制（UEL）及电压/频率（V/Hz）控制则由调节器的相加点输入，这意味着当低励限制启动后，电力系统稳定器可以继续起作用，不像以前低励动作后，就闭锁了电力系统稳定器的作用，如果只有电压源（自并励），则$X_L=0$，$K_I=0$，如果电源是电流电压合成时，$X_L\neq0$，$K_I=0$，对于GE公司的GENERREX系统$X_L=0$，$K_I\neq0$，GE公司GE EX2000电压源静态励磁（自并励）、GE EX2000电压电流源静态励磁（自复励），GE EX2000 GENERREX-PPS或者-CPS三个系列的励磁系统都可用这种模型。

IEEE提供的ST4B模型（见图3.50）典型参数如下：

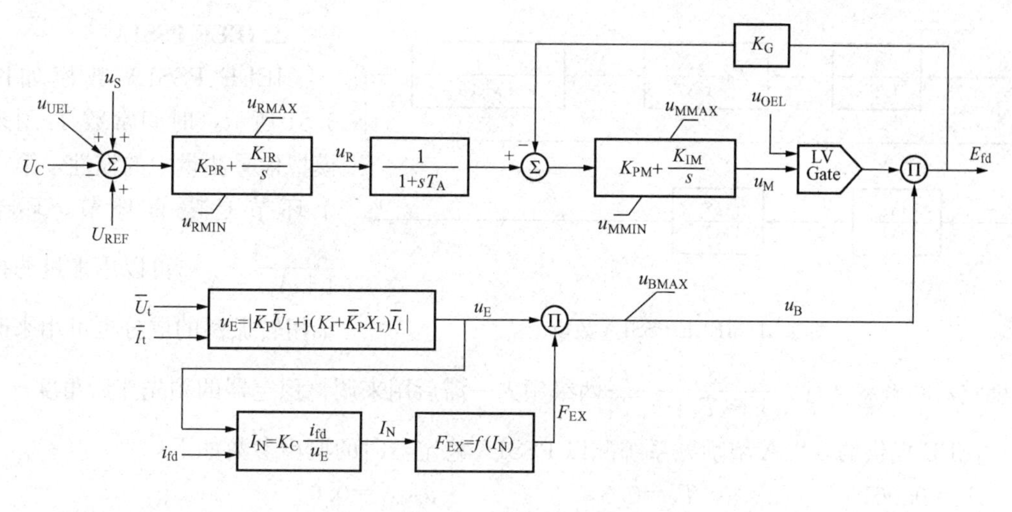

图3.50　IEEE ST4B

电压源静态励磁：

$T_R=0.0$	$K_{PM}=1.0$	$K_I=0.0$
$K_{PR}=10.75$	$K_{IM}=0.0$	$X_L=0.124^*$
$K_{IR}=10.75$	$u_{MMAX}=99$	$K_C=0.113$
$T_A=0.02$	$u_{MMIN}=-99$	$u_{BMAX}=11.63$
$u_{RMAX}=1.0$	$K_G=0.0$	
$u_{RMIN}=-0.87$	$K_P=9.3\angle 0°$	

*　此数据为参考文献[5]提供的，值得商榷，应为零。

电压源及电流源静态励磁：

$K_{PM}=0.0$	$K_I=8.8$	$K_G=1.0$
$K_{PR}=20$	$K_{IM}=14.9$	$X_L=0.0$
$K_{IR}=20$	$u_{MMAX}=1.0$	$K_C=1.8$
$T_A=0.02$	$u_{MMIN}=-0.87$	$u_{BMAX}=8.54$
$u_{RMAX}=1.0$	$u_{RMIN}=-0.87$	$K_P=5.5\angle 0°$

IEEE提供的ST4B的数据中，有的值得商榷，这主要指同时用电压源及电流源的自复励系统，由于自复励系统电源中包含了串联变压器电抗，所以它的换向电抗比起自并励要大得多，这可以从ST4B自并励$K_C=0.113$及ST4B自复励$K_C=1.8$看出来，由于这个原因，自复励系统的可控硅整流器基本上不能工作在逆变状态下，或者只能工作在很小的逆变控制角下，否则逆变状态会产生“颠覆”，也就是说自复励系统只能提供很小负向电压（这对某些工作状态下是很重要的），在模型中应反映在u_{RMIN}上，它们应该是0.0或很小的负数（如ST2A或ST3A），但IEEE给出的ST4B数据没有计入这点，在使用时应加以注意，在计算中若出现励磁电压为负值时，应修改模型中的参数。

第6节　电力系统稳定器（PSS）的数学模型

电力系统稳定器的原理将在下面几章内介绍，这里将直接介绍IEEE的数学模型。

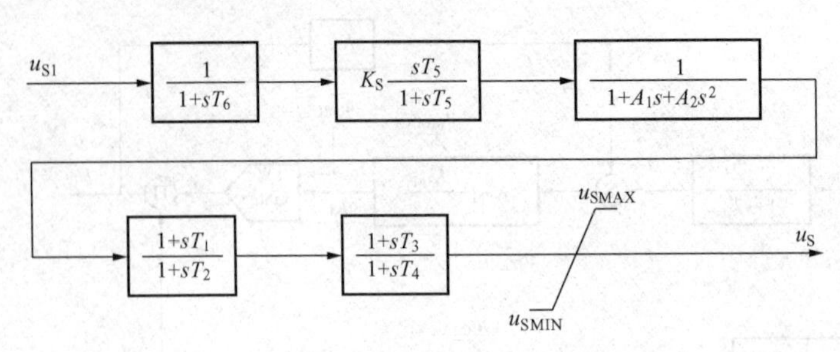

图 3.51 IEEE PSS1A 数模

1. IEEE PSS1A[1]

IEEE PSS1A 数模如图3.51所示，时间常数 T_6 用来模拟信号测量中的惯性，第二个环节是隔直环节，环节 $\dfrac{1}{1+A_1s+A_2s^2}$ 可以用来过滤掉轴扭转振荡的成分也可用来改变稳定器的频率特性，$\dfrac{1+sT_1}{1+sT_2}\dfrac{1+sT_3}{1+sT_4}$ 两级领先—滞后用来调整稳定器的领先滞后角度。

IEEE 提供的 ST3A 型励磁系统配以 PSS1A 稳定器时的典型参数如下：

$A_1=0.061$	$T_3=0.3$	$u_{SMAX}=0.05$
$A_2=0.0017$	$T_4=0.03$	$u_{SMIN}=-0.05$
$T_1=0.3$	$T_5=10$	$T_6=0$
$T_2=0.03$	$K_S=5$	u_{SI}＝转速

严格说，稳定器的参数与励磁系统、发电机及系统参数有关，上述参数可以作为快速励磁系统稳定器参数参考值，在计算中使用的参数还需根据具体条件来确定。

2. IEEE PSS2A[1]

IEEE PSS2A 数模如图3.52所示，这种模型是用来模拟一种新型的电力系统稳定器，它利用两个信号：频率或转速 u_{SI1}、电功率 u_{SI2}。将它们组合成加速功率（即原动机功率与电功率之差）的积分信号，也就是速度信号。然后再通过领先—滞后环节送入电力系统稳定器，这种稳定器有以电功率作信号的优点，易实现，噪声小，但没有电功率作信号的缺点——反调现象，因而得到普遍的采用。

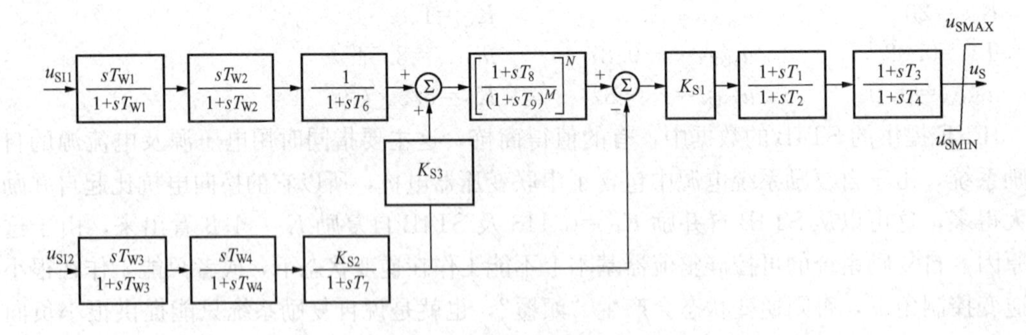

图 3.52 IEEE PSS2A 数模

IEEE 提供的在静态励磁系统上应用的 PSS2A 的典型参数如下：

u_{SI1}＝速度（标幺值）	$T_2=T_4=0.02$	$T_6=0$
u_{SI2}＝电功率（标幺值）	$T_{W1}=T_{W2}=T_{W3}=T_{W4}=10$	$T_7=10$
$K_{S1}=20$	$M=2$	$T_8=0.3$
$K_{S2}=2.26=\dfrac{K_{S1}}{2H}{}^*$	$N=4$	$T_9=0.15$

$K_{S3}=1$　　$u_{SMAX}=0.2$

$T_1=T_3=0.16$　　$u_{SMIN}=0.066$

* 原文如此，存疑。

3. IEEE PSS2B[2]

IEEE PSS2B 数模如图 3.53 所示，这种数模与 IEEE PSS2A 基本相同，只是多加一级领先—滞后环节使进行相位补偿时更具灵活性，有时也为了更好地对轴的扭转振荡进行滤波，这时设 $T_{10}=0$。另外，在速度及电功率的输入端加了两个限幅器，以限制稳定器的工作范围，限幅器的模拟对发电机的某些运行方式是颇重要的。

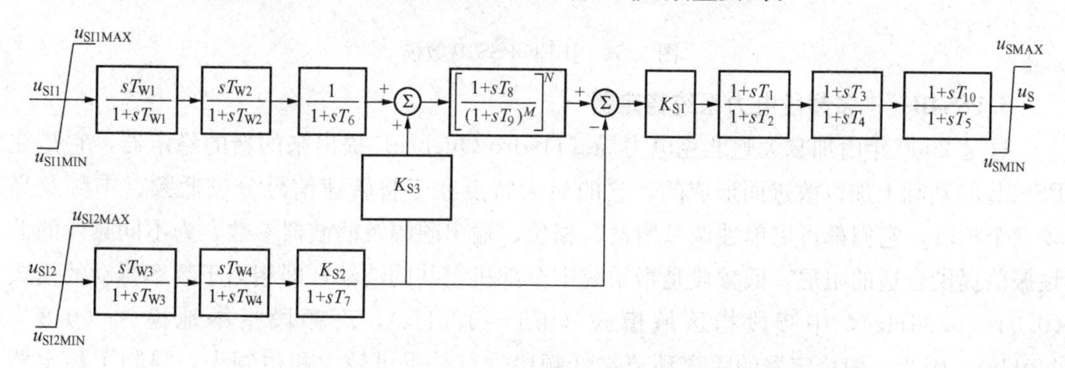

图 3.53 IEEE PSS2B 数模

IEEE 提供的在自并励静态励磁系统上应用的 PSS2B 的典型参数如下：

$K_{S1}=20.0$	$T_7=10.0$	$u_{SI1MIN}=-0.08$（标幺值）
$K_{S2}=0.99$	$T_8=0.5$	$u_{SI2MAX}=1.25$（标幺值）
$K_{S3}=1.0$	$T_9=0.1$	$u_{SI2MIN}=-1.25$（标幺值）
$T_1=0.15$	$T_{10}=0.0$	$u_{SMAX}=0.1$
$T_2=0.025$	$N=1$	$U_{SMIN}=-0.1$
$T_3=0.15$	$M=5$	$T_{W1}=T_{W2}=T_{W3}=10$
$T_4=0.02$	u_{SI1}＝速度（标幺值）	$T_{W4}=0.0$
$T_5=0.033$	u_{SI2}＝电功率（标幺值）	
$T_6=0.0$	$u_{SI1MAX}=0.08$（标幺值）	

4. IEEE PSS3B[2]

IEEE PSS3B 数模如图 3.54 所示，这是按照 ABB 公司生产的一种电力系统稳定器制定的数模，它也是采用两个信号速度及电功率，但并没有重新组合构成过剩功率信号，它可很方便地在领前于速度的角度为零至 90°之间调整，但缺点是对慢速励磁系统需要多于 90°领先角的情况下，就无能为力了。

IEEE 提供的在自并励静态励磁系统上应用的 PSS3B 的典型参数如下：

$K_{S1}=1.0$	$T_3=0.02$	u_{SI1}＝电功率（标幺值）
$K_{S2}=0.0$	$T_4=1.5$	u_{SI2}＝角速度（标幺值）

$T_1=0.02$　　　　$u_{SMAX}=0.1$

$T_2=1.5$　　　　$u_{SMIN}=-0.1$

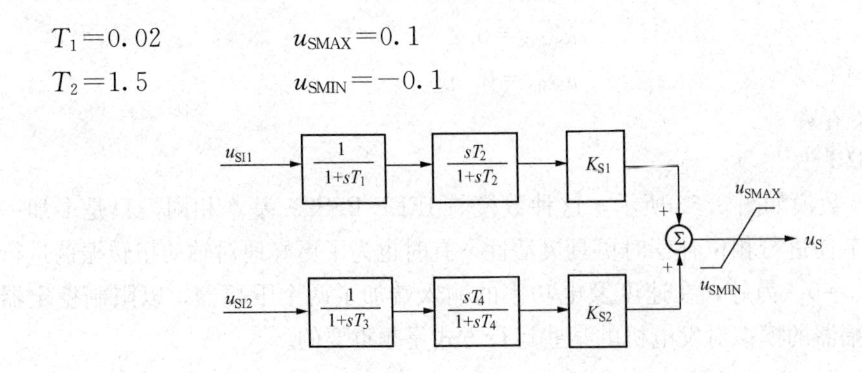

图 3.54　IEEE PSS3B 数模

5. PSS4B——多频段电力系统稳定器[7,8]

这是2000年由加拿大魁北克电力局（Hydro-Quebec）提出来的新的稳定器，它是在PSS2B的基础上加以改进而形成的。它的最大特点在于将转速信号分成低频、中频及高频三个频段，它们都可以单独调节增益、相位、输出限幅及滤波器参数，为不同频段的低频振荡提供合适的阻尼。低频段是指系统中全部机组共同波动，即相当于频率飘动的模式（0.04～0.06Hz），中频段指区域模式（0.1～1.0Hz），高频段指本地模式（0.8～4.0Hz）。因为一般稳定器的隔离环节在低频段，总是提供较大相位领先，限制了稳定器可提供的正阻尼，有时甚至提供负阻尼，而PSS4B的相位在频率为零时，可达到零。在高频段，一般稳定器的增益较大，有可能会令轴扭转振荡加剧，但PSS4B在高频段可使增益减小，有利于防止振荡。由于性能优于一般的稳定器，ABB公司已将其商品化，魁北克电力局将在其所属系统内推广。稳定器的传递函数如图3.55所示。低频及高频的信

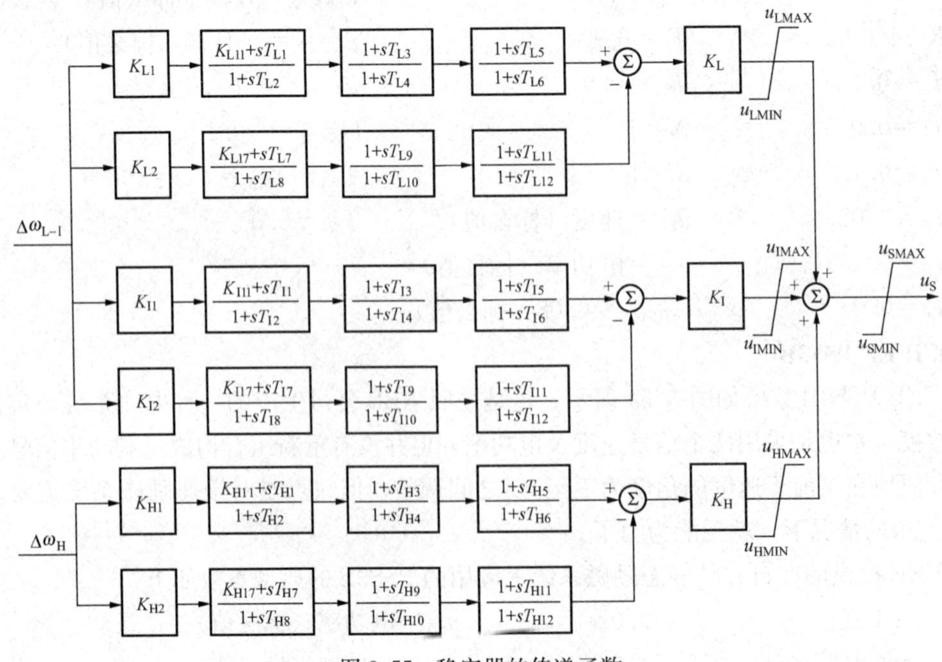

图 3.55　稳定器的传递函数

号变换器如图 3.56 所示。

以下是给出这种稳定器的一个参数实例。

低频、中频及高频滤波器的中心频率：

$F_L=0.07\text{Hz}$　　$F_I=0.7\text{Hz}$　　$F_H=8.0\text{Hz}$

其他参数可按下式计算出来，例如：

$T_{L1}=T_{L7}=1/2\pi F_L\sqrt{R}$

$T_{L1}=T_{L2}/R$

$T_{L8}=T_{L7}R$

$K_{L1}=K_{L2}=(R^2+R)/(R^2-2R+1)$

$R=1.2$

其他未列出的参数都设置为零。

$K_L=7.5$	$K_I=30.0$	$K_H=120.0$
$K_{L1}=66.0$	$K_{I1}=66.0$	$K_{H1}=66.0$
$K_{L2}=66.0$	$K_{I2}=66.0$	$K_{H2}=66.0$
$K_{L11}=1.0$	$K_{I11}=1.0$	$K_{H11}=1.0$
$K_{L17}=1.0$	$K_{I17}=1.0$	$K_{H17}=1.0$
$T_{L1}=1.730$	$T_{I1}=0.1730$	$T_{H1}=0.01513$
$T_{L2}=2.075$	$T_{I2}=0.2075$	$T_{H2}=0.01816$
$T_{L7}=2.075$	$T_{I7}=0.2075$	$T_{H7}=0.01816$
$T_{L8}=2.491$	$T_{I8}=0.2491$	$T_{H8}=0.02179$
$u_{LMAX}=+0.075$	$u_{IMAX}=+0.15$	$u_{HMAX}=+0.15$
$u_{LMIN}=-0.075$	$u_{IMIN}=-0.15$	$u_{HMIN}=-0.15$
$u_{SMAX}=+0.15$		
$u_{SMIN}=-0.15$		

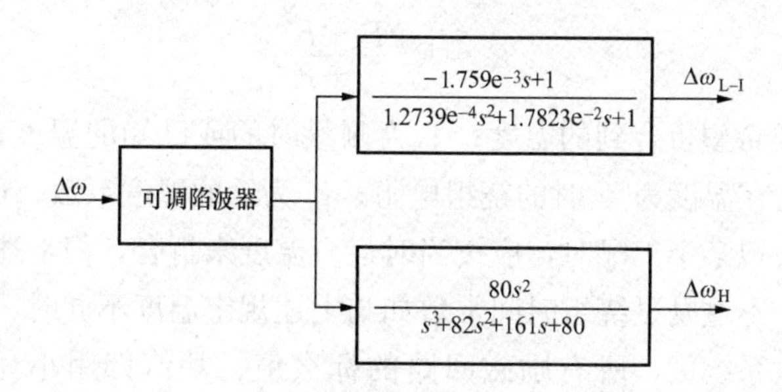

图 3.56　低频及高频的信号变换器

第 7 节　励磁系统的标幺系统及其转换

在前面一章里，已建立了同步电机基本方程式的标幺值系统，它简化了同步电机基本方程式，使得互感是互逆的，称之为同步电机 x_{ad} 可逆标幺值系统，其中定子量的基值的定义是人们熟知的，但转子量的基值定义则是特殊的，其准确定义可由第2章中查到。用以下简明实用的方法，可以求出励磁电流及电压的基值，由前一章我们已知，当定子开路的气隙线上的定子电压为额定时的励磁电流标幺值为 $1/x_{ad}$，或者说气隙线上额定定子电压对应的励磁电流安培值再乘上 x_{ad} 就等于励磁电流的基值，即

$$I_{FD0}x_{ad}/I_{fdbase}=1.0 \quad 或 \quad I_{fdbase}=I_{FD0}x_{ad} \tag{3.105}$$

式中，I_{FD0} 为同步电机空载特性气隙上对应于定子额定电压的励磁电流值。

励磁电压基值
$$U_{fdbase}=S_{base}/I_{fdbase} \tag{3.106}$$

式中，S_{base} 为同步电机三相容量伏安值

励磁绕组电阻
$$R_{fdbase}=U_{fdbase}/I_{fdbase} \tag{3.107}$$

以发电机 x_{ad} 标幺系统表示时，同步电机励磁电压及励磁绕组电阻的基值都是很大的数，因而其标幺值数值很小。例如第2章［例2-1］中，一台555MVA的同步发电机，励磁电压基值为257.18kV，其空载额定励磁电压约为1140V，其标幺值只有0.00443，励磁绕组电阻标幺值只有0.00599。如果励磁控制系统也采用上述基值，就非常不方便，一般习惯上采用另一种基值系统来定义同步电机励磁控制系统中各量的标幺值，称作同步电机励磁不可逆标幺值系统，简称励磁标幺值系统，它的基值定义为：

同步电机励磁机输出电流基值 i_{fdbase}（注意是小写）——同步电机无载特性气隙线上对应于额定定子电压的励磁机输出电流即 I_{FD0}（有名值）。

同步电机励磁机输出电压基值 u_{fdbase}——同步电机无载特性气隙线上对应于额定定子电压且励磁绕组在规定温度下的励磁机输出电压 U_{FD0}（有名值）。规定温度对汽轮发电机为100℃，对水轮发电机为75℃，因温度不同，绕组的电阻不同，励磁电压的基值也不同，当测量励磁电压时的温度不同于上述规定时，需要按变化的电阻进行折合。

同步电机励磁绕组电阻基值 r_{fdbase}——励磁绕组电阻在上述规定温度下的有名值 R_{FD} 并且有 $u_{fdbase}=i_{fdbase}r_{fdbase}$。

当测量时温度与规定的温度不同时，可按下述公式折合

$$R_s=R_t\frac{T_s+K}{T_t+K}$$

式中，T_s 为规定的或希望折合到的温度；T_t 为测量时的或已知的温度；R_s 为在温度为 T_s 时的绕组电阻；R_t 为在温度为 T_t 时的绕组电阻；K 为铜的温度系数，可取234.5。

理论上说，当模拟某个工况时，应按当时运行温度来折合，但上述规定温度已很接近大多数运行工况了。不过励磁绕组时间常数如与上述规定温度不同时，则需要折合。

注意，励磁标幺系统中，所有励磁回路的标幺值、基值都用小写字母表示，如 i_{fd}、u_{fd}、r_{fd}，而前面所述同步电机 x_{ad} 可逆系统中，转子各量的标幺值及基值都用大写字母来表示，如 I_{fd}，U_{fd}，R_{fd}，另外有名值下标都用大写字母来表示。

下面我们来建立同步电机 x_{ad} 可逆标幺值系统及同步电机励磁标幺系统之间的转换关系：

上述的发电机励磁电压标幺值 U_{fd} 与励磁机输出电压标幺值 u_{fd}，也包括 I_{fd} 与 i_{fd}，R_{fd} 与 r_{fd}，实际上是相同物理量，只不过用不同的基值进行了折算，它们的有名值是相等的，即

$$i_{fd}i_{fdbase}=I_{fd}I_{fdbase} \tag{3.108}$$

$$u_{fd}u_{fdbase} = U_{fd}U_{fdbase} \tag{3.109}$$

$$r_{fd}r_{fdbase} = R_{fd}R_{fdbase} \tag{3.110}$$

由前面两种标幺值系统基值的定义，我们已知 $I_{fdbase}=I_{FD0}x_{ad}$，而 $i_{fdbase}=I_{FD0}$，由式（3.108）可得

$$i_{fd}=\frac{I_{fdbase}}{i_{fdbase}}I_{fd}=\frac{I_{FD0}x_{ad}}{I_{FD0}}I_{fd}=x_{ad}I_{fd} \tag{3.111}$$

或

$$I_{fd}=\frac{1}{x_{ad}}i_{fd}$$

即励磁标幺系统下的励磁电流标幺值 i_{fd} 比 x_{ad} 系统下的标幺值 I_{fd} 要大 x_{ad} 倍（一个不大的数）。

由式（3.109）可知

$$u_{fd}=\frac{U_{fdbase}}{u_{fdbase}}U_{fd}=\frac{I_{fdbase}R_{fdbase}}{i_{fdbase}r_{fdbase}}U_{fd}=\frac{I_{FD0}x_{ad}}{I_{FD0}}\frac{R_{fdbase}}{r_{fdbase}}U_{fd}=x_{ad}\frac{R_{fdbase}}{r_{fdbase}}U_{fd}$$

上式中 $r_{fdbase}=R_{FD}$，R_{fdbase} 可写成 R_{FD}/R_{fd}

因此

$$u_{fd}=x_{ad}\frac{R_{fdbase}U_{fd}}{r_{fdbase}}=x_{ad}\frac{R_{FD}/R_{fd}}{R_{FD}}U_{fd}=\frac{x_{ad}}{R_{fd}}U_{fd} \tag{3.112}$$

或

$$U_{fd}=\frac{R_{fd}}{x_{ad}}u_{fd}$$

即励磁标幺系统下的励磁电压标幺值 u_{fd} 为 x_{ad} 系统下的标幺值 U_{fd} 的 x_{ad}/R_{fd} 倍（一个很大的数）。

由式（3.110）可知

$$r_{fd}=\frac{R_{fdbase}}{r_{fdbase}}R_{fd}=\frac{R_{FD}/R_{fd}}{R_{FD}}R_{fd}=1.0 \tag{3.113}$$

式（3.113）说明 r_{fd} 总是等于 1.0，不需要转换，而要知道 R_{fd}，则需要知道励磁绕组电阻值及 U_{fdbase}、I_{fdbase}，$R_{fd}=R_{FD}/(U_{fdbase}/I_{fdbase})$。

下面用一实例说明两种系统标幺值的转换。已知一台 555MVA 的发电机，无载特性气隙线上对应额定定子电压的励磁电流 $I_{FD0}=1300$A，励磁绕组电阻 $R_{FD}=0.715\Omega$（100℃），$x_{ad}=1.66$，求励磁标幺系统下 i_{fd}、u_{fd}，并将其转换到发电机 x_{ad} 标幺系统下的标幺值。

按定义

$$i_{fdbase}=1300\text{A}$$

$$r_{fdbase}=0.715\Omega$$

$$i_{fd}=\frac{I_{FD0}}{i_{fdbase}}=\frac{1300}{1300}=1.0$$

$$u_{fd}=i_{fd}r_{fd}=1.0\times\frac{R_{FD}}{r_{fdbase}}=1.0\times\frac{0.715}{0.715}=1.0$$

为了转换到发电机 x_{ad} 标幺系统，需要求出 R_{fd}

$$I_{fdbase}=I_{FD0}x_{ad}=1300\times1.66=2158\ (\text{A})$$

$$U_{fdbase}=\frac{S_{base}}{I_{fdbase}}=\frac{555\times10^6}{2158}=257.18\ (\text{kV})$$

$$R_{\text{fdbase}}=\frac{U_{\text{fdbase}}}{I_{\text{fdbase}}}=\frac{257.18\times10^3}{2158}=119.18\ (\Omega)$$

$$R_{\text{fd}}=\frac{R_{\text{FD}}}{R_{\text{fdbase}}}=\frac{0.715}{119.18}=0.005999$$

按式（3.111）

$$I_{\text{fd}}=\frac{1}{x_{\text{ad}}}i_{\text{fd}}=\frac{1.0}{1.66}=0.6024$$

按式（3.112）

$$U_{\text{fd}}=\frac{R_{\text{fd}}}{x_{\text{ad}}}u_{\text{fd}}=\frac{0.005999}{1.66}\times1.0=0.003614$$

现从另一角度检验U_{fd}的计算结果：对应于发电机空载特性气隙线上定子额定电压的励磁电压有名值$U_{\text{FD0}}=1300\times0.715=929.5\text{V}$，把它折合成$x_{\text{ad}}$标幺系统标幺值

$$U_{\text{fd}}=\frac{U_{\text{FD0}}}{U_{\text{fdbase}}}=\frac{929.5}{257.18\times10^3}=0.003614$$

结果与上面计算相同。

这里我们再一次看到，在发电机x_{ad}可逆标幺系统下，励磁电压U_{fd}是一个很小的数，励磁绕组电阻R_{fd}也是一个很小的数，而按励磁机标幺系统折算后的发电机励磁电压，电流及电阻的标幺值都等于1.0，这就是采用励磁标幺系统的优越性。要将u_{fd}转换成x_{ad}可逆系统下的励磁电压U_{fd}要乘一个很小的数$R_{\text{fd}}/x_{\text{ad}}$，这样考虑，可以帮助记忆。

在前面章节中，我们在推导交流励磁机数学模型时，由于交流励磁机本身也是一个同步电机，所以还采用了交流励磁机x_{ad}可逆标幺系统（大写字母代表）及交流励磁机励磁标幺系统（以小写字母代表），为了使读者更清楚地了解各个标幺值系统符号的意义，现将各标幺值系统中的标幺值（中心线上面）、基值（中心线下面）的符号及转换关系标在图3.57中。

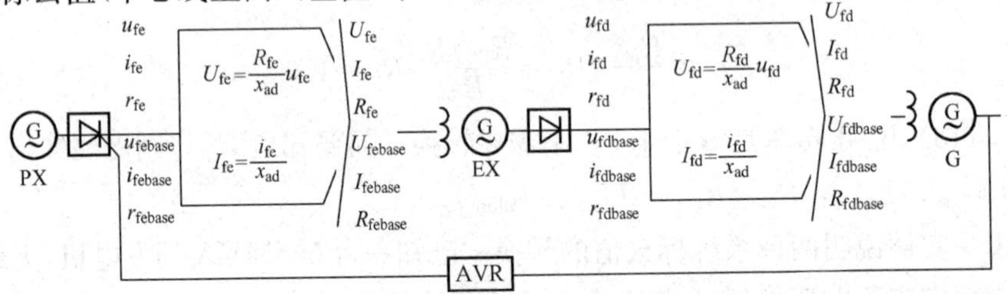

图3.57 标幺值系统图示及其转换

x_{ad}标幺系统与励磁标幺系统之间的转换，在使用ψ_{fd}、ψ_{d}、ψ_{q}表示的方程式时是必要的，但是若采用E_{fd}、E_{q}、E'_{q}等表示的方程式时，就不需要这种转换了，详见第4章第2节。

第8节 硬限幅及软限幅[1]

在IEEE的模型中，考虑两种不同的限幅：硬限幅（Windup）及软限幅（Non-windup），它们的特性是不同的，以下就积分，一阶惯性及领先—滞后三种不同的环节中硬限幅与软限幅的特性加以描述。

1. 积分环节

对于图3.59所示的软限幅，若积分器处于限幅状态，且$y=A$或$y=B$，只要它的输

入信号一改变符号（例如从增加变成减少），则积分器的输出 y 就会改变数值，也就是立刻返回线性段工作，y 与 u 只有在线性段才保持 $dy/dt=u$ 的关系，一进入限幅状态，则上述关系不继续维持，但是对于图 3.58 的硬限幅就不同了，y 与 u 的关系，不论是否进入限幅状态，始终是维持的，如果硬限幅器进入了限幅状态，而输入信号改变符号，则输出 x 不会立刻恢复 $x=y$ 的关系，一定要等到积分器反向积分使得 $y<A$，或 $y>A$，才会恢复 $x=y$ 的关系，这两种限幅器在暂态过程中的行为是不同的，当输入量由小变大，再由大变小时，两种限幅器进入限幅的过程是相同的，离开限幅的过程就不同了，软限幅返回早，而硬限幅返回晚。

2. 一阶惯性环节

硬限幅特性与积分环节中的硬限幅特性相同，变量 y 与 u 的关系不论是否进入限幅状态，始终维持惯性环节的输出—输入关系，变量 y 是不会受到限制的，如果已经进入了限幅状态，当输入减小时，不会立刻恢复 $x=y$ 的关系，要等到变量 y 返回到 $y<A$ 或 $y>B$，才能恢复 $x=y$ 的关系。

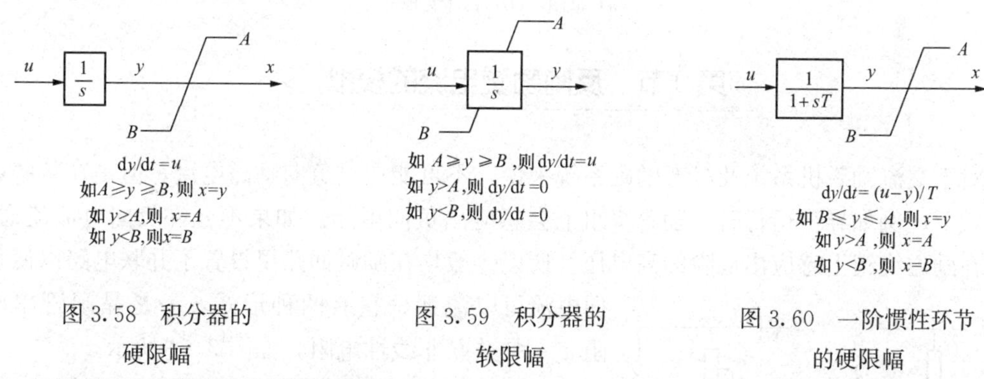

图 3.58　积分器的硬限幅

图 3.59　积分器的软限幅

图 3.60　一阶惯性环节的硬限幅

一阶惯性环节的硬限幅与软限幅（见图 3.60、图 3.61）不同，变量 y 会受到限制，变量 y 若处于限制状态，即 $y=A$，或 $y=B$，若输入变量 $u>A$（即 $u>y$，且 $f>0$），或者 $u<B$（即 $u<y$，且 $f<0$），当由限制状态返回时，只要 u 进入线性段即 $B\leqslant u\leqslant A$，则输出 x 立刻返回线性工作段，即恢复 $x=y$。

3. 领先—滞后环节

图 3.62 及图 3.63 分别表示领先—滞后环节的硬限幅及软限幅的框图及实现方式。

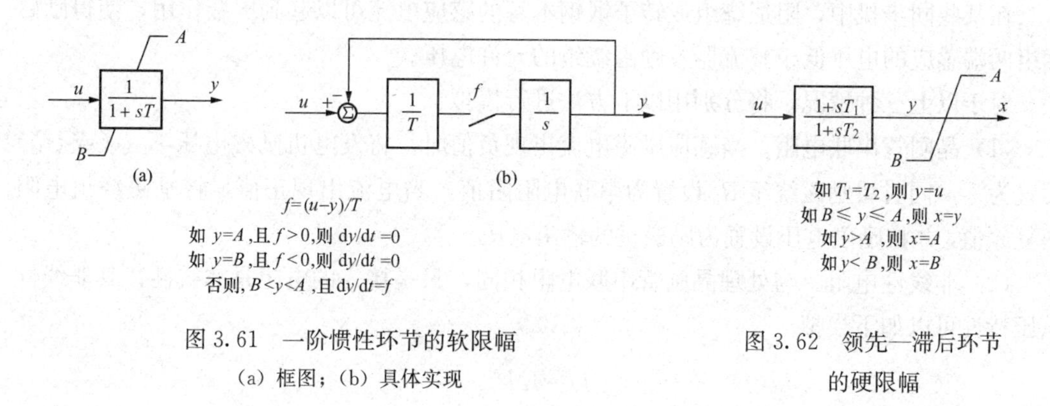

图 3.61　一阶惯性环节的软限幅
（a）框图；（b）具体实现

图 3.62　领先—滞后环节的硬限幅

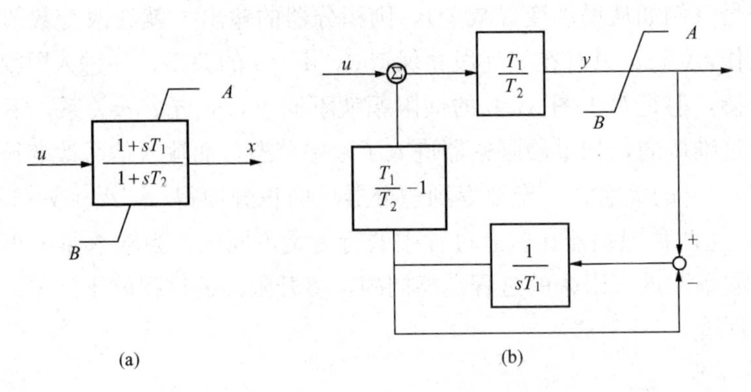

$T_2>1, T_1>0, T_2>0$
如 $y>A$，则 $x=A$
如 $y<B$，则 $x=B$
如 $A\geqslant y\geqslant B$，则 $x=y$

图 3.63 领先—滞后环节的软限幅

（a）框图；（b）具体实现

第9节 反向励磁电流的模拟[1]

对于交流励磁机系统及静态励磁系统来说，不可能通过负向励磁电流，但是在某些运行方式下，例如异步运行时，励磁绕组上会感应出负向电压。如果不允许负向电流流通，则会在励磁绕组上感应出危险的高电压。所以一般均在励磁回路里设置了并联电路以使负向电流可以流通，它有两种形式，一是晶闸管串电阻，一是并联非线性电阻，如图 3.64 所示。

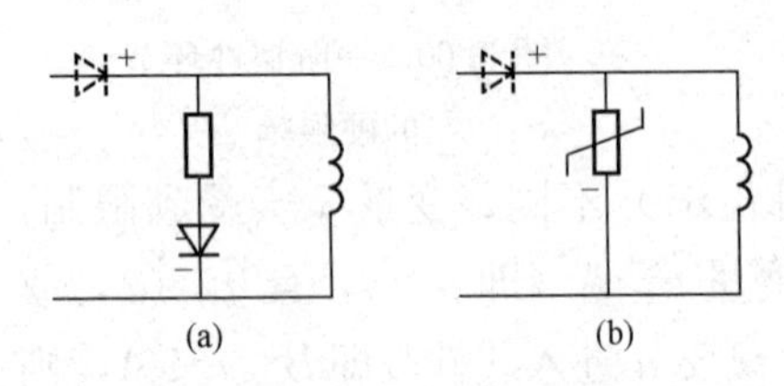

图 3.64 负向励磁电流通路

（a）晶闸管串电阻；（b）并联非线性电阻

在晶闸管串电阻回路中，若励磁绕组上感应了高电压，则晶闸管即被触发。

并联非线性电阻是固定接在绕组两端，正常时，其电阻非常大，只有极小电流通过，当电压升高时，特别是高于它的“阀电压”时，它的电阻急剧减小，这样为负向电流提供了一个通路。

在某些同步机中，阻尼绕组或转子锻钢本身的感应电流可以起到屏蔽作用，使得励磁绕组两端感应的电压低于整流器及励磁绕组的允许电压。

对于以上三种情况，将分别用以下方法进行模拟：

（1）晶闸管串联电阻。当感应励磁电流出现负值时，将发电机励磁电压 E_{FD}（或 U_{fd}）设置为零，同时将励磁绕组 R_{fd} 设置为串联电阻阻值，当电流出现正值，将励磁绕组电阻恢复原值，并将励磁电压设置为励磁机的输出电压。

（2）非线性电阻。与处理晶闸管串联电阻相同，只是接入的电阻是非线性，其非线性电压特性可以如下模拟

$$U=KI^{a}$$

如果非线性电阻是几个单片组成，并且是并联的，则

$$U=K\left(\frac{I_{\mathrm{fd}}}{n}\right)^{a}$$

式中，n 为并联的非线性电阻的数目。

因此，接入的有效电阻可以表示为

$$R_U=\frac{U}{I_{\mathrm{fd}}}=\frac{K}{n^a}I_{\mathrm{fd}}^{a-1}$$

（3）无并联支路的情况。此时假定感应的负向电流，全部是在阻尼绕组或转子钢体内，因此在产生负向电流时，可以设励磁绕组漏抗 X_{fe} 为很大的数，例如 9999.0，而当电流为正方向时，恢复原有的值，当然这时对于阻尼绕组的模拟，需要更详尽而精确的模拟。

第 10 节　小干扰下的时域及频域响应

在励磁控制系统内输入小的阶跃扰动信号后，所获得的某些输出量随时间的变化称时域响应曲线。如果输入不同频率的正弦小信号，获得的某些输出量随频率的变化称作频率响应。如果输入的信号足够小，系统可以认为是线性的，它主要的用途是拟合或校验励磁控制系统的参数或特性，也可以作为励磁控制系统的动态性能的指标及调整励磁控制系统参数以获得良好动态性能的指导。

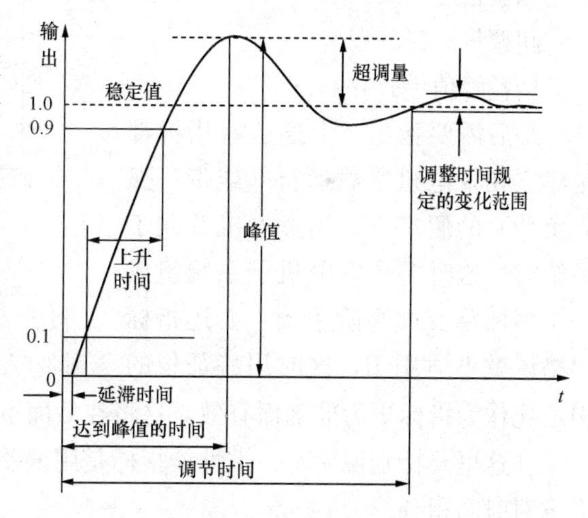

图 3.65　反馈控制系统对小阶跃输入的时域响应

图 3.65 表示反馈控制系统对小阶跃输入的时域响应，各项动态指标的含义已在图上标出，其中受控系统主要的指标为上升时间、超调量和调节时间这三项。调整参数的目的，就是要使这三项指标都最小，但是它们之间存在着互相矛盾的情况，例如增加电压调节器的放大倍数可以减小上升时间，使系统有快速的响应，但是这将增加超调量及调节时间，所以参数调整只能在上述指标之间取得平衡或折中。一般说 5%～15%超调量可以满足要求。

图 3.66 为发电机空载时，励磁控制系统开环频率特性，其中主要的几个指标为：

（1）低频增益 G：数值越大表明维持电压的精度越高。

（2）穿越频率 ω_{c}：数值越大表明系统的响应越快。

（3）相位裕度 ϕ_{m}：数值越大表明系统的稳定裕度越大。

（4）增益裕度 G_{m}：数值越大表明系统的稳定裕度越大。

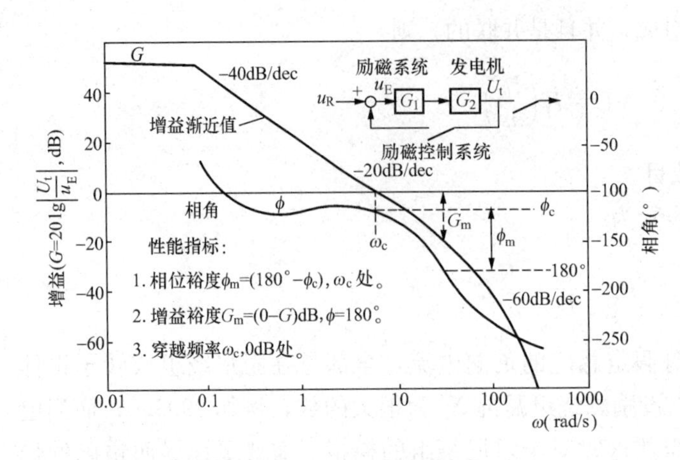

图 3.66 发电机空载时，励磁控制系统开环频率特性

图 3.67 表示发电机空载时，励磁控制系统闭环频率特性，其中主要的指标为：

(1) 频带宽度 ω_B：数值越大表示响应越快。

(2) 增益峰值 M_P：数值越大，表示稳定裕度越大。

从图 3.66 可以看到，当一个指标改善时，可能使其他指标变坏，例如，调节器放大倍数 K_A 增大将使幅值频率特性向上移动，这就增加低频放大倍数和穿越频率，这可改善系统快速性和提高电压维持的精度，但它同时减少了相位裕度及增益裕度，通常为获得满意的控制效果，其各项指标如下：

幅值裕度≥6dB

相位裕度≥40°

超调量=5%～15%

增益峰值=1.1～1.6

最后需要指出，上述这些指标都是建立在发电机空载运行（或带一孤立负荷）的假定下，当发电机并联于系统时，这时多个发电机子系统组成一个多回路反馈高阶系统，上述指标严格说就不适用了，这时用特征根的阻尼比作为指标更为准确而有效，这将在后面章节中详述。

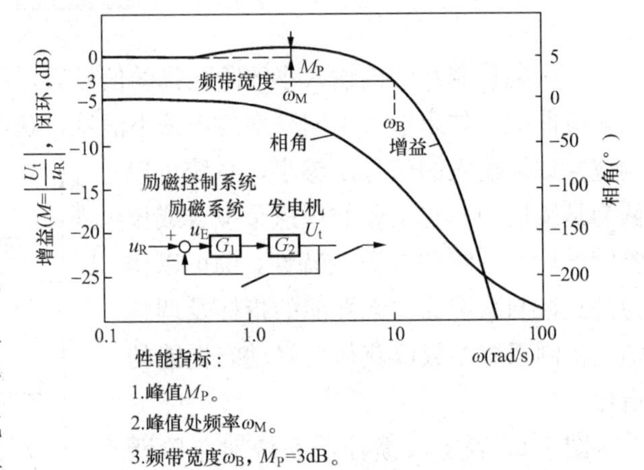

图 3.67 发电机空载时，励磁控制系统闭环频率特性

在这里要特别说明有一类性能指标是用偏差量对时间积分的大小表示的，例如偏差的平方对时间积分

$$J=\frac{1}{2}\int_0^{\infty}(q_1\Delta x_1^2+q_2\Delta x_2^2+q_3\Delta x_3^2+r\Delta u^2)\mathrm{d}t$$

式中，J 为性能指标，是一个标量，控制的目标可以是 J 最小或 J 小于某个数；x_1、x_2、x_3 分别为控制对象的状态变量；u 为控制变量，q_1、q_2、q_3、r 为对相应变量在性能指标中的权系数。但是如果采用的控制策略，把衡量性能指标的权系数等同于对各个变量的控制强度去设计控制器，则取决于被控对象的特殊要求，这几个权系数可能相差极大，例如 $q_1=1$，$q_2=100$，$q_3=5000$，$R=1$，则控制变量 u 在性能指标中，几乎可以忽略，则可能设计出来的控制出现控制变量在振荡，而上述变量偏差平方对时间积分，即性能指标仍能满足要求，就造成了错觉，以为性能满足要求，其实由于控制变量出现振荡，这已经是不

稳定的控制了。由此可见，作为衡量动态性能的权系数应该较为均衡，相差太大，可能会误导对结果的判断。

第 11 节　励磁控制系统参数测试及建模

电力系统规划及运行方式的制定，主要是依靠计算机模拟及分析，目前先进的计算机软件，可以进行非常详尽，非常复杂的动态元件（包括各种各样的非线性）的模拟。但是要使得模拟计算重现系统发生事故的过程，对于本门学科来说还是一项挑战，其中电力系统四大参数（包括发电机、负荷、励磁控制系统及调速器系统）的数学模型的建立及参数测试就需要大量的长期的努力，像美国西部联合电力系统（WECC）早在 20 世纪 60～70 年代就已经采用了详细的发电机的模型（包括励磁系统及调速器），并且进行了大量的测量及实证工作，但 1996 年发生的两次大停电事故，促使他们决定对所有的发电机及控制系统参数进行了全面的重测及校验。有关现场的测试方法，参数及数模的实证需要另一专著加以介绍。本书只就励磁控制系统参数测量及建模中的要点作一简述，其中有的方法也可以应用到调速器的建模中。

1. 测量及建模的步骤

(1) 收集及检查已有的数据。已有的数据，包括制造厂提供的数据（线路图、说明书等），也包括过去试验的结果。

(2) 选择对应的模型框图。按已有的典型数模，选择一适应的框图，其中包括把实际设备的框图作一定变化，如合并串联及并联的环节，消去小的闭环，相加点前移或后移等框图的变化，以使模拟对象更符合典型的模型。

(3) 制订试验计划。要提出试验的目的、试验的方法、试验的条件、所需的仪器设备及安全措施等。

(4) 进行试验。主要是时域和频域响应试验，可分别在发电机静态、空载和负载下进行测试。确定励磁控制系统的数学模型及参数，包括非线性环节的模型及参数。

(5) 校核及拟合模型及参数。将测得的时域或频域响应作为目标，并用拟合或测量出来的参数代入计算机模型中作相应的时域或频域响应计算，将上述两种响应作比较，若有不同，则改变参数，直到误差小于一定的范围，这项工作最好能在现场进行。

(6) 对现场人员进行培训。这一步甚为重要，这是使得整定好的参数能适应日后的运行工况的保证，要使电厂人员能定期检查整定的参数，报告运行特性是否满足要求，如确定需要改变，在有关单位的参与及配合下，重新调整参数。

2. 框图的变换及等值

在考察励磁控制系统的实际线路图后，可以构成实际系统的框图，但这个框图不一定能完全符合软件附带的典型框图，这时可以试用下面所列的六条规则将框图加以变换以达到与典型框图一致，这六条规则为：①环节的串联；②环节的并联；③反馈的等效；④分岔点的移动；⑤相加点移动；⑥相加点互换。

3. 微分软反馈及小时间常数环节的等效

在励磁控制系统中，特别是交流及直流励磁机系统中，经常使用一种并联校正，即励磁电压或电流的微分软反馈，如果不掌握软反馈所包围的环节（即前向传递函数）的参数，但确定其中放大倍数很高（一般情况下都能满足），则根据第4章励磁系统动态校正一节的证明，整个软反馈所包括的所有环节，不论前向传递函数多复杂，只要有较大的放大倍数，就等值为反馈环节传递函数的倒数$\frac{1+T_{F}s}{K_{F}s}=\frac{T_{F}}{K_{F}}+\frac{1}{K_{F}s}$，也就是说，变成一个比例一积分环节了。换句话说在模拟这种励磁系统时，要求微分软反馈的参数K_{F}、T_{F}的准确性大于前向传递函数。当然作了以上的简化，还需要同时域的响应进行校核。

在励磁系统常常存在着一些小的时间常数环节的串联，例如测量环节、滤波环节等，并且总有励磁机、发电机这样一些大惯性环节与之串联，这些小惯性环节可以用一个等效的一阶惯性环节来等值，其时间常数等于所有小惯性环节时间常数之和。

如果只有一个小的时间常数，且小于0.01s的话，可以略去，这也使得产生数值计算不稳定的可能性减小。

4. 过电流限制的处理

励磁机励磁电流限制，如采用反馈与定值比较的方法来限制，可以变换为励磁机输出限幅来模拟，详见本章第4节。

5. 测量仪器及信号的转换

在测量频率响应时，最基本的仪器就是频谱仪，将其连接到要测系统的输入及输出端，它可以计算并显示出所需的相频及幅频特性。

试验中要记录的信号有的可以直接连接到记录仪上，如调节器的输出量等，有的量如轴转速、转子电压等需要经过变换、滤波或放大，以获得适合测量且不失真的信号。

第12节 辨识技术的应用

系统辨识是现代控制理论中的一个分支，它是一种从系统的输入输出数据中测算系统数学模型或模型中参数的理论及方法。这里只介绍在电力系统现场调试中，已被采用的两种方法。

1. 采用伪随机信号（PRBS）及快速傅里叶变换（FFT）的信号分析法

频谱仪将伪随机信号（PRBS）送入实际系统，利用计算机内傅里叶变换软件，对系统的输入输出信号进行分析，就可以计算出系统的频率响应。这种方法大大地改进了频率特性的测试方法，其主要优点是：

（1）利用计算机分析、计算频率响应数据，节省人力。

（2）输入伪随机信号，比输入不同频率的正弦信号引起的干扰要小，对系统正常运行影响小。这点对电力系统是很重要的。

（3）采用伪随机信号可以节省测试时间。采用伪随机信号及快速傅里叶变换测算发电机的频率响应特性的过程如图3.68所示。

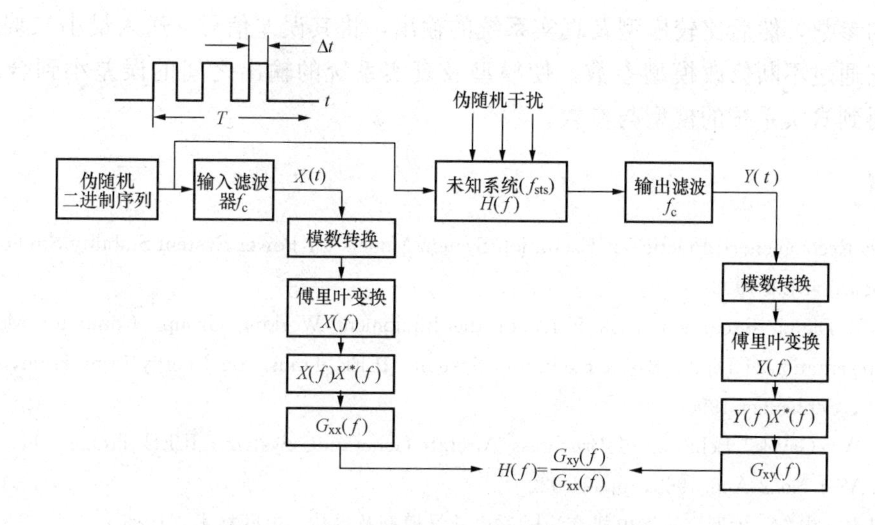

图 3.68　采用伪随机信号及快速傅里叶变换测算发电机的频率特性

图 3.68 中，伪随机二进制信号的周期为 T，最小时钟宽度为 Δt，在周期 T 中，有 N 个时钟脉冲，这个信号通过具有阻断频率为 f_c 的低通输入滤波器，而未经滤波的信号送入一个估计频带宽为 f_s 的未知系统。滤波后的输入信号 $X(t)$ 及通过滤波器的输出信号 $Y(t)$，分别经过模/数转换器，将信号转换成数字量，送入信号处理仪，利用其中的快速傅里叶变换软件将时域的输入信号 $X(t)$、$Y(t)$ 转换为频域信号 $X(f)$、$Y(f)$，就可以得到未知系统的频率响应为

$$H(f)=\frac{G_{xy}(f)}{G_{xx}(f)}$$

其中 $Y(f)$ 及 $X(f)$ 分别为 $Y(t)$ 及 $X(t)$ 的傅里叶变换，$X^*(f)$ 为 $X(f)$ 的共轭复数，而 $G_{xx}(f)$ 称作 $X(t)$ 的自功率谱，可如下计算

$$G_{xx}(f)=X(f)X^*(f)$$

$G_{xy}(f)$ 称作 $X(t)$ 的互功率谱，可如下计算

$$G_{xy}(f)=Y(f)X^*(f)$$

上述的这些计算是用数字计算机或微处理机及相应的软件来完成的，为了完成上述计算，需要事先给定一些参数，如伪随机信号周期 T、滤波器阻断频率 f_c、模—数转换取样频率 f_{samp} 等。

目前已生产出多种组合式的信号处理仪，包括伪随信号发生器、小型数字机、显示器及 x—y 绘图仪等，因此测得的结果可以很快画出频率响应来。

2. 最小二乘法

最小二乘法估算参数如图 3.69 所示。

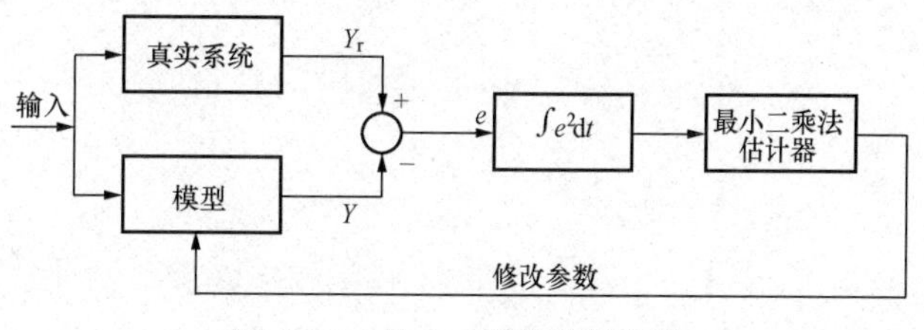

图 3.69　最小二乘法估算参数

在真实系统及模型输入端，送入同样的信号，模型传递函数的结构一般是已知的。先初步给

定模型的参数，然后比较模型及真实系统的输出，将其误差信号 e 送入最小二乘法估计器中，它通过不断修改模型参数，使模型及真实系统的输出之间的误差小到合理的程度，就得到真实系统的模型与参数。

参考文献

[1] IEEE Recommended Practice of Excitation System Models for Power System Stability Studies. IEEE Standard 421.5 1992

[2] IEEE Digital Excitation Task Force of the Equipment Working Group. Computer Models for Representation of Digital-Based Excitation System. IEEE Trans. on Energy Conversion，Vol. 11，No. 3，September 1996

[3] H. W. Gayek. Behavior of Brushless Aircraft Generating System. IEEE Trans. On Airspace，Vol. AS-1 No. 2 Aug. 1963，pp594-622

[4] 方思立，朱方. 大型汽轮发电机交流励磁机数学模型及参数. 电网技术，1986

[5] American National Standard. General Requirements for Synchronous Machines IEEE Std. C50. 10-1990

[6] 沈善德. 用最小二乘法估计同步电机参数. 清华大学科学报告，1984

[7] I. Kamwa，R. Grondin，and G. Trudel. IEEE PSS2B Versus PSS4B：The Limits of Performance of Modern Power System Stabilizers. IEEE Trans. on Power System，Vol. 20，No. 2，May 2005

[8] R. Grondin，I. Kamwa，G. Trudel，J. Taborda，R. Lenstroem，L. Gerin-Lajoie，J. P. Gingras，M. Racine，and H. Baumberger. The multi-band PSS：A flexible technology designed to meet opening markets. Proc. CIGRÉ2000，Paris，France. Paper 39-201

[9] IEEE Recommended Practice of Excitation System Models for Power System Stability Studies. IEEE Standard 421.5/D15 2005

[10] 金纪曾. 交流励磁机数学模型的改进及不同励磁系统对稳定性的影响：[硕士论文]. 杭州：浙江大学，1987

[11] IEEE Committe Report. Computer Representation of Exctiation Systems. IEEE Trans. on Power Apparatus and Systems，Vol. PAS-87 NO. 6，PP. 1460-1464，June，1968

[12] IEEE Committee Report. Excitation System Models for Power System Stability Studies. [R]，IEEE Trans. Vol. PAS-100，PP. 494-509，February 1981

[13] 励磁系统数学模型专家组. 计算电力系统稳定用励磁系统数学模型. 中国电机工程学报 [J]，1991.5

[14] 刘增煌，吴中习，周泽昕. 电力系统稳定计算用励磁系统数学模型库. 电网技术，1994.3

第4章

小干扰稳定性与励磁控制

这一章讨论功角稳定性中的小干扰稳定性与发电机励磁控制对它的作用。由于励磁控制对提高稳定性的潜在效益及科技内涵，从而吸引了众多的学者投入研究，发表的文献可说是浩如烟海。大致上说，对这个课题的研究有两种不同的切入点，美国的学者是从励磁控制影响系统动态特性或者说影响低频振荡这一点切入，苏联学者是从励磁控制影响小干扰稳定功率极限着手，本章将两个方面结合在一起，对于励磁控制与稳定性的作用的机理作了详细剖析，着重说明提高小干扰稳定功率极限与防止低频振荡是一个问题的两个方面，但是对于采用传统的电压调节器却是互相矛盾的两个方面。多年来科学工作者追求的理想境界就是要使稳定极限达到最高而又不产生低频振荡。因而在原有的电压调节器基础上，提出的动态校正装置（又称暂态增益减小 Transient Gain Reduction-TGR）、强力式调节器、电力系统稳定器等（Power System Stabilizer-PSS），可以说都是为了达到上述目标。本章先介绍动态校正包括比例—积分—微分（PID）、领前—滞后，以及转子电压软反馈等控制方式的原理、设计方法及效益，接着介绍俄罗斯（包括苏联）电力工作者在采用强力式励磁调节器提高小干扰稳定性方面的成就。关于电力系统稳定器将在下章作详细介绍。

本章主要讨论单机无穷大系统，它相当于大型发电厂通过长输电线向大系统送电的情况，其中所涉及的基本概念也可以应用到多机的实际电力系统中。由于这时系统的线性化模型阶数不高，利用经典控制理论进行解析分析，可得出有用的结果，便于应用。

第1节 理想功率极限

现讨论发电机经线路与无穷大母线相联的情况，单机无穷大系统接线图如图 4.1 所示，并认为无穷大母线即发电机机端，设 $x_{de}=x_l+x_d$，$x'_{de}=x_l+x'_d$，$x_{qe}=x_l+x_q$，$r_e=r_l+r$，外电抗及电阻为 x_l 及 r_l，而 δ 为无穷大母线电压 U 与 E_q 之间夹角，发电机相量图如图 4.2 所示。

如果略去变压器电动势$\frac{d}{dt}\Psi_d$、$\frac{d}{dt}\Psi_q$ 对应的定子电流中的直流分量，发电机输送到无穷大母线的功率为

$$P_e=i_d u_d+i_q u_q \tag{4.1}$$

u_d、u_q 是电压 U 的 d、q 轴分量，它们分别为

$$u_d=E_d+x_{qe}i_q-r_e i_d \tag{4.2}$$

$$u_q = E_q - x_{de} i_d - r_e i_q \tag{4.3}$$

因为现在研究的是稳态运行点上微小的、缓慢的变动，所以阻尼绕组中的电流可以认为等于零，也就是 $E_d=0$。由式（4.2）、式（4.3）可得

$$i_d = \frac{-u_d r_e + (E_q - u_q) x_{qe}}{r_e^2 + x_{de} x_{qe}} \tag{4.4}$$

$$i_q = \frac{(E_q - u_q) r_e + u_d x_{de}}{r_e^2 + x_{de} x_{qe}} \tag{4.5}$$

将 i_d、i_q 的表达式代入式（2.19）

$$P_e = \frac{u_d(-u_d r_e + E_q x_{qe} - u_q x_{qe}) + u_q(E_q r_e - u_q r_e + u_d x_{de})}{r_e^2 + x_{de} x_{qe}}$$

$$= \frac{E_q(u_q r_e + u_d x_{qe}) - (u_d^2 + u_q^2) r_e + u_d u_q (x_{de} - x_{qe})}{r_e^2 + x_{de} x_{qe}} \tag{4.6}$$

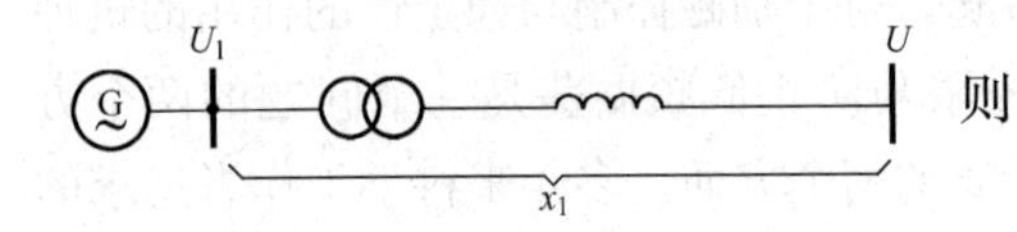

图 4.1 单机无穷大系统接线图

因 δ 角为电压 U 与 q 轴之间夹角（见图 4.2）则

$$u_q = U\cos\delta \tag{4.7}$$

$$u_d = U\sin\delta \tag{4.8}$$

因而

$$u_d^2 + u_q^2 = U^2 \tag{4.9}$$

且

$$u_d u_q = U^2 \cos\delta \sin\delta = \frac{1}{2} U^2 \sin 2\delta \tag{4.10}$$

将式(4.9)、式(4.10)代入式(4.6)

$$P_e = \frac{E_q U (r_e \cos\delta + x_{qe} \sin\delta) - U^2 r_e + \frac{1}{2} U^2 (x_{de} - x_{qe}) \sin 2\delta}{r_e^2 + x_{de} x_{qe}}$$

如果我们认为串联的电阻很小，可以忽略，则

$$P_e = \frac{E_q U}{x_{de}} \sin\delta + \frac{U^2}{2} \frac{x_{de} - x_{qe}}{x_{de} x_{qe}} \sin 2\delta \tag{4.11}$$

式（4.11）中后面一项即是反应功率，它是由发电机 d、q 轴不对称引起的。可以看出，即使发电机未励磁时，它仍然存在。

水轮发电机的功率也可以用 E'_q 来表示。同样，我们可以略去阻尼绕组的作用，即 $x'_{qe} = x_{qe}$、$E_d = 0$，$r = 0$，由下面两式

$$u_q = E'_q - x'_{de} i_d \tag{4.12}$$

$$u_d = x'_{qe} i_q = x_{qe} i_q \tag{4.13}$$

可得

$$i_d = \frac{E'_q - u_q}{x'_{de}} \tag{4.14}$$

$$i_q = \frac{u_d}{x_{qe}} \tag{4.15}$$

代入 $P_e = i_d u_d + i_q u_q$ 得

$$P_e = i_d u_d + i_q u_q = \frac{(E'_q - u_q) u_d}{x'_{de}} + \frac{u_d u_q}{x_{qe}} = \frac{U E'_q}{x'_{de}} \sin\delta - \frac{1}{2} \frac{x_q - x'_d}{x_{qe} x'_{de}} U^2 \sin 2\delta \tag{4.16}$$

式（4.11）是以与励磁电流成正比的电动势 E_q（$E_q=x_{ad}I_{fd}$）来表示功率，式（4.16）是以与励磁绕组磁链成正比的电动势 E'_q（$E'_q=\frac{x_{ad}}{X_{ffd}}\Psi_{fd}$）来表示功率，这两种表示方法都计入了同步电机的凸极效应。

类似地，以端电压 U_t 表示的功率并计入凸极效应，可以近似为

$$P_e=\frac{U_tU}{x_l}\sin\delta-\frac{1}{2}U^2\frac{x_q}{x_l(x_q+x_l)}\sin2\delta \tag{4.17}$$

输送功率也可以用假想电动势 E_Q、E_i 及发电机端电压 U_t 来表示。

输送到无穷大母线的功率以标幺值表示为

$$P_e=UI\cos\phi$$

由图 4.2 可见

$$I(x_q+x_l)\cos\phi=E_Q\sin\delta$$

代入上式

$$P_e=\frac{E_QU}{x_q+x_l}\sin\delta \tag{4.18}$$

同样，若以 E'_i 表示，则

$$P_e=\frac{E'_iU}{x'_d+x_l}\sin\delta_i \tag{4.19}$$

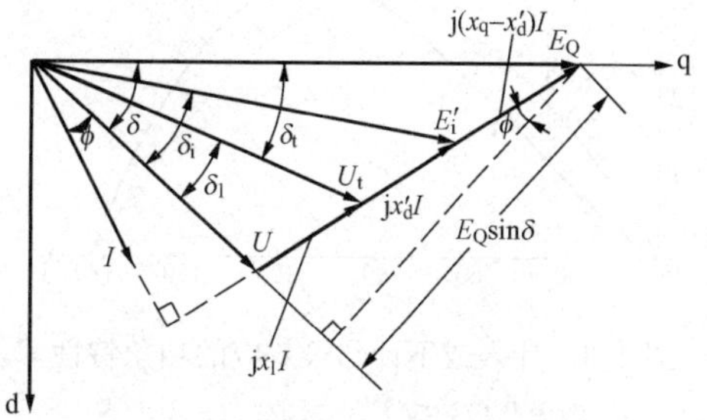

图 4.2　发电机相量图

以 U_t 表示，则

$$P_e=\frac{U_tU}{x_l}\sin\delta_l \tag{4.20}$$

上面三种功率表达式相当于略去了发电机的凸极效应，注意，其中功率角都是该电动势或电压与无穷大电压之间的相角。

现在我们从具体实例来比较不计凸极效应的影响，也就是比较式（4.16）及式（4.19）的差别。

设 $U=1.0\angle0°$，$I=1.0\angle-24.5°$，$x_d=1.15$，$x'_d=0.37$，$x_q=0.75$，$x'_q=0.75$，$x_l=0$，按式（4.16）及式（4.19）计算发电机的输出功率

$$E_Q=U+jx_qI=1.0\angle0°+j0.75\times1.0\angle-24.5°=1.48\angle27.5°$$

$$i_q=I\cos(\varphi+\delta)=I\cos(24.5°+27.5°)=1.0\cos 52°=0.616$$

$$i_d=I\sin(\phi+\delta)=I\sin 52°=0.788$$

$$E'_q=E_Q-(x_q-x'_d)i_d=1.48-0.38\times0.788=1.18$$

$$E'_i=U+jx'_dI=1.0\angle0°+j0.37\times1.0\angle-24.5°$$

$$=1.0\angle0°+0.37\angle65.5°=1.15+j0.34=1.2\angle16.3°$$

考虑凸极效应时

$$P_e=\frac{E'_qU}{x'_d}\sin\delta-U^2\frac{x_q-x'_d}{2x'_dx_q}\sin2\delta=\frac{1.18\times1.0}{0.37}\sin\delta-\frac{1.0^2\times0.38}{2\times0.37\times0.75}\sin2\delta$$

$$= 3.18\sin\delta - 0.68\sin2\delta = 3.18\sin27.5° - 0.68\sin55° = 0.907$$

不考虑凸极效应时

$$P_e = \frac{E_i'U}{x_d'}\sin\delta_i = \frac{1.2\times1.0}{0.37}\sin\delta_i = 3.24\sin\delta_i = 3.24\sin16.3° = 0.909$$

图4.3为计入或不计凸极效应的功角特性。按上述两种曲线在三相短路时的极限切除时间分别为0.212s及0.211s，也就是说是否计入凸极效应差别不大。实际上，当经过一段线路与无穷大母线相连时，这两种表达式的差别就会更小。

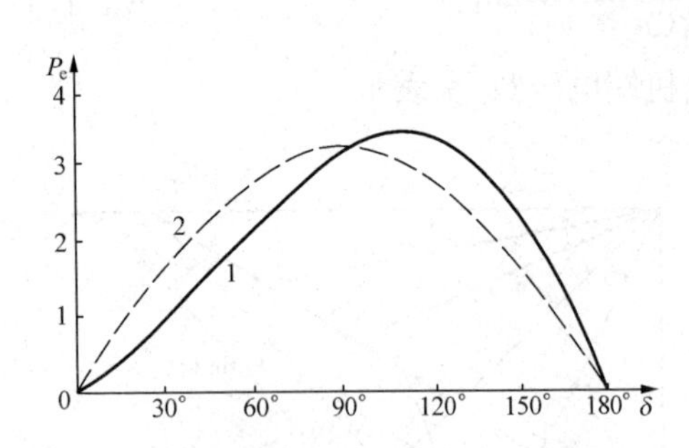

图4.3 计入或不计凸极效应的功角特性

1—考虑凸极效应 E_q'=常数；2—不考虑凸极效应 E_i'=常数

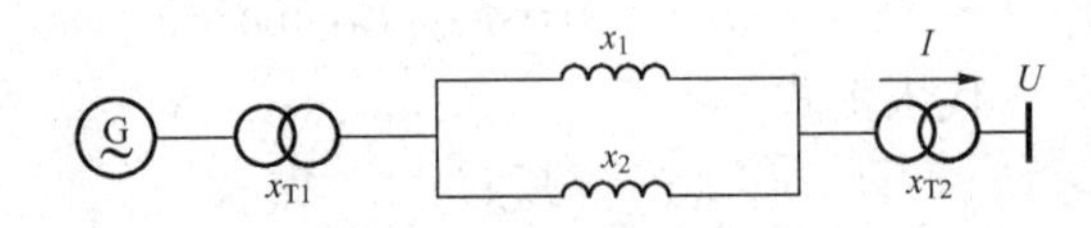

图4.4 单机无穷大电力系统

($U=1.0\angle0°$，$I=0.4\angle0°$)

现在我们以图4.4所示的单机无穷大电力系统为例，计算 E_q、E_i' 或 U_t 为常数时功率的最大值。设无穷大母线电压、电流为：$U=1.0\angle0°$，$I=0.4\angle0°$，$x_d=x_q=1.8$，$x'_d=0.4$，$x_{T1}=0.122$，$x_{T2}=0.26$，$x_1=x_2=1.3$，$x_l=\frac{1}{2}\times1.3+0.26+0.122=1.032$。

$$E_q = U + jI(x_q + x_l) = 1.0\angle0° + j(1.8 + 1.032)\times0.4\angle0° = 1.5\angle48.5°$$

$$E_i' = U + j(x_d' + x_l)I = 1.0\angle0° + j(0.4 + 1.032)\times0.4\angle0° = 1.15\angle29.8°$$

$$U_t = U + jx_lI = 1.0\angle0° + j1.032\times0.4\angle0° = 1.08\angle22.4°$$

故以 E_q 为常数时的功率最大值

$$P_{emax}=\frac{E_qU}{x_q+x_l}=\frac{1.5\times1.0}{1.8+1.032}=\frac{1.5}{2.832}=0.529 \qquad (当\ \delta=90°)$$

以 E_i' 为常数时的功率最大值

$$P_{emax}=\frac{E_i'U}{x_d'+x_l}=\frac{1.15\times1.0}{0.4+1.032}=\frac{1.15}{1.432}=0.8 \qquad (当\ \delta'=90°)$$

以 U_t 为常数时的功率最大值

$$P_{emax}=\frac{U_tU}{x_l}=\frac{1.08\times1.0}{1.032}=1.046 \qquad (当\ \delta_l=90°)$$

由上面三式可见，当保持端电压不变时，功率曲线的最大值将大大高于保持 E_q 不变（也就是励磁电流不变）的最大值（当然为保持端电压不变，其电动势 E_q 将大大高于初始状态之值），另外 $\delta>\delta'>\delta_l$，所以当保持端电压不变时，发电机功角值也将大于90°，上述三种情况的功角特性如图4.5所示。

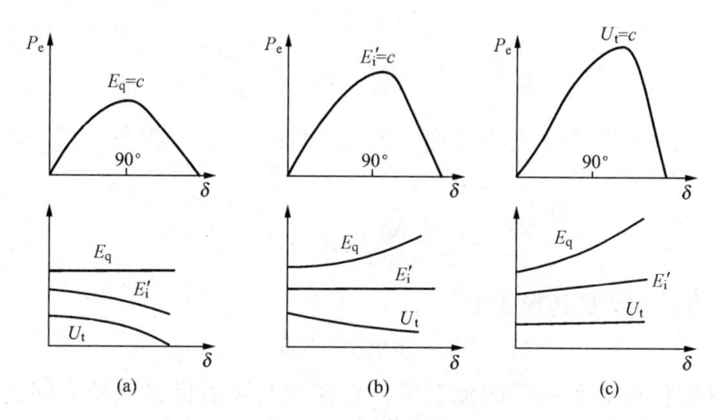

图 4.5　三种情况下的功角特性（$U=c$）

(a) E_q 为常数，$P_e=f(\delta)$ 曲线；(b) E_i' 为常数，$P_e=f(\delta)$ 曲线；

(c) U_t 为常数，$P_e=f(\delta)$ 曲线

第 2 节　无自动电压调节时的稳定判据

发电机一般均与一定外部电抗相联，而且在过励下运行（E_q 较大），转子不对称（$x_d\neq x_q$）造成的反应式功率较小，所以可以近似略去它，这样以 E_q 表示的功率为

$$P_e=\frac{E_qU}{x_{de}}\sin\delta \tag{4.21}$$

式（4.21）中只有 E_q 及 δ 为变数，所以式（4.21）的偏差方程为

$$\Delta P_e=S_{Eq}\Delta\delta+R_{Eq}\Delta E_q \tag{4.22}$$

其中

$$S_{Eq}=\frac{\partial P_e}{\partial \delta}\bigg|_{E_q=c}=\frac{E_qU}{x_{de}}\cos\delta \tag{4.23}$$

$$R_{Eq}=\frac{\partial P_e}{\partial E_q}\bigg|_{\delta=c}=\frac{U}{x_{de}}\sin\delta \tag{4.24}$$

另外，以 E_q' 表达的功率为

$$P_e=\frac{E_q'U}{x_{de}'}\sin\delta-\frac{1}{2}\times\frac{x_{qe}-x_{de}'}{x_{qe}x_{de}'}U^2\sin2\delta \tag{4.25}$$

同样可得偏差方程为

$$\Delta P_e=S_{E'q}\Delta\delta+R_{E'q}\Delta E_q' \tag{4.26}$$

其中

$$S_{E'q}=\frac{\partial P_e}{\partial\delta}\bigg|_{E'q=c}=\frac{E'_qU}{x_{de}'}\cos\delta-\frac{U^2(x_{qe}-x_{de}')}{x_{qe}x_{de}'}\cos2\delta \tag{4.27}$$

$$R_{E'q}=\frac{\partial P_e}{\partial E_q'}\bigg|_{\delta=c}=\frac{U}{x_{de}'}\sin\delta \tag{4.28}$$

由转子运动方程式，略去阻尼系数 D，并认为 $\omega_0=1$，得

$$\Delta M=T_J\frac{d^2\delta}{dt^2} \tag{4.29}$$

因小干扰稳定是研究在稳态下的运行，可以认为 $\omega=1$，则功率的标幺值与转矩标幺值相

等，即
$$\Delta P=\Delta M \tag{4.30}$$
式（4.29）变为
$$\Delta M=\Delta P=P_{\mathrm{m}}-P_{\mathrm{e}}=T_{\mathrm{J}}\frac{\mathrm{d}^2}{\mathrm{d}t^2}\delta \tag{4.31}$$
P_{m} 为原动机输入功率，现考虑它不改变，即 P_{m} 的偏差 ΔP_{m} 为零，式（4.31）的偏差方程为
$$T_{\mathrm{J}}\frac{\mathrm{d}^2\Delta\delta}{\mathrm{d}t^2}+\Delta P_{\mathrm{e}}=0 \tag{4.32}$$
发电机励磁电压方程式的最初形式为
$$U_{\mathrm{fd}}=p\Psi_{\mathrm{fd}}+I_{\mathrm{fd}}R_{\mathrm{fd}}$$
式中 U_{fd} 是 x_{ad} 可逆标幺值系统下的标幺值，现在要与励磁标幺系统下的励磁机输出电压 u_{fd} 接口，按式（3.112），U_{fd} 转换成 u_{fd}，需乘以 $x_{\mathrm{ad}}/R_{\mathrm{fd}}$
$$u_{\mathrm{fd}}=\frac{x_{\mathrm{ad}}}{R_{\mathrm{fd}}}U_{\mathrm{fd}}=\frac{x_{\mathrm{ad}}}{R_{\mathrm{fd}}}p\Psi_{\mathrm{fd}}+\frac{x_{\mathrm{ad}}}{R_{\mathrm{fd}}}R_{\mathrm{fd}}I_{\mathrm{fd}}$$
右边第一项
$$\frac{x_{\mathrm{ad}}}{R_{\mathrm{fd}}}p\Psi_{\mathrm{fd}}=\frac{x_{\mathrm{ad}}}{x_{\mathrm{fd}}}\frac{x_{\mathrm{fd}}}{R_{\mathrm{fd}}}p\Psi_{\mathrm{fd}}=T'_{\mathrm{d0}}p\frac{x_{\mathrm{ad}}}{x_{\mathrm{fd}}}\Psi_{\mathrm{fd}}=T'_{\mathrm{d0}}pE'_{\mathrm{q}}$$
右边第二项
$$x_{\mathrm{ad}}I_{\mathrm{fd}}=E_{\mathrm{q}}$$
x_{ad} 标幺系统下的 I_{fd} 转换到励磁标幺系统下的 i_{fd} 要乘以 x_{ad}，$I_{\mathrm{fd}}x_{\mathrm{ad}}=E_{\mathrm{q}}=i_{\mathrm{fd}}$，即 E_{q} 相当于励磁标幺系统下的电流 i_{fd}。

左边的 $\frac{x_{\mathrm{ad}}}{R_{\mathrm{fd}}}U_{\mathrm{fd}}$ 即为 E_{fd}，前面已说明它相当于与励磁电压 U_{fd} 对应的无载电动势，但是这里我们看到它同时又相当于以励磁标幺系统表示的励磁输出电压 u_{fd}，即
$$E_{\mathrm{fd}}=\frac{x_{\mathrm{ad}}}{R_{\mathrm{fd}}}U_{\mathrm{fd}}=u_{\mathrm{fd}} \tag{4.33}$$
换句话说，如果发电机励磁电压用 E_{fd} 来表示的话，就可以直接与励磁机输出电压接口了，这时励磁回路电压方程式具有通常使用的形式 $E_{\mathrm{fd}}=T'_{\mathrm{d0}}\frac{\mathrm{d}E'_{\mathrm{q}}}{\mathrm{d}t}+E_{\mathrm{q}}$，但其中 E_{fd} 及 E_{q} 都增加了新的含义。

现在先不考虑电压调节器，因此 $\Delta E_{\mathrm{fd}}=0$，其偏差方程为
$$\Delta E_{\mathrm{q}}+T'_{\mathrm{d0}}\frac{\mathrm{d}\Delta E'_{\mathrm{q}}}{\mathrm{d}t}=0 \tag{4.34}$$
式（4.22）、式（4.26）、式（4.32）、式（4.34）集中在一起为
$$\Delta P_{\mathrm{e}}=S_{E\mathrm{q}}\Delta\delta+R_{E\mathrm{q}}\Delta E_{\mathrm{q}}$$
$$\Delta P_{\mathrm{e}}=S_{E'\mathrm{q}}\Delta\delta+R_{E'\mathrm{q}}\Delta E'_{\mathrm{q}}$$
$$T_{\mathrm{J}}\frac{\mathrm{d}^2\Delta\delta}{\mathrm{d}t^2}+\Delta P_{\mathrm{e}}=0$$
$$\Delta E_{\mathrm{q}}+T'_{\mathrm{d0}}\frac{\mathrm{d}\Delta E'_{\mathrm{q}}}{\mathrm{d}t}=0$$

上述四个方程，包含四个变量，而且是线性微分方程，所以可以求解出 $\Delta\delta=f(t)$ 曲线，以判断 $\Delta\delta$ 是否随时间而增长，也就是系统是否稳定。但按照劳斯—古尔维茨判据，我

们只需要判断其特征方程式的根的实部是否小于零，就可以判断是否稳定（《具有励磁调节器的发电机静态稳定性》是中国最早用这种方法分析电力系统稳定性的文献，作者杨昌琪）。

假定系统的特征方程是一个 s 的多项式

$$a_0 s^n + a_1 s^{n-1} + \cdots + a_{n-1} s + a_n = 0$$

式中的系数是实数，一个具有实系数的 s 多项式，总可以分解成线性的和二次因子，即 $(s+a)$ 和 (s^2+bs+c) 的乘积，式中 a、b、c 都是实数，线性因子给出的是实根（无虚数），而二次因子给出的是多项式的复根（包含虚数），只有当 b、c 都是正值时，因子 (s^2+bs+c) 才能给出具有负实部的根，为了所有根都是负实部，所有因子中的常数 a、b、c 都必须是正值，任意一个包含正系数的线性因子及二次因子的乘积，必须是一个具有正系数的多项式，所以所有系数都是保证系统稳定的必要但非充分的条件。

根据上述结论，若特征方程式的常数项为负，则线性因子的 a 或二次因子中的 c，必定有一个是负数，若 a 为负数就必定有一个正实数的根，若 c 为负数，则它对应的两个根

$$\lambda_{1,2} = (-b \pm \sqrt{b^2 - 4c})/2$$

其中根号内是一个正数且大于 b，所以也必定有一个正实数根（无虚数），只要出现一个正实数根，就代表系统是以滑行形式失步。

保证系统稳定的充分条件除了特征方程所有系数为正值之外，还需要根据一定规则建立的劳斯阵列中第一列中各项都具有正号[2]。

由式（4.22）、式（4.26）、式（4.32）、式（4.34）四个方程，可得系统的特征方程

$$T_J T'_d s^3 + T_J s^2 + T'_d S_{E'q} s + S_{Eq} = 0 \tag{4.35}$$

其中 $s = \dfrac{d}{dt}$，T'_d 为定子短路，励磁绕组时间常数。

$$T'_d = T'_{d0} \frac{x'_{de}}{x_{de}} \tag{4.36}$$

系统若是稳定，必须满足下面两个条件：

(1) 所有各项系数大于零。因式（4.35）中第一、二项系数恒大于零，即要求

$$S_{E'q} > 0 \tag{4.37}$$

$$S_{Eq} > 0 \tag{4.38}$$

(2) 下列不等式成立

$$\frac{a_1 a_2 - a_0 a_3}{a_1} = \frac{T_J T'_d S_{E'q} - T_J T'_d S_{Eq}}{T_J} > 0 \tag{4.39}$$

即

$$S_{E'q} - S_{Eq} > 0 \tag{4.40}$$

由图 4.6 可见，随着 δ 的增加，$S_{E'q}$、S_{Eq} 都逐渐减小，S_{Eq}先过零，在 $S_{E'q}=0$ 以前，$S_{E'q} - S_{Eq} > 0$ 的条件都能满足；所以，判断系统稳定的条件是

$$S_{Eq} > 0 \tag{4.41}$$

也即

$$S_{Eq} = \frac{dp}{d\delta} > 0 \tag{4.42}$$

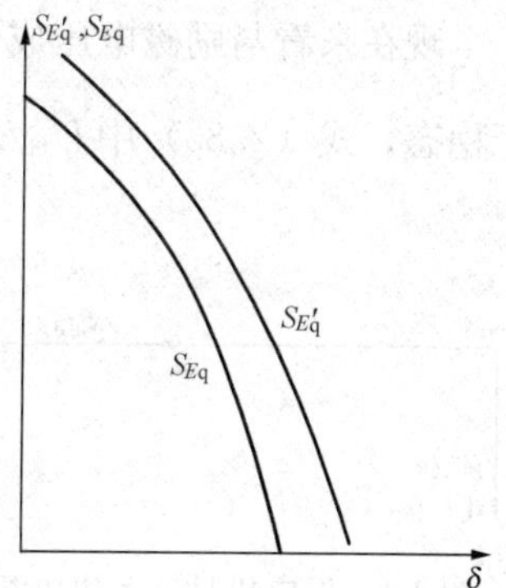

图 4.6　$S_{E'q}$、S_{Eq} 随 δ 的变化

$\frac{dp}{d\delta}$亦称同步转矩系数。如果略去发电机的凸极效应，当 $\delta=90°$时，$\frac{dp}{d\delta}=0$ 也就是小干扰稳定的最大角度 $\delta_{max}=90°$。

上面的分析表明，无电压调节器时，发电机小干扰稳定判据为

$$\frac{dp}{d\delta}>0 \tag{4.43}$$

第 3 节　人工稳定区、线路功率极限、有自动电压调节器的稳定判据

事实上，发电机都装有电压调节器以维持发电机机端电压在一定的范围之内。当一台与系统相连发电机电压降低时，经过电压调节器的作用，发电机输出无功功率增加，能够使发电机电压回升至某一低于初始额定值的数值，若系统电压不断降低，这形成了一条发电机无功负荷外特性曲线，如图 4.7 所示。该特性的斜率即称为电压调差系数，其定义为

$$\varepsilon\%=\frac{\Delta U_t}{\Delta I_R}\times 100\% \tag{4.44}$$

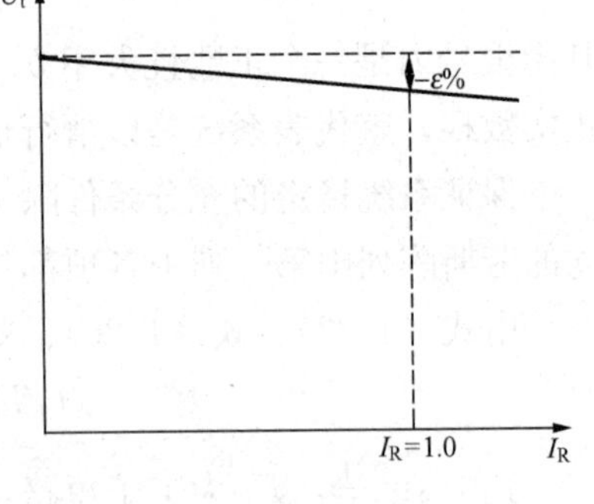

图 4.7　发电机无功负荷外特性曲线

ΔU_t 及 ΔI_R 分别为发电机端电压及无功电流的偏差值，一般用标幺值表示。当 $\Delta I_R=1.0$ 时

$$\varepsilon\%=\frac{U_{t0}-U_t}{U_{t0}}\times 100\% \tag{4.45}$$

式中，U_{t0}为额定电压；U_t 为无功电流等于额定电流时的电压。

因此时发电机只带无功负荷，$\delta=0$，故 $u_d=U_t\sin\delta=0$，$u_q=U_t\cos\delta=U_t$，则 U_t 即在 q 轴上，发电机电流完全是无功电流，滞后 U_t 90°，所以 I_R 即在 d 轴上，$I_R=i_d$。发电机只带无功功率时相量图如图 4.8 所示。

因为处于稳态，阻尼绕组中电流都等于零，故有

$$u_q=U_t=\Psi_d=I_{fd}x_{ad}-x_d i_d=E_q-x_d i_d \tag{4.46}$$

现在来看与励磁电压成正比的无载电动势 E_{fd}，按式（2.85）$E_{fd}=\frac{x_{ad}}{R_{fd}}U_{fd}$，因此时处于稳态，式（2.85）中 $U_{fd}/R_{fd}=I_{fd}$，因此

$$E_{fd}=x_{ad}I_{fd}=E_q \tag{4.47}$$

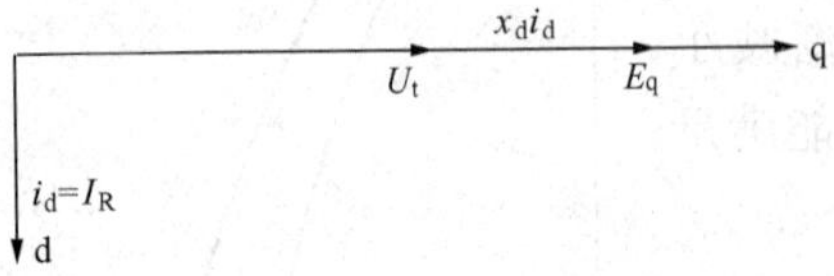

图 4.8　发电机只带无功功率时相量图

将式（4.47）代入式（4.46）则得

$$U_t=E_{fd}-x_d i_d \tag{4.48}$$

改成偏差形式

$$\Delta U_t=\Delta E_{fd}-x_d\Delta i_d \tag{4.49}$$

由前一节我们已知，如果用 E_{fd}来表示发电机励磁电压的话，它就可以直接与励磁机的输出电压接口，即

$$E_{fd}=\frac{x_{ad}}{R_{fd}}U_{fd}=u_{fd}$$

其中U_{fd}为x_{ad}可逆标幺系统下的励磁电压标幺值，u_{fd}为励磁标幺系统下的励磁电压标幺值，也就是说式（4.49）中的ΔE_{fd}可以用Δu_{fd}代替，由励磁控制系统来看，Δu_{fd}就是励磁机的输出电压偏差，而它的输入量的偏差就是ΔU_t，因为现在是考察稳态，所以输出与输入的关系，就是一个简单的比例关系，这个比例系数称为放大倍数K_A，即

$$\Delta u_{fd}=\Delta E_{fd}=-K_A\Delta U_t \tag{4.50}$$

其中负号表示是负反馈，而放大倍数

$$K_A=\Delta u_{fd}/\Delta U_t \tag{4.51}$$

式（4.51）中Δu_{fd}是标幺值，按照励磁机标幺系统的定义，Δu_{fd}的基值等于励磁机空载特性气隙线上对应额定端电压的励磁电压，ΔU_t基值等于发电机定子额定电压。

将式（4.50）代入式（4.49）得

$$\Delta U_t=-K_A\Delta U_t-x_d\Delta i_d \tag{4.52}$$

已知$i_d=I_R$，则式（4.52）可变成

$$\frac{\Delta U_t}{\Delta I_R}\times 100\%=\varepsilon\%=-\frac{x_d}{1+K_A} \tag{4.53}$$

至此我们得到了调差系数与放大倍数的关系，一般K_A都比较大，式（4.53）中分母1可以略去。因此可得出调差系数是与x_d/K_A相等的结论。当K_A增大时，发电机电压调差减小，维持发电机机端电压的能力增强。由下面的分析我们将看到，增大电压放大倍数K_A，对于小干扰稳定有着重要的作用（对系统遭受大干扰以后的行为的影响也很大）。

现在来分析发电机电压改变后的功率特性。图4.9所示发电机电动势E_q不同时的功率特性，当E_q增大时，功率特性幅值成正比增大，但是最大值对应角度$\delta_{max}=90°$不变。

现在假设，随着功率的增加、功角的加大产生的机端电压下降，经过电压调节器的作用，使励磁电流增大，与之成正比的电动势E_q就会不断增大，并保持发电机电压恒定。因此随着角度的增大，工作点将会由一条E_q为常数的曲线转移到另一条E_q为常数的曲线，于是形成了图示U_t为常数的功角曲线称为"外功率特性"。

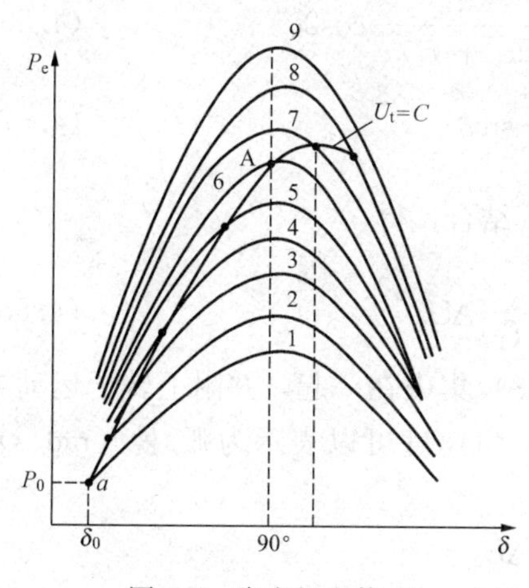

图4.9　发电机电势E_q不同时的功率特性

1，2，…，9—E_{q1}，E_{q2}，…，E_{q9}；$E_{q1}<E_{q2}<\cdots<E_{q9}$

因$P_e=\dfrac{E_qU}{x_d}\sin\delta$，当$E_q$的增大比$\sin\delta$的降低还大时，功角特性在$\delta>90°$以后仍具有上升的特性，也就是说，当有电压调节时，发电机可以在$\delta>90°$的情况下保持稳定并且功率最大值P_{emax}也增大了。这就是所谓的人工稳定区（也称条件稳定区）。$\delta<90°$的区域称作"自然稳定区"。值得注意的是$\delta=90°$时，$U_t=$常数的功角特性上的A点，苏联文献上称之为 内功率极限[1]，它相当于发

电机功率非常缓慢地增加，用手调保持发电机电压恒定所能达到的最大极限功率。该值虽然比 U_t=常数的功角特性曲线上的 P_{emax} 要小，但是比无电压调节器时稳定极限大多了。

进一步可以看到，当电压的调节作用越强，也就是电压放大倍数 K_A 越大时，维持电机端电压的能力就越强，调差就越小。例如，$x_d=1.0$ 时，$K_A=100$，$\varepsilon\%=1.0/(100+1)\approx1\%$，如果 K_A 进一步增大，可以近似认为端电压不变，也就是说，功率可用下式表示

$$P_e=\frac{U_tU}{x_l}\sin\delta_l$$

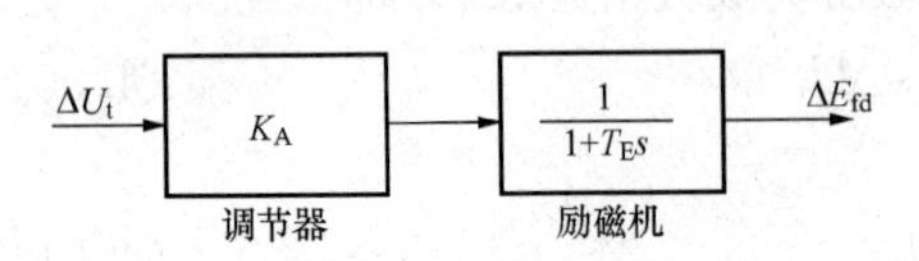

图 4.10 励磁系统框图

当 $\delta_l=90°$ 时，即线路功角为 90°，功率达到最大值，称作“线路功率极限”，或者说，达到相当于发电机同步电抗等于 0 的功率极限。由上节所举的实例可以看到，这可以使小干扰稳定功率极限有大幅度的提高。

但是电压调节系统的放大倍数能否无限制地增加呢？下面的分析说明，电压放大系数将受整个系统（包括发电机和输电线路及电压调节系统）稳定性的限制。

现在我们设电压调节器时间常数为零，其放大系数为 K_A，励磁机的时间常数为 T_E，则有如图 4.10 所示励磁系统框图。

$$\Delta E_{fd}=-\frac{K_A}{1+T_Es}\Delta U_t \tag{4.54}$$

其中 $\Delta U_t=U_t-U_{t0}$，即电压升高时，$\Delta U_t>0$，式（4.54）中负号表示当 $\Delta U_t>0$ 时励磁电压将下降。

式（4.17）为用 U_t 及 δ 表示功率的式子，按此式求功率偏差 ΔP_e

$$P_e=\frac{U_tU}{x_l}\sin\delta-\frac{1}{2}U^2\frac{x_q}{(x_q+x_l)}\frac{}{x_l}\sin2\delta$$

$$\Delta P_e=S_{Ut}\Delta\delta+R_{Ut}\Delta U_t \tag{4.55}$$

其中

$$S_{Ut}=\frac{\partial P_e}{\partial \delta}\bigg|_{U_t=C}=\frac{U_tU}{x_l}\cos\delta-\frac{x_q}{(x_q+x_l)x_l}\cos2\delta \tag{4.56}$$

$$R_{Ut}=\frac{\partial P_e}{\partial U_t}\bigg|_{\delta=C}=\frac{U}{x_l}\sin\delta \tag{4.57}$$

转子电压方程式 $E_{fd}=T'_{d0}\frac{d}{dt}E'_q+E_q$ 与式（4.54）结合，得

$$\Delta E_q+T'_{d0}\frac{d\Delta E'_q}{dt}=-\frac{K_A}{1+T_Es}\Delta U_t \tag{4.58}$$

将式（4.22）、式（4.26）、式（4.55）、式（4.58）集中在一起，并附上转子运动方程式（4.32），其中时间（包括惯量）以秒（s）计，角速度可以表示为弧/秒（rad/s），角度均以弧度（rad）来表示

$$\Delta P_e=S_{Eq}\Delta\delta+R_{Eq}\Delta E_q$$

$$\Delta P_e=S_{E'q}\Delta\delta+R_{E'q}\Delta E'_q$$

$$\Delta P_e=S_{Ut}\Delta\delta+R_{Ut}\Delta U_t$$

$$\Delta E_q+T'_{d0}\frac{d\Delta E'_q}{dt}=-\frac{K_A}{1+T_Es}\Delta U_t$$

$$T_{\mathrm{J}}\frac{\mathrm{d}^2\Delta\delta}{\mathrm{d}t^2}+\Delta P_{\mathrm{e}}=0$$

上面五个方程，包括五个变量（ΔP_{e}、$\Delta\delta$、ΔE_{q}、$\Delta E'_{\mathrm{q}}$、ΔU_{t}），现在来求稳定性判据，其特征方程式

$$T_{\mathrm{J}}T'_{\mathrm{d}}T_{\mathrm{E}}s^4+T_{\mathrm{J}}(T'_{\mathrm{d}}+T_{\mathrm{E}})s^3+\left(S_{E'\mathrm{q}}T'_{\mathrm{d}}T_{\mathrm{E}}+T_{\mathrm{J}}+T_{\mathrm{J}}K_{\mathrm{A}}\frac{R_{E\mathrm{q}}}{R_{U\mathrm{t}}}\right)s^2$$

$$+(S_{E\mathrm{q}}T_{\mathrm{E}}+S_{E'\mathrm{q}}T'_{\mathrm{d}})s+\left(S_{E\mathrm{q}}+S_{U\mathrm{t}}K_{\mathrm{A}}\frac{R_{E\mathrm{q}}}{R_{U\mathrm{t}}}\right)=0 \tag{4.59}$$

$$a_0=T_{\mathrm{J}}T'_{\mathrm{d}}T_{\mathrm{E}} \tag{4.60}$$

$$a_1=T_{\mathrm{J}}(T'_{\mathrm{d}}+T_{\mathrm{E}}) \tag{4.61}$$

$$a_2=S_{E'\mathrm{q}}T'_{\mathrm{d}}T_{\mathrm{E}}+T_{\mathrm{J}}+T_{\mathrm{J}}K_{\mathrm{A}}\frac{R_{E\mathrm{q}}}{R_{U\mathrm{t}}} \tag{4.62}$$

$$a_3=S_{E\mathrm{q}}T_{\mathrm{E}}+S_{E'\mathrm{q}}T'_{\mathrm{d}} \tag{4.63}$$

$$a_4=S_{E\mathrm{q}}+S_{U\mathrm{t}}K_{\mathrm{A}}\frac{R_{E\mathrm{q}}}{R_{U\mathrm{t}}} \tag{4.64}$$

由 $a_3>0$ 得到第一个稳定条件

$$S_{E\mathrm{q}}T_{\mathrm{E}}+S_{E'\mathrm{q}}T'_{\mathrm{d}}>0 \tag{4.65}$$

由 $a_4>0$ 得到第二个稳定条件

$$K_{\mathrm{A}}>K_{\mathrm{Amin}}=-\frac{S_{E\mathrm{q}}R_{U\mathrm{t}}}{S_{U\mathrm{t}}R_{E\mathrm{q}}} \tag{4.66}$$

可以证明，在 a_1、a_3 及 $a_4>0$ 的情况下，只要保证 $a_3(a_1a_2-a_0a_3)-a_1^2a_4>0$，系统即可稳定，由此可得 $K_{\mathrm{A}}<K_{\mathrm{Amax}}$

其中
$$K_{\mathrm{Amax}}=\frac{S_{E'\mathrm{q}}-S_{E\mathrm{q}}}{S_{U\mathrm{t}}-S_{E'\mathrm{q}}}\times\frac{R_{U\mathrm{t}}}{R_{E\mathrm{q}}}\times\frac{1+\dfrac{T_{\mathrm{E}}^2}{T_{\mathrm{J}}(T_{\mathrm{E}}+T'_{\mathrm{d}})}(S_{E\mathrm{q}}T_{\mathrm{E}}+S_{E'\mathrm{q}}T'_{\mathrm{d}})}{1+\dfrac{T_{\mathrm{E}}}{T'_{\mathrm{d}}}\dfrac{S_{U\mathrm{t}}-S_{E\mathrm{q}}}{S_{U\mathrm{t}}-S_{E'\mathrm{q}}}} \tag{4.67}$$

由上面的稳定条件可以看出：

(1) 励磁机时间常数越小，极限功率角越大；如果 $T_{\mathrm{E}}=0$，最大极限功率角可达 $S_{E\mathrm{q}}=0$ 的角度，大约105°～120°左右。由第一个稳定条件可见 $\delta>90°$ 以后，$S_{E\mathrm{q}}T_{\mathrm{E}}<0$，$T_{\mathrm{E}}$ 越大，越容易破坏上述条件。

(2) 在第二个稳定条件中，当 $\delta<90°$ 时，$K_{\mathrm{Amin}}<0$，也就是说，此时没有电压调节器（$K_{\mathrm{A}}=0$）也能满足此条件；而当 $\delta>90°$ 时，K_{Amin} 为正值，必须具备电压调节器并使 $K_{\mathrm{A}}>K_{\mathrm{Amin}}$ 才能满足稳定条件。这就是说，要工作在人工稳定区，必须配备电压调节器。K_{Amin} 与励磁机时间常数没有关系。

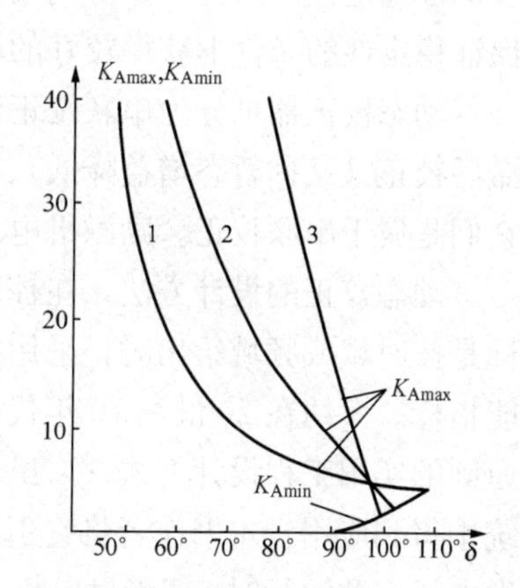

图4.11 K_{Amin} 及 K_{Amax} 随 δ 变化的曲线
1—$T_{\mathrm{E}}=0$；2—$T_{\mathrm{E}}=0.4$；3—$T_{\mathrm{E}}=3.0$

(3) 图4.11表示 K_{Amin} 及 K_{Amax} 随 δ 变化的曲线。

大约在 $\delta > 50°$ 以后，电压调节器都有一个最大允许的放大倍数，由图也可以看出励磁机时间常数对 K_{Amax} 的影响，即 T_E 增大，允许的最大放大倍数也增大。$K_A > K_{Amin}$ 很容易满足，而稳定性主要受到最大允许放大倍数的限制。

（4）由劳斯判据可知，如果特征方程中常数项小于零，说明有一个特征根为正数，稳定破坏的形式是滑行失步（即无振荡），如果判别式 $a_3(a_1a_2 - a_0a_3) - a_1^2a_4 < 0$，则稳定破坏的形式将是振荡失步，所以图 4.11 上的 K_{Amin} 线是一条滑行失步线，而 K_{Amax} 线为振荡失步线。

从上面的分析，我们看到要提高小干扰稳定的功率极限，希望采用尽可能大的放大倍数 K_A 来维持发电机电压恒定，但是过大的 K_A 会使系统产生振荡型失步，特别是对于快速励磁系统。因其允许的最大放大倍数较小，远不能达到维持端电压恒定的要求。采用慢速励磁系统并不是解决这个问题的好办法，因为其允许放大倍数虽增大，但仍然不能满足保持端电压恒定的要求，而且由于最大功率极限角的减小，使得小干扰稳定的储备减小了。

上面说明了放大倍数受到稳定的限制。实际上，当逐渐增大放大倍数时，首先碰到的是调节品质恶化的问题，也就是出现干扰时，过调严重；虽然其结果是稳定的，但振荡次数较多，衰减很慢。这在运行中也是不允许的。

是否能够既采用较大的放大倍数，而又使调节品质较好，输送更大的功率而不出现振荡型的失步呢？这个课题一直吸引着各国电力工作者，在这方面进行了大量的工作。

第 4 节　励磁系统的动态校正、错开原理、二阶最佳整定

为了使发电机端电压静差尽可能小，要求调压器采用较大的放大倍数，而这种情况下，仍能保证系统稳定的一个较简便的方法，就是在电压调节器中设置动态校正器。

动态校正的作用主要是使结构不稳定的系统变为结构稳定的系统；使结构稳定的系统在保证稳定性的条件下，得到较高的允许最大放大倍数以提高电压调节的准确度，以及在保证稳定性的条件下获得较好的动态品质。

动态校正器可分为串联校正器及并联校正器。在发电机电压调节器中，使用很广泛的滞后校正（又称暂态增益降低）、比例积分校正（可称静态增益放大）及领先—滞后校正，它们是属于串联校正。励磁机电压软反馈是属于并联校正。

动态校正的设计方法，在控制理论的书籍中有详细的介绍，例如文献［2］。在性能指标是按时域或频域给出时，采用根轨迹法及频率法，设计的过程需要逐步的试探以达到性能指标。大约在 20 世纪 70 年代，在电力拖动领域内发展出一种基于错开原理及二阶最佳原则的实用工程设计方法[5]。虽然是一种近似的方法，但概念清楚，计算方便，在调速系统中得到应用。本书作者将它引用到励磁控制系统中来设计动态校正，证明是可行的。当发电机空载运行时，或者发电机与系统联系很紧密，可以不计转子的摇摆时，采用这种设计方法是适当的，动态校正的效果也是明显的。但当计入转子摇摆时，严格说这种方法就不适用了，但动态校正仍有改善系统稳定性的效果，虽然不能像电力系统稳定器那样提供

正阻尼，但结构简单，在慢速励磁系统中仍广泛的被采用，特别是与电力系统稳定器配合使用。

1. 错开原理

下面考察一个如图4.12所示的两个惯性环节组成的闭环系统。

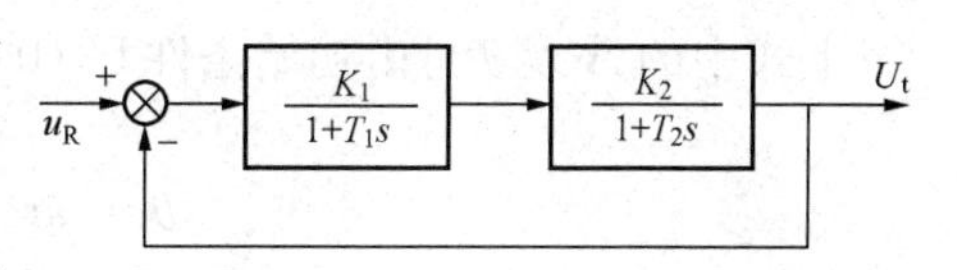

图4.12　两个惯性环节组成的闭环系统

这个系统的开环传递函数为

$$G_O(s)=\frac{K_1K_2}{(1+T_1s)(1+T_2s)}=\frac{K}{(1+T_1s)(1+T_2s)} \tag{4.68}$$

$$K=K_1K_2 \tag{4.69}$$

闭环系统的特征多项式等于开环传递函数的分母加分子，所以特征方程式为

$$D(s)=T_1T_2s^2+(T_1+T_2)s+(1+K)=0 \tag{4.70}$$

把它化为标准二阶形式

$$s^2+2\zeta\omega_n s+\omega_n^2=0 \tag{4.71}$$

其中

$$\omega_n^2=\frac{1+K}{T_1T_2} \tag{4.72}$$

$$2\zeta\omega_n=\frac{T_1+T_2}{T_1T_2} \tag{4.73}$$

$$\zeta=\frac{1}{2}\frac{T_1+T_2}{\sqrt{T_1T_2(1+K)}} \tag{4.74}$$

式（4.71）只由两个参数即ζ和ω_n决定的，它的特征根为

$$s_{1,2}=\frac{-2\zeta\omega_n\pm\sqrt{(2\omega_n)^2-4\omega_n^2}}{2}=-\zeta\omega_n\pm j\omega_n\sqrt{1-\zeta^2}=-\sigma_d\pm j\omega_d$$

其中

$$\sigma_d=\zeta\omega_n \tag{4.75}$$

$$\omega_d=\omega_n\sqrt{1-\zeta^2} \tag{4.76}$$

式（4.76）中ω_d称阻尼振荡频率，而ω_n为无阻尼振荡频率，ζ称阻尼比。当$0<\zeta<1$，即欠阻尼时，对于阶跃输入的过渡分量的解为

$$U_{td}(t)=Ae^{-\sigma_d t}\sin(\omega_d t+\theta)$$

下面求稳态分量。

已知系统的闭环传递函数为

$$G(s)=\frac{K}{(1+T_1s)(1+T_2s)}\bigg/\left[1+\frac{K}{(1+T_1s)(1+T_2s)}\right]=\frac{K}{T_1T_2s^2+(T_1+T_2)s+(1+K)}$$

当达到稳态时，$s=0$，则可知在稳态时，$G(s)\Big|_{s=0}=\frac{K}{1+K}$，所以

$$U_t(0)=\frac{K}{1+K}u_R$$

U_t的全部解等于过渡分量加稳态分量

$$U_t(t)=U_{td}(t)+U_t(0)=\frac{K}{1+K}u_R+Ae^{-\sigma_d t}\sin(\omega_d t+\theta)$$

上式中的 A 及 θ 可由初始条件 $U_t(0)=0$，$\frac{dU_t(t)}{dt}=0(t=0)$ 求出

$$\theta=\arctan\frac{\omega_d}{\sigma_d}$$

$$A=\frac{-K}{1+K}u_R\frac{\sqrt{\sigma_d^2+\omega_d^2}}{\omega_d}$$

全部过渡过程的解为

$$U_t(t)=\frac{K}{1+K}u_R\left[1-\frac{e^{-\zeta\omega_n t}}{\sqrt{1-\zeta^2}}\left(\sin\sqrt{1-\zeta^2}\,\omega_n t+\arctan\frac{\sqrt{1-\zeta^2}}{\zeta}\right)\right] \tag{4.77}$$

式（4.77）是以 ω_n 及 ζ 来表示的时间解。由式（4.77）我们可以用 $\omega_n t$ 为横坐标，U_t 为纵坐标画出过渡过程的波形如图 4.13 所示。

在二阶系统中，一般用超调量来衡量系统的稳定性，上升时间 t_r、调整时间 t_s 来衡量快速性，静差来衡量系统的精度。

由图 4.13 可以看出，ζ 越小，振荡的次数越多，超调量也越大。

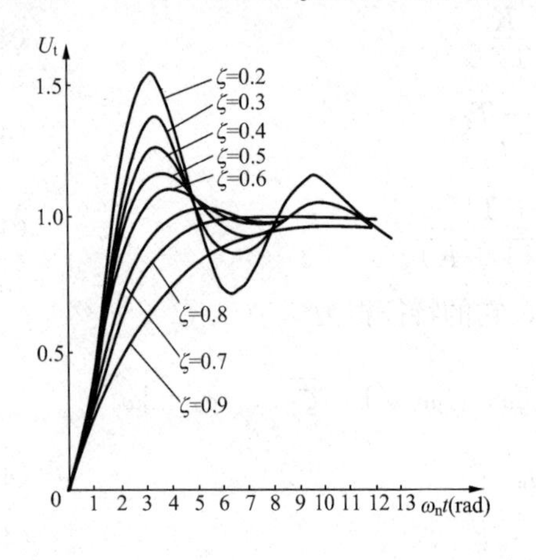

图 4.13 过渡过程的波形

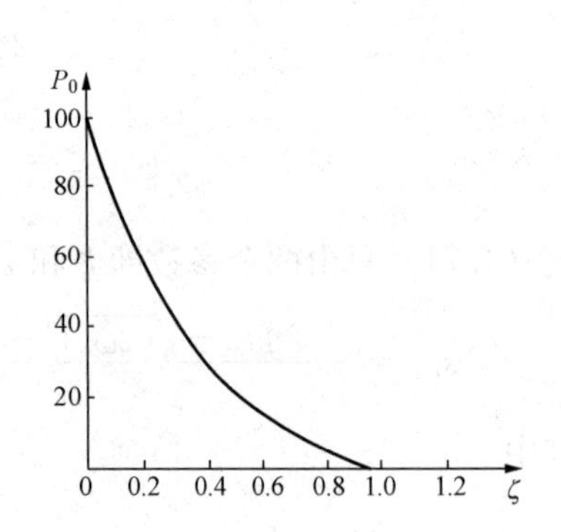

图 4.14 超调量与阻尼比的关系

由上可知，阻尼比 ζ 可以单值地决定超调量。由式（4.75）、式（4.76）可见，特征方程式的根是由阻尼比决定的，也就是说，当阻尼比决定以后，超调量也就确定了。图 4.14 表示了超调量与阻尼比的关系。

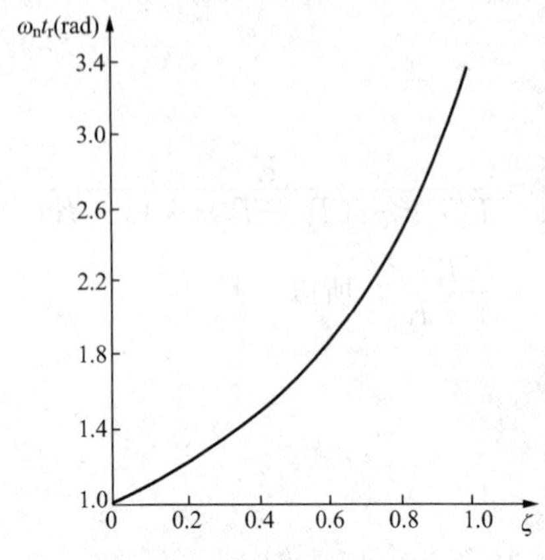

图 4.15 上升时间与阻尼比的关系

另外，决定动态过程的品质的其他两项指标是：上升时间 t_r（系统由稳态值的 10%上升到 90%所需的时间）及调整时间 t_s（系统响应达到并保持在稳态值的±2%以内所需时间），也是由阻尼比决定的。

由式（4.77）可见，系统的过渡分量是以指数 $e^{-\zeta\omega_n t}$ 规律衰减的，因此包络线的时间常数为 $1/\zeta\omega_n$，经过四倍的时间常数以后，指数信号衰减到其初始值的 20%，所以调整时间 t_s 为

$$t_s = \frac{4}{\zeta\omega_n} \tag{4.78}$$

上升时间 t_r 也就是 ζ 及 ω_n 的函数，图 4.15 给出了上升时间与阻尼比的关系。

我们知道，特征根可以在复平面（纵轴为特征根虚部 $j\omega$，横轴为其实部 σ）上表示。既然特征根与动态品质指标有对应的关系，则动态指标也可在复平面上加以表示。

动态指标在 s 平面上的表示如图 4.16 所示。一定的超调量，在 s 平面上对应着两条径向射线。因为在射线上的每一点，其 ζ 值保持常数。一定的调整时间 t_s 对应着一条与虚轴平行的直线。例如当 $\zeta\omega_n = 4.0$ 时，$t_s = 1s$。由图 4.16，可得出当 t_r 等于常数时，特征根在复平面上对应着一条椭圆形曲线。图 4.16 上，$t_r = 0.5s$ 的曲线即是一例。

如果按照超调量 16%，上升时间 $t_r = 0.5s$，调整时间 $t_s = 2s$ 给出系统的动态性能指标，则系统的特征根应位于图 4.17 中的阴影区内。从图 4.17 可以看出，特征根实部与虚部之比越大，实部本身越大，越容易进入阴影区。

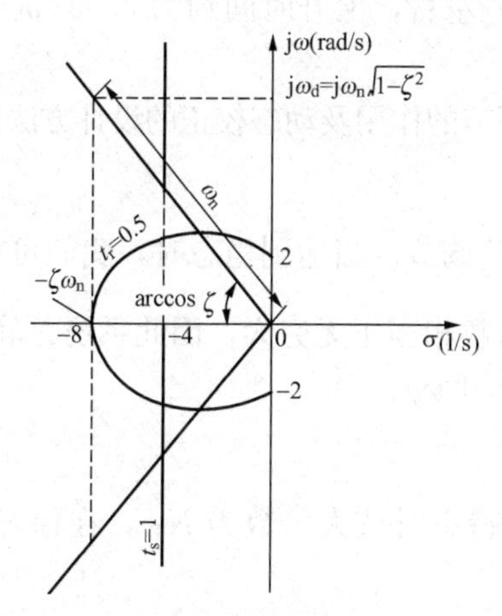

图 4.16　动态指标在 s 平面上的表示一

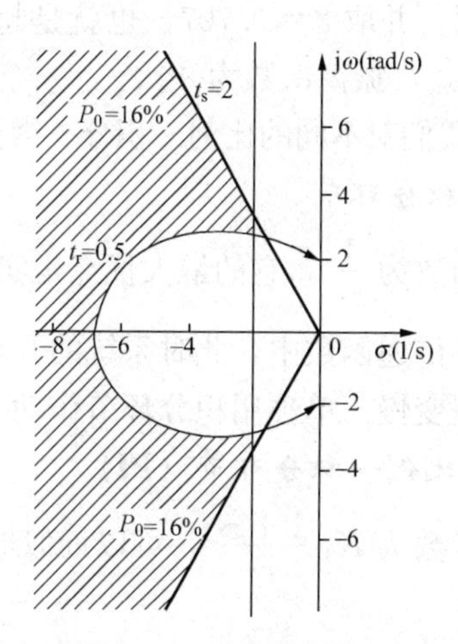

图 4.17　动态指标在 s 平面上的表示二

如果选过调量为 15%，由图 4.14 可知，$\zeta = 0.5$，将其代入式（4.74）得

$$1 = \frac{T_1 + T_2}{\sqrt{T_1 T_2 (1+K)}} \text{或} K = \frac{T_1}{T_2} + \frac{T_2}{T_1} + 1 \tag{4.79}$$

这就是说，希望超调量为 15%左右，则放大系数必须满足式（4.79）。

由式（4.79）也可以看出，只要时间常数互相错开，也就是 T_1、T_2 数值之比较大，则允许的放大倍数也越大。例如 $T_1 = 10T_2$，$K = 11.1$；若 $T_1 = 100T_2$，则 $K = 101.01$

同样，若把 $\zeta = 0.5$ 代入式（4.73）中可得

$$\omega_n = \frac{\frac{T_1}{T_2} + 1}{T_1} \tag{4.80}$$

由式（4.80）可见，T_1/T_2 越大，则 ω_n 越大，这表示特征根实部越大。相应的调整时间 t_s 随 ω_n 的增大而减小，动态品质指标随之变好。开环传递函数中，有一个惯性环节的时间常数相对于其他时间常数大很多，也就是时间常数错开，则系统可以允许有较大倍

数，而仍能保证闭环系统有一定的稳定裕度，这就是“错开原理”。

对于二阶系统，欲使放大倍数大而动态特性好，两个时间常数必须错开，也就是说只能有一个较大的惯性环节，另一环节的延缓控制作用必须减小。推广来说，对于一个惯性较大的环节，如果与其串联的其他环节的延缓作用很小，就能保证负反馈的控制作用及时抑制超调。这里关键在于延缓作用较小，而不在于惯性环节的数量，只要这些惯性环节总的延缓作用相对那个大惯性环节来说比较小就可以了。即多个惯性环节串联，应使它们能等效成一个大惯性环节，加一个小惯性环节。这样，就把二阶系统中得出的结论推广到高阶系统中去了。

2. 励磁控制系统的串联校正及对消法

基于错开原理，我们可以在调节器中，安排一些比例—微分—积分环节来对消某些惯性环节或使整个系统降阶，也就是改造整个系统传递函数，使它达到某种预定指标。目前采用十分广泛的是所谓按“二阶最佳”整定，也就是将系统的特征方程式改造得与典型二阶环节相同，并取$\zeta=0.707$，也就是超调为4%左右，上升时间约为$3.33/\omega_n$，调整时间约为$6/\omega_n$，振荡次数为一次。

下面，我们对不同的比例—积分—微分校正环节的作用及动态校正的设计方法作一简述。

2.1 积分环节

传递函数为$\frac{1}{\tau s}$，它的最大优点是实现了无差调节。当达到稳态时，我们可将$s=0$代入系统开环传递函数中，此时系统的开环放大倍数相当于无穷大，因此系统无静差，但它使调节过程变慢。单独用积分环节作动态校正的很少。

2.2 比例—积分环节（PI）

传递函数为$K_T\frac{1+\tau s}{\tau s}$，可以近似地认为在瞬态时放大倍数为$K_T$，在稳态时放大倍数为无穷大。

如果调节对象是一个大惯性环节及多个小惯性环节串联，我们可以将这些小惯性环节近似地等效为一个惯性环节，其时间常数为各个环节时间常数之和，其理由如下：

若设这些小惯性环节时间常数分别为T_1，T_2，…，T_n，则串联后的传递函数为各环节传递函数之积，即为

$$\frac{1}{1+T_1 s}\times\frac{1}{1+T_2 s}\times\cdots\times\frac{1}{1+T_n s}$$
$$=\frac{1}{1+(T_1+T_2+\cdots+T_n)s+(T_1T_2+T_2T_3+\cdots)s^2+\cdots+T_1T_2\cdots T_n s^n}$$

由于T_1，T_2，…，T_n等本身都很小，所以它们的乘积更小，可以略去以它们的乘积为系数的项，于是小惯性群等效为一个惯性环节

$$\frac{1}{1+T_1 s}\times\frac{1}{1+T_2 s}\times\cdots\times\frac{1}{1+T_n s}\approx\frac{1}{1+(T_1+T_2+\cdots+T_n)s}=\frac{1}{1+T_\Sigma s} \tag{4.81}$$

这样，就可以认为调节对象是由一个大惯性环节和一个小惯性环节组成的。这时我们采用比例—积分调节器，大惯性时间常数为T，小惯性群以时间常数T_Σ表示，则调节对象传递函数为

$$G_0(s)=\frac{K_0}{(1+Ts)(1+T_\Sigma s)}$$

比例—积分调节器为

$$G_{T}(s) = \frac{K_{T}(1+\tau s)}{\tau s}$$

系统的开环传递函数为

$$G_{K}(s) = \frac{K_{0}K_{T}(1+\tau s)}{\tau s(1+Ts)(1+T_{\Sigma}s)}$$

如果选 $\tau = T$，则开环传递函数成为

$$G_{K}(s) = \frac{K_{0}K_{T}}{\tau s(1+T_{\Sigma}s)}$$

这就是对消去法的一种应用。利用（$1+\tau s$）消去原有传递函数中时间常数最大的一项（$1+Ts$）而代之以具有更大的惯性的环节 $\frac{1}{\tau s}$（因为惯性环节时间常数很大时，它就可以近似为一个积分环节，所以说积分环节惯性更大）。这样就把时间常数错开了。由实用判据可知，错开时间常数后，为保证一定的指标就可以采用更大的放大倍数。按二阶最佳原理由附录 B 表 B. 1 可知，动态校正参数选为

$$\tau = T \tag{4.82}$$

$$K_{T} = \frac{T}{2K_{0}T_{\Sigma}} \tag{4.83}$$

发电机及快速励磁系统，可以认为是有一个大惯性及一个小惯性群组成。发电机运行在空载，这时励磁绕组是一个大惯性，可控整流器及电压调节器是小惯性群，可以等效为一个小惯性环节 T_{E}。空载发电机及励磁系统框图如图 4. 18 所示。发电机定子开路时，励磁绕组时间常数为 5s，可控整流器及调节器的时间常数之和设为 0. 05s。

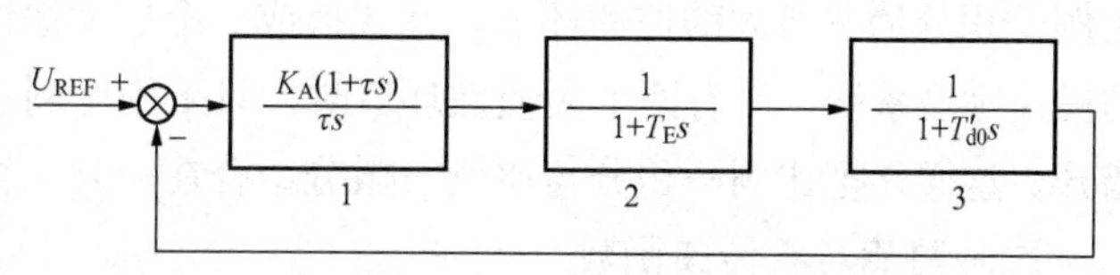

图 4. 18　空载发电机及励磁系统框图

1—比例积分器；2—励磁机；3—发电机

由图 4. 18 可见，此处 $T'_{d0}=5\text{s}$，$T_{E}=0.05\text{s}$，$K_{0}=1$；选 $\tau=5\text{s}$，按二阶最佳整定，此时，比例—积分环节中的放大倍数 K_{A} 为

$$K_{A} = \frac{T}{2K_{0}T_{E}} = \frac{5}{2\times 0.05} = 50$$

此处 K_{A} 即为前面讨论的 K_{T}。

使用比例—积分调节器时，在发电机电压发生持续大变动时，由于积分环节具有记忆作用，将会使超调增加。例如在发电机建立起始励磁的过程中就是这样。所以在这种情况下，应闭锁（或退出）积分环节，只让它在电压小的偏差范围内起作用。

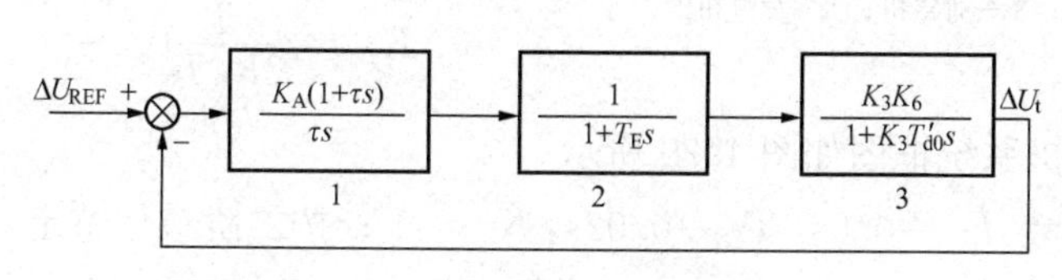

图 4. 19　带负荷的发电机及励磁系统框图

如果发电机与系统有较强的联系，或者运行在轻负荷，我们有时略去转子摇摆，即认为 $\Delta\delta=0$。这时带负荷的发电机及励磁系统框图如图 4. 19 所示（参见第

5章海佛容—飞利蒲斯模型）。

图4.19中K_3、K_6是发电机模型中的参数。此时，按二阶最佳调整，这里，$T=K_3T'_{d0}, K_0=K_3K_6$，所以

$$K_A=\frac{T}{2K_0T_E}=\frac{T'_{d0}}{2K_6T_E} \tag{4.84}$$

如果是晶闸管励磁系统$T_E=0.05s$，K_A取决于K_6数值，一般说K_A大约为30～150。

比例—积分校正器具有静态增益放大的作用。因为稳态时相当于$s=0$，则

$$\left.\frac{K_A(1+\tau s)}{\tau s}\right|_{s=0}=\infty \tag{4.85}$$

暂态时，若把$s=\infty$代入，则

$$\left.\frac{K_A(1+\tau s)}{\tau s}\right|_{s=\infty}=K_A \tag{4.86}$$

考虑到通过校正，发电机的静差已非常小，为了适应更广泛的运行条件的变化，一般K_A值整定为20～50之间。这种调节器已在我国八盘峡、葛洲坝、丰满等许多电站中采用了。

2.3 比例—积分—微分环节（PID）

比例—微分校正具有降阶作用，也就是说可以用它来消去次大的一个惯性环节，再用比例—积分消去最大的惯性环节，并代换成一个更大惯性的积分环节。例如带有旋转励磁机的慢速励磁系统。具有两个大惯性环节时，只采用比例—积分校正就不能有效地将时间常数错开。这样，把比例—积分与比例—微分结合在一起，组成比例—积分—微分调节器。

这时调节对象传递函数

$$G_0(S)=\frac{K_0}{(1+T_1s)(1+T_2s)(1+T_\Sigma s)}$$

调节器传递函数应为

$$G_T(s)=\frac{K_A(\tau_I s+1)(\tau_D s+1)}{\tau_I s}$$

如果$T_1>T_2$，则选$\tau_I=T_1$，$\tau_D=T_2$，校正以后的系统的开环传递函数为

$$G_K(s)=G_0(s)G_T(s)=\frac{K_0K_A}{\tau_I s(1+T_\Sigma s)}$$

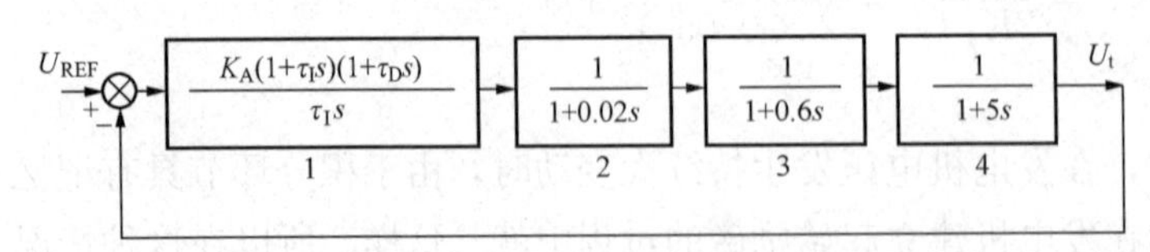

图4.20 发电机及慢速的旋转励磁机系统框图

1—比例—积分—微分器；2—调节器；3—励磁机；4—发电机

这与前面比例—积分调节器应用于一个大惯性及一小惯性所得结果相同。因此，按二阶最佳整定，调节器的放大倍数为

$$K_A=\frac{T}{2K_0T_\Sigma}$$

现设发电机及慢速的旋转励磁机系统框图如图4.20所示。

此处，$T=T'_{d0}=T_1=5s$，$T_2=T_E=0.6s$，$T_\Sigma=0.02s$，$K_0=1$；按二阶最佳整定，选$\tau_I=5s$，$\tau_D=0.6s$，则

$$K_A = \frac{T_1}{2K_0 T_\Sigma} = \frac{5}{2 \times 0.02} = 125$$

3. 领先、滞后及滞后—领先校正

与建立在消去法及二阶最佳整定基础上的比例—微分—积分调节器相类似，也有用领先环节、滞后环节及滞后—领先环节来作校正的。它们的作用分别相当于比例—微分、比例—积分及比例—积分—微分校正。

3.1　领先环节

$$G_T(s) = \frac{1+Ts}{1+\alpha Ts}(\alpha < 1) \tag{4.87}$$

领先校正具有微分性质，输出的相位领先输入相位，它主要用于改善动态品质，减小过渡过程时间 T。领先环节基本上是一个高通滤波器。

3.2　滞后环节

$$G_T(s) = \frac{1+Ts}{1+\beta Ts}\quad(\beta > 1) \tag{4.88}$$

滞后环节可使输出量相对于输入量有一个相位滞后，分母的惯性环节占优势。用于提高允许的放大倍数，增加静态精度。滞后环节基本上是一个低通滤波器，也就是说滞后校正使低频增益提高。这就减少了稳态误差，同时使高频增益减小，相应减小了超调，但同时牺牲了快速性。这与比例—积分的作用是相同的。滞后校正在快速励磁系统中被广泛地采用，在北美称为暂态增益降低（Transient Gain Reduction 简称 TGR）。

3.3　滞后—领先环节

$$G_T(s) = \frac{(1+T_1 s)(1+T_2 s)}{(1+\frac{T_1}{\beta}s)(1+\beta T_2 s)}\quad(\beta > 1) \tag{4.89}$$

滞后—领先环节可使低频段信号滞后，而高频部分信号领先。由滞后—领先环节的对数特性图可见在高频及低频段，幅值都没有衰减，而中间一段幅值显著衰减，所以它是一个“带阻滤波器”。在频率域内，其中的领先校正提供了额外的相位裕量，提高了高频段的增益，因而能使动态响应得到改善，但它使稳态的精度改善较少。其中的滞后校正的主要作用是使高频段增益减小，在低频段上可以采用较大增益，使稳态调节精度提高，但动态响应时间将有所增加。滞后—领先环节综合了上述两者的特性。它的领先部分，在原来未被校正的系统的增益交界频率（即对数幅值频率特性上幅值为零处的频率），提供额外的相角裕量。而它的滞后部分，在上述增益交界频率以上将产生幅值的衰减，因而容许低频段提高增益以改善系统的稳态特性。以上三种环节的频率特性，对数坐标图可参见文献[2]。

根据调节对象的需要，可以确定哪一种校正环节比较合适。例如，对于快速励磁系统，由于系统本身的动态响应时间已经很小，主要的问题是不能采用较大的放大倍数，稳态精度不够，所以采用滞后环节校正，其作用与采用比例—积分校正相同。而对于慢速励磁系统则有提高动态响应时间的要求，同时也希望有较高的电压精度，所以采用滞后—领先校正，其作用与比例—积分—微分的作用也大致相同。

可以采用频率特性法来设计领先、滞后或滞后—领先校正环节。一般是用对数频率特性进行。被设计系统所满足的指标，是一些间接的频域指标，如相位裕量、增益裕量等，设计的方法是逐步试探，比较复杂。如果用二阶最佳原则来设计，则要简单得多，在励磁控制系统中，一般将滞后—领先环节用下述传递函数表示

$$G_T(s) = K_A \frac{(1+T_A s)(1+T_C s)}{(1+T_B s)(1+T_D s)} \tag{4.90}$$

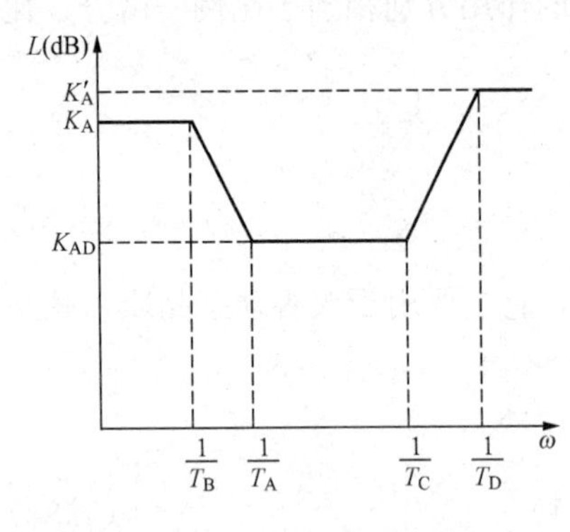

图 4.21 滞后—领先环节的频率特性

滞后—领先环节的频率特性如图 4.21 所示，其中 K_A 为稳态放大倍数，K_{AD}为暂态放大倍数，K'_A 为信号频率很高时的放大倍数。

滞后—领先环节的设计，可以按照错开原理及消去法，使 T_A 等于发电机带负荷时励磁绕组时间常数 T'_d（考虑发电机并网运行），其值约等于 1s，T_C 取 0.5s，约等于励磁机时间常数 T_E，T_B/T_A 及 T_C/T_D 不大于 10，为使领先环节稳定工作，$T_D \geqslant 0.02$s，至于放大倍数 K_A 按满足端电压静压要求来确定，不必拘泥于“二阶最佳”。整定好的参数，可以在现场进行校核或在实际的多机系统模型中校核。

4. 并联校正

一般说来，串联校正比并联校正简单，但是串联校正常常需要附加放大器以增大增益或进行隔离。

可以把校正环节安排在前向通路中能量最低的点上，对于励磁系统来说，就是把校正装置放在调节器中而不是放到功率输出级。一般说，并联校正的信号是从功率高的点向功率低的点传递的，可以省去放大器。

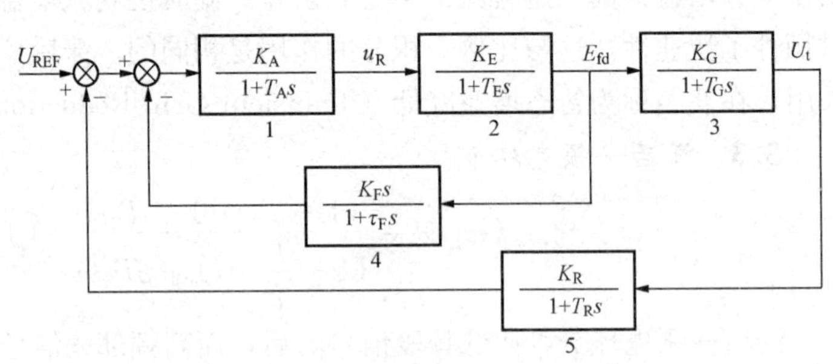

图 4.22 励磁机并联校正的系统框图

1—调节器；2—励磁机；3—发电机；4—并联校正；5—测量环节

在励磁控制中，最常见的并联校正就是励磁机电压的微分负反馈，如图 4.22 所示。

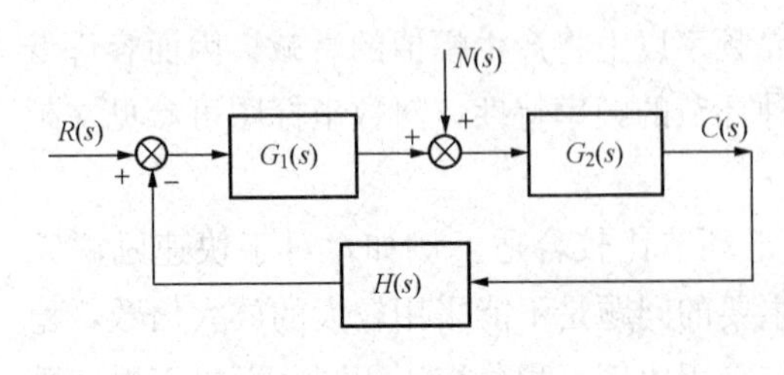

图 4.23 励磁机并联校正后形成的闭环系统

励磁机并联校正后形成的闭环系统如图 4.23 所示，现在我们来研究一下这个闭环系统的特性。

图 4.23 中 $R(s)$ 为参考量，$N(s)$ 为扰动量，$G_1(s)$ 为调节器，$G_2(s)$ 为励磁机，$C(s)$ 为输出量，$H(s)$ 为并联校正。

若参考量 $R(s)=0$，我们来看扰动对输出的影响。由图 4.2S 可见，可认为 $N(s)$ 是输入，$C(s)$ 是输出

$$\frac{C(s)}{N(s)}=\frac{G_2(s)}{1+G_1(s)G_2(s)H(s)} \tag{4.91}$$

若扰动量 $N(s)=0$，我们再来看参考量变动对输出的影响。由图 4.23 可见

$$\frac{C(s)}{R(s)}=\frac{G_1(s)G_2(s)}{1+G_1(s)G_2(s)H(s)} \tag{4.92}$$

如果设计时，使得 $|G_1(s)G_2(s)H(s)|\gg 1$ 及 $|G_1(s)H(s)|\gg 1$，则由式（4.91）、式（4.92）可见：

对扰动的作用　$$\frac{C(s)}{N(s)}\approx 0 \tag{4.93}$$

对参考量变动的作用　$$\frac{C(s)}{R(s)}\approx\frac{1}{H(s)} \tag{4.94}$$

可见，只要 $|G_1(s)|$ 选得足够大，采用并联负反馈以后，扰动对系统的影响非常小；闭环传递函数（反映参考量变动对输出的影响）将与并联反馈所跨接的前向传递函数无关，而仅仅由并联反馈传递函数的倒数所决定，这就是并联反馈主要优点。

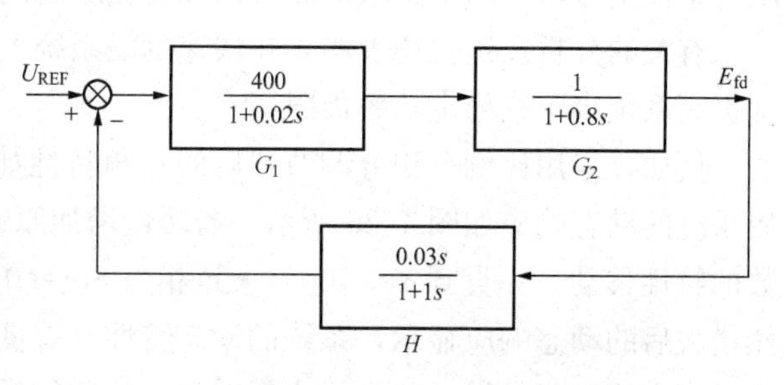

图 4.24　励磁机并联校正系统

励磁机并联校正系统如图 4.24 所示。由于 $|G_1|$ 较大，所以频率为 0.09～20rad/s（也就是 0.014～3.18Hz）系统的闭环频率特性与 $1/H$ 相近，即在上述频率范围内

$$\frac{G_1G_2}{1+G_1G_2H}\approx\frac{1}{H}$$

我们进一步可以看到，$\frac{1}{H}$ 实际上是典型的比例—积分调节器，其传递函数为 $K_T\frac{1+\tau s}{\tau s}$。

上例中 $\frac{1}{H(s)}=\frac{1+1s}{0.03s}=K_T\frac{1+\tau s}{\tau s}$，若 $\tau=1$，则 $K_T=33.3$。

现在我们再举例说明按二阶最佳参数原则，来选择交流励磁机系统并联校正器的参数。假定发电机并联于系统，但可以不计转子的摇摆，则发电机可近似用一个惯性环节来表示，该环节的时间常数为 $K_3T'_{d0}$，放大倍数为 K_3K_6（K_3 及 K_6 为第 5 章要介绍的海佛容—飞利蒲斯发电机模型中的参数）。

现设，$K_3=0.15$，$K_6=0.3$，$T'_{d0}=6$s，并设图 4.22 的交流励磁机系统的框图中 $K_A=400$，$T_A=0.02$s，$K_E=1.0$，$T_E=0.6$s，$K_R=1$，测量环节惯性很小，可以略去。在此例中，因 K_A 很大，并联校正可以等效为比例—积分串联校正，而对象的传递函数相当一个大惯性环节，其时间常数为 $K_3T_{d0}=0.9$s，放大倍数为 $K_3K_6=0.045$，若对象只是一个大惯性环节，此时应采用比例—积分校正，由二阶最佳确定的参数，可在一定范围内选取，一般选：

积分时间常数　$$\tau=1\text{s}$$

比例放大倍数　$$K_T=\frac{2T}{K_0\tau}=\frac{2K_3T'_{d0}}{K_3K_6\tau}=\frac{2T'_{d0}}{K_6\tau}=\frac{2\times 6}{0.3\times 1}=40$$

还原成并联校正的传递函数　$$\frac{s}{40(1+1.0s)}=\frac{0.025s}{1+1.0s}$$

上述参数应在试验中检验并加以调整。

到此为止，我们都是将发电机当作一个惯性环节来设计动态校正的，如果发电机的转子摆动方程式必须计入时，发电机不能用一个惯性环节来表示了，并且应考虑发电机不同负荷下的运动状态。有关的模型及分析方法将在第6章讨论。

从前面的分析可以看出，动态校正的作用，也可以从静态及暂态增益的不同予以说明。这样，动态校正可以分成两种，即暂态增益降低型（滞后校正）及稳态增益放大型（比例—积分调节器及励磁机电压软反馈）。无论哪种类型的校正器，在稳态时都有较大的放大倍数，可使发电机电压接近恒定，因而满足了提高电压调节精度及小干扰稳定功率极限与不发生振荡的两个要求对放大倍数互相矛盾的要求。

有关的分析及试验均表明，在快速励磁系统上应用比例—积分或滞后校正，可以大幅度提高系统小干扰稳定功率极限。

例如，采用比例—积分调节器后的功角特性如图4.25所示。采用比例—积分调节器后系统的动态响应如图4.26所示。当缓慢增加原动机功率时，发电机功率将沿着U_t为常数的特性移动，一直到$\delta\approx100^\circ$（大致相当$S_{E'q}=0$的角度）才发生不稳定。原动机功率突然增大后的动态响应显示，系统的动态特性具有良好的阻尼；但是也可以看出，在扰动发生后端电压恢复较慢，这是因为暂态放大倍数较低；换句话说，系统的动态品质及小干扰稳定极限的提高是以暂态过程中降低励磁调节的作用为代价的。所以，这种调节器一般都还配备另一并联通道，当电压有较大幅值变动时，将积分通道切除而实行强励，因而仍能发挥励磁控制对提高大干扰稳定性的作用，也就是说其暂态增益是抛物线的，当电压偏差足够大时，增益变为无穷大。

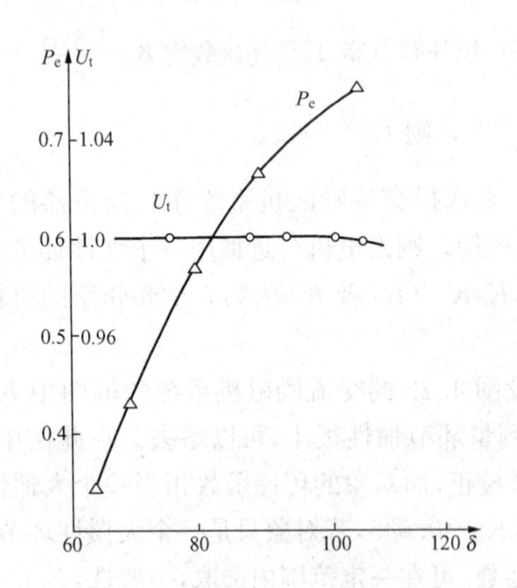

图4.25 采用比例—积分调节器后的功角特性

$x_d=2.53$，$x'_d=0.38$，$x''_d=0.201$，$T_{d0}=10$s

$T_J=8$s，$x_T+x_l=1.195$，$D=1.58$，

$K_A=16$，$\tau=5$s

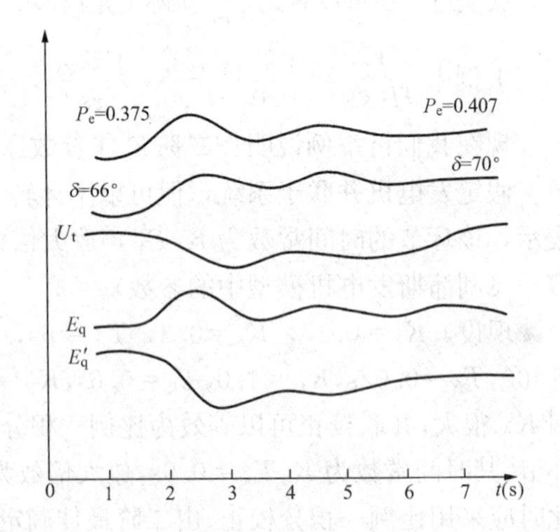

图4.26 采用比例—积分调节器后系统的动态响应（原动机功率突增）$K_A=16$，$\tau=2$

至于在慢速励磁系统上应用并联校正即励磁机电压软反馈或串联滞后—领先校正，虽然能使系统动态品质有所改善，但是对提高小干扰稳定极限功率效果不很显著。

第5节　强力式调节器及其应用

苏联学者在20世纪50年代就开始了发电机励磁控制提高系统稳定性的研究，他们在按电压误差（误差指变量与参考值之差，下面说到的偏差指变量与初始值之差）的反馈控制之外，又加入了电压一次微分、功角的微分、频率的微分、电流一次及二次微分等控制量，构成了所谓“强力式调节器”（СИЛЬВОЕ РЕГУЛЯТОР）。这种强力调节器电压误差的放大倍数 K_A 可以采用较大的数值，而其他参量的一次或二次微分可抑制系统的低频振荡，从而有效地提高系统的小干扰稳定性。

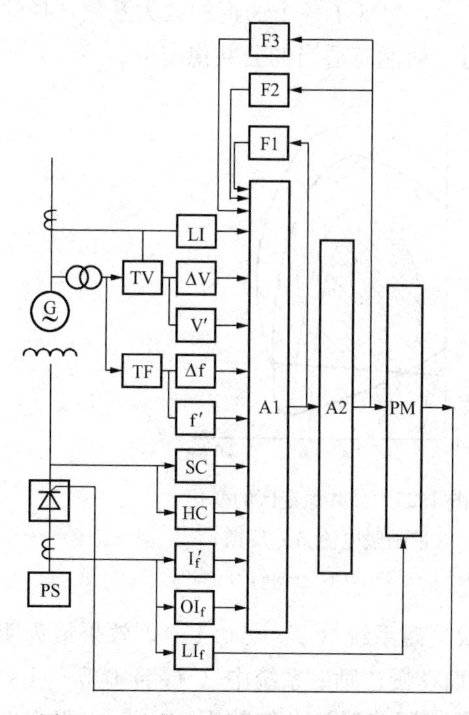

图4-27　汽轮发电机强力式调节器框图
PS—电源；TV—电压测量；TF—频率测量；LI—低励限制；SC—软反馈；HC—硬反馈；I_f'—转子电流微分；OI_f—转子过负荷限制；LI_f—转子电流限制；A1，A2—第一，第二级磁放大器；PM—脉冲移相；F1，F2—局部反馈；F3—校正回路

在俄罗斯，许多研究所进行了这方面的理论研究及动态模型实验，最早的强力式调节器是在列宁伏尔加和苏共二十二大伏尔加水电站的带可控整流器的励磁系统中使用的，以后又在许多水电站上投入使用。研究表明采用强力式调节器与比例式调节器相比，小干扰稳定极限功率可提高约10%～20%，大干扰稳定极限功率可提高5%～10%，并可使故障后的振荡由8～15次减少到3～5次。据1977年1月电站杂志的报导[3]，采用快速励磁系统（指时间常数小于0.1～0.15s的励磁系统）及强力式调节器的发电机及调相机的容量已占苏联全部装机容量的$\frac{1}{3}$。

过去苏联生产的强力调节器有三种型号：APB—200И、APB—300И、APB—СД，汽轮发电机强力调节器框图如图4.27所示。

这时如忽略调节器的惯性，有

$$\Delta E_{fd}=\frac{1}{1+T_{\Sigma}s}(-K_{0U}\Delta U_t+K_{0f}\Delta f+K_{1f}s\Delta f-K_{1U}s\Delta U_t-K_I s\Delta I_{fd})$$

式中：K_{0U}、K_{1U} 分别为电压误差及其偏差一次微分的放大系数；K_{0f}、K_{1f} 分别为频率误差及其偏差一次微分的放大系数；K_I 为转子励磁电流放大系数；ΔU_t、Δf、ΔI_{fd} 分别为端电压、频率误差及励磁电流偏差。

将上述方程与发电机及其他的偏差方程联立，就会得到一个 s 高次方的特征方程式。直接应用劳斯判据有一定的困难。苏联文献中，常常采用双参数稳定域法（即D域法）

来分析系统的稳定性。所谓的双参数稳定域法，就是在其他参数固定的条件下，选出两个影响较大的参数，求出它们由稳定性决定的极限数值。例如，可采用运行在某个功率角的状态下，其他参数固定，求 K_{0f} 及 K_{1f} 为变量的稳定域，公共稳定区的变化如图 4.28 所示。

由图 4.28 可见，一个非常重要的问题是研究当运行情况改变以后，公共稳定区的变化（见带阴影的部分），据有关文献报道，最早的强力式调节器当运行情况改变以后，公共稳定区会减小，这在汽轮发电机上特别明显。曾经采用线路电流的反馈来解决此问题，后来又采用了励磁电流的微分，使得公共稳定区扩大，保证了各个通道的放大系数选择的裕度，如图 4.29 所示，可见当线路功角达到 88°时，尚能有适当的公共稳定区。

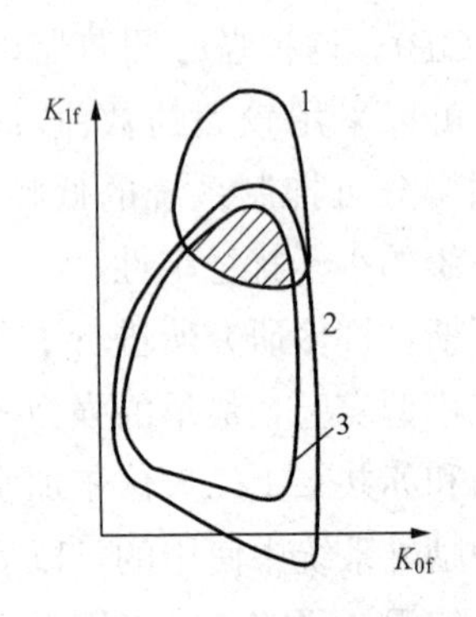

图 4.28 公共稳定区的变化

1—60°；2—90°；3—110°

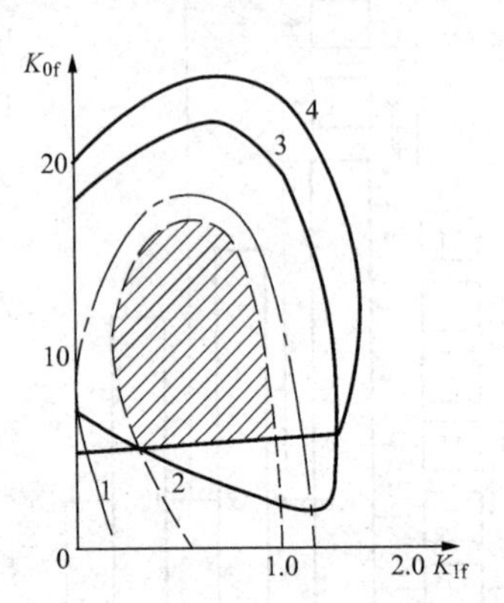

图 4.29 公共稳定区的变化

（带励磁电流微分反馈）

1—30°；2—60°；3—80°；4—88°

苏联的研究工作还表明，强力式调节器用于快速磁系统（$T_E < 0.1$ s），效果最为明显（大约可使小干扰功率极限提高到线路极限），而在慢速励磁系统中（$T_E = 0.5 \sim 1$ s）效果较小。一般在慢速励磁系统中采用比例调节器，调节器放大倍数为 20～50，强力电压调节器提高稳定效果见表 4.1。

表 4.1 强力电压调节器提高稳定效果

参　数	慢速励磁系统 ＋比例调节器	无刷二极管励磁系统 ＋强力调节器	快速励磁系统 ＋强力调节器
励磁机等效时间常数 T_E（s）	0.5～1	0.1	0.04
功率极限 P_{max}	1.0	1.07	1.10
功角 δ	104.5°	115°	120°
线路角 δ_l	66°	79°	85°

20 世纪 50 年代末及 60 年代初，按照苏联古比雪夫强力调节器的线路设计的电压调节器，曾在清华大学动态模拟实验室中进行过实验，当时未能达到预期的效果，主要碰到的问题有两个。一是微分环节对噪声干扰的反应十分灵敏，这是因为纯微分环节的频率特性具有频率越高增益越大的特点，因而对信号的测量、滤波的要求较高；二是公共稳定区

随着运行方式的变动，使得参数整定较为困难。不过当时并没有采用线路电流或励磁电流微分等信号来校正。

俄罗斯的强力式电压调节本质上与北美的电力系统稳定器是一样的，都是在电压误差反馈控制通道以外，提供附加的动态校正，目的都是在于提供附加的正阻尼转矩，克服电压通道产生的负阻尼转矩。在 20 世纪 50 年代，苏联科学院士 M. П. 柯斯秦珂在他的著作就已指出，附加励磁控制如提供与转速同相位的励磁电流，则相当正阻尼转矩，如果与角度同相位，则相当正的同步转矩。

看来，有必要继续对俄罗斯强力电压调节器的使用效果，整定试验原理、方法及其装置，做进一步的调研、分析及比较。仅就目前搜集到资料来看，与北美的电力系统稳定器技术相比，线路及装置显得复杂了一些，采用直接一次和二次微分环节，对信号的处理也带来了困难。

参考文献

[1] [俄] П. С. 日丹诺夫著. 电力系统稳定. 张钟俊译. 北京：高等教育出版社，1957
[2] [日] 绪方正彦著. 现代控制工程. 卢伯英，佟明安，罗维铭译. 北京：科学出版社，1981
[3] Г. Р. Геруенберг, С. А. Сованов. ИСПОЛЬЗОВАНИЕ СИЛЬНОГО РЕГУЛИРОВАНИЯ НА ТЕПЛОВЫХ ЭЛЕКТРОСТАНЦИЯХ. ЭАЕКТРИЧЕСКИЕ СТАНЦИИ，1977，No. 1
[4] Richard T. Byerly，E. W. Kimbark. Stability of Large Electric Power System. IEEE Press，1974
[5] 陈广洲. 电子最佳调节器原理. 电气传动，1973 年 4 月

第5章

电力系统稳定器的基本原理

20世纪70年代发展起来的电力系统稳定器是科学技术上的一项突破，对于世界上各国大型电力系统的运行，产生了重大的影响，在研究方法上也给予人们重要的启示。它的出现不是完全依靠理论及数学上的方法构造或设计出来的，而是在人们长期的工程实践中，根据对于物理过程的深刻理解，结合控制理论及电子技术发展起来的。可以说，它是理论与实践相互结合的一个范例[2,8]。

起初，一些工程师们分析了发电机在振荡过程中各个量之间的相位关系，包括端电压及功角的相位关系，认识到在一定条件下，由于励磁调节器、励磁系统及发电机磁场绕组的相位滞后特性，使电压调节器产生了相位滞后于功角并与转速变化反相位的负阻尼转矩，这就是电压调节过分灵敏时产生振荡的原因。这样，在励磁系统中采用某个附加信号，经过相位补偿，使其产生正阻尼转矩的想法就自然产生了。将这个想法用硬件加以实现，就构成了电力系统稳定器。稍后，又采用了发电机的海佛容—飞利蒲斯（Heffron-Philips）模型，分析了发电机同步转矩及阻尼转矩，确定了励磁控制系统的作用可以等效为提供了附加的阻尼及同步转矩，而系统的机电振荡频率主要是由发电机转子机械惯性环节决定的。这样，根据一定性能指标就可以计算出稳定器应该补偿的角度及稳定器的参数。进一步的研究证明，上述分析方法是与控制理论中保留主导极点的降价方法一致的，设计方法也相当于主导极点配置法。随着对多机系统中稳定器的分析设计方法及现场调整试验方法的深入研究，稳定器的理论及实践也更趋完善。

本章将由数学模型入手，介绍有关电力系统稳定器的基本原理、分析及设计方法。

第1节　海佛容—飞利蒲斯（Heffron-Philips）模型

在图5.1所示的单机—无穷大系统中，如果略去同步电机的定子电阻、定子电流的直流分量$\left(即认为\frac{d}{dt}\Psi_d=\frac{d}{dt}\Psi_q=0\right)$，以及阻尼绕组的作用，并且认为在小扰动过程中，发电机的转速变化很小，可以略去，则派克方程将具有下述形式

$$u_{td}=-\Psi_q=x_q i_q \tag{5.1}$$

$$u_{tq}=E_q-x_d i_d \tag{5.2}$$

$$E'_q=E_q-(x_d-x'_d)i_d \tag{5.3}$$

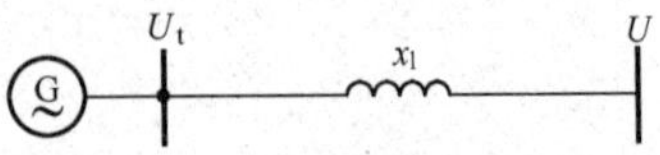

图5.1　单机—无穷大系统图

$$\frac{\mathrm{d}E'_{\mathrm{q}}}{\mathrm{d}t}=\frac{1}{T'_{\mathrm{d0}}}(E_{\mathrm{fd}}-E_{\mathrm{q}}) \tag{5.4}$$

另外，电抗 x_{q} 后的假想电动势 E_{Q} 为

$$E_{\mathrm{Q}}=u_{\mathrm{tq}}+x_{\mathrm{q}}i_{\mathrm{d}}=E'_{\mathrm{q}}+(x_{\mathrm{q}}-x'_{\mathrm{d}})i_{\mathrm{d}} \tag{5.5}$$

发电机的电磁转矩为

$$\begin{aligned}M_{\mathrm{e}}&=u_{\mathrm{td}}i_{\mathrm{d}}+u_{\mathrm{tq}}i_{\mathrm{q}}=i_{\mathrm{q}}(E_{\mathrm{Q}}-x_{\mathrm{q}}i_{\mathrm{d}})\\&\quad+i_{\mathrm{d}}(x_{\mathrm{q}}i_{\mathrm{q}})=i_{\mathrm{q}}E_{\mathrm{Q}}\end{aligned} \tag{5.6}$$

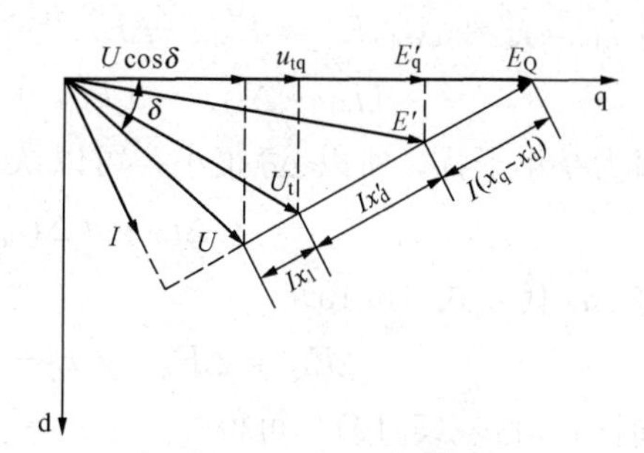

图 5.2 发电机相量图

由图 5.2 可见，如将外电抗 x_{l} 看作是发电机漏抗的一部分，则可得

$$U\cos\delta=E'_{\mathrm{q}}-i_{\mathrm{d}}(x'_{\mathrm{d}}+x_{\mathrm{l}}) \tag{5.7}$$

$$U\sin\delta=i_{\mathrm{q}}(x_{\mathrm{q}}+x_{\mathrm{l}}) \tag{5.8}$$

由式（5.7）、式（5.8）可解出

$$i_{\mathrm{d}}=(E'_{\mathrm{q}}-U\cos\delta)/(x'_{\mathrm{d}}+x_{\mathrm{l}}) \tag{5.9}$$

$$i_{\mathrm{q}}=U\sin\delta/(x_{\mathrm{q}}+x_{\mathrm{l}}) \tag{5.10}$$

这样，发电机的基本方程式集中在一起

$$\begin{aligned}u_{\mathrm{td}}&=x_{\mathrm{q}}i_{\mathrm{q}}\\u_{\mathrm{tq}}&=E_{\mathrm{Q}}-x_{\mathrm{q}}i_{\mathrm{d}}=E'_{\mathrm{q}}-x'_{\mathrm{d}}i_{\mathrm{d}}\\E'_{\mathrm{q}}&=E_{\mathrm{Q}}-(x_{\mathrm{q}}-x'_{\mathrm{d}})i_{\mathrm{d}}\\\frac{\mathrm{d}E'_{\mathrm{q}}}{\mathrm{d}t}&=\frac{1}{T'_{\mathrm{d0}}}(E_{\mathrm{fd}}-E_{\mathrm{q}})\\M_{\mathrm{e}}&=i_{\mathrm{q}}E_{\mathrm{Q}}\\\frac{\mathrm{d}\Delta\omega}{\mathrm{d}t}&=\frac{1}{T_{\mathrm{J}}}(M_{\mathrm{m}}-M_{\mathrm{e}})\\\frac{\mathrm{d}\delta}{\mathrm{d}t}&=\omega_0\Delta\omega\end{aligned} \tag{5.11}$$

另外还有下述辅助方程

$$U_{\mathrm{t}}^2=u_{\mathrm{td}}^2+u_{\mathrm{tq}}^2 \tag{5.12}$$

$$\begin{aligned}i_{\mathrm{d}}&=(E'_{\mathrm{q}}-U\cos\delta)/(x'_{\mathrm{d}}+x_{\mathrm{l}})\\i_{\mathrm{q}}&=U\sin\delta/(x_{\mathrm{q}}+x_{\mathrm{l}})\\E_{\mathrm{Q}}&=u_{\mathrm{tq}}+x_{\mathrm{q}}i_{\mathrm{d}}=E'_{\mathrm{q}}+(x_{\mathrm{q}}-x'_{\mathrm{d}})i_{\mathrm{d}}\end{aligned} \tag{5.13}$$

在上面的方程式中，M_{m}、M_{e}、ω 以标幺值表示，t 以秒表示，T_{J} 以秒表示，δ 以弧度表示。如果发电机正常运转时遭到干扰，各状态量均产生偏差，现在来求 ΔM_{e}、$\Delta E'_{\mathrm{q}}$ 及 ΔU_{t} 三个量的偏差方程式。

（1）首先求 ΔM_{e}。将 $M_{\mathrm{e}}=M_{\mathrm{e0}}+\Delta M_{\mathrm{e}}$，$i_{\mathrm{q}}=i_{\mathrm{q0}}+\Delta i_{\mathrm{q}}$ 及 $E_{\mathrm{Q}}=E_{\mathrm{Q0}}+\Delta E_{\mathrm{Q}}$ 代入式（5.6），并略去高次项，可得

$$\Delta M_{\mathrm{e}}=i_{\mathrm{q0}}\Delta E_{\mathrm{Q}}+E_{\mathrm{Q0}}\Delta i_{\mathrm{q}} \tag{5.14}$$

由式（5.13）可得 ΔE_{Q}

$$\Delta E_{\mathrm{Q}}=\Delta E'_{\mathrm{q}}+(x_{\mathrm{q}}-x'_{\mathrm{d}})\Delta i_{\mathrm{d}} \tag{5.15}$$

将 $i_d = i_{d0} + \Delta i_d, E'_q = E'_{q0} + \Delta E'_q$ 及 $\delta = \delta_0 + \Delta\delta$ 代入式（5.9）得

$$(i_{d0} + \Delta i_d) = [E'_{q0} + \Delta E'_q - U\cos(\delta_0 + \Delta\delta)]/(x'_d + x_l) \tag{5.16}$$

因为是小干扰，所以 $\Delta\delta$ 很小，可以认为 $\cos\Delta\delta = 1.0$，$\sin\Delta\delta = \Delta\delta$，代入式（5.16）

$$\Delta i_d = (\Delta E'_q + U\sin\delta_0 \Delta\delta)/(x'_d + x_l) \tag{5.17}$$

将 Δi_d 代入式（5.15）

$$\Delta E_Q = \Delta E'_q + (x_q - x'_d)(\Delta E'_q + U\sin\delta_0 \Delta\delta)/(x'_d + x_l) \tag{5.18}$$

同样，由式（5.10），可得

$$\Delta i_q = \frac{U\cos\delta_0}{x_q + x_l}\Delta\delta \tag{5.19}$$

将式（5.10）、式（5.13）代入式（5.14）

$$\Delta M_e = \frac{x_q + x_l}{x'_d + x_l} i_{q0} \Delta E'_q + \left(\frac{x_q - x'_d}{x'_d + x_l} i_{q0} U\sin\delta_0 + \frac{U\cos\delta_0}{x_q + x_l} E_{Q0}\right)\Delta\delta \tag{5.20}$$

式（5.20）亦可写成

$$\Delta M_e = K_1 \Delta\delta + K_2 \Delta E'_q \tag{5.21}$$

其中

$$K_1 = \frac{x_q - x'_d}{x'_d + x_l} i_{q0} U\sin\delta_0 + \frac{U\cos\delta_0}{x_q + x_l} E_{Q0} \tag{5.22}$$

$$K_2 = \frac{x_q + x_l}{x'_d + x_l} i_{q0} \tag{5.23}$$

（2）下面求 $\Delta E'_q$。由式（5.3）

$$\Delta E'_q = \Delta E_q - (x_d - x'_d)\Delta i_d \tag{5.24}$$

将式（5.17）表示的 Δi_d 代入

$$\Delta E'_q = \Delta E_q - \frac{x_d - x'_d}{x'_d + x_l}(\Delta E'_q + U\sin\delta_0 \Delta\delta) \tag{5.25}$$

由式（5.4）

$$\Delta E_q = \Delta E_{fd} - T'_{d0} s \Delta E'_q \tag{5.26}$$

式中 $s = \dfrac{d}{dt}$

代入式（5.25），消去 ΔE_q

$$\Delta E'_q = \Delta E_{fd} - T'_{d0} s \Delta E'_q - \frac{x_d - x'_d}{x'_d + x_l}(\Delta E'_q + U\sin\delta_0 \Delta\delta) \tag{5.27}$$

设

$$K_3 = \frac{x'_d + x_l}{x_d + x_l} \tag{5.28}$$

$$K_4 = \frac{x_d - x'_d}{x'_d + x_l} U\sin\delta_0 \tag{5.29}$$

则

$$\Delta E'_q = \frac{K_3}{1 + T'_{d0} K_3 s}\Delta E_{fd} - \frac{K_3 K_4}{1 + T'_{d0} K_3 s}\Delta\delta \tag{5.30}$$

（3）最后求 ΔU_t。由式（5.12），可得

$$(U_{t0} + \Delta U_t)^2 = (u_{td0} + \Delta u_{td})^2 + (u_{tq0} + \Delta u_{tq})^2 \tag{5.31}$$

略去偏差的高次项，得

$$\Delta U_{\mathrm{t}} = \frac{u_{\mathrm{td0}}}{U_{\mathrm{t0}}}\Delta u_{\mathrm{td}} + \frac{u_{\mathrm{tq0}}}{U_{\mathrm{t0}}}\Delta u_{\mathrm{tq}} \tag{5.32}$$

由式（5.1）
$$\Delta u_{\mathrm{td}} = x_{\mathrm{q}}\Delta i_{\mathrm{q}} \tag{5.33}$$

由式（5.2）
$$\Delta u_{\mathrm{tq}} = \Delta E'_{\mathrm{q}} - x_{\mathrm{d}}\Delta i_{\mathrm{d}} \tag{5.34}$$

将 Δi_{d}、Δi_{q} 分别代入式（5.33）、式（5.34）

$$\Delta u_{\mathrm{td}} = x_{\mathrm{q}} U\cos\delta_0 \Delta\delta/(x_{\mathrm{q}} + x_{\mathrm{l}}) \tag{5.35}$$

$$\Delta u_{\mathrm{tq}} = \frac{x_{\mathrm{l}}}{x'_{\mathrm{d}} + x_{\mathrm{l}}}\Delta E'_{\mathrm{q}} - \frac{x'_{\mathrm{d}}}{x'_{\mathrm{d}} + x_{\mathrm{l}}}U\sin\delta_0\Delta\delta \tag{5.36}$$

将 Δu_{td}、Δu_{tq} 代入式（5.32），则

$$\begin{aligned}\Delta U_{\mathrm{t}} &= \left(\frac{u_{\mathrm{td0}}}{U_{\mathrm{t0}}}\frac{x_{\mathrm{q}}}{x_{\mathrm{q}} + x_{\mathrm{l}}}U\cos\delta_0 - \frac{u_{\mathrm{tq0}}}{U_{\mathrm{t0}}}\frac{x'_{\mathrm{d}}}{x'_{\mathrm{d}} + x_{\mathrm{l}}}U\sin\delta_0\right)\Delta\delta + \frac{u_{\mathrm{tq0}}}{U_{\mathrm{t0}}}\frac{x_{\mathrm{l}}}{x'_{\mathrm{d}} + x_{\mathrm{l}}}\Delta E'_{\mathrm{q}} \\ &= K_5\Delta\delta + K_6\Delta E'_{\mathrm{q}}\end{aligned} \tag{5.37}$$

$$K_5 = \frac{u_{\mathrm{td0}}}{U_{\mathrm{t0}}}\frac{x_{\mathrm{q}}}{x_{\mathrm{q}} + x_{\mathrm{l}}}U\cos\delta_0 - \frac{u_{\mathrm{tq0}}}{U_{\mathrm{t0}}}\frac{x'_{\mathrm{d}}}{x'_{\mathrm{d}} + x_{\mathrm{l}}}U\sin\delta_0 \tag{5.38}$$

$$K_6 = \frac{u_{\mathrm{tq0}}}{U_{\mathrm{t0}}}\frac{x_{\mathrm{l}}}{x'_{\mathrm{d}} + x_{\mathrm{l}}} \tag{5.39}$$

将式（5.11）也写成 δ 的偏差方程

$$\Delta\delta = \frac{\omega_0}{T_{\mathrm{J}} s^2}(\Delta M_{\mathrm{m}} - \Delta M_{\mathrm{e}}) \tag{5.40}$$

其中，ΔM_{m} 为原动机驱动转矩的偏差量。

将 ΔM_{e}、$\Delta E'_{\mathrm{q}}$、ΔU_{t}、$\Delta\delta$ 等偏差方程集中在一起

$$\Delta M_{\mathrm{e}} = K_1\Delta\delta + K_2\Delta E'_{\mathrm{q}}$$

$$\Delta E'_{\mathrm{q}} = \frac{K_3}{1 + T'_{\mathrm{d0}}K_3 s}\Delta E_{\mathrm{fd}} - \frac{K_3K_4}{1 + T'_{\mathrm{d0}}K_3 s}\Delta\delta$$

$$\Delta U_{\mathrm{t}} = K_5\Delta\delta + K_6\Delta E'_{\mathrm{q}}$$

$$\Delta\delta = \frac{\omega_0}{T_{\mathrm{J}} s^2}(\Delta M_{\mathrm{m}} - \Delta M_{\mathrm{e}})$$

上述四式组成了如图 5.3 所示同步机数学模型，这由 W. G. Heffron 及 R. A. Philips 于 1952 年研究得出[1]。

由以上可见，ΔM_{e}、ΔU_{t}、$\Delta E'_{\mathrm{q}}$ 中的每一个量都由两个分量组成，其中 ΔM_{e} 的一个分量与 $\Delta\delta$ 成正比，其比例系数为 K_1。按定义

$$K_1 = \left.\frac{\Delta M_{\mathrm{e}}}{\Delta\delta}\right|_{E'_{\mathrm{q}}=C} \tag{5.41}$$

K_1 相当于同步转矩，反映同步电机的自同步能力。ΔM_{e} 的另一个分量与 $\Delta E'_{\mathrm{q}}$，即与转子绕组磁链成正比，其比例系数为 K_2，定义为

$$K_2 = \left.\frac{\Delta M_{\mathrm{e}}}{\Delta E'_{\mathrm{q}}}\right|_{\delta=C} \tag{5.42}$$

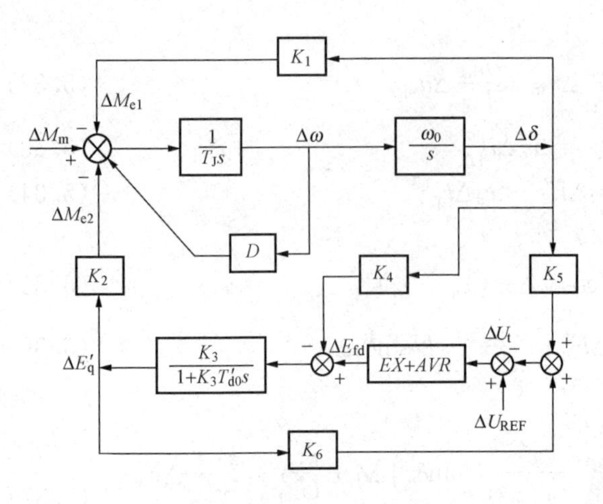

图5.3 同步机数学模型

$\Delta E'_q$ 的一个分量与励磁电压偏差 ΔE_{fd} 成正比，但是当励磁电压变化时，它引起转子的磁链变化要经过一个惯性环节，其时间常数为

$$T'_d = K_3 T'_{d0} = \frac{x'_d + x_l}{x_d + x_l} T'_{d0} \quad (5.43)$$

T'_d 是发电机在该运行状态下的励磁绕组时间常数，所以 $\Delta E'_q$ 的这一分量实际上反映与励磁电流成正比的部分。$\Delta E'_q$ 的另一分量是与 $\Delta\delta$ 成正比，其比例系数为 K_4，它实际上是反映定子电流的去磁效应。因 $\Delta E'_q$ 与 Ψ_{fd} 成正比，而 $\Psi_{fd} = I_{fd}x_{fd} - x_{ad}i_d$，当励磁电流不变时，如果定子负荷电流 i_d 增大，达到稳态时，Ψ_{fd} 及 E'_q 要减小；但在暂态过程初始，Ψ_{fd} 保持不变，要经过一个时间常数为 T'_d 的惯性，Δi_d 的去磁效应才显示出来，这就是第二个分量也包含一个惯性的原因。这一分量前面有个负号，表示它的作用是减小 E'_q，即去磁作用，不过当调节器放大倍数较大时，这种去磁作用就被削弱了。

ΔU_t 也是由两个分量组成，一个分量与 $\Delta E'_q$ 成正比，其比例系数为 K_6，与 $\Delta\delta$ 无关；另一个分量与 $\Delta\delta$ 成正比，这在下面还要详细讨论。

另外，对于原动机转矩与电磁转矩差额（$\Delta M_m - \Delta M_e$）的一次积分就是转速 $\Delta\omega$，而对 $\Delta\omega$ 的一次积分就是功角 $\Delta\delta$，这也表示在图5.3上。

上述数学模型由于保留了同步机的在小干扰过程中的重要变量，并且各量之间关系表现得十分清楚，所以被广为采用，并被推广到多机系统。

第2节 系数 $K_1 \sim K_6$

上面在最简单的情况下，列出偏差量的基本方程、框图及 $K_1 \sim K_6$ 的表达式。一般情况下发电机带有地方负荷(见图5.4)，发电机等效外阻抗 z_l，相当于 X_E 与 R_E 的并联。

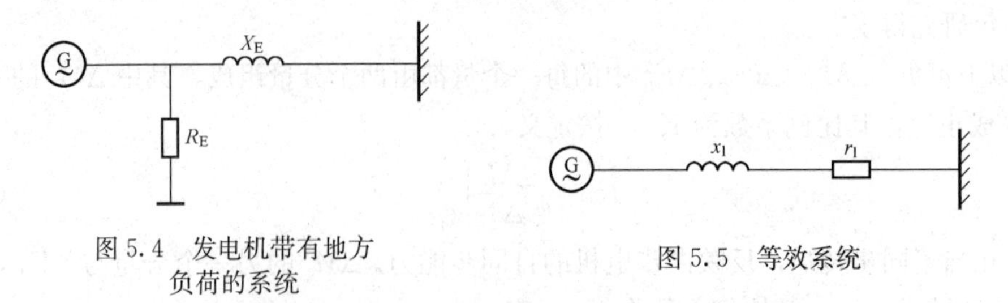

图5.4 发电机带有地方负荷的系统

图5.5 等效系统

$$Z_l = \frac{jR_E X_E}{R_E + jX_E} = \frac{R_E X_E^2 + jR_E^2 X_E}{R_E^2 + X_E^2} = r_l + jx_l \quad (5.44)$$

$$r_1=\frac{R_E X_E^2}{R_E^2+X_E^2} \tag{5.45}$$

$$x_1=\frac{R_E^2 X_E}{R_E^2+X_E^2} \tag{5.46}$$

这样，图 5.4 可以变成图 5.5 所示的等效系统，r_1 及 x_1 可以当作发电机的定子电阻及漏抗来处理。与前面不同的是，现在需计入定子电阻。这时可得同样的偏差方程式，只是系数 $K_2 \sim K_3$ 与前述不同，推导结果如下

$$\begin{aligned}K_1=&\frac{E_{Q0}U}{A}[r_1\sin\delta_0+(x_1+x_d')\cos\delta_0]\\&+\frac{i_{q0}U}{A}[(x_q-x_d')(x_1+x_q)\sin\delta_0-r_1(x_q-x_d')\cos\delta_0]\end{aligned} \tag{5.47}$$

$$K_2=\frac{r_1E_{Q0}}{A}+i_{q0}\left[1+\frac{(x_1+x_q)(x_q-x_d')}{A}\right] \tag{5.48}$$

$$K_3=\left[1+\frac{(x_1+x_q)(x_d-x_d')}{A}\right]^{-1} \tag{5.49}$$

$$K_4=\frac{U(x_d-x_d')}{A}[(x_1+x_q)\sin\delta_0-r_1\cos\delta_0] \tag{5.50}$$

$$K_5=\frac{u_{td0}}{U_{t0}}x_q\left[\frac{r_1U\sin\delta_0+(x_1+x_d')U\cos\delta_0}{A}\right]+\frac{u_{tq0}}{U_{t0}}x_d'\left[\frac{r_1U\cos\delta_0-(x_1+x_q)U\sin\delta_0}{A}\right] \tag{5.51}$$

$$K_6=\frac{u_{tq0}}{U_{t0}}\left[1-\frac{x_d'(x_1+x_q)}{A}\right]+\frac{u_{td0}}{U_{t0}}x_q\frac{r_1}{A} \tag{5.52}$$

$$A=r_1^2+(x_1+x_d')(x_q+x_1) \tag{5.53}$$

$K_1 \sim K_6$ 为一定条件下两个偏差量之比。

$$K_1=\left.\frac{\Delta M_e}{\Delta\delta}\right|_{E_q'=C} \tag{5.54}$$

$$K_2=\left.\frac{\Delta M_e}{\Delta E_q'}\right|_{\delta=C} \tag{5.55}$$

$$K_3=\left.\frac{x_d'+x_1}{x_d+x_1}\right|_{r_1=0} \tag{5.56}$$

$$K_4=\left.\frac{1}{K_3}\frac{\Delta E_q'}{\Delta\delta}\right|_{E_{fd}=C} \tag{5.57}$$

$$K_5=\left.\frac{\Delta U_t}{\Delta\delta}\right|_{E_q'=C} \tag{5.58}$$

$$K_6 = \frac{\Delta U_t}{\Delta E'_q}\bigg|_{\delta=C} \tag{5.59}$$

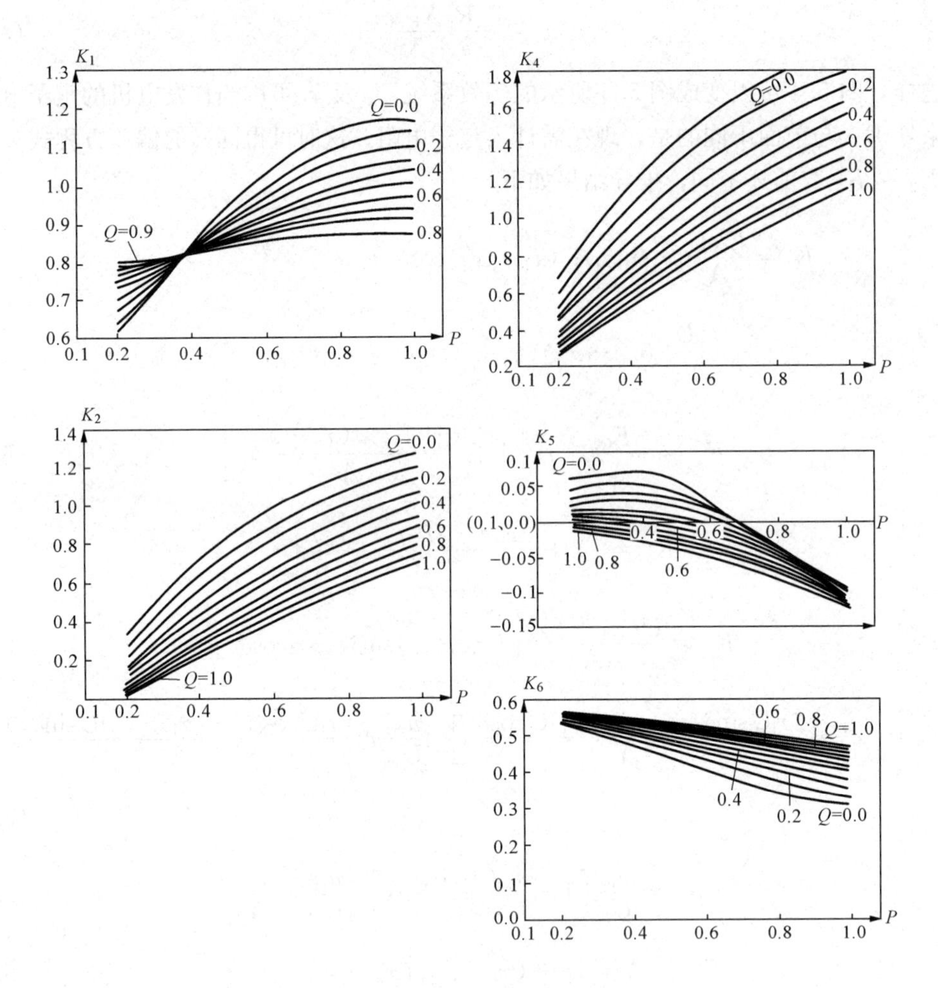

图 5.6 远距离送电时，系数 K_1、K_2、$K_4 \sim K_6$ 随有功功率及无功功率的变化曲线

($r_l=0$，$x_l=0.4$，$x_d=1.6$，

$x_q=1.55$，$x'_d=0.32$，$T'_{d0}=6s$)

所以除了 K_3 外，其他各系数均随运行点的改变而改变，按远距离送电及带地方负荷两种情况，分别给出 K_1、K_2、$K_4 \sim K_6$ 随有功功率及无功功率的变化曲线如图 5.6、图 5.7 所示[3]。

若以功角 δ 为横坐标，在远距离的送电情况下，K_1、K_2、K_4、K_5 随 δ 变化曲线如图 5.8 所示[4]。图 5.8 中还表示了 K_1 及 K_5 中两个分量与功角的关系。$K_{1(1)}$ 及 $K_{5(1)}$ 相当于 K_1 与 K_5 表达式中与 $\cos\delta_0$ 成正比的那一项，$K_{1(2)}$ 及 $K_{5(2)}$ 相当于与 $\sin\delta_0$ 成正比的那一项［见式 (5.22) 及式 (5.38)］。

由图 5.7 可见，当有地方负荷时（$r_l \gg x_l$），K_5 总是大于零，但 K_1 及 K_4 可能为负值；在远距离送电的情况下，当负荷加重，即 δ 增大时，K_5 可由正变为负值，K_5 变成负值的原因可作如下解释：

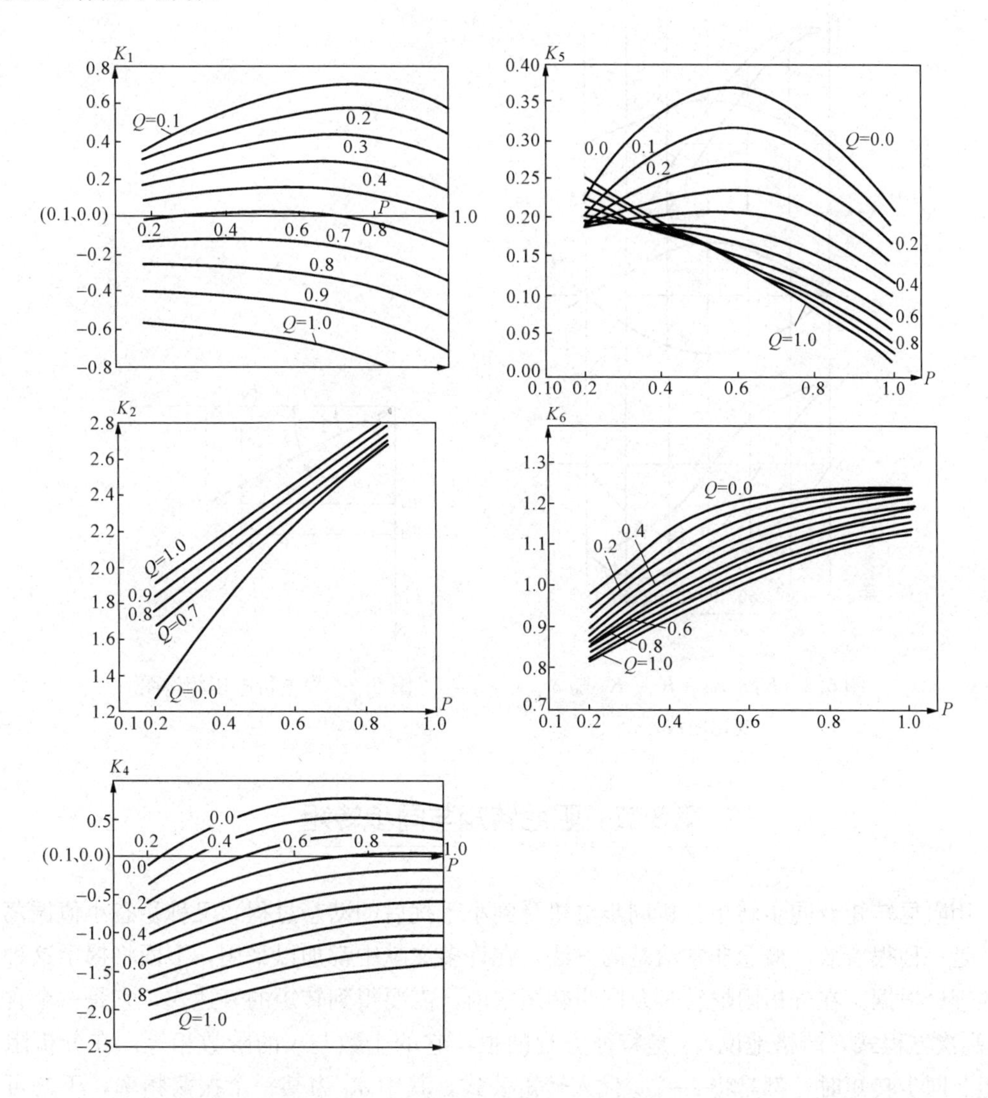

图 5.7　带地方负荷时，系数 K_1、K_2、$K_4 \sim K_6$ 随有功功率及无功功率的变化曲线

($r_l=0.74$，$x_l=0.148$，$x_d=1.7$，

$x_q=1.62$，$x'_d=0.2$，$T'_{d0}=3.9s$)

由式 (5.32) 可知，当考虑微小的偏差时，电压偏差可以表示为

$$\Delta U_t = \frac{u_{td0}}{U_{t0}}\Delta u_{td} + \frac{u_{tq0}}{U_{t0}}\Delta u_{tq}$$

也就是与 d 轴上电压分量及 q 轴上电压分量之和成比例，如图 5.9 所示。如果仅考虑 $\Delta\delta$ 增大对 ΔU_t 的影响，则当 δ 增大时，U_t 在 q 轴上的分量是减小的，即 Δu_{tq} 为负；其在 d 轴上的分量是增大的，即 Δu_{td} 为正。可以证明，Δu_{tq} 与 $-\sin\delta_0\Delta\delta$ 成正比，相当于 K_5 表达式中第二项 $K_{5(2)}$，而 Δu_{td} 与 $\cos\delta_0\Delta\delta$ 成正比，相当于 K_5 表达式中第一项 $K_{5(1)}$。所以当 δ_0 较大时，Δu_{tq} 的减少量比 Δu_{td} 的增大量要大时(由图 5.9 可看出，这在 δ_0 较大时会出现)，则 K_5 就会变为负值。

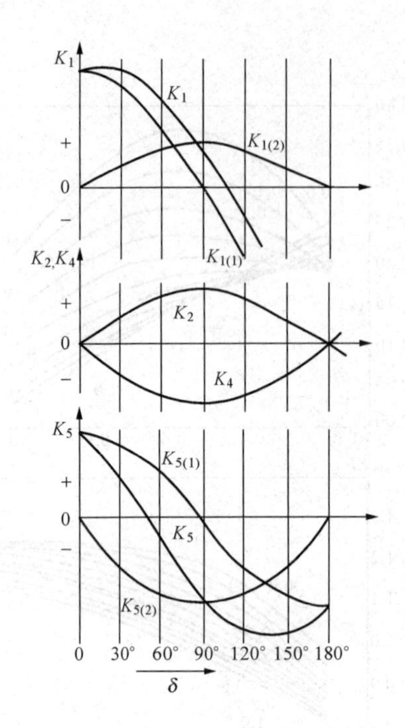

图 5.8 K_1、K_2、K_4、K_5 随 δ 变化曲线

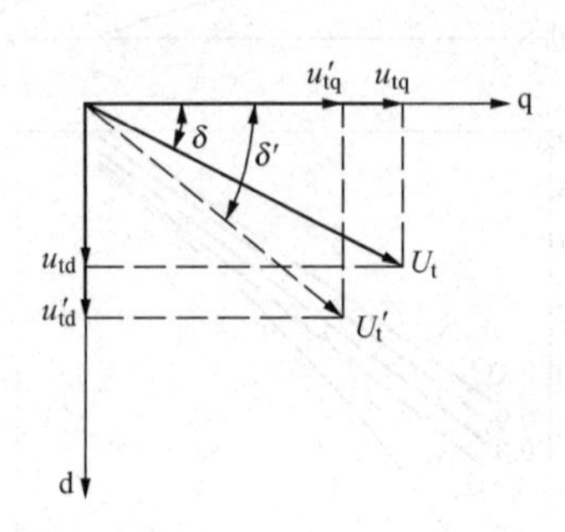

图 5.9 发电机电压相量图

第3节 阻尼转矩与同步转矩

用阻尼转矩及同步转矩分析同步电机受到小干扰后的动态过程，又称稳态小值振荡分析，是一种很有效、概念非常清楚的方法，在许多文献中都加以采用，下面将揭示这种方法的理论根据。在分析阻尼转矩及同步转矩之前，需要得到转矩的表达式，它是一个含有 s 的高次方程式，严格地说，s 是特征方程的根，它的个数与 s 的阶数相等。在分析阻尼转矩及同步转矩时，都是将 $s=j\omega_d$ 代入转矩公式，其中 ω_d 为某一个振荡频率，于是可获得转矩的代数表达式。为什么可以只代入虚部等于 $j\omega_d$ 这一个根呢？这意味着什么？本书在下面对此加以说明。

对于发电机振荡过程的研究表明，在多数情况下，决定发电机转子振荡的量 $\Delta\delta$、$\Delta\omega$ 是与机械惯性时间常数有关的，它的振荡频率最低且衰减较慢；而与励磁系统有关的变量如 ΔE_{fd}、$\Delta E'_q$ 等是由相对小的时间常数决定的，振荡频率较高且衰减较快。因此当我们研究与转子振荡有关的过程时，可以认为快速过程已经结束；与励磁系统有关的量将跟随 $\Delta\omega$、$\Delta\delta$ 以某个频率 ω_d 作正弦振荡，这样按照电工学中的复数符号法我们可以把 $s=j\omega_d$ 代入转矩公式。上述的衰减速度的不同，也称作“多时标特性”，如果从特征根在 s 平面上的分布来看，这相当于，由转子机械环节决定的特征根位于零点附近的区域，而由励磁系统决定的特征根都远离零点。现在研究的振荡过程相对较长，转子机械环节所决定的特征根起支配作用，我们可以只考虑这种特征根。这实际上是降阶方法的一种应用，也就是阻尼转矩及同步转矩分析方法的理论根据及重要假定，当然这是一种近似的假定。

现在我们来研究励磁调节器对稳定的影响。从图 5.3 所示的框图上可以看出，励磁调节器是通过改变 $\Delta E'_q$ 来改变转矩 ΔM_{e2} 的，在框图上即是求因 $\Delta\delta$ 变化产生的 ΔM_{e2}，转矩 ΔM_{e2} 与电动势 $\Delta E'_q$ 间传递函数及框图如图 5.10 所示。

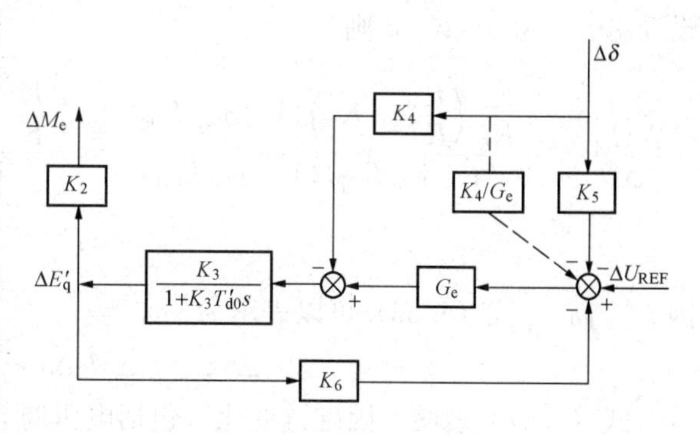

图 5.10　转矩 ΔM_{e2} 与电动势 $\Delta E'_q$ 间传递函数及框图

在图 5.10 中，将 K_4 输出的相加点移至 G_e 的前面，如图中虚线所示，根据相加点前移的规则，K_4 将变为 K_4/G_e，这样即可求出整个开环系统的传递函数

$$\frac{\Delta M_{e2}}{\Delta\delta}=-\frac{K_2G_3(K_4+K_5G_e)}{1+G_eG_3K_6} \tag{5.60}$$

$$G_3=\frac{K_3}{1+K_3T'_{d0}s} \tag{5.61}$$

G_e 为励磁系统的传递函数。下面分别讨论快速励磁系统及常规励磁系统两种情况。

1. 快速励磁系统

快速励磁系统指晶闸管直接用于发电机励磁绕组的系统。

这时励磁系统的传递函数可以表示为

$$G_e=\frac{\Delta E_{fd}}{\Delta U_t}=\frac{K_A}{1+T_Es} \tag{5.62}$$

将 G_e 及 G_3 代入式（5.60）

$$\frac{\Delta M_{e2}}{\Delta\delta}=\frac{K_2K_3\left(K_4+K_5\dfrac{K_A}{1+T_Es}\right)}{(1+K_3T'_{d0}s)\left(1+\dfrac{K_A}{1+T_Es}\dfrac{K_3}{1+K_3T'_{d0}s}K_6\right)}$$
$$=-\frac{K_2K_3K_4(1+T_Es)+K_2K_3K_5K_A}{(1+K_3T'_{d0}s)(1+T_Es)+K_3K_6K_A} \tag{5.63}$$

将 $s=j\omega_d$ 代入式（5.63）后，经过一些化简得

$$\frac{\Delta M_{e2}}{\Delta\delta}=-\frac{K_2K_3K_4+K_2K_3K_5K_A+j\omega_dK_2K_3K_4T_E}{1+K_3K_AK_6-\omega_d^2K_3T'_{d0}T_E+j\omega_d(K_3T'_{d0}+T_E)} \tag{5.64}$$

因快速系统的 T_E 很小，可以认为 $T_E\approx 0$，而 $K_3K_AK_6\gg 1$，因而略去分母中第一项"1"则

$$\frac{\Delta M_{e2}}{\Delta\delta}=-\frac{K_2K_3K_4+K_2K_3K_5K_A}{K_3K_6K_A+j\omega_dK_3T'_{d0}}=-\frac{\dfrac{K_2}{K_6}\left(\dfrac{K_4}{K_A}+K_5\right)}{1+j\omega_dT'_{d0}/(K_AK_6)} \tag{5.65}$$

设 $T_{EQ}=T'_{d0}/K_AK_6$，则

$$\frac{\Delta M_{e2}}{\Delta\delta}=-\frac{\frac{K_2}{K_6}\left(\frac{K_4}{K_A}+K_5\right)(1-j\omega_d T_{EQ})}{(1+j\omega_d T_{EQ})(1-j\omega_d T_{EQ})}=-\frac{\frac{K_2}{K_6}\left(\frac{K_4}{K_A}+K_5\right)}{1+\omega_d^2T_{EQ}^2}+j\omega_d\frac{\frac{K_2}{K_6}T_{EQ}\left(\frac{K_4}{K_A}+K_5\right)}{1+\omega_d^2T_{EQ}^2} \tag{5.66}$$

因 $s=j\omega_d$，式（5.66）可以表示为

$$\Delta M_{e2}=\Delta M_S\Delta\delta+\Delta M_D s\Delta\delta \tag{5.67}$$

式（5.67）表明，因磁链变化（包括电压调节器的作用）产生的转矩可以分成两个分量，即与 $\Delta\delta$ 成比例的同步转矩 $\Delta M_S\Delta\delta$ 及与转速 $s\Delta\delta$ 成比例的阻尼转矩 $\Delta M_D s\Delta\delta$，其中

$$\Delta M_S=-\frac{\frac{K_2}{K_6}\left(\frac{K_4}{K_A}+K_5\right)}{1+\omega_d^2T_{EQ}^2}\approx\frac{-K_2K_5/K_6}{1+\omega_d^2T_{EQ}^2} \tag{5.68}$$

$$\Delta M_D=\frac{T_{EQ}\frac{K_2}{K_6}\left(\frac{K_4}{K_A}+K_5\right)}{1+\omega_d^2T_{EQ}^2}\approx\frac{K_2K_5T_{EQ}/K_6}{1+\omega_d^2T_{EQ}^2} \tag{5.69}$$

当无电压调节器时，$K_A=0$，仍以 $T_E=0$ 代入式（5.64）

$$\frac{\Delta M_{e2}}{\Delta\delta}=-\frac{K_2K_3K_4}{1+j\omega_dK_3T'_{d0}}=-\frac{K_2K_3K_4(1-j\omega_dK_3T'_{d0})}{1+\omega_d^2K_3^2T'^2_{d0}} \tag{5.70}$$

$$\Delta M_S=-\frac{K_2K_3K_4}{1+\omega_d^2K_3^2T'^2_{d0}} \tag{5.71}$$

$$\Delta M_D=\frac{T'_{d0}K_2K_3^2K_4}{1+\omega_d^2K_3^2T'^2_{d0}} \tag{5.72}$$

ΔM_S 及 ΔM_D 分别称为同步转矩系数及阻尼转矩系数。式（5.68）、式（5.69）表示有电压调节器时的同步及阻尼转矩系数，它们与 K_5 有关。式（5.71）、式（5.72）代表机组本身同步及阻尼转矩系数，这时同步转矩是由定子电流去磁效应产生的，所以是负值，而阻尼转矩是由励磁绕组本身产生的。

如果略去机组本身固有的同步转矩 $K_1\Delta\delta$ 及阻尼转矩（阻尼绕组等产生的与速度成比例的转矩）$Ds\Delta\delta$，则角度增大时，若磁链变化产生的附加同步转矩 $\Delta M_S\Delta\delta>0$，则增大了制动转矩，使剩余转矩 M_m-M_e 减小，在负值的剩余转矩（$M_m-M_e<0$）作用下角度将逐渐减小并回到初始值；在角度减小时，则在正值的剩余转矩作用下，使角度回到初始值。当 $\Delta M_S<0$ 时则与上述相反，即当角度增大时，制动转矩反而减小，剩余转矩为正值，从而使角度不断增大，以至发生滑行失步。综上所述，不发生滑行失步的条件为

$$\Delta M_S>0 \tag{5.73}$$

当 δ 角围绕 δ_0 振荡时，电机的转矩—角度特性可认为是在 δ_0 对应的转矩 M_{e0} 上叠加上 ΔM_{e2}，稳态小值振荡下的转矩如图 5.11 所示。

图5.11上直线1、3代表同步转矩，其斜率代表同步转矩系数 ΔM_S。曲线1、2、3、4与直线1、3间纵坐标之差即等于阻尼转矩 $\Delta M_D s\Delta\delta$。由于振荡过程中，$\Delta\delta$ 与 $s\Delta\delta$ 相位相差90°，即1/4个周期，在2、4两点上 $\Delta\delta=0$ 而 $s\Delta\delta$ 具有最大值；而在1、3两点，$\Delta\delta=\Delta\delta_m$ 而 $s\Delta\delta=0$，因此在1、3两点 ΔM_{e2} 是纯粹同步转矩而2、4两点只有阻尼转矩。直线1、3的上部阻尼转矩为正值，直线1、3下部阻尼转矩为负值。若 $\Delta M_D>0$，则当 δ 增大时，即 $s\Delta\delta>0$，阻尼转矩为正，在图上它应加在直线1、3上面，所以工作点是沿上半条曲线及方向3、4、1移动。当 δ 减小，$s\Delta\delta<0$ 时，阻尼转矩为负，转矩曲线由1、2、3确定，因此是按下半条曲线及1、2、3方向移动。也就是说，$\Delta M_D>0$ 在曲线1、2、3、4上沿顺时针移动；而当 $\Delta M_D<0$，可以确定，工作点是逆时针移动。由于 ΔM_e 在振荡的一个周期内所做的功等于 $\int\Delta M_e\Delta\delta$；所以顺时针方向移动所做的功为正值，消耗多余的能量使振荡逐渐平息；反时针移动所做的功为负值，即产生额外的能量使振荡加剧以至失步。所以，不发生振荡失步的条件为

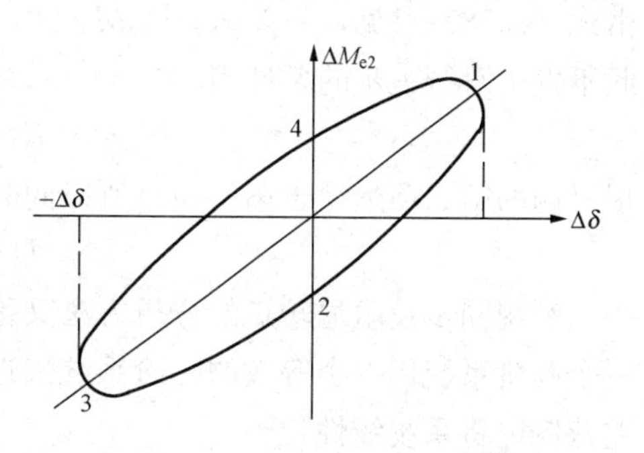

图5.11　稳态小值振荡下的转矩

$$\Delta M_D>0 \tag{5.74}$$

以上说明了同步转矩及阻尼转矩的性质。前面已经指出，发电机除因转子磁链改变产生的同步，阻尼转矩外，电机本身还具有同步转矩 $K_1\Delta\delta$ 及阻尼转矩 $Ds\Delta\delta$。因此不发生滑行失步及振荡失步的条件应为

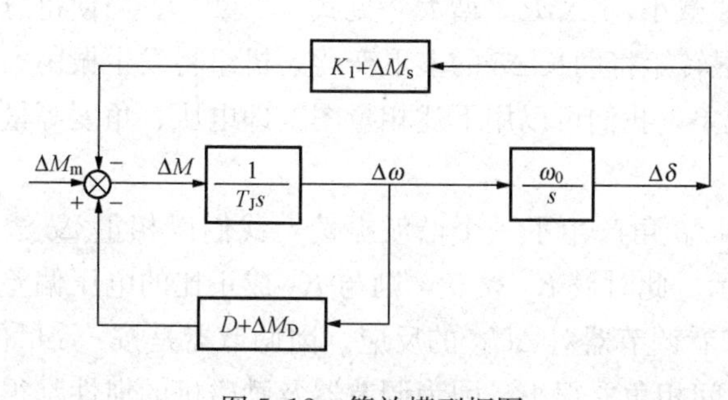

图5.12　等效模型框图

$$K_1+\Delta M_S>0 \tag{5.75}$$

$$D+\Delta M_D>0 \tag{5.76}$$

上述条件也可以如下推导出来：首先将励磁产生的 $\Delta M_S\Delta\delta$ 及 $\Delta M_D s\Delta\delta$ 与发电机数学模型框图上半部分合在一起，并假定发电机具有阻尼转矩 $Ds\Delta\delta$，则可得图5.12所示的等效模型框图。这个系统的闭环传递函数为

$$\frac{\Delta\delta}{\Delta M_m}=\frac{\omega_0/T_J}{s^2+\dfrac{D+\Delta M_D}{T_J}s+\dfrac{(K_1+\Delta M_S)\omega_0}{T_J}} \tag{5.77}$$

式（5.77）的特征根为

$$s_{1,2}=-\frac{\Delta M_D+D}{2T_J}\pm\frac{1}{2}\sqrt{\left(\frac{\Delta M_D+D}{T_J}\right)^2-4\omega_0\frac{\Delta M_S+K_1}{T_J}} \tag{5.78}$$

由式（5.78）可见，只要 $K_1+\Delta M_S<0$，就会出现正的实根，系统就会发生滑行失步，因此不发生滑行失步的条件为

$$K_1+\Delta M_S>0$$

根号内的第二项远大于第一项，所以同时也不发生振荡失步的条件为

$$D+\Delta M_D>0$$

利用同步及阻尼转矩的分析方法又称稳态小值振荡，是一种近似的方法。它相当于将一个高阶系统用一个等效的二阶系统来近似。另外一个近似就是在某个运行点附近的微偏差范围内将系统线性化了。

现在先讨论远距离的情况（$x_l \gg r_l$）：

（1）当负荷较轻，δ 较小时，$K_5>0$，由 ΔM_S 及 ΔM_D 的表达式（5.68）、式（5.69）可见，此时 $\Delta M_S<0$，但机组总的同步转矩为 $M_S=(K_1+\Delta M_S)\Delta\delta$，$K_1$ 一般较大，仍能保证 $M_S>0$。这样，在功率角较小时，不会发生因电压调节器的作用使 $M_S<0$ 从而滑行失步的情况。

另外，$\Delta M_D>0$，说明电压调节器加入后，机组的阻尼转矩增大了，这样就不会在功率角较小时出现振荡失步。

（2）当负荷较重时，δ 角较大，$K_5<0$ 此时 $\Delta M_S>0$，即电压调节器加入后对增加系统的同步能力是有好处的。

但是这种情况下，$\Delta M_D<0$，即电压调节器加入后，总的阻尼转矩系数减小，这是不利的。随着电压放大系数 K_A 的增加，T_{EQ} 减小，$|\Delta M_D|$ 增大［见式（5.69）］。当使得总的阻尼转矩系数 $(D+\Delta M_D)<0$ 时，阻尼转矩将助长 $\Delta\delta$ 的上下变化，机组将发生振荡失步。这种电压调节器恶化了机组阻尼的现象，我们可以用下述相量图，即电压、角度等量的相位关系来解释：

若系统处于平衡状态，不论什么原因，δ 角产生了一个谐波振荡，我们以相量 $\Delta\delta$ 表示，振荡情况下的转矩相量如图 5.13 所示。此时设 $K_5<0$，则与 K_5 成正比的电压偏差中的第一个分量 ΔU_{t1} 与 $\Delta\delta$ 反向，现在来看调节器对 ΔU_{t1} 的反应。因调节器是按 $-\Delta U_{t1}$ 调节的，它的输出为 ΔE_{fd}，它与 $-\Delta U_{t1}$ 间相角差很小，因为调节器及励磁机的惯性都很小。ΔE_{fd} 再输入励磁绕组，它的输出是与 ΔM_{e2} 成正比的 $\Delta E'_q$（磁链的增量），其间励磁绕组的时间常数为 T'_d（即 $K_3T'_{d0}$），在振荡过程中，从 $-\Delta U_{t1}$ 到 ΔM_{e2} 的滞后相当于一个 0～90°的相位角，这点可以从图 5.10 所示的框图中忽略 K_4 的作用后推导出来，略去 K_4 后的发电机励磁系统框图如图 5.14 所示。

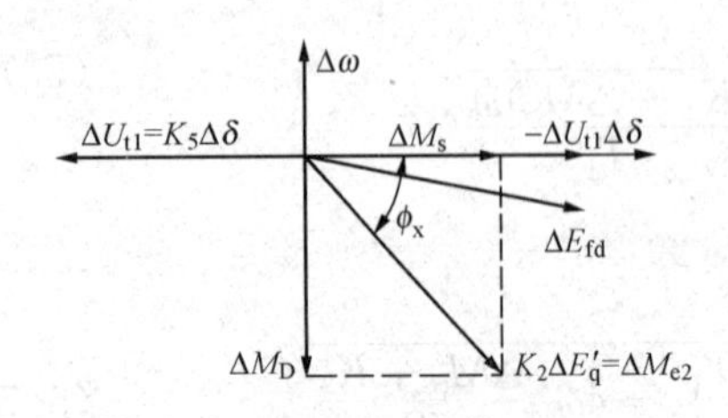

图 5.13 振荡情况下的转矩相量

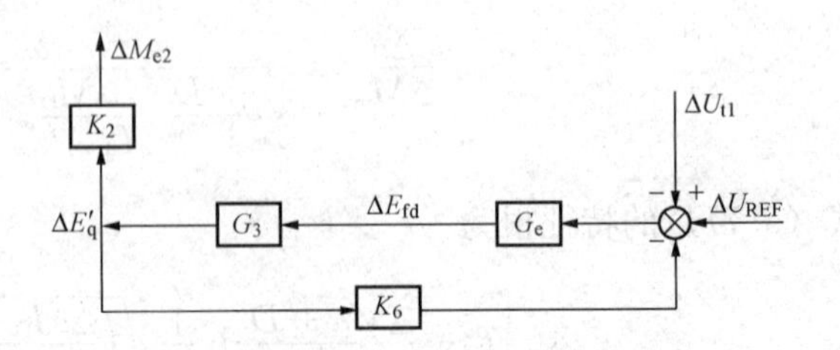

图 5.14 略去 K_4 后的发电机励磁系统框图

这时

$$\frac{\Delta M_{e2}}{\Delta U_{t1}}=\frac{K_2G_3G_e}{1+K_6G_3G_e}=\frac{K_2\dfrac{K_3}{1+K_3T'_{d0}s}\dfrac{K_A}{1+T_Es}}{1+\dfrac{K_3K_6K_A}{(1+K_3T'_{d0}s)(1+T_Es)}} \tag{5.79}$$

因 T_E很小

$$\frac{\Delta M_{e2}}{\Delta U_{t1}}\approx\frac{K_2K_3K_A}{K_3K_6K_A+(1+T'_{d0}K_3s)}$$

再略去 $1/K_3K_6K_A$

$$\frac{\Delta M_{e2}}{\Delta U_{t1}}=\frac{K_2/K_6}{1+\dfrac{T'_{d0}}{K_6K_A}s} \tag{5.80}$$

这相当于一个惯性不大的环节，特别是在低频下，它可以大致相当 $\phi_x=0\sim90°$ 相位滞后，所以从图5.13上可见，附加的转矩 ΔM_{e2} 具有两个分量，其在 $\Delta\omega$ 轴的投影即相当为负值，在 $\Delta\delta$ 轴投影相当为正值。

振荡过程中负阻尼的时域表示如图5.15所示，由图可见，如果角度 δ 增大时，端电压的一个分量 U_{t1} 下降，经过电压调节器的作用，励磁电压升高，但磁链的增长由于励磁绕组的惯性要滞后一段时间以至于转子向回摆，转速 $\Delta\omega$ 成为负值时，磁链仍在增大，这就是制动的电磁转矩增大，以致使转子向回摆的幅值增大，起了相反的作用。这可由图5.15中带阴影的部分看出来。这也就是所谓的“负阻尼”。

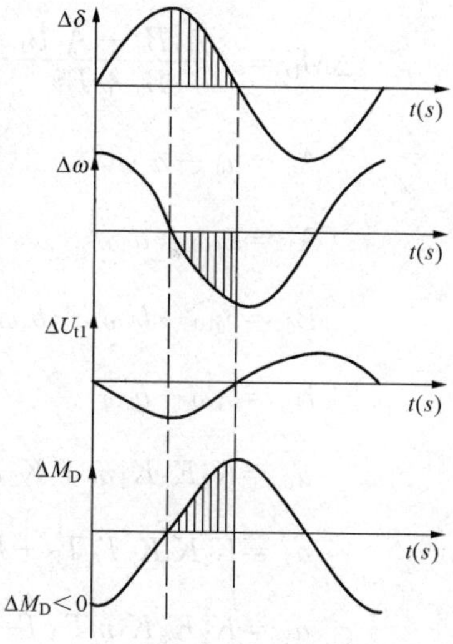

图5.15　振荡过程中负阻尼的时域表示

现在再来讨论发电机有地方负荷且 $r_1>x_1$ 的情况。

此时，K_5 总是大于零，ΔM_D 总是大于零。电压调节器的加入还可能增大电机的阻尼，因这时 $K_4<0$，也有可能在无电压调节器时产生负阻尼，这些将在以后讨论。

2. 常规励磁系统

常规励磁系统系指具有旋转励磁机（交流或直流）的励磁系统，结构图如图5.16所示。

图5.16为美国电机及电子工程学会（IEEE）提供的常规励磁系统结构图。其中，T_R为测量环节滤波器时间常数，0～0.06s；K_A为调节器放大倍数，25～400；T_A为调节器时间常数，0.02～0.2s；$\dfrac{K_Fs}{1+T_Fs}$为转子软反馈环节，K_F 为 $0.03\sim0.08$，T_F 为 $0.35\sim1.10$ s；S_E为励磁机的饱和系数 $S_E=f(E_{fd})$；K_E为励磁机的自励系数，K_E 为 $-0.05\sim-0.17$；T_E为励磁机时间常数，0.5～0.95s。

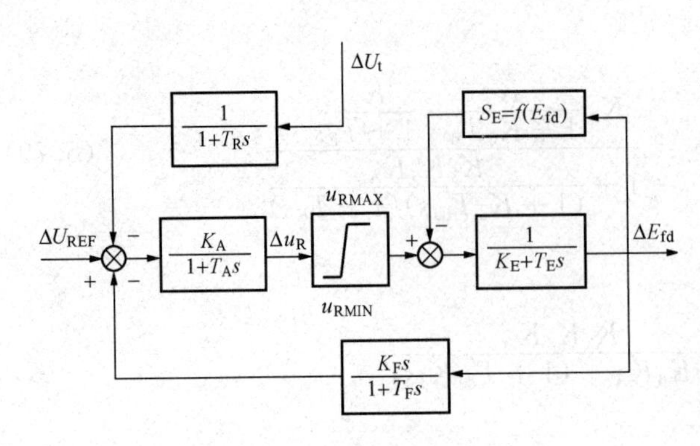

图 5.16 常规励磁系统结构图

计入饱和及自并励的效应后，励磁机的传递函数可表示为

$$\frac{\Delta E_{fd}}{\Delta u_R}=\frac{1/(S_E+K_E)}{1+\frac{T_E}{S_E+K_E}s} \tag{5.81}$$

计入饱和效应后，时间常数及放大系数均减小（$S_E>0$），而计入自并励正反馈效应后，时间常数及放大系数均增大（$K_E<0$）。

按图 5.16，设 $T_R=0$，可得

$$G_e(s)=\frac{\Delta E_{fd}}{\Delta U_t}=\frac{-K_A(1+T_F s)}{(1+T_A s)(1+T_E s)(S_E+K_E+T_E s)+K_A K_F s} \tag{5.82}$$

将 $G_e(s)$ 代入式（5.60），并相应地分为同步转矩 $\Delta M_s\Delta\delta$ 及阻尼转矩 $\Delta M_D s\Delta\delta$ 则可得 ΔM_s 及 ΔM_D 如下[3]

$$\Delta M_s=-\frac{A_0B_0+A_1B_1}{B_0^2+B_1^2}\Delta\delta \tag{5.83}$$

$$\Delta M_D=-\frac{A_1B_0-A_1B_1}{B_0^2+B_1^2}\frac{1}{\omega}\Delta\delta \tag{5.84}$$

$$A_0=a_0-a_2\omega^2 \tag{5.85}$$

$$A_1=a_1\omega-a_3\omega^3 \tag{5.86}$$

$$B_0=b_0\omega-b_2\omega^2+b_4\omega^4 \tag{5.87}$$

$$B_1=b_1\omega-b_3\omega^3 \tag{5.88}$$

$$a_0=K_2K_3K_4m+K_2K_3K_5K_A \tag{5.89}$$

$$a_1=K_2K_3K_5T_AT_F+K_2K_3K_4K_AK_F+K_2K_3K_4T_E+K_2K_3K_4m(T_A+T_F) \tag{5.90}$$

$$a_2=K_2K_3K_4mT_AT_F+K_2K_3K_4T_E(T_A+T_F) \tag{5.91}$$

$$a_3=K_2K_3K_4T_AT_FT_E \tag{5.92}$$

$$b_0=m+K_3K_6K_A \tag{5.93}$$

$$b_1=T_E+m(T_AT_F)+mT'_d+K_3K_6K_AT_F+K_AK_F \tag{5.94}$$

$$b_2=T'_dT_E+mT'_d(T_A+T_F)+mT_AT_F+T_E(T_A+T_F)+T'_dK_AK_F \tag{5.95}$$

$$b_3=T_AT_FT_E+T'_dmT_AT_F+T'_dT_E(T_A+T_F) \tag{5.96}$$

$$b_4=T'_dT_AT_ET_F \tag{5.97}$$

$$m = K_E + S_E \tag{5.98}$$

式（5.83）、式（5.84）所表示的 ΔM_s 、ΔM_D 过于复杂，不便于分析，现按照振荡频率分为低频（$\omega < 1$）及高频（$\omega \gg 1$）两种情况，同步转矩系数及阻尼转矩系数列于表 5.1。

表 5.1　同步转矩系数及阻尼转矩系数

转矩 / 励磁系统	低频 $\omega < 1$		高频 $\omega \gg 1$	
	ΔM_s	ΔM_D	ΔM_s	ΔM_D
无励磁调节	$K_1 - K_2K_3K_4$	$T'_d K_2K_3K_4$	$K_1 - \frac{K_2K_3K_4}{\omega_d^2 T_d'^2}$	$\frac{K_2K_3K_4}{\omega_d^2 T'_d}$
快速励磁系统	$K_1 - \frac{K_2K_5}{K_6}$	$\frac{T'_d K_2K_5}{K_A K_6^2 K_3}$	$K_1 - \frac{K_2K_3^2K_5K_6K_A^2}{\omega_d^2 T_d'^2}$	$\frac{K_2K_3K_5K_A}{\omega_d^2 T'_d}$
常规励磁系统	$K_1 - \frac{K_2K_5}{K_6}$	MFK_5	$K_1 - \frac{K_2K_3K_4b_3}{T_A T_F T_E T_d'^2 \omega_d^2}$	$\frac{K_2K_3K_4}{\omega_d^2 T'_d}$

表 5.1 中

$$F = K_A^2 K_2 K_3 K_4 / (b_0^3 + b_1^2 \omega^2) \tag{5.99}$$

$$M = K_F (K_5 - K_3 K_4 K_6) / K_4 K_5 \tag{5.100}$$

文献［3］采用了如图 5.16 所示常规系统，分析了 $K_5 > 0$ 及 $K_5 < 0$ 两种情况下阻尼转矩，并用模拟计算机证实，在上述两种情况下都可能因阻尼转矩系数为负而使系统丧失稳定。但是应该说明，是否保持稳定与调节器参数，特别是放大倍数 K_A 及反馈回路参数 K_F、T_F 有密切关系，这将在下一章加以讨论。

第 4 节　电力系统稳定器输入信号及传递函数

由上面的分析可见，电压调节器恶化系统的阻尼，甚至引起振荡的原因可以归结为：

（1）采用电压作为电压调节器的控制量。

（2）调节器及励磁系统具有惯性。

由于上述原因，在长线送电、负荷较重时，若转子角出现振荡，电压调节器提供的附加磁链的相位是落后于角度的振荡，它的一个分量与转速反相位（产生了负阻尼转矩），这就使角度振荡加大。我们不能取消定子电压作控制量，因为维持定子电压这是运行中最基本的要求。

前一章讨论了采用动态校正方法，简单易行，对提高静态稳定效果相当明显，这里不再叙述。目前世界各国普遍采用一种更有效的技术，称为电力系统稳定器，来改善稳定性，它可以产生正阻尼的转矩，不仅抵消了调节器产生的负阻尼转矩，还提供正阻尼转矩。

由上面的分析，我们也可以引申出以下概念：如果电压调节器产生的附加磁链在相位上与转子角振荡摇摆的相位同相或反相（相当于正的同步转矩系数与负的同步转矩系数），则只能使转子角振荡的幅值减小或增大，不能平息转子的振荡，只有提供的附加磁链在相位上领前转子角的摇摆才可能产生正阻尼转矩，摇摆振荡才能平息。由图5.13我们可以看到，电压调节器产生的附加转矩落后$\Delta\delta$的相位为ϕ_x，如果我们能产生一个足够大的纯粹的正阻尼转矩ΔM_P（见图5.17），则ΔM_P与ΔM_{e2}的合成转矩就位于第一象限，而它的两个分量——同步及阻尼转矩都是正的。上述正阻尼转矩ΔM_P，我们是在电压调节器参考点输入一个附加信号Δu_s来产生的，因为它的输入点与ΔU_{t1}的输入点事实上是同一点，所以要使Δu_s产生纯粹正阻尼转矩（相位上与转速同方向），Δu_s的相位必须领前$\Delta\omega$轴ϕ_x角，这样输入电压调节器后，经过电压调节器及励磁系统的滞后，刚好可以产生纯粹正阻尼的转矩，这就是稳定器相位补偿的概念。具有适当相位的信号，可以用转速经过领前网络来实现，也可以用频率或过剩功率（相当$\frac{d\omega}{dt}$）来作为输入信号。

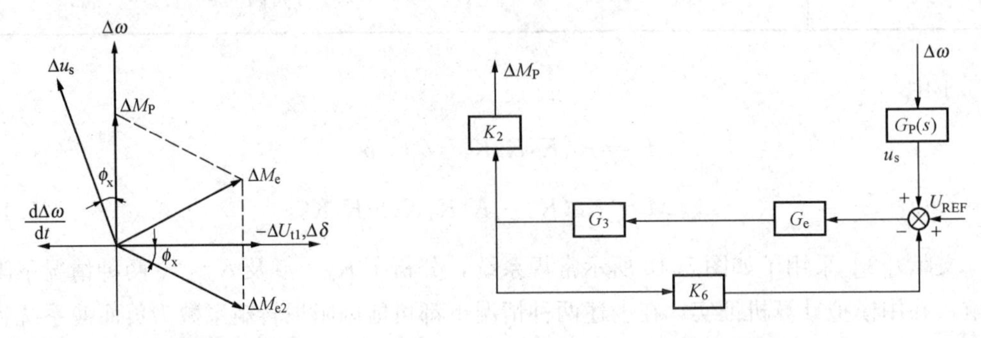

图5.17 阻尼转矩相量图

图5.18 稳定器信号的引入

下面讨论应采用怎样的传递函数才能使输入信号u_s产生所需的阻尼转矩。

假设此传递函数为$G_P(s)$，电压调节器及励磁系统的传递函数为

$$G_e=\frac{K_A}{1+T_E s} \tag{5.101}$$

根据图5.18，可得出稳定器提供的附加转矩为

$$\Delta M_P=\frac{K_2G_P(s)G_3G_e}{1+K_6G_3G_e}\Delta\omega \tag{5.102}$$

分别把G_3、G_e代入式（5.102）可得

$$\Delta M_P=\frac{G_P(s)K_2K_A}{1/K_3+K_AK_6+(T'_{d0}+T_E/K_3)s+T'_{d0}T_Es^2}\Delta\omega \tag{5.103}$$

因$K_AK_6\gg 1/K_3$，将$1/K_3$略去，则

$$\Delta M_P=\frac{G_P(s)K_2K_A/T'_{d0}T_E}{s^2+[(T_E+K_3T_{d0})/K_3T_ET'_{d0}]s+K_6K_A/T'_{d0}T_E}\Delta\omega$$

$$=\frac{G_P(s)K_2K_A/T'_{d0}T_E}{s^2+2\xi_x\omega_xs+\omega_x^2}\Delta\omega=G_n(s)G_P(s)\Delta\omega \tag{5.104}$$

其中

$$G_x(s) = \frac{K_2 K_A}{T'_{d0} T_E (s^2 + 2\xi_x \omega_x s + \omega_x^2)} \tag{5.105}$$

ω_x 称为励磁系统无阻尼自然振荡频率

$$\omega_x = \sqrt{K_6 K_A / T'_{d0} T_E} \tag{5.106}$$

ξ_x 称为励磁系统的阻尼比

$$\xi_x = (T_E + K_3 T'_{d0}) / 2\omega_x K_3 T'_{d0} T_E \tag{5.107}$$

将 $s = j\omega_d$ 代入 $G_x(s)$ 可得

$$G_x(j\omega_d) = G_x \angle \phi_x = R_x + jI_x \tag{5.108}$$

其中，G_x 、ϕ_x 分别为 $G_x(s)$ 在 $s = j\omega_d$ 时的幅值及相角，R_x 及 I_x 为其实部及虚部。

$$G_x = \sqrt{R_x^2 + I_x^2} \tag{5.109}$$

$$\phi_x = \cos^{-1} R_x / G_x \tag{5.110}$$

由上可见，如果稳定器的传递函数 $G_P(s)$ 准确地与 $G_x(s)$ 相消，则可使稳定器提供的附加转矩严格地与 $\Delta\omega$ 成正比，也就是提供正的阻尼转矩。实际上，这样做很困难，也没有必要；我们只要使 $G_P(s)$ 与 $G_x(s)$ 具有相反的相角。因 $G_x(s)$ 实际上代表调节器及励磁系统的惯性，相当于一个滞后的相位角，所以 $G_P(s)$ 应具有超前相角。这样，如能确定支配机组的振荡频率 ω_d ，则滞后相角可根据式（5.110）算出。

利用前面所述的分析同步转矩及阻尼转矩的假定则可认为，支配机组振荡的频率是由电机的机械惯性环节决定的，机械环节框图如图 5.19 所示。

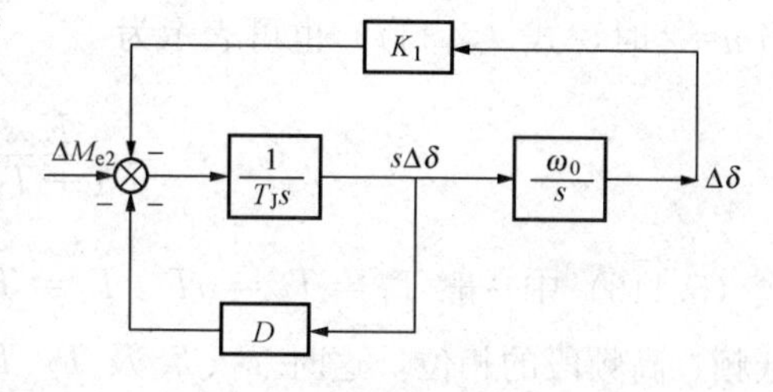

图 5.19　机械环节框图

化简上述框图，得以下传递函数

$$-\frac{\Delta\delta}{\Delta M_{e2}} = \frac{-\omega_0 / T_J}{s^2 + \dfrac{D}{T_J} + \dfrac{\omega_0 K_1}{T_J}} = \frac{-\omega_0 / T_J}{s^2 + 2\xi_n \omega_n s + \omega_n^2} \tag{5.111}$$

ω_n 称为机械环节或转子摇摆的无阻尼自然振荡频率

$$\omega_n = \sqrt{K_1 \omega_0 / T_J} \tag{5.112}$$

ξ_n 称为阻尼比

$$\xi_n = \frac{1}{2} \frac{D}{\sqrt{T_J K_1 \omega_0}} \tag{5.113}$$

在欠阻尼（$0 < \xi_n < 1$）的情况下，当阶跃输入后，机械环节的振荡频率是由阻尼自然振荡频率 ω_d（支配机组振荡的频率）决定的，它等于

$$\omega_d = \omega_n \sqrt{1 - \xi_n^2} \tag{5.114}$$

当参数给定后即可计算出 ξ_x 、ω_x 及 ω_d ；将 $\omega = \omega_d$ 代入式（5.110）即可求出 $G_P(s)$ 应具备的超前相位角。$G_P(s)$ 应由超前环节来构成，它的传递函数具有以下形式

$$\left(\frac{1+aTs}{1+Ts}\right)^n \tag{5.115}$$

式中，一般 $a>1$，$n=1\sim3$。

另外，从运行上看，不希望稳定器信号（转速或其他信号）的持续变化造成发电机的运行电压改变，即不因稳定器的信号的稳态值的改变而影响发电机稳态电压。所以稳定器中还需串联一个隔离信号稳态值的环节，可称隔离环节（国外文献称为 Washout 或 Reset 环节），其传递函数如下

$$\frac{K_{P}s}{1+T_{W}s} \tag{5.116}$$

式中，T_W 为隔离环节时间常数。

注：有的文献中式（5.116）的分子为 $K_P T_W s$，则 K_P 值比式（5.116）定义的小 T_W 倍。

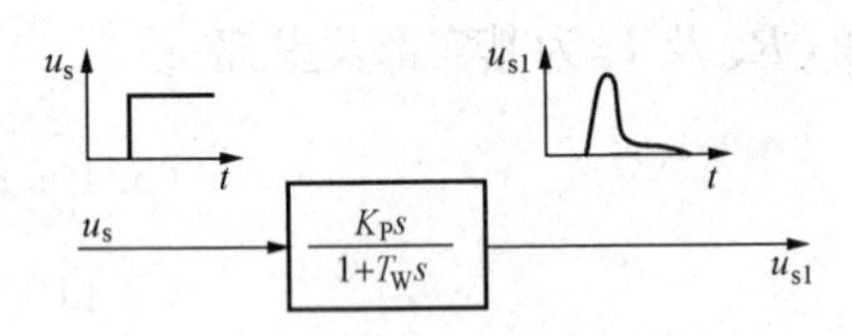

图 5.20 隔离环节阶跃响应

隔离环节阶跃响应如图 5.20 所示。由图可见，当达到稳态时它的输出为零，在暂态过程中它可以使振荡信号通过。至此，我们得到了全部稳定器的传递函数

$$G_P(s)=\frac{K_{P}s}{1+T_{W}s}\left(\frac{1+aTs}{1+Ts}\right)^n \tag{5.117}$$

当 $n=2$ 时，式（5.117）也可表示为

$$G_P(s)=\frac{K_{P}s}{1+T_{W}s}\frac{1+T_1 s}{1+T_2 s}\frac{1+T_3 s}{1+T_4 s} \tag{5.118}$$

式（5.118）中一般 $T_1=T_3=aT$，$T_2=T_4=T$（实际应用中，可以让两个环节分别补偿低频、高频段的相位，这时 T_1、T_3 及 T_2、T_4 就不相等了）。

稳定器的幅值可按下述顺序确定：首先规定加入稳定器后希望达到的阻尼比 ξ_P，假若此时稳定器提供的阻尼转矩为 ΔM_P，则与式（5.113）相似，两者之间关系为

$$\xi_P=\frac{1}{2}\frac{\Delta M_P}{\sqrt{K_1 T_J \omega_0}\Delta\omega}=\frac{1}{2}\frac{\Delta M_P}{T_J\omega_n\Delta\omega} \tag{5.119}$$

将式（5.104）中 ΔM_P 代入式（5.119），则

$$\xi_P=\frac{1}{2}\frac{G_x(s)G_P(s)}{T_J\omega_n} \tag{5.120}$$

因 ξ_P 是已知数，则可得

$$G_P(s)=\frac{2\xi_P T_J\omega_n}{G_x(s)} \tag{5.121}$$

把 $s=j\omega_d$ 代入式（5.121）即可求出幅值

$$G_P=\left|\frac{2\xi_P T_J\omega_n}{G_x(s)}\right|_{s=j\omega_d}=\frac{2\xi_P T_J\omega_n}{\sqrt{R_x^2+I_x^2}} \tag{5.122}$$

第 5 节　电力系统稳定器设计方法之一——相位补偿法

在上节导出稳定器的传递函数的过程中，我们已经应用了相位补偿的概念。这一节我们将看到，相位补偿与控制理论中根轨迹法是一致的。

假定发电机的反馈控制系统如图 5.21 所示。图中，$H(s)$ 为发电机（包括励磁系统及传输线）的传递函数。$G_P(s)$ 为稳定器的传递函数，其输入信号为角速度偏差量，输出送到电压调节器输入电压的相加点。

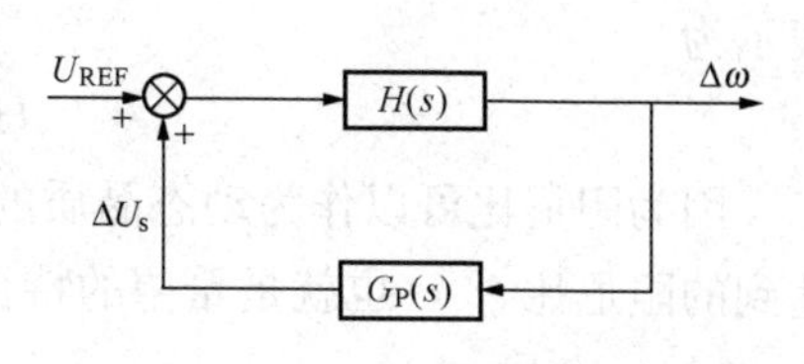

图 5.21　发电机反馈控制系统

系统的特征方程式为

$$1 - G_P(s)H(s) = 0 \tag{5.123}$$

如果 $s = s_1$ 是上述特征方程的根，则应满足下述两个条件

幅值条件

$$|H(s)G_P(s)|_{s=s_1} = 1 \tag{5.124}$$

相角条件

$$H(s)G_P(s)\,|_{s=s_1} = 2K\pi \qquad K = 0,1,2,\cdots \tag{5.125}$$

现在求 $H(s)$ 。由式（5.105）已知

$$G_x(s) = \frac{\Delta M_{e2}}{\Delta U_{REF}} = \frac{K_2 K_A / T'_{d0} T_E}{s^2 + 2\xi_x \omega_x s + \omega_x^2} \tag{5.126}$$

由式（5.111）可得

$$-\frac{\Delta\delta}{\Delta M_{e2}} = \frac{-\omega_0 / T_J}{s^2 + 2\xi_n \omega_n s + \omega_n^2} \tag{5.127}$$

另外，由基本方程式可得

$$\Delta\omega = s\Delta\delta / \omega_0 \tag{5.128}$$

令

$$G_n(s) = -\frac{\Delta\omega}{\Delta M_{e2}} = \frac{-s / T_J}{s^2 + 2\xi_n \omega_n s + \omega_n^2} \tag{5.129}$$

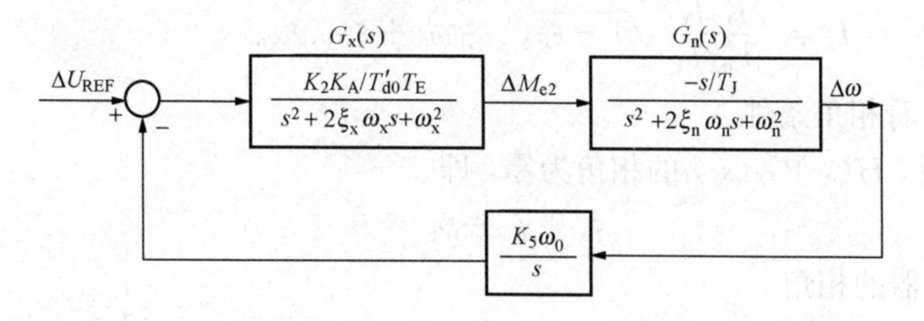

图 5.22　发电机的传递函数

这样就可以将发电机的传递函数用图 5.22 表示出来。

图 5.22 中

$$\omega_x = \sqrt{K_6 K_A / T'_{d0} T_E} \tag{5.130}$$

$$\xi_x = (T_E + K_3 T'_{d0}) / 2\omega_x K_3 T'_{d0} T_E \tag{5.131}$$

$$\omega_n = \sqrt{K_1 \omega_0 / T_J} \tag{5.132}$$

$$\xi_n = \frac{1}{2} \frac{D}{\sqrt{K_1 \omega_0 T_J}} \tag{5.133}$$

因 K_5 的数值较小，在设计稳定器参数时可将其略去，则发电机的传递函数可近似地表示为

$$H(s) = G_x(s) G_n(s) \tag{5.134}$$

因为阻尼比可以作为动态品质的指示，所以设计的第一步就是确定稳定器加入后希望达到的阻尼比 ξ_P，也就是希望的特征根为

$$s_{1,2} = -\xi_P \omega_n \pm j\sqrt{1-\xi_P^2}\omega_n$$

机组本身固有的阻尼系数 D 一般较小，其对应的阻尼比 ξ_n 也很小，在设计时可以略去。将上面所希望的特征根 $s = s_1$ 代入 $G_n(s)$ 可求得其幅值 G_n 及相位 ϕ_n

$$G_n(s_1) = G_n \angle \phi_n = -\frac{1}{T_J} \frac{(-\xi_P + j\sqrt{1-\xi_P^2})\omega_n}{-2\xi_P \omega_n^2 (-\xi_p + j\sqrt{1-\xi_P^2})} \tag{5.135}$$

$$G_n = \frac{1}{2\xi_P T_J \omega_n} \tag{5.136}$$

$$\phi_n = 0 \tag{5.137}$$

同样，将 $s = s_1$ 代入 $G_x(s)$ 可得

$$G_x(s_1) = G_x \angle \phi_x = \left.\frac{K_A K_2}{T'_{d0} T_E (s^2 + 2\xi_x \omega_x s + \omega_x^2)}\right|_{s=s_1} \tag{5.138}$$

$$G_x = \sqrt{R_x^2 + I_x^2} \tag{5.139}$$

$$\phi_x = -\tan^{-1}\frac{I_x}{R_x} \qquad (R_x > 0) \tag{5.140}$$

$$\phi_x = -\left(\pi + \tan^{-1}\frac{I_x}{R_x}\right) \qquad (R_x < 0) \tag{5.141}$$

其中

$$R_x = \frac{K_2 K_A}{T'_{d0} T_E}(\omega_x^2 - \omega_n^2 + 2\xi_P^2 \omega_n^2 - 2\xi_x \omega_x \xi_P \omega_n) \tag{5.142}$$

$$I_x = \frac{2K_2 K_A}{T'_{d0} T_E}\sqrt{1-\xi_P^2}(-\xi_P \omega_n + \xi_x \omega_x)\omega_n \tag{5.143}$$

下面首先来看相角条件。

当 $s = s_1$ 时，$H(s_1) G_P(s_1)$ 的相角为零，即

$$\phi_x + \phi_n + \phi_P = 0 \tag{5.144}$$

其中，ϕ_P 为稳定器的相角。

将 $\phi_n = 0$ 代入，可得

$$\phi_P = -\phi_x \tag{5.145}$$

ϕ_x 为励磁系统的相角。即相角条件为：稳定器具有的超前相角应与励磁系统滞后相角相等。

假定已知 ϕ_x，如果用两级超前环节进行补偿，每级补偿 $\phi_x/2$，则由超前环节基本公

式可得其参数

$$\alpha = \frac{1+\sin\frac{\phi_x}{2}}{1-\sin\frac{\phi_x}{2}} \tag{5.146}$$

$$T = \frac{1}{\sqrt{\alpha}\omega_d} \tag{5.147}$$

下面再来考察幅值条件。已知稳定器的传递函数为

$$G_P(s) = \frac{K_P s}{1+T_W s}\left(\frac{1+\alpha Ts}{1+Ts}\right)^2 \tag{5.148}$$

其中，α 及 T 已由相位条件决定，T_W 可在 3～5s 内任选（确定 T_W的方法详见第 9 章）。如将 $s=s_1$ 代入式（5.148），则 $G_P(s_1)$ 的幅值包含 K_P

$$G_P(s_1) = \frac{K_P s}{1+T_W s}\left(\frac{1+\alpha Ts}{1+Ts}\right)^2\Bigg|_{s=s_1} \tag{5.149}$$

将 G_n 、G_x 及 G_P 代入幅值条件得

$$|H(s)G_P(s)|_{s=s_1} = G_n G_x G_P = 1 \tag{5.150}$$

即

$$K_P = \left|\frac{2\xi_P T_J \omega_n (1+T_W s)(1+Ts)^2}{-\sqrt{R_x^2+I_x^2}s(1+\alpha Ts)^2}\right|_{s=s_1} \tag{5.151}$$

这样，我们就可以计算出稳定器的全部参数了。在设计计算中，还可作进一步简化，即略去 s_1 的实部。将 $s_1 = j\omega_d = j\sqrt{1-\xi_P^2}\omega_n$ 代入 $G_x(s)$，求出相角 ϕ_x，则可求得稳定器应该超前的相角，参数 α 及 T；同样，由幅值条件可求得 K_P 。

将上面得到的稳定器参数计算公式与前一节相比，可以发现其结果是一致的。这说明建立在同步转矩与阻尼转矩概念上的相位补偿法与建立在根轨迹概念上的相位补偿法，其实质是相同的，因为两者都应用了主导极点降阶的假定。

设计举例：单机对无穷大系统。已知 $K_A = 200$ ，$T_E = 0.05$ s，$T'_{d0} = 6$ s，$K_1 = 1.2$ ，$K_2 = 0.5$ ，$K_3 = 0.318$ ，$K_6 = 0.343$ ，$T_J = 3.5$ s，采用 $s_1 = j\omega_d$ 简化计算法设计稳定器参数。

转子无阻尼自然振荡频率

$$\omega_n = \sqrt{K_1\omega_0/T_J} = \sqrt{1.2\times 314/3.5} = 10.4\ (\text{rad/s})$$

希望加入稳定器后，转子振荡的阻尼比为 $\xi_P = 0.48$ ，则转子阻尼振荡频率为

$$\omega_d = \sqrt{1-\xi_P^2}\omega_n = \sqrt{1-0.48^2}\times 10.4 = 9.1\ (\text{rad/s})$$

励磁系统的振荡频率 ω_x 、阻尼比 ξ_x 及 $G_x(s)$ 分别为

$$\omega_x = \sqrt{K_6K_A/T'_{d0}T_E} = \sqrt{0.343\times 200/(6\times 0.05)} = 15.1(\text{rad/s})$$

$$\xi_x = (T_E + K_3T'_{d0})/2\omega_x K_3 T'_{d0} T_E = (0.05+0.318\times 6)/(2\times 15.1\times 0.318\times 6\times 0.05) = 0.68$$

$$G_x(s_1) = \frac{K_AK_2}{T'_{d0}T_E(s^2+2\xi_x\omega_x s+\omega_x^2)}\Bigg|_{s=j9.1}$$

$$= \frac{200\times 0.5}{6\times 0.05\times[(j9.1)^2 + j2\times 0.68\times 15.1\times 9.1 + 15.1^2]} = 1.41\angle -52°$$

现采用二级超前环节补偿 ϕ_x，每级补偿25°，则可求得稳定器参数如下

$$\alpha=\frac{1+\sin\frac{\phi_x}{2}}{1-\sin\frac{\phi_x}{2}}=\frac{1+\sin 25^\circ}{1-\sin 25^\circ}=2.46$$

$$T=\frac{1}{\sqrt{\alpha}\omega_d}=\frac{1}{\sqrt{2.46}\times 9.1}=0.07\,(\mathrm{s})$$

现假定 $T_W=3\mathrm{s}$

$$K_P=\left|\frac{2\xi_P T_J\omega_n(1+T_W s)(1+Ts)^2}{\sqrt{R_x^2+I_x^2}\,s\,(1+\alpha Ts)^2}\right|_{s=j9.1}$$

$$=\left|\frac{2\times 0.48\times 3.5\times 10.4\times(1+3\times j9.1)(1+0.07\times j9.1)^2}{1.42\times j9.1(1+2.46\times 0.07\times j9.1)^2}\right|=29.92$$

故稳定器的传递函数为

$$\frac{29.92s}{1+3s}\times\left(\frac{1+0.18s}{1+0.07s}\right)^2$$

第6节 电力系统稳定器设计方法之二——特征根配置法

特征根配置法也是由根轨迹原理发展而来的。与前节相同，若已知系统的特征方程式

$$1+G(s)H(s)=0 \tag{5.152}$$

我们假定系统的共轭主特征根是由转子摇摆方程式决定的，如果我们确定了希望达到的阻尼比 ξ_P，则可以确定该特征根在 s 平面上的位置，也就是希望的特征根为

$$s_{1,2}=-\xi_P\omega_n\pm j\sqrt{1-\xi_P^2}\omega_n \tag{5.153}$$

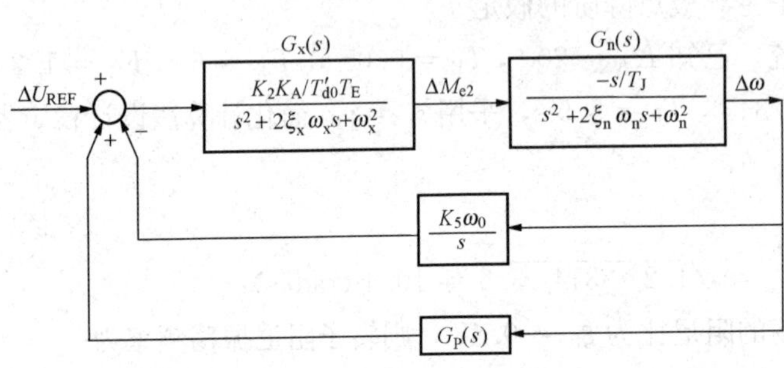

图5.23 发电机控制系统的结构

由于希望的阻尼比 ξ_P 一般均在0.5以下，所以阻尼振荡频率 $\omega_d=\sqrt{1-\xi_P^2}\omega_n$ 与 ω_n 相差不大，仅是特征根向负方向平移了。将 s_1 代入特征方程，并将实部与虚部分开，它们将分别等于零。这样就可得到两个等式，由它们可以确定稳定器中两个参数。一般，需要先假定 T_W 和 T，依靠上述两个方程求出 αT 中的 α 和 K_P。计算公式可由下面推导过程得到。

发电机控制系统的结构如图5.23所示。如果将 $G_P(s)$ 以外的环节合并为前向传递函数 $H(s)$

$$H(s)=\frac{-K_2K_As/T_JT'_{d0}T_E}{(s^2+2\xi_x\omega_x s+\omega_x^2)(s^2+2\xi_n\omega_n s+\omega_n^2)+K_2K_5K_A\omega_0/T_JT'_{d0}T_E} \tag{5.154}$$

因 G_P 为正反馈，故特征方程为

$$1-G_P(s)H(s)=0 \tag{5.155}$$

将 $s=s_1$ 代入上式并分为实部及虚部两个方程，则可求得稳定器的参数 αT 及 K_P

$$\alpha T_{(1),(2)}=\frac{-B\pm\sqrt{B^2-4AC}}{2A} \tag{5.156}$$

$$K_P=1/\left\{T_W[C_q\sigma_d(\xi_P^2\omega_n^2-3\omega_d^2)-C_{10}\omega_d(3\sigma_d^2-\omega_d^2)]\alpha^2T^2+2T_W[(\sigma_d^2-\omega_d^2)-2C_{10}\sigma_d\omega_d]\alpha T+T_W(C_9\sigma_d-C_{10}\omega_d)\right\} \tag{5.157}$$

由上面的分析可见，特征根配置法与相位补偿法不同之处仅在于它是将特征方程 $1+GH=0$ 分成实数部分及虚数部分两个方程，不是像相位补偿法分成相角条件及幅值条件；另外，它还计入了系数 K_5 及 D 的作用。但是它也存在着不足，即设计时需要先设定时间常数 T，也不像相位补偿法那样能与励磁系统参数有直观的联系，所以在使用上也不如相位补偿法那样普遍。

第7节　电力系统稳定器结构与线路

这里介绍的稳定器，是由模拟电路构成，微机构成的稳定器，将在下一章介绍。

北美生产的稳定器多半是采用领先—滞后环节构成的，例如西屋公司测频率的稳定器的结构框图如图5.24所示，其中环节1、8、9是供选用的。

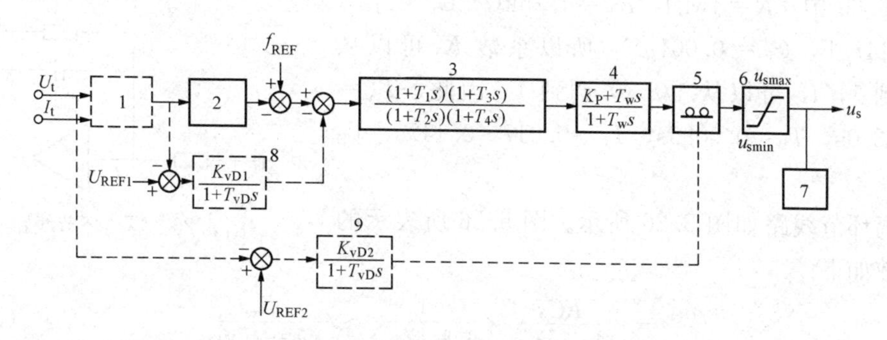

图5.24　西屋公司测频率的稳定器结构框图

1—电抗补偿器；2—频率测量与滤波；3—领先—滞后环节；4—隔离环节；5—静态开关；6—限幅器；7—故障诊断器；8—1号电压偏差检测器；9—2号电压偏差检测器

该稳定器中，电抗补偿器是为补偿发电机电抗 x_q 上频率变化而设置的，以便由机端电压，电流可以近似地测量到内电动势及转速的变化。测频率及滤波环节2取决于测频器的种类及噪声，其传递函数可能是二阶的，也可能是更高阶的。3及4是相位领先—滞后及隔离环节，它的输入除了频率偏差外，有时还送入一个电压偏差信号，其极性是这样安排的：当电压升高时，它经过一个惯性环节的延时去抵消频差的输入稳定器的信号，这样就不致使发电机电压产生过分的变化。环节9也是为防止端电压产生过分变化而设置的，当电压变化超过某个事先整定的值 U_{REF2} 时就使用静止开关5断开稳定器。输出限幅器6

也是为防止稳定器造成的端电压过分的变化而设置的。稳定器输出故障诊断器7是为防止稳定器故障后输出异常电压而设置的，当诊断出故障后就断开稳定器。框图中参数的范围：T_1、T_3 为 0.2～2s；T_2、T_4 为 0.02～0.15s；T_w 为 0.05～55s；K_P 为 0.1～100（标幺值）；T_{vD} 为 0.02s；K_{vD1} 为 0.02～0.2（标幺值）；K_{vD2} 为 40～400（标幺值）；u_{smax}、u_{smin} 为 0.02～0.25（标幺值）。

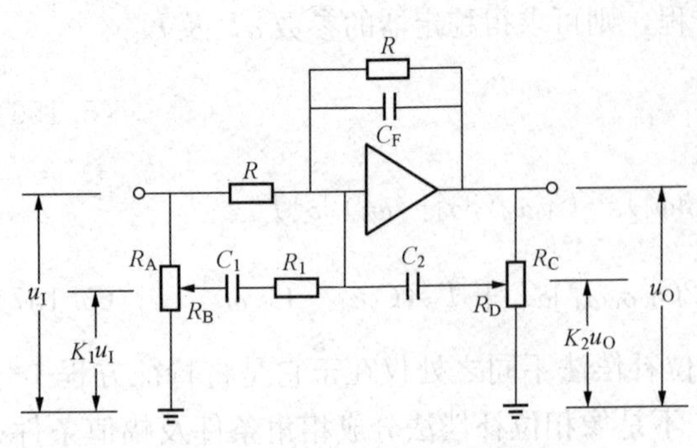

图 5.25 领先—滞后环节线路

用运算放大器构成的领先—滞后环节线路如图 5.25 所示。

图 5.25 所表示的传递函数如下

$$\frac{u_O}{u_I} = -\left(\frac{1}{R} + \frac{K_1}{R_1 + 1/C_1 s}\right) \Big/ \left(\frac{1}{R} + \frac{1}{1/C_F s} + \frac{1}{1/C_2 s}\right)$$

$$= -\frac{1 + (T_A + T_B)s}{(1 + T_B s)[1 + (T_C + T_D)s]} \tag{5.158}$$

其中，领先时间常数 $T_A = K_1 R C_1$，滞后时间常数 $T_C = K_2 R C_2$，滤波时间常数 $T_B = R_1 C_1$，放大器稳定回路时间常数 $T_D = R C_F$。

$$K_1 = R_B/(R_A + R_B)$$
$$K_2 = R_D/(R_C + R_D)$$

图 5.25 中，$R = 1\text{M}\Omega$，$R_1 = 4.75\text{k}\Omega$，$C_1 = 2\mu\text{F}$，$C_2 = 0.147\mu\text{F}$，$C_F = 0.001\mu\text{F}$，所以系数 K_1 可以从 1/11调到 1，K_2 可以从 1/8.67 调到 1。因此，$T_A = 0.182～2.0\text{s}$，$T_B = 0.0095\text{s}$，$T_C = 0.017～0.147\text{s}$，$T_D$ 可略去。

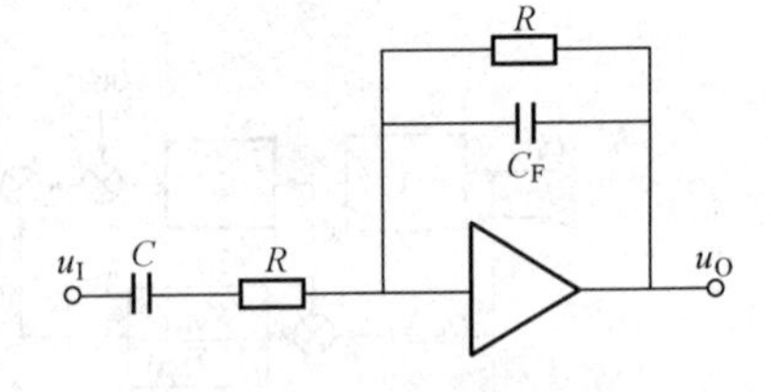

图 5.26 隔离环节线路

隔离环节线路如图 5.26 所示。图 5.26 所表示的传递函数如下

$$\frac{u_O}{u_I} = -\frac{RCs}{1 + RCs} \times \frac{1}{1 + RC_F s} \approx -\frac{T_w s}{1 + T_w s} \tag{5.159}$$

$C = 0.5～50\mu\text{F}$，$C_F = 0.01\mu\text{F}$，$R = 0.11～1.11\text{M}\Omega$，所以 $T_W = 0.55～55\text{s}$。

有一种欧洲生产的稳定器，其结构与北美的有所不同。例如 ABB 公司生产的模拟式稳定器采用了如图 5.27 所示的框图[4]，其线路图如图 5.28 所示。

ABB 采用的稳定器是将功率信号分成两路，一路与功率信号成正比（放大倍数 K_1），另一路将功率信号延时，使大致与转速信号同相（其放大倍数 K_2），然后再相加送入电压调节器。这种结构也是符合相位补偿原理的。如果我们假定原动机功率变化 $\Delta P_m = 0$，则

$$\Delta P = -\Delta P_e = T_J \frac{d\Delta\omega}{dt} \tag{5.160}$$

这时在表示振荡过程的各个量的相量图中，$-\Delta P_e$ 的相位领先 $\Delta\omega$ 的相位 90°（见图 5.29），

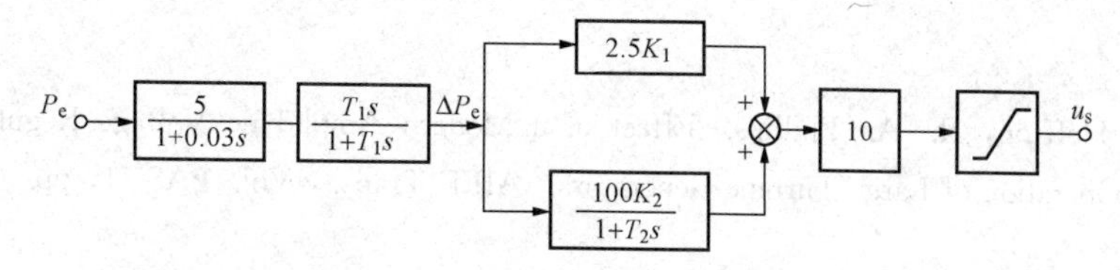

图 5.27　ABB公司稳定器结构框图

$T_1=0.3\sim3s$；$T_2=3\sim15s$；$K_1=0\sim1.0$；$K_2=0.10$

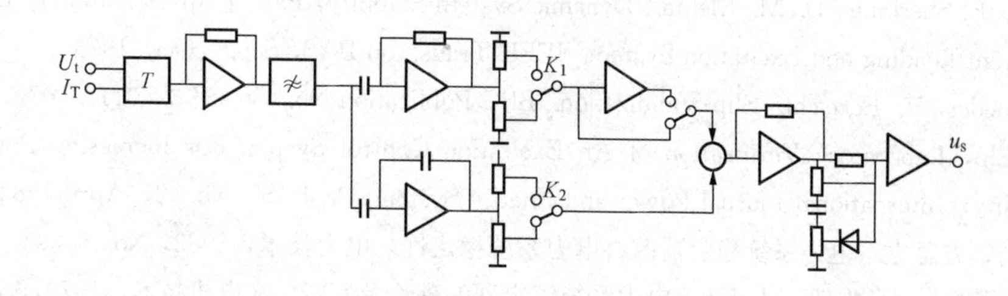

图 5.28　ABB公司稳定器线路图

U_t、I_T—定子端电压及电流；T—功率变换器

所以只要改变放大倍数 K_1 或 K_2，则两路信号相加以后的稳定器输出 u_s 领先 $\Delta\omega$ 的相位就可以随着改变，当励磁系统需要补偿的相位超过 90°时，K_2 可以变成负值。

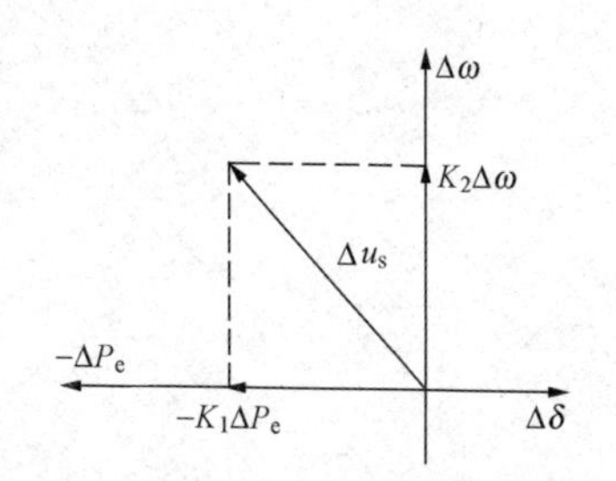

图 5.29　发电机振荡中的相量图

在国内，哈尔滨电机厂等生产的模拟式稳定器，其结构基本上与ABB相同，用于八盘峡等电厂[5]。另外一种由电力科学研究院、湖南中试所及凤滩电厂研制成功的，并已在湖南凤滩等电厂使用的模拟式稳定器，其结构框图如图 5.30 所示[6]。

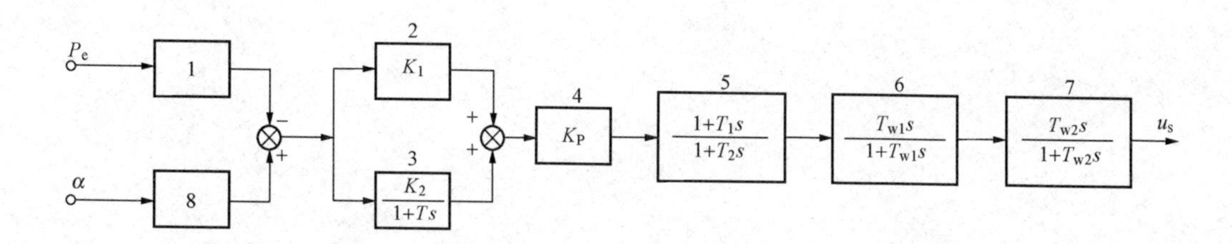

图 5.30　国产模拟式稳定器结构框图

1—霍尔功率测量元件；2—与功率成正比单元；3—其输出近似地与功率的积分（转速）成正比；4—放大器；5—超前—滞后环节；6、7—两个隔离环节；8—输入为水门开度信号 α（其中附有水锤模拟电路，输出可近似地模拟水轮机的机械功率的变化）

模拟式励磁调节器功能是通过模拟电路实现的，普遍存在着零漂影响大，元件易老化，参数不易确定等缺点。随着数字式励磁调节器的发展普及，数字式电力系统稳定器成为必然。

参考文献

[1] W. G. Heffron, R. A. Phillips. Effect of a Modern Amplidyne Voltage Regulator on Under Excited Operation of Large Turbine Generators. AIEE Trans., Vol. PAS-71, pp. 692-697, Aug. 1952

[2] F. P. deMello, C. Concordia. Concept of Synchronous Machine Stability as Affected by Excitation Control. IEEE Trans., Vol. PAS-88, pp. 316-329, Apr. 1969

[3] M. K. El-Sherbing, D. M. Mehta. Dynamic System Stability: Part Ⅰ-Investigation of the Effect of Different Loading and Excitation System. IEEE Trans. on PAS, Sep. /Oct. 1973

[4] F. Peneder, R. Bertschi. Slip Stabilization. BBC Publication No. Ch * E 3. 0117. 07, 1980

[5] Chu Liu, Laboratory Verification of An Excitation Control System For Increasing Power System Stability, International Journal Power and Energy System, Vol. 5, No. 2, April 1983

[6] 曾庆禹,方思立. 电力系统稳定器改善电力系统稳定性. 电力技术,1982,No. 5

[7] 刘取,周荣光,马维新,冯庚烈. 电力系统镇定器的理论及实践. 大电机技术,1979,No. 1

[8] Richard T. Byerly, E. W. Kimbark, Stability of Large Electric Power System, IEEE Press, 1974

第6章

状态空间—特征根分析法及其应用

在前面章节中，我们应用同步转矩、阻尼转矩的概念，分析了系统发生振荡的物理本质，并由此进一步引出了稳定器相位补偿的设计思想及方法。可以说，这是在本领域内一个极具吸引力的课题上取得的突破。这方面的代表性论文是 C. Concordia 及 F. P. deMello 1969 年发表的文献［8］，它被其他文献广泛地引用。这种方法是建立在下述假定之上，即电力系统振荡过程中存在着起支配作用的主特征根，因而在分析中可以把对应励磁控制系统内的特征根略去，用近似方法对励磁系统的作用加以处理，使系统降阶，得到等值的阻尼转矩和同步转矩。虽然在多数情况下这样做是正确的，但是在计算机高度发达的今天，用数值计算法来求解高阶的微分方程式及其特征根并不是十分困难的事。在此基础上发展起来的状态空间—特征根法不仅更为精确，而且可以定量分析各个参数的影响，并已发展成为分析电力系统小干扰稳定性，以及励磁控制系统计算机辅助设计的重要手段。

状态空间—特征根法，首先要建立系统的状态空间方程式，这种方程式同时也是现代控制理论的基础。经典控制理论表示系统用的是传递函数，设计及分析是用各种图解法，如频率响应和根轨迹图等。状态空间—特征根法与经典控制理论分析方法不同，它利用状态方程式及数字计算机求解出高阶系统的特征根及根轨迹图，得出各个参数对于特征根，也就是对系统动态品质的影响的灵敏度；这种系统可以求得高阶系统的等值或降阶模型；还可以根据一定的动态性能指标来设计控制系统。

本章首先介绍描述系统在小干扰下的线性化状态方程式、特征值及时域解，以及如何用特征值分析系统的稳定性，然后具体介绍状态空间方程式的形成，接着介绍如何将不同的控制器的传递函数转换成状态方程式，并构成整个系统的状态方程。读者掌握了这个方法，可以用来解决与本书不同的控制器的分析及设计课题，有了系统的状态空间方程式以后，就可以调用现成的计算软件，形成一个专用软件包，计算出系统的全部特征根、时域及频域响应，以供进一步稳定性分析及控制器设计之用。

本章讨论的是单机—无穷大系统，所用的方法及得出的结论，对分析多机电力系统也是很有用的。对于离系统中心较远的非主力电厂，这样的计算软件可以作为参数的调整，校核及培训的辅助工具。

第1节　状态方程、特征值及时域解

电力系统的动态行为可以用一组一阶线性常微分方程式描述

$$\dot{x}_i = f_i(x_1, x_2, \cdots, x_n; u_1, u_2, \cdots, u_r; t) \qquad i = 1, 2, \cdots, n \tag{6.1}$$

式中，n 为系统的阶数；r 为外部输入量的个数。

式（6.1）可用矩阵的形式写成

$$\dot{\boldsymbol{x}} = \boldsymbol{f}(\boldsymbol{x}, \boldsymbol{u}, t) \tag{6.2}$$

其中

$$\boldsymbol{x} = \begin{bmatrix} x_1 \\ x_2 \\ \vdots \\ x_n \end{bmatrix} \quad \boldsymbol{u} = \begin{bmatrix} u_1 \\ u_2 \\ \vdots \\ u_r \end{bmatrix} \quad \boldsymbol{f} = \begin{bmatrix} f_1 \\ f_2 \\ \vdots \\ f_n \end{bmatrix}$$

列向量 $\boldsymbol{x}$ 指状态向量，它代表了系统在某个时刻的最小信息，用它们可以决定系统的状态。它的分量 $x_1, x_2, \cdots, x_n$ 等称状态变量，对于电力系统来说，它可能是系统中物理量如角度、速度、电压等，也可以是描述系统的微分方程中的抽象变量。状态变量的选择不是唯一的，可以选择不同的一组状态变量来描述同一个系统。

列向量 $\boldsymbol{u}$ 表示外部输入。t 表示时间，状态变量对时间导数用 $\dot{\boldsymbol{x}}$ 来表示。

如果状态变量对时间的导数是常数，系统就可用常系数微分方程式表示，这种系统称自治系统，则状态方程简化为

$$\dot{\boldsymbol{x}} = \boldsymbol{f}(\boldsymbol{x}, \boldsymbol{u}) \tag{6.3}$$

当有外部输入量时，在状态变量中有些变量是可测量的，我们称之为输出变量，它们可以用状态变量及输入变量来表示

$$\boldsymbol{y} = \boldsymbol{g}(\boldsymbol{x}, \boldsymbol{u}) \tag{6.4}$$

其中，$\boldsymbol{y}$ 是输出列向量，$\boldsymbol{g}$ 是给出输出变量与状态变量和输入变量之间关系的函数向量，该函数是代数关系式（没有微分项）。

当系统处于静止状态，所有的变量都是恒定的，不随时间变化，这时称系统处于平衡点，在平衡点上所有的变量微分，即 $\dot{x}_1$，$\dot{x}_2$，…，$\dot{x}_n$ 同时为零，因此平衡点（或称奇异点）必须满足方程

$$\boldsymbol{f}(\boldsymbol{x}_0) = 0 \tag{6.5}$$

其中，$\boldsymbol{x}_0$ 为状态向量 $\boldsymbol{x}$ 在平衡点的值。

现在我们研究小干扰稳定性，它是指系统受到小干扰后仍能回到平衡点附近一个很小的区域内的能力。这种稳定性可以用非线性方程式在平衡点上线性化后得到的线性方程式来进行研究。

若以 $\boldsymbol{x}_0$ 及 $\boldsymbol{u}_0$ 分别代表初始状态变量及输入向量，有

$$\dot{\boldsymbol{x}} = \boldsymbol{f}(\boldsymbol{x}_0, \boldsymbol{u}_0) = 0 \tag{6.6}$$

如果在上述平衡点加以扰动，即

$$\boldsymbol{x} = \boldsymbol{x}_0 + \Delta\boldsymbol{x}$$

$$\boldsymbol{u} = \boldsymbol{u}_0 + \Delta\boldsymbol{u}$$

因而新的状态为

$$\dot{\boldsymbol{x}} = \dot{\boldsymbol{x}}_0 + \Delta \dot{\boldsymbol{x}} = \boldsymbol{f}[(\boldsymbol{x}_0 + \Delta \boldsymbol{x}), (\boldsymbol{u}_0 + \Delta \boldsymbol{u})] \tag{6.7}$$

非线性函数 $\boldsymbol{f}(\boldsymbol{x},\boldsymbol{u})$ 可用泰勒级数来表示，因 $\Delta\boldsymbol{x}$ 及 $\Delta\boldsymbol{u}$ 都很小，可以略去它们的二阶及高阶项，于是可得

$$\begin{aligned}\dot{x}_i &= \dot{x}_{i0} + \Delta \dot{x}_i = f[(\boldsymbol{x}_0 + \Delta\boldsymbol{x}), (\boldsymbol{u}_0 + \Delta\boldsymbol{u})] \\ &= f_i(\boldsymbol{x}_0, \boldsymbol{u}_0) + \frac{\partial f_i}{\partial x_i}\Delta x_1 + \cdots + \frac{\partial f_i}{\partial x_n}\Delta x_n + \frac{\partial f_i}{\partial u_1}\Delta u_1 + \cdots + \frac{\partial f_i}{\partial u_r}\Delta u_r\end{aligned} \tag{6.8}$$

因 $\dot{x}_{i0} = f\ (\boldsymbol{x}_0,\ \boldsymbol{u}_0)$ 于是

$$\Delta \dot{x}_i = \frac{\partial f_i}{\partial x_1}\Delta x_1 + \cdots + \frac{\partial f_i}{\partial x_n}\Delta x_n + \frac{\partial f_i}{\partial u_1}\Delta u_1 + \cdots + \frac{\partial f_i}{\partial u_r}\Delta u_r \tag{6.9}$$

其中 $i = 1,2,\cdots,n$。

同样对于式（6.4），可得

$$\Delta y_j = \frac{\partial g_j}{\partial x_1}\Delta x_1 + \cdots + \frac{\partial g_j}{\partial x_n}\Delta x_n + \frac{\partial g_j}{\partial u_1}\Delta u_1 + \cdots + \frac{\partial g_j}{\partial u_r}\Delta u_r \tag{6.10}$$

其中 $j = 1,2,\cdots,m$。

式（6.9）、式（6.10）可以写成矩阵形式

$$\Delta\dot{\boldsymbol{x}} = \boldsymbol{A}\Delta\boldsymbol{x} + \boldsymbol{B}\Delta\boldsymbol{u} \tag{6.11}$$

$$\Delta\boldsymbol{y} = \boldsymbol{C}\Delta\boldsymbol{x} + \boldsymbol{D}\Delta\boldsymbol{u} \tag{6.12}$$

其中

$$\boldsymbol{A} = \begin{bmatrix} \frac{\partial f_1}{\partial x_1} & \cdots & \frac{\partial f_1}{\partial x_n} \\ \cdots & \cdots & \cdots \\ \frac{\partial f_n}{\partial x_1} & \cdots & \frac{\partial f_n}{\partial x_n} \end{bmatrix} \qquad \boldsymbol{B} = \begin{bmatrix} \frac{\partial f_1}{\partial u_1} & \cdots & \frac{\partial f_1}{\partial u_r} \\ \cdots & \cdots & \cdots \\ \frac{\partial f_n}{\partial u_1} & \cdots & \frac{\partial f_n}{\partial u_r} \end{bmatrix}$$

$$\boldsymbol{C} = \begin{bmatrix} \frac{\partial g_1}{\partial x_1} & \cdots & \frac{\partial g_1}{\partial x_n} \\ \cdots & \cdots & \cdots \\ \frac{\partial g_m}{\partial x_1} & \cdots & \frac{\partial g_m}{\partial x_n} \end{bmatrix} \qquad \boldsymbol{D} = \begin{bmatrix} \frac{\partial g_1}{\partial u_1} & \cdots & \frac{\partial g_1}{\partial u_r} \\ \cdots & \cdots & \cdots \\ \frac{\partial g_m}{\partial u_1} & \cdots & \frac{\partial g_m}{\partial u_r} \end{bmatrix}$$

式(6.11)、式(6.12)中，$\Delta\boldsymbol{x}$ 为 n 维状态向量；$\Delta\boldsymbol{y}$ 为 m 维输出向量；$\Delta\boldsymbol{u}$ 为 r 维输入向量；$\boldsymbol{A}$ 为 $n\times n$ 阶状态矩阵，$\boldsymbol{B}$ 为 $n\times r$ 阶控制矩阵；$\boldsymbol{C}$ 为 $m\times n$ 阶输出矩阵；$\boldsymbol{D}$ 为 $m\times r$ 阶前馈矩阵。

对于电力系统来说，$\boldsymbol{y}$ 不是 $\boldsymbol{u}$ 的直接函数，也即 $\boldsymbol{D}=0$。

现将式（6.11）、式（6.12）进行拉普拉斯变换，在频域内变为

$$s\Delta\boldsymbol{x}(s) - \Delta\boldsymbol{x}(0) = \boldsymbol{A}\Delta\boldsymbol{x}(s) + \boldsymbol{B}\Delta\boldsymbol{u}(s) \tag{6.13}$$

$$\Delta\boldsymbol{y}(s) = \boldsymbol{C}\Delta\boldsymbol{x}(s) \tag{6.14}$$

也就是

$$(s\boldsymbol{I} - \boldsymbol{A})\Delta\boldsymbol{x}(s) = \Delta\boldsymbol{x}(0) + \boldsymbol{B}\Delta\boldsymbol{u}(s)$$

或

$$\Delta\boldsymbol{x}(s) = (s\boldsymbol{I} - \boldsymbol{A})^{-1}[\Delta\boldsymbol{x}(0) + \boldsymbol{B}\Delta\boldsymbol{u}(s)] \tag{6.15}$$

同样

$$\Delta\boldsymbol{y}(s) = \boldsymbol{C}(s\boldsymbol{I} - \boldsymbol{A})^{-1}[\Delta\boldsymbol{x}(0) + \boldsymbol{B}\Delta\boldsymbol{u}(s)] \tag{6.16}$$

令 $|s\boldsymbol{I}-\boldsymbol{A}|=0$，该式称作矩阵 $\boldsymbol{A}$ 的特征方程，其中 $\boldsymbol{I}$ 是单位矩阵。

满足 $|s\boldsymbol{I}-\boldsymbol{A}|=0$ 的 s 的值称为 $\boldsymbol{A}$ 矩阵的特征值，而特征值就是行列式 $|\lambda\boldsymbol{I}-\boldsymbol{A}|=0$ 的根；根据李雅普诺夫稳定性的第一定律，线性系统的小范围稳定性（即小干扰稳定性）是由系统线性化后的特征方程式的根，即 $\boldsymbol{A}$ 的特征值确定的，具体地说：

（1）当特征值有负实部时，该系统是渐近稳定的，即在小扰动后，随着 t 的增加系统返回到原始状态。

（2）当至少有一个正实部的特征根时，系统是不稳定的。

（3）当特征值是有零实部时，刚处于稳定与不稳定分界线上，由于特征方程是由线性化后得到的，所以不能说明系统是稳定或不稳定。

为了进一步证实以上的结论，我们来求出系统在没有外部输入时（零输入）的时域解亦称自由分量，此时系统方程为

$$\Delta\dot{\boldsymbol{x}}=\boldsymbol{A}\Delta\boldsymbol{x} \tag{6.17}$$

式（6.17）中每一个变量的微分是所有变量的线性组合，为了消除变量之间的这种交叉耦合，将式（6.17）中状态变量用新的状态变量 $\boldsymbol{z}$ 来代替，并设

$$\Delta\boldsymbol{x}=\boldsymbol{M}\boldsymbol{z} \tag{6.18}$$

式中，$\boldsymbol{M}$ 为 $\boldsymbol{A}$ 的模态矩阵，它与矩阵 $\boldsymbol{A}$ 有下述关系

$$\boldsymbol{A}\boldsymbol{M}=\boldsymbol{M}\boldsymbol{\Lambda} \tag{6.19}$$

其中，$\boldsymbol{\Lambda}$ 为对角矩阵，对角元素为特征值：$\lambda_1,\lambda_2,\cdots,\lambda_n$。

$$\boldsymbol{\Lambda}=\begin{bmatrix}\lambda_1 & & & \\ & \lambda_2 & & \\ & & \ddots & \\ & & & \lambda_n\end{bmatrix} \tag{6.20}$$

用 $\boldsymbol{Z}$ 来表示状态方程

$$\boldsymbol{M}\dot{\boldsymbol{Z}}=\boldsymbol{A}\boldsymbol{M}\boldsymbol{Z} \tag{6.21}$$

即

$$\dot{\boldsymbol{Z}}=\boldsymbol{M}^{-1}\boldsymbol{A}\boldsymbol{M}\boldsymbol{Z} \tag{6.22}$$

由式（6.19），可得

$$\dot{\boldsymbol{Z}}=\boldsymbol{\Lambda}\boldsymbol{Z} \tag{6.23}$$

其中，$\boldsymbol{\Lambda}$ 是对角矩阵，所以上式相当于将变量解耦，它代表 n 个解耦一阶方程

$$\dot{z}_i=\lambda_i z_i \qquad i=1,2,\cdots,n \tag{6.24}$$

式（6.24）是简单的一阶微分方程，对应的时间解为

$$z_i(t)=z_i(0)\mathrm{e}^{\lambda_i t} \tag{6.25}$$

其中，$z_i(0)$ 为 z_i 的初始值。

再返回到原始的状态方程，可见其时间解应为

$$\Delta\boldsymbol{x}(t)=\boldsymbol{M}\boldsymbol{Z}(t)=[\boldsymbol{M}_1\quad \boldsymbol{M}_2\quad \cdots\quad \boldsymbol{M}_n]\begin{bmatrix}z_1(t)\\ z_2(t)\\ \vdots\\ z_n(t)\end{bmatrix} \tag{6.26}$$

式中，$\boldsymbol{M}_1$，$\boldsymbol{M}_2$，…，$\boldsymbol{M}_n$ 为模态矩阵的列向量，称作右特征向量。

式（6.26）可用如下形式来表示

$$\Delta\boldsymbol{x}(t) = \sum_{i=1}^{n} \boldsymbol{M}_i z_i(0) e^{\lambda_i t} \tag{6.27}$$

把式（6.27）中的 $z_i(0)$ 用原始的状态变量 $\Delta x_i(0)$ 来表示，我们就得到了 Δx_i 的时域解。

由定义可知

$$z(t) = \boldsymbol{M}^{-1}\Delta\boldsymbol{x}(t) \tag{6.28}$$

现在将 $\boldsymbol{M}^{-1}$ 定义成一个新的矩阵 $\boldsymbol{N}^{\mathrm{T}}$

$$\boldsymbol{N}^{\mathrm{T}} = \boldsymbol{M}^{-1} = [\boldsymbol{N}_1^{\mathrm{T}} \quad \boldsymbol{N}_2^{\mathrm{T}} \quad \cdots \quad \boldsymbol{N}_n^{\mathrm{T}}]^{\mathrm{T}} \tag{6.29}$$

式中，$\boldsymbol{N}_i^{\mathrm{T}}$ 称作 $\boldsymbol{A}$ 的属于 λ_i 的左特征向量，而上面的 $\boldsymbol{M}_i$ 称作 $\boldsymbol{A}$ 的属于 λ_i 的右特征向量。

这样用 $\boldsymbol{N}^{\mathrm{T}}$ 代替 $\boldsymbol{M}^{-1}$ 就有

$$z(t) = \boldsymbol{N}^{\mathrm{T}}\Delta\boldsymbol{x}(t)$$

也就是

$$z_i(t) = \boldsymbol{N}_i^{\mathrm{T}}\Delta\boldsymbol{x}(t)$$

当 $t=0$ 时

$$z_i(0) = \boldsymbol{N}_i^{\mathrm{T}}\Delta\boldsymbol{x}(0) \tag{6.30}$$

式（6.30）乘积是一个标量，用 c_i 来表示，它代表初始状态引起第 i 个模式的幅值，就可将 Δx 的时域解写成

$$\Delta\boldsymbol{x}(t) = \sum_{i=1}^{n} \boldsymbol{M}_i c_i e^{\lambda_i t} \tag{6.31}$$

其中

$$c_i = \boldsymbol{N}_i^{\mathrm{T}}\Delta\boldsymbol{x}(0) \tag{6.32}$$

由 $\Delta\boldsymbol{x}(t)$ 的时域解可以很清楚的证实李雅普诺夫稳定性第一定律正确性，例如 $\lambda_1, \lambda_2, \cdots, \lambda_n$ 中只要有一个根是正实数，系统状态变量就会随时间的增长，幅值逐渐增大，因而是不稳定的。

另外还可以看出：

（1）实数的特征值对应的是单调变化，即非振荡的模式，负值表示衰减的，正值表示随时间增长，是不稳定的模式。

（2）复数的特征值总是以共轭形式出现的，对应的是振荡的模式。

这一节介绍了如何用状态方程表示电力系统，以及如何获得线性化的状态方程，由线性化状态方程式中 $\boldsymbol{A}$ 矩阵的特征值，就可以分析及判断系统小干扰稳定性，在推导过程中，我们也提出模态矩阵、右特征向量、左特征向量，但是因为本章集中讨论的是单机—无穷大系统的小干扰稳定性中一些基本概念，应用特征值分析已足够，至于应用模态矩阵、右特征向量及左特征向量构成许多有用的概念及工具，将留到多机系统稳定性分析的第 9 章再介绍。

第 2 节　初始状态的计算

如图 6.1 所示的单机—无穷大系统并带有机端负荷 $P_{\mathrm{L}} + \mathrm{j}Q_{\mathrm{L}}$，负荷阻抗可由已知的

端电压计算出来

$$R_{L}=\frac{U_{t}^{2}}{P_{L}} \tag{6.33}$$

$$X_{L}=\frac{U_{t}^{2}}{Q_{L}} \tag{6.34}$$

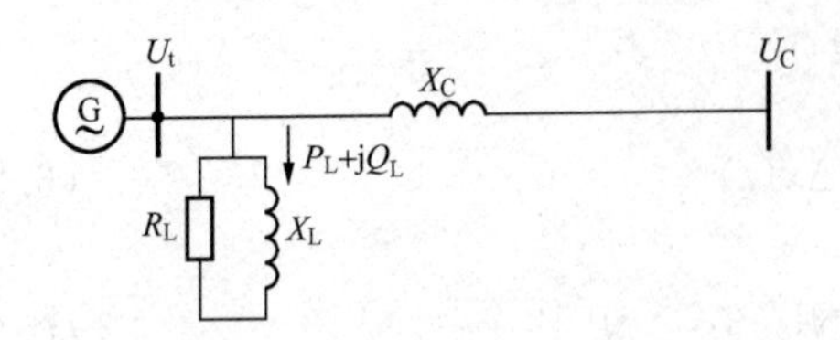

图6.1 带有机端负荷单机—无穷大系统

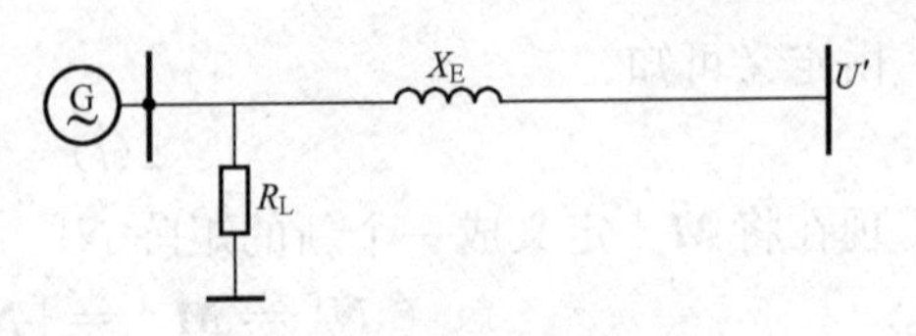

图6.2 图6.1的等值系统

应用戴维南原理进行等效，可把图6.1所示系统化为图6.2所示的等值系统，其中

$$U'=U_{C}\frac{X_{L}}{X_{L}+X_{C}} \tag{6.35}$$

$$X_{E}=\frac{X_{L}X_{C}}{X_{L}+X_{C}} \tag{6.36}$$

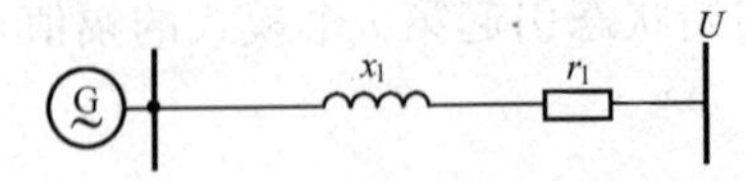

图6.3 图6.2的等值系统

对图6.2所示系统，再一次应用戴维南原理等效，可得图6.3所示的等值系统，其中

$$r_{1}=\frac{R_{L}X_{E}^{2}}{R_{L}^{2}+X_{E}^{2}} \qquad x_{1}=\frac{R_{L}^{2}X_{E}}{R_{L}^{2}+X_{E}^{2}} \tag{6.37}$$

$$U=\frac{U_{C}X_{L}R_{L}}{(X_{L}+X_{C})(R_{L}+jX_{E})} \tag{6.38}$$

如果$U=u\angle\delta$，而$U_{C}=u_{C}\angle\delta_{C}$，则式（6.38）中$U$的幅值及角度分别为

$$u=\frac{X_{L}R_{L}u_{C}}{(X_{L}+X_{C})(\sqrt{R_{L}^{2}+X_{E}^{2}})} \tag{6.39}$$

$$\delta=\delta_{C}+\tan^{-1}\frac{X_{E}}{R_{L}} \tag{6.40}$$

给定的初始条件不同则计算方法有所不同，对于有机端负荷，即图6.1的系统，可分成三种情况：

（1）已知发电机P_0、Q_0及U_{t0}时，求u、E'_q、E_Q及δ。由图6.4可以得到

$$\sin\delta_{1}=\frac{Ix_{q}\cos\phi}{\sqrt{(Ix_{q}\cos\phi)^{2}+(U_{t0}+Ix_{q}\sin\phi)^{2}}} \tag{6.41}$$

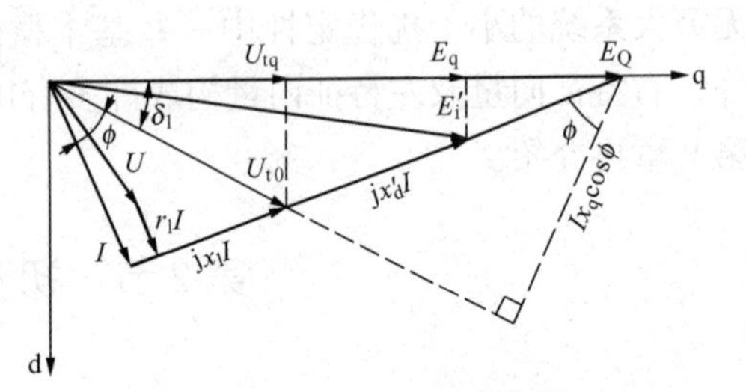

图6.4 发电机相量图

分子、分母同乘U_{t0}/x_q，则

$$\sin\delta_1 = \frac{P_0}{\sqrt{P_0^2 + \left(Q_0 + \frac{U_{t0}^2}{x_q}\right)^2}} \tag{6.42}$$

$$u_{td} = U_{t0}\sin\delta_1 = \frac{U_{t0}P_0}{\sqrt{P_0^2 + \left(Q_0^2 + \frac{U_{t0}^2}{x_q}\right)^2}} \tag{6.43}$$

$$u_{tq} = \sqrt{U_{t0}^2 - u_{td}^2} \tag{6.44}$$

则

$$i_q = \frac{u_{td}}{x_q} \tag{6.45}$$

$$i_d = \frac{E_Q - u_{tq}}{x_q} = \frac{E_Q i_q}{x_q i_q} - \frac{\frac{u_{td}}{x_q}u_{tq}}{u_{td}} = \frac{P_0 - \frac{u_{td}}{x_q}u_{tq}}{u_{td}} \tag{6.46}$$

$$E'_q = u_{tq} + x'_d i_d \tag{6.47}$$

$$E_Q = E'_q + (x_q - x'_d)i_d \tag{6.48}$$

无穷大母线电压的 d、q 轴分量

$$u_d = (x_l + x_q)i_q - r_l i_d \tag{6.49}$$

$$u_q = E_Q - (x_l + x_q)i_d - r_l i_q \tag{6.50}$$

$$u = \sqrt{u_d^2 + u_q^2} \tag{6.51}$$

$$\delta = \tan^{-1}\frac{u_d}{u_q} \tag{6.52}$$

(2) 已知 U_t、u_c 及 δ_c 时，求 u_{td}、u_{tq}、u、δ、E'_q 和 E_Q。

先由式 (6.39) 和式 (6.40) 求出 u 及 δ。

由图 6.4 可得

$$u_d = (x_l + x_q)i_q - r_l i_d \tag{6.53}$$

$$u_{td} = u_d + r_l i_d - x_l i_q \tag{6.54}$$

$$u_{tq} = u_q + r_l i_q + x_l i_d \tag{6.55}$$

将式 (6.53) ~式 (6.55) 代入 $U_t^2 = u_{td}^2 + u_{tq}^2$

$$U_t^2 = (x_q i_q)^2 + \left[u_q + r_l i_q + \frac{(x_l + x_q)i_q - u_d}{r_l}x_l\right]^2 \tag{6.56}$$

令

$$D_1 = u_q - \frac{x_l}{r_l}u_d \tag{6.57}$$

$$D_2 = r_l + \frac{x_l + x_q}{r_l}x_l \tag{6.58}$$

则得

$$i_q = \frac{\sqrt{4\,(D_1 D_2)^2 - 4(D_1^2 - U_t^2)(D_2^2 + x_q^2)} - 2D_1 D_2}{2(x_q^2 + D_2^2)} \tag{6.59}$$

$$i_d = \frac{(x_d + x_q)i_q - u_d}{r_l} \tag{6.60}$$

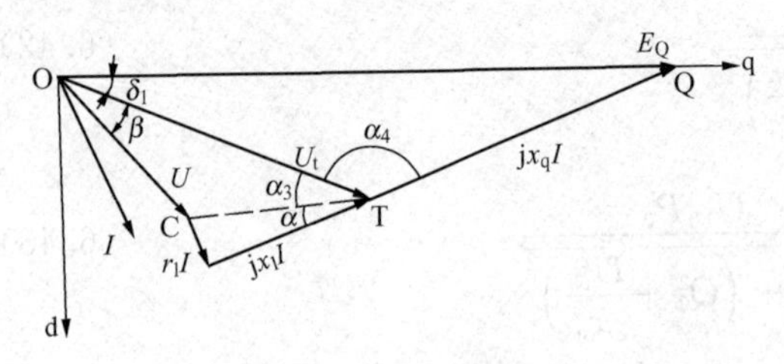

图 6.5 发电机相量图

代入式（6.54）、式（6.55）即可求出 u_{td} 及 u_{tq}，再利用式（6.47）、式（6.48）即可求出 E'_q、E_Q。

（3）已知 P_0、U_t、u_c 时，求 u、δ、u_{td}、u_{tq}、E_Q 和 E'_q。先由式（6.39）求出 u。这时的发电机相量图如图 6.5 所示。

发电机输出功率可表示为

$$P_0 = \frac{U_t^2}{z}\sin\alpha + \frac{U_t u}{z}\sin(\beta - \alpha) \tag{6.61}$$

其中

$$\alpha = \arctan\frac{r_1}{x_1} \tag{6.62}$$

$$z = \sqrt{r_1^2 + x_1^2} \tag{6.63}$$

$$\beta = \arcsin\left[\frac{1}{U_t u}\left(P_0 - \frac{U_t^2}{z}\sin\alpha\right)z\right] + \alpha \tag{6.64}$$

图 6.5 中，由三角形 OCT 可知

$$I = \frac{\sqrt{u^2 + U_t^2 - 2uU_t\cos\beta}}{z} \tag{6.65}$$

$$\cos\alpha_3 = \frac{U_t^2 + I^2(r_1^2 + x_1^2) - u^2}{2U_t I z} \tag{6.66}$$

$$\alpha_4 = \pi - (\alpha + \alpha_3) \tag{6.67}$$

由三角形 OTQ 可知

$$\frac{\sin\delta_1}{Ix_q} = \frac{\sin\alpha_4}{E_Q} \tag{6.68}$$

因

$$E_Q = \sqrt{U_t^2 + I^2x_q^2 - 2U_t I x_q\cos\alpha_4} \tag{6.69}$$

可求出

$$\sin\delta_1 = \frac{\sin\alpha_4}{E_Q}Ix_q \tag{6.70}$$

则

$$u_{td} = U_t\cos\delta_1 \tag{6.71}$$

$$u_{tq} = U_t\sin\delta_1 \tag{6.72}$$

因

$$i_q = \frac{u_{td}}{x_q} \tag{6.73}$$

$$i_d = \frac{P_0 - u_{tq}i_q}{u_{td}} \tag{6.74}$$

则

$$E'_q = u_{tq} + x'_d i_d \tag{6.75}$$

$$E_Q = E'_q + (x_q - x'_d)i_d \tag{6.76}$$

$$\delta_1 = \arctan\frac{u_{tq}}{u_{td}} \tag{6.77}$$

$$\delta = \beta + \delta_1 \tag{6.78}$$

有了初始状态的计算结果，才可以形成状态方程中的各个元素。

第 3 节　不计阻尼绕组的状态方程式

描述上面单机无穷大系统动态过程的高阶微分方程，可以化为一阶微分方程组并可写成状态方程表达式

$$\dot{\boldsymbol{x}} = \boldsymbol{A}\boldsymbol{x} + \boldsymbol{B}\boldsymbol{u} \tag{6.79}$$

其中，是 $\boldsymbol{x}$ 描述该系统的状态变量，$\dot{x}$ 为状态变量的一次微分，$\boldsymbol{A}$、$\boldsymbol{B}$ 为系数矩阵，$\boldsymbol{u}$ 为控制变量。

下面我们来形成上述状态方程。

首先，由上章的 Heffron-Phillips 模型，我们有

$$\Delta M_{\mathrm{e}} = K_1\Delta\delta + K_2\Delta E'_{\mathrm{q}} \tag{6.80}$$

$$\Delta E'_{\mathrm{q}} = \frac{K_3}{1+K_3T'_{\mathrm{d0}}s}\Delta E_{\mathrm{fd}} - \frac{K_3K_4}{1+K_3T'_{\mathrm{d0}}s}\Delta\delta \tag{6.81}$$

$$\Delta U_{\mathrm{t}} = K_5\Delta\delta + K_6\Delta E'_{\mathrm{q}} \tag{6.82}$$

$$\Delta\dot{\omega} = \frac{1}{T_{\mathrm{J}}}(\Delta M_{\mathrm{m}} - \Delta M_{\mathrm{e}}) - \frac{D}{T_{\mathrm{J}}}\Delta\omega \tag{6.83}$$

$$\Delta\dot{\delta} = 2\pi f_0\Delta\omega \tag{6.84}$$

上式中，$\Delta\dot{\delta} = \dfrac{\mathrm{d}\Delta\delta}{\mathrm{d}t}$，$\Delta\dot{\omega} = \dfrac{\mathrm{d}\Delta\omega}{\mathrm{d}t}$，各量单位为：$\delta$—rad（弧度），$t$—s（秒），$\Delta M$—标幺值，$\Delta\omega$—标幺值，$T_{\mathrm{J}}$—s（秒），其他各量均为标幺值。

在上面的方程中，如果保留 $\Delta\omega$、$\Delta\delta$ 及 $\Delta E'_{\mathrm{q}}$ 三个变量，则可得到三个一阶微分方程式

$$\Delta\dot{\omega} = -\frac{D}{T_{\mathrm{J}}}\Delta\omega - \frac{K_1}{T_{\mathrm{J}}}\Delta\delta - \frac{K_2}{T_{\mathrm{J}}}\Delta E'_{\mathrm{q}} + \frac{1}{T_{\mathrm{J}}}\Delta M_{\mathrm{m}} \tag{6.85}$$

$$\Delta\dot{\delta} = 2\pi f_0\Delta\omega \tag{6.86}$$

$$\Delta\dot{E}'_{\mathrm{q}} = -\frac{K_4}{T'_{\mathrm{d0}}}\Delta\delta - \frac{1}{K_3T'_{\mathrm{d0}}}\Delta E'_{\mathrm{q}} + \frac{1}{T'_{\mathrm{d0}}}\Delta E_{\mathrm{fd}} \tag{6.87}$$

按照 $\Delta\dot{\boldsymbol{x}} = \boldsymbol{A}\Delta\boldsymbol{x} + B\Delta\boldsymbol{u}$ 的形式可以写成

$$\begin{bmatrix}\Delta\dot{\omega}\\ \Delta\dot{\delta}\\ \Delta\dot{E}'_{\mathrm{q}}\end{bmatrix} = \begin{bmatrix}-\dfrac{D}{T_{\mathrm{J}}} & -\dfrac{K_1}{T_{\mathrm{J}}} & -\dfrac{K_2}{T_{\mathrm{J}}}\\ 2\pi f_0 & 0 & 0\\ 0 & -\dfrac{K_4}{T'_{\mathrm{d0}}} & -\dfrac{1}{K_3T'_{\mathrm{d0}}}\end{bmatrix}\begin{bmatrix}\Delta\omega\\ \Delta\delta\\ \Delta E'_{\mathrm{q}}\end{bmatrix} + \begin{bmatrix}\dfrac{1}{T_{\mathrm{J}}} & 0\\ 0 & 0\\ 0 & \dfrac{1}{T'_{\mathrm{d0}}}\end{bmatrix}\begin{bmatrix}\Delta M_{\mathrm{m}}\\ \Delta E_{\mathrm{fd}}\end{bmatrix} \tag{6.88}$$

式（6.88）中，我们把 ΔE_{fd}、ΔM_{m} 都看成是控制变量。如果小干扰时，假定 $\Delta M_{\mathrm{m}} =$

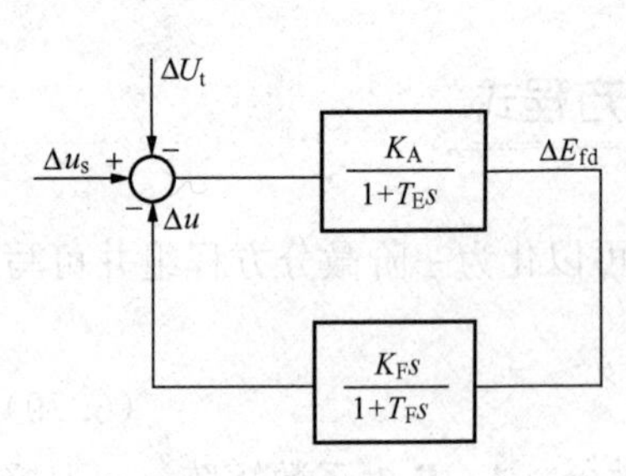

图 6.6 简单励磁机及电压调节器模型

0 而把 ΔE_{fd} 也看成是状态变量，并假定简单励磁机及电压调节器模型如图 6.6 所示。图 6.6 中 Δu_s 为稳定器输出电压，Δu 为转子软反馈电压，K_A 为调节器放大倍数，T_E 为励磁机时间常数，K_F、T_F 分别为转子电压软反馈系数及时间常数。由图 6.6 可得

$$\Delta E_{fd}=\frac{K_A}{1+T_E s}(\Delta u_s-\Delta U_t-\Delta u) \tag{6.89}$$

$$\Delta u=\frac{K_F s}{1+T_F s}\Delta E_{fd} \tag{6.90}$$

将 $\Delta U_t=K_5\Delta\delta+K_6\Delta E'_q$ 代入式（6.89）、式（6.90）可得

$$\Delta \dot{E}_{fd}=\frac{K_A}{T_E}\Delta u_s-\frac{K_5 K_A}{T_E}\Delta\delta-\frac{K_6 K_A}{T_E}\Delta E'_q-\frac{K_A}{T_E}\Delta u-\frac{1}{T_E}\Delta E_{fd} \tag{6.91}$$

$$\Delta \dot{u}=\frac{K_A K_F}{T_E T_F}\Delta u_s-\frac{K_5 K_A K_F}{T_E T_F}\Delta\delta-\frac{K_6 K_A K_F}{T_E T_F}\Delta E'_q-\frac{K_F}{T_E T_F}\Delta E_{fd}-\frac{1}{T_F}\left(1+\frac{K_F K_A}{T_E}\right)\Delta u \tag{6.92}$$

假定稳定器采用 $\Delta\omega$ 作为信号，其框图如图 6.7 所示。图中，T_f 为信号测量及滤波时间常数，隔离环节置于最后面，效果与放在最前面相同，每一个分母中具有算子 s 的环节后增加一个状态变量。写出每个环节的微分方程并化成上述各状态变量表示的一阶微分方程，则得

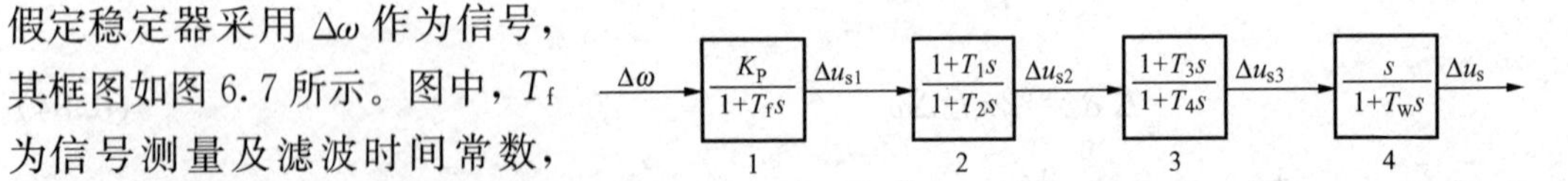

图 6.7 $\Delta\omega$ 为信号的稳定器框图

$$\Delta \dot{u}_{s1}=\frac{K_P}{T_f}\Delta\omega-\frac{\Delta u_{s1}}{T_f} \tag{6.93}$$

$$\Delta \dot{u}_{s2}=\frac{T_1 K_P}{T_2 T_f}\Delta\omega+\left(1-\frac{T_1}{T_f}\right)\frac{\Delta u_{s1}}{T_2}-\frac{1}{T_2}\Delta u_{s2} \tag{6.94}$$

$$\Delta \dot{u}_{s3}=\frac{T_1 T_3 K_P}{T_2 T_4 T_f}\Delta\omega+\frac{T_3}{T_2 T_4}\left(1-\frac{T_1}{T_f}\right)\Delta u_{s1}+\frac{1}{T_4}\left(1-\frac{T_3}{T_2}\right)\Delta u_{s2}-\frac{1}{T_4}\Delta u_{s3} \tag{6.95}$$

$$\Delta \dot{u}_s=\frac{T_1 T_3 K_P}{T_W T_2 T_4 T_f}\Delta\omega+\frac{T_3}{T_W T_2 T_4}\left(1-\frac{T_1}{T_f}\right)\Delta u_{s1}+\frac{1}{T_W}\left(\frac{1}{T_4}-\frac{T_3}{T_2 T_4}\right)\Delta u_{s2}-\frac{1}{T_W T_4}\Delta u_{s3}-\frac{1}{T_W}\Delta u_s \tag{6.96}$$

将式（6.88）、式（6.91）～式（6.96）联立，即可求得状态方程中之矩阵 **A**，它可以用表 6.1 来表示。

表 6.1　　**稳定器采用 $\Delta\omega$ 作信号时的系统 A 矩阵**

$\Delta\dot{x}$ \ Δx	$\Delta\omega$	$\Delta\delta$	$\Delta E'_q$	ΔE_{fd}	Δu	Δu_{s1}	Δu_{s2}	Δu_{s3}	Δu_s
$\Delta\dot{\omega}$	$-\frac{D}{T_J}$	$-\frac{K_1}{T_J}$	$-\frac{K_2}{T_J}$						
$\Delta\dot{\delta}$	$2\pi f_0$								
$\Delta\dot{E}'_q$		$-\frac{K_4}{T'_{d0}}$	$-\frac{1}{K_3T'_{d0}}$	$\frac{1}{T'_{d0}}$					
$\Delta\dot{E}_{fd}$		$-\frac{K_5K_A}{T_E}$	$-\frac{K_6K_A}{T_E}$	$-\frac{1}{T_E}$	$-\frac{K_A}{T_E}$				$\frac{K_A}{T_E}$
$\Delta\dot{u}$		$-\frac{K_5K_AK_F}{T_ET_F}$	$-\frac{K_6K_AK_F}{T_ET_F}$	$-\frac{K_F}{T_ET_F}$	$-\frac{1}{T_F}\left(1+\frac{K_AK_F}{T_E}\right)$				$\frac{K_AK_F}{T_ET_F}$
$\Delta\dot{u}_{s1}$	$\frac{K_P}{T_f}$					$-\frac{1}{T_f}$			
$\Delta\dot{u}_{s2}$	$\frac{K_PT_1}{T_fT_2}$					$\frac{1}{T_2}\left(1-\frac{T_1}{T_f}\right)$	$-\frac{1}{T_2}$		
$\Delta\dot{u}_{s3}$	$\frac{K_PT_1T_3}{T_2T_4T_f}$					$\frac{T_3}{T_2T_4}\left(1-\frac{T_1}{T_f}\right)$	$\frac{1}{T_4}\left(1-\frac{T_3}{T_2}\right)$	$-\frac{1}{T_4}$	
$\Delta\dot{u}_s$	$\frac{K_PT_1T_3}{T_WT_2T_4T_f}$					$\frac{T_3}{T_WT_2T_4}\left(1-\frac{T_1}{T_f}\right)$	$\frac{1}{T_WT_4}\left(1-\frac{T_3}{T_2}\right)$	$-\frac{1}{T_WT_4}$	$-\frac{1}{T_W}$

当采用电功率 ΔP_e 作为稳定器信号时，测功率的稳定器框图如图 6.8 所示。由于所研究的是小扰动方程，这时转速仍为同步速，标幺值下 $\omega=1$，所以

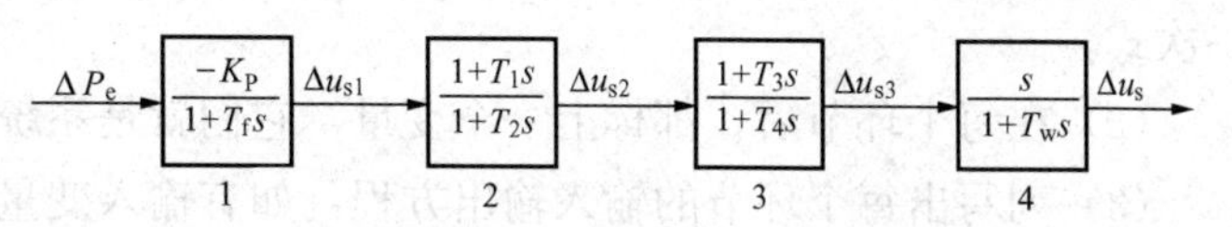

图 6.8　测功率的稳定器框图

1—测量—滤波；2—超前滞后 1；3—超前滞后 2；4—隔离

$$P_e = \omega M_e = M_e \tag{6.97}$$

这时，ΔP_e 可表示为

$$\Delta P_e = K_1\Delta\delta + K_2\Delta E'_q \tag{6.98}$$

利用式（6.98）可将稳定器的方程式化为下述一阶微分方程式组

$$\Delta\dot{u}_{s1} = -\frac{K_1K_P}{T_f}\Delta\delta - \frac{K_2K_P}{T_f}\Delta E'_q - \frac{1}{T_f}\Delta u_{s1} \tag{6.99}$$

$$\Delta\dot{u}_{s2} = -\frac{K_1K_PT_1}{T_2T_f}\Delta\delta - \frac{K_2K_PT_1}{T_2T_f}\Delta E'_q + \frac{1}{T_2}\left(1-\frac{T_1}{T_f}\right)\Delta u_{s1} - \frac{1}{T_2}\Delta u_{s2} \tag{6.100}$$

$$\Delta\dot{u}_{s3} = -\frac{K_1K_PT_1T_3}{T_fT_2T_4}\Delta\delta - \frac{K_2K_PT_1T_3}{T_fT_2T_4}\Delta E'_q + \frac{T_3}{T_2T_4}\left(1-\frac{T_1}{T_f}\right)\Delta u_{s1}$$

$$+\frac{1}{T_4}\left(1-\frac{T_3}{T_2}\right)\Delta u_{s2}-\frac{1}{T_4}\Delta u_{s3} \quad (6.101)$$

$$\Delta \dot{u}_s=-\frac{K_1K_PT_1T_3}{T_WT_fT_2T_4}\Delta\delta-\frac{K_2K_PT_1T_3}{T_WT_fT_2T_4}\Delta E_q'+\frac{T_3}{T_WT_2T_4}\left(1-\frac{T_1}{T_f}\right)\Delta u_{s1}$$

$$+\frac{1}{T_WT_4}\left(1-\frac{T_3}{T_2}\right)\Delta u_{s2}-\frac{1}{T_WT_4}\Delta u_{s3}-\frac{1}{T_W}\Delta u_s \quad (6.102)$$

这时所得的 **A** 矩阵，前面5行与表6.1相同，其余的4行见表6.2。

表 6.2 采用 ΔP_e 作为信号的稳定器时的 **A** 矩阵

$\Delta \dot{x}$ \ Δx	$\Delta\omega$	$\Delta\delta$	$\Delta E_q'$	ΔE_{fd}	Δu	Δu_{s1}	Δu_{s2}	Δu_{s3}	Δu_s
$\Delta \dot{u}_{s1}$		$-\frac{K_1K_P}{T_f}$	$-\frac{K_2K_P}{T_f}$			$-\frac{1}{T_f}$			
$\Delta \dot{u}_{s2}$		$-\frac{K_1K_PT_1}{T_2T_f}$	$-\frac{K_2K_PT_1}{T_2T_f}$			$\frac{1}{T_2}\left(1-\frac{T_1}{T_f}\right)$	$-\frac{1}{T_2}$		
$\Delta \dot{u}_{s3}$		$-\frac{K_1K_PT_1T_3}{T_2T_fT_4}$	$-\frac{K_2K_PT_1T_3}{T_2T_fT_4}$			$\frac{T_3}{T_2T_4}\left(1-\frac{T_1}{T_f}\right)$	$\frac{1}{T_4}\left(1-\frac{T_3}{T_2}\right)$	$-\frac{1}{T_4}$	
$\Delta \dot{u}_s$		$-\frac{K_1K_PT_1T_3}{T_WT_2T_fT_4}$	$-\frac{K_2K_PT_1T_3}{T_WT_2T_fT_4}$			$\frac{T_3}{T_WT_2T_4}\left(1-\frac{T_1}{T_f}\right)$	$\frac{1}{T_WT_4}\left(1-\frac{T_3}{T_2}\right)$	$-\frac{1}{T_WT_4}$	$-\frac{1}{T_W}$

从上面介绍的由传递函数框图建立状态方程的几个实例，可以总结出建立状态方程的一般方法，即：

(1) 将系统的微分方程用传递函数的形式表示，并使得每个环节的分母都表示成 s 的一次式。

(2) 在每个环节后，都标上一个变量，它们就是系统的状态变量。

(3) 列写出每个环节的输入输出方程，如有输入变量的微分项，可用前面环节定义的状态变量来表示。

用上述方法不论何种励磁控制系统都可以得到相应的状态方程。

第4节 计入阻尼绕组的状态方程[9]

设d轴及q轴各有一个阻尼绕组，我们有

$$\frac{d}{dt}E_q'=\frac{1}{T_{d0}'}[E_{fd}-(x_d-x_d')i_d-E_q']$$

$$\frac{d}{dt}E_q''=\frac{1}{T_{d0}''}[-(x_d'-x_d'')i_d-E_q''+E_q']+\frac{dE_q'}{dt}$$

$$\frac{d}{dt}E_d''=\frac{1}{T_{q0}''}[(x_q-x_q'')i_q-E_d'']$$

$$M_e=i_du_d+i_qu_q$$

$$u_d = E_d'' + x_q'' i_q - r i_d$$
$$u_q = E_q'' - x_d'' i_d - r i_q$$

现设发电机在运行点受到一小扰动，各电磁量有一小增量，略去 r，且认为线路电抗 x_l 为发电机附加的漏抗，则

$$u_d + \Delta u_d = E_d'' + \Delta E_d'' + (x_q'' + x_l)(i_q + \Delta i_q)$$

$$\Delta u_d = \Delta E_d'' + (x_q'' + x_l)\Delta i_q \tag{6.103}$$

$$\Delta u_q = \Delta E_q'' - (x_d'' + x_l)\Delta i_d \tag{6.104}$$

$$u_d = U\sin\delta$$

$$u_q = U\cos\delta$$

$$u_d + \Delta u_d = U\sin(\delta + \Delta\delta) = U\sin\delta\cos\Delta\delta + U\cos\delta\sin\Delta\delta$$

由于干扰很小，可认为 $\cos\Delta\delta = 1$，$\sin\Delta\delta \approx \Delta\delta$

因此 $$\Delta u_d = U\cos\delta\Delta\delta$$
同样 $$\Delta u_q = -U\sin\delta\Delta\delta$$
代入式（6.103）、式（6.104）得

$$\Delta i_q = [-\Delta E_d'' + U\cos\delta\Delta\delta]/(x_q'' + x_l) \tag{6.105}$$
$$\Delta i_d = [\Delta E_q'' + U\sin\delta\Delta\delta]/(x_d'' + x_l) \tag{6.106}$$

将式（6.103）及式（6.104）代入式（2.107），并化为增量表达式，可得到

$$\begin{aligned}\Delta M_e &= \Delta E_d'' i_d + E_d''\Delta i_d + \Delta E_q'' i_q + E_q''\Delta i_q \\ &\quad + (x_q'' - x_d'')(i_d\Delta i_q + \Delta i_d i_q) \\ &= \Delta E_d'' i_d + \Delta E_q'' i_q + E_d''(\Delta E_q'' + U\sin\delta\Delta\delta)/(x_d'' + x_l) \\ &\quad + E_q''(-\Delta E_d'' + U\cos\delta\Delta\delta)/(x_q'' + x_l) \\ &\quad + (x_q'' - x_d'')\left[\frac{i_d}{x_q'' + x_l}(-\Delta E_d'' + U\cos\delta\Delta\delta) + \frac{i_q}{x_d'' + x_l}(\Delta E_q'' + U\sin\delta\Delta\delta)\right] \\ &= -\frac{u_q}{x_q'' + x_l}\Delta E_d'' + \Delta E''_q\frac{u_d}{x_d'' + x_l} + \Delta\delta\left[E_d''\frac{u_d}{x_d'' + x_l} + E_q''\frac{u_q}{x_q'' + x_l}\right. \\ &\quad \left. + (x_q'' - x_d'')\left(i_d\frac{u_q}{x_q'' + x_l} + i_q\frac{u_d}{x_d'' + x_l}\right)\right]\end{aligned}$$

令 $$b_1 = u_d/(x_d'' + x_l) \tag{6.107}$$

$$b_2 = -u_q/(x_q'' + x_l) \tag{6.108}$$

$$b_3 = b_1 E_d'' - b_2 E_q'' + (x_q'' - x_d'')(b_1 i_q - b_2 i_d) \tag{6.109}$$

于是 $$\Delta M_e = b_1\Delta E_q'' + b_2\Delta E_d'' + b_3\Delta\delta \tag{6.110}$$

而转子摇摆方程式具有如下形式

$$T_J \frac{d^2}{dt^2}\Delta\delta = \Delta M_m - \Delta M_e = -\Delta M_e = -b_1 \Delta E''_q - b_2 \Delta E''_d - b_3 \Delta\delta \tag{6.111}$$

化简$\frac{d}{dt}\Delta E'_q$、$\frac{d}{dt}\Delta E''_q$ 及$\frac{d}{dt}\Delta E''_d$

$$\frac{d\Delta E'_q}{dt} = \frac{1}{T'_{d0}}[\Delta E_{fd} - (x_d - x'_d)\Delta i_d - \Delta E'_q]$$

$$= \frac{1}{T'_{d0}}\left[\Delta E_{fd} - \frac{x_d - x'_d}{x'_d + x_l}(\Delta E''_q + U\sin\delta\Delta\delta) - \Delta E'_q\right] \tag{6.112}$$

$$\frac{d\Delta E''_q}{dt} = \frac{1}{T''_{d0}}[-(x'_d - x''_d)\Delta i_d - \Delta E''_q + \Delta E'_q] + \frac{d}{dt}\Delta E'_q$$

$$= \frac{1}{T''_{d0}}\left(-\frac{x'_d - x''_d}{x''_d + x_l}\Delta E''_q - \frac{x'_d - x''_d}{x''_d + x_l}U\sin\delta\Delta\delta + \Delta E'_q\right) + \frac{d}{dt}\Delta E'_q \tag{6.113}$$

$$\frac{d\Delta E''_d}{dt} = \frac{1}{T''_{q0}}[(x_q - x''_q)\Delta i_q - \Delta E''_d]$$

$$= \frac{1}{T''_{q0}}\left[\frac{x_q - x''_q}{x''_q + x_l}(-\Delta E''_d + U\cos\delta\Delta\delta) - \Delta E''_d\right]$$

$$= \frac{1}{T''_{q0}}\left(\frac{x_q - x''_q}{x''_q + x_l}U\cos\delta\Delta\delta - \frac{x_q + x_l}{x''_q + x_l}\Delta E''_d\right) \tag{6.114}$$

现将励磁系统视为等效的一阶惯性环节，ΔE_{fd} 为其输出，Δu_s 为其输入，则

$$\Delta E_{fd} = \frac{K_A}{K_E + T_E s}\Delta u_s$$

即

$$\frac{d\Delta E_{fd}}{dt} = \frac{1}{T_E}(-\Delta E_{fd} - K_A \Delta u_s) \tag{6.115}$$

下面来求机端电压的偏差量 ΔU_t 的方程

$$U_t^2 = u_{td}^2 + u_{tq}^2$$

$$(U_t + \Delta U_t)^2 = (u_{td} + \Delta u_{td})^2 + (u_{tq} + \Delta u_{tq})^2$$

略去二阶增量后 $\Delta U_t = \frac{u_{td0}}{U_{t0}}\Delta u_{td} + \frac{u_{tq0}}{U_{t0}}\Delta u_{tq}$

而 $\Delta u_{td} = \Delta E''_d + x''_q \Delta i_q = \Delta E''_d + x''_q(-\Delta E''_d + U\cos\delta\Delta\delta)/(x''_q + x_l)$

$$= \frac{x_l}{x''_q + x_l}\Delta E''_d + \frac{x''_q}{x''_q + x_l}U\cos\delta\Delta\delta$$

$$\Delta u_{tq} = \Delta E''_q - x''_d \Delta i_d = \Delta E''_q - x''_d(\Delta E''_q + U\sin\delta\Delta\delta)/(x''_d + x_l)$$

$$= \frac{x_l}{x''_d + x_l}\Delta E''_q - \frac{x''_d}{x''_d + x_l}U\sin\delta\Delta\delta$$

因此 ΔU_t 可表示为

$$\Delta U_t = b_4 \Delta E''_d + b_5 \Delta E''_q + b_6 \Delta\delta \tag{6.116}$$

其中

$$b_4 = u_{td} x_l / U_t (x''_q + x_l) \tag{6.117}$$

$$b_5 = u_{tq} x_l / U_t (x''_d + x_l) \tag{6.118}$$

$$b_6 = u_{td} x''_q U\cos\delta / [U_t (x''_q + x_l)] - u_{tq} x''_d U\sin\delta / [U_t (x''_d + x_l)] \tag{6.119}$$

至此，可得有阻尼绕组的单机—无穷大系统的状态方程如下

$$\frac{d\Delta\omega}{dt} = -\frac{b_1}{T_J}\Delta E''_q - \frac{b_2}{T_J}\Delta E''_d - \frac{b_3}{T_J}\Delta\delta \tag{6.120}$$

$$\frac{d\Delta\delta}{dt} = \omega_0 \Delta\omega \tag{6.121}$$

$$\frac{d\Delta E'_q}{dt} = \frac{1}{T'_{d0}}\left[\Delta E_{fd} - \frac{x_d - x'_d}{x''_d + x_l}(\Delta E''_q + U\sin\delta\Delta\delta) - \Delta E'_q\right] \tag{6.122}$$

$$\frac{d\Delta E''_q}{dt} = \frac{1}{T''_{d0}}\left(\frac{x'_d - x''_d}{x''_d + x_l}\Delta E''_q - \frac{x'_d - x''_d}{x''_d + x_l}U\sin\delta\Delta\delta + \Delta E'_q\right) + \frac{d}{dt}\Delta E'_q \tag{6.123}$$

$$\frac{d\Delta E''_d}{dt} = \frac{1}{T''_{q0}}\left(\frac{x_q - x''_q}{x''_q + x_l}U\cos\delta\Delta\delta - \frac{x_q + x_l}{x''_q + x_l}\Delta E''_d\right) \tag{6.124}$$

$$\frac{d\Delta E_{fd}}{dt} = \frac{1}{T_E}(-\Delta E_{fd} - K_A \Delta u_s) \tag{6.125}$$

以上状态方程式包括了发电机及励磁机，但是不包括励磁调节器，下面推导各种不同励磁调节器状态方程[9]。

1. 比例—积分（PI）调节器

$$\Delta u_s = \left(1 + \frac{1}{\tau s}\right)\Delta U_t \tag{6.126}$$

$$\frac{d\Delta u_s}{dt} = \frac{d}{dt}\Delta U_t + \Delta U_t/\tau = b_4 \frac{d}{dt}\Delta E''_d + b_5 \frac{d}{dt}\Delta E''_q + b_6 \frac{d}{dt}\Delta\delta + \frac{b_4}{\tau}\Delta E''_d + \frac{b_5}{\tau}\Delta E''_q + \frac{b_6}{\tau}\Delta\delta \tag{6.127}$$

取状态变量为　$\boldsymbol{x} = [\Delta\omega \quad \Delta\delta \quad \Delta E'_q \quad \Delta E''_d \quad \Delta E_{fd} \quad \Delta u_s]^T$

设系统状态方程式为

$$\dot{\boldsymbol{x}} = \boldsymbol{A}\boldsymbol{x}$$

则 $\boldsymbol{A}$ 中的元素 $a_{11} \sim a_{67}$ 可由前面推导中得到

$a_{12} = -b_3/T_J$

$a_{14} = -b_1/T_J$

$a_{15} = -b_2/T_J$

$a_{21} = 2\pi f$

$a_{43} = 1/T''_{d0} + a_{33}$

$a_{44} = -(x'_d + x_l)/[T''_{d0}(x''_d + x_l)] + a_{34}$

$a_{46} = a_{36}$

$a_{52} = (x_q - x_l)U\cos\delta/[T''_{q0}(x''_q + x_l)]$

$a_{34} = -(x_d - x'_d)/[T'_{d0}(x''_d + x_l)]$

$a_{33} = -1/T'_{d0}$

$a_{32} = a_{34}U\sin\delta$

$a_{35} = 1/T'_{d0}$

$a_{42} = -(x'_d - x''_d)U\sin\delta/[T''_{d0}(x''_d + x_l)] + a_{32}$

$a_{55} = -(x_q + x_l)/[T''_{q0}(x''_q + x_l)]$

$a_{66} = -1/T_E$

$a_{67} = -K_A/T_E$

而其他的元素为

$a_{71} = b_6 a_{21}$

$a_{72} = b_6/\tau + b_4 a_{52} + b_5 a_{42}$

$a_{73} = b_5 a_{43}$

$a_{74} = b_5/\tau + b_5 a_{44}$

$a_{75} = b_4/\tau + b_4 a_{55}$

$a_{76} = b_5 a_{46}$

2. 滞后校正

$$\Delta u_s = \frac{1 + T_A s}{1 + T_B s}\Delta U_t \tag{6.128}$$

$$\frac{d}{dt}\Delta u_s = -\frac{1}{T_B}\Delta u_s + \frac{T_A}{T_B}\left(\frac{1}{T_A}\Delta U_t + \frac{d}{dt}\Delta U_t\right) \tag{6.129}$$

取状态变量为 $\boldsymbol{x} = [\Delta\omega \quad \Delta\delta \quad \Delta E'_q \quad \Delta E''_d \quad \Delta E_{fd} \quad \Delta u_s]^T$ 则 $\boldsymbol{A}$ 矩阵中

$a_{71} = T_A b_6 a_{21}/T_B$

$a_{72} = (b_6 + T_A b_4 a_{22} + T_A b_5 a_{42})/T_B$

$a_{73} = T_A b_5 a_{43}/T_B$

$a_{74} = (b_5 + T_A b_5 a_{44})/T_B$

$a_{75} = (b_4 + T_A b_4 a_{55})/T_B$

$a_{76} = T_A b_5 a_{46}/T_B$

$a_{77} = -1/T_B$

3. 转子电压软反馈

$$\Delta u_s = \Delta U_t + \frac{K_F s}{1 + T_F s}\Delta E_{fd} \tag{6.130}$$

因式（6.115）的励磁机传递函数中用的是负号，所以式（6.130）中 ΔU_t 及 ΔE_{fd} 都为正号。于是可得

$$\frac{d}{dt}\Delta u_s = -\frac{1}{T_F}\Delta u_s + \frac{K_F}{T_F}\frac{d}{dt}\Delta E_{fd} + \frac{\Delta U_t}{T_F} + \frac{d}{dt}\Delta U_t \tag{6.131}$$

取状态变量 $\boldsymbol{x} = [\Delta\omega \quad \Delta\delta \quad \Delta E'_q \quad \Delta E''_q \quad \Delta E''_d \quad \Delta E_{fd} \quad \Delta u_s]^T$，则 $\boldsymbol{A}$ 矩阵中

$a_{71} = b_6 a_{21}$

$a_{72} = b_6/T_F + b_4 a_{52} + b_5 a_{42}$

$a_{73} = b_5 a_{43}$

$a_{74} = b_5/T_F + b_5 a_{44}$

$a_{75} = b_4/T_F + b_4/a_{55}$

$a_{76} = b_5 a_{46} + K_F a_{66}/T_F$

$a_{77} = (K_F a_{67} - 1)/T_F$

4. 领先—滞后校正

$$\Delta u_{s1} = \frac{1 + T_A s}{1 + T_B s}\Delta U_t \tag{6.132}$$

$$\Delta u_s = \frac{1 + T_C s}{1 + T_D s}\Delta u_{s1} \tag{6.133}$$

$$\frac{\mathrm{d}}{\mathrm{d}t}\Delta u_{s1}=-\frac{1}{T_B}\Delta u_{s1}+\frac{T_A}{T_B}\left(\frac{\mathrm{d}}{\mathrm{d}t}\Delta U_t+\frac{\Delta U_t}{T_A}\right)\tag{6.134}$$

$$\frac{\mathrm{d}}{\mathrm{d}t}\Delta u_s=-\frac{1}{T_D}\Delta u_s+\frac{T_C}{T_D}\left(\frac{\mathrm{d}}{\mathrm{d}t}\Delta u_{s1}+\Delta u_{s1}/T_C\right)\tag{6.135}$$

取状态变量为 $\boldsymbol{x}=[\Delta\omega\quad\Delta\delta\quad\Delta E_q'\quad\Delta E_q''\quad\Delta E_d''\quad\Delta E_{fd}\quad\Delta u_s\quad\Delta u_{s1}]^T$，则 $\boldsymbol{A}$ 矩阵中

$a_{81}=b_6a_{21}T_A/T_B$　　$a_{72}=a_{82}T_C/T_D$

$a_{82}=(b_6/T_A+b_4a_{52}+b_5a_{42})T_A/T_B$　　$a_{73}=a_{83}T_C/T_D$

$a_{83}=b_5a_{43}T_A/T_B$　　$a_{74}=a_{84}T_C/T_D$

$a_{84}=(b_5/T_A+b_5a_{44})T_A/T_B$　　$a_{75}=a_{85}T_C/T_D$

$a_{85}=(b_4/T_A+b_4a_{55})T_A/T_B$　　$a_{76}=a_{86}T_C/T_D$

$a_{86}=b_5a_{46}T_A/T_B$　　$a_{77}=-1/T_D$

$a_{88}=-1/T_B$　　$a_{78}=a_{88}T_C/T_D+1/T_D$

$a_{71}=a_{81}T_C/T_D$

5. 电力系统稳定器

设电力系统稳定器具有滤波、隔离及两阶超前环节，其传递函数为

$$\frac{K_P}{1+T_fs}\times\frac{1+T_As}{1+T_Bs}\times\frac{1+T_As}{1+T_Bs}\times\frac{s}{1+T_Ws}\tag{6.136}$$

输入信号可以是转速 $\Delta\omega$ 或电功率 ΔP_e，输出是 Δu_s。

5.1　以 $\Delta\omega$ 为输入信号的稳定器

$$\begin{aligned}\Delta u_s&=\Delta U_t-\frac{s}{1+T_Ws}\Delta u_{s1}=\Delta U_t-\frac{s}{1+T_Ws}\times\frac{1+T_As}{1+T_Bs}\Delta u_{s2}\\&=\Delta U_t-\frac{s}{1+T_Ws}\times\frac{1+T_As}{1+T_Bs}\times\frac{1+T_As}{1+T_Bs}\Delta u_{s3}\\&=\Delta U_t-\frac{s}{1+T_Ws}\times\frac{1+T_As}{1+T_Bs}\times\frac{1+T_As}{1+T_Bs}\times\frac{K_P}{1+T_fs}\Delta\omega\end{aligned}\tag{6.137}$$

展开式（6.137）得

$$\frac{\mathrm{d}}{\mathrm{d}t}\Delta u_{s3}=K_P\Delta\omega-\Delta u_{s3}/T_f\tag{6.138}$$

$$\frac{\mathrm{d}}{\mathrm{d}t}\Delta u_{s2}=-\Delta u_{s2}/T_B+T_A\left(\Delta u_{s3}/T_A+\frac{\mathrm{d}}{\mathrm{d}t}\Delta u_{s3}\right)/T_B\tag{6.139}$$

$$\frac{\mathrm{d}}{\mathrm{d}t}\Delta u_{s1}=-\Delta u_{s1}/T_B+T_A\left(\Delta u_{s2}/T_A+\frac{\mathrm{d}}{\mathrm{d}t}\Delta u_{s2}\right)/T_B\tag{6.140}$$

$$\frac{\mathrm{d}}{\mathrm{d}t}\Delta u_s=-\Delta u_s/T_W+\left[\left(\Delta U_t+T_W\frac{\mathrm{d}}{\mathrm{d}t}\Delta U_t\right)-\frac{\mathrm{d}}{\mathrm{d}t}\Delta u_{s1}\right]/T_W\tag{6.141}$$

状态变量取 $\boldsymbol{x}=[\Delta\omega\quad\Delta\delta\quad\Delta E_q'\quad\Delta E_q''\quad\Delta E_d''\quad\Delta E_{fd}\quad\Delta u_s\quad\Delta u_{s3}\quad\Delta u_{s2}\quad\Delta u_{s1}]^T$，则 $\dot{\boldsymbol{x}}=\boldsymbol{A}\boldsymbol{x}$ 的系数矩阵 $\boldsymbol{A}$ 中

$a_{81}=K_P/T_f$
$a_{88}=-1/T_f$
$a_{91}=T_A a_{81}/T_B$
$a_{98}=(T_A a_{88}+1)/T_B$
$a_{99}=-1/T_B$
$a_{10,1}=T_A a_{91}/T_B$
$a_{10,8}=T_A a_{98}/T_B$
$a_{10,9}=(T_A a_{99}+1)/T_B$
$a_{10,10}=-1/T_B$
$a_{71}=b_6 a_{21}-a_{10,1}/T_W$
$a_{72}=b_6/T_W+b_5 a_{43}+b_4 a_{52}$
$a_{73}=b_5 a_{43}$
$a_{74}=b_5 a_{44}+b_5/T_W$
$a_{75}=b_4 a_{55}+b_4/T_W$
$a_{76}=b_5 a_{46}$
$a_{77}=-1/T_W$
$a_{78}=-a_{10,8}/T_W$
$a_{79}=-a_{10,9}/T_W$
$a_{7,10}=-a_{10,10}/T_W$

5.2 以ΔP_e为信号的电力系统稳定器

标幺值表示时，$\Delta P_e=\Delta M_e$，与用$\Delta\omega$为信号稳定器相比，只有第一个滤波环节输入输出关系发生变化，即

$$\Delta u_{s3}=\frac{K_P}{1+T_f s}\Delta P_e=\frac{K_P}{1+T_f s}\Delta M_e \tag{6.142}$$

展开后得

$$\frac{d}{dt}\Delta u_{s3}=(K_P\Delta M_e-\Delta u_{s3})/T_f \tag{6.143}$$

状态变量取为$x=[\Delta\omega\ \ \Delta\delta\ \ \Delta E'_q\ \ \Delta E''_q\ \ \Delta E''_d\ \ \Delta E_{fd}\ \ \Delta u_s\ \ \Delta u_{s3}\ \ \Delta u_{s2}\ \ \Delta u_{s1}]^T$，则$\dot{x}=Ax$的系数矩阵$A$中

$a_{82}=-K_P b_3$
$a_{84}=-K_P b_1$
$a_{85}=-K_P b_2$
$a_{88}=-1/T_f$
$a_{92}=T_A a_{82}/T_B$
$a_{94}=T_A a_{84}/T_B$
$a_{95}=T_A a_{85}/T_B$
$a_{98}=(T_A a_{88}+1)/T_B$
$a_{99}=-1/T_B$
$a_{10,2}=T_A a_{92}/T_B$
$a_{10,4}=T_A a_{94}/T_B$
$a_{10,5}=T_A a_{95}/T_B$
$a_{10,8}=T_A a_{98}/T_B$
$a_{10,9}=(T_A a_{99}+1)/T_B$
$a_{10,10}=-1/T_B$
$a_{71}=K_6 a_{21}$
$a_{72}=-a_{10,2}/T_W+b_6/T_W+b_5 a_{42}+K_4 a_{52}$
$a_{73}=b_5 a_{43}$
$a_{74}=-a_{10,4}/T_W+b_5/a_{42}+K_4 a_{52}$
$a_{75}=-a_{10,5}/T_W+b_4/T_W+b_4 a_{55}$
$a_{76}=b_5 a_{46}$
$a_{77}=-1/T_W$
$a_{78}=-a_{10,8}/T_W$
$a_{79}=-a_{10,9}/T_W$
$a_{7,10}=-a_{10,10}/T_W$

第5节　程　序　说　明

程序结构框图如图 6.9 所示。

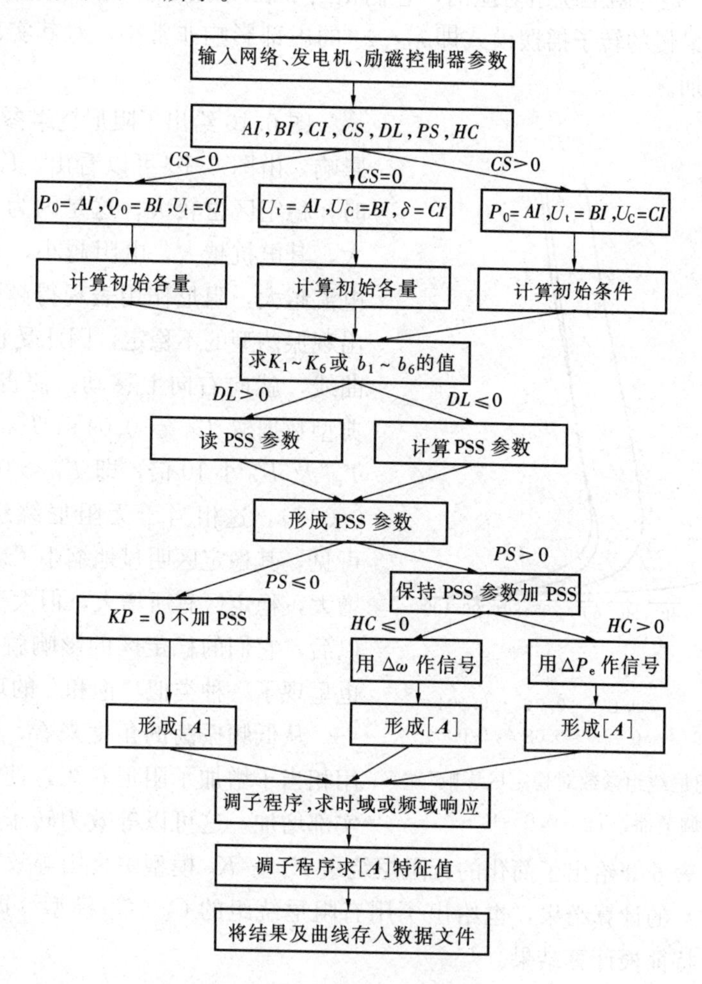

图 6.9　程序结构框图

AI、BI、CI—计算初始状态所事先给定的条件（功率、电压、角度等量）；
CS、DL、PS、HC—控制变量，控制程序按照不同的流程运行，需要事先输入

第 6 节　阻尼绕组的作用及等效

由计入阻尼绕组后的状态方程可知，这时 **A** 矩阵是六阶的，所以与不计阻尼绕组时增加了两个根。例如对于某水轮发电机，计算所得的特征根如下

$$\lambda_1=-0.115+j4.728$$

$$\lambda_2=-0.115-j4.728$$

$$\lambda_3=-11.757+j13.313$$

$$\lambda_4 = -11.57 - j13.313$$

$$\lambda_5 = -26.550$$

$$\lambda_6 = -18.877$$

其中 λ_5 及 λ_6 是与阻尼绕组对应的，它们相当于衰减很快的无振荡的两个分量，而阻尼绕组对于衰减最慢的转子摇摆模式即 λ_1、λ_2 的虚部影响非常小，对其实部有一定的影响，使正阻尼增加。

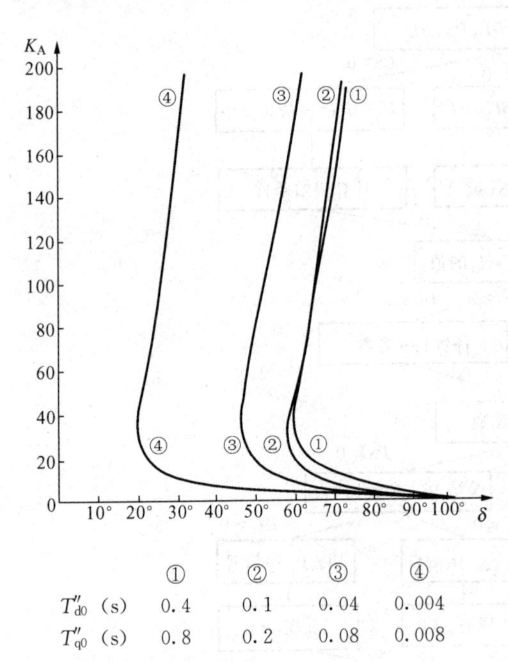

	①	②	③	④
T''_{d0} (s)	0.4	0.1	0.04	0.004
T''_{q0} (s)	0.8	0.2	0.08	0.008

图 6.10 阻尼绕组参数对稳定区影响

（比例调节器，T_E=0.05s）

图 6.10 给出了阻尼绕组参数对稳定区的影响，由图 6.10 可以看出，T''_{d0} 及 T''_{q0} 较大时，稳定区也较大，这是因为 T''_{d0} 及 T''_{q0} 越大，其电抗越大，电阻越小，在其中感应的电流越大，阻尼作用表现得越强，越不容易出现振荡型的不稳定，因此受它限制的 K_{Amax} 曲线，就向右向上移动，使得稳定区扩大。典型数据取 $T''_{d0}=0.04$ s，$T''_{q0}=0.08$ s，当 T''_{d0} 及 T''_{q0} 小 10 倍，即 $T''_{d0}=0.004$ s，$T''_{q0}=0.008$ s，这相当于无阻尼绕组，由图 6.10 可见，其稳定区明显地缩小了。当 T''_{d0} 及 T''_{q0} 增大，稳定区有所增大，但大于 0.1s 及 0.2s 以后，它们的稳定区的影响就越小了，似乎也呈现了一种类似“饱和”的现象。

从低频振荡的角度来看，阻尼绕组的作用相当于增加了阻尼转矩，使特征根的正的实部增加。这可以等效为转子运行方程式中 D 系数的增加。表 6.3 给出了简化的无阻尼绕组 K_1—K_6 模型中采用等效 D 系数后，特征根（机电模式）的计算结果，也给出了用有阻尼绕组的 C_1—C_{12} 模型（即文献［4］作者提出的模型）特征根计算结果。

表 6.3 两种模型特征根的计算结果

Q（标幺值）	P（标幺值）	C_1—C_{12}模型 机电模式	C_1—C_{12}模型 阻尼比	K_1—K_6 模型 D	K_1—K_6 模型 机电模式	K_1—K_6 模型 阻尼比
−0.8	0	−2.2717±j8.2406	0.2658	18.1057	−1.5088±j5.2474	0.2763
	0.5	−1.2112±j8.7881	0.1365	12.0863	−1.0840±j6.5534	0.1632
	1.0	0.6862±j8.9663	−0.0763	9.7634	0.5017±j8.2560	−0.0607
0	0	−1.0714±j7.8385	0.1354	10.1279	−0.8440±j6.6635	0.1257
	0.5	−0.7406±j8.0347	0.0918	8.9484	−0.6324±j7.0046	0.0899
	1.0	0.1495±j8.3390	−0.0179	7.1198	0.0847±j7.7391	−0.0109
0.8	0	−0.4096±j6.7923	0.0602	4.3871	−0.3656±j6.4209	0.0568
	0.5	−0.2429±j6.8671	0.0354	4.0996	−0.2253±j6.5436	0.0344
	1.0	0.2461±j7.0130	−0.0351	3.5739	0.2203±j6.8329	−0.0322

由表 6.3 可以看出采用等效 D 系数可以粗略地等效阻尼绕组的作用，也就是用一个低阶模型去等效高阶模型。但是也要看到，随着运行情况的改变，等效阻尼系数在一个相当大的范围内变化，在本例中变化达 5.17 倍，关于影响系数取值的因素，在第 10 章还会介绍。

第7节　动态校正器的作用

动态校正器又称为PID调节器(P—比例,I—积分,D—微分)或领先—滞后校正。由于它简单易行,又能改善系统的动态性能,所以使用非常普遍。目前在工业上采用的动态校正器有下列几种。

1. 对快速励磁系统（$T_E = 0.02 \sim 0.1s$）

主要采用比例—积分器或滞后校正器（又称暂态增益减小），其传递函数及典型参数如下：

（1）比例—积分器

$$K_A\left(1+\frac{1}{\tau s}\right)$$

$$K_A = 20 \sim 30$$

$$\tau = 2 \sim 5s$$

下面实例中，采用 $\tau = 3s$。

（2）滞后校正器

$$K_A\frac{1+T_As}{1+T_Bs}$$

$$K_A = 100 \sim 200$$

下面实例中，采用 $T_A = 1\ s$, $T_B = 10\ s$。

2. 对慢速励磁系统（主要是交流励磁机系统，$T_E=0.5 \sim 1.5s$）

主要采用领先—滞后校正器或转子电压软反馈两种，其传递函数及典型参数如下：

（1）领先—滞后校正器

$$\frac{1+T_As}{1+T_Bs}\frac{1+T_Cs}{1+T_Ds}$$

$$T_B/T_A = T_C/T_D = 5 \sim 10$$

$$T_A = 1 \sim 2s$$

$$T_C=0.5 \sim 0.8s$$

下面实例中，采用 $T_A = 1s$, $T_B = 10\ s$, $T_C = 0.675s$, $T_D = 0.0675s$。

（2）转子电压软反馈

$$\frac{K_Fs}{1+T_Fs}$$

$$T_F = 0.8 \sim 2s$$

$$K_F = 0.02 \sim 0.04$$

下面实例中，采用 $T_F = 0.8$ s, $K_F = 0.04$。

在第4章中我们已经谈到，发电机上采用的动态校正器，一般都是在略去转子摇摆方程的假定下，采用频率响应法或按二阶最佳系统设计的。但是，当发电机与系统的联系较弱时，转子摇摆方程式不能略去，则需要利用状态空间——特征根法来分析动态校正器的作用。

图6.11表示在一个单机无穷大系统中，采用比例式、比例—积分式或滞后校正器时，调节器放大倍数 K_A 与功角 δ 之间稳定区（曲线的左下部分为稳定区）。

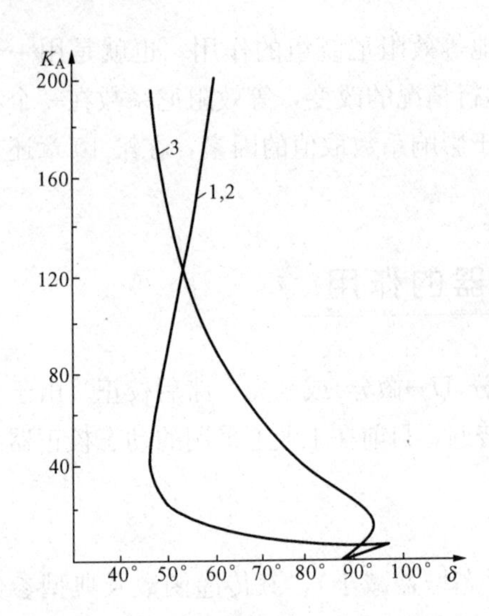

图6.11 不同动态校正器的稳定区

1，2—比例式及比例—积分式；3—滞后校正器

$x_l=1.0$，$x_d=1.25$，$x_q=0.88$，$x_d'=0.425$，$x_d''=0.215$，$x_q''=0.215$，$T_{d0}'=4.88$s，$T_J=8.8$s，$T_E=0.05$s，$T_{d0}''=0.04$s，$T_{q0}''=0.08$s

由图6.11可见，比例式及比例—积分式稳定区基本相同，而滞后校正器的稳定区则有所扩大。由第4章关于动态校正器的作用的解释，我们已知，比例—积分器的作用，相当“静态增益放大”，也就是说，比例—积分器的放大倍数 K_A 可以整定得很低以使小扰过程中不会产生振荡。虽然这样做牺牲了调整的快速性，但是在达到稳态时，它的放大倍数很高（相当于无穷大），使得发电机电压维持近似不变，它的静稳极限可以达到较高的数值。因此，它的性能优于比例式调节器。滞后校正器的作用相当于“暂态增益减小”，由于这种校正器的放大倍数 K_A 取得较大，稳态放大倍数就等于 K_A，因此机端电压维持的精度较高，但在受扰动以后的暂态过程中，它的实际增益被减小了，所以调节过程中也不会产生振荡，相应的稳定区也扩大了，但它同样牺牲了调整的快速性。

图6.12表示在一个与图6.11相同的单机无穷大系统中，采用慢速励磁系统（$T_E=0.6$s）及比例式、领先—滞后或转子电压软反馈三种不同校正器时，调节器放大倍数 K_A 与功角 δ 之间的稳定区。

由图6.12可见，转子电压软反馈及领先—滞后校正器都能使稳定区比比例式调节器有所扩大。

上面我们看到，在计入转子摇摆方程后，动态校正器能使稳定区扩大，但是励磁控制系统的阻尼比是否能达到较高的数值，例如 $\xi = 0.5 \sim 0.7$，另外，当发电机运行点改变以后，系统的阻尼比是否有较大的变化，这两点是对于动态校正器作用评价的重要标准。

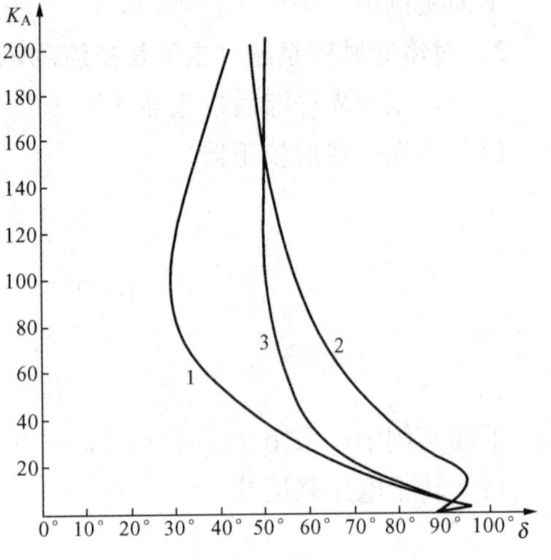

图6.12 慢速励磁系统稳定区

1—比例式；2—领先—滞后；3—转子电压软反馈；$T_E = 0.6$s

利用状态空间—特征根法作出的根轨迹图可以很清楚地说明上述问题。

图6.13为采用转子电压软反馈特征根随功角的变化曲线。

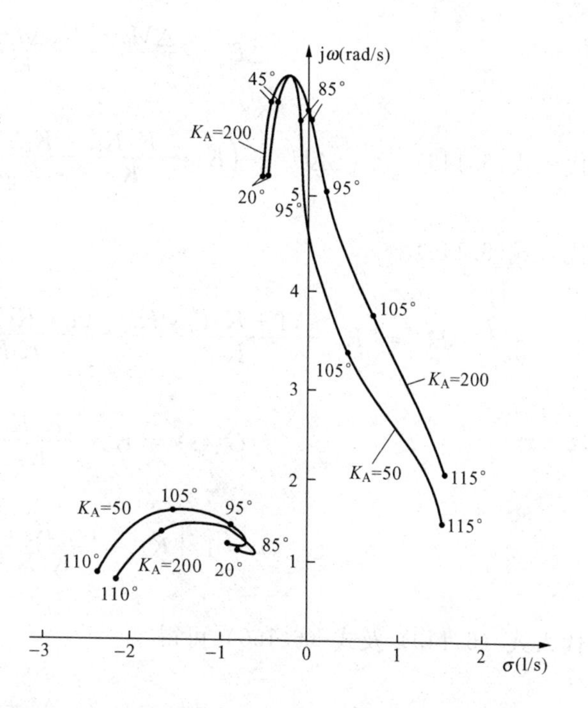

图6.13 采用转子电压软反馈特征根随功角的变化曲线

$x_l=1.0$，$x_d=2.275$，$x'_d=0.265$，$x_q=2.275$，

$x''_d=0.215$，$x''_q=0.215$，$T_J=5s$，$T'_{d0}=8.375s$，$T_E=0.6s$

图6.13中，角频率在$\omega_0=5\sim6$rad/s之间变化（越过纵轴前）的特征根为转子摇摆模式，它在$\delta=20^\circ$时阻尼比约为0.1，当功角逐渐增大时，其阻尼比逐渐减小，直到越过虚轴到达右半平面，这意味着系统失去稳定。但是我们看到，在失去稳定前的各个运行点上，其阻尼比达不到0.5～0.7。另一个根的振荡频率在1rad/s附近变化，它属于励磁机模式，当功角增大后，它的阻尼比是随着功角的增大而增大的，在各个运行点上阻尼比都相当高。但是在这里对系统稳定性起支配作用的是转子摇摆模式。

对于滞后及领先—滞后校正器的计算说明，它们的根轨迹图也有类似的情况。也就是说，动态校正器与比例式调节器相比，稳定区增大，机端电压维持精度及稳定极限有较大的提高；但是不足之处是，系统的阻尼比还不够高（虽然实际并不要求很高的阻尼比，它只是说明这种控制方式的潜力），且随功角的变化有较大的变化。

在上面计算中，动态校正器的参数是在略去转子摇摆方程后，按工程设计方法确定的；如果计入转子摇摆方程，按频率法或是按特征根配置法设计出来的参数进行计算，其效果如何？下面我们对此问题进行分析。

在第5章中，我们已推导出海佛容—飞利蒲斯模型，这里将直接引用其基本方程式

$$\Delta M_e = K_1\Delta\delta + K_2\Delta E'_q \tag{6.144}$$

$$\Delta E'_q = \frac{K_3}{1+K_3T'_{d0}s}\Delta E_{fd} - \frac{K_3K_4}{1+K_3T'_{d0}s}\Delta\delta \tag{6.145}$$

$$\Delta U_t = K_5\Delta\delta + K_6\Delta E'_q \tag{6.146}$$

$$\Delta\delta = \frac{\omega_0}{T_J s^2}(\Delta M_m - \Delta M_e) \tag{6.147}$$

由式（6.144）及式（6.147）可得

$$\Delta E'_{q}=\frac{\Delta M_{m}-K_{1}\Delta\delta-T_{J}s^{2}\Delta\delta/\omega_{0}}{K_{2}} \tag{6.148}$$

代入式(6.146)

$$\Delta U_{t}=\left(K_{5}-\frac{K_{1}K_{6}}{K_{2}}-\frac{K_{6}T_{J}s^{2}}{K_{2}\omega_{0}}\right)\Delta\delta+\frac{K_{6}}{K_{2}}\Delta M_{m} \tag{6.149}$$

代入式(6.145)

$$\Delta E_{fd}=\left[K_{4}-\frac{(1+K_{3}T'_{d0}s)K_{1}}{K_{2}K_{3}}-\frac{(1+K_{3}T'_{d0}s)T_{J}s^{2}}{K_{2}K_{3}\omega_{0}}\right]\Delta\delta+\frac{1+K_{3}T'_{d0}s}{K_{2}K_{3}}\Delta M_{m} \tag{6.150}$$

令

$$G_{A}(s)=K_{5}-\frac{K_{1}K_{6}}{K_{2}}-\frac{K_{6}T_{J}s^{2}}{K_{2}\omega_{0}} \tag{6.151}$$

$$G_{B}(s)=1\Big/\left[K_{4}-\frac{1+K_{3}T'_{d0}s}{K_{2}K_{3}}\left(K_{1}-\frac{T_{J}s^{2}}{\omega_{0}}\right)\right] \tag{6.152}$$

代入式（6.149）及式（6.150）可得

$$\Delta U_{t}=G_{A}(s)\Delta\delta+\frac{K_{6}}{K_{2}}\Delta M_{m} \tag{6.153}$$

$$\Delta\delta=G_{B}(s)\left(\Delta E_{fd}-\frac{1+K_{3}T'_{d0}s}{K_{2}K_{3}}\Delta M_{m}\right) \tag{6.154}$$

再假定励磁机的传递函数为$G_{e}(s)$，动态校正器的传递函数为$G_{d}(s)$，则可得图6.14所示的发电机及励磁系统框图。

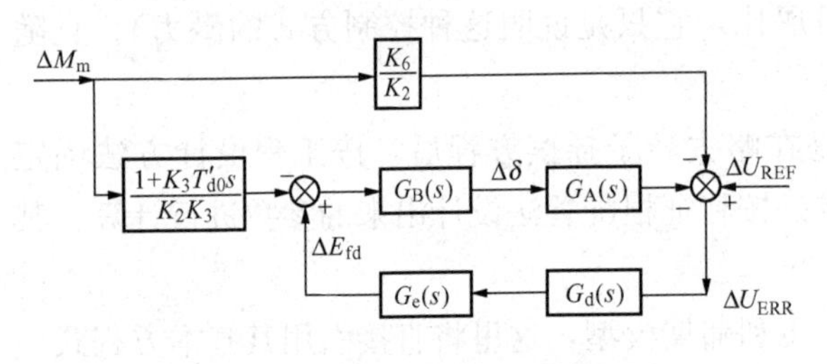

图6.14 发电机及励磁系统框图

如果再假定$\Delta M_{m}=0$，即原动机功率保持不变，则调节对象的传递函数为

$$H(s)=G_{e}(s)G_{B}(s)G_{A}(s) \tag{6.155}$$

系统的特征方程式为

$$1-G_{d}(s)H(s)=0 \tag{6.156}$$

如果将s以主导极点代入，则可按照幅值和相位条件决定校正器的参数。这与稳定器设计方法是一样的。

但是，计算实例表明，当工作点改变后，$G_{A}(s)$、$G_{B}(s)$变化很大，例如某个系统中，由$\delta=5^{\circ}$至$\delta=50^{\circ}$，$G_{A}(s)$中的常数项由-6.68变到-0.775，s^{2}项系数由-0.321变到-0.034，相应校正所需补偿的角度也有很大的变化。因此，固定参数的校正器不能做到在每个运行点都具有较高的阻尼比。在有的情况下，无论怎样改变校正器的参数也无法使主特征根（机电模式）的阻尼比有明显改变，图6.15就表示这种情况。该图的参数及系统结构与图6.13相同，当转子软反馈的系数K_{F}增大时，主特征根的阻尼比变化不大，当时间常数T_{F}减小时，主特征根的阻尼比有所增加。

这里，再将动态校正器的优点与不足加以总结。它的优点是：

（1）提高了发电机电压维持的精度及小干扰稳定极限，而在动态过程中又不致产生振荡。

（2）结构简单，实现方便。

它的不足之处是：

（1）不能使系统的阻尼有明显的增加，且随运行点阻尼变化较大。

（2）暂态过程中放大倍数被减小，降低了励磁控制对暂态过程的作用。

可以说，正是为了解决动态校正器的不足之处才发展了电力系统稳定器。

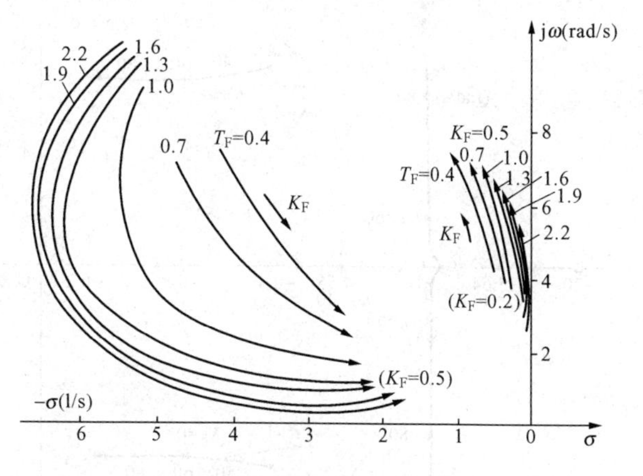

图 6.15 校正器的参数对特征根的影响（$\delta=45°$）

第8节 电力系统稳定器的作用

采用上述程序，对一个单机无穷大系统，在有或无稳定器情况下，计算最大及最小电压放大倍数（K_{Amax} 及 K_{Amin}）所得的结果，如图 6.16 所示。

图 6.16 K_{Amax}、K_{Amin} 及 δ_{max} 计算条件：

$x_l=1.0$，$x_d=1.25$，$x_q=0.88$，$x'_d=0.425$，$T'_{d0}=4.88s$，$T_J=8.8s$，$D=1.0$。

$T_E=0.05\,s$ 时，稳定器参数：$T_W=4s$，$K_P=150$，$T_1=T_3=0.35s$，$T_2=T_4=0.25s$。

$T_E=0.6\,s$ 时，稳定器参数：$T_W=4s$，$K_P=200$，$T_1=T_3=0.25s$，$T_2=T_4=0.05s$。

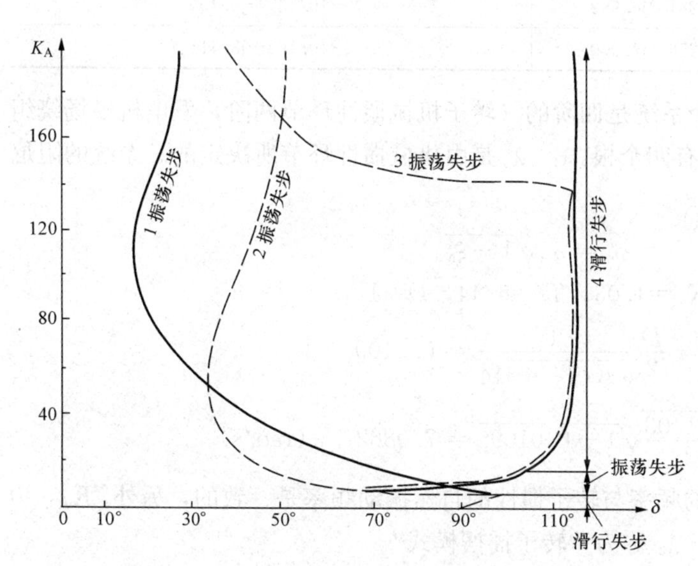

图 6.16 单机无穷大系统不同计算条件下的稳定域

1— $T_E=0.6\,s$ 无稳定器；2— $T_E=0.05\,s$ 无稳定器；

3— $T_E=0.6\,s$ 有稳定器；4— $T_E=0.05\,s$ 有稳定器

计算以最大及最小电压放大倍数（K_{Amax} 及 K_{Amin}）表示的稳定域，其结果如图 6.16 所示。先固定增益 K_A，不断增加功角 δ 直到特征根出现正的实部，这样就得到了最大可能运行角 δ_{max}，也就是曲线上一个点；然后改变增益，重复计算，就可得全部曲线。

由图 6.16 可以看出，稳定器使得发电机运行的稳定区大大扩大了，最大运行角度可达115°左右，而且增益在相当

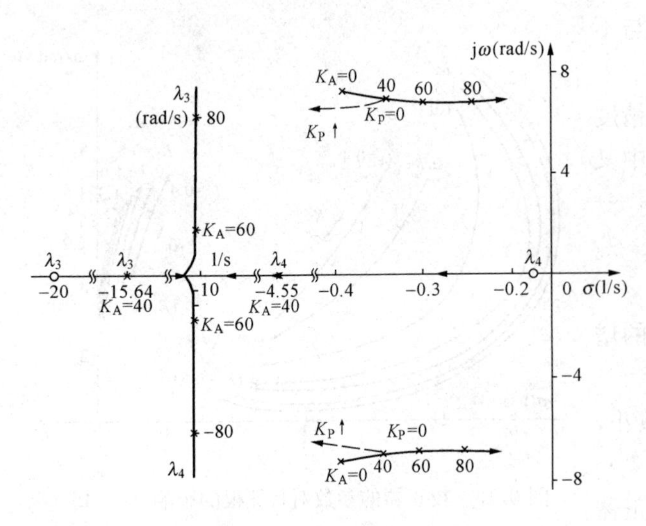

图 6.17 K_A 改变时的根轨迹

大的范围内改变并不影响所能达到的最大运行角。如果将上述曲线与具有PID动态校正器的相应曲线相比，可见具有PID校正器的稳定区比具有稳定器的稳定区要小得多，尽管它优于比例式调节器。

利用状态空间—特征根法可以对控制系统参数对稳定性的影响作出定量评估。这时最方便的办法就是作出该参数连续变化时系统的特征根轨迹图。表6.4及图6.17列出了在一个单机无穷大系统中，电压调节器放大倍数 K_A 改变时，特征根的变化及其轨迹图。

表6.4　K_A 改变时特征根的变化

($x_l=0.6$，$x_d=1.757$，$x'_d=0.192$，$x_q=1.757$，$T'_{d0}=6.9$s，$D=1.0$，$T_J=6.44$s，$\delta=70°$，$T_E=0.05$ s)

K_A	λ_1、λ_2	λ_3	λ_4
0	−0.388±j9.259	−20.0	−0.121
20	−0.380±j7.046	−18.125	−2.011
40	−0.353±j7.013	−15.641	−4.550
60	−0.315±j6.990	−10.133±j1.387	
80	−0.281±j6.999	−10.167±j6.100	
100	−0.256±j7.000	−10.192±j8.411	

由计算结果可以看出，这个系统是四阶的（转子机械惯性环节两阶，发电机磁场绕组及励磁机都是一阶惯性），所以有四个根，λ_1、λ_2 是由机械惯性环节所决定的。系统的阻尼振荡频率

$$\omega_d=\omega_n\sqrt{1-\xi_n^2}$$

设
$$K_1=1.03,\ T_J=6.44,\ D=1$$

所以
$$\xi_n=\frac{D}{2}\frac{1}{\sqrt{K_1T_J\times314}}=0.0109$$

$$\omega_d=\sqrt{\frac{314\times1.03}{6.44}}\sqrt{1-0.0109^2}=7.0862\qquad(\text{rad/s})$$

即特征根 λ_1、λ_2 计算所得的频率与转子惯性的自然振动频率是一致的，另外，$K_A=0$ 时的 λ_1、λ_2 阻尼最弱，所以 λ_1、λ_2 称为“转子摇摆模式”。

另外，由控制理论我们知道，闭环系统的极点（即特征根）当增益由零至无穷大时，将会由开环极点出发移至开环零点。励磁机为一阶惯性环节，当 $T_E=0.05$ s时，其开环极点为 $s=-1/T_E=-20$，它相当于图6.17中的 λ_3，也就是说 λ_3 是由励磁机惯性环节

决定的，因此通常称为“励磁机模式”。剩下的 λ_4 是由磁场绕组惯性环节决定的，也笼统地称为“励磁机模式”。

由 $K_A=0$ 时求得的极点可以判明特征根属于哪种模式，当 K_A 逐渐增大时就可以“跟踪”这些模式的变化，而不至于互相混淆。

由图 6.17 可见，当 K_A 增大后，转子摇摆模式向右移动，阻尼比减小，有不稳定的趋势；励磁机模式有的向左移动（λ_4），有的向右移动（λ_3），当增益进一步变化时，变成一对复根，其振荡的频率随 K_A 增大而增大。如果在 $K_A=40$ 时投入稳定器，当稳定器增益 K_P 逐渐增大时，特征根的变化及根轨迹图如表 6.5 及图 6.18 所示。

表 6.5 **K_P 改变时特征根的变化**

($x_l=0.6$，$x_d=1.757$，$x'_d=0.192$，$x_q=1.757$，$T'_{d0}=6.9s$，$D=1.0$，$T_J=6.44s$，$\delta=70°$，$T_E=0.05s$)

K_P	λ_1、λ_2	λ_6	λ_3	λ_5	λ_4	λ_7
0	−0.353±j7.013	−33.33	−15.641	−33.33	−4.550	−0.25
3.14	−0.843±j7.056	−20.401±j2.464		−40.584	−4.489	−0.251
6.28	−1.365±j7.047	−18.614±j6.783		−43.181	−4.421	−0.252
12.56	−2.488±j6.844	−15.586±j10.534		−46.600	−4.268	−0.255
18.84	−3.582±j6.272	−13.621±j13.286		−49.069	−4.081	−0.257
25.12	−4.356±j5.431	−11.960±j15.780		−51.064	−3.855	−0.260
31.4	−4.801±j4.642	−10.789±j17.943		−52.766	−3.585	−0.263
37.68	−5.088±j4.016	−9.913±j19.775		−54.265	−3.278	−0.266
43.96	−5.307±j3.538	−9.180±j21.353		−55.612	−2.956	−0.269
50.24	−5.484±j3.177	−8.540±j22.743		−56.842	−2.647	−0.273
65.94	−5.798±j2.592	−7.185±j25.658		−59.539	−2.033	−0.282
81.64	−5.999±j2.244	−6.048±j28.048		−61.850	−1.594	−0.293
113.04	−6.200±j1.835	−4.150±j31.909		−65.727	−1.060	−0.323
144.44	−6.312±j1.592	−2.569±j35.02		−68.956	−0.714	−0.378

将 $K_P=0$ 时表 6.5 中特征根的数据与表 6.4 中相应 $K_A=40$ 的数据相比较，可见 λ_1、λ_2 属于转子摇摆模式，λ_3、λ_4 属于励磁机模式。当 K_P 增大后它们的移动情况，除了在图 6.18 中表示外，也在图 6.17 中用虚线表示了它们移动的方向。λ_5、λ_6 是由稳定器领先环节决定的，其开环极点（当 $K_P=0$ 时）为 $\lambda_5=\lambda_6=-\dfrac{1}{T_2}=-\dfrac{1}{0.03}=-33.33$，$\lambda_7$ 为隔离环节决定的，其开环节点为 $\lambda_7=-\dfrac{1}{T_W}=-\dfrac{1}{4}=-0.25$，$\lambda_3\sim\lambda_7$ 一般都统称为励磁机模式。

图 6.18 显示了当 $K_A=40$ 时，K_P 增大时，转子摇摆模式的阻尼是增大的，但是励磁机模式都是向右迅速移动，如穿过虚轴，发电机表现为磁场电压以较高频率振荡，虽然发

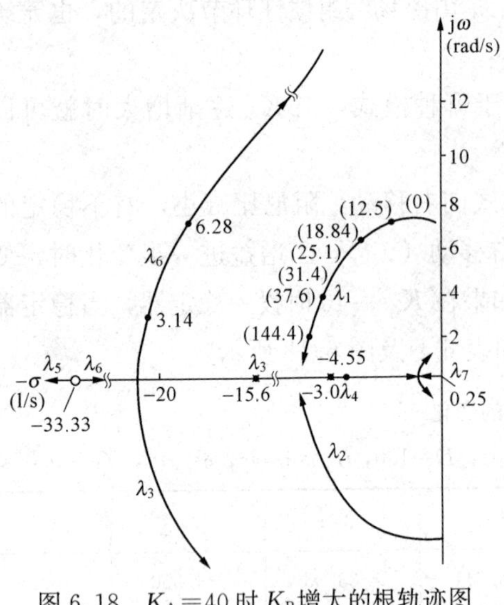

图 6.18 $K_A = 40$ 时 K_P 增大的根轨迹图

电机转角有可能摆动不大，但从运行上看这仍属于不稳定的现象。这时系统稳定性就不是由转子摇摆模式决定的了，或者说，转子机械惯性决定的特征根不是系统的主导特征根了，因而这时使用该特征根降价得到的二阶等效模型（或称同步转矩、阻尼转矩分析法）就不正确了。而包括全部微分方程式的状态空间—特征根法，就正确地反映了系统的动态过程。不过，在多数实际系统中，并不要求转子摇摆模式的阻尼过分的大，放大倍数也不会取得那么大，所以等效二阶模型作为参数设计及工程分析的依据仍然是正确的。比较有效的方法是将两者结合起来，采用等效二阶模型进行设计，用高阶模型进行校验。

转子摇摆模式与励磁机模式的关系与矩阵特征根的性质有关，详见附录D。

第9节 电力系统稳定器参数选择

一般说来，可以利用根轨迹图来对补偿法设计出来的参数进行校核，也可以通过试探法在根轨迹图上确定稳定器的参数。

如果稳定器相位参数已经确定，则其增益值的确定可以按照使各个振荡模式具有“等阻尼比”的原则确定。根轨迹图还具有一个十分有用的性质：它的移动方向与稳定器相位补偿有一定的关系。应用第4章中同步及阻尼转矩的概念，我们可以得出采用了稳定器后系统的特征方程式

$$s^2 + \frac{\Delta M_D + D}{T_J}s + \frac{\Delta M_s + K_1}{T_J}\omega_0 = 0$$

这时系统的一对共轭复根为

$$\lambda_{1,2} = \sigma \pm j\omega = -\frac{1}{2}\frac{\Delta M_D + D}{T_J} \pm j\sqrt{\frac{K_1 + \Delta M_s}{T_J}\omega_0 - \frac{(\Delta M_D + D)^2}{4T_J^2}} \tag{6.157}$$

当稳定器增益较小时，式（6.157）中根号内第二项与第一项相比是可以略去的，则

$$\lambda_{1,2} \approx -\frac{1}{2}\frac{\Delta M_D + D}{T_J} \pm j\sqrt{\omega_n^2 + \frac{\Delta M_s}{T_J}\omega_0} = -\frac{1}{2}\frac{\Delta M_D + D}{T_J} \pm j\omega_n\sqrt{1 + \frac{\Delta M_s}{T_J}\frac{\omega_0}{\omega_n^2}} \tag{6.158}$$

将上式中的虚部用泰勒级数展开并取前两项近似

$$\omega_n\sqrt{1 + \frac{\Delta M_s\omega_0}{T_J\omega_n^2}} \approx \omega_n(1 + \frac{1}{2} \times \frac{\Delta M_s}{T_J} \times \frac{\omega_0}{\omega_n^2})$$

代入式（6.158）则

$$\lambda_{1,2} \approx -\frac{1}{2}\frac{\Delta M_D + D}{T_J} \pm j\omega_n\left(1 + \frac{\Delta M_s\omega_0}{2T_J\omega_n^2}\right) \tag{6.159}$$

与未加稳定器时的特征根相比（即上式中 $\Delta M_{\mathrm{D}}=0$ 及 $\Delta M_{\mathrm{s}}=0$ 的特征根），其增量（只取虚部为正的根）

$$\Delta\lambda_1=\Delta\sigma_1+\mathrm{j}\Delta\omega_1=-\frac{\Delta M_{\mathrm{D}}}{2T_{\mathrm{J}}}+\mathrm{j}\,\frac{\Delta M_{\mathrm{s}}\omega_0}{2T_{\mathrm{J}}\omega_{\mathrm{n}}} \tag{6.160}$$

由第4章我们已知，采用稳定器后发电机产生的附加转矩为

$$\Delta M_{\mathrm{P}}=G_{\mathrm{p}}(s)G_{\mathrm{x}}(s)\Delta\omega\,|_{s=\mathrm{j}\omega_{\mathrm{n}}}=|\Delta M_{\mathrm{P}}|\angle(\phi_{\mathrm{p}}-\phi_{\mathrm{x}})\Delta\omega\,|_{s=\mathrm{j}\omega_{\mathrm{n}}}=\Delta M_{\mathrm{D}}\Delta\omega+\Delta M_{\mathrm{s}}\Delta\delta \tag{6.161}$$

因 $s\Delta\delta=\omega_0\Delta\omega$，如将 $s=\mathrm{j}\omega_{\mathrm{n}}$ 代入，则

$$\Delta\delta=\frac{\omega_0}{\mathrm{j}\omega_{\mathrm{n}}}\Delta\omega \tag{6.162}$$

代入式（6.161）

$$\Delta M_{\mathrm{P}}=(\Delta M_{\mathrm{D}}-\frac{\omega_0}{\mathrm{j}\omega_{\mathrm{n}}}\Delta M_{\mathrm{s}})\Delta\omega \tag{6.163}$$

其中

$$\Delta M_{\mathrm{D}}=|\Delta M_{\mathrm{P}}|\cos(\phi_{\mathrm{p}}-\phi_{\mathrm{x}}) \tag{6.164}$$

$$\frac{\omega_0}{\omega_{\mathrm{n}}}\Delta M_{\mathrm{s}}=|\Delta M_{\mathrm{P}}|\sin(\phi_{\mathrm{p}}-\phi_{\mathrm{x}}) \tag{6.165}$$

因此

$$\tan(\phi_{\mathrm{p}}-\phi_{\mathrm{x}})=\frac{\omega_0}{\omega_{\mathrm{n}}}\,\frac{\Delta M_{\mathrm{s}}}{\Delta M_{\mathrm{D}}} \tag{6.166}$$

由式（6.160）可见

$$\frac{\Delta\omega_1}{\Delta\sigma_1}=-\frac{\omega_0}{\omega_{\mathrm{n}}}\,\frac{\Delta M_{\mathrm{s}}}{\Delta M_{\mathrm{D}}}=-\tan(\phi_{\mathrm{p}}-\phi_{\mathrm{x}}) \tag{6.167}$$

式（6.167）建立了根轨迹图与相位补偿之间的关系，这对选择参数是很有用的。

例如，当稳定器恰好补偿了励磁系统的相位滞后，即 $\phi_{\mathrm{p}}=\phi_{\mathrm{x}}$，这时只产生纯粹的阻尼转矩，$\Delta M_{\mathrm{s}}=0$，因而在根轨迹图上当 K_{P} 由零增加时，根轨迹沿水平方向向 s 左半平面移动，而虚部即频率基本保持不变。

如果稳定器未能补偿励磁系统相位滞后，且 $\phi_{\mathrm{p}}-\phi_{\mathrm{x}}=-90°$，则 $\Delta M_{\mathrm{D}}=0$，只产生 ΔM_{s}，所以阻尼不变化，只是频率增加。这时根轨迹将沿虚轴向上移动，这属于欠补偿的情况。

所以，根轨迹起始段的切线与水平线之间的夹角就近似等于补偿后所剩余的角度 $\phi_{\mathrm{p}}-\phi_{\mathrm{x}}$，根轨迹向上移动，$\phi_{\mathrm{p}}-\phi_{\mathrm{x}}<0$，属于欠补偿（见图6.19），根轨迹向下移动，$\phi_{\mathrm{p}}-\phi_{\mathrm{x}}>0$，属于过补偿。

需要注意的是，上述结论是在特征根实部与虚部相比是忽略的条件下得出的，所以一般说来，它只适用于根轨迹图上 $K_{\mathrm{P}}=0$ 处点。

文献［5］给出了三种不同相位补偿的根轨迹图，如图6.20所示。

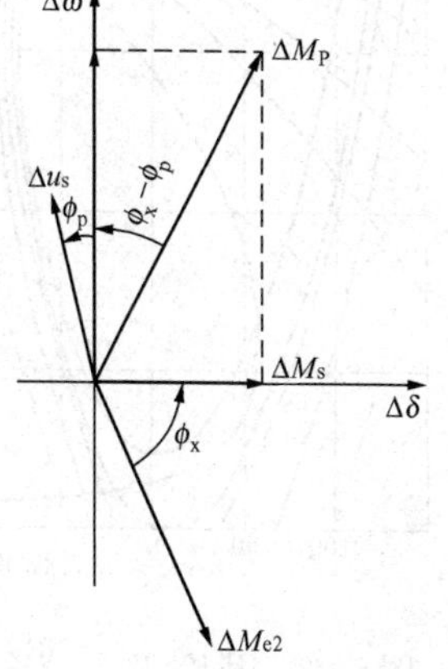

图6.19　欠补偿时的相量图

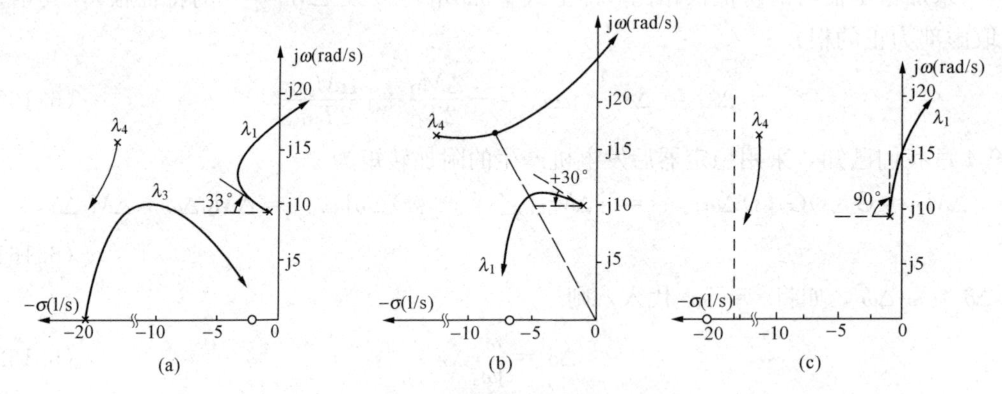

图 6.20 不同相位补偿的根轨迹

(a) 欠补偿（差）；(b) 过补偿（合适）；(c) 欠补偿（最差）

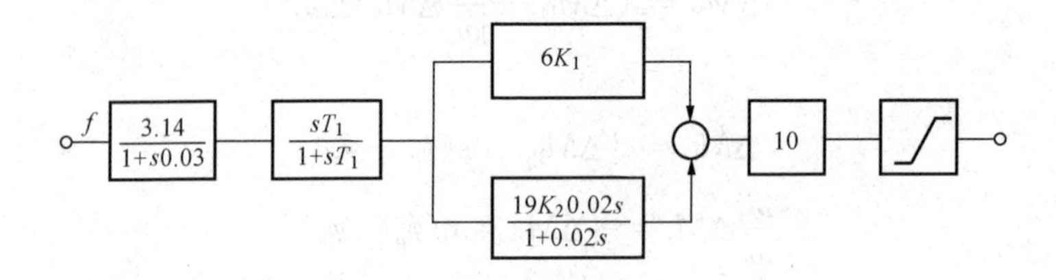

图 6.21 稳定器的结构

图 6.20 中，λ_1 是转子摇摆模式，λ_4 是由稳定器前面的滤波器产生的。在图 6.20（a）中，λ_3 是由领先—滞后环节的极点 −20/s 造成的，λ_3 、λ_4 都是属于励磁机模式。由图可见，当 K_P 增大时，（a）的阻尼稍增大后又迅速减小，直至穿过虚轴；而（c）的阻尼从未增大，所以（a）、（c）的参数选择都是不合适的。（a）、（c）是欠补偿的情况。（b）属于过补偿，但根的移动大体沿水平方向。从转子摇摆模式的阻尼比来看，情况（b）明显优于（a）及（c），所以（b）的领先—滞后环节的参数整定是合适的。增益的选择按等阻尼比的原则确定，由图 6.20 中虚线与两条根轨迹交点可定出，此时 $K_P=20$，阻尼比 $\xi=0.45$ 。

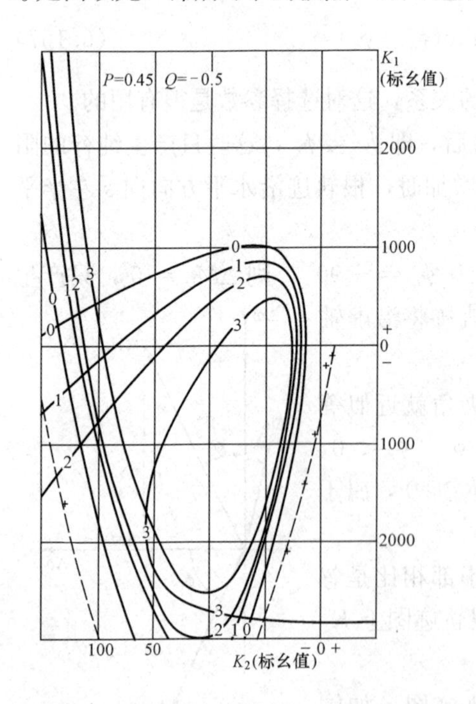

图 6.22 用 K_1 及 K_2 表示的双参数稳定域

如果采用结构如图 6.21 所示的稳定器，则待选的主要参数为 K_1 及 K_2 。这时采用稳定域图来进行参数选择比较方便。文献［3］给出了如图 6.22 所示的用 K_1 及 K_2 表示的双参数稳定域，图 6.22 用 0、1、2、3 表示了不同阻尼比时的稳定区。曲线 0 表示阻尼比为零的情况，也就是极限稳定的情况。

由图 6.22 可以看出，为保持稳定或达到一定的阻尼比，参数可以在相当大的范围内任选。

第 10 节　电力系统稳定器的适应性

电力系统的运行条件是经常改变的，对于发电机及控制设备来说，这种条件的改变可以分为以下三个方面：

（1）发电机稳态运行点的改变，包括有功功率、无功功率、电压及频率的改变。

（2）系统结构参数的改变，主要指发电机、线路等设备切除或投入。

（3）发电机运行方式的改变，主要指空载、带负荷、甩负荷、各种小干扰及大干扰（包括短路）等不同的运行方式。

这里我们将只讨论前两种运行条件的改变，关于发电机运行方式改变后对稳定器的影响，将留在第 7 章用动模实验及现场试验来加以说明。

前面所讨论的参数设计都是在某一个固定运行点进行的，当运行点改变以后，海佛容—飞利蒲斯模型的系数 $K_1 \sim K_6$ 都要改变，因而励磁系统等效传递函数

$$G_x(s)\Big|_{s=j\omega_d} = \frac{K_2 K_A}{T'_{d0} T_E (s^2 + 2\xi_x \omega_x + \omega_x^2)}\Big|_{s=j\omega_d} \tag{6.168}$$

也在改变，其中

$$\phi_x = \arctan \frac{2\xi_x \omega_d / \omega_x}{1 - \left(\dfrac{\omega_d}{\omega_x}\right)^2} \tag{6.169}$$

因为

$$\omega_x = \sqrt{\frac{K_6 K_A}{T'_{d0} T_E}} \tag{6.170}$$

$$\xi_x = \frac{T_E + K_3 T'_{d0}}{2\omega_x K_3 T'_{d0} T_E} \tag{6.171}$$

其中，K_3 是不随 δ 而改变的，K_6 可表示为

$$K_6 = \frac{u_{tq0}}{U_{t0}} \frac{x_l}{x'_d + x_l} \tag{6.172}$$

其中，u_{tq0} 是端电压 U_t 的 q 轴分量，它随着 δ 的增大而减小，所以随着 δ 角的增大，K_6 是减小的，ω_x 也减小［式（6.170）］，而 ξ_x 是增大的［式（6.171）］。由式（6.169）可见，随着 δ 的增大，ϕ_x 也增大，也就是需要补偿的相位滞后是增大的。

因为 K_2 可表示为

$$K_2 = \frac{U\sin\delta_0}{x'_d + x_l} \tag{6.173}$$

所以，K_2 是随 δ 的增大而增大的，由第 4 章可知，$G_x(s)$ 亦可表示为

$$G_x(s) = \frac{K_2 K_3 K_4}{K_3 K_6 K_A + (1 + K_3 T'_{d0} s)(1 + T_E s)} = \frac{K_2}{K_6} \Big/ \left[1 + \frac{(1 + K_3 T'_{d0} s)(1 + T_E s)}{K_A K_3 K_6}\right] \tag{6.174}$$

进一步分析表明幅值 $|G_x|$ 大致与 K_2/K_6 成正比，也就是说，其幅值随着 δ 的增大而

增大。图 6.23 表示了 $G_x(s)$ 的相频及幅频随功角的变化。

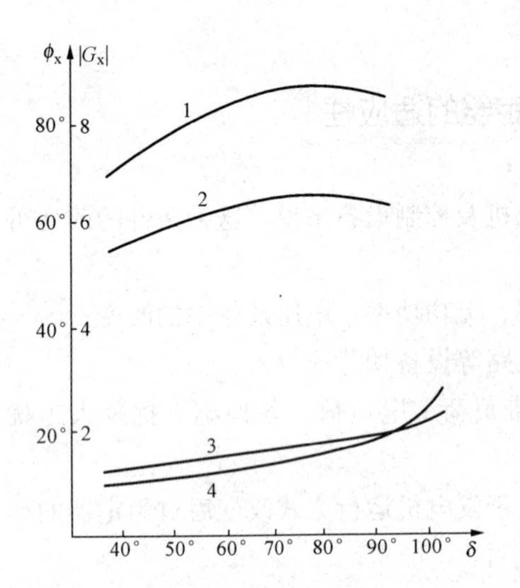

图 6.23 $G_x(s)$的相频及幅频随功角的变化

1—$x_l=0.3$，$\phi_x=f(\delta)$；2—$x_l=0.6$，$\phi_x=f(\delta)$；3—$x_l=0.3$，$|G_x|=f(\delta)$；4—$x_l=0.6$，$|G_x|=f(\delta)$

$T_E=0.5$，$K_A=40$，$x_d=1.757$，$x'_d=0.192$，$x_q=1.757$，$T'_{d0}=6.9$ s，$D=1.0$，$T_J=6.44$s

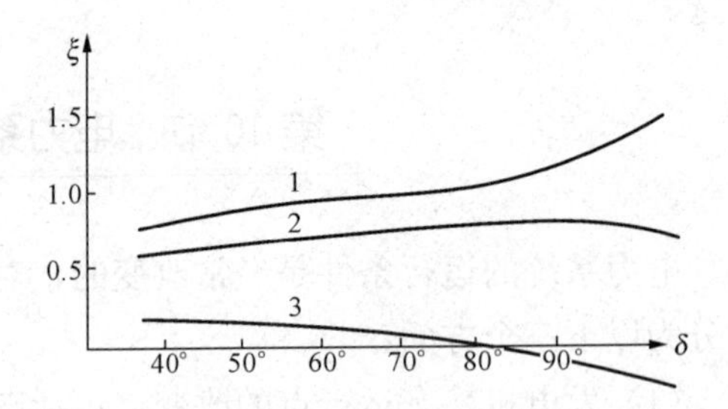

图 6.24 阻尼比随功角的变化

1—$x_l=0.3$；2—$x_l=0.6$；

3—无稳定器（$x_l=0.3$，$x_l=0.6$）

稳定器参数 $T_W=4$s，$K_P=31.4$，$T_1=T_3=0.15$s，$T_2=T_4=0.05$s

现在按 $x_l=0.6$，$\delta=70°$，$\xi=0.707$ 设计稳定器并将它分别投入 $x_l=0.3$ 及 $x_l=0.6$ 所对应的两个系统，则其阻尼比随功角的变化如图 6.24 所示。

由图 6.24 可见，按照某一运行点设计的固定参数的稳定器，在不同的运行点上不可能都达到性能指标最佳（例如 $\xi=0.707$），但是当 δ 由 40°增至 90°时，阻尼比在 0.56～0.76 之间改变，其动态性能，包括超调量、起调时间、调整时间等指标都是能满足要求的。图 6.25 所示特征根的移动也说明了同样的问题。但是由图 6.24 也可以看出，如果线路电抗减小了一半，阻尼比将达到 1.0，这时动态性能就不能满足要求了，因为这时虽然没有超调，但调整时间、起调时间都太大了，大大降低了系统的快速性。这也就是为什么阻尼比不能在某个运行点上设计为最佳的原因。

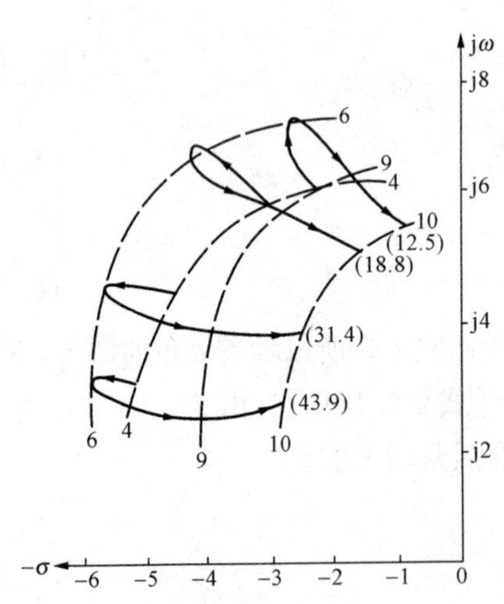

图 6.25 运行角改变时之根轨迹图

运行点：δ：4—40°，6—60°，9—90°，10—100°，括号内数字表示 K_P

发电机参数：$T_E=0.5$，$K_A=40$，$x_d=1.757$，$x'_d=0.192$，$x_q=1.757$，$T'_{d0}=6.9$s，$D=1.0$，$T_J=6.44$s

稳定器参数：$T_W=4$s，$K_P=31.4$，$T_1-T_3=0.15$s，$T_2=T_4=0.05$s

现在再来看看线路电抗 x_l，也就是与系统联系的强弱对稳定器相位补偿的作用。从式（6.172）及式（6.173）可见，x_l的减小将使 K_2增大、K_6减小，G_x 的相位滞后及幅值都要增大，这点也可以从图 6.23 中曲线 1 与 2、3 与 4 的比较看出来。

对于运行点及线路电抗的影响可归纳为：在功角 δ 增大和当线路电抗 x_l 减小两种情况下：稳定器的相位补偿应增加，增益应减小。

关于稳定器的适应性，或者说通用性，文献［8］曾经作了很好的说明。它研究了具有快速励磁（$T_E=0.05s$）的单机无穷大系统，并假定稳定器的传递函数为下面两种

$$\frac{60s}{1+3s}\left(\frac{1+0.125s}{1+0.05s}\right)^2 \tag{6.175}$$

$$\frac{60s}{1+3s}\left(\frac{1+\frac{1}{8}s+\frac{1}{64}s^2}{1+\frac{1}{20}s+\frac{1}{400}s^2}\right) \tag{6.176}$$

图6.26、图6.27给出了上述传递函数的频率特性，以及在不同的系统结构、参数和运行条件下，要想得到纯粹的阻尼及$\xi=0.5$时，稳定器的传递函数$G_p(s)$应具有的幅值及相位（以·及×表示），其中机组的相频特性是在发电机具有不同型式、参数及负荷的条件下作出的。单机对无穷大系统1和系统2参数（$U_t=1.0$）见表6.6、表6.7。

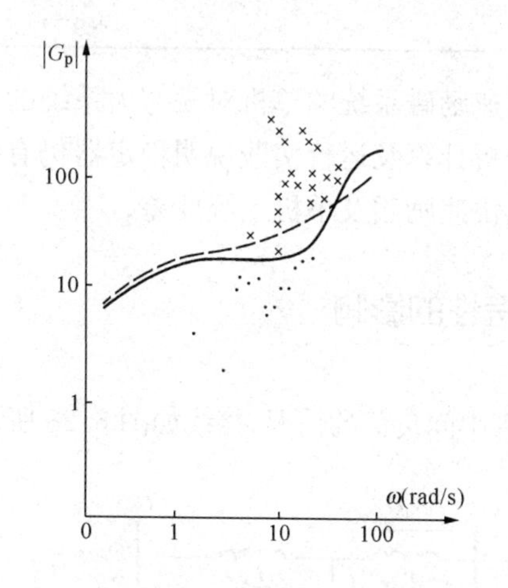

图6.26　稳定器及机组的幅频特性

·—地方负荷；×—远距离送电；
——按式（6.176）；— — — 按式（6.175）

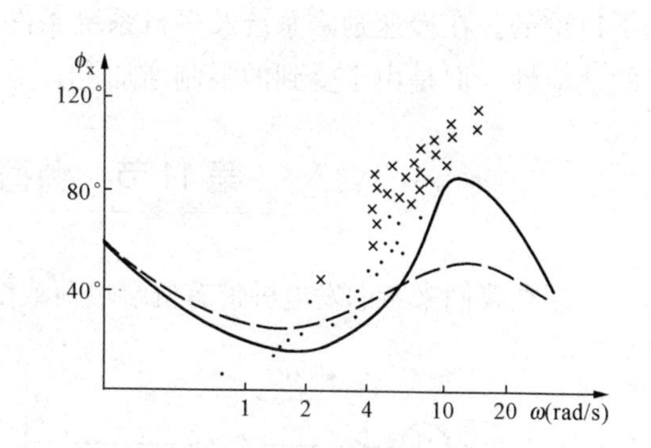

图6.27　稳定器及机组的相频特性

·—地方负荷；×—远距离送电；——按式（6.176）；
— — — 按式（6.175）

表6.6　　单机对无穷大系统1参数（U_t=1.0）

机组型式	惯性时间常数	外电抗 x_1	负载 $P+jQ$
水轮机	3，10	0.1，0.4	0.1+j0，0.5+j0
汽轮机	3，10	0.7，1.0	1+j0.5 1+j0 1−j0.5

由图6.26、图6.27可见，固定参数的稳定器对于系统结构及发电机参数、运行点等不同条件均具有良好的适用性。这对于稳定器的推广采用有很重要的意义。

关于适应性还有一个问题值得讨论，就是稳定器或励磁系统本身的参数因老化或温度等原因而改变后对动态性能的影响（微机化的稳定器不存在这个问题）。上面的实例及其他的研究均表明，稳定器对这类参数变化也有相当好的适应性。例如计算表明，稳定器相位补偿在$\phi_p-\phi_x=\pm30°$以内都可以得到满意的结果。

表6.7 单机对无穷大系统2参数（$U_t=1.0$）

机组型式	惯性时间常数	外阻抗		负荷 $P+jQ$
		X_E	R_E	
水轮机	3.0，5.0	1.0	1.0	1.0+j0 1.5+j0.3 1.5−j0.3 0.5+j0.3 0.5−j0.3
汽轮机	3.0，5.0	5.0	1.0	1.0+j0 1.2+j0.1 1.2−j0.1 0.8+j0.3 0.8−j0.3

需要注意的是，上面讨论的适应性是在具有快速励磁系统的单机对无穷大系统的条件下讨论的。在慢速励磁系统及多机系统条件下，分析计算及运行实践说明稳定器仍有一定的适应性，但是由于受到的限制增加了，适应性比快速励磁及单机系统要差。

第11节 负荷及其特性的影响

现在我们来考虑发电机带有机端负荷或线路带有中间负荷的情况，接线如图6.28所示。

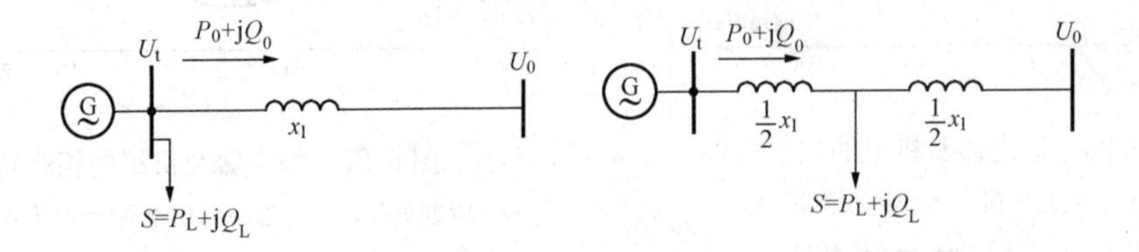

图6.28 发电机带有机端负荷或线路带有中间负荷时的系统接线图

发电机参数：$T_E=0.5$，$K_A=40$，$x_d=1.757$，$x'_d=0.192$，$x_q=1.757$，$T'_{d0}=6.0s$，$D=1.0$，$T_J=6.44s$

图6.29表示系数 $K_1 \sim K_6$ 随负荷的变化曲线。计算的初始条件是 $U_t=1.05$，$U_0=1.0$ 及 $\delta=45°$。

由于发电机与系统的联络线电抗大体上与线路电抗和负荷等值电抗的并联成正比，所以当负荷增大时相当于联络电抗 x_1 减小，所以图6.29中 $K_1 \sim K_6$ 各系数随负荷的变化趋势与 x_1 减小时的变化是一致的，即 K_1、K_2、K_4 随负荷增大而增大，K_6 随负荷增大而减小。

图6.30（参数与图6.28相同）表示了按相位法计算出的稳定器的 ϕ_p 及 K_P 随负荷曲线变化。由图可见，K_P 变化稍大，而 ϕ_p 的变化很小；因此固定参数的稳定器可以达到较好的适应性。图6.31表示了负荷改变时的根轨迹。由图可见，稳定器的效益是明显的，适应性也是良好的；另外也可看出，负荷在线路中间的稳定问题要比负荷在机端的更严重

一些。

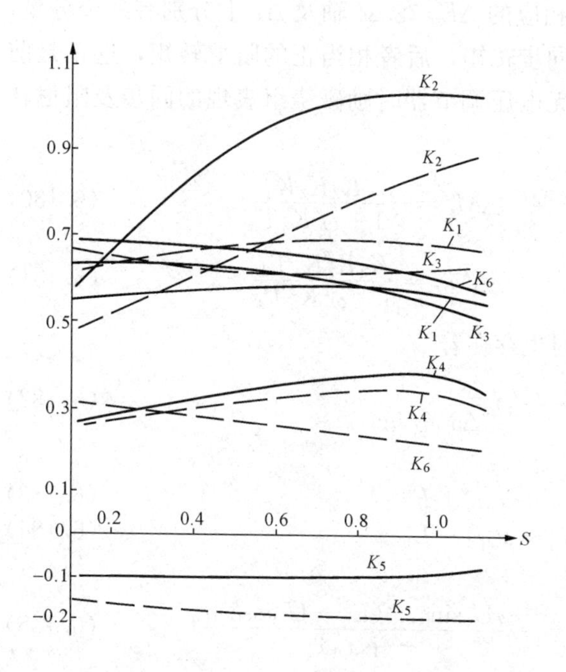

图 6.29 $K_1 \sim K_6$ 随负荷的变化曲线

$x_l = 1.0$ 负荷 $\cos\phi = 0.8$；— — —负荷在线路中间；——负荷在机端；S—负荷视在功率

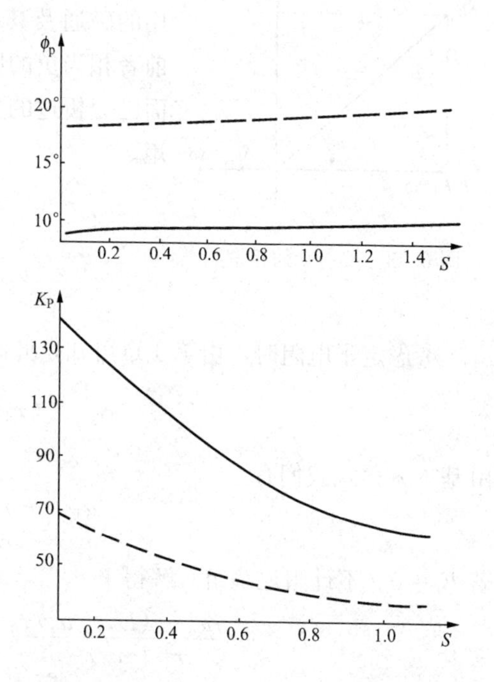

图 6.30 稳定器的 ϕ_P 及 K_P 随负荷的变化曲线

— — —负荷在线路中间；——负荷在机端

下面我们来研究发电机处于受端系统并带有机端负荷的情况。此时若发电机处于轻载（有功功率很小而无功功率较大），有可能发生自励低频振荡，这里我们采用海佛容—飞利蒲斯模型及特征根的计算法，可以更深入地了解这一现象。

在不考虑定子电阻时

$$K_4 = \frac{x_d - x_d'}{x_d' + x_l} U \sin\delta_0 \qquad (6.177)$$

$$\Delta i_d = \frac{\Delta E_q' + U \sin\delta_0 \Delta\delta}{x_d' + x_l} \qquad (6.178)$$

故

$$K_4 = (x_d - x_d') \left.\frac{\Delta i_d}{\Delta\delta}\right|_{E_q' = C} \qquad (6.179)$$

当 $\delta < 90°$ 时，$K_4 > 0$，所以 Δi_d 及 $\Delta\delta$ 总是同相位的，即 $\Delta\delta$ 增加，Δi_d 亦增大。因为 $\Psi_{fd} = x_{ad} I_{fd} - x_d i_d$，$i_d$ 的增加起去磁作用。但是励磁绕组磁链要保持不变，因而它在励磁绕组内感应出一个电流，它抵消定子电流的去磁作用，但这个电流是逐渐衰减的，所以去磁的作用是逐渐增强的。

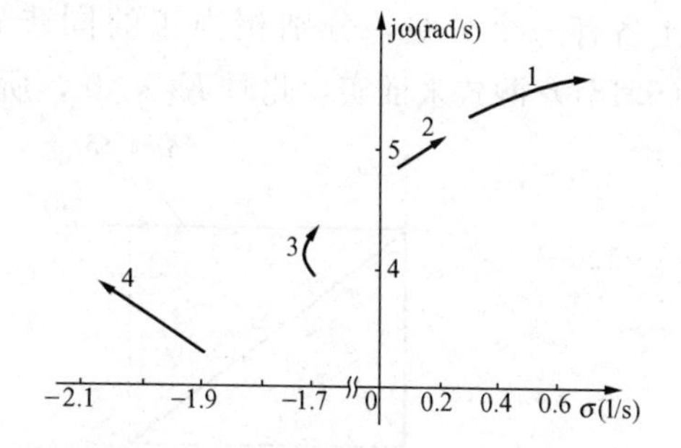

图 6.31 负荷改变时的根轨迹

（$\cos\phi = 0.8$，$\delta = 45°$，参数与图 6.28 相同，负荷由 0 至 0.8 改变）

负荷在线路中间：1—无稳定器；3—有稳定器；

负荷在机端：2—无稳定器；4—有稳定器

这就是框图上 $\dfrac{1}{1 + K_3 T_{d0}' s}$ 这个惯性环节所表现的延缓作用。延缓的相角 θ 在低频下一般

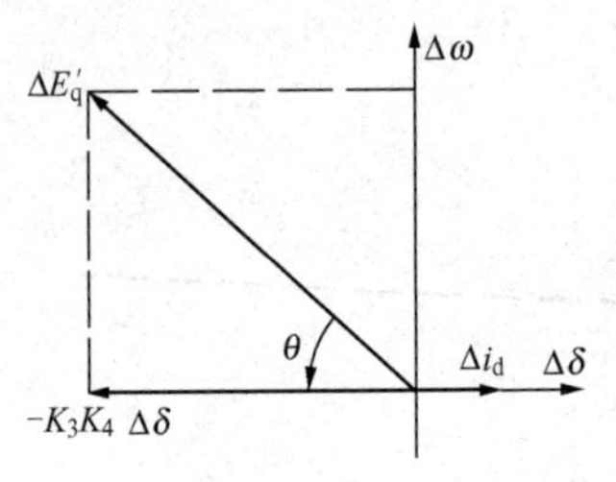

图 6.32 $K_4>0$ 的相量图

总小于90°。由图6.32可见，这个由定子电流产生的去磁作用的磁通及其相应的 $\Delta E'_q$ 在 $\Delta\delta$ 轴及 $\Delta\omega$ 上分别有一个分量，前者相当负的同步转矩，后者相当正的阻尼转矩，这正是前面已分析过的无电压调节器时励磁绕组表现的同步及阻尼转矩。

$$\Delta M_s = -\frac{K_2K_3K_4}{1+\omega^2K_3^2T'^2_{d0}} \tag{6.180}$$

$$\Delta M_D = \frac{K_2K_3^2K_4T'_{d0}}{1+\omega^2K_3^2T'^2_{d0}} \tag{6.181}$$

考虑定子电阻时，由第4章可知，此时也存在着

$$K_4 = (x_d - x'_d)\left.\frac{\Delta i_d}{\Delta\delta}\right|_{E'_q=C} \tag{6.182}$$

由基本方程式我们有

$$u_d = -ri_d + x_qi_q + E_d \tag{6.183}$$

$$u_q = -ri_q - x'_di_d + E'_q \tag{6.184}$$

若 $E_d=0$（不计阻尼绕组）解得

$$i_d = \frac{-ru_d+(E'_q-u_q)x_q}{r^2+x'_dx_q} = \frac{-rU_t\sin\delta+(E'_q-U_t\cos\delta)x_q}{r^2+x'_dx_q} \tag{6.185}$$

$$\left.\frac{\Delta i_d}{\Delta\delta}\right|_{E'_q=C} = \frac{-rU_t\cos\delta_0+x_qU_t\sin\delta_0}{r^2+x'_dx_q} = \frac{U_t(x_q\sin\delta_0-r\cos\delta_0)}{r^2+x'_dx_q} \tag{6.186}$$

由式（6.186）可见：当 δ_0 较小而定子电阻 r 较大时，Δi_d 与 $\Delta\delta$ 可能反方向，也就是 $K_4<0$，因为式（6.186）乘以 $(x_d-x'_d)$ 即为 K_4。当 $\Delta\delta$ 增加时，Δi_d 减小，达到稳态时会使 Ψ_{fd} 增大，即助磁；而在瞬态时，励磁绕组内要感应出一个电流，它将抵消定子电流的助磁作用，使得定子电流的助磁作用延缓；同样，这个延缓的相位角 θ 在低频下是小于90°的。由图6.33可见，这时定子电流助磁作用产生的磁通及相应的 $\Delta E'_q$ 在 $\Delta\delta$ 及 $\Delta\omega$ 轴上各有一个分量，分别相当正的同步转矩及负的阻尼转矩，可以用式（6.180）、式（6.181）两式来证实，此时 $K_4<0$，所以同步转矩为正，而阻尼转矩为负。

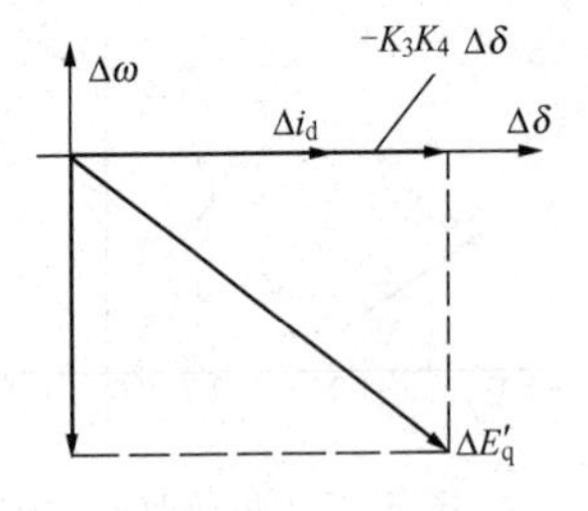

图 6.33 $K_4<0$ 的相量图

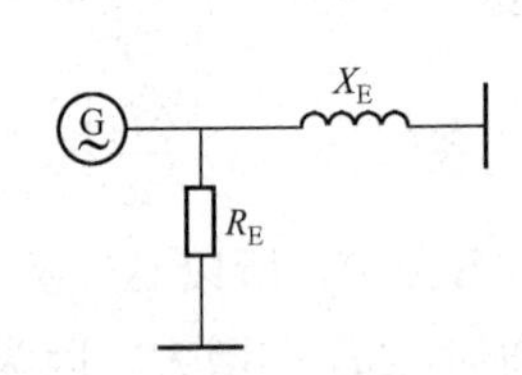

图 6.34 系统结构图

系统的结构图如图6.34所示，$K_2K_3K_4$ 随 P、Q 的变化如图6.35所示。由图6.35可见，当受端发电机有功功率减小而无功功率增大（接近调相机运行状态）时，$K_2K_3K_4$ 可能成为负值；$K_2>0, K_3>0$，这意味着 $K_4<0$ 并产生负阻尼转矩。另外，当线路阻抗增大时，K_4 也容易变成负值。

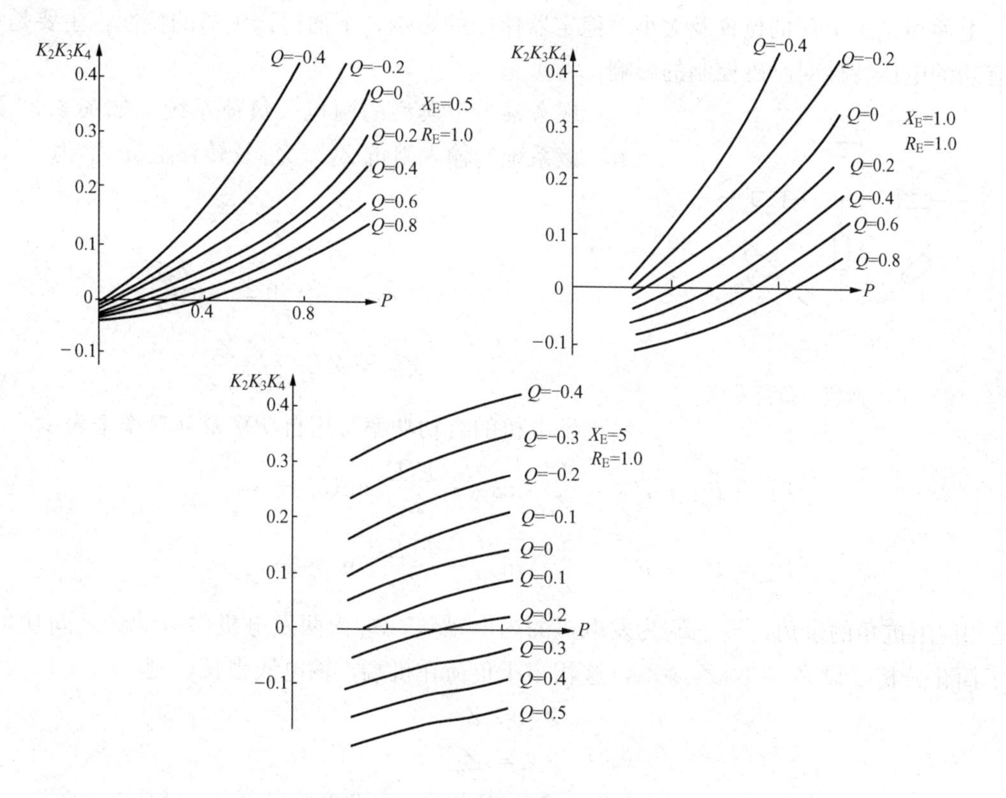

图 6.35　$K_2K_3K_4$ 随 P、Q 的变化

对图 6.36 所示的计算用系统，其中发电机参数如下：$x_d=8.6$，$x_q=8.6$，$x'_d=1.1$，$T'_{d0}=7.0$，$T_J=1.5$，$T_E=0.05$，$S_B=100\text{MVA}$；所得 $K_1\sim K_6$ 为：$K_1=0.1$，$K_2=0.505$，$K_3=0.211$，$K_4=-1.756$，$K_5=0.294$，$K_6=0.566$，无电压调节器时计算所得的特征根为：0.239±j4.729，−1.821。

可见，其中有一对正实部的共轭复根，这表示系统将发生增幅的振荡，其频率为 $f=4.729/6.28=0.75\text{Hz}$。

由第 4 章中的分析可知，加入电压调节器后其阻尼转矩为

$$M_D=\frac{T_{EQ}\dfrac{K_2}{K_6}\left(\dfrac{K_4}{K_A}+K_5\right)}{1+\omega_d^2T_{EQ}^2}$$

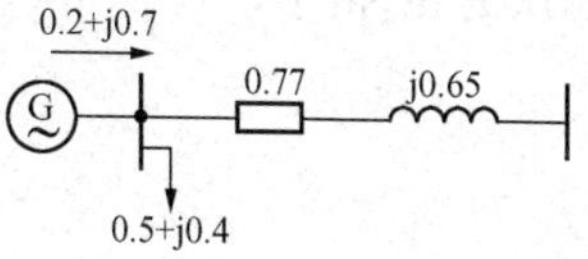

0.2+j0.7　0.77　j0.65　0.5+j0.4

图 6.36　计算用系统

因 $K_5>0$，所以当 K_A 足够大时，阻尼转矩就可以变为正值。例如计算令 $K_A=9$ 得到如下的特征根：−0.643±j4.765，−0.697，−19.35，这时系统就不会产生振荡了。

进一步的研究表明，这种受端发电机在无电压调节器时出现自励振荡并不多见，只有在发电机容量及惯性比较小，同时发电机有功负荷较小、无功负荷较大时才会出现。另外，机组阻尼绕组的参数及负荷的特性也对这种振荡起相当大的作用。d 轴阻尼绕组时间常数 T''_{d0} 的增大（相当于 d 轴阻尼绕组电阻减小）将使负阻尼增大，振荡加强，而 q 轴阻尼绕组时间常数 T''_{q0} 的增大将使正阻尼增大，振荡减弱。

上面讨论了负荷的位置及大小对稳定器作用的影响，下面讨论负荷的特性，主要是负荷有功的电压特性对励磁控制的影响。

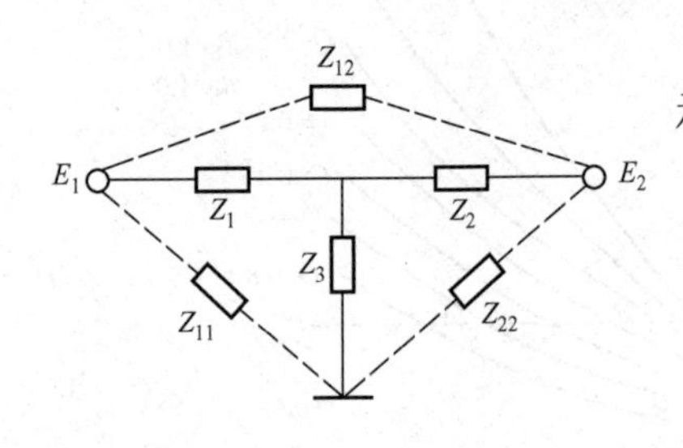

图6.37 两机—负荷系统

现考察一个典型的两机一负荷系统，如图6.37所示。该系统的输入阻抗 Z_{11}、Z_{22} 及转移阻抗 Z_{12} 为

$$Z_{11} = Z_1 + \frac{Z_2 Z_3}{Z_2 + Z_3}$$

$$Z_{12} = Z_{21} = Z_1 + Z_2 + \frac{Z_1 Z_2}{Z_3}$$

$$Z_{22} = Z_2 + \frac{Z_1 Z_3}{Z_1 + Z_3}$$

发电机的有功功率可用自功率及互功率来表示

$$P_1 = P_{11} + P_{12} = \frac{E_1^2}{Z_{11}}\sin\alpha_{11} + \frac{E_1 E_2}{Z_{12}}\sin(\delta_{12} - \alpha_{12})$$

$$P_2 = P_{22} + P_{21} = \frac{E_2^2}{Z_{22}}\sin\alpha_{22} + \frac{E_1 E_2}{Z_{12}}\sin(\delta_{21} - \alpha_{21})$$

α 是相应阻抗角的余角，E_1、E_2 为发电机的内电动势，δ_{12} 为两发电机内电动势之间功角。为了简化分析，设 $Z_1=0$，$Z_2 \gg Z_3$，这相当于负荷在机端，输电线很长，则

$$Z_{11} \approx Z_3$$

$$Z_{12} = Z_2$$

若1号机励磁控制使得 E_1 产生了变化 ΔE_1，现来看，由此产生的 ΔP_1、ΔP_2 为

$$\Delta P_1 = \Delta E_1 \frac{\mathrm{d}P_1}{\mathrm{d}E_1} = \Delta E_1 \frac{\mathrm{d}P_{11}}{\mathrm{d}E_1} + \Delta E_1 \frac{\mathrm{d}P_{12}}{\mathrm{d}E_1} \tag{6.187}$$

$$\Delta P_2 = \Delta E_1 \frac{\mathrm{d}P_2}{\mathrm{d}E_1} = \Delta E_1 \frac{\mathrm{d}P_{22}}{\mathrm{d}E_1} + \Delta E_1 \frac{\mathrm{d}P_{21}}{\mathrm{d}E_1} \tag{6.188}$$

其中

$$\frac{\mathrm{d}P_{22}}{\mathrm{d}E_1} = \frac{\mathrm{d}}{\mathrm{d}E_1}\left(\frac{E_2^2}{Z_{22}}\sin\alpha_{22}\right) = 0$$

如认为 α_{12} 很小，可设 $\alpha_{12}=0$，因 $\delta_{21}=-\delta_{12}$，所以

$$\frac{\mathrm{d}P_{12}}{\mathrm{d}E_1} = -\frac{\mathrm{d}P_{21}}{\mathrm{d}E_1} = \frac{E_2}{Z_{12}}\sin\delta_{12}$$

由式（6.187）、式（6.188）可见，1号机的励磁/电动势变化产生的在1号机上功率变化，可以分成两部分（2号机也一样）：第一部分是互功率的变化 $\Delta E_1 \frac{\mathrm{d}P_{12}}{\mathrm{d}E_1}$，且1号机增加的功率等于2号机减小的功率。第二部分为自功率也就是负荷功率的变化 $\Delta E_1 \frac{\mathrm{d}P_{11}}{\mathrm{d}E_1}$，负荷的有功功率可以用下面的静态特性来表示[1]

$$P_{11} = P_{110}(1 + k_{\mathrm{pf}}\Delta f)(P_1 E_1^2 + P_2 E_1 + P_3)$$

式中，P_{110} 为初始的负荷功率；k_{pf} 为负荷的频率特性；P_1 为恒定阻抗负荷的比例；P_2 为恒定电流负荷的比例；P_3 为恒定功率负荷的比例。

现在，我们先不考虑频率的影响，即设 $k_{pf}=0$，则

$$\frac{dP_{11}}{dE_1}=P_{110}(2P_1E_1+P_2) \tag{6.189}$$

假定负荷是恒定功率负荷，则 $\frac{dP_{11}}{dE_1}=0$，也就是说发电机励磁的变化，不产生任何自功率也就是负荷功率的变化。

由式（6.189）亦可看出，恒定阻抗比例 P_1 增大有利于励磁控制的作用，恒定电流的比例 P_2 次之。

如果发电机带孤立负荷，不与系统相连，则发电机的输出功率等于负荷功率，这时如果负荷是恒定功率特性，则励磁控制改变不了输出功率，不论是同步功率或是阻尼功率的变化都等于零，也就是说励磁控制对改进转子运动没有任何帮助。

下面将讨论一个实例，进一步认识负荷特性的影响。.

该实例的情况如下：一台 300MW 汽轮发电机进行黑启动（即发电机空载，未并网，突投负荷），由于该机组的调速器采用了较大的增益，故投入负荷后，出现了振荡。试验中改变了调速器参数、负荷特性、试验投入稳定器，负荷特性对黑启动的影响见表 6.8。

表 6.8　　负荷特性对黑启动的影响

序　号	负荷特性	稳定器	调速器	时域响应
1	100%恒功率	切	原模型	负阻尼
2	50%恒阻抗 50%恒电流	切	原模型	负阻尼
3	100%恒功率	切	改变 T_2、T_1	良好正阻尼
4	50%恒阻抗 50%恒电流	切	改变 T_2、T_1	良好正阻尼
5	100%恒功率	投	原模型	负阻尼
6	50%恒阻抗 50%恒电流	投	原模型	良好正阻尼

注　T_2、T_1 为 IEEEG1 调速器模型中速度测量环节中的领先—滞后时间常数。

分析试验的结果，可见：

（1）由第 1、3、4 项试验结果可见，负荷特性对平息这种振荡不起作用，改变调速器中领先—滞后环节的参数，不论负荷是何种特性，振荡均可以平息，可见该振荡与调速参数整定有关。

（2）由第 5～6 项结果可见，投入稳定器后（稳定器在空载时通常是退出的），则负荷特性的影响就很大，只有负荷特性不是恒功率时，稳定器才能平息振荡，如是恒功率特性，则稳定器不能提供正的阻尼转矩。

（3）试验说明，振荡的原因虽然是由调速器引起，但只要负荷不是恒功率特性，则投入稳定器，通过励磁控制，可以改变与调速器相关的特征值的实部，使振荡平息。

如果发电机与系统相连，由于有互功率一项，负荷特性的影响要小，但是恒功率特性的负荷比例增加，系统的阻尼会降低。当$Z_1=0$，$Z_2 \gg Z_3$不成立时，负荷功率不等于自功率，但仍然是自功率的一部分，上述分析及结论也仍然是有效的。

在多机系统中，一台机因励磁控制而产生的功率变化，不论是正的或负的，都要靠其他机组，负荷再加上线路损耗来吸收/平衡，负荷特性产生的影响的大小，取决于负荷所在位置是否在振荡中电压变化最大的地点。

附带在这里指出，负荷特性对稳定器作用的影响，是由于稳定器是通过调节励磁及电功率实现的，如果稳定器是作用在调速器上，改变原动机输入的机械功率，则负荷特性就不会有这样大的影响。

第12节　发电机失去稳定的形态

这一节我们讨论发电机失去同步的形态，即发电机失步时是以振荡的形态或是滑行的形态失去同步。这相当于研究稳定的边缘状态——如何从稳定状态过渡到不稳定状态。

由小干扰稳定性与励磁控制关于稳定判据的分析中，我们已知，当发电机有电压调节器但没有装稳定器时，保持稳定性的判据可以归结为

$$K_A < K_{Amax} = \frac{S'_{Eq} - S_{Eq}}{S_{Ut} - S'_{Eq}} \times \frac{R_{Ut}}{R_{Eq}} \times \frac{1 + \dfrac{T_E^2}{T_J(T_E + T'_d)}(S_{Eq}T_E + S'_{Eq}T'_d)}{1 + \dfrac{T_E}{T'_d}\dfrac{S_{Ut} - S_{Eq}}{S_{Ut} - S'_{Eq}}}$$

$$K_A > K_{Amin} = -\frac{S_{Eq}R_{Ut}}{S_{Ut}R_{Eq}}$$

其中，S_{Eq}、S'_{Eq}、S_{Ut}、R_{Eq}、R'_{Eq}、R_{Ut} 等系数的公式，都列写在第4章中，K_A为电压调节器的放大倍数。如果不能满足上述判据，则当$K_A < K_{Amin}$（最小必需的放大倍数），且$\delta > 90^\circ$时，系统将由稳定转化成不稳定且以滑行的形式失去稳定，这里再次引用图6.16的计算结果。

由于K_{Amin}是由特征方程常数项等于零的条件决定的，所以当$K_A < K_{Amin}$时，出现的就是滑行失步。当$\delta < 90^\circ$时，可以说$K_{Amin}=0$，即便没有调节器，也能保持稳定，而当$\delta > 90^\circ$时，因功角特性$P_e = \dfrac{E_q U}{x_q + x_e}\sin\delta$已呈下降趋势，要使功角特性继续上升，必须使$E_q$通过励磁调节增长克服$\sin\delta$的下降，才能维持$\dfrac{dP_e}{dt} > 0$，这就是$\delta > 90^\circ$，必须有一个$K_A > K_{Amin}$的要求，但是$K_{Amin}$很小，一般只有10以下，是很容易满足的，人们对它并不十分关心。

另一判据$K_A < K_{Amax}$（最大允许的放大倍数，当这一判据不满足时，就会出现机电振荡）失步。如图6.16所示，这是人们比较关心的，因为它与维持发电机电压恒定，提高稳定性互相是抵触的，这也就是为什么要加入电力系统稳定器的原因。

加入稳定器后，发电机的小干扰稳定性发生了很大的变化，由图6.16可见，这些变

化可以归结为：

（1）以放大倍数与功角为参数的稳定区大大扩大了，放大倍数在相当大的范围内变化，例如对于快速系统 K_A 为 50～200，极限功角 δ_{max} 都不变（在图 6.16 中呈现近似与纵轴平行的直线）。在功角 δ 由 0°到 110°及放大倍数 50～200 之间，系统不会出现滑行失步也不会出现低频振荡，也就是说它可以抑制低频振荡。

（2）极限功角 δ_{max} 可以大于 90°，在本例中 δ_{max} 大致为 110°，此时即相当于发电机端电压与无穷大母线间角度为 90°，如果再采用较大的放大倍数，例如 100～200，则因近似维持了发电机端电压恒定，功率稳定极限可以达到理想的极限——线路功率极限。

（3）当缓慢地接近稳定区边界时，即 $\delta=\delta_{max}$ 附近，可以观察到功角持续地爬行或说滑行增大，而失去同步，对于快速励磁系统，当 K_A 大于某个数值例如 40～50，一直到 $K_A=200$（甚至还要大），振荡失步的限制就从稳定域内消失了，对慢速励磁系统，不出现振荡失步的电压放大倍数就要小得多。

引入稳定器以后，上述失步形式的变化是一个很有趣的现象，本书除了用计算结果证实了这个现象，第 7 章中证实了此现象也先后出现在 1979 年清华大学及电力部电力科学研究院进行的动模实验中。

在图 6.16 中，当引入稳定器后，在 $K_A<40$ 以下，还存在着一个滑行失步区及一个振荡失步区，由于放大倍数太小，人们并不关心，这里就不再赘述。

在引入稳定器后，为什么会出现上述这种失步形态的改变？下面我们用同步转矩及阻尼转矩的分析加以解释。

参照关于同步转矩与阻尼转矩的分析，我们可以认为通过励磁控制，稳定器提供的与磁链成正比的转矩 ΔM_P 为

$$\Delta M_P = G_x(s)G_P(s)\Delta\omega$$

式中，$G_x(s)$ 为励磁控制系统的传递函数；$G_P(s)$ 为稳定器的传递函数。

我们假定 $G_P(s)$ 可以准确地与 $G_x(s)$ 相消，则稳定器提供的就是一个纯阻尼转矩。按照分析同步转矩及阻尼转矩的假设条件，一个高阶发电机系统可以用一个等效的二阶系统来近似，如图 6.38 所示。

图 6.38 中，ΔM_S 及 ΔM_D 分别为励磁系统产生的等效同步转矩及阻尼转矩。ΔM_P 为稳定器通过励磁控制系统产生的阻尼转矩，K_1 及 D 分别为机组本身具有的同步转矩及阻尼系数。

上述二阶系统的闭环传递函数

$$\frac{\Delta\delta}{\Delta M_m}=\frac{\omega_0/T_J}{s^2+\dfrac{D+\Delta M_D+\Delta M_P}{T_J}s+\dfrac{(K_1+\Delta M_S)\omega_0}{T_J}} \tag{6.190}$$

系统的特征方程

$$s^2+\frac{D+\Delta M_D+\Delta M_P}{T_J}s+\frac{(K_1+\Delta M_S)\omega_0}{T_J} \tag{6.191}$$

因此系统不发生振荡失步同时又不发生滑行失步的条件分别为

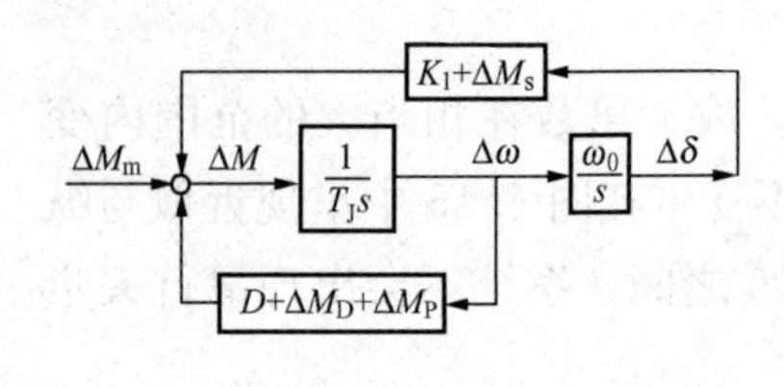

图 6.38 等效二阶系统

$$D+\Delta M_D+\Delta M_P>0 \tag{6.192}$$

$$K_1+\Delta M_S>0 \tag{6.193}$$

由于稳定器可以供给足够的正阻尼转矩，即使在$\delta>90°$，阻尼转矩ΔM_D为负时，总的阻尼转矩仍为正值，保证了系统不会出现振荡型失步。由图 6.39 可见，K_1大约在105°左右，就变成负值，虽然电压调节器提供的ΔM_S是正值，但当δ在110°～120°之间，$K_1+\Delta M_S$就会小于零，这时也就大致相当线路功角达到90°，系统就会以滑行的形式失去同步。也就是说系统这时会出现实部为正值，而虚部等于零或接近零的特征根。

现将式（6.191）化成标准二阶形式

$$s^2+2\xi_n\omega_n s+\omega_n^2=0$$

其中

$$\omega_n=\sqrt{\frac{K_1+\Delta M_S}{T_J}\omega_0}$$

$$\xi_n=\frac{1}{2}\frac{D+\Delta M_D+\Delta M_P}{\sqrt{(K_1+\Delta M_S)T_J\omega_0}}$$

ω_n及ξ_n分别称为系统无阻尼自然振荡频率及阻尼比。实际系统受扰动后的阻尼振荡频率为ω_d

$$\omega_d=\omega_n\sqrt{1-\xi_n^2}$$

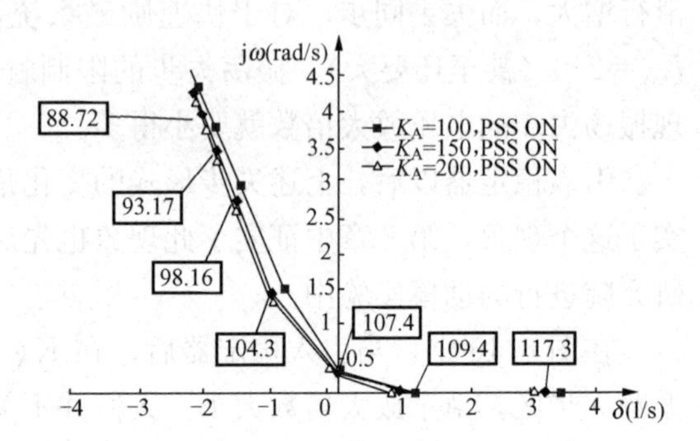

图 6.39 稳定器作用下主特征根随功角变化的根轨迹

（计算条件：$x_d=1.253$，$x_q=0.88$，$x_d'=0.425$，$x_d''=0.205$，$x''_q=0.220$，$T_J=8.8s$，$T'_{d0}=4.88$ s，$x_e=1.0$，$T''_{d0}=0.04$，$T''_{q0}=0.08$）

由此可知，当$K_1+\Delta M_S=0$时，ω_n及ω_d皆等于零，也就是说特征根的虚部为零。

图 6.39 给出了稳定器作用下主特征根随功角变化的根轨迹，方框内数据为功角值。由图可见，不论K_A等于100、150或200，系统都在大约108°～109°之间出现不稳定，这时线路两端之间的功角大致为90°，也就是达到了线路功率极限，而不稳定的特征根实部为正值，虚部为零，在时域上这就代表滑行失步。

参考文献

[1] P. Kundur. Power System Stability and Control. New York：McGraw—Hill，Inc.，1993

[2] IEEE Tutorial Course. Power System Stabilization Via Excitation Control. 81 EHO 175—0 PWR，1981

[3] F. Peneder，R. Bertschi. Slip Stabilization. BBC Publication No. Ch＊E 3.0117.07，1980

[4] 刘宪林，柳焯，娄和恭．考虑阻尼绕组作用的单机无穷大系统线性模型．中国电机工程学报，2000，20（10）

[5] E. V. Larson，D. A. Swann. Applying Power System Stabilizer. IEEE Trans. on PAS，Vol. 100，No. 6，1981

[6] Richard T. Byerly, E. W. Kimbark. Stability of Large Electric Power System. IEEE Press, 1974
[7] 刘取，周双喜，冯治鸿．电力系统小干扰稳定性的分析与综合．中国电机工程学报．1986年第6卷第5期
[8] F. P. de Mello and C. Concordia. Concepts of Synchronous Machine Stability as Affected by Excitation Control. IEEE Trans., Vol. PAS—88 Apr., 1969
[9] 王永强．用状态空间—特征根法PID类型及PSS的稳定性分析．北京：清华大学，1986

第7章

电力系统稳定器的应用及发展

电力系统稳定器，是在20世纪60年代后期出现的，目前已在世界范围内得到广泛的应用。在这个过程中，与其相关的研究工作也在不断地发展和深入，例如对稳定器改善电力系统稳定性的作用有了进一步的认识；大规模电力系统的稳定性分析及控制方法取得了很大的进展；在硬件方面，尤其在信号的选择及处理，在加入自适应的功能及装置的微机化方面，发展也十分迅速。由于辨识技术的应用及试验方法的逐渐完善，已使稳定器可以发挥更大效益，而且更容易为运行人员所掌握。

在中国，1977年清华大学与哈尔滨大电机研究所开始研究这项技术，进行了理论分析及动模试验研究。接着水电部电力科学研究院，进行了大量的动模试验，并会同产业部门，进行了多次现场试验，取得了重要的成果。另外，河南电管局中心试验所、湖北电管局中心试验所等许多单位也都进行了现场试验，均取得了可喜的成果和宝贵的经验。这些成果的取得，不但对中国发展及应用这一技术成果具有重要意义，而且，其中对于稳定器的试验研究，进一步加深了对于稳定器的作用的认识，引起国外同行的关注。

本章将首先介绍有关系统动态响应的基本概念，以便从本质上认识稳定器在抑制低频振荡方面的作用及限度，然后介绍稳定器在提高系统小干扰稳定功率极限、动态特性及电压稳定性方面的效益，关于稳定器的输入信号、硬件的发展及调试技术的最新发展，也包括在本章中，至于多机系统中的分析及设计方法，将在第9章介绍。

第1节　零输入响应及零状态响应

为了说明电力系统稳定器抑制低频振荡的能力，以及它的限度，也就是对于哪种振荡，它有抑制的能力，而对哪种振荡，它只有减弱的效果，但不能够将振荡消除。我们回顾一下系统的动态响应，也就是系统受扰动后的时域解中的一些基本概念。

设系统的线性化后状态方程式为

$$\Delta \dot{\boldsymbol{x}} = \boldsymbol{A}\Delta \boldsymbol{x} + \boldsymbol{B}\Delta \boldsymbol{u} \tag{7.1}$$

以后不加注明的话，将略去偏差量符号 Δ，例如用 $\boldsymbol{x}$ 代替 $\Delta\boldsymbol{x}$。

将式（7.1）进行拉普拉斯变换，得

$$s\boldsymbol{x}(s) - \boldsymbol{x}(0) = \boldsymbol{A}\boldsymbol{x}(s) + \boldsymbol{B}\boldsymbol{u}(s)$$

也就是

$$(s\boldsymbol{I} - \boldsymbol{A})\boldsymbol{x}(s) = \boldsymbol{x}(0) + \boldsymbol{B}\boldsymbol{u}(s)$$

或者

$$\boldsymbol{x}(s) = (s\boldsymbol{I} - \boldsymbol{A})^{-1}[\boldsymbol{x}(0) + \boldsymbol{B}\boldsymbol{u}(s)] \tag{7.2}$$

由式（7.2）可见，方程式的解有两个分量，一个是由初始状态 $\boldsymbol{x}(0)$ 决定的，称为零输入响应，一个是由外部输入 $\boldsymbol{u}(s)$ 决定的，称零状态响应或强迫分量。因为现在我们讨论的是线性微分方程的解，它满足线性系统的两个条件，即：

（1）均匀性。当输入量增加 K 倍时，输出亦增加 K 倍。

（2）叠加性。当系统受到几个输入量同时作用时，它的输出响应等于每次只计入一个输入量，而其他输入量等于零时，求出的输出响应之和。

利用叠加原理，我们可以把系统的输出响应，看成是下面两个输入作用的叠加：一个是外部输入 $\boldsymbol{u}(s)$，另一个是系统的初始状态 $\boldsymbol{x}(0)$，若将上述两个分量转换为时间函数，并分别以 $\boldsymbol{x}_{\mathrm{f}}(t)$ 及 $\boldsymbol{x}_{\mathrm{t}}(t)$ 来表示，则系统的时域响应为

$$\boldsymbol{x}(t)=\boldsymbol{x}_{\mathrm{t}}(t)+\boldsymbol{x}_{\mathrm{f}}(t)$$

其中，$x_{\mathrm{t}}(t)$ 是零输入响应，$x_{\mathrm{f}}(t)$ 是零状态响应，它是输入量 $\boldsymbol{u}$ 的函数。

零输入响应就是式（7.3）的解

$$\boldsymbol{x}_{\mathrm{t}}(s)=(s\boldsymbol{I}-\boldsymbol{A})^{-1}\boldsymbol{x}(0) \tag{7.3}$$

我们已知式（7.3）时域的解为

$$x_{\mathrm{t}i}(t)=M_{i1}c_1\mathrm{e}^{\lambda_1 t}+M_{i2}c_2\mathrm{e}^{\lambda_2 t}+\cdots+M_{in}c_n\mathrm{e}^{\lambda_n t}=\sum_{j=1}^{n}M_{ij}c_j\mathrm{e}^{\lambda_j t}$$

其中，c_j 是由起始条件决定的常数；λ_1，λ_2，…，λ_n 为状态方程式 $\boldsymbol{A}$ 矩阵的特征根；M_{ij} 是 $\boldsymbol{A}$ 矩阵对应于特征值 λ_i 的右特征相量中第 j 个元素；$c_j=\boldsymbol{N}_j^{\mathrm{T}}x_0$，$\boldsymbol{N}_j^{\mathrm{T}}$ 是 $\boldsymbol{A}$ 矩阵对应的矩阵 $\boldsymbol{M}^{-1}=\boldsymbol{N}^{\mathrm{T}}$ 中的第 j 行向量。

零状态响应，即由外部输入造成的响应，在第 9 章将会介绍，这里先加以引用如下

$$x_{\mathrm{f}i}(t)=\sum_{j=1}^{n}M_{ij}\boldsymbol{N}_j^{\mathrm{T}}\boldsymbol{B}\int_0^t\mathrm{e}^{\lambda_j(t-\tau)}\boldsymbol{u}(\boldsymbol{\tau})\mathrm{d}\tau \tag{7.4}$$

系统的全部时域解，就等于上两式之和

$$x_i(t)=x_{\mathrm{t}i}(t)+x_{\mathrm{f}i}(t)=\sum_{j=1}^{n}M_{ij}c_j\mathrm{e}^{\lambda_j t}+\sum_{j=1}^{n}M_{ij}\boldsymbol{N}_i^{\mathrm{T}}\boldsymbol{B}\int_0^t\mathrm{e}^{\lambda_j(t-\tau)}\boldsymbol{u}(\tau)\mathrm{d}\tau \tag{7.5}$$

式（7.5）第一项就是零输入响应，第二项就是零状态响应。当外部输入 $\boldsymbol{u}$ 为零时，这一项就等于零。

下面，我们应用时域解的公式来分析一个实例。

如图 7.1 所示的电路，假定它在开关闭合以前，电容 C 上已充电至 E_1。开关闭合以后，由电压为 E_2 的电源向电容 C 充电，现求电容 C 上的电压随时间的变化。

当开关闭合后，该电路的电压平衡方程式可写为

$$RC\frac{\mathrm{d}U_C}{\mathrm{d}t}+U_C=E_2 \tag{7.6}$$

图 7.1　电路图

为了利用上面求得的解的表达式，将式（7.6）换成状态方程式的形式

$$\dot{\boldsymbol{x}}=\boldsymbol{A}\boldsymbol{x}+\boldsymbol{B}\boldsymbol{u}$$

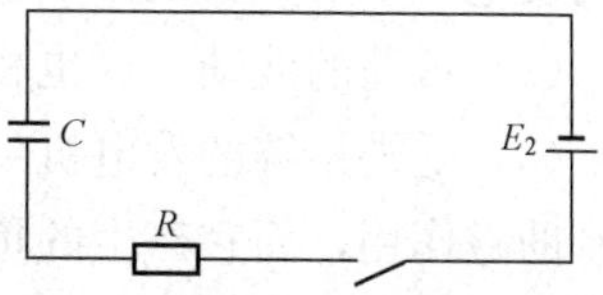

其中 $\boldsymbol{A}=-\dfrac{1}{RC}$，$\boldsymbol{B}\boldsymbol{u}=E_2$，$n=1$ 也就是矩阵阶数为 1，其特征方程式即为 $s+\dfrac{1}{RC}=0$，特征值只有一个为

$$\Lambda = \lambda = -\frac{1}{RC}$$

现求 $\boldsymbol{M}$ 及 $\boldsymbol{N}^{\mathrm{T}}$ ，因为，$\boldsymbol{AM} = \boldsymbol{M\Lambda}$ ，而 $\boldsymbol{A} = -\frac{1}{RC} = \Lambda$ ，所以 $\boldsymbol{M}=1$, $\boldsymbol{N}^{\mathrm{T}} = \boldsymbol{M}^{-1} = 1$ ，即它们都是一个标量，且等于1。

因 $t=0$ 时，$U_{C0} = E_1$ ，所以非零状态（零输入）的解为

$$U_{Ct}(t) = \sum_{i=1}^{n} M_i c_i e^{\lambda_i t} = E_1 e^{\lambda t}$$

而外部输入 E_2 产生的零状态的时域解为

$$U_{Cf}(t) = \sum_{i=1}^{n} \boldsymbol{M}_i \boldsymbol{N}_i^{\mathrm{T}} \boldsymbol{B} \int_0^t e^{\lambda_i (t-\tau)} \boldsymbol{u}(\tau) d\tau = \int_0^t e^{\lambda(t-\tau)} E_2 d\tau = e^{\lambda t} E_2 \int_0^t e^{-\lambda t} d\tau = e^{\lambda t} E_2 e^{-\lambda \tau} \Big|_0^t$$
$$= e^{\lambda t} E_2 (e^{-\lambda t} - 1) = E_2 (1 - e^{\lambda t})$$

因此全部时域解为

$$U_C(t) = U_{Ct}(t) + U_{Cf}(t) = \underbrace{E_1 e^{-t/RC}}_{\text{零输入响应}} + \underbrace{E_2 (1 - e^{-t/RC})}_{\text{零状态响应}} \tag{7.7}$$

由式（7.7）可见，外部输入产生的零状态响应也包含了 $e^{-t/RC}$ 项（有时称为自然模），如果将含有 $e^{-t/RC}$ 的项合在一起，可以组成所谓的自然响应，而其余的称为强迫响应

$$U_C(t) = \underbrace{(E_1 - E_2) e^{-t/RC}}_{\text{自然响应}} + \underbrace{E_2}_{\text{强迫响应}} \tag{7.8}$$

式（7.8）中第一项之所以称为自然响应，是因为它包含了自然模：$e^{\lambda t} = e^{-t/RC}$ ，而其中 $\lambda = -1/RC$ ，完全是由系统本身的参数决定的。第二项只与外部输入有关，称强迫响应。由于 $\lambda = -t/RC$ ，当达到稳态值时，自然响应衰减至零，所以在我们的这个实例中，自然响应就是暂态响应，而强迫响应就是稳态响应，只要外部输入存在，则系统的响应不全为零。关于自然响应、强迫响应与暂态响应、稳态响应的区别，请参考文献［6］。

第2节 抑制低频振荡的能力

发电机产生低频振荡的原因，可以归结为：

（1）发电机的控制系统的参数调整不当，特别是在远距离送电的情况下，调节器的放大倍数太高，当它产生的负阻尼转矩大于发电机固有的正阻尼转矩，发电机就可能发生振荡。其他如调速器参数整定不当，水系统与机电调节系统参数配合不当，并联于同一母线上的发电机励磁参数设计不当等，都可能引起发电机的机电低频振荡。

（2）负荷的波动，这也相当于发电机遭受一种波动的输入量。

（3）受端系统的发电机带轻载情况下的自发振荡，即在某种条件下，发电机定子电流具有助磁作用，而它产生的负阻尼会引起振荡。

低频振荡主要指发电机控制系统，特别是励磁调节器的负阻尼作用而产生的频率在0.1～2.5Hz之间的振荡，当然也包括受端系统中，发电机带轻载的情况。这种振荡的主要的特点就是它的自发性，其频域表现是系统存在正实部的特征根，其时域表现是自然响应随时间的增长而增大，这时只要有一个很小的扰动，造成了非零的初始状态，然后去掉

扰动，振荡也会逐渐加强，这种振荡是由系统本身参数决定的。

对于上述的自发低频振荡，电力系统稳定器具有良好的抑制能力，当发电机采用稳定器以后，可以使特征根实部由正值变为负值，并且可以达到事前给定的阻尼比，也就是说不但可以克服低频振荡，而且可以大大改善系统的动态品质。

下面介绍有关的动态模型及现场试验的结果。

1977年，清华大学、哈尔滨大电机所及八盘峡电厂协作，在动态模型上进行稳定器对系统稳定性作用的试验。

试验中采用两种不同结构的稳定器：一种为测电功率（P_e）的稳定器，其结构与欧洲各国使用的大致相同。测量电功率的稳定器框图如图7.2所示。另一种为测频率的稳定器，其结构与北美采用的基本一致，测量频率的稳定器框图如图7.3所示。

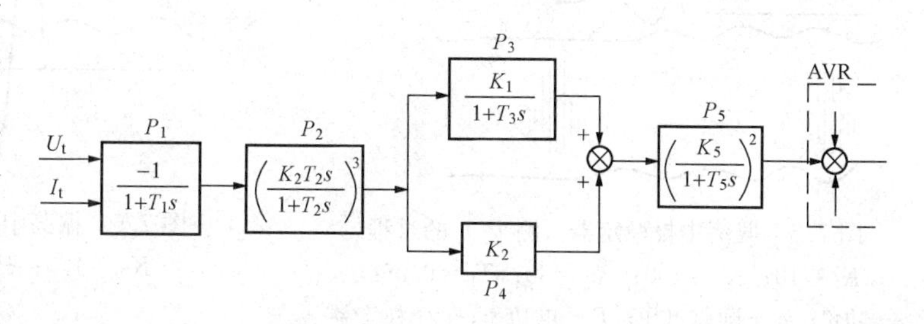

图7.2　测量电功率的稳定器框图

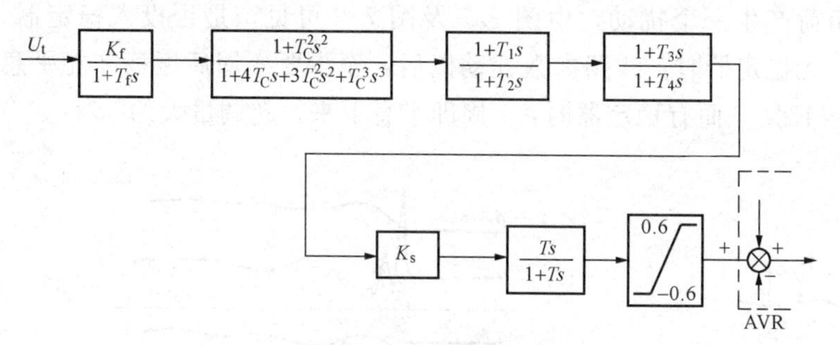

图7.3　测量频率的稳定器框图

$K_f=1\text{V/Hz}$；$T_f=0.1\text{s}$；$T_C=0.00155\text{s}$；$T_1=T_3=2\text{s}$；$T_2=0.638\text{s}$；$T_4=0.824\text{s}$；$T=4\text{s}$；$K_s=1.0$

图7.2中U_t，I_t：发电机定子电压及电流；P_1：霍尔功率变换器，$T_1<1\text{ms}$；P_2：高通滤波器，$T_2=4.5\text{s}$；P_3：用以产生速度偏差信号$\Delta\omega$的积分环节，$T_3=1.85\text{s}$，$K_1=0\sim200\times10^{-3}$；$P_4$：与加速度成比例的放大器，$K_2=0\sim40$；$P_5$：低通滤波器，$T_5=0.01\text{s}$，$K_5=1$。

试验所用主系统为一水轮发电机，经长线送电给无穷大系统，模拟系统接线图如图7.4所示。图7.4中发电机采用自并励励磁方式。

用下述三种运行方式考验了稳定器抑制低频振荡的能力。

1. 振荡中投入稳定器

当系统发生0.9Hz的低频持续振荡投入稳定器，经1～2周（2s以内）振荡就完全平息了。不论以电功率P_e为信号的稳定器或以频率f为信号的稳定器，平息低频振荡的效果都十分显著，分别如图7.5、图7.6所示。

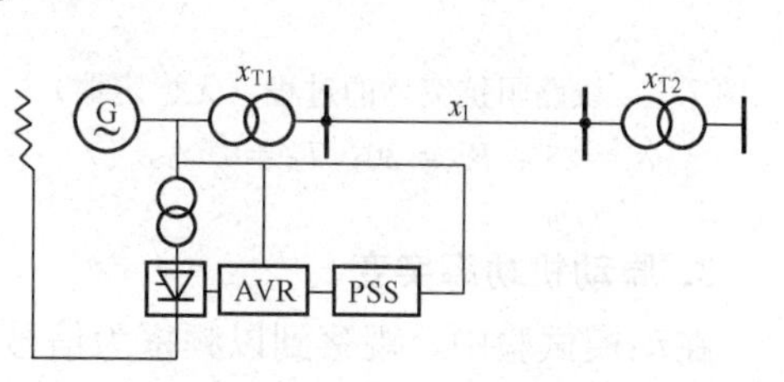

图7.4　模拟系统接线图

$x_d=1.03$；$x_q=0.6$；$x_d'=0.39$；$T_{d0}'=6\text{s}$；$T_J=7.6\text{s}$；$x_{T1}=0.16$；$x_l=1.05$；$x_{T2}=0.095$

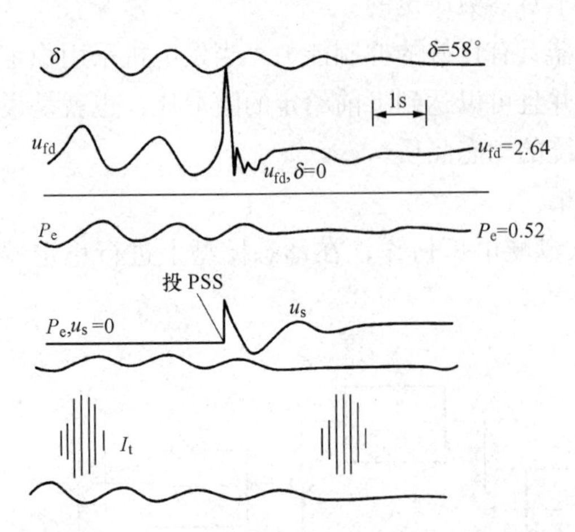

图7.5 振荡中投稳定器（测P_e）的过程
$K_2=10$；$K_1=100$；$K_A=30$；$T_E=0.05s$
δ—功角；u_{fd}—励磁电压；P_e—电功率；u_s—稳定器输出；I_t—定子电流

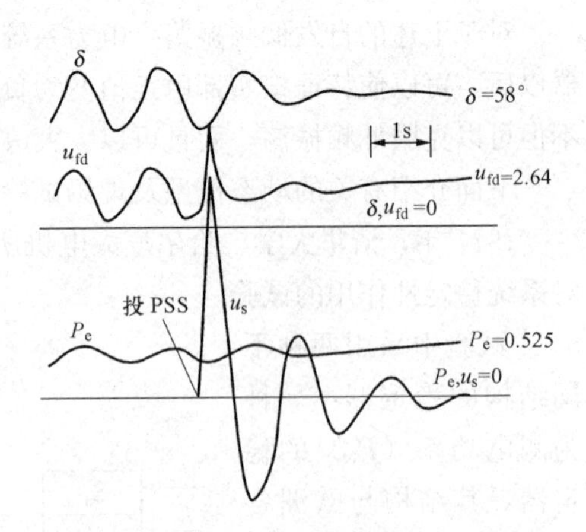

图7.6 振荡中投稳定器（测f）的过程
$K_A=100$；$P_e=0.525$；$T_E=0.05s$

2. 线路参数突变

这相当于发电机的负荷产生一个扰动，由图7.7及图7.8可见，是否投入稳定器，其响应特性有很大差别。无稳定器时，线路参数变动以后，至少要4周后振荡才能平息下来，超调量达到13%～15%，而有稳定器时，1周即平息下来，超调量大约3%。

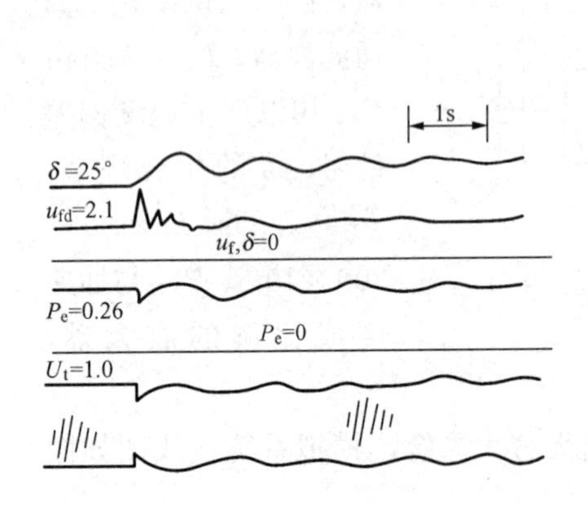

图7.7 线路阻抗突增的过程（无稳定器）
$\delta_0=25°$；$K_A=30$；$T_E=0.05s$

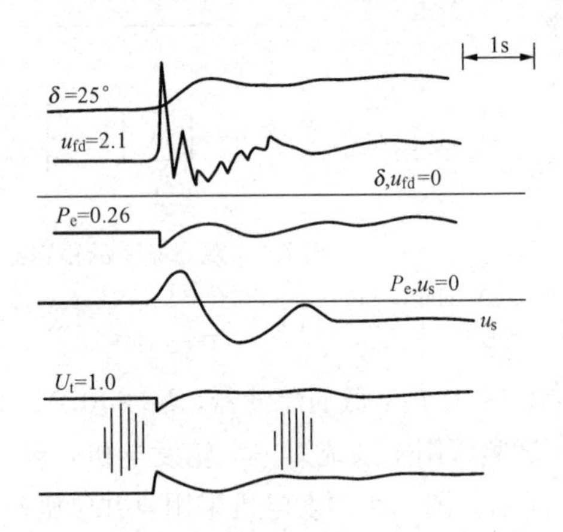

图7.8 线路阻抗突增的过程（有稳定器）
$\delta_0=25°$；$K_2=10$；$K_1=100$；$K_A=30$；$T_E=0.05s$

3. 原动机功率突变

在动模试验中，观察到以频率为信号的稳定器，当原动机功率突变后，具有良好的反应特性，10%原动机突增，仅摆动一次，就接近新的稳定值，过调量约9%，而无稳定器时，将出现持续振荡，如图7.9所示。

以电功率P_e为信号的稳定器，当原动机功率变化时，稳定器的响应特性反而不如无稳定器的，如图 7.10 所示，当原动机功率突增 10%后，投入稳定器时，端电压下降最大达 15%，不但使最大摆角增大，而且也呈现了明显的振荡，这种现象称之为“反调现象”。虽然，在真实的机组上，原动机功率不可能像模型试验中那样，作突然的改变，但是只要采用电功率为信号的稳定器，或多或少的都会出现这种“反调现象”。试验中观察到，当原动机功率变化缓慢，或变化很小时，反调现象就可以减轻。

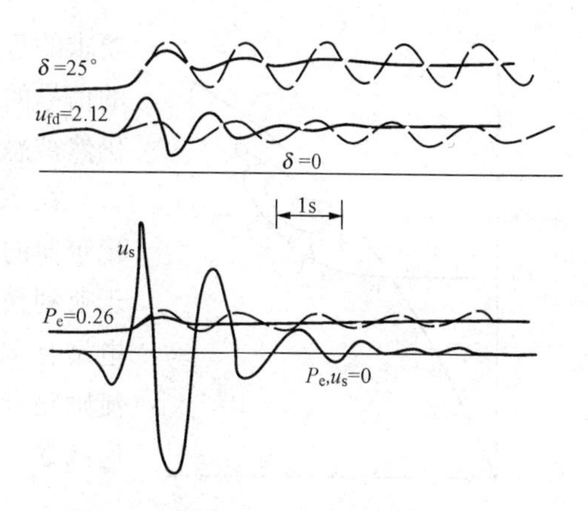

图 7.9　原动机功率突增 10%的过程

$K_A=100$；$T_E=0.05s$；$P_e=0.263$；

——有稳定器；———无稳定器

“反调现象”的原因，可作如下解释：

在同步转速时，若原动机功率 P_m 恒定（$\Delta P_m=0$），则过剩功率即等于电功率 P_e偏差的负值，并与角加速度 α 成正比，即

$$\Delta P = \Delta P_m - \Delta P_e = - \Delta P_e = T_J \alpha \tag{7.9}$$

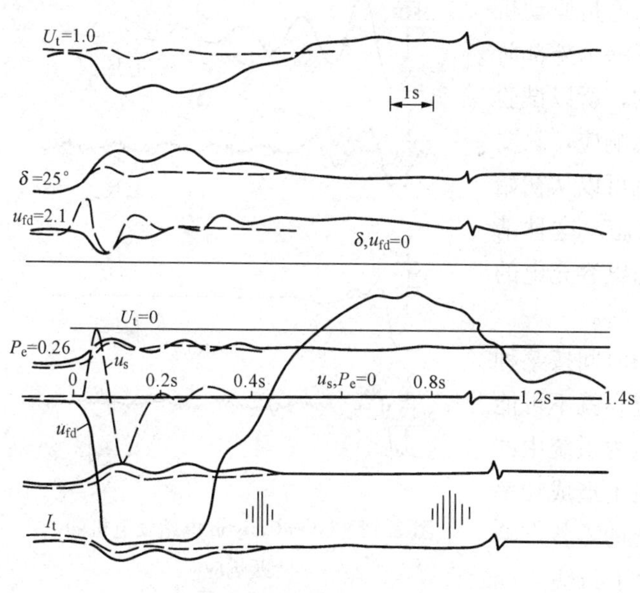

图 7.10　原动机功率突增 10%时稳定器的过程比较

——测 P_e；———测 ΔP

式中，T_J为机组惯性常数；α 为角加速度。

如果对 $-\Delta P_e$ 在时间间隔 Δt 内取积分，就得到与角速度偏差成正比的量，即

$$\int_0^{\Delta t} - \Delta P_e \mathrm{d}t = \int_0^{\Delta t} T_J \alpha \mathrm{d}t = \int_0^{\Delta \omega} T_J \frac{\mathrm{d}\omega}{\mathrm{d}t} \mathrm{d}t = T_J \Delta \omega \tag{7.10}$$

按图 7.2 将$-\Delta P_e$（正比于 α）与$\int -\Delta P_e$（正比于 $\Delta\omega$）合成的信号，其相位总是领先 $\Delta\omega$ 的，可以提供正值阻尼转矩。

当原动机功率变化时，情形就有所不同。原动机功率由 P_{m1} 增至 P_{m2}，电功率 P_e将沿着图 7.11 所示螺线变化，在 1～2 阶段内，$P_m > P_e$，所以过剩功率 $\Delta P > 0$，在这个阶段内，电功率也是增大的，所以 $\Delta P_e > 0$，但稳定器测量的实际值为$-\Delta P_e$，这样就造成稳定器测量的信号与实际过剩功率反号，信号经过处理后得到的加速度与速度信号也与要求的相反，因而提供了负值的阻尼转矩及负值同步转矩。在阶段 3～4 内，测得的信号相位与

要求的也相反。虽然2～3、4～5两个阶段，稳定器提供的信号的相位是正确的，但就整个过程来说，过渡过程仍然被恶化了。

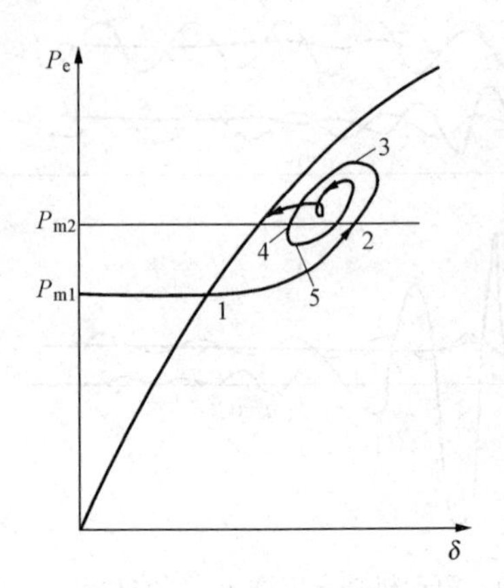

图7.11 原动机功率突然增大后电功率变化

在20世纪60年代北美及欧洲都在真实机组上进行了稳定器的大量试验。这里仅举美国Glen Canyon电站（位于亚利桑那州及犹他州边界）的现场试验作为例子。该电站有7台125MVA的机组，采用带有电机放大机的直流励磁方式，稳定器采用频率偏差为信号，以及以下传递函数

$$7.3\times\frac{1+0.5s}{1+0.045s}\times\frac{1+0.5s}{1+0.045s}$$

稳定器的输出送到磁放大器的附加绕组上，并且把7台发电机的附加绕组连接在一起。图7.12表示阶跃干扰后，发电机动态响应的现场试验结果及模拟计算机计算结果。

在上述动模及现场试验中，稳定器的作用在于改变了自然响应中的特征根λ，无论是原动机功率改变或线路参数突变，都相当于一个外部阶跃输入，阶跃输入的稳态值是恒定的，所以试验中记录下的动态响应，相当于零状态响应，只要是特征根具有足够的阻尼比，响应就可以从初始状态平稳地过渡到一个新的平衡状态。这种情况，类似于前面讨论过的直流电源向电容充电的情况。

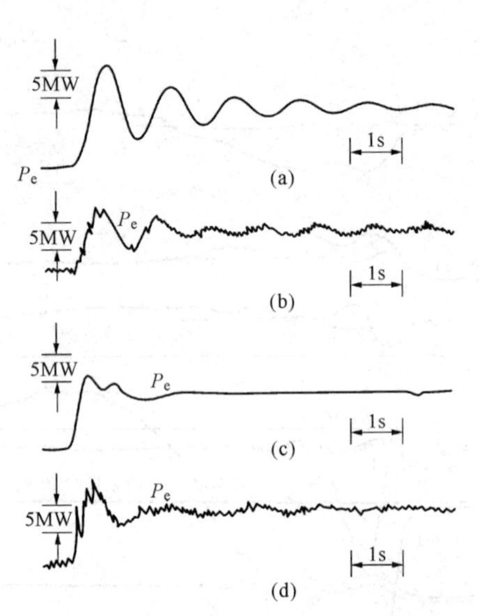

图7.12 Glen Canyon电站发电机的阶跃响应

(a)线路功率，模拟计算机结果，无稳定器；(b)线路功率，现场试验结果，无稳定器；(c)线路功率，模拟计算机结果，有稳定器；(d)线路功率，现场试验结果，有稳定器

值得指出的是：若外部输入是随时间按某种规律，或随机地改变，则所得的响应，就不可能过渡到一个新的平衡状态。例如，电力系统中的负荷变化，有可能在联络线或发电机上造成功率的随机波动。前面已指出，这时系统的零状态响应，不仅包含了自然模$e^{\lambda t}$，还包含了与输入函数$f(t)$有关的强迫响应。可以想象，装设了稳定器后，可以使自然模具有足够的阻尼比，改善自然响应。但是无法消除与输入函数有关的强迫响应。当然，如果外部输入函数是具有一定间隔的阶跃函数，并且间隔时间足够长，则稳定器改善自然响应特性的作用，就反映在阶跃响应的后续过程衰减加快了，而摆动的幅值变化不大。

第 3 节　提高小干扰稳定功率极限

我们已经知道，为了使小干扰稳定极限提高，需要采用尽可能大的电压放大倍数，以维持发电机端电压不变。但是，放大倍数的提高，会使系统产生振荡，也就是所谓的低频振荡。采用稳定器，目的就在于克服这种低频振荡，而使电压调节器能维持大的放大倍数。从这个意义上来说，抑制低频振荡与提高小干扰稳定极限的要求是一致的。但是，从运行上来看，这两个要求还是有不同之处。抑制低频振荡，一般都是针对系统的某一运行状态设计稳定器，使系统的特征根（或者主导特征根）达到一定的阻尼比。这样，不但不会产生低频振荡，而且还能保证系统具有良好的动态品质。但是，提高小干扰稳定极限，对稳定器的要求更高，它不但要保证某一运行状态下，不发生低频振荡，而且要保证系统运行在其他状态时，特别是在接近稳定极限时（例如，在单机—无穷大系统中，当线路功角 $\delta_l=90°$时），系统仍能稳定运行，并且具有足够的阻尼比。可以看出，这相当于要求稳定器具有良好的对运行状态改变后的适应性。在一定条件下，固定参数的稳定器，当运行状态在相当大范围内改变时，都有可能保证系统是稳定的，且具有足够的阻尼比。

用动模试验来验证稳定器的适应能力，尤其是接近稳定边缘状态时，是否还能保证稳定，稳定的极限功率能达到多少，以怎样形态失去稳定等问题，是一个很好的手段，因为在现场进行稳定功率极限的试验，几乎是不可能的，因为这样试验常常是以稳定破坏来结束的。利用物理模拟，可以弄清一些未被认识的现象或规律。在本书中反映的多项成果，例如测电功率稳定器的反调现象，自并励发电机的暂态过程，励磁控制对暂态过程作用的五个阶段的概念，都是在动模试验中发现的，可以说，在研究过程中，物理模拟起了关键作用。下面是 1977 年，在清华大学动模试验室试验所得的主要结果。

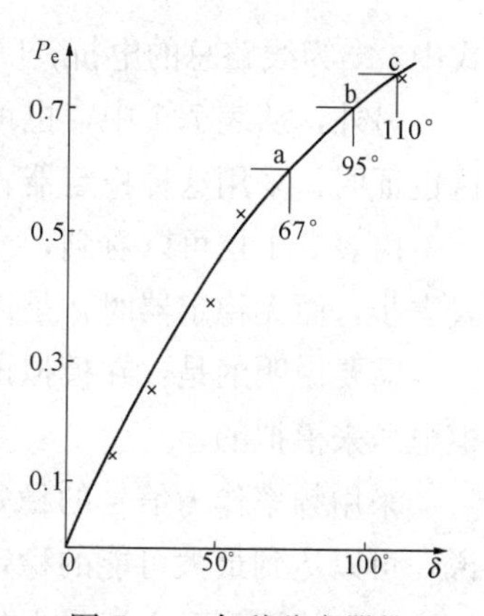

图 7.13　各种稳定器的功角特性

a—无稳定器；b—稳定器测 P_e；c—稳定器测 ΔP

试验中采用的主系统、励磁系统及稳定器与图 7.2～图 7.4 相同。

为了测出稳定功率极限，发电机原动机功率由小至大，逐渐增大，直至稳定破坏，逐点记录下相应的功率、功角及失步前最大的功率 P_{emax} 及功角 δ_{max}。试验测得的各种稳定器的功角特性如图 7.13 所示。各种稳定器静稳功率极限见表 7.1，该表是在极其缓慢地增大原动机功率情况下测得的。表中 δ_{max} 为发电机至无穷大母线夹角，δ_{lmax} 为机端至无穷大母线夹角。

表 7.1　　各种稳定器静稳功率极限

比较项目 \ 稳定器类型	无稳定器	测 ΔP_e 的稳定器	测 ΔP 的稳定器	测 Δf 的稳定器
P_{emax}	0.6	0.71	0.77	0.76
δ_{max}	67°	95°	110°	110°
δ_{lmax}	50°	78°	90°	90°
失步形态	振荡	滑行	滑行	滑行

试验时，电压调节器采用比例—积分（PI）式，放大倍数 $K_A=100$，积分时间常数 $\tau=3s$。由表7.1可见，当无稳定器时，当 $\delta=67°$，即出现低频振荡，且振荡逐渐增大而失步。

当采用电功率为信号的稳定器时，由于稳定器的“反调现象”，在 $\delta>90°$时，必须极其缓慢的增加原动机功率，尽量降低这种稳定器恶化稳定的作用。但是当 $\delta=95°$时，即使原动机功率微小地增加，发电机也因励磁及同步功率的降低而发生滑行失步。试验中，稳定器未采用限幅器，所以这种降低稳定极限的作用较为明显。但是，即使装设限幅器，当原动机增大时，由于“反调现象”，励磁将会降低，稳定器提供的同步功率为负值，因而或多或少总是恶化系统稳定性，降低稳定极限功率。

测量过剩功率 $\Delta P=P_m-P_e$的稳定器，具有最好效果，δ_{max}可达110°，发电机电压因采用了PI调节器，而能始终维持额定电压（1.0标幺值），最大功率极限为 $P_{emax}=0.77$，这相当于发电机内电抗为0的功率极限，也就是发电机端电压恒定时的线路输送功率极限，因为这种条件下的功率极限为

$$P_{emax}=\frac{U_tU_c}{x_l}=\frac{1}{0.16+1.05+0.095}=0.766$$

式中，x_l为线路总的电抗；U_c为无穷大母线电压，试验中 $U_c=1.0$ 标幺值。

另外，从表7.1中，也可以看出，发电机端至无穷大母线间电压的夹角 δ_l已达到90°，这也证明，采用这种稳定器，其极限功率已确定达到了最大可能的数值。

由表7.1也可以看到，当采用稳定器后，发电机在达到线路功率极限后，是以滑行形式失步，而无稳定器时，是以振荡形式失步的。

需要说明的是，在模拟试验中，发电机的机械输入功率，是由原动机—直流电动机电枢电压来模拟的。

采用频率作为信号的稳定器，其效果与过剩功率为信号的稳定器基本相同。也就是说，可以达到最大可能的稳定功率极限。

应该认识到，上述最大的稳定功率极限，只是为在事故状态下，作为系统的储备而短时运行，以便采取其他措施，而不是作为正常运行状态。

从上述动模试验中还可以看到，虽然随着系统运行状态的改变，电力系统模型的参数改变，或者说虽然电力系统是一个非线性系统，但是采用固定参数的电压调节器及稳定器，仍然可以达到最大可能稳定极限。这一点，是十分重要的，因为固定参数的调节器，毕竟比较简单，运行更为可靠，维护也较容易。

加拿大安大略省电力局，曾在大型水轮发电机欠励的情况下，当发电机输出额定功率时，用不断减小励磁的方法，试验稳定器提高功率极限的能力，其结果说明，稳定器可以使功率极限提高到相当于发电机同步电机 x_d为0.25（以发电机额定功率为功率基值）时的数值[2]。在系统结构比较弱的情况下，人们比较关心的是过励时发电机的稳定极限，由于受到条件的限制，尚未见到这方面的现场试验的结果。

第 4 节　对大干扰稳定性的作用

稳定器对于大干扰稳定性的影响，可分为对大干扰后第一摆及后续的摇摆两个时段的影响。

先来讨论对后续摆动的影响，这里面又可分为对瞬时故障（包括故障后发电机与系统联系不变的情况）及永久故障（包括线路无故障跳开的情况）。

瞬时故障，若系统在第一摆中未失去同步，在重合成功后，系统参数恢复到故障前的数值，则这时稳定器可以使振荡迅速地衰减，图 7.14 表示短路后有或无稳定器时的过渡过程的动模试验结果。

由图 7.14 可见，稳定器对后续摇摆的阻尼效果是非常明显的。

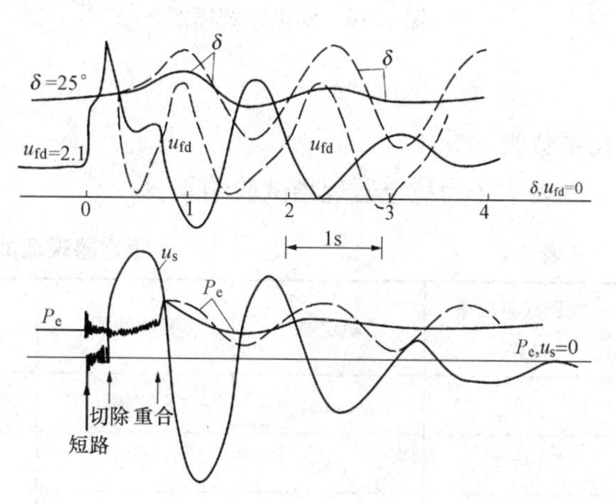

图 7.14　短路后有或无稳定器时的过渡过程的动模试验结果

$P_0=0.263$；$K_2=1.0$；$K_1=100$；$K_A=30$；首端三相瞬时故障；——有稳定器（测 P_e）；－－－无稳定器

对永久性故障，系统受到大干扰后，继电保护切除了一部分线路，使得系统事故后的小干扰稳定极限降低，若系统在第一摆中没有失去同步，而是在后续摆动中出现增幅振荡失步，这时稳定器的作用就在于克服振荡并提高系统事故后的小干扰稳定极限，使得事故后能平稳地建立新的稳定点。正如苏联系统专家马尔柯维奇指出的：事故后系统的静态（小干扰）稳定性是系统能够过渡到事故后稳定状态的必要条件[1]。

如稳定器仅按事故前的系统工况整定，则可能不满足事故后发电机与系统间联系阻抗改变了的情况，所以，这时稳定器参数应该在按事故前与事故后决定的参数之间折中。一般说，固定参数的稳定器是可以满足要求的，即保证系统在事故前及事故后，都具有相当的阻尼比，这样当一回线切除后，系统在第一摆未失去稳定，则后续的摇摆能逐渐的衰减，并达到事故后的新的稳定运行点。1983 年电力科学研究院及湖南省电管局在湖南省凤滩电站进行的试验，非常成功地证实了稳定器在大干扰后暂态过程中的重要作用[12]。

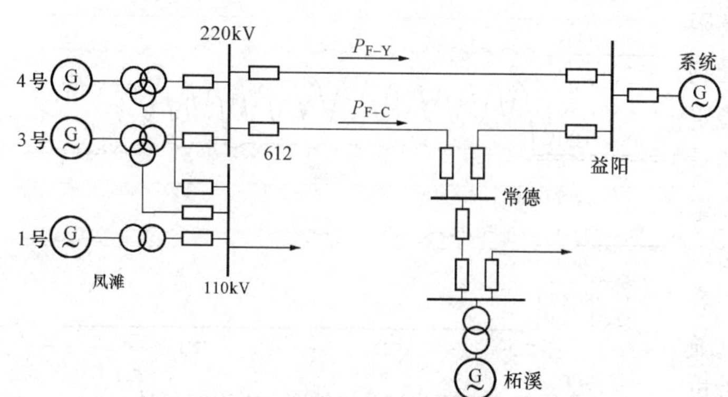

图 7.15　现场试验系统接线图

现场试验系统的接线如图 7.15 所示，试验时，凤滩电站开1、3、4号机，改变柘溪电厂的出力，以调整凤滩两回出线的总功率，并在不同的两回线总功率时，切断其中的凤常线（F—C），试验稳定器对这种大干扰的作用。

试验中采用的励磁系统传递函数框图如图7.16所示。

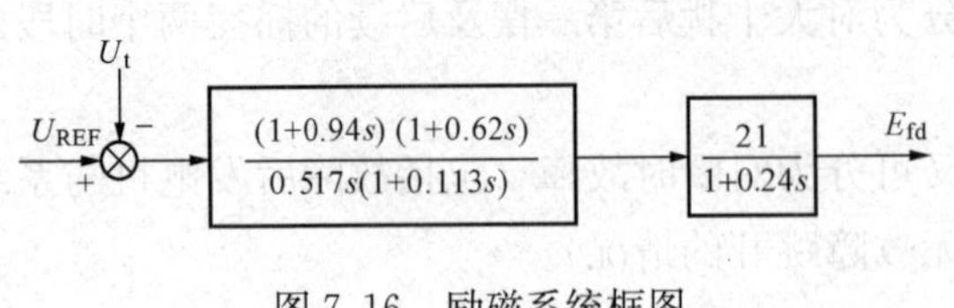

图7.16 励磁系统框图

稳定器采用电功率信号，并采用了两个隔离环节，输出的限幅为±5%，1、2号机的传递函数为

$$\frac{0.708\times(6.6s)^2}{(1+0.022s)(1+6.6s)^2}$$

3号机采用相同传递函数，只是放大系数为0.354。

表7.2为稳定器现场试验结果。

表7.2 稳定器现场试验结果

两回线总功率（MW）	稳定器	振荡性质	振荡频率	阻尼比	第一摆功率振幅（MW）
162	无	等幅	0.743	0	86.7
199.7	无	增幅	0.713	−0.0035	115.6
163.6	1台	减幅	0.754	0.020	75.3
182.3	3台	减幅	0.759	0.084	88.8
192.4	3台	减幅	0.748	0.064	93.8
244.6	3台	减幅	0.705	0.01	122.3

现场试验录波图见图7.17及图7.18。图中P_{F-Y}及Q_{F-Y}为凤滩至益阳线（F—Y）的有功功率及无功功率。

凤滩电厂的现场试验，说明了稳定器确实对于大干扰稳定性，具有明显的效益，试验成功地得出了切除一回线时，无稳定器的功率极限为162MW，而投入稳定器后，极限功率可达244MW，提高了功率极限50%左右。这里输送功率极限受到了事故后以振荡形式出现的不稳定性限制，所以稳定器发挥了它的重要作用，在这种情况下，采用稳定器，可以减少为保持稳定性在送端电厂切除的机组的台数。同时，我们也看到整定稳定器的参数使其兼顾事故前及事故后系统情况是有可能的。所谓兼顾，当然不可能在两

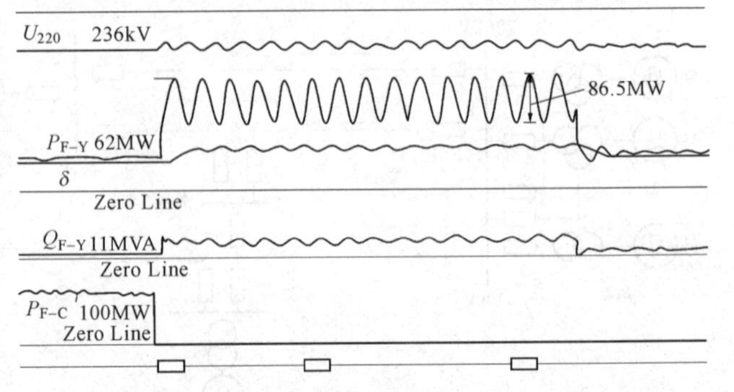

图7.17 现场试验录波图（无稳定器时，总功率162MW时，断开FC线）

种情况下都达到最佳状态（阻尼比 = 0.707），例如总功率为 182.3MW 时，试验所得到的事故后系统的阻尼比为 0.084，从运行的角度来看，已经满足要求。

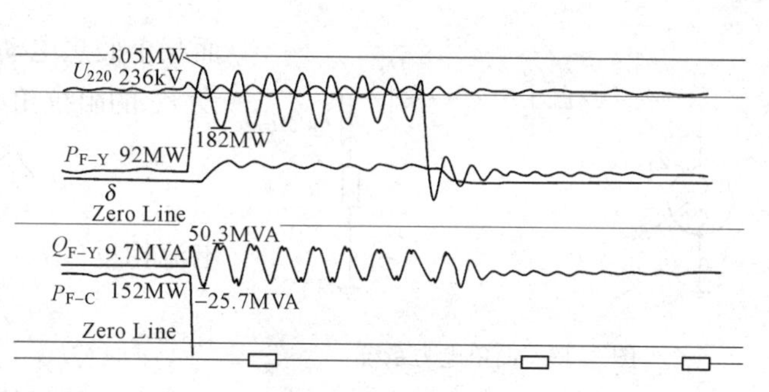

图 7.18　现场试验录波图（有稳定器，总功率 244.6MW 时，断开 FC 线）

下面再来讨论，对大干扰以后第一摆的摆幅的影响。由于稳定器提高了事故后的功角特性，增大了减速面积，这有利于克服第一摆失去稳定。从动模试验的结果图 7.14 来看，在故障期间，励磁电压 u_{fd} 因电压调节器的作用，快速达到顶值，当故障切除以后，励磁电压 u_{fd} 在 0.4～0.8s 之间，维持着比无稳定器时相应的电压更高的数值，因而第一摆的摆幅也减小了。由凤滩电厂现场试验的结果来看（见表 7.2），在功率为 162MW 左右，投入稳定器后，大干扰后第一摆的摆幅减小了 8MW 左右，表现了一定的作用。稳定器对于第一摆的影响，与下列三个因素有关：

（1）稳定器输出的限幅值的大小，由于稳定器主要用来改善小干扰稳定性，为了防止它在某些特殊情况下，造成发电机电压过大的变动，一般均在稳定器输出加一限幅，使其对定子电压幅值的改变在某个限度以内，一般为±5%，也有的为±10%。

（2）稳定器对于励磁系统的相位滞后是欠补偿还是过补偿，欠补偿会提供一个正的同步转矩分量，这有利于减小第一摆的摆角。

（3）如果某台机组既参与联络线模式又参与地区模式的振荡，则故障以后，稳定器受地区模式影响，在功角到达联络线模式对应的最大值之前可能出现减磁，这对由联络线模式决定的大干扰稳定性是不利的。

第 5 节　对电压稳定性的间接作用

前面我们已经讨论了电力系统稳定器对功角稳定性包括大干扰及小干扰稳定性的作用。这一节要介绍的是稳定器对电压稳定性的作用，这种作用可以说是通过高增益的电压调节器及电力系统稳定器的控制产生的，所以说是间接的作用。

电压稳定性是系统保持所有母线上稳态电压在一个可接受的水平上的能力。不论对于正常运行状态下或受到扰动以后，都需要有这种能力。当系统的运行条件变化或者是负荷的增长，造成母线电压的逐渐的持续的降低时，系统就进入了电压不稳定的状态，造成电压不稳定的因素主要是系统不能满足对于无功功率的需求，当有功功率、无功功率在输电线上流动，造成的电压降或者说无功损耗，常常是造成电压不稳定的原因之一。

文献［3］用图 7.19 所示的简单电力系统来阐述电压稳定性的基本概念，这里我们只要稍加引申，就可以说明发电机励磁控制及稳定器对电压稳定性的作用。

我们先假定，发电机没有采用高增益的电压调节器，因此只能维持发电机内部 Z_d 后

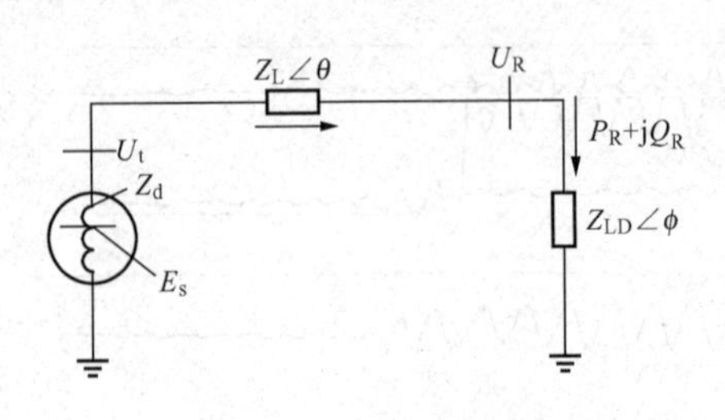

图 7.19 简单电力系统

面某个假想电动势 E_s 在负荷增加后保持不变，并设 Z_d 的阻抗角亦为 θ，则

$$Z_{LN}\angle\theta = Z_d\angle\theta + Z_L\angle\theta \tag{7.11}$$

电流相量
$$I = \frac{E_s}{Z_{LN}+Z_{LD}} \tag{7.12}$$

其中
$$Z_{LD} = Z_{LD}\angle\phi$$

因此电流的幅值

$$I = \frac{E_s}{\sqrt{(Z_{LN}\cos\theta + Z_{LD}\cos\phi)^2 + (Z_{LN}\sin\theta + Z_{LD}\sin\phi)^2}}$$

设
$$F = 1 + \left(\frac{Z_{LD}}{Z_{LN}}\right)^2 + 2\left(\frac{Z_{LD}}{Z_{LN}}\right)\cos(\theta-\phi) \tag{7.13}$$

则
$$I = \frac{1}{\sqrt{F}}\frac{E_s}{Z_{LN}} \tag{7.14}$$

受端电压幅值
$$U_R = Z_{LD}I = \frac{1}{\sqrt{F}}\frac{Z_{LD}}{Z_{LN}}E_s \tag{7.15}$$

负荷所吸收的功率
$$P_R = U_R I\cos\phi = \frac{Z_{LD}}{F}\left(\frac{E_s}{Z_{LN}}\right)^2\cos\phi \tag{7.16}$$

图 7.20 给出了 U_R、I、P_R 等随着负荷阻抗变化的曲线，为了使曲线具有通用性，横坐标用 Z_{LN}/Z_{LD} 表示，其他量也都将其折合到规范化的数值，电压用 E_s 作基值，功率 P_R 用 P_{Rmax} 为基值，电流用负荷点短路电流 I_{SC} 作基值，它们分别为

$$P_{Rmax} = U_R I \tag{7.17}$$
$$I_{SC} = E_s/Z_{LN} \tag{7.18}$$

由图 7.20 可见，负荷增大也就是负荷阻抗 Z_{LD} 减小时，负荷所获得的有功 P_R 起初增大，直到负荷阻抗减小到与线路阻抗 Z_{LN} 相等时，P_R 达到最大值，以后 Z_{LD} 再减小时，P_R 随之减小。$P_R=P_{Rmax}$ 是一个临界点，当 $P_R<P_{Rmax}$ 也就是 $Z_{LD}>Z_{LN}$，例如 a 点，系统是稳定的，而当 $P_R>P_{Rmax}$ 即 $Z_{LD}<Z_{LN}$，例如在 b 点，则系统可能出现电压不稳定，即电压不断地下滑，或称“电压崩溃”，其原因如下：如果负荷的阻抗是恒定阻抗，则不会出现电压不稳定，只不过随着负荷阻抗减小有功减小，负荷电压将按照 Z_{LD} 与 Z_{LN} 的比例，进行分配。但是若负荷具有恒定功率特性，则当 P_R 减小时，负荷自动减小阻抗，企图维持 P_R 不变，其结果是负荷功率进一步减小，电流进一步增大，而电压进一步降低，这样循环作用，就会出现电压崩溃。

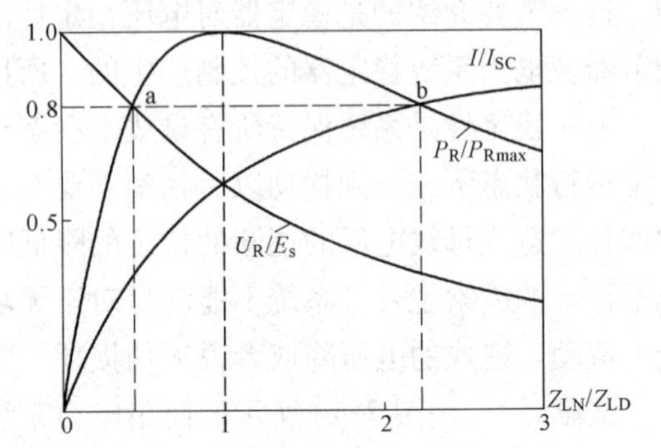

图 7.20 U_R、I、P_R 随负荷阻抗变化的曲线
($\cos\phi$=0.95—滞后，$\tan\theta$=10.0)

在这个过程中，线路电抗 Z_{LN}的大小起着关键的作用，当 Z_{LN}减小时，线路上的压降即无功损耗减小，就比较不易出现电压不稳定的现象，因为达到临界点时，$Z_{LN}=Z_{LD}$，而 Z_{LN}减小时，说明达到临界点的 Z_{LD}也减小，亦即可以允许更大的负荷而不出现电压崩溃的现象。已知 Z_{LN}是由线路电抗 Z_L及发电机等值内电抗 Z_d组成的，当无电压调节器时，从稳态来看，发电机呈现的阻抗 Z_d为 x_q（或 x_d），而当具备高增益的发电机电压调节器时，可以认为端电压恒定，相当于 $Z_d=0$。若是电压调节器是中等增益，假定它能够维持发电机 x'_d 后面的电动势 E'_i 恒定，则发电机呈现的等值内阻抗为 x'_d。现在来看一个实例：一台 240MVA 的汽轮发电机，$x_d=2.275$，$x'_d=0.265$，$x_q=2.275$，通过长 230km 的 220kV 双回路向一个工业负荷供电，发端的升压变压器及受端降压变压器均为 280MVA，短路阻抗均为 0.14。

220kV 线路每千米电抗为 0.42Ω，故线路电抗为

$$x_L=0.42\times230\times0.5=48.3\Omega$$

其标幺值
$$x_l=48.3\Big/\frac{(220\times10^3)^2}{240\times10^6}=0.239$$

变压器电抗折合到发电机容量基值

$$x_{T1}+x_{T2}=2\times0.14\times\frac{220^2}{280}\Big/\frac{220^2}{240}=0.239$$

如果发电机采用的中等增益的调节器，其等效阻抗按 $x'_d=0.265$ 来计，则它占了线路及变压器总电抗的 55.5%，相当于长 255km 220kV 双回路的线路。

由上例可以看到发电机的电压调节器采用高增益的重要性，它相当于将系统的电气距离缩短，使电网的结构更紧密，因而可以有效改善系统的电压稳定性。

但是上面的分析，是在稳态的条件下进行的，完全忽略了系统中元件的动态特性：发电机用一暂态电抗后恒定电动势来代替，也完全略去负荷中电动机及有载调压变压器的过渡过程，因而所得结论有局限性。事实上，我们已知电压调节器增益加大，会引起系统的低频振荡，解决的办法就是装置电力系统稳定器，因此可以说，只有装置了稳定器，发电机才能采用高增益的电压调节器，才能使得励磁控制改进电压稳定性成为可能，这就是稳定器对改善电压稳定性的间接作用。

文献［25］在研究电压不稳定性的机理的基础上，提出了负荷的变阻抗动态模型，并建立了包括负荷动态特性的全系统小干扰稳定性分析的数学模型，然后采用模式选择分析原理对与电压稳定性直接相关的模式进行集结计算分析，这种方法既可以研究负荷电压的动态的稳定性，也可研究系统功角的小干扰稳定性。图 7.21 及图 7.22 给出了励磁

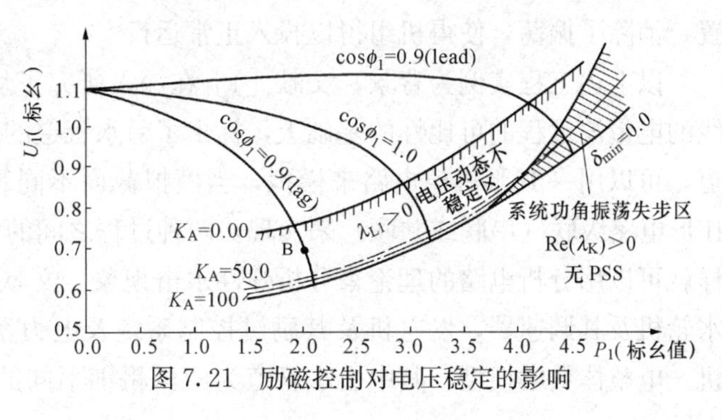

图 7.21　励磁控制对电压稳定的影响

控制及稳定器对电压稳定的影响。该系统中共有五个节点，其中两个节点为发电机，分别为1号机及2号机，其他三个节点为负荷。

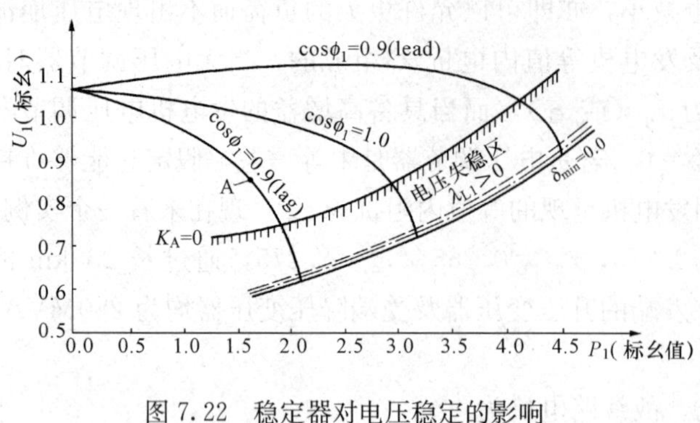

图7.22 稳定器对电压稳定的影响

由图7.21可见，电压调节器放大倍数K_A增大能明显地提高电压稳定区，例如负荷功率因数$\cos\phi_1=1.0$时，放大倍数增至100时，与K_A为零相比，负荷稳定决定的功率极限提高7%，临界电压降低15.2%。但是，当负荷节点有无功功率注入时，也就是$\cos\phi_1=0.9$（超前）时，在提高了负荷稳定性及负荷的极限功率的同时，出现了系统功角振荡性的不稳定，在图7.21中，功角振荡性的不稳区是用具有斜线的区域标示的，它随着放大倍数K_A的增大而增大。在图7.22中，在1号发电机上加装了电力系统稳定器，通过设计，选择了如下的稳定器的传递函数

$$\frac{52.59s}{1+3s}\cdot\frac{1+0.213s}{1+0.160s}$$

设计的原则是使运行在A点（图7.22中）时，机电模式阻尼比为0.25。

由图7.22可见，在稳定器作用下，振荡性的不稳定区完全消失了。图7.21中λ_{L1}是指与电压稳定直接相关的模式（特征根），λ_K是与角度振荡相关的模式。

第6节 电力系统稳定器对因水锤效应引起的振荡的作用

广西恭县峻山水电站是为解决当地缺电而建立的小型水电站，计划装置1台1600kW及2台320kW的混流式水轮发电机。该电站是引水电站，其压力引水管接压力钢管及岔管总长共405m，没有设置调压井，在1号机（1600kW）投入试运行，带机端水阻负荷，功率输出达到400kW时，发生了约为0.1Hz的发散性的振荡，致使机组无法投入运行。

电站及当地水电局技术人员经过多次试验及摸索，认为振荡是由于水管过长水流惯性时间常数过大，造成的水系统与机组的振荡。虽然在调速器上采取了改进措施，但没有明显效果。广西水电局王敬叙工程师试验在励磁调节器中加进了以转速为信号的稳定器装置，消除了振荡，使得机组得以投入正常运行[4]。

以上述工程实例为背景，文献［4］在深入研究了均匀管道中的水击过程与均匀输电线的电量波过程的可比性的基础上，提出了引水管道的电等效模型，即一段均匀的引水管道，可以用一Π形等值电路来模拟，当模拟截面不同管道连接时，或分岔管道时，可用Π形电路级联（串联或并联）来实现，两种过程之间的物理量及参数都有对应的关系。这样就可以用分析电路的理论来分析弹性水击现象，文献［4］作者把水系统的数学模型与水轮机及其调速器，发电机及其励磁控制系统及电力系统的模型综合在一起组成了水—机—电整体数学模型，其中引水管道为两段粗细不同的管道，分别用两个Π形电路来等

效，两段Ⅱ形电路的参数分别为：C_1、R_1、L_1 及 C_2、R_2、L_2，它们都可以用水流惯性时间常数，水击波速，水头损失比，水管长度等参数直接计算出来。图7.23为单机无穷大系统的水机电整体数学模型。

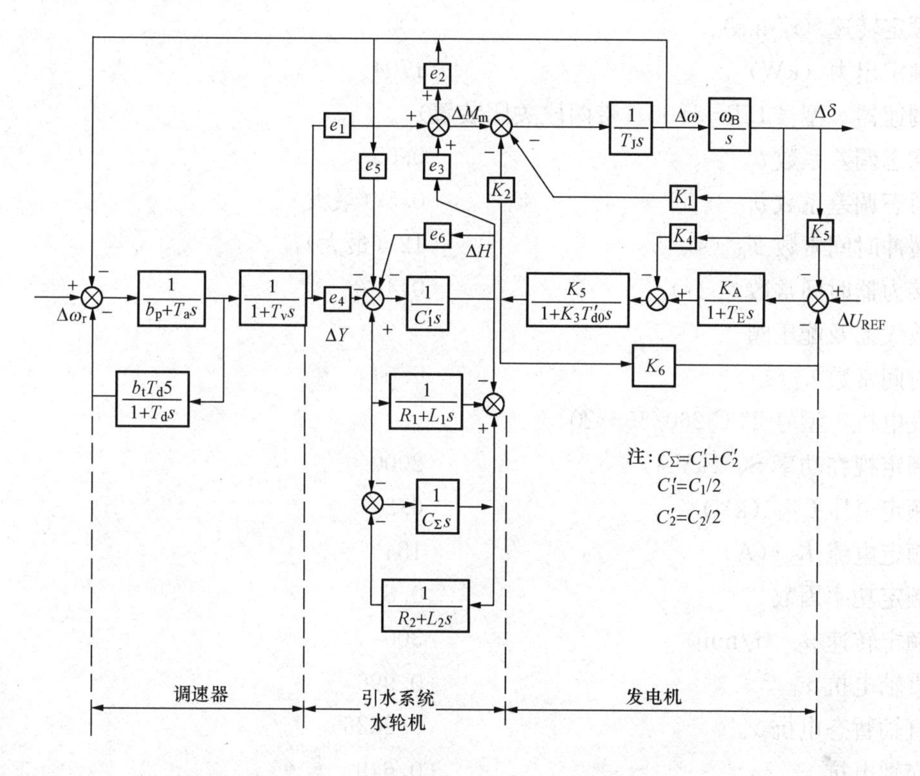

图7.23　单机无穷大水机电整体数学模型

利用上述模型及前面介绍过的状态空间—特征根法，对水轮发电机组小干扰下的稳定性，即水轮发电机水—机—电系统的振荡进行了深入的研究。研究的结果显示与系统并联的水轮发电机组，除了我们已熟知的机电振荡模式（即转子摇摆模式）及电气振荡模式（即励磁机模式）之外，又增加了两个重要模式，一个是与水击过程及引水管参数相关的振荡模式，其频率与机电模式相近，作者定义它为水击模式，另一个是与水系统参数、水轮机及调速器参数相关的模式，其频率大约为十分之几赫兹，作者定义它为机水模式。

针对广西峻山电站的具体参数，进行了模拟计算，有关参数如下：

引水系统

压力引水管道长度 l_2（m）	355
压力引水管道直径 d_2（m）	3
压力钢管及1号机岔管长度 l_1（m）	50
压力钢管及1号机岔管直径 d_1（m）	2
平均水击传递速度 v（m/s）	1030
引水系统全程水头损失比 k	0.02

水轮机 型号 HL260－LJ－120	
设计水头（m）	24
额定流量（m^3/s）	8.63
额定转速（r/min）	300
额定出力（kW）	1704
调速器 型号 DT－1800（带两段关闭装置）	
稳态调差系数 b_p	0.05
暂态调差系数 b_t	0.5（最大）
缓冲时间常数 T_d（s）	12（最大）
接力器时间常数 t_y（s）	0.4
放大器及配压阀	
时间常数 t_a（s）	0.04
发电机 型号 TSC 260/55－20	
额定视在功率 S_N（kVA）	2000
额定电压 U_{FN}（kV）	6.3
额定电流 I_{FN}（A）	184
额定功率因数	0.8
额定转速 n_N（r/min）	300
直轴电抗 x_d	0.996
直轴暂态电抗 x'_d	0.2826
交轴电抗 x_q	0.649
励磁绕组时间常数 T'_{d0}（s）	1.77
转子机械惯性时间常数 T_J（s）	3.594
励磁控制系统 型号 KLZ－3、直流侧并联的自复励系统	
电压放大倍数 K_A	35
励磁机等效时间常数 T_E（s）	0.05
电流复励系数 K_I	1.4

系统的特征根计算结果表明，有一个模式频率在 0.12Hz，是主导特征根，属于机水模式，随功率输出的变化最敏感，在 $P>400$kW 后，这个模式的实部变为正数，表明系统发生了振荡，这现象与实测结果非常接近，机水模式随输出功率变化的根轨迹如图 7.24 所示。

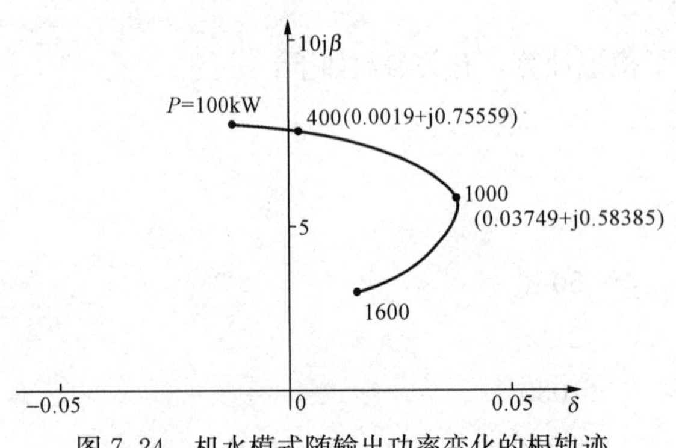

图 7.24 机水模式随输出功率变化的根轨迹

图 7.25 给出了受扰动后的时域响应。由图 7.25 可见，电磁转矩 ΔM_e 与角速度 $\Delta\omega$ 是反向的，故是典型的负阻尼转矩，造成增幅振荡。

为了进一步确定出现振荡的原因及探索抑制振荡的措施，计算了机水模式对于调速器参数 b_t、T_d，机械惯性时间常数 T_J，引水管总长度 l 及励磁系统参数 K_A 及 K_I 的根轨迹，机水模式的根轨迹如图 7.26 所示。

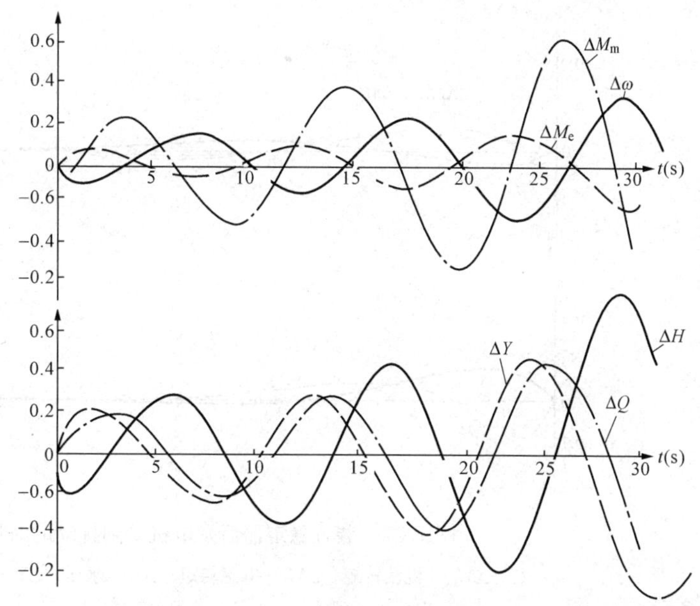

图 7.25　受扰动后的时域响应

ΔM_m—机械转矩；ΔM_e—电磁转矩；ΔQ—水流量；ΔH—水压；ΔY—接力器行程；$\Delta\omega$—转速

根轨迹的计算结果表明，机水模式除了对 T_d 及 K_I 外，对其他四个参数 b_t、T_J、l、K_A 都很敏感，这说明机组振荡的原因在于引水系统、水轮机组、调整器及励磁调节器参数配合不当。仅从抑制振荡角度来看，可有多种方案。但增大 T_J 及减小 l 是不实际的。减小 K_A 或增大 b_t 虽可以改善稳定性，但前者使电压维持精度下降，后者会导致并网后机电模式阻尼恶化，因此均不可取。

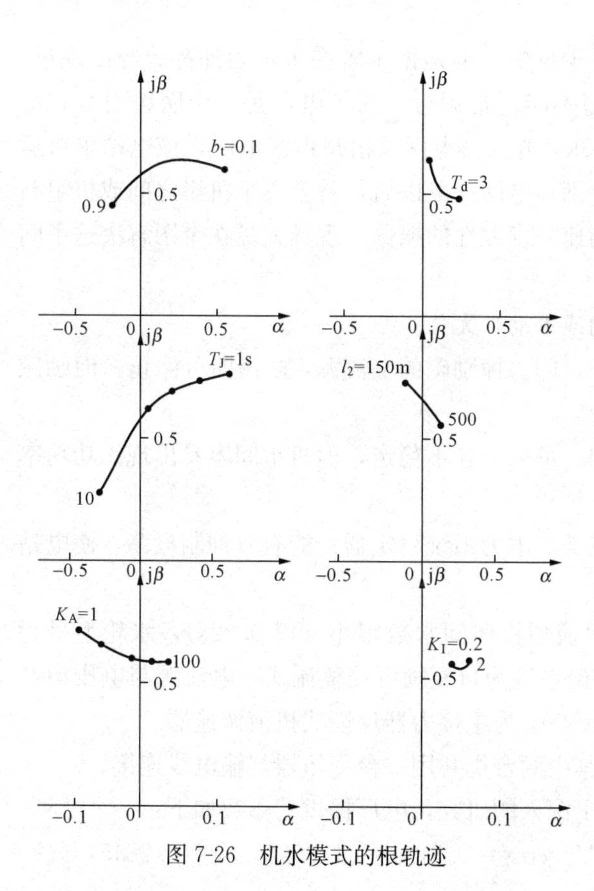

图 7-26　机水模式的根轨迹

最有效而又简单易行的措施，就像现场试验证明的那样，是装设电力系统稳定器，分析计算也证实加入以转速为输入信号的稳定器，前述的 0.1Hz 的振荡就可以被抑制。

当输出功率为 1000kW 时，主特征根即机水模式分别为：

无稳定器　　0.03749±j0.5838

有稳定器　　−0.2365±j0.3241

图 7.27 给出了装置稳定器后发电机受到扰动的时域响应。

在上述计算中，稳定器仅由一个隔离环节构成，这是因为所抑制的振荡频率甚低（0.1Hz 左右），且励磁系统滞后相位很小，参数经计算后，选择时间常数 $T_W=0.5$s，放大倍数 $K_P=5$。

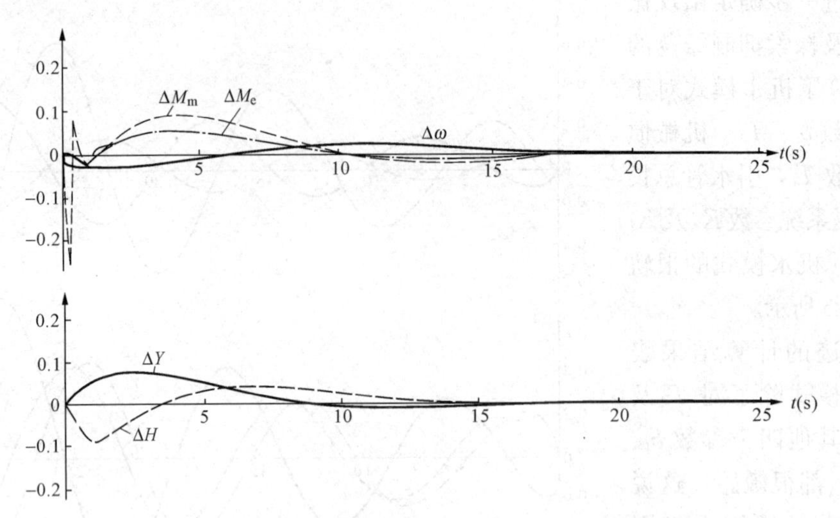

图 7.27 装置稳定器后发电机受到扰动的时域响应

ΔM_m—机械转矩；ΔM_e—电磁转矩；ΔH—水压；ΔY—接力器行程；

$\Delta\omega$—转速

第7节 同一电厂内机组之间的振荡

同一电厂内两台机组之间的振荡是很少见的，但是据了解在国内国外都曾经出现过。广西西坪电厂就曾经因这种振荡而使机组不能正常运行，西坪电厂是一个明渠引水式电厂，安装了三台1600kW的发电机，以35kV并入县电网及梧州地区电网，该电站单机运行时正常，任意两台发电机一经并联或分别与电网并上以后，就会发生机组之间或机组与系统间的有功功率、无功功率、电流、转速的发散性的振荡。现场人员在企图解决这个问题过程中发现：

(1) 不稳定振荡与调速器工况（自动或手动）无关。

(2) 只要切除一台发电机的复励励磁，即去掉励磁的电流源，振荡即可停止，但励磁容量不足，不能满载运行。

(3) 将电流调差回路由两相改至单相，可以消除不稳定，但机组间容易出现无功功率波动。

(4) 用电流为信号的附加励磁控制（类似电力系统稳定器）能有效抑制振荡，使电站能够正常运行。

西坪电厂各机组的引水系统独立，水流惯性时间常数很小（仅0.22s），水轮型号为HL—260—LJ—120与峻山电厂相同，励磁系统为自复励可控整流式，电流源与电压源经整流后在直流侧并联，调速器型号XT—1000，为主接力器反馈式机液调速器。

西坪电厂的接线图如图7.28所示，其中两台机共用一台变压器与输电线连接。

文献［7］针对西坪电厂的振荡进行了深入的研究，电厂提供的参数如下：

发电机：S_N=2000kVA，U_N=6.3kV，$\cos\phi$=0.8，x_d=1.0025，x_d'=0.2845，x_q=

0.6535，$r_a=0.021956$，$T'_{d0}=1.38s$，$T_J=3.594s$，$D=2.0$，$x_e=0.02651$。

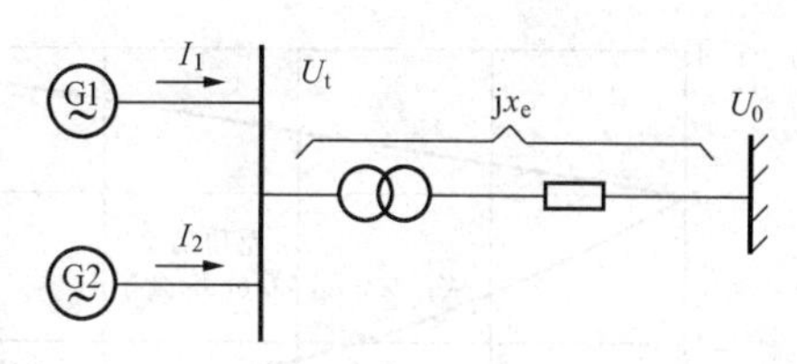

图7.28　西坪电厂接线图

励磁系统：电压放大倍数 $K_A=35$，励磁机时间常数 $T_E=0.05s$，电流源比例系数 $K_I=1.4$，电压源比例系数 $K_V=1.4$，电流调差系数 $K_{Q2}=-0.03$，励磁附加控制放大倍数 $K_C=10$，隔离环节时间常数 $T_C=2s$。

为了进行分析，需要建立多台发电机并联于同一母线的数学模型，在文献［7］中，作者在文献［8］的多机海佛容—飞利蒲斯模型基础上，进行了拓展，使它能够包括阻尼绕组并且可处理发电机之间不经阻抗相联的情况。

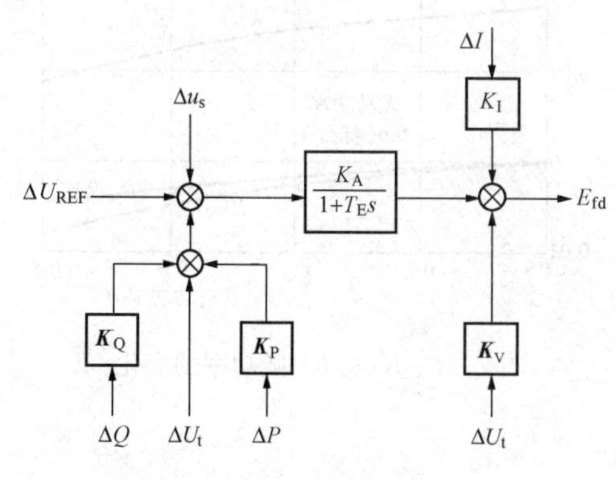

图7.29　自复励励磁系统数模

图7.29是自复励励磁系统数模，其中，对于两相无功调差电路，$K_Q=K_{Q2}$，$K_P=0$，对于单相调差电路，$K_Q=K_{Q1}$，$K_P=K_{P1}$，且 $K_{Q2}=\sqrt{3}R$，$K_{Q1}=\sqrt{3}R/2$，$K_{P1}=R/6$，R 为调差电路中的电阻，K_I 及 K_V 分别为电流源励磁及电压源励磁的比例系数。

如不计阻尼绕组，多机系统数模框图类似单机系统数模框图，只是系数 $K_1\sim K_6$ 要改成矩阵 $\boldsymbol{K}_1\sim\boldsymbol{K}_6$，文献［7］进一步提出了可以将不同调差电路及电流源励磁的作用包括进去的方法，即将 $\boldsymbol{K}_3\sim\boldsymbol{K}_6$ 代以 $\boldsymbol{K}'_3\sim\boldsymbol{K}'_6$ 即可，$\boldsymbol{K}'_3\sim\boldsymbol{K}'_6$ 分别为

$$\boldsymbol{K}'_3=\boldsymbol{K}_3-\boldsymbol{K}_8\boldsymbol{K}_I-\boldsymbol{K}_5\boldsymbol{K}_V \tag{7.19}$$

$$\boldsymbol{K}'_4=\boldsymbol{K}_4-\boldsymbol{K}_7\boldsymbol{K}_I-\boldsymbol{K}_6\boldsymbol{K}_V \tag{7.20}$$

$$\boldsymbol{K}'_5=\boldsymbol{K}_5-\boldsymbol{K}_I\boldsymbol{K}_P-\boldsymbol{K}_9\boldsymbol{K}_Q \tag{7.21}$$

$$\boldsymbol{K}'_6=\boldsymbol{K}_6-\boldsymbol{K}_2\boldsymbol{K}_P-\boldsymbol{K}_{10}\boldsymbol{K}_Q$$

其中，$\boldsymbol{K}_I$、$\boldsymbol{K}_V$、$\boldsymbol{K}_R$、$\boldsymbol{K}_P$ 为对角矩阵，$\boldsymbol{K}_7\sim\boldsymbol{K}_{10}$ 为下列方程中的系数矩阵。

$$\Delta\boldsymbol{I}=\boldsymbol{K}_7\Delta\boldsymbol{\delta}+\boldsymbol{K}_8\Delta\boldsymbol{E}'_q \tag{7.22}$$

$$\Delta\boldsymbol{Q}=\boldsymbol{K}_9\Delta\boldsymbol{\delta}+\boldsymbol{K}_{10}\Delta\boldsymbol{E}'_q \tag{7.23}$$

下面我们在单机—无穷大系统的情况下，研究不同调差电路及电流源励磁的作用，假定采用了快速励磁系统，由关于同步及阻尼转矩的分析，我们已知

$$\Delta M_D=\frac{T_{EQ}\dfrac{K_2}{K_6}(K_4/K_A+K_5)}{1+\omega_d^2T_{EQ}^2}$$

因为 T_{EQ}、K_2、K_6 皆为正值，所以要使系统不出现振荡失步，即阻尼转矩为正值的条件变成

$$K_4+K_AK_5>0 \tag{7.24}$$

如果计入了电流源励磁及调差的影响，则上述稳定判据变成

$$K'_4+K_AK'_5>0 \tag{7.25}$$

将 K'_4 及 K'_5 与 K_4 及 K_5 进行比较，就可以清楚看出电流源励磁及调差对于稳定性的

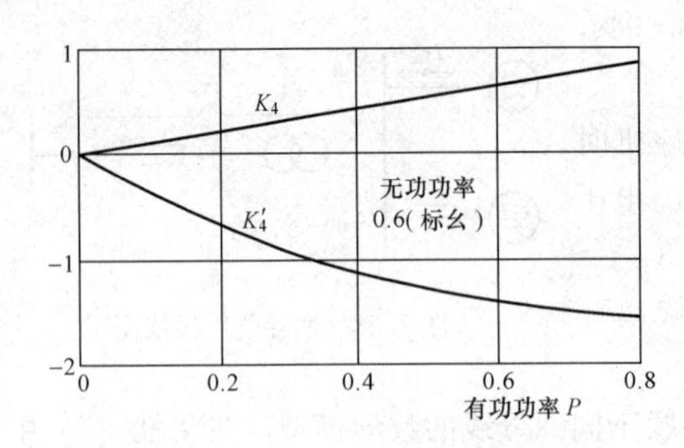

图 7.30 K_4 及 K'_4 随有功功率的变化

影响。

图 7.30 为 K_4 及 K'_4 随有功功率的变化。当计入了电流源的影响，K_4 就变成 K'_4。由图 7.30 可见，$K'_4<0$，由上述稳定判据 $K'_4+K_AK_5>0$ 可见，电流源会产生负阻尼，促使系统出现振荡性不稳定。

图 7.31 表示了 K_5 及 K'_5 随功率的变化，图中 K_5 为不设调差的情况，而 K'_{5-1}，K'_{5-2}，分别为单相调差及两相调差的情况，由图可见，

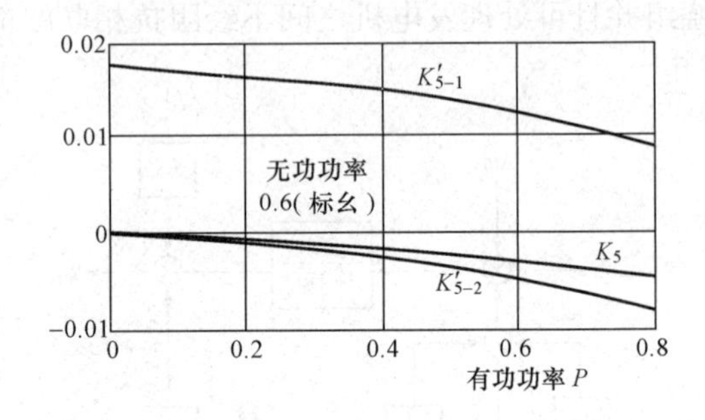

图 7.31 K_5 及 K'_5 随功率的变化

$K_5<0$，但 $K'_{52}<K_5$，因此两相调差会恶化系统的阻尼，而 $K'_{51}>0$，且 $K'_{51}\gg|K_5|$，因此单相调差可以改善系统的阻尼。（此处所述的调差与阻尼的关系是一个特例，当系统及电机参数改变后，其结果或会不同。）

针对西坪电厂两台机并联于同一母线并经同一台变压器与系统相连接的情况，进行状态空间—特征根的分析。

计入调差及电流源励磁后的状态方程式为

$$\dot{\boldsymbol{x}}=\boldsymbol{A}\boldsymbol{x}$$

其中

$$\boldsymbol{x}=[\Delta\boldsymbol{\delta}^{\mathrm{T}}\quad \Delta\boldsymbol{\omega}^{\mathrm{T}}\quad \Delta\boldsymbol{E}'^{\mathrm{T}}_{q}\quad \Delta\boldsymbol{E}^{\mathrm{T}}_{fd}]$$

$\Delta\boldsymbol{\delta}^{\mathrm{T}}=[\Delta\delta_1\quad \Delta\delta_2]^{\mathrm{T}}$，其他 $\Delta\omega^{\mathrm{T}}$ 等以此类推，矩阵 $\boldsymbol{A}$ 可表示为

$$\boldsymbol{A}=\begin{bmatrix} 0 & \omega_0 & 0 & 0 \\ -T_J^{-1}K_1 & -T_J^{-1}D & -T_J^{-1}K_2 & 0 \\ -T'^{-1}_{d0} & 0 & -T'^{-1}_{d0}(1+K'_3) & T'^{-1}_{d0} \\ -T_E^{-1}K_AK'_5 & 0 & -T_E^{-1}K_AK'_6 & -T_E^{-1} \end{bmatrix}$$

对以下五种工况进行的特征根计算结果如下：

(1) 发电机带有电流源励磁并处于单机额定负荷：系统稳定，但阻尼很小。

(2) 两台发电机均带有电流源励磁并联并处于额定负荷：系统不稳定。

(3) 两台发电机均带有电流源励磁并联，但一台满负荷，一台处于半载：系统稳定。

(4) 两台发电机均处于满载，一台带有电流源励磁，一台要用独立电源励磁：系统稳定。

(5) 两台发电机均处于满载，两台机均采用独立电源励磁：系统稳定且阻尼增大。

主特征根计算结果见表 7.3。

表 7.3 主特征根计算结果

工况	主特征根	阻尼比	频率 (Hz)	工况	主特征根	阻尼比	频率 (Hz)
1	−0.0124±j14.0091	0.0009	2.2296	4	−0.2429±j14.3172	0.0170	2.2786
2	0.0091±j13.6310	−0.0007	2.1694		−0.2682±j13.6086	0.0197	2.1659
	−0.0320±j14.4257	0.0022	2.1694	5	−0.5367±j14.3487	0.0274	2.2837
3	−0.0221±j14.1058	0.0016	2.2450		−0.4635±j13.4478	0.0344	2.1403
	−0.1429±j12.6300	0.0113	2.0101				

图 7.32 给出了 K_I 及 K_A 的稳定域，实际的参数正好落到不稳定区内（如×号所示）。

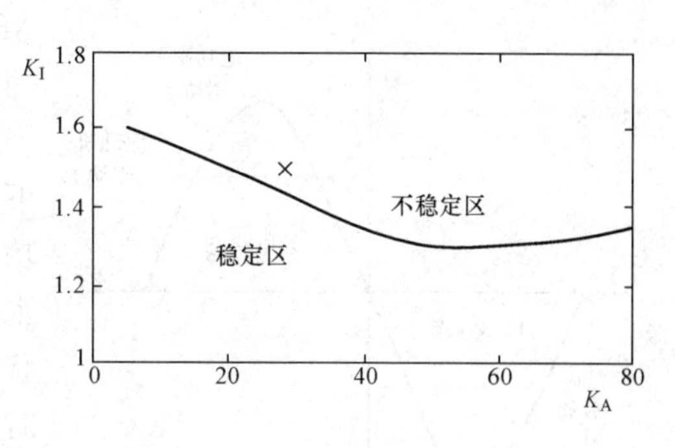

图 7.32 K_I 及 K_A 的稳定域

为了消除振荡，首先试验了单相调差的效果，表 7.4 的计算结果显示单相调差正如前面分析指出的确有改善阻尼，消除振荡的效果，但是它可能造成两台机并联时无功功率的不均匀分配及发电机电压随着有功出力而变化等缺点，所以不推荐采用它作为平息振荡的措施。

采用励磁附加控制（见图 7.33）的效果更为明显，这种励磁附加控制类似于电力系统稳定器，不过输入的信号是定子电流，它由两相调差电路引出

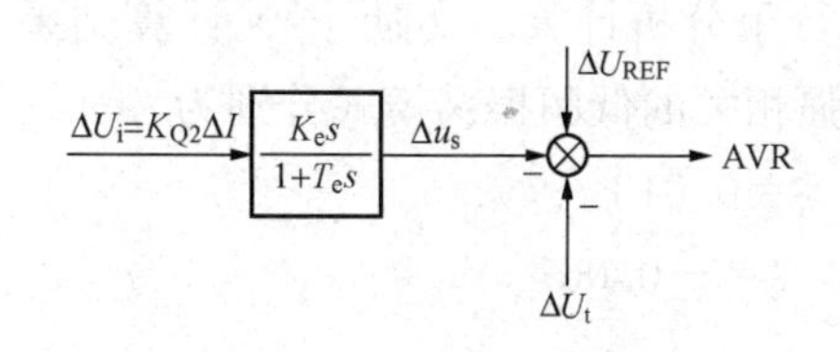

图 7.33 励磁附加控制

$$U_i = |R\dot{I}_\Delta/\sqrt{3}| = K_{Q2} I$$

由于励磁系统的滞后很小，所以不用领前环节，电流信号经过隔离环节后，直接送入电压调节器。

表 7.4 给出了采用单相调差及励磁附加控制后，主特征根的计算结果，图 7.34 表示了投入励磁附加控制后的时域响应。

表 7.4 主特征根计算结果

工况	主特征根	阻尼比	频率（Hz）
1	−0.1501±j14.4746	0.0104	2.3037
	−0.1135±j13.6431	0.0083	2.1714
2	−2.2677±j14.6150	0.1533	2.3260
	−1.8860±j13.1293	0.1422	2.0896

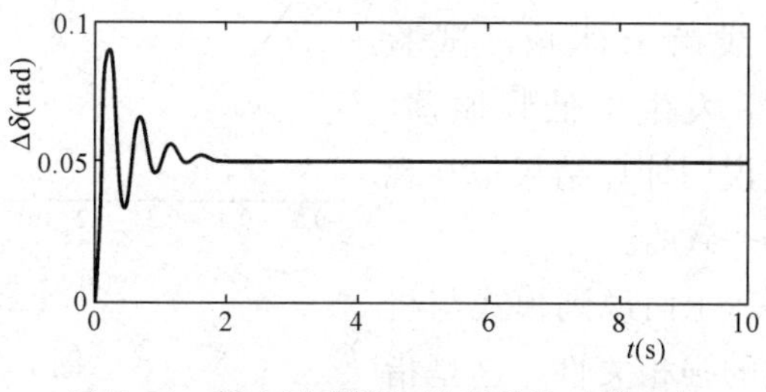

图 7.34 投入励磁附加控制后的时域响应

第 8 节 电力系统稳定器在抽水蓄能机组上的应用

抽水蓄能机组在发电状态下，与一般发电机完全相同，但它工作于抽水状态时，发电机就变成一个同步电动机，而水轮机就变成一个水泵，图 7.35 为发电及抽水状态下的功角特性。

在抽水方式下，蓄能机组由系统输入有功功率而水轮机（即水泵）作为负荷，两者平衡在一个负值功角上，与发电方式相比，该机组与其他机组之间功角差增大了。一般说发电机的电压也降低了，因此在抽水状态下，机组的阻尼减弱了，有时甚至出现负阻尼，这时首先应尽量利用同步电动机的无功储备，多发无功功率以提高电动机的端电压，当然最有效的方法是装置电力系统稳定器，但要注意，如果采用简化的过剩功率即电功率为信号的稳定器，在发电状态下过剩功率为 $\Delta P = \Delta P_m - \Delta P_e$，其中 ΔP_m 为原动机功率的偏差，

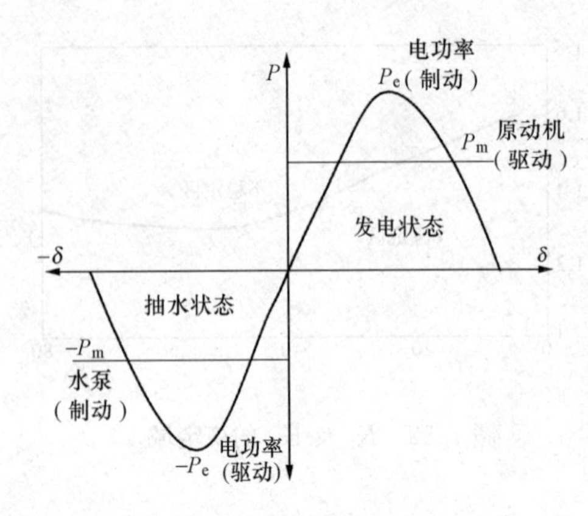

图 7.35 发电及抽水状态下功角特性

ΔP_e为电功率的偏差，如设$\Delta P_m=0$，即原动机功率不变，则$\Delta P=-\Delta P_e$，所以发电时，要用$-\Delta P_e$作为稳定器输入信号。但是，在抽水状态下，由于电功率是驱动性的，而水泵是负荷性功率，即过剩功率为$\Delta P=\Delta P_e-\Delta P_m$，所以抽水状态时，稳定器输入信号应为$\Delta P_e$，与发电状态极性相反，因此，在发电与抽水方式转换时，应同时切换稳定器输入信号的极性。

在我国的华北电力系统中的潘家口电站，安装了三台 98MVA 的抽水蓄能发电机，一台 150MVA 的发电机。华北电力设计院曾对该电站接入当时的系统后的小干扰稳定性及稳定器作用进行了分析计算。文献［9］计算结果说明，当该电站两回输电线中一回停运时，与该电站强相关的低频振荡模式分别为

全部四台机组处发电状态　$\lambda_1=-0.076\pm j5.98$　$\xi=0.013$

一台发电三台抽水　$\lambda_1=+0.0367\pm j5.44$　$\xi=-0.067$

说明抽水状态下，出现了低频振荡。1991 年 5 月，潘家口电站进行抽水试验，当时第二回线尚未建成，试验时，发生了低频振荡，这说明计算结果是与现场一致的。

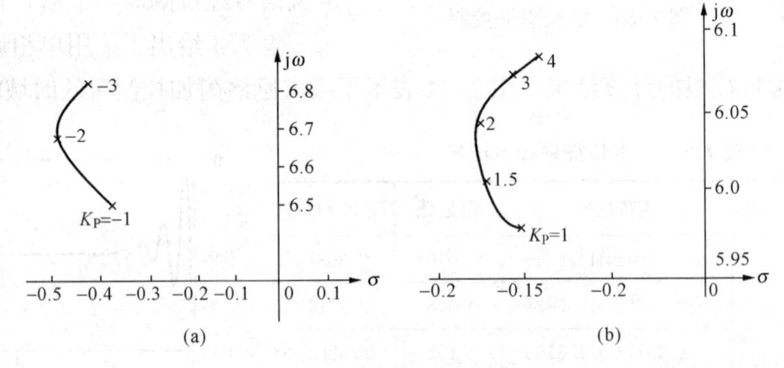

图 7.36 稳定器增益改变时的根轨迹

(a) 发电；(b) 抽水

上面说到模式与机组的强相关性，这是指的某个模式的阻尼对某个机组稳定器增益的灵敏度较高，潘家口电厂与系统中模式λ_1强相关，而该模式频率是所有模式中最低者，大致为 0.9Hz，是属于区域间振荡模式，这与潘家口电站位于系统末端有关。

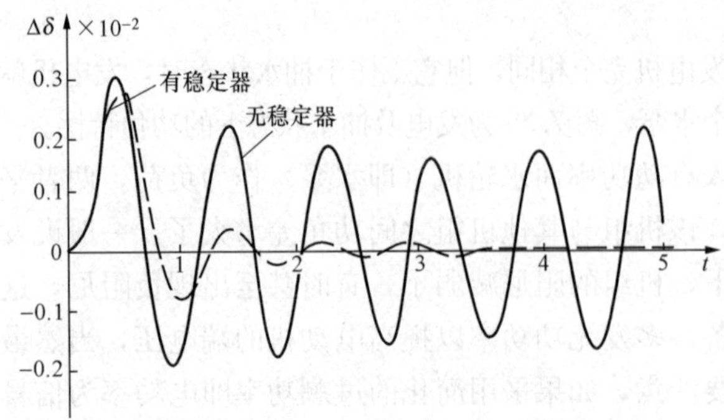

图 7.37 抽水状态下的时域响应

为了提高系统稳定性，消除低频振荡出现的可能性，采用了以电功率为输入信号的稳定器，文献［9］计算了稳定器增益改变时的根轨迹，如图 7.36 所示。图上确定了稳定器的增益为 2.0，它可以使发电及抽水状态上的阻尼都大大的改善。

图 7.37 是抽水状态下的时域响

应，可见稳定器大大地改善了系统的阻尼。

台湾电力公司在 1985 年 5 月投入了约 250MW（抽水状态下的容量）的抽水蓄能机组。台湾大学电机工程系对该电站投入后台湾电力系统的小干扰稳定性，包括稳定器的应用进行了分析研究[10]。台湾电力系统分成北部、中部及南部三个区，各部分的发电及负荷功率见表 7.5。

表 7.5　台湾北部、中部、南部三个区的发电及负荷功率[10]

地　区	发电有功（MW）	发电有功（%）	负荷有功（MW）	负荷有功（%）	有功平衡（MW）
北部	3669.6	52.4	3231.7	46.8	437.9
中部	597.7	8.5	1425.9	20.6	−828.2
南部	2736.4	39.1	2256.4	32.6	480
总计	7003.7	100	6914	100	89.7

注　表中总计行及有功平衡是本书作者加注的。

根据表中数据可看出，中部缺电约 830MW，而南部及北部向中部送电，系统的结构是两端发电，中部受电的格局，抽水蓄能电站位于中部，抽水时的负荷达 250MW，占中部负荷的比例相当的高。

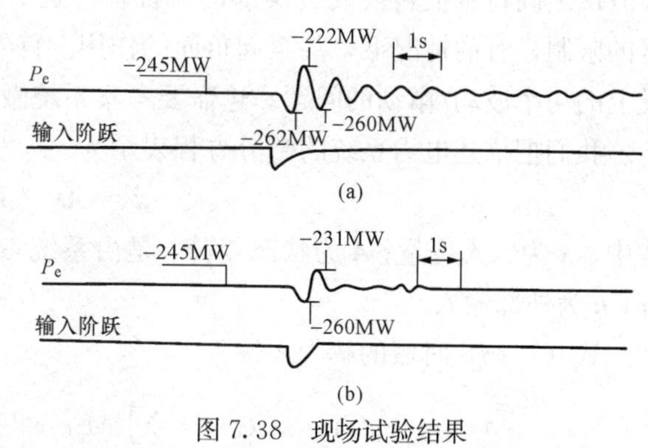

图 7.38　现场试验结果

(a) 无稳定器；(b) 有稳定器

特征根及特征相量的计算说明，在抽水状态下，该机只对一个地区模式起作用，原因就是该机组对应于该地区模式的特征向量为最大（规范化特征向量为 1.0），其他模式对应于该机组的特征向量非常小，可以略去，包括联络线模式。这个现象的出现，是由系统结构造成的，因为蓄能机组位于南北的中点，正是该振荡的波节，因而不能测量到联络线模式，也就无法对该模式提供阻尼。

对地区模式，在抽水状态下，投入电力系统稳定器可以有效改善其阻尼，在一个 29 台机的模拟系统上计算结果如下：

	实部	虚部	阻尼比
无稳定器	−1.064	±j8.2974	0.127
有稳定器	−5.1063	±j11.2566	0.41

现场试验的结果如图 7.38 所示，其结果验证了模拟计算的结果。

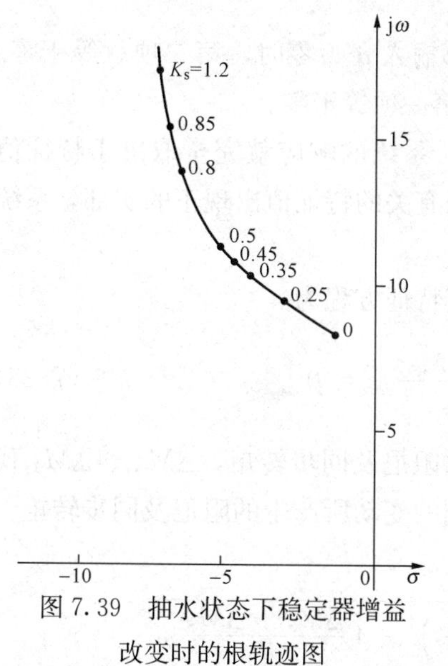

图 7.39　抽水状态下稳定器增益改变时的根轨迹图

图 7.39 是该机组在抽水状态下稳定器增益改变时的根轨迹，稳定器的传递函数如图 7.40 所示，其参数为：$K_s=0.5$，$T_W=0.5$，$T_1=0$，$T_2=0.11$，$T_3=0.02$，$T_4=0.33$。

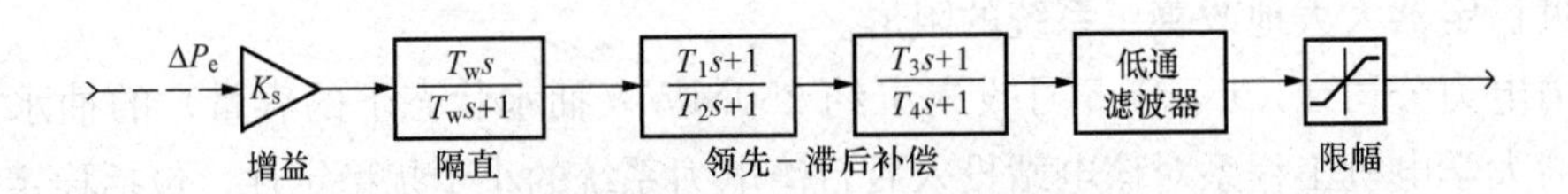

图7.40 稳定器的传递函数

第9节 限制稳定器作用的因素

前面介绍了稳定器对于各种形式的稳定性（包括大小干扰、电压稳定性）及各种原因产生的低频振荡（包括因励磁控制系统、调速器、水系统、抽水蓄能工况等）的作用。从理论上说，稳定器的功能在于将具有正实部的与转子运动决定的，振荡频率在0.1～2.5Hz之间特征值转换成负实部的特征值。这一节，讨论稳定器的上述作用受到哪些因素的限制，有的情况下，甚至起负面的作用。首先碰到的就是稳定器是否可以消除弱联络线上的功率波动/窜动的问题。这需要考察系统微分方程的解。

我们把描述电力系统的微分方程表示为

$$\dot{\boldsymbol{x}} = \boldsymbol{A}\boldsymbol{x} + \boldsymbol{B}\boldsymbol{u} \tag{7.26}$$

式中，$\boldsymbol{x}$ 为状态变量；$\boldsymbol{A}$ 为状态矩阵，是由系统参数及运行状态决定的；$\boldsymbol{B}$ 为一个常数矩阵；$\boldsymbol{u}$ 为外部输入。

式（7.26）时域的解为

$$x_i(t) = x_{ti}(t) + x_{fi}(t) = \sum_{j=1}^{n} M_{ij} c_j e^{\lambda_j t} + \sum_{j=1}^{n} M_{ij} \boldsymbol{N}_j^{\mathrm{T}} \boldsymbol{B} \int_0^t e^{\lambda_j (t-\tau)} \boldsymbol{u}(\tau) d\tau \tag{7.27}$$

其中，c_j 是由起始条件决定的常数；$\lambda_1, \lambda_2, \cdots, \lambda_n$ 为状态方程式$\boldsymbol{A}$ 矩阵的特征根；M_{ij} 是$\boldsymbol{A}$ 矩阵对应于特征值 λ_j 的右特征相量中的第 j 个元素；$c_j = \boldsymbol{N}_j^{\mathrm{T}} x_0$，$\boldsymbol{N}_j^{\mathrm{T}}$ 是$\boldsymbol{A}$ 矩阵对应 λ_j 左特征向量。

式（7.27）中第一项称为零输入响应，因为当外部输入 $\boldsymbol{u}$ 为零时，第二项就等于零。第二项称为零状态响应，因为当初始状态 $\boldsymbol{x}_0$ 为零时，第一项等于零。

先来讨论第一项零输入响应，这时没有外部输入，系统的响应就完全取决于特征值 $\lambda_1, \lambda_2, \cdots, \lambda_n$ 与系统的初始状态 $\boldsymbol{x}_0$，其中任一与转子运动有关的特征值出现正的实部，系统就会产生增幅的低频振荡，这种振荡具有自发的性质。

发电机可用二阶等效模型来研究转子的运动，且其特征方程为

$$s^2 + \frac{\Delta M_D + \Delta M_{DG}}{T_J} s + \frac{\Delta M_S + \Delta M_{SG}}{T_J} \omega_0 = 0 \tag{7.28}$$

其中，ΔM_D、ΔM_S是稳定器给转子运动方程中提供阻尼及同步转矩，ΔM_{DG}、ΔM_{SG}代表所有的其他因素包括励磁控制，原动机输入及定子侧的变动所产生的阻尼及同步转矩。

式（7.28）的特征根为

$$\lambda_{1,2} = -\frac{\Delta M_D + \Delta M_{DG}}{2T_J} \pm \frac{1}{2}\sqrt{\left(\frac{\Delta M_D + \Delta M_{DG}}{T_J}\right)^2 - 4\frac{\Delta M_S + \Delta M_{SG}}{T_J}\omega_0}$$

可见只要稳定器能提供的阻尼转矩 ΔM_{D} 可使特征根实部变负，就可以抑制转子的低频振荡，即便是其他因素造成的阻尼转矩 ΔM_{DG} 为负值，只要稳定器提供的阻尼转矩足够大，可以使特征根的正实部转换成负实部，就抑制与转子运动有关的低频振荡。由上面的分析，可以进一步引申出下述推论，就是如果转子的振荡是由其他环节造成的，并且振荡频率落在 0.1～2.5Hz 范围内，稳定器的投入就可以改变该振荡对应的特征值，克服这种振荡。如前面介绍过的，稳定器可以消除由水击引起的转子的振荡。

下面讨论微分方程解的第二项即零状态响应

$$\boldsymbol{x}(t)=\sum_{i=1}^{n}\boldsymbol{M}_i\boldsymbol{N}_i^{\mathrm{T}}\boldsymbol{B}\int_0^t \mathrm{e}^{\lambda_i(t-\tau)}\boldsymbol{u}(\tau)\mathrm{d}\tau \tag{7.29}$$

由式（7.29）可见，即便是所有特征值实部都是负的，只要外部输入不等于零，系统就会跟着外部输入而出现响应，不会自行消失。如果外部输入是周期函数，当其频率与发电机转子的固有振荡频率相等或接近时，就会出现共振现象[26]。如果外部输入为阶跃且间隔时间足够长，而所有特征根实部都是负，在负实部特征值的作用下，上述响应就会衰减，但当外部输入再次出现时，系统又会跟着出现响应，如果有一个正实部特征根，则系统会出现增幅振荡，这时励磁控制，在最好的情况下，可提供正阻尼，使外扰动得以衰减或衰减较快一些，仅此而已。

有了上述基本概念以后，我们可以应用到弱联络线功率波动/窜动的课题上来。文献［5］对弱联络线功率波动进行过详尽的研究，所谓弱联络线是指它的静稳功率极限小于并联系统容量的 10％～15％，波动是由于负荷不规则变化引起的，也可能是由调整联络线交换功率引起的，根据文献[5]的研究，这种功率的波动包含的频率可以分解为低频（周期为 1～10s）及超低频（周期为 1 至若干分钟），波动的幅值约为被联系统中较小的一个的 1.5％～2％。据了解我国西部两个省网联网后，曾出现过这样的波动。

这种由负荷变动引起的功率波动对于电力系统来说，相当于一个外加扰动输入，它是随机的，但是持续的，因而它对系统的影响就要按上面时域解中第二项即零状态响应来考虑。

在动模试验中，曾经模仿了这样一种情况。在某个时刻系统上突然切除一个负荷，经大约 0.4s 再投入该负荷，这样造成了发电机电功率及功角有一个波动，但经约 5s 后，又出现一个负荷的突然投入及切除的扰动，系统又重新开始波动，在这个过程中，稳定器能使衰减加快，不能消除功角的波动。稳定器对负荷突变的影响如图 7.41 所示。

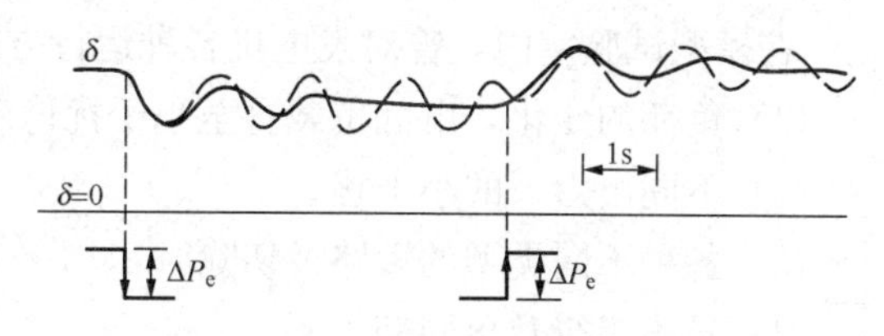

图 7.41　稳定器对负荷突变的影响
——有 PSS；－－－无 PSS

对上述西部联网出现的联络线功率波动，因其频率落在前面所定义的低频振荡范围内，试图用靠近该联络线的一个小电厂的励磁控制去克服这种功率波动，如上所述这种功率的波动，不是靠稳定器控制可以消除的，而且一个小电厂也不会对这种低频的联络线模式有足够的控制灵敏度，该试验的结果虽不理想，但促使我们进一步认识到稳定器不能消除弱联络线上的功率波动/窜动，因为它对系统来说是一个外加的输入，这可以说是稳定器的一个局限性。

为消除低频振荡而设计的稳定器的另一个局限性，就是它无法消除转子轴系的扭转振荡，在这种振荡下，转子轴不是作为一个整体来运动的，它是转轴上的各个质量块之间的相互扭转，频率在十几赫兹到几十赫兹，这时稳定器，尤其是以转速为输入的稳定器，可能会加剧这种振荡，所以有时需要在稳定器中加阻波器，阻止这种振荡输入。

限制稳定器作用的第三个因素是负荷的特性，负荷中恒功率的成分越大，稳定器的作用就越小，如发电机带的是孤立负荷，且100%是恒定功率，则稳定器就没有消除低频振荡的能力。

限制稳定器作用的第四个因素是励磁系统的滞后特性，传统的直流励磁机或者交流励磁机系统的时间常数，在0.6s以上，甚至超过1.5s，这时可能需要三级领先环节补偿相位滞后，而且励磁系统本身的增益在某些频段较小，稳定器的增益需加大，结果造成噪声问题，使得励磁电压或无功功率摆动，如果把稳定器放大倍数减小，噪声可能减弱，但稳定器可能变得无效了。时间常数越大，调试整定越困难，稳定器的作用越小，对运行方式及条件变化的适应性也越小。美国WSCC曾提出一个准则[22]，以确定是否具备适宜性（Suitability）去安装稳定器，该准则给出了一个传递函数，凡发电机—励磁系统—电力系统的闭环传递函数$GEP(s)=\frac{K_6}{K_2}\frac{\Delta U_t}{\Delta U_{REF}}$，在0.1～1.0Hz之间的相位滞后，大于下述传递函数相应的相位，则不适宜安装稳定器，该传递函数为

$$T(s)=\frac{6.28^3}{(s+0.628)(s+6.28)(s+62.8)}$$

上述传递函数在1.0Hz时的相位滞后为135°。

需要指出的是上面所说的适宜性并非绝对的，它泛指效益与投入之比，仅供参考。

第10节 再谈适应性

前面讨论的适应性，主要是针对稳定器对系统运行状态或者说运行点变化的适应能力。但是，为了满足系统运行上的要求，对发电机各种运行方式（如空载、带负荷、甩负荷、短路等），以及系统参数（包括励磁系统本身参数）变化的适应能力，也是十分重要的。

在模型试验室内，曾对发电机各种运行方式进行过详细的研究，这包括：

（1）负荷的变化，由低负载直至小干扰稳定极限。

（2）不同出力下的小干扰。

（3）各种不同类型的短路及切除。

（4）异步运行及再同期。

（5）甩负荷。

上述各项试验中证明，除甩负荷时以电功率为信号的稳定器对原动机功率变化的“反调现象”外，稳定器都未带来不良的作用。

当发电机甩负荷（包括有功负荷）时，定子电压要升高，这时电压调节器将降低励磁，以使定子电压尽快恢复到额定值。但是，这时发电机转速的升高，或有功的突然减少，通过稳定器，都将给电压调节器一个增加励磁的信号，这样稳定器就起了相反的作用。图 7.42 为发电机甩负荷的动模试验结果。由图可见，当负荷切除以后，稳定器的作用，将使定子电压升高，这是我们所不希望的。最有效的解决的办法，是采用当发电机切除时，联切稳定器，使它退出工作，也可以靠减小稳定器输出的限幅值来限制电压的升高。

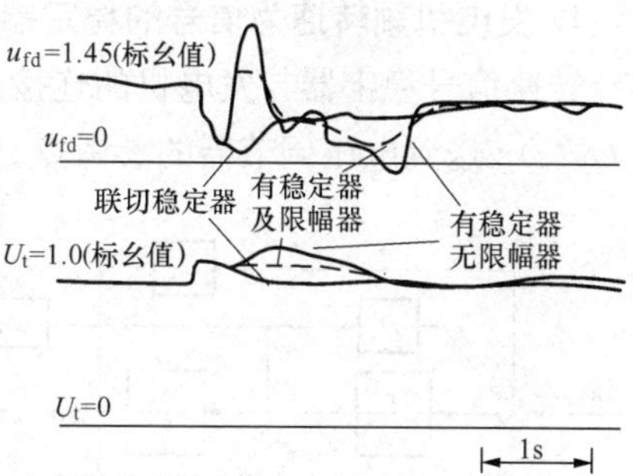

图 7.42　发电机甩负荷的动模试验结果

动模试验也说明，当线路参数改变时，稳定器也有相当不错的适应能力，图 7.43 及图 7.44 分别表示线路参数为 $x_l=1.05$ 及 $x_l=0.58$，而稳定器参数保持不变，系统对于原动机功率突变响应曲线。

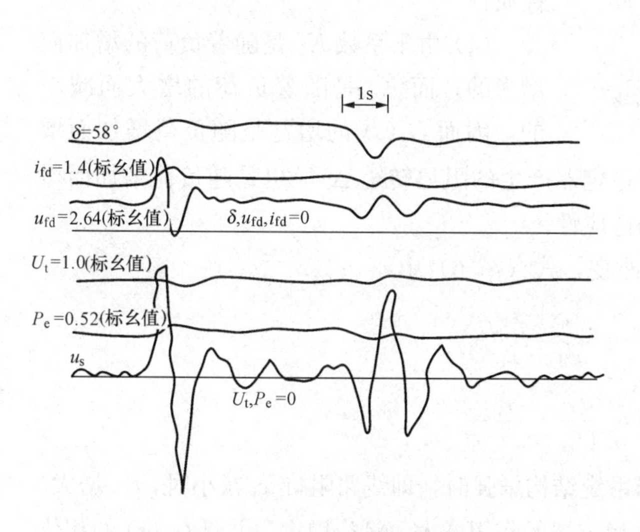

图 7.43　原动机功率突变响应曲线
（$x_l=1.05$，Δf 为信号）

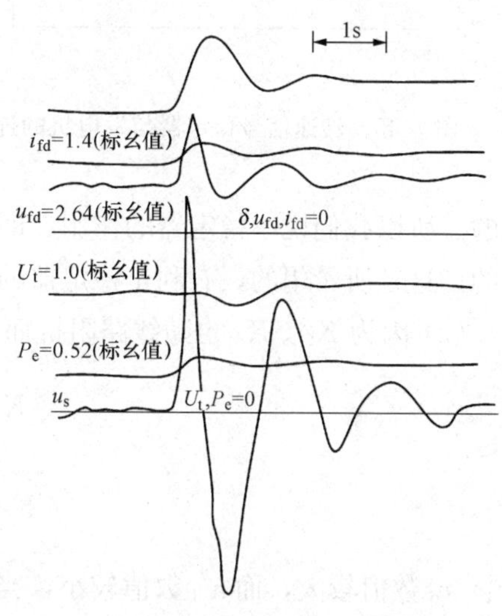

图 7.44　原动机功率突变响应
（$x_l=0.58$，Δf 为信号）

第 11 节　稳定器的输入信号问题

目前稳定器的输入信号有以下几种：

（1）电机轴转速。

（2）发电机端或电厂母线电压频率。

（3）发电机的输出电功率。

（4）以过剩功率积分为信号的稳定器。

下面分别介绍不同信号稳定器的性能及运行中的问题。

1. 发电机轴转速为信号的稳定器

转速信号稳定器与发电机的连接如图7.45所示，转速信号通过稳定器［其传递函数为$G_P(s)$］送到电压调节器的参考点。

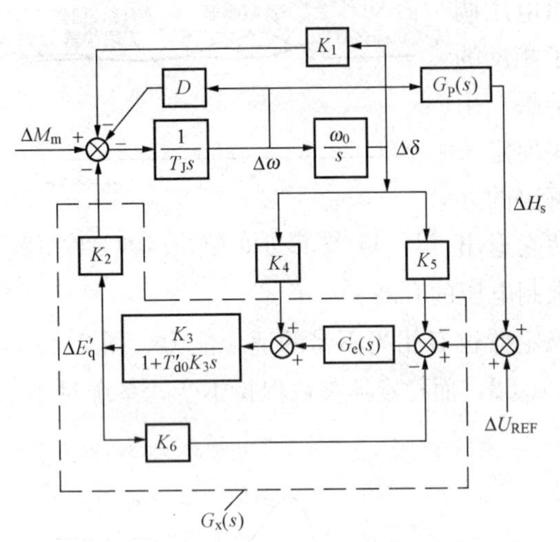

图7.45 转速信号稳定器与发电机的连接

由稳定器提供的附加电磁转矩

$$\Delta M_e = G_x(s)G_P\Delta\omega$$

其中

$$G_x(s)=\frac{K_2K_3K_A}{K_3K_6K_A+(1+K_3T'_{d0}s)(1+T_Es)}$$

$$=\frac{K_2}{K_6}\Big/\left[1+\frac{(1+K_3T'_{d0}s)(1+T_Es)}{K_3K_6K_A}\right] \tag{7.30}$$

$G_x(s)$是稳定器作用必须经过的设备的传递函数，它反映了励磁系统，发电机及电力系统的特性。$G_x(s)$环节具有下述性质：

（1）由于系数K_2是随着负荷的增加而增大的，而K_6是随着负荷的增大而减小的，因而$G_x(s)$的增益是随负荷增加而增大的。所以我们说，稳定器的作用，即稳定器产生的阻尼转矩ΔM_P也是随负荷增加而增大的。这是所希望的，有利于稳定器的适应性。

（2）因为K_2、K_6也随线路阻抗而改变，式（7.30）中

$$K_2=\frac{x_q+x_l}{x'_d+x_l}i_{q0}$$

$$K_6=\frac{u_{q0}}{U_{t0}}\frac{x_l}{x'_d+x_l}$$

x_q数值较大，而x'_d数值较小，当系统结构增强时，即线路阻抗x_l减小时，K_2增大，而K_6减小，$G_x(s)$的增益增大，也即是稳定器的作用增大，ΔM_P增大，并且$G_x(s)$的相位滞后也要增大$\left(\text{因为}\frac{T'_{d0}}{K_6K_A}\text{变大}\right)$。

文献［11］认为，以速度为信号的稳定器，应该在系统结构最强（x_l最小）及满负荷的运行方式来调整参数。因为这时稳定器回路具有最大增益，同时它要补偿的滞后角最大。注意，这是从安全的角度，即从避免因稳定器作用过强产生振荡的角度提出来的。

但是，当发电机与系统联系变弱时，也就是更需要稳定器的阻尼作用时，它的作用却减小了，这是以速度为信号的稳定器的第一个特点。

它的第二个特点是，为了补偿励磁系统的相位滞后，以速度为信号的稳定器必须采用领先网络，这种网络高频段的增益较大，因而对于噪声干扰要特别加以考虑，尤其是转轴本身的扭转振荡（大约在20周左右），通过转速信号传入稳定器，使振荡加剧，这时就需要设置专门的带阻滤波器。

第三个特点是，转速的测量是用机械的方法，比起电气量（如频率）要困难，精度也不高。而且有时为了避免引入转轴本身扭转振荡，还需要将测量转速的传感器装置在大轴扭转振荡的波节处，这也增加测转速的麻烦。

2. 机端电压频率为信号的稳定器

为了说明以频率为信号的稳定器随系统结构强弱的变化的适应性，文献［11］从分析速度为信号的稳定器出发，引入一个称作信号敏感因素的量，它的定义为

$$S_F(s)=\frac{\partial\,\Delta f}{\partial\,\Delta\omega_G}\tag{7.31}$$

这个系数代表由速度至频率的传递函数。当发电机直接并联于无穷大系统上时，$S_F(s)=0$ 。因为机组端电压频率与无穷大完全一致，$\Delta f=0$ 。当发电机开路时，$S_F(s)=1$ ，这时轴转速与端电压频率标幺值完全相等。当发电机经一个电抗与无穷大母线相连构成的单机无穷大系统及等值电路，如图 7.46 所示，如出现振荡，发电机电动势 E_q 的频率为 f_G，无穷大母线的频率为 f_c，沿线每一点的频率，近似地与电压沿线分配一致，即

$$f_t=f_c+(f_G-f_c)\frac{x_l}{x_G+x_l}\tag{7.32}$$

故
$$S_F(s)\approx\frac{\partial\,\Delta f_t}{\partial\,\Delta f_G}=\frac{\partial\,\Delta f_t}{\partial\,\Delta\omega_G}=\frac{x_l}{x_G+x_l}\tag{7.33}$$

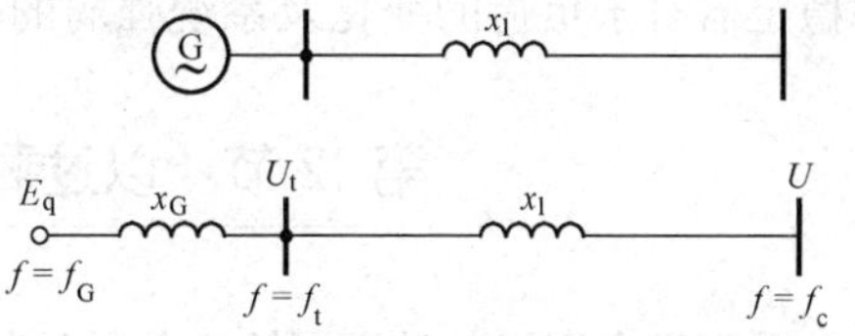

图 7.46　单机无穷大系统及等值电路

x_G 为等效的发电机的内电抗（严格说它也是 s 的函数），当存在电压调节器，并且其增益为中等数值时（$K_A=30-50$），这个等值电抗大约为 x'_d 。

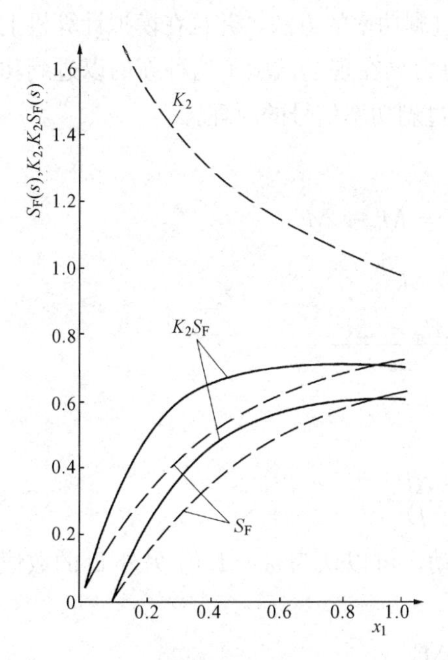

图 7.47　$S_F(s)$、K_2 及 $K_2S_F(s)$ 随外电抗的变化

由上可见，$S_F(s)$ 在系统增强时（即 x_l 变小时）减小，这种减小的趋势与 $G_x(s)$ 随系统增强而增大趋势互相抵消，也就是说，以频率为信号的稳定器，它的作用（或者说增益）对系统强弱的变化不敏感，这样，就可以在系统较弱的情况下调整稳定器参数，而不必担心在系统结构增强时，它会使稳定器增益过大引起不稳定。但是，在输电线很长时，或电压调节器作用很强时，这种测频率的稳定器的补偿作用就减小了，因为这时发电机电压频率与电动势频率就更接近了。文献［11］给出了一个火电机组的 $S_F(s)$、K_2 及 $K_2S_F(s)$ 随外电抗的变化，如图 7.47 所示，可供参考。

另外，以频率为信号的稳定器对于电厂之间或地区之间的振荡模式较敏感，而对同一电厂内各机组之间的振荡的灵敏度要低一

些，因为发电机端处在机组之间振荡的波节。机轴扭转振荡的信号的含量，也比速度信号要低一些。

频率的测量是电气测量，省掉了机械安装方面的麻烦，但是对电网传过来的干扰及噪声，必须经过特殊处理（通常加滤波器）才能正常工作。

3. 以电功率为信号的稳定器

前面已经分析过，以电功率负值为信号的稳定器，当原动机功率不变时，它相当于过剩功率或加速功率，所以稳定器网络所需补偿的角度减小，甚至具有相角滞后特性，也就是说，对高频端增益将衰减，这对于防止轴扭转振荡，干扰及噪声有很大的好处。这是以功率为信号的稳定器最大优点。但是当快速增加或减小原动机的功率时，它的“反调作用”是有害的，尤其是当工作到人工稳定区时，这种反调作用会使静态功率极限下降。所以对远距离送电的发电机组，使用这种信号仍不够满意。

由于电功率稳定器，要使功率信号通过滞后网络或是积分环节变成速度信号，所以这种稳定器对于负荷的变化及系统强弱的变化，与速度稳定器大体相同。

第12节 以过剩功率积分为信号的稳定器

前面已介绍了各种不同输入信号的稳定器，它们有各自的特点，但是最理想的输入信号是过剩功率。为了得到这个信号，必须实测到机械输入功率这个信号。在这方面曾经进行了很多工作，加拿大安大略省电力局曾采用汽门开度、蒸汽压力等量构成机械功率的方法，并且成功地进行了现场试验，但是这种做法毕竟是十分复杂的。1978年，美国的F. P. de Mello等发表了他们的研究成果，提出了一种近似地构成过剩功率的方法，并且在模拟计算机上进行了验证[14]。稍后，约1980年，加拿大安大略省电力局在现场试验了这种新的以过剩功率为信号的稳定器，亦获得了成功[15]。下面介绍构成过剩功率信号的原理。

将发电机转子运动方程

$$T_{\mathrm{J}}\frac{\mathrm{d}}{\mathrm{d}t}\Delta\omega+D\Delta\omega=\Delta M=M_{\mathrm{m}}-M_{\mathrm{e}}$$

变为偏差方程式，并用 P_{m} 及 P_{e} 来表示 M_{m} 及 M_{e}

$$T_{\mathrm{J}}\frac{\mathrm{d}}{\mathrm{d}t}\Delta\omega+D\Delta\omega=\frac{\Delta P_{\mathrm{m}}-\Delta P_{\mathrm{e}}}{\omega}$$

用 $s=\frac{\mathrm{d}}{\mathrm{d}t}$ 代入

$$\Delta\omega=\frac{1}{\omega}\frac{\Delta P_{\mathrm{m}}-\Delta P_{\mathrm{e}}}{T_{\mathrm{J}}s+D} \tag{7.34}$$

其中，ω 为转速标幺值，如在正常状态下受到小扰动，可以认为 $\omega=1.0$，另外 D 的数值比起 T_{J} 要小得多，可以略去，这样

$$\Delta\omega\approx\frac{\Delta P_{\mathrm{m}}-\Delta P_{\mathrm{e}}}{T_{\mathrm{J}}s} \tag{7.35}$$

或者

$$\Delta P_{\mathrm{m}}\approx T_{\mathrm{J}}s\Delta\omega+\Delta P_{\mathrm{e}}$$

因此原动机的机械功率 ΔP_{m} 可以用转速 $\Delta\omega$ 的微分 $s\Delta\omega$ 加上电功率 ΔP_{e} 构成。

但是将转速微分，则信号中的噪声及轴系扭转振荡的信号都全被放大，以致无法正常工作。所以将上述机械功率信号加以积分

$$\frac{\Delta P_{\mathrm{m}}}{s}=T_{\mathrm{J}}\Delta\omega+\frac{\Delta P_{\mathrm{e}}}{s} \tag{7.36}$$

上述信号再通过一个低通滤波器，其传递函数为

$$G(s)=\left[\frac{(1+sT_{8})}{(1+sT_{9})^{M}}\right]^{N} \tag{7.37}$$

该滤波器又称之为“斜坡跟踪”（ramp-tracking），意思是输出比输入有所滞后。经处理后的信号，轴系扭转振荡及噪声等高频信号都可滤掉，这个信号近似的跟踪了原动机机械功率的积分（有延时）它等于

$$\frac{\Delta P'_{\mathrm{m}}}{s}=\frac{\Delta P_{\mathrm{m}}}{s}G(s)=\left(T_{\mathrm{J}}\Delta\omega+\frac{\Delta P_{\mathrm{e}}}{s}\right)G(s) \tag{7.38}$$

过剩功率的积分近似地等于

$$\frac{\Delta P'_{\mathrm{m}}}{s}-\frac{\Delta P_{\mathrm{e}}}{s}=\left(T_{\mathrm{J}}\Delta\omega+\frac{\Delta P_{\mathrm{e}}}{s}\right)G(s)-\frac{\Delta P_{\mathrm{e}}}{s}$$

过剩功率的积分就正比于转速，由式（7.35）可得 $\Delta\omega'=\dfrac{\Delta P'_{\mathrm{m}}-\Delta P_{\mathrm{e}}}{T_{\mathrm{J}}s}$ 代入式（7.38）

$$\Delta\omega'=\left(\Delta\omega+\frac{\Delta P_{\mathrm{e}}}{T_{\mathrm{J}}s}\right)G(s)-\frac{\Delta P_{\mathrm{e}}}{T_{\mathrm{J}}s} \tag{7.39}$$

经过上述处理所得的转速信号，虽然是近似地，但却没有噪声等不良信号，再经过相位领先补偿，就构成了新型的稳定器，整个稳定器的传递函数如图7.48所示。

图7.48中 $\Delta\omega$ 和 ΔP_{e} 信号通道，都设有两个隔离环节，其时间常数为 $T_{\mathrm{W1}}\sim T_{\mathrm{W4}}$，$T_6$ 及 T_7 是两个惯性环节，但 T_7 一般选得较大，例如 $T_7=10\mathrm{s}$，在扰动加入后的一段时间，它相当一个积分环节，T_6 一般都设为零，K_{S3} 一般设置为1.0，K_{S2} 设为 T_7/T_{J}，U_{SI1} 是转速输入，U_{SI2} 是电功率输入，稳定器领先环节时间常数为 $T_1\sim T_4$，为使领先环节提供附加的相位补偿，又加了一个具有 T_5 及 T_{10} 的领先环节。另外，在每个输入端，也加入限幅。

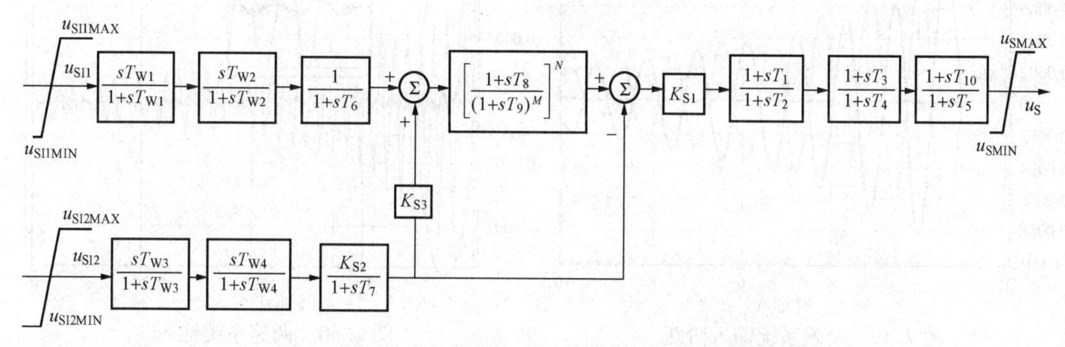

图7.48　以过剩功率积分为信号的稳定器的传递函数

IEEE 提供的新型微机化的稳定器 PSS2B 的典型参数如下：

$K_{S1}=20.0$	$T_7=10.0$	$u_{SI1MAX}=0.08$
$K_{S2}=T_7/T_J=0.99$	$T_8=0.5$	$u_{SI1MIN}=-0.08$
$K_{S3}=1.0$	$T_9=0.1$	$u_{SI2MAX}=1.25$
$T_1=0.15$	$T_{10}=0.0$	$u_{SI2MIN}=-1.25$
$T_2=0.025$	$N=1$	$u_{SMAX}=0.1$
$T_3=0.15$	$M=5$	$u_{SMIN}=-0.1$
$T_4=0.02$	$u_{SI1}=\omega$ 或 f	$T_{W1}\sim T_{W3}=10.0$
$T_5=0.033$	$u_{SI2}=P_e$	$T_{W4}=0.0$
$T_6=0.0$		

上述参数是针对自并励静态励磁系统设置的。

PSS2A 的转速是用发电机内电势 E_q 的频率来代替的 E_q 总是与 q 轴方向一致，可以由 $E_q=V_1+jx_q$ 计算出来。

根据 PSS2A 形成过剩功率的原理，可以进一步得到 PSS2A 的参数设置的导则如下：

（1）发电机建立一个轻负荷运行方式，投入 PSS2A；

（2）设置 $K_{s2}=T_7/T_j$，$K_{s3}=1$；

（3）在励磁系统里，输入一个阶跃量，记录系统的输出响应。在此条件下，只要调速器不动作，ΔP_m 及 $\int\Delta P_m$ 都等于零，并且 $\int\Delta P_e$ 与 $\int\Delta P_m$（加速功率）应该幅值相等，而相位相差数 180°，如图 7.49 所示；

（4）在调速系统内加一阶跃输入，记录发电机的 $\int\Delta P_e$、$\int\Delta P_m$、$\int\Delta P_a$、$\Delta\omega$ 及 Δu_s（PSS2A 的输出），Δu_s 应该领先转速 $\Delta\omega$ 某个角度，这样才能为系统提供阻尼，见图 7.50；

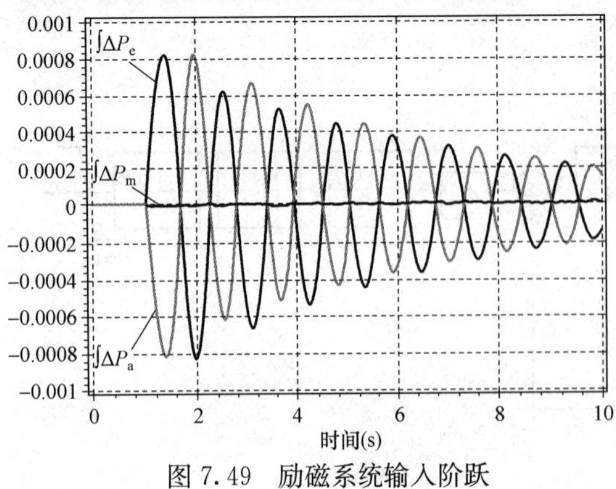

图 7.49 励磁系统输入阶跃扰动时的 $\int\Delta P_e$、$\int\Delta P_m$、$\int\Delta P_a$

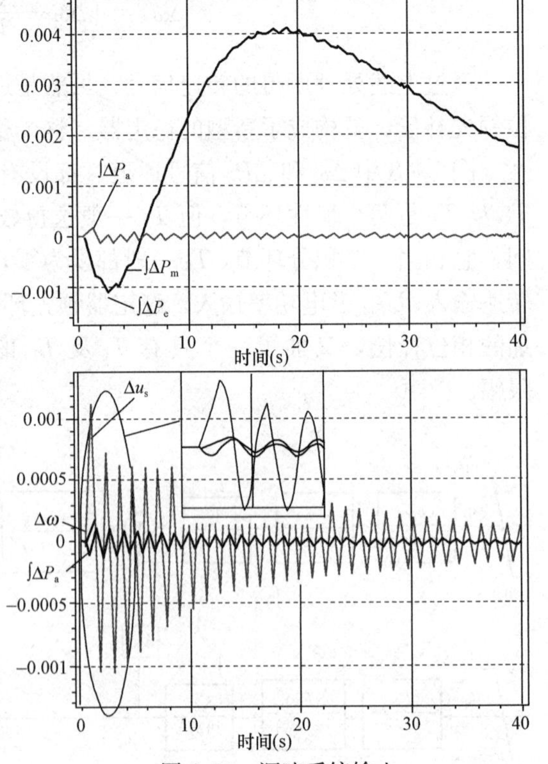

图 7.50 调速系统输入阶跃时的 $\int\Delta P_e$、$\int\Delta P_m$、$\int\Delta P_a$、$\Delta\omega$、Δu_s

(5) 如果出现问题，可以把 PSS2A 中转速输入的那一分支断开，则 PSS 就变成单纯的电功率输入，比较这两种 PSS 的表现，问题的来源即可查出。

这种新型的稳定器具有以电功率为信号的稳定器容易调整的优点，当原动机机械功率调整时，不会出现以电功率为信号稳定器那样的“反调”现象，因此在北美新的大型发电机上都采用这种稳定器。WECC 在检讨了 1996 年 8 月 10 日出现的因低频振荡而造成系统稳定破坏及大停电的事故后，决定将 100 台因噪声或其他硬件方面原因而未能投入或未发挥稳定器作用的发电机，重新换成这种新型的稳定器。在我国，中国电力科学研究院于 2003 年也已完成了这种新型稳定器的研制，并通过动模试验，2004 年在三峡机组上试验成功，并投入了运行。

在上述以过剩功率积分为信号的稳定器（称为 PSS2B）的基础上，加拿大魁北克电力局推出了多频段稳定器（PSS4B），其构成及原理已在前面第 3 章作过介绍。

第 13 节　基于广域测量网的稳定器

在大规模电力系统中，相隔较远的两个区域间的电厂之间的区域振荡模式，其频率可能低到 0.1～0.2Hz。目前采用的稳定器所取的输入信号，都是由发电机本身得到的，例如机端功率、转速或频率，上述低频区域振荡模式在本机信号中的参与程度不高，或者说可观性不高，因而用它形成的稳定器，对抑制这种振荡的效果，有时不够理想。近年来，由于大容量光导纤维及高效分布信息网的迅速发展，使得电力系统变量的广域测量及远端传送成为可能，因此北美有些电力公司已开始研究基于广域测量远端信号的稳定器，例如美国南加州爱迪生公司、加拿大魁北克电力公司，它们提出的这种稳定器，具有两层式结构，第一层是取本机信号的稳定器，其结构与现有的稳定器完全相同，是分散式控制，第二层是靠电量测量单元 PMU（Power Measurement Unit）收集网中的信号，经中央协调器加工处理后，再送到对区间振荡模式敏感的机组上，经过适当的相位补偿后，送入电压调节器，其结构如图 7.51 所示[24]。

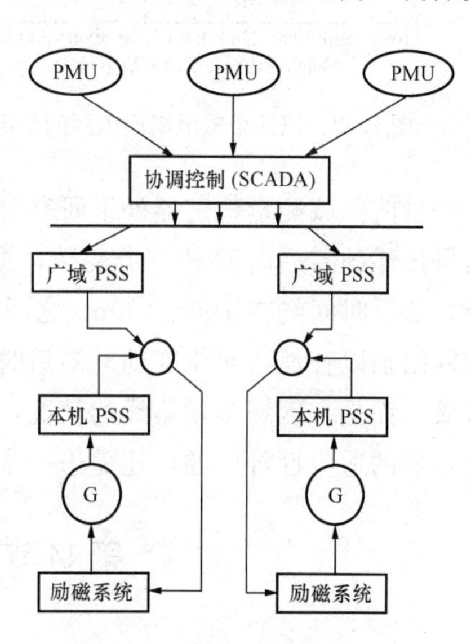

图 7.51　广域测量稳定器的结构

由第二层协调控制送到发电机的信号可以是联络线功率，两端的频差或转速差。协调控制器可按照第 9 章中机组—模式关联特性进行设计。联络线模式虽然与较多的机组相关，但强相关的机组仍然是少数，应输入广域信号的机组，也就是第二层控制所包含的机组也是少数，不需要将测量到的信息，输入到每一个机组。这样就大大地简化了第二层控制，也使基于广域测量的稳定器有实现的可能。

根据文献［23］所作的计算机模拟研究，说明这种新型的稳定器的效益是显著的，以最低振荡频率为0.349Hz及0.655Hz的两个模式，以及另一个原来不稳定的振荡频率为1.88Hz的模式来说，广域测量稳定器对阻尼的改善见表7.6。

表7.6 广域测量稳定器对阻尼的改善

模式振荡频率(Hz)	无稳定器阻尼比	传统稳定器阻尼比	广域测量稳定器阻尼比
0.346	0.0077	0.0951	0.1322
0.655	0.0097	0.0561	0.1386
1.882	−0.0018	0.1538	0.2186

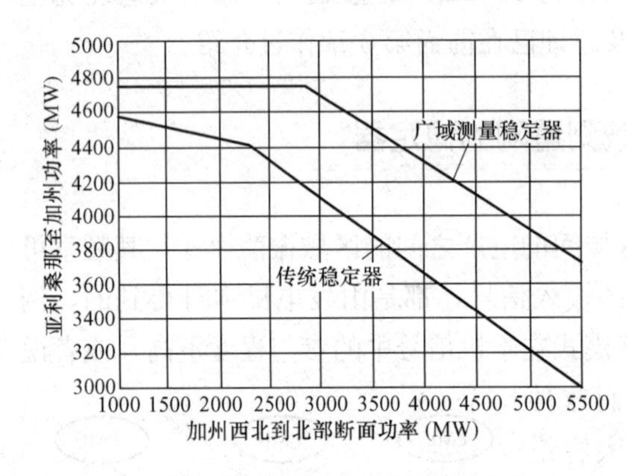

图7.52 以两个输电断面表示的稳定域

研究显示，广域测量稳定器对其他机电模式影响很小。图7.52是以两个输电断面表示的稳定域，由图7.52可见，采用广域测量稳定器的稳定域比传统稳定器明显扩大了，例如某个运行状态下受振荡型不稳定限制的功率极限可从3250MW提升至3950MW，约21.5%。

在确定广域测量的稳定器的效益时，应注意原有传统的稳定器是否已调整到最佳状态，也可考虑采用多频段稳定器PSS4B作为比较之基础。

目前广域测量稳定器处于研究阶段，其中有些技术上的困难，还有待克服，主要是信号传递的滞后时间是一个变数，据文献［24］估计采用光导纤维或卫星通信技术传递，滞后时间约在100～400ms之间变动。如果滞后时间是固定的，则稳定器可以用领前网络加以补偿，对于变动的滞后时间，仍需研究对策。另外，当系统不是简单的两个区域，而是多区域多联络线的情况，某些联络线潮流反向或切断等运行条件改变后这种稳定器的适应性等课题，还需进一步探讨。

第14节 轴系扭转振荡

在汽轮发电机装置稳定器时，曾发生了轴系的扭转振荡[13]。当时稳定器是以转速作为输入信号，并且采用了如图7.53所示的框图。试验时，发现当稳定器投入后，发电机上1.6Hz的低频振荡明显地减小，但同时出现16Hz的振荡。经过研究，证实这种振荡是由发电机—汽轮机的轴系扭转振荡产生的，要想研究及复现这种振荡，必须计入轴系的机械模型。下面，就来介绍这种模型及研究的成果[13]。

再热式汽轮—发电机组，可以由在同一个轴上的5个旋转质量块组成，即高压缸(HP)、中压缸(IP)、两个低压缸(LPA及LPB)、发电机(GEN)，如图7.54所示。

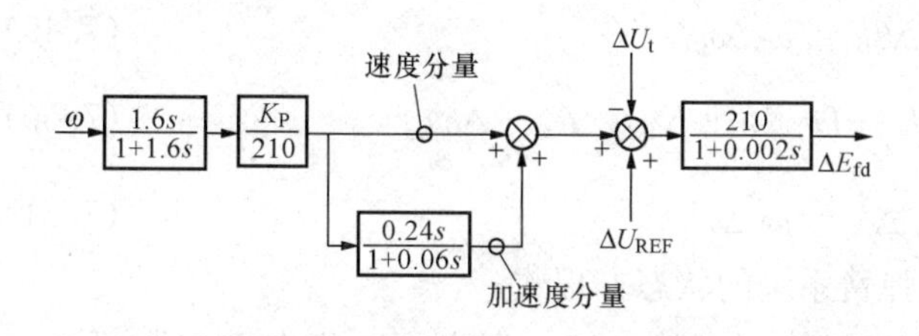

图 7.53　汽轮发电机上稳定器的框图

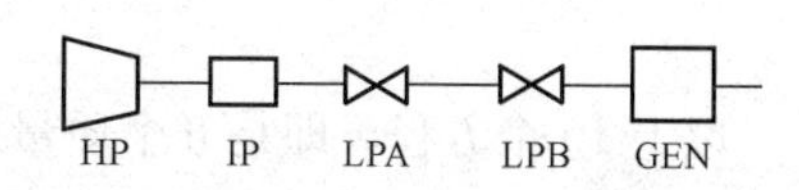

图 7.54　再热式汽轮—发电机组

对于第 i 个质量弹簧系统，假定它的惯性时间常数为 T_i，它的转矩的扭转方向如图 7.55 所示。

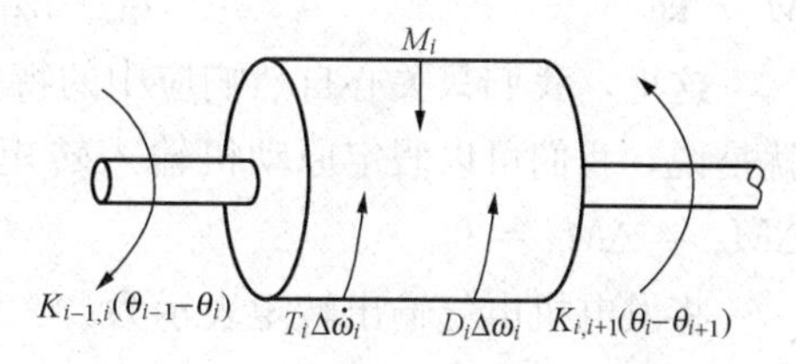

图 7.55　第 i 个质量弹簧系统的转矩的扭转方向

两个质量块之间的耦合，就像中间存在一个弹簧一样，从左边的质量块依靠弹簧的刚性传递的转矩 $K_{i-1,i}(\theta_{i-1}-\theta_i)$ 与外部输入转矩 M_i 是同一个方向（定义为正方向），而加速转矩 $T_i\Delta\dot{\omega}_i$，阻尼转矩 $D_i\Delta\omega_i$ 及向右边质量块传递的转矩是反方向的，因此，第 i 个质量块的转矩平衡方程，按线性偏差形式可表示为

$$T_i\Delta\dot{\omega}_i=\Delta M_i-D_i\Delta\omega_i+K_{i-1,i}(\Delta\theta_{i-1}-\Delta\theta_i)-K_{i,i+1}(\Delta\theta_i-\Delta\theta_{i+1}) \tag{7.40}$$

由于轴的两端没有扭转力矩，所以

$$K_{i-1,i}\Big|_{i=1}=0,K_{i,i+1}\Big|_{i=m}=0,i=1,2,\cdots,m \tag{7.41}$$

式（7.40）、式（7.41）中，$K_{i-1,i}$ 及 $K_{i,i+1}$ 为相邻两个质量块弹簧系统之间的刚度，D_i 为阻尼系数，θ_i 为机械转角，以 rad 表示，ω 为转速，以标幺值表示，其基值为 $\omega_b=2\pi f$。

将上述五个质量块弹簧系统，分别以 H、I、A、B、G 来表示，轴的刚度则以 K_{HI}、K_{IA} 等表示，发电机的电气输出转矩 M_e 应为负值，它的转角 θ_G 以电角度 δ 来表示，这样，每一个质量弹簧系统，都可以用两个一阶微分方程来表示如下

$$\Delta\dot{\omega}_H=\frac{1}{T_H}[\Delta M_H-D_H\Delta\omega_H-K_{HI}(\Delta\theta_H-\Delta\theta_I)] \tag{7.42}$$

$$\Delta\dot{\theta}_H=\omega_b\Delta\omega_H \tag{7.43}$$

$$\Delta\dot{\omega}_I=\frac{1}{T_I}[\Delta M_I-D_I\Delta\omega_I+K_{HI}(\Delta\theta_H-\Delta\theta_I)-K_{IA}(\Delta\theta_I-\Delta\theta_A)] \tag{7.44}$$

$$\Delta\dot{\theta}_I=\omega_b\Delta\omega_I \tag{7.45}$$

$$\Delta\dot{\omega}_A=\frac{1}{T_A}[\Delta M_A-D_A\Delta\omega_A+K_{IA}(\Delta\theta_I-\Delta\theta_A)-K_{AB}(\Delta\theta_A-\Delta\theta_B)] \tag{7.46}$$

$$\Delta\dot{\theta}_A=\omega_b\Delta\omega_A \tag{7.47}$$

$$\Delta\dot{\omega}_B=\frac{1}{T_B}[\Delta M_B-D_B\Delta\omega_B+K_{AB}(\Delta\theta_A-\Delta\theta_B)-K_{BG}(\Delta\theta_B-\Delta\delta)] \tag{7.48}$$

$$\Delta\dot{\theta}_{B}=\omega_{b}\Delta\omega_{B} \tag{7.49}$$

$$\Delta\dot{\omega}=\frac{1}{T_{B}}[-\Delta M_{e}-D_{G}\Delta\omega+K_{BG}(\Delta\theta_{B}-\Delta\delta)] \tag{7.50}$$

$$\Delta\dot{\delta}=\omega_{b}\Delta\omega \tag{7.51}$$

以上 10 个方程，即是五个质量块弹簧系统的状态方程式。

方程中 K_{HI}、K_{IA}、K_{AB}、K_{BG}等是已知数（文献［16］列出了一组典型参数可供参考），每个汽缸承担的透平转矩 M_{H}、M_{I}等是成比例的，它们的总和为总的机械输入转矩 M_{m}，即

$$M_{H}+M_{I}+M_{A}+M_{B}=M_{m} \tag{7.52}$$

这里，我们只关心自然响应中的特征根，它们是与零输入响应中的特征根相同的，也就是说，我们可以假定原动机输入转矩 M_{m} 不变，即 $\Delta M_{m}=0$，因而，$\Delta M_{H}=\Delta M_{I}=\Delta M_{A}=\Delta M_{B}=0$。

将发电机电气输出转矩表示为

$$\Delta M_{e}=K_{1}\Delta\delta+K_{2}\Delta E'_{q} \tag{7.53}$$

将式（7.53）代入式（7.50）中，状态方程中增加了状态变量 $\Delta E'_{q}$，通过 $\Delta E'_{q}$ 可以把励磁系统、电压调节器及稳定器的状态方程式列出［参见式（6.87）～式（6.96）及表 6.1］。这样，最后可得到系统的状态方程式

$$\dot{\boldsymbol{x}}=\boldsymbol{A}\boldsymbol{x} \tag{7.54}$$

其中状态变量 $\boldsymbol{x}$，可分为机械量 $\boldsymbol{x}_{M}$ 及电气量 $\boldsymbol{x}_{E}$ 两组

$$\begin{bmatrix}\dot{\boldsymbol{x}}_{M}\\ \dot{\boldsymbol{x}}_{E}\end{bmatrix}=\begin{bmatrix}\boldsymbol{A}_{MM} & \boldsymbol{A}_{ME}\\ \boldsymbol{A}_{EM} & \boldsymbol{A}_{EE}\end{bmatrix}\begin{bmatrix}\boldsymbol{x}_{M}\\ \boldsymbol{x}_{E}\end{bmatrix} \tag{7.55}$$

其中，$[\boldsymbol{x}_{M}]=[\Delta\omega_{H}\ \Delta\theta_{H}\ \Delta\omega_{I}\ \Delta\theta_{I}\ \Delta\omega_{A}\ \Delta\theta_{A}\ \Delta\omega_{B}\ \Delta\theta_{B}\ \Delta\omega\ \Delta\delta]^{T}$，如采用第 5 章中的模型及框图，可得，$[\boldsymbol{x}_{E}]=[\Delta E'_{q}\ \Delta E_{fd}\ \Delta u\ \Delta u_{s1}\ \Delta u_{s2}\ \Delta u_{s3}\ \Delta u_{s}]^{T}$ 相应的矩阵 $\boldsymbol{A}_{MM}$、$\boldsymbol{A}_{ME}$、$\boldsymbol{A}_{EM}$及 $\boldsymbol{A}_{EE}$也很容易求出来。

按照上述状态方程，文献［16］计算了决定轴系机械扭转振荡的五个模式，给出了振荡的幅值沿轴的分布，如图 7.56 所示。

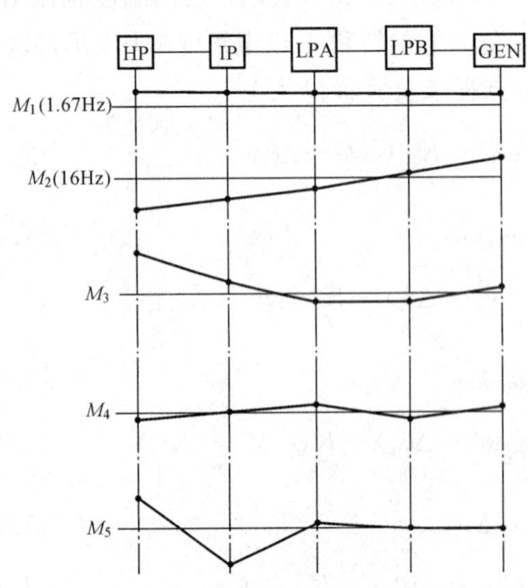

图 7.56 振荡的幅值沿轴的分布

振幅沿轴的分布取决于对应于各个模式（特征值）的特征相量。

由图 7.56 可以看出，模式 1（M_{1}）的振荡频率为 1.67Hz，它是整个轴作为一个刚体，与系统之间的一种振荡。其余模式都是轴系上各个质量块之间的振荡。例如模式 2（M_{2}），振荡频率 16Hz，它是发电机为一方与低压缸（A）、中压缸及高压缸为另一方之间的振荡，它在轴上产生一次扭曲。其余模式可以类推。

分析表明：采用转速为信号的稳定器，对于振频为 1.67Hz 的振荡，基本上补偿了励磁系统的相位滞后，使得发

电机得到一个与转速同相位的附加阻尼转矩，但对于 16Hz 的振荡，附加转矩相位滞后了转速 134°，因而激发了这种频率的振荡。虽然从分析结果上看，还存在更高频率的振荡模式，但在现场试验中，未能测量到这种振荡。

为了克服扭转振荡，目前采用如下一些办法：

(1) 在稳定器的传递函数中，串联一个限波器，如图 7.57 所示，它使频率为 16Hz 的信号不能通过稳定器。

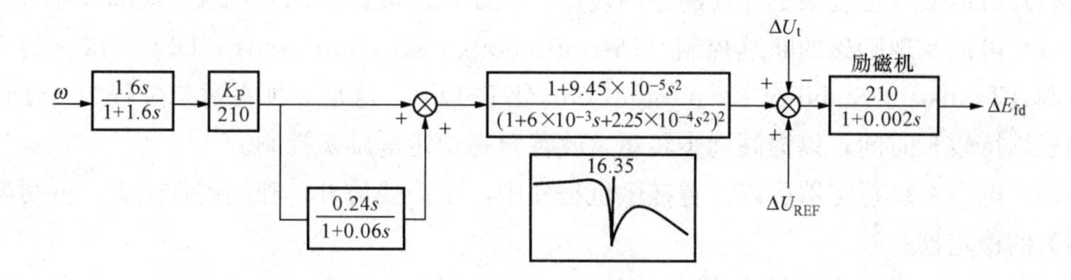

图 7.57　带有限波器的稳定器

(2) 将测量转速用的齿盘及探测器，安装在两个低压缸之间，即该振荡沿轴分布的节点（即振幅等于零那个点上，见图 7.56）。这样，就不会测量到 16Hz 的扭转振荡，并且两个探测器装在水平方向，互差 180°，以避免轴垂直振荡引起的误差。

(3) 改用过剩功率作为信号，因为它不容易引起轴的扭转振荡。

第 15 节　微机式励磁控制系统

20 世纪 70 年代就已开始研制微机化的励磁控制系统，但是到了 90 年代后期，产品才达到工业上经济上可行的阶段。

微机励磁控制系统的基本原则及内容，如误差控制、动态校正、电力系统稳定器等并没有改变，但它并不是模拟式系统的翻版，它具有许多更为优越而模拟式控制系统不可能具备的功能，不但是励磁控制的作用可以更好发挥，也给制造、调试、运行、维护带来很多好处。

从图 7.58 可以看出模拟式与微机式励磁控制系统的不同。

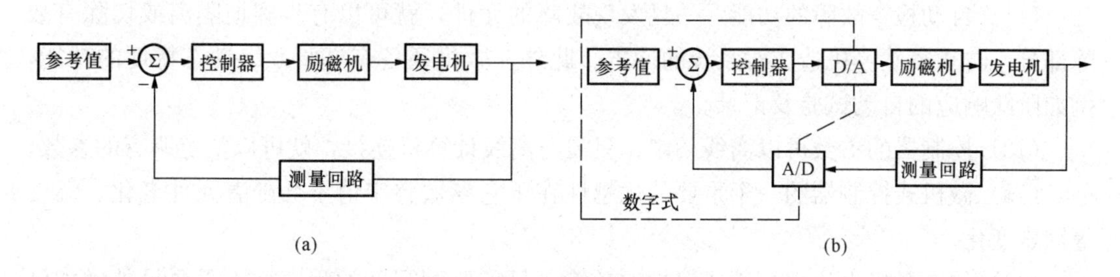

图 7.58　励磁控制系统

(a) 模拟式；(b) 微机式

图中微机式控制器是用虚线的框表示的，它与发电机励磁机及信号测量部分是用A/D（模拟—数字变换器），以及D/A（数字—模拟变换器）接口的，它可能由一个或多个微处理器组成。控制的规律如PID动态校正、稳定器等都是将相应的方程式储存到微机的记忆器中，然后将测量的信号输入执行计算，输出再经D/A变换，送到励磁机进行功率放大，调节励磁。

下面介绍微机控制器所具有的而模拟式控制不具备或不够完善的一些功能：

(1) 可以实现更复杂更完善的控制规律，例如自适应、自调整控制、模糊控制等。

(2) 可以实现励磁的断续控制（Discontinuous Excitation Control-DEC）或称暂态励磁控制（Transient Stability Excitation Control-TSEC），这是一种在暂态过程中，使得强行励磁维持较长时间，以提高同步转矩，改善暂态稳定的励磁控制。

(3) 电力系统稳定器可以设置在微机程序中，不需要另外单独的硬件装置，并可实现变参数的稳定器。

(4) 恒功率因数或恒无功控制，用微机的程序很容易实现。

(5) 低励及过励限制（UEL/OEL），用微机来实现，就不必设置单独硬件，而且可以更准确地按照发电机的负载能力曲线控制，也可以将绕组温度作为一个变量进行控制。

(6) 定子电流限制，用微机控制来实现此功能其性能比模拟式要优越。

(7) 具有通信功能，最简单的通信是通过键盘及终端，同时它可连接到当地或远端的串接端口、当地网络等，经通信可获得输入输出量的数值、参数的设置、内部信号、限制及继电器的状态，以及故障情况等这些信号，可以与其他控制装置如调速器或其他高一级的控制器互相交换。

(8) 改变控制量的整定值，例如电压、无功功率或功率因数等，只需通过远方继电器调整增大/减小按钮或者直接从发电机的计算机控制系统加以改变。

(9) 状态及数据自动记录及录波。这种记录可以是设置在微机内，也可连接在外部记录器上，它是一种连续的循环式记录，当有系统故障，它就会启动记录器，将励磁内部的变量记录下来，记录时它会把故障前的状态也记录下来，同时每个记录通道内部都设有滤波器可把变量稳态值去除，只记录偏差量。

(10) 模拟式控制的测量需要外加的仪表，而微机式的可以测得或显示模拟式很难测得参数、状态，并可把它们送到电厂的主控制计算机中去。

(11) 自动检查故障的功能，一旦发现故障的元件，就可以有步骤地隔离或切除有故障部分，防止突然停机造成对系统的冲击。此外，微机还备有试验系统动态特性的功能，例如阶跃响应的自动试验及记录。

(12) 控制器的参数可以离线整定，只需与离线计算机连接，就可以整定所有的参数。

(13) 微机式控制器的一个重要的优越性在于它参数整定值不会随着元件老化、温度等因素变化。

(14) 如在微机上增加控制或保护的功能，只需要编写新的程序，不需要另外增加硬件，因而不会降低可靠性。

由于微机的价格不断下降，其性能明显优于传统的模拟式控制器，所以新的大中型发电机都会采用这种系统。在我国最早研制出微机式励磁控制系统的是水电部南京自动化研究所，以后电力科学研究院、哈尔滨电机厂等都有定型的产品。

图 7.59 是 HWL-01 型微机式励磁控制系统的结构示意图[17]。

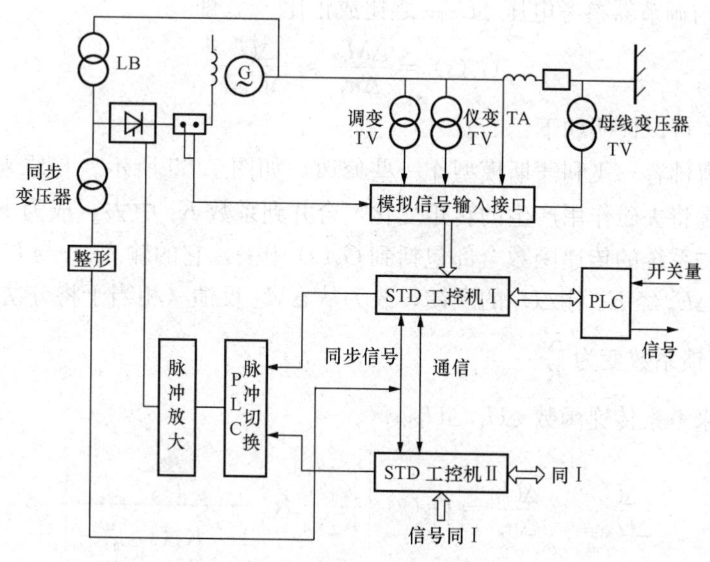

图 7.59　HWL-01 型微机式励磁控制器总体结构示意图

第 16 节　调整试验方法

电力系统自动控制装置，包括自动电压调节器及稳定器，都需要在现场经调整试验，才能真正投入运行。理论上的计算，由于不可能包括实际存在的许多非线性因素，干扰及噪声，计算中使用的参数也不可能十分准确，计算只能得到装置参数调整的预定值，最终还是要靠现场的调试，才能最后确定。

国内外产业部门一直非常重视试验调整技术。在北美，随着稳定器的普遍应用，积累了丰富的经验，发展了一套现场调试的基本准则、方法及程序，这也是稳定器有关技术的一个重要方面。在中国，中国电力科学研究院、中试所及各制造厂也都积累了丰富的经验，为推广应用电力系统稳定器奠定了基础。

调整试验方法，是建立在频域内相位补偿概念基础上的。我们知道，稳定器的主要作用在于：在支配机组的振荡频率下，将电压调节器、励磁系统的滞后相位加以补偿，以便获得一个与转速成正比的阻尼转矩。因而只要测量出这个相位，就可以方便地确定稳定器的参数。这种方法，直观性强，十分有效，也易于实现。

要测出上述的滞后相位，也就是要测出稳定器的输出电压（即电压调节器的参考电压）至转矩的一个分量 ΔM_{e2}（它与 $\Delta E'_q$ 成正比）之间的频率特性 $G_x(j\omega)$ 或传递函数 $G_x(s)$

$$G_x(s)=\frac{\Delta M_{e2}}{\Delta u_s}=\frac{\Delta M_{e2}}{\Delta U_{REF}}$$

测量频率特性的方法，是大家所熟知的，但这里的问题在于很难将转矩的两个分量分开来。因而无法量测到 ΔM_{e2} 这个量。

北美的工程师们，经过理论分析及试验证明，上述传递函数，在实际条件下，近似地和端电压 ΔU_t 与调节器参考电压 ΔU_{REF} 之比成正比[19]，即

$$G_x(s)=\frac{\Delta M_{e2}}{\Delta u_s}\approx\frac{\Delta U_t}{\Delta U_{REF}} \tag{7.56}$$

这个结论，可以证明如下：

首先，将海佛容—飞利蒲斯模型作一些修改，如图 7.60 所示。与原来模型相比，有两点变化：一是将去磁作用产生的转矩变化，合并到系数 K_1 中去，成为 $K_1(s)$。并将电压调节器，励磁系统的传递函数全部包括到 $G_x(s)$ 中去，它的输入 u_s 与 U_{REF} 是同一个电压。二是将从 $\Delta E_q'$ 经 K_6 对 ΔU_t 的反馈，改为从 ΔM_{e2} 反馈（相当于将分岔点移到系数 K_2 之后），因此反馈系数变为 $\frac{K_6}{K_2}$。

下面，就来考察传递函数 $\Delta U_t/\Delta U_{REF}$

$$\frac{\Delta U_t}{\Delta U_{REF}}=\frac{\Delta U_t}{\Delta u_s}=G_x(s)\left[\frac{K_6}{K_2}-K_5\frac{\frac{\omega_0}{T_J s^2}}{1+K_1(s)\frac{\omega_0}{T_J s^2}}\right] \tag{7.57}$$

$$=G_x(s)\left[\frac{K_6}{K_2}-K_5\frac{\omega_0}{T_J s^2+K_1(s)\omega_0}\right]$$

由式（7.57）可见，当 $K_5=0$，或者转速及功角变化近似为零时

$$G_x(s)\approx\frac{K_6}{K_2}\frac{\Delta U_t}{\Delta U_{REF}}=GEP(s) \tag{7.58}$$

式（7.58）中 $GEP(s)$ 是稳定器起作用要经过的通道的传递函数，它包括了发电机、励磁系统及电力系统。

K_5 对于 $\frac{\Delta U_t}{\Delta U_{REF}}$ 的影响是很小的，这可从一台大型发电机组分别与强的或弱的电力系统相联的计算结果看出来，如图 7.61 及图 7.62 所示。

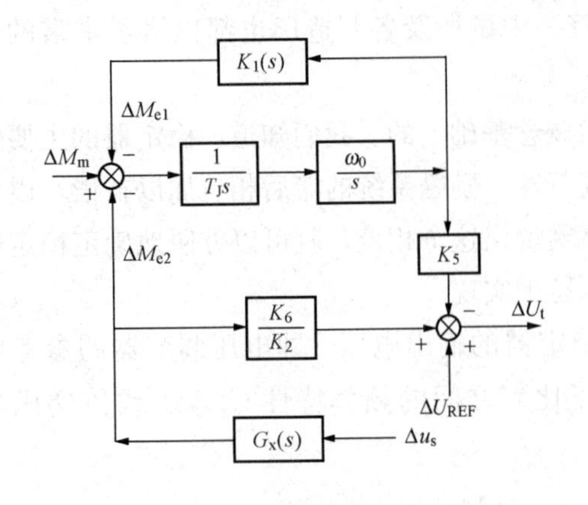

图 7.60 修改后的发电机数模

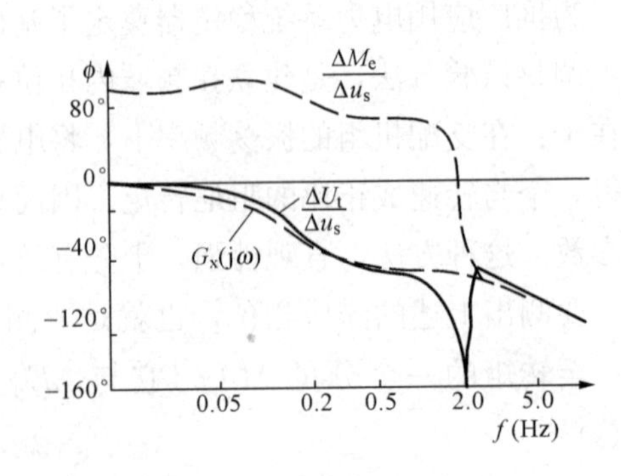

图 7.61 强联系时的频率特性

由图7.61、图7.62可见，$\Delta U_t/\Delta u_s$ 在全部频率范围内都与 $\Delta M_{e2}/\Delta u_s$［即 $G_x(j\omega)$］很相近。图中也表示了 $\Delta M_e/\Delta u_s$ 的频率特性，可以看出，它只在机组共振频率［即图上 $G_x(j\omega)$ 产生急剧变化的频率］才与 $G_x(j\omega)$ 相近。

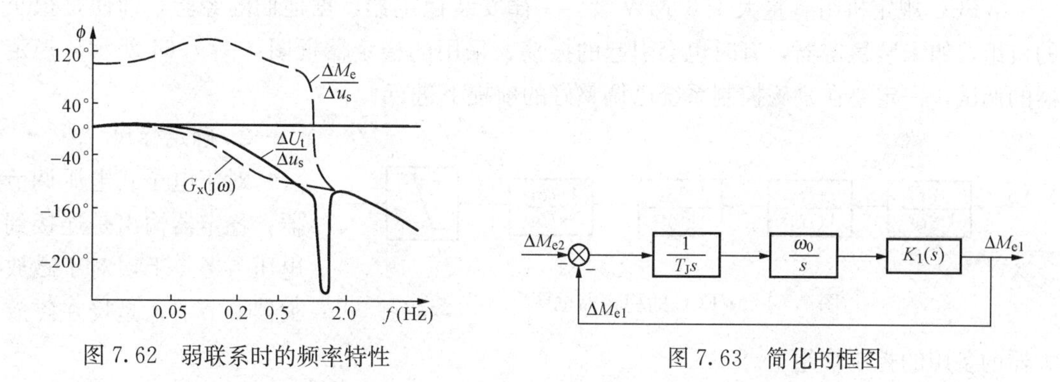

图7.62 弱联系时的频率特性

图7.63 简化的框图

图7.61、图7.62中 $\Delta M_e/\Delta u_s$ 与 $G_x(s)$ 的关系，可推导如下：

首先将图7.60所示的框图进一步简化为图7.63所示的框图。

由图7.63可见 $$\Delta M_{e1} = -\Delta M_{e2}\left[\frac{K_1(s)\omega_0/T_J s^2}{1+K_1(s)\omega_0/T_J s^2}\right]$$

因此 $$\Delta M_{e1} + \Delta M_{e2} = \Delta M_e = \Delta M_{e2}\frac{T_J s^2}{T_J s^2 + K_1(s)\omega_0}$$

两边同除 Δu_s $$\frac{\Delta M_e}{\Delta u_s} = G_x(s)\frac{T_J s^2}{T_J s^2 + K_1(s)\omega_0}$$

稳定器调整的基本原则可以归纳如下：

(1) 要使稳定器在各种运行条件或工况下，都能提供适当的、合理的阻尼，这实际上表现为对性能指标要求的某种折中，注意不要过分追求在某个固定运行情况下，使动态品质达到最佳，有的文献提出应在稳定器增益最大的运行方式下，调整稳定器，例如以速度为信号的稳定器，应在与系统联系较强，发电机满负荷下调试，这样当与系统联系减弱时，稳定器增益减小，虽然动态品质要差一些，但只要能提供适当的阻尼，就已经满足要求。如果在弱联系时，将参数调到最佳，在强联系下，可能会使稳定器增益过大，反而使系统产生振荡或激发起励磁系统本身的振荡。

(2) 希望稳定器提供正阻尼的频带，在可能的条件下，尽可能宽一些。若调节器及励磁系统的滞后角为 $-\phi_x$，稳定器的领先角为 ϕ_p，当 $|\phi_p-\phi_x|>90°$ 时，稳定器将提负阻尼。所以，这相当于要求 $|\phi_p-\phi_x|<90°$ 的频带尽可能宽一些，这样当系统运行条件改变后，振荡的频率改变了，稳定器还可以提供合适的相位，也就是有良好的适应性。但是，这个频带宽度，受到许多实际条件的限制，为滤掉信号中所含的噪声及谐波等而设置的滤波器，就限制了频宽的宽度。但是，在多机系统中，任何一台机不可能对所有振荡模式的作用都有同样灵敏度，因而要求任何一台机组主要为与它对应的最灵敏的模式提供阻尼，兼顾其他模式即可。这一般是做得到的。对联络线振荡模式，常常是多台机组都能起作用，这时，每台机组提供的阻尼，大致应与它的容量成比例。

美国西部电力系统协调委员会在这方面具有丰富的经验，本书的作者曾在其属下的邦耐维尔电力管理局（BPA）进行过专题考察，详细了解了他们现场调试稳定器的方法及步骤，归纳起来，可分述如下。

1. 使用范围及框图

WECC规定机组容量大于65MW者，一律安装稳定器，据他们的经验，即使是很小的机组，如未装稳定器，有时也会引起的振荡。采用的稳定器框图如图7.64所示。稳定器的调试，一定要在励磁控制系统已调整好的前提下进行。

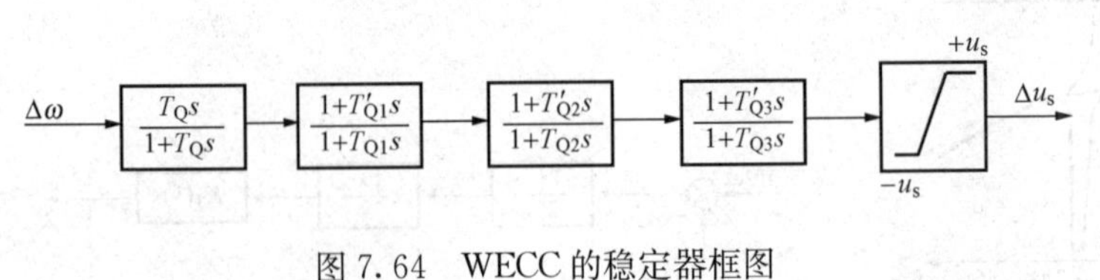

图7.64 WECC的稳定器框图

2. 确定标尺

对于电子式电压调节器，稳定器输出是连接到电压参考点上，对于磁放大器调节器，是接在磁放大器的备用的控制绕组上。

为了给稳定器的增益设定标尺（即定出增益的标幺值），可如下进行：

(1) 发电机运行在满负荷。

(2) 投入发电机电压调节器，如在发电机母线上并联其他发电机，应使这些发电机的调节器退出运行。

(3) 稳定器输出限幅全部打开。

(4) 将稳定器最后一级放大器的增益调整为1.0，并将它的输入与前面几级断开，而连到一个可调直流电源上。

(5) 改变可调直流电源电压及最后一级放大器的负载电阻，使得产生某一电压E_d，而它能产生发电机端电压改变额定值的1%。此数值将用来决定稳定器输出限幅及增益。

在上述试验中，有一点必须特别注意，即稳定器的电源的公共点常常并不是地，所以记录仪、示波器等也必须是浮动的公共点结构，否则当连接或断开电路时，将引起电压突然大幅度变化。

3. 励磁系统及发电机的频率响应

(1) 发电机运行在满负荷，与被测发电机在同一母线的发电机的稳定器应切除。

(2) 将一个正弦波发生器连接到电压调节器参考点，记录输入0.01、0.03、0.07、0.1、0.3、0.7、1.0、3.0Hz时的输出机端电压的偏差。电压的偏差是将交流端电压变换成直流电压再与一个直流电压相减后得到。当正常时，调节此直流电压，使输出为零。

(3) 输入信号应尽可能小，只要输出信号足以记录下来，一般说1%～2%的输出偏差就足够了。在0.01Hz时，要求较小的输入信号，而较高频率时，要求逐渐增大输入信号。要注意无功功率的变化在允许范围内，且变化是在电压调节器的限幅范围以内。因此，应在记录仪上记录下调节器的输出电压，在接近地区型振荡模式（大约1～2Hz之间）时，要特别谨慎。

(4) 在频率低于0.1Hz，输入输出相位之差可能为零，而频率增高时，相位可能达到180°，频率响应的幅值为$20\lg\frac{\Delta U_t\%}{E_d\%}$，其中$\Delta U_t\%$为以额定电压为基值的端电压偏差；

E_d 为使端电压变化 1% 额定值时的输入电压(按本章第 15 节稳定器定标中的定义)。

图 7.65 为实测的补偿前后发电机的幅频及角频特性。

4. 相位领前时间常数的选择

在测得的上述频率特性($\Delta U_t/\Delta u_s$)中的角频特性曲线上,按照未补偿的曲线查出滞后角为 90°所对应的频率。在此频率上,稳定器应把上述 90°滞后角补偿掉,一般使用两级领先环节,每一级补偿 45°。例如,角频特性上,查到滞后角为 90°时之频率为 0.25Hz,折合到弧度,即为 $\omega = 2\pi f = 6.28 \times 0.25 = 1.57$ rad/s,则可以选择相位领先时间常数(即传递函数的分子项)为 $T'_{Q1} = T'_{Q2} = \frac{1}{1.57} = 0.64$s ❶。

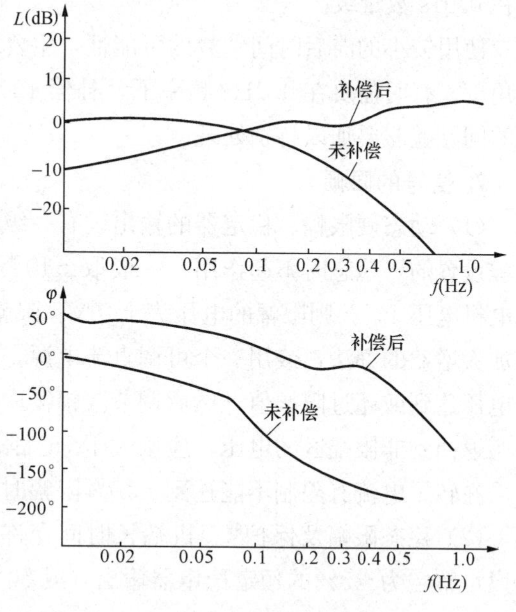

图 7.65　实测的补偿前后发电机的幅频及角频特性

5. 快速励磁系统的特殊考虑

如果在 1Hz 时,相位滞后大于 90°,可采用上述方法整定。但当在 1Hz 时,相位滞后角小于 90°,则应考虑以下一些原则。

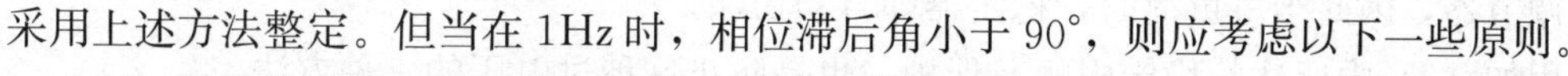

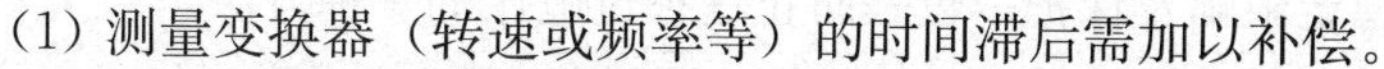

(1) 测量变换器(转速或频率等)的时间滞后需加以补偿。

(2) 领先与滞后时间常数之比可以适当减小,例如在 3~10 之间,以降低噪声,应使补偿之后的频率响应,在 1Hz 处的相位滞后,小于 45°,以免减小地区振荡模式的阻尼。降低噪声的问题是非常重要的,所以要使 1~15Hz 之间的增益降低,同时不能让 1Hz 时的滞后角大于 45°。如果噪声较严重,可考虑仅用一级领先环节。

(3) 有时,也可以只有一级领先环节,这时按滞后角达 45°时之频率,将这个滞后角补偿掉,而不是用 90°来计算❷。

(4) 对于轴的扭转振荡,稳定器有时可以抑制,有时则不能,对快速系统要特别注意这个问题,有时为了减小噪声,需要在变换器之前设置一个 55~65Hz(对于 60Hz 为标准频率的情况)的滤波器。

(5) 有时要求发电机对负荷中的冲击负荷(如电弧炉)提供阻尼,这时噪声及轴扭转振荡的问题,就会成为首要的问题,应从有经验者处获得指导。

6. 相位滞后时间常数的选择

相位滞后时间常数的选择是在减小噪声与扩大稳定器的有效频率范围两者之间的一种妥协安排。如有两级领先环节,则至少有两级滞后,有时甚至更多。一般说,滞后时间常

---

❶ 如果相位滞后角为 90°,则电压调节器将提供纯粹负阻尼,故选择这一点,将其滞后角全部补偿掉,此处让领前环节在第一个转角频率处,提供 45°相位领先,因第一个转角频率可表示为 $\omega=1/T$,故 $T=1/\omega$。

❷ 估计这是指快速系统滞后角较小,所以稳定器提供的领先角也较小,据了解北美有的系统就是这样做的。

数在 0.01s 数量级。

使用较小的滞后时间常数的可能性，主要取决于信号噪声和谐波分量，以及需要补偿的角度。有时需要在 0.3Hz 频率下，补偿 120°相位，这时滞后时间常数会非常小，而噪声的问题就需要加以特别处理。

7. 信号的限幅

(1) 动态硬限幅。稳定器的输出设有一级限幅器，它一般是正负对称的，它是为动态过程设置的，稳态时不起作用，一般取±10%（标幺），例如稳定器输出 1V 电压能改变发电机电压 1%，则限幅的电压为±10V。限幅值应该在稳定器切除的情况下整定，可以用加大增益的办法，或用一个可调直流电源，加入稳定器最后一级放大器，并使稳定器输出电压达到或超过限幅值，然后调节限幅器中电阻来整定限幅电压，当输入电压降低时，开始返回到非限幅区的电压，应该大于 75%限幅值。

在转子电流有限制不能达到±10%限幅时，可以整定小一些，但不能低于±4%。

(2) 稳态限幅及保护[1]。机端长时间允许过电压的数值，要比 10%低，一般为 5%。所以可整定为±5%的额定稳定器输出（或 50%的动态限幅值）经 7s，将稳定器切除，这个整定值当动态限幅为±10%时，在 0.05Hz 的摆动中，不会使稳定器自动切除。

(3) 防止甩负荷后的过电压。为了防止因甩负荷后，转速（或频率）的升高而造成的稳定器输出加大而产生的过电压。通常都是将稳定器的输出与主开关的接点串联后，再接入电压调节器，因此当甩负荷时，稳定器即自动切除。

采用如（2）中所述的稳定限幅及保护，也是防止这种过电压的一种方法。

8. 隔离环节时间常数

隔离环节的主要功能就是防止稳定器输出一个恒定的偏差电压。在稳定器提共阻尼的频率范围内，隔离环节应该不引入明显的相角位移，一般说，趋于将其时间常数选择较大，建议选为 30s[2]。

9. 增益的定义及验证

稳定器的增益是指的直流的或静态增益，它不包括隔离环节的作用在内，它定义为发电机电压变化的百分数与转速或频率变化百分数之比，例如增益为 4，表示 1%的转速或频率（即对 60Hz 为 0.6Hz）变化，将产生 4%的端电压变化。

增益的检验可用下述方法，首先将隔离环节退出作用（可将隔离环节上的电容短路）。然后，在稳定器输入加一个阶跃电压，记录端电压的变化曲线，则可计算出增益，调节器加阶跃后，实测的响应如图 7.66 所示。

有的厂家生产的稳定器，附加专门的按钮，来测量稳定器的增益。

10. 投入稳定器后励磁系统的频率响应

与前面所述励磁系统响应测量方法相同，只是，这时稳定器投入，不同频率信号由稳

---

[1] 这是一种保护装置，防止稳定器长期输出偏值电压，造成定子电压过高。一般都设有隔直环节，也可达此目的，所以有时不装设此保护。

[2] 一般使用 5～10s。

定器输入点加入。

如果，参数整定合适的话，则在1Hz左右角度应大致为零，而在低频段（0.2～0.5Hz）产生±30°的相位移，是可以接受的。幅频特性应该是较为平坦的。如果对测得的频率响应不满意，可以再改变参数，重新测量。

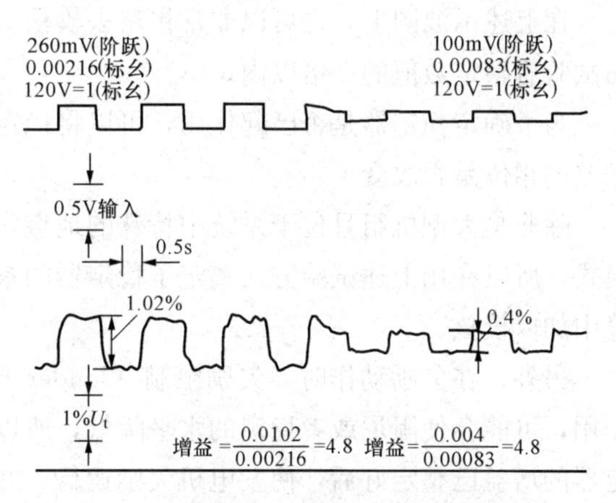

图 7.66　调节器加阶跃后实测的响应

11. 整定增益值

将稳定器投入运行，同时记录稳定器的输出及端电压，逐渐地、缓缓地增加稳定器增益，直到产生持续的励磁电压振荡，通常这种振荡频率为1～3Hz，快速励磁系统可能在4～8Hz，记录下此时增益，一般最佳的增益值大约为此数值的1/3。在试验过程中，不要让稳定器的输出信号达到限幅值。因为，如果随着增益加大，噪声亦被放大，而达到限幅值，则测出的最大增益就不正确了。

如果要确定是否发生轴的扭转振荡，可以使记录仪以高速记录，如发现轴扭转振荡，则增益应降低到该值的1/3。

进行上述试验时，应在发电机的最敏感的条件下运行，也就是：

（1）满负荷，且具有领先功率因数。

（2）如果机组有可能运行在具有80km或更长的放射状的网络中，则应在这样条件下试验。

（3）如果与试验的机组并联的机组上，未装设稳定器，也应在这样条件下试验。

（4）如果并联机组都装设了稳定器，在试验中，应使所有的稳定器的增益同时增加，但是，除非所有机组共用一台稳定器，否则这样做是非常麻烦的。近似的做法是这样：出现持续振荡的增益与机组容量成反比，即如果四台同容量机组并联，在一台机组上出现振荡增益为36，则各台机组同时采用稳定器时，增益为9即出现振荡，而最合适的增益应为3。

一台增益为6的100MVA（6×100MVA＝600MVA）机组和一台增益为3的300MVA机组（3×300＝900MVA）并联与一台增益为15的100MVA机组（15×100MVA＝1500MVA）是等效的。可以按照这个方法来分配并联同一母线上各机组的增益。为了获得良好的动态特性，产生持续振荡的增益与MVA的乘积，应减小到1/3。如果是相同容量机组，增益应采用相同数值。

如果，在一台机组无法测得产生持续振荡的增益，则将接近产生振荡的增益除以3，虽然比最合适的增益要小，但它是一个安全的数值。

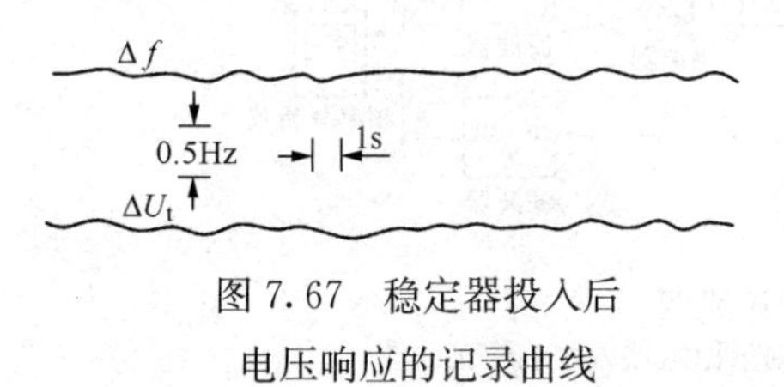

图 7.67　稳定器投入后电压响应的记录曲线

稳定器如能正确地调整，它应保持在0.1～0.5Hz频率内，发电机端电压与频率偏差（或转速偏差）是同相位的。所以当投入稳定器后，可在记录仪上记录上述各量约半小时，则所希望的干扰总会出现的，如图7.67所示。

在上述示波图上，也可以非常粗略去校核一下增益值。即 $\Delta U_t\%/\Delta f\%$，此值应在前面试验后整定数值的2倍以内。

为了确定稳定器是否已起作用，可以将稳定器切除，或减小增益，观察端电压与转速偏差的相位是否改变。

除非是大型机组且位于系统中特殊的地点，一般说，在一台机组上很难激起联络线的模式，所以在用上述试验方法整定了稳定器的参数后，还应该根据具体的情况，在模拟计算中加以校核。

另外，在欠励动作时，欠励限制（Under Excitation Limiters，UEL）与稳定器互相作用，可能会使阻尼或者稳定的水平降低，所以要对它们之间的协调工作进行校验，当稳定器的增益已整定好后，使发电机欠励运行，并逐渐增加欠励的程度，直到欠励限制开始起作用，然后作阶跃或脉冲干扰下的动态时域响应试验，以确定两者之间没有不利的相互作用，如果出现了相互作用，并造成不稳定，则欠励限制或稳定器需要重新加以调整。

现以云南省鲁布格电厂发电机的稳定器调试为例[20]，说明调试方法。该厂为4×150MW水电机组，采用自并励励磁系统。向西与云南电网相联，向东与广西、广东电网相联，共同组成南方电网。

（1）调试稳定器的接线如图7.68所示，先把稳定器从电压调节器断开，发电机带满

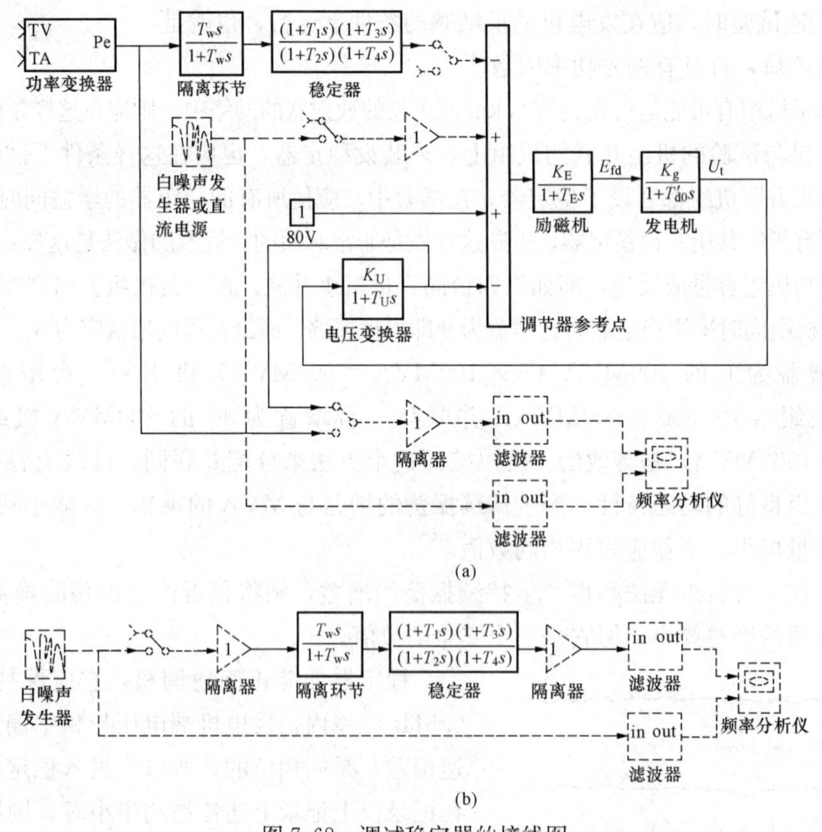

图7.68 调试稳定器的接线图

（a）测量励磁系统的频率响应接线图；（b）测量稳定器频率响应接线图

载，测量鲁布格机组频率响应及稳定器频率响应，如图 7.69 所示。

(2) 利用复频域分析方法，确定鲁布格电厂参与了云南—广西广东电网之间频率为 0.4～0.5Hz 的联络线模式，以及地区模式频率为 0.8～0.9Hz 及 1.3～1.6Hz 的振荡，因此该厂应提供在 0.4～1.6Hz 这个频段上适当的相位补偿，特别是 0.4～1.0Hz 频段内弱阻尼模式的相位补偿。如果事先未作复频域的分析，在鲁布格电厂 2 号机在云南电网独立运行时的相频特性（见图 7.70）中亦可看出地区模式的频率，在相频特性中某个频率上有明显的“低谷”，即表示机组与相应频率在这点产生共振，它们大约是 1.3Hz 及 1.6Hz，这与复频域分析结果一致。

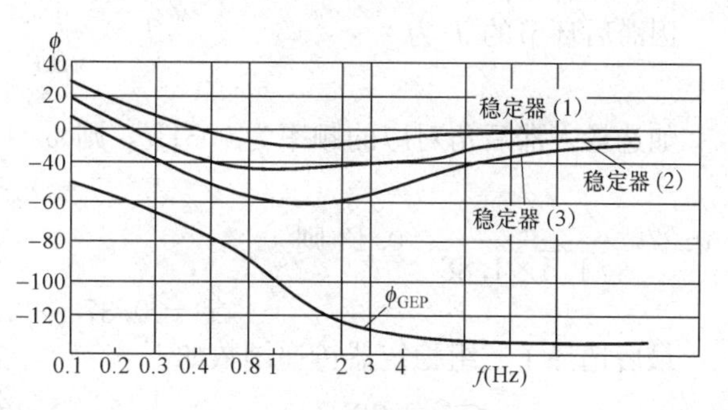

图 7.69　鲁布格机组频率响应及稳定器频率响应

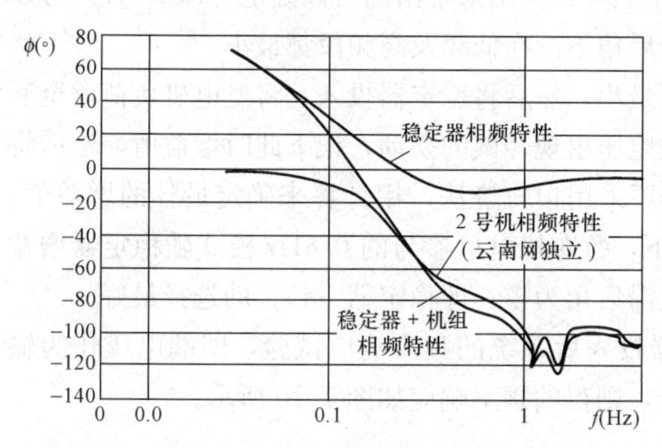

图 7.70　鲁布格电厂 2 号机在云南网独立运行时的相频特性

在现场调试中，对鲁布格电厂 1～4 号机分别在云南网独立运行及与广西、广东联网的情况下，进行了频率响应 GEP（$j\omega$）测量，结果发现相频特性基本相同，大致上在 0.4Hz 时，滞后角在−65°～73.1°之间，1Hz 时，在−88°～−93.6°之间。

(3) 下面用相位补偿法来确定稳定器的时间常数。因为是用 $-\Delta P_e$ 作为稳定器输入信号，$-\Delta P_e$ 是领先 $\Delta\omega$ 的角度为 90°，所以稳定器应是一个滞后环节，在低频段大约滞后 10°～20°，而在高频滞后角大致应为 0°。考虑到隔离环节在低频段具有领先的作用，领先相位从低频的接近 90°，到高频接近零，隔离环节分母的时间常数越大则领先角度下降越快，例如频率为 $1/T_W$ 时，领先角度由 90°降到 45°。因为整个频段要求的是滞后角且仅为 10°～20°甚至为 0°，所以希望隔离环节角频特性下降尽可能快，因此选 $T_W = 2\,s$，相当 0.5Hz 时，仅提供 45°领先角，滞后环节的传递函数为

$$\frac{1+Ts}{1+\beta Ts} \qquad \beta > 1$$

其中

$$\beta = \frac{1+\sin\phi_m}{1-\sin\phi_m}$$

ϕ_m 为滞后环节最大的滞后角度，若只选一级滞后环节 $\phi_m = 10°～20°$，则 $\beta = 1.5～2.03$ 左右。

因滞后环节的 T 为 $$T=\frac{1}{\sqrt{\beta}\omega}$$

如选最大滞后角对应的频率为 0.3Hz，则 $\omega=2\pi\times0.3=1.88\text{rad/s}$，$\frac{1}{\sqrt{2.03}\times1.88}=0.37$，$\frac{1}{\sqrt{1.5}\times1.88}=0.43$ 则

$$T=0.37\sim0.43$$

最后选择了三组稳定器传递函数如下

$$PSS(1)=\frac{1}{1+0.04s}\times\frac{2s}{1+2s}\times\frac{1+0.5s}{1+s}$$

$$PSS(2)=\frac{3}{1+0.04s}\times\frac{2s}{1+s}\times\frac{1+0.3s}{1+s}$$

$$PSS(3)=\frac{4}{1+0.04s}\times\frac{2s}{1+2s}+\frac{1+0.15s}{1+s}$$

其中第一个惯性环节代表功率变换器的传递函数。

图 7.69 给出了以上三组稳定器的频率响应计算结果，由图可以确定，*PSS*（1）可以最好地满足相位补偿的需要，因为它的滞后角不论在低频及高频段都最小。

（4）一般的做法是将额定器增益调到最小，然后将稳定器投入，将发电机负荷增至额定，逐渐加稳定器增益，直到发电机励磁电压出现轻微的摆动，记下此时增益值，然后将增益整定到上述数值的 1/3。但鲁布格电厂采用根轨迹法，用计算来确定最佳的增益值，图 7.71 是鲁布格电厂三机一线运行方式下，鲁布格电厂参与的 0.8Hz 模式随稳定器增益的变化的根轨迹。由图可见增益为 1.5 且滞后角为零［即稳定器（1）］的选择最好。

（5）在整定好的参数下，进行稳定器投入后系统的频率响应试验，即端电压作为输出，稳定器的输入端输入不同频率的信号，则得的频率响应如图 7.70 所示。

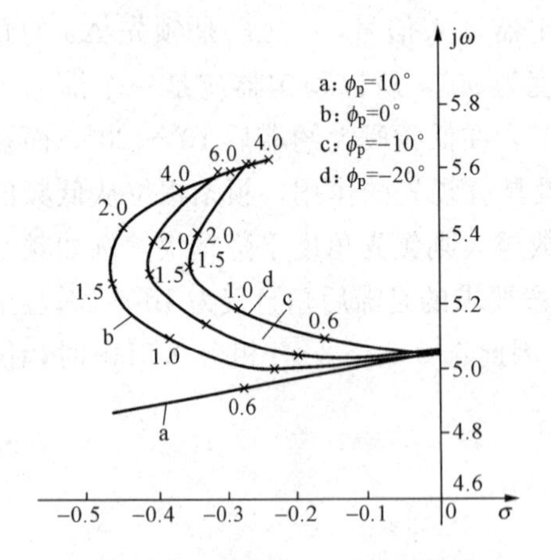

图 7.71 稳定器投入后的根轨迹

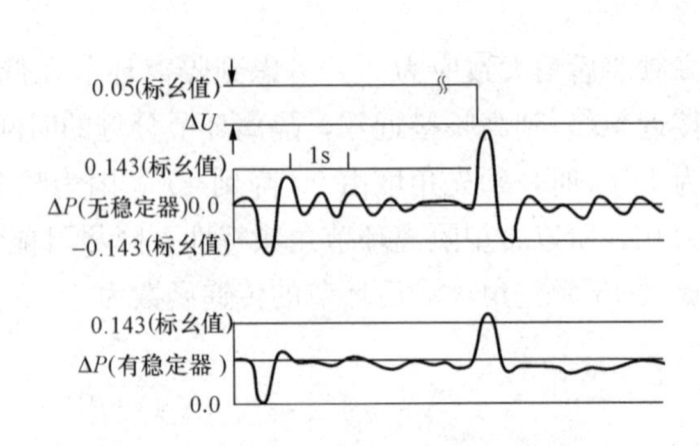

图 7.72 云南电网独立时 1 号机阶跃响应

（6）在整定好的参数下，分别进行了云南电网独立运行及联网两种情况下的阶跃响应的测试，阶跃输入是靠外加电源由调节器相加点输入的，其结果如图 7.72 及图 7.73 所示。

（7）为了检验稳定器在电网发生故障时的作用，还模拟了某次在联网情况下发生三相

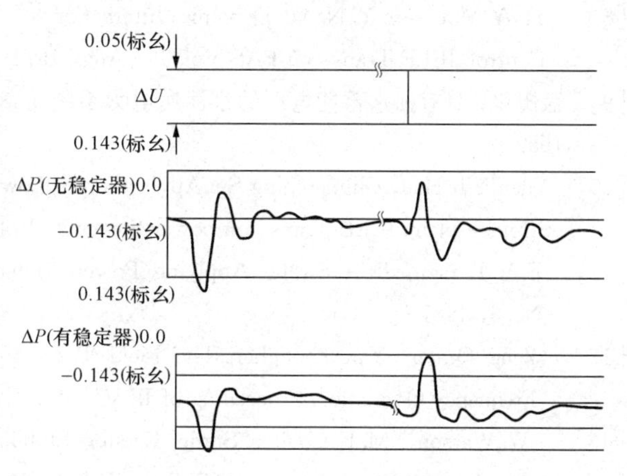

图 7.73　云南电网联网时 1 号机阶跃响应

短路时，鲁布格电厂至天生桥线路的功率变化，其结果如图 7.74 所示。

以上介绍了云南省电力调度所及电力试验研究所在鲁布格电厂的稳定器参数现场调试整定方面的工作，他们的工作，进一步证明了，采用基于频率响应相位补偿法，可以使得稳定器，对电厂及系统不同的运行条件及运行方式都有很好的适应性，有效地改善了系统的稳定性。国内许多单位像中国电力科学研究院及各中试所在稳定器现场调试方面都有着丰富的经验。云南电力局的工作把理论分析与现场调试结合在一起，完整地进行了分析、测试、设计及校验的全过程，值得作为一个成功的实例，加以借鉴。

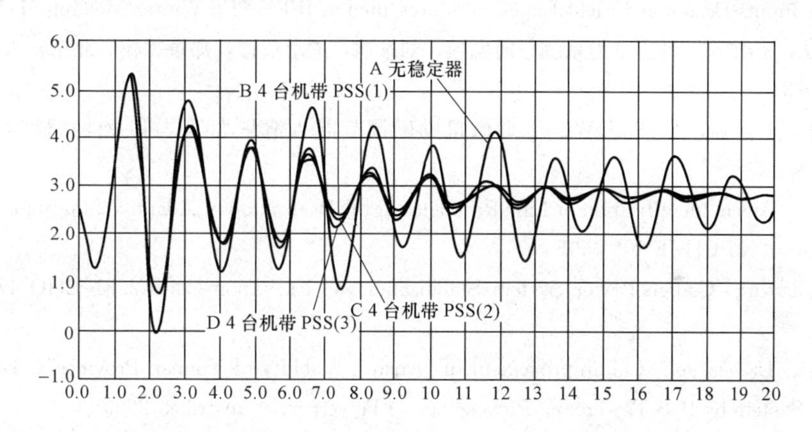

图 7.74　三相短路时鲁布格电厂至天生桥线路的功率变化

参考文献

[1]　[俄] И. М. 马尔柯维奇．动力系统及其运行情况．张钟俊译．北京：电力工业出版社，1956

[2]　O. W. Hanson，G. J. Goodwin，P. L. Dandenno. Influence of Excitation and Speed Control Parameters In Stabilizing Inter-system Oscillations. IEEE Trans. on PAS May，1968

[3]　P. Kundur. Power System Stability and Control. New York：McGraw-Hill，Inc.，1993

[4]　刘宪林．水轮发电机水机电整体数学模型及稳定性研究：[硕士论文]．北京：清华大学，1988

[5]　[俄] M·Γ·波尔特诺伊，P·C·拉比诺维奇．电力系统稳定性的控制．张金城，郑美特译．北京：水利电力出版社，1982

[6]　刘豹．现代控制理论．北京：机械工业出版社，1983

[7]　Xianlin Liu，Chu Liu. Analysis on oscillation Between Two Generators in a Hydro Power Plant and Development of Math Model for a Compound Excitation system. proceedings of PowerCon，1990，Kunming，China

[8] H. A. Moussa, Y. N. Yu. Dynamic Interaction of Multi-machine Power System and Excitation Control. IEEE Trans. on PAS Vol. 93, Aug, 1974

[9] 孟庆和．具有抽水蓄能电厂的京津唐电力系统动态稳定性分析及的应用．北京电机工程学会．1989

[10] Yuan-Yih Hsu, Chung-ching Su. Application of Power System Stabilizer on A System with Pumped Strotage plant. IEEE Trans. on power Systems, Vol. 3, No. 1, Feb. 1988

[11] E. V. Larson, D. A. Swann. Applying Power System Stabilizer. IEEE Trans. on PAS, Vol. 100, No. 6, 1981

[12] Zeng Qinyu, Yan Zhonghen. The Field Tests on Power System Stabilizers for Damping Low Frequency Oscillation. Proceeding of IFAC, 1986

[13] W. Watson, M. E. Coultes. Static Exciter Stabilizing Signals on Large Generators-Mechanical Problems. IEEE Trans. on PAS, Jan. /Feb. 1973

[14] F. P. de Mello, L. N. Hannett, J. M. Undrill. Practical Approaches to Supplementary Stabilizing from Accelerating Power. IEEE Trans. on PAS, Vol. 97, Sep. /Oct. 1978

[15] D. C. Lee, R. E. Beaulieu, J. R. R. Service. A Power System Stabilizer Using Speed and Electrical Power Inputs-Design and Field Experience. presented at IEEE PES Winter Meeting, February 1981

[16] [加拿大] 余耀南．动态电力系统．何大愚，刘肇旭，周孝信译，郑肇骥校．北京：水利电力出版社，1985

[17] 周双喜，王永强，李丹．HWL-01型微机励磁调节器．清华大学学报（自然科学版），1994，(34)，No. 4

[18] A. Roth, Baden. Identification of Line Reactance in the Realization of Adaptive Slip Stabilization. BBC Publication No. CH-IE 203 060E

[19] IEEE Tutorial Course. Power System Stabilization via Excitation Control. 81 EHO 175-O PWR, 1981

[20] Xue Wu, Li wen yun et al. Improvement of Dynamic Stability of Yunnan Province and South-China Power System by PSS. Powercon. Proceedings of Powercon. , Austrilia. 2000

[21] F. P. Demello, L. N. Hannett, D. W. Parkinson, J. S. Czuba. A Power System Stabilizer Design Using Digital Control. IEEE Trans. on PAS, Vol-11, Aug. 1982

[22] WSCC Modelling Work Group. Cretieria to Determine Excitation System Suitability For PSS in WSCC System. December 17, 1992

[23] M. E. Aboul-Ela, A. A. Saltam, J. D. McCalley. And A. A. Fouad, Damping Controller design for Power System Oscillation using Global Signals, IEEE Trans, Vol. PWRS-11, no. 2, pp. 767-773, May, 1996

[24] I. Kamwa, R. Grondin, Y. Hebert, Wide-Area Measurement Based Stabilizing Control of Large Systems-A Decentralized/Hierarchical Approach, IEEE Trans, Vol. PWRS-16, no. 1, Feb. 2001

[25] 冯治鸿．电力系统电压稳定性研究．北京：清华大学，1990

[26] 汤涌．电力系统强迫功率振荡分析．电网技术，第19卷第12期，1995

第8章

励磁控制系统功能的扩展

前面几章主要介绍了发电机励磁控制在正常运行时，提高小干扰稳定性的功能及相关的课题。发电机是支持系统电压的无功功率的主要来源，因此励磁控制对发电机及系统的几乎所有的运行方式（例如受到大扰动后的暂态过程、电压失去稳定或系统稳定破坏后大停电的过程），都有重大的影响。现代发电机励磁控制的设计思想已从单个孤立的发电机电压控制上升到全系统全过程的多种控制及保护的综合协调控制。本章先介绍励磁控制系统设计的原则。励磁系统的过电压及低压限制/保护，虽然是从设备安全的角度出发设置的，但它对发电机在特殊方式下的行为及系统稳定性也有间接的影响。发电机高压侧母线电压的控制及电力系统二次电压控制，是近些年一个新的发展方向，像意大利、法国等国家已在实际电力系统中应用[1,2]，对于改善电力系统稳定性尤其是电压稳定性起到了重要的作用。二次电压控制是指将一个区域内发电机励磁及其他无功功率产生设备（如并联电容、电机、静止补偿等）进行协调控制，以保持区域内关键的枢纽母线电压在期望的范围内。可以说，二次电压控制将发电机励磁控制的功能进一步扩展到一个新的水平。

第1节　励磁控制系统设计整定原则

1. 发电机并网带负荷正常运行

对于发电机并网带负荷正常运行，按照中国标准规定，发电机电压的调差系数或称电压精度ε%应不低于0.5%～1%，这是指当发电机的负载、环境、温度、频率等在允许的范围内变化，且不在测量回路内设置附加调差的情况下，发电机端电压允许的变化百分率[11]。按照调差系数与放大倍数的关系来推算，电压调节器的稳态放大倍数对于水轮发电机应不小于200，对于汽轮发电机应不小于400。在正常运行时，自动保持发电机电压在上述精度以内，是对励磁控制的基本的要求之一。但是，采用这样高的放大倍数，不论是快速励磁系统，或慢速励磁系统（通常指传统的直流励磁机或交流励磁机系统，不包括高起始响应的交流励磁机系统）的发电机，并联于系统工作时，都可能产生负阻尼，从而恶化系统的动态品质，甚至造成以低频振荡形式出现的不稳定，为了兼顾稳态时电压高精度的要求及改善系统动态品质，提高系统小干扰稳定性的要求，最好的办法就是装置电力系统稳定器。取决于发电机容量及其在系统中的地位等条件，也可以考虑采用串联或并联校正的方法去兼顾电压精度及动态品质的要求，我们可将它们分为两种，即暂态增益降低型（滞后校正）及稳态增益放大型（比例—积分调节器及励磁电压软反馈），不论哪种型式的校正器，在稳态时都有较大放大倍数，可使发电机电压接近恒定，而暂态过程中，放大倍数都大大地减小，避免了过调、振荡及不稳定。对于动态校正的应用，以下三点需加以进一步说明：

（1）动态校正是以发电机空载运行或并联于很强的系统时，发电机转子摇摆可以略去的条件为设计出发点，在实际的多机系统运行条件下，发电机可能参与不同模式的摇摆，当运行条件发生改变时，有了动态校正仍避免不了出现负阻尼，另外我们希望发电机特别是大型发电机，能为系统提供正的阻尼，因此在设置了动态校正以后，常常还需要配备电力系统稳定器，这使得电力系统稳定器成为励磁控制系统中不可缺少的一个单元。

（2）动态校正是以降低系统暂态过程中调节的快速性为代价的（因为它降低了暂态过程中的放大倍数），但是它简单、易行。

（3）对于慢速励磁系统，由于要保证空载稳定性及空载运行的动态指标，动态校正几乎是必不可少的（除非空载时，切换到另一组参数）。对于快速励磁系统，则可以不用动态校正。

2. 发电机空载运行

不论是发电机并网前，或者从系统中解列后，发电机都处于空载运行，运行规程要求这时系统保持稳定，动态品质良好。具体说就是，空载时，10%的阶跃响应的超调量不大于30%（对快速励磁系统）或50%（对慢速励磁系统），振荡次数小于3～5次，调整时间不大于5～10s，分别对应的阻尼系数约0.35或0.2[11]。

对空载运行的发电机，如果采用简单的比例式励磁调节器，则由于现代调节器都采用电子式的，时间常数很小，可以略去（或者可以近似地将其合并到励磁机时间常数内），这样整个系统可以近似的用两个一阶惯性环节来模拟，其时间常数分别为励磁机时间常数 T_E 及发电机励磁回路时间常数 T'_{d0}。

对于二阶环节来说，系统超调量与阻尼系数 ξ 有单值关系，如超调量为30%，ξ 大约为0.35，而且 ξ 与时间常数及放大倍数有如下关系

$$\xi = \frac{1}{2}\frac{T_E + T'_{d0}}{\sqrt{T_E T'_{d0}(1+K_A)}} \tag{8.1}$$

如将 $\xi = 0.35$ 代入，则得到 $K_A = 2\left(\frac{T'_{d0}}{T_E} + \frac{T_E}{T'_{d0}} + 1.5\right)$ （8.2）

对于慢速励磁系统，可将 $T'_{d0} = 6\text{ s}$，$T_E = 0.6\text{ s}$ 代入式（8.2），则得

$$K_A = 2\left(\frac{6.0}{0.6} + \frac{0.6}{6.0} + 1.5\right) = 23.2$$

对快速励磁系统，如自并励静止励磁系统或他励晶闸管系统，可将 $T'_{d0} = 6\text{ s}$，$T_E = 0.02\text{ s}$ 代入，则得

$$K_A = 2\left(\frac{6}{0.02} + \frac{0.02}{6.0} + 1.5\right) = 603$$

可以看出，快速系统可以采用较高的放大倍数，它能够同时满足保持电压精度及空载运行时动态品质的要求，但慢速励磁系统，两项要求则是互相矛盾的，其原因就是慢速励磁系统的两个环节的时间常数之比很小。解决上述两种运行方式下的要求矛盾的方法，就

是采用励磁控制系统的动态校正，有的文献称之为励磁系统稳定器。至于电力系统稳定器（PSS）这时是切除的，即使不切除，它的输入信号要么是恒定的（转速/频率），要么是零（功率），也是不起作用的。

3. 并网的发电机励磁控制对系统稳定运行的影响

规程要求发电机端电压的调整精度应小于 0.5%～1%，这不仅是对自动调整功能的要求，实际上维持发电机端电压恒定，对提高小干扰稳定性有显著效果，同时对于防止电压不稳定也能起良好的作用，它相当于等效减小了线路电抗，加强了系统的联系。快速高顶值的励磁控制系统，也有利于系统的暂态稳定性。这就是为什么要采用高放大倍数的快速高顶值励磁控制系统的原因。当系统局部出现弱联系，而某些界面上传输功率较重，或者是在大规模跨区的互联电力系统中，两端的两个机组群联系较弱，它们之间本身的固有的阻尼就比较小，再加上采用了高精度电压控制，可能会引入额外的负阻尼，造成系统的低频振荡，系统内其他的控制如调速器、直流输电也都可能引起这种振荡，最有效的方法就是在励磁控制中加入电力系统稳定器，又称励磁的附加控制，它可以提供附加的正阻尼，抵消励磁控制或其他原因产生的负阻尼，使低频振荡平息下来。这样，在设计或整定励磁控制系统时，就可以首先保证电压精度的要求，不必考虑高的放大倍数可能会引起的低频振荡，电力系统稳定器对于局部弱联系，某些断面上传输功率较重的情况，它除了可以消除低频振荡以外，还表现出可以大幅度提高小干扰稳定的极限输送功率及故障后的静稳定极限。

电力系统稳定器调试整定原则，是尽量使得在更宽的频带范围内有合适的相位补偿，从频域的观点来看，这样做就是从全系统整体上考虑使稳定器既能提供系统的区域间振荡模式的阻尼，也能提供本区内模式的阻尼（当然对具体机组来说，可能侧重点有所不同）。参数整定不拘泥于某个运行点的最优的动态品质（阻尼比为 0.1～0.2 即可满足要求），而更着重的是它对运行工况有更广泛的适应性。

电力系统稳定器按输入信号的不同有不同的类型，系统内大容量及关键的电厂，最好采用过剩功率积分作为输入信号的稳定器，它的性能最完善。对于主要带基荷，功率不作大幅度、快速调节的汽轮发电机，也可以采用电功率作为输入信号，因为它比较简单，容易实现，至于采用转速或频率作输入信号，需要对信号加以特殊的处理，应用上有一定难度。

关于选择在哪些机组上装置稳定器的问题，这里仅说明一般的原则，大型骨干机组，位于系统边缘的机组，经弱联系向系统送电的机组，以及采用快速励磁系统的机组，应考虑首先装置电力系统稳定器，这里着重提出快速励磁的发电机，是因为在它上面装稳定器能够提供更多的阻尼，适应性更大，也最容易调试整定。

4. 发电机突然甩负荷

发电机突然甩负荷时，发电机的端电压会突然增高。设发电机在甩负荷前带纯无功负荷，定子电流为额定电流，此时发电机的暂态电抗后的电动势 $E'_q = U_t + x'_d i_d$，设 $U_t = 1.0$，$x'_d = 0.3$，则 $E'_q = 1.0 + 1.0 \times 0.3 = 1.3$，甩负荷后发电机成为空载运行，$E'_q = U'_t$，因 E'_q 保持不变，所以在甩负荷的瞬间，发电机端电压 U'_t 升高至 1.3，如果甩负荷时发电机带有功功率，则甩负荷后发电机转速也要上升，这就造成发电机端电压更加升高，以至达到危及设备安全的程度。这时，快速的、高的电压放大倍数的调节器，再配上可以逆变的励磁系统可以把电压很快地降至额定值。注意，这时电力系统稳定器必须与主开关联切，否则功率的突然减小，转速的上升，会使稳定器的输出去抬高端电压。在稳定器的输出电压上，加装了限幅器，其整定值为±5%～±10%参考电压，作为后备的限制端电压措施。

5. 发电机受到大干扰

例如突然启动电动机或遭受短路冲击，这时励磁控制对于改善暂态过程，使其电压尽快恢复正常，包括提高暂态稳定性都有重要的作用。这时励磁系统中的三个参数，即强励顶值倍数、励磁机时间常数及电压放大倍数起主要作用，中国的标准规定大型发电机的强励倍数不低于1.8～2倍的额定发电机励磁电压，这相当于空载额定励磁电压的3.6～4倍（水轮机发电机）或5.4～6倍（汽轮发电机），励磁电压上升速度不低于2倍额定励磁电压/s。快速励磁系统的励磁机时间常数在0.02～0.05s之间，在暂态过程中，可以很快使励磁电压达到顶值，有利于电压的恢复及暂态稳定极限提高，慢速的直流及交流励磁机系统，时间常数在0.6～1.5s之间，作用就要小得多，特别是对故障后发电机功角第一摆的摆幅起不了多少作用。可以利用励磁机输出电压或励磁机励磁电流的硬负反馈，去减小励磁机的固有时间常数。为了提高励磁电压的上升速度，达到在0.1s以内使励磁电压由额定上升到顶值电压的95%，供给励磁机励磁的电压调节器需要有很高的顶值电压，其值可能达到对应于发电机空载额定电压的励磁机励磁电压的几十倍，甚至上百倍（参见IEEE 2A典型参数），其目的就是要使励磁机输出电压在短时间升到顶值，提高上升速度，故称高起始响应。当达到顶值后，电压会被限幅不会再升高，而励磁机的励磁电压由于发电机电压恢复，经调节器作用就会回落，励磁机的励磁电流由于惯性，也不会升得很高。与慢速励磁系统不同的是，快速励磁系统本身的电压上升速度就很高，不需要加以改造就可以满足要求。考虑自并励静止励磁系统在近端故障时，其顶值电压倍数会降低，设计时可以考虑在端电压降低到80%时，达到所要求的顶值系数。更合理的设计方法，是针对电站的具体情况，进行模拟计算，选出最合理的顶值系数。

电压调节器的放大倍数，一般说按电压精度确定后，就可以满足大干扰下的要求。加拿大安大略省电力局，曾提出应该按下述原则来校核放大倍数的选择，即要求当端电压降低2%时，调节器应使励磁电压由空载额定值达到顶值，也就是说，放大倍数应为

$$K_{\mathrm{A}}=\frac{u_{\mathrm{fdmax}}-u_{\mathrm{fd0}}}{2\%}$$

式中，u_{fdmax} 为励磁电压顶值；u_{fd0} 为空载额定励磁电压。

假定 $u_{\mathrm{fdmax}}=6$，$u_{\mathrm{fd0}}=1.0$，则 $K_{\mathrm{A}}=\frac{6-1}{2\%}=250$。所以说，按电压精度要求确定的电压放大倍数，也可以满足上述要求。

进一步提高系统的暂态稳定，可以采用励磁全过程智能控制，有时又称为暂态电力系统稳定器（Transient Power System Stabilizer），它的基本原理就是在尽可能长的时间内

提供最大的同步转矩，也就是说，不像传统的方式，当短路切除后，由于电压的恢复，强行励磁就退出了，而是将强行励磁一直维持到功角摆动的最大值，在这个过程中要将定子电压限制在一个安全的水平上，当功角达到最大值时，励磁控制通过晶闸管逆变，提供负向电压，使功角的负向摆动减少，经过这样断续的正负向控制，后续的摆动就靠电力系统稳定器提供阻尼，以便过渡到事故后的稳态。

系统内由于故障或者一些重要线路的断开，可能会造成一个区域内长期处于低电压的状态，这种情况有可能发展成为电压不稳定，这时希望该区的发电机都能通过励磁控制，提供尽可能大的无功功率，使电压恢复。但是发电机定转子都有热容量的限制，因此强行励磁允许的时间是由热量积累过程决定的，一旦达到允许的最大值，就必须将电流迅速降低，这对系统的暂态过程会产生重要的影响，这将在励磁过电压限制中介绍。

6. 抽水蓄能机组在抽水状态运行

这时由于角差加大，端电压降低，容易产生负阻尼，应尽可能提高励磁电压，向系统输出无功功率，若采用电功率的稳定器，应将输出极性反号。

7. 进相运行及最低励磁限制

当发电机通过长的输电线且送电功率较轻时，或当受端负荷在后半夜减小时，系统电压升高，发电机可能进入发有功功率、吸无功功率的运行状态，称之为进相或欠励运行。在这种运行状况下，需要励磁控制来保证发电机不超越以下一些因素的限制：

(1) 定子电流过大产生的绕组过热。

(2) 由于发电机在欠励下运行，发电机内电动势降低，静态稳定降低，同时阻尼也会降低，可能产生振荡型的不稳定。

(3) 转子两端的磁通，在进入定子端部时是沿着铁心的垂直方向（即沿轴向），这会在定子铁心的钢片内引起涡流。过励运行时，由于磁通经过转子的护环，使它饱和，因而进入定子的磁通很小，但欠励时护环不饱和，则进入定子铁心磁通增大，造成定子铁心端部发热。

(4) 发电机的失磁保护可能会误动。

取决于具体条件，上述因素中可能只有一个或两个是决定性限制因素。它们都可以用 $P-Q$ 坐标平面的允许工作区或不允许工作区来加以界定，当工作点运行到边界上，最小励磁限制的作用，就是将工作点拉回到允许工作区内。最小励磁限制，是一种慢过程控制，有时称之“稳态控制”，因而与励磁控制中的对机电过渡过程起作用的电压控制或电力系统稳定器的控制，在过渡过程时间段上是可以做到互相独立的，但是取决于具体的条件，相互干扰的情况，也曾出现，因此相互的协调配合是十分必要的。

上面所说的最大励磁及最小励磁限制，其实应该称为最大励磁及最小励磁控制。当达到一定的条件时，它们都是将励磁电流自动调节到一个预定的数值，不是像限幅环节那样，把励磁电流“限制”到某个限幅值，也与保护不同，励磁保护是当达到动作值，就切除励磁或发电机。可以说保护是一种开环的断续控制，但励磁限制/控制是闭环的连续控制，只要它工作正常，在励磁过高或过低的情况下，就不必切除励磁或切机，只有当励磁限制/控制失效的情况下，才轮到保护去动作，所以可把励磁保护看成励磁限制/控制的后备。

第2节 最低励磁限制

1. 工作区的确定

(1) 定子电流的限制。定子电流在其绕组内产生的损耗 I^2R 是发热及绕组温度上升的原因，因此由最大温度允许值，就可以确定最大允许电流值，发电机的视在功率为

$$S = P + jQ = U_t I_t(\cos\phi + j\sin\phi)$$

其中 ϕ 为功率因数角，在 $P-Q$ 坐标平面上，最大允许电流可以表示成一个半圆，其圆心在坐标原点，而半径就等于机组视在功率，如图 8.1 所示。

(2) 励磁电流及静稳极限。励磁电流在励磁绕组内产生的损耗 $I_{fd}^2R_{fd}$ 是产生发热及绕组温度上升的原因，因此对励磁电流最大值也有限制，图 8.2 表示发电机进相时稳态相量图。该图中略去了凸极效应，即认为 $x_d = x_q$。

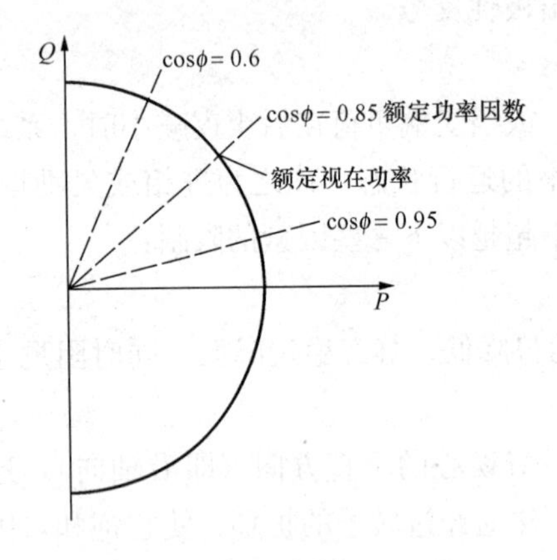

图 8.1 定子电流最大限制曲线

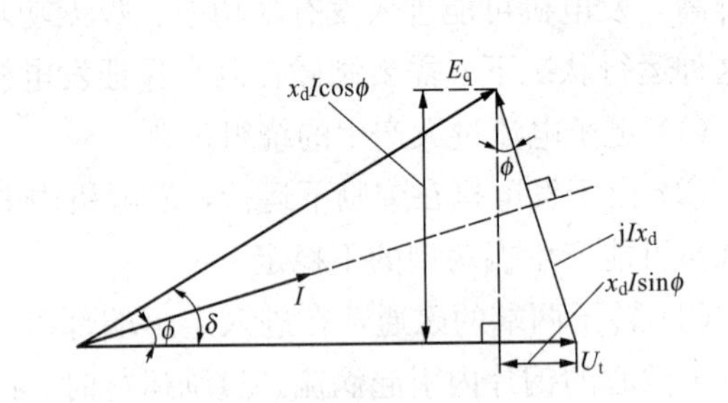

图 8.2 发电机进相时稳态相量图

由相量图可得到

$$E_q \sin\delta = x_d I\cos\phi \tag{8.3}$$

$$E_q \cos\delta = U_t - x_d I\sin\phi \tag{8.4}$$

即

$$I\sin\phi = \frac{1}{x_d}(U_t - E_q\cos\delta) \tag{8.5}$$

发电机有功功率及无功功率分别为（注意此时功率因数角是负值）

$$P = U_t I\cos(-\phi) = U_t I\cos\phi = \frac{U_t E_q}{x_d}\sin\delta \tag{8.6}$$

$$Q = U_t I\sin(-\phi) = -U_t I\sin\phi = \frac{U_t E_q}{x_d}\cos\delta - \frac{U_t^2}{x_d} \tag{8.7}$$

$$E_q = x_{ad} I_{fd}$$

可以将式 (8.6)、式 (8.7) 配成下述圆的方程式

$$P^2 + \left(Q + \frac{U_t^2}{x_d}\right)^2 = \left(\frac{U_t x_{ad}}{x_d} I_{fd}\right)^2$$

在 $P-Q$ 坐标平面上，上述方程代表一个圆心在（0，$-\frac{U_t^2}{x_d}$）而半径为 $\frac{x_{ad}}{x_d}U_tI_{fd}$ 的圆，如图 8.3 所示。

因此在 $P-Q$ 平面上，最大励磁电流表现为一个圆，圆心在 Q 轴上的 $-U_t^2/x_d$，这个图上的两个点有特殊意义，一点就是最大励磁限制与最大定子电流限制曲线交点 a，它代表机组的额定视在功率及额定功率因数，另一点就是 b，它的坐标为 P_{max} 及 U_t^2/x_d。

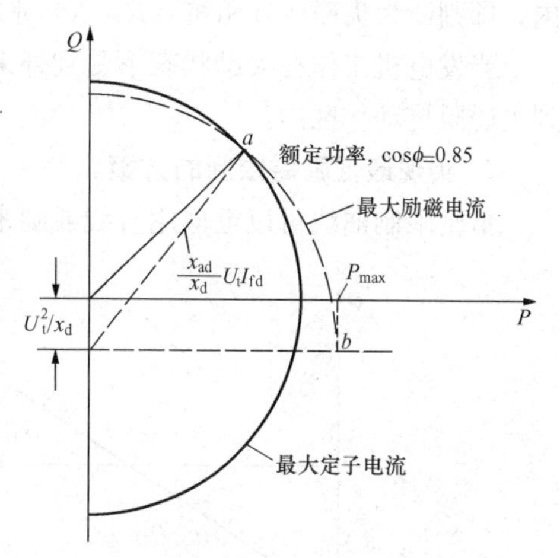

图 8.3　最大励磁电流限制曲线

由式（8.6）及式（8.7）可知，当 $\delta=90°$ 时

$$P=P_{max}=\frac{U_tE_q}{x_d}$$

$$Q=Q_{max}=-\frac{U_t^2}{x_d}$$

其中，P_{max} 就是当 E_q 及 U_t 恒定时，发电机的静态稳定功率极限。

当发电机经 x_e 与大系统连接时，可以近似地将 x_e 当作发电机漏电抗来处理，在图 8.3 及式（8.6）、式（8.7）中，将 x_d 代换成 x_d+x_e，U_t 换成系统电压即可。

（3）定子端部铁心发热的限制，上面已经说明，在过励状态运行时，这个问题不严重，但欠励运行，端部发热的限制，常常是一个主要的因素。

图 8.4 上的低励限制曲线是由制造厂提供的，它综合考虑了以上三个因素，其中静稳极限是按保守的原则考虑的，即假定一个外电抗及无电压调节的作用。

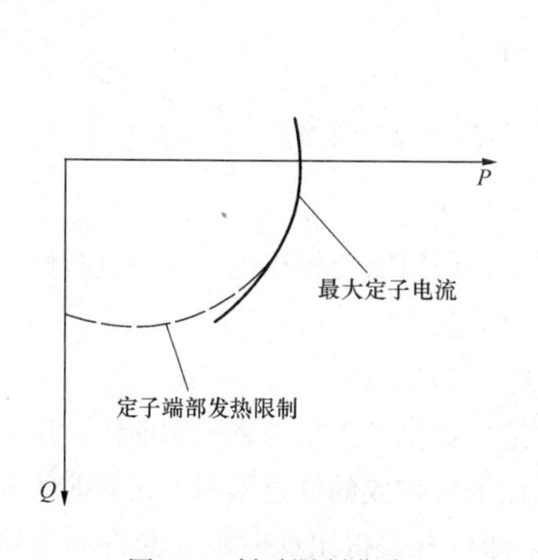

图 8.4　低励限制曲线

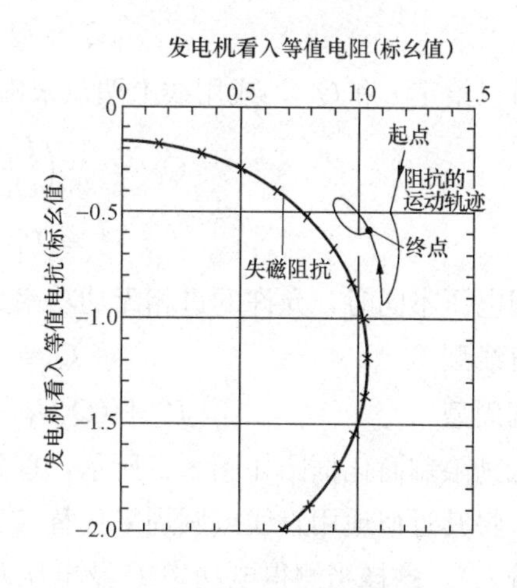

图 8.5　失磁保护动作区

（4）避开失磁保护动作区，当发电机失去励磁以后，发电机就像一个等值的阻抗接在系统上，从系统吸收无功功率，定子电流反方向，这时从发电机端看进去，相当于电抗变为负值，因此失磁保护利用阻抗继电器的原理构成，如发电机等值阻抗落在设置的区域

内，即判断为失磁，在阻抗（R，X）平面上表示的失磁保护动作区如图 8.5 所示。

当发电机工作在欠励状态下受到外来的扰动，要求发电机看进去的等值阻抗，不能落到失磁阻抗动作区内。

2. 实现最低励磁限制的方案

低励限制曲线可以近似用直线或圆来表示，如图 8.6 所示。

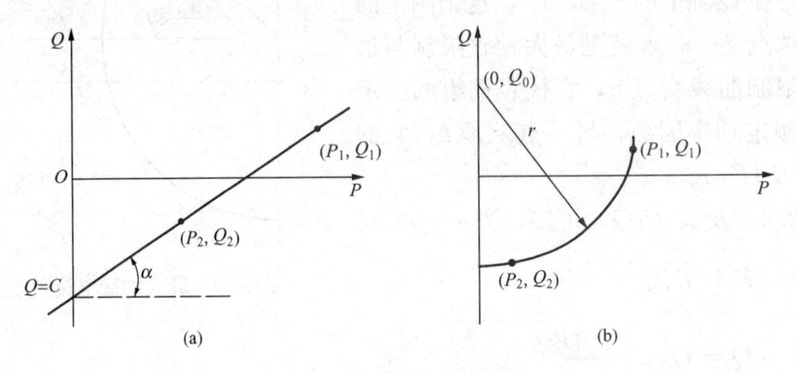

图 8.6 低励限制曲线

(a) 直线型；(b) 圆周型

直线型 $Q=KP+C \qquad (K=\tan\alpha)$

可以给定 K 和 C，或者给定线上两点，求出 K 及 C

$$K=(Q_1-Q_2)/(P_1-P_2)$$

$$C=Q_2-P_2(Q_1-Q_2)/(P_1-P_2)$$

圆周型：圆心在 Q 轴上，方程为

$$P^2+(Q_0-Q)^2=r^2$$

$$Q=Q_0-\sqrt{r^2-P^2}$$

可以给定 r 和 Q_0，或用线上两点来确定 Q_0 和 r

$$Q_0=\frac{1}{2}\left(\frac{P_1^2-P_2^2}{Q_1-Q_2}+Q_1+Q_2\right)$$

$$r^2=P_1^2+(Q_0-Q_1)^2$$

当电压不同时，允许的进相无功功率是不同的，所以需要根据电压水平进行修正：

直线型 $$Q=KP+CU_t^2$$

圆周型 $$P^2+(Q_0U_t^2-QU_t^2)^2=(rU_t^2)^2$$

低励限制简化框图如图 8.7 所示，首先将制造厂提供的无功功率限制曲线，用上述的方法，将其近似地用直线或圆周来代替（当然采用微机构成的低励限制，任意曲线都可以事先输入），这样当测得电功率 P 及电压 U_t 时，即可查表得出此时最大允许的无功功率值，它相当于一个参考值，将该值与实测无功功率 Q 作比较，如果它大于实测无功功率，就将差值（注意：此时差值为正号）经过一个比例积分环节，送到调节器（AVR）中，一般调节器中设有一个高电平的或门（即或门中两个输入信号，任何一个信号电压高过另一个，则高电压信号可以通过），当低励限制的信号高于电压调节输入信号，则切断电压调节器信号，用低励限制信号去控制发电机励磁电压，以达到无功功率不超过最大允许值的目标。反过来，若参考值小于实测的无功功率，则比例—积分器输出为零，或门自动切换到正常电压控制。采用比例—积分的好处就是可以准确地保持在最大允许值上，不需要再设置储备或裕度，低励限制输入电压调节器有三种方式：一是在 AVR 后面，如图 8.7 中的 UELA；二是在 AVR 前面，如 UELB；另一种是输入到电压调节器参考电压点上，如 UELC。前两种方式不同的是，低励限制的比例放大倍数不同，但是当低励限制动作时，都会把电压调节器通道切断，并连同电力系统稳定器通道一起切断，第三种方式，则在低励限制动作时，仍保持电压控制通道及电力系统稳定器通道。它的优点在于电压调节及电力系统稳定器的作用仍保持，能够保证在欠励工况下的发电机的稳定性。但是要考虑低励限制的控制作用与电压调节器及稳定器之间协调，图 8.8 是 GE 公司的低励限制框图[3]。

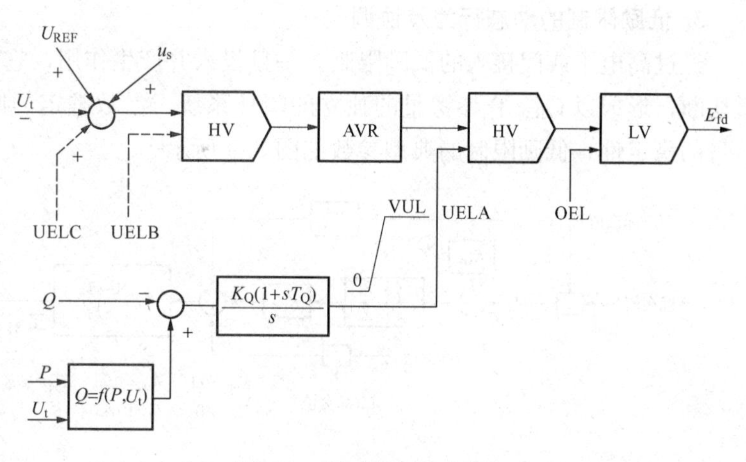

图 8.7 低励限制简化框图

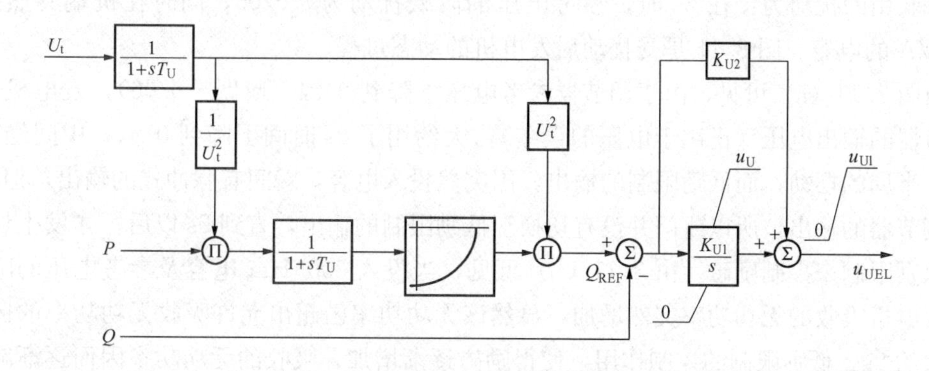

图 8.8 GE 公司的低励限制框图

由图可见，测量所得 P 信号，经过运行电压修正后，可以从相应无功功率限制曲线中查出此时最大允许的无功功率量，以它作为无功功率的参考值 Q_{REF}，与测得的无功功率 Q 相比较，如果测得 Q 小于 Q_{REF}，则低励限制将误差量经比例—积分送到电压调节器参考点去增加励磁，抬高端电压，通过修正后（即框图上 $1/U_t^2$ 及 U_t^2 两项修正），使最大允许无功功率加大，即 Q_{REF} 增大，这样运行点就回到允许的运行区内。T_U 的设置是为了减少低励控制与地区模式之间的相互作用，比例—积分调节器的增益按下述原则设置：当 AVR 暂态增益为 20 时，取 0.8；当暂态增益为 50～100 时，取 0.4 。

3. 低励限制的动态行为及协调

经过高电平或门接入的低励限制，一旦投入并产生作用，它就将电压调节及稳定器通道切断，形成以 Q_{REF} 作参考量的独立的闭环系统，参数整定的原则是保持上述闭环系统本身的稳定性，低励限制的典型参数如图 8.9 所示[4]。

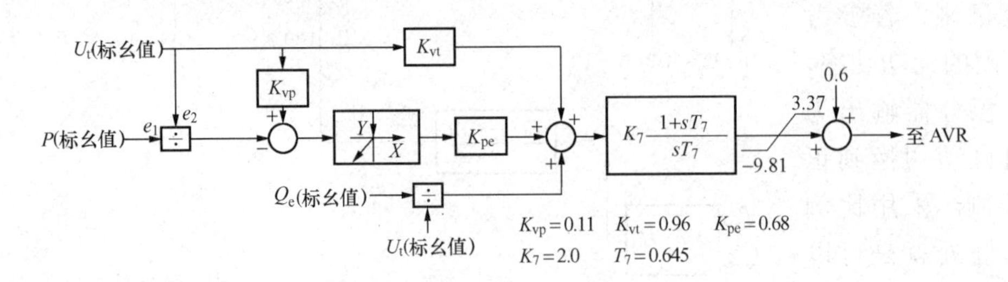

图 8.9 低励限制的典型参数

低励限制参数及与电压调节系统的协调，可以用模拟软件来校验、调整。为了迫使发电机工作到欠励状态，且超过最大允许吸收的无功功率，试验用的扰动要足够大，文献［4］中采用了如图 8.10 所示的简单电力系统进行试验。

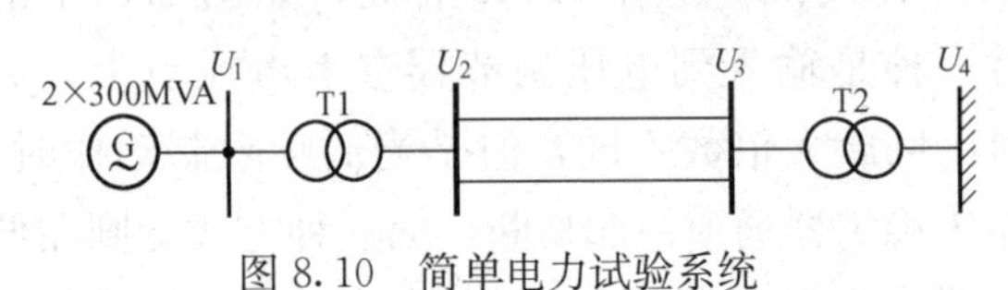

图 8.10 简单电力试验系统

$$x_{T1}=x_{T2}=0.045\text{（以 }2\times300\text{MVA 为基值）}$$

$$r=0.0018\,,\ x=0.0280\,,\ b=0.6\text{（线路参数以 100MVA 为基值）}$$

试验用的扰动为：在 2s 时，参考电压的阶跃扰动为－0.06，同时在机端突然投入 300MVA 的电容。图 8.11 是受扰动后发电机的动态过程。

由图 8.11（a）可见，由于调节器参考电压下降到 0.94（阶跃－0.06），发电机电压及调节器的输出电压（正比于电压的误差），大约用了 2s 时间下降到 0.94，中间经过大约 2 个半周的摆动，而低励限制的输出，因突然投入电容，瞬间有脉冲式的输出，但因未超过调节器的输出，所以或门并没有切换至低励限制的输出，直到 2s 以后，才发生切换，改由低励限制来控制励磁。由 8.11（b）可见，当投入 300Mvar 电容及参考电压的降低，瞬间发电机吸收的无功功率突然增加，显然该无功功率已超出允许吸收无功功率的区域，经过大约 2s，低励限制的控制作用，使得励磁逐渐增加，吸收的无功功率因而逐渐减小，回到允许的工作区内，并稳定工作在 340Mvar 左右。从过程开始到新的稳定状态大约用了 8s 时间，中间功角、有功功率都有摆动的现象，如图 8.11（c）、（d）所示。

通过以上软件模拟，可以确定上述实例中低励限制系统的参数选择是合理，与电压调节器协调工作是正常的。

当低励参数整定不当，或控制系统的结构不合理时，低励限制投入工作时，会与电压调节器多次互相切换，而造成振荡，文献［5］中报道了这种现象。

上述现象是在巴西的一个电厂出现的，电厂容量 3200MW，经 500kV 线路接入到巴西的主网，当一条主要线路断开，造成两个区域系统之间失去同步，在东北部系统内缺了 1000MW，相当于系统总容量的 20％的出力，频率急剧下降，该电厂调速器动作，

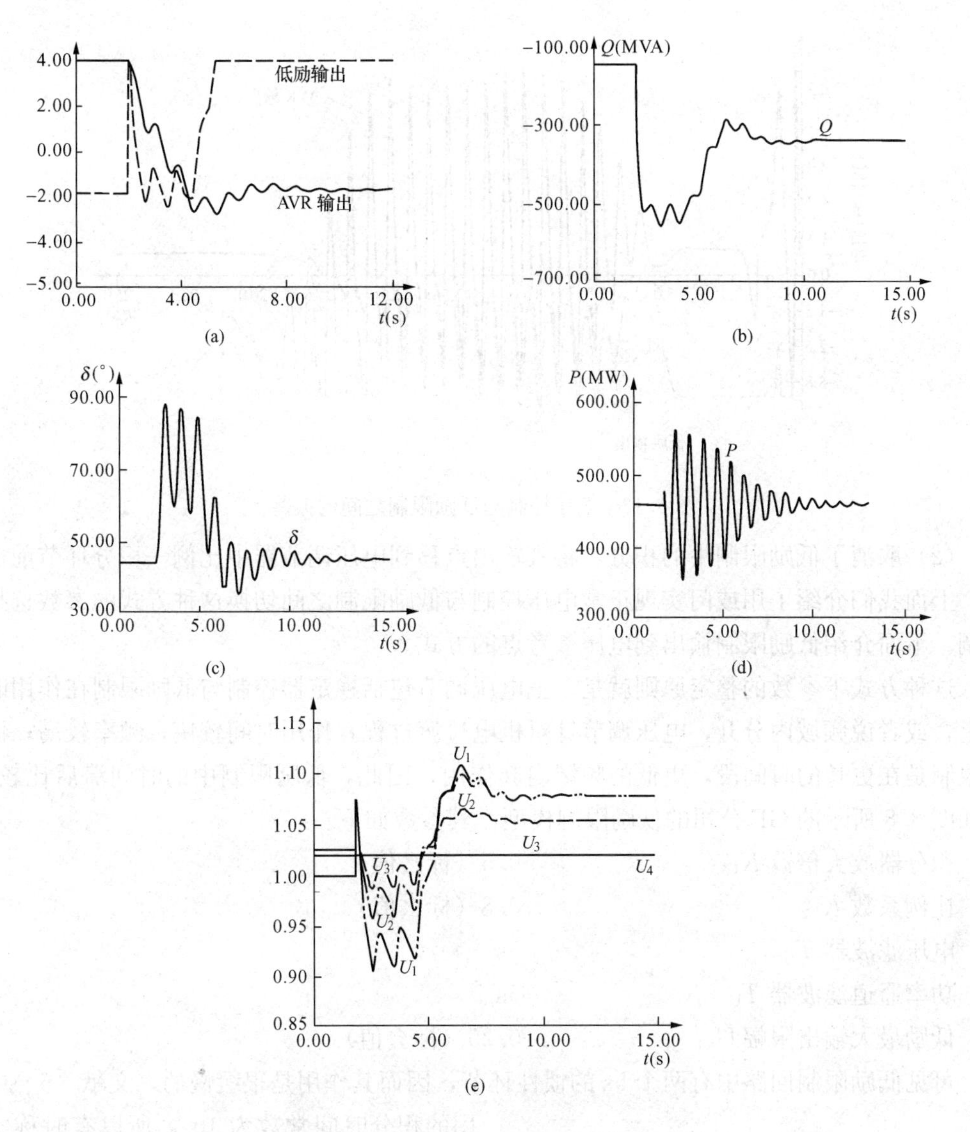

图 8.11　受扰动后发电机的动态过程

(a) 低励及 AVR 输出；(b) 无功功率；(c) 功角；(d) 有功功率；(e) 电压

快速增大机组功率，但该电厂采用电功率的稳定器，机械功率的增大，造成励磁反调，即急剧减小励磁，同时由于低频减载动作，切除了一部分负荷，造成系统传输线无功功率过剩，因而发电机进入大量吸收无功功率的状态，经过了大约 5s，吸收的无功功率跨过了允许最大无功功率的边界，无功功率限制取代了电压调节器去调节励磁，但是很快励磁控制又切换回电压调节回路，如此在两者之间来回切换，造成系统的振荡，直到 18s 时，恢复正常电压调节，低励限制不再投入了，电压控制与低励限制之间的振荡如图 8.12 所示。

该电厂采用了以下两项措施，解决了上述问题：

(1) 降低了低励限制中的比例—积分回路的增益。

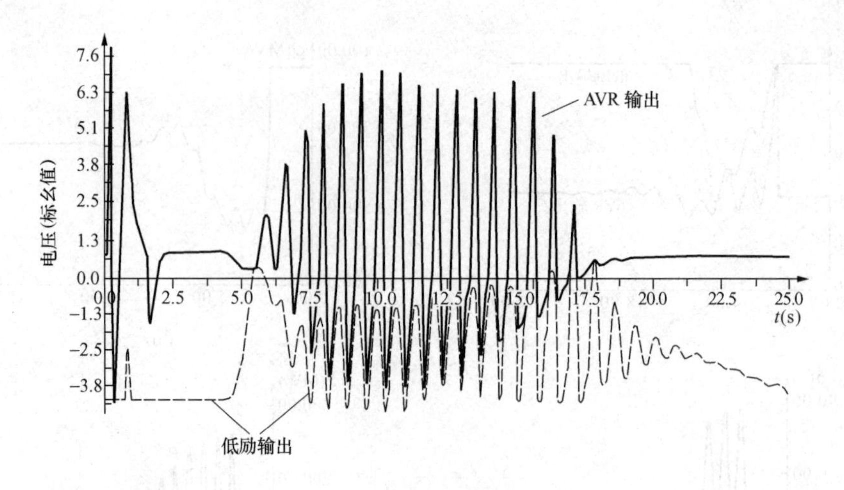

图 8.12 电压控制与低励限制之间的振荡

（2）取消了低励限制中的积分，将其输出点移到电压调节器中比例—积分环节前面。

上面我们介绍了用或门实现正常电压控制与低励限制之间切换这种方式的参数选择及协调，下面介绍低励限制输出到电压参考点的方式。

这种方式下参数的整定原则就是，把电压调节包括稳定器控制与低励限制在作用时间段上，或者说频域内分开，电压调节针对机电过渡过程，作用时间较快，频率较高；而低励限制是在更长的时间段，更低的频域内起作用，因此，低励限制中的时间滞后比较大。例如图 8.8 所示的 GE 公司的低励限制模型，其参数如下：

积分器放大倍数 K_{U1}	0.5（标幺值）
比例系数 K_{U2}	0.8（标幺值）
电压滤波器 T_U	5s
功率通道滤波器 T_U	5s
低励最大输出限幅 U_{U1}	0.25（标幺值）

可见低励限制回路中有两个 5s 的惯性环节，因而其作用是很缓慢的，文献［6］中采用的积分时间常数为 10s，所以有时称之为稳态控制。

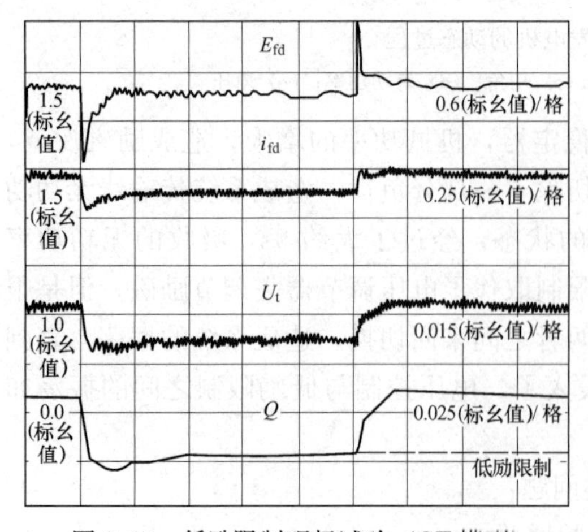

图 8.13 低励限制现场试验（GE 模型）

图 8.13 是采用上述模型及参数对低励限制进行的现场试验结果。该试验是在一台 150MVA 的燃气轮发电机上进行的，试验前，发电机无功功率为 0，先将最大允许无功功率值调到－5Mvar，然后在参考点上加－3%的阶跃。若是没有低励限制，则发电机吸收的无功功率标幺值应为 $\Delta Q = -\Delta U/x_e$，x_e 为等效外电抗，这里 $x_e = 0.2$，所以 $\Delta Q = 0.15 \times 150 = 23$Mvar，大大超过了 5Mvar 的极限值。由图可见，当参考电压

突然降低后，发电机吸收无功功率增大，约经过 5s，低励限制起作用，将无功功率减小到零左右，整个过程平稳，只有很小的过调。

文献［4］中，也给出了软件模拟的结果，它与现场试验结果非常接近。为了衡量低励限制的动态品质及稳定性，也可以测量低励限制部分的相频及幅频特性，并用增益裕量及相位裕量来估计。

在低励限制动态行为的校验中，还应该包括检查暂态稳定是否能保持，以及是否会引起失磁保护误动。检查的方法为：第一步将失磁保护的动作区由 $X-R$ 阻抗平面转换到 $P-Q$平面上，转换是利用以下公式

$$P=\frac{U_t^2R}{R^2+X^2}$$

$$Q=\frac{U_t^2X}{R^2+X^2}$$

将失磁保护区边界上的 R、X 值代入，就获得在 $P-Q$ 平面上的边界线，低励限制及失磁保护动作区如图 8.14 所示。

图中 LOE40－2、LOE40－1 为 GE 公司生产的两种失磁保护，调节器切换线是指当超过该边界线时，调节器主通道切换到备用通道。因此只要低励限制的动作区在失磁保护动作区以内，如图所示那样，就应该不会造成失磁保护误动，但是这是指静态而言，所以第二步在发电机受到大的扰动时，还应该检查低励限制的阻抗移动的轨迹是否会进入失磁保护动作区内。这时可将失磁保护区用 $R-X$ 平面来表示，将暂态过程中的 P、Q 值转换成 R 及 X，则可得 R、X 随时间变化曲线，将其画在上述 $R-X$ 平面上，就可以看出暂态过程中，是否进入了失磁保护动作区，如图 8.5 所示。

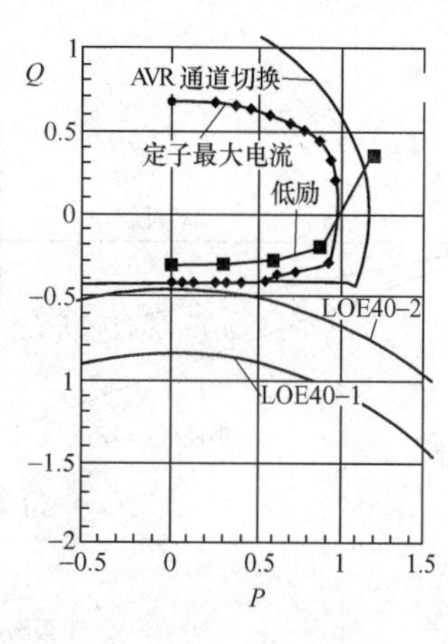

图 8.14　低励限制及失磁保护动作区

由前面的分析可以看到低励限制输出到参考点的方式，由于电压调节器及稳定器并没切除，所以对维持稳定性及调节动态品质有益，但是与或门输入方式相比，不能使无功功率的控制达到精确的目标，因为它是综合考虑了电压及无功功率的控制，还包括动态过程中稳定器输出的综合结果。加拿大安大略省电力局及美国 GE 公司都倾向于采用参考点输入方式，但是根据电厂的不同运行条件，可能需要有不同的选择。因此在设计控制系统的结构时，需要预留采用不同输入方式的可能性。

4. 低励限制的详尽模型

前面图 8.7～图 8.9 所给出的低励限制模型，应用于暂态过程的模拟及分析，已能基本上满足要求，下面介绍的是 IEEE 电力分会下的一个特设小组提出的详尽的通用的低励限制模型，可供有特殊需要时参考[7]。

4.1 UEL1 模型

图 8.15 是以圆周表示低励边界的 UEL1 型低励限制模型，该模型的主要输入量是端电压 U_t 及定子电流 I_t，当 $u_{UC}=|K_{UC}\overline{U_t}-\mathrm{j}\,\overline{I_t}|$（相量和的绝对值）大于 $u_{UR}=|K_{UR}\overline{U_t}|$（亦为绝对值）时，低励限制开始工作，经过一个比例—积分环节，再经过两个领先—滞

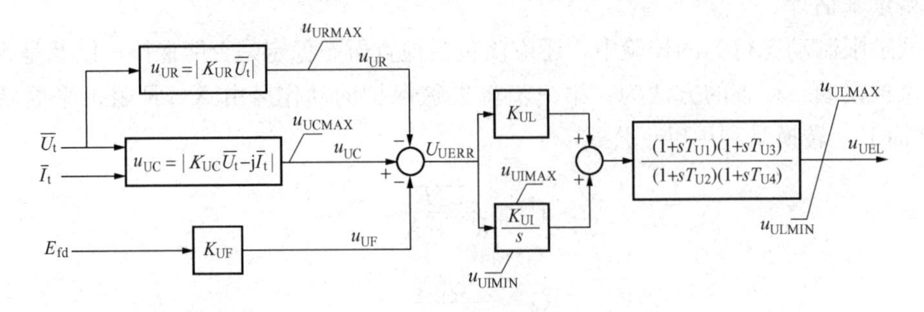

图 8.15 UEL1 型低励限制模型

后环节，输出到电压调节器中，另一个辅助输入量是 E_{fd}，由励磁电压软反馈处引来，作为改善系统动态品质用的，两个领先—滞后环节是动态校正，也是为了改进系统的动态品质的。

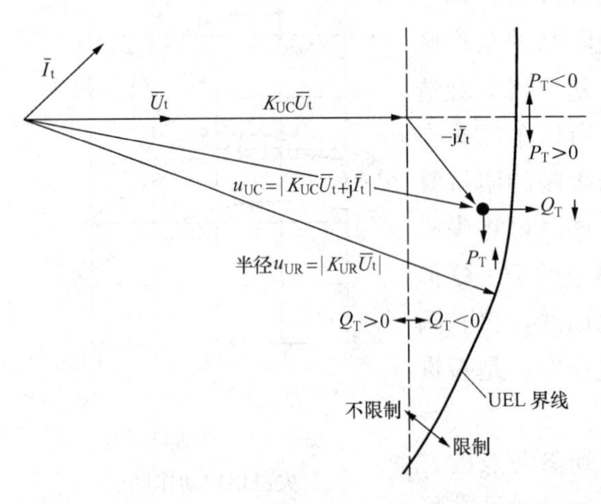

图 8.16 UEL1 型低励限制相量图

图 8.16 是 UEL1 型低励限制相量图。$|K_{UR}\overline{U_t}|$ 决定圆周的半径，$K_{UC}\overline{U_t}$ 是相量，决定了圆心，再与相量 $-\mathrm{j}I_t$ 合成以后的相量 u_{UC} 决定了运行点，圆周即是低励限制的界限，当 P 增大，或吸收的 Q 增大，则使 u_{UC} 增大，只要一超过界限，即 $u_{UC}>u_{UR}$，低励限制就启动了。当 $u_{UC}<u_{UR}$ 则 U_{UERR} 为负，则低励限制的输出可以为负（当输出至电压调节中的或门），或者为零（当输出到 AVR 参考点）。

以下为一组 UEL1 限制器的参数，限制器是配置在静止励磁系统上，其输出是接到电压调节器的或门。发电机 $x_d=1.76$，外电抗 $x_e=0.3$，x_d 及 x_e 是用来决定静稳极限的。

$K_{UC}=1.38$　　$K_{UR}=1.95$　　$T_{U2}=0.05\mathrm{s}$

$K_{UL}=100$　　$K_{UI}=0$　　$K_{UF}=3.3$

$T_{U1}=T_{U3}=T_{U4}=0$　　$u_{URMAX}=u_{UCMAX}=18$　　$u_{ULMAX}=18$

$u_{ULMIN}=-18$

4.2 UEL2 模型

图 8.17 是以直线表示低励边界的 UEL2 型低励限制模型。

该模型主要输入量是有功功率 P_T、无功功率 Q_T 及端电压 U_t，输入的 P_T 及 Q_T 要乘一

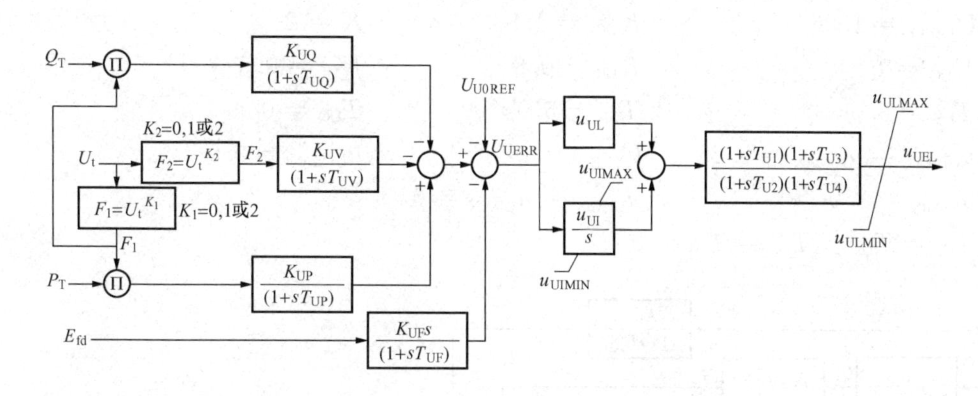

图 8.17　UEL2 型低励限制模型

个系数 $F_1=U_t^{K_1}$，当输入为 P_T、Q_T时，$K_1=0$，当输入为电流 I_t 的有功功率、无功功率分量时，$K_1=1$，同样 P_T、Q_T也可以除以 U_t^2，则此时 $K_1=2$。输入的电压乘以一个系数 $F_2=U_t^{K_2}$，当 $K_2=1$，以 U_t输出，$K_2=2$，以 U_t^2 输出，而 $K_2=0$ 的话，乘上一个系数 K_{UV}，输出到低励限制参考电压点 U_{U0REF}。

图 8.18 表示以 $P-Q$ 为平面的低励限制界线，它是一条直线，它与 P 及 Q 轴的交点与原点距离分别为 K_{UV}/K_{UP}及 K_{UV}/K_{UQ}，如果吸收更多的无功功率，发出更多有功功率的话，运行点就会越过低励的界线。

当正常运行不超过边界的话，U_{UERR} 是负值，当经过了比例—积分环节后，UEL 的输出可以为负（当 UEL 输出到或门时），或者为零（当 UEL 输出到参考点时）。当越过边界后，U_{UERR} 为正，UEL 输出也为正，不论 UEL 输出到何处，最后都会使励磁增大，吸收无功减小，回到限制的区域内。UEL2 也有附加的励磁电压输入，其作用与领前—滞后环节一样，都是属于动态补偿，以改善系统动态品质。

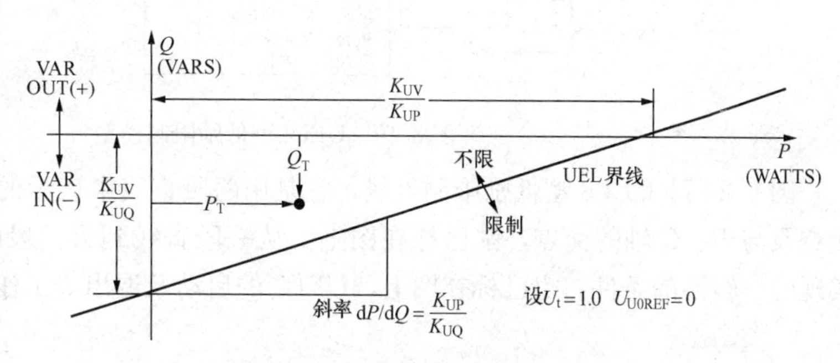

图 8.18　UEL2 型低励限制界线

4.3　UEL3 模型

UEL3 与 UEL2 相似，只不过用四段直线来逼近低励限制的界线，其模型如图 8.19 所示。

UEL3 的参数如下：

$U_{U1REF}=0.31$　　$K_{UP1}=0$　　$u_{UP1}=0.3$

$U_{U2REF}=0.34$　　$K_{UP2}=0.1$　　$u_{UP2}=0.6$

$U_{U3REF}=0.42$　　$K_{UP3}=0.233$　　$u_{UP3}=0.9$

$U_{U4REF}=1.86$　　$K_{UP4}=1.833$　　$K=2$

$K_{UQ}=1$　　$K_{UL}=0.8$　　$K_{UI}=0.5$

$T_{UV}=5.0s$　　$T_{UP}=5.0s$　　$T_{UQ}=0$

$u_{ULMAX}=u_{UIMAX}=0.25$　　$U_{U0REF}=0$　　$u_{USMAX}=2.0$

$u_{USMIN}=2.0$　　$u_{ULMIN}=u_{UIMIN}=0$

$T_{U1}=T_{U2}=T_{U3}=T_{U4}=0$

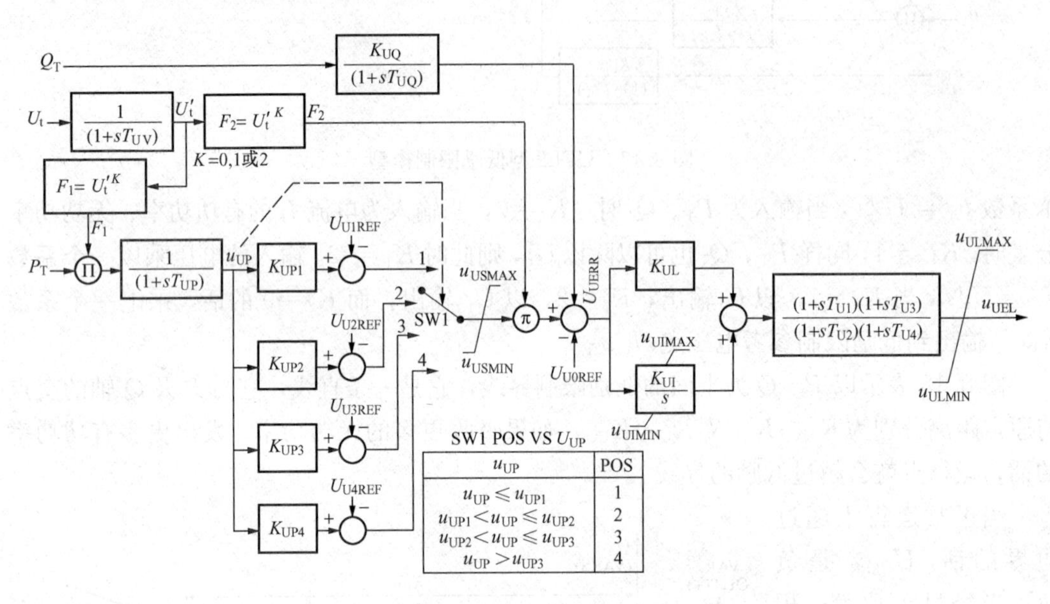

SW1 POS VS U_{UP}	
u_{UP}	POS
$u_{UP}\leqslant u_{UP1}$	1
$u_{UP1}<u_{UP}\leqslant u_{UP2}$	2
$u_{UP2}<u_{UP}\leqslant u_{UP3}$	3
$u_{UP}>u_{UP3}$	4

图 8.19　UEL3 型低励限制模型

图 8.20 是 UEL3 型低励限制界线，它是用两段直线来表示的，各段斜率，两段的交接点及与 P、Q 轴的交点，都已标在图上。从一段直线到另一段的转换，是由开关 SW1 实现的，转换的条件，也已标在图上，UEL3 的启动及退出等工作过程也与 UEL2 相同。

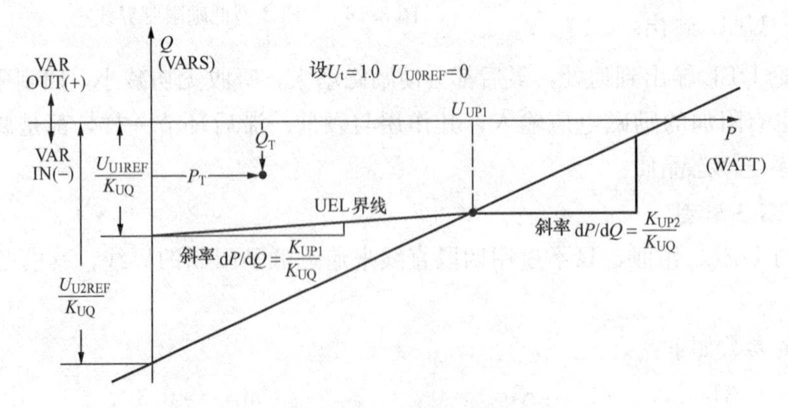

图 8.20　UEL3 型低励限制界线

第 3 节　电压/频率限制及端电压过高限制

现代的发电机都采用高放大倍数的电压调节器，可以认为端电压近似恒定。但是我们已知发电机空载端电压是与绕组的匝数及所链的磁通成正比的，即

$$U_t = 4.44 fW\Phi$$

因匝数是固定的，所以可得到

$$\Phi = \frac{U_t}{4.44 fW} \tag{8.8}$$

式（8.8）说明，磁通 Φ 是与 U_t/f 成正比的，因此当频率 f 降低时，由于端电压保持恒定，磁通就会增大，与发电机相连的设备如厂用变压器、升压变压器等的磁通也会增大，这会造成铁心中的涡流损耗增大，铁心发热，以致损坏。这种情况，在发电机启动及系统断开停机的过程中，或机组孤立运行时，就可能发生。因此需要加以限制。

图 8.21 是电压/频率限制及端电压过高限制器模型[8]，它的输入量为端电压 U_t、与频率成正比的电压 U_{Freq}、励磁电压 u_{fd}，这个模型包括了电压/频率及端电压过高（OV）两种限制功能。

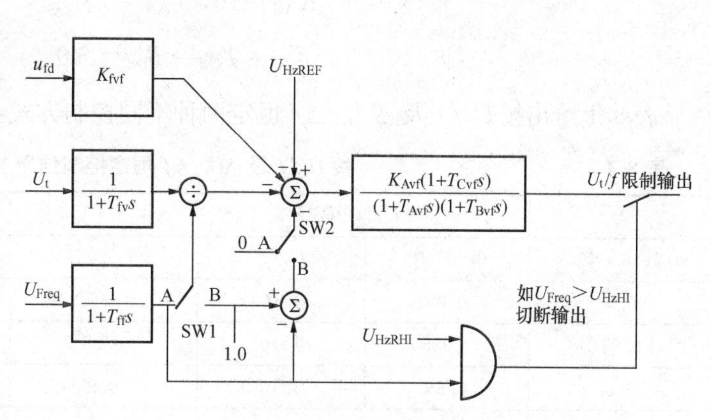

图 8.21　电压/频率限制及端电压过高限制器模型

图 8.21 中开关 1（SW1）及开关 2（SW2）的不同组合，可以提供以下不同的功能：

	SW1	SW2	控制功能
位置	A	A	按电压/频率恒定控制
位置	B	A	限制端电压过高
位置	B	B	按 $\Delta U_t/\Delta f$ 恒定控制（电压/频率随频率降低，稍有增大）

图中 U_{HzHI} 相当一个阈值，当输入频率大于此值时，即将电压/频率限制从电压调节器上断开。这是为了避免电压/频率限制与其他控制相互作用，如将此值选得很大，就可取消这项功能。

u_{fd} 及 K_{fvf} 是用励磁电压软反馈来做动态校正，以改善电压/频率控制的稳定性，K_{fvf} 通常为 1.0，除非电压/频率反馈输入与原来软反馈输入点不同。T_{Bvf} 及 T_{Cvf} 的作用也是动态校正，即暂态增益减小，一般取得与电压调节主回路的 T_B、T_C 相同。对于由或门输入电压调节回路的电压/频率限制器，K_{Avf} 取与 K_A 同样大小。

电压/频率的输出可直接输入到电压调压器的低电平或门 LV（见图 8.7）。例如 IEEE ST1A、AC1A、AC2A 等励磁系统模型。

电压/频率的输出也可以送到电压调节器的参考点，这时可设 $K_{fvf}=0$，而 K_{Avf}一般可取 10，T_{Cvf}及 T_{Bvf}取为零，一般正常情况下电压/频率的输出，应为正值，这种输出方式适用于 IEEE AC6A、ST2A、DC1A 励磁系统模型。电压/频率限制模型适用于所有的大型发电机，电压/频率的恒定目标值一般为 1.1，也有少数用 1.05。电压/频率与发电机过电压保护要互相配合，只有电压/频率失效的情况下，上述保护才动作。

电压/频率限制器的典型参数如下[8]：

$$U_{HzREF}=1.1, U_{HzHI}=2.0$$

$$T_{fv}=0.05s, T_{ff}=0.05s$$

采用低电平或门输出时：

$$K_{Avf}=K_A, T_{Avf}=T_A$$

$$K_{fvf}=1.0, T_{Cvf}=T_C, T_{Bvf}=T_B$$

采用输出至电压调节器参考点时：

$$K_{Avf}=10, T_{Avf}=0.05s$$

$$K_{fvf}=T_{Cvf}=T_{Bvf}=0.0$$

表 8.1 给出按 U_t/f 及 $\Delta U_t/\Delta f$ 恒定两种不同控制方式获得的结果。

表 8.1　　按 U_t/f 及 $\Delta U_t/\Delta f$ 恒定控制结果

	按 U_t/f 恒定		按 $\Delta U_t/\Delta f$ 恒定		
频　率	电　压	U_t/f	电　压	$\Delta U_t/\Delta f$	$\Delta U_t/\Delta f$
0.9	0.99	1.10	1.0	1.0	1.110
0.85	0.935	1.10	0.95	1.0	1.118
0.8	0.88	1.10	0.9	1.0	1.125
0.75	0.825	1.10	0.85	1.0	1.133

第4节　过　励　限　制

过励限制（OEL－Over Excitation Limiter）又称最大励磁限制或励磁电流限制，它的功能有两个方面，一是要保证励磁绕组不致过热，二是要充分利用励磁绕组短时过载的能力，尽可能在系统需要时提供无功功率，支持系统电压恢复。我们将会看到，第二个功能，对促进系统受扰动后恢复正常，特别是防止电压崩溃有重要的作用。

1. 励磁绕组过载能力

美国的 ANSIC50.13—1997 的标准规定了表 8.2 所列的励磁绕组的短时过载能力。

表 8.2　　励磁绕组的短时过载能力

时　　间（s）	10	30	60	120
励磁电流允许值（%额定值）	208	146	125	112

图 8.22 是发电机励磁电流过载能力，如果将该曲线用近似的双曲线方程来表示，则

可得

$$t = C_1/(i_{fd}^2 - 1) \qquad (8.9)$$

式中，t 为时间；i_{fd} 为励磁电流（以额定值电流倍数表示）；C_1 为热容量值，图 8.22 中 $C_1=30$。

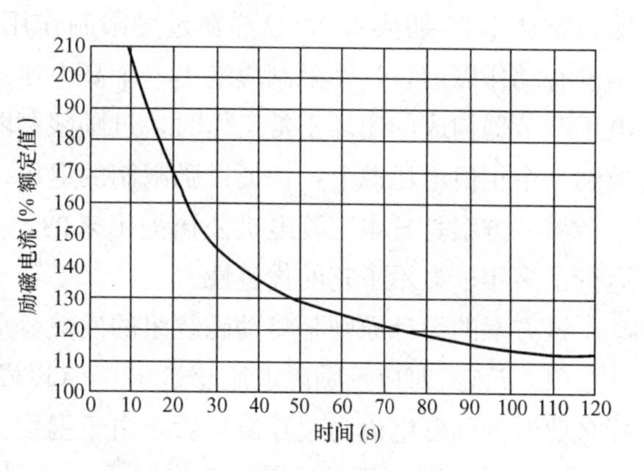

图 8.22　发电机励磁电流过载能力

2. 实现过励的方案及模型

实现过励有不同的方案，最简单就是设置一个固定的参考值及其持续的时间，当两个条件都满足时，即启动过励限制，快速将励磁降到额定值；比较先进的方案，需要考虑图 8.22 励磁电流的过载能力曲线，计入过电流的反时限特性，即过载越重，允许的时间越短。例如图 8.23 所示的 GE 公司过励限制方案[3]，其动作过程如下：当电流大于额定励磁电流的 102% 时（即 $i_{fdREF2}=1.02$），计时即开始，当时间超过图 8.22 过载能力曲线上相应的时间后，比例—积分器的输入参考电流值即切换到额定励磁电流（即 $i_{fdREF3}=1.0$），同时将比例—积分器

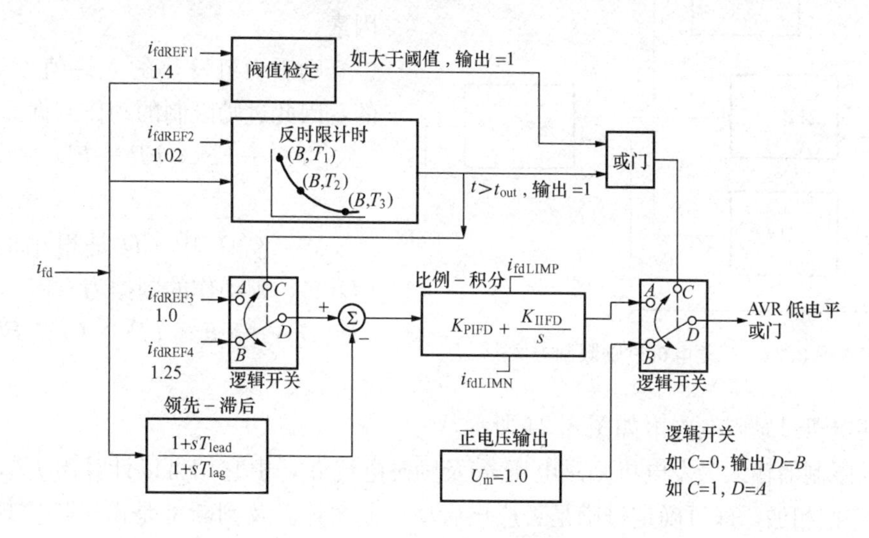

图 8.23　GE 公司过励限制方案

的输出切换到电压调节器的或门，这样通过比例—积分控制，就将励磁电流逐渐地降到额定励磁电流，为了使这个过程过渡平稳，不产生振荡或大的过调，在比例—积分器的电流输入信号上串联了一个领先—滞后环节起动态校正作用，比例—积分器的时间常数及放大倍数应与电压控制回路相同，或者经过调试确定。如果发电机定子侧出现故障，其励磁电流因磁链保持恒定，会突然增大，这时电压调节器会使励磁电压升到顶值，同时图 8.22 中最上面的“阈值检定器”（Level Detector）检查出励磁电流大于 $i_{fdREF1}=1.4$ 额定励磁电流，就将比例—积分器输出切换到电压调节器的或门，比例积分器的输入的参考值这时为 $i_{fdREF4}=1.25$ 额定励磁电流，于是发电机励磁电流就会在过励限制的调节作用下趋向 1.25，与此同时，过励限制中反时限计时，也已启动，一旦允许的时限到，比例—积分器

输入就从1.25切换1.0，这样在过励限制作用下，励磁电流就回到额定电流，当过励限制没有动作以前，过励限制应输出一个高电压送到电压调节器的低电平或门，这样就保证电压调节器构成的闭环正常工作时，过励限制断开，这时比例—积分器出口的开关，就切换到一个正值电压源上，保证过励限制的退出。

另一方案是日本三菱电机公司提出来的，并在一台100Mvar调相机上进行了试验并运行了多年，显示了它的优越性[9]。

该方案的设计原则是将励磁绕组的发热分成以下几项：

(1) *FA*：对应于励磁电流超过1.05（以发电输出功率为额定时，发电机电压为1.05标幺值时的励磁电流为起算值）后，由于温度上升而积累的热量。

(2) *FF*：对应于过励限制动作以后，直到电流返回额定励磁电流这段时间内积存的热量。

(3) *FP*：对应于过励限制动作前励磁初始电流造成的发热，即考虑动作前的历史状态引起的发热，它可能大于额定电流，也可能小于额定电流。

(4) *FD*：对应于过励限制控制器回路中的时滞，例如继电器的时滞等因素。

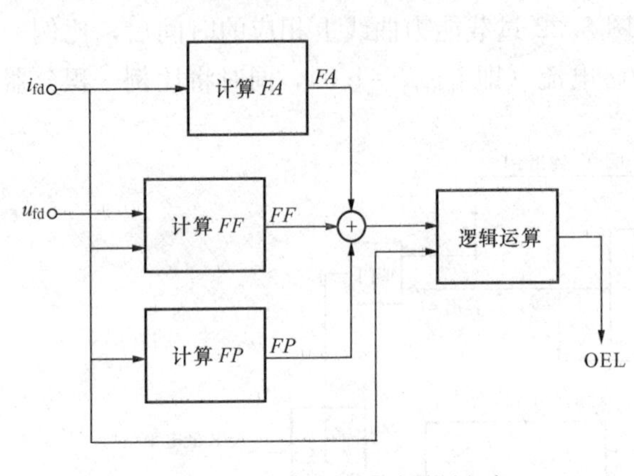

图 8.24 三菱电机过励限制方案

励磁绕组发热的允许值 C_1 是已知的，因此过励限制的动作判据为

$$FA + FF + FP + FD \geqslant C_1 \tag{8.10}$$

式（8.9）中 *FD* 是很小的，可设 $FD<5$，则动作的判据为

$$FA + FF + FP \geqslant C_1 - FD \tag{8.11}$$

三菱电机过励限制方案如图8.24所示。

过励限制的输入为发电机励磁电压 u_{fd} 及励磁电流 i_{fd}，由它们可以计算出 *FA*、*FF* 及 *FP*，将它们相加，即可确定过励是否应该启动。上述计算及判断都是由微机实现的，下面说明如何计算 *FA*、*FF* 及 *FP*。

2.1 FA 的计算

当励磁电流大于1.05时，开始按式（8.12）计算

$$FA = (i_{fd}^2 - 1)t \tag{8.12}$$

2.2 FF 的计算

图8.25给出了过励限制开始启动到励磁电流下降到额定值的时间为 T_r，该值与过励限制控制环的惯性，包括励磁绕组的惯性有关，是可以计算或测量出来的，如已知 T_r，则可以把电流以 i_{fdmax} 下降至初始值所包括的区域近似看成一个三角形，其面积也就是产生的热量为

$$FF = (i_{\mathrm{fdmax}}^2 - 1)T_r/2 \qquad (8.13)$$

文献［9］给出 T_r 计算公式如下

$$T_r = (2\pi/\omega_C)/2 \qquad (8.14)$$

式中，ω_C 为过励控制环的频率特性上的转角频率。

2.3　FP 的计算

对应于初始状态已积存发热量，可表示为

$$FP = (\theta_a - \theta_0)/C \qquad (8.15)$$

式中，θ_a 为励磁绕组的实际温度；θ_0 为励磁绕组的基础温度；C 为热系数。

绕组的实际温度是由测量绕组的电阻间接计算出的，而绕组电阻可由励磁电压电流之比算出来

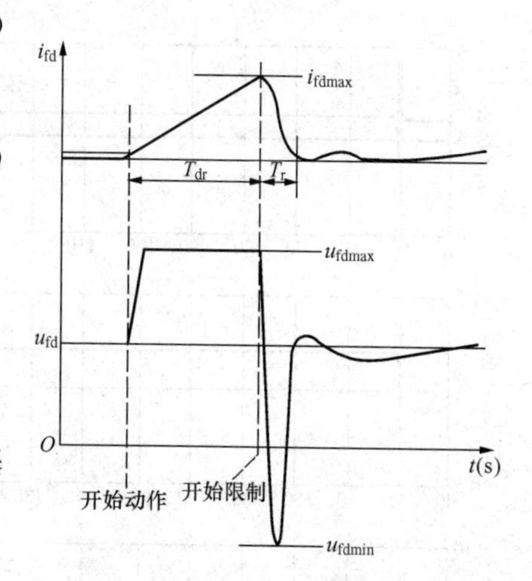

图 8.25　过励限制动作后过程

$$R_{fa} = (u_{fd} - U_d)/i_{fd} \qquad (8.16)$$

$$\theta_a = [R_{fa}(234.5 + \theta_0)/R_{f0}] - 234.5 \qquad (8.17)$$

式中，R_{fa} 为励磁绕组电阻；R_{f0} 为励磁绕组对应基础温度的电阻；U_d 为滑环及电刷压降；u_{fd} 为励磁绕组电压。

由式（8.15）可知，FP 的值取决于过励限制启动时的绕组温度，可以是正，也可以是负，这样就把绕组启动时，已积存的或尚存的热量裕度计入判据里了。图 8.26～图 8.28 分别表示三种起始状态下过励限制作用的过程[9]：

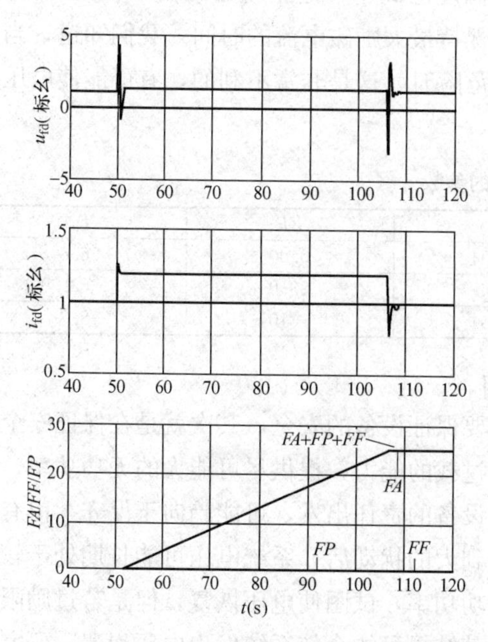

图 8.26　过励限制作用的过程（情况 1）

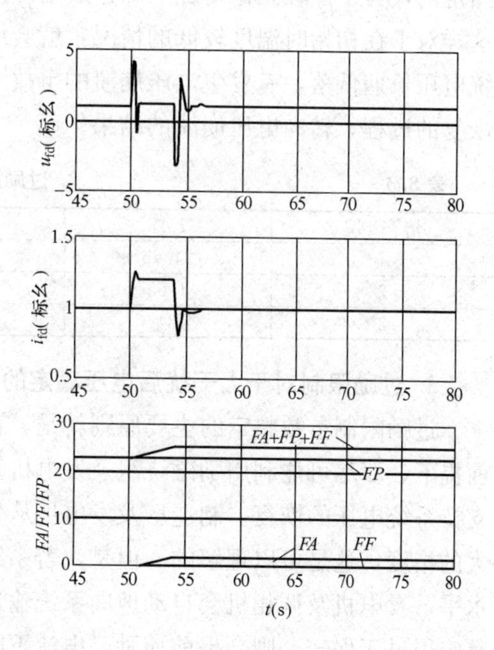

图 8.27　过励限制作用的过程（情况 2）

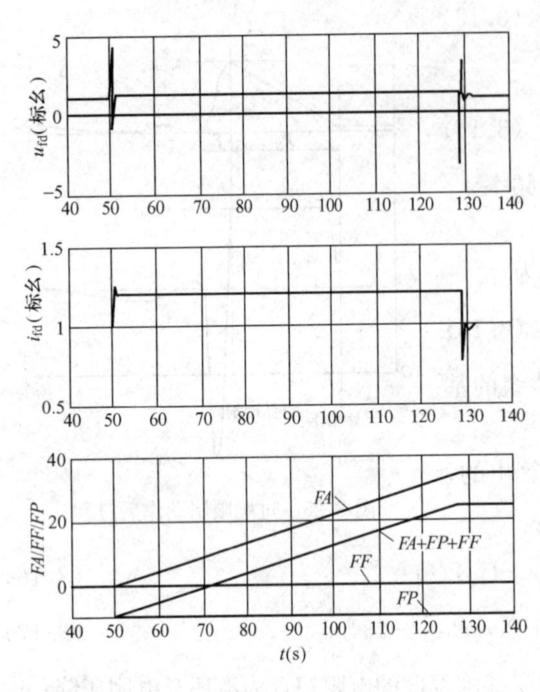

图 8.28 过励限制作用的过程（情况 3）

(1) 起始绕组温度等于基础温度。

(2) 机组在过励起动前，励磁电流曾超过额定值，因此绕组温度高于基础值。

(3) 机组在过励启动前，励磁电流小于额定值，因此绕组的热容量还留有某些裕度。

过程的模拟是在电压调节器参考点上，加上一个 0.2 的阶跃，记录励磁电压及电流的变化过程，模拟中取 $FD=5$，$FF=0.52$。

表 8.3 列出了三种情况下过励限制的参数。

情况 FA_1 是过励限制启动时的值，FA_2 是过励限制动作时的值，这时启动的判据是：$FA_2+FP+FD+FF\geqslant 30$，因为取 $FD=5$，$FF=0.52$，所以实际的判据相当于 $FA_2+FP\geqslant 24.48$。T_{dr} 表示过励限制启动到过励限制动作之间的时间，在这段时间里，励磁电流仍然可以保持最大值，而不会使绕组过热。如果在过励限制启动前的初始状态时，绕组处于温度较低的状态，则最大励磁电流可以允许时间较长，反之则较短，有的过励方案，励磁电流保持在最大值的时间是固定的，为了照顾到像情况 3 那样启动时绕组温度已高于额定，就必须留下较大的裕度，这样对于在初始时温度较低的情况，就会缩短保持最大励磁电流的时间。我们知道，当系统电压长期低落，有发生电压崩溃的事故潜在危险时，这是非常不利的，有可能使电压由恢复的过程，转向电压崩溃的结果。

表 8.3 过励限制的参数

情 况	FA_1	FA_2	FP	T_{dr}
1	24.65	25.04	0.00	56.8
2	1.65	2.05	23.0	3.8
3	34	35.04	−10	78.8

3. 过励限制对于大干扰后电压稳定的影响

过励限制参数整定的主要原则就是，首先要保证设备的安全，其次就是在保证安全的前提下，要尽可能利用励磁绕组及发电机短时过载的能力，提供尽可能大的无功功率，以支持系统电压的恢复。制造厂及发电厂从保护设备的责任出发，可能趋向于保守，留有较大的裕度，这是可以理解的。但是，若系统受到大的扰动后，系统电压可能长期处于较低水平，发电机及调相机会自动地向系统输送无功功率，试图使电压恢复，但是若过励限制整定得过于保守，则会提前使励磁电流下降，其结果可能会使系统发生电压崩溃。研究已经证明，当线路或机组切除，造成系统电压长期处于低水平时，发电机过励磁限制的动作，常常是触发系统出现电压崩溃的原因。

图 8.29 中 1 号发电机为无穷大母线，2 号发电机 2200MVA，3 号发电机 1400MVA，6 号与 7 号母线之间有 5 回输电线，7 号母线是受端，10 号母线经带负荷调压的变压器（ULT）T6 供给负荷，试验采用了三个不同水平的负荷：

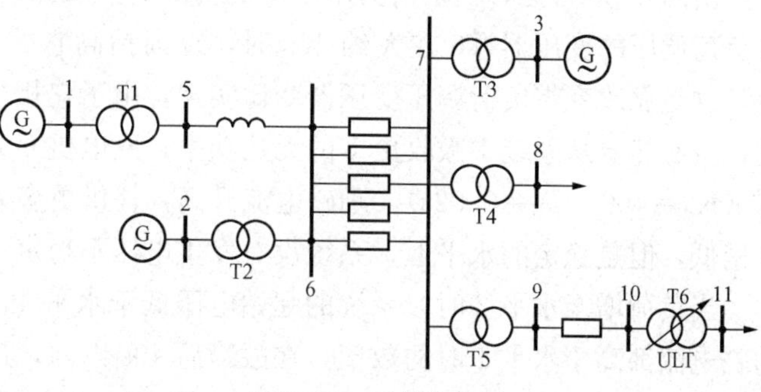

图 8.29　系统接线图

水平 1　　6655MW，1986Mvar

水平 2　　6755MW，2016Mvar

水平 3　　6805MW，2031Mvar

当 6 号及 7 号之间的一条线路无故障断开后，利用长过程稳定计算程序，得到了如图 8.30 所示的电压崩溃的过程[19]。

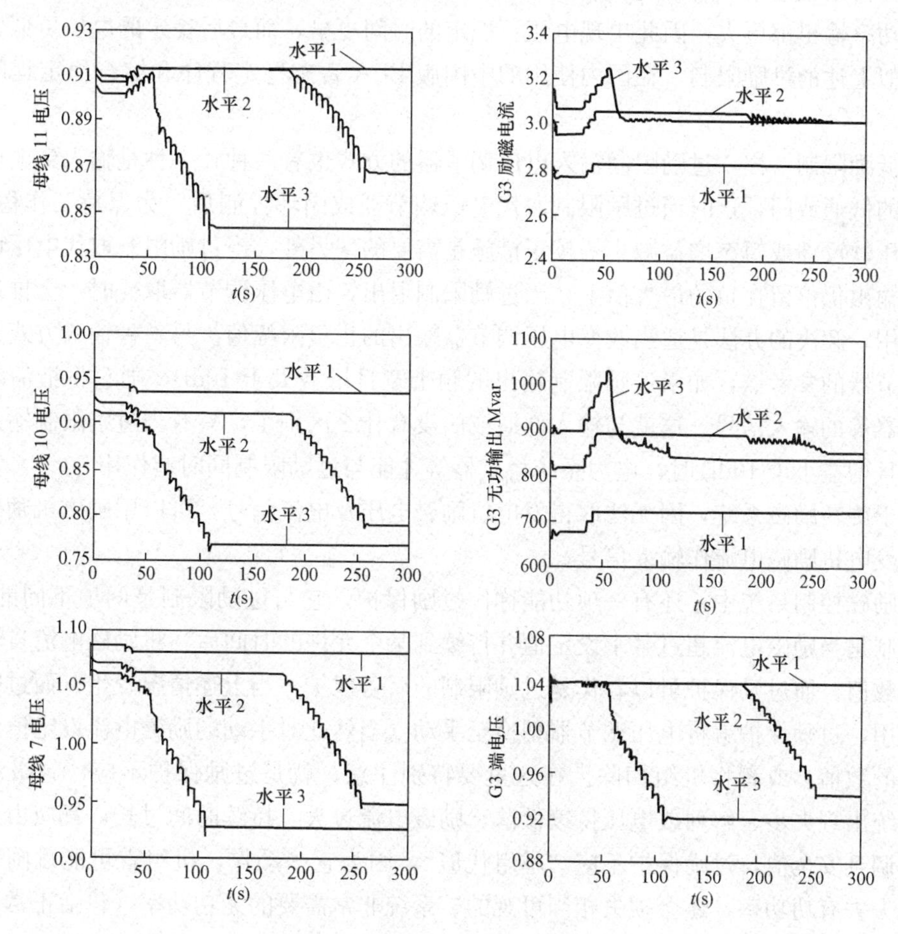

图 8.30　电压崩溃的过程

由图8.30可见，当负荷为水平1的情况时，线路的切除，一开始引起电压下降，但带负荷调压的变压器T6在大约40s时，逐渐抬高它的二次侧电压到稍低于事故前的数值，这是靠改变带负荷调压变压器变比实现，由于它相当于减小了折合到一次侧的负荷阻抗，就必然要从系统中吸收更多的无功功率；发电机G3因为使用了快速高增益的励磁系统（$K_A=400$，$T_E=0.02s$），励磁电流升高，提供更多无功功率，使得系统电压维持在一个稍低，但是稳定的水平上，系统没有发生电压不稳定。

当负荷增至水平2时，系统的起始电压低于水平1，发电机G3的送出的无功功率及励磁电流都高于水平1时的数值，在故障后40s以内，过程与负荷水平1时相同，但是从40s开始，G3的励磁电流及无功功率输出达到最大，并保持不变，系统的电压水平这时虽然稍低，但都保持稳定；但是到了180s时，G3过励限制动作，而变压器T6又开始调整变比试图升高二次侧的电压，导致从系统吸取更多的无功功率，此时G3已不能提供更多的无功功率，于是发电机及系统电压继续降低，使得T6继续调整，这样循环下去，电压一步一步降低，直到发电机电压下降到0.94，母线7电压下降至0.95，这时T6已调到最高的分接头，不能再调了，大约是在260s，过程才稳定下来。

当负荷增至水平3时，过程与水平2类似，只不过起始的电压更低，G3的励磁电流及无功功率输出都更大，因此出现电压不稳定的时间更早，而最后稳定的电压更低。

类似上述的过励限制，在国内使用的中国版BPA暂态稳定程序和综合稳定程序中也已采用。

与低励限制一样，过励限制输入电压调节器的方式也有两种，一种是输入到电压调节回路中的低通或门，这时当过励限制取代电压调节器成闭环控制后，为保持工作稳定性，励磁电压软反馈或暂态增益减小等校正措施是需要的。另外，当过励限制取代电压调节器后，其输出仍停留在负的最大值上，当过励限制退出，由电压调节器取代时，会推迟调节器的作用，解决的办法是适当改变电压调节器输出的正负限幅值。另一种输入方式是接到电压调节器的参考点，如果过励限制输出的频带宽且增益大于10dB，则它将抵消电力系统稳定器等的输入信号，这就与输入低通或门没有什么区别了，只有当过励限制输入频带较窄，且增益小于10dB时，电力系统稳定器等才能与过励限制同时起作用。

对于旋转励磁系统，因无法取得发电机励磁电压及电流信号，可以用励磁机励磁电流来代替发电机励磁电流作输入信号。

在励磁控制系统中，还有一项功能称作过励保护，它与过励限制是两项不同的功能。过励限制是当励磁电流超过某个设定值并持续到某个允许的时间后，将励磁电流自动降到安全的数值，而过励保护可以看作是过励限制的后备保护，当上述情况发生，而过励限制没起作用，过励保护就将电压调节器切换至手动（当然此时手动的励磁电流设定值应为一个安全的数值）或者将机组切除。在这里要特别注意，就是过励保护不应“越级动作”，不论系统出现失步、解列或电压持续低落、励磁电流过大、持续时间过长，都应由过励限制将其调到安全值，过励保护不应“越俎代庖”，因为它一动作，机组就可能跳闸，不但使系统失去有功功率，还会损失相当可观的、系统非常需要的无功功率（包括正常送出的无功功率及因系统电压降低而送出额外的无功功率），这常常是事故扩大的原因之一。美国 WSCC1996 年 8 月 10 日事故的直接触发的原因就是过励保护误动[1]，在东部 2003 年 8 月 14 日事故分析中，也提到它是事故扩大的原因之一。过去在励磁系统调试或验收时，一般都不包括过励限制及保护整定值的校验，根据美国大事故的经验，应把这项校验提到日程上来。

有的励磁控制系统中还包含了定子电流限制器，这主要是对于发电机运行到超出额定有功功率的情况而设置的。由图 8.3 可见，当运行超出额定有功功率，功率因数高于额定值 0.85 时，定子电流的限制就代替励磁电流的限制，成为主要决定发电机容量的因素，在过励的运行状态就要减小励磁及无功功率输出，使其回到边界线以内，在欠励的运行状态就要提高励磁，减小吸收的无功功率。定子电流限制器不应该在线路发生故障，定子电流突然增大的暂态过程中起作用，因此它也是一种慢过程的控制，定子电流限制器的结构基本上是两种形式，一是由限制器去改变电压调节器的参考电压，经一个逻辑开关输出升高及降低两种信号。另一种是经过比例—积分器类似低励限制输出到电压调节器参考点上。

第 5 节　无功功率或功率因数控制

接在低压电网上分布式的小型发电机，有可能需要采用恒定无功功率或功率因数的励磁控制方式。一般说这种发电机容量较小，不可能对电网电压起重要的影响，它的运行电压只能"跟随"电网电压，如采用纯粹的维持定子电压恒定的励磁控制方式，而电网电压波动很大，机组励磁电流很可能过载或吸收大量无功功率，使过励或欠励限制动作，甚至过励或欠励保护动作，机组无法正常运行，这时需要采用功率因数恒定的励磁控制方式。

无功功率或功率因数恒定的励磁控制的结构如图 8.31 所示。由图可见，无功功率及功率因数恒定控制无功功率是附加在维持电压恒定控制上的，它通过测量回路，获得无功功率或者功率因数值的信号，再与设定的无功功率或功率因数的参考值比较，得到差值，送入一个阈值检定器，如果超过阈值，差值为正，就将电压调节器中的电压参考值提高，增加无功功率输出；如差值为负，则将电压参考值调低，减少无功功率输出。阈值检定器中设置了一个小的死区，以防止参考电压跟随无功功率输出的微小波动而

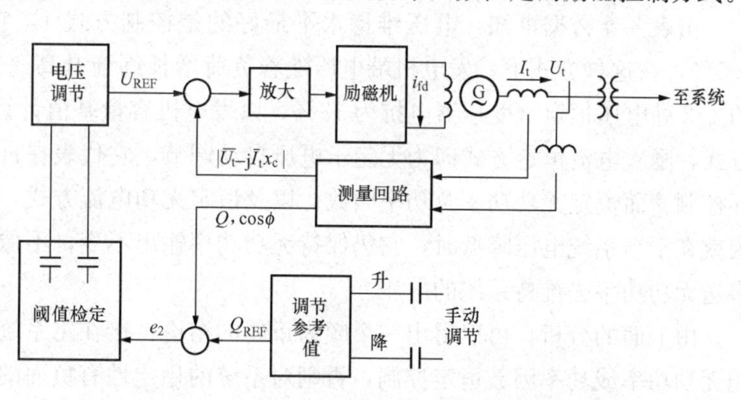

图 8.31　无功功率或功率因数恒定的励磁控制的结构

[1] WSCC Disturbance Report for the Power System Outage that Occurred on the Western Inter Connection August 10，1996 AT 1548 PAST.

不断改变。当电网出现故障，发电机电压急剧变化时，电压调节器将快速反应，迅速增加励磁或减小励磁，这个过程大约在1s以内，当电压逐渐恢复以后，无功功率或功率因数控制就有足够的时间来起作用，以保持无功功率或功率因数不变。

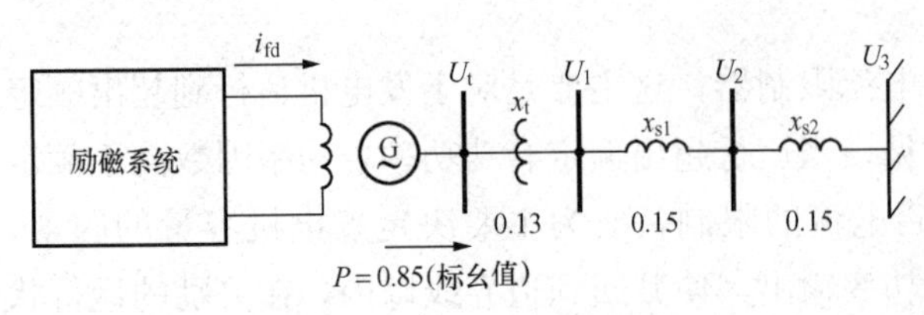

图8.32 典型电力系统

那些接在主网上的大中型发电机，与分布式小型发电机不同，它们不是“跟随”电网电压运行，而是“支持”电网电压，采用恒定无功功率或功率因数控制，在电网电压低落时，发电机仍保持输出无功功率不变，就不会提供额外的无功功率支持系统电压的恢复。文献［10］给出了在如图8.32所示的典型电力系统中，受端电压降低5%时，各种不同的励磁控制方式维持系统电压的性能，其结果见表8.4。

表8.4 受端电压降低5%时，各种不同的励磁控制方式维持系统电压的性能

序号	控制方式	i_{fd}	Q	$\cos\phi$	U_t	U_1	U_2	U_3
0	正常状态	1.973	0.161	0.983	1.0	0.985	0.984	1.0
1	电压恒定并带6.5%负调差	2.161	0.308	0.940	1.009	0.976	0.954	0.95
2	电压恒定无调差	2.129	0.286	0.948	1.00	0.969	0.95	0.95
3	励磁电流恒定（手动）	1.973	0.165	0.982	0.943	0.927	0.929	0.95
4	无功功率或功率因数恒定	1.969	0.161	0.983	0.941	0.926	0.928	0.95
5	无功电流恒定	1.957	0.151	0.985	0.935	0.922	0.926	0.95

由表8.4数据可知，电压维持水平最好的是控制方式1，它采用电压调节及负调差6.5%，在这种方式下，发电机端电压随着负荷增长逐渐升高，它相当于维持变压器电抗的1/2处电压恒定（变压器电抗为13%，以发电机容量基值计算）。其次是电压恒定控制方式，励磁电流恒定方式即为无定子电压自动调节，它代表在自励系统中恒定励磁电流闭环控制。而恒定无功功率及功率因数，以及恒定无功电流方式，系统电压水平最差，其原因就在于当系统电压降低时，它仍保持无功功率输出不变，不像电压恒定及有负调差方式多送无功功率去维持系统的电压。

由上面的分析，可以得出一个颇为重要的结论：接在主系统中的大中型发电机不宜采用无功功率或功率因数恒定控制，否则对系统的稳定性有负面的影响。在北美，对这个问题的提出明确的结论并加以纠正，也是近十年内的事。1996年8月10日美国西北部电力系统大停电，波及半个美国，损失30390MW，引起事故的原因很多，但最后触发整个系统的低频振荡的原因，可说是麦克耐瑞（McNary）电厂13台机组因过励保护误动作而切机，进一步追究发现，造成过励切机的原因是两台在其附近的发电机，错误地将发电机励磁控制方式置于恒定无功功率方式，美国WECC的泰勒先生（Mr. Carson W. Taylor）在文献［10］的讨论中指出：“在系统最后瓦解前的5min内，该恒定无功功率控制造成地区电压低落，以及附近的麦克耐瑞水电厂持续的励磁电流过高，并引起该电厂13台机组因过励磁保护误动而跳闸，随即出现了增长的低频振荡，系统失去稳定。”这个教训值得引以为戒。

第6节　变压器高压侧的电压控制

在前面各章里，我们介绍了发电机励磁的自动控制，包括电压调节器、电力系统稳定器，以及各种过励、欠励限制，从电力系统电压的分层控制的观点来看，这些都属于最基层的电压控制。电压的分层控制由下面几个层次构成：

（1）电压的基层控制（Primary Voltage Control）指上面所说的各种常规控制，它们是连续作用的。

（2）变压器高压侧电压控制（High Side Voltage Control）也是连续作用的，有时将它合并到电压的基层控制。

（3）二次电压控制（Secondary Voltage Control）是为保持一个区内某个或某些枢纽母线（Pilot Bus）电压在一定范围内的多台发电机联合控制，间隔时间大约是1min。

（4）全系统协调电压控制（Coordinated Secondary Voltage Control）有时又称三次电压控制（Tertiary Voltage Control）是几个区的二次电压控制协调，由设在调度中心的控制器进行控制，控制间隔时间约为15min。

下面先介绍变压器高压侧电压控制。

现代的发电机电压调节器都设有调差装置，就是在电压测量回路中取端电压U_t与定子电流在电抗上的压降的相量和的绝对值作为控制信号（即$U_C=|K_P\dot{U}_t+jK_I\dot{I}_t|$），在北美有时称作无功电流补偿（Reactive Current Compensation—RCC），其中定子电流换成无功电流，如果两台机在机端直接并联，为使无功功率能在两台机之间稳定分配，电流信号取正，则测量所得的控制信号U_C，总是比实际端电压要高，在稳态的情况下，信号电压要与参考电压U_{REF}平衡（接近相等），则端电压就一定要比参考电压U_{REF}要低，例如$U_{REF}=1.0$，则端电压一定低于1.0，且定子电流越大，电压越低，即电压外特性是下斜的，北美称之为下斜特性（Droop），我国称之为正调差。如果定子电流取负号，则端电压随着电流的增大是上升的，即电压外特性是上升的，我国称之为负调差（因电流取负号），北美称为线路压降补偿（Line Drop Compensation—LDC）。

采用负调差，补偿部分升压变的电抗对改善系统电压控制是有明显作用的，而且不需新增加任何投资，但是过去并没有充分地普遍地加以应用，原因是对于负调差对系统电压的控制及系统的稳定性的作用认识及经验不足，图8.33所示的系统来比较并联电容及发电机对系统无功功率补偿方面的不同特性[12]。

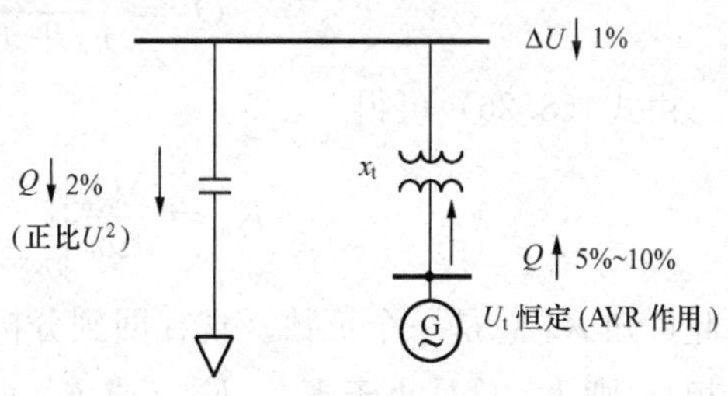

图8.33　无功功率补偿的不同特性

假定系统的电压降低1%，则图中所示的并联电容，由于它的无功功率出力与电压平方成正比，所以其无功功率出力要减少到原来输出的 $0.99^2=0.98$，也就是要减少 2%。同样的情况下，因为发电机电压可以维持恒定（靠电压调节器），所以它的无功功率出力要增大 $\frac{1}{x_t}\times 100\%$（当 $x_t=0.1$ 时为 10%，当 $x_t=0.2$ 时为 5%），此外发电机还可提供短时的由发热限制的额外无功功率来支持系统电压的恢复。

美国西部电力系统中波特来区的负荷，由于向它送电的 9 个发电厂采用负调差补偿了 50%升压变电抗，在一次故障后避免了电压崩溃，其效果等同装置 460MVA、500kV 的可切换电容器，其价值为 300 万美元[15]。

值得注意的是，调差的接入有可能改变系统的阻尼，前面第 7 章第 7 节已谈到正的二相调差（即测量回路中，使用 A 相及 C 相电流形成 $jI_t x_T$），会产生负阻尼，现在我们根据文献［16］中的分析进一步说明这个现象，考虑了调差以后，端电压的偏差为

$$\Delta U_t = K_5'\Delta\delta + K_6'\Delta E_q' \tag{8.18}$$

可见与不考虑调差时相比，只是将 K_5 换成 K_5'，K_6 换成 K_6'，而对二相或三相调差

$$K_5' = K_5 \pm K_9 d \tag{8.19}$$

$$K_6' = K_6 \pm K_{10} d \tag{8.20}$$

其中，K_5 及 K_6 为不带调差时的系数，计算公式在第 5 章中已导出，$\pm$ 号分别表示正调差或负调差，d 为与调差有关的系数，对于三相调差及二相调差分别为

$$d_3 \approx \sqrt{3}R \tag{8.21}$$

$$d_2 \approx \frac{\sqrt{3}}{3}R \tag{8.22}$$

式中，R 为调差测量回路中的电阻。

K_9 及 K_{10} 为下列公式中的系数

$$\Delta Q_e = K_9\Delta\delta + K_{10}\Delta E_q' \tag{8.23}$$

当 E_q' 为常数时
$$K_9 = \Delta Q_e/\Delta\delta \tag{8.24}$$

当 δ 为常数时
$$K_{10} = \Delta Q_e/\Delta E_q' \tag{8.25}$$

在第 4 章中，我们曾得到用 E_i' 及 U 表示的有功功率的公式

$$P_e = \frac{E_i' U}{x_d' + x_e}\sin\delta_i$$

U 为无穷大母线电压，用同样的方法，可以得到无功功率的公式为

$$Q_e = \frac{E_i' U}{x_d' + x_e}\cos\delta_i - \frac{U^2}{x_d' + x_e} \tag{8.26}$$

由式（8.26）可得

$$K_9 = \left.\frac{\Delta Q_e}{\Delta\delta_i}\right|_{E_q'=C} = -\frac{E_i' U}{x_d' + x_e}\sin\delta_i \tag{8.27}$$

因此可知 K_9 总是一个负数。现在回到分析系统 K_5'［式（8.19）］，如采用正调差（三相或两相），则 K_5' 总是小于 K_5，K_5（或 K_5'）<0 则会产生负阻尼，而且其大小与系统 K_5 成正比，见式（5.72）因此正调差是会恶化阻尼。如果采用负调差，当 $K_5<0$，则只要

$-K_9 d > |K_5|$（注意 K_9 本身为负），则 $K_5' > 0$，也就是说负调差可以改善系统的阻尼。对一个2机系统在线路的2/3处三相故障后的时域响应进行研究[12]，该系统线路电抗 $x_e = 0.4$，升压变压器电抗0.1，采用负调压补偿变压器电抗的75%，所以相当于变压器电抗减至0.25，故障前有功功率及无功功率分别为0.9及0.4，故障切除时间等于极限切除时间约0.2s，图8.34给出设置了负调差及无负调差两种情况下，发电机端电压及无功功率的时域响应。

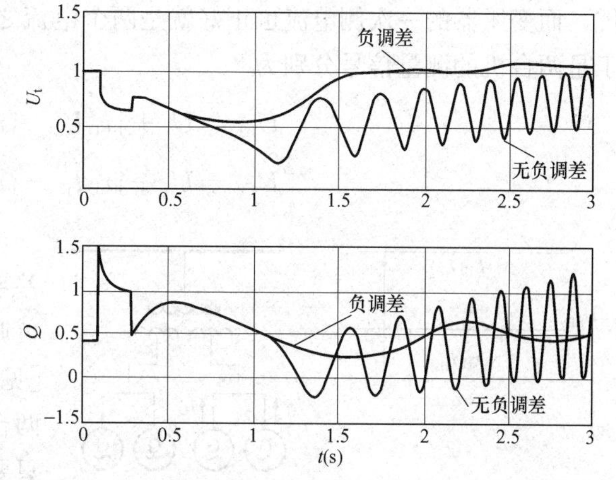

图8.34　有无负调差的比较

由图8.34可见，负调差确是增加了系统的阻尼，使不稳定的系统，可以稳定下来。

美国西北部哥伦比亚河在俄瑞冈州内有一个2485MW的水电站，它有16台142MVA的水轮机组，叫作约翰弟电厂（John Day），它是维持系统电压，保持俄瑞冈至加州的远距离输电稳定性的重要电厂，从1998年开始，他们在该电厂逐步采用负调差励磁控制方式（Line Drop Compensation）运行至今，效果良好[13]，该电厂的主接线图如图8.35所示。

该电厂的500kV母线上，在1997年安装并投入了376Mvar的并联电容器，所以发电机具有较大的无功功率储备，但无论在静态及暂态过程中，无功功率储备都没有得到充分利用。

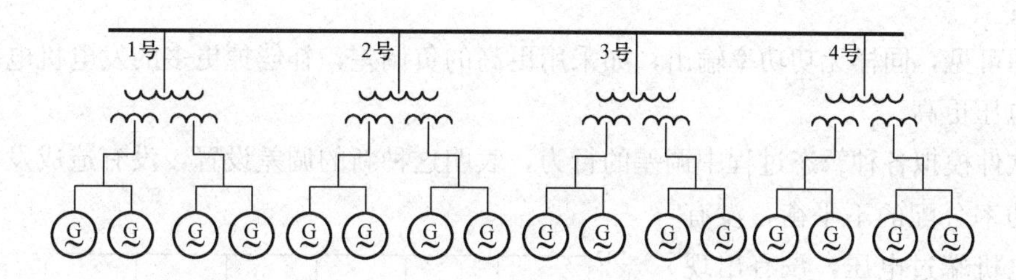

图8.35　约翰弟电厂主接线图

由图8.35可知，每两台机都是在机端并联，如果简单地采用一机一变的负调差设计，两台机会出现“抢无功”的现象，不能做到稳定的无功功率分配。设想两台发电机都采用负调差，I_{t1}、I_{t2} 为发电机的无功电流，则调节器的测量信号电压为

$$U_{C1} = U_t - jx_{L1} I_{t1}$$
$$U_{C2} = U_t - jx_{L2} I_{t2}$$

现在我们考虑的是稳态，所以励磁机及调节器可用放大倍数 K_A 来代表（控制系统中所有 s 都可设为零），则发电机的与励磁电压对应的无载电动势 E_{fd} 分别为

$$E_{fd1} = (U_{REF1} - U_{C1})K_{A1} = (U_{REF1} - U_t + jx_{L1} I_{t1})K_{A1}$$
$$E_{fd2} = (U_{REF2} - U_t + jx_{L2} I_{t2})K_{A2}$$

假定不论什么原因，在发电机间产生一个环流，例如产生一个正的 ΔI_{t1}，则 I_{t2} 为负的，$\Delta I_{t2}=-\Delta I_{t1}$，这样就使 E_{fd1} 有个正的增量，而 E_{fd2} 有个负的增量，其结果会使环流更大，并且继续下去，这就是“抢无功”的现象。为了获得负调差而又能稳定分配无功功率，一个办法是用两台电机电流之和形成负调差，由于负调差是用来补偿部分变压器电抗，而变压器的一次侧电流也正好就是两个电流之和，另外让发电机端仍然保持正调差，于是两台机的测量信号分别为

$$U_{C1}=U_t+jx_D I_{t1}-jx_L(I_{t1}+I_{t2}) \tag{8.28}$$

$$U_{C2}=U_t+jx_D I_{t2}-jx_L(I_{t1}+I_{t2}) \tag{8.29}$$

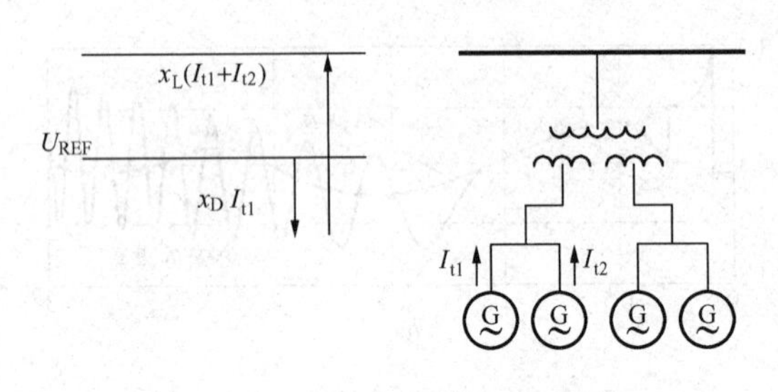

图 8.36　调差的示意图

式（8.28）、式（8.29）中 x_D 为正调差系数，x_L 为负调差系数。这样有环流时，负调差的作用产生的作用就互相抵消了[见式（8.28）、式（8.29）右边第三项]。两台机并联的端点，仍具有正调差性能，只要 $x_L(I_{t1}+I_{t2})$ 大于 $x_D I_{t1}$，等效的看变压器的电抗还是减小了。上述的约翰弟电厂就是采用这种方法。图 8.36 是调差的示意图。

图 8.37 是约翰弟电厂 500kV 母线电压在不同的调差补偿度下与输出无功功率的关系，该图是在系统处于夏季高峰负荷下，通过计算得到的，图中所标的百分数，是正负调差综合之后的数据（放在括弧内），曲线的最右端的直线，代表励磁电流已达到过励限制的整定值。

由图可见，同样无功功率输出，如采用更高的负调差，补偿掉更多的发电机电抗，则 500kV 电压更高。

用软件模拟各种暂态过程中调差的行为，表明这种新的调差设置，没有造成发电机之间无功功率分配的不平衡，没有造成发电机端过电压，没有出现负阻尼的情况，也没有造成过励保护动作。研究结果表明负调差整定超过 9％会造成定子短时过电压，超过 12％会造成机组之间无功功率分配的不稳定。一般文献建议补偿升压变电抗的 50％～80％。该电厂只补偿了 25％～30％的电抗，因为补偿度再提高，并没有对电压稳定性的改善表现出明显效果。

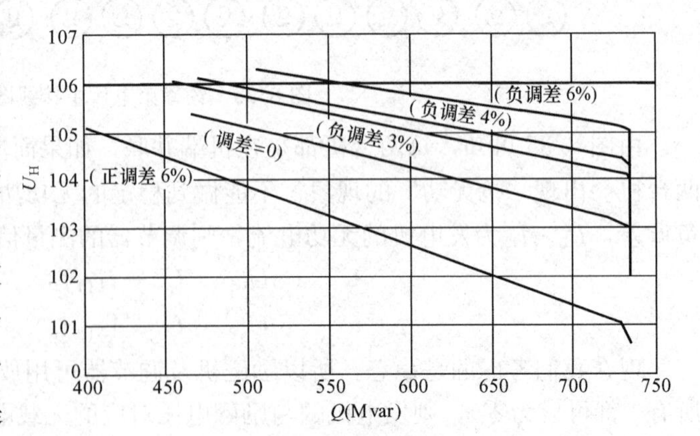

图 8.37　约翰弟电厂 500kV 母线电压与输出无功功率的关系

由于在模拟系统的研究中，没有发现不良的负面作用，于是进行了现场试验，图 8.38 表示了分别在并联的 9 号及 10 号两台机的调节器参考点上加 2%阶跃试验结果。

9 号及 10 号机是并联在同一母线上的，试验时，先在 9 号机上加 2%的参考电压阶跃，几秒钟后再在 10 号机上加 2%阶跃，由图可见，负调差没有造成两台机之间无功功率分配的不稳定，有了负调差以后，发电机无功功率输出及端电压都较高。

1999 年 6 月 18 日，该厂附近电网内一台发电机带 1258MW 负荷跳闸，约翰弟录得了当时的电厂 500kV 母线电压过程，如图 8.39 所示。

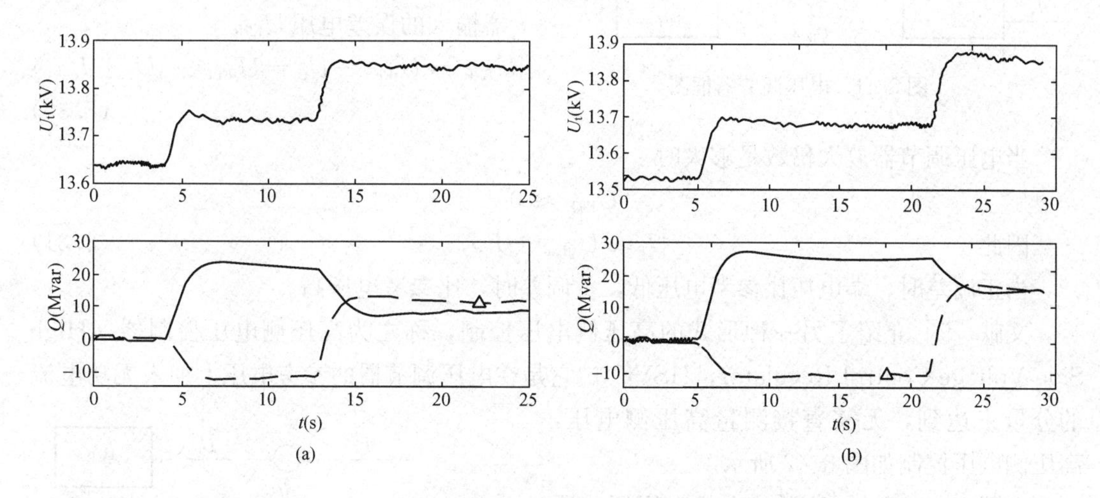

图 8.38　9 号及 10 号机先后加 2%阶跃现场试验结果

(a) 无负调差；(b) 有负调差

故障当时，该电厂只有 6 台机组投入了负调差，分别在 2 号及 3 号厂内线路上，即 2 号及 3 号变压器上运行，而 1 号线相连的机组未投入负调差，故障记录表明，投入负调差的机组无功输出功率比无负调差的机组多出了 60%～70%，机组对故障的响应如图 8.40 所示。

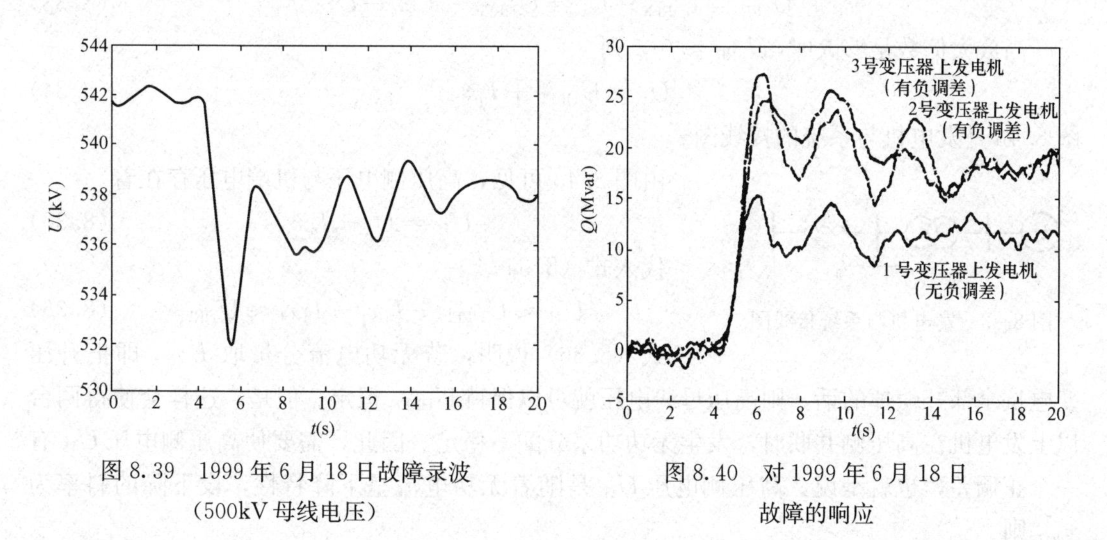

图 8.39　1999 年 6 月 18 日故障录波（500kV 母线电压）

图 8.40　对 1999 年 6 月 18 日故障的响应

前面所介绍的高压侧电压控制，是用电压调节器中原有的调差回路，使得送到调节器的测量电压为机端电压加上或减去一个与电流成正比的分量，电压调节器的作用是通过闭环控制使送入调节器的量测电压与参考电压 U_{tREF} 相等，这样就迫使发电机的实际电压 U_t，要比参考电压低一个数值（正调差）或高一个数值（负调差），这个数值就等于上述的与电流成正比的分量。图 8.41 是电压调节器框图。

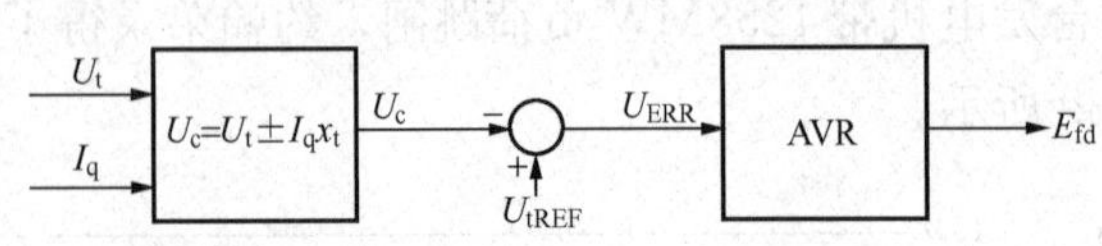

图 8.41 电压调节器框图

图 8.41 中 I_q 为定子电流的无功电流分量，x_t 为某个电抗。用来控制调节器输入的误差电压 U_{ERR}

$$U_{ERR} = U_{tREF} - U_c = U_{tREF} - (U_t \pm I_q x_t) \tag{8.30}$$

当电压调节器放大倍数足够大时

$$U_{ERR} \approx 0$$

因此

$$U_t \approx U_{tREF} \pm I_q x_t \tag{8.31}$$

当正调差时，端电压比参考电压低，负调差时，比参考电压高。

文献［9］介绍了另一种形式的高压侧电压控制，称之为高压侧电压控制器（High Side Voltage Control Regulator，HSVC）。它是在电压调节器的参考电压上加入无功电流的分量来达到，无需直接测量高压侧电压，高压侧电压控制如图 8.42 所示。

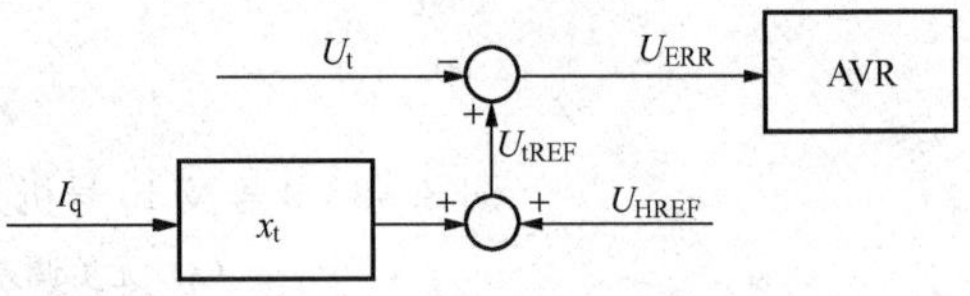

图 8.42 高压侧电压控制

由图 8.42 可见，这时发电机电压调节器的参考电压为

$$U_{tREF} = U_{HREF} + I_q x_t \tag{8.32}$$

式中，U_{HREF} 是给定的高压侧电压的参考值，由于 U_{tREF} 是随着无功电流增加而提高的，所以可以获得端电压上升特性，或者可以这样看

$$U_{ERR} = U_{tREF} - U_t = U_{HREF} + I_q x_t - U_t \tag{8.33}$$

当放大倍数足够大时，$U_{ERR} \approx 0$ ，则

$$U_t \approx U_{HREF} + I_q x_t \tag{8.34}$$

图 8.43 是发电机与系统的接线图。

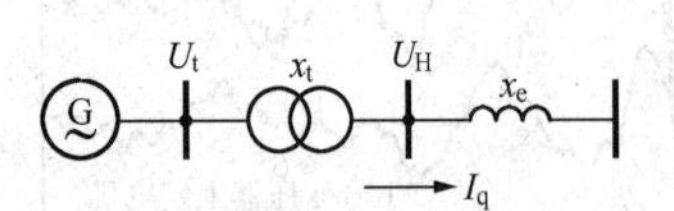

图 8.43 发电机与系统接线图

由图 8.43 可见，高压侧电压与机端电压存在着

$$U_H = U_t - I_q x_t \tag{8.35}$$

代入式（8.34）

$$U_H \approx U_{HREF} + I_q x_t - I_q x_t \approx U_{HREF} \tag{8.36}$$

式（8.36）说明，若无功电流分量取 $I_q x_t$，即把升压变电抗全部补偿掉的话，则高压母线电压就可以保持 U_{HREF} 恒定。但是，这样会使得两台以上发电机在高压侧并联时，发生无功功率分配不稳定。因此，需要使高压侧电压 U_H 有一个正调差，也就是说，高压侧电压 U_H 是随着无功电流呈下降特性，设下降的斜率为 x_{dr}，则

$$U_H = U_{HREF} - I_q x_{dr} \tag{8.37}$$

图 8.44 是高压侧电压的外特性。

同时由系统接线，得

$$U_H = U_t - I_q x_t \tag{8.38}$$

式（8.37）、式（8.38）合并，即得到

$$U_t = U_{HREF} + (x_t - x_{dr}) I_q \tag{8.39}$$

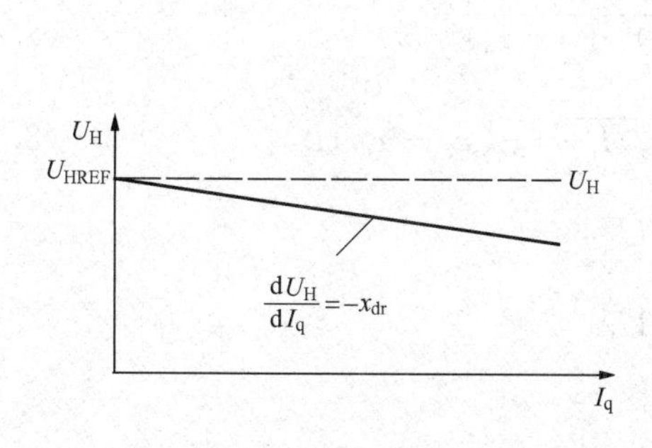

图 8.44　高压侧电压的外特性

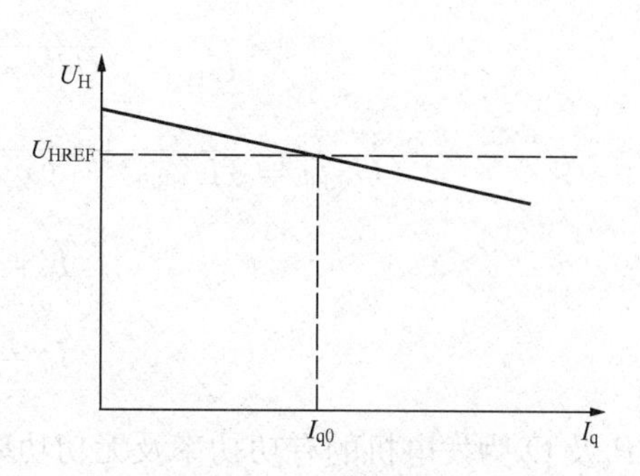

图 8.45　I_{q0} 补偿后的高压侧电压的外特性

为使 U_t 满足上式，则低压侧发电机的参考输入电压 U_{tREF} 亦该等于

$$U_{tREF} = U_{HREF} + (x_t - x_{dr}) I_q \tag{8.40}$$

为了在某一个特定的电流 I_{q0} 时，使得 U_H 与 U_{HREF} 相等，可以在参考电压 U_{tREF} 中加一个 I_{q0} 进行补偿，即

$$U_{tREF} = U_{HREF} + x_t I_q - x_{dr}(I_q - I_{q0}) \tag{8.41}$$

U_H 变成

$$U_H = U_{HREF} - x_{dr}(I_q - I_{q0}) \tag{8.42}$$

I_{q0} 补偿后的高压侧电压的外特性如图 8.45 所示。

当参考电压由 U_{HREF0} 变到 U_{HREF}，电流也会有一个增量 ΔI_{q0}，它等于

$$\Delta I_{q0} = (U_{HREF} - U_{HREF0}) / x_e \tag{8.43}$$

式中，x_e 为外电抗。

如果把 ΔI_{q0} 加到式（8.39）及式（8.40）两式中，则可以自动跟踪 I_{q0} 的变化，使 U_H 总等于 U_{HREF}。

高压侧电压控制是通过改变发电机电压来维持高压侧电压恒定，因此端电压不可避免要高于额定值，但是端电压长期运行的最高电压一般只能达到 105％的额定值，这就限制了高压侧电压控制对提高电压稳定性的作用。如果升压变压器变比是可调的，则可以通过变比的调整，使端电压仍维持在允许值之内。

当变比改变以后，变压器的电抗 x_t 及 x_{dr} 都会改变，但每台变压器抽头不一定都完全

一致，这样可能造成在并联的变压器之间无功电流不平衡，使并联运行出现困难，为此要将变比改变引起的电抗的变化，都计入控制作用里，则式（8.38）用式（8.44）代替

$$U_{tREF} = (U_{HREF}/n) + (x_t - x_{dr})I_q/n \tag{8.44}$$

式中，n 为变压器电抗的变化。

以上的高压侧电压控制的设计，都是基于忽略了发电机有功电流 I_p 在变压器上的压降。文献［17］进一步将该项电流计入，则可得控制的基本方程如下

$$U_H = \sqrt{(U_t - x_t I_q)^2 + (x_t I_p)^2} \tag{8.45}$$

$$U_{tREF} = \sqrt{U_{HREF}^2 - [(x_t - x_{dr})I_p]^2} - (x_t - x_{dr})I_q \tag{8.46}$$

其中

$$I_p = P_e/U_t$$

$$I_q = Q_e/U_t$$

P_e 及 Q_e 为发电机的有功功率及无功功率。

文献［17］的作者通过计算校验，说明计入 I_p 与忽略 I_p 的差别并不显著。

高压侧电压控制器框图如图8.46所示。由图可见，高压侧电压控制是在原有的电压调节器之外，构造了一个高压侧电压控制器，用它的输出去改变电压调节器的参考电压，维持高压侧电压，它与在调差回路中采用负调差在功能上是相同的，但有其优点。

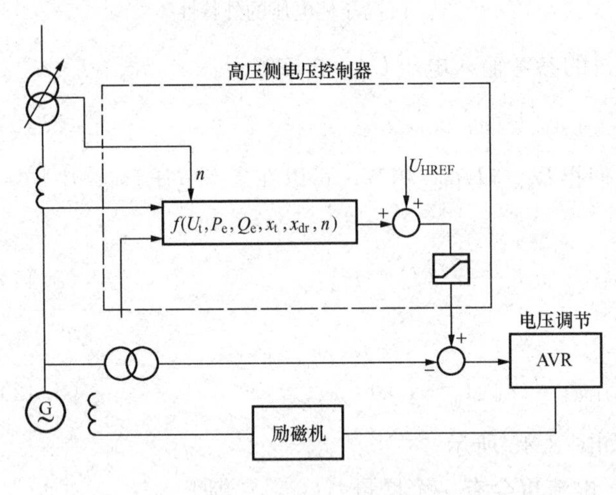

图 8.46 高压侧电压控制器框图

n—升压变抽头位置；x_t—升压变电抗；x_{dr}—高压侧电压调差

（1）可以从远方直接设置高压侧电压，并且可以进行各电厂及变电站电压协调。

（2）可以对无功电流变化进行补偿，维持高压侧电压不变。

（3）当改变升压变变比后，高压侧电压的正调差可跟着调整。

（4）可以根据需要再加入动态补偿以改善控制的动态特性。

图8.47是高压侧电压控制的特性。图8.48是 U_{HREF} 由1.0突增至1.01，高压侧电压、发电机端电压及发电机无功电流的时间响应。由图可见，高压电压经1.5s左右，到达稳态值，接近1.01，过程平稳，而机端电压由1.0增至接近1.02，可见端电压高于高压侧电压（标幺值）。

在图8.49所示的简单电力系统上电压稳定性的计算结果示于图8.50。由图可见，采

用高压侧电压控制后由电压不稳定点（即曲线尖端）对应的最大允许输送到负荷端有功功率明显增大，且临界电压（即最低电压）有所下降，其效果至少相当于装设 300Mvar 的静止补偿器。

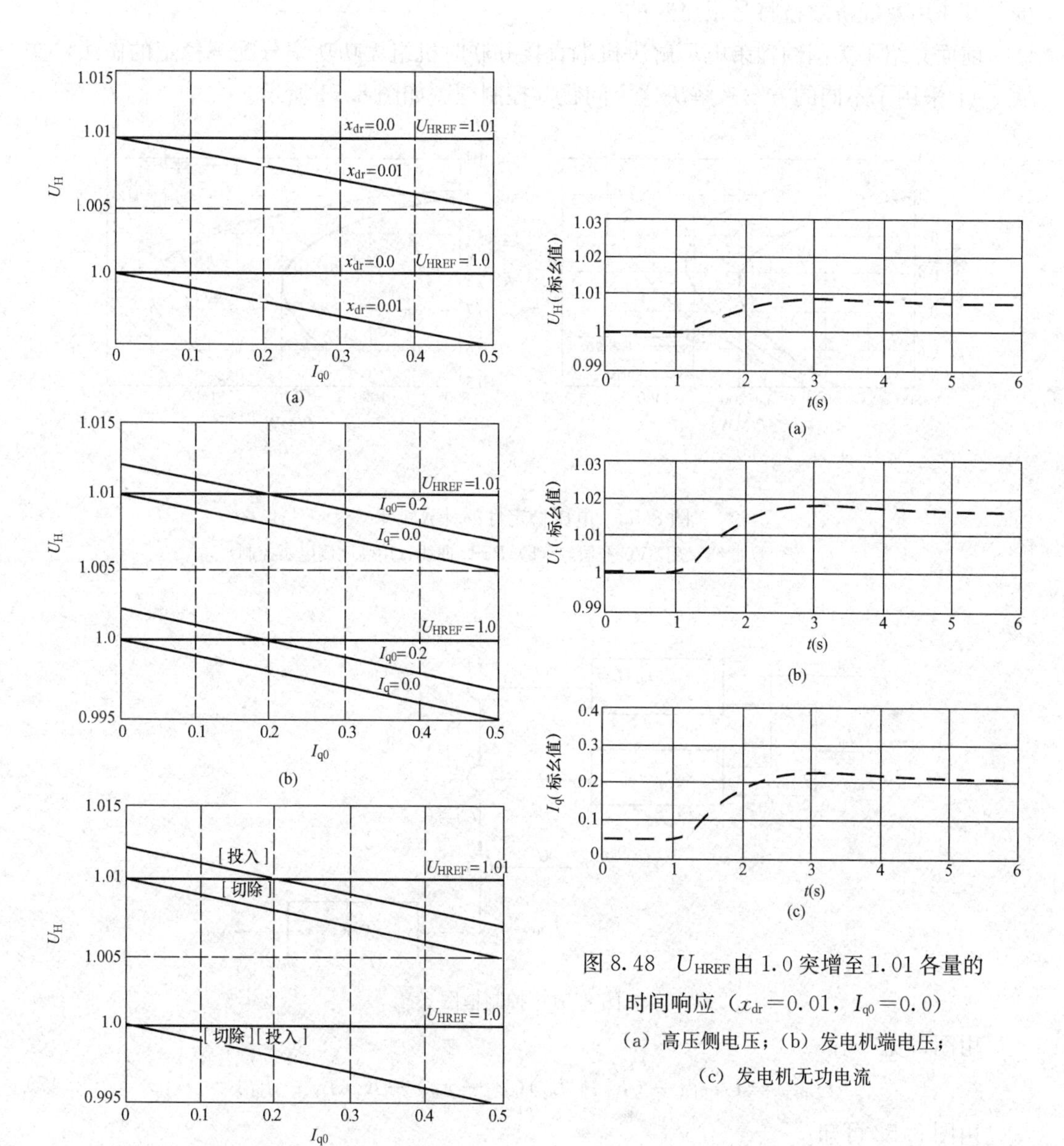

图 8.48　U_{HREF} 由 1.0 突增至 1.01 各量的时间响应（x_{dr}=0.01，I_{q0}=0.0）

（a）高压侧电压；（b）发电机端电压；（c）发电机无功电流

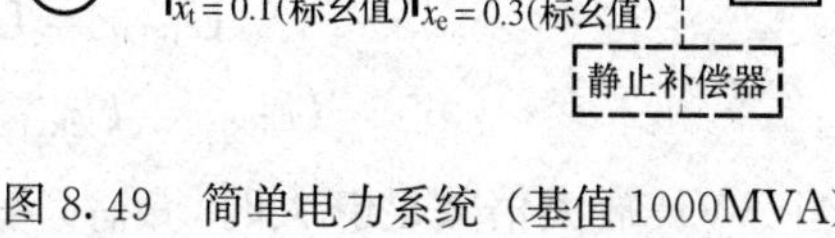

图 8.47　高压侧电压控制特性（初始条件 P_e=0.9，Q_e=0.04，U_{HREF}=1.0，100MVA 基值）

（a）x_{dr}的作用（I_{q0}=0.0）；（b）I_{q0}的作用（x_{dr}=0.01）；（c）计入 x_e 后 I_{q0} 补偿投入或切除（x_e=0.05，x_{dr}=0.01　I_{q0}=0.0 补偿）

图 8.49　简单电力系统（基值 1000MVA）

根据目前文献的报道，高压侧电压控制与负调差方式一样具有改善阻尼的效果，它在改善电压稳定性方面的作用是明显的，因为它相当减少了变压器的电抗。

这里，还需要特别指出，几乎所有发电机都可装置高压侧电压控制器，如能做到这一步，其作用及经济效益将是很可观的。

前面介绍了美国约翰弟电厂解决机端直接并联时机组无功功率分配不稳定的做法，文献［9］采用了不同的方案来解决这个问题，控制框图如图8.51所示。

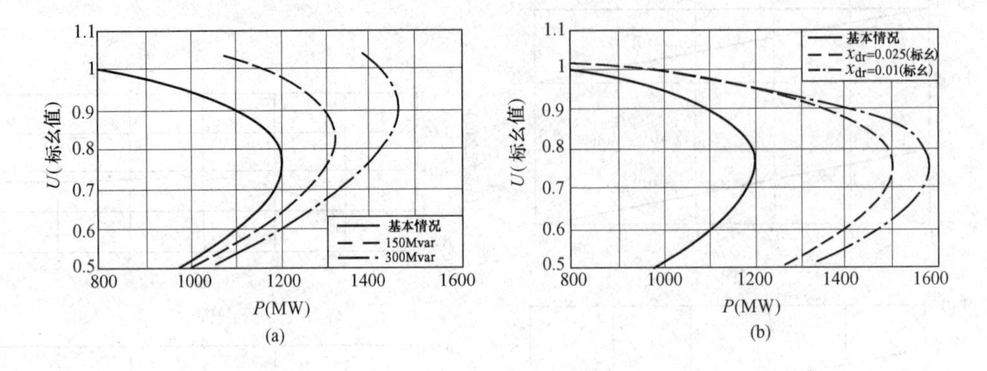

图8.50 电压稳定性的计算结果

(a) $P-U$ 曲线（用SVC补偿）；(b) $P-U$ 曲线（用高压侧电压控制）

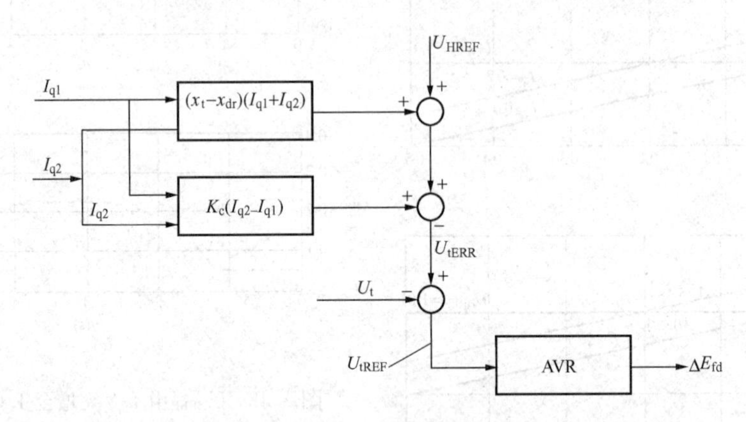

图8.51 控制框图

由图可见

$$U_{tREF}=U_{HREF}+(I_{q1}+I_{q2})(x_t-x_{dr})+K_c(I_{q2}-I_{q1}) \tag{8.47}$$

由图8.52可知

$$U_{HREF}=U_t-(I_{q1}+I_{q2})(x_t-x_{dr}) \tag{8.48}$$

代入式（8.47）

$$U_{tREF}=U_t+K_c(I_{q2}-I_{q1})$$

$$U_{tERR}=U_{tREF}-U_t=K_c(I_{q2}-I_{q1})$$

当AVR放大倍数足够大时，$U_{tERR}\approx 0$，$K_c(I_{q2}-I_{q1})\approx 0$。

所以当K_c也较大时，$I_{q2}-I_{q1}\approx 0$，也即是发电机之间的环流可以减少到接近零。

图 8.53 是 U_{HREF} 加入 0.01（标幺值）的阶跃后，两台并联发电机的响应。

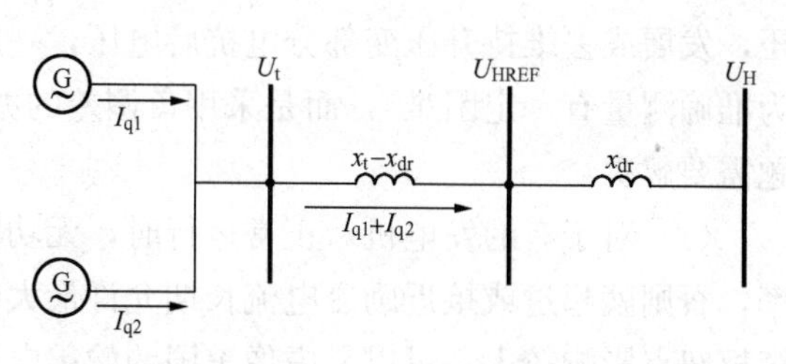

图 8.52　系统接线图

由图可见：

（1）当 U_{HREF} 由 1.0 变到 1.01 后，约几秒之后电压及电流都平稳地增加至各自的稳态值。

（2）虽然两台 AVR 测得的反馈电压 U_t 不相同，但 U_H 仍然平稳地达到 U_{HREF} 值 1.01。

（3）虽然两台机 AVR 的特性的不同（穿越频率不同），但 U_H 仍然达到设定的 U_{HREF} 值，只不过 I_{q2} 响应较慢，这是因其 AVR 增益较低的原因。

上面所说的变压器高压侧电压控制，是将传统的用发电机励磁控制去维持发电机端电

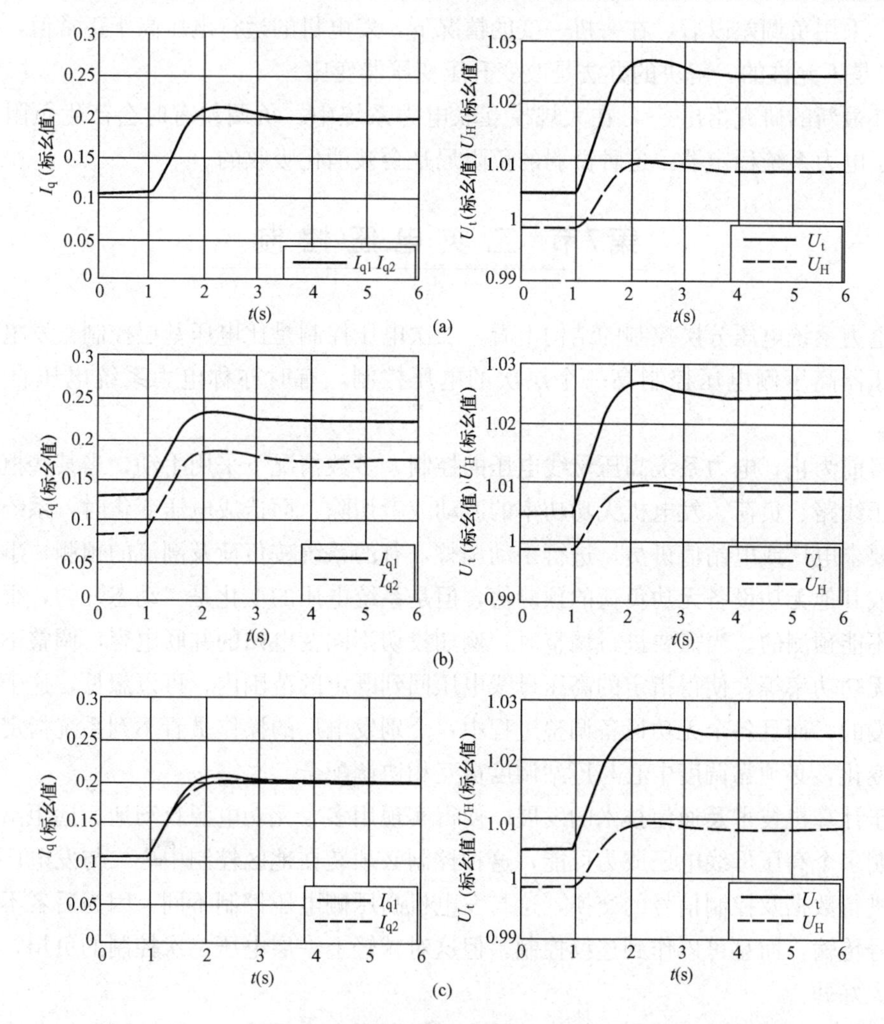

图 8.53　U_{HREF} 加入 0.01（标幺值）的阶跃后两台并联发电机的响应

(a) 基本情况；(b) 两台机 AVR 输入电压不同；(c) 两台机 AVR 放大倍数不同

压，发展成去维持升压变部分电抗后电压，一般说并不需要去测量变压器高压侧电压（因为准确测量有一定困难），而是采用负调差的办法来实现。这种改变也带来一些相关的课题需要解决：

（1）对于有的发电机，正常运行时，无功功率储备本来就很少，不可能再多发无功功率，否则就超过或接近励磁电流长期允许最大值。从系统运行的观点来看，若该电厂对系统枢纽点影响较大，可以考虑像美国约翰弟电厂那样，在电厂高压侧装置静电电容器，这样就使得发电机可调节的范围增大，发电机与电容器相当于组成了一组静止补偿器，但因只需投入电容器，经济效益是非常显著的。

（2）电厂的管理及运行人员，对于发电厂多发无功功率，支持系统电压的重要性可能认识不够，需要普及和提高认识。另外，电力市场化以后，要以经济收益来推动这项变革，也就是说无功也应该收费。但是如何计费值得研究，例如有人提出在发电厂的高压系统的接入点上，不论是输出或吸收无功功率超过功率因数 0.98 就应计费。

（3）采用负调差以后，在一机一变的情况下，发电机的运行电压高于正常值，但长期超过 5%是不允许的，解决的办法是改变升压变压器变比。

（4）最新的研究指出[20]，在大规模互联电力系统中，负调差有时会产生负阻尼，但是配置了电力系统稳定器，这种微弱的负阻尼是会被消化吸收的。

第7节 二次电压控制

从电力系统电压分层控制的结构上看，二次电压控制是比电压基层控制—发电机端电压或变压器高压侧电压控制高一个层次的电压控制，有时亦称电力系统电压自动控制(AVC)。

到目前为止，电力系统高压母线电压的控制，多数情况下采用手动，当某些枢纽点电压，由于线路、负荷、发电机无功功率的波动或者切除，而造成电压变化时，系统的调度员就会要求电厂或电站值班员，进行手动调整，有的系统按负荷及潮流的预测，事先给出发电机或其他无功设备无功负荷的预测值，但是系统电压的变化是“动态”的，很多情况下，是不能预测的。当需要进行调整时，例如投切不同变电站的并联电容，调整不同地点发电机无功功率等，使得指定的高压母线电压回到既定的范围内，可以想见，这个过程是非常缓慢的，而且各个无功设备调整过程中，个别发电厂的操作员看不到系统指定的母线电压的变化，必须靠调度中心与厂站调度员互相协调配合。

由于计算机技术及通信技术的发展，使得实现用多个无功电源自动地、远距离地、协调地控制多个高压母线电压成为可能，这种控制必须装在地区控制中心，与发电厂、变电站之间进行数据及控制信号的交换，这与发电机高压侧电压控制不同，因为后者不需要远距离信号传输，而且可以作到连续控制，但这对减轻上一层电压二次控制的负担，简化控制有很大好处。

二次电压控制设计的一个根据，就是大规模互联电力系统，一般总可以划分成几个相对独立的地区系统，而在地区系统中，一般总可以找到几个关键性的母线，它们与其他母线的电联系相对紧密，它们的电压对系统的电压水平有标志性的作用，称这种母线为枢纽母线（Pilot bus）。

另一个设计的依据，就是在系统的各种无功电源中，发电机（包括调相机）的无功功率储备是本来就具备的，应该把它们利用起来，因为这是最经济的，同时再与电容器、电抗器或者静止无功补偿器配合起来，共同实现系统电压的自动控制。

下面分别对二次电压控制中主要问题加以介绍。

1. 二次电压控制的结构

图 8.54 是二次电压控制结构框图[2]。

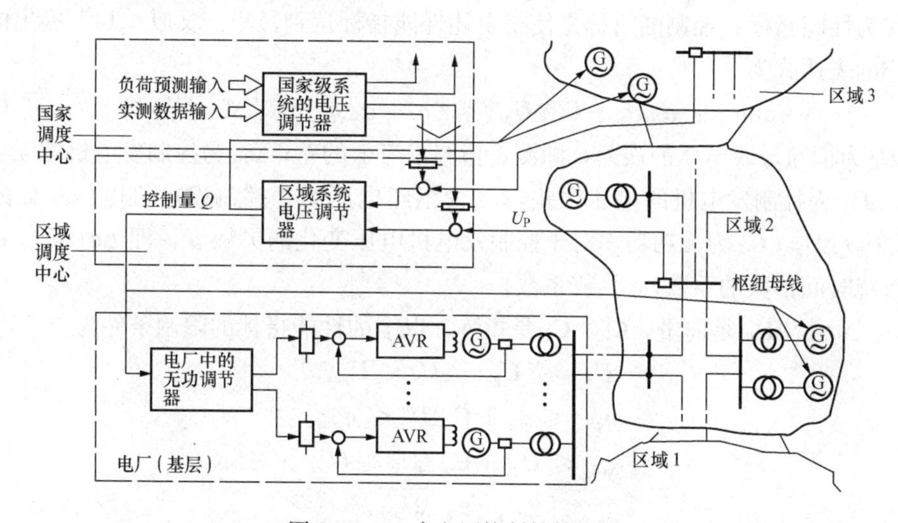

图 8.54　二次电压控制结构框图

区域系统电压调节器，是安装在区域系统调度中心的，它通过远距离测得枢纽母线电压，与原先设置的参考电压相比较，得出差值，按照差值平方最小的原则，计算出控制量的大小，再按一定原则，分配到对该枢纽母线电压控制最有效的机组上，然后将控制信号送到各个机组的电压调节器的参考点。去调整励磁，以使枢纽点电压回到规定的范围以内，区域系统电压调节器输出的控制量有两种，如图 8.54 所示，一种是无功功率，另一种是电压，它们通过远距离通信把发电机的电压调节器，以及区域系统电压调节联成一个大的外部闭环控制系统，为使这个大的外部闭环系统的控制与发电机原有的内部闭环系统（即电压基层控制系统）不互相干扰，采用控制时间分段的方法，使外部大闭环的控制时间比内部闭环系统慢一个数量级，间隔时间大约是 5min。区域系统电压调节器中的枢纽母线电压参考值可以由调度员根据需要来设定，也可以根据负荷预测及潮流计算给出的数值整定，也可以由上一层的国家级系统电压调节器，经协调各个区域内的枢纽母线电压得出的数值来调整。

2. 枢纽母线及参与控制的发电机的选择

最直接且最简单选择枢纽母线的方法，就是计算各母线的短路电流，选择短路电流最大的那些母线作为枢纽母线，这样若枢纽母线的电压能保持恒定，则其他母线电压的变化将会很小。相应地，选择那些在该枢纽母线短路时短路电流较大的发电机，作为控制该母线的发电机，应该就是最有效的。文献［14］提出了用枢纽母线电压对负荷无功功率变化的灵敏度，去决定枢纽母线，以及用枢纽母线电压对发电机无功功率变化的灵敏度去确定控制枢纽母线发电机的方法，可供读者参考。对西班牙国家电力系统（安装容量42222MW）来说，采用了上述方法最后选择了7～9个枢纽母线，47～74控制发电机。

3. 二次电压控制规律

前述的区域系统电压调节器中的枢纽母线及控制发电机，可能不止一个，因此对每一个枢纽母线都要设定参考值，都有测量的输入量，也就是说这时调节器是一个多变量输入—输出控制系统，这时一般采用所有的枢纽点电压误差平方及参与控制的发电机无功功率之和，作为性能指标，控制的目标是使得上述性能指标达到最小。文献［14］提出的性能指标最小的表达式为

$$\min\{\|\boldsymbol{\alpha}\Delta\boldsymbol{U}_{\mathrm{p}}-\boldsymbol{C}_{\mathrm{U}}\Delta\boldsymbol{U}_{\mathrm{g}}\|^{2}+\boldsymbol{q}\ \|\boldsymbol{\alpha}\Delta\boldsymbol{q}_{\mathrm{g}}-\boldsymbol{C}_{\mathrm{q}}\Delta\boldsymbol{U}_{\mathrm{g}}\|^{2}\} \tag{8.49}$$

式中，$\Delta\boldsymbol{U}_{\mathrm{p}}$为枢纽母线电压的误差，即测量值与参考值的差；$\Delta\boldsymbol{q}_{\mathrm{g}}$为控制发电机的无功功率的误差；$\Delta\boldsymbol{U}_{\mathrm{g}}$为控制发电机的电压误差；$\boldsymbol{C}_{\mathrm{U}}$为枢纽电压对于控制发电机电压变化的灵敏度，即$\Delta\boldsymbol{U}_{\mathrm{p}}/\Delta\boldsymbol{U}_{\mathrm{g}}$；$\boldsymbol{C}_{\mathrm{q}}$为无功功率对于控制发电机电压变化的灵敏度，即$\Delta\boldsymbol{q}/\Delta\boldsymbol{U}_{\mathrm{g}}$；$\boldsymbol{\alpha}$为决定控制系统时间常数的系数；$\boldsymbol{q}$为权系数。

$\Delta\boldsymbol{U}_{\mathrm{p}}$、$\Delta\boldsymbol{q}_{\mathrm{g}}$、$\Delta\boldsymbol{U}_{\mathrm{g}}$是向量，$\boldsymbol{C}_{\mathrm{U}}$、$\boldsymbol{C}_{\mathrm{q}}$是矩阵，以上的性能指标的限制条件为

$$\boldsymbol{U}_{\mathrm{gmin}}\leqslant\boldsymbol{U}_{\mathrm{g}}+\Delta\boldsymbol{U}_{\mathrm{g}}\leqslant\boldsymbol{U}_{\mathrm{gmax}}$$

$$\boldsymbol{q}_{\mathrm{gmin}}\leqslant\boldsymbol{q}_{\mathrm{g}}+\boldsymbol{C}_{\mathrm{q}}\Delta\boldsymbol{U}_{\mathrm{g}}\leqslant\boldsymbol{q}_{\mathrm{gmax}}$$

$$\boldsymbol{U}_{\mathrm{psmin}}\leqslant\boldsymbol{U}_{\mathrm{ps}}+\boldsymbol{C}_{\mathrm{us}}\Delta\boldsymbol{U}_{\mathrm{g}}\leqslant\boldsymbol{U}_{\mathrm{psmax}}$$

$$|\Delta\boldsymbol{U}_{\mathrm{g}}|\leqslant\Delta\boldsymbol{U}_{\mathrm{gmax}}$$

$\boldsymbol{U}_{\mathrm{gmin}}$、$\boldsymbol{q}_{\mathrm{gmin}}$、$\boldsymbol{U}_{\mathrm{psmin}}$、$\boldsymbol{U}_{\mathrm{gmax}}$、$\boldsymbol{q}_{\mathrm{gmax}}$、$\boldsymbol{U}_{\mathrm{psmax}}$、$\Delta\boldsymbol{U}_{\mathrm{gmax}}$都是相应$\boldsymbol{U}_{\mathrm{g}}$、$\boldsymbol{q}_{\mathrm{g}}$、$\boldsymbol{U}_{\mathrm{ps}}$、$\Delta\boldsymbol{U}_{\mathrm{g}}$的下上限幅，而$\boldsymbol{U}_{\mathrm{PS}}$为最关键的枢纽点电压，$\boldsymbol{C}_{\mathrm{US}}$为最关键的枢纽点电压对于发电机电压变化的灵敏度。

在每一个时间间隔里（文献［14］采用10s）做优化（即按性能指标最小）计算，得出控制量的大小，再按一定的准则，例如按发电机容量，将它分配到各个控制发电机上，去控制发电机无功功率输出，这个控制一般均采用比例—积分。整个控制的反应时间约在1min以上。

文献［1］介绍了法国西部区域电力系统中采用的协调式二次电压控制系统，它选择了80条母线作为枢纽母线，15台发电机及2台同步调相机作为控制发电机，它采用的控制规律与上述大体相同。

一般说，在电压控制上相互独立的区域是自然存在的，也就是说一个区域内发电机电压的调整，对邻区的影响是可以忽略的，但是如果其影响不能忽略，则有可能会引起某些发电机电压调整过程的振荡。根据文献［14］提供的经验，这时可将该发电机从二次电压控制中撤出来，让该发电机采用高压侧电压的控制方式，并且验证其余的控制发电机是否仍能保证枢纽母线电压在规定的范围内。另一个办法，就是通过上一层的国家级系统电压调节器，互相协调各个区的电压控制。根据文献［1］的报导，他们仍在研究投入上一层的电压自动控制的必要性。目前这种设想的最高层电压控制，仍置于手动调整的状态。但是意大利的国家电力系统已经采用了这种电压控制，使得系统的静态及动态的特性都达到

了很高水平，电能的质量，系统的稳定性及经济性都得以提高[2]。

4. 二次电压控制的效益

简单地说，二次电压控制就是高压系统的电压自动控制，设想若没有电压二次控制，系统调度员在电压达不到预定的范围时，需要通过电话要求发电厂及变电站的运行人员，调整电压或无功功率出力，来使高压母线电压恢复正常，这是个反复调整的过程，需要各电厂之间通过调度员互相配合，而有了二次电压控制以后，电压出现偏差后，各个电厂会自动根据区域系统电压调节器分配的无功调节量，去调节励磁，各个电厂之间会自动互相配合，最后使系统高压电压回到正常值。过程不但平稳而且大大加快，因而提高了电能的质量。调度员也可以根据系统当时的运行情况及设备的状态，改变枢纽母线电压及发电机无功功率的参考值，也可以根据发电机及其他无功设备的实际的裕量，改变分配的控制量的大小。可以说这是对传统的系统调度控制方式的一种技术革新，类似发电机从手动调节端电压到自动电压调节器维持电压的改进，当然二次电压控制包含的环节更多，牵涉的面要更广。

二次电压控制另一个重要的效益在于提高了系统的稳定性，特别是对提高电压稳定性有明显的效果。从二次电压的控制规律中，我们可以看到，其控制的目标是使所有的枢纽母线电压与设定的参考值偏差最小，而且这个目标是在各个发电机无功控制量最小的约束下达到的。因此相当于给系统留下了最大的无功储备，这在系统的暂态过程中，是特别有利的因素，已有的运行经验说明，因为投入二次电压控制，系统可以运行到更加接近稳定极限。由于更加有效，更加合理利用了现存的无功电源，减少了补偿电压或校正负荷功率因数的无功设备的设备，其经济效益是不难想象的。

下面介绍两个二次电压控制实际过程的模拟及现场录波。

图8.55～图8.58表示在西班牙电力系统中所作的计算结果[14]。该系统的装机容量为42222MW，在1994年时的尖峰负荷为24764MW，38%的火电，26%的火电，17%的核能，主网电压为400kV及220kV。二次电压控制系统中设置了9个枢纽母线，74台控制发电机。现模拟所有的无功负荷逐步地，稳步地增加40%的过程，图8.55、图8.56是两个枢纽母线电压变化过程。

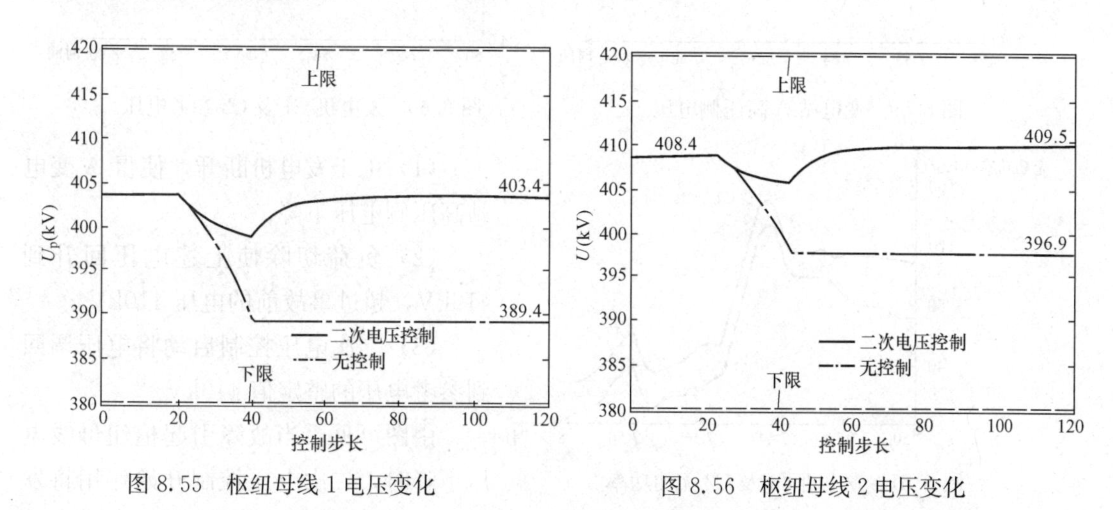

图8.55　枢纽母线1电压变化　　图8.56　枢纽母线2电压变化

图 8.57 及图 8.58 是两台控制发电机无功功率的变化。(图中控制步长为 10s）图中的点划线代表发电机最大及最小无功功率限制。由图可见，当没有二次电压控制时，母线 1 及母线 2 电压分别下降了 14kV 及 11kV，而有二次电压控制后，电压可以恢复到原始的初值，由于在设计电压控制规律分配无功功率控制量到各台发电机上时，加了一个约束即让所有发电机同时达到限幅值，所以有二次电压控制时，发电机 1 及 2 都按比例增加，最后离限幅值都有成比例的裕度。但没有电压控制时，发电机 2 无功功率增加量很大，非常接近限幅值，如果再出现扰动，发电机 2 就没有增加无功功率的能力了。

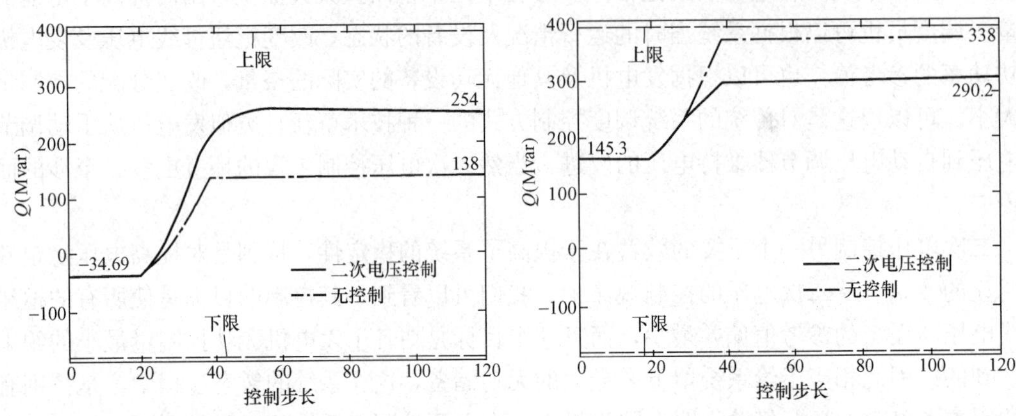

图 8.57 控制发电机 1 的无功功率变化

图 8.58 控制发电机 2 的无功功率变化

图 8.59～图 8.61 是法国电力系统中一次事故的录波图[1]。故障是 1998 年 1 月 2 日发生的，事故发生的顺序为：

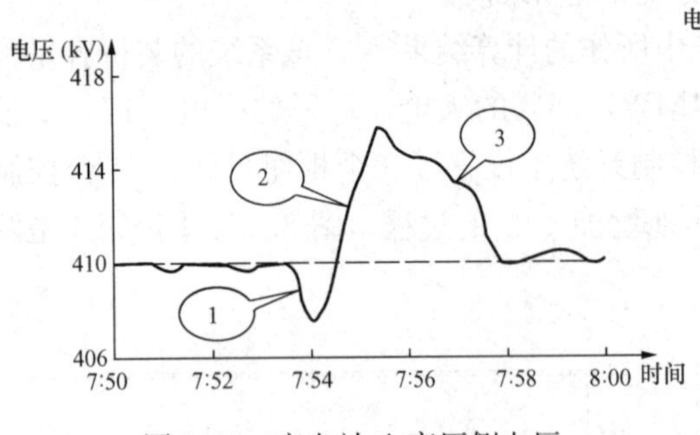

图 8.59 变电站 A 高压侧电压

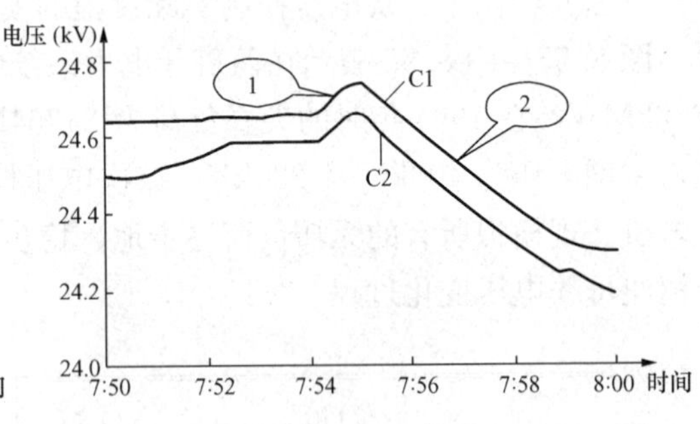

图 8.60 发电机 C1 及 C2 参考电压

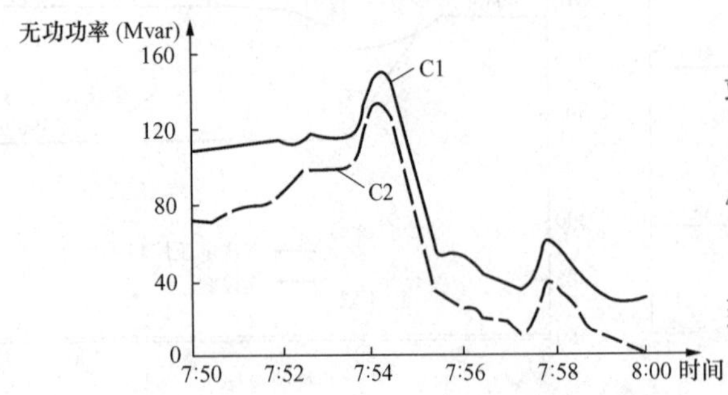

图 8.61 发电机 C1 及 C2 无功功率

(1) 由于发电机断开，使得 A 变电站高压侧电压下降。

(2) 负荷切除使上述电压回升到 416kV，超过事故前的电压 410kV。

(3) 二次电压控制启动将电压调回到参考电压的整定值 410kV。

由图可见，当故障引起枢纽母线电压下降时，二次电压控制开始作用将发电机参考电压升高，输出更大无功功率去支持系统电压，但是当系统电压由于切负荷而急剧升高时，二次电压控制使得发电机参考电压也急剧下降。这样才使得枢纽母线电压回到初始值，将参考电压与枢纽母线电压的变化过程比较可见，参考电压的变化大约落后枢纽点电压变化 1s 左右，这正是二次电压控制设计时预定的，使它的响应比发电机基层控制要慢一个数量级，以免互相干扰。

参考文献

[1] H. Lefebvre , D. Fragnier, J. Y. Boussion, P. Mallet, M. Bulot. Secondary Coordinated Voltage Control System. Proceeding of 2000 IEEE PES Summer Meeting, 16—20 Jul. 2000, Seattle, Washington, USA

[2] S. Corsi. The Secondary voltage Regulation in Italy. Proceeding of 2000 IEEE PES Summer Meeting, 16—20 Jul. , 2000, Seattle, Washington, USA

[3] A. Murdoch, B. W. Delmerico, S. Venkataramau, R. A. Lawson, J. E. Curran and W. R. Pearson. Excitation System Protective Limiters and Their Effects on Volt/Var Control—Design, Computer Modeling, and Field Testing. IEEE Trans. on Energy Conversion, Vol. 15, No. 4, Dec. 2000

[4] S. E. M. Oliveiva, M. G. dos Santos. Impact of under—Excitation Limiter Control on Power System Dynamic Performance. Trans. on Power System, Vol. 10, No. 4, Nov, 1995

[5] A. J. P Ramos, L . R. Lins, E. H. D. Fittipaldi, L. Monteah. Performance of Under—Excitation Limiter of Synchronous Machines for System Critical Disturbances. IEEE Trans. on Power Systems, Vol. 12, No. 4, Nov. 1997

[6] S. S. Choi and X. M. Jia. Coordinated Design of Under—Excitation Limiters and Power System Stabilizers. IEEE Trans. on Power System, Vol. 15, No. 3, Aug. 2000

[7] IEEE Task Force on Excitation Limiters. Under excitation Limiter Models for Power System Stability Studies. Trans. , on Energy Conversion, Vol. 10, No. 3, Sep. 1995

[8] IEEE Task Force on Excitation Limiters. Recommended Models for Over Excitation Limiting Devices. Trans. on Energy Conversion, Vol. 10, No. 4, Dec, 1995

[9] Masaru Shimomura, Yuou Xia, Masaru Wakabayashi, John Paserba. A New Advanced Over Excitation Limiter for Enhancing the Voltage Stability of Power System. Proceeding of 2001 IEEE PES Winter Power Meeting, Columbus, OH, Jan/Feb, 2001

[10] J. D. Hurley, L. N. Bize, C. R. Mummer. The Adverse Effects of Excitation System Var and Power Factor Controllers. IEEE Trans. Energy Conversion Vol. 14, No. 4, Dec. 1999

[11] 方思立．发电机励磁控制系统性能的评价．电网技术．1990，2 (1)

[12] A. Murdoch, J. J. Sanchez—Gasca, M. J. D'Autonio, R. A. Lawson. Excitation Control for High Side Voltage Regulation. Proceeding of IEEE PES Summer Meeting, 16—20 Jul. , 2000 Seattle, Washington, 2000, Vol. 1

[13] Dmitry Kosterev. Design, Installation, and Initial Operating Experience with Line Drop Compensation at John Day Powerhouse. IEEE Trans. on Power Systems, Vol. 16, No. 2, May, 2001

[14] J. L . Sancha, J . L. Fernandez, C. Cortes, J. T Abaca. Secondary Voltage Control: Analysis, Solutions and Simulation Results for the Spanish Transmission System. IEEE Trans. on Power System, Vol. 11, No. 2, May 1996

［15］ C. W. Taylor. Line Drop Compensation，High Side Voltage Control，Second Voltage Control－Why not Control a Generator Like a Static Var Compensator. Proceeding of IEEE PES，2000 Summer Meeting，16－20 Jul.，2000 Seattle，USA

［16］ 刘宪林．水轮发电机组水机电整体数学模型及稳定性的研究：［硕士论文］．北京：清华大学，1988

［17］ J. J. Paserba，S. Noguchi，M. Shimomura，C. W. Taylor. Improvement in the Performance and Field Verification of an Advanced High Voltage Control. XI Symposium of Specialists in Electric Operation And Expansion Planning

［18］ 冯治鸿. 电力系统电压稳定性研究. 北京：清华大学，1990

［19］ P. Kundur. Power System Stability and Control. New York：MrGraw-Hill，Inc. 1993

［20］ 霍承祥，刘增煌，濮钧．励磁系统中附加调差对电力系统振荡模式阻尼的影响．电网技术，2011（4）

第9章

大规模电力系统小干扰稳定性的分析及控制

近20～30年来，在电力系统稳定性及其控制这个学科中，随着以低频振荡形式出现的小干扰不稳定性，用时域法分析稳定性的局限性逐渐显现出来，也随着计算机技术的迅速发展，一种新兴的分析小干扰稳定性的方法及技术逐渐发展起来，这就是复频域法。目前它已成为分析及控制电力系统稳定性不可缺少的两种主要方法之一，分析的软件也逐渐成熟及完善，在工业上得到相当普遍的应用。本章在介绍及比较分析小干扰稳定性的复频域方法与另一种主要是分析暂态稳定性的时域方法的基础上，说明了它们各自的特点及局限性，在解决电力系统稳定性分析及控制的课题中，应该综合使用这两种方法，互为补充。接着介绍三种多机系统小干扰稳定性的状态方程形成的方法。利用计算技术，可以得到状态方程式 **A** 矩阵的特征值、右特征向量及左特征向量，它们不但可以用来判别系统的稳定性，而且可以进一步构成一些数学工具及量度，如模态、灵敏度等。自从有了这些工具以后，使人们对于多机复杂电力系统动态特性，或者说系统低频振荡的物理性质的认识，达到了前所未有的深度及高度，这可以说是复频域法的一大贡献。在掌握了电力系统的动态特性及出现低频振荡的原因以后，我们希望电力系统的动态特性朝着人们期望的方向改进，就是说要在系统内加装电力系统稳定器。这里有两个问题要解决，一是选择在哪些机组上或在哪些地点上装置电力系统稳定器，二是如何确定稳定器的参数，这是一个在复杂电力系统中控制的综合问题，或者说协调设计的问题，从控制理论上说，这是一个多输入多输出高阶系统的优化问题，是一项难度很大的挑战，虽然尝试应用一些纯数学方法来解决该课题，但未能满足实际工程的需要。经深入研究掌握了电力系统的特殊性，并结合复频域及时域分析法发展出来的技术及软件，使得该课题有了较大进展。

应用复频域法在解决分析特大规模互联电力系统时，可能会碰到多达2000个动态元件、12000个节点，每个动态设备可能要用15个状态变量来描述，这样状态方程可能达到30000阶，这已超出了普遍的QR法解特征根的极限，这就是所谓的“维数灾难”。经过多年研究发展，目前已有几种克服“维数灾难”的方法，可以达到工程上实用的阶段。

第1节　电力系统稳定性的分析方法——时域法及复频域法

我们已知，电力系统的功角稳定性可分为小干扰稳定性及大干扰稳定性，分析小干扰及大干扰稳定性的方法，有很大的不同，分析小干扰稳定性采用的是在某个运行点上线性化微分方程式组，而分析大干扰稳定性是采用非线性的微分方程式组。

分析大干扰稳定性主要采用时域法，即用数值积分法求解非线性微分方程式组的时间解。还有一种称作直接法，它主要是用来判断系统是否保持暂态稳定。分析小干扰稳定性则用复频域法。

1. 时域法

描述电力系统的方程式是由两个部分组成的，一是描述电力系统中动态元件，如发电机、直流输电线路、静态无功补偿的微分方程式的集合，二是网络的稳态方程。

下面以发电机为例，说明全系统微分方程式是怎样建立的，现以四绕组模型代表发电机，发电机的基本方程为

$$\frac{\mathrm{d}\delta}{\mathrm{d}t} = \omega_0 \Delta\omega$$

$$\frac{\mathrm{d}\Delta\omega}{\mathrm{d}t} = \frac{1}{T_J}(M_m - M_e) - \frac{1}{T_J}D\Delta\omega$$

$$\frac{\mathrm{d}E'_q}{\mathrm{d}t} = \frac{1}{T'_{d0}}[E_{fd} - E'_q - (x_d - x'_d)i_d]$$

$$\frac{\mathrm{d}E'_d}{\mathrm{d}t} = -\frac{1}{T'_{q0}}[E'_d - (x_q - x'_q)i_q]$$

如果在定子电压方程式中，略去 $p\Psi_d$、$p\Psi_q$ 项，并不计转速的变化，则定子电压与内电动势 E'_q、E'_d 可以用代数方程式表示

$$u_d = E'_d + x'_q i_q - r i_d$$

$$u_q = E'_q - x'_d i_d - r i_q$$

将 i_d、i_q 表示为 E'_q、E'_d、u_d、u_q的函数，即

$$i_d = f_d(E'_d, E'_q, u_d, u_q) \tag{9.1}$$

$$i_q = f_q(E'_d, E'_q, u_d, u_q) \tag{9.2}$$

另外已知发电机的电磁功率 P_e可以表示为

$$P_e = i_d u_d + i_q u_q = M_e \omega$$

至于发电机的励磁控制系统及调速器，可以设一些中间状态变量，把它们化为一阶微分方程组再与同步电机基本微分方程式联系在一起，并把基本方程中的 i_d、i_q、P_e消去，就可以得到发电机包括控制系统的微分方程的另一种形式

$$\dot{\boldsymbol{x}}_g = \boldsymbol{f}(\boldsymbol{x}_g, \boldsymbol{U}_g) \tag{9.3}$$

式中，$\boldsymbol{x}_g$ 为发电机的状态变量（例如 δ、ω、E'_q、E'_d 及控制系统有关的变量）；$\boldsymbol{U}_g$ 为发电机的电压向量。

发电机的电流可以用状态变量及电压的代数方程式表示

$$\boldsymbol{i}_g = \boldsymbol{h}(\boldsymbol{x}_g, \boldsymbol{U}_g) \tag{9.4}$$

但上面的方程式都是以发电机本身的 d、q 坐标表示的，应将它们转换到同步旋转的公共坐标 R、I 上，才能将所有的发电机与网络共同求解，图 9.1 是 d、q 坐标与 R、I 坐标间的关系，由图可见

$$U_R = u_d \sin\delta + u_q \cos\delta \tag{9.5}$$

$$U_{\mathrm{I}} = u_{\mathrm{q}}\sin\delta - u_{\mathrm{d}}\cos\delta \tag{9.6}$$

公共坐标上的 R 轴为计算每台电机 δ 角的参考轴。

式（9.1）、式（9.2）E'_{q}、E'_{d} 也要转换到公共坐标，变成 E'_{R}、E'_{I}。

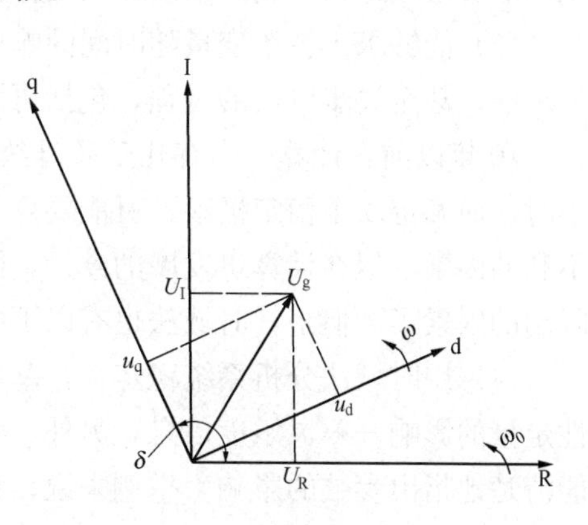

图 9.1　d、q 坐标与 R、I 坐标关系

在与网络联合求解时，发电机可用 $x'+r$ 后面的电动势 $E'=E'_{\mathrm{R}}+\mathrm{j}E'_{\mathrm{I}}$ 来代表，其中 $x'=x'_{\mathrm{d}}=x'_{\mathrm{q}}$（即忽略凸极效应），这可用戴维南等值电路［见图 9.2（a）］来表示，若化成诺顿等值电路［见图 9.2（b）］，则发电机对网络的注入电流为

$$I' = Y'E' = (E'_{\mathrm{R}} + \mathrm{j}E'_{\mathrm{I}})/(x'+r) \tag{9.7}$$

将全部发电机及所有动态元件，如直流输电设备、静止补偿器等的方程式转换到 R、I 坐标，消去没有动态元件的节点，最后，可得代表全系统的一阶微分方程的集合

$$\dot{\boldsymbol{x}} = \boldsymbol{f}(\boldsymbol{x},\boldsymbol{U}) \tag{9.8}$$

及网络的代数方程

$$\boldsymbol{I}(\boldsymbol{x},\boldsymbol{U}) = \boldsymbol{Y}_{\mathrm{N}}\boldsymbol{U}$$

式中，$\boldsymbol{U}$ 为节点母线电压，可分成 R、I 分量；$\boldsymbol{I}$ 为注入电流，可分成 R、I 分量；$\boldsymbol{x}$ 为系统状态变量，$\boldsymbol{Y}_{\mathrm{N}}$为网络的导纳矩阵。

联立求解上述微分方程及代数方程的数值积分的方法，在许多文献中都有详细的介绍[2]。

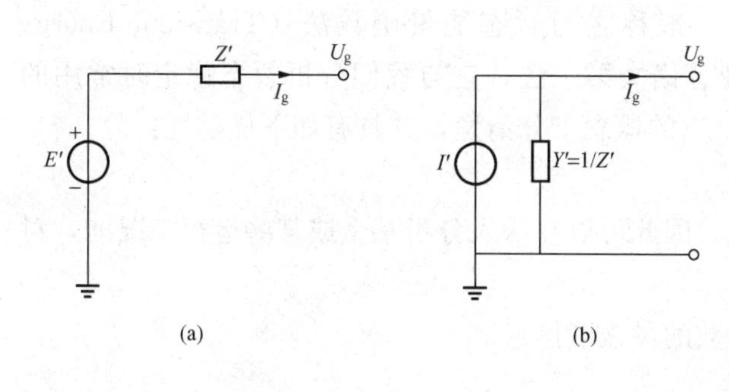

图 9.2　同步机等值电路
（a）戴维南等值电路；（b）诺顿等值电路

利用上述方法，就可以得到系统受到干扰（包括大干扰及小干扰）后，各变量随时间的响应，从而可以判别及分析稳定性，不论系统的规模有多大，线性或非线性，连续或断续的（各种各样逻辑控制），也不论系统微分方程的阶数有多高，在计算机技术高度发展的今天，时域法已成为分析稳定性最准确可靠的工具，也是目前工业上应用最广泛最主要的工具。建立在时域法基础上的软件，一般称暂态稳定程序，经过近 50 年的发展及完善，已成为功能齐全、使用方便、工作可靠的商业化程序。我们如果查阅有关文献，会发现许多学者提出了各种处理电力系统的非线性问题的方法，由于电力系统的非线性问题，已在时域分析法中很完善的考虑了，而所提出的方法要达到时域法那样准确、详尽、实用的程度，还有相当长的路要走。

归结起来，可以说时域法的主要优点在于：

(1) 能够计入各种元件的非常详尽及复杂的数学模型，能够处理大规模的复杂电力系统，能够模拟逻辑控制的断续作用及保护装置，在这些方面的功能几乎是没有限制的。

(2) 能够求出各个变量随时间的响应，因而当系统失去稳定时，可以了解系统是怎样失步的，甚至失步以后的过程，包括再同步或者解列后的状态。

10年以前，计算一个有几千条母线几百台发电机的系统的10s过程，可能需要几个小时，而确定一个稳定极限，可能要算几十个上百个这样的过程，计算所用时间成为一个不利的因素，但在计算机发展的今天，同样的计算只需1～2min，计算时间已经不是一个限制的因素了。但是，时域法也有以下的局限性：

(1) 用时域法分析系统稳定性，基本上是一个试探的过程，它不能提供参数对于稳定性定量的影响——灵敏度信息，另外，它得到的是具体数值解，不能得到解析解，因而不能清楚地指出参数的影响。举例来说，我们想知道发电机阻尼绕组时间常数对短路电流的影响，时域的做法是改变时间常数的值，去求出不同的短路电流变化曲线，然后去比较找出它的影响，如果我们已知短路电流的解析解，一看就知道该时间常数只对超瞬变分量衰减速度有影响，对瞬态短路电流及稳态短路电流基本上都不起作用。当然这是个简单的例子，可以求得解析解，对于复杂的课题，就只能依靠数值解来分析问题。

(2) 对某些故障的形式、地点及系统的运行条件，系统中有的振荡模式不能被激发出来，而这个模式正好又是阻尼比较低，人们最关心的模式，由于时域响应是不同的振荡模式的叠加的结果，振荡的衰减与否有时很难决定，甚至由于拍频的现象，而导致错误的判断。

2. 直接法

它不是直接去求解系统的微分方程式，而是判断在故障的情况下，系统的动能及位能是否超过系统可能吸收的最大能量，一般称之为暂态能量函数法（Transient Energy Function－TEF)，它的理论基础是李亚普诺夫第二法，它与我们分析暂态稳定时常用的“等面积法则”来判别稳定性是等效的，它的概念十分清楚，并具有如下优越性：

(1) 计算速度快。

(2) 能够按故障严重程度进行排队，因此可以在深入分析某个或某些运行工况前，对系统所有的故障及工况作一次扫描。

(3) 可以得到稳定裕度及对某些参数的灵敏度信息。

但直接法也有以下一些局限性：

(1) 直接法只能计入简单的数学模型，发电机一般采用经典二阶模型，像提高系统稳定性的励磁控制等措施，还不能在计算中加以精确考虑。

(2) 直接法不能得到时域的响应，不能指出系统是怎样失步的，不能提供监视及模拟保护动作情况所必需的线路潮流，电压及测量阻抗等信息，也不能模拟自动切换的控制设备，如并联电抗及电容器等。

虽然近年来，直接法取得不小的进展，但由于采用模型的局限性及计算方法还不够可靠，限制了它的实际应用。一般认为直接法适用于系统的规划及在线稳定分析及监控。

3. 复频域法

复频域法又称状态空间—特征根法，它的主要特点在于：

(1) 由系统特征根的计算结果，可以掌握系统的全部振荡模式，或者阻尼最弱的模式，得到它们的振荡频率及阻尼比，从而对系统小干扰稳定性有一个全面的深入的了解。

(2) 通过特征向量的计算分析，能够掌握系统内各振荡模式下，机组间相位关系，特别是对那些阻尼弱的模式，我们可以了解到它们是属于两个机组群之间的振荡（联络线模式）还是某个机组对其他机组之间的振荡（地区模式）。

(3) 通过对特征根灵敏度或根轨迹的计算，可以定量分析控制器的参数对于小干扰稳定性的影响，能够建立振荡模式与机组关联特性，从而确定机组产生振荡的原因，制定克服振荡的措施，特别是确定装置电力系统稳定器的地点。

(4) 能够应用如特征根配置法或频率响应法，或相位补偿法等，来选择稳定器的参数。

(5) 通过求解系统的线性微分方程式的数值解，也可以获得系统受到小干扰后时域响应。

因此可以说，复频域法揭示了用其他方法不能得到的隐藏在系统里的动态特性的本质，它正好可以跟时域法互相补充，它也有不足之处：

(1) 状态空间方程中的系数矩阵是非对称的稀疏矩阵，对于这种矩阵，目前求特征根的 QR 方法，还不能达到实际大规模电力系统需要。这时矩阵的阶数可能达上万阶。

(2) 不能计及系统的非线性，严格说计算结果只对某一个运行点有效。

综上所述，时域法与频域法相结合，构成了现代分析电力系统稳定性的主要方法。

第 2 节　多机系统的数学模型

分析多机系统小干扰稳定性是建立在系统的线性化微分方程的基础之上的，将线性化微分方程式表示成状态方程式 $\Delta\dot{\boldsymbol{x}}=\boldsymbol{A}\Delta\boldsymbol{x}+\boldsymbol{B}\Delta\boldsymbol{u}$ 之后，就可从分析 $\boldsymbol{A}$ 矩阵的特征值及特征向量着手，分析系统的小干扰稳定性，构成状态方程中 $\boldsymbol{A}$ 及 $\boldsymbol{B}$ 的最常用的方法是通过计算机的矩阵运算将 $\boldsymbol{A}$ 及 $\boldsymbol{B}$ 中每一个元素的数值计算出来，另一种方法是通过推导，将 $\boldsymbol{A}$ 及 $\boldsymbol{B}$ 中每一个元素用参数及运行状态的函数来表示。现分别来介绍这两种方法。

1. 常用的方法

形成状态方程的过程与本章中介绍的分析暂态稳定的时域法相同，只是经过线性化处理后，状态变量都成为偏差量了，这一点与第 6 章完全相同，下面以文献 [2] 所述方法为例，来说明这个过程。

每一个动态元件包括发电机及其控制系统的方程可表示为

$$\dot{x}_i = f_{\mathrm{d}}(x_i, U)$$

$$i_i = g_{\mathrm{d}}(x_i, U)$$

式中，x_i 为动态元件的状态变量，U 为动态元件的端电压，i_i 为注入网络的电流。

每一个动态元件的线性化状态方程式可表为

$$\Delta\dot{\boldsymbol{x}}_i = \boldsymbol{A}_i\,\Delta\boldsymbol{x}_i + \boldsymbol{B}_i\,\Delta\boldsymbol{U} \tag{9.9}$$

$$\Delta\boldsymbol{i}_i = \boldsymbol{C}_i\Delta\boldsymbol{x}_i - \boldsymbol{Y}_i\,\Delta\boldsymbol{U} \tag{9.10}$$

$\boldsymbol{B}_i$，$\boldsymbol{Y}_i$ 中对应于动态元件端电压或用来控制的远端电压的元素为非零以外，其他都是零。电流及电压都具有实部及虚部两个分量。

将所有动态元件的上述方程结合在一起，就形成了全系统状态方程式

$$\Delta\dot{\boldsymbol{x}} = \boldsymbol{A}_{\mathrm{D}}\Delta\boldsymbol{x} + \boldsymbol{B}_{\mathrm{D}}\Delta\boldsymbol{U} \tag{9.11}$$

$$\Delta\boldsymbol{i} = \boldsymbol{C}_{\mathrm{D}}\Delta\boldsymbol{x} - \boldsymbol{Y}_{\mathrm{D}}\Delta\boldsymbol{U} \tag{9.12}$$

其中，$\Delta\boldsymbol{x}$ 就是全系统的状态向量，$\boldsymbol{A}_{\mathrm{D}}$ 及 $\boldsymbol{C}_{\mathrm{D}}$ 是由对应于各个动态元件的 $\boldsymbol{A}_i$ 及 $\boldsymbol{C}_i$ 形成的分块的对角矩阵。$\Delta\boldsymbol{i}$ 是动态元件对网络的注入电流向量，除了对接有动态元件的母线，其他都是零。

网络是以导纳矩阵来表示的

$$\Delta\boldsymbol{i} = \boldsymbol{Y}_{\mathrm{n}}\Delta\boldsymbol{U} \tag{9.13}$$

将式（9.13）代入式（9.12）可得

$$\Delta\boldsymbol{U} = (\boldsymbol{Y}_{\mathrm{N}} + \boldsymbol{Y}_{\mathrm{D}})^{-1}\boldsymbol{C}_{\mathrm{D}}\Delta\boldsymbol{x} \tag{9.14}$$

将式（9.14）代入式（9.11），可得

$$\Delta\dot{\boldsymbol{x}} = [\boldsymbol{A}_{\mathrm{D}} + \boldsymbol{B}_{\mathrm{D}}(\boldsymbol{Y}_{\mathrm{N}} + \boldsymbol{Y}_{\mathrm{D}})^{-1}\boldsymbol{C}_{\mathrm{D}}]\Delta\boldsymbol{x} = \boldsymbol{A}\Delta\boldsymbol{x} \tag{9.15}$$

这样，就得到了全系统的状态矩阵 $\boldsymbol{A}$

$$\boldsymbol{A} = \boldsymbol{A}_{\mathrm{D}} + \boldsymbol{B}_{\mathrm{D}}\,(\boldsymbol{Y}_{\mathrm{N}} + \boldsymbol{Y}_{\mathrm{D}})^{-1}\boldsymbol{C}_{\mathrm{D}} \tag{9.16}$$

2. $\boldsymbol{K_1 \sim K_6}$模型

在分析单机—无穷大母线系统的小干扰稳定时，非常广泛的采用了 $K_1 \sim K_6$模型，它是在1952年由 W·G·Heffren 及 R·A·Phillips 提出来的，它用框图将发电机动态过程的物理量，用系数 $K_1 \sim K_6$联系起来，研究分析这些系数对同步及阻尼转矩的影响，使我们对于系统的振荡，建立了清楚的物理概念。

1974年，H·A·Moussa 及余耀南教授将单机的 $K_1 \sim K_6$模型，推广到多机系统[3]，系数 $K_1 \sim K_6$变成矩阵 $\boldsymbol{K_1 \sim K_6}$，所以可称之为 $\boldsymbol{K_1 \sim K_6}$模型，虽然这个模型没有计入阻尼绕组，但用它来分析电力系统振荡的动态特性，诸如本机振荡模式、联络线振荡模式、灵敏度等，以及用来选择稳定器的安装地点及参数亦足够准确，它的优点是将一个多机系统分成 n 个互相关联的子系统（n 为机组的台数），这样机组的内部联系及机组之间的外部联系，可以一目了然，是一种很有用的模型，下面介绍这个模型形成的过程。

建立这种数学模型的假设是：

（1）阻尼绕组对应着高频的模式，对小干扰稳定起主要作用的低频模式影响较小，可以将它略去，或在发电机转子运动方程式中，用系数 D 近似地计入。

（2）负荷的频率及电压特性，在小干扰过程中，变化很小，可以把它当作恒定阻抗处理。

（3）发电机非周期分量的影响可以略去，即认为

$$\frac{\mathrm{d}\Psi_{\mathrm{d}}}{\mathrm{d}t} = \frac{\mathrm{d}\Psi_{\mathrm{q}}}{\mathrm{d}t} = 0$$

在上述假定下，系统中第 i 台发电机的方程式为

$$u_{di} = x_{qi} i_{qi} \quad (9.17)$$

$$u_{qi} = E_{qi} - x_{di} i_{di} \quad (9.18)$$

$$E'_{qi} = E_{qi} - (x_{di} - x'_{di}) i_{di} \quad (9.19)$$

$$\frac{dE'_{qi}}{dt} = \frac{1}{T'_{d0i}}(E_{fdi} - E_{qi}) \quad (9.20)$$

$$T_{Ji}\frac{d\omega_i}{dt} + D_i \Delta\omega_i = M_{mi} - M_{ei} \quad (9.21)$$

$$\frac{d\delta_i}{dt} = \omega_0 \Delta\omega_i \quad (9.22)$$

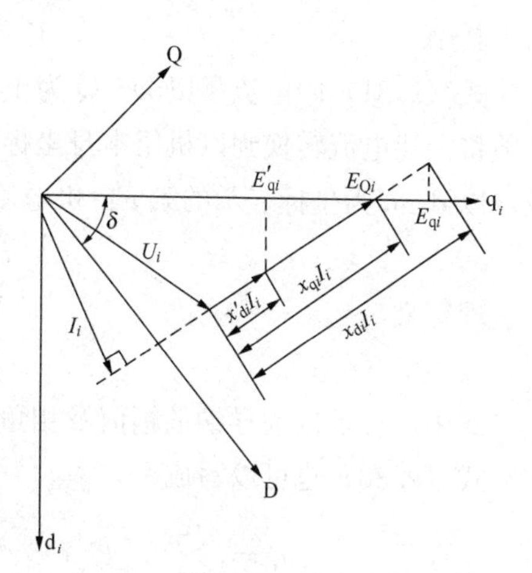

图 9.3　d、q 坐标及 D、Q 坐标关系

d、q 坐标及 D、Q 坐标关系如图 9.3 所示。其中 $d_i - q_i$ 为发电机本身的坐标，D—Q 为系统的公共坐标。δ_i 角为电机的 q_i 轴对公共坐标 D 轴之间夹角。

设系统内有 n 个发电机母线，m 个负荷母线，由于负荷采用恒定阻抗模拟，可将该阻抗直接并入网络，这样负荷节点就转化为联络节点，这种节点的注入电流总是等于零，所以，网络的节点的电流方程为

$$\begin{bmatrix} \boldsymbol{I}_1 \\ \boldsymbol{0} \end{bmatrix} = \begin{bmatrix} \boldsymbol{Y}_{11} & \boldsymbol{Y}_{12} \\ \boldsymbol{Y}_{21} & \boldsymbol{Y}_{22} \end{bmatrix} \begin{bmatrix} \boldsymbol{U}_1 \\ \boldsymbol{U}_2 \end{bmatrix} \quad (9.23)$$

式中，$\boldsymbol{U}_1$、$\boldsymbol{I}_1$ 为发电机母线电压及电流向量，n 维；$\boldsymbol{U}_2$ 为负荷母线电压向量，m 维；$\boldsymbol{Y}_{11}$、$\boldsymbol{Y}_{12}$、$\boldsymbol{Y}_{21}$、$\boldsymbol{Y}_{22}$ 为相应的复数导纳矩阵。

上述矩阵可以写为
$$\boldsymbol{I}_1 = \boldsymbol{Y}_{11}\boldsymbol{U}_1 + \boldsymbol{Y}_{12}\boldsymbol{U}_2 \quad (9.24)$$

$$\boldsymbol{0} = \boldsymbol{Y}_{21}\boldsymbol{U}_1 + \boldsymbol{Y}_{22}\boldsymbol{U}_2 \quad (9.25)$$

将 $\boldsymbol{I}_1$ 解出
$$\boldsymbol{I}_1 = \boldsymbol{Y}_{11}\boldsymbol{U}_1 - \boldsymbol{Y}_{12}\boldsymbol{Y}_{22}\boldsymbol{Y}_{21}\boldsymbol{U}_1 \quad (9.26)$$

式（9.26）可以记为
$$\boldsymbol{I} = \boldsymbol{Y}_t\boldsymbol{U} \quad (9.27)$$

其中
$$\boldsymbol{Y}_t = \boldsymbol{Y}_{11} - \boldsymbol{Y}_{12}\boldsymbol{Y}_{22}\boldsymbol{Y}_{21} \quad (9.28)$$

式中，$\boldsymbol{I}$、$\boldsymbol{U}$ 为发电机节点电流及电压列向量。

按图 9.3，第 i 台机的端电压 U_i 在公共坐标 D—Q 系统内，应表示为

$$U_i = E'_{qi}e^{j\delta_i} - j\boldsymbol{I}_i x'_{di} - i_{qi}(x_{qi} - x'_{di})e^{j(\delta_i + 90°)} \quad (9.29)$$

n 台电机的端电压，可用矩阵形式写出

$$\boldsymbol{U} = e^{j\boldsymbol{\delta}}\boldsymbol{E}'_q - j\boldsymbol{x}'_d\boldsymbol{I} - (\boldsymbol{x}_q - \boldsymbol{x}'_d)\, e^{j(\boldsymbol{\delta}+90°)}\boldsymbol{i}_q \quad (9.30)$$

式中，$\boldsymbol{U}$、$\boldsymbol{I}$ 是以 D—Q 为坐标的端电压及电流列向量；$e^{j\boldsymbol{\delta}}$、$\boldsymbol{x}_q - \boldsymbol{x}'_d$、$j\boldsymbol{x}'_d$、$e^{j(\boldsymbol{\delta}+90°)}$ 为对角矩阵；$\boldsymbol{E}'_q$，$\boldsymbol{i}_q$ 是以电机本身坐标 d—q 表示的列向量。

将式（9.30）代入式（9.27）

$$\boldsymbol{I} = \boldsymbol{Y}_t U = \boldsymbol{Y}_t[e^{j\boldsymbol{\delta}}\boldsymbol{E}'_q - j\boldsymbol{x}'_d\boldsymbol{I} - (\boldsymbol{x}_q - \boldsymbol{x}'_d)e^{j[\boldsymbol{\delta}+90°]}\boldsymbol{i}_q]$$

解得
$$\boldsymbol{I} = \boldsymbol{Y}[\boldsymbol{E}'_q e^{j\boldsymbol{\delta}} - (\boldsymbol{x}_q - \boldsymbol{x}'_d)e^{j(\boldsymbol{\delta}+90°)}\boldsymbol{i}_q] \quad (9.31)$$

其中
$$\boldsymbol{Y}=(\boldsymbol{Y}_{\mathrm{t}}^{-1}+\mathrm{j}\boldsymbol{x}'_{\mathrm{d}})^{-1} \tag{9.32}$$

式（9.31）中电流是以D－Q为坐标表示的，为了与各台电机其他微分方程式联立，必须将上述电流转换到以机组本身坐标d－q表示；这样就需要转动角度$90°-\delta_i$，也就是说，以d－q为坐标表示的第i台机电流i_i与以D－Q为坐标表示的电流I_i的关系为

$$i_i=I_i\mathrm{e}^{\mathrm{j}(90°-\delta_i)} \tag{9.33}$$

现定义
$$Y_{ij}=y_{ij}\mathrm{e}^{\mathrm{j}}\beta_{ij} \tag{9.34}$$
$$\delta_{ij}=\delta_i-\delta_j \tag{9.35}$$

式中，y_{ij}、β_{ij}为导纳的幅值及相角。

式（9.33）也可以写成

$$i_i=\sum_{j=1}^{n}Y_{ij}[E'_{qj}\mathrm{e}^{\mathrm{j}(\beta_{ij}-\delta_{ij}+90°)}-(x_{qj}-x'_{dj})i_{qj}\mathrm{e}^{\mathrm{j}(\beta_{ij}-\delta_{ij}+180°)}] \tag{9.36}$$

如认为d轴为实数轴，q轴为虚数轴，则i_i可以分别写成

$$i_{di}=R_{\mathrm{e}}(i_i)=\sum_{j=1}^{n}Y_{ij}[-E'_{qj}S_{ij}+(x_{qj}-x'_{dj})i_{qj}C_{ij}] \tag{9.37}$$

$$i_{qi}=I_{\mathrm{m}}(i_i)=\sum_{j=1}^{n}Y_{ij}[E'_{qj}C_{ij}+(x_{qj}-x'_{dj})i_{qj}S_{ij} \tag{9.38}$$

其中
$$C_{ij}=\cos(\beta_{ij}-\delta_{ij}) \tag{9.39}$$
$$S_{ij}=\sin(\beta_{ij}-\delta_{ij}) \tag{9.40}$$

式（9.39）、式（9.40）对δ_{ij}的偏差量（β_{ij}为常数）

$$\Delta C_{ij}\underset{j\neq i}{=}-\sin(\beta_{ij}-\delta_{ij})(-\Delta\delta_{ij})=S_{ij}\Delta\delta_{ij} \tag{9.41}$$
$$\Delta C_{ij}\underset{j=i}{=}0$$
$$\Delta S_{ij}\underset{j\neq i}{=}\cos(\beta_{ij}-\delta_{ij})(-\Delta\delta_{ij})=-C_{ij}\Delta\delta_{ij} \tag{9.42}$$
$$\Delta S_{ij}\underset{j=i}{=}0 \tag{9.43}$$

由式（9.37）、式（9.38）可得出i_{di}及i_{qi}的偏差量，Δi_{di}及Δi_{qi}写成矩阵形式

$$\Delta\boldsymbol{i}_{\mathrm{d}}=\boldsymbol{Q}_{\mathrm{d}}\Delta\boldsymbol{E}'_{\mathrm{q}}+\boldsymbol{P}_{\mathrm{d}}\Delta\boldsymbol{\delta}+\boldsymbol{M}_{\mathrm{d}}\Delta\boldsymbol{i}_{\mathrm{q}} \tag{9.44}$$
$$\boldsymbol{L}_{\mathrm{q}}\Delta\boldsymbol{i}_{\mathrm{q}}=\boldsymbol{Q}_{\mathrm{q}}\Delta\boldsymbol{E}'_{\mathrm{q}}+\boldsymbol{P}_{\mathrm{q}}\Delta\boldsymbol{\delta} \tag{9.45}$$

其中
$$Q_{dij}=-y_{ij}S_{ij} \tag{9.46}$$
$$P_{dij}\underset{j\neq i}{=}-y_{ij}[E'_{qj}C_{ij}+(x_{qj}-x'_{dj})i_{qj}S_{ij}] \tag{9.47}$$
$$P_{dij}=-\sum_{j=i}P_{dij} \tag{9.48}$$
$$M_{dij}=y_{ij}(x_{qj}-x'_{dj})C_{ij} \tag{9.49}$$
$$L_{qij}\underset{j\neq i}{=}-y_{ij}(x_{qj}-x'_{dj})S_{ij} \tag{9.50}$$
$$L_{qii}=1-y_{ij}(x_{qi}-x'_{di})S_{ii} \tag{9.51}$$
$$Q_{qij}=y_{ij}C_{ij} \tag{9.52}$$
$$P_{qij}\underset{j\neq i}{=}-y_{ij}[E'_{qj}S_{ij}-(x_{qj}-x'_{dj})I_{qj}C_{ij}] \tag{9.53}$$

$$P_{qii}=-\sum_{j=i}P_{qij} \tag{9.54}$$

如进一步假设

$$\boldsymbol{Y}_{q}=\boldsymbol{L}_{q}^{-1}\boldsymbol{Q}_{q} \tag{9.55}$$

$$\boldsymbol{F}_{q}=\boldsymbol{L}_{q}^{-1}\boldsymbol{P}_{q} \tag{9.56}$$

则

$$\Delta\boldsymbol{i}_{q}=\boldsymbol{Y}_{q}\Delta\boldsymbol{E}_{q}'+\boldsymbol{F}_{q}\Delta\boldsymbol{\delta} \tag{9.57}$$

$$\Delta\boldsymbol{i}_{d}=\boldsymbol{Y}_{d}\Delta\boldsymbol{E}_{q}'+\boldsymbol{F}_{d}\Delta\boldsymbol{\delta} \tag{9.58}$$

其中

$$\boldsymbol{Y}_{d}=\boldsymbol{Q}_{d}+\boldsymbol{M}_{d}\boldsymbol{Y}_{q} \tag{9.59}$$

$$\boldsymbol{F}_{d}=\boldsymbol{P}_{d}+\boldsymbol{M}_{d}\boldsymbol{F}_{q} \tag{9.60}$$

$$\Delta\boldsymbol{\delta}=[\Delta\delta_{1}\quad\Delta\delta_{2}\quad\cdots\quad\Delta\delta_{i}\quad\cdots\quad\Delta\delta_{n}]^{T} \tag{9.61}$$

下面推导转矩方程。对于第 i 台机，可得如下转矩方程

$$M_{ei}=E_{qi}'i_{qi}+(x_{qi}-x_{di}')i_{di}i_{qi} \tag{9.62}$$

写成偏差方程并用矩阵表示

$$\Delta\boldsymbol{M}_{e}=\boldsymbol{S}\Delta\boldsymbol{E}_{q}'+\boldsymbol{T}\Delta\boldsymbol{i}_{d}+\boldsymbol{O}\Delta\boldsymbol{i}_{q} \tag{9.63}$$

其中 $\boldsymbol{S}$，$\boldsymbol{T}$ 及 $\boldsymbol{O}$ 都是对角矩阵，且

$$S_{ii}=i_{qi} \tag{9.64}$$

$$T_{ii}=(x_{qi}-x_{di}')i_{di} \tag{9.65}$$

$$O_{ii}=E_{qi}'+(x_{qi}-x_{di}')i_{di} \tag{9.66}$$

将 $\Delta\boldsymbol{i}_{d}$，$\Delta\boldsymbol{i}_{q}$ 代入式（9.63）

$$\Delta\boldsymbol{M}_{e}=\boldsymbol{K}_{1}\Delta\boldsymbol{\delta}+\boldsymbol{K}_{2}\Delta\boldsymbol{E}_{q}' \tag{9.67}$$

其中

$$\boldsymbol{K}_{1}=\boldsymbol{T}\boldsymbol{F}_{d}+\boldsymbol{O}\boldsymbol{F}_{q} \tag{9.68}$$

$$\boldsymbol{K}_{2}=\boldsymbol{T}\boldsymbol{Y}_{d}+\boldsymbol{O}\boldsymbol{Y}_{q}+\boldsymbol{S} \tag{9.69}$$

下面推导 $\Delta E_{q}'$ 的表达式。

已知

$$E_{fdi}=E_{qi}'+(x_{di}-x_{di}')i_{di}+T_{d0i}'sE_{qi}' \tag{9.70}$$

改写为偏差方程，可得

$$(1+T_{d0i}'s)\Delta E_{qi}'=\Delta E_{fdi}-(x_{di}-x_{di}')\Delta i_{di} \tag{9.71}$$

对于具有 n 台电机的系统，可用矩阵形式表述

$$(1+\boldsymbol{T}_{d0}'s)\Delta\boldsymbol{E}_{q}'=\Delta\boldsymbol{E}_{fd}-(\boldsymbol{x}_{d}-\boldsymbol{x}_{d}')\Delta\boldsymbol{i}_{d} \tag{9.72}$$

式中，$(1+\boldsymbol{T}_{d0}'s)$ 和 $(\boldsymbol{x}_{d}-\boldsymbol{x}_{d}')$ 都是对角矩阵，将 $\Delta\boldsymbol{i}_{d}$ 代入得

$$[\boldsymbol{1}+(\boldsymbol{x}_{d}-\boldsymbol{x}_{d}')\boldsymbol{Y}_{d}+\boldsymbol{T}_{d0}'s]\Delta\boldsymbol{E}_{q}'=\Delta\boldsymbol{E}_{fd}-(\boldsymbol{x}_{d}-\boldsymbol{x}_{d}')\boldsymbol{F}_{d}\Delta\boldsymbol{\delta}$$

上式可写为

$$\boldsymbol{J}\Delta\boldsymbol{E}'_{\mathrm{q}} = \Delta\boldsymbol{E}_{\mathrm{fd}} - \boldsymbol{K}_4\Delta\boldsymbol{\delta} \tag{9.73}$$

$$\boldsymbol{K}_4 = (\boldsymbol{x}_{\mathrm{d}} - \boldsymbol{x}'_{\mathrm{d}})\boldsymbol{F}_{\mathrm{d}} \tag{9.74}$$

$$\boldsymbol{J} = (\boldsymbol{1} + \boldsymbol{T}'_{\mathrm{d0}}s) + (\boldsymbol{x}_{\mathrm{d}} - \boldsymbol{x}'_{\mathrm{d}})\boldsymbol{Y}_{\mathrm{d}} \tag{9.75}$$

矩阵 $\boldsymbol{J}$ 可以分解为一个对角矩阵 $\boldsymbol{f}$ 及一个对角元素为零的矩阵 $\boldsymbol{g}$ 之和，即

$$\boldsymbol{J} = \boldsymbol{f} + \boldsymbol{g} \tag{9.76}$$

其中

$$f_{ii} = (1 + K_{3ii}T'_{\mathrm{d0}i}s)/K_{3ii} \tag{9.77}$$

$$g_{ij} = 1/K_{3ij} \tag{9.78}$$

其中，K_{3ii} 和 K_{3ij} 为矩阵 K_3 的元素

$$K_{3ii} = [1 + (x_{\mathrm{d}i} - x'_{\mathrm{d}i})Y_{\mathrm{d}ii}]^{-1} \tag{9.79}$$

$$K_{3ij} = [(x_{\mathrm{d}i} - x'_{\mathrm{d}i})Y_{\mathrm{d}ij}]^{-1} \tag{9.80}$$

上面 $\boldsymbol{f}$ 代表机组自身对 $\Delta\boldsymbol{E}'_{\mathrm{q}}$ 产生的作用，$\boldsymbol{g}$ 代表其他机组对 $\Delta\boldsymbol{E}'_{\mathrm{q}}$ 产生的作用。式（9.73）也可以写成

$$\Delta\boldsymbol{E}'_{\mathrm{q}} = f^{-1}(\Delta\boldsymbol{E}_{\mathrm{fd}} - \boldsymbol{g}\Delta\boldsymbol{E}'_{\mathrm{q}} - \boldsymbol{K}_4\Delta\boldsymbol{\delta}) \tag{9.81}$$

下面推导发电机端电压的表达式。

由

$$U_{\mathrm{t}i}^2 = u_{\mathrm{d}i}^2 + u_{\mathrm{q}i}^2 \tag{9.82}$$

可得偏差方程

$$\Delta U_{\mathrm{t}i} = \frac{u_{\mathrm{d}i}}{U_{\mathrm{t}i}}\Delta u_{\mathrm{d}} + \frac{u_{\mathrm{q}i}}{U_{\mathrm{t}i}}\Delta u_{\mathrm{q}} \tag{9.83}$$

因

$$\Delta u_{\mathrm{d}i} = x_{\mathrm{q}i}\Delta i_{\mathrm{d}i} \tag{9.84}$$

$$\Delta u_{\mathrm{q}i} = \Delta E'_{\mathrm{q}i} - x'_{\mathrm{d}i}\Delta i_{\mathrm{d}i} \tag{9.85}$$

将式（9.84）、式（9.85）代入式（9.83）并写成矩阵形式，则

$$\Delta\boldsymbol{U} = \boldsymbol{K}_5\Delta\boldsymbol{\delta} + \boldsymbol{K}_6\Delta\boldsymbol{E}'_{\mathrm{q}} \tag{9.86}$$

其中

$$\boldsymbol{K}_5 = \boldsymbol{U}_{\mathrm{D}}\boldsymbol{x}_{\mathrm{q}}\boldsymbol{F}_{\mathrm{q}} - \boldsymbol{U}_{\mathrm{Q}}\boldsymbol{x}'_{\mathrm{d}}\boldsymbol{F}_{\mathrm{d}} \tag{9.87}$$

$$\boldsymbol{K}_6 = \boldsymbol{U}_{\mathrm{D}}\boldsymbol{x}_{\mathrm{q}}\boldsymbol{Y}_{\mathrm{q}} + \boldsymbol{U}_{\mathrm{Q}}(1 - \boldsymbol{x}'_{\mathrm{d}}\boldsymbol{Y}_{\mathrm{d}}) \tag{9.88}$$

其中，$\boldsymbol{U}_{\mathrm{D}}$ 和 $\boldsymbol{U}_{\mathrm{Q}}$ 是对角矩阵

$$U_{\mathrm{D}ii} = u_{\mathrm{d}i}/U_{\mathrm{t}i} \tag{9.89}$$

$$U_{\mathrm{Q}ii} = u_{\mathrm{q}i}/U_{\mathrm{t}i} \tag{9.90}$$

$\boldsymbol{K}_5$ 及 $\boldsymbol{K}_6$ 不是对角矩阵。

式（9.67）、式（9.81）、式（9.86）三式即可组成多机系统的状态方程

$$\dot{\boldsymbol{x}} = \boldsymbol{A}\boldsymbol{x} \tag{9.91}$$

其中　$\boldsymbol{x}=[\Delta\delta_1 \quad \cdots \quad \Delta\delta_n \quad \Delta\omega_1 \quad \cdots \quad \Delta\omega_n \quad \Delta E'_{q1} \quad \cdots \quad \Delta E'_{qn} \quad \Delta E_{fd1} \quad \cdots \quad \Delta E_{fdn}]^{T}$

(9.92)

A 矩阵表示如下

	$\Delta\delta_1$	------	$\Delta\delta_n$	$\Delta\omega_1$	------	$\Delta\omega_n$	$\Delta E'_{q1}$	------	$\Delta E'_{qn}$	$\Delta E'_{fd1}$	------	$\Delta E'_{fdn}$
$\Delta\delta_1$	0	0	0	ω_0	0	0	0	0	0	0	0	0
┆	0	0	0	0	╲	0	0	0	0	0	0	0
$\Delta\delta_n$	0	0	0	0	0	ω_0	0	0	0	0	0	0
$\Delta\omega_1$	$\frac{-K_{111}}{T_{J1}}$	------	$\frac{-K_{11n}}{T_{J1}}$	$\frac{-D_1}{T_{J1}}$	0	0	$\frac{-K_{211}}{T_{J1}}$	------	$\frac{-K_{21n}}{T_{J1}}$	0	0	0
┆	┆	┆	┆	0	╲	0	┆	┆	┆	0	0	0
$\Delta\omega_n$	$\frac{-K_{1n1}}{T_{Jn}}$	------	$\frac{-K_{1nn}}{T_{Jn}}$	0	0	$\frac{-D_n}{T_{Jn}}$	$\frac{-K_{2n1}}{T_{Jn}}$	------	$\frac{-K_{1nn}}{T_{Jn}}$	0	0	0
$\Delta E'_{q1}$	$\frac{-K_{411}}{T'_{d01}}$	------	$\frac{-K_{41n}}{T'_{d01}}$	0	0	0	$\frac{-1}{T'_{d01}K_{311}}$	------	$\frac{-1}{T'_{d01}K_{31n}}$	$\frac{1}{T'_{d01}}$	0	0
┆	┆	┆	┆	0	0	0	┆	┆	┆	0	╲	0
$\Delta E'_{qn}$	$\frac{-K_{4n1}}{T'_{d0n}}$	------	$\frac{-K_{4nn}}{T'_{d0n}}$	0	0	0	$\frac{-1}{T'_{d0n}K_{3n1}}$	------	$\frac{-1}{T'_{d0n}K_{3nn}}$	0	0	$\frac{1}{T'_{d0n}}$
ΔE_{fd1}	$\frac{-K_{A1}}{T_{E1}}K_{511}$	------	$\frac{-K_{A1}}{T_{E1}}K_{51n}$	0	0	0	$\frac{-K_{A1}}{T_{E1}}K_{611}$	------	$\frac{-K_{A1}}{T_{E1}}K_{61n}$	$\frac{-1}{T_{E1}}$	0	0
┆	┆	┆	┆	0	0	0	┆	┆	┆	0	╲	0
ΔE_{fdn}	$\frac{-K_{An}}{T_{En}}K_{5n1}$	------	$\frac{-K_{An}}{T_{En}}K_{5nn}$	0	0	0	$\frac{-K_{An}}{T_{En}}K_{6n1}$	------	$\frac{-K_{An}}{T_{En}}K_{6nn}$	0	0	$\frac{-1}{T_{En}}$

多机系统数模也可以由图 9.4 来表示。在下面框图及 **A** 的表达式中，假定励磁系统及电压调节器是用一阶惯性环节来表示。

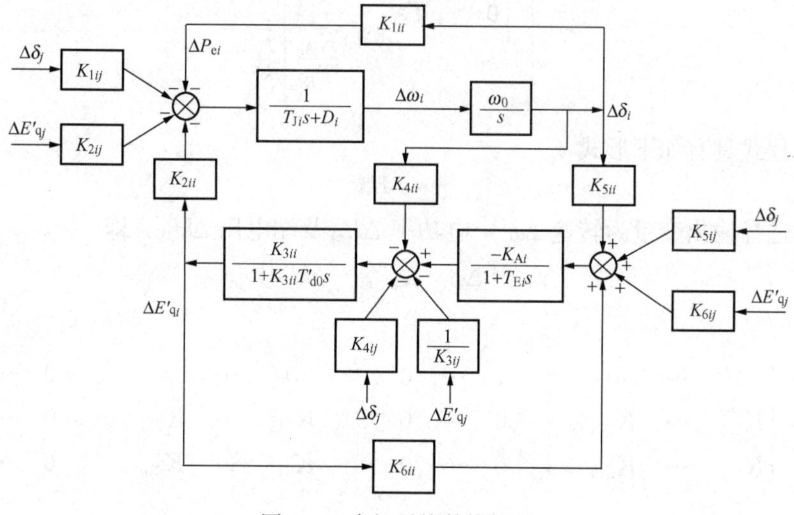

图 9.4　多机系统数模框图

$$\Delta E_{\mathrm{fd}i} = -\frac{K_{\mathrm{A}i}}{1+T_{\mathrm{E}i}s}\Delta U_{\mathrm{t}i} \tag{9.93}$$

系数矩阵 $\boldsymbol{K}_1 \sim \boldsymbol{K}_6$ 也可以如下表示

$$\left.\begin{aligned}
K_{1ij} &= [E'_{\mathrm{q}i} + (x_{\mathrm{q}i} - x'_{\mathrm{d}i})I_{\mathrm{d}i}]F_{\mathrm{q}ij} + [(x_{\mathrm{q}i} - x'_{\mathrm{d}i})I_{\mathrm{q}i}]F_{\mathrm{d}ij} \\
K_{2ii} &= I_{\mathrm{q}i} + [E'_{\mathrm{q}i} + (x_{\mathrm{q}i} - x'_{\mathrm{d}i})I_{\mathrm{d}i}]Y_{\mathrm{q}ii} + [(x_{\mathrm{q}i} - x'_{\mathrm{d}i})I_{\mathrm{q}i}]Y_{\mathrm{d}ii} \\
K_{2ij} &\underset{j\neq i}{=} [E'_{\mathrm{q}i} + (x_{\mathrm{q}i} - x'_{\mathrm{d}i})I_{\mathrm{d}i}]Y_{\mathrm{q}ij} + [(x_{\mathrm{q}i} - x'_{\mathrm{d}i})I_{\mathrm{q}i}]Y_{\mathrm{d}ij} \\
K_{3ii} &= [1 + (x_{\mathrm{d}i} - x'_{\mathrm{d}i})Y_{\mathrm{d}ii}]^{-1} \\
K_{3ij} &\underset{j\neq i}{=} [(x_{\mathrm{d}i} - x'_{\mathrm{d}i})Y_{\mathrm{d}i\mathrm{q}}]^{-1} \\
K_{4ij} &= (x_{\mathrm{d}i} - x'_{\mathrm{d}i})F_{\mathrm{d}ij} \\
K_{5ij} &= (u_{\mathrm{d}i}x_{\mathrm{q}i}F_{\mathrm{q}ij} - u_{\mathrm{q}i}x'_{\mathrm{d}i}F_{\mathrm{d}ij})/U_{\mathrm{t}i} \\
K_{6ii} &= [u_{\mathrm{d}i}x_{\mathrm{q}i}Y_{\mathrm{q}ij} - u_{\mathrm{q}i}(1 - x'_{\mathrm{d}i}Y_{\mathrm{d}ii})]/U_{\mathrm{t}i} \\
K_{6ij} &\underset{j\neq i}{=} (u_{\mathrm{d}i}x_{\mathrm{q}i}Y_{\mathrm{q}ij} - u_{\mathrm{q}i}x'_{\mathrm{d}i}u_{\mathrm{d}ij})/U_{\mathrm{t}i}
\end{aligned}\right\} \tag{9.94}$$

完整的状态方程为

$$\dot{\boldsymbol{x}} = \boldsymbol{A}\boldsymbol{x} + \boldsymbol{B}\boldsymbol{u} \tag{9.95}$$

其中 $\boldsymbol{A}$ 及 $\boldsymbol{x}$ 与前面相同，$\boldsymbol{u}$ 为外部扰动输入向量（$r\times 1$ 阶），$\boldsymbol{B}$ 为相应系数矩阵（$4n\times r$ 阶），如果选择调节器参考点电压作为扰动输入（$r=n$），则

$$\boldsymbol{u} = [\Delta u_{\mathrm{s}1} \quad \cdots \quad \Delta u_{\mathrm{s}n}]^{\mathrm{T}} \tag{9.96}$$

$$\boldsymbol{B} = \begin{array}{c} \begin{array}{cc} & \begin{array}{ccc} 1 & \cdots & n \end{array} \end{array} \\ \left[\begin{array}{c|ccc} \mathbf{0} & 0 & & \\ & & \ddots & \\ & & & 0 \\ \hline \mathbf{0} & \frac{K_{\mathrm{A}1}}{T_{\mathrm{E}1}} & & \\ & & \ddots & \\ & & & \frac{K_{\mathrm{A}n}}{T_{\mathrm{E}n}} \end{array}\right] \begin{array}{l} 1 \\ \vdots \\ 3n \\ 3n+1 \\ \vdots \\ 4n \end{array} \end{array} \tag{9.97}$$

输出方程式具有如下形式

$$\boldsymbol{y} = \boldsymbol{H}\boldsymbol{x} \tag{9.98}$$

如果，选择输出变量为转速 $\Delta\omega_1$，电功率 $\Delta P_{\mathrm{e}1}$ 及端电压 $\Delta U_{\mathrm{t}1}$，即

$$\boldsymbol{y} = [\Delta\omega_1 \quad \Delta P_{\mathrm{e}1} \quad \Delta U_{\mathrm{t}1}]^{\mathrm{T}} \tag{9.99}$$

则

$$\boldsymbol{H} = \left[\begin{array}{ccc|ccc|ccc|ccc} 0 & \cdots & 0 & 1 & \cdots & 0 & 0 & \cdots & 0 & 0 & \cdots & 0 \\ K_{111} & \cdots & K_{11n} & 0 & \cdots & 0 & K_{211} & \cdots & K_{21n} & 0 & \cdots & 0 \\ K_{511} & \cdots & K_{51n} & 0 & \cdots & 0 & K_{611} & \cdots & K_{61n} & 0 & \cdots & 0 \end{array}\right] \tag{9.100}$$

多机系统数模中，除了发电机模型外，还需考虑发电机的励磁控制系统及调速器。励磁控制系统对小干扰稳定影响较大，有时需要较详尽的模拟。图9.5介绍了一种通用的励磁系统数模。

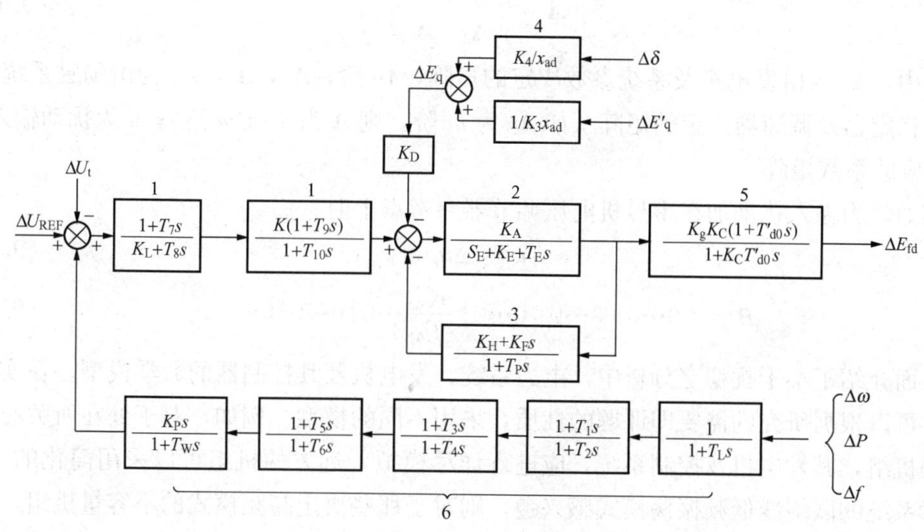

图9.5　通用的励磁系统数模

1—领先一滞后校正；2—励磁机；3—转子电压软反馈；
4—交流励磁机电枢反应；5—整流器电压调整效应；6—稳定器

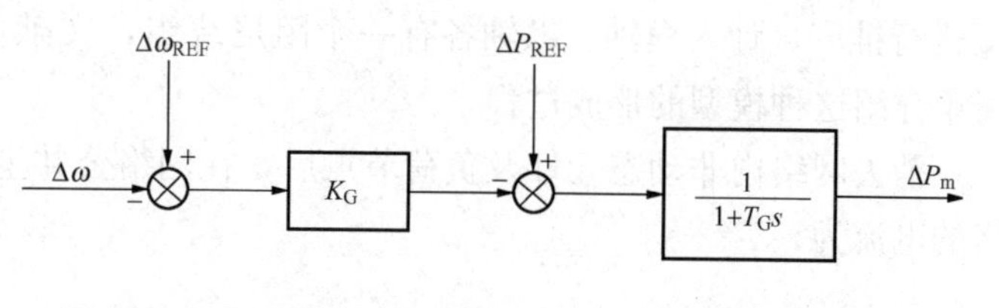

图9.6　简化调速器模型

该框图可以表示不同类型的励磁系统及稳定器。根据具体的系统，来选择框图上的环节。因此常常只用其中一部分控制环节。如采用交流励磁机电枢反应环节，给定 K_D，把整流器电压调节效应环节去掉。这只要设 $K_g=K_C=1$ 即可。又例如，如果采用比例一积分调节器，只要设 $K_L=0$，$K=1.0$，$T_9=T_{10}$ 即可。

一般调速器都具有死区，在小扰动作用下，不会产生明显的作用，在分析小干扰稳定性时，可以把它略去，也可以采用图9.6所示的简化调速器模型。图中 T_G 为等效调速器时间常数，K_G 为等效放大系数。

如果需要计入更详尽的调速器模型，可参见文献[2]。

确定了励磁系统及调速器传递函数之后，将它们变换为一阶微分方程组，并与多机系统数模联立，即可得到描述整个系统的状态方程式

$$\dot{\boldsymbol{x}} = \boldsymbol{A}\boldsymbol{x} + \boldsymbol{B}\boldsymbol{u} \tag{9.101}$$

其中

$$\boldsymbol{x} = [\Delta\omega_1 \cdots \Delta\omega_n \mid \Delta\delta_1 \cdots \Delta\delta_n \mid \Delta E'_{q1} \cdots \Delta E'_{qn} \mid \Delta E_{fd1} \cdots \Delta E_{fdn} \mid \Delta U_{EX} \mid \Delta P_G]^T \tag{9.102}$$

式中，n 为发电机台数；ΔU_{EX}为由励磁控制系统及稳定器决定的状态变量；ΔP_G 为由调速器决定的状态变量。

$$\boldsymbol{A}=\begin{bmatrix}\boldsymbol{A}_1 & \boldsymbol{A}_3\\ \boldsymbol{A}_2 & \boldsymbol{A}_4\end{bmatrix} \tag{9.103}$$

式中，$\boldsymbol{A}_1$ 为由发电机及系统参数决定的矩阵，$4n$ 阶；$\boldsymbol{A}_2$，$\boldsymbol{A}_3$，$\boldsymbol{A}_4$ 为由励磁系统、调节器、稳定器及调速器决定的矩阵（如 $\boldsymbol{A}_2$ 为 m 阶，则 $\boldsymbol{A}$ 为 $4n+m$ 阶）；$\boldsymbol{u}$ 为扰动输入量；$\boldsymbol{B}$ 为相应的系数矩阵。

例如，当输入扰动加在1号机电压调节器参考点上时

$$u=\Delta u_{s1} \tag{9.104}$$

$$\boldsymbol{B}=\left[0\cdots0\mid 0\cdots0\mid 0\cdots0\mid \frac{K_{A1}}{T_{A1}}\cdots0\mid 0\cdots0\mid 0\cdots0\right]^{T} \tag{9.105}$$

上面介绍了小干扰稳定分析中，电力系统、发电机及其控制器的数学模型。在实际运用时，可以根据研究的需要即课题的性质，采用不同的模型。例如，对于处在所关心的区域内的机组，其发电机及控制系统，应进行详尽模拟，远方的机组可以采用简化的模型。如果对系统的联络线低频振荡模式感兴趣，则对于那些决定高频模式的小容量机组，可以采用简化模型。例如，E_{fd} = 常数模型（即不考虑励磁控制的作用），E'_q = 常数模型（即只计入转子运动方程式）。

3. 计入阻尼绕组的 $C_1 \sim C_{15}$ 模型

上述 $\boldsymbol{K}_1 \sim \boldsymbol{K}_6$ 模型，具有直观、物理概念清楚的优点，但没有计入阻尼绕组，将 $\boldsymbol{K}_1 \sim \boldsymbol{K}_6$ 进行推广，计入横轴、纵轴各有一个阻尼绕组，文献［1］提出了 $\boldsymbol{C}_1 \sim \boldsymbol{C}_{15}$ 模型，这里简单介绍这种模型的形成过程。

消去网络内非动态元件及负荷节点后，在网络公共坐标D－Q上，n 个发电机注入网络的电流为

$$\dot{\boldsymbol{I}}_g=\boldsymbol{Y}_{gg}\dot{\boldsymbol{U}}_g+\boldsymbol{Y}_{g0}\boldsymbol{U}_0 \tag{9.106}$$

式中，$\dot{\boldsymbol{I}}_g$ 为发电机注入电流向量；$\dot{\boldsymbol{U}}_g$ 为发电机端电压向量；$\boldsymbol{U}_0$ 为无穷大母线电压，作为参考电压；$\boldsymbol{Y}_{gg}$ 为各发电机间的导纳矩阵；$\boldsymbol{Y}_{g0}$ 为发电机与无穷大母线间的导纳矩阵。

将式（9.106）变换到各发电机本身的 d_i-q_i 坐标系（i=1，2，…，n），得

$$\dot{\boldsymbol{I}}=\boldsymbol{T}^{-1}\boldsymbol{Y}_{gg}\boldsymbol{T}\dot{\boldsymbol{U}}+\boldsymbol{T}^{-1}\boldsymbol{Y}_{g0}\boldsymbol{T}\boldsymbol{U}_0 \tag{9.107}$$

式中，$\dot{\boldsymbol{I}}=\boldsymbol{T}^{-1}\boldsymbol{I}_g, \dot{\boldsymbol{U}}=\boldsymbol{T}^{-1}\boldsymbol{U}_g, \boldsymbol{T}=\mathrm{diag}\{\angle\delta_i\}$。

δ_i 为 d_i-q_i 坐标系超前D－Q坐标系的角度，设第 i 台发电机d，q轴各有一个阻尼绕组，并记 $\dot{U}_i=u_{di}+\mathrm{j}u_{qi}, I_i=i_{di}+\mathrm{j}i_{qi}, \dot{E}''_i=E''_{di}+\mathrm{j}E''_{qi}$，由第2章同步电机五绕组基本方程式有

$$u_{di}=E''_{di}+x''_{qi}i_{qi}-r_i i_{di}$$

$$u_{qi}=E''_{qi}-x''_{di}i_{di}-r_i i_{qi}$$

将上两式代入

$$\dot{U}_i = u_{di} + \mathrm{j}u_{qi} = E''_{di} + x''_{qi}i_{qi} - r_i i_{di} + \mathrm{j}E''_{qi} - \mathrm{j}x''_{di}i_{di} - \mathrm{j}r_i i_{qi}$$

$$= \dot{E}''_i - \dot{I}(r_i + \mathrm{j}x''_{di}) + i_{qi}(x''_{qi} - x''_{di})$$

将n台机的电压方程集合在一起，并用矩阵的形式表示，可得

$$\dot{\boldsymbol{U}} = \dot{\boldsymbol{E}}'' - \boldsymbol{Z}\dot{\boldsymbol{I}} + \boldsymbol{X}_{qd}\boldsymbol{I}_q \tag{9.108}$$

其中

$$\dot{\boldsymbol{E}}'' = [\dot{E}''_1 \quad \dot{E}''_2 \quad \cdots \quad \dot{E}''_n]^{\mathrm{T}}$$

$$\boldsymbol{I}_q = [i_{q1} \quad i_{q2} \quad \cdots \quad i_{qn}]^{\mathrm{T}}$$

$$\boldsymbol{Z} = \mathrm{diag}\{r_i + \mathrm{j}x''_{di}\}$$

$$\boldsymbol{X}_{qd} = \mathrm{diag}\{x''_{qi} - x''_{di}\}$$

将式（9.108）代入式（9.107），得

$$\dot{\boldsymbol{I}} = \boldsymbol{Y}(\dot{\boldsymbol{E}}'' + \boldsymbol{X}_{qd}\boldsymbol{I}_q) + \boldsymbol{Y}_0\boldsymbol{U}_0 \tag{9.109}$$

$$\boldsymbol{Y} = T^{-1}(\boldsymbol{Y}_{gg}^{-1} + \boldsymbol{Z})^{-1}\boldsymbol{T} = \boldsymbol{Y}_R + \mathrm{j}\boldsymbol{Y}_I$$

$$\boldsymbol{Y}_0 = T^{-1}(\boldsymbol{Y}_{gg}^{-1} + \boldsymbol{Z})^{-1}\boldsymbol{Y}_{gg}^{-1}\boldsymbol{Y}_{g0} = \boldsymbol{Y}_{0R} + \mathrm{j}\boldsymbol{Y}_{0I}$$

$$\boldsymbol{Y}_R = \mathrm{Re}[\boldsymbol{Y}] = [y_i\cos(\beta_{ij} - \delta_{ij})]$$

$$\boldsymbol{Y}_I = I_m[\boldsymbol{Y}] = [y_{ij}\sin(\beta_{ij} - \delta_{ij})]$$

$$\boldsymbol{Y}_{0R} = \mathrm{Re}[\boldsymbol{Y}_0] = [y_{i0}\cos(\beta_{i0} - \delta_{i0})]$$

$$\boldsymbol{Y}_{0I} = I_m[\boldsymbol{Y}_0] = [y_{i0}\sin(\beta_{i0} - \delta_{i0})]$$

$$y_{ij} = |Y_{ij}|$$

$$\beta_{ij} = \angle[(\boldsymbol{Y}_{gg}^{-1} + \boldsymbol{Z})^{-1}]_{ij}$$

$$\delta_{ij} = \delta_i - \delta_j (i \neq j)$$

$$\delta_{i0} = \delta_i$$

$$y_{i0} = |Y_{0i}|$$

设

$$\dot{\boldsymbol{I}} = I_d + \mathrm{j}I_q$$

$$\dot{\boldsymbol{E}}'' = \boldsymbol{E}''_d + \mathrm{j}\boldsymbol{E}''_q$$

并将式（9.109）的两侧分成实部及虚部，则得

$$\left.\begin{aligned} \boldsymbol{I}_d &= \boldsymbol{Y}_R\boldsymbol{E}''_d - \boldsymbol{Y}_I\boldsymbol{E}''_q + \boldsymbol{Y}_R\boldsymbol{X}_{qd}\boldsymbol{I}_q + \boldsymbol{Y}_{0R}\boldsymbol{U}_0 \\ \boldsymbol{I}_q &= \boldsymbol{Y}_I\boldsymbol{E}''_d + \boldsymbol{Y}_R\boldsymbol{E}''_q + \boldsymbol{Y}_I\boldsymbol{X}_{qd}\boldsymbol{I}_q + \boldsymbol{Y}_{0I}\boldsymbol{U}_0 \end{aligned}\right\} \tag{9.110}$$

将式（9.110）在工作点线性化得

$$\left.\begin{aligned} \Delta\boldsymbol{I}_d &= \boldsymbol{Y}_R\Delta\boldsymbol{E}''_d - \boldsymbol{Y}_I\Delta\boldsymbol{E}''_q + \boldsymbol{Y}_R\boldsymbol{X}_{qd}\Delta\boldsymbol{I}_q + \boldsymbol{P}_d\Delta\boldsymbol{\delta} \\ \Delta\boldsymbol{I}_q &= \boldsymbol{Y}_I\Delta\boldsymbol{E}''_d + \boldsymbol{Y}_R\Delta\boldsymbol{E}''_q + \boldsymbol{Y}_I\boldsymbol{X}_{qd}\Delta\boldsymbol{I}_q + \boldsymbol{P}_q\Delta\boldsymbol{\delta} \end{aligned}\right\} \tag{9.111}$$

其中

$$\Delta\boldsymbol{\delta} = [\Delta\delta_1 \quad \Delta\delta_2 \quad \cdots \quad \Delta\delta_n]^{\mathrm{T}}$$

$$\boldsymbol{P}_d = \boldsymbol{M}_d - \mathrm{diag}\left\{\sum_{j=1}^{n} m_{dij}\right\} - \hat{\boldsymbol{Y}}_{0I}\boldsymbol{U}_0$$

$$\boldsymbol{P}_q = \boldsymbol{M}_q - \mathrm{diag}\left\{\sum_{j=1}^{n} m_{qij}\right\} - \hat{\boldsymbol{Y}}_{0R}\boldsymbol{U}_0$$

$$\boldsymbol{M}_{\mathrm{d}}=\{m_{\mathrm{d}ij}\}=-\boldsymbol{Y}_{\mathrm{I}}\hat{\boldsymbol{E}}''_{\mathrm{d}}-\boldsymbol{Y}_{\mathrm{R}}\hat{\boldsymbol{E}}''_{\mathrm{q}}-\boldsymbol{Y}_{\mathrm{I}}\boldsymbol{X}_{\mathrm{qd}}\hat{\boldsymbol{I}}_{\mathrm{q}}$$

$$\boldsymbol{M}_{\mathrm{q}}=\{m_{\mathrm{q}ij}\}=-\boldsymbol{Y}_{\mathrm{R}}\hat{\boldsymbol{E}}''_{\mathrm{d}}-\boldsymbol{Y}_{\mathrm{I}}\hat{\boldsymbol{E}}''_{\mathrm{q}}+\boldsymbol{Y}_{\mathrm{R}}\boldsymbol{X}_{\mathrm{qd}}\hat{\boldsymbol{I}}_{\mathrm{q}}$$

$$\hat{\boldsymbol{E}}''_{\mathrm{d}}=\mathrm{diag}\{E''_{\mathrm{d}i0}\}$$

$$\hat{\boldsymbol{E}}''_{\mathrm{q}}=\mathrm{diag}\{E''_{\mathrm{q}i0}\}$$

$$\hat{\boldsymbol{I}}_{\mathrm{q}}=\mathrm{diag}\{I_{\mathrm{q}i0}\}$$

$$\hat{\boldsymbol{Y}}_{0\mathrm{I}}=\mathrm{diag}\{Y_{0\mathrm{I}i0}\}$$

$$\hat{\boldsymbol{Y}}_{0\mathrm{R}}=\mathrm{diag}\{Y_{0\mathrm{R}i0}\}$$

$\boldsymbol{Y}_{\mathrm{R}}$、$\boldsymbol{Y}_{\mathrm{I}}$、$\boldsymbol{Y}_{0\mathrm{R}}$及$\boldsymbol{Y}_{0\mathrm{I}}$取工作点的数值。

由式（9.111）可解得 $\Delta\boldsymbol{I}_{\mathrm{d}}$、$\Delta\boldsymbol{I}_{\mathrm{q}}$ 与状态变量之间的关系

$$\left.\begin{aligned}\Delta\boldsymbol{I}_{\mathrm{d}}&=\boldsymbol{Y}_{\mathrm{d}}\Delta\boldsymbol{E}''_{\mathrm{q}}+\boldsymbol{K}_{\mathrm{d}}\Delta\boldsymbol{E}''_{\mathrm{d}}+\boldsymbol{F}_{\mathrm{d}}\Delta\boldsymbol{\delta}\\\Delta\boldsymbol{I}_{\mathrm{q}}&=\boldsymbol{Y}_{\mathrm{q}}\Delta\boldsymbol{E}''_{\mathrm{q}}+\boldsymbol{K}_{\mathrm{q}}\Delta\boldsymbol{E}''_{\mathrm{d}}+\boldsymbol{F}_{\mathrm{q}}\Delta\boldsymbol{\delta}\end{aligned}\right\}\tag{9.112}$$

其中

$$\boldsymbol{Y}_{\mathrm{q}}=(\boldsymbol{1}-\boldsymbol{Y}_{\mathrm{I}}\boldsymbol{X}_{\mathrm{qd}})^{-1}\boldsymbol{Y}_{\mathrm{R}}$$

$$\boldsymbol{Y}_{\mathrm{d}}=-\boldsymbol{Y}_{\mathrm{I}}+\boldsymbol{Y}_{\mathrm{R}}\boldsymbol{X}_{\mathrm{qd}}\boldsymbol{Y}_{\mathrm{q}}$$

$$\boldsymbol{K}_{\mathrm{q}}=(\boldsymbol{1}-\boldsymbol{Y}_{\mathrm{I}}\boldsymbol{X}_{\mathrm{qd}})^{-1}\boldsymbol{Y}_{\mathrm{I}}$$

$$\boldsymbol{K}_{\mathrm{d}}=\boldsymbol{Y}_{\mathrm{R}}+\boldsymbol{Y}_{\mathrm{R}}\boldsymbol{X}_{\mathrm{qd}}\boldsymbol{K}_{\mathrm{q}}$$

$$\boldsymbol{F}_{\mathrm{q}}=(\boldsymbol{1}-\boldsymbol{Y}_{\mathrm{I}}\boldsymbol{X}_{\mathrm{qd}})^{-1}\boldsymbol{P}_{\mathrm{q}}$$

$$\boldsymbol{F}_{\mathrm{d}}=\boldsymbol{P}_{\mathrm{d}}+\boldsymbol{Y}_{\mathrm{R}}\boldsymbol{X}_{\mathrm{qd}}\boldsymbol{F}_{\mathrm{q}}$$

下面求电磁转矩 $\boldsymbol{M}_{\mathrm{e}}$ 的增量

$$\Delta\boldsymbol{M}_{\mathrm{e}}=\boldsymbol{B}_{\mathrm{d}}\Delta\boldsymbol{I}_{\mathrm{d}}+\boldsymbol{B}_{\mathrm{q}}\Delta\boldsymbol{I}_{\mathrm{q}}+\hat{\boldsymbol{I}}_{\mathrm{q}}\Delta\boldsymbol{E}''_{\mathrm{q}}+\hat{\boldsymbol{I}}_{\mathrm{d}}\Delta\boldsymbol{E}''_{\mathrm{d}}\tag{9.113}$$

其中

$$\boldsymbol{B}_{\mathrm{d}}=\mathrm{diag}\{E''_{\mathrm{d}i0}+X_{\mathrm{qd}i}I_{\mathrm{q}i0}\}$$

$$\boldsymbol{B}_{\mathrm{q}}=\mathrm{diag}\{E''_{\mathrm{q}i0}+X_{\mathrm{qd}i}I_{\mathrm{d}i0}\}$$

$$\hat{\boldsymbol{I}}_{\mathrm{d}}=\mathrm{diag}\{I_{\mathrm{d}i0}\}$$

将式（9.112）代入式（9.113），整理后得

$$\Delta\boldsymbol{M}_{\mathrm{e}}=\boldsymbol{C}_1\Delta\boldsymbol{\delta}+\boldsymbol{C}_2\Delta\boldsymbol{E}''_{\mathrm{q}}+\boldsymbol{C}_{12}\Delta\boldsymbol{E}''_{\mathrm{d}}\tag{9.114}$$

其中

$$\boldsymbol{C}_1=\boldsymbol{B}_{\mathrm{d}}\boldsymbol{F}_{\mathrm{d}}+\boldsymbol{B}_{\mathrm{q}}\boldsymbol{F}_{\mathrm{q}}$$

$$\boldsymbol{C}_2=\boldsymbol{B}_{\mathrm{d}}\boldsymbol{Y}_{\mathrm{d}}+\boldsymbol{B}_{\mathrm{q}}\boldsymbol{Y}_{\mathrm{q}}+\hat{\boldsymbol{I}}_{\mathrm{q}}$$

$$\boldsymbol{C}_{12}=\boldsymbol{B}_{\mathrm{d}}\boldsymbol{K}_{\mathrm{d}}+\boldsymbol{Y}_{\mathrm{q}}\boldsymbol{K}_{\mathrm{q}}+\hat{\boldsymbol{I}}_{\mathrm{d}}$$

下面求端电压增量

$$U_i=\sqrt{u_{\mathrm{d}i}^2+u_{\mathrm{q}i}^2}\quad(i=1,2,\cdots,n)\tag{9.115}$$

其中

$$u_{\mathrm{d}i}=E''_{\mathrm{d}i}+x''_{\mathrm{q}i}i_{\mathrm{q}i}-r_ii_{\mathrm{d}i}$$

$$u_{\mathrm{q}i}=E''_{\mathrm{q}i}-x''_{\mathrm{d}i}i_{\mathrm{d}i}-r_ii_{\mathrm{q}i}$$

将式（9.115）在工作点线性化，并写成向量形式

$$\Delta \boldsymbol{U}=\boldsymbol{U}_{\mathrm{d}}\Delta \boldsymbol{E}''_{\mathrm{d}}+\boldsymbol{U}_{\mathrm{q}}\Delta \boldsymbol{E}''_{\mathrm{q}}+\boldsymbol{C}_{\mathrm{d}}\Delta \boldsymbol{I}_{\mathrm{d}}+\boldsymbol{C}_{\mathrm{q}}\Delta \boldsymbol{I}_{\mathrm{q}} \tag{9.116}$$

$$\Delta \boldsymbol{U}=[\Delta U_1 \quad \Delta U_2 \quad \cdots \quad \Delta U_n]^{\mathrm{T}}$$
$$\boldsymbol{C}_{\mathrm{d}}=\boldsymbol{u}_{\mathrm{q}}\boldsymbol{X}''_{\mathrm{d}}+\boldsymbol{u}_{\mathrm{d}}\boldsymbol{R}_{\mathrm{a}}$$
$$\boldsymbol{C}_{\mathrm{q}}=\boldsymbol{u}_{\mathrm{d}}\boldsymbol{X}''_{\mathrm{q}}+\boldsymbol{u}_{\mathrm{q}}\boldsymbol{R}_{\mathrm{a}}$$
$$\boldsymbol{X}''_{\mathrm{d}}=\mathrm{diag}\{x''_{\mathrm{d}i}\}$$
$$\boldsymbol{R}_{\mathrm{a}}=\mathrm{diag}\{r_i\}$$
$$\boldsymbol{u}_{\mathrm{d}}=\mathrm{diag}\{u_{\mathrm{d}i0}/U_{i0}\}$$
$$\boldsymbol{u}_{\mathrm{q}}=\mathrm{diag}\{u_{\mathrm{q}i0}/U_{i0}\}$$

将式（9.112）代入式（9.116）

$$\boldsymbol{U}=\boldsymbol{C}_5\Delta\boldsymbol{\delta}+\boldsymbol{C}_6\Delta\boldsymbol{E}''_{\mathrm{q}}+\boldsymbol{C}_7\Delta\boldsymbol{E}''_{\mathrm{d}} \tag{9.117}$$

其中

$$\boldsymbol{C}_5=\boldsymbol{C}_{\mathrm{q}}\boldsymbol{F}_{\mathrm{q}}-\boldsymbol{C}_{\mathrm{d}}\boldsymbol{F}_{\mathrm{d}}$$
$$\boldsymbol{C}_6=\boldsymbol{C}_{\mathrm{q}}\boldsymbol{Y}_{\mathrm{q}}-\boldsymbol{C}_{\mathrm{d}}\boldsymbol{Y}_{\mathrm{d}}+\hat{\boldsymbol{u}}_{\mathrm{q}}$$
$$\boldsymbol{C}_7=\boldsymbol{C}_{\mathrm{q}}\boldsymbol{K}_{\mathrm{q}}-\boldsymbol{C}_{\mathrm{d}}\boldsymbol{K}_{\mathrm{d}}+\hat{\boldsymbol{u}}_{\mathrm{d}}$$

下面求 $\boldsymbol{E}'_{\mathrm{q}}$，$\boldsymbol{E}''_{\mathrm{q}}$ 及 $\boldsymbol{E}''_{\mathrm{d}}$ 的增量。

对于纵横轴各有一个阻尼绕组的第 n 台发电机，由第 2 章的基本方程式，我们可得 $E'_{\mathrm{q}i}$，$E''_{\mathrm{q}i}$及$E''_{\mathrm{d}i}$的微分方程式

$$\frac{\mathrm{d}}{\mathrm{d}t}E'_{\mathrm{q}i}=\frac{1}{T'_{\mathrm{d}0i}}[E_{\mathrm{fd}i}-E'_{\mathrm{q}i}-(x_{\mathrm{d}i}-x'_{\mathrm{d}i})i_{\mathrm{d}i}] \tag{9.118}$$

$$\frac{\mathrm{d}}{\mathrm{d}t}E''_{\mathrm{q}i}=\frac{1}{T''_{\mathrm{d}0i}}[-E''_{\mathrm{q}i}-(x'_{\mathrm{d}i}-x''_{\mathrm{d}i})i_{\mathrm{d}i}+E'_{\mathrm{q}i}+T''_{\mathrm{d}0i}\frac{\mathrm{d}}{\mathrm{d}t}E'_{\mathrm{q}i}] \tag{9.119}$$

$$\frac{\mathrm{d}}{\mathrm{d}t}E''_{\mathrm{d}i}=\frac{1}{T''_{\mathrm{q}0i}}[-E''_{\mathrm{d}i}+(x_{\mathrm{q}i}-x''_{\mathrm{q}i})i_{\mathrm{q}i}] \tag{9.120}$$

用 s 代替 $\frac{\mathrm{d}}{\mathrm{d}t}$ 并把 n 台机集合到一起，我们有

$$(1+s\boldsymbol{T}'_{\mathrm{d}0})\boldsymbol{E}'_{\mathrm{q}}=\boldsymbol{E}_{\mathrm{fd}}-\boldsymbol{X}_{\mathrm{dd}}\boldsymbol{I}_{\mathrm{d}}$$
$$(1+s\boldsymbol{T}''_{\mathrm{d}0i})\boldsymbol{E}''_{\mathrm{q}}=(1+s\boldsymbol{T}'_{\mathrm{d}0})\boldsymbol{E}'_{\mathrm{q}}-\boldsymbol{X}'_{\mathrm{dd}}\boldsymbol{I}_{\mathrm{d}}$$
$$(1+s\boldsymbol{T}'_{\mathrm{q}0})\boldsymbol{E}''_{\mathrm{d}}=\boldsymbol{X}_{\mathrm{qq}}\boldsymbol{I}_{\mathrm{q}}$$

其中

$$\boldsymbol{X}_{\mathrm{dd}}=\mathrm{diag}\{x_{\mathrm{d}i}-x'_{\mathrm{d}i}\}$$
$$\boldsymbol{X}'_{\mathrm{dd}}=\mathrm{diag}\{x'_{\mathrm{d}i}-x''_{\mathrm{d}i}\}$$
$$\boldsymbol{X}_{\mathrm{qq}}=\mathrm{diag}\{x_{\mathrm{q}i}-x'_{\mathrm{q}i}\}$$
$$\boldsymbol{T}'_{\mathrm{d}0}=\mathrm{diag}\{T'_{\mathrm{d}0i}\}$$
$$\boldsymbol{T}''_{\mathrm{q}0}=\mathrm{diag}\{T''_{\mathrm{q}0i}\}$$
$$\boldsymbol{E}'_{\mathrm{q}}=[E'_{\mathrm{q}1} \quad E'_{\mathrm{q}2} \quad \cdots \quad E'_{\mathrm{q}n}]^{\mathrm{T}}$$
$$\boldsymbol{E}_{\mathrm{fd}}=[E_{\mathrm{fd}1} \quad E_{\mathrm{fd}2} \quad \cdots \quad E_{\mathrm{fd}n}]^{\mathrm{T}}$$
$$\boldsymbol{E}''_{\mathrm{q}}=[E''_{\mathrm{q}1} \quad E''_{\mathrm{q}2} \quad \cdots \quad E''_{\mathrm{q}n}]^{\mathrm{T}}$$
$$\boldsymbol{E}''_{\mathrm{d}}=[E''_{\mathrm{d}1} \quad E''_{\mathrm{d}2} \quad \cdots \quad E''_{\mathrm{d}n}]^{\mathrm{T}}$$

将式（9.118）～式（9.120）在工作点上线性化，并将式（9.112）代入，可得

$$\Delta \boldsymbol{E}'_{\mathrm{q}} = (1 + s\boldsymbol{T}'_{\mathrm{d0}})^{-1}(\Delta \boldsymbol{E}_{\mathrm{fd}} - \boldsymbol{C}_4 \Delta \boldsymbol{\delta} - \boldsymbol{C}_3 \Delta \boldsymbol{E}''_{\mathrm{q}} - \boldsymbol{C}_{13} \Delta \boldsymbol{E}''_{\mathrm{d}}) \tag{9.121}$$

$$\Delta \boldsymbol{E}''_{\mathrm{q}} = (1 + s\boldsymbol{T}''_{\mathrm{d0}})[(1 + s\boldsymbol{T}''_{\mathrm{d0}})\Delta \boldsymbol{E}'_{\mathrm{q}} - \boldsymbol{C}_8 \Delta \boldsymbol{\delta} - \boldsymbol{C}_9 \Delta \boldsymbol{E}''_{\mathrm{q}} - \boldsymbol{C}_{14} \Delta \boldsymbol{E}''_{\mathrm{d}}] \tag{9.122}$$

$$\Delta \boldsymbol{E}''_{\mathrm{d}} = (1 + s\boldsymbol{T}''_{\mathrm{q0}})^{-1}(-\boldsymbol{C}_{10} \Delta \boldsymbol{\delta} - \boldsymbol{C}_{15} \Delta \boldsymbol{E}''_{\mathrm{q}} - \boldsymbol{C}_{11} \Delta \boldsymbol{E}''_{\mathrm{d}}) \tag{9.123}$$

其中

$$\boldsymbol{C}_3 = \boldsymbol{X}_{\mathrm{ad}} \boldsymbol{Y}_{\mathrm{d}}$$

$$\boldsymbol{C}_4 = \boldsymbol{X}_{\mathrm{dd}} \boldsymbol{F}_{\mathrm{d}}$$

$$\boldsymbol{C}_{13} = \boldsymbol{X}_{\mathrm{dd}} \boldsymbol{K}_{\mathrm{d}}$$

$$\boldsymbol{C}_8 = \boldsymbol{X}'_{\mathrm{dd}} \boldsymbol{F}_{\mathrm{d}}$$

$$\boldsymbol{C}_9 = \boldsymbol{X}'_{\mathrm{dd}} \boldsymbol{Y}_{\mathrm{d}}$$

$$\boldsymbol{C}_{14} = \boldsymbol{X}'_{\mathrm{dd}} \boldsymbol{K}_{\mathrm{d}}$$

$$\boldsymbol{C}_{10} = -\boldsymbol{X}''_{\mathrm{qq}} \boldsymbol{F}_{\mathrm{q}}$$

$$\boldsymbol{C}_{11} = -\boldsymbol{X}''_{\mathrm{qq}} \boldsymbol{K}_{\mathrm{d}}$$

$$\boldsymbol{C}_{15} = -\boldsymbol{X}''_{\mathrm{qq}} \boldsymbol{Y}_{\mathrm{q}}$$

下面求转子运动方程中 δ 及 ω 的增量。

在工作点线性化后，可得

$$\Delta \boldsymbol{\delta} = \frac{\omega_0}{s} \Delta \boldsymbol{\omega} \tag{9.124}$$

$$\Delta \boldsymbol{\omega} = (\boldsymbol{D} + s\boldsymbol{T}_{\mathrm{J}})^{-1}(\Delta \boldsymbol{M}_{\mathrm{m}} - \Delta \boldsymbol{M}_{\mathrm{e}}) \tag{9.125}$$

$$\Delta \boldsymbol{M}_{\mathrm{m}} = [\Delta M_{\mathrm{m1}} \quad \Delta M_{\mathrm{m2}} \quad \cdots \quad \Delta M_{\mathrm{m}n}]^{\mathrm{T}}$$

$$\Delta \boldsymbol{\omega} = [\Delta \omega_1 \quad \Delta \omega_2 \quad \cdots \quad \Delta \omega_n]^{\mathrm{T}}$$

$$\boldsymbol{D} = \mathrm{diag}\{D_i\}$$

$$\boldsymbol{T}_{\mathrm{J}} = \mathrm{diag}\{T_{\mathrm{J}i}\}$$

$$\boldsymbol{\omega}_0 = 314$$

下面求励磁电压 E_{fd} 的增量，为简单起见，我们假设调节器及励磁系统可用一阶环节来描述，即

$$\Delta \boldsymbol{E}_{\mathrm{fd}} = (1 + \boldsymbol{T}_{\mathrm{E}} s)^{-1} \boldsymbol{K}_{\mathrm{A}} (\Delta \boldsymbol{U}_{\mathrm{REF}} - \Delta \boldsymbol{U}) \tag{9.126}$$

其中，T_{E} 为励磁机时间常数，K_{A} 为励磁控制系统的开环放大倍数，U_{REF} 为参考电压，且

$$\boldsymbol{K}_{\mathrm{A}} = \mathrm{diag}\{K_{\mathrm{A}i}\}$$

$$\boldsymbol{T}_{\mathrm{E}} = \mathrm{diag}\{T_{\mathrm{E}i}\}$$

如果更复杂的励磁控制系统，包括有稳定器等，可仿照第 6 章中的方法设一些中间变量，把高阶微分方程化成一阶微分方程式组，将式（9.114）、式（9.117）、式(9.121）～式（9.126）联立，就可得整个系统的状态方程式如下

$$\dot{\boldsymbol{x}} = \boldsymbol{A}\boldsymbol{x} + \boldsymbol{B}\boldsymbol{u} \tag{9.127}$$

其中 $\boldsymbol{A} \in \boldsymbol{R}^{6n \times 6n}, \boldsymbol{B} \in \boldsymbol{R}^{6n \times 2n}, \boldsymbol{u} = [\Delta \boldsymbol{U}_{\mathrm{REF}}^{\mathrm{T}} \quad \Delta \boldsymbol{M}_{\mathrm{m}}^{\mathrm{T}}]^{\mathrm{T}} \in \boldsymbol{R}^{2n \times 1}$

$$\boldsymbol{x} = [\boldsymbol{\Delta}\delta^{\mathrm{T}} \quad \boldsymbol{\Delta}\omega^{\mathrm{T}} \quad \Delta \boldsymbol{E}_{\mathrm{q}}^{\prime \mathrm{T}} \quad \Delta \boldsymbol{E}_{\mathrm{q}}^{\prime\prime \mathrm{T}} \quad \Delta \boldsymbol{E}_{\mathrm{d}}^{\prime\prime \mathrm{T}} \quad \Delta \boldsymbol{E}_{\mathrm{fd}}^{\mathrm{T}}]^{\mathrm{T}} \in \boldsymbol{R}^{6n \times 1}$$

$\boldsymbol{A}$ 矩阵 6×6 个 $n\times n$ 阶分块矩阵组成，$\boldsymbol{B}$ 矩阵由 6×2 个 $n\times n$ 阶分块矩阵组成

$$\boldsymbol{A}=\begin{bmatrix} \boldsymbol{0} & \omega_0\times 1 & \boldsymbol{0} & \boldsymbol{0} & \boldsymbol{0} & \boldsymbol{0} \\ -\boldsymbol{T}_{\mathrm{J}}^{-1}C_1 & -T_{\mathrm{J}}^{-1}\boldsymbol{D} & \boldsymbol{0} & -\boldsymbol{T}_{\mathrm{J}}^{-1}C_2 & -\boldsymbol{T}_{\mathrm{J}}^{-1}C_{12} & \boldsymbol{0} \\ -\boldsymbol{T}_{\mathrm{d0}}^{\prime -1}\boldsymbol{C}_4 & 0 & -\boldsymbol{T}_{\mathrm{d0}}^{\prime -1} & -\boldsymbol{T}_{\mathrm{d0}}^{\prime -1}\boldsymbol{C}_3 & -\boldsymbol{T}_{\mathrm{d0}}^{\prime -1}\boldsymbol{C}_{13} & \boldsymbol{T}_{\mathrm{d0}}^{\prime -1} \\ -\boldsymbol{T}_{\mathrm{d0}}^{\prime\prime -1}\boldsymbol{C}_8-\boldsymbol{T}_{\mathrm{d0}}^{\prime -1}\boldsymbol{C}_4 & \boldsymbol{0} & \boldsymbol{T}_{\mathrm{d0}}^{\prime\prime -1}-\boldsymbol{T}_{\mathrm{d0}}^{\prime -1} & -\boldsymbol{T}_{\mathrm{d0}}^{\prime\prime -1}[1+\boldsymbol{C}_9]-\boldsymbol{T}_{\mathrm{d0}}^{\prime -1}\boldsymbol{C}_3 & -\boldsymbol{T}_{\mathrm{d0}}^{\prime -1}\boldsymbol{C}_{14}-\boldsymbol{T}_{\mathrm{d0}}^{\prime -1}\boldsymbol{C}_{13} & \boldsymbol{T}_{\mathrm{d0}}^{-1} \\ -\boldsymbol{T}_{\mathrm{q0}}^{\prime\prime -1}\boldsymbol{C}_{10} & \boldsymbol{0} & \boldsymbol{0} & -\boldsymbol{T}_{\mathrm{q0}}^{\prime\prime -1}\boldsymbol{C}_{15} & -\boldsymbol{T}_{\mathrm{q0}}^{\prime -1}[1+\boldsymbol{C}_{11}] & \boldsymbol{0} \\ -\boldsymbol{T}_{\mathrm{E}}^{-1}\boldsymbol{K}_{\mathrm{A}}C_5 & \boldsymbol{0} & \boldsymbol{0} & -\boldsymbol{T}_{\mathrm{E}}^{-1}\boldsymbol{K}_{\mathrm{A}}\boldsymbol{C}_6 & -\boldsymbol{T}_{\mathrm{E}}^{-1}\boldsymbol{K}_{\mathrm{A}}\boldsymbol{C}_7 & -\boldsymbol{T}_{\mathrm{E}}^{-1} \end{bmatrix} \tag{9.128}$$

$$\boldsymbol{B}=\begin{bmatrix} \boldsymbol{0} & \boldsymbol{0} \\ \boldsymbol{0} & \boldsymbol{T}_{\mathrm{J}}^{-1} \\ \boldsymbol{0} & \boldsymbol{0} \\ \boldsymbol{0} & \boldsymbol{0} \\ \boldsymbol{0} & \boldsymbol{0} \\ \boldsymbol{T}_{\mathrm{E}}^{-1}K_{\mathrm{A}} & \boldsymbol{0} \end{bmatrix} \tag{9.129}$$

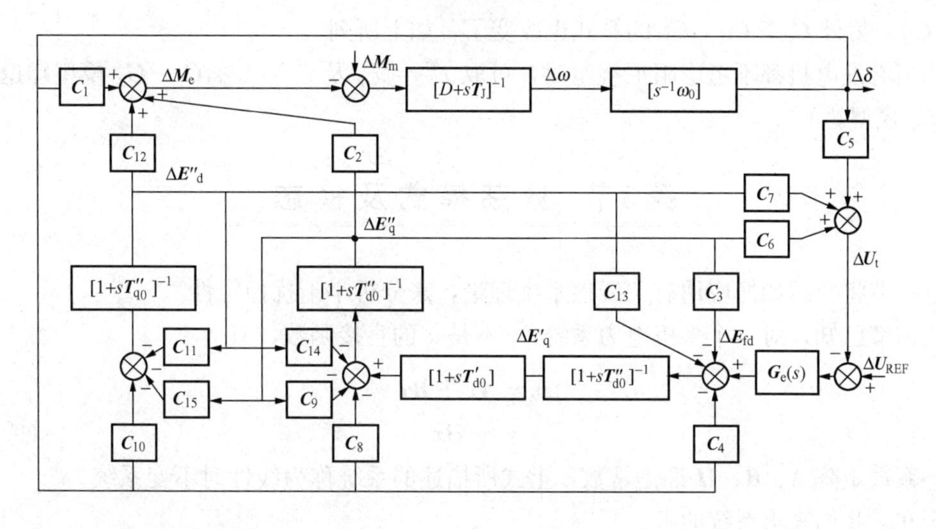

图 9.7　C_1-C_{15} 模型框图

C_1-C_{15} 模型框图如图 9.7 所示，上述 C_1-C_{15} 模型可以灵活应用到其他情况，例如当应用到单机无穷大系统（具有阻尼绕组），则转化为 C_1-C_{12} 模型，这时可设 $C_{13}=C_{14}=C_{15}=0$，其余的 12 个系数与单机无穷大 C_1-C_{12} 个模型系数相对应，但其中有三个系数应转变，即

$$\boldsymbol{C_9}=\frac{1}{1+C_9}$$

$$\boldsymbol{C_{11}}=\frac{1-C_{11}}{C_{11}}$$

$$\boldsymbol{C_{10}}=-C_{10}$$

当发电机用六绕组模型（即纵轴有一个阻尼绕组，模轴有两个阻尼绕组）时，横轴上增加一个暂态电势 E_{d}'，同时 E_{d}'' 方程也有改变

$$(1+sT'_{d0})E'_d = X_{qq}I_q \tag{9.130}$$

$$(1+sT''_{q0})E''_d = (1+sT''_{q0})E'_d + X'_{qq}I_q \tag{9.131}$$

其中

$$X_{qq} = \mathrm{diag}\{x_{qi} - x'_{qi}\}$$

$$X'_{qq} = \mathrm{diag}\{x'_{qi} - x''_{qi}\}$$

将式（9.130）和式（9.131）增量化后即有

$$\Delta E'_d = (1+sT'_{q0})^{-1}(-C_{18}\Delta\delta - C_{16}\Delta E''_q - C_{17}\Delta E''_d)$$

$$\Delta E''_d = (1+sT''_{q0})^{-1}[(1+sT''_{q0})\Delta E'_d - C_{10}\Delta\delta - C_{15}\Delta E''_q - C_{11}\Delta E''_d]$$

式中

$$C_{10} = -X'_{qq}F_q$$

$$C_{11} = -X'_{qq}K_q$$

$$C_{15} = -X'_{qq}Y_q$$

$$C_{18} = -X_{qq}F_q$$

$$C_{17} = -X_{qq}K_q$$

$$C_{16} = -X_{qq}Y_q$$

与 C_1-C_{15} 模型相比，采用6阶模型描述发电机时，增加了三个线性化系数矩阵 C_{16}，C_{17} 及 C_{18}，另外 C_{10}，C_{11}，C_{15} 的算式也改变了，如上所列。

当所有发电机都不考虑阻尼绕组时，可取 $x''_{di}=x'_{di}$ 及 $x''_{qi}=x_{qi}$，C_1-C_{15} 模型即退化为 K_1-K_6 模型。

第3节 振荡模式及模态

这一节将介绍如何应用有关线性系统理论，来分析小干扰稳定性。

由前节已知，对一个多机电力系统，y 不是 u 的直接函数，有

$$\dot{x} = Ax + Bu$$

$$y = Hx \tag{9.132}$$

其中，系数矩阵 A、B、H 都是常数，上式所描述的系统称为线性时不变系统。

现在，我们来求系统的解。

将式（9.132）作下列变换

$$sx(s) - x(0) = Ax(s) + Bu(s) \tag{9.133}$$

复数域内方程式的一般形式

$$x(s) = (sI-A)^{-1}x(0) + (sI-A)^{-1}Bu(s) \tag{9.134}$$

式中，I 为单位矩阵。

为了得到时域内方程的解，需对上式进行拉氏反变换

$$x(t) = L^{-1}(sI-A)^{-1}x(0) + L^{-1}[(sI-A)^{-1}Bu(s)] \tag{9.135}$$

在拉氏反变换中与 $(sI-A)^{-1}$ 形式上很相似的是 $(s-a)^{-1}$（其中 a 为一常数），它的时间函数为

$$f(t) = L^{-1}(s-a)^{-1} = e^{at}$$

由此启发，我们定义

$$L^{-1}(s\boldsymbol{I}-\boldsymbol{A})^{-1}=\mathrm{e}^{\boldsymbol{A}t} \tag{9.136}$$

称 $\mathrm{e}^{\boldsymbol{A}t}$ 为状态转移矩阵，其中矩阵指数，可以仿照标量指数 e^{at} 一样，用一个无穷级数来定义

$$\mathrm{e}^{\boldsymbol{A}t}=I+\boldsymbol{A}t+\frac{\boldsymbol{A}^2t^2}{2!}+\frac{\boldsymbol{A}^3t^3}{3!}+\cdots+\frac{\boldsymbol{A}^nt^n}{n!}+\cdots=\sum_{k=0}^{\infty}\frac{\boldsymbol{A}^kt^k}{k!} \tag{9.137}$$

因此，如果

$$\boldsymbol{A}=\begin{bmatrix}0 & 1\\2 & 1\end{bmatrix}$$

$$\boldsymbol{I}=\begin{bmatrix}1 & 0\\0 & 1\end{bmatrix}$$

则
$$\boldsymbol{A}t=\begin{bmatrix}0 & 1\\2 & 1\end{bmatrix}t=\begin{bmatrix}0 & t\\2t & t\end{bmatrix}$$

$$\frac{\boldsymbol{A}^2t^2}{2!}=\begin{bmatrix}0 & 1\\2 & 2\end{bmatrix}\begin{bmatrix}0 & 1\\2 & 1\end{bmatrix}\frac{t^2}{2}=\begin{bmatrix}2 & 1\\2 & 3\end{bmatrix}\frac{t^2}{2}=\begin{bmatrix}t^2 & \dfrac{t^2}{2}\\ t^2 & \dfrac{3t^2}{2}\end{bmatrix}$$

可以证明，式（9.137）对所有的 t 值是绝对和一致收敛的。因此，可以对它进行逐项的微分和积分。当求 $\frac{\mathrm{d}}{\mathrm{d}t}\mathrm{e}^{\boldsymbol{A}t}$ 时，可以对式（9.137）右边逐项微分

$$\frac{\mathrm{d}}{\mathrm{d}t}\mathrm{e}^{\boldsymbol{A}t}=\boldsymbol{A}+\boldsymbol{A}^2t+\frac{\boldsymbol{A}^3t^2}{2!}+\frac{\boldsymbol{A}^4t^3}{3!}+\cdots=\boldsymbol{A}\left(I+\boldsymbol{A}t+\frac{\boldsymbol{A}^2t^2}{2!}+\frac{\boldsymbol{A}^3t^3}{3!}+\cdots\right)=\boldsymbol{A}\mathrm{e}^{\boldsymbol{A}t} \tag{9.138}$$

上述微分，也可以表示成

$$\frac{\mathrm{d}}{\mathrm{d}t}\mathrm{e}^{\boldsymbol{A}t}=\left(\boldsymbol{I}+\boldsymbol{A}t+\frac{\boldsymbol{A}^2t^2}{2!}+\frac{\boldsymbol{A}^3t^3}{3!}+\cdots\right)\boldsymbol{A}=\mathrm{e}^{\boldsymbol{A}t}\boldsymbol{A} \tag{9.139}$$

因此

$$\frac{\mathrm{d}}{\mathrm{d}t}\mathrm{e}^{\boldsymbol{A}t}=\boldsymbol{A}\mathrm{e}^{\boldsymbol{A}t}=\mathrm{e}^{\boldsymbol{A}t}\boldsymbol{A} \tag{9.140}$$

由矩阵的基本运算已知

$$\frac{\mathrm{d}}{\mathrm{d}t}(\boldsymbol{AB})=\frac{\mathrm{d}\boldsymbol{A}}{\mathrm{d}t}\boldsymbol{B}+\boldsymbol{A}\frac{\mathrm{d}\boldsymbol{B}}{\mathrm{d}t} \tag{9.141}$$

利用上述关系可知

$$\frac{\mathrm{d}}{\mathrm{d}t}(\mathrm{e}^{-\boldsymbol{A}t}\boldsymbol{x})=(\frac{\mathrm{d}}{\mathrm{d}t}\mathrm{e}^{-\boldsymbol{A}t})\boldsymbol{x}+\mathrm{e}^{-\boldsymbol{A}t}\dot{\boldsymbol{x}}=-\mathrm{e}^{-\boldsymbol{A}t}\boldsymbol{A}\boldsymbol{x}+\mathrm{e}^{-\boldsymbol{A}t}\dot{\boldsymbol{x}} \tag{9.142}$$

式（9.132）两边乘 $\mathrm{e}^{-\boldsymbol{A}t}$ 得到

$$\mathrm{e}^{-\boldsymbol{A}t}\dot{\boldsymbol{x}}=\mathrm{e}^{-\boldsymbol{A}t}\boldsymbol{A}\boldsymbol{x}+\mathrm{e}^{-\boldsymbol{A}t}\boldsymbol{B}\boldsymbol{u}$$

或
$$\mathrm{e}^{-\boldsymbol{A}t}\dot{\boldsymbol{x}}-\mathrm{e}^{-\boldsymbol{A}t}\boldsymbol{A}\boldsymbol{x}=\mathrm{e}^{-\boldsymbol{A}t}\boldsymbol{B}\boldsymbol{u}$$

对比式（9.142），可知上述方程的左边等于 $\frac{\mathrm{d}}{\mathrm{d}t}(\mathrm{e}^{-\boldsymbol{A}t}\boldsymbol{x})$，因此

$$\frac{\mathrm{d}}{\mathrm{d}t}(\mathrm{e}^{-\boldsymbol{A}t}\boldsymbol{x}) = \mathrm{e}^{-\boldsymbol{A}t}\boldsymbol{Bu} \tag{9.143}$$

将式（9.143）两边从0到 t 积分，即

$$\mathrm{e}^{-\boldsymbol{A}t}\boldsymbol{x}(t) - \boldsymbol{x}(0) = \int_0^t \mathrm{e}^{-\boldsymbol{A}\tau}\boldsymbol{Bu}(\tau)\mathrm{d}\tau \tag{9.144}$$

因此，用 $\mathrm{e}^{\boldsymbol{A}t}$ 前乘式（9.144），得到

$$\boldsymbol{x}(t) = \mathrm{e}^{\boldsymbol{A}t}\boldsymbol{x}(0) + \int_0^t \mathrm{e}^{\boldsymbol{A}(t-\tau)}\boldsymbol{Bu}(\tau)\mathrm{d}\tau \tag{9.145}$$

这就是所求的解。式（9.145）右边第一项与输入量无关，且当初状态为零时，这一项消失，故称零输入分量。右边第二项为零状态分量，当输入函数为零时，这一项消失。

下面进一步将上述方程的解，转换成以特征值及特征向量表示的形式。

假定 n 阶矩阵 A 具有 n 个互异的特征值，则存在一个可逆矩阵 $\boldsymbol{M}$，使得

$$\boldsymbol{M}^{-1}\boldsymbol{AM} = \boldsymbol{\Lambda} \tag{9.146}$$

其中　$\boldsymbol{\Lambda}$ 为特征值组成的对角矩阵，即

$$\boldsymbol{\Lambda} = \begin{bmatrix} \lambda_1 & & & \\ & \lambda_2 & & \\ & & \ddots & \\ & & & \lambda_n \end{bmatrix} \tag{9.147}$$

式（9.146）中的矩阵 $\boldsymbol{M}$ 称作矩阵 $\boldsymbol{A}$ 的模态矩阵，且

$$\boldsymbol{M} = \begin{bmatrix} M_{11} & M_{12} & \cdots & M_{1n} \\ M_{21} & M_{22} & \cdots & M_{2n} \\ & \vdots & & \\ M_{n1} & M_{n2} & \cdots & M_{nn} \end{bmatrix} = [\boldsymbol{M}_1 \quad \boldsymbol{M}_2 \quad \cdots \quad \boldsymbol{M}_n] \tag{9.148}$$

式中，$\boldsymbol{M}_1$，…，$\boldsymbol{M}_n$ 为 $\boldsymbol{A}$ 的分别属于 λ_1，…，λ_n 的特征向量。

这样，我们可以按下面的方法，求出矩阵指数函数 $\mathrm{e}^{\boldsymbol{A}t}$。把式（9.146）改写为

$$\boldsymbol{A} = \boldsymbol{M\Lambda M}^{-1} \tag{9.149}$$

现求 $\boldsymbol{A}^k$

$$\boldsymbol{A}^k = (\boldsymbol{M\Lambda M}^{-1})\cdots(\boldsymbol{M\Lambda M}^{-1}) = \boldsymbol{M\Lambda}^k\boldsymbol{M}^{-1} \tag{9.150}$$

式（9.150）的成立是由于除了第一项 $\boldsymbol{M}$ 及最后一项 $\boldsymbol{M}^{-1}$ 以外，中间的各项均互相消去了。

将式（9.149）及式（9.150）代入式（9.137）中

$$\begin{aligned} \mathrm{e}^{\boldsymbol{A}t} &= I + \boldsymbol{M\Lambda M}^{-1}t + \frac{\boldsymbol{M\Lambda}^2\boldsymbol{M}^{-1}t^2}{2!} + \cdots + \frac{\boldsymbol{M\Lambda}^n\boldsymbol{M}^{-1}t^n}{n!} + \cdots \\ &= \boldsymbol{M}\left(I + \boldsymbol{\Lambda}t + \frac{(\boldsymbol{\Lambda}t)^2}{2!} + \cdots + \frac{(\boldsymbol{\Lambda}t)^n}{n!} + \cdots\right)\boldsymbol{M}^{-1} = \boldsymbol{M}\mathrm{e}^{\boldsymbol{\Lambda}t}\boldsymbol{M}^{-1} \end{aligned} \tag{9.151}$$

其中 $\mathrm{e}^{\boldsymbol{\Lambda}t}$ 为

$$e^{\boldsymbol{\Lambda}t}=\begin{bmatrix} e^{\lambda_1 t} & & & \\ & e^{\lambda_2 t} & & \\ & & \ddots & \\ & & & e^{\lambda_n t} \end{bmatrix} \tag{9.152}$$

设

$$\boldsymbol{N}^{\mathrm{T}}=\boldsymbol{M}^{-1}=[\boldsymbol{N}_1^{\mathrm{T}} \quad \boldsymbol{N}_2^{\mathrm{T}} \quad \cdots \quad \boldsymbol{N}_n^{\mathrm{T}}]^{\mathrm{T}} \tag{9.153}$$

则

$$e^{\boldsymbol{A}t}=\boldsymbol{M}e^{\boldsymbol{\Lambda}t}\boldsymbol{M}^{-1}=[\boldsymbol{M}_1 \quad \boldsymbol{M}_2 \quad \cdots \quad \boldsymbol{M}_n]\begin{bmatrix} e^{\lambda_1 t} & & & \\ & e^{\lambda_2 t} & & \\ & & \ddots & \\ & & & e^{\lambda_n t} \end{bmatrix}\begin{bmatrix} \boldsymbol{N}_1^{\mathrm{T}} \\ \boldsymbol{N}_2^{\mathrm{T}} \\ \vdots \\ \boldsymbol{N}_n^{\mathrm{T}} \end{bmatrix}=\sum_{i=1}^{n} e^{\lambda_i t}\boldsymbol{M}_i\boldsymbol{N}_i^{\mathrm{T}} \tag{9.154}$$

式中，$\boldsymbol{M}_i$ 为 $\boldsymbol{A}$ 的属于 λ_i 的右特征向量；$\boldsymbol{N}_i$ 为 $\boldsymbol{A}$ 属于 λ_i 的左特征向量。

式（9.154）建立了 $e^{\boldsymbol{A}t}$ 与左、右特征向量的关系。

式（9.146）亦可写成

$$\boldsymbol{A}\boldsymbol{M}=\boldsymbol{M}\boldsymbol{\Lambda} \tag{9.155}$$

或

$$\boldsymbol{A}[\boldsymbol{M}_1 \quad \cdots \quad \boldsymbol{M}_n]=[\boldsymbol{M}_1 \quad \cdots \quad \boldsymbol{M}_n]\begin{bmatrix} \lambda_1 & & & \\ & \lambda_2 & & \\ & & \ddots & \\ & & & \lambda_n \end{bmatrix}$$

即

$$[\boldsymbol{A}\boldsymbol{M}_1 \quad \boldsymbol{A}\boldsymbol{M}_2 \quad \cdots \quad \boldsymbol{A}\boldsymbol{M}_n]=[\lambda_1\boldsymbol{M}_1 \quad \lambda_2\boldsymbol{M}_2 \quad \cdots \quad \lambda_n\boldsymbol{M}_n]$$

$$\boldsymbol{A}\boldsymbol{M}_i=\lambda_i\boldsymbol{M}_i \quad (i=1,2,\cdots,n) \tag{9.156}$$

式（9.149）亦可写成

$$\boldsymbol{M}^{-1}\boldsymbol{A}=\boldsymbol{\Lambda}\boldsymbol{M}^{-1} \tag{9.157}$$

或

$$\boldsymbol{N}^{\mathrm{T}}\boldsymbol{A}=\boldsymbol{\Lambda}\boldsymbol{N}^{\mathrm{T}}$$

$$\begin{bmatrix} \boldsymbol{N}_1^{\mathrm{T}} \\ \boldsymbol{N}_2^{\mathrm{T}} \\ \vdots \\ \boldsymbol{N}_n^{\mathrm{T}} \end{bmatrix}\boldsymbol{A}=\boldsymbol{\Lambda}\begin{bmatrix} \boldsymbol{N}_1^{\mathrm{T}} \\ \boldsymbol{N}_2^{\mathrm{T}} \\ \vdots \\ \boldsymbol{N}_n^{\mathrm{T}} \end{bmatrix}$$

即

$$\begin{bmatrix} \boldsymbol{N}_1^{\mathrm{T}}\boldsymbol{A} \\ \boldsymbol{N}_2^{\mathrm{T}}\boldsymbol{A} \\ \vdots \\ \boldsymbol{N}_n^{\mathrm{T}}\boldsymbol{A} \end{bmatrix}=\begin{bmatrix} \lambda_1\boldsymbol{N}_1^{\mathrm{T}} \\ \lambda_2\boldsymbol{N}_2^{\mathrm{T}} \\ \vdots \\ \lambda_n\boldsymbol{N}_n^{\mathrm{T}} \end{bmatrix}$$

所以

$$\boldsymbol{N}_i^{\mathrm{T}}\boldsymbol{A}=\lambda_i\boldsymbol{N}_i^{\mathrm{T}} \quad (i=1,2,\cdots,n) \tag{9.158}$$

或

$$\boldsymbol{A}^{\mathrm{T}}\boldsymbol{N}_i=\lambda_i\boldsymbol{N}_i \quad (i=1,2,\cdots,n) \tag{9.159}$$

由定义 $\boldsymbol{N}^{\mathrm{T}}=\boldsymbol{M}^{-1}$ 可知

$$\boldsymbol{N}^{\mathrm{T}}\boldsymbol{M}=I \tag{9.160}$$

即
$$\begin{bmatrix} \boldsymbol{N}_1^{\mathrm{T}} \\ \boldsymbol{N}_2^{\mathrm{T}} \\ \vdots \\ \boldsymbol{N}_n^{\mathrm{T}} \end{bmatrix} [\boldsymbol{M}_1 \quad \boldsymbol{M}_2 \quad \cdots \quad \boldsymbol{M}_n] = \begin{bmatrix} 1 & & & \\ & 1 & & \\ & & \ddots & \\ & & & 1 \end{bmatrix}$$

所以
$$\boldsymbol{N}_i^{\mathrm{T}} \boldsymbol{M}_j = \begin{cases} 1 & i = j \\ 0 & i \neq j \end{cases} \tag{9.161}$$

最后，将式（9.154）代入式（9.145）我们就得到用特征根及特征向量表示的方程式的解
$$\boldsymbol{x}(t) = \sum_{i=1}^{n} \boldsymbol{M}_i \boldsymbol{N}_i^{\mathrm{T}} \boldsymbol{x}_0 \mathrm{e}^{\lambda_i t} + \sum_{i=1}^{n} \boldsymbol{M}_i \boldsymbol{N}_i^{\mathrm{T}} \boldsymbol{B} \int_0^t \mathrm{e}^{\lambda_i (t-\tau)} \boldsymbol{u}(\tau) \mathrm{d}\tau \tag{9.162}$$

由式（9.162），我们可以很清楚地看出特征根及特征向量的物理意义。

现在我们来分析一个简单的例子。

设
$$\begin{bmatrix} \dot{x}_1 \\ \dot{x}_2 \end{bmatrix} = \begin{bmatrix} 0 & 1 \\ -4 & -5 \end{bmatrix} \begin{bmatrix} x_1 \\ x_2 \end{bmatrix}$$

其特征根有下述行列式决定
$$|\lambda \boldsymbol{I} - \boldsymbol{A}| = 0$$

即
$$\begin{vmatrix} \lambda & -1 \\ 4 & \lambda + 5 \end{vmatrix} = \lambda^2 + 5\lambda + 4 = 0$$

因此
$$\lambda_1 = -1, \lambda_2 = -4$$

将 $\lambda_1 = -1$ 代入齐次线性方程组 $(\lambda \boldsymbol{I} - \boldsymbol{A})\boldsymbol{M} = 0$ 中
$$\begin{bmatrix} -1 & -1 \\ 4 & 4 \end{bmatrix} \boldsymbol{M}_1 = 0$$

则
$$\boldsymbol{M}_1 = \begin{bmatrix} 1 \\ -1 \end{bmatrix}$$

将 $\lambda_2 = -4$ 代入 $(\lambda \boldsymbol{I} - \boldsymbol{A})\boldsymbol{M} = 0$ 中，可得
$$\begin{bmatrix} -4 & -1 \\ 4 & -1 \end{bmatrix} \boldsymbol{M}_2 = 0$$

则
$$\boldsymbol{M}_2 = \begin{bmatrix} -1 \\ 4 \end{bmatrix}$$

$$\boldsymbol{N}^{\mathrm{T}} = \boldsymbol{M}^{-1} = \frac{1}{3} \begin{bmatrix} 4 & 1 \\ 1 & 1 \end{bmatrix}$$

故
$$\boldsymbol{N}_1^{\mathrm{T}} = \begin{bmatrix} \frac{4}{3} & \frac{1}{3} \end{bmatrix}$$
$$\boldsymbol{N}_2^{\mathrm{T}} = \begin{bmatrix} \frac{1}{3} & \frac{1}{3} \end{bmatrix}$$

为简单起见，只考虑由非零的初始值造成的零输入响应，不考虑外部输入造成的零状态响应，并假定 x_{10} 及 x_{20} 分别为 x_1、x_2 的初值。则按式（9.162）
$$\boldsymbol{x}(t) = \sum_{i=1}^{n} \boldsymbol{M}_i \boldsymbol{N}_i^{\mathrm{T}} \boldsymbol{x}_0 \mathrm{e}^{\lambda_i t} \tag{9.163}$$

即
$$x_1(t)=\frac{1}{3}(4x_{10}+x_{20})e^{-t}-\frac{1}{3}(x_{10}+x_{20})e^{-4t}$$
$$x_2(t)=-\frac{1}{3}(4x_{10}+x_{20})e^{-t}+\frac{4}{3}(x_{10}+x_{20})e^{-4t} \tag{9.164}$$

如任选一组初值
$$\boldsymbol{x}_0=\begin{bmatrix}x_{10}\\x_{20}\end{bmatrix}=\begin{bmatrix}1\\1\end{bmatrix}$$

则
$$x_1(t)=\frac{5}{3}e^{-t}-\frac{2}{3}e^{-4t}$$
$$x_2(t)=-\frac{5}{3}e^{-t}+\frac{8}{3}e^{-4t}$$

如选一组初值，使得
$$\boldsymbol{x}_0=\begin{bmatrix}x_{10}\\x_{20}\end{bmatrix}=\boldsymbol{M}_1=\begin{bmatrix}1\\-1\end{bmatrix}$$

则可得
$$x_1(t)=e^{-t}$$
$$x_2(t)=-e^{-t}$$

同样，若选
$$\boldsymbol{x}_0=\begin{bmatrix}x_{10}\\x_{20}\end{bmatrix}=\boldsymbol{M}_2=\begin{bmatrix}-1\\4\end{bmatrix}$$
$$x_1(t)=-e^{-4t}$$
$$x_2(t)=4e^{-4t}$$

可见，某种特殊的初值（扰动），会使某些模式不出现。

由上面的分析可以得到以下几点结论：

(1) 如果 $\boldsymbol{A}$ 为 $n\times n$ 矩阵，则有 n 个模式，每个模式对应一个特征根。

(2) 理论上说，一个任意的初始值都能够激发起 n 个模式，任一个状态变量，包含了 n 个不同模式的分量。

(3) $\boldsymbol{N}_i^{\mathrm{T}}\boldsymbol{x}_0$ 相当于初始条件 $\boldsymbol{x}(0)$对于第 i 号模式（λ_i）在各个状态变量上的贡献大小，对于不同变量，这种贡献是相同的［见式（9.163）］。而右特征向量 $\boldsymbol{M}_i$ 则相当于将上述对各个变量的贡献乘以一个不同的权系数，所以右特征向量中各个元素的相对大小可以衡量第 i 号模式在各个状态变量上的表现程度。

第 4 节　转子摇摆模式、联络线模式及地区模式

一个包括 n 台发电机及其控制器的多机系统，在不计外部输入函数时，其状态方程为
$$\dot{\boldsymbol{x}}=\boldsymbol{A}\boldsymbol{x}$$

其中，$\boldsymbol{A}$ 为 $L\times L$ 阶。

根据前面所述，该系统应有 L 个特征根或者说模式。但是在这些模式中，一般情况下阻尼最低，或者说最危险的模式是振荡频率在 0.1～2.5Hz 之间的那些低频模式，它们主要由转子运动方程式决定（这点与单机系统是一致的），所以称为转子机电模式或转子摇摆模式（Swing Mode）。在控制理论中，称这些模式为主特征根或主导极点，因为在复平

面上它们离虚轴最近。

大量的分析及实践表明，整定良好的发电机控制器（包括电压调节器及稳定器）一般只能改变这些振荡模式的实部，对于这些模式的虚部（频率）的影响是不大的。这样，如果我们要对一个多机系统有一个概略的了解，例如系统内包含了哪些转子摇摆模式，各模式在各台机上表现程度，以及各机组之间的同摆情况，就可以采用只计入转子摇摆方程的数学模型来分析。

在前面得到的多机数模中，假定 E'_q 为常数，即略去定子电流去磁效应及励磁控制的作用，并略去阻尼系数 D，则系统的方程式简化为

$$\begin{bmatrix}\Delta\dot{\delta}_1\\ \vdots\\ \Delta\dot{\delta}_n\\ \Delta\dot{\omega}_1\\ \vdots\\ \Delta\dot{\omega}_n\end{bmatrix}=\left[\begin{array}{ccc|ccc} & \mathbf{0} & & \omega_0 & & \\ & & & & \ddots & \\ & & & & & \omega_0\\ \hline -\dfrac{K_{111}}{T_{J1}} & \cdots & -\dfrac{K_{11n}}{T_{J1}} & & & \\ \vdots & & & & \mathbf{0} & \\ -\dfrac{K_{1n1}}{T_{Jn}} & \cdots & -\dfrac{K_{1nn}}{T_{Jn}} & & & \end{array}\right]\begin{bmatrix}\Delta\delta_1\\ \vdots\\ \Delta\delta_n\\ \Delta\omega_1\\ \vdots\\ \Delta\omega_n\end{bmatrix} \tag{9.165}$$

从式（9.165）上半部分，可得

$$\begin{bmatrix}\Delta\dot{\delta}_1\\ \vdots\\ \Delta\dot{\delta}_n\end{bmatrix}=\begin{bmatrix}\omega_0 & & \\ & \ddots & \\ & & \omega_0\end{bmatrix}\begin{bmatrix}\Delta\omega_1\\ \vdots\\ \Delta\omega_n\end{bmatrix} \tag{9.166}$$

对式（9.166）两边进行微分，并代入式（9.165）的下半部分

$$\begin{bmatrix}\Delta\ddot{\delta}_1\\ \vdots\\ \Delta\ddot{\delta}_n\end{bmatrix}=\begin{bmatrix}\omega_0 & & \\ & \ddots & \\ & & \omega_0\end{bmatrix}\begin{bmatrix}\Delta\dot{\omega}_1\\ \vdots\\ \Delta\dot{\omega}_n\end{bmatrix}=\begin{bmatrix}\omega_0 & & \\ & \ddots & \\ & & \omega_0\end{bmatrix}\begin{bmatrix}-\dfrac{K_{111}}{T_{J1}}\cdots-\dfrac{K_{11n}}{T_{J1}}\\ \vdots \qquad\qquad \vdots\\ -\dfrac{K_{1n1}}{T_{Jn}}\cdots-\dfrac{K_{1nn}}{T_{Jn}}\end{bmatrix}\begin{bmatrix}\Delta\delta_1\\ \vdots\\ \Delta\delta_n\end{bmatrix}$$

式中 $\Delta\ddot{\delta}_i=\dfrac{d^2\Delta\delta_i}{dt^2}$

$$\begin{bmatrix}\Delta\ddot{\delta}_1\\ \vdots\\ \Delta\ddot{\delta}_n\end{bmatrix}=\begin{bmatrix}-\dfrac{K_{111}\omega_0}{T_{J1}}\cdots-\dfrac{K_{11n}\omega_0}{T_{J1}}\\ \vdots \qquad\qquad \vdots\\ -\dfrac{K_{1n1}\omega_0}{T_{Jn}}\cdots-\dfrac{K_{1nn}\omega_0}{T_{Jn}}\end{bmatrix}\begin{bmatrix}\Delta\delta_1\\ \vdots\\ \Delta\delta_n\end{bmatrix} \tag{9.167}$$

此时系统特征根由下列行列式决定

$$|\lambda^2 \boldsymbol{I} - \boldsymbol{A}| = 0$$

即
$$\begin{bmatrix} \lambda^2 + \dfrac{K_{111}\omega_0}{T_{J1}} & \cdots & \dfrac{K_{11n}\omega_0}{T_{J1}} \\ \vdots & & \vdots \\ \dfrac{K_{1n1}\omega_0}{T_{Jn}} & \cdots & \lambda^2 + \dfrac{K_{1nn}\omega_0}{T_{Jn}} \end{bmatrix} = 0$$

由于多机系统数模中系数 K_1 存在以下关系

$$K_{1ii} = -\sum_{\substack{j=1 \\ j \neq i}}^{n} K_{1ij} \tag{9.168}$$

因此，如果将上述行列式各行相加替换第一列，其余不变，行列式的值不变，其第一列就变成了 λ^2，即

$$|\lambda^2 \boldsymbol{I} - \boldsymbol{A}| = \begin{vmatrix} \lambda^2 & \dfrac{K_{112}\omega_0}{T_{J1}} & \cdots & \dfrac{K_{11n}\omega_0}{T_{J2}} \\ \lambda^2 & \lambda^2 + \dfrac{K_{122}\omega_0}{T_{J2}} & \cdots & \dfrac{K_{12n}\omega_0}{T_{J2}} \\ \vdots & \vdots & \cdots & \vdots \\ \lambda^2 & \dfrac{K_{1n2}\omega_0}{T_{Jn}} & \cdots & \lambda^2 + \dfrac{K_{1nn}\omega_0}{T_{Jn}} \end{vmatrix} = \lambda^2 \begin{vmatrix} 1 & \dfrac{K_{112}\omega_0}{T_{J1}} & \cdots & \dfrac{K_{11n}\omega_0}{T_{J1}} \\ 1 & \lambda^2 + \dfrac{K_{122}\omega_0}{T_{J2}} & \cdots & \dfrac{K_{12n}\omega_0}{T_{J2}} \\ \vdots & \vdots & \cdots & \vdots \\ 1 & \dfrac{K_{1n2}\omega_0}{T_{Jn}} & \cdots & \lambda^2 + \dfrac{K_{1nn}\omega_0}{T_{Jn}} \end{vmatrix} = 0 \tag{9.169}$$

由式（9.169）可见，系统中具有两个零根，它们对于系统稳定性没有任何影响，应该把它们去掉，这样一个 n 台机的系统，具有（$2n-2$）个特征根。可以证明，在这种情况下，特征根都是共轭的虚根，也就是说系统共有 $n-1$ 对共轭虚根。因为状态方程只计入转子摇摆方程，所以这些（$n-1$）对特征根，就是系统转子摇摆模式。

上面从数学上证明了，一个 n 台机的电力系统具有（$n-1$）个转子摇摆模式。这个结论具有明确的物理意义，因为对转子摇摆模式表现最明显的就是发电机的角度 $\Delta\delta_i$ 及转速 $\Delta\omega_i$。而这两个量都是相对一个参考机组而言的，因此对于 n 台机，角度及转速都只有（$n-1$）个变量是独立的。

按照式（9.165），可以求出系统的（$n-1$）对共轭虚根及其对应的右特征向量。由求特征向量的齐次线性方程组 $(\lambda \boldsymbol{I} - \boldsymbol{A})\boldsymbol{M} = 0$ 可见，当特征根是共轭复数时，特征向量也是共轭复数，当采用极坐标表示时，它可以用它的幅值及角度来表示。这样，当不计外部输入时，按式（9.163），我们可以将 $\Delta\delta_i$ 及 $\Delta\delta_{i+1}$ 写成

$$\Delta\delta_i = |c_1|\ |M_{i,1}|\, e^{(\lambda_1 t + \phi_{i,1} + \gamma_1)} + \cdots + |c_i|\ |M_{i,i}|\, e^{(\lambda_i t + \phi_{i,j} + \gamma_i)} + \cdots$$

$$\Delta\delta_{i+1} = |c_1|\ |M_{i+1,1}|\, e^{(\lambda_1 t + \phi_{i+1,1} + \gamma_1)} + \cdots + |c_i|\ |M_{i+1,i}|\, e^{(\lambda_i t + \phi_{i+1,j} + \gamma_i)} + \cdots$$

式中

$$M_{ij} = |M_{ij}| \angle \phi_{ij} \qquad i = 1,2,\cdots,n$$
$$j = 1,2,\cdots,n-1$$
$$c_i = |c_i| \angle \gamma_i = N_i^{\mathrm{T}} x_0 \quad i = 1,2,\cdots,n-1$$

通常，我们将特征向量用如下方法进行规格化，即将 M_{ij} 中最大者取为1.0，并且将该值对应的角度 ϕ_{ij} 取为零度。这样，特征向量不仅可以衡量某个模式在不同机组上表现的程度，而且可以表示不同机组功角 $\Delta\delta_i$ 之间的相位差。如果转子摇摆模式是纯虚根的话，则特征向量的各元素之间的相位差或者接近0°，或者接近180°。

例如一个6机的电力系统，它的最低频率的转子摇摆模式为 $\lambda_1 = \mathrm{j}4.5$ （$f = 0.716\mathrm{Hz}$），该模式对应1号机功角 $\Delta\delta_i$ 的特征向量幅值最大，把它的幅值取为1.0，相位取为0°，则可以得到如图9.8所示特征向量之间的关系。

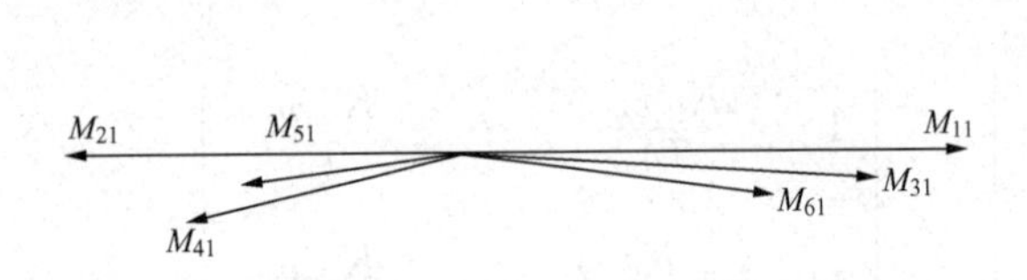

图9.8 对应于 $\lambda = \mathrm{j}4.5$ 的特征向量

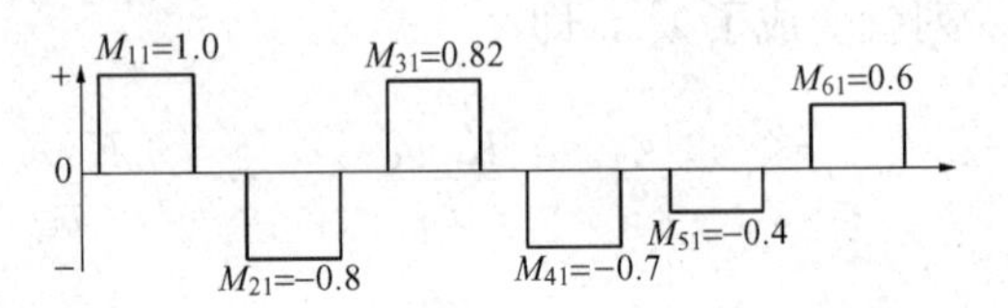

图9.9 对应 $\lambda = \mathrm{j}4.5$ 的特征向量之间的近似关系

因为特征向量之间的相位差接近180°，所以有时也用图9.9来表示各特征向量之间的近似关系。

在一个多机电力系统中，通过对转子摇摆模式（特征根）及对应的模态（特征向量）的分析，可以发现有一种低频的振荡模式（0.1～0.6Hz），其特征向量对应于各台机功角中的同一模式分量之间的相位相差180°，并且这些相差180°的机组，一般都分别与系统中两个区域相对应，这就意味着两个区域之间联络线上存在上述低频的相位相反的摆动，称这种摆动为联络线振荡模式（Intertie Mode）或区域间振荡模式（Area Mode）。

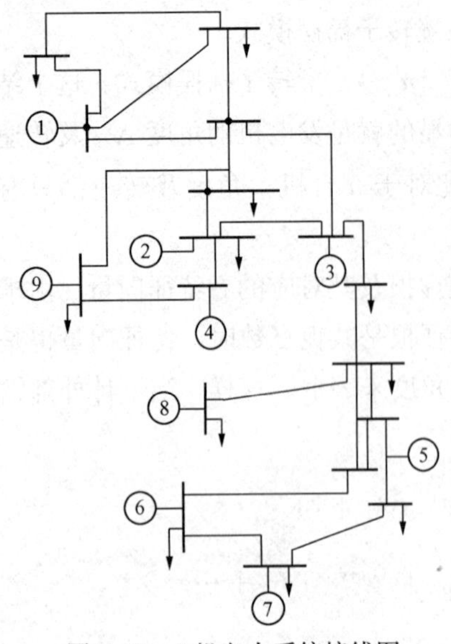

图9.10 9机电力系统接线图

还有一些模式，频率较高（大约1～2Hz），有时表现为个别机组对系统其他机组之间相位相反的摆动，一般把这种摆动称为地区振荡模式或本区振荡模式（Local Mode），之所以称为地区模式是因为这种模式的振荡，一般局限于局部地区内。

为了说明如何利用特征根及特征向量分析多机系统低频振荡的性质，现用一个9机电力系统作为实例进行分析。

9机电力系统接线图如图9.10所示。

9机电力系统发电机参数（折算至系统基值100MVA）见表9.1，表中 $u_{\mathrm{q}}(i)$ 及 $u_{\mathrm{d}}(i)$ 是由潮流计算确定的机组的电压q轴及d轴分量，它们决定了机组的起始运行状态。计算潮流所需的线路数据已省略。

为了求出该系统的转子摇摆模式并确定它们的性

质，可以采用 E'_q 恒定的模型

$$\begin{bmatrix}\Delta\dot{\boldsymbol{\delta}}\\ \Delta\dot{\boldsymbol{\omega}}\end{bmatrix}=\begin{bmatrix}\mathbf{0} & \boldsymbol{\omega}_0\\ -\boldsymbol{T}_J^{-1}\boldsymbol{K}_1 & -\boldsymbol{T}_J^{-1}\boldsymbol{D}\end{bmatrix}\begin{bmatrix}\Delta\boldsymbol{\delta}\\ \Delta\boldsymbol{\omega}\end{bmatrix}$$

其中，$\boldsymbol{T}_J^{-1}$ 及 $\boldsymbol{D}$ 都是对角矩阵

$$\boldsymbol{T}_J^{-1}=\begin{bmatrix}T_{J1}^{-1} & & & \\ & T_{J2}^{-1} & & \\ & & \ddots & \\ & & & T_{Jn}^{-1}\end{bmatrix}$$

$$\boldsymbol{D}=\begin{bmatrix}D_1 & & & \\ & D_2 & & \\ & & \ddots & \\ & & & D_n\end{bmatrix}$$

转子摇摆模式及对应的特征向量计算结果见表 9.2。

表 9.1　　9 机电力系统发电机参数（折算至系统基值 100MVA）

i	x_d (i)	$x'_d(i)$	x_q (i)	T_J (i)	D (i)	$T'_{d0}(i)$	u_q (i)	u_d (i)
1	0.0736	0.0243	0.0515	147.72	12.0	12.0	0.0353	0.9677
2	0.1528	0.0415	0.0857	79.8	6.75	8.95	0.0	1.0200
3	0.3768	0.1330	0.2650	27.2	3.0	4.89	0.096	1.0034
4	0.1064	0.0260	0.0760	73.54	6.0	5.36	0.0507	1.0030
5	0.1870	0.0230	0.1870	64.62	24.0	8.11	−0.1136	1.0040
6	0.2890	0.1080	0.1990	24.82	2.5	6.8	0.0989	1.0140
7	0.1154	0.0346	0.0785	89.48	8.0	8.6	0.1660	1.0200
8	3.2000	0.2690	3.20	4.93	1.5	11.22	−0.226	1.0116
9	1.3830	0.1940	1.3830	6.81	3.0	6.93	−0.0228	0.9837

表 9.2　　转子摇摆模式及对应的特征向量计算结果

特征向量／振荡模式／对应的变量	SM 1	SM 2	SM 3	SM 4	SM 5	SM 6	SM 7	SM 8
$\Delta\delta_1$	0.416∠180°	0.538∠180°	0.026∠0.04°	0.013∠180°	0.05∠180°	0.047∠180°	0.001∠180°	0.007∠180°
$\Delta\delta_2$	0.231∠180°	1.0∠0°	0.067∠180°	0.013∠0.05°	0.916∠180°	0.007∠180°	0.007∠180°	0.014∠180°
$\Delta\delta_3$	0.143∠179°	0.352∠0°	0.053∠0.03°	0.013∠180°	0.383∠0.14°	1.0∠0°	1.0∠0°	0.013∠180°
$\Delta\delta_4$	0.258∠179°	0.776∠0°	0.072∠180°	0.02∠0°	1.0∠0°	0.237∠180°	0.237∠180°	0.020∠180°
$\Delta\delta_5$	0.757∠0°	0.0518∠0°	1.0∠0°	0.547∠180°	0.038∠180°	0.071∠180°	0.071∠180°	0.002∠180°
$\Delta\delta_6$	0.891∠0°	0.0483∠180°	0.403∠0°	1.0∠0°	0.012∠180°	0.036∠180°	0.036∠180°	0.001∠180°
$\Delta\delta_7$	1.0∠0°	0.090∠180°	0.40∠180°	0.088∠180°	0.001∠180°	0.007∠180°	0.007∠180°	0.001∠180°
$\Delta\delta_8$	0.466∠0°	0.138∠0°	0.265∠0°	0.098∠180°	0.021∠0°	0.024∠0°	0.024∠0°	0.02∠180°
$\Delta\delta_9$	0.191∠180°	0.262∠0°	0.001∠0°	0.003∠180°	0.118∠0°	0.008∠180°	0.008∠180°	1.0∠0°

由表9.2可见，1号模式SM1（振频为0.63Hz）是联络线模式，它表示系统的一侧的第1、2、3、4、9号机为一方，与另一侧的第5、6、7、8号机为另一方形成的相位相反的摆动，7号机的摆幅最大。2号模式SM2（振频为0.87Hz）为第1、6、7号机与2、3、4、5、8、9号机之间的相位相反的摆动，2号机上的摆幅最大。另外，5、7、8号模式（振频分别为1.04、1.14、1.64Hz）是属于地区振荡模式，它们主要表现为6号机、3号机及8号机与系统内其他机组之间相位相反的摆动，其他模式的特征向量之间的相位关系比较复杂，就不一一加以说明了。

第5节 根轨迹图及特征根灵敏度

要了解全系统小干扰稳定性的状况，需要采用全阶模型。这时，我们仍然只对零输入响应感兴趣，假定此时系数矩阵为$L\times L$阶，则可以求出L个特征根，不难由系统的时间解看出来：若系统的特征根中，全部的实根或复根的实部小于零，则系统是稳定的，否则是不稳定的。

当出现正实根（虚部为零）时，系统各变量将随时间而增大，发生滑行失步。

当出现正实部的复根时，系统各变量将随时间增大而不停地振荡，发生振荡型不稳定，或称自发性低频振荡。

一般情况下，在计入了发电机控制器后，复根都是成对出现的，特别是那些转子摇摆模式，它们较容易出现正实部，也就是特征根位于s平面的右半部。如果它们具有负实部，一般也是离虚轴最近的根，所以我们对它们最为关心。每一个这类共轭复根$\lambda_j=\sigma_j+j\omega_{dj}$对应着一个等效的二阶环节，其标准化特征方程式可写成

$$s^2+2\xi_j\omega_{nj}s+\omega_{nj}^2=0$$

式中，ξ_j为该二阶系统的阻尼比；ω_{nj}为该系统的自然振荡频率。

ξ_j、ω_{nj}与特征根的实部及虚部有如下关系

$$\xi_j=\frac{-\sigma_j}{\sqrt{\sigma_j^2+\omega_{dj}^2}} \tag{9.170}$$

$$\omega_{nj}=\frac{\omega_{dj}}{\sqrt{1-\xi_j^2}} \tag{9.171}$$

ξ_j及ω_{nj}决定了二阶系统时域的过渡过程特性。例如，ξ_j与过调量有单值的对应关系，调整时间、上升时间及峰值时间都可由ξ_j和ω_{nj}决定。电力系统中的转子摇摆模式的频率，一般受控制作用的影响很小，所以也可以只用ξ_j来衡量系统的动态特性。当$\xi_j=0$时，即$\sigma_j=0$，它表示系统是稳定的，但已达极限的情况，这种稳定性称为绝对稳定性。但是研究及确定这种稳定性的边界，对运行并没有太大实际意义，因为总是希望系统具有一定的小干扰稳定的储备，或者说，希望系统具有足够好的动态品质。这样，可以用ξ_j必须大于某个数值来衡量系统的稳定性，这种稳定性称为相对稳定性。至于ξ_i规定的数值应该是多大尚无定论，加拿大安大略电力局根据自己的经验，认为在系统正常运行状态

下，$\xi_j=0.03$ 就已达到边缘状态了，对大干扰后的后续摆动，则要求至少在 10～20s 内是呈现振幅衰减的。

当计算出系统的全部特征根及其相应的阻尼比以后，就可分析及判断系统稳定性。如果发现系统中某些模式的阻尼比太小，或甚至为负值，则可以改变发电机控制器的参数，例如某个或某些发电机的电压调节器的放大倍数或稳定器放大倍数，使它们从小到大、或从大到小进行特征根循环的计算，并把其结果画在 s 平面上，就可以得到特征根随控制器参数而改变的根轨迹图。这种方法，与单机系统中采用的根轨迹法是一样的，不同的只是，为找出对某个模式影响最大的发电机，常常需要较多试算。

另一种确定参数对特征根影响的方法，就是计算特征根灵敏度。

特征根灵敏度的定义为：当系统内某一参数产生微小变化 $\Delta\beta_i$ 时，相应某一个特征根 λ_j 发生的变化，即

$$\lim_{\Delta\beta_i\to 0}\frac{\Delta\lambda_j}{\Delta\beta_i}=\frac{\partial\lambda_j}{\partial\beta_i} \tag{9.172}$$

下面推导特征根灵敏度计算公式。如果 λ_j 为矩阵 $\boldsymbol{A}$ 的一个特征值，$\boldsymbol{M}_j$ 为其对应的右特征向量，则由式（9.156）可知

$$\boldsymbol{AM}_j=\lambda_j\boldsymbol{M}_j\qquad(j=1,2,\cdots,L) \tag{9.173}$$

如果 $\boldsymbol{N}_j$ 为 λ_j 对应的左特征相量，则由式（9.159）可知

$$\boldsymbol{A}^{\mathrm{T}}\boldsymbol{N}_j=\lambda_j\boldsymbol{N}_j\qquad(j=1,2,\cdots,L) \tag{9.174}$$

将式（9.174）对某个参数 β_i 求偏导数，可得

$$\frac{\partial\boldsymbol{A}^{\mathrm{T}}}{\partial\beta_i}\boldsymbol{N}_j+\boldsymbol{A}^{\mathrm{T}}\frac{\partial\boldsymbol{N}_j}{\partial\beta_i}=\lambda_j\frac{\partial\boldsymbol{N}_j}{\partial\beta_i}+\frac{\partial\lambda_j}{\partial\beta_i}\boldsymbol{N}_j \tag{9.175}$$

将式（9.175）两边都进行转置，注意到 $\partial\lambda_j/\partial\beta_i$ 是一个标量，则

$$\left[\frac{\partial\boldsymbol{A}^{\mathrm{T}}}{\partial\beta_i}\boldsymbol{N}_j\right]^{\mathrm{T}}+\left[\boldsymbol{A}^{\mathrm{T}}\frac{\partial\boldsymbol{N}_j}{\partial\beta_i}\right]^{\mathrm{T}}=\lambda_j\left[\frac{\partial\boldsymbol{N}_j}{\partial\beta_i}\right]^{\mathrm{T}}+\frac{\partial\lambda_j}{\partial\beta_i}\boldsymbol{N}_j^{\mathrm{T}} \tag{9.176}$$

式（9.176）两边右乘 $\boldsymbol{M}_j$，则

$$\left[\frac{\partial\boldsymbol{A}^{\mathrm{T}}}{\partial\beta_i}\boldsymbol{N}_j\right]^{\mathrm{T}}\boldsymbol{M}_j+\left[\frac{\partial\boldsymbol{N}_j}{\partial\beta_i}\right]^{\mathrm{T}}\boldsymbol{AM}_j=\lambda_j\left[\frac{\partial\boldsymbol{N}_j}{\partial\beta_i}\right]^{\mathrm{T}}\boldsymbol{M}_j+\frac{\partial\lambda_j}{\partial\beta_i}\boldsymbol{N}_j^{\mathrm{T}}\boldsymbol{M}_j \tag{9.177}$$

根据式（9.173），式（9.177）左边第二项可化为

$$\left[\frac{\partial\boldsymbol{N}_j}{\partial\beta_i}\right]^{\mathrm{T}}\boldsymbol{AM}_j=\left[\frac{\partial\boldsymbol{N}_j}{\partial\beta_i}\right]^{\mathrm{T}}\lambda_j\boldsymbol{M}_j=\lambda_j\left[\frac{\partial\boldsymbol{N}_j}{\partial\beta_i}\right]^{\mathrm{T}}\boldsymbol{M}_j$$

因此，式（9.177）中左边第二项与右边第一项相等，可从等式两边消去，于是

$$\left[\frac{\partial\boldsymbol{A}^{\mathrm{T}}}{\partial\beta_i}\boldsymbol{N}_j\right]^{\mathrm{T}}\boldsymbol{M}_j=\boldsymbol{N}_j^{\mathrm{T}}\frac{\partial\boldsymbol{A}}{\partial\beta_i}\boldsymbol{M}_j=\frac{\partial\lambda_j}{\partial\beta_i}\boldsymbol{N}_j^{\mathrm{T}}\boldsymbol{M}_j$$

由此可得

$$\frac{\partial\lambda_j}{\partial\beta_i}=\frac{\boldsymbol{N}_j^{\mathrm{T}}\dfrac{\partial\boldsymbol{A}}{\partial\beta_i}\boldsymbol{M}_j}{\boldsymbol{N}_j^{\mathrm{T}}\boldsymbol{M}_j} \tag{9.178}$$

如果特征根是共轭复根，则特征向量也是共轭复数，所以特征根的灵敏度又可分成实部及虚部两部分，一般来说，我们对实部的变化更感兴趣，所以一般均计算特征根实部的灵敏度。

$$\frac{\partial \sigma_j}{\partial \beta_i} = \mathrm{Re}\frac{\boldsymbol{N}_j^{\mathrm{T}}\dfrac{\partial \boldsymbol{A}}{\partial \beta_i}\boldsymbol{M}_j}{\boldsymbol{N}_j^{\mathrm{T}}\boldsymbol{M}_j}$$

式中，β_i 为第 i 台机组的某一个参数；$\boldsymbol{N}_j$ 、$\boldsymbol{M}_j$ 为与λ_j 对应的左特征相量及右特征向量；Re代表取实数。

用特征根灵敏度可以做出参数对特征根影响定量的比较。例如，可以比较并确定某个特征根对不同机组同一个控制器参数（例如电压调节器放大倍数 K_{Ai}）的灵敏度，以确定究竟哪一台或哪几台机组的影响最大；也可以比较某个特征根对同一台机组内不同的参数的灵敏度，以确定哪一个参数对该模式影响最大。

虽然特征根灵敏度的计算要比根轨迹图计算的工作量要小，但是根轨迹图仍然是常用的方法，因为它可以反映出特征根受参数影响的非线性；另外，根轨迹图在控制器的参数选择设计中也是很有用的。

这里仍采用前节引用的9台机电力系统实例来看根轨迹图的应用。假定9台发电机的励磁机均可用一阶惯性环节来表示，其参数见表9.3。

表9.3 励磁机参数

机组号	1	2	3	4	5	6	7	8	9
T_E（s）	0.05	1.06	0.5	0.5	0.5	0.5	0.05	0.5	0.5
K_A	0～235	33.6	33.6	40	10	40	100	10	10

为了了解1号发电机电压调节器放大倍数对于各转子摇摆模式的影响，将 K_{A1} 由0增至235，每增大一次计算出相应的各转子摇摆模式，这样就得到了各模式随 K_{A1} 变化的根轨迹，如图9.11所示。

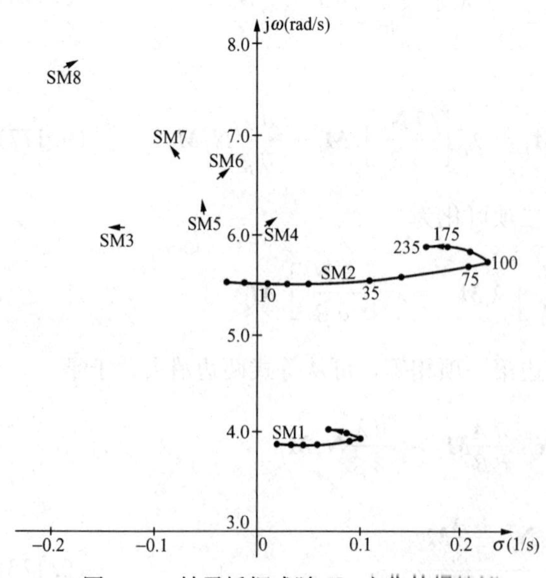

图9.11 转子摇摆式随 K_{A1} 变化的根轨迹

由根轨迹图可见，1号机电压调节器放大倍数的增大，对2号模式影响最大，使其阻尼恶化。当 $K_{A1}=10$ 时，该模式已变为不稳定的了。对于1号模式也有一定影响，也是使该模式阻尼恶化。但是，1号机的放大倍数 K_{A1} 对于其他模式几乎没有影响，这就为我们寻找不稳定的原因或调整参数以满足系统稳定性的需要提供了依据。上述1号机参数改变，只影响少数几个模式的现象在其他机组上也是存在的，这与机组—模式关联特征有关。

第6节 留数、频率响应及时域响应

对于小干扰稳定性的分析，我们主要依靠分析系统状态矩阵的特征值、左特征向量、右特征向量及由它们构成的一些数学工具，如灵敏度、参与因子等，但是对于设计系统的控制，我们最常用的是系统中特定变量之间的传递函数。事实上，只要求出系统的特征根及左右特征向量，变量之间的传递函数或者说频率响应也就可以得到了。现在来考察变量 y 及 u 之间传递函数。

系统小干扰下的行为，可以用线性的状态方程及输出方程来描述

$$\Delta \dot{x} = \boldsymbol{A}\Delta \boldsymbol{x} + \boldsymbol{b}\Delta u \tag{9.179}$$

$$\Delta y = \boldsymbol{C}\Delta \boldsymbol{x} + \boldsymbol{D}\Delta u \tag{9.180}$$

式中，$\boldsymbol{A}$ 为状态矩阵；$\Delta \boldsymbol{x}$ 为状态向量；Δu 为单输入信号；Δy 为单变量输出；$\boldsymbol{C}$ 为行向量；$\boldsymbol{b}$ 为列向量。

对电力系统来说，y 不是 u 的直接函数，即 $\boldsymbol{D}=0$。

现要求 $\Delta y(s)$ 作为输出与 $\Delta u(s)$ 作为输入之间的传递函数，即

$$G(s) = \Delta y(s)/\Delta u(s) \tag{9.181}$$

由式（9.179）可知 $\Delta \boldsymbol{x} = (s\boldsymbol{I} - \boldsymbol{A})^{-1}\boldsymbol{b}\Delta u$

于是 $\Delta y = \boldsymbol{C}(s\boldsymbol{I} - \boldsymbol{A})^{-1}\boldsymbol{b}\Delta u$

代入式（9.181）得

$$G(s) = \frac{\Delta y(s)}{\Delta u(s)} = \boldsymbol{C}(s\boldsymbol{I} - \boldsymbol{A})^{-1}\boldsymbol{b} \tag{9.182}$$

我们假定式（9.182）的一般形式为

$$G(s) = \frac{N(s)}{D(s)} \tag{9.183}$$

式中，$N(s)$及$D(s)$都是 s 的多项式，利用部分分式展开法，可将$G(s)$写成下面因式分解的形式

$$G(s) = \frac{N(s)}{D(s)} = K\frac{(s+Z_1)(s+Z_2)\cdots(s+Z_m)}{(s+P_1)(s+P_2)\cdots(s+P_n)} \tag{9.184}$$

式中，P_1，P_2，…，P_n是$G(s)$的极点，它们使$G(s)$的分母多项式为零；Z_1，Z_2，…，Z_m是$G(s)$的零点，它们使$G(s)$分子为零。极点及零点不是实数就是复数，且任何复数都是成对出现的，即为共轭复数。这里假设$D(s)$的最高阶次高于$N(s)$中的最高阶次，如果不是这种情况，则分子$N(s)$的必须用分母$D(s)$去除，以得到一个 s 的多项式及余式之和。

这样，$G(s)$可以展开成下面简单的部分分式之和

$$G(s) = \frac{R_1}{s+P_1} + \frac{R_2}{s+P_2} + \cdots + \frac{R_n}{s+P_n} \tag{9.185}$$

式中，R_i称作$G(s)$在极点 P_i处的留数（Residue）。

R_i的值可用（$s+P_i$）乘上式两边，并令 $s=-P_i$求出

$$R_i=\left[\frac{N(s)}{D(s)}(s+P_i)\right]=\left[\frac{R_1}{s+P_1}(s+P_i)+\right.$$
$$\left.\frac{R_2}{s+P_2}(s+P_i)+\cdots+\frac{R_i}{s+P_i}(s+P_i)+\cdots+\frac{R_n}{s+P_n}(s+P_i)\right]\Bigg|_{s=-P_i} \tag{9.186}$$

由式（9.186）可见，右边各项只剩下 R_i，其他各项全等于零，于是

$$R_i=\left[\frac{N(s)}{D(s)}(s+P_i)\right]_{s=-P_i} \tag{9.187}$$

求出了留数 R_1，R_2，…，R_n 及 $G(s)$ 的极点 P_1，P_2，…，P_n，则可以按式（9.185）求出传递函数 $G(s)$。

但是上述求留数的方法只适合阶数较低的传递函数，下面我们用特征值及特征向量来计算留数，并获得传递函数。

在式（9.179）及式（9.180）中，我们用新的状态变量 $\boldsymbol{z}$ 来表示原来状态变量 $\Delta\boldsymbol{x}$，并定义

$$\Delta\boldsymbol{x}=\boldsymbol{M}\boldsymbol{z} \tag{9.188}$$

式中，$\boldsymbol{M}$ 为 $\boldsymbol{A}$ 矩阵的模态矩阵。

将式（9.188）代入式（9.179）及式（9.180）可得

$$\dot{\boldsymbol{z}}=\boldsymbol{M}^{-1}\boldsymbol{A}\boldsymbol{M}\boldsymbol{z}+\boldsymbol{M}^{-1}\boldsymbol{b}\Delta u=\boldsymbol{\Lambda}\boldsymbol{z}+\boldsymbol{M}^{-1}\boldsymbol{b}\Delta u$$

及

$$\Delta y=\boldsymbol{C}\boldsymbol{M}\boldsymbol{z}$$

因此

$$G(s)=\frac{\Delta y(s)}{\Delta u(s)}=\boldsymbol{C}\boldsymbol{M}\left[s\boldsymbol{I}-\boldsymbol{\Lambda}\right]^{-1}\boldsymbol{M}^{-1}\boldsymbol{b} \tag{9.189}$$

式中，$\boldsymbol{\Lambda}$ 是对角矩阵，对角线上元素即为 $\boldsymbol{A}$ 矩阵的特征值 $\lambda_1,\lambda_2,\cdots,\lambda_n$ 。

于是 $G(s)$ 可写成

$$G(s)=\sum_{i=1}^{n}\frac{R_i}{s-\lambda_i} \tag{9.190}$$

其中

$$R_i=\boldsymbol{C}\boldsymbol{M}_i\boldsymbol{N}_i^{\mathrm{T}}\boldsymbol{b} \tag{9.191}$$

其中，$\boldsymbol{N}^{\mathrm{T}}=\boldsymbol{M}^{-1}$ ，而 $\boldsymbol{N}_i^{\mathrm{T}}$ 是 $\boldsymbol{N}^{\mathrm{T}}$ 中的第 i 个行向量。

由此可见，$G(s)$ 的极点是由 $\boldsymbol{A}$ 矩阵的特征值所给定的，而有了留数后，$G(s)$ 的零点由式（9.192）的解确定

$$\sum_{i=1}^{n}\frac{R_i}{s-\lambda_i}=0 \tag{9.192}$$

前面我们已说明 Δu 为单变量，所以只要在最初的 $\boldsymbol{b}$ 中将所选的输入变量对应的元素取为1.0，其他皆取零，再在式（9.189）中，将 s 代以不同的 $\mathrm{j}\omega$ 值，就可获得 Δy 及 Δu 之间频率响应。

系统的时域响应，可以在状态方程中输入一个扰动，并设定加入扰动前系统是处于平衡状态，用数值积分的方法（例如龙格—库塔法）求取加入扰动以后，系统的零状态响应。只要建立好了状态方程 $\dot{\boldsymbol{x}}=\boldsymbol{A}\boldsymbol{x}+\boldsymbol{b}\boldsymbol{u}$ ，利用计算机中的标准子程序库，可以很方便地求得时域响应。这里应该提醒读者注意的是，小干扰稳定分析是建立在微分方程式线性化的基础上的，因此所加的干扰应足够小，特别要防止使某些变量达到限幅区内。另外，

干扰的形式以脉冲型为好，若是阶跃型，则幅值应足够小，否则系统过渡到新的平衡状态后，计算中采用的原来初始点附近作的线性化的模型已经不对了，这会给计算的结果带来误差，甚至得出不合理的结果。如果，我们采用现成的暂态稳定计算程序，来计算受到小干扰后的时域响应，因为它已经计入了系统的非线性，干扰的形式及大小就不受限制了。

利用前面求得的状态方程时间解式（9.162），也可以写出状态变量时间函数，如假定初始状态 $x_0=0$，则

$$\boldsymbol{x}(t)=\sum_{i=1}^{n}M_iN_i^{\mathrm{T}}\boldsymbol{b}\int_0^t \mathrm{e}^{\lambda_i(t-\tau)}u(\tau)\mathrm{d}\tau \tag{9.193}$$

如假定外部输入 $u(\tau)$ 是一个常数，则

$$\boldsymbol{x}(t)=\sum_{i=1}^{n}M_iN_i^{\mathrm{T}}\boldsymbol{b}\,\frac{\mathrm{e}^{\lambda_i t}-1}{\lambda_i} \tag{9.194}$$

因此，只要求得系统的特征值及相应的左、右特征向量，就可以按式（9.194）计算时域响应。

第7节　模式与变量的关联特性、参与矩阵

模式与变量的关联特性，可以用参与矩阵（Participation Matrix）来衡量，它是分析动态系统特性的一个有用的方法。

参与矩阵定义为

$$\boldsymbol{P}=\{P_{ki}\}=\{N_{ki}M_{ki}\} \tag{9.195}$$
$$k=1,2,\cdots,n$$
$$i=1,2,\cdots,n$$

式中，N_{ki} 及 M_{ki} 分别为第 i 个特征值的左特征向量 $\boldsymbol{N}_i$ 及右特征向量 $\boldsymbol{M}_i$ 中第 k 个元素；P_{ki} 为参与因数，它是由左特征向量与右特征向量中相同行及相同列的元素相乘构成的。

$\boldsymbol{N}_i$ 及 $\boldsymbol{M}_i$ 满足

$$\boldsymbol{A}\boldsymbol{M}_i=\boldsymbol{M}_i\lambda_i \qquad \boldsymbol{M}_i\neq 0 \tag{9.196}$$

$$\boldsymbol{N}_i^{\mathrm{T}}\boldsymbol{A}=\lambda_i\boldsymbol{N}_i^{\mathrm{T}} \qquad \boldsymbol{N}_i\neq 0 \tag{9.197}$$

且将特征向量规格化使其满足

$$\boldsymbol{N}_i^{\mathrm{T}}\boldsymbol{M}_j=\begin{cases}1 & i=j\\ 0 & i\neq j\end{cases} \tag{9.198}$$

由式（9.198）可知，参与矩阵中的第 i 列之和等于1.0，因为

$$\begin{bmatrix}N_{1i} & N_{2i} & \cdots & N_{ni}\end{bmatrix}\begin{bmatrix}M_{1i}\\ M_{2i}\\ \vdots\\ M_{ni}\end{bmatrix}=\boldsymbol{N}_i^{\mathrm{T}}\boldsymbol{M}_i=1.0 \tag{9.199}$$

参与矩阵中每个元素都是无量纲的纯数，它们可以衡量模式与状态变量之间的关联程

度。下面就来说明这个问题。

我们已知方程 $\dot{\boldsymbol{x}} = \boldsymbol{A}\boldsymbol{x}$ 的零输入响应为

$$\boldsymbol{x}(t) = \sum_{i=1}^{n} \boldsymbol{M}_i \boldsymbol{N}_i^{\mathrm{T}} \boldsymbol{x}_0 \mathrm{e}^{\lambda_i t} \tag{9.200}$$

其中，$\boldsymbol{N}_i^{\mathrm{T}} \boldsymbol{x}_0$ 表示初始条件 $\boldsymbol{x}_0$ 对于第 i 个模式的影响，如果使变量 x_k 初始值为 1.0，其他全等于零，即

$$\boldsymbol{x}_0 = \begin{bmatrix} x_{10} \\ x_{20} \\ \vdots \\ x_{k0} \\ \vdots \\ x_{n0} \end{bmatrix} = \begin{bmatrix} 0 \\ 0 \\ \vdots \\ 1 \\ \vdots \\ 0 \end{bmatrix} \tag{9.201}$$

则

$$\boldsymbol{N}_i^{\mathrm{T}} \boldsymbol{x}_0 = [N_{1i} \quad \cdots \quad N_{ki} \quad \cdots \quad N_{ni}] \begin{bmatrix} 0 \\ \vdots \\ 1 \\ \vdots \\ 0 \end{bmatrix} = N_{ki} \tag{9.202}$$

按式 (9.200)

$$\begin{bmatrix} x_1(t) \\ x_2(t) \\ \vdots \\ x_k(t) \\ \vdots \\ x_n(t) \end{bmatrix} = \sum_{i=1}^{n} \begin{bmatrix} M_{1i} \\ M_{2i} \\ \vdots \\ M_{ki} \\ \vdots \\ M_{ni} \end{bmatrix} N_{ki} \mathrm{e}^{\lambda_i t} = \sum_{i=1}^{n} \begin{bmatrix} N_{ki}M_{1i} \\ N_{ki}M_{2i} \\ \vdots \\ P_{ki} \\ \vdots \\ N_{ki}M_{ni} \end{bmatrix} \mathrm{e}^{\lambda_i t} \tag{9.203}$$

如果仅需考虑 $x_k(t)$，则

$$x_k(t) = P_{k1}\mathrm{e}^{\lambda_1 t} + P_{k2}\mathrm{e}^{\lambda_2 t} + \cdots + P_{kn}\mathrm{e}^{\lambda_n t} \tag{9.204}$$

当 $t=0$ 时，$x_k(t) = X_{k0} = 1.0$，且 $\mathrm{e}^{\lambda t} = 1.0$ 则

$$1.0 = P_{k1} + P_{k2} + \cdots + P_{kn} \tag{9.205}$$

这样可以看出，参与矩阵中每一行各元素之和等于 1.0，并且各个元素的大小表示了在 $t=0$ 时，一种特殊的初值（$x_{k0}=1.0$，其他变量初始值皆为零）产生的各个模式分量“参与”变量 x_k 的相对大小，也就是说，参与矩阵每一行的各个元素可以衡量不同模式对同一变量在 $t=0$ 时的参与程度。参与矩阵各元素与变量采用的单位或量纲无关，所以每一行的元素就直接表示各个模式在 $t=0$ 时，在变量 x_k 中的相对参与程度。但是当 $t\neq 0$ 时，特别是当各个特征根 $\lambda_1,\cdots,\lambda_n$ 的实部相差很大时，参与矩阵同一行中各元素就不能说明各模式的相对大小了，除非各特征根实部等于或接近零。

下面再来看参与矩阵每一列各元素的含义。如果使变量 x_l 的初始值为 1.0，其他全为零，即

$$\boldsymbol{x}_0 = \begin{bmatrix} x_{10} \\ x_{20} \\ \vdots \\ x_{l0} \\ \vdots \\ x_{n0} \end{bmatrix} = \begin{bmatrix} 0 \\ 0 \\ \vdots \\ 1 \\ \vdots \\ 0 \end{bmatrix} \tag{9.206}$$

则

$$\boldsymbol{N}_i^T \boldsymbol{x}_0 = [N_{1l} \quad \cdots \quad N_{li} \quad \cdots \quad N_{ni}] \begin{bmatrix} 0 \\ \vdots \\ 1 \\ \vdots \\ 0 \end{bmatrix} = N_{li} \tag{9.207}$$

按式（9.200），方程式的解

$$\begin{bmatrix} x_1(t) \\ \vdots \\ x_l(t) \\ \vdots \\ x_n(t) \end{bmatrix} = \sum_{i=1}^{n} \begin{bmatrix} M_{1i} \\ \vdots \\ M_{li} \\ \vdots \\ M_{ni} \end{bmatrix} N_{li} e^{\lambda_i(t)} = \sum_{i=1}^{n} \begin{bmatrix} N_{l1} M_{1i} \\ \vdots \\ P_{li} \\ \vdots \\ N_{li} M_{ni} \end{bmatrix} e^{\lambda_i t} \tag{9.208}$$

如果仅考虑 $x_l(t)$，则

$$x_l(t) = P_{l1} e^{\lambda_1 t} + P_{l2} e^{\lambda_2 t} + \cdots + P_{ln} e^{\lambda_n t} \tag{9.209}$$

我们分别得到仅使 x_k 及 x_l 的初值不为零时的 $x_k(t)$ 及 $x_l(t)$，将它们集中到一起

$$x_k(t) = P_{k1} e^{\lambda_1 t} + P_{k2} e^{\lambda_2 t} + \cdots + P_{kn} e^{\lambda_n t} \tag{9.210}$$

$$x_l(t) = P_{l1} e^{\lambda_1 t} + P_{l2} e^{\lambda_2 t} + \cdots + P_{ln} e^{\lambda_n t} \tag{9.211}$$

现在我们来看 P_{k1} 及 P_{l1}，它们是参与矩阵 $\boldsymbol{P}$ 中某一列中的两个元素，其含义如下：P_{k1} 为 x_k 的初始值产生的 1 号模式（λ_1）在 x_k 中分量的幅值，P_{l1} 为 x_l 的初值产生的 1 号模式（λ_1）在 x_l 中分量的幅值。P_{ki} 与 P_{li} 的相对大小说明：对于模式（λ_i）来说，是在 x_k 加初始值（或输入）后，在 x_k 本身更容易激发起模式λ_i 的分量，还是在 x_l 上加初始值（或输入），在 x_l 本身更容易激发起模式λ_i 的分量。如果 $P_{k1} \gg P_{l1}$，则说明在 x_k 上的输入更容易激发模式 λ_i，或者说变量 x_k 与模式λ_i 关联程度比 x_l 与模式λ_i 关联程度要大得多，或者说 x_k 对模式λ_i 的反应更加灵敏，也可以说成 x_k 参与模式λ_i 的程度比 x_l 大的多。

以上就是参与矩阵 $\boldsymbol{P}$ 的定义及它的含义。

如果特征根是共轭复数，由特征向量的定义，我们知道特征向量也是共轭复数，这时可以把共轭复根所对应的参与因数合并在一起考虑，计算方法如下：

假定 λ_i 与 λ_j 为共轭复根，$\boldsymbol{N}_i$ 及 $\boldsymbol{M}_i$ 为对应λ_i 的左、右特征向量，$\boldsymbol{N}_j$ 及 $\boldsymbol{M}_j$ 为对应λ_j 的左、右特征向量。已知 $\boldsymbol{N}_i^{\mathrm{T}} \boldsymbol{M}_i = 1$，$\boldsymbol{N}_j^{\mathrm{T}} \boldsymbol{M}_j = 1$，且 $\boldsymbol{N}_i$ 与 $\boldsymbol{N}_j$ 共轭，$\boldsymbol{M}_i$ 与 $\boldsymbol{M}_j$ 共轭。由参与

因数定义式（9.195）可知

$$P_{ki} = N_{ki}M_{ki}$$
$$P_{kj} = N_{kj}M_{kj}$$

其中，P_{ki} 与 P_{kj} 也相互共轭。假定

$$P_{ki} = a_k + \mathrm{j}b_k$$
$$P_{kj} = a_k - \mathrm{j}b_k$$
$$\lambda_i = \sigma + \mathrm{j}\omega$$
$$\lambda_j = \sigma - \mathrm{j}\omega$$

则时域解中，对应 λ_i 及 λ_j 的两个分量（$P_{ki}\mathrm{e}^{\lambda_i t} + P_{kj}\mathrm{e}^{\lambda_j t}$）可以表示为

$$P_{ki}\mathrm{e}^{\lambda_i t} + P_{kj}\mathrm{e}^{\lambda_j t} = (a_k + \mathrm{j}b_k)\mathrm{e}^{(\sigma+\mathrm{j}\omega)t} + (a_k - \mathrm{j}b_k)\mathrm{e}^{(\sigma-\mathrm{j}\omega)t}$$
$$= \mathrm{e}^{\sigma t}(2a_k\cos\omega t - 2b_k\sin\omega t) = |P_{kij}|\mathrm{e}^{\sigma t}\cos(\omega t + \phi_k)$$

其中

$$|P_{kij}| = 2\sqrt{a_k^2 + b_k^2}$$
$$\phi_k = \cos^{-1}(a_k/\sqrt{a_k^2 + b_k^2})$$

因此，一对共轭复根对时域解的影响，可以将二者合并在一起，并用 $|P_{kij}|$ 来表示，也就是这对共轭根的参与因数可表示为 $2|P_{ki}|$。

现举一个单机—无穷大系统实例说明参与矩阵的应用。在此实例中，发电机采用具有阻尼绕组的模型，励磁系统及调节器采用一阶惯性环节，其时间常数 $T_{\mathrm{E}} = 0.05\ \mathrm{s}$，放大倍数 $K_{\mathrm{A}} = 100$，外电抗 $x_l = 1.0$，在 $\delta = 40°$ 时，求得的特征根如下

$$\lambda_{1,2} = -0.1158 \pm \mathrm{j}4.728$$
$$\lambda_{3,4} = -11.755 \pm \mathrm{j}13.313$$
$$\lambda_5 = -26.550$$
$$\lambda_6 = 18.877$$

该系统的状态变量为 $[\Delta\omega \quad \Delta\delta \quad \Delta E'_{\mathrm{q}} \quad \Delta E''_{\mathrm{q}} \quad \Delta E''_{\mathrm{d}} \quad \Delta E_{\mathrm{fd}}]^{\mathrm{T}}$

参与矩阵计算结果如下

	$\|P_{12}\|$	$\|P_{34}\|$	$\|P_5\|$	$\|P_6\|$
$\Delta\omega$	0.4318	0.00564	0.001	0.0179
$\Delta\delta$	0.522	0.0033	0.001	0.0179
$\Delta E'_{\mathrm{q}}$	0.0114	0.2733	0.5503	0.002
$\Delta E''_{\mathrm{q}}$	0.00042	0.419	0.3082	0.00091
$\Delta E''_{\mathrm{d}}$	0.0304	0.0046	0.0005	0.9529
ΔE_{fd}	0.0028	0.2939	0.1387	0.0082
	λ_1,λ_2	λ_3,λ_4	λ_5	λ_6

由上述参与矩阵列向元素的比较可见，λ_1、λ_2 在变量 $\Delta\omega$、$\Delta\delta$ 上的参与程度最大，而在其他变量上的参与程度很小。λ_1、λ_2 即是转子摇摆模式，它们在变量 $\Delta\omega$、$\Delta\delta$ 上参与程度最大，说明只有在这两个变量上加扰动才能激发出转子摇摆模式，这也就是前面采用阻尼转

矩和同步转矩分析转子机电振荡时，可以只保留 $\Delta\omega$ 及 $\Delta\delta$ 两个变量的原因。其他模式在各个变量上的参与程度也都可以通过列向元素的比较而得出。例如，λ_3 及 λ_4 在 $\Delta E''_q$、ΔE_{fd} 和 $\Delta E'_q$ 的参与程度最大。

第 8 节　模式与机组的关联特性、可观性及可控性

我们已知一个 n 台机的电力系统存在着 $n-1$ 个转子摇摆模式，而且一般情况下，这些转子摇摆模式决定着电力系统小干扰稳定性。这样，我们也会自然地关心这些转子摇摆模式，究竟主要受到哪些参数的影响，系统中每一台电机对每一个转子摇摆模式的影响是否都相同。理论及实践都证明，励磁系统中配置电力系统稳定器以后，可以增加转子摇摆模式的阻尼，那么从控制的角度就会提出这样的问题：对任一个转子摇摆模式，究竟在哪一台机组上装配稳定器，能最有效地增加该模式的阻尼？这就是模式—机组的关联特性，它反映了电力系统结构与动态特性之间的一种联系，也可以称之为电力系统动态结构特性，是多机电力系统的一个非常基本而又重要的特性。

为了确定一个系统的模式—机组关联特性，首先需要选定系统的数学模型。在这方面，美国 F. P. de Mello 等人首先采用了简化的二阶多机系统数模[5]，大大地简化了分析计算工作量，以后的研究工作证明，根据它所确定的模式—机组关联特性与全阶模型，在下列假定下，是基本一致的，这种模型能够正确地反映多机系统的这种基本特性，这种简化的二阶数学模型所用的假定，是与分析单机系统同步及阻尼转矩类似的，它们是：

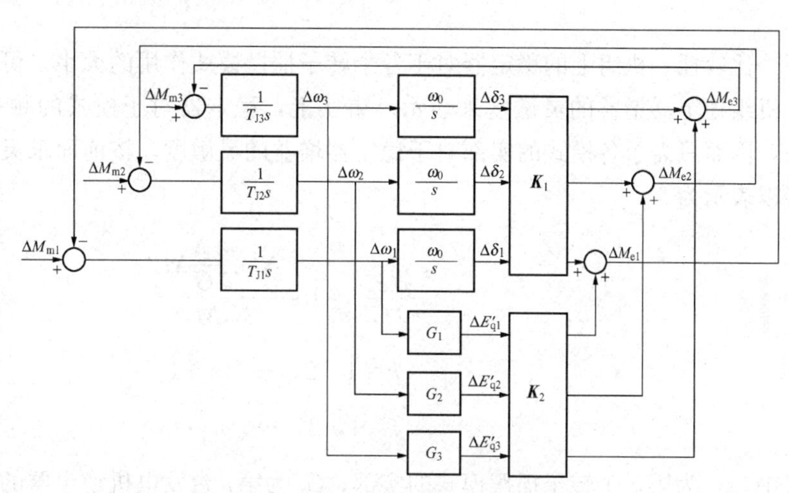

图 9.12　简化的二阶多机系统数模（以 3 台机为例）

(1) 多机系统的小干扰稳定性主要由转子摇摆模式决定。

(2) 转子摇摆模式主要由发电机转子运动方程式决定，因而可以只保留两个变量。

(3) 为提高转子摇摆模式阻尼的稳定器，经过适当地调整参数，仅提供与机组转速成正比的附加电动势增量，它对应着纯阻尼转矩。

简化的二阶多机系统数模，假定为 3 台机，可以用图 9.12 来表示，其中 $G_1 \sim G_3$ 表示第 1～3 台机组稳定器的等效增益，$\boldsymbol{K}_1$ 及 $\boldsymbol{K}_2$ 为多机系统数模中的系数矩阵，见式 (9.94)。

上述模型也可以由下式来表示

$$\begin{bmatrix}\Delta\dot{\boldsymbol{\delta}}\\ \Delta\dot{\boldsymbol{\omega}}\end{bmatrix}=\begin{bmatrix}\mathbf{0} & \boldsymbol{\omega}_0\\ -\boldsymbol{T}_J^{-1}\boldsymbol{K}_1 & -\boldsymbol{T}_J^{-1}\boldsymbol{K}_2\boldsymbol{G}\end{bmatrix}\begin{bmatrix}\Delta\boldsymbol{\delta}\\ \Delta\boldsymbol{\omega}\end{bmatrix} \tag{9.212}$$

其中 $\boldsymbol{\omega}_0$ 为 $n\times n$ 阶对角矩阵，$\boldsymbol{T}_J^{-1}$ 及 $\boldsymbol{G}$ 也是对角矩阵，可以表示为

$$\boldsymbol{T}_J^{-1}=\begin{bmatrix}T_{J1}^{-1} & & & \\ & T_{J2}^{-1} & & \\ & & \ddots & \\ & & & T_{Jn}^{-1}\end{bmatrix} \tag{9.213}$$

$$\boldsymbol{G}=\begin{bmatrix}G_1 & & & \\ & G_2 & & \\ & & \ddots & \\ & & & G_n\end{bmatrix} \tag{9.214}$$

比较任一机组上的稳定器对于各个转子摇摆模式作用的大小，可以用各个模式对于各个机组稳定器增益的灵敏度来表示。事实上，稳定器对于模式的频率改变很小，可以略去，因而只需求各模式的实部对于稳定器增益的灵敏度，按前面求灵敏度的计算公式，它可以表示为

$$\frac{\partial\sigma_k}{\partial G_i}=\mathrm{Re}\,\frac{\boldsymbol{N}_k^{\mathrm{T}}\dfrac{\partial\boldsymbol{A}}{\partial G_i}\boldsymbol{M}_k}{\boldsymbol{N}_k^{\mathrm{T}}\boldsymbol{M}_k} \tag{9.215}$$

$$k=1，2，\cdots，n-1$$

$$i=1，2，\cdots，n$$

式中，σ_k 为第 k 个转子摇摆模式的实部；G_i 为第 i 台发电机稳定器的增益；在计算中，可以假定 $G_i(i=1、2、\cdots、n)$ 等于10。$\boldsymbol{N}_k$、$\boldsymbol{M}_k$ 为第 k 个转子摇摆模式对应的左、右特征向量。

已知

$$\boldsymbol{A}=\left[\begin{array}{ccc:ccc} & & & \omega_0 & & \\ & \mathbf{0} & & & \ddots & \\ & & & & & \omega_0\\ \hdashline -\dfrac{K_{111}}{T_{J1}} & \cdots & -\dfrac{K_{11n}}{T_{J1}} & -\dfrac{K_{211}}{T_{J1}}G_1 & \cdots & -\dfrac{K_{21n}}{T_{J1}}G_n\\ \vdots & & \vdots & \vdots & & \vdots\\ \dfrac{K_{1n1}}{T_{Jn}} & \cdots & \dfrac{K_{1nn}}{T_{Jn}} & -\dfrac{K_{2n1}}{T_{Jn}}G_1 & \cdots & -\dfrac{K_{2nn}}{T_{Jn}}G_n\end{array}\right] \tag{9.216}$$

因此
$$\frac{\partial \mathbf{A}}{\partial G_i}=\begin{bmatrix} \mathbf{0} & \mathbf{0} & \\ \mathbf{0} & \begin{matrix} \frac{K_{21i}}{T_{J1}} \\ \vdots \\ \frac{K_{2ki}}{T_{Jn}} \end{matrix} & \end{bmatrix}\begin{matrix} 1 \\ n \\ n+1 \\ \vdots \\ n+i \\ \vdots \\ 2n \end{matrix} \tag{9.217}$$
$$1 \ \cdots \ n \quad n+1 \ \cdots \ n+i \ \cdots \ 2n$$

由式（9.217）可见，$\partial \mathbf{A}/\partial G_i$ 是一个非常稀疏的矩阵，除了第 $n+i$ 列中的第 $n+1$ 至第 $2n$ 行元素外，其他元素皆为零。

与 λ_k 相应的 $\mathbf{N}_k^{\mathrm{T}}$ 及 $\mathbf{M}_k$ 分别为

$$\mathbf{N}_k^{\mathrm{T}}=[N_{1,k}\cdots N_{n+1,k}\cdots N_{2n,k}]$$

$$\mathbf{M}_k=\begin{bmatrix} M_{1k} \\ \vdots \\ M_{n+1,k} \\ \vdots \\ M_{2n,k} \end{bmatrix}$$

因此 $\partial \sigma_k/\partial G_i$ 可以写成

$$L_i=\frac{\partial \sigma_k}{\partial G_i}=-\operatorname{Re}\left(\sum_{j=1}^{n}K_{2j,i}M_{n+i,k}N_{n+j,k}/T_{Jj}\right) \tag{9.218}$$
$$k=1,2,\cdots,n-1$$
$$i=1,2,\cdots,n$$

式中，$M_{n+i,k}$ 及 $N_{n+j,k}$ 为规格化了的右及左特征向量中的元素。

当求出每一模式 $\lambda_k(k=1,2,\cdots,n-1)$ 对每一台机组稳定器增益 $G_i(i=1,2,\cdots,n)$ 的灵敏度以后，就可以得到 $(n-1)\times n$ 阶的矩阵。

对许多实际电力系统的研究表明，上述的灵敏度矩阵，是一个非常稀疏的矩阵，对低频模式来说，一般只有一部分的机组的灵敏度较大，而其中一般只有少数机组的灵敏度最大，其他机组的灵敏度与上述机组相比，其灵敏度可以略去，特别对于较高频的转子摇摆模式，有时只有一台或两台机组灵敏度较大，其他机组灵敏度可以略去。从控制角度来看，对这种模式，只有少数机组的稳定器可以改变它，而其他机组对这个模式几乎没有作用。这种模式与机组的对应关系，或称模式—机组关联特性，对于在多机系统中协调配置稳定器，以及认识系统动态特性是很有意义的。

如果右模态矩阵 $\mathbf{M}$ 是一个对角矩阵，则对应任何一个模式，只有一台机组上感受到这种模式的振荡，其他机组上的振幅都为零。这时左模态矩阵 $\mathbf{N}$ 也是对角矩阵。由 $\partial \sigma_k/\partial G_i$ 的计算公式可见，这时 $\partial \sigma_k/\partial G_i$ 也是一个对角矩阵，也就是说，每个机组只与一个模式对应。但是，实际上模态矩阵并不是对角矩阵。也就是说，对应于同一模式，不只一台机组感受到这种模式的振荡。不过，在多机系统中，也只有部分机组对应于该模式的特征向量是较大的，感受到的振幅是可比的，其他机组上的振幅很小。如果在这些振荡很小的机组上配置稳定器，由于该机组上该模式的振幅很小，就不可能使该模式的控制量足够大。在振幅最大或较大的机组上装设稳定器，理论上说，也并不一定能抑制该模式的振荡，因为仅仅该模式振荡输入量大，输出量也不一定大，还要看该机组对于这种模式的“放大倍数”是否足够大；可以说，这个放大倍数就是由 $\mathrm{Re}\sum_{j=1}^{n}(K_{2j,i}N_{n+j,k}/T_{Jj})$ 来决定。所以，一台机组与某个模式对应的右特征向量较大，是该机组能够提供这个模式阻尼的必要条件，只有对应的右特征向量 $M_{n+i,k}$ 与 $\mathrm{Re}\sum_{j=1}^{n}(K_{2j,i}N_{n+j,k}/T_{Jj})$ 之乘积，也就是相应特征根灵敏度较大，才是该机组能够提供这个模式阻尼的充分条件。这样看来，能够满足充分条件的机组是少数。

仍采用前面所举的9机系统的例子来考察，其特征根灵敏度的计算结果如表9.4所示。由表可见，该系统的灵敏度矩阵是一个很稀疏的矩阵，并且具有对角线优势，特别是对较高频的模式，只有一个机组与之对应，而对较低频的模式，例如联络线振荡模式(SM1)，也只有7号机、5号机及1号机三台机灵敏度较大，因此除去少数的联络线模式以外，一个模式基本上只与一台或少数几台机组对应，对于联络线模式，理论上说，所有机组都与之关联，但关联的程度差别很大，最大灵敏度与最小灵敏度差别可能达到上百倍，对该模式起决定作用的机组数，比起全部机组数仍然是少数。这种现象可以称为频域上近似的解耦特性。许多研究已表明[5,6]，不同的系统都存在着不同程度的这种近似解耦特性。

表9.4　　9机系统特征根灵敏度的计算结果

振荡模式编号 j	振荡频率 (Hz)	$\partial\sigma_j/\partial G_i(\times10^{-3})$ 机组编号 i								
		7	1	9	5	6	4	3	8	2
SM1	0.613	-28.1	-9.82	-0.365	-13.0	-7.69	-2.94	-0.378	-4.77	-1.76
SM2	0.882	-0.455	-22.5	-1.21	-0.136	-0.041	-14.3	-0.034	-0.009	+5.37
SM3	0.973	-0.03	+0.03	-25.6	-0.144	+0.005	-1.13	-0.094	-0.000	-0.589
SM4	0.974	-11.0	+0.023	+0.103	-72.9	+0.323	-0.366	-0.015	-0.215	-0.047
SM5	1.0	-7.16	-0.002	-0.000	-2.31	-51.2	-0.004	-0.004	+0.004	+0.001
SM6	1.05	-0.002	-0.23	+0.020	-0.157	-0.024	-25.9	-1.81	-0.002	-10.3
SM7	1.09	-0.029	-0.805	+0.014	-0.114	-0.040	+0.112	-35.4	-0.026	-1.49
SM8	1.29	-0.043	+0.015	-0.837	-0.837	-0.069	-0.012	-0.012	-92.8	-0.073

进一步研究表明，只要机组的稳定器参数整定在合适的范围以内，也就是说，稳定器主要提供与转速成正比的阻尼转矩，并且其增益数值不过分高，则模式—机组的关联特性还具有如下一个特点：用特征根实部对稳定器增益灵敏度确定的模式—机组联特性，在许多情况下，与用特征根对励磁系统中的励磁机时间常数 T_E 或调节器放大倍数 K_A 的灵敏

度确定的模式—机组模式关联特性是一致的，例如从表9.4可知，1号机上安装稳定器将主要改变2号模式SM2，对1号模式也有一定的作用，而对其他模式的作用非常小，由图9.11可以看出，1号机电压调节放大倍数K_{A1}同样主要影响2号模式SM2，对1号模式SM1也有一定的影响，而对其他模式的作用可以略去。这种现象并不是偶然的，在其他机组及其他系统上也有类似的现象。

下面我们要说明，用特征根灵敏度确定的模式—机组关联特性与控制理论中可观性及可控性的联系，从而可以更深化对于关联特性的认识。

我们仍从描述系统的基本状态方程式入手

$$\Delta\dot{\boldsymbol{x}} = \boldsymbol{A}\Delta\boldsymbol{x} + \boldsymbol{B}\Delta\boldsymbol{u}$$
$$\Delta\boldsymbol{y} = \boldsymbol{C}\Delta\boldsymbol{x} + \boldsymbol{D}\Delta\boldsymbol{u}$$

式中，$\Delta\boldsymbol{x}$为n维状态向量；$\Delta\boldsymbol{y}$为m维输出向量；$\Delta\boldsymbol{u}$为r维输入向量；$\boldsymbol{A}$为$n\times n$阶状态矩阵；$\boldsymbol{B}$为$n\times r$阶控制或输入矩阵；$\boldsymbol{C}$为$m\times n$阶输出矩阵；$\boldsymbol{D}$为$m\times r$阶前馈矩阵，它定义了在输出中表现的输入。

设新的状态变量$\Delta\boldsymbol{x}=\boldsymbol{M}\boldsymbol{z}$，其中$\boldsymbol{M}$为矩阵$\boldsymbol{A}$的模态矩阵，于是可得

$$\boldsymbol{M}\dot{\boldsymbol{z}} = \boldsymbol{A}\boldsymbol{M}\boldsymbol{z} + \boldsymbol{B}\Delta\boldsymbol{u}$$
$$\Delta\boldsymbol{y} = \boldsymbol{C}\boldsymbol{M}\boldsymbol{z} + \boldsymbol{D}\Delta\boldsymbol{u}$$

用新状态变量z来表示状态方程

$$\dot{\boldsymbol{z}} = \boldsymbol{\Lambda}\boldsymbol{z} + \boldsymbol{B}'\Delta\boldsymbol{u} \tag{9.219}$$

$$\Delta\boldsymbol{y} = \boldsymbol{C}'\boldsymbol{z} + \boldsymbol{D}\Delta\boldsymbol{u} \tag{9.220}$$

其中

$$\boldsymbol{\Lambda} = \mathrm{diag}\{\lambda_i\}$$
$$\boldsymbol{B}' = \boldsymbol{M}^{-1}\boldsymbol{B} = \boldsymbol{N}^{\mathrm{T}}\boldsymbol{B}$$
$$\boldsymbol{C}' = \boldsymbol{C}\boldsymbol{M}$$
$$\boldsymbol{M} = [\boldsymbol{M}_1 \quad \boldsymbol{M}_2 \quad \cdots \quad \boldsymbol{M}_n]$$
$$\boldsymbol{N}^{\mathrm{T}} = \boldsymbol{M}^{-1} = [\boldsymbol{N}_1^{\mathrm{T}} \quad \boldsymbol{N}_2^{\mathrm{T}} \quad \cdots \quad \boldsymbol{N}_n^{\mathrm{T}}]^{\mathrm{T}}$$

式中，$\boldsymbol{M}_i$为对应λ_i的右特征向量；$\boldsymbol{N}_i$为对应λ_i的左特征向量。

另外，$\boldsymbol{B}'=\boldsymbol{M}^{-1}\boldsymbol{B}=\boldsymbol{N}^{\mathrm{T}}\boldsymbol{B}$称为模式的可控矩阵，阶数为$n\times r$，它是与$\boldsymbol{N}^{\mathrm{T}}$成正比的，$\boldsymbol{C}'=\boldsymbol{C}\boldsymbol{M}$是模式的可观察矩阵。阶数为$m\times n$，它是与$\boldsymbol{M}$成正比的。$\boldsymbol{B}$为控制或输入矩阵，$n\times r$阶，$\boldsymbol{C}$为输出矩阵，$m\times n$阶。

如果矩阵$\boldsymbol{B}'$的k行全部为零，因为在式（9.219）中，状态变量$\boldsymbol{z}$已经解耦，即当外输入$\Delta\boldsymbol{u}=0$时，$\dot{\boldsymbol{z}}_k=\lambda_k \boldsymbol{z}_k$，所以输入对第$k$个模式不起任何作用。在这种情况下，第$k$个模式即认为是不可控的。

如果矩阵$\boldsymbol{C}'$中的第k列全部为零，则表明相应的第k个模式在输出不出现，也就是不可观察的（这就是为什么在暂态稳定计算出的变量的时域响应中，有时观察不到某些阻尼不足的模式）。

由上可知，任何一个模式λ_k在系统中的可观性及可控性分别与右特征向量$\boldsymbol{M}_k$及左特

征向量 $\boldsymbol{N}_k^{\mathrm{T}}$ 成正比。

现在让我们回到式（9.215）灵敏度的计算公式

$$\frac{\partial \sigma_k}{\partial G_i} = \mathrm{Re}\frac{\boldsymbol{N}_k^{\mathrm{T}}\dfrac{\partial \boldsymbol{A}}{\partial G_i}\boldsymbol{M}_k}{\boldsymbol{N}_k^{\mathrm{T}}\boldsymbol{M}_k}$$

$$k = 1,2,\cdots,n-1$$

$$i = 1,2,\cdots,n$$

可见，第 k 个特征根 λ_k 的实部 σ_k 对第 i 台发电机等值的稳定器增益 G_i 的灵敏度跟右特征向量及左特征向量的乘积成正比。换句话说，特征根的灵敏度是与可观性及可控性乘积成正比的。

对于上述结论我们可以这样理解，我们如果要对系统中某个模式进行控制，首先我们要选择一个恰当的发电机，在这台发电机上我们可以观察到或者说测量到该模式的最大振幅，由前面对振荡模式及模态分析可知，这正是右特征向量提供的信息，但是这只是能够获得控制效果的必要条件，因为它相当反馈控制中的输入量的大小，要使得控制的效果也就是灵敏度最大，还必须具备充分条件，也就是说该台发电机同时又具备在 λ_k 模式下对该参数最大的放大倍数，该放大倍数可以认为与左特征向量成正比。因此要获得对该模式控制的最大的效果，应该选择这样的发电机，它对该模式输入量（与右特征向量成正比）与它对该模式的反馈放大倍数（与左特征向量成正比）的乘积最大，也就是可观性与可控性的乘积最大。

第 9 节　多机系统中稳定器的协调设计方法

多机系统中，稳定器的设计方法主要包括两个方面：

（1）稳定器装设地点的合理布置。

（2）稳定器参数的选择设计。

稳定器地点的合理布置，无论从系统的运行或是规划来说，都是十分重要的。例如，已知系统在运行中出现了某种频率的低频振荡，这时并不是在任何机组上装设稳定器都能有效地抑制这种低频振荡的。如果选择的装设地点不合适，则所装稳定器对抑制这种振荡可能毫无作用或作用甚微。从改善系统全局的动态特性来看，也需要有一个全面的规划，例如，对于影响系统全局的联络线模式应该给予特别的重视，优先装设稳定器以使这种模式具有较高的阻尼，对于高频的地区模式，可以适当降低对阻尼要求，但必须选择正确的安装地点。

无论是为了规划所有的模式或者首先改善最危险的模式（即阻尼最弱或阻尼为负的模式），都会碰到选择装设地点的问题，这时，上一节中提出的模式—机组关联特性就是一个很有用的概念和导则。我们已经知道，对于某个模式，特别是高频模式来说，只有少数机组能够改变它的阻尼，而其中只有一台灵敏度最大。这样，按照上节所述的方法，求出系统转子摇摆模式对于各台机稳定器等效增益的灵敏度矩阵，则安装地点就可以按下述原则确定：

对于任一模式，首先应在灵敏度最大的机组上装设稳定器，以增加该模式的阻尼。

当对同一模式（例如联络线模式），有多台机的灵敏度较大并且相近时，则应考虑首先在采用了快速励磁系统的机组，或大容量的机组上，安装稳定器，为了对特殊运行方式留有备用，最终要在这多台机上都应安装稳定器，这时可将系统所需的阻尼，按照灵敏度的大小分派给各机组，使多台机共同承担对该模式的阻尼。

稳定器的安装地点确定后，下一步就是要按照一定的性能指标来设计选择稳定器的参数。

关于多机系统稳定器的参数设计方法，近年来提出了许多方法，大体上说可分成两类：

一类是针对系统某个运行状态，根据事先定下的性能指标（可以是阻尼比或极点位置）及算法求出稳定器的参数，例如极点配置法，随机试验法，及线性或非线性规划法等。这类方法看起来理论上严格，可以精确的计算出参数，但因为只考虑一个固定运行状态，当系统运行或结构参数有较大变化时，适应性较差，而且对于大规模互联电力系统算法过于复杂，不能保证算法的收敛性。

另一类算法，着重稳定器对系统运行及结构参数变化的适应性，要求在上述参数大范围变化时，性能都能达到工程上的要求。算法是基于发电机的频率响应及相位补偿原理。这种算法简捷，概念清晰，效果良好，已在实际系统中采用。

考虑到第一类方法，对于我们深入了解多机系统内控制器协调设计的内容有帮助，在一定条件下，也不失为一种选择，本书在下面将先介绍极点配置法中，特征根平移及降阶迭代法。接着介绍建立在模式—机组关联特性上的相位法及设计实例。最后介绍的是具适应性的频率特性及相位法。

1. 特征根平移法[7]

设描述系统的状态方程

$$\left.\begin{aligned}\dot{\boldsymbol{x}} &= \boldsymbol{A}\boldsymbol{x} + \boldsymbol{B}\boldsymbol{u} \\ \boldsymbol{y} &= \boldsymbol{C}\boldsymbol{x}\end{aligned}\right\} \tag{9.221}$$

对式（9.221）取拉氏变换，并假定 $\boldsymbol{x}(0)=0$

$$\left.\begin{aligned}s\boldsymbol{x}(s) &= \boldsymbol{A}\boldsymbol{x}(s) + \boldsymbol{B}\boldsymbol{u}(s) \\ \boldsymbol{y}(s) &= \boldsymbol{C}\boldsymbol{x}(s)\end{aligned}\right\} \tag{9.222}$$

由式（9.222）可得

$$\boldsymbol{y}(s) = \boldsymbol{C}(s\boldsymbol{I}-\boldsymbol{A})^{-1}\boldsymbol{B}\boldsymbol{u}(s) \tag{9.223}$$

如果，由模式—机组关联特性中，我们已经确定，为了增加第 k 个模式的阻尼，应该在第 i 台机上装设稳定器，并采用该机的输出转速变量 $\Delta\omega_i$ 作为稳定器的输入量，即 $y_i=\Delta\omega_i$，而稳定器的输出加到该机电压调节器的电压参考点，即 $u_i=\Delta U_{ti}$，现在设法求出第 i 台机 $\Delta\omega_i$ 及 ΔU_{ti} 之间的传递函数 $G_i(s)$。由式（9.223）可得

$$G_i(s) = \frac{y_i(s)}{u_i(s)} = \frac{\Delta U_{ti}}{\Delta\omega_i} = \boldsymbol{C}(s\boldsymbol{I}-\boldsymbol{A})^{-1}\boldsymbol{B} \tag{9.224}$$

其中 $y_i(s)$ 及 $u_i(s)$ 分别为 $\boldsymbol{y}(s)$ 及 $\boldsymbol{u}(s)$ 中的一个变量。

假定稳定器具有如下所示的形式

$$H_i(s) = \frac{K_{pi}(1+T_{1i}s)(1+T_{3i}s)}{(1+T_{2i}s)(1+T_{4i}s)} \tag{9.225}$$

则对第 i 台机，可以形成如图 9.13 所示的框图。

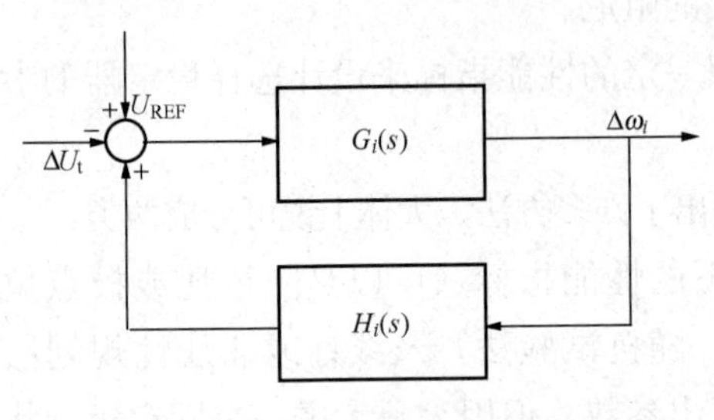

图 9.13 第 i 台机的模型框图

系统的闭环特征方程为

$$1 - G_i(s)H_i(s) = 0 \tag{9.226}$$

如果我们希望第 k 个模式在 s 平面上沿水平方向移动，在确定了该模式对应二阶环节的阻尼比以后，即可计算出该模式的实部 σ_k，因而可以确定该模式为

$$s_k^* = \sigma_k \pm j\omega_k$$

因为 s_k^* 是特征方程式（9.226）的一个特征根，将 s_k^* 代入该式，化为幅值及相位条件

$$\angle G_i(s_k^*) + \angle H_i(s_k^*) = 0° \tag{9.227}$$

$$|G_i(s_k^*)H_i(s_k^*)| = 1 \tag{9.228}$$

一般可以先给定 $T_{2i} = T_{4i}$，代入式（9.227）、式（9.228），即可求得 K_{pi} 及 $T_1 = T_3$。这种方法只适于包含少数机组的系统，对于包含多个机组的系统，算法过于复杂，且只能确定稳定器中的两个参数。

2. 降阶迭代法[6,8]

设系统的状态方程式（9.221）写成如下形式

$$\left.\begin{aligned} \dot{\boldsymbol{x}}_i &= \boldsymbol{A}_i\boldsymbol{x}_i + \boldsymbol{B}_i\boldsymbol{u}_i + \sum_{\substack{j=1\\ j\neq i}}^{n} \boldsymbol{A}_{ij}\boldsymbol{x}_j \\ \boldsymbol{y}_i &= \boldsymbol{C}_i\boldsymbol{x}_i \\ i &= 1,2,\cdots,n \end{aligned}\right\} \tag{9.229}$$

如选 $\boldsymbol{x}_i = [\Delta\delta_i \quad \Delta\omega_i \quad \Delta E'_{qi} \quad \Delta E_{fdi}]^T$，$\boldsymbol{y}_i = \Delta\boldsymbol{\omega}_i$ 则

$$\left.\begin{aligned} \boldsymbol{B}_i &= [0 \quad 0 \quad 0 \quad b_i]^T \\ \boldsymbol{C}_i &= [0 \quad 1 \quad 0 \quad 0] \\ b_i &= K_{Ai}/T_{Ei} \end{aligned}\right\} \tag{9.230}$$

假设第 i 台稳定器传递函数为

$$F_i(s) = \frac{\boldsymbol{u}_i}{\boldsymbol{y}_i} = K_{pi}\left(\frac{1+sT_{1i}}{1+sT_{2i}}\right)^{p_i} \tag{9.231}$$

将式（9.229）取拉氏变换并代入式（9.231），可写成

$$\left.\begin{aligned}
s\boldsymbol{x}_1 &= [\boldsymbol{A}_1\boldsymbol{x}_1 + \boldsymbol{B}_1\boldsymbol{C}_1F_1(s)]\boldsymbol{x}_1 + \sum_{\substack{j=2\\j\neq1}}^{n}\boldsymbol{A}_{1j}\boldsymbol{x}_j\\
s\boldsymbol{x}_2 &= [\boldsymbol{A}_2\boldsymbol{x}_2 + \boldsymbol{B}_2\boldsymbol{C}_2F_2(s)]\boldsymbol{x}_2 + \sum_{\substack{j=1\\j\neq2}}^{n}\boldsymbol{A}_{2j}\boldsymbol{x}_j\\
&\vdots\\
s\boldsymbol{x}_n &= [\boldsymbol{A}_n\boldsymbol{x}_n + \boldsymbol{B}_nC_nF_n(s)]\boldsymbol{x}_n + \sum_{j=1}^{n-1}\boldsymbol{A}_{nj}\boldsymbol{x}_j
\end{aligned}\right\} \tag{9.232}$$

式（9.232）可以写成

$$s\begin{bmatrix}\boldsymbol{x}_1\\\boldsymbol{x}_2\\\vdots\\\boldsymbol{x}_n\end{bmatrix} = \begin{bmatrix}\boldsymbol{A}_1+\boldsymbol{B}_1\boldsymbol{C}_1F_1(s) & \boldsymbol{A}_{12} & \cdots & \boldsymbol{A}_{1n}\\ \boldsymbol{A}_{21} & \boldsymbol{A}_2+\boldsymbol{B}_2\boldsymbol{C}_2F_2(s) & & \boldsymbol{A}_{2n}\\ & & & \vdots\\ \boldsymbol{A}_{n1} & \boldsymbol{A}_{n2} & & \boldsymbol{A}_n+\boldsymbol{B}_n\boldsymbol{C}_nF_n(s)\end{bmatrix}\begin{bmatrix}\boldsymbol{x}_1(s)\\\boldsymbol{x}_2(s)\\\vdots\\\boldsymbol{x}_n(s)\end{bmatrix} \tag{9.233}$$

$$\boldsymbol{x}_i(s) = [\Delta\delta_i(s) \quad \Delta\omega_i(s) \quad \Delta E'_{qi}(s) \quad \Delta E_{fdi}(s)]^{\mathrm{T}} \tag{9.234}$$

可将其中 $\boldsymbol{B}_i\boldsymbol{C}_iF_i(s)$ 定义为 $\Delta\widetilde{\boldsymbol{A}}_i$ 并写成

$$\Delta\widetilde{\boldsymbol{A}}_i = \boldsymbol{B}_i\boldsymbol{C}_iF_i(s) = \begin{bmatrix}0\\0\\0\\b_i\end{bmatrix}[0\ 1\ 0\ 0]F_i(s) = \begin{bmatrix}0&0&0&0\\0&0&0&0\\0&0&0&0\\0&b_i&0&0\end{bmatrix}F_i(s) \tag{9.235}$$

则式（9.233）可写成

$$s\boldsymbol{x}(s) = \widetilde{\boldsymbol{A}}\boldsymbol{x}(s) \tag{9.236}$$

$$\widetilde{\boldsymbol{A}} = \begin{bmatrix}\boldsymbol{A}_1+\boldsymbol{B}_1\boldsymbol{C}_1F_1(s) & \boldsymbol{A}_{12} & \cdots & \boldsymbol{A}_{1n}\\ \boldsymbol{A}_{21} & \boldsymbol{A}_2+\boldsymbol{B}_2\boldsymbol{C}_2F_2(s) & & \boldsymbol{A}_{2n}\\ & & & \vdots\\ \boldsymbol{A}_{n1} & \boldsymbol{A}_{n2} & & \boldsymbol{A}_n+\boldsymbol{B}_n\boldsymbol{C}_nF_n(s)\end{bmatrix} \tag{9.237}$$

现在，我们将状态变量重新分组，将第1台机的 $\Delta\delta_1$ 及 $\Delta\omega_1$ 单独提出来，也就是设

$$\begin{aligned}\boldsymbol{x}'_1 &= [\Delta\delta_1 \quad \Delta\omega_1]^{\mathrm{T}}\\ \boldsymbol{x}'_2 &= [\Delta E'_{q1} \quad \Delta E_{fd1} \quad \boldsymbol{x}_2^{\mathrm{T}} \quad \boldsymbol{x}_3^{\mathrm{T}} \quad \cdots \quad \boldsymbol{x}_n^{\mathrm{T}}]^{\mathrm{T}}\end{aligned} \tag{9.238}$$

则式（9.236）可写成

$$\begin{bmatrix}s\boldsymbol{x}'_1\\s\boldsymbol{x}'_2\end{bmatrix} = \begin{bmatrix}\widetilde{\boldsymbol{A}}_{11} & \widetilde{\boldsymbol{A}}_{12}\\ \widetilde{\boldsymbol{A}}_{21} & \widetilde{\boldsymbol{A}}_{22}\end{bmatrix}\begin{bmatrix}\boldsymbol{x}'_1(s)\\\boldsymbol{x}'_2(s)\end{bmatrix} \tag{9.239}$$

式中，$\widetilde{\boldsymbol{A}}_{11}$ 为 2×2 阶矩阵；$\widetilde{\boldsymbol{A}}_{12}$ 为 $2\times(4n-2)$ 阶矩阵；$\widetilde{\boldsymbol{A}}_{21}$ 为 $(4n-2)\times2$ 阶矩阵；$\widetilde{\boldsymbol{A}}_{22}$ 为 $(4n-2)\times(4n-2)$ 阶矩阵。

展开式（9.239）

$$s\boldsymbol{x}'_1(s)=\widetilde{\boldsymbol{A}}_{11}\boldsymbol{x}'_1(s)+\widetilde{\boldsymbol{A}}_{12}\boldsymbol{x}'_2(s) \tag{9.240}$$

$$s\boldsymbol{x}'_2(s)=\widetilde{\boldsymbol{A}}_{21}\boldsymbol{x}'_1(s)+\widetilde{\boldsymbol{A}}_{22}\boldsymbol{x}'_2(s) \tag{9.241}$$

由式（9.241）得

$$\boldsymbol{x}'_2(s)=(sI-\widetilde{\boldsymbol{A}}_{22})^{-1}\widetilde{\boldsymbol{A}}_{21}\boldsymbol{x}'_1(s) \tag{9.242}$$

代入式（9.240）

$$\begin{aligned}s\boldsymbol{x}'_1(s)&=\widetilde{\boldsymbol{A}}_{11}\boldsymbol{x}'_1(s)+\widetilde{\boldsymbol{A}}_{12}(sI-\widetilde{\boldsymbol{A}}_{22})^{-1}\widetilde{\boldsymbol{A}}_{21}\boldsymbol{x}'_1(s)\\&=[\widetilde{\boldsymbol{A}}_{11}+\widetilde{\boldsymbol{A}}_{12}(sI-\widetilde{\boldsymbol{A}}_{22})^{-1}\widetilde{\boldsymbol{A}}_{21}]\boldsymbol{x}'_1(s)\end{aligned} \tag{9.243}$$

设
$$\widetilde{\boldsymbol{A}}_r=\widetilde{\boldsymbol{A}}_{11}+\widetilde{\boldsymbol{A}}_{12}(sI-\widetilde{\boldsymbol{A}}_{22})^{-1}\widetilde{\boldsymbol{A}}_{21} \tag{9.244}$$

则
$$s\boldsymbol{x}'_1(s)=\widetilde{\boldsymbol{A}}_r\boldsymbol{x}'_1(s) \tag{9.245}$$

其中$\widetilde{\boldsymbol{A}}_r$为2阶方阵，$\boldsymbol{x}'_1(s)=[\Delta\delta_1(s)\ \Delta\omega_1(s)]^T$，所以式（9.245）即为一个降阶方程，它包含了与1号机$\Delta\delta_1$及$\Delta\omega_1$有关的一对特征根。

现在，再来看式（9.239）中的矩阵$\widetilde{\boldsymbol{A}}$。将$\widetilde{\boldsymbol{A}}$分块，写成如下形式

$$\widetilde{\boldsymbol{A}}=\begin{bmatrix}\widetilde{\boldsymbol{A}}_{11}&\widetilde{\boldsymbol{A}}_{12}\\\widetilde{\boldsymbol{A}}'_{21}&\widetilde{\boldsymbol{A}}_{22}\end{bmatrix}+\begin{bmatrix}0&0\\\Delta\widetilde{\boldsymbol{A}}_{21}&0\end{bmatrix} \tag{9.246}$$

其中$\widetilde{\boldsymbol{A}}_{11}$，$\widetilde{\boldsymbol{A}}_{12}$，$\widetilde{\boldsymbol{A}}_{22}$均与式（9.239）相同，$\widetilde{\boldsymbol{A}}_{21}$与$\widetilde{\boldsymbol{A}}'_{21}$是同阶的。分块的目的是使$\Delta\widetilde{\boldsymbol{A}}_{21}$只计入第一台机的稳定器，其他的稳定器都包含在$\widetilde{\boldsymbol{A}}'_{21}$中。$\Delta\widetilde{\boldsymbol{A}}'_{21}$可表示为

$$\Delta\widetilde{\boldsymbol{A}}'_{21}=\begin{bmatrix}0&0\\0&\dfrac{K_{A1}}{T_{E1}}F_1(s)\\0&0\\\vdots&\vdots\\0&0\end{bmatrix} \tag{9.247}$$

这样$\widetilde{\boldsymbol{A}}_r$亦可写成
$$\widetilde{\boldsymbol{A}}_r=\widetilde{\boldsymbol{A}}_{11}+\widetilde{\boldsymbol{A}}_{12}(s\boldsymbol{I}-\widetilde{\boldsymbol{A}}_{22})^{-1}(\widetilde{\boldsymbol{A}}'_{21}+\Delta\widetilde{\boldsymbol{A}}_{21}) \tag{9.248}$$

$\widetilde{\boldsymbol{A}}_r$的特征方程式为
$$|s\boldsymbol{I}-\widetilde{\boldsymbol{A}}_r|=|\boldsymbol{D}+\boldsymbol{E}|=0 \tag{9.249}$$

其中
$$\boldsymbol{D}=s\boldsymbol{I}-\widetilde{\boldsymbol{A}}_{11}+\widetilde{\boldsymbol{A}}_{12}(s\boldsymbol{I}-\widetilde{\boldsymbol{A}}_{22})^{-1}\widetilde{\boldsymbol{A}}'_{21} \tag{9.250}$$

$$\boldsymbol{E}=-\widetilde{\boldsymbol{A}}_{12}(s\boldsymbol{I}-\widetilde{\boldsymbol{A}}_{22})^{-1}\Delta\widetilde{\boldsymbol{A}}_{21} \tag{9.251}$$

其中$\boldsymbol{D}$及$\boldsymbol{E}$都为二阶方阵。令

$$\left.\begin{aligned}\boldsymbol{D}&=\begin{bmatrix}d_{11}&d_{12}\\d_{21}&d_{22}\end{bmatrix}\\\boldsymbol{E}&=\begin{bmatrix}e_{11}&e_{12}\\e_{21}&e_{22}\end{bmatrix}\end{aligned}\right\} \tag{9.252}$$

因此
$$\begin{aligned}|s\boldsymbol{I}-\widetilde{\boldsymbol{A}}_r|=|\boldsymbol{D}+\boldsymbol{E}|&=\begin{vmatrix}d_{11}+e_{11}&d_{12}+e_{12}\\d_{21}+e_{21}&d_{22}+e_{22}\end{vmatrix}\\&=\begin{vmatrix}d_{11}&d_{12}\\d_{21}&d_{22}\end{vmatrix}+\begin{vmatrix}d_{11}&e_{12}\\d_{21}&e_{22}\end{vmatrix}+\begin{vmatrix}e_{11}&d_{12}\\e_{21}&d_{22}\end{vmatrix}+\begin{vmatrix}e_{11}&e_{12}\\e_{21}&e_{22}\end{vmatrix}=0\end{aligned} \tag{9.253}$$

由式（9.247）可见，$\Delta\widetilde{A}'_{21}$的第一列元素全部为零，所以$E$阵第一列元素也全部为

零。因此

$$\begin{vmatrix} e_{11} & e_{12} \\ e_{21} & e_{22} \end{vmatrix} = 0 \tag{9.254}$$

$$\begin{vmatrix} e_{11} & d_{12} \\ e_{21} & d_{22} \end{vmatrix} = 0 \tag{9.255}$$

故

$$|s\boldsymbol{I} - \widetilde{\boldsymbol{A}}_{\mathrm{r}}| = \begin{vmatrix} d_{11} & d_{12} \\ d_{21} & d_{22} \end{vmatrix} + \begin{vmatrix} d_{11} & \theta_{12} \\ d_{21} & \theta_{22} \end{vmatrix} = 0 \tag{9.256}$$

设

$$\boldsymbol{G} = \widetilde{\boldsymbol{A}}_{12}\ (s\boldsymbol{I} - \widetilde{\boldsymbol{A}}_{22})^{-1} \tag{9.257}$$

g_{12}, g_{22} 是 $\boldsymbol{G}$ 阵的第二列上的两个元素，则

$$\begin{vmatrix} d_{11} & e_{12} \\ d_{21} & e_{22} \end{vmatrix} = \begin{vmatrix} d_{11} & -g_{12}\dfrac{K_{\mathrm{A1}}}{T_{\mathrm{E1}}}F_1(s) \\ d_{21} & -g_{22}\dfrac{K_{\mathrm{A1}}}{T_{\mathrm{E1}}}F_1(s) \end{vmatrix}$$

由多机系统数模可知，$\widetilde{\boldsymbol{A}}_{12}$ 第一行第一列元素为零，所以，$g_{12}=0$，$\widetilde{\boldsymbol{A}}_{11}$ 的第一行第一列元素也总为零，由此可以推导出

$$d_{11} = s \tag{9.258}$$

及

$$\begin{vmatrix} d_{11} & e_{12} \\ d_{21} & e_{22} \end{vmatrix} = -d_{11}g_{22}\frac{K_{\mathrm{A1}}}{T_{\mathrm{E1}}}F_1(s) = -g_{22}s\frac{K_{\mathrm{A1}}}{T_{\mathrm{E1}}}F_1(s) \tag{9.259}$$

代回式（9.256）

$$|s\boldsymbol{I} - \boldsymbol{A}_{\mathrm{r}}| = \begin{vmatrix} d_{11} & d_{12} \\ d_{21} & d_{22} \end{vmatrix} - g_{22}s\frac{K_{\mathrm{A1}}}{T_{\mathrm{E1}}}F_1(s) = 0 \tag{9.260}$$

$\begin{vmatrix} d_{11} & d_{12} \\ d_{21} & d_{22} \end{vmatrix}$ 是一个 s 的二次方程式，因此式（9.260）可写成

$$s^2 + f_{11}s + f_{21} = f_{31}sb_1F_1(s) \tag{9.261}$$

其中 f_{11}, f_{21} 可由式（9.260）与式（9.261）对比求出来

$$\left.\begin{aligned} f_{31} &= g_{22} \\ b_1 &= \frac{K_{\mathrm{A1}}}{T_{\mathrm{E1}}} \end{aligned}\right\} \tag{9.262}$$

如果，我们决定将1号机对应的极点 s_1 移至某个确定位置，则 s_1 已知，可得

$$s_1^2 + f_{11}s_1 + f_{21} = f_{31}s_1b_1F_1(s_1) \tag{9.263}$$

利用式（9.263）即可求出稳定器传递函数 $F_1(s)$ 中的两个参数，其算法与前面所述特征根平移法相同。

上面得出了第一台发电机装设稳定器时，参数的计算公式。如果在第 i 台机装设稳定器，必须变换 $\widetilde{\boldsymbol{A}}$ 矩阵的行与列，使得第 i 台机的变量放在第一台机位置上，这样即可得到类似的二阶特征方程式

$$s_i^2 + f_{1i}s_i + f_{2i} = f_{3i}s_i b_i F_i(s_i) \tag{9.264}$$

若在 n 台机系统中配置 k 个稳定器，则可以得到 k 个二阶特征方程式

$$\left.\begin{aligned} s_1^2 + f_{11}s_1 + f_{21} &= f_{31}s_1 b_1 F_1(s_1) \\ s_2^2 + f_{12}s_2 + f_{22} &= f_{32}s_2 b_2 F_2(s_2) \\ &\vdots \\ s_k^2 + f_{1k}s_k + f_{2k} &= f_{3k}s_k b_k F_k(s_k) \end{aligned}\right\} \tag{9.265}$$

当确定了 k 个模式的阻尼比以后，$s_1,\cdots,s_k$ 就是已知数，可以算出稳定器的参数。但是，上述方程式不能各自独立求解，因为，f_{1i}、f_{2i} 及 f_{3i} 是与其他机组上稳定器参数有关的，只能采用迭代法来求解。

通常，可以先给定各台机组稳定器参数的初值，依次求每一台机的参数，在求下一台机时，采用上一台机已求出的参数的新值，这样循环迭代，直到满足一定精度为止。

这种算法的优点是，可以十分精确地将特征根移到所指定的位置。当系统中多台机组装设稳定器时，算法过于复杂，不能保证迭代的收敛性，另外，也只能求出稳定器中的两个参数。

3. 建立在模式—机组关联特性上的相位法[16,17]

在上一节中，我们已经讨论了模式—机组关联特性。利用这个特性，可以使稳定器的参数设计大大地简化。

我们已知，在多机系统中，通过励磁控制能够改变任一模式的阻尼的机组是少数，尤其是对于较高频模式更是如此，常常出现这样的情况：即只有一台机组对该模式的灵敏度较大，其他机组对它的作用可以略去。这时参数的设计就可以只在该机子系统内进行，对于低频模式，也总是存在某几台机组，对该模式的灵敏度为最大，同时还有一些其他机组的灵敏度是可比的。在这种情况下，可以用这几台相关的机组，构成一个分割出来的子系统，即在多机系统数模中，将这几台机组与其他机组相连的系数 $K_{1ij} \sim K_{6ij}(j \neq i)$ 设为零。这个分割出来的子系统是一个低阶的系统，如果采用前面所述的方法在这个系统内来设计参数，则可使设计工作量大为减少。更进一步，利用模式—机组特性，可以按下述程序分散地进行设计。

由于处理的是线性系统，它应满足迭加原理，因此，对任一模式实部的改变，应该近似地等于每一台机使该模式实部改变量之和，即

$$\Delta\sigma_j \approx \sum_{i=1}^{n} \Delta\sigma_{ji} = \sum_{i=1}^{n} \frac{\partial \sigma_j}{\partial G_i} G_i$$

式中，σ_j 为第 j 个模式的实部；G_i 为第 i 台机的等效稳定器增益；$\Delta\sigma_{ji}$ 为第 i 台机使模式 σ_j 的改变量。

这样，当确定某个模式所应达到的阻尼比或实部的移动量以后，可以按照每台机对该模式灵敏度的大小，按比例来分配该机组所应担负的移动量 σ_{ji}，并由该机组之灵敏度计算出稳定器对于该模式应具有的增益。

$$G_i - \Delta\sigma_{ji} \bigg/ \frac{\partial \sigma_j}{\partial G_i}$$

对于同一个机组，它可能对几个低频模式都具有可比的灵敏度。这时，可以将该机组对于不同模式所应有的增益计算出来，并得出一条近似的幅频特性曲线，同时也可以按照第 6 节所述的方法，在分割出的子系统中计算出系统的角频特性曲线，按照相位补偿的原理，稳定器应提供适当相位补偿，以使稳定器提供与转速同相位的转矩，这样就很容易确定稳定器应具有的角频特性。下一步就是用拟合的方法，例如最小二乘法，将领前环节的参数计算出来。再进一步，稳定器中领前环节应补偿的相位，可以只用该机组对应的最灵敏的模式来计算，但尽可能使补偿后的角频特性平坦，以便能对不同模式提供适当相位移。这样就可以直接计算出领前环节的所有参数。

上述方法的优点在于：

(1) 采用相位法，可与现场试验调整衔接起来，因为它可以提供支配该机组振荡的模式及相位移等现场试验中非常有用的信息。

(2) 稳定器的所有参数都可以计算出来。

(3) 算法简单，不用迭代，因而没有收敛性的问题。

现以图 9.10 所示的 9 机电系统为例，说明如何进行稳定器的协调设计。

从表 9.4 可见，1 号模式主要应由 7 号机、1 号机、5 号机提供阻尼。2 号模式主要应由 1 号机、4 号机提供阻尼，其他的模式都只由该模式灵敏度最大的那一台机组提供阻尼就可以了。这样一来，4 号机除了主要应对 6 号模式提供阻尼外，还照顾到 2 号模式；5 号机除了主要为 4 号模式提供阻尼外，还应照顾到 1 号模式。1 号机应主要对 2 号模式提供阻尼，同时对 1 号模式也提供适当阻尼，但是 1 号与 2 号模式振频接近，在设计参数时，可以仅考虑 2 号模式，所以除了 4 号机及 5 号机以外，其他机均可以在一台机的子系统内针对单一的模式进行设计。这里，我们仅采用行之有效的极点配置法或相位补偿法进行设计，并且在计算相位滞后时，近似地仅考虑特征根的虚部，这样，参数计算就十分容易了。以 3 号机为例，其计算步骤如下：

已知：$T'_{d0(3)}=4.89\text{s}$，$T_{J(3)}=27.2\text{s}$，$K_{A(3)}=33.6$，$T_{E(3)}=1.06\text{s}$，$K_{133}=3.844$，$K_{233}=3.39$，$K_{333}=0.4485$，$K_{633}=0.2955$。

(1) 计算 $\omega_{x(3)}$

$$\omega_{x(3)}=\sqrt{\frac{K_{633}K_{A(3)}}{T'_{d0(3)}T_{E(3)}}}=\sqrt{\frac{0.2955\times 33.6}{4.89\times 1.06}}=1.384$$

(2) 计算 $\xi_{x(3)}$

$$\xi_{x(3)}=\frac{T_{E(3)}+K_{333}T'_{d0(3)}}{2\omega_{x(3)}T'_{d0(3)}T_{E(3)}K_{333}}=\frac{1.06+0.4485\times 4.89}{2\times 1.384\times 4.89\times 1.06\times 0.4485}=0.5055$$

(3) 计算 $\omega_{d(3)}$

用 3 号机为 7 号机提供阻尼，并希望 7 号模式阻尼比达到 0.3，由表 9.4 可知 $\omega_{n(3)}=6.9$，即 $\xi_{n(3)}=0.3$，则

$$\omega_{d(3)}=\omega_{n(3)}\sqrt{1-\xi_{n(3)}^2}=6.9\times\sqrt{1-0.3^2}=6.591$$

(4) 计算励磁系统相位滞后

$$\phi_x=\tan^{-1}\frac{2\xi_{x(3)}\omega_{d(3)}/\omega_{x(3)}}{1-[\omega_{d(3)}/\omega_{x(3)}]^2}=\tan^{-1}\frac{2\times 0.5055\times 6.591/1.384}{1-(6.591/1.384)^2}=167^\circ$$

考虑用三个领前环节来补偿上述滞后角，则

$$\frac{\phi_x}{3}=56^\circ$$

（5）计算滤波器相位滞后

假定滤波器为一阶惯性环节，时间常数为0.01s，则

$$\phi_f=\left.\frac{1}{1+0.01s}\right|_{s=j6.591}\approx 3.5^\circ$$

（6）计算领前环节系数

$$a_{(3)}=\frac{1+\sin\left[\frac{1}{3}(\phi_x+\phi_f)\right]}{1-\sin\left[\frac{1}{3}(\phi_x+\phi_f)\right]}=\frac{1+\sin 57^\circ}{1-\sin 57^\circ}\approx 10.58$$

（7）计算时间常数 $T_{2(3)}, T_{1(3)}$

$$T_{2(3)}=\frac{1}{\sqrt{a_{(3)}}\,\omega_{d(3)}}=\frac{1}{\sqrt{10.58}\times 6.591}\approx 0.047$$

$$T_{1(3)}=aT_{2(3)}=10.58\times 0.047=0.493$$

（8）求稳定器增益 K_P

按照幅值条件，稳定器传递函数的幅值应为

$$\begin{aligned}|G_{P(3)}|&=\left|\frac{K_{P(3)}s}{(1+0.01s)(1+T_W s)}\left(\frac{1+0.493s}{1+0.047s}\right)^3\right|_{s=j6.591}\\&=2\xi_{n(3)}\sqrt{T_{J(3)}K_{133}\omega_0}\left|\frac{s^2+2\xi_{x(3)}\omega_{x(3)}s+\omega_{x(3)}^2}{K_{233}K_{A(3)}/T'_{d0(3)}T_{E(3)}}\right|_{s=j6.591}\\&=2\times 0.3\sqrt{27.2\times 3.844\times 314}\left|\frac{s^2+2\times 0.5055\times 1.384s+1.384^2}{3.39\times 33.6/4.89\times 1.06}\right|_{s=j6.591}\\&=210.44\end{aligned}$$

如果假定 $T_W=2s$，则求出 $K_{P(3)}=12.29$。

最后，可得3号机稳定器的传递函数为

$$\frac{12.3s}{(1+0.01s)(1+2s)}\left(\frac{1+0.493s}{1+0.47s}\right)^3$$

除了3号机以外，考虑在6号、7号、1号及4号机上安装稳定器（这种选择不是唯一的，也可以选其他几台机），则用类似的方法可以近似地确定出，它们的传递函数如下

6号机 $$\frac{13.0s}{(1+0.01s)(1+4s)}\left(\frac{1+0.478s}{1+0.57s}\right)^3$$

7号机 $$\frac{37.1s}{(1+0.01s)(1+3s)}\left(\frac{1+0.46s}{1+0.17s}\right)^1$$

1号机 $$\frac{30s}{(1+0.01s)(1+3s)}\left(\frac{1+0.309s}{1+0.125s}\right)^2$$

4号机 $$\frac{15.3s}{(1+0.01s)(1+5s)}\left(\frac{1+0.44s}{1+0.056s}\right)^3$$

现将7号、1号、4号、6号及3号机上已设计好的稳定器顺序逐台投入，稳定器对

各个模式的作用见表 9.5。

稳定器投入后与无稳定器时，5 号及 7 号机时域响应如图 9.14 所示。

表 9.5　　**稳定器对各个模式的作用**

稳定器安装的机组	特征值和阻尼比	M_1	M_2	M_3	M_4	M_5	M_6	M_7	M_8
无稳定器	λ	+0.060 ±j4.04	+0.176 ±j5.72	−0.287 ±j6.12	+0.034 ±j6.31	−0.162 ±j6.22	−0.066 ±j6.63	−0.112 ±j6.88	−0.250 ±j8.14
	ξ	0.015	0.031	0.047	0.005	0.026	0.010	0.016	0.031
7 号机	λ	−0.704 ±j3.63	+0.181 ±j5.71	−0.286 ±j6.12	−0.929 ±j6.12	−0.129 ±j6.18	−0.066 ±j6.63	−0.113 ±j6.88	−0.259 ±j8.16
	ξ	0.100	0.032	0.047	0.150	0.021	0.010	0.016	0.032
7 号、1 号机	λ	−1.040 ±j3.41	−0.543 ±j5.49	−0.289 ±j6.11	−0.911 ±j6.13	−0.130 ±j6.18	−0.76 ±j6.63	−0.136 ±j6.86	−0.259 ±j8.16
	ξ	0.292	0.098	0.047	0.147	0.021	0.011	0.020	0.032
7 号、1 号、4 号机	λ	−1.319 ±j3.53	−2.02 ±j5.67	−0.358 ±j6.11	−0.913 ±j6.14	−0.130 ±j6.18	−0.349 ±j6.22	−0.117 ±j6.88	−0.260 ±j8.15
	ξ	0.350	0.336	0.058	0.147	0.021	0.056	0.017	0.032
7 号、1 号 4 号、6 号机	λ	−1.409 ±j3.45	−2.07 ±j5.70	−0.415 ±j5.99	−0.536 ±j6.15	−2.7 ±j5.55	−0.299 ±j6.24	−0.132 ±j6.85	−0.250 ±j8.17
	ξ	0.377	0.341	0.069	0.086	0.437	0.047	0.019	0.031
7 号、1 号、4 号、6 号、3 号机	λ	−1.550 ±j3.76	−1.44 ±j5.32	−0.536 ±j5.99	−0.624 ±j5.87	−2.9 ±j5.62	−0.259 ±j6.57	−2.11 ±j7.19	−0.269 ±j8.25
	ξ	0.381	0.262	0.089	0.105	0.459	0.0391	0.282	0.032

由表 9.5 及图 9.14 可见：虽然只有 5 台机安装了稳定器，但各模式阻尼都得到了改善，阻尼最小的 8 号模式，其阻尼比也大于 0.03。1 号（联络线）模式及 2 号模式阻尼得到最大的改善，这正是我们所希望的。图 9.14 显示，系统时域响应得到极大的改善。

由表 9.5 可见，例如，控制 7 号模式最灵敏的是 3 号机，在 3 号机上加装稳定器后，基本上只能改善 7 号模式，其他模式大致不变。这就进一步证实前面介绍的模式—机组关联特性中的一个非常重要的性质，这个性质就是：模式—机组关联特性可以在一个等效的 $2n$ 阶模型中用 $\partial \sigma_k / \partial G_i$ 来确定，从工程上看，其结果与高阶系统所得基本一致。

这里需要指出，上面这个实例证实了这种设计的方法及其根据，至于在具体参数设计中，期望达到的阻尼比不宜过高，一般考虑了裕度以后，达到 0.06～0.1 已能满足要求。过高的阻尼比不是在所有工况下都能达到的，且可能会使其他模式的阻尼降低。

4. 相频特性拟合法

励磁控制的适应性指的是当系统运行条件及结构参数作大幅度变动时，参数固定的稳定器都能给系统提供足够的阻尼，保证系统的稳定运行。归纳起来，运行条件及系统结构

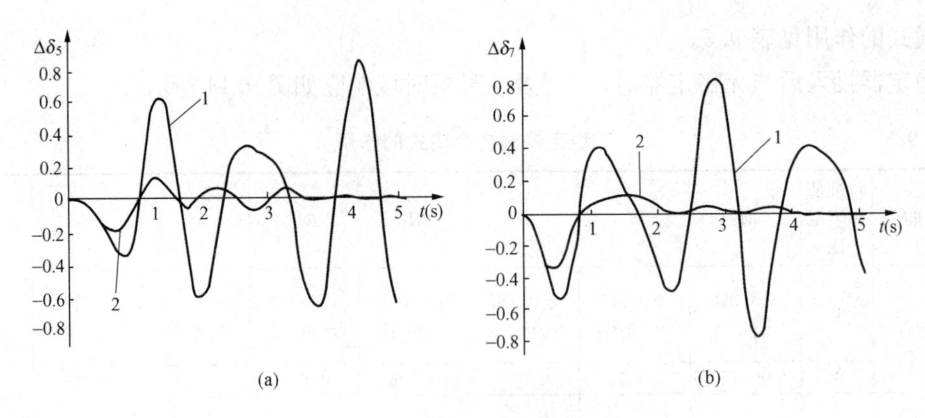

图 9.14 5号及7号机时域响应
(a) 5号机；(b) 7号机
1—无稳定器；2—有稳定器

参数的改变大致包括：

(1) 由潮流的改变造成系统运行参数及条件的变化，例如电压、功角、功率甚至频率的改变，也应包括控制器本身参数的变化。

(2) 由于系统的发展，包括事故或检修而使机组、负荷、线路投入/切除，而造成的系统网络架构的改变，这种改变有时可能是本质性的变化，像中国许多地区性电网，在过去20年的时间内，从地区性，扩展到省间、大区间，再扩展到全国性互联电网，或者是大区互联电网，也包括由于事故的扩展，分解为几个独立小电网。

应用自适应控制理论研究自适应稳定器的文章不少，但多数都只考虑单机无穷大系统中发电机运行点的变化，因此不能适应电力系统实际可能出现的变化。如果按运行条件来决定稳定器的参数，试想要设计固定参数的稳定器，使得在各种条件下，都达到预定的性能指标，是很困难的。文献[25]提出，如果我们转换一下思路，从频域的角度来考虑，上述种种的变化，都综合反映到发电机的频率响应的变化上，也可能反映在发电机强相关的模式的改变。但是只要稳定器在可能的频谱范围内(0.1～2.5Hz)，都提供合适的相位补偿，则稳定器在系统结构及运行条件变化时，都能提供适当的正阻尼，也就是所设计的稳定器具备了适应性。经过多年的研究及实践，认识到系统的另一重要特性，这就是在低频振荡频谱范围0.1～2.5Hz以内，相频特性随着运行及结构条件的变化是很不敏感的。文献[23]中给出了一个实例，云南省鲁布格电厂的2号机，在云南省电网孤立运行及与南方电网联网运行两种状态下，实测的相频特性相差很小，如图9.15

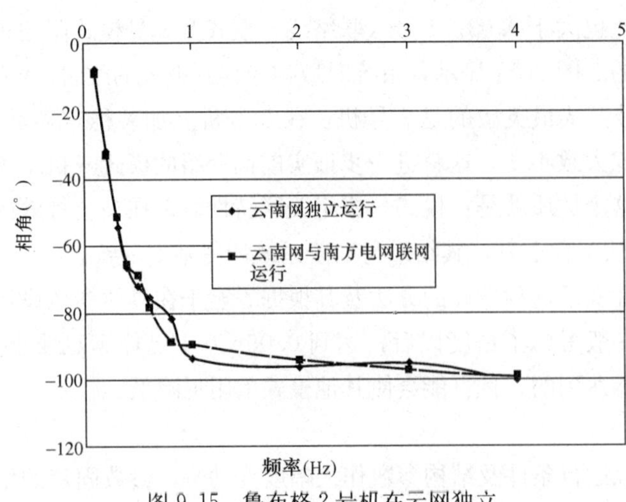

图 9.15 鲁布格2号机在云网独立及与南方网联网时实测相频特性

所示。两种运行状态下,系统的架构相差非常之大,当时云南电网与南方电网仅通过一条 220kV 线路相联,孤立运行时,云南网的最低振频为 0.8～0.9Hz,而与南方电网联网后,最低联络线振频为 0.4～0.5Hz。虽然机组在两种状态下的相频特性差别很小,但是机组所关联的模式的频率可能会有很大变化,例如鲁布格电厂在云南网独立运行时,与振频为 0.8～0.9Hz 模式强相关,而当联网后,与它相关的联络线模式的振频变为 0.4～0.5Hz。

下面说明参数选择中的几个具体问题。

1. 机组频率特性的确定

采用机组实测的相频特性是最好的选择，如果不具备实测曲线，可以用计算得到，文献［24］提出的算法如下：机组的相频特性，是指与 E'_q 成正比的电磁转矩对稳定器输入信号之间的相频特性（即 $\Delta M_{e2}/\Delta u_s$，见第 7 章第 15 节），这时可将机械惯性时间常数设为很大的数（如 100 倍原来的值），同时将该机组附近的机组用负阻抗代替，其他机组用无穷大母线代替，以保持机组端点的戴维南阻抗不变，然后用本章第 6 节的方法计算出相频特性。可见这是用一台等值电机来计算，忽略了与其他机组的动态作用。如果采用多机 Heffron－Phillips 模型，这也相当于在一台机的子系统内，设惯量无穷大，计算励磁系统相位滞后的频率响应。这样的简化是否合理，最后还要放到多机系统数模中来校验。

2. 领先环节参数选择

如果已经有了机组的相频特性，为了使稳定器产生的转矩与转速同相位，根据稳定器输入信号的相位，在整个频段上各个点需要补偿的角度，也就是希望达到的稳定器的相频特性，就可很容易算出来。采用拟合或根据经验试算，就可以选出稳定器的参数，包括隔离环节及领先环节的参数。在设计稳定器时，根据经验，补偿后的相位与转速相差±30°，都可以获得很好的效果，不过稍微的欠补偿比过补偿要好，也就是 0～－30°较好，因为它可以提供额外的同步转矩。

3. 隔离环节的时间常数的确定

隔离环节在低频段（例如 0.1～0.3Hz）起领先的作用，这常常造成过补偿。这可以用加大 T_W 来解决，特别是对于那些对联络线模式起主要作用的机组，低频段的拟合很重要，这时 T_W 应取大一些，但亦不能太大，否则当发生低频率的功率振荡时，电压调整速度慢，且使低频信号不容易通过，所以 T_W 取值大致上在 3～10s 之间就可以。如果是主要对本机模式起作用的机组，T_W 为 1～2s 也可以接受。文献［24］针对一台 1100MW，1800r/min 的核能机组，试验了采用及不采用暂态增益减小两种情况下 T_W 的作用，该机组采用自并励励磁系统，电压增益 $K_A=200$，稳定器由电功率及转速构成过剩功率再转化为等值转速作输入信号，用了一个隔离环节，两个领先—滞后环节，其参数如下：$T_1=T_2=0.118s$，$T_3=T_4=0.044s$

图 9.16 是不采用暂态增益减小时，稳定器需补偿的相频特性，以及 T_W 为 1.5、10、20s 三种情况下的稳定器相频特性。

由图可见，不采用暂态增益减小时，$T_W=10$ 在整个频谱内都得到较好的补偿，由 10 增加至 20，改进很少，且使甩负荷后，端电压调整太慢，所以选 $T_W=10$。

图 9.17 是采用暂态增益减小时，稳定器需补偿的相频特性，以及 T_W 为 1.5、5.0、

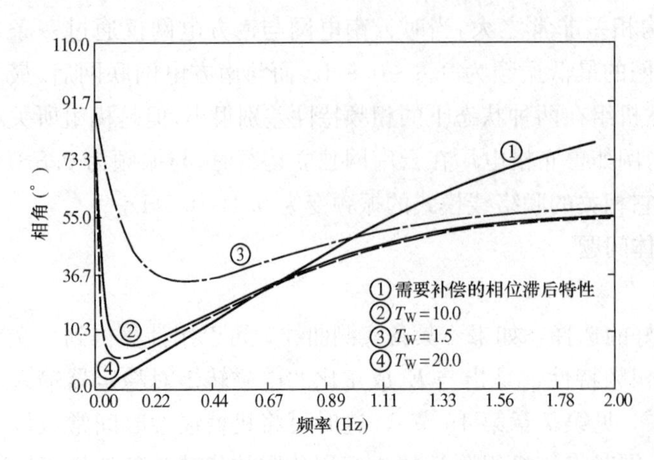

图 9.16 不采用暂态增益减小时稳定器需补偿的相频特性

10s三种情况下的稳定器相频特性，领先—滞后环节，其参数如下：$T_1=T_2=0.27$s，$T_3=T_4=0.036$s。

由图可见，不采用暂态增益减小时，最好取 $T_W=1.5$s。

4. 稳定器增益的确定

第7章第11节介绍的WECC用试验去确定稳定器增益的方法，应该说是比较实用的方法，文献[24]提出的方法，是用计算来确定，计算采用全系统详尽的模型，选择在各种运行方式下，对于所有模式都提供最大阻尼，而又不恶化其他机组相关的模式阻尼的增益值，可以看出，这是一个相当繁复的任务，只有对系统的特性积累了丰富的经验，才能有效地完成这项任务。计算的结果需要用现场试验来检验及修正，因为有些因素，例如噪声是无法模拟的。对于上述的机组，计算结果显示，采用暂态增益减小其稳定器的增益要比不采用的大一倍，分别为50及25。

5. 稳定器输出限幅值的确定

第7章我们已经介绍过稳定器的限幅是为防止暂态过程中端电压过高，也为了防止甩负荷或用电功率作信号的稳定器的反调作用而设置的，一般选±0.05标幺，文献[24]提出在电压调节器中加一个端电压限幅环节，则正向限幅取0.1～0.2标幺，而负向限幅取−0.05～−0.1标幺，并且报告说，加拿大安大略省电力局已经采用上述限幅值，并证实对改善角度第一摆的暂态稳定有益。这一点，在本书第7章第4节中介绍的动模试验中，也得到证明。看来随着以过剩功率为信号稳定器的使用，再加上端电压限幅器，稳定器输出的限幅，可以适当放开，具体的数据可参考加拿大安大略省电力局的经验。

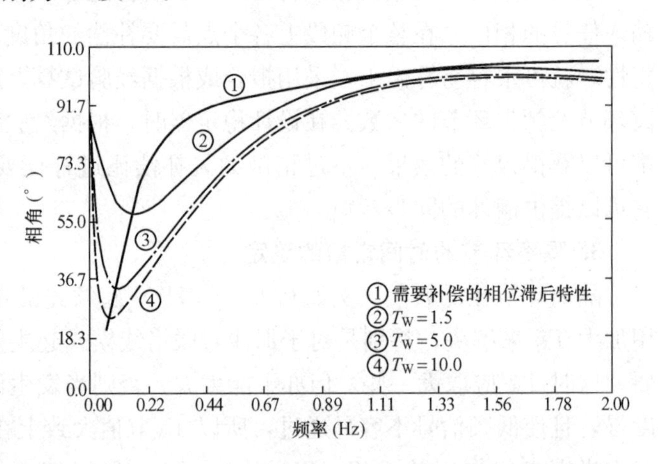

图 9.17 采用暂态增益减小时稳定器需补偿的相频特性

中国电力科学研究院在四川省二滩水电站，按照上述原则设计稳定器 。通过多年的实践证明，固定参数的稳定器，在电网由地区性的发展到形成华中电网，进一步与华北、东北联网，形成跨区大电网的不同阶段，都能对系统提供正阻尼，成为抑制低频振荡的重要电厂之一。稳定器能有如此强的适应性，在文献上还是首次报道[25]。图9.18是二滩机组补偿前后的相频特性[25]。由图可见，在频谱0.1～2.5Hz之内，补偿前的相角为

$-18°\sim-110°$，补偿后为$-58°\sim-120°$（以过剩功率为参考轴），该稳定器采用的是过剩功率为信号的稳定器，补偿后合适的可满足要求的相角为$-90°\pm30°$，所以满足了相位补偿的要求。图 9.19～图 9.21 分别表示二滩电厂的稳定器在电网发展的三个阶段，即川渝电网、华中电网及东北—华北—华中电网均显示了良好的阻尼效果。

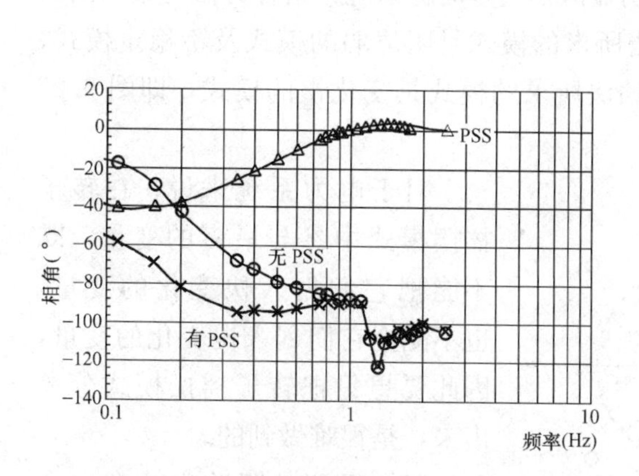

图 9.18　二滩机组补偿前后的相频特性

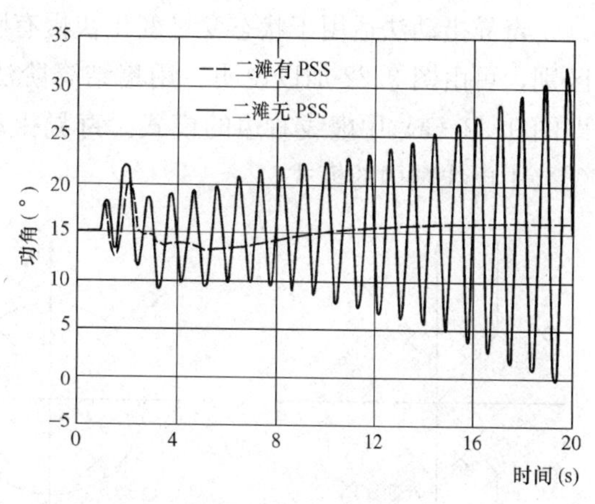

图 9.19　川渝电网故障时响应（二滩功角）

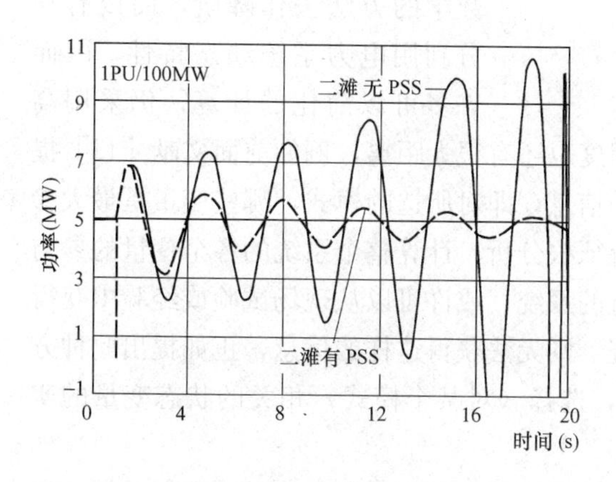

图 9.20　华中电网故障时响应
（联络线 SW 功率）

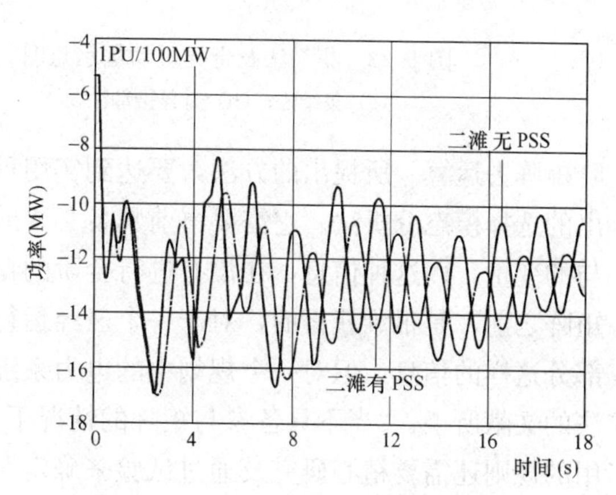

图 9.21　东北—华北—华中电网故障时
响应（联络线 XJ 功率）

第 10 节　基于模式—机组关联特性的降阶法

在本章前面介绍复频域分析法时已提到，对于大规模互联系统来说，应用这种方法会碰到维数太高的困难，下面几节将介绍解决这个困难的几种方法。

其中一种方法就是降阶。对于一般的动态系统来说，降阶方法可分两类，其一是时域降阶法，其二是频域降阶法。目前在电力系统中应用的是时域法，它又可分为集结法

(Aggregation）和奇异摄动法（Singular Perturbation)。

集结法是将阻尼弱的甚至为负的模式选出来，找到与这些模式相关的变量，将参与程度高的状态变量，集结成降阶模型。然后求取这些模式。文献［13]称之为选择模态分析法（Selective Modal Analysis)。它的局限在于，要确定该选哪些模式之前，仍需计算出系统所有模式，才能知道哪些是弱阻尼模式。

奇异摄动法适用于状态变量变化快慢有明显区别的多时标系统，这种方法与集结法的区别，可由图9.22加以说明。用集结降阶法所求的模式是阻尼弱的模式及不稳定模式，即图9.22（a）中虚线右边的模式。奇异摄动法所求的模式是变化慢的模式，即图9.22（b）中虚线圆内的模式。

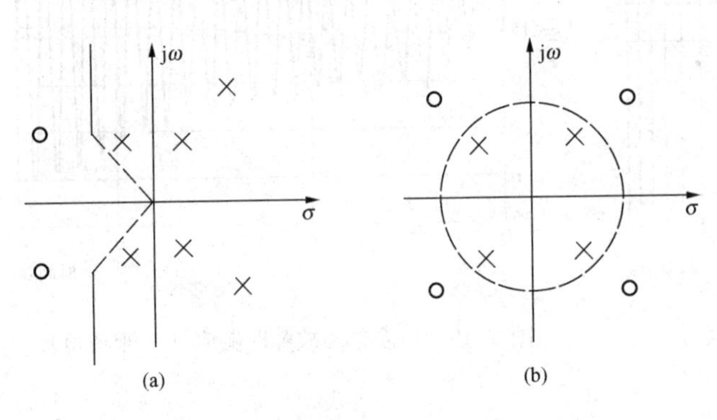

图9.22 集结法及奇异摄动法示意图
（a）集结法；（b）奇异摄动法

对于电力系统来说，在转子摇摆模式中参与最多的变量，既不能把它们划入快变化的变量，也不能把它们划入慢变化的变量，因此要想只把转子摇摆模式分离出来，是很难做到的。

以上提到的降阶方法有一个共同点，就是它们企图完全依靠数学的方法去作降阶，而没有充分利用电力系统动态特性，因而许多可以简化的计算，仍采用高阶矩阵去运算。所提出的方法，要达到实用程度也还有很大距离，例如前面文献［13］提出的选择模态分析法。它需要事前具备必要的信息，即对所选的模式，哪些变量是最大参与的变量，而这种信息，在没有进行全阶的特征根分析，计算整个系统的各个变量的参与矩阵之前，是很难获得的，对于一个已经运行的系统，或许可以从现场试验或经验中获得部分这样的信息，但对一个规划中的电力系统，则无法获得这样的信息，正如提出此种方法的文献所说："当不具备参与矩阵的情况下，选择（对某个模式）相关的状态变量的实用的规则还需要精心研究及通过试验来确定"。

在进行了大量的实际电力系统小干扰稳定性分析研究的基础上，文献［15］总结并提出了电力系统动态过程中一个重要的特性：模式—机组关联特性，并将它与集结降阶法结合到一起，提出了两种降阶方法，一种称作二阶集结法（Second-order Aggregation)，它可以计算出系统所有的转子摇摆模式，另一种称之为外部系统分割法（External System Partition)，它主要是有来计算与某些指定的机组相关的转子摇摆模式，两种方法都在实际电力系统中进行过校验，其结果证实这两种降阶方法，是有效而可行的。

1. 电力系统基本动态特性

文献［14］将电力系统动态特性归结为：①动态响应的多时标性；②各动态子系统之间的弱联系。

应该说，这是对电力系统动态特性的一个很深刻而基本的认识。但仅有了这个认识还不够，因为电力系统稳定性和控制要解决的重要课题是：怎样用个别的分散的发电机来改善全系统的稳定性？整个系统的动态行为与个别的发电机控制器的参数有什么关系？我们可以理解这是一个系统动态结构特性的问题。

对于电力系统小干扰分析来说，我们最关心的转子摇摆模即机电模式的稳定性，但是由于这些模式本身变化的速度不同（多时标），以及发电机之间电的联系强弱不同，造成某些模式只跟特定的一些机组有关，在这些机组上加以控制能改变这些模式，而其他机组上加控制则是无效的，这也反映了系统中对某个模式的可观性及可控性，模式是反应系统总体的稳定性，而机组是分散布置的，所以模式与机组的关联特性是对系统动态结构，或者说整体与分散之间关系的一种定量的描述。

模式—机组关联特性含义已在前面介绍过，这里再将它归结为：

（1）对任一个转子摇摆模式来说，关联程度较大的机组是少数；对任一台机组来说，与它关联的模式也是少数。

（2）对任一台机组进行励磁控制，只能改变少数模式的阻尼。

当机组控制系统参数整定在合理范围内时，这种特性还有以下几个性质。

（3）模式—机组关联特性可以用下面的等效二阶模型来确定

$$\begin{bmatrix}\Delta\dot{\boldsymbol{\delta}}\\ \Delta\dot{\boldsymbol{\omega}}\end{bmatrix}=\begin{bmatrix}\mathbf{0} & \boldsymbol{\omega}_0\\ -\boldsymbol{T}_{\mathrm{J}}^{-1}K_1 & -\boldsymbol{T}_{\mathrm{J}}^{-1}K_2\boldsymbol{G}\end{bmatrix}\begin{bmatrix}\Delta\boldsymbol{\delta}\\ \Delta\boldsymbol{\omega}\end{bmatrix}+\boldsymbol{Bu} \tag{9.266}$$

式中，$\Delta\boldsymbol{\delta}$、$\Delta\boldsymbol{\omega}$ 为发电机功角及角速度列向量；$\boldsymbol{K}_1$、$\boldsymbol{K}_2$ 为 $\partial\boldsymbol{M}_{\mathrm{e}}/\partial\boldsymbol{\delta}$ 及 $\partial\boldsymbol{M}_{\mathrm{e}}/\partial\boldsymbol{E}'_{\mathrm{q}}$ 系数阵；$\boldsymbol{T}_{\mathrm{J}}$、$\boldsymbol{G}$为发电机惯性常数及等值稳定器增益对角阵。

（4）机组与模式的关联程度可以用上述模式（特征值）实部σ对稳定器增益G的灵敏度 $\partial\sigma/\partial G$来定量确定

$$\frac{\partial\sigma_k}{\partial G_i}=-\mathrm{Re}\Big(\sum_{j=1}^{n}M_{n+i,k}N_{n+j,k}K_{2j,i}/T_{\mathrm{J}j}\Big)\quad k=1,2,\cdots,n-1;i=1,2,\cdots,n \tag{9.267}$$

式中，$M_{n+i,k}$和$N_{n+j,k}$ 分别为式（9.266）的右、左规格化特征向量中的元素。

（5）等效稳定器增益G在控制系统参数整定的合理范围内变化，不改变机组与模式的关联特性。

在本章第8节曾给出了一个9机电力系统 $\partial\sigma_k/\partial G_i$ 的计算结果，表9.6是一个18机电力系统（简化的1980年华中电力系统）的计算结果。

表9.6　18机电力系统的 $|\partial\boldsymbol{\sigma}/\partial\boldsymbol{G}|$ 计算结果（$\times10^{-3}$）

模式	f (Hz)	14	17	12	11	6	9	8	18	10	2	15	5	7	16	13	3	4	1
S1	0.70	16.1	3.12	5.7	5.1	2.21	0.11	0.01	1.41	0.04	4.9	0.67	3.35	0.07	1.11	2.53	1.54	4.41	14.2
S2	0.81	3.81	45.5	3.10	1.42	0.01	0.0	0.26	6.45	0.06	0.14	8.42	0.06	0.01	14.6	2.41	0.03	0.07	0.53
S3	0.88	22.9	0.01	26.4	1.56	0.0	0.08	0.07	0.0	0.07	0.12	0.01	0.06	0.02	0.01	0.03	0.03	0.07	0.49
S4	0.95	4.15	0.20	11.6	28.8	0.12	0.08	0.01	0.0	0.06	0.01	0.01	0.0	0.01	0.02	0.09	0.01	0.0	0.03

续表

模式	f (Hz)	14	17	12	11	6	9	8	18	10	2	15	5	7	16	13	3	4	1
S5	0.97	0.0	1.22	0.21	0.07	37.5	0.64	4.18	0.17	0.28	2.19	0.0	0.01	2.14	0.20	0.0	0.23	0.28	15.9
S6	1.06	0.35	0.94	0.75	1.10	10.6	25.3	12.6	0.15	19.1	0.74	0.06	0.01	0.70	0.20	0.12	0.05	0.21	2.52
S7	1.15	0.0	0.55	0.07	0.09	1.07	1.70	88.4	0.04	0.95	0.01	0.0	0.0	0.39	0.0	0.01	0.0	0.02	0.59
S8	1.19	0.13	14.2	0.0	0.11	0.0	0.0	0.11	71.5	0.0	0.0	0.01	0.0	0.0	0.04	0.20	0.0	0.1	0.0
S9	1.24	0.01	0.54	0.01	0.01	0.0	21.1	0.01	0.04	32.8	0.02	0.0	0.02	0.71	0.02	0.01	0.01	0.03	0.01
S10	1.26	0.0	0.0	0.0	0.0	0.0	0.2	0.06	0.0	0.05	63.6	0.0	5.33	0.03	0.33	0.0	1.92	4.51	34.8
S11	1.28	0.0	21.6	0.0	0.0	0.0	0.06	0.23	3.93	0.04	0.09	32.9	0.01	0.04	6.22	0.0	0.01	0.0	0.09
S14	1.41	0.0	0.0	0.0	0.0	0.06	0.11	0.08	0.0	0.0	26.8	0.0	45.3	24.3	0.0	0.0	10.3	20.9	4.08
S12	1.38	0.04	0.0	0.0	0.02	0.68	2.68	0.68	0.01	1.19	9.26	0.03	6.04	97.6	0.0	0.46	1.52	4.37	0.65
S13	1.39	0.0	6.81	0.0	0.0	0.0	0.0	0.0	0.64	0.0	0.0	7.66	0.0	0.0	87.4	0.0	0.0	0.0	0.0
S15	1.53	1.66	0.0	0.33	0.68	0.0	0.03	0.04	0.22	0.10	0.10	0.89	0.53	0.0	0.06	155	0.01	0.02	0.0
S16	1.53	0.0	0.0	0.0	0.0	0.0	0.0	0.0	0.0	0.0	0.05	0.0	28.7	0.05	0.0	0.0	143	6.47	0.46
S17	1.60	0.0	0.0	0.0	0.0	0.0	0.01	0.03	0.0	0.05	0.67	0.0	35.9	0.37	0.0	0.39	6.81	118	0.67

表中第1列是振荡模式编号，第2列是相应的振荡频率，第1行从第3列开始，表示的是机组编号，比较表中的数据可以发现，计算结果证实了前述的模式—机组关联特性，也就是灵敏度矩阵是一个很稀疏的矩阵，适当安排矩阵行与列后可使对角线元素最大。

2. 降阶模型的建立

全阶系统的模式可以表示为

$$\begin{bmatrix} \dot{\boldsymbol{x}}_1 \\ \dot{\boldsymbol{x}}_2 \end{bmatrix} = \begin{bmatrix} \boldsymbol{A}_{11} & \boldsymbol{A}_{12} \\ \boldsymbol{A}_{21} & \boldsymbol{A}_{22} \end{bmatrix} \begin{bmatrix} \boldsymbol{x}_1 \\ \boldsymbol{x}_2 \end{bmatrix} + \begin{bmatrix} \boldsymbol{B}_1 \\ \boldsymbol{B}_2 \end{bmatrix} \boldsymbol{u} \tag{9.268}$$

$$\boldsymbol{x}_1 = [\Delta\boldsymbol{\delta} \quad \Delta\boldsymbol{\omega}]^{\mathrm{T}}$$

$$\boldsymbol{x}_2 = [\Delta\boldsymbol{E}'_{\mathrm{q}} \quad \Delta\boldsymbol{E}_{\mathrm{fd}} \quad \Delta\boldsymbol{u}_{\mathrm{s}}]^{\mathrm{T}}$$

式中，$\Delta\boldsymbol{\delta}$、$\Delta\boldsymbol{\omega}$ 为功角及速度的偏差量；$\Delta\boldsymbol{E}'_{\mathrm{q}}$、$\Delta\boldsymbol{E}_{\mathrm{fd}}$ 为q轴暂态电动势及发电机无载电动势的偏差量；$\Delta\boldsymbol{u}_{\mathrm{s}}$ 为控制系统中的中间变量。

如果发电机用五绕组模型，$\boldsymbol{x}_2$ 中还要包括 $\Delta\boldsymbol{E}''_{\mathrm{d}}$、$\Delta\boldsymbol{E}''_{\mathrm{q}}$，相应的 $\boldsymbol{A}_{21}$、$\boldsymbol{A}_{22}$ 也要增大。

通过式（9.269）这个非奇异转换

$$\begin{bmatrix} \boldsymbol{x}_1 \\ \boldsymbol{x}_2 \end{bmatrix} = \begin{bmatrix} \boldsymbol{I}_1 & \boldsymbol{0} \\ \boldsymbol{L} & \boldsymbol{I}_2 \end{bmatrix} \begin{bmatrix} \boldsymbol{x}_1 \\ \boldsymbol{z}_2 \end{bmatrix} \tag{9.269}$$

则式（9.268）变为

$$\begin{bmatrix} \dot{\boldsymbol{x}}_1 \\ \dot{\boldsymbol{z}}_2 \end{bmatrix} = \begin{bmatrix} \boldsymbol{A}_{11} + \boldsymbol{A}_{12}\boldsymbol{L} & \boldsymbol{A}_{12} \\ \boldsymbol{R}_{21} & \boldsymbol{A}_{22} - \boldsymbol{L}\boldsymbol{A}_{12} \end{bmatrix} \begin{bmatrix} \boldsymbol{x}_1 \\ \boldsymbol{z}_2 \end{bmatrix} + \begin{bmatrix} \boldsymbol{B}_1 \\ \boldsymbol{b}_2 \end{bmatrix} \boldsymbol{u} \tag{9.270}$$

其中 $\boldsymbol{I}_1$，$\boldsymbol{I}_2$ 为单位矩阵，$\boldsymbol{L}$ 是映射矩阵，且

$$\boldsymbol{b}_2 = \boldsymbol{B}_2 - \boldsymbol{L}\boldsymbol{B}_1 \tag{9.271}$$

$$z_2 = x_2 - Lx_1 \tag{9.272}$$

$$R_{21} = -LA_{11} + A_{21} - LA_{12} + A_{22}L \tag{9.273}$$

如果我们选择矩阵 L 使它满足式（9.274）

$$R_{21} = -LA_{11} + A_{21} - LA_{12} + A_{22}L = 0 \tag{9.274}$$

则式（9.268）变成
$$\begin{bmatrix} \dot{x}_1 \\ \dot{z}_2 \end{bmatrix} = \begin{bmatrix} A_{11} + A_{12}L & A_{12} \\ 0 & A_{22} - LA_{12} \end{bmatrix} \begin{bmatrix} x_1 \\ z_2 \end{bmatrix} + \begin{bmatrix} B_1 \\ b_2 \end{bmatrix} u \tag{9.275}$$

现在的问题是如何从式（9.274）中求出矩阵 L，式（9.274）又称为 Riccati 方程。

现设 Λ_1 及 Λ_2 为式（9.268）的特征值，其中 Λ_1 包含了所有的转子摇摆模式，而 Λ_2 包含了其他所有的模式如对应励磁机及其控制的模式，则有

$$\begin{bmatrix} A_{11} & A_{12} \\ A_{21} & A_{22} \end{bmatrix} \begin{bmatrix} M_1 & M_2 \\ M_3 & M_4 \end{bmatrix} = \begin{bmatrix} M_1 & M_2 \\ M_3 & M_4 \end{bmatrix} \begin{bmatrix} \Lambda_1 & \\ & \Lambda_2 \end{bmatrix} \tag{9.276}$$

及
$$A_{11}M_1 + A_{12}M_3 = M_1\Lambda_1 \tag{9.277}$$

$$A_{21}M_1 + A_{22}M_3 = M_3\Lambda_1 \tag{9.278}$$

上面矩阵 M_1，M_2，M_3 及 M_4 是原始系统方程中 A 的模态矩阵。

将式（9.277）、式（9.278）合并整理后得

$$-(M_3M_1^{-1})A_{11} + A_{21} - (M_3M_1^{-1})A_{12}(M_3M_1^{-1}) + A_{22}(M_3M_1^{-1}) = 0 \tag{9.279}$$

与式（9.274）相比，可知

$$L = M_3M_1^{-1} \tag{9.280}$$

由于
$$N_1 = [M_1^{-1}]^{\mathrm{T}} \tag{9.281}$$

其中 N_1 为矩阵 $A_{11}+A_{12}L$ 的左模态矩阵。

因此
$$L = M_3N_1^{\mathrm{T}} \tag{9.282}$$

将式（9.282）代入式（9.275），就得到集结模型如下

$$\dot{x}_1 = A_r x_1 + A_{12}z_2 + B_1 u \tag{9.283}$$

其中
$$A_r = A_{11} + A_{12}M_3N_1^{\mathrm{T}} \tag{9.284}$$

这样，所有的转子摇摆模式都从原始的方程式（9.268）中分离出来了，并且可以从降阶的矩阵 A_r 中计算出来。

由式（9.275），我们可得 $\dot{z}_2 = A_f z_2 + (B_2 - M_3N_1^{\mathrm{T}}B_1)u$ （9.285）

其中
$$A_f = A_{22} - M_3N_1^{\mathrm{T}}A_{12} \tag{9.286}$$

转子摇摆模式以外的模式可以从 A_f 中计算出来。

由式（9.278），我们可得　$A_{21}M_{1k} + A_{22}M_{3k} = \lambda_k M_{3k}$ （9.287）

其中 λ_k 是 Λ_1 中的一个特征值，M_{1k} 及 M_{3k} 为 M_1 及 M_3 中分别对应于 λ_k 的列向量。

由于 $(\lambda_k - A_{22})^{-1}$ 存在，所以 M_{3k} 就变成

$$M_{3k} = (\lambda_k I - A_{22})^{-1}A_{21}M_{1k} \tag{9.288}$$

但是式（9.288）中的 M_{1k} 严格说是由全阶模型算出来，如果真要这样做，就跟选择

模态分析法一样，又回到了原点，即要解全阶微分方程，但是根据我们积累的经验，它与模式—机组关联特性第3个性质有关，可以采用由$\boldsymbol{A}_{11}$计算出来的$\boldsymbol{M}'_{1k}$来作为下述$\boldsymbol{M}_{1k}$的迭代算法的初始值。

首先，由$\boldsymbol{A}_{11}(k=1,\cdots,n-1)$计算出$\lambda'_k$、$\boldsymbol{M}'_{1k}$，然后由式（9.288）算出$\boldsymbol{M}'_{3k}$，将$\boldsymbol{M}'_{1k}$、$\boldsymbol{M}'_{3k}$代入式（9.281）及式（9.284），就可得到$\boldsymbol{A}'_{\mathrm{r}}$。第2步就用$\boldsymbol{A}'_{\mathrm{r}}$算出$\lambda'_k$、$\boldsymbol{M}'_{1k}$及$\boldsymbol{M}'_{3k}$，同上继续进行迭代，直到前后两次迭代结果满足事先定下的误差要求。

3. 二阶集结降阶算法

虽然使用上述迭代算法，可以得到降阶模型，但是在用式（9.288）求$\boldsymbol{M}'_{3k}$时，必须处理矩阵$\boldsymbol{A}_{22}$，而$\boldsymbol{A}_{22}$虽然比原始矩阵$\boldsymbol{A}$的阶数要低，但仍然是高阶矩阵，所以上述的降阶方法仍不够理想。

这里，如果我们应用模式—机组关联特性，就可以大大简化计算，得到降阶模型，具体算法如下：

针对任一个由$\boldsymbol{A}_{11}$计算出来的模式，只将与该模式强相关的机组来构成矩阵$\boldsymbol{A}_{22}$、$\boldsymbol{A}_{21}$及$\boldsymbol{A}_{12}$，对于其他机组将其变量$\Delta\boldsymbol{E}'_{\mathrm{q}}$，$\Delta\boldsymbol{E}_{\mathrm{fd}}$等都设置为零。

对不同模式$\lambda_k(k=1,\cdots,n-1)$，构成不同的$\boldsymbol{A}_{22}$（$k$），$\boldsymbol{A}_{21}$（$k$）及$\boldsymbol{A}_{12}$（$k$），但是保持$\boldsymbol{A}_{11}$不变。

这样$\boldsymbol{A}_{\mathrm{r}}$就可以降阶到很低阶的模型

$$\boldsymbol{A}_{\mathrm{r}}=\boldsymbol{A}_{11}+\sum_{n=1}^{2n}\boldsymbol{A}_{12}(k)\boldsymbol{M}_{3k}\boldsymbol{N}_{1k}^{\mathrm{T}} \tag{9.289}$$

其中

$$\boldsymbol{M}_{3k}=[\lambda_k\boldsymbol{I}-\boldsymbol{A}_{22}(k)]^{-1}\boldsymbol{A}_{21}(k)\boldsymbol{M}_{1k} \tag{9.290}$$

在$\boldsymbol{A}_{\mathrm{r}}$中包含了$n-1$对共轭特征值及两个负实数的特征根，但因负实数特征根对系统的动态行为没有影响，可以把它们略去。

于是$\boldsymbol{A}_{\mathrm{r}}$变成

$$\boldsymbol{A}_{\mathrm{r}}=\boldsymbol{A}_{11}+2\mathrm{Re}\sum_{k=1}^{n-1}\boldsymbol{A}_{12}(k)[\lambda_k\boldsymbol{I}-\boldsymbol{A}_{22}(k)^{-1}]\boldsymbol{A}_{21}\boldsymbol{M}_{1k}\boldsymbol{N}_{1k}^{\mathrm{T}} \tag{9.291}$$

$\boldsymbol{\Lambda}_1$包含的是转子摇摆模式，一般都是阻尼较低的模式，衰减很慢，而$\boldsymbol{\Lambda}_2$一般都是阻尼较高的模式，变量z_2是按$\boldsymbol{\Lambda}_2$模式衰减的，衰减得很快，如果我们考察的是受扰动后的较长的时段，这时转子摇摆模式还在起作用，而其他模式已衰减完了，达到了稳态，则与其对应的状态变量的微分$\dot{z}_2$就可以略去了，因此从式（9.285）可见

$$\boldsymbol{z}_2=-\boldsymbol{A}_{\mathrm{f}}^{-1}(\boldsymbol{B}_2-\boldsymbol{M}_3\boldsymbol{N}_1^{\mathrm{T}}\boldsymbol{B}_1)\boldsymbol{u} \tag{9.292}$$

将式（9.292）代入式（9.283）得

$$\boldsymbol{x}_1=\boldsymbol{A}_{\mathrm{r}}\boldsymbol{x}+\boldsymbol{B}_{\mathrm{r}}\boldsymbol{u} \tag{9.293}$$

$$\boldsymbol{B}_{\mathrm{r}}=-\boldsymbol{A}_{12}\boldsymbol{A}_{\mathrm{f}}^{-1}(\boldsymbol{B}_2-\boldsymbol{M}_3\boldsymbol{N}_1^{\mathrm{T}}\boldsymbol{B}_1)+\boldsymbol{B}_1 \tag{9.294}$$

式（9.293）不但可以用来计算所有转子摇摆模式，还可以用来计算时域响应。

降阶后$\boldsymbol{A}_{\mathrm{r}}$与$\boldsymbol{A}_{11}$同阶，也就是$2n$阶，$n$为机组的台数，相当每台机由高阶降到2阶，所称此方法二阶集结降阶法。

图 9.23 是二阶集结降阶法的计算流程。表 9.7 是 18 机系统全阶模型与降阶模型转子摇摆模式计算结果。

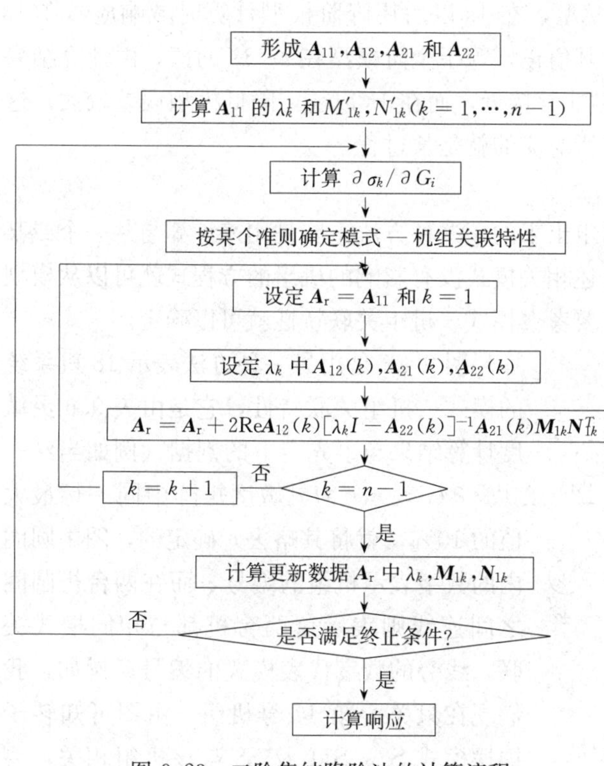

图 9.23　二阶集结降阶法的计算流程

表 9.7　18 机系统全阶模型与降阶模型转子摇摆模式计算结果

全 阶 模 型	降 阶 模 型
−0.75±j4.376	−0.073±j4.375
−0.109±j5.076	−0.100±j5.705
−0.022±j5.536	−0.021±j5.537
−0.033±j5.997	−0.028±j5.996
−0.068±j6.109	−0.049±j6.114
−0.051±j6.669	−0.049±j6.677
−0.031±j7.179	−0.03±j7.185
−0.118±j7.464	−0.121±j7.464
−0.069±j7.884	−0.071±j7.886
0.124±j7.810	0.104±j7.817
−0.149±j8.027	−0.145±j8.026
−0.123±j8.669	−0.125±j8.668
−0.126±j8.739	−0.156±j8.699
−0.172±j8.867	−0.180±j8.866
−0.195±j9.585	−1.999±j9.583
−0.239±j9.627	−0.241±j9.64
−0.222±j10.02	−0.225±j10.03

表 9.8 是 9 机系统全阶模型与降阶模型转子摇摆模式计算结果。

表 9.8　9 机系统全阶模型与降阶模型转子摇摆模式计算结果

全 阶 模 型	降 阶 模 型
0.122±j4.039	0.134±j4.045
0.219±j5.721	0.229±j5.726
−0.287±j6.121	−0.286±j6.121
−0.065±j6.242	−0.057±j6.247
0.098±j6.305	0.099±j6.308
−0.031±j6.642	−0.031±j6.634
−0.076±j6.885	−0.076±j6.888
−0.402±j8.148	−0.402±j8.154

图 9.24（a）、（b）分别表示 18 机系统及 9 机系统全阶模型与降阶模型的时域响应。由于特征根 $\boldsymbol{\Lambda}_2$ 是与快衰减的模式相对应的，它们在 1s 以内对于时域响应起作用，而 1s 以后就由变化较慢的转子模式起支配作用，换句话说，降阶模型只在 1s 以后才能应用，所以为了与全阶模式比较，

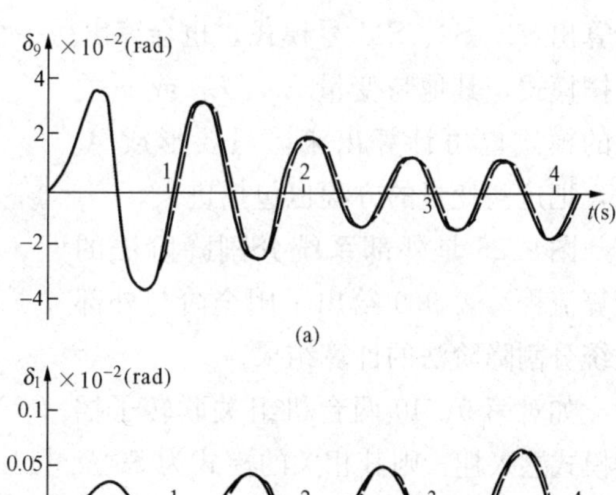

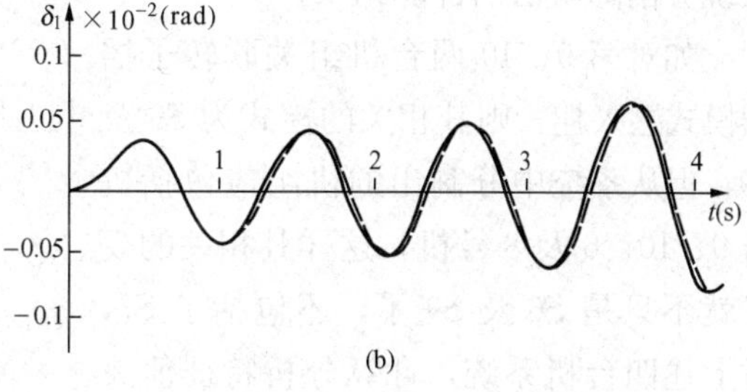

图 9.24　全阶模型与降低模型的时域响应

（a）18 机系统，扰动：$\Delta E_{fd9}=0.05$，$\Delta t=0.1$s；

（b）9 机系统，扰动：$\Delta E_{fd1}=0.05$，$\Delta t=0.1$s

——全阶；— — —降阶

采用了混合模型，它在1s以前用全阶模型，在1s以后用降阶模型计算时域响应，在1s时，降阶模型设置一个非零的起始值，其值正好等于全阶模型在$t=1s$的值，由计算结果可知，在1s以后，降阶模型与全阶模型非常接近，而在1s以前，降低模型误差较大，这一点是可以预见的，因为转子摇摆模式所对应的就是长过程。

4. 外部系统分割降阶算法

实际上它是从上述的二阶集结法引申出来的，这种方法主要是用来计算与某一个或某一些机组相关联的模式。因此那些与上述相关模式没有影响的机组的方程式就可以从模型中去掉，至于哪些机组方程可去掉，只要考察模式—机组关联特性就可以确定。

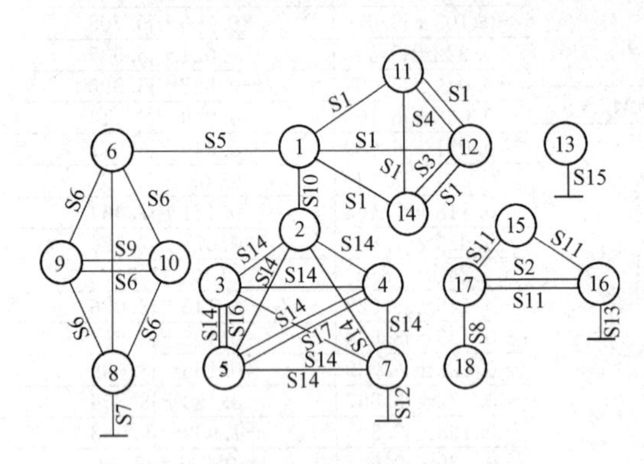

图9.25 18机系统的模式—机组关联特性

图9.25是用另一种方法表示18机系统的模式—机组关联特性，它是由表9.6灵敏度计算结果与事先定下的判据（例如当某一$\partial\delta/\partial G<r$，$r$为灵敏度矩阵中同一行最大值的10%，就将其略去）确定的，图中圆圈内的数字表示机组的编号，而在两台机圆圈之间连线则表示这两台机都与相同模式关联，线旁的数字代表模式的编号。例如，我们现在只关心第17号机组，由图可知转子摇摆模式S2、S11及S8与该机组相关，要计算上述这些模式，应包括第17、15、16及18号机组，而其他的14台机组的方程就可以去掉，因此可以立即形成只包括机组17、15、16及18的降阶模型$\mathbf{A}_s$，这个模型不仅计算出S2、S8、S11号模式，也会算出另一个只与16号机相关的S13号模式。不仅转子摇摆模式，其他与变量E'_q、E_{fd}或u_s关联的模式也可计算出来，只要形成$\mathbf{A}_s$时，把这些变量的方程也包括进去。

图9.26是外部系统分割降阶法的计算流程。表9.9给出了用全阶与外部系统分割降阶法的计算结果。

如对第9、10两台机组关联转子摇摆模式感兴趣，则其相关的模式为S6及S9，但从系统中分割出的机组应包括机组9、10、6及8号机，这样其相关的模式就不只是S6及S9了，还包括了S7，对上述四台机系统，计算分析特征值灵敏度，很容易把S6及S9挑拣出来。全阶的模型是72×72阶，而降阶后模型只有16×16阶。与9号、10号机组相关的模式（无稳定器）见表9.10。

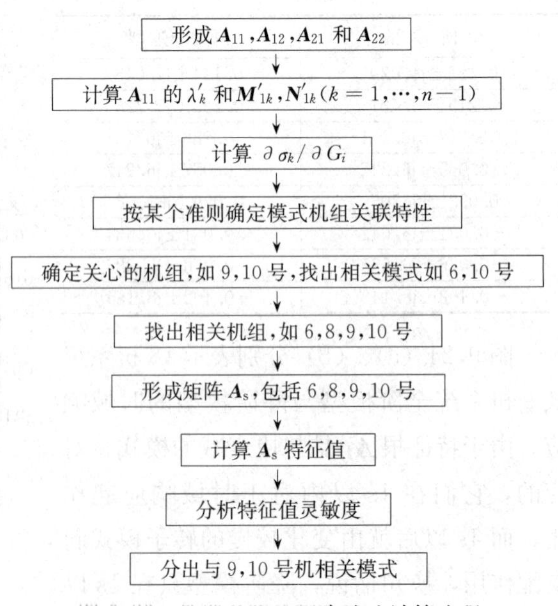

图9.26 外部系统分割降阶法计算流程

表 9.9　与 15～18 号机组相关模式的全阶与外部系统分割法的计算结果

模　式	全　阶	外部分割	模　式	全　阶	外部分割
S13	−0.123±j8.669	−0.124±j8.669	其他模式	−1.075±j1.886	−1.052±j1.849
S11	−0.069±j7.884	−0.071±j7.878		−0.192±j1.054	−1.156±j1.105
S8	−0.118±j7.464	−0.120±j7.463		−1.135±j1.377	−1.173±j1.369
S2	−0.109±j5.076	−0.131±j4.908		−1.135±j1.371	−1.136±j1.37

表 9.10　与 9 号、10 号机相关的模式（无稳定器）

模　式	全　阶	外部分割	模　式	全　阶	外部分割
S6	−0.051±j6.68	−0.050±j6.826	S9	+0.124±j7.816	+0.125±j7.816

为了改善系统的阻尼，在 9 号及 10 号机组上安装了电力系统稳定器，则全阶系统的模型变成 80×80 阶，而外部系统分割降阶模型为 24×24 阶，表 9.11 给出了与 9 号、10 号机相关的模式。

表 9.11　与 9 号、10 号机相关的模式（有稳定器）

模　式	全　阶	外部分割	模　式	全　阶	外部分割
S6	−0.556±j6.240	−0.578±j6.307	S9	−1.865±j7.583	−1.864±j7.584

集结二阶法与外部系统分割法之不同在于：前者是将一个 n 台机的系统降阶为 $2n\times 2n$ 阶的模型 $\mathbf{A}_r$，它可以计算出全系统所有的转子摇摆模式，因而用来分析及综合全系统的稳定性，而外部系统分割法，是计算与某个或某些机组相关的特征值，把与这些模式相关的机组从系统中分割出来，组成降阶模型。因为与任何模式相关的机组总是少数，所以这样组成的降阶模型阶数都较低，即使把机组的控制变量都加进去，仍然可以用 QR 法求解全部的特征值（包括转子摇摆模式在内），虽然两种方法都应用了模式—机组关联特性，但它们可以分开独立应用。

第 11 节　AESOPS　法

AESOPS 是“电力系统基本自发振荡的分析”（Analysis of Essentially Spontaneous Oscillations of Power System）的英文缩写，可以称之为转子摇摆模式迭代算法，该方法是首先在文献［9］上发表的。

为了求出与所选电机有关的转子摇摆模式，在第 m 台电机上输入一个正弦形式的外部转矩，用复数表示

$$\Delta M_m = (M_{mr} + \mathrm{j}M_{mi})\mathrm{e}^{(\sigma+\mathrm{j}\omega)t}$$

式中 $\sigma+\mathrm{j}\omega$ 是第一次特征值的估计值，在稳态的情况下，线性化系统中每一个变量偏差都具有与外加转矩相同的频率及衰减率。系统复频率响应可通过将第一次特征值的估计值代入后得到的代数方程式来计算，该响应提供了新的特征值估计值的信息，这个过程一直持续到连续两次的估计值收敛到期望的误差之内，所获得的模式就是与该机组关联最强

的模式，如果该台电机与几个模式都强相关，则收敛到其中哪一个模式，取决于初始的估计值。

如将这个方法应用到每一台电机，则可以得到所有相关的转子摇摆模式。

特征值的算法是由单机无穷大系统的转子运动线性化方程导出的

$$T_J \frac{d\Delta\omega}{dt} = \Delta M_m - \Delta M_e = \Delta M_m - (M_S \Delta\delta + M_D \Delta\omega) \tag{9.295}$$

式中，M_S及M_D为同步电机同步及阻尼转矩系数，它们都是时间的函数。

对式（9.295）取拉普拉斯变换

$$\begin{aligned} T_J s \Delta\omega &= \Delta M_m - \left[M_S(s) \frac{\Delta\omega}{s} + M_D(s) \Delta\omega \right] \\ \Delta M_m &= \left[T_J s + M_D(s) + \frac{M_S(s)}{s} \right] \Delta\omega \end{aligned} \tag{9.296}$$

系统的特征值由式（9.297）确定

$$T_J s + M_D(s) + \frac{M_S(s)}{s} = 0 \tag{9.297}$$

这意味着，当s等于特征值且$\Delta\omega$不为零时，将迫使ΔM_m为零，或者反过来说，即使输入转矩幅值接近零或等于零，而它的复频率接近特征值时，$\Delta\omega$可以为无限值，因此在计算中，最好限制系统变量振荡的幅值，设发电机的复数速度偏差为1.0＋j0.0标幺，在这个约束下求出外加扰动转矩的幅值，当迭代收敛时，外加转矩趋于零，这就表明此时的复频域值$\sigma + j\omega$已无限接近所求系统的特征值。

用牛顿—拉夫逊的迭代法，算法如下

设
$$y = f(x) \tag{9.298}$$

先用初值$x = x_0$代入，得$y_0 = f(x_0)$

再求出$y' = f'(x)$并用x_0代入，得到$f'(x_0)$

则
$$y' = y_0 + f'(x_0)\Delta x \tag{9.299}$$

其中，Δx为每一次迭代的步长。

用迭代法去求特征值，需要求出ΔM_m对s的微分，从式（9.296）可得

$$\frac{\partial \Delta M_m}{\partial s} = \left[T_J + \frac{\partial M_D(s)}{\partial s} + \frac{1}{s} \frac{\partial M_S(s)}{\partial s} - \frac{M_S(s)}{s^2} \right] \Delta\omega \tag{9.300}$$

从式（9.297）我们有
$$\frac{M_S(s)}{s^2} + \frac{M_D(s)}{s} = -T_J \tag{9.301}$$

如$M_D(s)$可以略去，则
$$\frac{M_S(s)}{s^2} = -T_J \tag{9.302}$$

因此
$$\frac{\partial \Delta M_m}{\partial s} \approx \left[2T_J + \frac{\partial M_D(s)}{\partial s} + \frac{1}{s} \frac{\partial M_S(s)}{\partial s} \right] \Delta\omega \tag{9.303}$$

$\frac{\partial M_D(s)}{\partial s}$及$\frac{\partial M_S(s)}{\partial s}$与$2T_J$相比，可以略去，因而有

$$\frac{\partial M_m}{\partial s} \approx 2T_J \Delta\omega \tag{9.304}$$

特征值的第 $n+1$ 次迭代结果与第 n 次迭代结果有如下关系

$$s_{n+1}=s_n-\frac{\Delta M_m(s)}{\left.\frac{\partial\,\Delta M_m}{\partial\,s}\right|_{s=s_n}}=s_n-\left.\frac{\Delta M_m(s)}{2T_J\Delta\omega}\right|_{s=s_n} \tag{9.305}$$

式中，$T_J\Delta\omega$ 是被加扰动电机的动量。

对于只有一个模式与该机组关联的情况，经过上述迭代，误差会逐步缩小，收敛到一个转子摇摆模式，但当该机与多个模式关联，则迭代过程特征值变化太大，这时前面的假定 $\frac{\partial\,M_D(s)}{\partial\,s}$ 及 $\frac{\partial\,M_S(s)}{\partial\,s}$ 可略去就不适用了。这时用一个修正的动量值来计算 s_{n+1} ，该修正动量是基于一个等值惯量，而这个惯量乘以受扰电机速度变化的平方等于所有电机速度变化相应的动能之和，该等值惯量为下式所定义

$$T_{Je}=\sum_{i=1}^{N_m}T_{ji}\mid\Delta\omega_i\mid^2/\omega_0 \tag{9.306}$$

式中 N_m 为机组的台数。

用 T_{Je} 代替（9.305）中的 T_J，则

$$s_{n+1}=s_n-\left|\frac{\Delta M_m(s)}{2T_{Je}\Delta\omega}\right| \tag{9.307}$$

按前面所述，$\Delta\omega$ 设置为 1.0+j0.0 标幺，则

$$s_{n+1}=s_n-\frac{\Delta M_m(s_n)}{2T_{Je}} \tag{9.308}$$

式（9.308）即为求复数共轭特征值的迭代公式，但是我们还缺 $\Delta M_m(s)$ 的值，前面已说明 $\Delta M_m(s)$ 的约束为：当 s 等于特征值，$\Delta M_m(s)$ 应使得被扰电机的速度偏差为 ω_0 +j0 rad/s，而其他电机的速度偏差为 $\Delta\omega_i$ ，因此它需要用式（9.11）～式（9.13）系统的基本方程式来求出

$$\Delta\dot{\boldsymbol{x}}=\boldsymbol{A}_D\Delta\boldsymbol{x}+\boldsymbol{B}_D\Delta\boldsymbol{U}$$

$$\Delta\boldsymbol{i}=\boldsymbol{C}_D\Delta\boldsymbol{x}-\boldsymbol{Y}_D\Delta\boldsymbol{U}$$

及

$$\Delta\boldsymbol{i}=\boldsymbol{Y}_N\Delta\boldsymbol{U}$$

由式（9.11）对每一个动态元件及任何的复频率 s，可写成 $s\boldsymbol{x}_i=\boldsymbol{A}_i\boldsymbol{x}_i+\boldsymbol{B}_i\Delta\boldsymbol{U}$

改写后成为

$$\boldsymbol{x}_i=(s\boldsymbol{I}-\boldsymbol{A}_i)^{-1}\boldsymbol{B}_i\Delta\boldsymbol{U} \tag{9.309}$$

代入式（9.12）得

$$\Delta\boldsymbol{i}_i=\boldsymbol{C}_i(s\boldsymbol{I}-\boldsymbol{A}_i)^{-1}\boldsymbol{B}_i\Delta\boldsymbol{U}-\boldsymbol{Y}_i\Delta\boldsymbol{U}=-\boldsymbol{Y}_{ie}(s)\Delta\boldsymbol{U} \tag{9.310}$$

其中

$$\boldsymbol{Y}_{ie}(s)=[\boldsymbol{Y}_i-\boldsymbol{C}_i(s\boldsymbol{I}-\boldsymbol{A}_i)^{-1}\boldsymbol{B}_i]=[\boldsymbol{Y}_i-\boldsymbol{C}_i\boldsymbol{M}_i(s\boldsymbol{I}-\boldsymbol{\Lambda}_i)^{-1}\boldsymbol{M}_i^{-1}\boldsymbol{B}_i] \tag{9.311}$$

式中，$\boldsymbol{\Lambda}_i$ 为动态元件 $\boldsymbol{A}_i$ 特征值对角矩阵；$\boldsymbol{M}_i$ 为对应的右特征向量。

由于 $(s\boldsymbol{I}-\boldsymbol{\Lambda}_i)$ 是对角矩阵，故 $\boldsymbol{Y}_{ie}$ 的计算得以简化。

对于加扰动的电机 k，当加入外部扰动 ΔM_m 以后，系统的方程可表示为

$$\begin{bmatrix}\Delta\dot{\boldsymbol{\omega}}\\ \Delta\dot{\boldsymbol{\delta}}\\ \dot{\boldsymbol{x}}_r\end{bmatrix}=\begin{bmatrix}\boldsymbol{a}_{11} & \boldsymbol{a}_{12} & \boldsymbol{a}_{1r}\\ \boldsymbol{\omega}_0 & \boldsymbol{0} & \boldsymbol{0}\\ \boldsymbol{a}_{r1} & \boldsymbol{a}_{r2} & \boldsymbol{A}_{rr}\end{bmatrix}\begin{bmatrix}\Delta\boldsymbol{\omega}\\ \Delta\boldsymbol{\delta}\\ \Delta\boldsymbol{x}_r\end{bmatrix}+\begin{bmatrix}\boldsymbol{b}_1\\ \boldsymbol{0}\\ \boldsymbol{B}_r\end{bmatrix}\Delta\boldsymbol{U}+\begin{bmatrix}\frac{\boldsymbol{\omega}_0}{\boldsymbol{T}_J}\\ \boldsymbol{0}\\ \boldsymbol{0}\end{bmatrix}\Delta\boldsymbol{M}_m \tag{9.312}$$

$$\Delta \boldsymbol{i}_k = [\boldsymbol{C}_1 \quad \boldsymbol{C}_2 \quad \boldsymbol{C}_r]\begin{bmatrix}\Delta\boldsymbol{\omega}\\ \Delta\boldsymbol{\delta}\\ \Delta\boldsymbol{x}_r\end{bmatrix} - \boldsymbol{Y}_k \Delta \boldsymbol{U} \tag{9.313}$$

其中，$\boldsymbol{x}_r$ 为除 $\Delta\boldsymbol{\omega}$ 、$\Delta\boldsymbol{\delta}$ 以外电机的所有状态变量的向量。在 $\Delta\omega = 1.0 + \mathrm{j}0.0$ 的约束条件下，$\Delta\delta = \omega_0 / s$ 。

式（9.313）及式（9.312）中，用 $\Delta\boldsymbol{\omega} = \boldsymbol{\omega}_0$ 消去 $\Delta\boldsymbol{\delta}$ 及 $\Delta\boldsymbol{x}_r$ 并重新整理，可得 $\Delta\boldsymbol{M}_m$ 及 $\Delta\boldsymbol{i}_k$ 的表达式

$$\begin{aligned}\Delta\boldsymbol{M}_m = \boldsymbol{T}_\mathrm{J}\left[s - \boldsymbol{a}_{11} - \frac{\boldsymbol{a}_{12}\omega_0}{s} - \boldsymbol{a}_{1r}(s\boldsymbol{I} - \boldsymbol{A}_{rr})^{-1}\left(\boldsymbol{a}_{r1} + \frac{\boldsymbol{a}_{r2}\omega_0}{s}\right)\right]\\ - \boldsymbol{T}_\mathrm{J}[b_1 + \boldsymbol{a}_{1r}(s\boldsymbol{I} - \boldsymbol{A}_{rr})^{-1}\boldsymbol{B}_r]\Delta\boldsymbol{U}\end{aligned} \tag{9.314}$$

$$\Delta\boldsymbol{i}_k = \Delta\boldsymbol{I}_{k\mathrm{e}}(s) - \boldsymbol{Y}_{k\mathrm{e}}(s)\Delta\boldsymbol{U} \tag{9.315}$$

其中

$$\Delta\boldsymbol{I}_{k\mathrm{e}}(s) = \left[\boldsymbol{C}_1 + \frac{\boldsymbol{C}_2\omega_0}{s} + \boldsymbol{C}_r(s\boldsymbol{I} - \boldsymbol{A}_{rr})^{-1}\left(\boldsymbol{a}_{r1} + \frac{\boldsymbol{a}_{r2}\omega_0}{s}\right)\right] \tag{9.316}$$

$$\boldsymbol{Y}_{k\mathrm{e}}(s) = \boldsymbol{Y}_k - \boldsymbol{C}_r(s\boldsymbol{I} - \boldsymbol{A}_{rr})^{-1}\boldsymbol{B}_r \tag{9.317}$$

在式（9.316）、式（9.317）中，也可以像式（9.311）一样，将 $(s\boldsymbol{I} - \boldsymbol{A}_{rr})^{-1}$ 用 $\boldsymbol{M}_r(s\boldsymbol{I} - \boldsymbol{\Lambda}_r)\boldsymbol{M}_r^{-1}$ 来代替，以简化计算。

注入网络中的电流除了受扰动的电机外，还应包括其他的电机及动态元件，它们分别是用式（9.313）及式（9.310）来表示的。

如果用下标 D 代表动态元件节点，L 代表静态负荷节点，即无动态元件节点，则网络方程可以写成

$$\begin{bmatrix}\Delta\boldsymbol{i}_\mathrm{D}\\ \boldsymbol{0}\end{bmatrix} = \begin{bmatrix}\boldsymbol{Y}_\mathrm{DD} & \boldsymbol{Y}_\mathrm{DL}\\ \boldsymbol{Y}_\mathrm{LD} & \boldsymbol{Y}_\mathrm{LL}\end{bmatrix}\begin{bmatrix}\Delta\boldsymbol{U}_\mathrm{D}\\ \Delta\boldsymbol{U}_\mathrm{L}\end{bmatrix} \tag{9.318}$$

把受扰电机的注入电流式（9.315）及其他电机的注入电流式（9.310）合成一起，再与网络方程合并，可得

$$\begin{bmatrix}\Delta\boldsymbol{I}_\mathrm{De}(s)\\ \boldsymbol{0}\end{bmatrix} = \begin{bmatrix}\boldsymbol{Y}_\mathrm{DD} + \boldsymbol{Y}_\mathrm{De}(s) & \boldsymbol{Y}_\mathrm{DL}\\ \boldsymbol{Y}_\mathrm{LD} & \boldsymbol{Y}_\mathrm{LL}\end{bmatrix}\begin{bmatrix}\Delta\boldsymbol{U}_\mathrm{D}\\ \Delta\boldsymbol{U}_\mathrm{L}\end{bmatrix} \tag{9.319}$$

其中，$\boldsymbol{Y}_\mathrm{De}(s)$ 为动态元件的等值导纳矩阵 $\boldsymbol{Y}_{i\mathrm{e}}(s)$ 的对角矩阵；$\Delta\boldsymbol{I}_\mathrm{De}(s)$ 为全部动态元件的注入电流向量，其中对应于受扰电机的元素为非零，由式（9.316）决定。

由式（9.319）可求得节点电压 ΔU ，但网络矩阵阶数很高，不过很稀疏，可以用网络求解技术减小计算工作量。

AESOPS 计算步骤如下：

（1）选定要加扰动的电机，求与该电机相关的模式，并构成 $\boldsymbol{A}_i$ 、$\boldsymbol{B}_i$ 、$\boldsymbol{C}_i$ 、$\boldsymbol{Y}_i$ ，因为这时 $\boldsymbol{A}_i$ 阶数很低，用 QR 法求出特征值及特征向量，以此作为初始值。

（2）让 s 等于上述步骤得到的特征值初始值。

（3）用式（9.316）及式（9.317）计算受扰电机相关的 $\Delta\boldsymbol{I}_{k\mathrm{e}}(s)$ 及 $\boldsymbol{Y}_{k\mathrm{e}}(s)$ ，用式

(9.311) 计算其他动态元件的 $\boldsymbol{Y}_{ie}(s)$ 。

(4) 用式 (9.319) 计算节点电压 $\Delta\boldsymbol{U}$ 。

(5) 用式 (9.314) 计算受扰电机 ΔM_m ，用式 (9.309) 计算所有电机的 $\Delta\omega$ 。

(6) 用式 (9.306) 计算 T_{Je} 。

(7) 用 (9.308) 计算 s 的下一个次迭代的估计值。

(8) 如果迭代两次后的 Δs 小于预定值，计算停止，否则转到第 3 步继续计算。

求取转子摇摆模式的过程只包含了对式 (9.319) 这个代数方程的求解，不需要形成全系统的状态矩阵，只要形成每个动态元件的状态方程。

为了求得所有转子摇摆模式，必须进行大量的搜索计算，由于要求的模式依赖于初始值的选取，所以不一定能获得系统中阻尼小的所有模式，它比较适用于当系统条件改变后，跟踪某些特定的模式，或者说，使用此方法的人，需要对系统的特性有一些先验的知识。

在 AESOPS 算法中，由第 5 步决定所有电机的 $\Delta\omega$ 时，即直接给出了相应的右特征向量，左特征向量是由式 (9.11) ～式 (9.13) 转置所得的下述的模型计算的

$$\dot{\boldsymbol{y}} = \boldsymbol{A}_D^T\boldsymbol{y} + \boldsymbol{C}_D^T\Delta\boldsymbol{U}$$

$$\Delta\boldsymbol{j} = \boldsymbol{B}_D^T\boldsymbol{y} - \boldsymbol{Y}_D^T\Delta\boldsymbol{U}$$

$$\Delta\boldsymbol{j} = \boldsymbol{Y}_D^T\Delta\boldsymbol{U}$$

当应用上述模型时，它将收敛到系统特征值及左特征向量，如果初始值给得接近最终收敛值时，一次迭代即可收敛到左特征向量。

应用 AESOPS 法计算大型电力系统的实例，将在下一节中与 Arnoldi 法一块给出。

第 12 节　改进的 Arnoldi 法

Arnoldi 法最早是在文献 [10] 中提出来的，但原始形式的数值收敛性不好，后来文献 [11] 将其改进。文献 [12] 将其应用到电力系统中，以解决大规模电力系统计算特征值的困难。

改进的 Arnoldi 法实际是一种降阶法，它把高阶的矩阵 $\boldsymbol{A}$ 转化成一个上三角矩阵，该矩阵称为海森博格 (**Hessenberg**) 矩阵，它可以表示为

$$\boldsymbol{A}\boldsymbol{V}_m = \boldsymbol{V}_m\boldsymbol{H}_m + \boldsymbol{h}_{m+1,m}\boldsymbol{v}_{m+1}\boldsymbol{e}_m^T \qquad i = 1,\cdots,m \tag{9.320}$$

其中 $\boldsymbol{m}$ 为降阶后预定的海森博格矩阵阶数。

$$\boldsymbol{V}_m = [\boldsymbol{v}_1 \quad \cdots \quad \boldsymbol{v}_m] \tag{9.321}$$

$$\boldsymbol{H}_m = \begin{bmatrix} h_{1,1} & h_{1,2} & \cdots & h_{1,m} \\ h_{2,1} & h_{2,2} & \cdots & h_{2,m} \\ \vdots & \vdots & \cdots & \vdots \\ 0 & \cdots & h_{m,m-1} & h_{m,m} \end{bmatrix} \tag{9.322}$$

$$\boldsymbol{e}_m^{\mathrm{T}} = [0 \quad \cdots \quad 0 \quad 1] \tag{9.323}$$

式（9.320）也可写成下述形式

$$h_{i+1,i}\boldsymbol{v}_{i+1} = \boldsymbol{A}\boldsymbol{v}_i - \sum_{j=1}^{i}\boldsymbol{h}_{j,i}\boldsymbol{v}_j \qquad i = 1,\cdots,m \tag{9.324}$$

$$\boldsymbol{h}_{j,i} = \boldsymbol{v}_j^H\boldsymbol{A}\boldsymbol{v}_i$$

式中，$\boldsymbol{v}_1$ 是任意初始向量，满足 $\|\boldsymbol{v}_1\|_2 = 1$；$h_{i+1,i}$ 是使 $\|\boldsymbol{v}_1\|_2 = 1$ 的标量因子；$\boldsymbol{H}$ 代表共轭转化量；$\boldsymbol{m}$ 为海森博格矩阵预定阶数。

式（3.322）中 $\boldsymbol{H}_m$ 是上三角海森博格矩阵，理想情况下，由式（9.324）得到的向量序列 $\boldsymbol{v}_i$ 是规格化正交的，如果 $m = N$（N 为 $\boldsymbol{A}$ 矩阵阶数），就有

$$\boldsymbol{h}_{N+1,N} = 0 \tag{9.325}$$

因此式（9.320）变成

$$\boldsymbol{A}\boldsymbol{V}_N = \boldsymbol{V}_N\boldsymbol{H}_N \tag{9.326}$$

换句话说，$\boldsymbol{A}$ 矩阵转化为上三角矩阵 $\boldsymbol{H}_N$，$\boldsymbol{H}_N$ 的特征值就是 $\boldsymbol{A}$ 的特征值。

在式（9.320）中，当 $m \ll N$，可以略去等式右边第二项，于是

$$\boldsymbol{A}\boldsymbol{V}_m \approx \boldsymbol{V}_m\boldsymbol{H}_m \tag{9.327}$$

阶数很低的 $\boldsymbol{H}_m$ 的特征值是属于 $\boldsymbol{A}$ 特征值的子集。而 $\boldsymbol{A}$ 的近似的特征向量可由下式求出

$$\boldsymbol{W} = \boldsymbol{V}_m\boldsymbol{P} \tag{9.328}$$

式中，$\boldsymbol{P}$ 为 $\boldsymbol{H}_m$ 的 $m \times m$ 阶右模态矩阵，为了改进计算 $\boldsymbol{A}$ 的特征值的准确度，上述步骤可用一个从 $\boldsymbol{V}_m$ 的列的线性组合导出的初始值 $\boldsymbol{v}_1^{new}$ 进行迭代

$$\boldsymbol{v}_1^{new} = \sum_{i=1}^{m}\alpha_i\boldsymbol{v}_i \tag{9.329}$$

式中，α_i 可从 H_m 的模态矩阵得到[12]。

为了保证 $\boldsymbol{v}_i$ 在每一步迭代后的正交性，在每一步迭代后都进行重新正交化。

这个方法的特点之一是，$\boldsymbol{H}_m$ 的特征值通常收敛到 $\boldsymbol{A}$ 的具有最大（和最小）模的特征值，因此如果在预定的点 λ_{t} 处特征值是所期望的，就设置下列变换

$$\boldsymbol{A}_{\mathrm{t}} = (\boldsymbol{A} - \lambda_1\boldsymbol{I})^{-1} \tag{9.330}$$

它可以使 $\boldsymbol{A}$ 的特征值更接近 λ_{t}，这是因为

$$\lambda_{\mathrm{t}i} = \frac{1}{\lambda_i - \lambda_{\mathrm{t}}} \tag{9.331}$$

式中，λ_i 是矩阵 $\boldsymbol{A}$ 的特征值，而 $\lambda_{\mathrm{t}i}$ 是 $\boldsymbol{A}_{\mathrm{t}}$ 的特征值。

为了找到靠近 λ_{t} 的 $\boldsymbol{A}$ 的一组特征值，可以代之采用 $\boldsymbol{A}_{\mathrm{t}}$ 去求解。

应当指出，用 $\boldsymbol{A}$ 来进行的唯一运算，就是矩阵与向量的相乘，即在式（9.324）中的 $\boldsymbol{A}\boldsymbol{v}_1$，或者说是求解下列方程式

$$(\boldsymbol{A}-\lambda_{\mathrm{t}}\boldsymbol{I})\boldsymbol{u}_i=\boldsymbol{v}_i \tag{9.332}$$

式（9.324）可以用 $\boldsymbol{u}_i$ 表示成

$$h_{i+1,i}\boldsymbol{v}_{i+1}=\boldsymbol{u}_i-\sum_{j=1}^{i}h_{j,i}\boldsymbol{v}_j \quad i=1,\cdots,m \tag{9.333}$$

$\boldsymbol{H}_m$ 中上三角元素变为

$$h_{j,i}=\boldsymbol{v}_j^H\boldsymbol{u}_i \qquad j\leqslant i \tag{9.334}$$

式（9.11）～式（9.13）是分析小干扰稳定性的基本方程式，经过处理可得最终的状态方程式

$$\Delta\dot{\boldsymbol{x}}=\boldsymbol{A}\Delta\boldsymbol{x}$$

其中 $\boldsymbol{A}$ 可表示为

$$\boldsymbol{A}=\boldsymbol{A}_{\mathrm{D}}+\boldsymbol{B}_{\mathrm{D}}(\boldsymbol{Y}_{\mathrm{N}}+\boldsymbol{Y}_{\mathrm{D}})^{-1}\boldsymbol{C}_{\mathrm{D}}$$

代入式（9.332）可得

$$(\boldsymbol{A}_{\mathrm{D}}-\lambda_{\mathrm{t}}\boldsymbol{I})\boldsymbol{u}_i+\boldsymbol{B}_{\mathrm{D}}(\boldsymbol{Y}_{\mathrm{N}}+\boldsymbol{Y}_{\mathrm{D}})^{-1}\boldsymbol{C}_{\mathrm{D}}\boldsymbol{u}_i=\boldsymbol{v}_i \tag{9.335}$$

设

$$\boldsymbol{q}_i=(\boldsymbol{Y}_{\mathrm{N}}+\boldsymbol{Y}_{\mathrm{D}})^{-1}\boldsymbol{C}_{\mathrm{D}}\boldsymbol{u}_i \tag{9.336}$$

则有

$$(\boldsymbol{A}_{\mathrm{D}}-\lambda_{\mathrm{t}}\boldsymbol{I})\boldsymbol{u}_i+\boldsymbol{B}_{\mathrm{D}}\boldsymbol{q}_i=\boldsymbol{v}_i \tag{9.337}$$

经整理变成

$$\boldsymbol{C}_{\mathrm{D}}\boldsymbol{u}_i-(\boldsymbol{Y}_{\mathrm{N}}+\boldsymbol{Y}_{\mathrm{D}})\boldsymbol{q}_i=\boldsymbol{0} \tag{9.338}$$

将式（9.337）、式（9.338）合并写成矩阵形式

$$\begin{bmatrix}\boldsymbol{A}_{\mathrm{D}}-\lambda_{\mathrm{t}}\boldsymbol{I} & \boldsymbol{B}_{\mathrm{D}}\\ \boldsymbol{C}_{\mathrm{D}} & -(\boldsymbol{Y}_{\mathrm{N}}+\boldsymbol{Y}_{\mathrm{D}})\end{bmatrix}\begin{bmatrix}\boldsymbol{u}_i\\ \boldsymbol{q}_i\end{bmatrix}=\begin{bmatrix}\boldsymbol{v}_i\\ \boldsymbol{0}\end{bmatrix} \tag{9.339}$$

总结以上的推导，可得改进的 Arnoldi 法的迭代计算步骤如下：

（1）形成动态元件的模型矩阵 $\boldsymbol{A}_i,\boldsymbol{B}_i,\boldsymbol{C}_i,\boldsymbol{Y}_i$。

（2）将 s 代以初选的特征值 λ_{t}，计算动态元件相应的导纳矩阵

$$\boldsymbol{Y}_{\mathrm{De}}(\lambda_{\mathrm{t}})=\boldsymbol{Y}_{\mathrm{D}}-\boldsymbol{C}_{\mathrm{D}}(\lambda_{\mathrm{t}}\boldsymbol{I}-\boldsymbol{A}_{\mathrm{D}})^{-1}\boldsymbol{B}_{\mathrm{D}} \tag{9.340}$$

（3）求解 $\boldsymbol{q}_i$

$$[\boldsymbol{Y}_{\mathrm{N}}+\boldsymbol{Y}_{\mathrm{De}}(\lambda_{\mathrm{t}})]\boldsymbol{q}_i=-\boldsymbol{C}_{\mathrm{D}}(\lambda_{\mathrm{t}}\boldsymbol{I}-\boldsymbol{A}_{\mathrm{D}})^{-1}\boldsymbol{v}_i \tag{9.341}$$

（4）计算 $\boldsymbol{u}_i$

$$\boldsymbol{u}_i=(\lambda_{\mathrm{t}}\boldsymbol{I}-\boldsymbol{A}_{\mathrm{D}})^{-1}(\boldsymbol{B}_{\mathrm{D}}\boldsymbol{q}_i-\boldsymbol{v}_i) \tag{9.342}$$

（5）用式（9.333）、式（9.334）中 $\boldsymbol{H}_m$ 相关元素计算 $\boldsymbol{v}_{i+1}$，其阶数 m 等于预定值。

（6）重复上述 3 至 5 步骤以形成完整的 $\boldsymbol{V}_m$ 及 $\boldsymbol{H}_m$。

（7）用 QR 法计算降阶后的 $\boldsymbol{H}_m$ 的特征值，如计算的特征值与预先设定的值误差足够小，则计算终止。否则用式（9.329）计算一个新的起始向量 $\boldsymbol{v}_1^{\mathrm{new}}$，并转入迭代的第 3 步作下次迭代。

用此方法还可以求出左右特征向量，右特征向量可由式（9.328）求出。

用 AESOPS 的算法求左特征向量，需将式（9.11）～式（9.13）转置，得到

$$\dot{\boldsymbol{y}}=\boldsymbol{A}_{\mathrm{D}}^{\mathrm{T}}y+\boldsymbol{C}_{\mathrm{D}}^{\mathrm{T}}\Delta\boldsymbol{u}$$

$$\Delta\boldsymbol{j}=\boldsymbol{B}_{\mathrm{D}}^{\mathrm{T}}y-\boldsymbol{Y}_{\mathrm{D}}^{\mathrm{T}}\Delta\boldsymbol{u}$$

及

$$\Delta\boldsymbol{j}=\boldsymbol{Y}_{\mathrm{N}}^{\mathrm{T}}\Delta\boldsymbol{u}$$

将 AESOPS 迭代算法用于上述模型，即可求出特征根及左特征向量。

改进的 Arnoldi 算法中，是用逆迭代法求左特征向量，只要用对应于所计算的 λ_t 及任意向量 $\boldsymbol{y}_0$，求解式（9.339）的转置

$$\begin{bmatrix} \boldsymbol{A}_D^T-\lambda_t\boldsymbol{I} & \boldsymbol{C}_D^T \\ \boldsymbol{B}_D^T & -(\boldsymbol{Y}_N+\boldsymbol{Y}_D)^T \end{bmatrix}\begin{bmatrix} \boldsymbol{y} \\ \boldsymbol{q} \end{bmatrix}=\begin{bmatrix} \boldsymbol{y}_0 \\ \boldsymbol{0} \end{bmatrix}$$

一般只需一次迭代即可求出左特征向量。

加拿大安大略省电力局（Ontario Hydro）在美国电力科学研究院（Electric Power Research Institute，简称 EPRI）的资助下，将上述 AESOPS 及改进的 Arnoldi 法实用化，发展了一套软件包称为 PEALS（Program for Eigenvalue Analysis of Large Systems），它包括了上述两种方法用以计算大规模电力系统[20]，下面是计算用的三个系统的规模，见表 9.12，系统联络线模式计算结果见表 9.13。

表 9.12 计 算 用 系 统

	系统 1	系统 2	系统 3		系统 1	系统 2	系统 3
母线数	1368	3732	10546	直流输电数	0	7	15
详细模型发电机数	18	725	1036	SVC 数	0	5	10
经典模型发电机数	76	130	61	总阶数	366	7195	13475

表 9.13 系统联络线模式计算结果

模　式	全阶模型	AESOPS 法	改进 Arnoldi 法
1	$-0.122\pm j1.65$	$-0.121\pm j1.65$	$-0.121\pm j1.65$
2	$-0.117\pm j3.073$	$-0.117\pm j3.073$	$-0.117\pm j3.073$
3	$-0.276\pm j5.215$	$-0.276\pm j5.212$	$-0.276\pm j5.212$

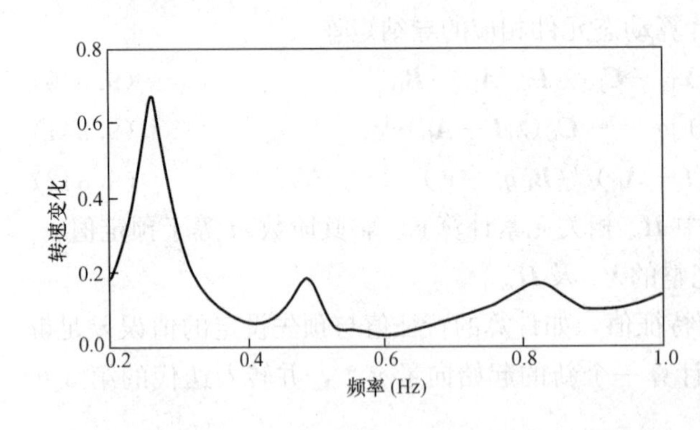

图 9.27 某核能发电机的转速对机械转矩的频率响应曲线

图 9.27 是某核能发电机的转速对机械转矩的频率响应曲线，该响应曲线是用 AESOPS 法计算出来的，由图可见在频率 0.26、0.49、0.82Hz 出现突变（共振），它们正好对应于上面的三个联络线模式。

表 9.14 是系统 2 中两个低频振荡模式计算结果。

系统 3 的规模很大，采用改进 Arnoldi 法可自动在 0.1～0.8Hz 之间对应的 s 平面上对 15 个均匀布置的点进行搜索，所获得的特征值有几个是重复的，不同的特征值共有 20 个，经过用参与因子的分析，可知其中 9 个是联络线模式。

表 9.14 系统 2 中两个低频振荡模式计算结果

模　式	AESOPS	改进 Arnoldi	模　式	AESOPS	改进 Arnoldi
1	$-0.057\pm j3.886$	$-0.056\pm j3.886$	2	$-0.163\pm j4.317$	$0.164\pm j4.318$

系统 3 中两个低频振荡模式计算结果见表 9.15。

表 9.15　　系统 3 中两个低频振荡模式计算结果

模　式	AESOPS 初值	AESOPS 收敛值	改进 Arnoldi
1	0.0±j1.5	−0.051±j1.543	−0.050±j1.542
2	0.0±j2.3	−0.061±j2.24	−0.057±j2.237

从上面计算结果来看，两种方法都可以应用于大规模电力系统，计算结果是非常相近的，AESOPS 法的收敛性不如 Arnoldi 法，它对初值选取非常敏感，且只能获得与加干扰机组相关的转子摇摆模式，而 Arnoldi 法可获得预先确定的点附近的 5 个以下模式，它可能是转子摇摆模式，也可能是其他模式。

第 13 节　基于同调法的动态等值

同调法又称同摆法，它是基于这样一个事实，即系统受到扰动后，系统内机组会分成几群，在每一群内，各机组基本上是同摆的，如果我们能够鉴别出哪些机组是同摆的，则就可以把这些机组等值成一台机，从而使系统得到简化。这个方法本来是用于简化大系统暂态稳定的计算，许多研究表明，简化后的系统，在一定的条件下，其暂态稳定极限与未简化系统相差不大。本书作者，为了给在线安全分析提供一个可操作的系统模型，曾经用上述动态等值方法，将一个实际的有 1304 台机、5466 条母线系统，经过三次等值，简化为一个只有 68 台机、636 条母线的系统，计算比较说明，由第一摆决定的暂态稳定极限与不简化系统相差在 5%以内。但是后续振荡中，阻尼特性就相差得多，这主要是因为在作同摆等值时，外部系统简化过多。

文献［19］将基于同摆法的动态等值应用到小干扰稳定分析中去，是处理小干扰稳定分析中“矩阵灾难”的另一条思路。现在先来介绍基于同摆法的动态等值法。

鉴别发电机同摆的方法有以下三种：

(1) 弱联系鉴别法。分析发电机之间联系的矩阵的系数，如果发电机之间耦合系数按一定原则判断为高的话，则认为这些机组是属于同摆机群[26]。

(2) 双时标鉴别法。系统的动态过程可分成快、慢两种时标过程，其中慢过程，也就是低频模式对应的过程，是由两组机组通过弱联络线产生的，因此只要算出这个模式下各机组的右特征向量，就可以鉴别同摆机组[27]。

(3) 时域模拟法。用暂态稳定计算对于某个最关心或最关键的故障的时域响应，按照一定的准则，例如在过程中发电机间功角差小于 15°，就可以把同摆机组选出来。

确定了同摆的机组，下一步要把这些机组集合成一个或几个等值机，它们可以具备两种不同的模型：

(1) 经典模型。同摆发电机集结成一个等值的经典模型发电机，其惯量为各台同摆机之和，其暂态电抗等于各台机暂态电抗并联。

(2) 详细模型。如果同摆的机组中有一些或全部为相似的控制系统，则等值机的详细模型是用拟合的方法求出来的，用最小二乘法拟合它的频率特性，用时域响应拟合其非线性，这样等值机就具备了等值的励磁机、稳定器、调速器等。再下一步就是网络的简化，等值的机组接入后，要满足潮流的平衡，并自动消去可消去的母线，以使网络具备稀疏性。

在鉴别同摆机组的方法中，常用的是时域模拟计算法，它需要事先确定所关心或说需详细研究的区域，一般对这个区域不作简化，在该区以外，进行等值、合并。但是可以事先定下要保留的重要的、大容量的、对所研究的现象起决定作用的机组、母线、线路等，一般离所研究所区域愈近的机组保留愈多，离得远的可以作更多的简化。由于控制对于是否同摆基本上没有影响，所以在很多情况下，时域模拟可采用经典模型，即不计入励磁等控制的作用，少数情况下，采用详尽模型会获得更准确的结果。在得到了等值机组及网络以后，对于保留的机组包括保留的区域内及区域外的，可以把它们的励磁，调速器等控制模型放回去，组成一个新的计算用模型。

文献[19]用两个实际的系统作为对象研究了同摆等值法在小干扰稳定性中的应用，这两个系统分别为美国西海岸加拿大—美国互联电力系统（西部系统）、美国东海岸加拿大—美国互联电力系统（东部系统），上述两个系统的规模见表9.16。

表9.16　东、西部系统的规模

系统	母线数	支路数	发电机数	系统	母线数	支路数	发电机数
西部	5326	9708	468	东部	11666	23300	1740

研究分析采用了美国电力研究院委托加拿大安大略省电力局研发的动态等值软件(Dynamic Reduction Program，简称DYNRED)，该软件具有比较强的功能，可以选择不同的鉴定同摆及模型集结的方法。下面分别介绍对西部及东部系统的研究结果。

1. 西部系统

为了更有效地分析西部系统中，位于北部的加拿大BC省电力系统的稳定性，所以在作动态等值时，要求保留BC省全部系统，以及与它相连的美国BPA系统邻近的部分，除了BPA系统的高压母线以外，对原模型的其他部分进行了简化。所得结果见表9.17。表中第一列为不同的同摆鉴别法—集结法，表中百分数是以原系统为基值。

表9.17　西部系统的不同等值系统

等值方法	母线数	支路数	发电机数
弱联系—经典	3027（57%）	6416（66%）	273（58%）
双时标—经典	3005（56%）	6349（65%）	267（57%）
时域模拟—经典	3326（62%）	6800（70%）	277（59%）
弱联系—详尽	3520（66%）	7020（72%）	361（77%）
双时标—详尽	3482（65%）	6981（72%）	356（76%）
时域模拟—详尽	3508（66%）	6979（72%）	367（78%）

用不同的方法求出来的等值系统，对最严重故障的暂态稳定决定的功率极限相差都在

2%～3%之内，时域的响应也很相近。小干扰稳定也有类似的情况，即鉴别同摆及集结方法的不同，特征根的计算结果是很相近的。以用弱联系—详尽模型法为例，表 9.18 给出 BC 省对其他区域的几个的计算结果模式。

表 9.18　　BC 省对其他区域的几个模式的计算结果

序　号	原　模　型		弱联系—详尽模型	
	振　频（Hz）	阻尼比	振　频（Hz）	阻尼比
1	0.29	0.160	0.30	0.180
2	0.47	0.10	0.49	0.094
3	0.62	0.056	0.61	0.055
4	0.78	0.041	0.76	0.085
5	0.80	0.092	0.81	0.083

由表 9.18 可见等值模型中除了 4 号模式以外，其他模式的阻尼比与原模型接近，特别是 3 号模式最靠近原型。

由原模型计算出来的模式 3 及模式 4 的右特征向量可知，这两个模式振荡的两侧机群及其地理分布，如图 9.28 所示，图中用+、−号来表示两侧的机群。

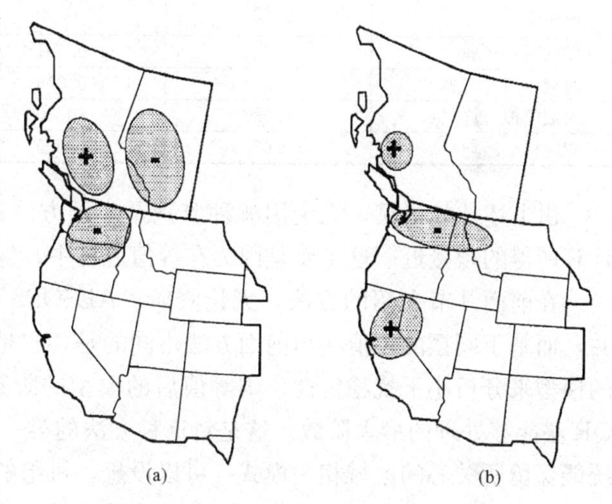

图 9.28　模式 3 及模式 4 的地理分布

(a) 模式 3；(b) 模式 4

由图 9.28 可见，3 号模式是 BC 省系统对其他所有系统的一种振荡，等值中保留了全部 BC 省系统，不作简化，因而在等值后系统里保存了该模式。4 号模式是 BC 省系统及西部系统中南端的机组对中部的一种振荡，简化中未保留该模式强相关的，位于西部系统最南端的及中部的几个发电机，因此等值后系统得到的 4 号模式的阻尼比与原系统相差一倍多。

为了使等值系统能计算出更准确的 4 号模式，文献［19］又作了另一次等值，在等值过程中保留了南端及中部的关键性的，也就是与 4 号模式强相关的机组，这样得到了一个 191 台发电机的等值系统，其中 15 台发电机是用详尽的模型，总阶数为 530。用该模型计算所得的 4 号模式的频率为 0.76Hz，阻尼比为 0.043，非常接近原模型的计算结果。

2. 东部系统

东部电力系统的版图从北部的加拿大安大略省向南经过纽约州、宾夕法尼亚州，一直到南部的福罗里达州，由东向西横过半个美国 。

从对这个系统的其他研究已知，它存在一个 0.6Hz 的弱阻尼模式，而与之强相关的是纽约州及宾夕法尼亚州，所以在作等值时，保留该两州的全部，而简化的其余系统则保留 120kV 及以上的母线。东部系统的不同等值系统见表 9.19。

表9.19 东部系统的不同等值系统

等值方法	母线数	支路数	发电机数
弱联系—经典	7407 (63%)	17945 (77%)	829 (48%)
时域模拟—经典	7551 (65%)	17658 (76%)	958 (55%)
时域模拟—详尽	7619 (65%)	17638 (76%)	1183 (68%)
双时标—经典	7387 (63%)	17850 (77%)	829 (48%)

采用上述等值的模型，在一种严重的运行方式下，计算所得的0.6Hz模式与原来模型所得的比较见表9.20。

表9.20 等值模型与原来模型的比较

等值方法	频率(Hz)	阻尼比	振荡性质
原系统	0.633	−0.001	纽约州西北部对西南部及宾夕法尼亚州
弱联系—经典	0.620	0.001	
时域模拟—经典	0.618	0.006	
时域模拟—详尽	0.632	−0.006	
双时标—经典	0.628	0.005	

由上述比较可见，无论用哪种鉴别及集结方法得出的模型，0.6Hz模式都与原系统计算所得的很接近。这主要是因为在等值过程中，保留了与该模式强相关的机组。

在前面几节介绍的方法，无论降阶、AESOPS及改进Arnoldi法，都没有将机组合并，而基于同摆的等值法与前面方法不同的是，它是靠机组合并来降阶的，如果用等值后的模型来分析小干扰稳定性，则等值后的模型的阶数，应小于目前计算A矩阵特征根的QR法能够处理的最大阶数。这是对这种方法的第一个要求。另一方面，要求等值后的系统能保留所关心的区域相关模式。可以设想，机组的合并必然要失去一些模式，如何做到所关心的模式，不会因机组合并而失去，最有效的方法就是保留与该模式强相关的机组。但是，如果对一个系统的动态特性，没有先验的知识，即不知道哪些模式是与所关心的区域强相关的，而这些模式跟区域外的那些机组强相关，如何确定保留哪些机组呢？先验的知识，可从分析原系统特征值得到，或者从分析系统的结构得到。例如中国电力系统，大区之间联络线比较薄弱，其他区中又存在着大型机组，如三峡、葛洲坝等，这对获得较理想的等值模型很有帮助。如果不能做到所关心的模式都包含在一个等值模型中，则只能像文献[19]中作西部系统等值那样，为某个特殊的模式，加工出一个对应的特殊模型。

从已有的经验来看，等值系统与原系统的比例大约在50%左右，原系统的动态特性基本上可以保留。

虽然为获得先验知识，可能要用到原来的全阶的模型，但是一旦等值模型求出来后，又证明它可以代替原模型作计算，则以后大量的计算分析，就可以节省时间，提高效率，是一种值得进一步研究并加以应用的方法。

第14节 模型传递函数的辨识及Prony分析法

为了进行大规模电力系统的分析，必须首先建立状态方程，前面已经说明，大规模电力系统状态方程式可能达到 30000 阶，严格说，它包含了 30000 个特征根，所以需要用降阶办法来求解系统中最关键、对稳定性起主要作用那些模式。下面提供的另一个办法就是从全阶模型中，根据输出/输入在扰动作用下的关系，抽取出线性化的低阶模型，这个方法也可根据实测的输出/输入的响应，得到相关的传递函数，以便设计控制器，这个办法的基础就是 Prony 分析（此方法于 1795 年提出，Prony 无特殊的含义，是提出此方法的学者的名字）。它是一种在傅里叶分析法基础上发展出来的，用以直接从时域响应中估算出模式的频率、阻尼、大小及相对相位。

Prony 分析可用来对暂态稳定程序输出进行分析及再加工，具体说它可以：

(1) 分析系统阻尼及参数影响。

(2) 通过灵敏度及动态行为分析，提供设置控制的定量信息。

(3) 提供模态相互作用机理的信息。

(4) 节省分析系统动态行为的时间。

假设在一个线性非时变系统中，输入一试验信号或扰动后，它的初始状态为当 $t_0=0$ 时，$\boldsymbol{x}(t_0)=\boldsymbol{x}_0$，而当 $t=t_0$ 时，撤销输入信号或扰动，在以后的过程再没有输入或扰动，那么系统的响应也就是零输入响应，由式（9.343）确定

$$\dot{\boldsymbol{x}}=\boldsymbol{A}\boldsymbol{x} \tag{9.343}$$

如设 λ_i、$\boldsymbol{M}_i$、$\boldsymbol{N}_i^{\mathrm{T}}$ 分别为 $\boldsymbol{A}$ 的特征值、右特征向量、左特征向量，并设新变量 $\boldsymbol{z}$ 为

$$\boldsymbol{x}=\boldsymbol{M}\boldsymbol{z} \tag{9.344}$$

代入式（9.343）

$$\dot{\boldsymbol{x}}=\boldsymbol{N}^{\mathrm{T}}\boldsymbol{A}\boldsymbol{M}\boldsymbol{z}=\boldsymbol{\Lambda}\boldsymbol{z} \tag{9.345}$$

$\boldsymbol{\Lambda}$ 为一对角矩阵，其对角元素为 λ_1，λ_2，…，λ_n。

$$\boldsymbol{N}^{\mathrm{T}}=\boldsymbol{M}^{-1}$$

式（9.344）代表 n 个解耦的一阶方程

$$\dot{z}_i=\lambda_i z_i \qquad (i=1,2,\cdots,n) \tag{9.346}$$

式（9.346）为一个简单的一阶微方程式，可写成

$$(s-\lambda_i)z_i=0 \tag{9.347}$$

其时间解为

$$z_i(t)=z_i(0)\mathrm{e}^{\lambda_i t} \tag{9.348}$$

$z_i(0)$ 为 z_i 的初始值，将 z_i 代入式（9.344）中，得

$$\boldsymbol{x}(t)=\boldsymbol{M}\boldsymbol{z}(t)=[\boldsymbol{M}_1\quad \boldsymbol{M}_2\quad \cdots\quad \boldsymbol{M}_n]\begin{bmatrix} z_1(t)\\ z_2(t)\\ \vdots\\ z_n(t)\end{bmatrix} \tag{9.349}$$

式（9.349）可写成

$$\boldsymbol{x}(t)=\sum_{i=1}^{n}\boldsymbol{M}_i z_i(0)\mathrm{e}^{\lambda_i t} \tag{9.350}$$

从式（9.349）可知

$$\boldsymbol{z}(t)=\boldsymbol{M}^{-1}\boldsymbol{x}(t)=\boldsymbol{N}^{\mathrm{T}}x(t) \tag{9.351}$$

这意味着 $$z_i(t) = \boldsymbol{N}_i^{\mathrm{T}} x_i(t) \tag{9.352}$$

当 $t=0$ 时 $$z_i(0) = \boldsymbol{N}_i^{\mathrm{T}} x_i(0) \tag{9.353}$$

最后，可得 $$\boldsymbol{x}(t) = \sum_{i=1}^{n} \boldsymbol{M}_i \boldsymbol{N}_i^{\mathrm{T}} x_i(0) \mathrm{e}^{\lambda_i t} = \sum_{i=1}^{n} \boldsymbol{R}_i x_i(0) \mathrm{e}^{\lambda_i t} \tag{9.354}$$

其中，$\boldsymbol{R}_i$ 是 $n \times n$ 留数矩阵。

如果我们只考虑一组输出量 $\boldsymbol{y}(t)$，它等于

$$\boldsymbol{y}(t) = \boldsymbol{Cx}(t) + \boldsymbol{Du}(t) \tag{9.355}$$

由于我们已假定外部输入 $\boldsymbol{u}(t) = \boldsymbol{0}$，所以

$$\boldsymbol{y}(t) = \boldsymbol{Cx}(t) = \sum_{i=1}^{n} \boldsymbol{CM}_i \boldsymbol{N}_i^{\mathrm{T}} \boldsymbol{x}(0) \mathrm{e}^{\lambda_i t} \tag{9.356}$$

Prony 法就是用下面的方程去拟合观察所得的 $\boldsymbol{y}(t)$ 以便直接估计式（9.354）或式（9.355）中的各个参数

$$\hat{\boldsymbol{y}} = \sum_{i=1}^{Q} \boldsymbol{A}_i \mathrm{e}^{\sigma_i t} \cos(2\pi f_i t + \phi_i) \tag{9.357}$$

在这个过程中还必须模拟信号中的噪声、变化趋势、偏置等现象。

若 $\boldsymbol{y}(t)$ 中包含了几个样本：$y(t_k) = y(k), k = 0, 1, \cdots, N-1$，这些样本均匀地分布在 Δt 时段内，求取 Prony 的解的简要步骤如下：

（1）构筑一个断续线性预测模型。

（2）求解上一步得到的线性预测模型的特征多项式的根；用上述步骤得到的根，当作信号的模式的复频率，然后确定该模式的幅值及初始相位。

所有这些步骤都是在 z 域内进行

$$\hat{\boldsymbol{y}}(k) = \sum_{i=l}^{P} \boldsymbol{B}_i \boldsymbol{z}_i^k \tag{9.358}$$

$$z_i = \mathrm{e}^{\lambda_i \Delta t} \tag{9.359}$$

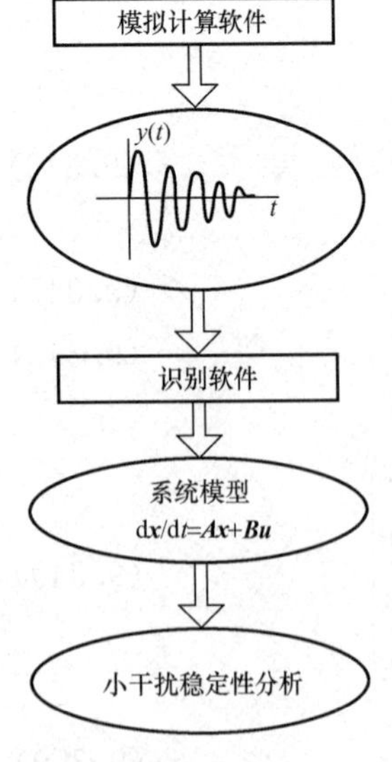

图 9.29 降阶模型的辨识过程

（3）上述构成的 $\hat{\boldsymbol{y}}(k)$ 一般不能准确地拟合 $\boldsymbol{y}(k)$，定义下面这个量称作信噪比（SNR），它可以用来修正拟合的结果，改善拟合的质量

$$SNR = -20\log \| \hat{\boldsymbol{y}}(-k) - \boldsymbol{y}(k) \| / \| \boldsymbol{y}(k) \| \tag{9.360}$$

$\| * \|$ 表示均方根值范数，SNR 用 db 表示。

由时域模拟的结果，例如某台电机的时域响应经过 Prony 分析，可以得到一个降阶的模型，该模型保留了与该台机组相关的模式，可以作为分析小干扰稳定性及设计控制器之用。降阶模型的辨识过程如图 9.29 所示。

在控制系统设计时，常常需要知道系统某些量之间的传递函数，Prony 法也可根据实测的或暂态稳定程序输出的时域响应曲线，拟合出相应的传递函数，它的拟合过程大致如下：

如图 9.30 所示的两个变量之间的传递函数，按第 6 节可

写成

$$G(s)=\sum_{i=1}^{P}\frac{R_i}{s-\lambda_i}$$

式中，R_i 为传递函数的留数；λ_i 为传递函数的极点，也即为系统的特征根，$I(s)$ 是已知的输入信号，则

$$Y(s)=I(s)\sum_{i=1}^{P}\frac{R_i}{s-\lambda_i}$$

转换成时间函数

$$y(t)=i(t)\sum_{i=1}^{P}R_i e^{\lambda_i t}$$

式中 $i(t)$ 是已知的，其余的部分与式（9.356）具有相同的形式，前面已说明利用 Prony 分析法，可以得到相应的特征值及留数。

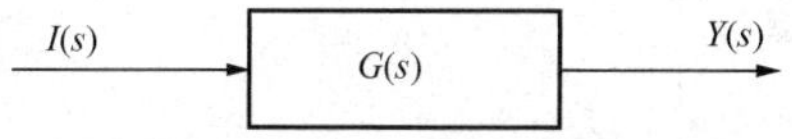

图 9.30　两个变量之间的传递函数

从时域模拟的响应曲线，用 Prony 分析辨识出系统的特征值及其阻尼比的方法，已应用到系统在线动态安全估计（Dynamic Security Assessment，DSA），以确定某些输电走廊的可用传输容量（Available Transfer Capabilities，ATCs）[18]。目前在很多电力系统中，输送的功率极限常常不受暂态稳定和电压稳定的限制，而阻尼不够成为了输电的瓶颈。在线应用传统的复频域法分析系统稳定性，其速度不能满足在线的要求。有一种危险模式估计器（Critical Mode Estimator，CME），它是建立在 Prony 分析的基础上，由在线动态安全性估计产生一组时域响应，由 Prony 分析法计算出危险的模式及其阻尼比，为了使结果更加准确，他们研发了多通道 Prony 计算法。

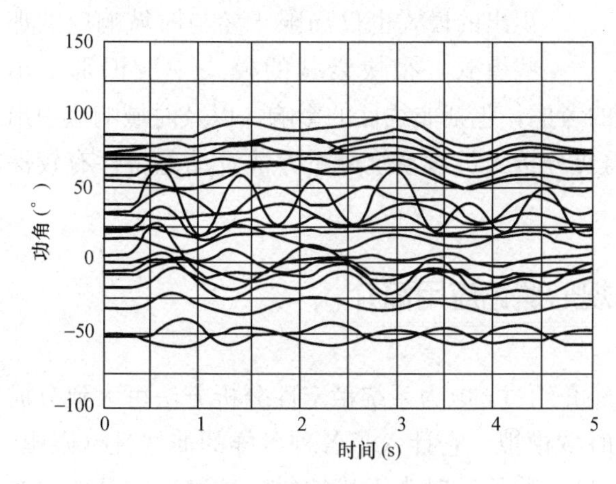

图 9.31　功角的时域响应

图 9.31 是该系统在典型故障后，功角的时域响应，该系统由 6139 条母线、798 台发电机组成，由图可见，虽然系统是暂态稳定的，但存在着持续振荡，因此很有必要找出那些临界的模式。

表 9.21 列出了几种模式估计的结果。

表 9.21　　**几种模式估计的结果**

计算方法	f (Hz)	ξ(%)	计算方法	f (Hz)	ξ(%)
Prony 法计算发电机 A 的功角	0.71	−2.57	Prony 法计算发电机 D 的功角	0.79	−3.11
Prony 法计算发电机 B 的功角	0.80	−3.20	CME 法计算发电机 A，B，C，D 的功角	0.75	−0.58
Prony 法计算发电机 C 的功角	0.62	−3.75	特征值计算法	0.79	−0.03

由表中数据可以看出，在线估计的模式频率与传统的特征根计算是一致的，也就是

说，主要支配的模式频率约为0.79Hz，而阻尼的结果不够准确，有待进一步改进，但根据特征根计算结果与时域响应来判断，其阻尼接近于零。

对于电力系统稳定器的参数设计，最有用的就是该机组的传递函数。文献［22］给出了根据暂态稳定程序得到的机组的时域响应，计算出了机组的传递函数，该系统包含了32台机组，实验中将一个幅值0.01标幺持续0.1s的脉冲突然加到电压调节器的参考点，然后计算出发电机转速偏差在以后10s的响应，计算中采用了14阶模型去拟合。

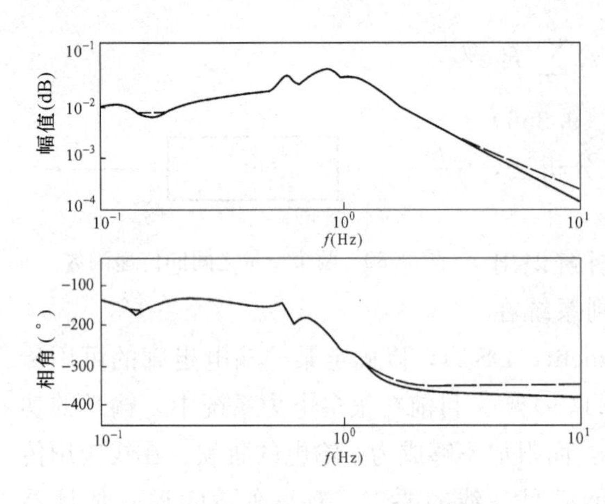

图 9.32 $\Delta\omega(s)/\Delta V_{REF}(s)$ 的频率响应
——实际；- - - 拟合

图9.32表示了拟合的传递函数$\Delta\omega(s)/\Delta V_{REF}(s)$的频率响应，在图中用虚线表示，而实际的频率响应曲线用实线表示。由图可见，在我们感兴趣的0.1到3Hz范围内，也就是包括本机模式及联络线模式的频率范围内，两者是相当吻合的。

以上介绍的Prony分析法，虽然是目前在电力系统领域内知名的辨识方法，但它还是有不足之处，首先它不能像全阶特征根分析那样，给出较为准确的结果，辨识出的模式也仅局限于参与时域响应的那些模式，很快衰减的模式一般识别不出来。在选择拟合模型的阶数时，需要特殊的考虑，包括非线性的影响，以及时域响应中出现的一些假象（例如拍频现象），这些都需要分析人员对系统分析方法及动态特性有较深的认识，并具有相当的经验。

第15节 正规形理论应用简介

前面在电力系统稳定性分析方法中已经介绍过，电力系统稳定性分析方法可大致分成两类，一是针对大干扰的暂态稳定分析或时域模拟，它计入了各种各样的非线性（限幅、死区、各种各样断续控制、继电保护等）。另一种是针对小干扰的复频域法，它是建立在系统微分方程式线性化为基础上的。一般认为系统的非线性问题，已在时域中很完善地考虑了，因而使有些研究人员提出的各种处理非线性的方法，都未能在电力系统中得到实际应用，最近10年来，有的学者提出了在复频域的分析中计入非线性正规形技术，这使得复频法的分析可以更多揭示系统的动态结构特性，特别是多机系统中各种模式的相互作用。目前这种方法还未达到工业实用的阶段，这里仅作一非常简要概念性的介绍。

设系统的微分方程式为

$$\dot{\boldsymbol{x}} = \boldsymbol{f}(\boldsymbol{x}) \tag{9.361}$$

如$\boldsymbol{x}_0$代表初始状态向量，设初始状态时系统处于稳态平衡点，则

$$\dot{\boldsymbol{x}} = \boldsymbol{f}(\boldsymbol{x}_0) = 0$$

在系统上加扰动，则可把 $\boldsymbol{x}=\boldsymbol{x}_0+\Delta\boldsymbol{x}$ 代入式（9.361），$\Delta\boldsymbol{x}$ 为表示扰动前后状态变量之差

$$\dot{\boldsymbol{x}}=\dot{\boldsymbol{x}}_0+\Delta\dot{\boldsymbol{x}}=\boldsymbol{f}(\boldsymbol{x}_0+\Delta\boldsymbol{x})$$

将 $\boldsymbol{f}(\boldsymbol{x}_0+\Delta\boldsymbol{x})$ 按泰勒级数展开，并考虑 $\dot{\boldsymbol{x}}=\boldsymbol{f}(\boldsymbol{x}_0)=0$，省略掉3阶及以上高次项，则可得系统的方程式如下

$$\Delta\dot{x}_i=\boldsymbol{A}_i\Delta\boldsymbol{x}+\Delta\boldsymbol{x}^{\mathrm{T}}\boldsymbol{H}^i\Delta\boldsymbol{x}/2$$

式中，$\boldsymbol{A}_i$ 为雅可比矩阵 $\boldsymbol{A}$ 中的第 i 行，$\boldsymbol{A}$ 为雅可比矩阵 $[\partial\boldsymbol{f}/\partial\boldsymbol{x}]$，$\boldsymbol{H}^i=[\partial^2\boldsymbol{f}_i/\partial\boldsymbol{x}_i\partial\boldsymbol{x}_j]$ 为第 i 个海森子矩阵。

当求取系统线性微分方程式时，考虑扰动很小，二次以上的项可以略去，我们即可得

$$\Delta\dot{\boldsymbol{x}}=\boldsymbol{A}\Delta\boldsymbol{x}$$

前面所述的复频域法就是建立在上述微分方程式的基础之上的。

如要考虑非线性，目前作法是取泰勒级数的第一、二项两项，略去高次项，可得

$$\Delta x_i=\boldsymbol{A}_i\Delta\boldsymbol{x}+\Delta\boldsymbol{x}^{\mathrm{T}}\boldsymbol{H}^i\Delta\boldsymbol{x}/2$$

正规形法是一种将非线性方程式转化为线性形式的技术，这种转化是通过改变基本形式来完成的。举例来说，一个非线性的方程在通常坐标系内是一条曲线，但如果我们把坐标轴变换为曲线，即变成非线性坐标，这个非线性函数就有可能在新的坐标系下变成了直线，因此在线性表达基础上，还要增加非线性表达以完成这个转化。

具体的转化及求解的过程，这里从略。

研究的结果指出，正规形法可以揭示出一些用暂态稳定或线性化频域法无法得出的系统动态结构上的特性，例如某个状态变量参与某两个振荡模式的强弱程度，当计入非线性后，可能会发生相反的变化，两个模式之间的相互作用可能会出现第三个具有支配作用的模式等，这种方法可以与常规的线性复频域法结合在一起，增强复频域法的功能。

参考文献

[1] 刘宪林．含阻尼绕组多机电力系统线性化模型．郑州工学院学报，1991，22（2）：85-92

[2] P. Kundur. Power System Stability and Control. McGraw-Hill，Inc.，1993

[3] H. A. Moussa，Yao-nan Yu. Dynamic Interaction of Multi-machine Power System and Excitation Control. IEEE Trans. on PAS，Jul. /Aug. 1974

[4] 刘宪林. 基于同步机和水系统详细模型的电力系统小干扰稳定研究：[博士论文]．哈尔滨：哈尔滨工业大学，2002

[5] F．P. de Mello，P. J. Nolan，T. F. Laskowski，J. M. Undrill. Coordinated Application of Stabilizers in Multi-machine Power Systems. IEEE Trans. on PAS，Vol.-99，May/Jun. 1980

[6] R. J. Fleming，M. A. Mohan，K. Parathion. Selection of Parameters of Stabilizers in Multi-Machine Power System. presented at IEEE PES Winter Meeting，Feb. 1981

[7] H. B. Gooi，E. F. Hill，M. A．. Mobarau，O．H. Thorne，T．H. Lee. Coordinated Multi-machine Stabilizer Settings without Eigenvalue Drift. IEEE Trans. on PAS，Vol.-100，Aug. 1981

[8] S. Abe，A. Doi. A New Power System Stabilizer Synthesis. IEEE Trans. on PAS，Vol.-102，Dec. 1983

[9] R. T. Byerly, R. J. Benon, D. E Sherman. Eigenvalue Analysis of Synchronizing Power Flow Oscillation in Large Electric Power Systems. IEEE Trans. Vol. PAS-101, pp. 235-343, Jan. 1982

[10] W. E. Arnoldi The Principle of Minimized Iterations in the Solution of the Matrix Eigenvalue Problem. Quart. Appl. Math., Vol. 9, pp17-29, 1951

[11] Y. Saad. Variations of Arnoldi's Method for Computing Eigenelements of Large Unsymmetrical Matrices. Linear Algebra and its Applications. Vol. 34, pp. 184-198, Jun. 1981

[12] L. Wang and A. Semlyen. Application of Sparse Eigenvalue Techniques to the Small Signal Stability Analysis of Large Power Systems. IEEE Trans. Vol. PWRS-3, pp. 635-642, Nov. 1988

[13] J. Perez-Arriage, G. C. Verghese, F. C. Sohweppe. Selective Model Analysis with Application to Electric Power Systems. IEEE Trans. on PAS, Vol.-101, Sep. 1982

[14] P. V. Kokotovic. Singular Perturbation and Iterative Separation of Time Scale. Automatic Vol. 16, pp. 23-33, Jan. 1979

[15] Chu Liu, Qing-ming Zhang. Two Reduced Order Methods for Studies of Power System Dynamics. IEEE Trans. on Power Systems, Vol. 3, No. 3, Aug. 1988

[16] Chu Liu, Shuang-xi Zhou, Zhi-hong Feng. Using Decoupled Characteristics in the Synthesis of Stabilizer in Multi-machine Systems. IEEE Trans. on Power Systems, Vol.-PWRS-2, Feb. 1987

[17] 刘取，周双喜，冯治鸿．电力系统小干扰稳定性的分析与综合．中国电机工程学报，1986，5 (6)

[18] J. R. Smith, J. F. Hauer, D. J. Trudnowski. Transfer function identification in power system applications. *IEEE Trans. on Power Systems*, Vol. 8, no. 3, pp. 1282-1290, Aug. 1993

[19] L. Wang, M. Klein, S. Yirga, and P. Kundur. Dynamic reduction of large power system for stability studies. *IEEE Trans. on Power Systems*, vol. PWRS-12, no. 2, pp. 889-895, May 1997

[20] P. Kundur, G. J. Rogers, D. Y. Wong, L. Wang, M. G. Lauby. A comprehensive Computer Program Package for Small Signal Stability Analysis of Power Systems. IEEE Transactions on Power System, Vol. 5, No 4, Nov. 1990, pp. 1076-1083

[21] S. M. Kay and S. L. Marple. Spactrum analysis -a modern perspective. Proc., IEEE, pp. 1380-1419, Nov. 1981

[22] M. J. Gibbard, J. J. Sanchez-Gasca, N. Uchida, V. Vittal, L. Wang. Recent Application of Linear Analysis Techniques. IEEE Trans. on power system Vol. 16, No. 1, Feb. 2001

[23] Xue Wu, Li wen yun et al. Improvement of Dynamic Stability of Yunnan Province and South-China Power System by PSS. Proceedings of Powercon., 2000, Austrilia.

[24] P. Kundur, M. Klein, G. J. Rogers, M. S. Zywno. Application of Power System Stabilizers for Enhancement of Overall System Stability. IEEE trans on Power System, Vol. 4, No. 2, May 1989

[25] Fang Zhu, Zenghuang Liu, Hongguang Zhao, Chu Liu. Design and Assessment of PSS with Sound Adaptability as System Expanded from Local to Nation-wide Interconnections. IEEE PES 2004 General Meeting, Denver, USA, Jul. 2004

[26] R. Nath, S. S. Lamba, Prakasa Rao. Coherency Based System Decomposition into Study and External Area Using Weak Coupling. IEEE Trans., Vol. PAS-104, pp1443-1449, Jun. 1985

[27] J. R. Winkelman, J. H. Chow, B. C. Bowler, B. Avamovic, d P. V. Kokotovic. An Analysis of Inter-area Dynamic of Multi-machine Sytems. IEEE Trans. Vol. PAS-100, pp. 754-763, Feb. 1981

第10章

大区域联网中低频振荡实例

电力系统中低频振荡的现象最早出现在柴油发电机并网时，当时称之为“晃动”(hunting)，这个现象在发电机转子上安装了阻尼绕组后，基本上得以克服。但是随着电力系统规模不断扩大，大区之间联网，以及采用高增益的励磁调节器来改善发电机电压精度及系统稳定性，使得低频振荡的现象时有出现，威胁系统的正常运行，例如美国西部联合电力系统（WECC)，曾经在一段时间内，时常被低频振荡所困扰，有人形容就像一只蜜蜂钻进了一个人的礼帽一样。在中国，随着大区联网的出现，低频振荡的现象也逐渐增多，其严重性甚至超过暂态稳定性，成为系统安全稳定运行的主要障碍。

电力系统的分析计算，对掌握系统的基本动态特性，预测系统是否会发生低频振荡，或了解已出现过的低频振荡现象非常重要，同时也是设计稳定器来克服低频振荡首要的一步。但是要使得大区互联系统的模拟计算结果与系统实际的过程一致，是一项难度很大的工作。CIGRE 曾经在 20 世纪 70 年代进行了一次真实系统上的故障试验，但将其结果保密，只发表了试验的参数及条件，世界上各大公司都进行了计算，并将结果送回 CIGRE，但经与实测结果比较，发现没有一家计算结果是与试验结果一致的[1]。

1996 年美国西部联合电网（WECC）发生了两次全系统瓦解的大事故，WECC 对其中的 1996 年 8 月 10 日的故障进行了事后的仿真模拟，起初与实际相距甚远，之后他们进行了大量工作，达到模拟结果与现场实测基本一致[2]，这可说是在本领域内的一项重要的成果，本章将首先对该项工作做一简要介绍，然后对其中的关键问题加以讨论，其中也包括本书作者的意见。

在过去的几年里，中国电力系统经历了大区电网互联的飞速发展，除华中和华东采用 500kV 直流线连接外，华北—东北、川渝—华中、华北—华中大区互联系统在联网初期都采用单回 500kV 交流弱联方式。在这些联网工程实施的过程中，都遇到了区域间弱阻尼或负阻尼低频振荡问题。

为了解决这一问题，中国电力科学研究院系统所对中国大区互联电网，进行了大量的分析计算，掌握了系统低频振荡的基本动态特性，确定了合理的稳定器安装地点及参数，然后通过现场试验整定、调试，目前已为多台机组配置了电力系统稳定器。这些稳定器的配置增强了联网系统的阻尼，保证了联网系统的小干扰稳定性，初步解决了我国大区交流互联系统的低频振荡问题。另一方面他们对多个出现过低频振荡的系统进行了事后及事前的分析研究，初步掌握了影响重现实际系统低频振荡的各种因素，经过对模型、参数的改进，在重现实际的振荡过程方面积累了宝贵的经验。

本章也将从抑制大系统低频振荡的总体策略上，提出参考意见。

第1节 美国WECC1996年8月10日大停电事故

1996年8月10日在北美WECC（Western Electricity Coordinating Council）从加拿大西部直到新墨西哥州电力系统发生的事故，导致电网解列为4个孤立的系统，损失负荷30390MW，影响749万用户，WECC对这次事故发生的起因、现象、过程，包括事故过程的录波图进行收集整理，发表了详细的报告[1]。之后又做了大量的工作，包括对全系统所有发电机及其励磁控制系统模型参数进行了重新测量，使软件的模拟能够与现场记录基本上一致。下面将对此次事故的过程作一简单介绍，然后着重介绍他们如何使得软件模拟的结果与现场纪录一致的经验。WECC系统的结构及特点请参见第1章。

1. 事故前状态

（1）加州至俄勒冈州联络线（California-Oregon Intertie，COI）高传输功率4350MW（91%极限功率）。

（2）太平洋直流输电线（Pacific HVDC Intertie，PDCI）高传输功率2850MW（92%极限功率）。

（3）从加拿大输入高功率2300MW（100%极限功率）。

（4）俄勒冈州的哥伦比亚河（Columbia）北部电厂满发，而南部则少发。

（5）两条重要的500kV线路停运。

（6）克勒（Keeler）处的SVC补偿停运使电压支持减弱。

2. 事故的发生与发展

太平洋西北部的500kV传输线单线图如图10.1所示。

（1）奥斯顿—克勒（Allston-Keeler）500kV线路在15：42单相故障，单相重合不成功，线路跳闸，转移功率1300MW。

（2）克勒—皮尔（Keeler-Pearl）500kV线路，因为继电保护误动也切除。

（3）上述1300MW功率经过汉弗（Hanford）母线，转移到卡斯喀特山（Cascade）东部系统的500kV及220、110kV线路上。

（4）与奥斯顿—克勒（Allston-Keeler）平行的较低电压的线路负荷超过了热稳极限的115%，使哥伦比亚河（Columbia）以南区域系统电压下降至504～510kV，其中有些甚至下垂到树上。

（5）5min以后，麦克耐瑞（McNary）电厂13台机组由于励磁过电压保护误动相继跳开（大约共损失870MW），由此引起系统低频振荡，大约在40s内，振荡是等幅的（零阻尼）。

（6）由麦克耐瑞（McNary）机组跳开开始，系统频率降低，加利福尼亚州至奥端岗

---

[1] Western Systems Coordinating Council（WSCC），Disturbance Report for the Power System Outage that Occurred on the Western Interconnection on August 10th at 1548 PAST，October 1996.

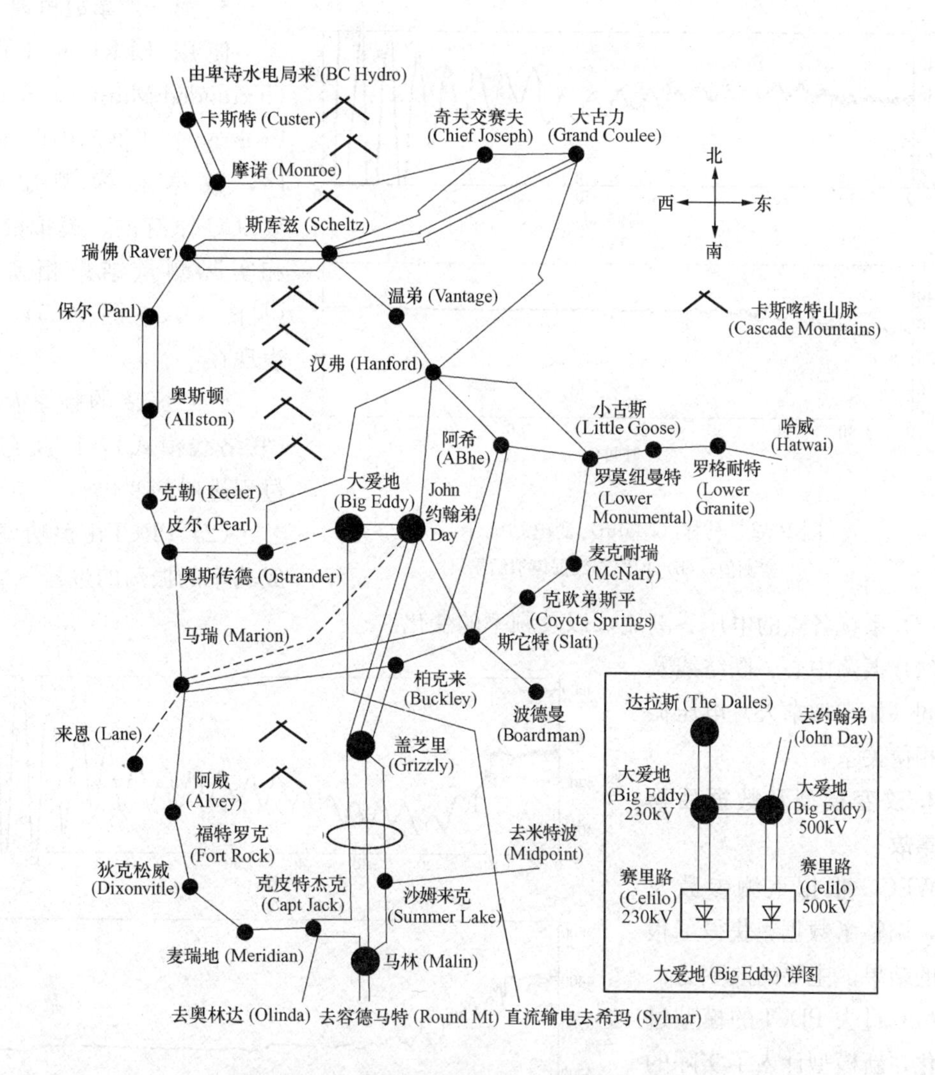

图 10.1　太平洋西北部的 500kV 传输线单线图

州传输线 COI 功率降低（南送功率减少），因为在邦耐维尔电力管理局 BPA 范围内的区域控制偏差增大，使得自动发电控制 AGC 动作，企图恢复系统频率及 COI 功率，这使得哥伦比亚（Columbia）以北几个大电厂输出增大，也使得加拿大南送增大。所有上述电厂功率增大，都使得卡斯喀特山脉东部 500kV 线路更加重负担，而整个西北区电压下降，许多变电站都记下了电压下降的过程。

（7）PDCI 是采用恒功率控制，但是当系统 AC 电压不断降低，并且出现电压振荡，在电压下摆时，DC 控制使整流器控制角达到最小，相应的整流器也就失去了控制能力，DC 功率随电压的下降而下降，当电压向上摆时，DC 控制又恢复到恒功率控制，使 DC 功率增大。到了 40s 后，直流功率开始振荡。当直流功率开始振荡后，AC 系统振荡振幅加大，最终在 15:48（即故障开始 6min 后）使 COI 解开（保护因大电流低电压动作），系统逐渐分解为 4 个孤立系统。

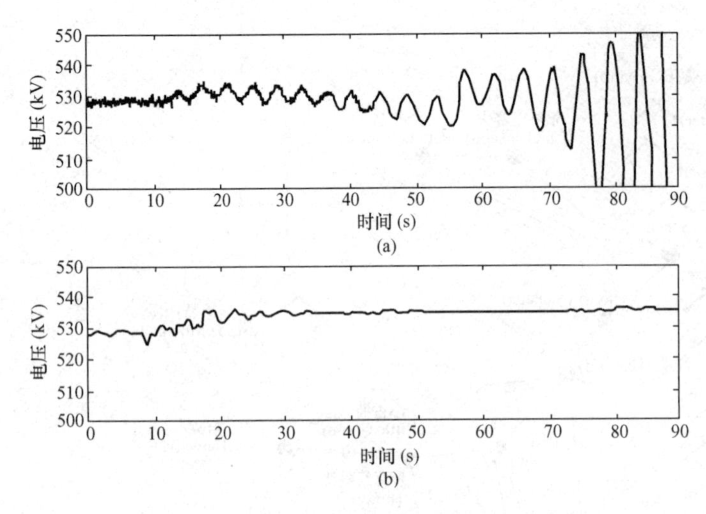

图 10.2 马林（Malin）变电站电压

（a）实测值；（b）用原有数据模拟结果

3. 第一次事故再现

使用 EPRI 的 ETMSP（Extended Mid-term Stability Program）扩展的中期稳定程序，数据和模型用的是 WECC 原有的，模拟的结果和实际测量结果相差很远（见图 10.2～图 10.5），主要表现在：

（1）振荡的频率及阻尼（联络线模式），以及它们随过程进展的变化。

（2）PDCI 由恒功率演变成功率的振荡的过程。

（3）系统各点的电压、潮流，以及频率的变化。

（4）振荡中心、联络线及区域间（如与加拿大）电压振荡的相位关系。

4. 改变模型及数据后再重现事故

WECC 根据重测参数及模型，调整了数据，获得了很满意的结果。主要的改变为：

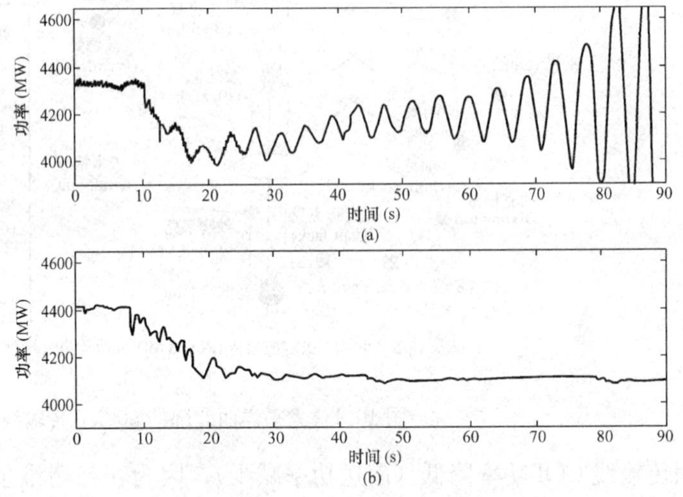

图 10.3 加州至俄勒冈州联络线功率

（a）实测值；（b）用原有数据模拟结果

（1）过去 PDCI 的模型过于简化，新模型计入了实际的详细控制。

（2）大型的汽轮发电机如运行在汽轮机跟随（锅炉领先）方式（mode），则当频率变化后，可能要经过数分钟后，锅炉才能有所反应，因此它们不会参加频率的调整，对这些汽轮发电机，可把调速器去掉，而水轮发电机模型不变。

（3）一般来说，AGC 在暂态过程中是不考虑的，但是这次把它计入，其作用加到几个大电厂中，如大古力（Grand Coulee）、奇夫交赛夫（Chief Joseph）、约翰弟（John Day）。

（4）哥伦比亚河（Columbia）南区（大致上是一个受端）采用高压母线电压无功控制（大致相当于二次电压控制），当奥斯顿一克勒（Allston-Keeler）500kV 线路断开后，这个区域经历了 5min 的低电压时段，这使得该控制作用能够发挥，其结果是励磁过电压限制起作用，限制了无功功率增大。改进了励磁过电压限制器模型，模拟该作用。另外发现有两个电厂（其中一个很靠近麦克耐瑞电厂）错误的将励磁控制整定到恒定功率因数控制，限制了这两厂输出无功功率。另一电厂由于运行人员担心发电机输出超额定无功功率，而将调节器放在手动位置，因此用“E_{fd}＝恒定”加以模拟。以上的改进使得记录的电压过程与模型过程趋于一致。

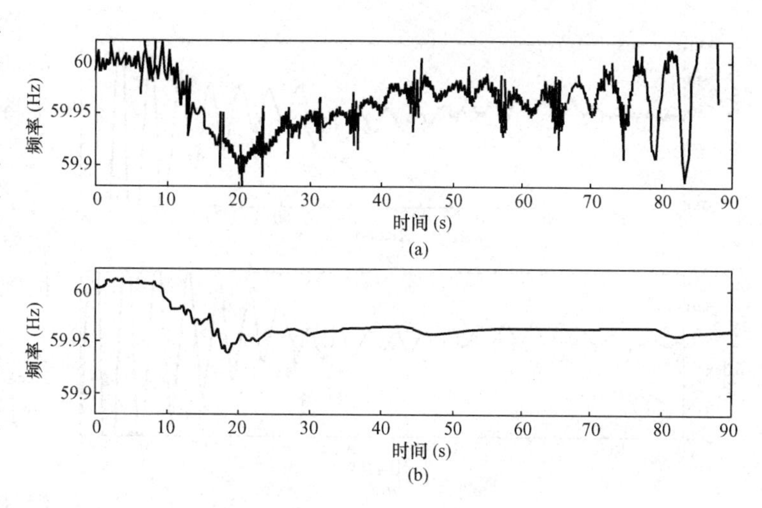

图 10.4　大古力电厂 20 号机频率

（a）实测值；（b）用原有数据模拟结果

（5）即使采用上述的改进，也没有使得模拟过程的阻尼与记录一致，以后发现 WECC 西北系统及加拿大的负荷都是采用恒定电流模拟，而事故当天，因为气温很高，投入了大量的冷气机和灌溉用的电动机负荷，因此改变模拟，采用电动机及某些静态负荷模型来模拟。

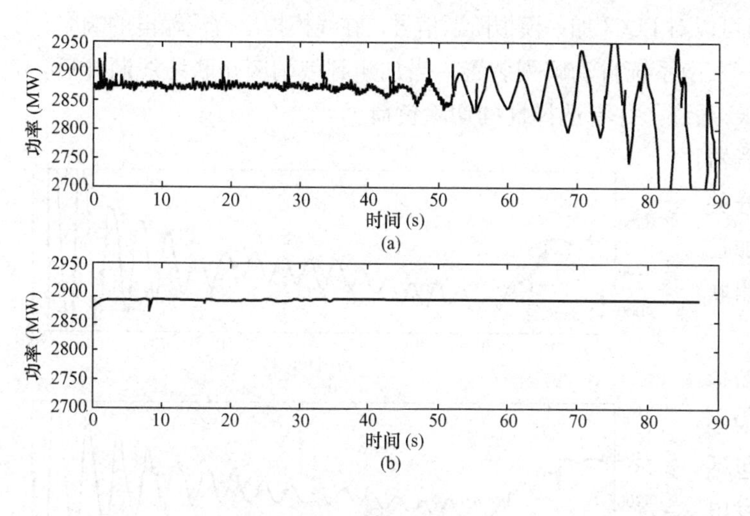

图 10.5　直流输电功率

（a）实测值；（b）用原有数据模拟结果

进行了上述改进后，得到了与记录相当一致的结果，如图 10.6～图 10.9 所示。

由图 10.6～图 10.9 可见，模拟结果与实录的相当一致，甚至系统振荡的频率和阻尼，包括它们的随进程的变化都跟实录的一致。过程进展如下：

	模拟	实录
振荡开始	0.247Hz　$\xi=0\%$	0.266Hz $\xi=0\%$事故
当 AGC 开始动作	0.242Hz　$\xi=-2.66\%$	0.237Hz $\xi=-2.62\%$
系统解列前	0.217Hz　$\xi=-7.62\%$	0.208Hz $\xi=-6.35\%$

虽然模拟与实录有如此接近的表现，但是 WECC 认为改进模型，以及参数的工作仍

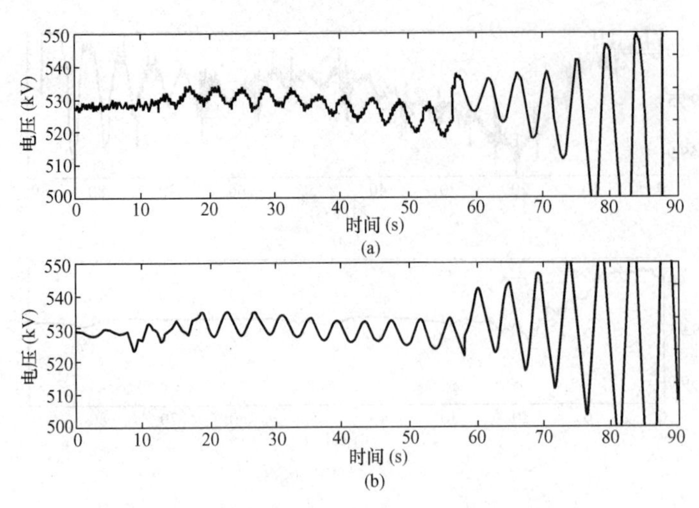

图 10.6 改进后马林（Malin）变电站电压

（a）实测值；（b）用改进数据模拟结果

有待完成，他们有一个庞大的计划去开展此项工作，其中特别是负荷模型。

5. WECC 采取的措施

为了防止类似的事故再次发生，WECC 采取的主要措施包括：

（1）计划在 100 台水电机组上采用加速功率为信号的 PSS。

（2）在线监测哥伦比亚河（Columbia）南部地区发电机及无功设备的无功储备及发警报信号。

（3）在线监测几个大电厂，如古力（Coulee）、约翰弟（John Day）与马林（Malin）母线功角，并发警报信号。

（4）调度中心的调度员可以对 PDCI 加一模拟阶跃信号，在线模拟出直流输电的响应。

（5）恢复和改进东北—东南系统自动解列装置，当加州到俄勒冈州联络线断开后，自动在预先设定点解列 WECC 系统，并有选择性的切除负荷。

（6）对已有的静止补偿器（SVC）、可控串联补偿、开关控制的并联电容，投入附加控制以改善对加州到俄勒冈州联络线的电压支持。

（7）鉴于市场化后的新运作环境，提出成立一个称为系统安全协调中心组织，它包括电力传输公司、各个电力发电公司等，其主要职责在于保证系统的安全性。

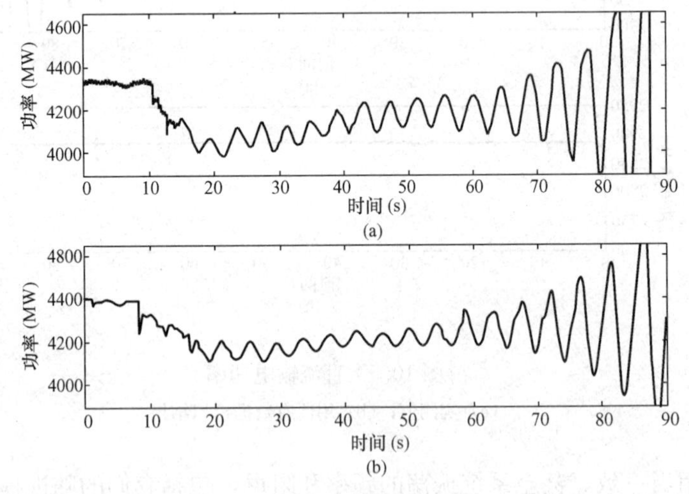

图 10.7 改进后加州至俄勒冈州联络线功率

（a）实测值；（b）用改进数据模拟结果

6. 深入探讨

虽然 WECC 完成了一项世界水平的科研工作，但是仍然有一些方面值得深入探讨的。例如：

首先是事故所表现出来的系统的基本特性，加拿大 Powertech Lab Inc. 公司的专家 P. Kundur 等认为，1996 年 8 月 10 日的事故，基本的性质是系统内存在着一个很弱阻尼频率在 0.2～0.3Hz 的振荡模式，虽然直流调制和 AGC 对此有影响，但都是次要的因素。

他们的报告说，在同样的条件下，用时域及复频域法的分析结果证明，只要改变南部两个电厂的稳定器，一个重新整定参数，另一个将稳定器由退出改为投入，就可以使低频振荡消失，如图 10.10 所示，证明该现象基本上是因稳定器配置不当引起的低频振荡，WECC 虽然证明，系统电压普遍降低也是一个因素，但是次要的，因为即使在高水平电压下，振荡同样出现。

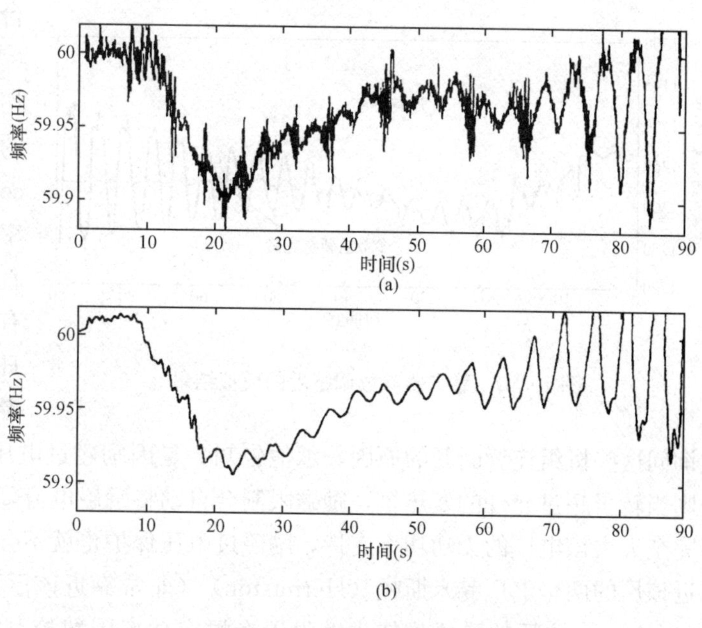

图 10.8　改进后大古力电厂 20 号机功率

(a) 实测值；(b) 用改进数据模拟结果

但是，WECC 认为振荡是因为系统联系较弱、输送功率大而电压普遍降低造成的，换句话说主要是角度稳定现象，也就是说事故前系统已处于功角过大的危险状态，这样才造成小干扰不稳定的条件，至于有的稳定器没投入及参数整定不当是次要因素，综合两方面的看法，可以认为，既然在电压正常情况下，系统中也存在不稳定或阻尼很弱的模式，那么，就应该检查系统内稳定器参数的设置，如果正常电压条件下，模式的阻尼都足够，则主要决定因素就是系统运行条件的恶化。在事故状态下，一个厂投入稳定器，另一个厂重调了参数后，该低频振荡就可以消失的研究结果，也说明稳定器的作用是一个关键的因素，且附带说明了系统需要更多的机组提供正阻尼，以便在条件恶化以后，还有足够正阻尼。当然我们不能忽略系统运行条件的恶化这一因素，因为毕竟它是产生低频振荡的温床。从抑制低频振荡的措施这个角度来看，防止系统运行条件恶化及稳定器参数的适应性都同样重要。

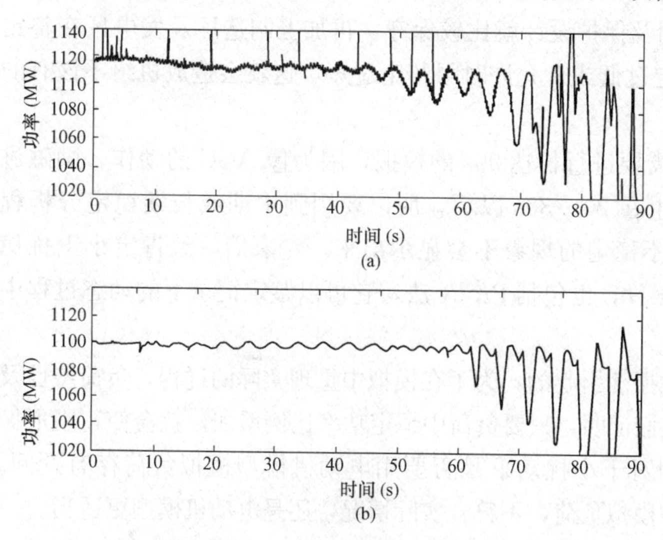

图 10.9　改进后直流输电功率

(a) 实测值；(b) 用改进数据模拟结果

从事故的发生到扩大的进程中，可以看到，最关键的事件是麦克耐瑞（McNary）的 13

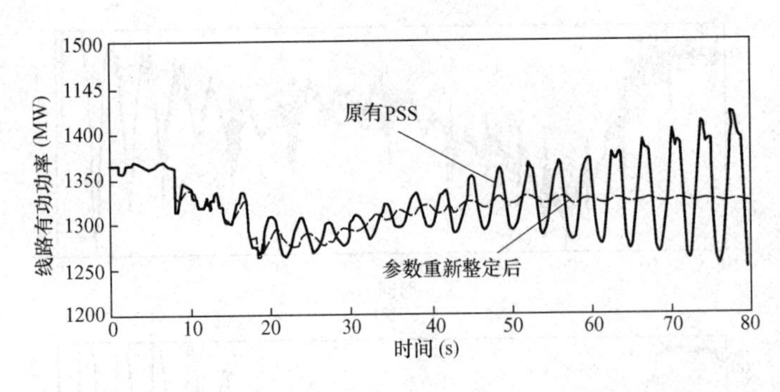

图 10.10 稳定器参数调整后的模拟结果

台机组，在奥斯顿一克勒（Allston-Keeler）500kV 线路切除后陆续断开，总共失去大约 870MW 的有功功率，按照 $\cos\phi=0.8$ 计算，失去无功功率 666Mvar，这是事故扩大的直接原因，可以推论，如果没有这 13 台机组切除，8 月 10 日的大事故不会发生。本书作者曾向 WECC 的 C. Taylor 先生询问这些机组连续断开的原因，承他告知，是因励磁过电压保护设计不当，造成误动。否则当转子超过允许的发热量，励磁限制会自动将励磁电流降低到安全的数值，系统就不会完全失去该电厂的无功功率支持，励磁过电压保护也就不会动作。进一步的调查，发现靠近该厂的两个电厂赫米斯顿（Hermiston）（非常靠近该厂）电厂及克欧弟斯平（Coyote Springs）电厂的励磁均错误的设置在恒定功率因数控制方式，另一波德曼（Boardman）电厂的运行人员进行干预，错误的将励磁控制切换至手动，这使得这三个电厂在紧急情况下限制了无功功率的输出，进一步恶化了该地区的电压，由此我们也可看出，励磁控制包括它的保护在这次事故中扮演了重要的角色。励磁过电压限制及保护装置在过去并没有受到足够的重视，其中励磁限制应保证转子在允许的发热值之内，允许的励磁电压与时间有类似反时限的特性，励磁电压越高，允许运行的时间越短，这样可以在不损坏机组的前提下，利用转子短时过载的能力，尽量向系统多送无功功率，支持系统电压。应该说在新近投产的机组上，励磁过电压限制的设计是很周到的，它既考虑了保护转子绕组，同时也在转子发热允许的条件下，尽可能让发电机多发无功功率以支持系统的电压，但是对于老式的发电机，励磁过电压限制及保护设计就比较保守，再加上制造厂及发电厂在整定时，也倾向于将它们的启动值整定过低或者允许时限整定过短，这就会造成机组不该有的或过早断开。

对 WECC 这次事故的分析，需要进行长达 90s 的模拟，因为像 AGC 的动作、励磁过电压限制器和直流调制作用都发生在 20～30s 以后，所以要用到中期或长期稳定分析程序。只分析到 15s，甚至到 40s，不稳定的现象不会显示出来。专家们一致肯定小干扰稳定分析的复频域法是极有帮助的工具，也包括 Prony 法，它可以鉴定记录下的动态过程中有哪些模式及其阻尼比。

有的专家认为，事故是由低频振荡引起的，为了在模拟中重现实际的过程，负荷特性及励磁控制模拟是最重要的。但是他们证明，只要负荷中恒定功率比例增加，就会使正阻尼振荡变成负阻尼振荡。据此，专家们对于小扰动下是否要用电动机模型模拟负荷存有疑问。WECC 认为用高比例的恒功率模型模拟负荷，不符合实际情况，还是电动机模型更适当。

对直流输电 PDCI 模型的影响，专家抱有一定程度的怀疑。

WECC 在五个方面改进了模型，但是没有给出每一项改进的具体的效果，仍然让人有一种“凑”出来的感觉。但是“凑”就是拟合，只要模型或参数改得合理，就是正确的做法。

世界上第一台电力系统稳定器是在 WECC 诞生的，并实现了推广应用，在 65MW 以上机组都安装了稳定器，WECC 具备稳定器设计、调试、运行的丰富经验，为什么还会出现稳定器设置不当的问题呢？据了解，有一些稳定器是以转速为输入信号的，而这种稳定器常常很难消除噪声的干扰，使得一些稳定器在故障那天并没投入或没能达到所需的性能，因此 WECC 决定将 100 台机组改成以过剩功率为信号的稳定器。但是这进一步提出了一个问题：系统内存在弱阻尼振荡模式，有一些稳定器不能正常投入，是事故前已知的事实，以 WECC 的实力，安装技术成熟的以过剩功率为信号的稳定器，应不是一件困难的事，为什么没能及时解决？估计这与 WECC 的管理体制有关，因为 WECC 是由多个地区电力公司组成的协调机构，WECC 并没有各个公司产权，因此执行调度指挥就不免打折扣，正如 BPA（Bonneville Power Administration，WECC 中的一个成员）的专家 C. W. Taylor 在文献［7］的讨论中所说：“我认为该文是一篇优秀论文，作者介绍了加拿大安大略省电力局在稳定器应用方面的工作，作者的经验比之 WECC 要强得多，在我们这里，稳定器时常退出运行，有时要经长时间的推迟才能再投入。”

有的专家认为，事故的间接原因是训练有素的工程技术人员由于不断的紧缩重组而逐渐流失，多年积累的经验没有能够传承，因为像 WECC 存在弱阻尼的现象已经多年了(第一次出现是在 1976 年)，但未能解决。多年来没有发生大事故，以及市场化的压力，也有对安全性重视减弱的倾向。

事故的远因，是与缺乏整体的长远的规划有关，前面已提到 WECC 是一个协调组织，电厂及输电设备的新建，都是由地区的电力公司负责，长期的无统一规划的发展，造成今天系统架构先天性的缺陷，虽然沿太平洋架设了 500kV 的交流及直流联络线，对加强系统的联系起了重要作用，但在卡斯喀特山脉以东内陆的电网，要经过许多地方电网相连，有人形容像面包圈一样，一旦交直流主联络线断开，潮流向东转移，电压就会大幅下降，造成严重的问题，这些正是这次事故的远因。

第 2 节　川渝—华中联网工程的研究[3]~[6]

二滩电厂位于四川省西南部，容量为 6×550MW，在建成时为川渝系统内最大电站，单机容量当时在全国也是最大的。它与华中系统的连接是通过 3×500kV，480km 的线路到洪沟，再经 2×500kV，148km 的线路到陈家桥，然后经 1×500kV 线路接到华中电网的龙泉变电站，如图 10.11 所示。

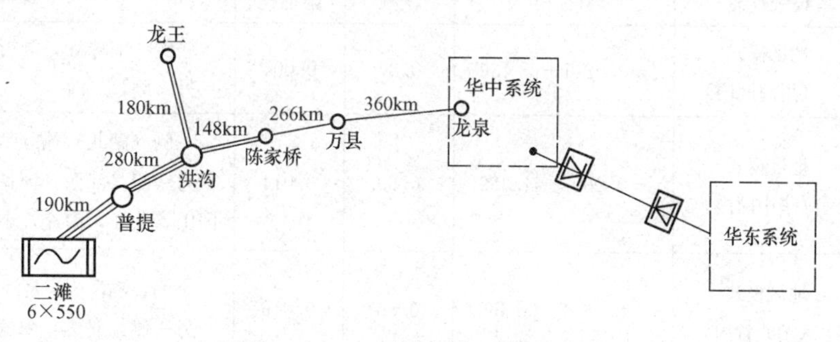

图 10.11　二滩电厂与系统的连接

1998 年 8 月 6 日，当时只有一条 500kV

出线，二滩仅6号机运行，且电力系统稳定器没有投入，当输出功率达到400MW时，系统出现了振幅不断增大的低频振荡，继电保护动作，将机组断开，录波器记下了这个过程，如图10.12所示。稳定器投入后，输出功率超过400MW系统也没有出现振荡。

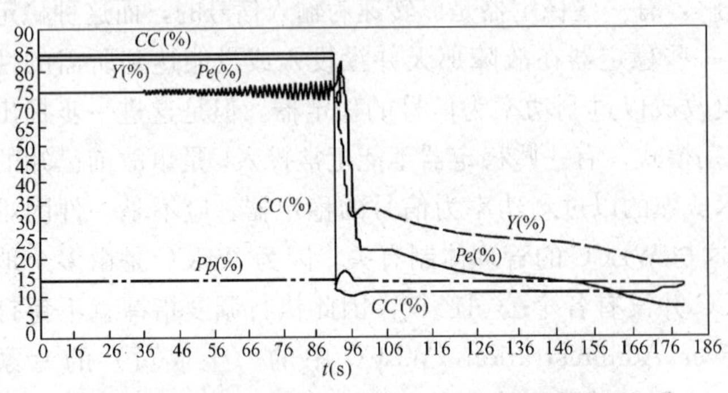

图10.12 无稳定器时，输出400MW系统出现的振荡
Pe（%）—二滩功率输出；*Pp*（%）—引水管压力；
Y（%）—伺服马达开度；*CC*（%）—阀门开度定值

川渝—华中联网工程完成前，曾对联网系统稳定性进行了分析研究。模拟计算中共包括208台发电机，1754条母线，系统总容量为36520MW，川渝向华中送电637MW。大部分机组采用常规励磁系统，只有二滩，葛洲坝等18台机组采用快速励磁系统，全系统阶数达到3992阶。由于阶数太高，不能用常规解全矩阵的特征根方法。该研究采用了中国电力科学研究院稳定程序PSASP，类似第9章中介绍的Arnoldi法去搜索0.2～2.0Hz的转子摇摆模式。分析结果显示，无PSS时系统中存在两个负阻尼振荡模式和五个弱阻尼振荡模式，它们分别如下。

1. 负阻尼模式（见表10.1）

表10.1 负阻尼模式

模式性质	特征根	振频	阻尼比	强相关机组
联络线模式（川渝－华中）	0.219＋j1.86	0.297	－0.117	川渝：二滩，宝珠寺，铜街子 华中：隔河岩，葛洲坝，岳阳，五强溪，益阳，小浪底，禹州，鸭河口，井冈山，丰城
地区模式（湖南省内）	0.268＋j5.53	0.88	－0.048	一侧：凤滩 另一侧：岳阳，江垭，五强溪，东江

2. 弱阻尼模式（见表10.2）

表10.2 弱阻尼模式

模式性质	特征根	振频	阻尼比	强相关机组
地区模式（川渝网内）	－0.0241＋j5.436	0.87	0.004	一侧：宝珠寺，铜街子，太平驿，禹州，龚嘴； 另一侧：二滩
地区模式（华中网内）	－0.0607＋j4.339	0.69	0.014	一侧（湖北）：隔河岩，葛洲坝； 另一侧（江西，河南，湖南）：丰城，贵溪，井冈山，九江，南充，小浪底
地区模式（湖北省内）	－0.0831＋j5.356	0.85	0.016	一侧：隔河岩，葛洲坝； 另一侧：襄樊，阳逻，丹江

续表

模式性质	特征根	振频	阻尼比	强相关机组
地区模式（华中网内）	−0.0836+j3.764	0.59	0.022	一侧（江西湖北）：GJS1号，万安，井冈山，景德镇，隔河岩，葛洲坝，丹江；另一侧（湖南河南）：东江，岳阳，五强溪，凤滩，湘潭，益阳，小浪底
地区模式（华中网内）	−0.139+j6.035	0.96	0.023	一侧：鄂州，葛洲坝，阳逻，汉川钢电，五强溪；另一侧：丹江，隔河岩，万安，东江，井冈山，小浪底

由上面所列结果可见，两个负阻尼振荡模式，一个是凤滩水电站的发电机对系统的振荡，另一个是川渝对华中的区域间振荡。川渝、华中区域间振荡模式的振荡频率为0.297 Hz，阻尼比为−0.117，是不稳定振荡模式。这个模式又称联络线模式，它影响的面最大，需要首先改进它的阻尼。由模式—机组关联特性的计算可知，与这个振荡模式相关性最强的是二滩电站发电机，其次是宝珠寺和铜街子的发电机。华中网与此振荡模式相关的发电机主要有隔河岩、葛洲坝、五强溪、小浪底，上述两个机组群呈相反方向的运动，应考虑首先在这些机组上装稳定器。弱阻尼模式均是川渝网及华中网内部省网间或省网内部发电机之间的振荡，与这些模式相关的机组也已由计算结果得知，因此综合考虑上述各种模式，选择了在二滩、宝珠寺、铜街子、隔河岩、葛洲坝、五强溪、凤滩、岳阳、江垭、益阳、井冈山、小浪底、信阳、鸭河口、禹州等15个电厂安装稳定器。特征根计算结果说明，川渝—华中间模式阻尼比达到0.504，湖南电网内地区模式阻尼比变成0.110，而另五个弱阻尼模式的阻尼比都增至0.05以上。

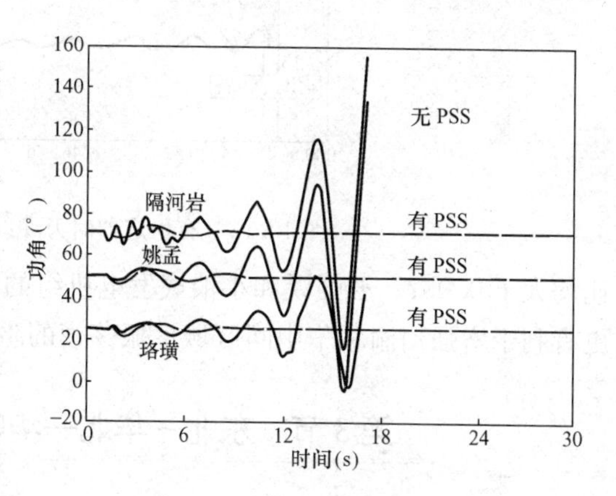

图10.13　二滩对隔河岩、姚孟、珞璜发电机功角摇摆曲线

为了考核非线性的影响，进行了时域仿真计算，二滩对隔河岩、姚孟、珞璜发电机功角摇摆曲线如图10.13所示。计算表明：葛洲坝—凤凰山线路葛洲坝侧发生三相瞬时短路、0.02s故障消失的扰动后，二滩发电机对重庆珞璜、湖北隔河岩、河南姚孟发电机的相对功角在无稳定器时呈发散振荡，最终导致失步，有稳定器时阻尼很好，经两次摇摆后振荡基本平息。

2002年4月进行了切机、万龙线单相瞬时接地短路试验，当时除五强溪、小浪底的PSS尚未调试外，实际有45台发电机的稳定器投入运行。试验结果显示，在川渝向华中送电600MW时，万龙线上功率振荡的阻尼良好，如图10.14所示。当万龙线输送功率反向由华中送川渝时，系统阻尼特性还要好些，当华中送川渝500～590MW时，系统阻尼

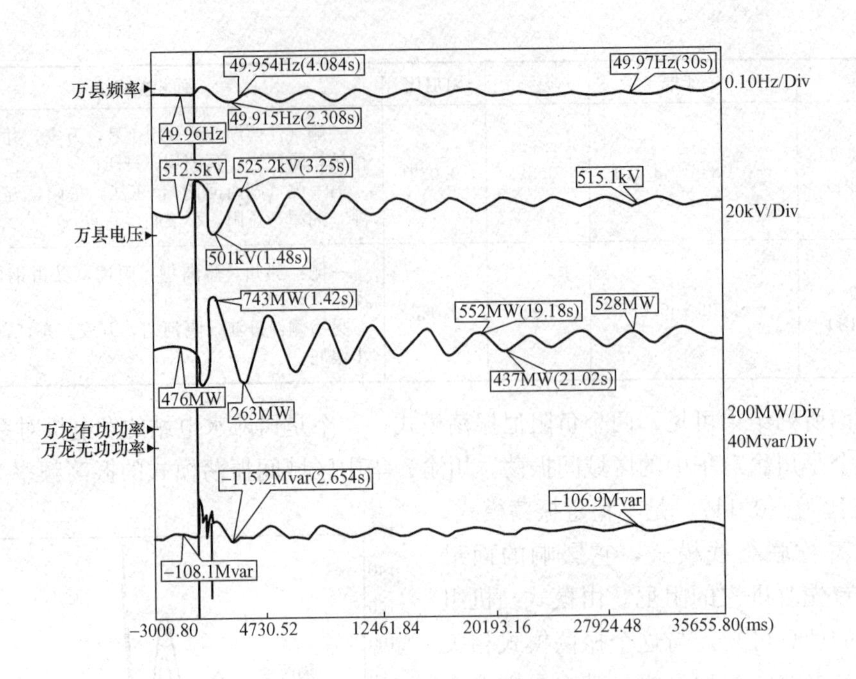

图 10.14 有稳定器时万龙线单相瞬时接地的时域响应

比均大于0.057。五强溪和小浪底发电机组的稳定器，在这次试验后，相继投入运行，这更有利于增强川渝和华中间区域性振荡模的阻尼。

第3节 东北—华北—华中—川渝联合跨区电网[4]

2003年9月19日国家电力调度通信中心成功地将华北与华中联网运行，在此之前东北已与华北联网，华中已与川渝联网，因此华北与华中联上后，就形成了东北—华北—华中—川渝联合跨区电网，从东北的伊敏到四川的二滩电厂跨距4000多km，是全国最大的交流互联系统。为了保证联网后，联合跨区系统不会出现低频振荡或弱阻尼的现象，中国电力科学研究院系统所进行了详尽的分析，掌握了全系统的动态特性，提出并执行了联网前安装稳定器的方案（包括安装地点及参数选择），保证了联网后的安全运行，并提出进一步加强全系统阻尼的方案，联网后的现场试验校验了分析计算的结果，证明分析基本上是符合实际的，也说明频域分析方法及相应的软件是十分重要及有用的工具[4]。

计算分析的运行方式是用大区之间潮流来代表的，计算中采用：川渝送华中600MW，华中送华北400MW，东北送华北600MW，计算采用中国电力科学研究院电力系统分析综合程序（PSASP）。

计算分析及现场试验结果如下：

（1）按目前已投入的稳定器，系统的阻尼接近零，系统处在稳定的边缘。

分析表明系统内存在着一个区域间振荡模式，它是川渝连同华中系统中的全部机组为一方，与华北、东北全部机组为另一方之间的一种振荡，图10.15为这两大机群功角的向量图（即右特征向量）。

上述区域间模式的振荡模频率为0.13Hz，阻尼比为0.0097。很显然这是不能满足运行的要求的，为了使华北、华中联网后形成的跨区电网具有足够的阻尼，需要在更多机组上安装稳定器。由计算确定与此模式强相关的机组有二滩、伊敏、铜街子、宝珠寺等，因此确定在联网前在这些机组上安装稳定器。

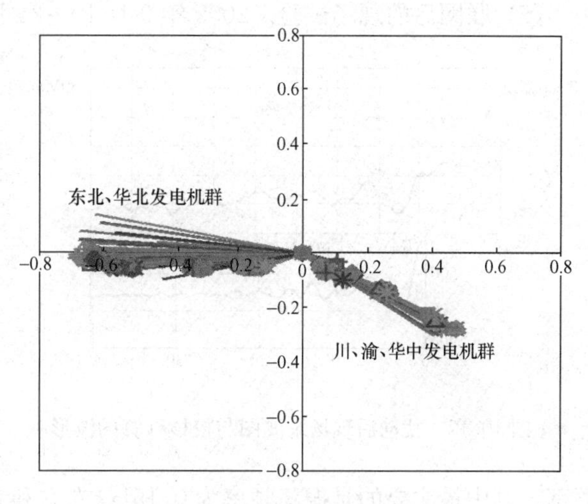

图10.15　机群间功角的向量图

（2）计入新装的稳定器后，系统阻尼得到明显改善，虽然还是属于弱阻尼，但已能保证联网后，系统有一定的正阻尼。

联网前能投入稳定器的机组为：盘山电厂4台机、邯峰电厂2台机、小浪底6台机、五强溪5台机、鄂东地区的6台300MW发电机、东北的七台河2台机及三峡的机组。上述区域间模式的振荡频率为0.12Hz，阻尼比由0.0097增加到0.023。虽然仍属于弱阻尼，但可以勉强满足联网的需要。

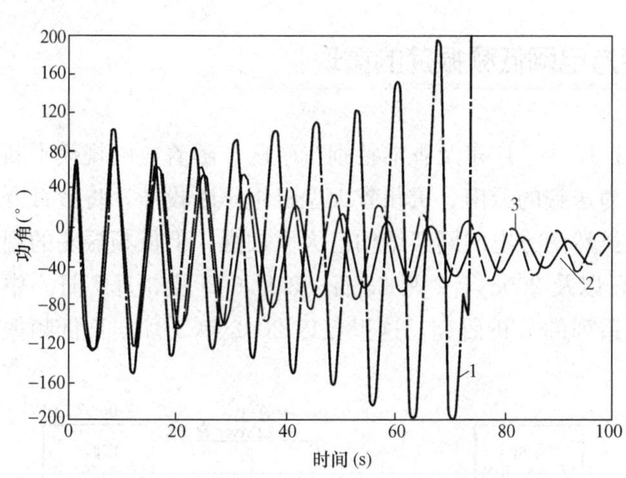

图10.16　系统大扰动后时域仿真结果

（3）进一步改善阻尼需要在更多机组上安装稳定器。计算表明，在东北的清河电厂5～8号机、大四电厂、铁岭电厂、营口电厂的发电机上配置稳定器后，联网系统区域间振荡模式的阻尼比可达0.033。如再将川渝电网的江油、广安、白马、黄桷庄、重庆、成都电厂的发电机上配置PSS，系统区域间振荡模的阻尼比上升为0.056，系统的动态稳定性就大大改善了。

（4）时域计算结果与频域分析结果相近。时域仿真结果与小干扰稳定性分析结果一致，系统大扰动后时域仿真结果如图10.16所示。图中所示是系统受到大扰动（东北徐辽线辽阳侧三相对地短路，0.09s跳故障线近端开关，0.1s跳开故障线远端开关）后，伊敏对二滩发电机相对功角摇摆曲线。其中曲线1对应小扰动分析中阻尼比为0.0097的状况，呈发散振荡。曲线2对应小扰动分析中阻尼比为0.023的情况，伊敏和二滩发电机相对功角呈衰减振荡，阻尼比约为0.017。曲线3对应小扰动分析中阻尼比为0.033的状况，伊敏和二滩发电机相对功角呈衰减振荡，阻尼比约为

0.024。

(5) 联网后的现场试验。2003年9月19～21日，成功地进行了华北—华中联网工程系统试验。试验前发生了8月14日的美加大停电事故，为确保安全，试验时降低了联络线潮流：东北送华北400MW、川渝送华中500MW、华北华中之间送400MW，和前面分析时采用的方式比，运行条件要宽松一些。无故障切除十三陵两台200MW发电机，或无故障切除隔河岩一台300MW发电机，都在大区联络线中引起包含多个振荡模式的衰减性功率振荡。其中最主要的是振荡频率为0.15Hz左右和0.3Hz左右的低频振荡模式，一般经过1～3次摆动振荡即可平息，阻尼比大于0.1，系统的动态稳定性能良好。无故障切除十三陵两台200MW发电机后，华北—华中联络线上功率振荡的现场录波图和校核计算的波形图如图10.17所示。

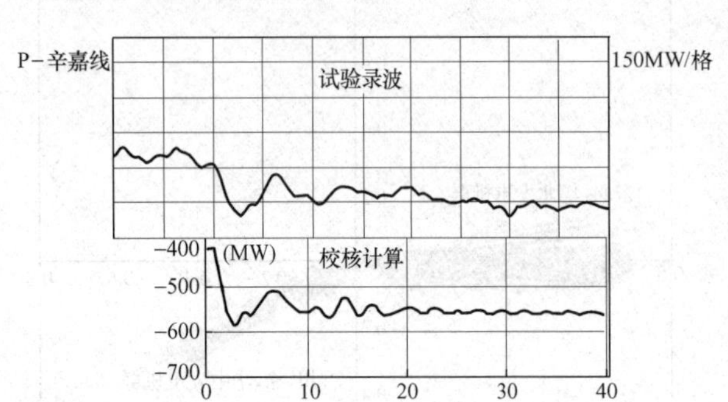

图10.17 扰动后现场录波图与校核计算的波形

根据现场的运行条件进行了校核计算，由图10.17的结果可见，现场实测与校核计算的结果基本吻合，计算所得结论是可靠的。

第4节 南方电网低频振荡的重现[3]

南方电网地理上包括云南、贵州、广西、广东及香港特别行政区。随着电网规模不断扩大和“西电东送”战略的实施，作为送端的云南、贵州省大型机组不断投产，将数百万的电力经上千千米的线路送往广东。虽然南方电网网架结构已大大加强，但低频振荡的现象时有发生，例如，1995年5月25日以及2003年2月23日、3月6日及3月7日。中国电力科学院会同南方电网进行了一系列的分析研究，这里仅以2003年3月6日低频振荡为例，介绍它们研究的成果。

1. 振荡发生前系统状况

(1) 贵州电力系统孤立运行。

(2) 云南电力系统中水电机组处于重载状态。

(3) 直流输电线处于正常运行状态。

(4) 系统频率49.92Hz，电压正常。

2003年3月6日系统接线及潮流如图10.18所示。

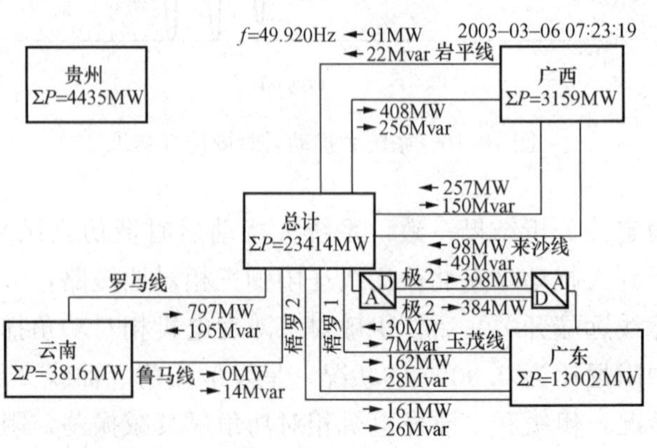

图10.18 2003年3月6日系统接线及潮流

2. 振荡的现象及处理

早上 7：22，当云南的罗平至广西的马窝传输功率达到 800MW 时，系统出现了 0.4Hz 的低频振荡，功率振荡幅值约 255MW，值班调度人员进行了干预：

（1）压低了云南输出功率。

（2）将直流的送电功率由 800MW 调高到 1000MW。

至 7：27 振荡消失。图 10.19 是 3 月 6 日罗马线上功率的振荡。

3. 振荡现象的重现

根据南方电网的原有模型及数据，进行了 3 月 6 日现象的仿真，发现系统阻尼比为 0.1，与实际的负阻尼相距很大，于是对系统的模型及参数作了详细的考察，发现了一些不合理之处，并加以改进，它们主要是：

（1）云南省有两个主力水电厂，漫湾及大朝山，它们都位于云南省西部，到负荷中心电气距离达 1500km。这两个电厂都是静态自并励系统，其调节器的模型及参数的原始数据都有错误或不合理之处，经改正后，发现系统的阻尼明显降低。

（2）阳宗海电厂的励磁系统及调节器的模型及参数，均按调度中心提供的数据，加以更正，计算结果显示对阻尼的影响不大。

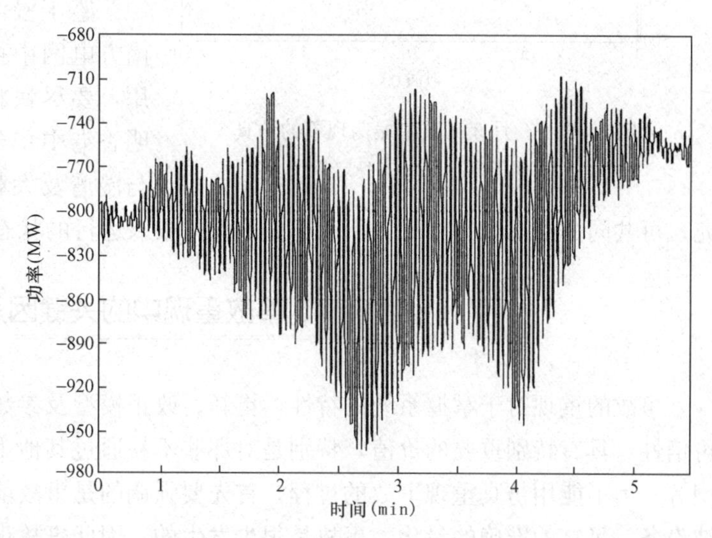

图 10.19　3 月 6 日罗马线上功率的振荡

（3）香港中华电力公司的机组处于系统的受端，研究表明受端开机数减少，投入稳定器的台数减少，都会恶化系统的阻尼。据了解，振荡发生前，该公司只开出了 5 台机（青山 A 厂 1 台，青山 B 厂 3 台，龙鼓山 1 台），发出电力 2350MW 左右，这与原始数据中开 14 台机，发出电力 6035MW 左右有较大差别，将受端系统的实际开机情况计入后，系统的阻尼已接近零。

系统 D 系数的选取，取决于很多因素，传统上转子运动方程中加进 D 系数是想等效的计入阻尼绕组，负荷的特性及原动机的特性，如果以上三项都在各自的模型中考虑了，则此处系数就应该为零，目前倾向只考虑原动机特性，其他两项都在各自模型内计入，但是对于原动机该如何确定等值的 D，并没有形成一致的意见。北美有的产业部门，对汽轮发电机取零，水轮发电机取 0.5～1.5。在此项研究中，文献［3］的作者根据分析及经验认为取 0.1 较为合理。

在改进了上述模型及参数后，3 月 6 日系统振荡现象的仿真如图 10.20 所示。

图 10.20 也给出了漫湾及大朝山电厂投入稳定器后的过程，由图可见该两个电厂的稳

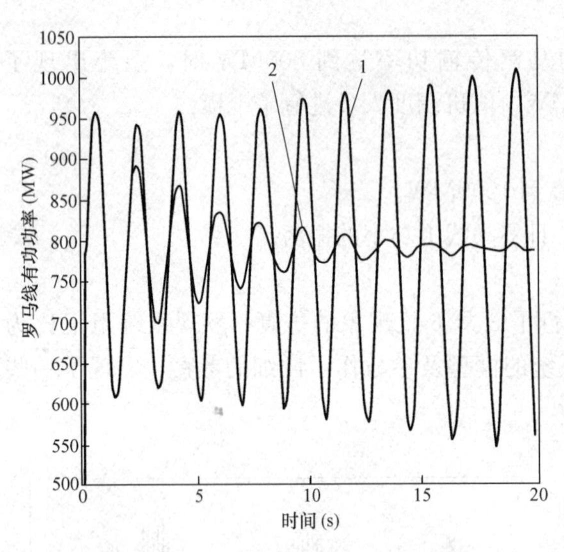

图 10.20 3月6日系统振荡现象的仿真

1—无稳定器；2—有稳定器

定器能使系统振荡平息，且具有良好的阻尼特性。

4. 系统产生振荡原因及预防措施

分析表明引起3月6日的低频振荡的主要原因是：

(1) 天贵线及马百线同时停运，造成系统联系减弱。

(2) 漫湾及大朝山电厂稳定器没有投入，而两个电厂的励磁控制系统产生了负阻尼。

鉴于漫湾及大朝山电厂的稳定器对南方电网中抑制低频振荡所起的关键作用，要尽快将稳定器投入运行，分析表明香港中华电力公司所属电厂的稳定器与漫湾及大朝山电厂的稳定器是互相补充，可共同提高系统的阻尼，所以也应该保持投入运行的状态。

第5节 事故重现中的关键因素

事故的重现对于掌握系统的特性，更新、改正模型及参数，提高模拟计算的准确性及可信性，具有特别重要的价值，特别是对那些不易通过其他手段得到的参数，例如负荷模型等。为了能用仿真重现事故的过程，首先要强调的是事故前状态的完整记录，高质量录波设备，足够的准确的量化，事故是很少发生的，因此事故记录的资料是极其宝贵的，有关人员必须承担职责，提供完整的记录。

在模拟仿真时，要区别是长过程后的低频振荡（例如像美国 WECC 1996 年 8 月 10 日的事故），还是短过程的（例如像南方电网 2003 年 3 月 6 日的振荡现象），前者牵涉到的因素比较多，比较复杂，而要用长过程稳定程序来计算，后者相对来说，牵涉因素较少，用一般暂态稳定程序即可。

影响事故重现的主要因素如下。

1. 事故前运行状态

这包括潮流电压等与实测的一致，不仅是断面上潮流的一致，各个机组的出力、电压等也应一致。

2. 控制系统的参数

除发电机的参数外，发电机励磁控制系统，调速器原动机系统，以及其他的控制系统，如直流输电、交流灵活输电等的数学模型及参数对于系统的动态特性影响很大。

如果是模拟长过程的低频振荡，则励磁控制系统中的过励限制的模拟也很重要。如果汽轮发电机是采用汽轮机跟随（turbine-follow）运行方式，则因频率变动后，要经过数分钟后，锅炉才能有所反应，因此它们不会参加频率的调整，所以对这些汽轮发电机，可不模拟调速器，而水轮发电机应模拟调速器。

3. 负荷的电压特性及频率特性

这对低频振荡的模拟都有着显著的影响，特别是在发电厂附近及靠近振荡中心的负荷，由于频率及电压变化较大，影响负荷的有功功率及无功功率。负荷的模型可以分成两类：

第一类是静态模型，通常将有功负荷及无功负荷按不同比例的恒定阻抗，恒定电流，恒定功率来模拟，其电压特性相当于功率与电压二次方、一次方、零次方成正比，频率特性也可用频差一次方与不同的系数乘积来模拟。如果是用特征根研究低频振荡，一般用静态模型，并且不考虑频率特性的模拟。在调整负荷模型时，要掌握静态模型中恒定功率的比例愈高则系统阻尼愈差，恒定阻抗的比例愈高，则阻尼愈佳。

第二类是动态模型，其中主要是电动机模型，这时要计入电动机转子运动方程，转子磁链的暂态过程，还要包括电动机电源接触器的低压释放特性，带负荷调节变压器的特性以及一些特殊负荷，如钢铁厂、炼铝厂等。

为了确定是否有必要采用动态负荷模型，可以在同一条件下，比较两种模型的差别，在比较时可采用典型的数据[8,9]，如果有较大的差别，再设法（实测或综合已知的负荷数据）估计出动态负荷模型中的参数。但是这样做难度是很大的，不仅是现场实测很难做到，且负荷本身变化很大，到目前为止负荷模型还是一个有待解决的课题。根据 IEEE 专设的委员会 1998 年的调查[8]，由于缺乏动态模型的参数，不少北美的公司，在分析暂态稳定及低频振荡时，主要采用的仍是静态模型，对某些特殊的地区负荷，采用了动态模型，例如对 1996 年 8 月 10 日故障的重现仿真。

4. 如何选择阻尼系数 *D*

在发电机转子运动方程式中，通常都包含了与转速偏差成正比，系数为$\frac{1}{T_J}D$的一项如下

$$\frac{\mathrm{d}}{\mathrm{d}t}\Delta\omega = \frac{1}{T_J}(M_m - M_e) - \frac{1}{T_J}D\Delta\omega$$

式中，$\Delta\omega$ 为转速偏差；M_m、M_e为机械转矩及电磁转矩；T_J为转子机械惯性时间常数。

无论在大干扰或小干扰稳定分析中，系数 D 都会给计算带来相当大的影响。系统分析中，下列因素会改变系统的阻尼特性：

（1）阻尼绕组的模拟。如果采用详尽的阻尼绕组模型及合理的参数，则阻尼绕组的影响就不必在系数 D 中计入。在用经典模型模拟发电机时，虽然理论上说，可以用合适的系数去等效阻尼绕组的影响，但是阻尼绕组的作用，随着机组在系统中的位置，所要研究的模式的频率，以及运行条件的变化而改变，因此很难确定它的典型的数据。文献［10］中给出了以下数据，对于联络线模式，对某种具体条件 $D=0.33$，对另一种条件 $D=1.4$，对于地区模式，对某种条件 $D>2$，对另一种则 $D>6$。可见该数据是根据具体条件确定的。如果要求准确计算的阻尼，最好是限制整个模拟系统中的经典模型的数量。

（2）励磁控制系统的模拟。如果励磁系统及控制器包括稳定器的模型及参数都采用实测的数据，则它们的作用也不必在系数 D 中计入。如果用经典模型，即暂态电抗后电动势及机械输入功率都恒定，则这时励磁不会提供阻尼，这时要用系数 D 来等效励磁控制的作用就更难了，它取决于是否有稳定器，运行点及系统参数，等效的系数 D 可能为正也可能为负，理论上说，可以用求阻尼转矩的方法求等效的 D，但求出的未必适用于所研究的状态，所以最好还是少用经典模型为好。

（3）负荷模型的影响。过去曾将负荷的频率效应用系数 D 来等值，这是不合理的，因为某个负荷的频率效应并非只与某一台机组的系数 D 相对应，因此如果要准确模拟负荷的频率效应，应针对个别母线上的负荷作模拟。而不应该包括到发电机转子运动方程式中去。

（4）轴系扭转振荡的影响。发电机组，特别是汽轮发电机的转轴上在各个部件（如发电机与汽轮机或励磁机）之间扭转振荡造成的金属周期性伸缩，也可能产生阻尼效应，但因影响很小，可以忽略。

（5）汽轮机蒸汽本身的阻尼。这一项很小，可以略去。

由上可见，在计入系数 D 时，以上五项的影响都可以排除，下面这些因素都与发电机组的模型有关，在模拟系统的阻尼特性时，需要加以考虑。

（6）定子电流中直流分量的影响。这个分量是由定子磁链不变引起的，但一般稳定分析中都将它计略去，也就是在定子电压方程中略去 $p\Psi$ 这一项，文献［9］的分析说明，该分量可产生一个不大的阻尼，阻尼的作用要到一两摆以后才显示出来，到那时刻直流分量已经衰减了，所以这个分量在仅考虑阻尼的模拟时，是可以略去的。在其他文献上，例如文献［11］认为直流分量引起的同步制动转矩，它是因直流分量在转子上引起的损耗造成，在近端三相短路时，甚至使得转子先向后摆再向前摆。

（7）转速变化对定子电动势的影响。在稳定分析中，通常认为发电机转速在额定值附近作不大的变化，因此忽略转速变化，假定 $\omega=1.0$，因此旋转电动势 $\Psi_{d}\omega$ 及 $-\Psi_{q}\omega$ 就变成了 Ψ_{d} 及 $-\Psi_{q}$，如果要准确模拟阻尼，则应计入转速变化，定子电压方程就成为

$$u_{q}=p\Psi_{q}+\Psi_{d}\omega-ri_{q}$$

$$u_{d}=p\Psi_{d}-\Psi_{q}\omega-ri_{d}$$

如果用超暂态电动势来表示，并略去 $p\varphi$，就成为

$$u_{q}=E''_{q}\omega-x_{d}''i_{d}\omega-ri_{q}$$

$$u_{d}=E''_{d}\omega+x_{q}''i_{q}\omega-ri_{d}$$

文献［10］认为在计算定子端电压时，略去转速变化与略去 $p\Psi$ 项的作用可以互相抵消。稳定计算通常都是通过一个与暂态电抗或超暂态电抗后的电动势成正比的电流源去和网络的导纳矩阵联解，一般均不计转速的变化，即内电动势由磁链计算出来，不用再乘转速的变化，导纳也不随频率变化。如果在定子电压及电动势中，要计入转速变化，那么也应计入网络中阻抗随频率的变化，有一种看法认为电动势随频率的变化与导纳随频率的变化互相有抵消的作用，但是考虑到感抗为电感乘以频率，而容抗为电容除以频率，所以作用不能完全抵消，会带来一定的误差。

最精确的作法是在内电动势，端电压及网络计算中，都计入转速的变化。这时发电机输出的有功功率、无功功率也要计入转速的变化，注意这时不能用电磁转矩 M_e 去代替输出电功率 P_e。而为了保持一致性，网络中各点的电压功率等，也需要将网络解中得到的值，乘以频率。

如果在电动势及网络的计算中不计转速的变化，应考虑计入端电压随转速的变化，文献［10］提到，实践经验表明，端电压因转速而引起的变化，经过励磁控制的作用，对阻尼有相当大的影响，这是容易理解的，因为励磁控制将转速变化的影响经反馈放大了。这时因不计转速对内电动势的影响，功率可以用转矩代替，但不要用 $M_e=P_e/\omega$，除非是 $\omega=1.0$。

（8）转子运动方程式的处理方法。运动方程式为 $T_J\dfrac{d}{dt}\Delta\omega+D\Delta\omega=\Delta M=M_m-M_e$，如果在 M_m 及 M_e 的计算中，已计入了转速的变化，则运动方程中的系数 $D=0$。如果在电枢电压计算中，不计转速的变化，运动方程中没有用 P_e 去代替 M_e，而用 $M_e=P_e/\omega$，则 D 应输入一个数值。如果在计算 M_m 时，假定 $P_m=M_m$，则会引入误差，这时 D 也应输入一个数值。

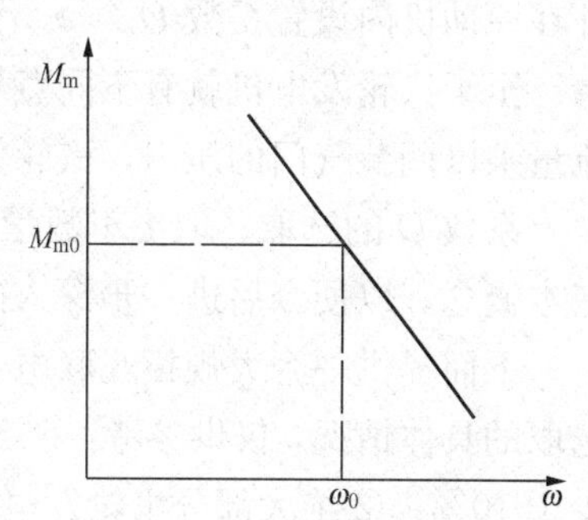

图 10.21　原动机机械特性

（9）原动机的特性。如果不模拟调速器，无论是汽轮机还是水轮机，它的机械输出转矩与转速的关系，在额定值附近是接近 45°的直线关系，原动机机械特性如图 10.21 所示。

现在来求 $\Delta M_m/\Delta\omega$ 的标幺值。

因 $M_m=P_m/\omega$

$$\Delta M_m=\frac{\partial M_m}{\partial P_m}\Delta P_m+\frac{\partial M_m}{\partial \omega}\Delta\omega$$

当没有调速器时，可以认为原动机输出功率不变（即 $\Delta P_m=0$,）且 $P_m=P_{m0}$，$\omega_{base}=\omega_0$，两边同除以 $M_{mbase}=S_{base/}/\omega_0$，则得 $\Delta M_m^*/\Delta\omega^*=-P^*\omega_0$。

这说明，当转速增大时，原动机机械输出驱动转矩就要减少，减少的数值为 $P_{m0}^*\Delta\omega^*$，如果变化前，运行在功率标幺值 1.0，则输出驱动转矩减少 $1.0\times\Delta\omega$，驱动转矩的减少可以等值的看成是制动转矩的增加，因此这部分电磁制转矩可用 $D\Delta\omega^*$ 来代替，只要将 D 设为 $P\omega_0$。

当调节气门固定，即不模拟调速器，且原动机输出机械功率恒定时，系数 D 可设为机械功率的标幺值，例如 $D=1.0$。当原动机的特性为机械输出转矩恒定，则系数 D 应设为零。因此若假定原动机是恒定功率输出，而实际上是恒转矩输出，就会引入误差，反过来也一样，这误差可通过系数 D 的设置来补偿。对其他类型的原动机，例如燃气轮机，则系数如何设置还没有定论。

最为简明的避免误差的方法是，机械转矩总是由已知的机械功率计算出来，同时把系数 D 设置为零。

由上面的介绍，可以看出，系数 D 的设置牵涉的因素很多，如果发电机采用详细模型包括阻尼绕组及励磁控制系统，并计入转速变化对电压内电动势的影响，定子电流直流分量的影响，则剩下关键的因素就是原动机的特性（一般均认为负荷特性应由负荷模型自己解决）。但是关于原动机特性，目前尚未形成一致看法。

首先的问题是，原动机输出的是功率还是转矩？据本书作者所作的调查，多数北美的专家同意水轮发电机输出的是功率，有的专家具体提出下列建议：对于高水头的冲击式水轮机可设 $D=2$，对 Francis 水轮机 $D=1$，而 Kaplan 式水轮机 $D=0.2$，但是 D 的数据是随着负荷而变动的。上述系数 D 是放在水轮机的模型中，其输出的功率要减去一项 $D_{turbine}\times$开度$\times\Delta\omega$。文献［10］将水轮机的机械输出功率除以转速得到机械转矩再输出，不另外在原动机内设置系数 D。

至于汽轮发电机就有不同意见，有的认为输出是转矩，有的认为是功率，它等于蒸汽流量乘以调节气门的压力，汽轮发电机的系数可取为零，至于燃气轮机尚需进一步研究。

系数 D 的选取，取决于数学模型，计算方法以及经验的积累，以上所述是为了理清基本概念，以便今后进一步深入的探讨。

下面提供一个大规模互联电力系统，根据该系统的情况，在稳定分析计算中，系数 D 选取的具体情况，仅供参考：①绝大部分的汽轮发电机，系数 D 设为零，不为零的机组，少于10%；②绝大部分水轮发电机组，系数 D 取为0.5～3.0；③采用经典模型的发电机组，系数 D 取为0.2～1.5。

第6节 防止低频振荡的整体策略

为了预防今后系统中可能出现的低频振荡，这里对整体策略提供以下建议。

1. 普遍安装电力系统稳定器

稳定器技术的发展已臻成熟，国内研究生产部门，像中国电力科学研究院及部分省区电科院已经掌握了这项技术，系统的运行也有需要，可以说普遍安装的时机已经成熟。

为什么要普遍安装呢？其原因如下：

（1）低频振荡的主要的“源”就在发电机励磁控制，前面已经说明，为了提高运行电压质量（规程要求发电机电压的静差小于0.5%）、系统的小干扰稳定、暂态稳定及电压稳定，发电机必须采用大的电压调节放大倍数，这提供了低频振荡产生的条件，另外，系统若运行在某种工况，例如高传输功率时，只要有反馈控制，像电压调节器、调速器的存在，也不一定要大的放大倍数，就有可能使动态品质恶化，或者说产生负阻尼，因此每一台发电机都是产生负阻尼的可能的“源”，同时每台发电机安装了稳定器又是提供系统正阻尼的“源”。消除振荡就应该从它产生的“源”入手，正像汽车的减震器是装在轮轴上一样。技术发展到今天，我们应该把电压调节器与稳定器看成是一体的，不可分的，有电压调节器就应该有稳定器，事实上现在制造厂供货时全都附带稳定器，它只是很小的一个附件（微机式稳定器由软件构成），价格低廉，不必考虑少装几个稳定器的经济效益。

（2）普遍安装是为了适应系统运行方式的变化，特别是对那些联络线模式，与它相关的机组可能有多个，从全局协调控制的角度出发，将所需的阻尼，分配给有作用的机组共同承担，并不是只依靠一台机或少数几台机。这样当某些机停运，不致失去对该模式全部阻尼，或当解列成为独立电网运行方式出现时，这个独立电网，因没有或太少稳定器而引起振荡。这是一种基于对系统运行全面考虑而设置备用或分担风险及互相协调的策略。虽然在较小规模的电力系统中，对某些运行点，一台或几台强相关的机组，有可能提供联络线模式足够的阻尼，这是靠增强个别机组稳定器的控制作用来实现的，这种整定方式最容易出现恶化其他模式的阻尼的现象。

(3) 上面所说的共同分担及协调阻尼的策略，还有一个好处，就是每台机的整定都不求在某个运行点“最优”。分析表明这样相角补偿的频带宽度及适应性可以增加，也不会因增加一个模式的阻尼明显恶化了另一个模式的阻尼。

(4) 系统中存在着众多的地区内或本机模式，它们的特点是，一个这样的模式只能由某一台或少数机组来改善阻尼，其他机组对它不起作用。这种机组在系统中大量存在，其中有一些不仅对本机模式可控性高，对联络线模式也有一定的可控性，应该使它们在尽可能宽的频带上有合适的相位补偿，这样既对本机又对联络线模式提供正阻尼，特别是当网架结构或运行条件改变后，这些机组可能会对联络线模式的可控性增大。为了使所有本机模式都具有正阻尼，也使联络线模式在各种条件下，都保持正阻尼，应在相应机组上都安装稳定器。

综上所述，普遍安装是必要的，例如，WECC规定65MW以上发电机都要安装稳定器，加拿大安大略省电力公司、魁北克电力公司几乎100%机组都安装了稳定器。从上面介绍的多机电力系统低频振荡的基本特性及系统运行多变性，就会得出普遍安装是必要的这个结论。前面10.1节介绍了1996年8月10日美国WECC系统低频振荡事故，可以说，系统中某个电厂没有投入稳定器是系统产生振荡的原因之一。

稳定器产生的机组或模式之间负面的影响完全取决于参数的整定，如参数整定不当，前面已说明装少量的稳定器更可能出现上述负的作用，如按照上面所述的原则(2)、(3)、(4)来整定，就不会出现稳定器/机组间的负作用，这已为北美多个电力系统长达30年的经验所证明。

针对目前国内的状况，在选择安装地点上，可按以下原则：

(1) 对目前阻尼最弱的模式，特别是联络线模式，通过计算，在最有效的机组上，优先安装稳定器。

(2) 新机组投运时，应把稳定器投入。

(3) 大型机组优先安装。

(4) 快速励磁的机组优先安装。

2. 推广采用新型电力系统稳定器

早期安装的稳定器，其输入信号主要有转速、频率及电功率三种。运行的经验证明，以转速为信号的稳定器，因信号处理上的困难，经常使稳定器不能提供应有的阻尼，甚至使稳定器不能投入；以频率为信号的稳定器使用较少；比较多使用的是以电功率为信号的稳定器，由于信号取得、处理比较简便，容易调整，效果很好，因而得到较多的应用。

但是以功率为信号的稳定器，最大的缺点是当原动机因调速器动作而改变输出功率时，稳定器的输出是与需要调整的方向相反的，称之为稳定器的“反调”现象。目前的做法是在气门或水门动作时，闭锁稳定器，但是这时很可能是最需要稳定器起作用的时候，例如当系统AGC（Automatic Generation Control 自动发电控制）动作时，稳定器退出，系统稳定性会恶化。在稳定器早期的研究中，就已经认识到这个现象[12]。

1978年P. deMello等提出了用电功率及转速通过运算方法构成原动机功率信号，避开了测量原动机输出功率的困难，以后又经过二十多年的开发改进，形成了一种新型的电力系统稳定器，这种稳定器具备以电功率为信号的稳定器的优点，但去掉了“反调”的缺点。IEEE的模型中称为PSS2A。

2003年中国电力科学研究院研制成功了这种微机式的新型稳定器，并于2004年成功地在三峡水电站投入运行，现场试验证明性能优良，该装置投入运行至今一切正常。这项研究为中国填补了技术上的空白，意义重大。今后在系统中，应推广采用这种新型稳定器。

2000年加拿大魁北克电力局推出一种新型的多频带稳定器[14]，它可以在频率为0.04～4Hz范围内，提供系统阻尼，对于特大规模的电力系统，其联络线模式很低的情况，应研究应用这种稳定器的需要。

对于基于广域测量的稳定器，应在本机信号的稳定器调整到最优状态后，根据需要及可能作为附加的信号输入励磁控制系统，见第7章。

3. 推广采用自并励励磁系统

这是指发电机的励磁是直接由它的机端经变压器及晶闸管整流后供给的系统，它是属于快速励磁系统。分析及实践均表明，只要适当的提高它的强励倍数，特别是配上PSS以后，它在各种运行方式下的性能（包括静稳极限、暂态稳定、电压稳定性、空载运行、甩负荷）都优于常规励磁系统（指直流及交流励磁机系统），因此国内外都在积极推广采用自并励励磁系统。这里要特别说明的是，采用包括自并励在内的快速励磁系统以后，使稳定器抑制低频振荡的作用更加明显，可以提供系统更多的正阻尼，由于它的滞后效应小，相频特性较平缓，可在较宽的频带上，将相位补偿到所需的数值，因而明显的增加了稳定器的适应性。

4. 研究推广适应性强的整定方法

电力系统稳定器技术的发展，从一开始就非常关注稳定器对于系统运行状态改变后的适应性，控制理论上称之为鲁棒性（Robustness），但控制器在电力系统运行中的适应性，不像是在单机无穷大系统中，研究发电机运行点改变后的适应性那样简单，它包含了多种多样的运行条件及运行方式的改变，归纳起来，运行条件及方式的改变大致包括：

（1）由潮流的改变造成系统运行参数及条件的变化，例如电压、功角、功率甚至频率的改变，也应包括控制器本身参数的变化。

（2）由于系统的发展，也包括事故或检修而使机组、负荷、线路投入/切除，而造成的系统网络架构的改变，这种改变有时可能是本质性的变化，像中国许多地区性电网，在过去一、二十年的时间内，从地区性扩展到省间、大区间，再扩展到全国性互联电网，或者是大区互联电网，也应考虑由于事故的扩展，分解为几个独立小电网。

(3) 发电机的正常及特殊运行方式，例如：空载及并网、负荷变化（从空载到静稳极限）、不同输入点的扰动、各种不同类型的短路、负荷突然投入及切除、异步运行及再同期、甩负荷等。

过去曾有不少文章利用适应控制理论来设计具有适应性的稳定器，但多数都只考虑单机无穷大系统中发电机运行点的变化，因此不能适应电力系统实际可能出现的变化。如果按照种种运行状态及条件来决定稳定器的参数，试想要设计固定参数的稳定器，使它适应上述各种条件的变化，的确是很困难的。文献［13］提出，如果我们转换一下思路，从频域的角度来考虑，上述种种的变化，都综合反映到发电机的频率响应的变化上，也可能使得发电机强相关的模式发生改变。理论分析及实际经验都证明，频率响应的频谱范围在0.1～2.5Hz以内，机组相频特性随着运行条件的变化是很不敏感的，如果利用相位补偿的原理来设计稳定器，只要稳定器在可能的频谱范围内（0.1～2.5Hz），都提供合适的相位补偿，则稳定器在运行条件变化时，都能提供适当的正阻尼，也就是所设计的稳定器具有适应性。实践证明，这是可以做到的。文献［13］给出了一个证明的实例：四川二滩电厂的固定参数的稳定器，由于是按上述方法整定的，在电网由地区性发展到华中电网，进一步与华北、东北电网联网，形成跨区大电网的不同阶段，都能对系统提供正阻尼，成为抑制低频振荡的重要电厂之一。

5. 发电机励磁系统测试建模

对电力系统的分析计算，掌握系统的基本动态特性，预测系统是否会发生低频振荡，是设计稳定器来克服低频振荡的首要的一步。电力系统暂态稳定分析软件的发展已经有几十年的历史，已经发展成为一个十分先进的计算工具，但是它需要有正确的模型及数据，否则计算的结果不能反映实际系统的过程，如果仍用它来指导、规范系统的运行，就不合理了。由于电力系统的复杂性，模型参数的测量认证需要进行大量的工作，很多运行部门对于模型参数的正确性，也都没有十足的把握，这样就不能肯定计算结果符合现场实际，就像WECC这样实力雄厚、老牌的电力公司最初都不能重现事故，问题普遍性及难度就可见一斑，WECC在事故重现方面作出了世界水平的工作，是投入了大量的人力、物力以及长时间的积累的结果。中国也需要在这方面达到世界水平，各大电力公司应该设专人从事此项工作，并且制订计划大力开展此项工作。

6. 研究发展大规模电力系统复频域分析方法

为了说明进一步发展大规模电力系统复频域分析方法的必要性，这里简要地回顾一下复频域法在分析电力系统的特长及局限性。

在分析电力系统稳定性中最常用的是时域法，又称暂态稳定分析法。主要优点如下：

(1) 能够计入各种元件的非常详尽及复杂的非线性数学模型，能够处理大规模的复杂电力系统，能够模拟逻辑控制的断续作用及保护装置，在这些方面的功能几乎是没有限制的。计算所需时间，由于计算技术的发展，已经不是一个限制的因素了。

(2) 能够求出各个变量随时间的响应，因而当系统失去稳定时，可以了解系统是怎样失步的，甚至失步以后的过程，包括再同步或者解列后的状态。

但是，时域法也有以下的局限性：

（1）用时域法分析系统稳定性，基本上是一个试探的过程，它不能提供参数对于稳定性定量的影响——灵敏度信息，理论上说，时域法具备了有关系统动态特性信息，例如模式频率、阻尼、特征、模式与机组的关联特性等，但它们是隐含在时域响应中，不容易分离出来。

（2）取决于故障的型式、地点及系统的运行条件，系统中有的振荡模式不能被激发出来，由于是不同的振荡模式的叠加的结果，某个振荡的衰减与否有时很难决定，甚至由于拍频的现象，而给出错误的信息。

复频域法正好弥补了时域法的不足，它可以提供系统的全部振荡模式，或者阻尼最弱的模式的振荡频率及阻尼比，从而对系统小干扰稳定性有一个全面的深入的了解。能够提供系统内各振荡模式下，机组相位关系，对那些阻尼弱的模式，可以了解到它们是属于联络线模式，还是地区模式。它可以定量分析控制器的参数对于小干扰稳定性的影响，能够建立振荡模式与机组关联特性，从而确定机组产生振荡的原因，制定克服振荡的措施，特别是确定装置电力系统稳定器的地点。

复频域法最大局限性是因状态方程的阶数过高，该方法目前还不能应用到大规模互联电力系统上。经过多年研究发展，目前已有几种方法，例如降阶法、AESOP 法、改进的 Arnoldi 法等方法，去克服维数过高的困难，但都还存在着不足之处，因此比较完善的复频域法还有待进一步研究开发。

7. 研究在线监控低频振荡的方法

为了进行大规模电力系统的模拟，必须首先建立的状态方程，大规模电力系统状态方程式可能达到 30000 阶，严格说，它包含了 30000 个特征根，可以用降阶办法来求解系统中最关键，对稳定性起主要作用那些模式，另一个办法就是从全阶模型中，根据输出/输入在扰动作用下的关系，抽取出线性化的低阶模型，这个方法也可根据现场实测的输出/输入的响应，得到相关的传递函数，以便设计控制器，这个办法的基础就是 Prony 分析。它是一种在傅立叶分析法基础上发展出来的，用以直接从时域响应中估算出模式的频率、阻尼、大小及相对相位。

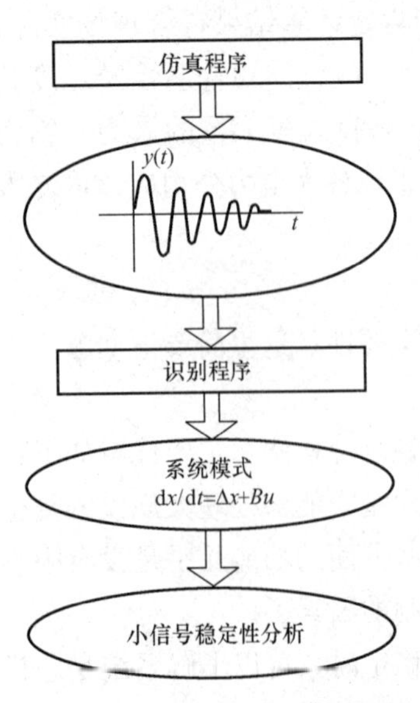

图 10.22　降阶模型的辨识过程

由时域模拟的结果，例如某台电机的时域响应经过 Prony 分析，可以得到一个降阶的模型，该模型保留了与该台机组相关的模式，可以作为分析小干扰稳定性及设计控制器之用，降阶模型的辨识过程如图 10.22 所示。

在控制系统设计时，常常需要知道系统某些量之间的传递函数，Prony 法也可根据现场实测的或暂态稳定程序输出的时域响应曲线，拟合出相应的传递函数。

从时域模拟的响应曲线，用 Prony 分析辨识出系统的特征值及其阻尼比的方法，已应用到系统在线动态安全估计（Dynamic Security Assessment—DSA），以便确定某些输电走廊的可用传输容量（Available Transfer Capabilities ，ATCs），目前在很多电力系统中，输送的功率极限常常不受暂态稳定和电压稳定的限制，而阻尼不够成为了输电的瓶颈，在线应用传统的复频域法分析系统稳定性，其速度不能满足在线的要求，WECC 提出的危险模式估计器（Critical Mode Estimator—CME），它是建立在 Prony 分析的基础上，由在线动态安全性估计产生一组时域响应，由 Prony 分析法计算出危险的模式及其阻尼比。这方面的技术值得进一步研究及应用。

8. 人员培训

电力系统的安全稳定运行越来越多地依赖发电机的励磁控制（包括稳定器在内），性能优良的励磁控制会使受稳定性限制的传输功率明显提高，系统抵抗外部干扰的能力增强，如果因设计、调整不当或设备不能投入，可能会引起事故的扩大。

要使电力行业的设计、安装、运行、检修从业人员更好的掌握运项技术，才能切实的发挥励磁控制的功效。用励磁控制提高系统稳定性是一项较新的技术，它包含了系统运行、电机、控制、计算机模拟等方面的基础知识，对于上述从业人员有需要扩充或更新自己的知识结构，有关方面要提供人员培训进修的机会。这里要特别提一下对电厂的运行及检修人员的培训，因为保证励磁控制设备的良好运行性能所需的调整、维护工作主要依靠他们，从传统上说，电厂非常重视继电保护，技术人员对继保设备掌握得很好，对于励磁控制特别是稳定器这样新技术，常常要依靠电科院等单位。

鉴于励磁控制的新技术的推广应用，电厂人员的培训应提到议事上来。有关电厂也应考虑具备相应的模拟软件，作为调整分析及培训的工具。

参考文献

[1] A. Chorlton, G. Shockshaft Comparison of Accuracy of Methods for Studying Stability Northfleet Exercise. Electra, No. 23, Jul. 1972

[2] Dmitry N. Kosterev, Carson W. Taylor, William A. Mittelstadt. Model Validation for the August 10, 1996 WSCC System Outage. IEEE Trans. on Power Systems, Vol. 14, No. 3, Aug. 1999

[3] Fang Zhu, Zenghuang Liu, Chu Liu. Achievement and Experience of Improving Power System Stability by PSS/Excitation Control in China. Presented at 2003 PES General Meeting, Toronto, 2003, Jul

[4] 朱方，汤涌，张东霞，张文朝．我国交流互联电网动态稳定性问题的研究及解决策略．电网技术，2004，28（8）

[5] 张晓明，庞晓燕，陈苑文，刘增煌，田芳．四川电网低频振荡及控制措施．中国电力，2000，33（6）

[6] 汤涌，李晨光，朱方等．川电东送工程系统调试．电网技术，2003，27（12）

[7] P. Kundur, M. Klein, G. J. Roger, M. S. Zywno. Application of Power System Stabilizers for Enhancement of Overall System Stability. IEEE Trans. on Power Systems, Vol. 4 No. 2, May 1989

[8] IEEE Task Force on Load Representation for Dynamic Performance. Load Representation for Dynamic Performance Analysis. IEEE Transactions on Power Systems, Vol. 8, No. 2, May 1993

[9] P. Kundur. Power System Stability and Control. New York: McGraw-Hill, Inc., 1993

[10] Power System Damping Ad Hoc Task Force of the Power System Dynamic Performance Committee. damping representation For Power System Stability Studies. IEEE Trans. on Power Systems, Vol. 14, No. 1 Feb. 1999

[11] O. G. C. Dahl, Electric Power Circuits, Theory and Applications, Vol. II, Power System Stability, McGraw—Hill Book Company, Inc. New York, 1938

[12] 刘取，于升业，马维新，秦荃华，李中华．采用电力系统镇定器提高系统稳定性的研究．清华大学学报，1979，1.19 (2)

[13] Zhu Fang, Liu Zenghuang, Zhao Hongguang, Liu Chu. Design and Assessment of PSS with Sound Adaptability as System Expanded from Local to Nation-wide Interconnection. Presented at IEEE PES General Meeting, Donver, Jul. 2004

[14] R. Grondin, I. Kamwa, G. Trudel, L. Gérin—Lajoie, and J. Taborda. Modeling and closed-loop validation of a new PSS concept, the Multi-band PSS. presented at the 2003 IEEE/PES General Meeting, Panel Session on New PSS Technologies, Toronto, ON, Canada

第11章

励磁控制与系统大干扰稳定性

发电机励磁控制对于大干扰稳定性有着重要的影响，在提高大干扰稳定性的各项措施中（其他例如快关汽门、电阻制动、切机、切负荷、可控串联/并联补偿等），它应该是首选的措施，因为其效益与投资之比是最高的。对于改善系统受到大干扰后的暂态过程，包括防止电压不稳定都有重要作用。

本章先介绍衡量励磁控制系统大干扰下暂态过程中的性能指标，包括励磁顶值电压、励磁顶值电流、励磁电压响应时间及励磁电压响应速度等，这些指标有助于衡量、比较不同励磁控制系统在暂态过程中的性能。但是励磁控制在暂态过程中的作用，还不是上述一些指标可以完全概括的，例如励磁电压响应速度是不计短路对励磁电压的影响，一些参数如调节器的暂态及稳态增益，稳定器的参数等都起一定的作用，而且这些参数在暂态过程中不同阶段的作用是不同的。由于暂态过程的非线性，无法像小干扰稳定性分析可以用解析的方法得出各个模式频率及阻尼比，以对稳定性有一个定量的认识，所以在比较不同励磁控制系统方案时，都是针对某个具体的情况，用比较暂态过程的模拟的结果或稳定极限的计算结果来进行的，其结论往往没有普遍性，而且产生一些互相矛盾或混乱的说法。在研发新型励磁系统中，也走了一段弯路。例如过去一段时间里，过分强调近端短路的发电机在短路期间的高励磁电压顶值倍数的作用，尤其是在苏联，因而否定自并励静态励磁系统的应用。为提高短路期间的强励顶值，以高代价发展了带串联变压器的自复励励磁系统及其他类型的励磁系统（例如 Generrex 系统）。这些都促使对励磁控制在暂态过程中的作用机理作更深入的探讨，例如需要回答下面的问题：励磁控制对暂态稳定的作用究竟在哪里？励磁电压顶值及快速性及稳定器在暂态过程中是怎样起作用的？除了高顶值、快速性以外，还有哪些措施可以进一步提高暂态稳定性？本书的作者在文献［1］中提出的励磁控制在暂态过程中作用的五个阶段理论，目的就是为回答上述问题，本章也将给予介绍。

最早期的同步电机的励磁系统无例外都是直流励磁机系统，当发电机及其励磁机容量逐渐增大，直流励磁机由于换向限制，不能胜任时，工程界开始研发新的励磁系统，研发是沿着两个方向前进的，一种即是用交流同步机作主励磁机通过二极管或晶闸管整流供电给发电机励磁绕组，称旋转励磁系统。一种是用发电机端电源通过晶闸管整流供给励磁，称静态励磁系统。上述两种系统又都派生出多种不同的子系统，一时间各种系统都推出到市场上，互相竞争，制造厂标榜的优越性，除了硬件可靠性、维护方便、价格优惠等因素外，很重要的在于对改善系统稳定性的表现，可是恰恰在这方面，说法相当的混乱，使得系统/电厂的设计人员莫衷一是。究其原因，除了商业方面的利益，也是因为专业分工造成的，很难要求制造厂人员对系统稳定性及励磁控制的认识比从事电力系统的研究人员还要深入透彻；对于从事电力系统研究的人员，也很难进到励磁系统这样深层次而又局部的课题中，所以从科学技术的发展上来说，对于这个课题的认识也是逐渐发展进化的。从目前发展趋势来看，随着科研工作的深入，以及运行经验的积累，也随着晶闸管技术的进步，对励磁系统及其控制的看法，产生了很大的转变。所有新型励磁系统中原来最不被看好的自并励静态励磁系统，却一枝独秀，得到了广泛的应用。科技界及工程界的最新的看法是，自并励静态励磁系统不但可靠性高、易维护、价格低，而且为采用励磁控制提高系统稳定性提供了最好的平台。在应用自并励励磁系统方面，加拿大安大略省电力局及魁北克电力局都是最先进的，它们从 20 世纪 60 年代末期，就决定新机组及旧励磁系统更新，无例外的采用这种系统，所以自并励的发电机容量占系统容量的绝大部分。中国对自并励系统最早的理论研究反映在本书作者 1963 年的研究生论文中❶，以后又发表了一些论文及报告[1,5~7,13,14]，推动了自并励在中国的应用，20 世纪 80 年代以后，在水轮发电机上，已广泛采用了自并励系统。1997 年 1 月，电力部安全监察司及生产协调司会同科技司发出的《关于发送大型汽轮发电机自并励励磁系统技术研讨会会议纪要的通知》中提出[2]："在新建或改造工程中，汽轮发电机励磁系统选型时，要积极采用自并励励磁系统"。

为了使读者掌握这项技术，本章将会介绍励磁系统选型中要考虑的因素，并将自并励系统与其他系统做一对比研究，做出性能的评价。

今后采用自并励励磁系统的发电机的比例越来越高，对系统运行性能将会起到支配性的作用，但是自并励励磁系统的运行特性与常规的励磁系统有很大的不同，所以本章接着介绍自并励发电机在各种主要运行方式下的特性，期望对运行及规划设计人员有所帮助。

励磁控制系统对大干扰稳定性的影响，还有另外一方面的内容需要进一步加以理清，这就是控制系统的设置，包括稳定器的影响，其中特别是暂态增益减小，即动态校正的作用。

最后，将介绍励磁的断续控制（又称励磁暂态稳定控制或全过程控制）以提高暂态稳定的研究及工业实践，可以说这种控制方式将励磁控制提高暂态稳定性的潜力发挥到了极致，值得进一步研究，并应用到工程上去。

第 1 节 大干扰下励磁系统的性能指标

IEEE 对于大干扰下发电机励磁控制系统的性能指标作了如下的定义。

1. 励磁系统的电压顶值

在给定的条件下，励磁系统能够提供的最大直流电压。

给定条件对于旋转励磁系统是指在额定转速，对自励系统则需指明机端电压的数值。电压顶值高，对系统暂态过程，特别是发电机第一摆有益处。

励磁电压顶值也时常用强励倍数来表示，苏联及中国业界习惯用额定励磁电压作为基值，但在励磁系统数模上，采用的强励（顶值）倍数是以励磁基值系统定义的基值（发电

❶ 刘取．具有自并激离子励磁系统的发电机的某些运行方式及静态稳定性的研究．[研究生论文]．北京，清华大学，1963.

机空载定子额定电压所对应的气隙线上的励磁电压），对于水轮发电机，后者大约为前者的 2 倍，对汽轮发电机大约是 2.5 倍，有的汽轮机可达 3 倍以上。

2. 励磁系统的电流顶值

在给定的时间内，励磁系统能够提供的最大励磁电流。

当系统长期处于低电压状态，励磁电流顶值是由励磁系统中元件发热条件决定的。

3. 励磁系统的电压响应时间

在给定条件下（励磁机带等值负载），励磁电压由额定值上升到顶值电压 95%所需的时间，按秒计。

所谓额定励磁电压是指发电机带额定负荷时的励磁电压，这时励磁绕组的温度应为：①75℃，当绕组设计为温升小于 60℃ 时；②100℃，当绕组设计为温升大于 60℃时。

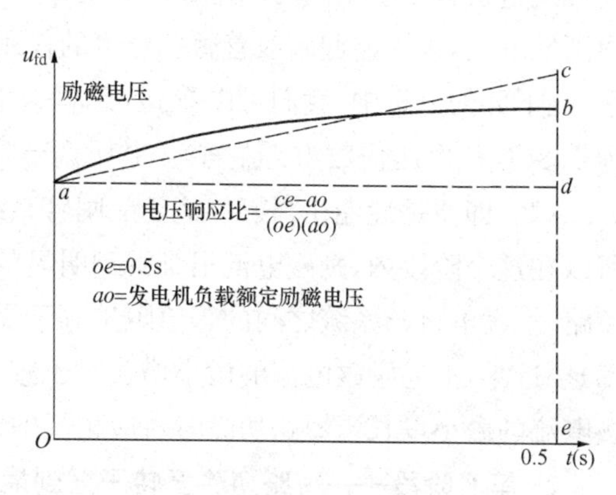

图 11.1　励磁电压响应比算法
实线—实际曲线；虚线—等效曲线

4. 高起始响应励磁系统

励磁电压响应时间小于 0.1s 的励磁系统。它是一种快速作用的系统。

5. 励磁系统的励磁电压响应比

在励磁机带等值负载条件下，励磁电压与其负载额定值之比是由额定值上升到顶值的平均速度，因上升是沿曲线行进的，上升速度在每一点都是不同的，可以找出一条直线其所包面积与实际曲线所包面积相等，按这条直线，可以求出在规定的时间内电压上升的平均速度，励磁电压响应比算法如图 11.1 所示。

计算励磁电压响应比的时间采用 0.5s，因为一般发电机在受到严重的干扰，例如短路后，转子功角一般在 0.4～0.75s 达到顶值，在这个时间段内，励磁电压上升速度越快对稳定越有利。但是对于自励式的励磁系统（也包括交流励磁机系统），因响应比没有计入励磁电压在故障发生及切除时是变化的，因此用来衡量励磁系统的性能就不合理了。

第 2 节　暂态过程中励磁控制的五阶段的概念

影响励磁控制对暂态稳定的作用的因素很多，除了励磁控制系统本身的参数、特性以外，其他因素如短路切除时间、故障类型及故障后发电机端电压的变化、功角特性的改变、系统本身阻尼的强弱等都会影响励磁控制的作用，本书作者通过多次动态模型试验结果的分析，总结出励磁控制对暂态稳定性作用的机理，在文献［1］中指出：按照励磁控制在暂态过程中作用的不同，可以分成五个阶段，如图 11.2 所示，现分述如下：

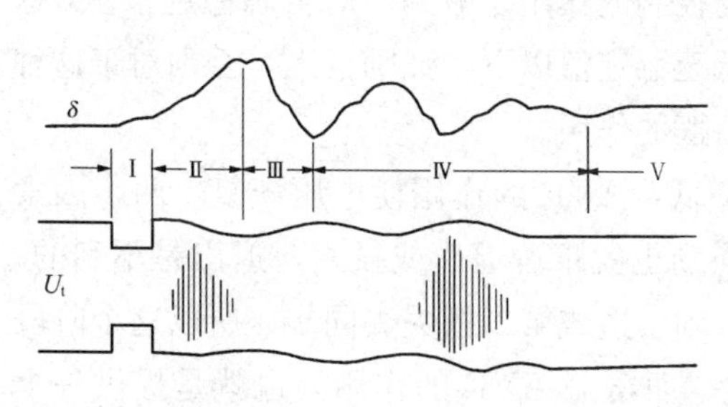

图 11.2　暂态过程中励磁控制的五个阶段

1. 第Ⅰ阶段——短路发生到短路切除

取决于短路点的远近及电压调节器的暂态增益的大小，电压调节器的输出会增大，使励磁电压升高，当出现近端三相短路，或远端短路，但电压调节器增益较大时（例如大于 200），对于用晶闸管供电的励磁系统（包括自并励系统），则励磁电压在 1～2 周内即可升到顶值，旋转励磁系统要经过励磁机时间常数的时延，励磁电压逐渐升高。励磁电压的升高还要再经过发电机转子绕组的时间常数的时延，才能使发电机励磁电流及与其成正比的制动转矩逐渐地增大，也才能起到改善暂态稳定的作用。目前短路切除的时间已达到小于 0.1s 的水平，在下面的分析中，我们可以看到，在 0.1s 时，常规的交流励磁机系统，其强励倍数一般为 1.8（顶值电压倍数为 4 左右），电压调节器使得电动势 E_q 的增长量只占无调节器时的 0.227%，即便是性能相当好的他励晶闸管系统（强励倍数为 1.8），上述比例也只有 2.84%。所以在这个阶段内，励磁电流很难得到明显的增长。不但如此，更为重要的是，当近端三相短路时，发电机与系统之间的等值阻抗等于无穷大，也就是发电机输出功率（相当于制动功率）接近零，上述励磁电流的微小增长对于减小驱动与制动转矩的不平衡影响甚微。虽然励磁电流的微小增长当短路切除时对应稍高的定子电压，但其影响是很小的。

2. 第Ⅱ阶段——短路切除至转子摆到最大角度

在这个阶段里，由于驱动转矩大于制动转矩，转子角度不断增大，这时强行励磁可以增大制动转矩，也就是同步转矩，并且这时系统与发电机间的等值阻抗大为减小，使得强励的作用也大为增强，强励应该维持到转子抵达最大角度，但是常规的电压调节器做不到这一点，这时有可能出现两种情况：

第一种情况是，当输送功率较大，甚至临近暂稳极限时，或短路时间较长，则短路切除后，发电机电压低于额定电压，如果调节器暂态增益足够大，则强励会继续保持到电压升到额定电压，多数情况下，短路切除时的发电机电压已相当接近额定电压，只需很短的时间，电压即升到额定值，强励也就随即退出，虽然时间很短，但是励磁控制提高第一摆暂态稳定基本上是靠在这个阶段内的作用，这时高的强励倍数及电压增益，小的时间常数或者说快速响应才能有效地发挥强励作用。也有这种可能性，即在电压恢复到额定值以后，由于角度的加大，电压增益不够大，电压会再度下降到额定值以下，电压调节器又一次投入作用，只要是在功角达到最大值以前，强励的作用都是正面的，即有助于减小第一摆的摆幅。

第二种情况是，如果短路切除非常之快，例如小于 0.07s，强励倍数又很高，则短路切除时的电压，就可能比额定电压高。这时励磁控制的作用是减磁，对暂态稳定来说，这是负面的作用，除非在后续过程中，电压又降低至额定值以下，强励投入，否则对于这种情况，可以说，励磁控制基本没有起到减小第一摆的作用。

总之，在这个阶段中，功角的增大使电压降低，AVR 的作用使电压恢复，两个因素的作用，使得定子电压可高可低、或高或低，强励也就跟着退出或投入，退出是不利的，投入是有利的。但若投入持续到功角超过顶值，则会造成第二摆失去同步，所以这个阶段（包括下一个阶段）应该使励磁反映功角的变化，而覆盖 AVR 的作用，也就是提供一个正的同步转矩。

3. 第Ⅲ阶段——转子从最大角度回摆至最小角度

在功角最大处，制动转矩大于驱动转矩，转子向角度减小的方向运动，这时励磁控制应使励磁电流及制动转矩减小，或者说应提供负的同步转矩，最好是强行减磁，使励磁电压为负值。要避免由于强励继续作用，造成过分制动，使反向摆幅增大，以致在第二摆或以后的摆动中失去同步。如果在这个阶段内，端电压低于额定值，则强励动作就会起这种反作用。

4. 第Ⅳ阶段——转子进入衰减振荡的过程

在这个阶段里，励磁控制应提供足够的阻尼，以平息振荡。这个阶段非常重要，因为在前面三个阶段内，励磁控制的主要作用是提供与角度成正比的同步转矩，防止发电机在第一摆中失去同步，也就是说，在前面三个阶段里，提高电动势以增加第一摆的减速面积是对维持稳定性起决定性作用，这样做有可能同时会引入负的阻尼，当发电机在第一摆挺过来了，励磁控制的目标就变成提供系统阻尼，幸好负阻尼引起的失步要经过数个振荡周期，所以在这个阶段，只要正阻尼转矩足够大，就可以抵消前面三个阶段产生的负阻尼，让转子摆动逐渐衰减。

5. 第Ⅴ阶段——进入事故后静稳定状态

这个阶段里，励磁控制应采用大的增益，同时配上稳定器，这样就可以具备事故后最高的静态稳定功率及功角极限，因为这是事故能顺利过渡到另一个稳定运行状态的必要条件。当然这个事故后的稳定状态，不一定适于长期运行，但可以给调度人员足够的时间去调整负荷及线路潮流，恢复正常运行状态。

第3节　励磁系统选型及对自并励系统的评价

在进行发电机励磁系统选型时，为什么自并励系统目前在各类励磁系统中一枝独秀？为什么自并励系统是首选的系统？其原因如下：

（1）自并励系统可靠性高。这种系统没有旋转部件，省去了旋转励磁系统中的励磁机/副励磁机，故称为静态励磁系统，它的主要功率部件就是晶闸管元件，以目前的半导体技术水平来看，励磁系统所需的容量，其运行的可靠性是可以保证的。加拿大安大略省电力局是最早最普遍应用自并励系统的公司之一，他们提供的自并励系统与交流励磁机系统可靠性比较见表11.1。

表11.1　自并励系统与交流励磁机系统可靠性比较

励磁方式	机组数	励磁系统引起的强迫停机率（%）	平均故障间隔时间（h）	事故后平均修复时间（h）
交流励磁机系统	20	0.12	1988	36
自并励系统	13	0.04	3518	9

（2）免除了机械振动、扭振等困扰，减少了厂房跨距[16]。采用自并励，对汽轮发电机来说，可以将机组长度缩短，减少轴承座，据介绍，国产300MW汽轮机组，改为自并励之后，机组长度可由15m减至11.5m，轴承座可由6个减至3个，这是解决大容量发

电机轴及轴瓦振动超标的主要措施之一，且可以适当缩小厂房跨距。由于轴上减少了励磁机及副励磁机，也大大减少轴上各个惯量之间出现扭振的可能性。由于整个励磁系统中没有旋转部件，不会出现像旋转励磁系统中与旋转有关的故障，如副励磁机扫镗，断轴，无刷励磁系统中旋转元件损坏等。

（3）简化制造工艺。

（4）价格较低。以 300MW 汽轮发电机为例，采用国产自并励设备价格比交流励磁机系统要便宜，而采用进口设备价格也与交流励磁机系统持平[16]。

（5）维护检修方便。

以上是运行特性以外的因素，但也是很重要的因素，甚至可能成为选型中的决定因素。要全面来评价自并励励磁系统的运行的表现，应该对自并励的发电机的各种主要运行方式进行深入的剖析，才能做出结论，这将在下面加以介绍，下面先来讨论人们最担心的自并励系统对稳定性的影响。

1. 自并励对于第一摆稳定性的影响

第一摆稳定性指的是故障后发电机是否会在第一摆中失去稳定性，先来分析在短路期间，不同励磁系统的励磁电流或者说与其成正比的电动势 $E_q = I_{fd}x_{ad}$ 的变化规律。

短路后的 E_q 可表示为

$$E_q = E_{q(NoAVR)} + \Delta E_{q(AVR)} \tag{11.1}$$

式中，$E_{q(NoAVR)}$ 为无电压调节器时的电动势 E_q；$\Delta E_{q(AVR)}$ 为有电压调节器时的电动势 E_q 的增量。

对于他励系统，以上两部分电动势可表示为[19]

$$E_q = (E'_{q0} - E_{q0})e^{-t/T'_{de}} + E_{q0} + \Delta E_{qm}F(t) \tag{11.2}$$

$$F(t) = 1 - \frac{T'_{de}e^{-t/T'_d} - T_E e^{-t/T_E}}{T'_{de} - T_E} \tag{11.3}$$

$$T'_{de} = T'_{d0}\frac{x'_d + x_e}{x_d + x_e}$$

式中，E'_{q0} 为短路瞬间的电动势 E'_q；E_{q0} 为短路前的电动势 E_q；ΔE_{qm} 为对应励磁电压顶值的电动势最大增量；T'_{de} 为发电机短路时励磁绕组的时间常数；T'_{d0} 为发电机开路时励磁绕组的时间常数；x_e为外电抗；T_E为励磁机的时间常数。

对于自并励励磁系统，按照文献［5］

$$E_q = \frac{x_d + x_e}{x'_d + x_e}E'_q e^{-t/T'_{SK}} \tag{11.4}$$

式中，T'_{SK}为自并励发电机短路时励磁绕组的等效时间常数

$$T'_{SK} = T'_{de}\Big/\left(1 - C_\alpha \frac{x_e}{x_d + x_e}\right) \tag{11.5}$$

C_α 为发电机端电压为额定值，晶闸管控制角调到最小时，励磁顶值电压与空载额定励磁电压之比。

表 11.2～表 11.4 分别表示他励晶闸管励磁系统、交流励磁机系统及自并励励磁系统，在发电机近端三相短路后的电动势变化。

表 11.2　他励晶闸管励磁系统发电机近端三相短路后的电动势变化

（$T_E=0$，强励倍数 $K=1.8$）

t（s）	0	0.1	0.15	0.20
$\Delta E_{q(AVR)}$	0	0.164	0.239	0.314
$E_{q(NoAVR)}$	5.98	5.766	5.669	5.571
$\Delta E_{q(AVR)}/E_{q(NoAVR)}$	0	0.0284	0.0421	0.056
$\Delta E_{q(AVR)}+E_{q(NoAVR)}$	5.98	5.93	5.908	5.885

表 11.3　交流励磁机励磁系统发电机近端三相短路后的电动势变化

（$T_E=0.69$s，强励倍数 $K=1.8$）

t（s）	0	0.1	0.15	0.20
$\Delta E_{q(AVR)}$	0	0.0131	0.0161	0.0431
$E_{q(NoAVR)}$	5.98	5.766	5.669	5.571
$\Delta E_{q(AVR)}/E_{q(NoAVR)}$	0	0.00227	0.00284	0.00774
$\Delta E_{q(AVR)}+E_{q(NoAVR)}$	5.98	5.779	5.685	5.614

表 11.4　自并励励磁系统发电机近端三相短路后的电动势变化　（$C_\alpha=7.0$）

t（s）	0	0.1	0.15	0.20
$E_{q(AVR)}$	5.98	5.73	5.6	5.49

由表 11.2～表 11.4 可见，如果以近端三相短路来比，即便是他励晶闸管系统，在 0.1s 时，电压调节器只能使电动势 E_q 增长 2.84%，而交流励磁机系统就只能增加 0.227%（计算中尚未计入交流励磁机定子电流突增造成励磁机输出电压的突降，即交流励磁机模型中 K_D 的影响）。自并励系统比起他励晶闸管系统的电动势仅低 3.3%，换句话说，由于发电机励磁绕组惯性较大（对交流励磁机系统，还要再加上励磁机的惯性），依靠强励，在主保护动作以前，很难使励磁电流有明显的增长，更重要的是，线路首端三相短路，由于发电机与系统间联系阻抗为无穷大，即便励磁电流有所增长，但输出电功率即制动功率接近零，所以对转矩的平衡影响极小。当然当短路切除后，上述励磁电流的增长，将对应于稍高的定子电压，但一方面，这个增量太小，另一方面，短路切除后，端电压可恢复到 85%以上，自并励系统的强励电压成倍增长，以 $C_\alpha=7.0$ 的自并励系统来说，短路切除时的励磁电压顶值可达 5.95，而强励倍数为 2.0 的他励晶闸管系统，其励磁电压顶值只有 4.9。所以自并励系统可在短路切除后到端电压恢复到额定值这段时间里，补偿了它在短路期间强励的少量的损失，适当选择 C_α 值，自并励系统可以做到与他励晶闸管系统等值，超过或等效于交流励磁机系统。

下面介绍一个建立不同励磁系统等效性的近似的工程估算法，这个方法相当于将励磁电压响应比的计算概念加以扩充，计入了短路对自励式励磁系统的影响。

现假定有一个单机—无穷大系统，略去发电机的定子电阻，定子电流的直流分量，也略去阻尼绕组，不计功角的变化，则有下面的基本方程式

$$\frac{dE'_q}{dt}=\frac{1}{T'_{d0}}(E_{fd}-E_q) \tag{11.6}$$

$$E_q=E'_q+(x_d-x'_d)i_d \tag{11.7}$$

$$u_q=E'_q-(x'_d+x_e)i_d \tag{11.8}$$

式中，u_q 为无穷大母线电压 q 轴分量。

$$E_q = x_{ad} I_{fd}$$

$$E_{fd} = \frac{x_{ad}}{R_{fd}} U_{fd}$$

将式（11.7）、式（11.8）代入式（11.6），消去 E_q、i_d 则得

$$E'_q = \frac{K_3}{1 + K_3 T'_{d0} p} E_{fd} + \frac{K_3 K_{4u}}{1 + K_3 T'_{d0} p} u_q \tag{11.9}$$

其中
$$K_3 = \frac{x'_d + x_e}{x_d + x_e}$$

$$K_{4u} = \frac{x_d - x'_d}{x'_d + x_e}$$

由式（11.9）可见，E'_q 有两个分量，分别与 E_{fd} 及 u_q 成正比，前一个分量主要受励磁系统影响，后一个分量与系统运行状态有关。因此可以用第一个分量的变化来衡量不同励磁系统的性能。

设第一个分量为 E'_{q1}

$$E'_{q1} = \frac{K_3}{1 + K_3 T'_{d0} p} E_{fd}$$

分母 $1 + K_3 T'_{d0} p$ 可用 $K_3 T'_{d0} p$ 来近似

$$E'_{q1} = \frac{1}{T'_{d0} p} E_{fd}$$

因此由励磁系统控制引起的 E'_q 变化可写成

$$\Delta E'_{q1} = \frac{1}{T'_{d0}} \int_{t1}^{t2} \Delta E_{fd} \mathrm{d}t$$

由海佛容—飞利蒲斯模型我们知道 E'_q 是与转矩的一个分量 ΔM_{e2} 成正比的，所以 ΔM_{e2} 与 E_{fd} 变化曲线对时间的积分成正比，实际上励磁电压响应比就是按这个概念来定义的。响应比的积分时间取 0.5s。现在我们把响应比的概念扩充一下，计入故障的实际情况，首先一般故障后，电压恢复时间常小于 0.5s，暂时取 0.3s，即认为故障后 0.2s 电压恢复到额定值，并假定短路期间端电压降至额定值的 0.4，短路切除后电压恢复至 0.8，这样我们就可以得到自并励系统及他励晶闸管系统的励磁电压响应曲线，如图 11.3 所示。图中给出了 $C_\alpha = 6.7$ 的自并励的响应曲线，同时也给出了强励倍数 $K=2$ 的他励晶闸管系统的响应曲线。

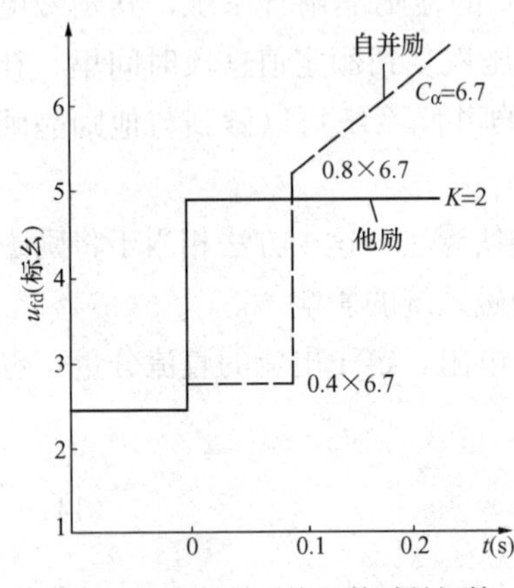

图 11.3 自并励系统及他励晶闸管系统的励磁电压响应曲线

由图 11.3 可以看出，这两种系统的响应比是相等的，也就是说在大干扰后的第一摆中，两种系统是等值的。

自并励系统及交流励磁机系统的励磁电压响应曲线如图 11.4 所示，图中给出了 $C_\alpha = 4.5$ 的自并励系统及 $T_E = 0.69$、强励倍数为 2 的交流励磁系统的响应曲线，由图可见自并励系统的性能要优于交流励磁机系统（计算中尚未计入交流励磁机定子电流突增造成励磁机输出

电压的突降，即交流励磁机模型中 K_D 的影响）。

上述计算中，电压恢复时间，故障期间及短路切除时端电压可以根据暂态稳定计算结果来确定，就可以更加符合实际情况。

扩展的励磁电压响应比提供了一个简便的方法对不同励磁系统作定量的比较，为励磁系统选型提供依据。

文献［9］给出了自并励与交流励磁机系统暂态稳定性的比较结果，它是用在单机无穷大系统里，根据短路故障后的极限切除时间的不同，来进行比较，其中水平线表示响应比为 0.5 的交流励磁系统的极限切除时间，作为比较基础，然后与不同的响应比的自并励系统极限切除时间比较。自并励系统与交流励磁机系统的比较如图 11.5 所示。

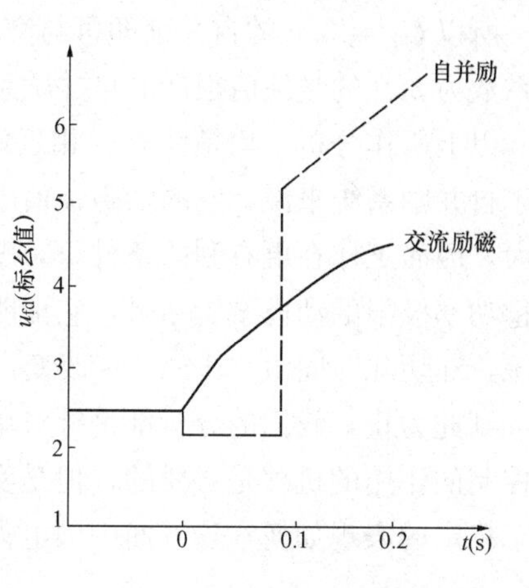

图 11.4　自并励系统及交流励磁机系统的励磁电压响应曲线

由图 11.5 可以看出，响应比为 2.25 的自并励系统可以与交流励磁机系统等值。文献［9］认为自并励需要采用更高响应比才能与交流励磁机系统等值，所以否定了自并励方案。下面来计算响应比为 2.25 的自并励系统的励磁电压顶值系数。

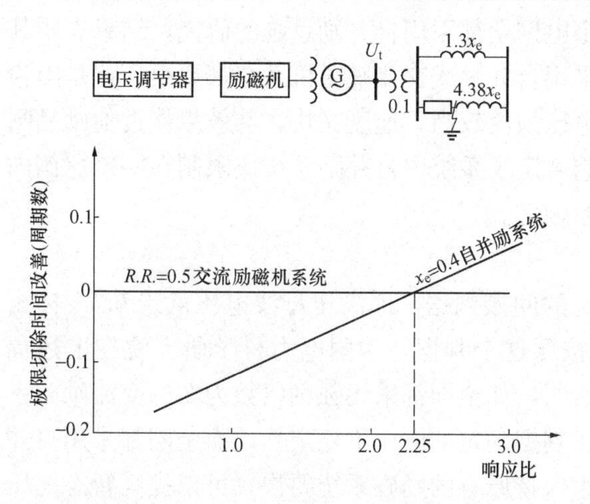

图 11.5　自并励系统与交流励磁机系统的比较

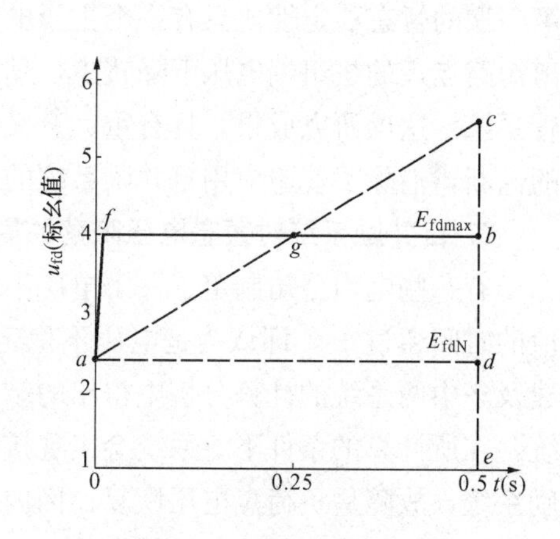

图 11.6　励磁电压上升曲线

按标准方法计算自并励系统响应比是不考虑短路时端电压的降落，图 11.6 中，afb 为励磁电压上升曲线，c 点是由三角形 afg 与三角形 gcb 相等决定的，故响应比 R.R. 为

$$R.R. = \frac{cd}{(ao)(oe)}$$

其中 oe=0.5s，$ao = de = E_{fdN}$，$be = E_{fdmax}$，$bd = E_{fdmax} - E_{fdN}$，$cd = 2\,bd = 2\,(E_{fdmax} - E_{fdN})$

$$R.R. = \frac{cd}{(ao)(oe)} = \frac{2(E_{fdmax} - E_{fdN})}{0.5E_{fdN}}$$

若 E_{fdN}=2.5，$R.R. = 2.25$，则 $E_{fdmax} = C_\alpha = 3.9$。

所以 $C_\alpha = 3.9$ 的自并励即可与交流励磁机系统，在暂态稳定的效益方面等值，而顶值系数为 3.9 的是顶值很低的自并励系统，因此，得出的结论正好与文献 [9] 相反。

以上所作分析，均是针对三相近端短路，事实上，系统中非对称短路占 90% 以上，对于自并励系统来说，它的励磁顶值电压是随着短路点移远及三相短路变成两相、单相而增大，因而工作在更有利的条件下，文献 [1] 给出单机无穷大系统中线路首端两相短路暂稳功率极限的动模试验结果，它证明了顶值电压 $C_\alpha = 4.6$ 的自并励系统与他励晶闸管系统，在切除时间由 0.1～0.3s 改变，暂稳极限是相同的。

到此为止，我们的分析都是针对单机无穷大系统，虽然这对于阐明基本概念，掌握励磁控制的作用的机理是必要的，但是实际系统毕竟是多机系统，自并励在实际多机系统中暂态稳定的表现如何？这方面中国电力科学研究院做了大量的工作，详见文献 [3]、文献 [4]。

研究是分别在 1990 年的福建电网及华中电网上进行的。在福建电网内的福州电厂分别采用了 $T_E = 0.35$s，强励倍数为 2.0 的交流励磁机系统及顶值电压为 1.6 的自并励系统，计算结果表明，在出线首端三相故障，近端 0.12s，远端 0.14s 切除的条件下，两种系统的最大摆角基本相同，考虑到强励倍数是以额定励磁电压为基值，因额定励磁电压标幺值为 2.5～3.0，所以折合到常用的标幺值，自并励系统的电压顶值为（2.5～3.0）×1.6＝4～4.8，这是一个规格比较低的自并励系统。华中电网的研究结果，具有相同的结论。

中国电力科学研究院还进行了上述两个电网全部采用自并励系统的研究，结果表明其第一摆的暂态稳定性比只有一个主要电厂采用自并励或交流励磁机系统都要强。这是因为离短路点远的机组端电压下降较少，励磁电压顶值较高，速度又快，其效果接近他励晶闸管系统。这项研究成果，具有重大意义，它否定了系统中自并励系统应限制在一定比例内的论断，消除了普遍应用自并励系统的最后顾虑。

2. 自并励系统对暂态电压降落的影响

有一些电力公司制定了一个电压不稳定的间接判据，即高压母线电压低于 0.75 标幺值的时间超过 1s，即认为是电压不稳定。按照这个判据，中国电力科学研究院在上述福建及华中两系统的计算分析中得出的结论表明，如全网都采用强励倍数为 2 的交流励磁系统，在所计算的条件下，系统会出现按上述判据确定的电压不稳定性，而全网都采用自并励系统，故障后负荷点电压恢复比网内机组保持原有的励磁系统要快，可以提高暂态电压稳定性。其原因与在第一摆暂态稳定性分析中所述相同。

3. 自并励对小干扰稳定性影响

前面章节已经证明，对于快速励磁系统，包括自并励系统，可以采用高的增益只要配上稳定器，就可以消除低频振荡，并使静稳极限达到最高的线路功率极限。我们也已知道，采用包括自并励在内的快速励磁系统以后，由于它的滞后效应小，相频特性较平缓，可在较宽的频带上，将相位补偿到所需的数值，因而明显的增加了的稳定器适应性，使稳定器抑制低频振荡的作用更加明显，提供系统更多的正阻尼，而且使调试整定大为简化。

由于提高了小干扰稳定性，特别是稳定器对运行条件改变的适应性，使得故障切除，暂态过程进入后续摆动及事故后静稳定两个阶段后，即前述励磁控制对暂态过程的作用中的第Ⅳ和第Ⅴ阶段后，系统可以顺利地过渡到事故后的新的稳定运行状态。

总的来说，自并励系统是提高系统稳定性的既有效而又简便的措施，它给提高系统稳定励磁控制中以下三个关键的手段提供了可能或者说良好的基础：

（1）高的静态及暂态增益（可选择不用动态校正装置）。

（2）电力系统稳定器。

（3）断续控制。

在性能方面与自并励系统相同的还有他励晶闸管系统及 GE 公司推出的 GENERREX 系统（但因可靠性较低，制造困难，维护等方面的原因，而未能得到广泛的应用）。

第 4 节　自并励发电机的主要运行方式分析

自并励励磁系统已得到日益广泛的应用，在系统中所占以比例也越来越高，但它是属于自励方式，其运行特性与他励方式有很大的不同，例如它的短路电流的变化规律就是独特的，因此系统及电厂的运行维修人员需要掌握它的运行特性，另外对一种励磁控制系统的认识及评价，也需要考察它在各种运行方式下的行为，才能作出最终的结论。

在分析自并励发电机运行方式时，并没有采用数学模拟的方法，因为数学模拟只能针对具体参数给出具体过程的模拟结果，很难总结出一般规律，这里采用的是解析的方法，得出的是过渡过程的表达式，因而可以得出一般的变化规律，认识过程的物理本质，也可以带入具体参数，求得具体的过渡过程。所有的理论分析都经过动模试验的验证。

1. 起始励磁的建立、空载稳定性

自励系统可以依靠发电机的残压起励，当发电机残压太低时，需要靠外部电源，供给励磁，然后再切换到自励方式，但是切换到自励后，需要满足一定的条件，否则会失去励磁。建立起励磁以后，要达到稳定的工作状态，并可以平滑的调节励磁，特别是在无载特性的直线段上，也需要满足一定的条件。

1.1　发电机空载自励条件

起始励磁的建立如图 11.7 所示，假定外部电源断开并切换到自励方式后的起始电流为 I_{fd0}，现在来分析切换以后的励磁电流变化规律。

一般大型发电机，其励磁功率仅占发电机额定功率 0.5%，因此当建立自励方式后，发电机电动势 E_q 与端电压 U_t 之间角度 δ 很小，参阅图 11.9，因此可以认为

$$U_t = u_{tq}$$

由于采用了可控整流，使励磁变压器一次侧也就是发电机端的电压与电流的基波之间产生了相位移，整流变压器一次侧一相电压电流波形如图 11.8 所示。这相当于降低了变压器的功率因数，在重叠角为 u 时，控制角为 α 时，

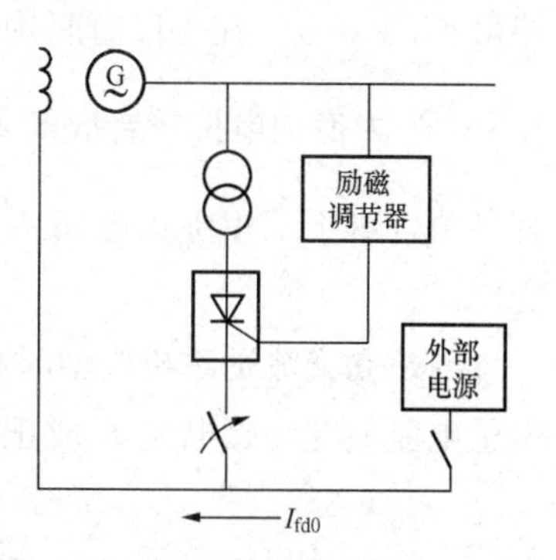

图 11.7　起始励磁的建立

变压器的功率因数可以近似为[8]

$$\cos\phi = \mu\cos\left(\alpha + \frac{u}{2}\right)$$

其中 μ 为失真系数，取决于整流电流中谐波大小，一般约为 0.9，因此控制角及重叠角越大，ϕ 角越大，自并励系统在空载运行时，α 角一般均较大（可能达 70°～80°），所以功率因数很低。

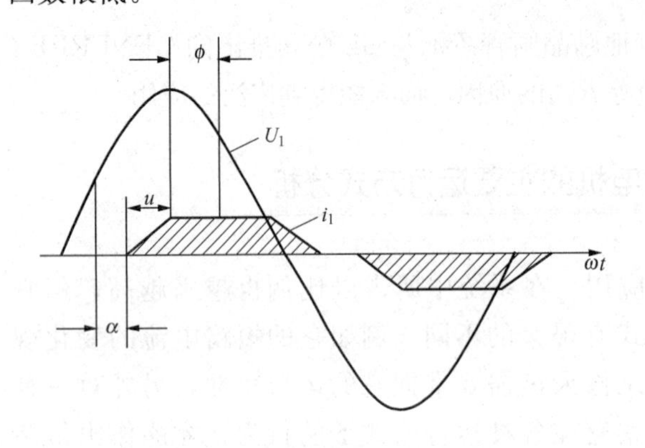

图 11.8　整流变压器一次侧一相电压电流波形

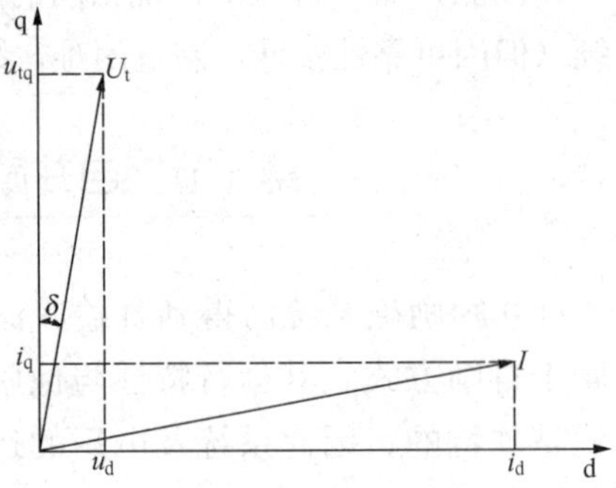

图 11.9　发电机相量图

由图 11.9 可见，电流的 q 轴分量很小，可以略去，即 $i_q = 0$，如果进一步略去定子电阻，则这时派克方程可写为

$$\Psi_{fd} = X_{ffd} I_{fd} - x_{ad} i_d \tag{11.10}$$

$$U_{fd} = p\Psi_{fd} + R_{fd} I_{fd} - p\Psi_{fd0} \tag{11.11}$$

$$u_{tq} = \Psi_d = x_{ad} I_{fd} - x_d i_d \tag{11.12}$$

其中

$$\Psi_{fd0} = I_{fd0} X_{ffd}$$

将整流器外特性方程式用发电机 x_{ad} 标幺值系统来表示，可得

$$U_{fd} = K_{bc} U_t - I_{fd} R_d - \Delta U^* \tag{11.13}$$

其中

$$K_{bc} = K_b \cos\alpha$$

$$K_b = K_e U_{base} / K_T U_{fdbase}$$

α 为晶闸管控制角，空载额定时，$\alpha = \alpha_0$，切换到自励后，电压很低，调节器会使控制角保持最小，$\alpha = \alpha_k$，在一段时间内保持不变。K_e 为整流器接线系数，当三相桥式接线 $K_e = 1.35$。R_d 为换向电抗折合成的等效电阻，$R_d = \dfrac{K_x X_T}{U_{fdbase}/I_{fdbase}}$。$X_T$ 为整流变压器短路电抗的有名值，对于三相桥式电路 $K_x = 0.955$。ΔU^* 为整流器管压降的标幺值。K_T 为变压器变比。

与建立交流励磁机模型时相同，我们可以假定整流变压器一次侧电流，也就是发电机定子电流 i_d 与励磁电流 I_{fd} 成正比（参见第 3 章交流励磁机数学模型推导），即

$$i_d = g I_{fd}$$

将式（11.9）～式（11.13）联解可得 I_{fd} 在切换以后的时间表达式

$$I_{fd}=\frac{X_{ffd}}{X_{ffd}-gx_{ad}}I_{fd0}e^{-t/T_{S0}}-\frac{\Delta U^*}{R_{S0}}(1-e^{-t/T_{S0}}) \tag{11.14}$$

其中

$$R_{S0}=R_{fd}+R_d-K_{bc}(x_{ad}-gx_d) \tag{11.15}$$

$$T_{S0}=\frac{X_{ffd}-gx_{ad}}{R_{S0}} \tag{11.16}$$

R_{S0}及T_{S0}是自并励发电机在定子开路时，励磁回路等值电阻及等值时间常数。

相应地，定子端电压（略去u_{td}）为

$$U_t=u_{tq}=\frac{X_{ffd}}{X_{ffd}-gx_{ad}}I_{fd}(x_{ad}-gx_d)e^{-t/T_{S0}}-\frac{\Delta U^*}{R_{S0}}(x_{ad}-gx_d)(1-e^{-t/T_{S0}}) \tag{11.17}$$

由式（11.14）可见，当切换电源以后，要使发电机能建立自励方式的必要条件是

$$\frac{dI_{fd}}{dt}=-\frac{1}{T_{S0}}\left(\frac{X_{ffd}}{X_{ffd}-gx_{ad}}I_{fd0}+\frac{\Delta U^*}{R_{S0}}\right)>0 \tag{11.18}$$

即

$$R_{S0}<0$$

及

$$I_{fd0}>I_{fdkp}=-\frac{X_{ffd}-gx_{ad}}{X_{ffd}}\times\frac{\Delta U^*}{R_{S0}} \tag{11.19}$$

式（11.18）、式（11.19）就是空载自励的条件。

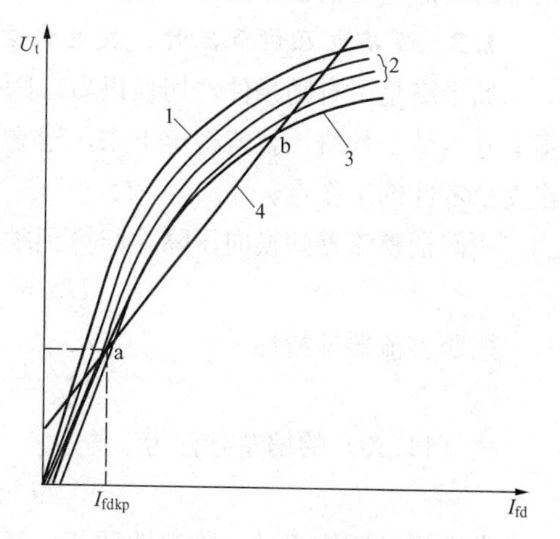

图11.10　发电机与整流器外特性曲线
1—发电机空载特性；2—发电机负载特性；3—空载自励发电机端电压特性；4—整流器外特性

发电机与整流器外特性曲线如图11.10所示。现将整流器外特性方程式（11.13）改写为

$$U_t=\frac{1}{K_{bc}}(R_{fd}+R_d)I_{fd}+\frac{\Delta U^*}{K_{bc}} \tag{11.20}$$

可见，从发电机端向励磁绕组看进去，U_t与I_{fd}是一直线关系，在图11.10上用直线4来表示，其斜率为$\frac{1}{K_{bc}}(R_{fd}+R_d)$，而在纵坐标上的截距为$\Delta U^*/K_{bc}$。

发电机端电压，根据式（11.9）、式（11.12）为

$$U_t=I_{fd}x_{ad}-i_dx_d=I_{fd}(x_{ad}-gx_d) \tag{11.21}$$

由式（11.21）可见，当励磁电流改变时，发电机的端电压，将不是按照空载特性变化，而是穿过一系列不同负荷的负荷特性上相应的点，形成的一条如图11.10上的称为空载自励发电机端电压特性曲线3，其直线部分斜率为$x_{ad}-gx_d$。

由于自励条件中的$R_{S0}<0$，可以写成$x_{ad}-gx_d>\frac{1}{K_{bc}}(R_{fd}+R_d)$，而曲线3与直线4的交点a的横坐标恰好就是式（11.19）中的$I_{fdkp}=-\frac{X_{ffd}-gx_d}{X_{ffd}}\times\frac{\Delta U^*}{R_{S0}}$。

发电机空载自励的条件在图11.10上表示为：空载自励端电压特性曲线的直线部分斜

率大于整流器外特性直线的斜率及切换前的励磁电流 $I_{fd0} > I_{fdkp}$。

由于发电机励磁电流是由机端供给的，所以空载时定子电流不等于零，对于小型发电机，如柴油发电机，定子电流及整流器管压降是需要考虑的，但对大型发电机，当不要求作精确计算时，则可以略去，此时把 $g=0$ 及 $\Delta U^{*}=0$ 代入，发电机的自励条件就变成只要发电机空载特性直线部分的斜率大于整流器外特性的斜率。也就是说自励条件仅为 $R_{S0} = R_{fd} + R_{d} - K_{bc}x_{ad} < 0$，此时，$I_{fd} = I_{fd0}e^{-t/T_{S0}}$，其中

$$R_{S0} = R_{fd} + R_{d} - K_{bc}x_{ad} = (R_{fd} + R_{d})\left(1 + \frac{K_{bc}X_{ad}}{R_{fd} + R_{d}}\right)$$

括弧内分数的分子分母同乘 I_{fd0}，并计入 $I_{fd0}x_{ad} = U_{t0}$

$$R_{S0} = (R_{fd} + R_{d})\left(1 - \frac{K_{bc}U_{t0}\cos\alpha_{k}}{K_{bc}U_{t0}\cos\alpha_{0}}\right) = (R_{fd} + R_{d})(1 - C_{\alpha})$$

$$T_{S0} = \frac{X_{ffd}}{R_{S0}} = T'_{d0}/(1 - C_{\alpha})$$

$$C_{\alpha} = \frac{\cos\alpha_{k}}{\cos\alpha_{0}}$$

α_{k}、α_{0} 分别为对应于强励、空载额定状态的控制角，C_{α} 即为发电机额定电压下自并励系统的顶值电压倍数，是衡量自并励励磁系统在暂态过程中性能的主要参数。

1.2 没有电压调节器时，发电机空载稳定性

如果满足了自励条件，切换以后，励磁电流就会逐渐上升，即可以建立起励磁。但希望上升到某个数值，就能稳定下来，建立稳定的工作点，现在来看，在怎样的条件下，能建立稳定性的工作点。

我们把整流器的换向压降，归算到励磁绕组的电阻压降中，则等值的励磁电压

$$U_{fd} = I_{fd}(R_{fd} + R_{d}) \tag{11.22}$$

按照整流器外特性

$$U_{fd} = K_{bc}U_{t} - \Delta U^{*} \tag{11.23}$$

式（11.23）的偏差方程为

$$\Delta U_{fd} = K_{bc}\Delta U_{t} \tag{11.24}$$

发电机励磁绕组是一阶惯性环节，其偏差方程式为

$$\Delta I_{fd} = \frac{1}{(R_{fd} + R_{d})(1 + T'_{d0s}p)}\Delta U_{fd} \tag{11.25}$$

其中
$$T'_{d0s} = \frac{X_{ffd}}{R_{fd} + R_{d}}$$

式中，T'_{d0s} 为定子开路时，励磁绕组等值时间常数。

这时发电机必须考虑它的饱和效应，其无载特性如图 11.11 所示，表示为

$$U_{t} = U_{t0} + I_{fd}\tan\beta \tag{11.26}$$

$\tan\beta$ 为饱和曲线上某个运行点所作的切线斜率，它实际上相当于 x_{ad} 在该点的饱和值 x_{adH}。

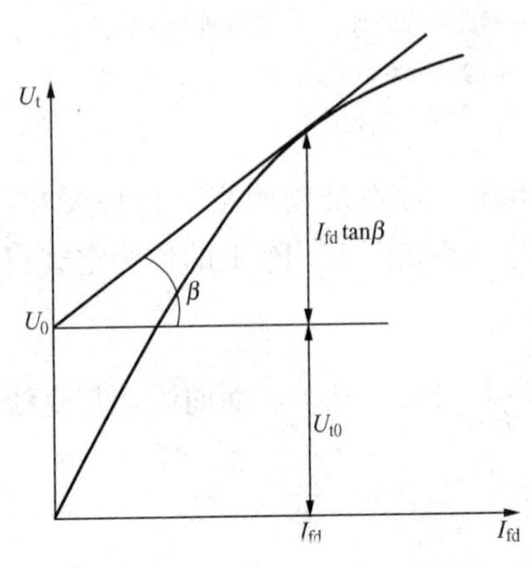

图 11.11 发电机无载特性

式（11.26）的偏差方程式为

$$\Delta U_t = x_{adH} \Delta I_{fd} \tag{11.27}$$

为了研究发电机空载时，在怎样条件下可以建立稳定工作点，可以把发电机表示为一个闭环系统，它由一个惯性环节，一个放大环节，及一个反馈环节组成。自励发电机空载结构图如图 11.12 所示。

整个系统的特征方程式为

$$pX_{ffd} + R_{fd} + R_d - K_{bc} x_{adH} = 0 \tag{11.28}$$

只有

$$R_{SH} = R_{fd} + R_d - K_{bc} x_{adH} > 0$$

特征根为负时，系统才是稳定的，这与前面所得的自励条件式（11.18）相比，可知它们正好在形式上相反，不过 R_{S0} 中的 x_{ad} 表示的是空载特性割线的斜率，而 R_{SH} 中 x_{adH} 代表的是切线斜率。当电源由他励切换到自励以后，如满足自励条件，则励磁电流会不断增大，但随着励磁电流的增大，进入了饱和段，x_{ad} 就减小，一直到整流器外特性与饱和曲线相交点为止。因为在这一点 $R_{S0}=0$，电流停止增加，而且在这点上，满足了 $R_{SH}>0$ 的条件，所以发电机就能够稳定工作。可见当无电压调节器时，稳定工作点只能在饱和段上建立。理论上说可以手动调节整流器的控制角，改变整流器的外特性，在饱和段的不同点上稳定工作，但实际上，可改变的范围是很小的，而且不可能做到平滑的手动调节，其结果常常是要么电压过高，要么失去励磁。这是因为自并励系统，在没有调节器时，是一个正反馈系统，它本身是不稳定的。由于额定电压一般均处于无载特性转弯的地方，可以勉强建立稳定工作点，若没有调节器的配合，自励发电机无法在低于额定电压的点上工作。

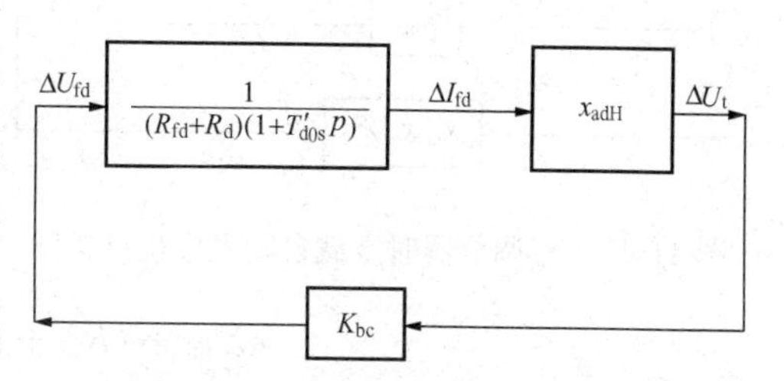

图 11.12　自励发电机空载结构图

1.3　具备电压调节器时，电机的空载稳定性

假定调节器没有惯性，而且其输出—输入的关系用式（11.29）来表示

$$\Delta\alpha = K_U \Delta U_t \tag{11.29}$$

将换向压降归算到励磁绕组的压降中，并略去管压降，可得

$$U_{fd} = K_b U_t \cos\alpha \tag{11.30}$$

求式（11.30）的偏差方程得

$$\begin{aligned}\Delta U_{fd} &= \frac{\partial U_{fd}}{\partial U_t}\Delta U_t + \frac{\partial U_{fd}}{\partial \alpha}\Delta\alpha = K_b \cos\alpha_0 \Delta U_t - K_b \sin\alpha_0 U_{t0} \Delta\alpha \\ &= K_{bc}\Delta U_t - K_{bs} U_{t0} \Delta\alpha \end{aligned} \tag{11.31}$$

$$K_{bc} = K_b \cos\alpha_0 \quad K_{bs} = K_b \sin\alpha_0$$

在式（11.31）中代入式（11.29）则

$$\Delta U_{fd} = K_{bc}\Delta U_t - K_{bs} U_{t0} K_U \Delta U_t = (K_{bc} - K_{bs} U_{t0} K_U)\Delta U_t = -K_a \Delta U_t \tag{11.32}$$

$$K_a = K_{bs} U_{t0} K_U - K_{bc} \tag{11.33}$$

可见，此时自并励系统的增益由两部分组成，一部分代表端电压对励磁电压的影响，它是正反馈，并与 $K_b \cos\alpha_0$ 成正比，另一部分是与电压调节器增益成正比的负反馈，它等

于 $K_{bs}U_{t0}K_{U}$。

注意，因为在这里整流器外特性也是用发电机 x_{ad} 可逆标幺值系统来表示的［即式（11.30）中是用的大写 U_{fd}，不是小写 u_{fd}］，而我们一般习惯上，调节器的增益是用励磁系统标幺系统表示的，即增益 $K_A = \Delta u_{fd}/\Delta U_t$，故式（11.33）中的增益 K_a 要化成一般习惯上的 K_A，要将 ΔU_{fd} 乘以 x_{ad}/R_{fd}（见第3章第7节），即

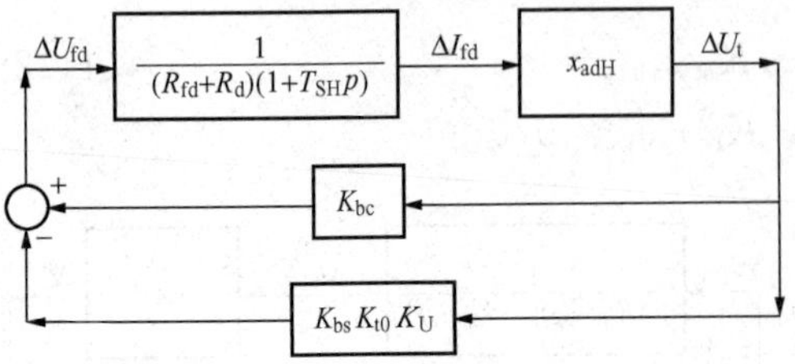

$$K_A = \frac{\Delta u_{fd}}{\Delta U_t} = \frac{x_{ad}}{R_{fd}}\frac{\Delta U_{fd}}{\Delta U_t} = \frac{x_{ad}}{R_{fd}}K_a \tag{11.34}$$

有调节器时空载自励发电机结构图如图11.13所示。

图11.13 有调节器时空载自励发电机结构图

整个系统的特征方程式为

$$pX_{ffd} + (R_{fd} + R_d - x_{adH}K_a) = 0 \tag{11.35}$$

式（11.35）常数项记为

$$R_{SA} = R_{fd} + R_d - K_a x_{adH} = R_{fd} + R_d - (K_{bc} - K_{bs}U_{t0}K_U)x_{adH} \tag{11.36}$$

自励发电机稳定工作的条件为

$$R_{SA} > 0$$

式（11.36）中的 R_{SA} 与无电压调节器时的 R_{SH} 相比，可见由于多了电压调节器负反馈 $K_{bs}U_{t0}K_U$ 一项，所以只要负反馈大于正反馈 K_{bc} 那一项，整个系统成负反馈，就可以稳定工作，包括可以在无载特性直线部分稳定的工作，$R_{SA} > 0$ 的条件，也可以改为

$$K_U > K_{Umin} = \frac{K_c x_{adH} - (R_{fd} + R_d)}{K_{bs}U_{t0}x_{adH}} \tag{11.37}$$

图11.14中直线2表示带电压调节器后，整流器的外特性曲线，0a段表示定子电压过低时晶闸管全开放，I_{fd} 随 U_t 的增大而增大，ac段表示调节器的工作段，I_{fd} 随着端电压 U_t 增大而减小，这时与无载特性交点b即使位于直线段也能建立稳定工作点，动态模型试验证明，最低工作点可达10%额定电压，这样就可以满足对空载线路充电及零起升压的要求，同时可以看到有电压调节器时，在0a段，晶闸管全开，K_{bc} 值最大，在建立起始励磁时，使其更容易满足自励条件，从上面分析可见，电压调节器对保证发电机自励的稳定运行是非常重要的，可以说是不可缺少的。

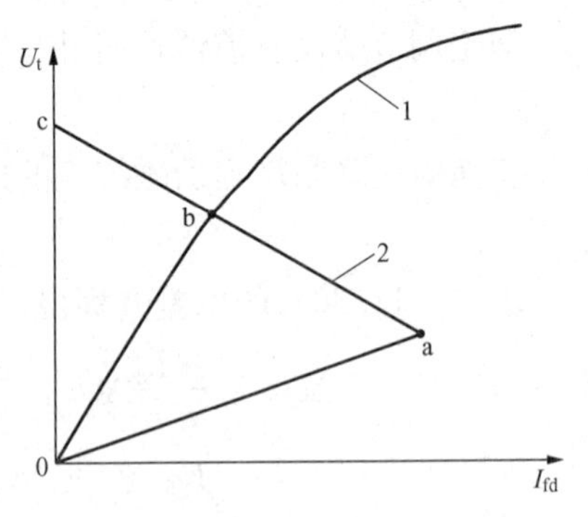

图11.14 发电机无载特性与整流器外特性曲线
1—发电机无载特性；
2—带调节器的整流器外特性

总结这一节关于自励发电机空载运行，我们要认识到自并励发电机与他励发电机基本特性是不相同的，它是一个正反馈系统，需要满足一定条件才能建立起自励方式，建立自励方式后，若没有

电压调节器要靠无载特性饱和，才能建立稳定的工作点，这个工作点的稳定性也是不高的，并且难于调整发电机端电压。当配合电压调节器后，使其负反馈的作用大于自并励本身的正反馈，则系统能在无载特性的所有点上稳定工作（大于 10%额定电压），且容易满足自励条件。

由此看来，自并励对电压调节器的依赖性很高，一旦失去电压调节器，自并励将很难正常工作，所以励磁控制系统都装备了两套并联的电压调节器，一套运行，另一套处于备用，一旦需要，备用可自动地切换到运行状态。

除此之外，自并励励磁控制系统还设有一套自动励磁电压（或励磁电流）调节器，它的功能是自动维持发电机励磁电压恒定，形成从励磁电压输出到晶闸管输出端的一个小闭环控制。它的目的是当电压调节器出故障，仍可以用它来维持运行，或者在零起升压过程中，用它来调整发电机的电压，国外的文献上，把自并励系统的自动励磁电压调节器称之为“手动”，国内文献中也沿用这个称呼，其实它不是“手动”，而是“自动”——自动维持励磁电压恒定，这一点常常会产生误会，让人们以为它与他励系统中“手动”调节一样，是开环调节，其实它是名副其实的闭环调节。

在以上的分析中，我们都是设定调节器及晶闸管是无惯性的，由稳定工作的条件，决定了最小必需的增益 K_{Umin}，如果计入调节器及晶闸管的时间常数，将它们时间常数相加，仍然可以看成一个等效的小惯性环节，由第 4 章第 4 节动态校正的原理一节可知，这时空载运行的自励发电机相当于一个大惯性环节（发电机励磁绕组）加一个小惯性环节，由于时间常数充分的错开了，由振荡型不稳定确定的最大增益可达 200～300（励磁标幺值），所以自并励发电机空载运行下，受自发振荡型限制的稳定性很高，系统的动态特性较好，这也是它的一个特点。

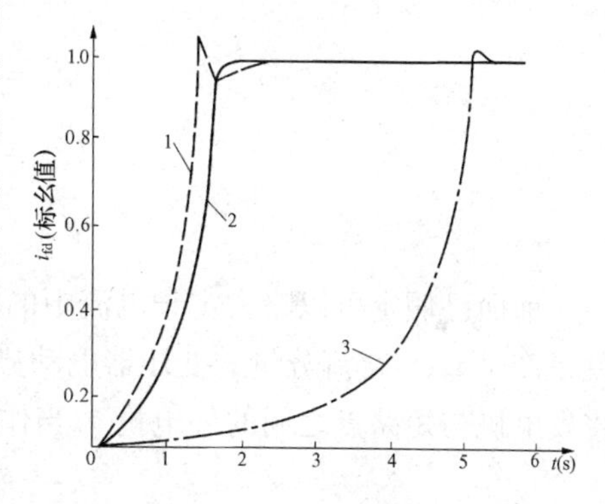

图 11.15　自并励发电机的起励过程

1—$K_A=80$，$C_\alpha=10$；2—$K_A=32$，$C_\alpha=10$；3—$K_A=100$，$C_\alpha=5.5$

图 11.15 给出了自并励发电机起励的过程，开始起励时，晶闸管自动将控制角调到最小，当电压达到额定电压 65%时，投入电压调节器。有的机组采用的起励方式为“软起励”，电压调节器始终投入，设置发电机给定电压随时间变化，从而控制发电机建压时间与控制超调量。

2. 自并励发电机突然三相短路

自并励发电机突然三相短路的过渡过程，与常规励磁的发电机有极大的不同，它对电力系统暂态下的行为及继电保护的设置有重大影响。第 2 章中介绍过的常规励磁发电机的短路电流计算方法，是假定短路前后励磁电压是不变的，即不计电压调节器。如果要计入电压调节器的作用，则要复杂得多。但对自并励系统，必须计入励磁电压随着电压调节器及端电压而改变的特性，针对自并励的特点，做出合理简化的假设，自并励发电机短路电流可以用解析方法求出来，分析所得结果，可以更深入的了解自并励发电机的暂态特性及短路电流变化规律。

首先，现代的电压调节器惯性很小，可以把它略去，晶闸管本身的滞后与励磁绕组中电流变化的过程相比，也可略去，即认为短路后，晶闸管的控制角即刻可达到最小值，即α_k。

其次，当定子电阻较大时，定子电流中的非周期分量很快衰减，当定子电阻很小时，它产生的定子端电压分量很小，而且它不能通过整流变压器，去影响励磁电压，所以也可以把它略去。

另外，把超瞬变分量分出去，单独考虑，也就是分析时，假定发电机没有阻尼绕组。

其他的如不计饱和，不计短路过程中转速的变化等假定，与分析常规励磁系统时相同。

这样可得下列基本方程式

$$u_d = p\Psi_d - \Psi_q - ri_d \tag{11.38}$$

$$u_q = p\Psi_q + \Psi_d - ri_q \tag{11.39}$$

$$\Psi_d = I_{fd}x_{ad} - i_d x_d \tag{11.40}$$

$$\Psi_q = i_q x_q \tag{11.41}$$

$$U_{fd} = I_{fd}R_{fd} + p\Psi_{fd} \tag{11.42}$$

$$\Psi_{fd} = I_{fd}X_{ffd} - i_d x_{ad} \tag{11.43}$$

前面已假定可以略去定子电流中的非周期分量，这相当于略去i_d、i_q中交流分量，也就是产生i_d、i_q交流分量的变压器电动势$p\Psi_d$、$p\Psi_q$等于零。如进一步略去定子r电阻，并将发电机与短路点之间的外电抗x_e当作漏电抗，即

$$x_{de} = x_d + x_e$$

$$x_{qe} = x_q + x_e$$

图11.16是短路时接线图。短路后，可得下列方程

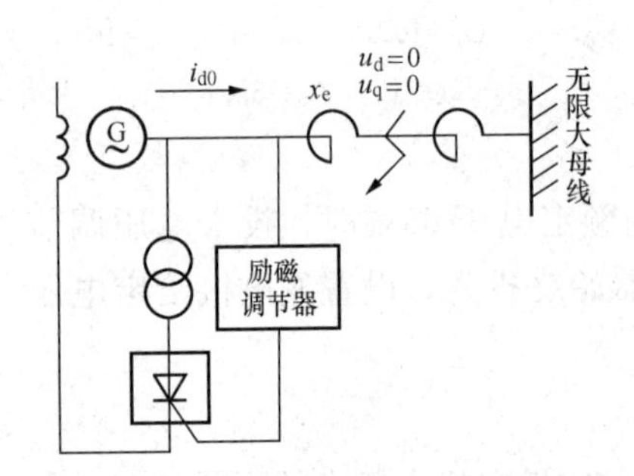

图11.16 短路时接线图

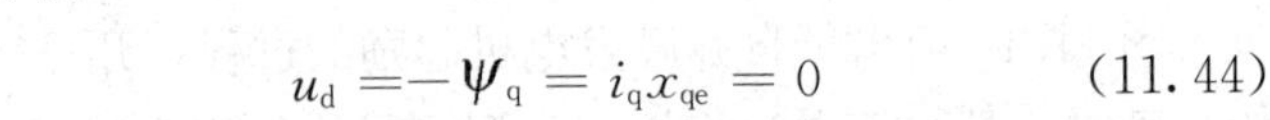

$$u_d = -\Psi_q = i_q x_{qe} = 0 \tag{11.44}$$

$$u_q = \Psi_d = I_{fd}x_{ad} - i_d x_{de} = 0 \tag{11.45}$$

由式（11.44）、式（11.45）可得

$$i_q = 0 \tag{11.46}$$

$$I_{fd} = \frac{x_{de}}{x_{ad}} i_d \tag{11.47}$$

设$b = \dfrac{x_{de}}{x_{ad}}$，则

$$I_{fd} = bi_d \tag{11.48}$$

b 是一个常数，说明不计定子电流非周期分量及超瞬变分量的话，短路时，定子电流与励磁电流是成正比的。

短路后发电机电压 U_t 为

$$U_t = \sqrt{i_d^2 + i_q^2}x_e = i_d x_e \tag{11.49}$$

整流器外特性方程式用发电机 x_{ad} 标幺系统来表示，与式（11.13）相同，即

$$U_{fd} = K_{bc}U_t - I_{fd}R_d - \Delta U^* \tag{11.50}$$

其中

$$K_{bc} = K_b \cos\alpha_k \tag{11.51}$$

$$K_b = K_e U_{sbase}/K_T U_{fdbase} \tag{11.52}$$

$$R_d = \frac{K_x X_T}{U_{fdbase}/I_{fdbase}} \tag{11.53}$$

式中，U_{sbase}、U_{fdbase} 分别为 x_{ad} 标幺系统下定子及励磁电压基值；K_e 为整流系数 $K_e = 1.35$；K_T 为整流变压器一次侧与二次侧线电压之比；R_d 为换向电抗折合后的等效电阻；X_T 为整流变短路电抗的有名值；K_x 为折合系数，在三相桥式整流时 $K_x = 0.955$；ΔU^* 为晶闸管压降的标幺值。

联解式（11.42）～式（11.46），可得下列微分方程

$$pi_d + \frac{1}{T'_{SK}}i_d = -\Delta U^*/b\left(X_{ffd} - \frac{x_{ad}}{b}\right) \tag{11.54}$$

其中

$$T'_{SK} = \frac{X_{ffd} - (x_{ad}/b)}{R_{SK}} = T'_{de}\frac{R_{fd}}{R_{SK}} \tag{11.55}$$

$$R_{SK} = R_{fd} + R_d - \frac{1}{b}K_{bc}x_e \tag{11.56}$$

式中，T'_{SK}、R_{SK} 为自并励发电机短路时励磁回路等效时间常数及等效电阻。

下面利用拉普拉斯变换求解 i_d，电工学中一般采用拉普拉斯变换的变体卡松变换，其定义为

$$F(p) = p\int_0^\infty f(t)e^{-pt}dt = pF_L(p)$$

其中 $F_L(p) = \int_0^\infty f(t)e^{-pt}dt$ 是原来的拉普拉斯变换，于是有

$$f(t) \Leftrightarrow F(p)$$

$$\frac{d}{dt}f(t) \Leftrightarrow pF(p) - pf(0)$$

符号 $\Leftrightarrow$ 表示卡松变换的原函数及 p 函数之间的等效，按卡松变换，式（11.54）中时间函数 i_d 转换为 p 函数 $I_d(p)$ 则得

$$pI_d(p) - pi'_{d0} + \frac{1}{T'_{SK}}I_d(p) = \frac{-\Delta U^*}{b\left(X_{ffd} - \frac{x_{ad}}{b}\right)} = \frac{-\Delta U^*}{bR_{SK}T'_{SK}}$$

式中，i'_{d0} 为短路瞬间的起始电流。

$$I_{\mathrm{d}}(p)=\frac{-\Delta U^{*}}{bR_{\mathrm{SK}}T'_{\mathrm{SK}}\left(p+\frac{1}{T'_{\mathrm{SK}}}\right)}+\frac{pi'_{\mathrm{d0}}}{\left(p+\frac{1}{T'_{\mathrm{SK}}}\right)}$$

再换成时间的函数得

$$i_{\mathrm{d}}=\frac{-\Delta U^{*}}{bR_{\mathrm{SK}}}(1-\mathrm{e}^{-t/T'_{\mathrm{SK}}})+i'_{\mathrm{d0}}\mathrm{e}^{-1/T'_{\mathrm{SK}}}=\left(i'_{\mathrm{d0}}+\frac{\Delta U^{*}}{bR_{\mathrm{SK}}}\right)\mathrm{e}^{-t/T'_{\mathrm{SK}}}-\frac{\Delta U^{*}}{bR_{\mathrm{SK}}} \tag{11.57}$$

励磁电流 $I_{\mathrm{fd}}=bi_{\mathrm{d}}$，所以

$$I_{\mathrm{fd}}=\left(I'_{\mathrm{fd0}}+\frac{\Delta U^{*}}{R_{\mathrm{SK}}}\right)\mathrm{e}^{-t/T'_{\mathrm{SK}}}-\frac{\Delta U^{*}}{R_{\mathrm{SK}}} \tag{11.58}$$

如果略去管压降，则得

$$i_{\mathrm{d}}=i'_{\mathrm{d0}}\mathrm{e}^{-t/T'_{\mathrm{SK}}} \tag{11.59}$$

$$I_{\mathrm{fd}}=I'_{\mathrm{fd0}}\mathrm{e}^{-t/T'_{\mathrm{SK}}} \tag{11.60}$$

式中，i'_{d0}、I'_{fd0} 为短路瞬间的定子电流及励磁电流。

i'_{d0} 为两项之和，第一项为短路前的定子电流 i_{d0}，第二项为在发电机端加上一个与短路前电压 u_{q0} 大小相等，方向相反的电压造成之电流，因这时发电机所表现的电抗是 x'_{de}，此项电流为 $u_{\mathrm{q0}}/x'_{\mathrm{de}}$，所以

$$i'_{\mathrm{d0}}=i_{\mathrm{d0}}+u_{\mathrm{q0}}/x'_{\mathrm{de}} \tag{11.61}$$

$$I'_{\mathrm{fd0}}=bi'_{\mathrm{d0}}=\frac{x_{\mathrm{de}}}{x_{\mathrm{ad}}}(i_{\mathrm{d0}}+u_{\mathrm{q0}}/x'_{\mathrm{de}}) \tag{11.62}$$

由式（11.39）及式（11.40）可知，在短路前存在着 $u_{\mathrm{q0}}=I_{\mathrm{fd0}}x_{\mathrm{ad}}-i_{\mathrm{d0}}x_{\mathrm{de}}$，因 $I_{\mathrm{fd0}}x_{\mathrm{ad}}=E_{\mathrm{q}}$，故 i_{d0} 也可表示为 $i_{\mathrm{d0}}=(E_{\mathrm{q}}-u_{\mathrm{q0}})/x_{\mathrm{de}}$，这样，可得

$$i'_{\mathrm{d0}}=\frac{E_{\mathrm{q}}-u_{\mathrm{q0}}}{x_{\mathrm{de}}}+\frac{u_{\mathrm{q0}}}{x'_{\mathrm{de}}} \tag{11.63}$$

$$I'_{\mathrm{fd0}}=I_{\mathrm{fd0}}+\frac{u_{\mathrm{q0}}}{x'_{\mathrm{de}}}\frac{x_{\mathrm{de}}-x'_{\mathrm{de}}}{x_{\mathrm{ad}}} \tag{11.64}$$

当短路前处于空载额定电压时

$$i_{\mathrm{d}}=\frac{1}{x'_{\mathrm{de}}}\mathrm{e}^{-t/T'_{\mathrm{SK}}} \tag{11.65}$$

$$I_{\mathrm{fd}}=\frac{x_{\mathrm{de}}}{x''_{\mathrm{de}}}I_{\mathrm{fd0}}\mathrm{e}^{-t/T'_{\mathrm{SK}}} \tag{11.66}$$

前面的分析都略去了超瞬变分量，由于它衰减很快，且取决于阻尼绕组参数，与采用何种励磁系统无关，这样我们可以把它分出来，仿照第 2 章中的分析，超瞬变分量为

$$\left(\frac{1}{x''_{\mathrm{de}}}-\frac{1}{x'_{\mathrm{de}}}\right)u_{\mathrm{q0}}\mathrm{e}^{-t/T''_{\mathrm{de}}}$$

计及这个分量后，自并励发电机短路电流完整的形式为

$$i_{\mathrm{d}}=\left(\frac{1}{x''_{\mathrm{de}}}-\frac{1}{x'_{\mathrm{de}}}\right)u_{\mathrm{q0}}\mathrm{e}^{-t/T''_{\mathrm{de}}}+\left(\frac{u_{\mathrm{q0}}}{r'_{\mathrm{do}}}+\frac{E_{\mathrm{q}}-u_{\mathrm{q0}}}{x_{\mathrm{de}}}\right)\mathrm{e}^{-t/T'_{\mathrm{SK}}} \tag{11.67}$$

其中
$$x''_{de}=x''_d+x_e$$
$$T''_{de}=T''_{d0}\frac{x''_d+x_e}{x'_d+x_e}$$
$$T'_{SK}=T'_{de}\frac{R_{fd}}{R_{SK}}$$
$$R_{SK}=R_{fd}+R_d-\frac{1}{b}K_{bc}x_e$$

式中，x_e 为外电抗；E_q 为发电机空载电动势；u_{q0} 为短路前 q 轴电压；T'_{SK} 为自并励发电机短路时，励磁回路等效时间常数；R_{SK} 为自并励发电机短路时，励磁回路等效电阻。

为了便于说明自并励发电机短路过程的特点，我们将计入电压调节器的他励式发电机短路电流列出如下[19]

$$i_d=\left(\frac{1}{x''_{de}}-\frac{1}{x'_{de}}\right)u_{q0}e^{-t/T''_{de}}+\left(\frac{1}{x'_{de}}-\frac{1}{x_{de}}\right)u_{q0}e^{-t/T'_{de}}+i_{d\infty}+(i_{d\infty p}-i_{d\infty})F(t) \tag{11.68}$$

$$F(t)=1-\frac{T'_{de}e^{-t/T'_{de}}-T_Ee^{-t/T_E}}{T'_{de}-T_E} \tag{11.69}$$

式（11.68）中第一项为超瞬变分量，第二项为瞬变分量，第三项为无调节器时之稳态短路电流，第四项为调节器产生的短路电流增量，$i_{d\infty p}$ 为调节器产生的短路电流。

$$i_{d\infty p}=E_q/x_d$$
$$i_{d\infty p}=KE_q/x_d$$

K 为顶值电压倍数（以 u_{fdbase} 作基值）

$$T'_{de}=T'_{d0}\frac{x'_d+x_e}{x_d+x_e}$$
$$T''_{de}=T''_{d0}\frac{x''_d+x_e}{x'_d+x_e}$$

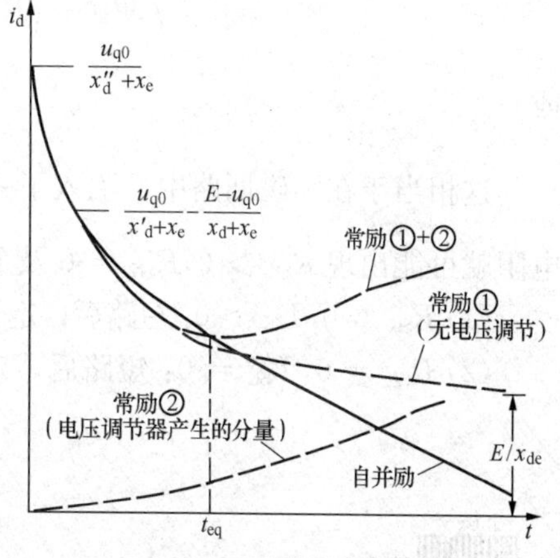

图11.17　自并励与常规励磁短路电流的比较

自并励与常规励磁发电机短路电流的比较如图11.17所示，图中自并励的短路电流是衰减的，即 $T'_{SK}>0$。由图11.17可见，两种系统超瞬变是完全相同的，在 $t<t_{eq}$ 之前，自并励的短路电流稍大于常规励磁的，因为 $T'_{SK}>T'_d$，所以自并励短路电流衰减稍慢。在 $t=t_{eq}$ 时，两种励磁系统的短路电流相等，在以后时间里，因为常规系统的电压调节器分量逐渐增大，常规系统的短路电流就大于自并励的。如两种系统参数为典型数值，则 t_{eq} 为

$$t_{eq}=\frac{x_{de}}{x'_{de}}\left(\frac{1}{T'_{de}}-\frac{1}{T'_{SK}}\right)\Big/\left[\frac{1}{2}\frac{x_{de}}{x'_{de}}\left(\frac{1}{T'^2_{de}}-\frac{1}{T'^2_{SK}}\right)+\frac{K-1}{4T'_{de}T_E}+\frac{1}{2T'^2_{de}}\right]$$

式中，K 为励磁机顶值电压倍数；T_E为励磁机时间常数。

比较自并励与常规励磁发电机短路电流表达式可见：

(1) 两种系统的超瞬变分量是相同的，因为它们是由阻尼绕组决定的，与励磁系统

无关。

（2）两种系统的瞬变分量起始值都是相同的，都等于 u_{q0}/x'_{de} 这是因为瞬变分量的起始值是由磁链不变决定的，与励磁系统无关。

（3）自并励发电机的短路电流，最大特点是它没有稳定值。

（4）自并励发电机的短路电流是按时间常数 T'_{SK} 变化的，取决于短路点的逐渐移远，T'_{SK} 可由正变至无穷大，再变至负值，相应的短路电流从衰减，保持起始值不变，到随时间增长。

下面我们来分析这三种情况。但在此之前，让我们先来分析一下，时间常数 $T'_{SK}=T'_{de}R_{fd}/R_{SK}$ 中的等值电阻 R_{SK}。

短路时发电机的励磁电压是由发电机端电压整流后提供的，略去管压降后，它等于

$$U_{fd}=K_{bc}U_t=K_{bc}x_e i_d=\frac{1}{b}K_{bc}x_e I_{fd} \tag{11.70}$$

另一方面，上述电压与励磁回路中电阻压降及磁链变化平衡，即

$$U_{fd}=p\Psi_{fd}+(R_{fd}+R_d)I_{fd} \tag{11.71}$$

将 $U_{fd}=\frac{1}{b}K_{bc}x_e I_{fd}$ 代入式（11.71），则励磁回路方程变为

$$p\Psi_{fd}+\left(R_{fd}+R_d-\frac{1}{b}K_{bc}x_e\right)I_{fd}=0 \tag{11.72}$$

或

$$p\Psi_{fd}+R_{SK}I_{fd}=0$$

这相当于在励磁回路中，引入了一个负电阻 R_k，其值为 $-\frac{1}{b}K_{bc}x_e$。这样，回路等值电阻就可能出现 $R_{SK}>0$，$R_{SK}=0$ 及 $R_{SK}<0$ 三种情况：

（1）$R_{SK}>0$，$T'_{SK}>0$：短路后，定子电流自 i'_{d0} 衰减至零，如图 11.18 所示。

（2）$R_{SK}=0$，$T'_{SK}=0$：短路后，定子电流维持 i'_{d0} 不变，如图 11.19 所示。

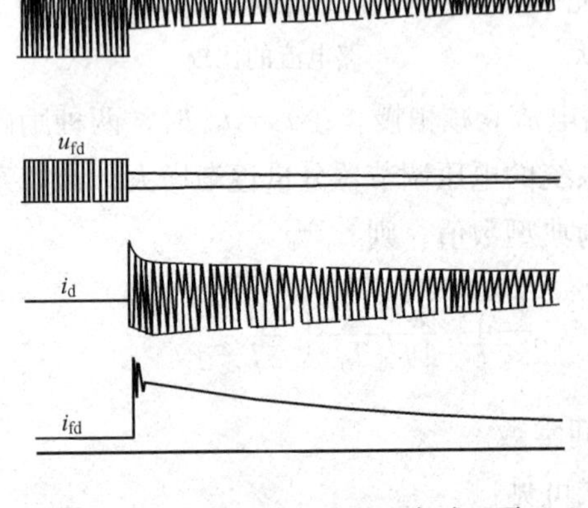

图 11.18　短路后定子电流衰减至零

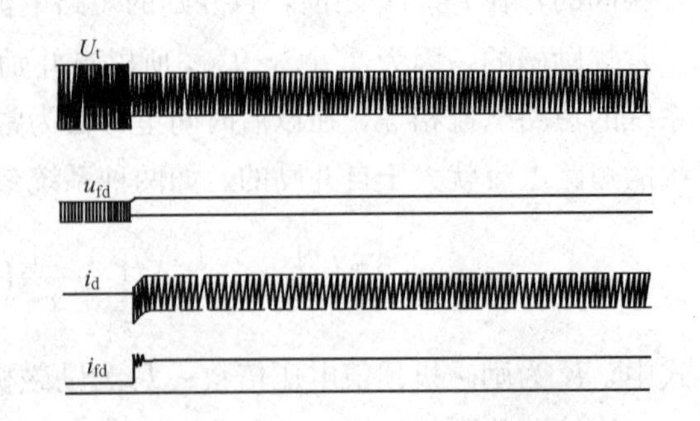

图 11.19　短路后定子电流保持不变

(3) $R_{SK}<0, T'_{SK}<0$：短路后，定子电流自 i'_{d0} 开始，不断增大如图 11.20 所示，这种情况下继电保护会将短路切除，电压就恢复短路前数值。

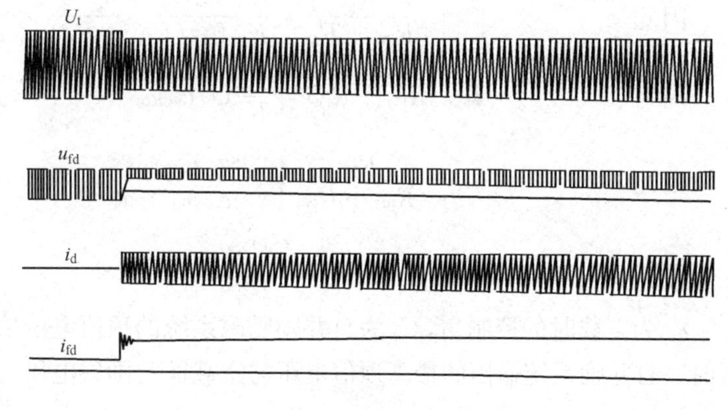

图 11.20　短路后定子电流不断增大

到此为止，我们求出了自并励发电机短路电流的计算公式，并且用动模实验验证了它的正确性，但是在计算短路电流时，要用到 x_{ad} 标幺系统的 U_{fdbase}、I_{fdbase}，并且要对励磁绕组电阻进行折合，很不方便，下面来研究更简便的计算公式。

我们已知

$$T'_{SK}=T'_{de}\frac{R_{fd}}{R_{SK}}=\frac{R_{fd}}{(R_{fd}+R_d)\left(1-\dfrac{R_k}{R_{fd}+R_d}\right)}T'_{de} \tag{11.73}$$

其中

$$R_k=\frac{1}{b}K_{bc}x_e$$

由于式 (11.73) 中 R_{fd}、R_d 及 R_k 都是励磁回路中的量，其基值是相同的，所以我们可以用它们相应的有名值 R_{FD}、R_D、R_K 来表示。

R_K 在短路过程中是一个常数，也不因发电机所带负荷而改变，因此可以用空载发生短路，并以空载短路瞬间由整流器加在励磁回路上电压 U_{FD0} 与此时励磁电流初始值 I'_{FD0} 之比来计算 R_K。

整流器加在励磁回路的电压

$$U_{FD0}=\frac{K_e}{K_T}U_T\cos\alpha_k\frac{x_e}{x'_d+x_e} \tag{11.74}$$

式中，K_e、K_T 分别为整流系数及整流变压器变比；U_T 为发电机额定电压有名值；x_e 为外电抗（用标幺值）；α_k 为短路时控制角。

短路后起始励磁电流的有名值

$$I'_{FD0}=I_{FD0}\frac{x_d+x_e}{x'_d+x_e} \tag{11.75}$$

可得

$$R_k=\frac{\dfrac{K_e}{K_T}U_T\cos\alpha_k\dfrac{x_e}{x'_d+x_e}}{I_{FD0}\dfrac{x_d+x_e}{x'_d+x_e}}$$

$$=\frac{K_e}{K_T}U_T\cos\alpha_k\frac{x_e}{x_d+x_e}\times\frac{1}{I_{FD0}} \tag{11.76}$$

因此
$$\frac{R_k}{R_{FD}+R_D}=\frac{K_e U_T \cos\alpha_k}{K_T I_{FD0}(R_{FD}+R_D)}\times\frac{x_e}{x_d+x_e}$$

因为
$$I_{FD0}(R_{FD}+R_D)=\frac{K_e}{K_T}U_T\cos\alpha_0$$

因此
$$\frac{R_K}{R_{FD}+R_D}=\frac{\cos\alpha_k}{\cos\alpha_0}\frac{x_e}{x_d+x_e} \tag{11.77}$$

定义
$$C_\alpha=\frac{\cos\alpha_k}{\cos\alpha_0}$$

α_0 为空载时的控制角，C_α 为自并励励磁系统的顶值电压倍数，它等于发电机为额定电压时，自并励系统输出的最高顶值电压与空载额定励磁电压之比。

$$\frac{R_K}{R_{FD}+R_D}=C_\alpha\frac{x_e}{x_d+x_e} \tag{11.78}$$

将式（11.78）代入式（11.73）

$$T'_{SK}=\frac{R_{FD}}{R_{FD}+R_D}\frac{T'_{de}}{1-C_\alpha\dfrac{x_e}{x_d+x_e}} \tag{11.79}$$

其中 $\dfrac{R_{FD}}{R_{FD}+R_D}$ 是一个系数，计入换向压降的影响，一般在 0.95 左右，如把它略去，则可得

$$T'_{SK}=T'_{de}\Big/\left(1-C_\alpha\frac{x_e}{x_d+x_e}\right) \tag{11.80}$$

由式（11.80）可见，短路电流计算可大大简化，再不用考虑励磁回路的标幺值了，但式（11.80）中 x_e 及 x_d 仍然用标幺值计算较方便。

由式（11.80）亦可看出，短路后励磁电流的变化，与励磁系统顶值倍数 C_α 及短路外电抗的直接的关系。当 C_α 及 x_e 逐渐增大时，短路电流及励磁电流可以从它们的起始值开始，可以是随时间衰减，保持不变，甚至随时间增长。换个角度来看，当 x_e 增大后，短路时发电机端电压就增高，在相同的顶值倍数 C_α 下，其强励电压就高。同样，若 x_e 固定，但 C_α 值增高，也相当于强励电压增高，它们的作用都相当于增大励磁回路的负电阻 R_K 及减小励磁回路等值总电阻 R_{SK}，从而改变了短路电流及励磁电流变化规律。

现举一实例：三相短路出现在升压变压器高压侧 $x_e=0.15$，假定 $x_d=1.0$，若 $C_\alpha=7.8$，则 $T'_{SK}<0$，短路电流是随时间增大而加大的，若 $C_\alpha=6$，则 $T'_{SK}>0$，这时短路电流是随时间增大而减小的，且没有稳态值，短路若不切除，电流一直衰减到零。这使得发电机过电流后备保护不能启动，所以后备保护要用阻抗继电器或用过电流启动低电压闭锁。

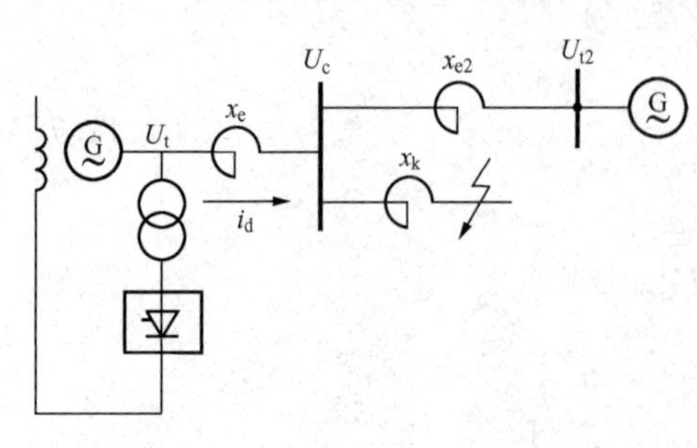

图 11.21 短路发生在线路上

上面讨论的三相短路，是指高压侧直接三相短路，短路期间发电机与系统相当于完全分开了，但是实际的短路，多半发生在线路上，而且常常有并联线路，如图 11.21 所示。这时

系统电源产生的短路电流将在发电机端造成一个额外电压，该电压经自并励回路会产生一个额外电流，而且该电流到达稳态值后，保持不变，这种现象只有在自并励情况下才会出现，下面我们来进行分析。

所有假设，与前面分析短路电流相同，这时基本方程如下

$$u_{d}=0 \tag{11.81}$$

$$u_{q}=U_{c}=-(x_{d}+x_{e})i_{d}+x_{ad}I_{fd} \tag{11.82}$$

$$U_{fd}=p\Psi_{fd}-p\Psi_{fd0}+R_{fd}I_{fd} \tag{11.83}$$

$$\Psi_{fd0}=X_{ffd}I_{fd0} \tag{11.84}$$

$$U_{fd}=K_{bc}(U_{c}+x_{e}i_{d})-R_{d}I_{fd}-\Delta U^{*} \tag{11.85}$$

现设

$$U_{c2}=\frac{x_{k}}{x_{e2}+x_{k}}U_{t2}$$

$$x_{2k}=\frac{x_{e2}x_{k}}{x_{e2}+x_{k}}$$

$$x_{dk}=x_{d}+x_{e}+x_{2k}$$

$$x'_{dk}=x'_{d}+x_{e}+x_{2k}$$

并假设短路前为空载，略去 ΔU^{*}，则可得

$$I_{fd}=\frac{K_{bc}U_{c2}\dfrac{x_{d}}{x_{dk}}}{(R_{fd}+R_{d})\left(1-C_{\alpha}\dfrac{x_{e}+x_{2k}}{x_{dk}}\right)}(1-e^{-t/T'_{ST}})+\frac{x_{dk}}{x'_{dk}}I_{fd0}e^{-t/T'_{ST}}-\frac{x_{ad}}{X_{ffd}x'_{dk}}U_{c2}e^{-t/T'_{ST}} \tag{11.86}$$

其中

$$T'_{ST}=\frac{T'_{d0}\dfrac{x'_{dk}}{x_{dk}}}{1-C_{\alpha}\dfrac{x_{e}+x_{2k}}{x_{dk}}} \tag{11.87}$$

此时，I_{fd} 由三项组成，第一项相当于在发电机端加上一个数值为 $\frac{x_{d}}{x_{dk}}U_{c2}$ 的电压，它经过整流器使励磁电流按时间常数 T'_{ST} 增至稳态值，第二项相当于自并励发电机在外电抗 $x_{e}+x_{2k}$ 处发生短路时的励磁电流，第三项的产生是由于定子端突加电压，定子电流突然变化，转子为保持磁链不变，而产生的自由电流，也是按 T'_{ST} 成指数衰减，由此可见，由于另一电源的作用，在短路后，励磁电流有一稳态值。

相应地，定子电流为

$$i_{d}=\frac{\dfrac{x_{ad}x_{d}}{x_{dk}^{2}}K_{bc}U_{c2}}{(R_{fd}+R_{d})\left(1-C_{\alpha}\dfrac{x_{e2}+x_{2k}}{x_{dk}}\right)}(1-e^{-t/T'_{ST}})+\frac{1}{x'_{dk}}e^{-t/T'_{ST}}-\frac{x_{dk}-x'_{dk}}{x'_{dk}x_{dk}}U_{c2}e^{-t/T'_{ST}}-\frac{U_{c2}}{x_{dk}} \tag{11.88}$$

式(11.88)中前三项与 I_{fd} 具有相同意义，第四项是由另一电源产生的电流，显然它是负值。

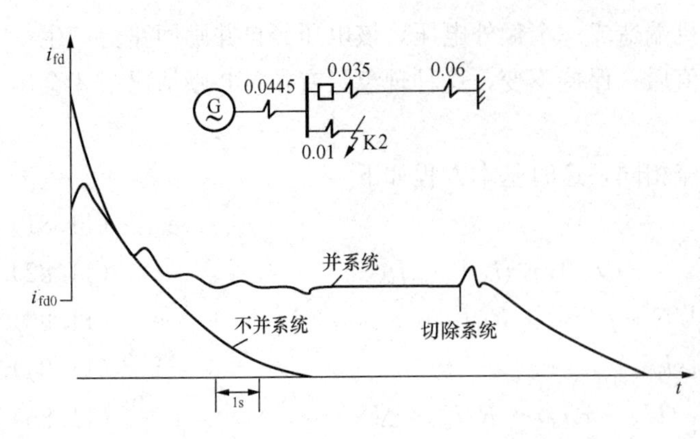

图 11.22 自并励发电机在K2点短路后励磁电流

自并励发电机在K2点短路后励磁电流动模实验的结果如图11.22所示。

3. 短路切除后电压的恢复

发电机外部的短路故障，大多数都在短时间内切除，但切除以后，电压能否恢复，恢复的快慢，以及恢复过程是否平稳，也是衡量自并励系统性能的指标之一。

先分析短路切除后，发电机为空载的情况，这时自并励发电机与建立起始励磁时的状态完全相同。

假定在短路切除前的一瞬间 $t=t_1$ 时，略去超瞬变分量及其压降，则有

$$I_{fd1}=I'_{fd0}\,e^{t_1/T'_{SK}} \tag{11.89}$$

$$U_{t1}=U'_{t0}\,e^{t_1/T'_{SK}} \tag{11.90}$$

$$i_{d1}=i'_{d0}\,e^{-t_1/T'_{SK}} \tag{11.91}$$

式中，I'_{fd0}、U'_{t0}、i'_{d0} 为短路瞬间励磁电流，电压及定子电流的起始值。

因短路切除后，发电机为空载，这时发电机运行状态与空载建立起始励磁状态完全相同，所以根据起始励磁的建立的分析结果，我们有

$$I_{fd}=I'_{fd1}\,e^{-t/T_{S0}} \tag{11.92}$$

$$U_t=U'_{t1}\,e^{-t/T_{S0}}=I'_{fd1}x_{ad}\,e^{-t/T_{S0}} \tag{11.93}$$

$$T_{S0}=T'_{d0}/(1-C_\alpha) \tag{11.94}$$

式中，I'_{fd1}、U'_{t1} 为短路切除一瞬间的起始值。

I'_{fd1} 可以由短路切除前后，磁链 Ψ_{fd} 不变原则来确定。

短路切除前 $\Psi_{fd}|_{t=0^-}=X_{ffd}I_{fd1}-x_{ad}i_{d1}$

因
$$i_{d1}=\frac{x_{ad}}{x_{de}}I_{fd1}$$

故
$$\Psi_{fd}|_{t=0^-}=\left(X_{ffd}-\frac{x_{ad}^2}{x_{de}}\right)I_{fd1}$$

短路切除瞬间
$$\Psi_{fd}|_{t=0^+}=X_{ffd}I'_{fd1}$$

因
$$\Psi_{fd}|_{t=0^+}=\Psi_{fd}|_{t=0^-}$$

$$\begin{aligned}I'_{fd1}&=\frac{1}{X_{ffd}}\left(X_{ffd}-\frac{x_{ad}^2}{x_{de}}\right)I_{fd1}\\&=\left(1-\frac{x_{ad}^2}{X_{ffd}x_{de}}\right)I_{fd1}\\&=\left(1-\frac{x_{de}-x'_{de}}{x_{de}}\right)I_{fd1}=\frac{x'_{de}}{x_{de}}I_{fd1}\end{aligned} \tag{11.95}$$

式（11.95）中应用了参数间一个很有用的关系：$x_{de}-x'_{de}-x_{ad}^2/X_{ffd}$。

将式（11.89）代入，则 $I'_{\mathrm{fd1}}=\dfrac{x'_{\mathrm{de}}}{x_{\mathrm{de}}}I_{\mathrm{fd1}}=\dfrac{x'_{\mathrm{de}}}{x_{\mathrm{de}}}I'_{\mathrm{fd0}}\mathrm{e}^{-t_1/T'_{\mathrm{SK}}}$　　(11.96)

如果假定短路前，发电机空载，其励磁电流为 I_{fd0}，我们已知 $I'_{\mathrm{fd0}}=\dfrac{x_{\mathrm{de}}}{x'_{\mathrm{de}}}I_{\mathrm{fd0}}$，代入式(11.96)

$$I'_{\mathrm{fd1}}=I_{\mathrm{fd0}}\mathrm{e}^{-t_1/T'_{\mathrm{SK}}}\tag{11.97}$$

这样我们可得，短路切除后励磁电流及电压分别为

$$I_{\mathrm{fd}}=I_{\mathrm{fd0}}\mathrm{e}^{-t_1/T'_{\mathrm{SK}}}\mathrm{e}^{-t/T_{\mathrm{S0}}}\tag{11.98}$$

$$U_{\mathrm{t}}=x_{\mathrm{ad}}I_{\mathrm{fd0}}\mathrm{e}^{-t_1/T'_{\mathrm{SK}}}\mathrm{e}^{-t/T_{\mathrm{S0}}}=U_{\mathrm{t0}}\mathrm{e}^{-t_1/T'_{\mathrm{SK}}}\mathrm{e}^{-t/T_{\mathrm{S0}}}\tag{11.99}$$

式中，I_{fd0}、U_{t0} 为短路前的励磁电流及电压。

图 11.23 为切除短路后电压恢复的试验结果。

严格地说，式(11.98)、式(11.99)只在电压恢复到调节器工作段以前才适用，但是此值已接近额定值 90%以上，设短路切除的时间为 t_{C}，恢复到该值的时间为 t_{R}，则近似可得

$$1=\mathrm{e}^{-t_{\mathrm{C}}/T'_{\mathrm{SK}}}\mathrm{e}^{-t_{\mathrm{R}}/T_{\mathrm{S0}}}$$

分别将 T'_{SK}、T_{S0} 代入，则得

$$t_{\mathrm{R}}=\frac{T_{\mathrm{S0}}}{T'_{\mathrm{SK}}}t_{\mathrm{C}}=\frac{x_{\mathrm{de}}}{x'_{\mathrm{de}}}\frac{\left(1-C_{\alpha}\dfrac{x_{\mathrm{e}}}{x_{\mathrm{de}}}\right)t_{\mathrm{C}}}{C_{\alpha}-1}\tag{11.100}$$

由上面的分析可见：

（1）短路切除后，电压恢复的时间 t_{R} 近似地与短路切除的时间 t_{C} 成正比，与励磁回路时间常数 T'_{d0} 无关。

（2）恢复时间随着 C_{α} 的增大而减小。$\dfrac{t_{\mathrm{R}}}{t_{\mathrm{C}}}$ 与 C_{α} 的关系如图 11.24 所示。

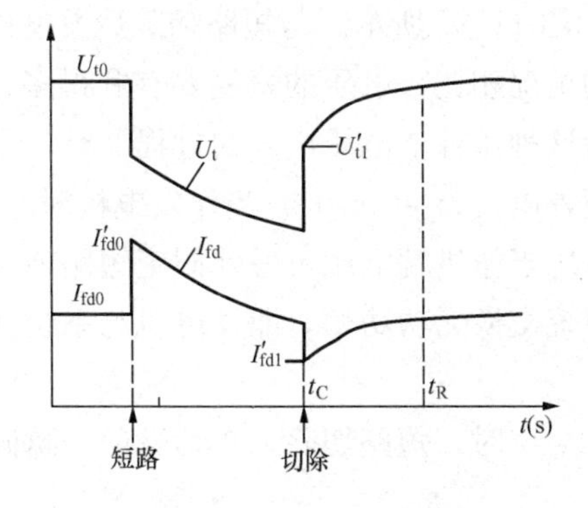

图 11.23　短路切除后电压恢复的试验结果

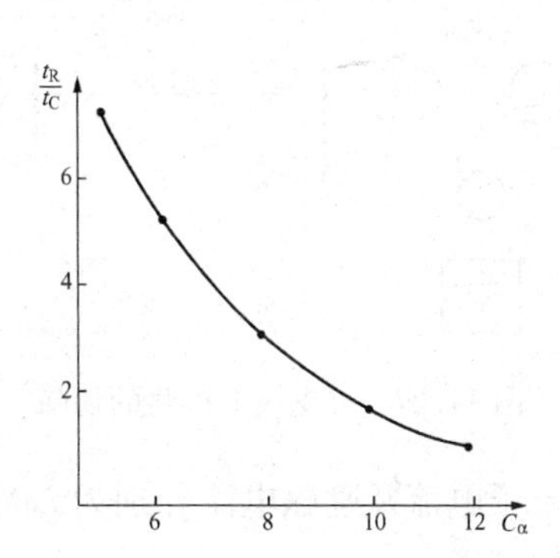

图 11.24　$\dfrac{t_{\mathrm{R}}}{t_{\mathrm{C}}}$ 与 C_{α} 的关系

图 11.25 为动模试验三相短路及切除的过程。

电压恢复过程还存在另一种情况，就是切除以后，定子电压高于额定值，这时电压调

节器的作用，会使晶闸管工作到逆变状态，控制角可达 150°～160°，励磁电压输出为负值，而此时 $C_\alpha = \frac{\cos\alpha_k}{\cos\alpha_0}$ 为负值，相应的 $T_{S0} = T'_{d0}/(1-C_\alpha)$ 就比发电机本身的 T'_{d0} 要小得多，这样就可以使端电压迅速下降，当电压进入了电压调节器的调节范围内，计算电压恢复的公式就不对了，图 11.26 是自并励与常规励磁发电机在突甩额定无功负荷后，动模实验的结果，由图可见，当无功负荷切除后，定子电压上升至接近 1.4，自并励即刻将励磁电压变成－5.0，因此端电压在 1.0s 左右，就恢复到额定值且过程平稳，没有明显过调，而常规励磁系统，由于不能逆变，电压要到 3s 以后才能平稳下来。

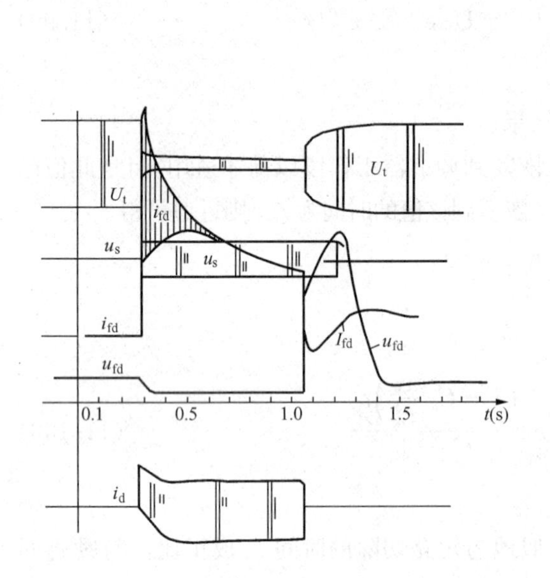

图 11.25 动模试验三相短路及切除的过程

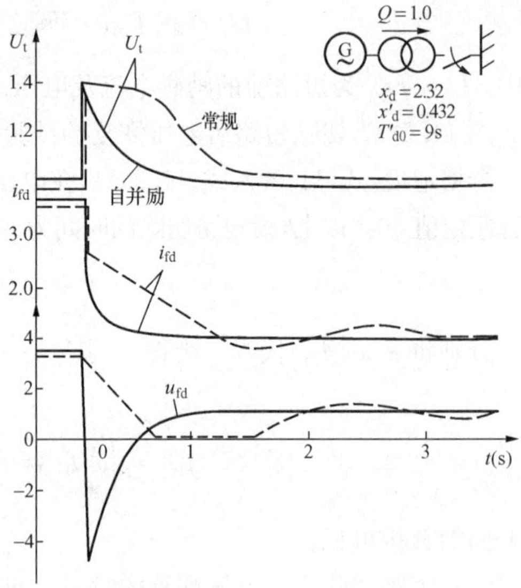

图 11.26 突甩额定无功负荷后动模实验结果

在实际系统里，短路发生在一条平行线路上，或者是分支线路上，这时短路切除，发电机仍保持与系统的联系，分支线上短路的切除如图 11.27 所示。与短路切除后发电机成为空载的情况相比，电压的恢复要有利得多，下面来分析这种条件下电压恢复的过程。

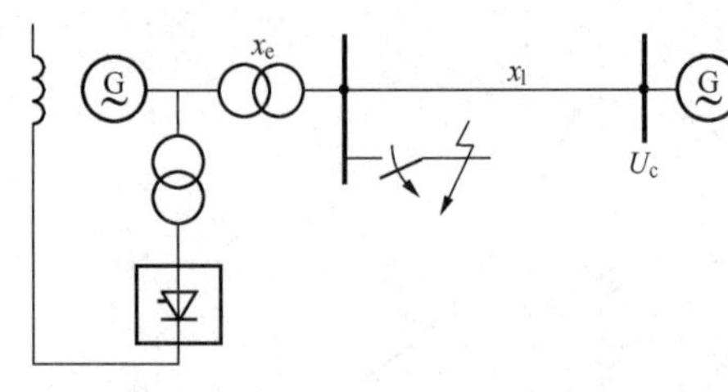

图 11.27 分支线上短路的切除

现把外电抗 $x_c = x_e + x_l$ 当作发电机漏电抗，将系统电压当作机端电压，另外假定短路前发电机只与系统交换无功功率，即发电机与系统间无相角差。

在 $t = t_1$ 时，短路切除，在切除前一瞬间发电机定子电流及励磁电流分别为 i_{d1} 及 I_{fd1}。

则可得

$$u_d = 0 \tag{11.101}$$

$$u_q = U_c = -(x_d + x_c)i_d + x_{ad}I_{fd} \tag{11.102}$$

$$U_{fd}=p\Psi_{fd}-p\Psi_{fd0}+R_{fd}I_{fd} \tag{11.103}$$

$$\Psi_{fd0}=X_{ffd}I_{fd1}-x_{ad}i_{d1} \tag{11.104}$$

$$U_{fd}=K_{bc}U_{t}-R_{fd}I_{fd} \tag{11.105}$$

联解后，可求得

$$I_{fd}=\frac{K_{c}U_{c}\dfrac{x_{d}}{x_{dc}}}{(R_{fd}+R_{d})\left(1-C_{\alpha}\dfrac{x_{c}}{x_{dc}}\right)}(1-e^{-t/T'_{ST}})$$

$$+\frac{x_{dc}}{X_{ffd}+x'_{dc}}(I_{fd1}X_{ffd}-i_{d1}x_{ad})e^{-t/T'_{ST}}-\frac{x_{ad}U_{c}}{X_{ffd}x'_{dc}}e^{-t/T'_{ST}}$$

化简得

$$I_{fd}=\frac{K_{c}U_{c}\dfrac{x_{d}}{x_{dc}}}{(R_{fd}+R_{d})\left(1-C_{\alpha}\dfrac{x_{c}}{x_{dc}}\right)}(1-e^{-t/T'_{ST}})+\frac{x_{dc}}{x'_{dc}}\frac{x'_{de}}{x_{de}}I'_{fd0}e^{-(t_{1}/T'_{SK}+t/T'_{ST})}$$

$$-\frac{x_{ad}U_{c}}{X_{ffd}x'_{dc}}e^{-t/T'_{ST}} \tag{11.106}$$

其中

$$x_{dc}=x_{d}+x_{c}$$

$$x'_{dc}=x'_{d}+x_{c}$$

$$T'_{ST}=T'_{d0}\frac{x'_{dc}}{x_{dc}}\Big/\left(1-C_{\alpha}\frac{x_{c}}{x_{dc}}\right) \tag{11.107}$$

式（11.106）中，第一项表示短路切除后，系统电压 U_c 经过线路电抗及自并励回路，按时间常数 T'_{ST} 建立一个稳态励磁电流；第二项表示短路后产生的自由电流，在短路切除后，按另一个时间常数变化；第三项的产生是由于短路切除后，定子电流突然减小，为保持转子磁链不变，而感应出来的励磁电流，其起始值相当于定子上突然加上一个反向电压 $-U_c$ 所产生的电流起始值，以后这个分量按 T'_{ST} 衰减。

相应地，发电机端电压为

$$U_{t}=\frac{x_{c}}{x_{dc}}x_{ad}I_{fd}+U_{c}\frac{x_{d}}{x_{dc}}=\frac{K_{bc}U_{c}\dfrac{x_{d}x_{c}}{x_{dc}^{2}}x_{ad}}{(R_{fd}+R_{d})\left(1-C_{\alpha}\dfrac{x_{c}}{x_{dc}}\right)}(1-e^{-t/T'_{ST}})$$

$$+\frac{x_{ad}}{x'_{dc}}\frac{x'_{de}}{x_{de}}x_{c}I'_{fd0}e^{-\left(\frac{t_{1}}{T'_{SK}}+\frac{t}{T'_{ST}}\right)}-\left(\frac{1}{x'_{dc}}-\frac{1}{x_{dc}}\right)x_{c}U_{c}e^{-t/T'_{ST}}+\frac{x_{d}}{x_{dc}}U_{c} \tag{11.108}$$

由于第一项及第四项的存在，与短路切除后成空载的情况相比，自并励发电机的短路电流，衰减要慢，短路切除后，电压恢复要快得多，图 11.28 是动模试验结果。

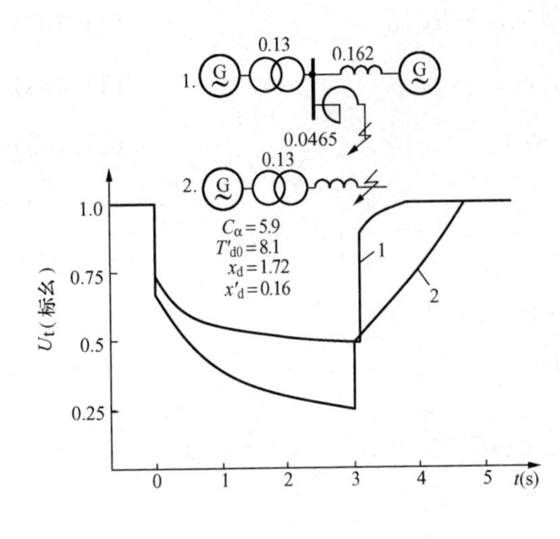

图 11.28 动模试验结果

需要说明的是，在短路过程中，自并励发电机会从系统吸取无功功率，一方面励磁容量只占机组容量的 0.5%，另一方面，吸收的功率，就像空载起励一样，是属于"激励"的性质，不会对系统造成可感知不利影响，相反由于自并励电压恢复得快，给系统带来有利的影响。

4. 不对称短路及切除后电压恢复

线路上的故障，多数是不对称短路，对于自并励系统来说，其工作条件要比三相短路有利得多。

要计算短路电流，首先要求出短路后发电机端的各相电压及平均电压，然后求出整流电压及此时励磁电流，再求出励磁回路等效电阻及等效的时间常数，现以单相短路为例来说明。如图 11.29 所示单相短路中，a 相电流的正、负、零序分量相等

$$\dot{I}_{a1}=\dot{I}_{a2}=\dot{I}_{a3}=\frac{E'_a}{j(x_{1\Sigma}+x_{2\Sigma}+x_{0\Sigma})} \tag{11.109}$$

式中，E'_a 为短路前瞬态电动势，若短路前为空载，则 $E'_a=1.0$；$x_{1\Sigma}$ 为正序组合电抗，设 $x_T+x_L=x_e$，则 $x_{1\Sigma}=x'_{de}=x'_d+x_T+x_L$；$x_{0\Sigma}$、$x_{2\Sigma}$ 为零序及负序组合电抗。

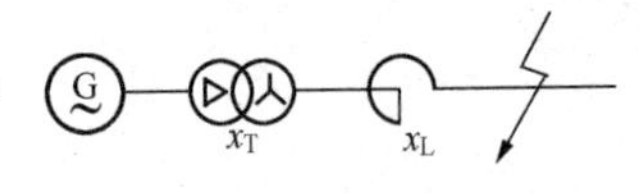

图 11.29 单相短路

因为最终是要计算机端的各相电压，而零序分量不可以通过变压器，所以下面推导中，不考虑零序分量，短路点的正负序分量为

$$\dot{U}^K_{a1}=+j\dot{I}_{a1}(x_{2\Sigma}+x_{0\Sigma}) \tag{11.110}$$

$$\dot{U}^K_{a2}=-j\dot{I}_{a1}x_{2\Sigma} \tag{11.111}$$

变压器高压侧电压

$$\dot{U}^T_{a1}=\dot{U}^K_{a1}+j\dot{I}_{a1}x_L=j\dot{I}_{a1}(x_{2\Sigma}+x_{0\Sigma}+x_L) \tag{11.112}$$

$$U^T_{a2}=\dot{U}^K_{a2}+j\dot{I}_{a1}x_L=-j\dot{I}_{a1}(x_{2\Sigma}-x_L) \tag{11.113}$$

经 Y—△变压器后，正序及负序电压分别乘以 −j 及 +j，即分别向相反方向转 90°，于是机端电压

$$\dot{U}^t_{a1}=\dot{I}_{a1}(x_{2\Sigma}+x_{0\Sigma}+x_e) \tag{11.114}$$

$$\dot{U}^t_{a2}=\dot{I}_{a1}(x_{2\Sigma}-x_e) \tag{11.115}$$

于是可得机端的三相电压分别为

$$\dot{U}^t_a=\dot{U}^t_{a1}+\dot{U}^t_{a2}=\dot{I}_{a1}(2x_{2\Sigma}+x_{0\Sigma}) \tag{11.116}$$

$$\dot{U}_{b}^{t}=a^{2}\dot{U}_{a1}^{t}+a\dot{U}_{a2}^{t}=-\frac{1}{2}\dot{I}_{a1}(2x_{2\Sigma}+x_{0\Sigma})-j\frac{\sqrt{3}}{2}\dot{I}_{a1}(x_{0\Sigma}+2x_{e}) \tag{11.117}$$

$$\dot{U}_{c}^{t}=a\dot{U}_{a1}^{t}+a^{2}\dot{U}_{a2}^{t}=-\frac{1}{2}\dot{I}_{a1}(2x_{2\Sigma}+x_{0\Sigma})-j\frac{\sqrt{3}}{2}\dot{I}_{a1}(x_{0\Sigma}+2x_{e}) \tag{11.118}$$

按照文献［8］的推导，当出现不对称短路，电压调节器测量的是平均电压，它比调节器的参考电压要低，所以调节器会将晶闸管控制角调到最小 α_{k}，设 $\alpha_{k}=0$，则整流器输出电压与机端三相电压平均值成正比，若忽略换向压降及管压降，此时整流器输出电压

$$U_{fd}=\frac{1}{\pi}(|\dot{U}_{a}^{t}|+|\dot{U}_{b}^{t}|+|\dot{U}_{c}^{t}|) \tag{11.119}$$

下面要求短路后的励磁电流及励磁回路等效电阻，由发电机不对称短路的理论分析可知，短路电流中的正序分量是与在短路点加进了一个额外电抗 $x_{\Delta}^{(n)}$ 发生的三相短路的电流相等，这个正序分量是与励磁绕组内的电流相对应，这与三相短路是相同的。负序电流在励磁绕组内产生100Hz的交流分量，它叠加在直流分量上，但不影响直流分量，所以在不对称短路时，与三相短路相同，也存在着

$$I_{fd}^{(n)}=bi_{d}^{(n)}=\frac{x_{de}}{x_{ad}}i_{d}^{(n)} \tag{11.120}$$

设短路前空载，则有

$$I_{fd0}^{\prime(k)}=I_{fd0}\frac{x_{d}+x_{e}+x_{\Delta}^{(n)}}{x_{d}^{\prime}+x_{e}+x_{\Delta}^{(n)}} \tag{11.121}$$

式中，n 为不同的形式的短路；$i_{d}^{(n)}$ 为某种不对称短路电流的正序分量：I_{fd0} 为短路前的励磁电流；$x_{\Delta}^{(n)}$ 的数值取决于短路的形式，数值见表11.5。

表11.5　$x_{\Delta}^{(n)}$ 的数值

短路形式	单　相	两　相	两相对地
$x_{\Delta}^{(n)}$	$x_{2\Sigma}+x_{0\Sigma}$	$x_{2\Sigma}$	$\frac{x_{2\Sigma}x_{0\Sigma}}{x_{2\Sigma}+x_{0\Sigma}}$

如今已知 U_{fd} 及 $I_{fd0}^{\prime}$ 就可以求出自并励系统的等效负电阻及励磁绕组的等效电阻，这时计算采用有名值比较方便。设 U_{fd} 及 $I_{fd0}^{\prime}$ 的有名值分别为 U_{FD} 及 $I_{FD0}^{\prime}$，则

$$R_{k}^{(n)}=U_{FD}^{(n)}/I_{FD0}^{\prime(n)} \tag{11.122}$$

励磁回路等值电阻

$$R_{SK}=R_{FD}+R_{D}-R_{k}^{(n)} \tag{11.123}$$

R_{FD} 及 R_{D} 分别为励磁绕组电阻及换向电抗的有名值。

短路电流变化的时间常数为

$$T_{SK}^{\prime(n)}=T_{de}^{\prime(n)}\frac{R_{FD}}{R_{FD}+R_{D}-R_{k}^{(n)}} \tag{11.124}$$

$$T_{de}^{\prime(n)}=T_{d0}^{\prime}\frac{x_{de}^{\prime}+x_{\Delta}^{(n)}}{x_{de}+x_{\Delta}^{(n)}} \tag{11.125}$$

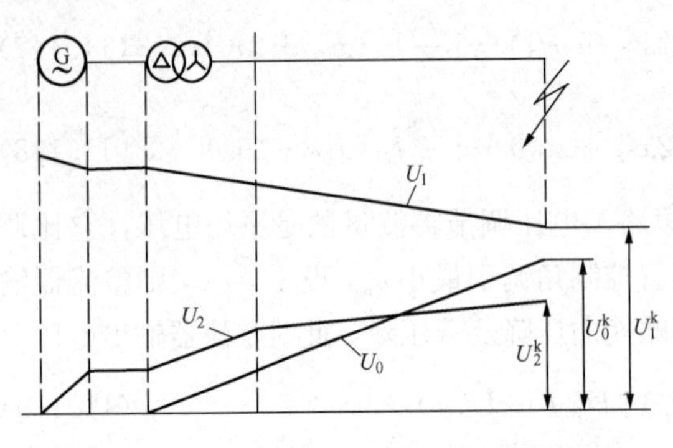

图 11.30 单相短路时各序电压沿线路的分布

对其他类型的不对称短路，也可以采用上述类似的方法进行计算。但是，这种计算仍是很繁复的，现在我们来研究更为简化的计算方法。

在不对称短路时，各序电压沿着线路的分布是不相同的。由于正序网络中是存在着电源的，所以正序电压是由电源至短路点逐渐降低的，而负序及零序电压是由短路点至电源逐渐降低的。其中，零序电压不能通过变压器，所以在变压器低压侧为零。这样发电机端就只剩下正序和负序分量了。负序分量也是随着短路点移远而减小，图 11.30 表示单相短路时各序电压沿线路的分布，其他形式的短路也有类似的分布，在单相及两相短路时，机端电压的负序分量可分别表示为：

对单相短路

$$\dot{U}_{a2}^{t} = \dot{I}_{a1}(x_{2\Sigma} - x_e) \tag{11.126}$$

对于两相接地

$$\dot{U}_{a2}^{t} = \frac{x_{0\Sigma}}{x_{2\Sigma} + x_{0\Sigma}}\dot{I}_{a1}(x_{2\Sigma} - x_e) \tag{11.127}$$

其中 $x_{2\Sigma} = x_2'' + x_e$

而 x_2'' 为发电机的负序电抗，近似地认为

$$x_2'' = \frac{1}{2}(x_d'' + x_q'')$$

x_d'' 及 x_q'' 一般都很小，把它略去，也就是认为

$$\dot{U}_{a2}^{t} = 0$$

也就是说，发电机端电压，可以只计入正序分量，则不对称短路的计算，就大大地简化了，这时只要求出正序电流变化的时间常数 $T'^{(n)}_{SK}$，而负序及零序电流的变化规律与正序相同

$$T'^{(n)}_{SK} = T'^{(n)}_{de} \Big/ \left(1 - C_\alpha \frac{x_e + x_\Delta^{(n)}}{x_{de} + x_\Delta^{(n)}}\right) \tag{11.128}$$

其中 $x_\Delta^{(n)}$ 见表 11.5，$T'^{(n)}_{de}$ 由式（11.125）确定。

励磁电流及短路电流正序分量具有如下形式

$$I_{fd}^{(n)} = I'^{(n)}_{fd0}\,e^{-t/T'^{(n)}_{SK}}$$

$$i_d^{(n)} = i'^{(n)}_{d0}\,e^{-t/T'^{(n)}_{SK}}$$

其中 $i_{d0}^{\prime(n)}=\dfrac{x_{ad}}{x_{de}}I_{fd0}^{\prime(n)}$。

当然这种简化的计算方法，用来计算不对称短路后一段时间内电流变化趋势，还是有用的。对模型试验结果进行的校核可以说明这一点。

由式（11.128）可见，不对称短路时，$T_{SK}^{\prime(n)}$ 由于加了外电抗 $x_{\Delta}^{(n)}$ 所以更容易变成负值，也就是说即便是近端短路，励磁电流及短路电流都是上升的，这也可以用不对称短路后，机端三相平均电压比三相短路高来说明。

不同形式短路后励磁电流的变化如图 11.31 所示。

图 11.32 表示单相近端短路时，自并励与常规励磁发电机的过渡过程，由图可见，自并励系统大大优于常规系统。

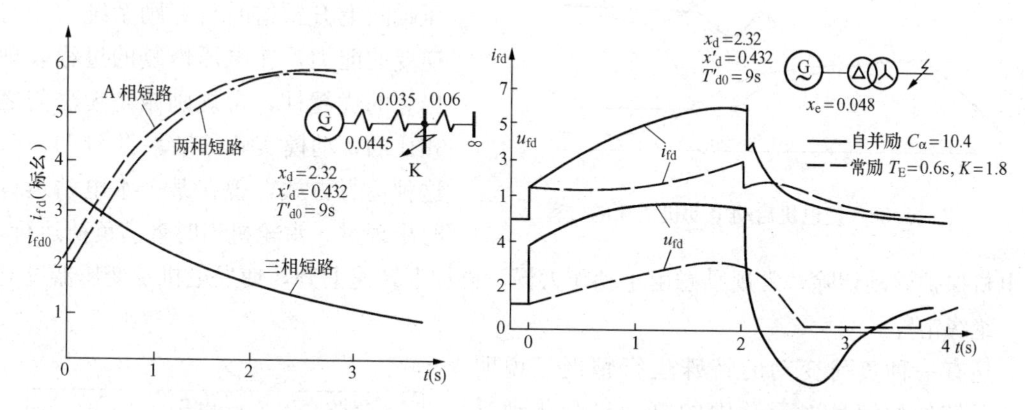

图 11.31　不同形式短路后励磁电流的变化　　图 11.32　单相近端短路时发电机的过渡过程

5. 负荷的突然变动

发电机运行时，经常碰到负荷的突然投入或切除，特别是小型发电机，突然投入的负荷容量，甚至占到机组容量的 1/3。当由两侧供电的负荷突然失去一侧电源时，也属于这种运行方式。原则上说，负荷突然投入属于突然三相短路的一种，在负荷突然投入的瞬间，电动机转速为零，电动机阻抗最小，会吸收很大的无功电流，造成发电机电压降低，这时，控制角会自动调到最小，随着负荷中电动机逐渐增速，电动机阻抗逐渐增大，电压逐渐升高，进入调节器的工作范围，控制角就不断变化，所以用前述短路电流计算分析，只适用于负荷投入的初始阶段，确定负荷投入后，励磁电流、定子电压等量的变化趋势。启动的整个过程则需要利用计算机软件来分析计算。

与其他的暂态过程一样，负荷投入后的过程，完全取决于自并励发电机励磁电压的顶值倍数 C_α，它也可能出现负荷投入后，励磁电流是衰减的，不变或是增长的三种情况，但是一般说，负荷投入时，端电压的降低要比升高变压器高压侧三相短路少得多。所以多数情况下，都能达到投入后，励磁电流是上升的条件，这种情况下，负荷可以完成整个启动过程。清华大学动模实验室，曾经协助铁道及石油部门，研发小型柴油发电机的自并励励磁系统，试验中曾经顺利启动过发电机容量 50%的风机负荷（柴油发动机带有简易的调速器）。

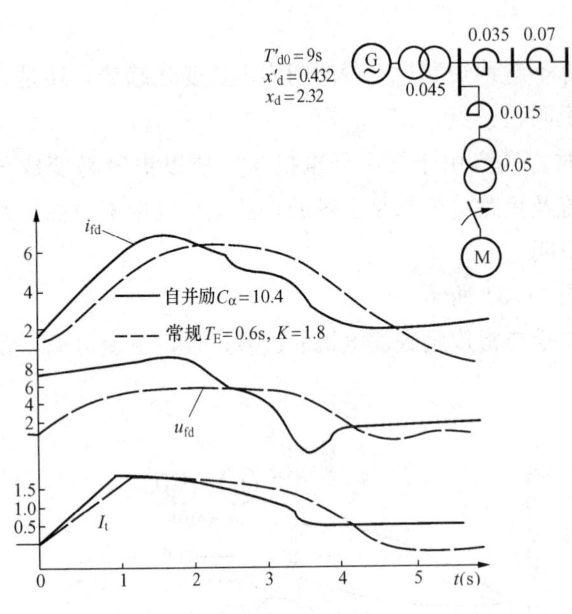

图 11.33 发电机启动电动机负荷的过程

图 11.33 是模型试验中得到自并励及常规励磁发电机启动电动机负荷的过程，由图可见自并励系统几乎在负荷投入瞬间就提供了 7.8 倍的顶值电压，而常规励磁系统要到 0.8s，才升到 5.4 倍顶值电压（相当强励倍数 1.8 倍），所以自并励时，发电机电压恢复以及整个启动过程要比常规励磁系统要快。

如果负荷突然切除，则此时端电压瞬间上升，这时自并励系统由于有逆变的能力，在电压恢复的过程表现出它的优越性，常规励磁是无法与之相比的，动模实验的结果见图 11.26。这种运行方式，曾在某个水电站运行时出现过。水轮机当时带满负荷运行，发电机保护误动切除，常规励磁由于动作太慢，再加上转速上升，使发电机及变压器过电压，绝缘击穿。

还有一种负荷变动的特殊运行情况，说明励磁系统的快速性对运转中的电动机受扰动后的行为有重要的影响。值得在这里加以介绍。这是一个对实际系统的模拟，试验时系统接线如图 11.34 所示。正常运转时，变电站 C 的负荷（其中 60%电动机，40%电阻性负荷）主要由线路 AC 供给，因线路 AC 故障而切断，则负荷 C 将完全由线路 BC 供电，但是 BC 线路长度远大于 AC 线，由于无功损耗的增加，负荷母线 C 及发电厂 B 的电压都开始下降，这时我们试验在电厂 B 中采用两种不同的励磁系统，一种是 $C_\alpha=6.1$ 的自并励励磁系统，另一种是 $T_E=0.6$ s，及强励倍数为 2 的常规励磁系统，结果发现 B 厂采用自并励系统后，负荷经过电压降低的过程，仍然能维持正常运转，没有发生电压崩溃的现象，而用常规励磁时，负荷 C 中的电动机出现转速不断降低，直至电压崩溃。负荷变动后的过程如图 11.35 所示。其原因在于，当电动机转速从正常运转稍有下降时，其等值阻抗将会急剧减小，电动机等值阻抗与滑差的关系如图 11.36 所示。负荷吸收电流增大，电压降低，如果电压不能快速的提高，则电压将进一步降低，循环作用下，导致电压崩溃，为防止阻抗及电压进一步下降，在负荷变动后的一个短时间内，是非常关键的，自并励系统能快速提高发电厂 B 及电站 C 的电压，防止了电压进一步滑落以致崩溃，虽然试验中，采用了延后的继电强励，夸大了常规系统的慢速性，但试验仍然说明了在这种运行方式下，励磁系统快

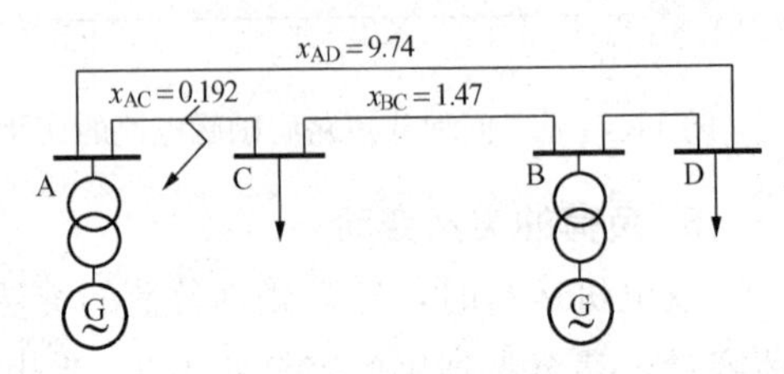

图 11.34 试验时系统接线

速性的重要性及它所能起的作用。

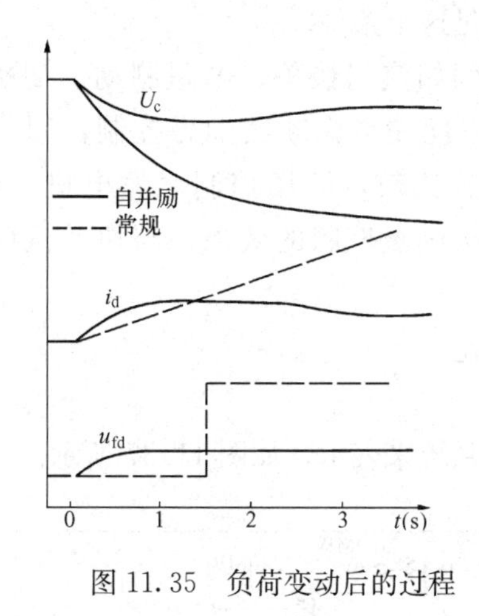

图 11.35　负荷变动后的过程

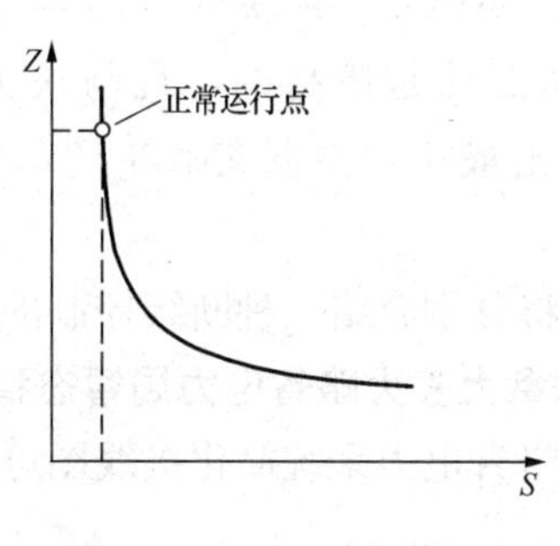

图 11.36　电动机等值阻抗与滑差的关系

第 5 节　暂态稳定全过程励磁控制

对于用励磁来提高暂态稳定性，传统的做法是单纯地强调采用励磁电压高顶值及快速系统，虽然这两项措施对于减小故障后第一摆的稳定性有相当的作用，但是由本章介绍的暂态过程中励磁控制的五个阶段的概念中，我们已知，高顶值励磁电压及快速系统，真正起作用的时间是在第Ⅱ阶段中，即从短路切除到端电压恢复到额定值这段时间。但这段时间一般远小于励磁控制可有效发挥作用的从短路切除到转子最大摇摆角这段时间，特别是当转子的摆动中包含了地区模式及联络线模式时，电力系统稳定器，一般说可使地区模式第一摆减小，但在角度达到两种模式共同作用下的最大值之前，可能会使励磁减小，这对暂态稳定是不利的。如果出现短路一切除，定子电压已高于额定值，则很快在短路期间提供的强行励磁，就返回了，这使得高顶值励磁电压及快速系统的作用大为削弱。可以看出，用励磁控制减小故障后第一摆还有潜力，也就是说如果可以使强励保持到转子最大摆角，同时也要保证端电压不高于允许的数值，例如 1.15（标幺值），则可以使励磁控制减小第一摆摆幅的潜力充分地发挥出来，这就是所谓的暂态过程的励磁断续控制，加拿大安大略省电力局称为暂态稳定励磁控制（Transient Stability Excitation Control，TSEC），美国 WECC 称为暂态励磁强增（Transient Excitation Boosting，TEB）。

在怎样的条件下，可以考虑采用励磁断续控制呢？大体上说有以下几点：

（1）暂态稳定由转子第一摆决定，而强励在短路切除后很快的返回的情况。

（2）联络线模式也就是低频的模式起支配作用，这时从短路切除到转角最大的时间，明显大于从短路到短路切除的时间。

（3）发电机附近地区有较重的负荷，这样当机端及整个地区保持在较高电压水平时，负荷中按电压变化的成分就要多吸收有功功率，从而增大制动转矩，使断续控制的作用加强。

(4) 励磁系统能够逆变，产生负向电压，使励磁电流能快速减小，其原因将在下面介绍，因此只有他励晶闸管系统及自并励系统可以满足这个条件。

(5) 因暂态稳定限制了输送容量，考虑采用例如汽门快关、电阻制动、切机、静止补偿器（SVC）、并联电容切换等措施之前，应优先考虑断续励磁控制，因为它是效益/投资之比是最高的，且与快关或切机等措施比较，断续控制对发电机及锅炉、汽机的冲击最小，根据文献［10］中的介绍，断续励磁控制的效果，与快关汽门基本相同。

下面将分别介绍三种断续控制的基本原理及效益。

1. 加拿大安大略省电力局暂态稳定励磁控制[18]

安大略省电力系统简化接线图可以用五个区域系统来表示，如图 11.37 所示。

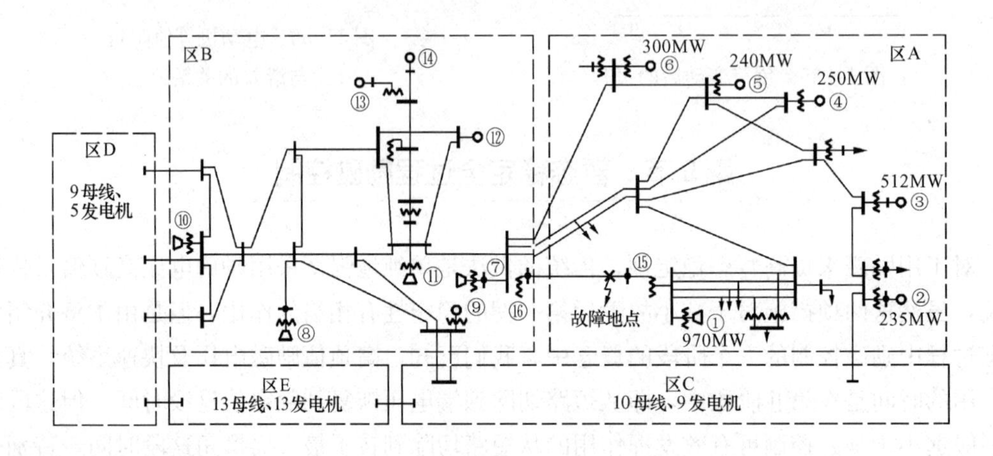

图 11.37 安大略省电力系统简化接线图

区 A 是研究的重点，故障期间区中机组倾向于同调，等值系统基本保留了原来的结构，只有 115kV 系统及小发电机被等值，大部分 220kV 及 500kV 系统均保留。

区 B 是靠近区 A 的，仅保留了 220kV 及 500kV 系统，区中的主要 5 个发电机 7～11，保留，其他机组合并成发电机 12～14。区 C、D、E 因远离故障点，所以将其中主要发电机合并，但保留其中的枢纽母线。

三相故障发生在母线 15 及 16 之间，故障在 0.06s 清除，不重合。暂态稳定励磁控制器装在发电机 1 上，其稳定器频率特性如图 11.38 所示。

稳定器的传递函数如下

$$\frac{\Delta\omega Ts(1+T_1 s)}{(1+Ts)(1+T_2 s)}$$

$T=1.5$ 为隔离环节时间常数，T_1 及 T_2 是由频率为 1.5Hz 时，提供合适补偿相位来确定。

图 11.39 是暂态稳定励磁控制原理图。图 11.40 是暂态过程的计算结果比较。表 11.6 给出了暂态稳定励磁控制效益。

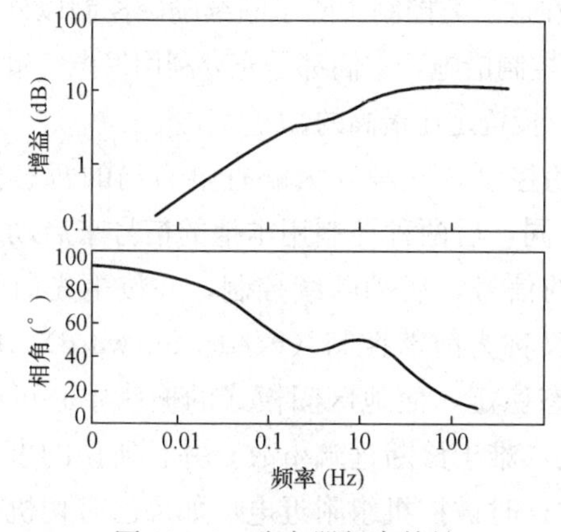

图 11.38　稳定器频率特性

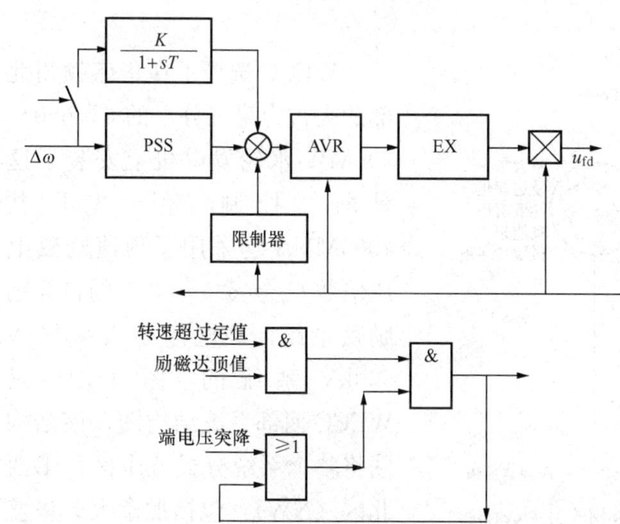

图 11.39　暂态稳定励磁控制原理图

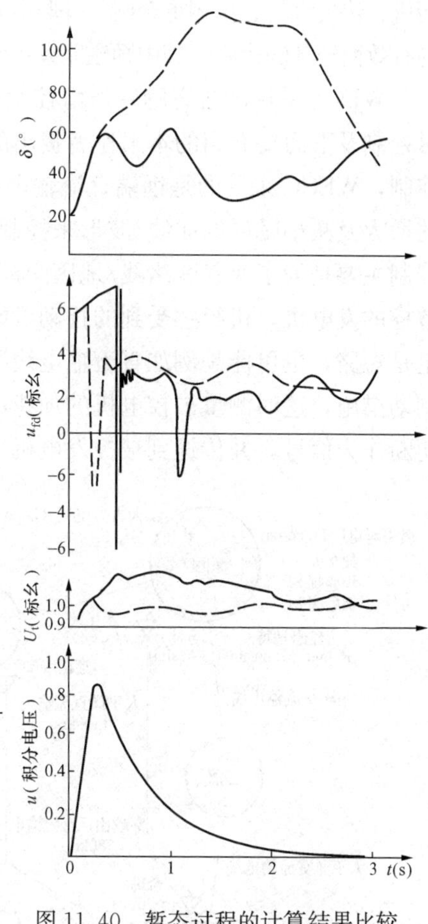

图 11.40　暂态过程的计算结果比较

——有暂态稳定励磁控制；

----无暂态稳定励磁控制

表 11.6　　暂态稳定励磁控制效益

名　称	极限切除时间	3.6 周切除故障时最大摆角
旋转励磁系统	2.85±0.15	不稳定
静态自并励带稳定器	3.75±0.15	114°
静态自并励带稳定器及暂稳励磁控制	7.05±0.15	61°

由上可见，暂稳励磁控制效益是很明显的，最大摆角可减少至 53%，极限切除时间增至 1.88 倍。

安大略省电力局是最早提出这种改善暂态稳定的励磁控制的。它适用于系统的暂态过程主要是由区域间模式决定的这种情况，同时它也提出了，这种控制适用具有大的惯性的核电厂，如研究中所针对的 1 号机，对于惯量较小的汽轮发电机作用不大。

2. WECC 的暂态励磁强增[10～12]

暂态励磁强增也是一种励磁断续控制，WECC 把它归类到特殊稳定控制（Special Stability Controls），又称为特殊保护系统（Special Protection Systems）或紧急控制（Emergency Controls）或校正控制（Remedial Action schemes），在这一类控制中除了断续励磁控制以外，还有切机、快关汽门、单相重合闸，并联电容投切等控制措施，它们都是充分利用发电—输电设备的有效而经济的措施，其中励磁断续控制是效益/投资之比最高的。

WECC采用的暂态励磁强增控制是开环的控制，它与安大略省电力局的暂态稳定励磁控制及下面要介绍的本书作者提出的方案不同，后两种控制用本地的信号来启动及终止控制，WECC采用的是远端直流输电线切断的信号，启动断续控制，并按事先研究确定的增大及减小励磁的曲线/波形来控制励磁，又称为前馈控制（Feed－Forward）。用这种控制主要是为了改善联络线/地区间模式的暂态稳定，而地区间模式的振荡中心可能远离被控的发电机，机组感受到的扰动可能并不大，难于诊断远端事故。并且所说的事故不一定是短路，也可能是例如直流输电线路切断，这时被控机组附近电厂如果已有切机或电阻制动措施，这时测量被控电机的加速度或速度可能会产生错觉。所以直接采用直流输电线切断作为信号，并传送到被控发电机。

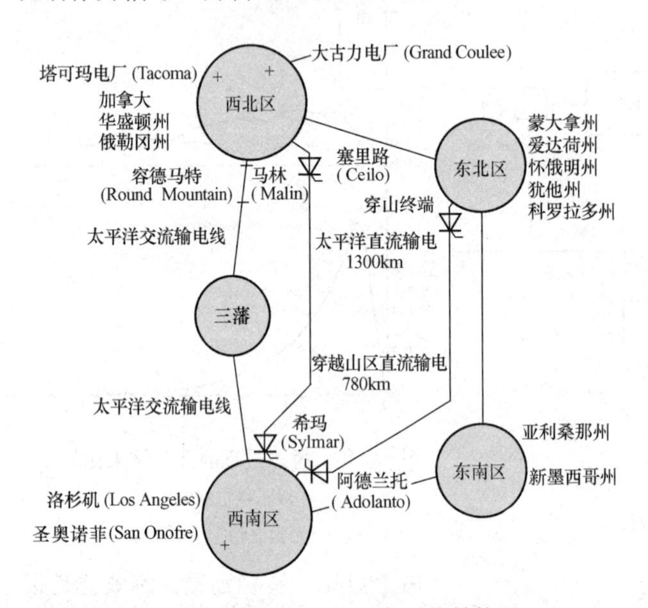

图11.41 WECC西部系统结构图

WECC选择了在华盛顿州北部的大古力第三分厂的6×600～700MW水轮发电机上安装了这种断续控制，整个电厂共4000MVA均采用了顶值励磁电压倍数$C_{\alpha}=6.5\sim8.0$的自并励励磁系统，该电厂是直接接入500kV系统的，图11.41是WECC西部系统结构图，该结构图将整个系统分成五个区：①西北区（NW）：包括加拿大、华盛顿及俄勒冈州、大古力电厂；②东北区（NE）：包括蒙大拿、爱达荷、俄怀明、犹他及科罗拉多州（Grand Coulee电厂位于此区内）；③东南区（SE）：亚利桑那、新墨西哥州；④西南区（SW）：南加州大部分地区包括洛杉矶市，圣奥诺菲电厂（San Onofre）位于此区内；⑤三藩市区（S.F.）。整个系统组成一个环状系统，东部包括了像内华达州及附近的几个人口稀少的州，而西部加州是最大的负荷中心，大型水电站均位于西北区，而大型烧煤的热电厂多位于环网的东部，功率的输送主要的方向为由北至南，由东向西，系统总容量为100000MW。

对该系统威胁最严重的故障是1362km长的从西北区到西南区的直流输电线断开，再启动又不成功，一般该直流输电线输送3100MW，运行及设计导则要求在这种情况下，不出现大规模负荷切除，导致大面积停电，枢纽负荷母线电压不低于80%的事故前电压，为此在西北区与三藩市之间的500kV线路中采用了快速串联电容及并联电容的投入，以及西北区内发电机切除来防止系统稳定破坏（发电机切除限于2850MW，以限制系统频率剧烈的改变)。虽然采用了上述的紧急控制措施，仍然不能输送满负荷 (3100MW)。基于上述原因，WECC 研发了暂态励磁强增控制，并在大古力第三分厂投入，以保证输送满负荷。

分析表明西北区与西南区交流联络线上的振荡中心 (指电气或阻抗中点，该点在振荡中电压最低) 位于加州北部，也可能延伸到三藩市一带，这距离西北区的送端发电厂可能达到 1300km，而对于加拿大蒙大拿及俄怀明区的电厂距离就更远，所以当直流输电线断开时，由于直流负荷突然减少，送端发电机的电压调节器初始会感受中等程度的电压升高，会使励磁相应的减低，而附近电厂的切除，也会使电力系统稳定器感受到瞬态频率降低，因而也会使励磁降低。其后，当角度继续向上摆动时，发电机端电压可能不会出现明显的下降，因而调节器也就不会使励磁达到强励的状态，以上分析进一步确定了需要在大古力电厂安装暂态励磁强增控制。

图 11.42 是大古力电厂暂态励磁强增框图。由图可见，在远端直流输电站的事故诊断装置，若诊断出直流输电线断开，则通过微波信号，送到大古力电厂去启动暂态励磁强增系统，该信号由微波接收装置接收后，传送到大古力电厂的 6 台发电机上的暂态励磁强增装置，该装置是由微机构成，主要作用是产生一个适当的强增信号曲线，送入电压调节器，同时也包括了对状态的在线检测，并把检测结果，通过微波通道，传输到控制中心。

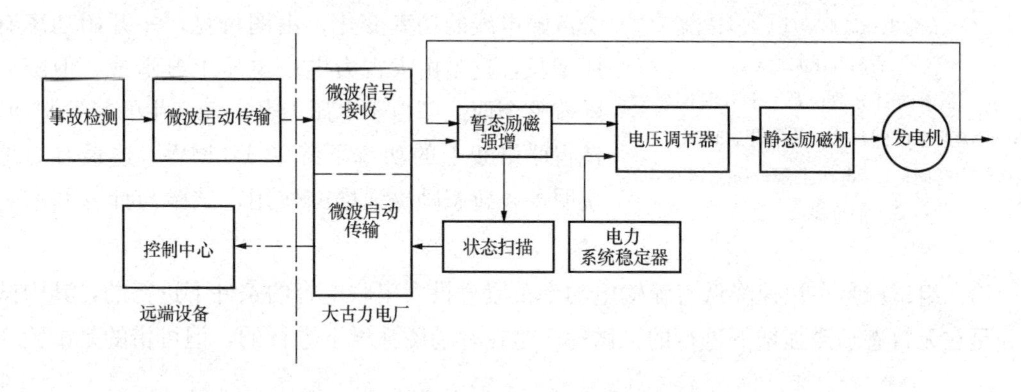

图 11.42　大古力电厂暂态励磁强增框图

图 11.43 是暂态励磁强增控制框图，其中 $T_1=0.1\text{s}$，隔离环节的时间常数 $T_2=10\text{s}$。由图可见，送到电压调节器参考点的强增励磁附加信号，是由图 11.44 (a) 所示的上升及下降两段曲线组成，上升段主要由第一个小惯性环节决定，并可用 $K(1-\mathrm{e}^{-t/T_1})$ 来描述，其中 $T_1=0.1\text{s}$，K 为预定端电压升高的百分值，WECC 整定为 8%。下降段由指数线 $K\mathrm{e}^{-t/T_2}$ 来描述，其中 $T_2=10\text{s}$，图 11.44 (b) 是经过限幅器以后的波形，暂态励磁强增的全部作用时间为 T_r，$T_r=40\text{ s}$，由于按指数衰减的下降段，当时间到无穷大，才会达到零，所以设置了当 $t=T_r$ 时，自动将输入置零，图中也显示了当电压超过上限值，即 $L=$ 110%额定电压时，微机自动将电压限制到

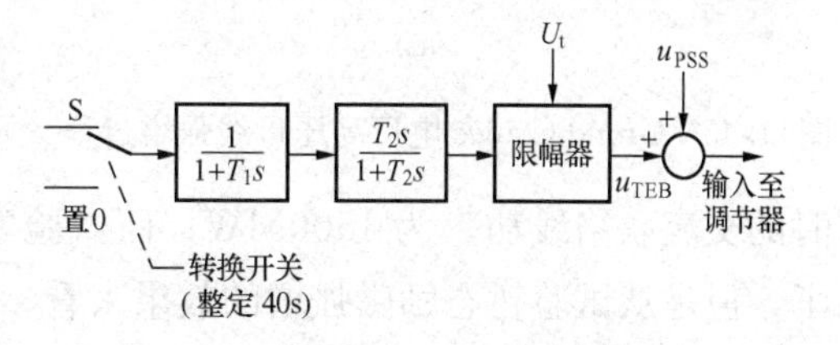

图 11.43　暂态励磁强增控制框图

U_t—电压；u_{PSS}—稳定器输入

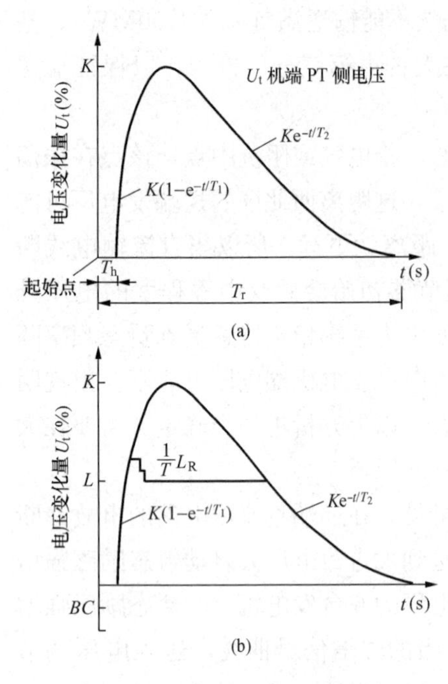

图 11.44 暂态励磁强增波形

(a) 正常电压波形；(b) 经限幅器后的电压波形

K—电压强增的百分数；T_1—上升时间常数；T_2—隔离环节时间常数；T_h—滞后时间；T_r—强增作用时间；L—电压上限；L_R—减少电压的阶梯量

110%，限制是经过 2～3 个阶梯，每个阶梯的压降为 $L_R=1\%$，另外还设置了一个很小的可调滞后时间 T_h。

1991 年 5 月 7 日，WECC 在现场进行了投入暂态励磁强增的试验。第一组试验是在直流输电线不切除，用手动的方法启动暂态励磁强增电压 4%（即 21kV），图 11.45 是 Grand Coulee 电厂高压母线电压强增过程，由图可见，试验的结果与模拟计算结果一致。图 11.46 是 230kV Tacoma 电站电压及负荷的变化过程，由图可见，电压增长了 1.65% 而负荷功率增长了 1.96%，故负荷功率/电压比 $\Delta P/\Delta U$ 等于 1.19。图 11.47 是 Grand Coulee 电厂与 Malin 变电站 500kV 母线间的功角变化，由图可见，暂态励磁强增使得功角减少了 2°，模拟计算与试验减少的角度基本相同，但初始值有差别。图 11.48 是 Malin 至 Round Mountain 之间两回 500kV 交流输电线的功率变化，由图可见，一开始功率有所增长，这是由大古力电厂电压上升造成，但随后随着整个西北部由于电压上升，而产生的额外制动，使得联络线上的功率下降了 150MW，这最有力地说明了，暂态励磁强增的作用，试验与计算基本吻合。

第二组试验是在快速降低直流输电功率及紧急投入串联电容的条件下进行的，其中试验 3 是在无暂态励磁强增下进行的，试验 5 是在有励磁强增下进行的，但可惜的是试验 3

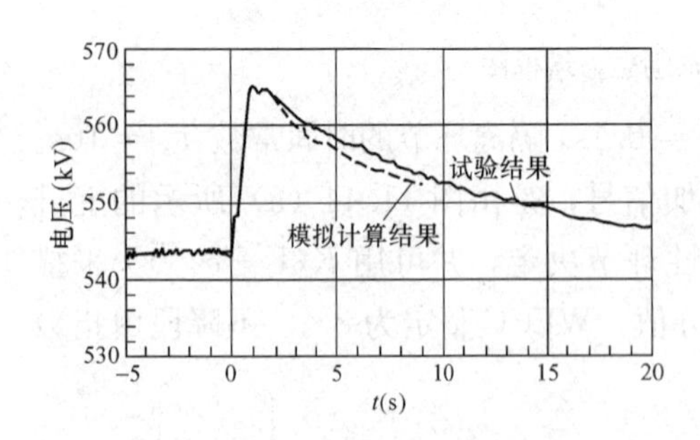

图11.45 Grand Coulee 电厂高压母线强增过程

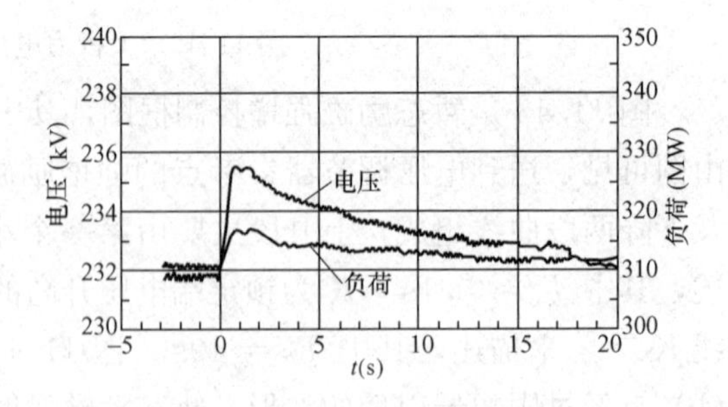

图 11.46 Tacoma 电站电压及负荷变化过程

时的交流联络线功率为 1500MW，而试验 5 时变成 900MW，使得两个试验可比性降低了，但是从试验暂态励磁强增的效果来看，结论仍然是有价值的。图 11.49 是 Tacoma 电站 230kV 电压的变化，图 11.50 是 Tacoma 电站负荷的变化，由图可见一开始由于直流输电线功率减少，电压及负荷都有瞬时的上升，但随着暂态励磁强增，电压及负荷功率有明显的增长，且持续到第一摆以后。

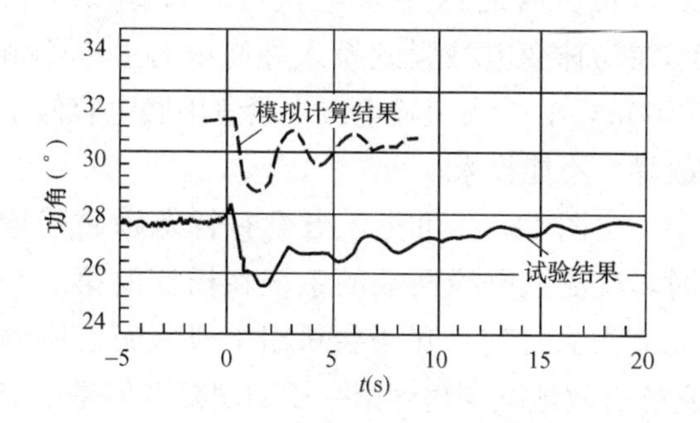

图 11.47　Grand Coulee 电厂与 Malin 变电站 500kV 母线间的功角变化

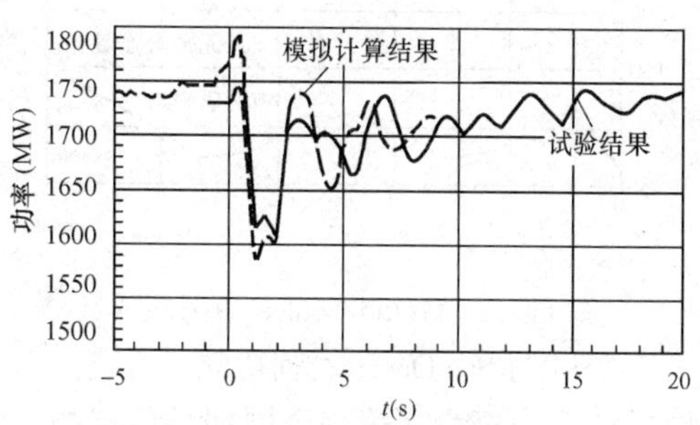

图 11.48　Malin 至 Round Mountain 之间两回 500kV 交流输电线的功率变化

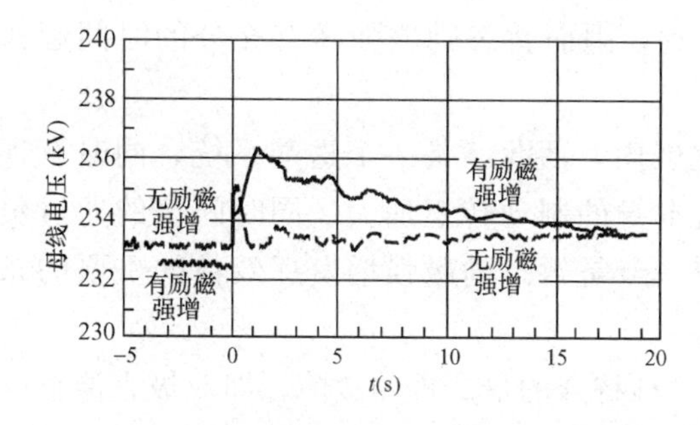

图 11.49　Tacoma 电站 230kV 电压的变化

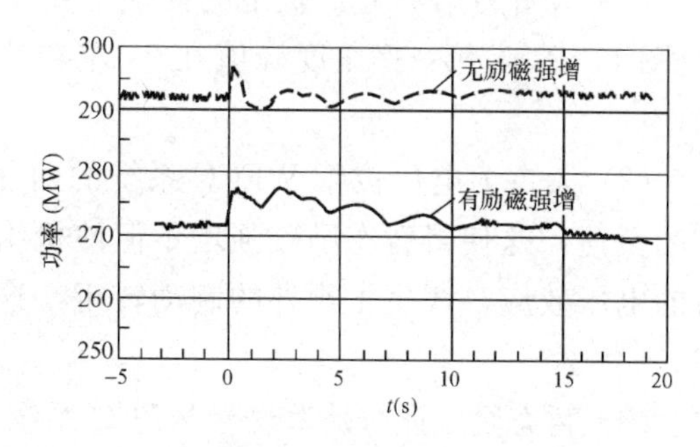

图 11.50　Tacoma 电站负荷的变化

图 11.51 是 Grand Coulee 电厂与 Malin 变电站 500kV 母线的功角变化，图 11.52 是 Malin 至 Round Mountain 的功率变化，由暂态励磁强增使第一摆的功率幅值减少 387MW（峰值与起始值之差）。

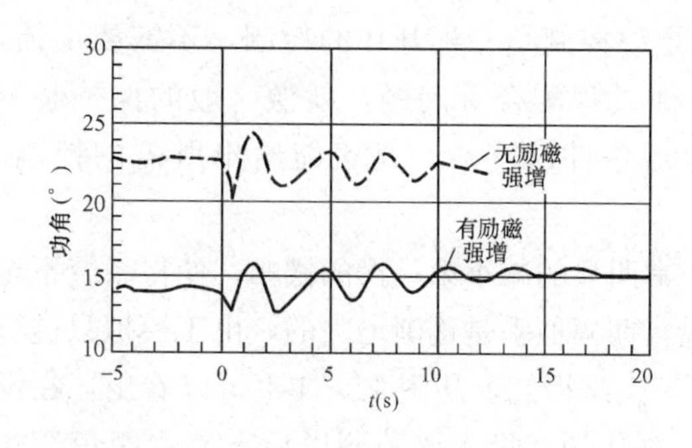

图 11.51　Grand Coulee 电厂与 Malin 变电站 500kV 母线的功角变化

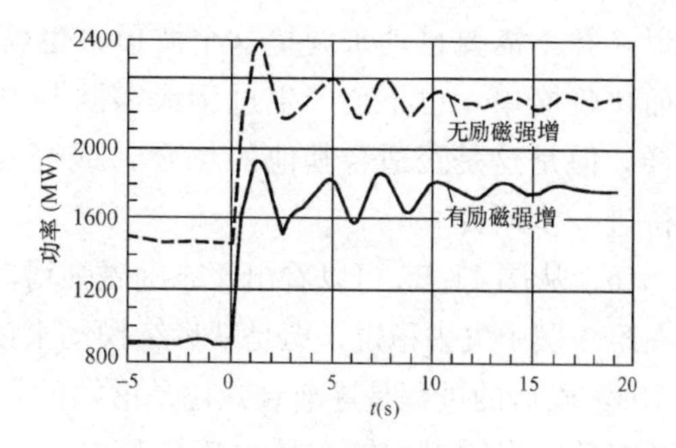

图 11.52　Malin 至 Round Mountain 的功率变化

直流输电线切断后，Grand Coulee 19 号机与 San Onofre 之间的功角变化如图 11.53 所示，同时为比较也给出了没有暂态励磁强增的功角变化，系统的模拟计算是在下述条件下进行的：①沿太平洋海岸的直流输电线功率：3100MW；②沿太平洋海岸的交流输电线

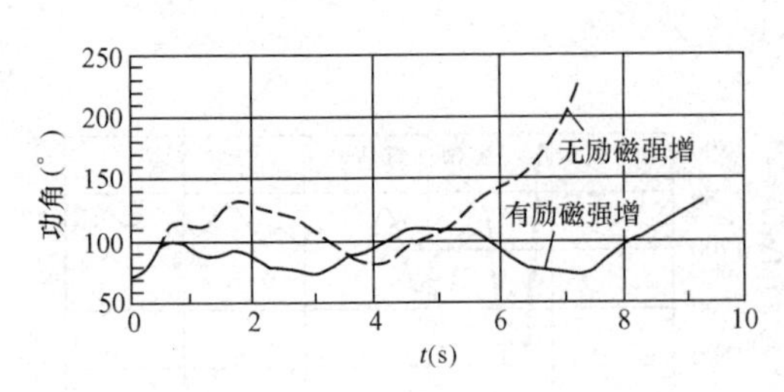

图 11.53 Grand Coulee 19 号机与 San Onofre 之间功角

功率：2900MW；③当上述直流输电线切除后，联切西北区中发电机容量：2370MW；④在马林变电站紧急投入并联电容 800Mvar (500kV)；⑤交流输电线中紧急串联电容假定故障，不能投入。

由图 11.53 可见，当没有暂态励磁强增时，交流输电线两端的系统在摇摆的第二个周期失去稳定，在 4 台机组上投入暂态励磁强增后，系统至少在第一个周期是稳定的，它能有效地减少角度第一摆的摆幅，但是也使得阻尼变差，有 0.25Hz 的振荡逐渐加大的迹象。

从上面对 WECC 的暂态励磁强增的介绍中，我们可以得出以下的看法：

(1) 大古力第三分厂转子的摇摆主要受区域间模式的支配，其频率大约是 0.25Hz (见图 11.48)，第一摆角度峰值在 2s 左右达到，因而暂态励磁强增有充分的时间起作用。

(2) 大古力电厂位于 WECC 系统的西北区内，西北区是一个送端系统，同时有很重的负荷，这使得暂态励磁强增不但使机组本身的制动转矩加大，同时间接的通过负荷的电压效应，产生了额外的制动转矩，这一点是暂态励磁强增发挥效益的重要的条件。

(3) 暂态励磁强增是为改善 WECC 系统一种特殊的最严重的故障，即双极直流输电切除，重启动又不成功时的情况下的稳定性而设计的，所以采用微波遥测、微波传输信号来启动该控制，这是非常必要且合理的做法（当然要保证微波信号的可靠性），这样一来，其他的故障，即使近端故障，该控制都不会启动。

(4) 正因为是针对一种特殊故障设计的，由系统的分析可知，这种故障造成的是区域间的低频振荡，以及转角摆动的大致趋势，因此可以设计励磁强增的驱动信号的波形，并不需要自动来调整这个波形，也就是说控制是一种开环的控制，不需要反馈，因而比较简单，也不会产生过调或需要与其他过程配合等问题，就像一般的保护装置一样，但是这是否适合其他的场合，或当运行条件改变后，是否能给出所需的控制，尚待进一步研究。

(5) 从图 11.53 可以看出暂态励磁强增非常明显的减小第一摆的摆幅，使得系统不至于在第一摆中失去稳定，但是从后续摆动来说，摆幅似乎是逐渐增大的，由于模拟只进行到 10s，以后的过程是逐渐衰减还是增幅的，尚无从得知，从图 11.53 也可以看出，在没有暂态励磁强增时，转子最大摆角是在 2s 左右达到，投入该控制以后，最大摆角约在 0.8s 达到，根据前面介绍的励磁控制在暂态过程中五个不同阶段的概念，当达到最大摆角时，应该使励磁迅速减少，以避免反向摆动时的摆幅增大，也就是说暂态励磁强增应该提供的是附加的同步转矩，当角度向上摆动时，附加同步转矩应为正，而向下摆动时，附加同步转矩应为负。静态自并励励磁由于可以逆变，最适合于在此时发挥其特长。上面介绍的加拿大安大略省电力局暂态稳定励磁控制，就利用了自并励的这个特点，设想，若没有逆变产生的反向制动，转角的后续摆幅可能会增大，另外也可能引入了负阻尼造成后续摆动增幅。WECC 的暂态励磁强增，在过程中可能没有出现负的励磁电压，这或许是由其系统特点决定的，或者设计上尚有改进之处，尚需作进一步的调查。

3. 暂态稳定全过程励磁控制[5~7]

下面将介绍本书作者，在 1977～1980 年完成的暂态稳定全过程智能励磁控制（简称全过程控制）的策略、原理及效益的研究。当时称这种控制为断续励磁控制（Discrete Excitation Control）。

这种控制是按本章第 2 节中提出的励磁控制的五个阶段的概念设计的，由于五个阶段的概念，清楚地阐明了在暂态过程中励磁控制的五个阶段的不同作用，如何能够在不同阶段，发挥最有效的作用，不但使暂态稳定第一摆能够稳定下来，而在后续的摆动中有足够的阻尼，使过程成为衰减的摆动，最后用励磁控制提供了最高的稳定储备，创造了机组平稳地过渡到事故后的静态稳定的状态的必要条件，这是一种全过程的智能控制，因为它建立在对过程的机理深刻认识的基础上，控制策略的设计，并不需要复杂的数学计算，但它所涉及的知识几乎涵盖了本书的主要部分。

3.1　控制策略

采用分阶段进行：

(1) 第Ⅰ阶段，从短路开始，至短路切除。

这段时间非常短，例如只有 0.06～0.1s，在这段时间内，对于近端短路的发电机，可以说高顶值或快速性所起的作用都是很有限的，发电机基本上保持磁链不变，快速的、高顶值的励磁控制，能使对应的励磁电流有百分之几的增长，在短路期间因机组与系统间的等效阻抗大为增加，使有限励磁电流增长的作用进一步降低。但对于远端短路的发电机，机端电压下降不多，例如 5%，这时高电压增益，快速、高顶值的励磁系统可提高系统的整体电压，有利于保持系统的暂态稳定性。

(2) 第Ⅱ阶段，短路切除到转子摇摆到最大角度。

对于本机或地区内模式，这段时间可能在 0.4～0.8s 之间，对区域间模式，这段时间可达 2s，当短路切除后可分两种情况。

第一种情况，短路切除后，端电压低于短路前电压，在电压调节器作用下，励磁电压及电流上升，快速的系统、高顶值励磁电压及高的增益，对应较大较快的励磁电流的增长，而这时由于机组与系统联系增强，较大的励磁电流，对应于较高的同步制动转矩。所以应该采用快速系统，高的电压增益，以及高的顶值，常规系统要想达到需要的快速性及高的顶值，在制造投资上都不经济，最合理的选择是采用静态自并激系统，需要的话，顶值倍数 C_{α} 可选为 8～10，放大倍数应该在 100 至 200 以上，可以考虑不采用暂态增益减小或其他动态校正装置。但是当电压恢复到事故前数值后，强励就退出了，励磁电压就会下降，之后企图保持事故前的数值。

第二种情况，当短路切除很快，切除后的瞬间电压高于或者已接近事故前电压，这时励磁不但不会增加反而会下降，并企图保持事故前的数值。

我们的目标是希望强励一直保持到转子达到按区域间模式摆动的最大摆角，也就是让励磁控制产生一个附加的正的与角度偏差成正比的同步转矩。正如上面所述的，常规励磁控制，不论对上述哪种情况，都不能做到这点。如果角度的摆动中存在着明显的本机模式，电力系统稳定器的作用是产生一个与转速偏差成正比的阻尼转矩。这个阻尼转矩包含了两个分量，一个是对应于本机模式，一个是对应区域间模式，它们都参与过程的控制，与地区模式对应的分量，可能会在区域间模式转角到达最大值以前，变成负值，因而会趋于减少励磁，使上述要想保持强励到最大摆角的目标更难做到。

加拿大安大略省电力局的做法是用速度加以积分产生一个近似功角的信号，送至电压调节器，使发电机励磁产生一个与角度成正比的附加同步转矩。

WECC 的做法是事先构造出一个大致是与区域间摇摆角度成正比的外加信号，并送到电压调节器中，其目的也是要使励磁产生一个与功角成正比的同步转矩。

本书作者提出的方案，与上述两种做法不同，是因为考虑到在第Ⅱ阶段里，要增加励磁，但又不能使端电压超过某个极限值，如 1.15（标幺值），最好就是保持在这个极限值上，这可以通过改变电压调节器的特性来做到。具体做法就是在电压调节器的参考点上附加一个 0.15 标幺的参考电压，其作用的时间大致等于第Ⅰ及第Ⅱ两个阶段的时间之和，也就是用一个逻辑开关来控制这个附加的参考电压的投切，这样做的好处是，避免了暂态强增的信号与原来调节器，稳定器的信号互相冲突，有时可能互相抵消，有时可能互相增强，很难达到精确保持端电压正好就是极限电压值，而且一定要设一个电压限制器，限制电压不要超过极限值，例如 1.15（标幺值）。虽说在这个方案中，不需要设置限幅器，但在实施控制方案中，仍然设置了限幅器，其目的是为了安全，作为备用。逻辑开关的投入，可采用端电压过低，同时功率突变及转速增大信号启动，当然也可以由远方故障信号来启动，采用速度偏差接近零，也可以用速度积分，当积分输出大致达到最大值时，也就是大致相当区域间模式下角度达到最大值时，断开逻辑开关。

（3）第Ⅲ阶段，功角从最大值摆动到最小值。

这段时间开始时，由于制动转矩大于原动机驱动转矩，造成转子向回摆动，因此应该减小同步转矩，也就是提供的附加同步转矩应为负值，才能减小回摆的角度。这个负的同步转矩，要靠励磁的迅速减小并且变成负值来提供，所以励磁的控制刚好与第Ⅱ阶段相反。理想的控制方案，应该到第二阶段结束，第三阶段开始时，加入一个负的附加参考电压，例如 －0.05（标幺值），但是不一定有这个必要。因为当第二阶段结束时，只要逻辑控制将外加的＋0.15（标幺值）的参考电压切除，电压调节器参考电压就恢复到 1.0（标幺值），由于采用的是自并励励磁系统，以及大的电压调节器增益，此时励磁电压会迅速下降，并且使晶闸管自动地工作到逆变状态，提供负向励磁电压，使励磁绕组减磁，形成一个附加的负值同步转矩。分析及动模试验均表明第Ⅲ阶段提供负向电压的有效性及必要性，这相当于充分利用了自并励系统电压可调整范围。不能逆变的其他励磁系统的可调整范围相当于小了一半，一般说不适于做这种暂态断续控制。在加拿大安大略省电力局提供的暂态断续控制的时域响应图 11.40 中，可以看到当角度超过最大值以后，励磁电压出现短时的负值，这是电压调节器、稳定器及暂态断续控制共同作用的结果，当条件改变后，是否还会出现就很难肯定。从图

11.40中，可以看出，负向电压似乎出现得晚了一点，出现的时间似乎也短了一点，这可能是角度第二摆摆幅与第一摆相同或稍大的原因。本书作者提出的方案，则只要第一阶段一结束，逻辑控制一断开，逆变必然出现。再来看WECC的时域响应图11.48，由于原文未提供励磁电压变化曲线，所以不知是否出现逆变，但是从第二摆摆幅比第一摆还要大来看，也像是回摆的控制力度不够。

(4) 第Ⅳ阶段，功角的后续摆动。

这时暂态的断续控制已经退出，它所产生的正向强增及负向强减也已结束，但是它们带来的后果却开始显现出来。在前面三个阶段，特别是第Ⅱ阶段，为了追求最大限度地减小第一摆，附加励磁电压的强增，大约一直保持到角度最大值，但是我们知道，相应的附加励磁电流要滞后90°，因此当转子向回摆，转速偏差为负值时，附加转矩可能还是正的，这就相当于一个负阻尼转矩。如果到了角度最大值，逻辑控制使暂态强增退出，同时自然地转入逆变，这对减少负阻尼是有好处的。但是第Ⅱ阶段中，防止角度向上摆失去稳定是主要的目标，由此所带来的副作用是必然的。但是幸好，负阻尼的存在，并不会使机组立刻失去稳定，一般要经过几个摇摆周期，摆幅逐渐增加，才会失去稳定，到了第Ⅳ阶段，引入负阻尼的暂态断续控制已经撤销，它所造成的负阻尼，可以靠在第Ⅳ阶段后续摆动中，用稳定器逐步地将它“消化”掉。所以这时稳定器的参数，要调整到对事故前或事故后都有足够好的阻尼比，即是要有良好的适应性。如果采用自并励励磁系统，在第9章中，我们已知这是可以做到的。同时，稳定器的限幅要增大，例如增到0.15～0.2，这要由计算来确定，必要时，可以用逻辑控制限幅值，在这个阶段，短时的，增大稳定器输出限幅。

(5) 第Ⅴ阶段，振荡逐渐减、平息，系统进入事故后的静态稳定状态。

虽然说在前面四个阶段，暂态断续控制挽救了系统在第一摆失去稳定，且在后续摆动中，靠稳定器逐渐平息了振荡，但是在进入这个阶段后，由于事故使得系统切除了线路，或者系统的网络结构发生了变化，事故后的静稳定极限必然会降低。如事故前输出的功率，超过了事故后的静态稳定功率极限，则即使前面的振荡平息了，在进入稳态后，仍然会出现滑行失步或逐渐增幅的振荡，以致失步，所以苏联学者马尔柯维奇有一著名的论断：“事故后系统是静态稳定的，是系统过渡到事故后稳态运行的必要条件。”[17]这就是为什么暂态断续控制必须采用快速励磁系统、高增益的原因，只有这样，才能保证系统的静态稳定极限达到最大可能的极限值——事故后的线路功率极限，当然要保证能够在接近该极限工作，必须配备性能良好的，即适应性高的稳定器。如果说，事故后输送的功率大于上述线路功率极限，则励磁控制就无能为力了。这时要保持系统稳定就只有靠切机或快速减载，或许可以挽救系统的稳定。

3.2　控制方案实施

图11.54是暂态稳定全过程智能控制原理图。由图可见，控制的启动，是靠逻辑控制器，它检测发电机的电压、功率及转速，当电压及功率有突然变动，超过一定限值，且转速偏差亦超过一定限值时，逻辑控制输出控制信号，将图中断续控制中的附加电压0.15标幺值，加到电压调节器参考点。在动模试验的过程中，转速信号有滞后，所以只

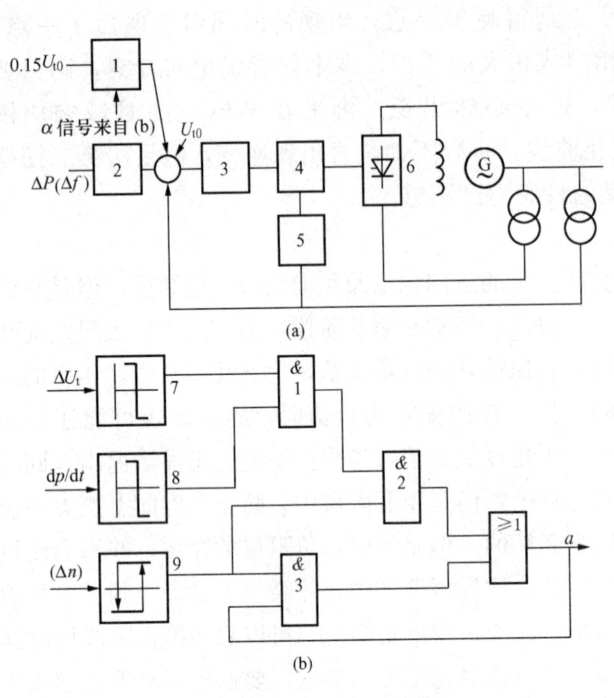

图 11.54 暂态稳定全过程智能控制原理图

(a) 控制器结构；(b) 逻辑控制图

1—逻辑开关；2—稳定器；3—AVR；4—移相触发；5—电压限制器；6—晶闸管

采用了功率及电压两个信号，当与门 1 及与门 2 处在“通”的状态，或门也就处在“通”的状态，逻辑控制输出信号，同时也使得与门 3 处于“通”，因此逻辑控制处于自保持，与门 3 的一个输入条件是转速大于零或者功率小于摆动中最大值。所以当转速等于零或小于零，或者功率等于摆动的最大值时，与门 2 与门 3 就会处于“断”的状态，或门就断开逻辑控制就将附加的参考电压断开。

其他定子电压限制器、稳定器、电压调节器的功能就不必赘述了。

3.3 暂态过程中的行为及效益

曾经在电力系统的动态物理模型上，试验过全过程智能励磁控制的作用，图 11.55 是动模试验接线图。

试验中发电机参数如下：

$$x_d=1.03,\ x_q=0.6,\ x'_d=0.39,\ r_a=0.0028,\ T'_{d0}=6\text{s},\ T_J=7.6\text{s}$$

线路及变压器参数如下：

$$r_e=0.05,\ x_e=1.06\ (\text{双回线并联值}),\ x_{T1}=0.15,\ x_{T2}=0.09$$

电压调节器参数如下：

$$K_A=100,\ T_E=0.05\text{s}$$

电力系统稳定器框图如图 11.56 所示，其参数如下

$K_s=70$，$T_f=0.1$s，$T_\xi=0.00155$s，$T_2=T_4=0.3\sim0.6$s，$T_1=T_3=0.6\sim1.2$s，$T=4$s。

图 11.57～图 11.59 分别是线路上三相、单相及两相瞬间短路时，有无全过程智能励

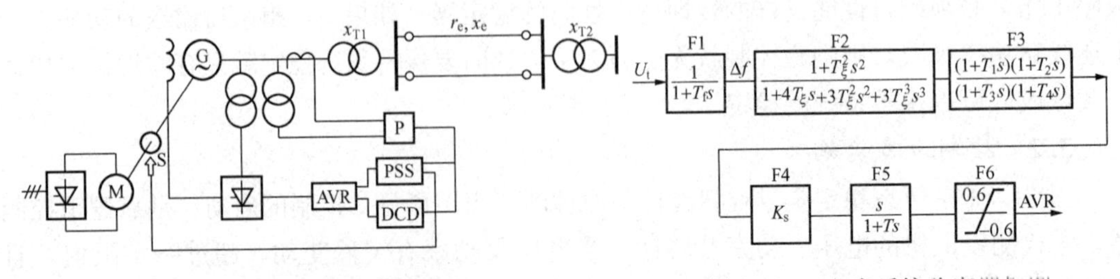

图 11.55 动模试验接线图

PSS—稳定器；DCD—断续控制

图 11.56 电力系统稳定器框图

F1—频率变换器；F2—滤波器；F3—稳定器

磁控制的暂态过程的比较。图中 u_{fs}是稳定器输出电压；u_d 是断续控制器输出。

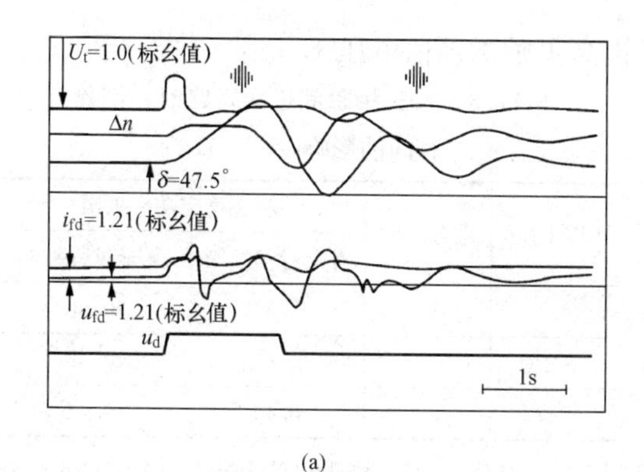

(a)

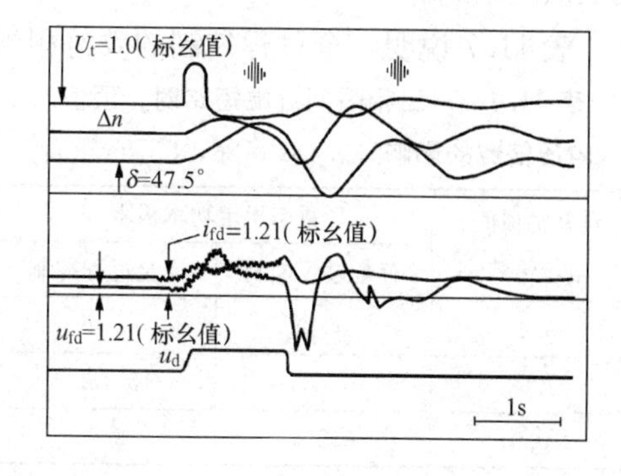

(b)

图 11.57　三相瞬间短路

(a) 无全过程控制；(b) 有全过程控制

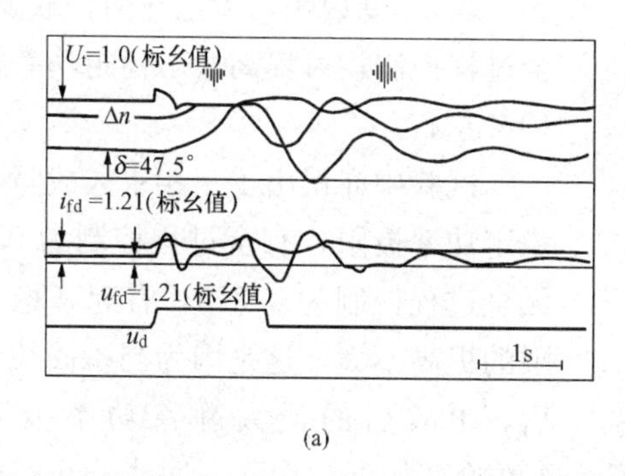

(a)

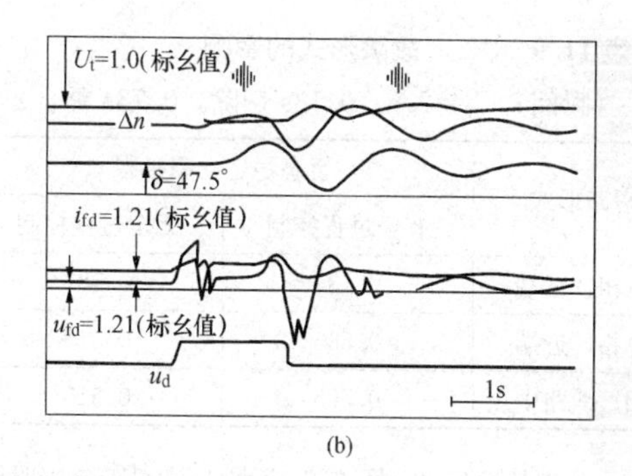

(b)

图 11.58　单相瞬间短路

(a) 无全过程控制；(b) 有全过程控制

由图可以看出，暂态全过程控制很有效地减小了故障后转子第一摆的摆幅，后续过程也是平稳的，显示设计的策略与实际试验所得结果是一致的，而且在不同的形式短路故障下，系统的暂态过程行为都相当令人满意。

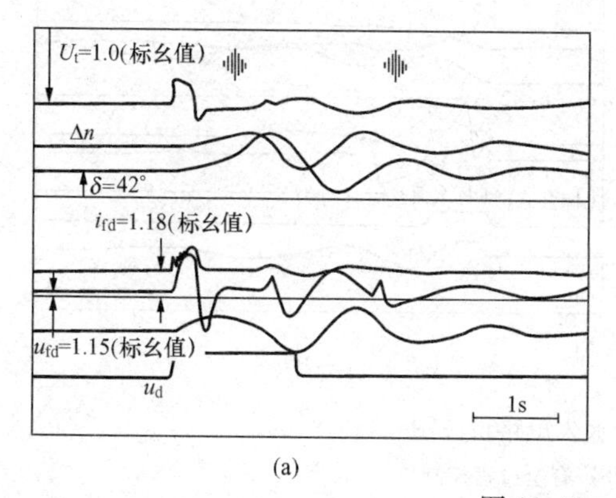

(a)

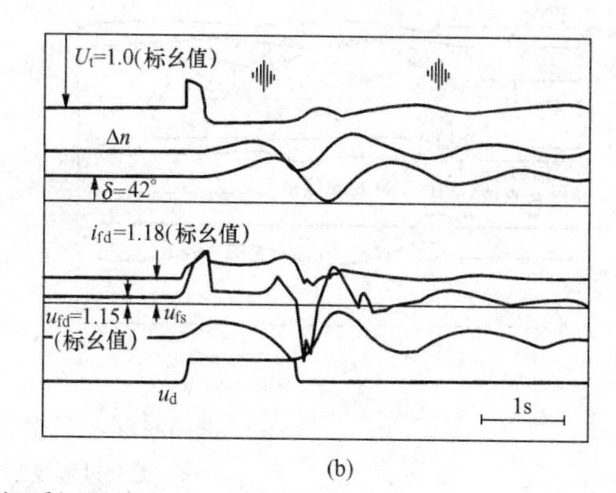

(b)

图 11.59　两相瞬间短路

(a) 无全过程控制；(b) 有全过程控制

表 11.7～表 11.9，给出了不同条件下，有无全过程智能励磁控制器的暂态稳定功率极限试验结果。

表 11.7 说明，全过程控制的效益相当于提高了励磁顶值电压 1.8 倍。

表 11.7　三相瞬间近端短路时，顶值电压倍数的影响（0.18s 切除，0.75s 重合）

自并励顶值电压倍数	暂态稳定功率极限	
	有全过程控制	无全过程控制
5.0	0.49	0.45
7.6	0.534	0.482
10.0	0.555	0.5

表 11.8　三相瞬间近端短路时，切除时间的影响（$C_\alpha=7.6$）

切除时间	重合时间	暂态稳定功率极限	
		有全过程控制	无全过程控制
0.1	0.7	0.57	0.52
0.18	0.78	0.534	0.48
0.7	1.3	0.42	0.41

由表 11.8 可见，有了全过程控制，切除时间（表中切除时间即为极限切除时间）将近提高一倍。

表 11.9　故障形式的影响

（瞬间，$C_\alpha=7.6$，0.18s 切除，0.75s 重合）

短路形式	暂态稳定功率极限	
	有全过程控制	无全过程控制
三相，近端	0.534	0.482
单相，近端	0.555	0.515
三相，线路中点	0.555	0.515

表 11.9 说明，无论在何种故障下，全过程控制均可提高暂态稳定功率极限 10%左右。

试验中亦得出了三相永久故障下的稳定功率极限，有全过程控制为 0.41，无全过程控制为 0.395，看起来稳定极限的提高不大，这是因为当一回线切除后，事故后的最大静稳功率极限才 0.418，该值已经非常接近事故后的静稳极限了，这可验算如下：切除一回线，线路电抗 $x_e=2\times1.06=2.12$，事故后线路功率极限＝1/（0.15＋2.12＋0.09）＝1/2.36＝0.42。

所以说，这种情况是受到事故后静稳限制，全过程控制已达到最大可能的极限，图 11.60 是试验中录下的三相近端永久短路的录波图。

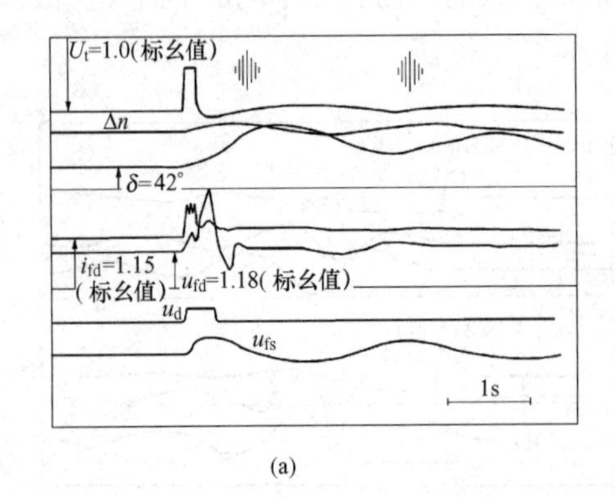

(a)

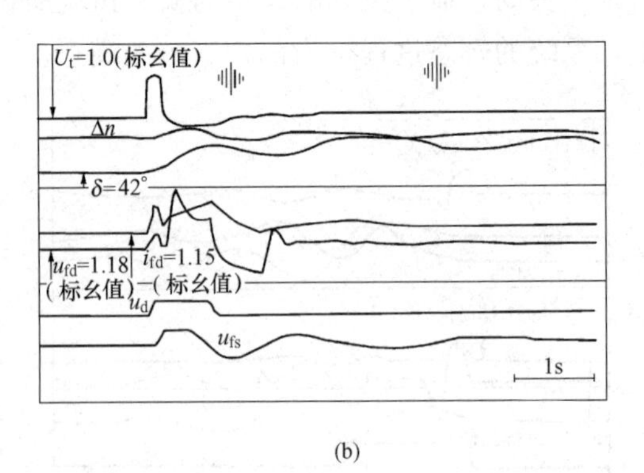

(b)

图 11.60　三相近端永久短路录波图

（a）无全过程控制；（b）有全过程控制

本书作者亦曾在加拿大哥伦比亚大学进行过暂态稳定全过程励磁控制在多机系统中应

用的研究，其结果发表在文献［7］中。图 11.61 是研究所用的三机电力系统。

三机系统发电机参数（折合至 100MVA）见表 11.10。

表 11.10　三机系统发电机参数

（折合至 100MVA）

发电机	1	2	3
额定容量 (MVA)	247.5	192.0	128.0
x_d	0.746	0.895	1.312
x'_d	0.0698	0.119	0.181
x_q	0.0969	0.8645	1.257
x'_q	0.0969	0.196	0.250
T'_{d0}	8.96	6.00	5.98
T'_{q0}	0	0.535	0.60
T_J	23.64	15.36	8.96

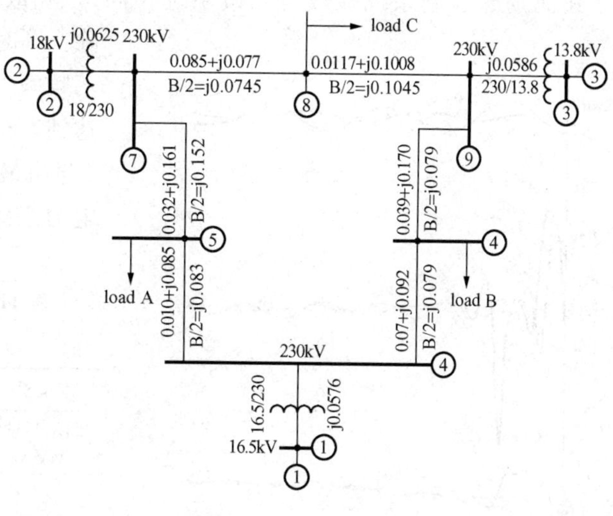

图 11.61　三机电力系统

自并励励磁系统参数如下：

$K_A = 100, T_E = 0.05s, C_\alpha = 7.0$ 及 -6.5 标幺值(即励磁电压正负顶值)。

稳定器参数：$T_1 = T_3 = 0.15s, T_2 = T_4 = 0.05s, K_s = 25$。

三台机中仅 2 号机模拟了励磁系统及稳定器，其他机组采用经典模型。

三机系统是一个地方性电网，没有长距离输电线，三相短路发生在母线 5 附近，第 3.6 周短路切除输电线5～7，由于该系统的振荡频率较高，为 1Hz，所以全过程控制减小第一摆的幅值仅为 6%，效果不明显，典型的三机电力系统暂态过程计算结果如图 11.62 所示。

图 11.63 是四机电力系统接线图。

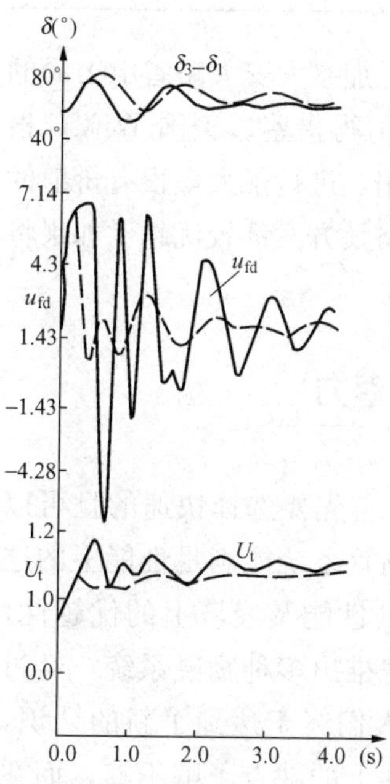

图 11.62　典型的三机电力系统暂态过程计算结果

—— 有全过程控制；

--- 无全过程控制

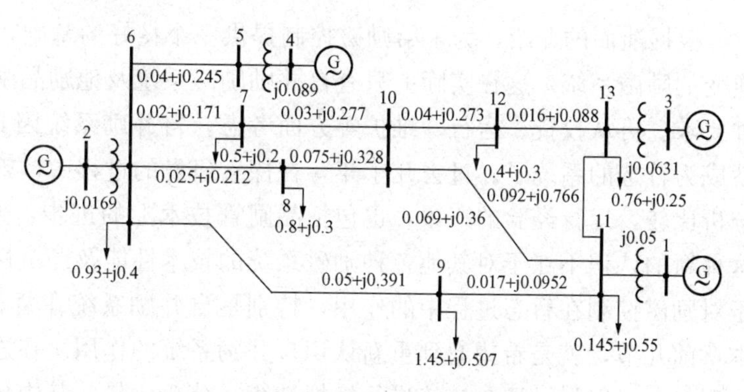

图 11.63　四机电力系统接线图

四机系统发电机参数（折至100MVA）见表11.11。

其他励磁控制系统参数与三机系统相同，三相故障发生在母线7附近，第8周故障切除，同时线路6～7也切除，由于这时的振荡频率为0.55Hz，角度最大值要到1.2s才达到，有足够时间使断续控制起作用，所以2号机最大摆角可以减少18%，典型的四机电力系统暂态过程计算结果如图11.64所示。

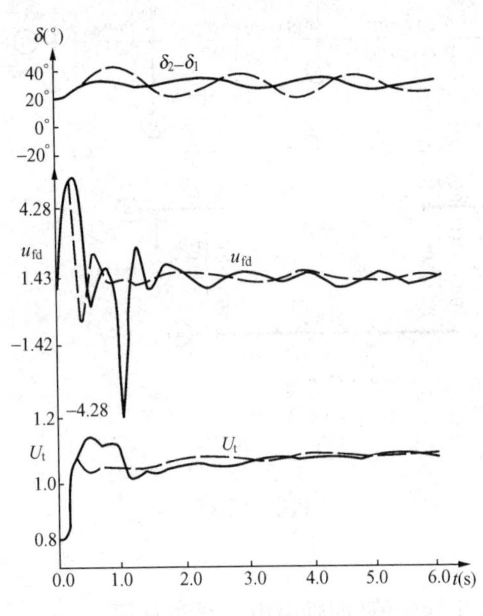

图11.64 典型的四机电力系统暂态过程

——有全过程控制；— — —无全过程控制

表11.11 四机系统发电机参数

（折至100MVA）

发电机	1	2	3	4
额定容量（MVA）	276	708	220	168
x_d	0.728	0.145	0.818	0.595
x_q	0.634	0.084	0.736	0.404
x'_d	0.101	0.046	0.145	0.154
x'_q	0.32	0.084	0.29	0.404
T'_{d0}	11.2	6.8	10	7.27
T_J	30.91	60.18	23.1	13.35

以上介绍的三项改善电力系统暂态稳定性的研究各有特点，加拿大安大略省电力局的工作是这项研究的先驱，并且已应用到多个电厂，他们的经验值得借鉴。美国WECC根据他们的系统特点，采用了开环控制，并在大古力电厂实际应用，进行了大量很有价值的现场试验。本书作者提出的控制，理论根据比较充分，控制策略及方案都较优越。如果将三项工作，取长补短，必定能发展出更完善的方案。

第6节 励磁控制提高系统稳定性的潜力

根据前面的介绍，为了给励磁控制提供一个良好的基础，首先要选择快速的且可以逆变的励磁系统。这在实际上只有自并励励磁系统及他励晶闸管系统能满足性能上的这种要求。再从投资、运行、维护等方面考虑，自并励系统因其性能及经济上的优越性，就成为首选的系统了。过去几十年，在探索研发的过程中，曾推出多种励磁系统，经过分析比较，运行经验的积累，也包括晶闸管技术上的进步，人们终于达到了新的认识，这种新的认识不在于对其他各种励磁系统的技术性能及经济性上的缺点了解不够，而在于对励磁控制在暂态过程中的作用，特别是自并励系统在暂态中性能有了深入的了解。本章前几节，就是希望起到重新认识自并励系统的作用。在进行具体的电厂的励磁系统选型时，一般说，还是应该进行模拟计算，分析比较，其中包括确定自并励系统的励磁电压顶值倍数C_α。前面已经介绍过，这是一个影响自并励励磁系统暂态过程中性能的重要参数。在机端电压额定时，它相当于强励倍数乘以额定励磁电压与空载励磁电压之比（不计饱和作用），对常规励磁系统来说，一般强励倍数为 1.8～2.0，甚至更低，如果要提高强励倍数，对常规励磁系统存在着种种困难。对自并励系统来说，制造 $C_\alpha=7\sim8$ 的系统，并没有太大的困难（加拿大、巴西都有实例），这就相当于强励倍数为 2.8～3.2 的汽轮发电机或者 3.5～4.0 的水轮发电机。也就是说自并励系统可以采用较高的强励倍数，这就为实现更先进的励磁控制提供了良好的条件。采用常规励磁系统也使一些先进的励磁控制，例如上面所述的全过程励磁控制无法实现，或使得稳定器的作用打折扣。所以励磁系统选型时，控制方式也应是决定因素之一。

应用励磁控制来提高系统的稳定性的研究及发展，已有几十年的历史，一些先进的国家，在电力生产中推广使用，已取得了明显的效益。中国在这方面的也已有了良好的技术基础，可以说，目前已到了研究与推广应用并重的阶段。

为了进一步说明励磁控制对提高系统稳定性包括角度及电压稳定性的潜力，下面将励磁控制技术由低到高分成不同的水平或者说不同的台阶加以说明，最后将展望在达到最高水平时的理想境界，预期可能达到的效益。

1. 无自动电压调节器，手动调节

这是指无自动电压（定子端电压）调节器或调节器退出运行或者调节器增益接近零的情况。有时亦称“手动”，并且很自然地会采用E_{fd}=常数模型。严格说这只对应着直流励磁系统，对于自励系统，是指用自动励磁电压/电流调节器，自动维持励磁电压/电流恒定，稳态时相当于 E_{fd}=常数，但暂态时，E_{fd}会有一定波动，对于交流励磁机系统，稳态时相当于 E_{fd}=常数，但暂态时，由于交流励磁机电枢反应，E_{fd}不可能维持恒定，它的性能要比 E_{fd}=常数还低（这在模拟时要注意，不要无选择地用 E_{fd}=常数模型，其实只要将 $K_A=0$ 代入有关励磁机模型就对了）。这时的稳定水平是最低的，无论静态及暂态稳定都如此，在稳态的情况下，发电机相当于同步电抗后的电动势 E_q=常数，也即相当于线路电抗增加了 x_d，其静稳定极限可能只有高增益电压调节器加稳定器（这时端电压可维持恒定）时的 50%（见第 4 章），发电机在这种情况下工作，很容易丧失静态稳定。不同电动势的功角特性如图 11.65 所示，图 11.65 中的 b 点，就代表此时的稳定功率的极限，相应的功角为 90°。另外，由于等效的线路加长了，也很容易造成电压不稳定（见第 6 章）。

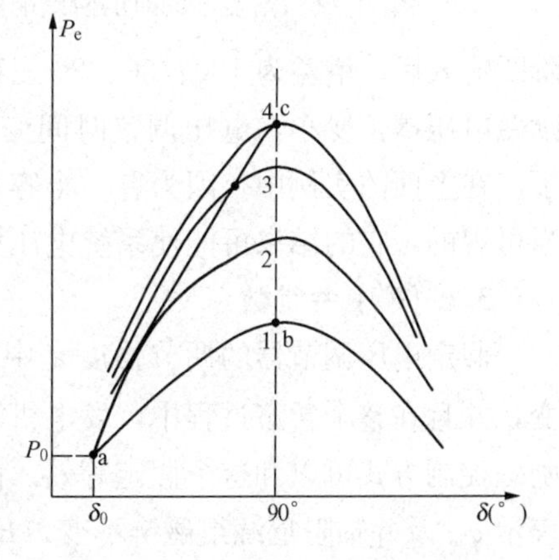

图 11.65　不同电势的功角特性
1，2，3，4—E_{q1}，E_{q2}，E_{q3}，E_{q4}

下面来说明，在电压调节器退出的情况下，运行人员手动调节方式。假定起始工作点是在图 11.65 中的 a 点，随着功率的增加，如果运行人员能够不断地手动提高励磁，及时地、尽可能地维持发电机电压，则功角特性曲线，将会沿着 ac 曲线变化，它是穿过 E_{q2}、E_{q3}、E_{q4} 恒定的一系列曲线形成的，则此时的稳定极限功率可达到 c 点，这就是所谓的"内功率极限"（见第4章），它虽然比不上端电压恒定的功率极限，但比 E_q 恒定的功率极限可能要大40%以上。这时运行人员的手动调节，相当于通过运行人员的眼睛的测量，大脑中的比较判断及手的动作形成了一个人为的闭环控制系统，它的效果当然不如自动调节，但比完全没有自动调节要好多了。之所以要提出这个问题，目的在于说明，当自动电压调节器因故退出运行时，运行人员的精心及时的调节的重要性。

2. 有电压调节器，但其增益很小（例如只有10～20）

这种情况在现实中是存在的，特别是在常规励磁系统中。现假定 $K_A=15$，$x_d=2.1$，则发电机端电压调差 $\varepsilon\% = \dfrac{x_d}{1+k_A} = 13.1\%$，从稳态来看，这大致相当维持某个电抗（例如 x'_d）后的电势不变，其静态稳定极限，取决于线路的长度，大约要比线路功率极限低20%～30%。在暂态过程中表现，也很不理想，发电机的端电压下降13.1%，励磁电压增长 $\Delta u_{fd}=K_A\Delta U_t=15\times13.1\%=1.97$，也就是说，端电压必须下降13.1%，才能使励磁电压达到顶值（假定顶值励磁电压为空载励磁电压的4倍），而故障切除后，电压恢复到86.9%，强励就开始退出，假定离故障点稍远的发电机，它们占有一半系统总容量，其电压下降为5%，则它们最大的励磁电压增长只有：$15\times5\%=0.75$，略去饱和作用，这比空载额定励磁电压还低，如果这些发电机原来都在额定状态且都是汽轮发电机，则励磁电压的升高，只有30%。远达不到励磁电压的顶值，也就是未能充分利用系统内一半容量的发电机无功的储备，来帮助系统的电压恢复。图11.66是2%阶跃输入后，增益为100、50、20三种控制方式下的阶跃响应，由图可见，增益减小使得励磁电压增长变小，电压调整时间变慢，也就是说，励磁控制的快速性，灵敏度都降低了。在上面的实例中，因为有一半容量的发电机的无功储备没被充分利用，这个损失是相当可观的，它的结果可能使系统电压崩溃。

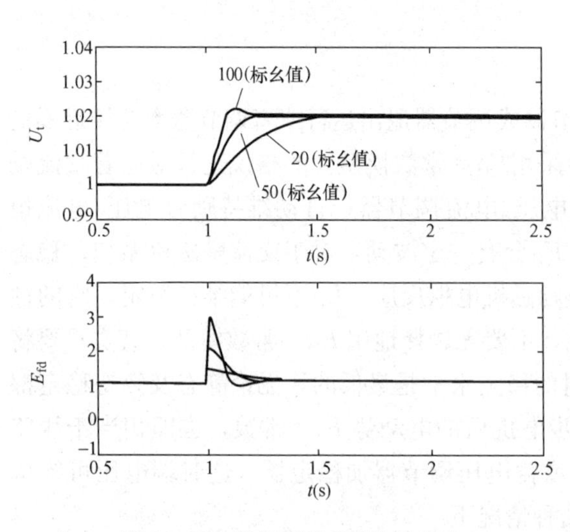

图11.66 增益不同时的阶跃响应

3. $E'(E'_q)$ ＝常数

假定电压调节器的调节强度是中等，在稳态时，它相当 x'_d 后面电动势 E'（E'_q）不变，并且在整个暂态过程中，发电机能够维持电动势 $E'(E'_q)$ 不变。实际上，没有哪一种励磁控制方式可以和这个假定等效。由第2章同步电机的实用数学模型一节可知，E' 恒定表示 φ_{fd} 及q轴阻尼绕组磁链不变，E'_q 恒定代表 Ψ_{fd} 不变（略去阻尼绕组的作用。）实际上，发电机只在受扰动后很短的时间里（例如0.1s）内，保持磁链不变，但是现在假定，在受扰动后的整个过程中 E'_q 恒定，这意味着什么？我们从海佛容一飞利蒲斯模型中知道

$\Delta E'_q$ 有两个分量

$$\Delta E'_q=\frac{K_3}{1+K_3T'_{d0}s}\Delta E_{fd}-\frac{K_3K_4}{1+K_3T'_{d0}}\Delta\delta$$

可见 E'_q受两个因素的作用，转子角对 E'_q的作用是负的，即角度增大 E'_q减小，角度减小，E'_q增大，另一个因素是励磁电压 E_{fd}，它的作用是正的，即励磁增大，E'_q亦增大。如果要使 E'_q恒定，就要改变 E_{fd} 来抵消 $\Delta\delta$ 的变化，相当于要使 $\Delta E'_q=0$，这就必须满足

$$\Delta E_{fd}=K_4\Delta\delta$$

但这首先要求 E_{fd} 与 $\Delta\delta$ 同相位，这必须要通过特殊的设计才能达到，一般的电压调节器是做不到的，其次要求 E_{fd} 足够大，这倒是可以通过调整增益 K_A来做到。

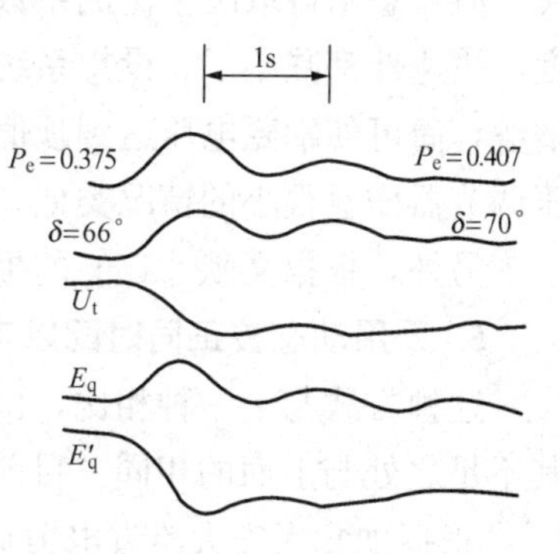

图 11.67　$K_A=16$ 时的暂态过程

图 11.67 是 $K_A=16$ 时的暂态过程（由模拟计算机上得到，因录波图上未标数值，仅作观察变化趋势之用）。

由图可见，E'_q并不能保持恒定，由于增益较小，E'_q主要受到转角摆动的负的作用，在开始阶段，角度向上摆时，E'_q是向下摆的，以后由于磁链的衰减，E'_q就在较低数值上与角度作相位相反的小的摆动。图 11.68 是$K_A=320$,有稳定器（其增益 $K_P=80$）时的暂态过程。由图可以看出，励磁电压的增长对 E'_q的作用大于角度的作用，所以在开始阶段 E'_q是上升的，E'_q不再与角度变化反相位，而是领前角度的变化，这与稳定器的作用有关，但在第一摆中也不是恒定的。

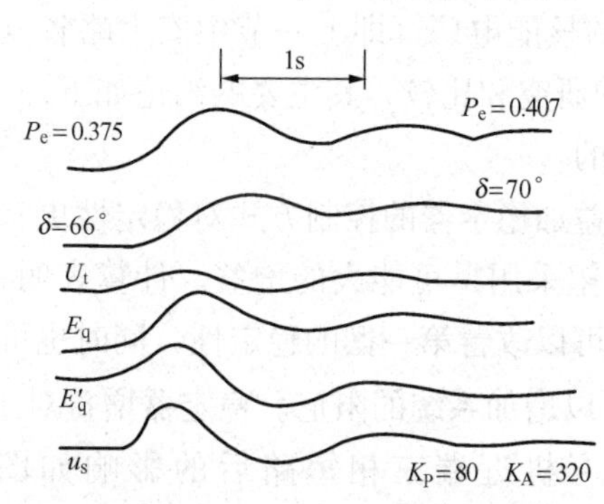

图 11.68　$K_A=320$，有稳定器（其增益 $K_P=80$）时的暂态过程

上面的分析及计算表明，E'_q恒定的假设，在稳态，大致相当一个增益较小（例如增益为 15～20）的电压调节器，在暂态中，它由功角变化及励磁电压的变化，这两个起相反作用的因素决定，当增益足够大，且配备了稳定器时，在第一摆中，E'_q变化规律不同了，但不是恒定的。E'_q恒定这种模型，把发电机励磁产生的阻尼转矩，不论是正的或负的，都略去了。综上所述，E'_q恒定这种模型，不能与实际的励磁控制方式对应，其模拟的结果，特别是对离故障点近的发电机是值得怀疑的。

4. 采用动态校正的励磁控制方式

励磁控制中的动态校正指的是暂态增益减小（滞后校正）、静态增益放大（比例—积分）及励磁电压软反馈（相当于比例—积分，）这三种校正方式，在第 4 章及第 5 章已作过介绍。动态校正最大的优点在于稳态时，它的增益很高，可以保持发电机电压恒定，它的静态稳定极限虽然比不上采用电力系统稳定器时可达到线路功率极限的水平，但根据文献［1］介绍的动模试验结果，也达到线路功率极限的 89%。在暂态过程中，由于增益自

动减小，因而不容易产生过调或振荡，而这正是动态校正不足之处，它是以牺牲调节的快速性来防止过调甚至振荡。例如采用滞后校正，其传递函数为 $\dfrac{1+T_{A}s}{1+T_{B}s}$，其中 $\dfrac{T_{A}}{T_{B}}=\dfrac{1}{10}$，若调节器的增益 $K_{A}=200$，暂态中增益降为 20，比例—积分在稳态中，增益相当于无穷大，但暂态增益取决于比例系数，一般只有 20～30，这样小的放大倍数，其调节的灵敏度，快速性都减小了。设想系统故障时，近端发电机端电压下降 50%以上，靠这样小的增益，尚可使励磁电压达到顶值，但远端发电机，就达不到顶值，这种情况与前面所述电压调节器增益很小的情况类似。

另外，根据文献［15］的报导，暂态增益减小有恶化区域间振荡模式的缺点。

5. 采用动态校正同时配以电力系统稳定器

这种方式与上一种相比，由于稳定器可以为系统提供阻尼，动态性能比上一种要好，其不足之处与上面的相同。目前很多电力公司都采用这种方式。

根据加拿大安大略省电力局的研究结果，说明暂态增益减小对暂态稳定有不利的影响，所以该公司决定励磁控制中一律不采用暂态增益减小这种控制方式，而是采用高的电压增益加电力系统稳定器的方式，在这种方式下，安大略省电力系统已运行多年，并且取得了实际的效益。上面所述的研究是在模拟实际的电力系统上进行的，该系统有 3000 条母线，300 台发电机，研究的对象是针对一个大容量的核能电厂（即上一节中安大略省电力系统中 1 号机），在该系统上进行了各种运行方式的研究和比较，其主要的结论如下：

（1）系统的暂态稳定是由区域间振荡模式所决定的。

（2）不采用暂态增益减小，采用电压调节器高增益加稳定器的控制方式对稳定性更有利。为了使稳定器尽可能改善阻尼及减小第一摆，希望采用尽可能大的增益。计算表明，在这种方式下，稳定器的增益及输出限幅适当加大，可以改善第一摆的稳定性，同时也可以增加系统的阻尼。稳定器增益对 1 号机近端三相短路后的影响如图 11.69 所示，图中 U_{smax} 及 U_{smin} 为稳定器输出的上下限幅，正向限幅加大至 0.1～0.2，并配合端电压限幅在 1.12～1.15，负向限幅 −0.05～−0.1，是为防止稳定器故障造成切机。T_{W} 为隔离环节时间常数。

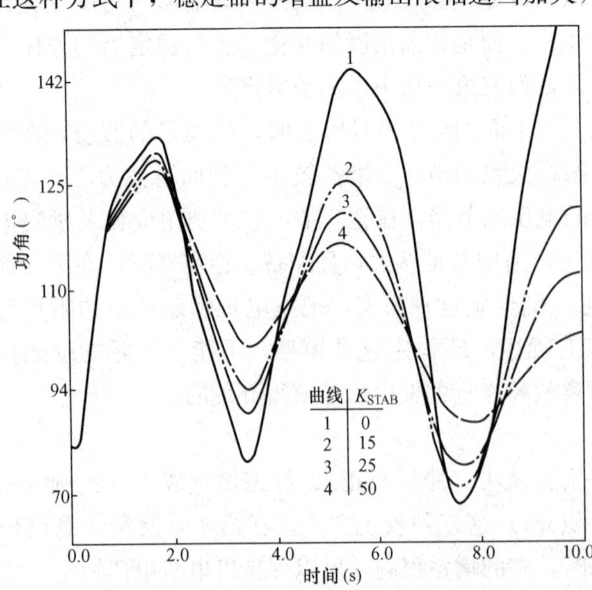

图 11.69 稳定器增益对 1 号机近端三相短路后的影响
（无暂态增益减小，$T_{W}=10s$，$U_{smax}=0.2$，$U_{smin}=-0.06$）

（3）当采用暂态增益减小时，增加稳定器的增益，可以使阻尼增加，但却恶化了第一摆的稳定性。因此选择稳定器的增益要麻烦一些，也只能对两个要求进行折中。图 11.70 是采用暂态增益减小时，稳定器增益对 1 号机近端三相短路的影响。

由以上的分析可见，采用电压调节器高增益加电力系统稳定器更有利改善系统稳定性包括大干扰及小干扰稳定性。上面的分析，还没有计入离故障点较远的机组，若采用高增益加稳定器，将会使全系统在暂态过程中的电压比用暂态增益减小处于更高水平，有益于系统稳定这个因素。安大略省电力局在选择控制方式时，还有一个重要的考虑，就是采用暂态增益减小以后，为得到相近的阻尼效果，稳定器的增益必须加大，因而很容易造成暂态过程中输出饱和，一旦饱和，稳定器的作用就消失了。

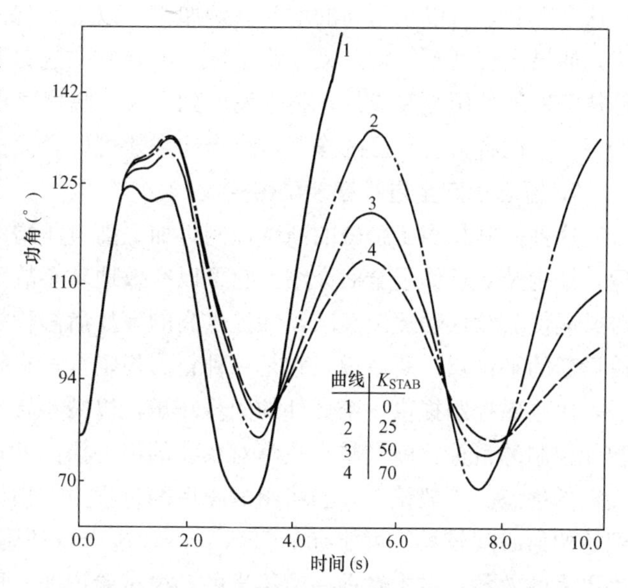

图 11.70　稳定器增益对 1 号机近端三相短路的影响

（有暂态增益减小，$T_W=1.5s$，$U_{smax}=0.2$，$U_{smin}=-0.06$）

在本书第 7 章动态校正器的作用一节，也已指出，目前动态校正的设计都是略去机组转子的运动，将发电机当成一个惯性环节来处理的，当机组运行在实际的多机系统中，转子的运动不能忽略，还受多个模式的作用，动态校正对某个模式产生负面的影响，像出现安大略省电力局研究结果是不奇怪的。本书第 7 章对于常规励磁系统常用的一种动态校正，即转子电压软反馈进行的研究说明，即便计入转子的摇摆来设计，固定参数的动态校正对于运行点变化的适应性很差，且很难达到较高的阻尼比。

6. 采用电压调节高增益加电力系统稳定器

这种控制方式优于前面所有的控制方式，其理由已在前面说明，对于用励磁控制改善系统稳定性来说，它达到了一个新的水平。

由于采用高的增益，发电机电压可以维持恒定，稳定器不但可以消除励磁控制由于采用高增益带来的负阻尼，还可以给系统提供额外的正阻尼，分析计算及试验都证明静态稳定极限可以达到线路功率极限，也就是达到最大可能的稳定传输功率。这比一般的无电力系统稳定器的控制方式，静态稳定功率极限要高 30%左右。

对于暂态稳定，这种控制的效益也是相当显著的。本书第 7 章已作过详细的论述，归结起来，如果稳定器的输出限幅适当调大，则可以减小发电机第一摆，如果系统的暂态稳定是由事故后的静态稳定（包括振荡及滑行失步）极限决定的，那么由于稳定器可将事故后静稳极限大幅度提高，对于暂态稳定有非常突出的效益。例如中国电力科学研究院在湖南凤滩电厂进行的现场试验证明，采用了稳定器后，暂稳功率极限提高 50%。这里需要说明的是，这种控制方式放弃了动态校正，它只能在快速系统上应用，因为当发电机在空载运行或从系统切除后，如果发电机采用常规励磁系统，由于励磁机时间常数较大，不能采用高的电压增益，这时需要采用动态校正，才能保证空载运行的稳定性，快速励磁系统没有这个限制，可以采用高的增益（例如200以上）。高增益电压调节器可能会引发低频振荡，如果出现低频振荡。采用稳定器来消除它，这是不是一种“庸人自扰”？事实上，这是技术发展的历史造成的，技术发展到今天，高增益电压调节器与稳定器已成为不可分割的了，它们各自有自己的作用，综合起来才可以全面提高系统稳定性。

7. 暂态稳定全过程智能励磁控制

这种控制相当于励磁的断续控制再加上高电压增益及稳定器，在本章第5节已对其原理，结构及效益作了全面介绍。它可以有效地减小故障后发电机转子的第一摆的摆幅，同时又能使后续摆动逐渐衰减，并提供高的事故后静稳极限，以保证发电机平稳地过渡到事故后新的平衡点。所以说，它是一种暂态稳定全过程智能励磁控制。它的核心就是在事故后，用励磁控制提供一个额外的同步转矩，以减小转子的第一摆。可以说，励磁的全过程智能控制的目标，就是减小故障对系统的第一摆的冲击，使系统进入一个由事故后静稳定决定的稳态。一般认为，当机组故障后的过程主要由区域间模式支配的话，转子正向摆动到达幅值时间较长，可能有0.75～2.0s，这样可使附加的同步转矩有足够时间作用，产生更大的效益。在本章前一节给出的动模试验说明，即便是地区模型，到达转子角幅值时间，只有0.5s，这种控制也能起到很好作用，暂稳极限能提高大约10%左右。

这种控制要求励磁系统的输出电压，也就是励磁电压，具有从正最大值变化到负的最大值的能力，所以凡是没有逆变能力或逆变能力不大的励磁系统都无法应用这种控制。

8. 变压器高压侧电压控制及系统二次电压控制

与前面谈到的各种励磁控制方式来比，变压器高压侧电压控制及二次电压控制可以说是又上了一层楼，它的控制目标从发电机本身上升到系统电压，用以改善系统电压稳定性。它的原始的想法是这样：考虑到发电机运行中，常常有一定的无功储备，也就说有一定的无功电源尚未利用，何不把它们当作静止补偿器来调整系统电压呢？高压侧电压及二次电压控制的原理，结构及效益已在第8章中详述，供有兴趣的读者参考。

变压器高压侧电压控制，只是在通常的电压调节器的测量回路附加了一个电流信号，对原有励磁控制高增益，稳定器的功能并没有影响，而二次电压控制是长过程的控制，它的作用时间长达几十秒，所以也不会与原来的励磁控制互相矛盾，但它需要与其他机组及无功功率调节设备互相协调配合，共同去控制系统某个或某几个枢纽点的电压，整个二次电压控制系统是一个区域系统的控制，它包含了多个子控制系统，某一台发电机的励磁控制只是其中一个子系统。

9. 先进的过励、欠励限制/控制及与各种保护、励磁控制的协调配合

这是为了保证系统在紧急运行状态下，例如系统处于长期低电压，或在失去同步，分解为孤立系统的过程中，发电机能向系统提供最大可能的无功支持。

10. 全系统推广应用最先进的励磁控制

这指的是，所有的新机组采用自并励静态励磁，老机组逐渐更新为自并励静态励磁系统。在控制方面，在现有的常规励磁的发电机上，都采用动态校正及稳定器，在所有用快速励磁的发电机上，都采用电压高增益加稳定器。不论快速及常规励磁系统都可以采用高压侧电压控制。在对系统暂态稳定起关键作用的机组上，采用暂态稳定全过程励磁控制。

经选择将那些对枢纽母线电压控制灵敏度高的机组接入二次电压控制系统。所有的机组都采用先进的过励、低励限制/控制，保证在紧急状态下发电机提供最大可能的无功支持。可以说，这将是应用励磁控制提高系统稳定性的最高层次，理想的目标。现在让我们来展望一下，在全系统推广应用最先进的励磁控制后，电力系统会产生什么样的变化及应有的准备。

正如美国著名的电力系统专家查理士·康考蒂亚（C. Concordia）所说："快速励磁系统及其控制为电力系统稳定性开辟了一个崭新的方向。"励磁控制不仅是维持某台发电机电压那样单纯，它把整个电力系统运行的稳定性推向一个高的水平，使电力系统的特性发生了深刻的变化，它对稳定性的影响可说是无处不在。励磁系统改变稳定性的作用是全方位的，包括功角、电压稳定性、小干扰及大干扰稳定性。

没有励磁控制或励磁控制很弱的电力系统相对来说是一个结构松散，联系薄弱的系统，在全系统采用最先进的励磁控制以后，系统就被改造为一个相对联系紧密，结构坚强，较能够抵抗外部干扰的系统。反映到系统稳定性水平，到底能有多少改进呢？还要看系统原来励磁控制是在什么样的状态，其结果可能是让人"吃惊"的，例如，如果原来的系统只有少数机组采用了电压高增益加稳定器这种励磁控制，绝大部分机组，采用的是较小的电压增益，而且大部分机组或主要的大机组，都采用了自并励励磁系统，那么在全部自并励的机组上都普遍应用电压高增益加稳定器，在需要的机组上，采用暂稳全过程励磁控制，并且控制器的参数都调到最好的状态，我们可以期望某些远距离送电的关键断面上静稳极限增加 30%，根据具体情况，受事故后静稳限制的暂态稳定极限的提高可能高达 50%。受事故后地区模式决定的转子第一摆限制的暂态稳定极限，可能提高 10%～15%，而受区域间模式决定的第一摆限制的稳定极限，应该高于 10%～15%，但到底能提高多少，还需要深入探讨，目前还拿不出参考数据。

这里再一次强调，无论是为了改善系统的角度稳定性，还是电压稳定性，发电机励磁控制都应是首选措施，这不仅是因为它的经济性，还在于它的有效性。采用励磁控制，我们是用毫瓦级的功率控制，调整兆瓦级的功率。因为发电机励磁系统是现成的，只要把控制器配上就可以了。所以在规划采用其他提高稳定的措施以前，应该确定励磁控制的潜力，是否已经用尽了。

现代或将来的发电机励磁系统，一方面，对系统安全稳定运行起着支撑的作用，另一方面，它综合了稳定控制各方面的需求再加上励磁系统内各种限制，保护，同时它又是整个区域电压控制中的一个子系统，因而变得更加复杂了。这会使人想到系统的正常运行，如此依靠越来越复杂的控制，一旦控制故障或误动，会给系统带来怎样的影响？幸好，基层的发电机励磁控制是分散布置的，故障的影响是局部的，如采用全系统的协调控制可以减少故障的影响。新技术的发展都会碰到这样类似的问题，这需要靠控制设备不断提高可靠性来解决，同时运行上要考虑为控制系统故障而留有一定的裕度。

为了实现理想的目标，还有许多准备工作需要先行，例如人员的培训，励磁控制系统的运行管理规程的制定，现有设备的参数模型的测量，一些关键技术的研究及产品化等。

这一节作为本书的最后一节，可以说对发电机励磁控制作为提高稳定性的措施作了一个总结，同时展望了未来的理想目标，在这个领域内还有大片未开垦的土地等待我们去开发。承前启后，本书作者期望与读者共同努力使理想的目标早日实现。

参考文献

[1] 刘取．自并激发电机在电力系统中的行为研究及性能评价．清华大学科学研究报告，1978，10

[2] 电力工业部安全监察及生产协调司、科技司．关于发送“大型汽轮发电机自并励励磁系统技术研讨会会议纪要”的通知．电网技术，1997，12.（21）

[3] 方思立，刘增煌．汽轮发电机自并激励磁系统的分析研究．电网技术，1997，12.（21）

[4] 张玫，朱方，刘增煌．大型汽轮发电机采用自并激励磁系统可行性分析．电网技术，1997，12.（21）

[5] 刘取，马维新．静态励磁系统及综合励磁控制器的应用．清华大学科学报告，1985，1

[6] Chu Liu. Laboratory Verification of an Excitation Control System for Increasing Power transfer Capability. International Journal of Electrical Power & Energy System，April 1983

[7] Chu Liu Andrew Yan. transient Stability Improvement using Discrete Excitation Control. Proceedings of IEEE 11th International Conference on Research，Development and Application in Electrical and Electronic Engineering ，June1984

[8] И. А. Глебов，Системы возбуждения синхренных генераторов с управлвляемыми преобразонателями. МОСКОВА：гэи，1958

[9] J. D. Hurley. M. S. Baldwin. Stability Evaluation of High Initial Response Excitation of Turbo-generator. IEEE Trans. PAS 101，11，1982，pp. 4211-4221

[10] C. W. Taylor，J. R. Mechenbier，C. E. Matthews. Transient Excitation Boosting at Grand Coulee Third Power Plant; Power System Application and Field Test. IEEE trans on Power System，Vol. 8，No. 3，August，1993

[11] G. D. Osbura，C. A. Lennon，Jr. Transient Excitation Boosting at Grand Coulee Third Power Plant. IEEE Trans. On Energy Coversion，Vol. 7，No. 2，June，1992

[12] C. A. Lennon，Jr. Test Results for Transient Excitation Boosting at Grand Coulee. IEEE Trans. On Energy Coversion，Vol. 6，No. 3，September，1991

[13] 刘取，马维新，秦荃华，于升业．发电机附加断续励磁控制对提高电力系统暂态稳定性的作用．清华大学学报，1980 年第 20 卷 第 3 期

[14] 北京电力局中心试验所，唐山电厂，清华大学动模实验室．自并励式发电机短路过程的分析及计算方法．清华大学学报，1977 年 第 2 期

[15] K. Kundur，M. Klein，G. J. Rogers，M. S. Zywno. Application of Power System Stabilizer For Improvement of Overall System Stability. IEEE Trans. On Power System，Vol. 4，No. 2，May 1989

[16] 毛国光．我国汽轮发电机励磁系统发展概况．电网技术，1997 年第 21 卷 第 12 期

[17] [俄]И. М. 马尔柯维奇．动力系统及其运行情况．张钟俊译．北京：电力工业出版社，1956

[18] J. P. Bayne，P. Kundur，W. Watson. “Static Exciter Control to Improve Transient Stability” IEEE Trans. P. S. Vol. PAS-94，Jul. /Aug. 1975

[19] [俄] 斯・阿・乌里杨诺夫著．张钟俊译．电力系统短路．北京：科学出版社，1963

附录A x_{ad}标幺值系统下基本方程式

1. 基本方程式推导

在第2章中，同步机由a，b，c坐标，转换到d，q，0坐标得到定子、转子的磁链方程式（2.11）如下

$$
\left.\begin{aligned}
\Psi_d &= -L_d i_d + L_{afd} i_{fd} + L_{akd} i_{kd} \\
\Psi_q &= -L_q i_q + L_{akq} i_{kq} \\
\Psi_0 &= -L_0 i_0 \\
\Psi_{fd} &= L_{ffd} i_{fd} + L_{fkd} i_{kd} - \frac{3}{2} L_{afd} i_d \\
\Psi_{kd} &= L_{fkd} i_{fd} + L_{kkd} i_{kd} - \frac{3}{2} L_{akd} i_d \\
\Psi_{kq} &= L_{kkq} i_{kq} - \frac{3}{2} L_{akq} i_q
\end{aligned}\right\}
$$

式（2.11）中互感是不可逆的，例如，由 i_{fd} 产生的与定子d轴相链的互感是 L_{afd}，由 i_d 产生的与转子励磁绕组相链的互感是 $\frac{3}{2}L_{afd}$。

定子电压方程式（2.9）为

$$
\left.\begin{aligned}
u_d &= \frac{d}{dt}\Psi_d - \Psi_q\omega - ri_d \\
u_q &= \frac{d}{dt}\Psi_q + \Psi_d\omega - ri_q
\end{aligned}\right\}
$$

$$
u_0 = \frac{d}{dt}\Psi_0 - ri_0
$$

对于稳态运行的同步机，其a，b，c坐标下电流为

$$
\begin{aligned}
i_a &= I_m \sin(\omega_s t + \phi) \\
i_b &= I_m \sin\left(\omega_s t + \phi - \frac{2\pi}{3}\right) \\
i_c &= I_m \sin\left(\omega_s t + \phi + \frac{2\pi}{3}\right)
\end{aligned}
$$

按第2章中式（2.3）可将上述电流转换为

$$
\begin{aligned}
i_d &= I_m \sin(\omega_s t + \phi - \gamma) \\
i_q &= -I_m \cos(\omega_s t + \phi - \gamma) \\
i_0 &= 0
\end{aligned}
$$

γ为d轴与定子a轴夹角，因

$$
\gamma = \omega_s t
$$

故
$$i_d = I_m \sin\phi = 常数$$
$$i_q = I_m \cos\phi = 常数$$

因此，对于对称稳态同步机，i_d, i_q 是不随 $\omega_s t$ 而变，相当于直流，即 a，b，c 的交流转换到 d，q，0 坐标后，成为了直流量，这是因为 d，q，0 是与转子一起同步旋转的，相对于定子三相电流所形成的磁场是固定的。另外，i_d, i_q 都是以幅值表示的正弦函数（u_d，u_q 也一样），故定子电流及电压都采用它们的幅值作为基值，即：

定子电压（u_d, u_q）基值 U_{sbase} = 定子额定相电压幅值，V

定子电流（i_d, i_q）基值 i_{sbase} = 定子额定相电流幅值，A

频率的基值 f_{base} = 额定频率，Hz

其他量的基值，都可从上述三个基本量的基值导出：

发电机功率基值

$$S_{base} = \frac{3}{2} U_{sbase} \times i_{sbase} = 3 \times 额定相电压(有效值) \times 额定相电流(有效值)$$
$$= 3 \frac{U_{sbase}}{\sqrt{2}} \times \frac{i_{sbase}}{\sqrt{2}}, \text{VA}$$

电角速度的基值 $\omega_{base} = 2\pi f_{base}$ ，rad/s

定子阻抗基值 $Z_{base} = \dfrac{U_{sbase}}{i_{sbase}} = \dfrac{额定相电压幅值}{额定相电流幅值}$ ，Ω

定子电感基值 $L_{sbase} = Z_{sbase}/\omega_{base}$ ，H

定子磁链基值 $\Psi_{sbase} = L_{sbase} i_{sbase} = \dfrac{U_{sbase}}{\omega_{base}}$ ，Wb·匝

机械角速度基值 $\omega_{mbase} = \omega_{base} \left(\dfrac{2}{p_f}\right)$ ，rad/s，（p_f ：电机的极数）

转矩基值 $M_{base} = \dfrac{S_{base}}{\omega_{mbase}} = \dfrac{3}{2}\left(\dfrac{p_f}{2}\right) \Psi_{sbase} i_{sbase}$ ，Nm

1.1 定子电压标幺值方程

用以上基值，先来求定子电压的标幺值方程。为此，将式（2.9）两端都除以 U_{sbase} ，且应用 $U_{sbase} = i_{sbase} Z_{sbase} = \omega_{base} \Psi_{sbase}$ 得

$$\frac{u_d}{U_{sbase}} = \frac{p\Psi_d}{\omega_{base}\Psi_{sbase}} - \frac{\Psi_q \omega}{\omega_{base}\Psi_{sbase}} - \frac{r i_d}{Z_{sbase} i_{sbase}}$$
$$u_d^* = \frac{1}{\omega_{base}} p \Psi_d^* - \Psi_q^* \omega^* - r^* i_d^* \tag{A.1}$$

时间 t 亦可用标幺值表示，t_{base} 定义为以同步速转动一个弧度的时间，即

$$t_{base} = \frac{1}{\omega_{base}} = \frac{1}{2\pi f_{base}} \tag{A.2}$$

则式（A.1）可表示为

$$u_d^* = p^* \Psi_d^* - \Psi_q^* \omega^* - r^* i_d^* \tag{A.3}$$

相似地

$$u_q^* = p^* \Psi_q^* + \Psi_d^* \omega^* - r^* i_q^* \tag{A.4}$$
$$u_0^* = p^* \Psi_0^* - r^* i_0^*$$

其中
$$p^* = \frac{d}{dt^*} - \frac{1}{\omega_{base}}\frac{d}{dt} = \frac{1}{\omega_{base}}p \tag{A.5}$$

1.2 转子电压标幺值方程

在这里，我们先假定U_{fdbase}及I_{fdbase}是已知的，然后再根据定子转子互感可逆的要求去求U_{fdbase}及I_{fdbase}。在第2章中的式（2.2）两边同除以U_{fdbase}可得

$$U_{fd}^* = p^* \Psi_{fd}^* + R_{fd}^* I_{fd}^* \tag{A.6}$$

类似地
$$0 = p^* \Psi_{kd}^* + R_{kd}^* I_{kd}^* \tag{A.7}$$

$$0 = p^* \Psi_{kq}^* + R_{kq}^* I_{kq}^* \tag{A.8}$$

1.3 定子磁链方程

在第2章式（2.11）两端除以Ψ_{sbase}，且计入$\Psi_{sbase} = L_{sbase} i_{sbase}$

$$\frac{\Psi_d}{\Psi_{sbase}} = -\frac{L_d i_d}{L_{sbase} i_{sbase}} + \frac{L_{afd} i_{fd}}{L_{sbase} i_{sbase}} + \frac{L_{akd} i_{kd}}{L_{sbase} i_{sbase}}$$

$$\begin{aligned}\Psi_d^* &= -L_d^* i_d^* + \frac{L_{afd} i_{fd}}{L_{sbase} i_{sbase}} \times \frac{I_{fdbase}}{I_{fdbase}} + \frac{L_{akd} i_{kd}}{L_{sbase} i_{sbase}} \times \frac{I_{kdbase}}{I_{kdbase}} \\ &= -L_d^* i_d^* + L_{afd}^* I_{fd}^* + L_{akd}^* I_{kd}^*\end{aligned} \tag{A.9}$$

其中
$$L_d^* = \frac{L_d}{L_{sbase}} \tag{A.10}$$

$$L_{afd}^* = \frac{L_{afd} I_{fdbase}}{L_{sbase} i_{sbase}} \tag{A.11}$$

$$L_{akd}^* = \frac{L_{akd} I_{kdbase}}{L_{sbase} i_{sbase}} \tag{A.12}$$

类似地
$$\Psi_q^* = -L_q^* i_q^* + L_{akq}^* i_{kq}^* \tag{A.13}$$

$$\Psi_0^* = -L_0^* i_0^* \tag{A.14}$$

其中
$$L_q^* = \frac{L_q}{L_{sbase}} \tag{A.15}$$

$$L_{akq}^* = \frac{L_{akq} I_{kqbase}}{L_{sbase} i_{sbase}} \tag{A.16}$$

$$L_0^* = \frac{L_0}{L_{sbase}} \tag{A.17}$$

1.4 转子磁链标幺值方程

用类似的方法，可得

$$\Psi_{fd}^* = L_{ffd}^* I_{fd}^* + L_{fkd}^* I_{kd}^* - L_{fda}^* i_d^* \tag{A.18}$$

$$\Psi_{kd}^* = L_{kdf}^* I_{fd}^* + L_{kkd}^* I_{kd}^* - L_{kda}^* i_d^* \tag{A.19}$$

$$\Psi_{kq}^* = L_{kkq}^* I_{kq}^* - L_{kqa}^* I_q^* \tag{A.20}$$

其中
$$L_{fda}^* = \frac{3}{2} \frac{L_{afd} i_{sbase}}{L_{fdbase} I_{fdbase}} \tag{A.21}$$

$$L_{fkd}^* = \frac{L_{fkd} I_{kdbase}}{L_{fdbase} I_{fdbase}} \tag{A.22}$$

$$L_{ffd}^{*}=\frac{L_{ffd}}{L_{fdbase}} \tag{A.23}$$

$$L_{kda}^{*}=\frac{3}{2}\frac{L_{akd}i_{sbase}}{L_{kdbase}I_{kdbase}} \tag{A.24}$$

$$L_{kdf}^{*}=\frac{L_{fkd}I_{fdbase}}{L_{kdbase}I_{kdbase}} \tag{A.25}$$

$$L_{kqa}^{*}=\frac{3}{2}\frac{L_{akq}i_{sbase}}{L_{kqbase}I_{kqbase}} \tag{A.26}$$

转子的基值系统的选择，应满足以下两要求：

(1) 各绕组间的互感是可逆的，例如式（A.9）中的 L_{afd}^{*} 应等于式（A.18）中的 L_{fda}^{*}，这样可用等值电路来代表同步机。

(2) 所有在同一d轴或q轴定转子各绕组间互感相等，例如，$L_{akd}^{*}=L_{afd}^{*}$，为使 $L_{afd}^{*}=L_{fda}^{*}$，由式（A.11）及式（A.21）可见

$$L_{afd}^{*}=\frac{L_{afd}I_{fdbase}}{L_{sbase}i_{sbase}}=L_{fda}^{*}=\frac{3}{2}\frac{L_{afd}i_{sbase}}{L_{fdbase}I_{fdbase}}$$

$$I_{fdbase}^{2}L_{fdbase}=\frac{3}{2}i_{sbase}^{2}L_{sbase}$$

两边同乘 ω_{base}，且计入 $U=\omega LI$

$$\begin{aligned}U_{fdbase}I_{fdbase}&=\frac{3}{2}U_{sbase}i_{sbase}\\&=\text{同步机的功率基值 }S_{sbase}\end{aligned} \tag{A.27}$$

为使 $L_{fkd}^{*}=L_{kdf}^{*}$，由式（A.22）及式（A.25）可见

$$L_{fkd}^{*}=\frac{L_{fkd}I_{kdbase}}{L_{fdbase}I_{fdbase}}=L_{kdf}^{*}=\frac{L_{fkd}I_{fdbase}}{L_{kdbase}I_{kdbase}}$$

即

$$I_{fdbase}^{2}L_{fdbase}=I_{kdbase}^{2}L_{kdbase}$$

两边同乘 ω_{base} 并计入 $U=\omega LI$

$$\begin{aligned}U_{fdbase}I_{fdbase}&=U_{kdbase}I_{kdbase}\\&=\text{同步机功率基值 }S_{base}\end{aligned} \tag{A.28}$$

类似地要使 $L_{akd}^{*}=L_{kda}^{*}$ 及 L_{akq}^{*} 及 $L_{akq}^{*}=L_{kqa}^{*}$，要求

$$U_{kdbase}I_{kdbase}=\frac{3}{2}U_{sbase}i_{sbase}=S_{base} \tag{A.29}$$

$$U_{kqbase}I_{kqbase}=\frac{3}{2}U_{sbase}i_{sbase}=S_{base} \tag{A.30}$$

以上证明了，为满足要求（1），即各绕组间互感相等，各绕组容量基值应等于同步机的容量基值，至此我们定义了转子绕组的电压及电流基值的乘积，下面要分别定义电压及电流基值。

同步机定子绕组的自感 L_d、L_q 包括两部分，即与转子绕组相链那部分磁链产生的互感及不与转子绕组相链的磁链产生的漏感合成的，即

$$L_d^* = L_{ad}^* + L_e^* \tag{A.31}$$

$$L_q^* = L_{aq}^* + L_e^* \tag{A.32}$$

为使d轴各绕组之间互感标幺值相等，由式（A.11）及式（A.12），要使 $L_{afd}^* = L_{akd}^*$ ，并与上式中 L_{ad}^* 相等，即

$$L_{afd}^* = \frac{L_{afd} I_{fdbase}}{L_{sbase} i_{sbase}} = L_{akd}^* = \frac{L_{akd} I_{kdbase}}{L_{sbase} i_{sbase}} = L_{ad}^* = \frac{L_{ad}}{L_{sbase}}$$

因此，可得

$$I_{fdbase} = \frac{L_{ad}}{L_{afd}} i_{sbase} \tag{A.33}$$

$$I_{kdbase} = \frac{L_{ad}}{L_{akd}} i_{sbase} \tag{A.34}$$

类似地，使 $L_{aq}^* = L_{akq}^*$，即得

$$I_{kqbase} = \frac{L_{aq}}{L_{akq}} i_{sbase} \tag{A.35}$$

有了转子各绕组电流的基值 I_{fdbase}、I_{kdbase}、I_{kqbase}，就可以由式（A.28）~式（A.30），用已知的 S_{base} 除以上述电流基值，而得到转子各绕组电压基值，至此按互感可逆的条件，建立了定子、转子各量的基值，这种基值系统称为“x_{ad} 互感可逆的基值系统”，是电力系统普遍采用的基值系统，在这种基值系统规定下，转子任一绕组的电流基值定义为：在同步速时，由该基值在定子绕组中感应的开路电压幅值等于 $L_{ad} i_{sbase}$ ，对励磁绕组即为[见式（A.33）]

$$I_{fdbase} L_{afd} = i_{sbase} L_{ad}$$

其中，L_{afd} 及 L_{ad} 都是有名值，分别对应于标幺值 L_{afd}^* 及 L_{ad}^* 。

1.5 功率及转矩标幺值方程

瞬时功率的有名值 $P_e = \frac{3}{2}(u_d i_d + u_q i_q + 2u_0 i_0)$

两边同除 $S_{base} = \frac{3}{2} U_{sbase} i_{sbase}$ 得标幺化的功率

$$P_e^* = u_d^* i_d^* + u_q^* i_q^* + 2u_0^* i_0^* \tag{A.36}$$

转矩的基值为 $\frac{3}{2}\left(\frac{p_f}{2}\right)\Psi_{sbase} i_{sbase}$ ，因而标幺化的跨过气隙的转矩

$$M_e^* = \Psi_d^* i_q^* - \Psi_q^* i_d^* \tag{A.37}$$

2. x_{ad}可逆标幺值系统基值汇总

2.1 定子方面基值

S_{base}=同步机的额定功率/容量，VA

U_{sbase}=额定的相电压幅值，V

i_{sbase}=额定相电流幅值=$\dfrac{S_{base}}{\frac{3}{2}U_{sbase}}$，A

f_{base}=额定频率，Hz

$Z_{sbase}=\dfrac{U_{sbase}}{i_{sbase}}$，Ω

$\omega_{base}=2\pi f_{base}$，rad/s

$\omega_{mbase}=\omega_{base}\left(\frac{2}{p_f}\right)$，（$p_f$：极数）

$L_{sbase}=\frac{Z_{sbase}}{\omega_{base}}$，H

$\psi_{sbase}=L_{sbase}i_{sbase}$，Wb·匝

2.2 转子方面基值

$I_{fdbase}=\frac{L_{ad}}{L_{afd}}i_{sbase}$，A

$I_{kdbase}=\frac{L_{ad}}{L_{akd}}i_{sbase}$，A

$I_{kqbase}=\frac{L_{aq}}{L_{akq}}i_{sbase}$，A

$U_{fdbase}=\frac{S_{base}}{I_{fdbase}}$，V

$Z_{fdbase}=\frac{U_{fdbase}}{I_{fdbase}}=\frac{S_{base}}{I_{fdbase}^2}$，Ω

$Z_{kdbase}=\frac{S_{base}}{I_{kdbase}^2}$，Ω

$Z_{kqbase}=\frac{S_{base}}{I_{kqbase}^2}$，Ω

$L_{fdbase}=\frac{Z_{fdbase}}{\omega_{base}}$，H

$L_{kdbase}=\frac{Z_{kdbase}}{\omega_{base}}$，H

$L_{kqbase}=\frac{Z_{kqbase}}{\omega_{base}}$，H

$t_{base}=\frac{1}{\omega_{base}}$，s

$M_{base}=\frac{S_{base}}{\omega_{mbase}}$，Nm

3. x_{ad}可逆标幺值系统下完整的基本方程

在此基值系统下

$$L_{afd}^*=L_{fda}^*=L_{akd}^*=L_{kda}^*=L_{ad}^* \tag{A.38}$$

$$L_{akq}^*=L_{kqa}^*=L_{aq}^* \tag{A.39}$$

$$L_{fkd}^*=L_{kdf}^* \tag{A.40}$$

如果同步机定子量的频率等于基值频率，则电抗的标幺值等于电感的标幺值，例如，同步电抗的有名值

$$x_D=2\pi fL_d$$

两边除以 $Z_{base}=2\pi f_{base}L_{sbase}$

$$\frac{x_D}{Z_{sbase}}=\frac{2\pi f_{base}L_d}{2\pi f_{base}L_{sbase}} \tag{A.41}$$

$$x_d=L_d^*$$

x_d 为同步机同步电抗的标幺值。

在此假定下，$x_{ad}=L_{ad}^*=L_{afd}^*=L_{fda}^*=L_{akd}^*=L_{kda}^*$

$$x_{aq}=L_{kqa}^*=L_{aq}^* \tag{A.42}$$

$$x_{fkd}=L_{fkd}^*=L_{kdf}^* \tag{A.43}$$

x_{ad} 、x_{aq} 、x_{fkd} 都是指的标幺值。

在下面列出的基本方程式中，我们将以电抗代替电感。另外，将转子的量都用大写字母来代替，以示它们都已经过标幺值的折合。

3.1　汽轮发电机

对汽轮发电机，因为转子是整块钢锻造出来的，为了更好模拟它的阻尼效应，假定 q 轴上有两个阻尼绕组 1q，2q，在 d 轴上假定有一个阻尼绕组 1d 及励磁绕组 fd，即所谓六绕组模型（d，q，fd，kd，1q，2q）。以下六绕组模型方程式都采用标幺值，但将标幺值符号 * 拿掉。

3.1.1　定子电压方程式

$$u_d=p\Psi_d-\Psi_q\omega-ri_d \tag{A.44}$$

$$u_q=p\Psi_q+\Psi_d\omega-ri_q \tag{A.45}$$

$$u_0=p\Psi_0-ri_0 \tag{A.46}$$

3.1.2　转子电压方程式

$$U_{fd}=p\Psi_{fd}+R_{fd}I_{fd} \tag{A.47}$$

$$0=p\Psi_{1d}+R_{1d}I_{1d} \tag{A.48}$$

$$0=p\Psi_{1q}+R_{1q}I_{1q} \tag{A.49}$$

$$0=p\Psi_{2q}+R_{2q}I_{2q} \tag{A.50}$$

3.1.3　定子磁链方程式

$$\Psi_d=-x_di_d+x_{ad}I_{fd}+x_{ad}I_{1d} \tag{A.51}$$

$$\Psi_q=-x_qi_q+x_{aq}I_{1q}+x_{aq}I_{2q} \tag{A.52}$$

$$\Psi_0=-x_0i_0 \tag{A.53}$$

3.1.4　转子磁链方程式

$$\Psi_{fd}=X_{ffd}I_{fd}+X_{f1d}I_{1d}-x_{ad}i_d \tag{A.54}$$

$$\Psi_{1d}=X_{f1d}I_{fd}+X_{11d}I_{1d}-x_{ad}i_d \tag{A.55}$$

$$\Psi_{1q}=X_{11q}I_{1q}+x_{aq}I_{2q}-x_{aq}i_q \tag{A.56}$$

$$\Psi_{2q}=x_{aq}I_{1q}+X_{22q}I_{2q}-x_{aq}i_q \tag{A.57}$$

3.1.5　气隙转矩

$$M_e=\Psi_di_q-\Psi_qi_d \tag{A.58}$$

3.1.6 d轴及q轴等值电路

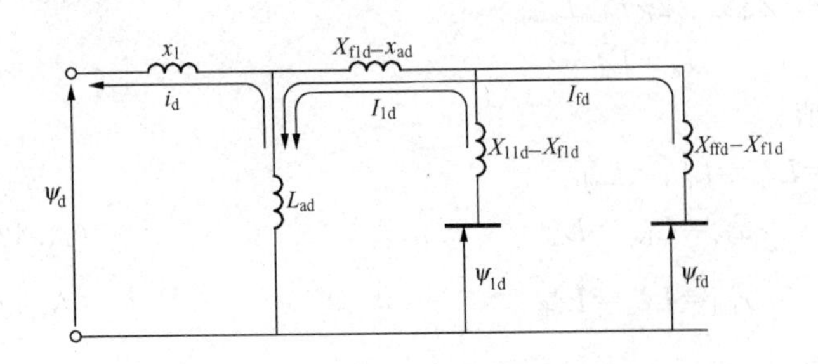

图 A.1 表示 $\Psi-i$ 关系的d轴等值电路

利用等值电路可以获得同步机基本方程更形象的了解，由式（A.51）、式（A.54）、式（A.55）可得表示 $\Psi-i$ 关系的d轴等值电路，如图A.1所示。

q轴的等值电路也可由基本方程式（A.52）、式（A.56）、式（A.57）得到。

过去我们都假定转子d轴上任两个绕组的互感与 x_{ad} 相等，如 $X_{fkd}=x_{ad}$ 或 $X_{fld}-x_{ad}$，而 $X_{ffd}-x_{ad}=X_{fl}$，但这是近似的。更精确的转子各绕组的漏抗为

$$X_{fd}=X_{ffd}-X_{f1d} \tag{A.59}$$

$$X_{1d}=X_{11d}-X_{f1d} \tag{A.60}$$

$$X_{1q}=X_{11q}-X_{aq} \tag{A.61}$$

$$X_{2q}=X_{22q}-X_{aq} \tag{A.62}$$

图A.2及图A.3表示完整的d、q轴等值电路。

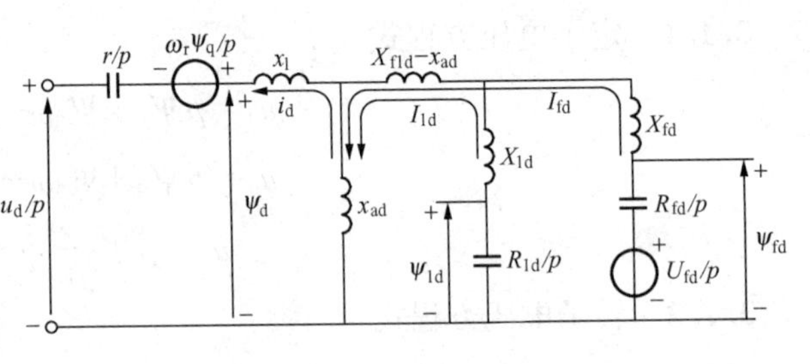

图 A.2 完整的d轴等值电路

在d轴的等值电路中，有一串联的电感 $X_{f1d}-x_{ad}$，其中 X_{f1d} 代表励磁绕组与阻尼绕组相链的磁链，但该磁链并不与定子绕组相链。但是，该磁链非常接近于励磁绕组、阻尼绕组及定子绕组都相链的磁链，所以近似认为 $X_{f1d}=x_{ad}$。对于阻尼绕组不是整个圆周连在一起的情况（例如只有磁极上有阻尼条，磁极间无阻尼条），近年来的研究指出，这时 $X_{f1d}-x_{ad}$ 不等于零，这对同步机的过渡过程有可观的影响。

如认为 $X_{fld}=x_{ad}$，则等值电路可简化，例如d轴等值电路中，可设 $X_{fld}-x_{ad}=0$，fd及1d支路中的电抗分别为 X_{fl} 及 X_{1dl}。

3.2 水轮发电机

对于水轮发电机，q轴上可以用一个阻尼绕组来模拟，这样就成为五绕组模型（d，q，fd，kd，kq），其基本方程式中定子电压方程与式（A.44）～式（A.46）相同，其他方程如下：

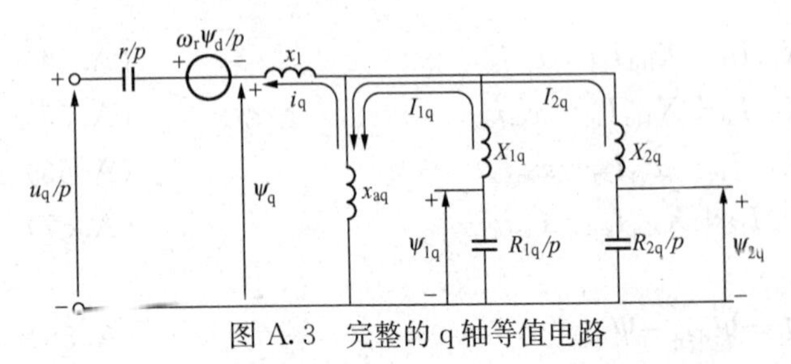

图 A.3 完整的q轴等值电路

3.2.1 转子电压方程

$$U_{fd}=p\Psi_{fd}+R_{fd}I_{fd} \tag{A.63}$$

$$0=p\Psi_{kd}+R_{kd}I_{kd} \tag{A.64}$$

$$0=p\Psi_{kq}+R_{kq}I_{kq} \tag{A.65}$$

3.2.2 定子磁链方程

$$\Psi_d = -x_d i_d + x_{ad} I_{fd} + x_{ad} I_{kd} \quad (A.66)$$

$$\Psi_q = -x_q i_q + x_{aq} I_{kq} \quad (A.67)$$

$$\Psi_0 = -x_0 i_0 \quad (A.68)$$

3.2.3 转子磁链方程式

应用了 $X_{f1d} = x_{ad}$（$X_{fkd} = x_{ad}$）假定，可以使方程式简化

$$\Psi_{fd} = X_{ffd} I_{fd} + x_{ad} I_{kd} - x_{ad} i_d \quad (A.69)$$

$$\Psi_{kd} = x_{ad} I_{fd} + X_{kkd} I_{kd} - x_{ad} i_d \quad (A.70)$$

$$\Psi_{kq} = X_{kkq} I_{kq} - x_{aq} i_q \quad (A.71)$$

附录B 实用的二阶最佳动态校正法

从事电力系统稳定及励磁控制的工程人员及科学工作者都必须具备自动控制的基本知识。早期研究的单机—无穷大系统，可以认为是单输入—单输出系统，主要应用建立在传递函数及频率特性基础上的传统控制理论。现在已发展到大规模互联电力系统，可以认为它是一个多输入—多输出控制系统。建立在状态空间描述基础上的复频域法，综合了传统控制理论及现代控制理论，两种方法互相补充，可以认为是创造性应用控制理论提高实际工程生产力的范例。关于传递函数，频率特性等基础知识，请参见有关控制理论的书籍，多机系统状态空间法模型建立、控制理论的应用，请参见本书第 9 章。

在发电机励磁控制中，经常用到比例—积分—微分（P－I－D)，或领前—滞后调节器，它们都属于控制系统的动态校正，过去都是采用频域的性能指标如相位裕量，增益裕量，根据一套作图规则或试算法，求出参数（例如增益）改变后的根轨迹，以确定参数，过程相当繁复。用基于状态空间—特征根法及计算机软件，可以取代作图法求出根轨迹，或用相位法，极点配置法去设计参数，这大大地进了一步（请参见第 5～6 章)。

20 世纪 70 年代在电力拖动领域内发展出来的基于二阶最佳条件及错开原理的动态校正方法，概念非常清楚，本书作者将它引入发电机励磁控制系统的设计，对于指导现场调试是有效的。故在此向读者作一介绍。它的局限性在于仅适用于发电机空载，或并网后功角的摇摆可略去的情况。

本附录编写中曾参考了陈伯时，茅于杭教授的讲义。

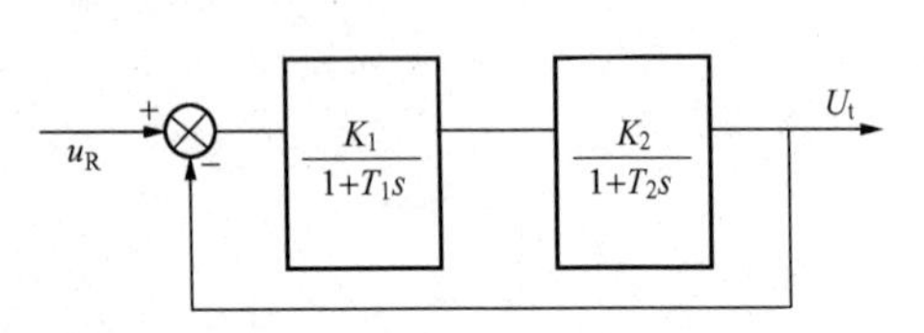

图 B.1 两个惯性环节组成的闭环系统

1. 二阶最佳原理

我们现在来考察一个如图 B.1 所示的两个惯性环节组成的闭环系统，这个系统的开环传递函数为

$$G_0(s) = \frac{K_1 K_2}{(1+T_1 s)(1+T_2 s)} = \frac{K}{(1+T_1 s)(1+T_2 s)} \tag{B.1}$$

$$K = K_1 K_2 \tag{B.2}$$

特征方程式为开环传递函数的分子加分母

$$D(s) = T_1 T_2 s^2 + (T_1 + T_2)s + (1+K) = 0 \tag{B.3}$$

现把它化成标准式

$$s^2 + 2\xi\omega_n s + \omega_n^2 = 0 \tag{B.4}$$

其中

$$\omega_n^2 = \frac{(1+K)}{T_1 T_2} \tag{B.5}$$

$$2\xi\omega_n=\frac{(T_1+T_2)}{T_1T_2} \tag{B.6}$$

$$\xi=\frac{1}{2}\frac{(T_1+T_2)}{\sqrt{T_1T_2(1+K)}} \tag{B.7}$$

上面这个特征方程式只由两个参数即 ξ 及 ω_n 所决定，它的特征根为

$$s_{1,2}=\frac{-2\xi\omega_n\pm\sqrt{(2\xi\omega_n)^2-4\omega_n^2}}{2}=-\xi\omega_n\pm j\omega_n\sqrt{1-\xi^2}=-\sigma_1\pm j\omega_1 \tag{B.8}$$

其中

$$\sigma_1=\xi\omega_n$$

$$\omega_1=\omega_n\sqrt{1-\xi^2}$$

上式中 ω_1 为阻尼振荡频率，ω_n 为无阻尼振荡频率，因此过渡分量的解为

$$U_{td}(t)=Ae^{-\delta_1 t}\sin(\omega_1 t+\theta) \tag{B.9}$$

下面我们求稳态解。已知系统的闭环传递函数为

$$G(s)=\frac{K}{(1+T_1s)(1+T_2s)}\Big/\left[1+\frac{K}{(1+T_1s)(1+T_2s)}\right]$$

$$=\frac{K}{T_1T_2s^2+(T_1+T_2)s+(1+K)}$$

当达到稳态时，利用终值定理，$t=\infty$，相当 $s=0$，则可知在稳态时 $U_{t0}=\frac{K}{1+K}U_R$，

U_t的全部解等于过渡分量加稳态解

$$U_t(t)=U_{td}(t)+U_{t0}=\frac{K}{1+K}U_R+Ae^{-\sigma_1 t}\sin(\omega_1 t+\theta) \tag{B.10}$$

现在来求系数 A 及 θ，设初始情况下 $U_t(0)=0$，$\left.\frac{dU_t(t)}{dt}\right|_{t=0}=0$，代入上式得$\frac{K}{1+K}U_R+A\sin\theta=0$ 及 $A\omega_1\cos\theta-A\sigma_1\sin\theta=0$，根据以上两式可得

$$\theta=\arctan\frac{\omega_1}{\sigma_1} \tag{B.11}$$

$$A=\frac{-K}{1+K}\frac{U_R}{\sin\theta}=\frac{-K}{1+K}U_R\frac{\sqrt{\sigma_1^2+\omega_1^2}}{\omega_1} \tag{B.12}$$

于是 $$U_t(t)=\frac{K}{1+K}U_R\left[1-\frac{\sqrt{\sigma_1^2+\omega_1^2}}{\omega_1}e^{-\sigma_1 t}\sin\left(\omega_1+\arctan\frac{\omega_1}{\sigma_1}\right)\right] \tag{B.13}$$

上式中以 ξ 及 ω_n 表示 σ_1 及 ω_1 则得

$$U_t(t)=\frac{K}{1+K}U_R\left[1-\frac{1}{\sqrt{1-\xi^2}}e^{-\xi\omega_n t}\sin\left(\sqrt{1-\xi^2}\omega_n t+\arctan\frac{\sqrt{1-\xi^2}}{\xi}\right)\right] \tag{B.14}$$

上式是以 ω_n 及 ξ 来表达的时间解。由上式我们可以用 $\omega_n t$ 为横坐标，$U_t(t)$ 为纵坐标，并且令稳态值 $U_{t0}=\frac{K}{1+K}U_R=1.0$，画出过渡过程的时域响应如图 B.2 所示，这波形只与阻尼比 ξ 有关。由过渡过程亦可见，阻尼比愈小超调量愈大，如图 B.3 所示。

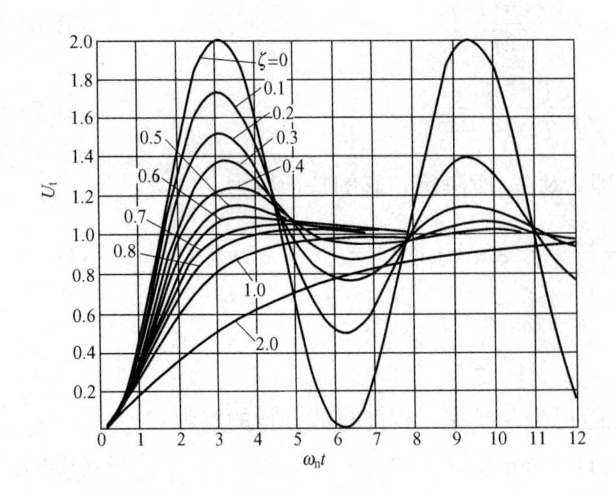

图 B.2 时域响应（$1.0=\frac{K}{1+K}U_R$）

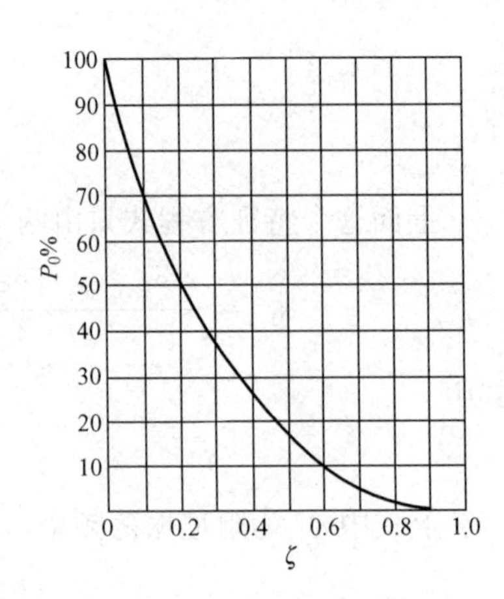

图 B.3 欠阻尼时超调量与阻尼比的关系

由上可知，阻尼系数ξ可以单值的决定超调量。例如我们希望$\xi=0.5$，则超调量大约为15%，在式（B.7）中，以$2\xi=1$。代入

$$1=\frac{T_1T_2}{\sqrt{T_1T_2\ (1+K)}} \tag{B.15}$$

或

$$1=\frac{(T_1+T_2)^2}{T_1T_2\ (1+K)}=\frac{T_1^2+T_2^2+2T_1T_2}{T_1T_2\ (1+K)}=\left(\frac{T_1}{T_2}+\frac{T_2}{T_1}+2\right)\frac{1}{(1+K)}$$

$$1+K=\frac{T_1}{T_2}+\frac{T_2}{T_1}+2 \tag{B.16}$$

$$K=\frac{T_1}{T_2}+\frac{T_2}{T_1}+1$$

上式说明，如果希望超调量约为15%，则放大系数必须满足上式，这样，我们就可以根据预定的指标及系统的参数来选择合适的放大倍数。

由上式也可以看出，只要时间常数互相错开，也就是T_1、T_2数值之比较大，则允许的放大倍数也愈大。例如$T_1=10T_2$，$K=11.1$；如果$T_1=100T_2$，则$K=101.01$。

对于二阶系统来说，上述分析表明，欲使放大倍数大而超调量小，两个时间常数必须错开，也就是说只能有一个较大的惯性环节，另一环节的延缓控制作用必须较小。推广来说，对于一个惯性较大的环节，其他的所有环节的延缓作用必须较小，才能保证负反馈的控制作用及时抑制超调。这里关键在于延缓作用较小，而不在于惯性环节的数量，只要这些惯性环节总的延缓作用相对那个大惯性环节来说比较小就可以了。这样，我们就把二阶环节中得出的结论，推广到高阶系统中去了。

相应的理论分析也表明，某些高阶的闭环系统，若具有如下的特征方程式

$$a_0s^n+a_1s^{n-1}+\cdots+a_n=0 \tag{B.17}$$

其系统的主要特征由最后三项来决定，也就是系统的特征方程式，可以用下式来代表

$$a_{n-2}s^2+a_{n-1}s+a_n=0 \tag{B.18}$$

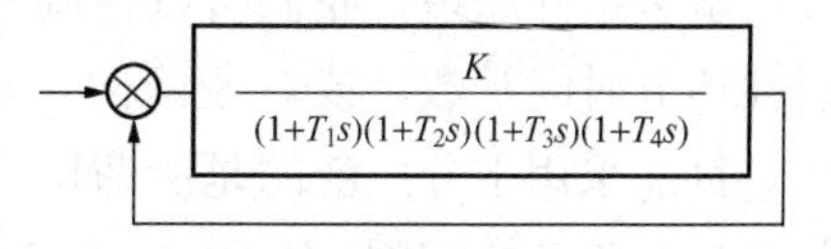

图 B.4 四个惯性环节组成的系统

我们可以将上式化为二阶环节标准形式，然后按照预定阻尼系数及系统的参数，就可以设计出相应的放大倍数，这就是所谓的实用判据。

如图 B.4 所示的系统，是由四个惯性环节组成的，它的特征方程式为

$$D(P)=(1+T_1s)(1+T_2s)(1+T_3s)(1+T_4s)+K=0 \tag{B.19}$$

取其最后三项为

$$\begin{aligned}&(T_1T_2+T_2T_3+T_3T_4+T_4T_1+T_4T_2+T_1T_3)s^2\\&+(T_1+T_2+T_3+T_4)s+(1+K)=0\end{aligned} \tag{B.20}$$

系统的阻尼比等于

$$\xi=\frac{1}{2}\frac{a_1}{\sqrt{a_0a_2}} \tag{B.21}$$

式中 a_0，a_1，a_2 分别为二次方程中 s^2 s^1 及 s^0 项的系数。

如果取 $\xi=0.5$，则得

$$\xi=0.5=\frac{\frac{1}{2}(T_1+T_2+T_3+T_4)}{\sqrt{(T_1T_2+T_2T_3+T_3T_4+T_4T_1+T_4T_2+T_1T_3)(1+K)}} \tag{B.22}$$

或

$$K=\frac{(T_1+T_2+T_3+T_4)^2}{(T_1T_2+T_2T_3+T_3T_4+T_4T_1+T_4T_2+T_1T_3)}-1$$

设 T_2，T_3，T_4 是小惯性环节，故 T_2，T_3，T_4 相乘可略去，分子中 T_2，T_3，T_4 也可略去，则

$$K\approx\frac{T_1^2}{T_1(T_2+T_3+T_4)}\approx\frac{T_1}{T_2+T_3+T_4} \tag{B.23}$$

以上说明只要大惯性环节与其他小惯性环节的时间常数错开，就允许采用较大的放大倍数，仍保证系统的稳定，这就是所谓的错开原理。

已经在前面说明，对一个惯性较大的环节，其他的环节（可以不止一个）的延缓作用或惯性必须较小，才能保证负反馈及时控制超调，必须指明的是，只能有一个惯性较大的环节，如果有两个惯性较大的环节，如 $T_1=T_2=100T_3$，则从保证系统稳定性来看，放大系数虽然也很大，但它都不能保证良好的动态过程，因为那个相对小的时间常数，对动态过程的作用是可以略去的，这样留下来的两个时间常数 T_1 及 T_2 并没有被错开。由保证一定的调节质量的式（B.23）也可看出，这时放大倍数不会很大，采用这种不大的放大倍数，虽然能保证一定的超调量，但是静态误差增大，对电压调节系统来说，就是带负荷后维持发电机电压的能力降低了。另外，放大倍数 K 减小，由式（B.22）式可见，阻尼系数 ξ 增大，这就表明快速性也要降低。因此，仅靠选择放大倍数，还不能满足性能的要求，这就需要按照一定的要求，来改造传递函数的结构，这就是动态校正。

校正的方法，可以分为串联校正及并联校正，下面分别加以介绍。

2. 串联校正及对消法

基于错开原理，我们可以在调节器中，安排一些比例—微分—积分环节，来对消某些惯性环节时间常数，或者说降阶，也就是改造整个系统传递函数，使它达到某种预定指标。目前采用十分广泛的是所谓按“二阶最佳”整定，也就是将系统的特征方程式改造得与典型二阶环节相同，并取 $\xi=0.707$，也就是超调为4%左右，上升时间（第一次达到稳态值时间）为 $3.33/\omega_n$，调整时间（被调量达到稳态值±5%以内的时间）为 $6/\omega_n$，振荡次数为一次。

下面，我们来研究比例—积分—微分环节的作用及动态校正的设计。

2.1 比例—微分的作用

假设调节对象为一惯性环节 $G_0(s)=\dfrac{K_0}{1+Ts}$

如果用一个比例—微分调节器串联于前，则系统的开环传递函数

$$G_K(s)=G_T(s)G_0(s)=K_T(\tau s+1)\frac{K_0}{1+Ts}$$

比例—微分调节器的传递函数

$$G_T(s)=K_T(\tau s+1) \tag{B.24}$$

当选择 $\tau=T$ 时，系统开环传递函数变成为

$$G_K(s)=K_TK_0 \tag{B.25}$$

也就是说，变成一个比例环节了，比例—微分在这里起了降阶的作用，将系统改造成快速系统。但要注意，这只是在小信号及慢变化的输入下，比例—微分才能认为是对消了惯性的作用。事实上，调节器受电源电压的限制，在大干扰时，系统仍然呈现出惯性的作用。另外，在实际上，我们并不致力于把系统补偿为零阶（即无惯性），因为零阶系统有一些缺点，例如当把大惯性消去后，实际上总存在一些小的惯性，这些小惯性可能没有错开，结果反而不稳定了。另外，零阶系统对干扰造成的输入量偏差的校正能力、对系统参数变化的适应能力等，也不如二阶最佳系统。

2.2 比例—积分调节器

比例—积分调节器的传递函数具有以下形式 $G_T(s)=K_T\dfrac{1+\tau s}{\tau s}$ (B.26)

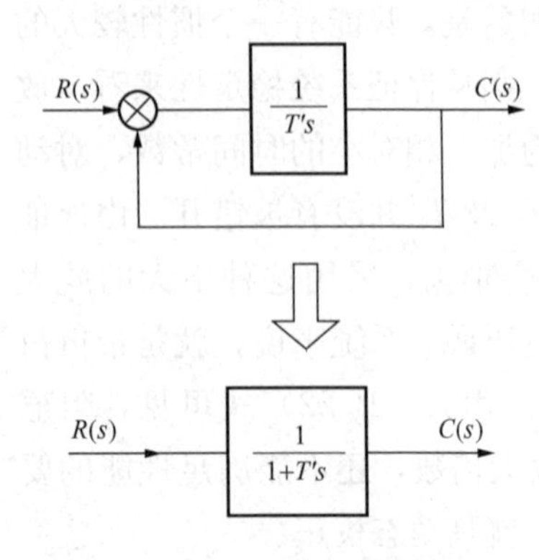

图B.5 闭环系统的等值

如果调节对象是一阶惯性环节，系统开环传递函数为 $G_K(s)=\dfrac{K_T(1+\tau s)}{\tau s}\times\dfrac{K_0}{1+Ts}$

如果选择 $\tau=T$，则可以认为 $(1+\tau s)$ 与 $(1+Ts)$ 近似相消，于是改造成为一个积分环节，即

$$G_K(s)=\frac{K_TK_0}{\tau s}=\frac{K_0K_T}{Ts}=\frac{1}{T's}$$

当构成闭环系统时，相当于一个惯性环节，闭环系统的等值如图B.5所示。

这个惯性环节的时间常数比原来的减小了 K_0K_T 倍，

因此过渡过程可以加快，同时系统中有积分环节，所以是无差的。

现按二阶最佳来选择参数，系统的开环传递函数

$$G_K(s)=\frac{K_T(1+\tau s)}{\tau s}\times\frac{K_0}{1+Ts}=\frac{K_TK_0(1+\tau s)}{\tau Ts^2+\tau s}$$

系统特征方程为 $\tau Ts^2+(1+K_TK_0)\tau s+K_TK_0=0$

其中

$$a_0=\tau T$$

$$a_1=(1+K_TK_0)\tau$$

$$a_2=K_TK_0$$

$$\xi=\frac{1}{2}\frac{a_1}{\sqrt{a_0a_2}}=\frac{1}{2}\frac{(1+K_0K_T)\tau}{\sqrt{K_TK_0\tau T}}$$

如设 $\xi=0.707$，则 $2=\frac{(1+K_0K_T)^2\tau^2}{K_TK_0\tau T}$

因 $K_0K_T\gg1$，所以 $1+K_0K_T\approx K_0K_T$，代入上式，得

$$\tau=2\frac{T}{K_0K_T}\text{或}K_T=\frac{2T}{K_0\tau}\tag{B.27}$$

上式给出了 K_T 与 τ 的关系。要满足一定的指标（$\xi=0.707$），K_T 值大则 τ 必须小。但 K_T 太大，控制系统内部容易饱和，K_T 及 τ 的数值，可以由实验确定。因比例—积分调节器具有 $K_T\left(\frac{1+\tau s}{\tau s}\right)$ 传递函数，可以近似地认为在瞬态时放大倍数为 K_T，在稳态时，放大倍数为无穷大。所以我们可以在瞬态过程中，用实验方式决定 K_T 的大小（这时积分切除），使它不出现过调，然后据上式计算出 τ 值，把积分投入后，再用实验方法进行校检。

如果调节对象是一个大惯性环节及多个小惯性环节，我们可以将这些小惯性环节近似地等效为一个惯性环节，其时间常数为各个环节时间常数之和，其理由如下：

若设这些小惯性环节时间常数分别为 T_1，T_2，…，T_n 则串联后的传递函数为各环节传递函数之积，即为

$$\frac{1}{1+T_1s}\times\frac{1}{1+T_2s}\times\frac{1}{1+T_3s}\times\cdots\times\frac{1}{1+T_ns}$$

$$=\frac{1}{1+(T_1+T_2+T_3+\cdots)s+(T_1T_2+T_2T_3+\cdots)s^2+\cdots+T_1T_2\cdots T_{n-1}T_ns^n}$$

T_1，T_2，T_3，…，T_n 等本身都很小，所以它们的乘积更小，可以将带有它们的乘积的项略去，于是小惯性群等效为一个惯性环节

$$\frac{1}{1+T_1s}\times\frac{1}{1+T_2s}\times\frac{1}{1+T_3s}\times\cdots\times\frac{1}{1+T_ns}\approx\frac{1}{1+(T_1+T_2+T_3+\cdots+T_n)s}$$

$$=\frac{1}{1+T_\Sigma s}$$

这样，就可以认为调节对象是由一个大惯性和一个小惯性组成的。这时我们采用比例—积分调节器，大惯性时间常数为 T，小惯性群以时间常数 T_Σ 表示，则调节对象传递函数为

$$G_0(s)=\frac{K_0}{(1+Ts)(1+T_\Sigma s)}$$

积分调节器为

$$G_T(s)=\frac{K_T(1+\tau s)}{\tau s} \quad \text{(B.28)}$$

系统的开环传递函数为

$$G_K(s)=\frac{K_0K_T(1+\tau s)}{\tau s(1+Ts)(1+T_\Sigma s)}$$

如果选 $\tau=T$，则开环传递函数成为 $G_K(s)=\dfrac{K_0K_T}{\tau s(1+T_\Sigma s)}$

这就是对消法的一种应用，利用（$1+\tau s$）消去原有传递函数中时间常数最大的一项（$1+\tau s$），而代之以具有更大的惯性的环节 $\dfrac{1}{\tau s}$（因为惯性环节时间常数很大时，它就可以近似为一个积分环节，所以说积分环节惯性更大）。这样，就把时间常数错开了。由实用判据可知，错开时间常数后，为保证一定的指标就可以采用更大的放大倍数。下面研究按二阶最佳原理怎样选择参数。

系统的特征方程

$$D(s)=\tau T_\Sigma s^2+\tau s+K_0K_T=0$$

$$a_0=\tau T_\Sigma,\ a_1=\tau,\ a_2=K_0K_T$$

$$\xi=\frac{1}{2}\frac{a_1}{\sqrt{a_0a_2}}=\frac{1}{2}\frac{\tau}{\sqrt{\tau T_\Sigma K_0K_T}}$$

如取 $\xi=0.707$，则

$$2=\frac{\tau^2}{\tau T_\Sigma K_0K_T}$$

因 $\tau=T$，所以有

$$K_T=\frac{T}{2K_0T_\Sigma} \quad \text{(B.29)}$$

2.3 比例—积分—微分调节器（PID调节器）

当调节对象具有两个大惯性环节时，只采用比例—积分校正就不能有效地将时间常数错开。前面已经提到，比例—积分校正具有降阶作用，也就是说可以用它来消去一个大惯性。这样，把比例—积分与比例—微分结合在一起，组成比例—积分—微分调节器。

假设调节对象为两个大惯性环节及一个小惯性环节组成，例如带有旋转励磁机的慢速励磁系统。

这时调节对象传递函数

$$G_0(s)=\frac{K_0}{(1+T_1s)(1+T_2s)(1+T_\Sigma s)}$$

调节器传递函数应为

$$G_T(s)=\frac{K_T(\tau_I s+1)(\tau_D s+1)}{\tau_I s} \quad \text{(B.30)}$$

如果 $T_1>T_2$，则选 $\tau_I=T_1$，$\tau_D=T_2$，则校正以后，系统的开环传递函数

$$G_K(s)=G_0(s)G_T(s)=\frac{K_0K_T}{\tau_I s(1+T_\Sigma s)}$$

这与前面比例—积分调节器应用于一个大惯性及一小惯性所得结果相同。因此，按二阶最佳整定，调节器的放大倍数为

$$K_T=\frac{T}{2K_0T_\Sigma} \tag{B.31}$$

由上面的比较可见，采用比例—积分—微分校正以后，在达到同样动态指标的前提下，可以采用大得多的电压放大倍数，这样就使得静态误差大大减小。

上面我们讨论了建立在消去法基础上的比例—积分—微分校正来改造系统的等值传递函数的方法。从理论上说，我们可以将具有任意阶的传递函数的对象，改造为零阶、一阶、三阶或四阶。但是，我们不追求改造成零阶，其理由前面已谈到。我们可以采用比例—积分—微分将对象改造成为只有一个积分环节，当把它闭环以后，成为一个惯性环节。相应的理论分析表明，如果校正为四阶系统，最佳条件很难得到，而且目前晶闸管使用已很普遍，系统本来阶次并不高，校正为四阶就更不合理了。至于校正为二阶还是三阶的问题，一般说，当调节对象具有积分环节时，我们将系统校正为三阶；当干扰量作用于调节器输入端时，所造成的输入量的波动持续时间，二阶将比三阶长。二阶最佳的条件的推导前面已详细讨论过，下面我们将三阶最佳系统主要参数选择方法列出，以供选用，不再作推导。

如调节对象为一个积分环节及一个小惯性环节，选择比例—积分调节器，可得到三阶最佳调节器的放大倍数及积分时间常数为

$$K_T=\frac{T_i}{2K_0T_\Sigma} \tag{B.32}$$

$$\tau=4T_\Sigma \tag{B.33}$$

式中，T_i 为调节对象中积分环节的时间常数；K_0 为调节对象开环放大倍数；T_Σ 为调节对象中小惯性环节的时间常数。

但是三阶最佳系统有一个缺点，即如果在输入加阶跃给定时，它的过调量比较大；所以碰到有给定阶跃输入时，可在给定输入处加一个滤波环节，其时间常数设为 T_1，则选 $T_1=4T_\Sigma$。这样可使超调量仅为8.1%。

对于调节对象为一个积分环节，一个大惯性环节及一个小惯性环节时，为达到三阶最佳系统，选用比例—积分—微分调节器，参数如下选择

$$K_T=\frac{T_i}{2K_0T_\Sigma} \tag{B.34}$$

$$\tau_I=T_1 \tag{B.35}$$

$$\tau_D=4T_\Sigma \tag{B.36}$$

如果设置给定滤波器，则 $T_1=4T_\Sigma$。

上面 τ_I 为积分时间常数，τ_D 为微分时间常数，其他符号均与前面相同。

下面将二阶及三阶最佳系统的参数选择，汇总于表B.1。

表 B.1 二阶及三阶最佳系统比参数选择

$$\left[PI-\frac{K_T\ (1+\tau s)}{\tau s},\ PID-\frac{K_T\ (1+\tau_1 s)\ (1+\tau_D s)}{\tau s}\right]$$

序号		调节对象				类型	参数整定	附加环节	等效时间	指标
		积分环节	惯性环节 $T_1>T_2$		小惯性环节					
		T_i	T_1	T_2	$T_\Sigma<T_1$					
1	二阶最佳		×		×	PI	$K_T=\frac{T_1}{2K_0T_\Sigma}$，$\tau=T_1$		$T_t=\sqrt{2}T_\Sigma$	上升时间 $T_Q=3.33T_t$ 超调量 4% 调整时间 $6T_t$ 振荡次数，一次
2			×	×	×	PID	$K_T=\frac{T_1}{2K_0T_\Sigma}$，$\tau_1=T_1$，$T_D=T_2$		$T_t=\sqrt{2}T_\Sigma$	
3	三阶最佳	×			×	PI	$K_T=\frac{T_i}{2K_0T_\Sigma}$，$\tau=4T_\Sigma$		$T_t=\sqrt{2}T_\Sigma$	上升时间 $T_Q=3.8T_t$ 超调量 8.1% 调整时间 $T_t=8.1T_t$ 振荡次数，一次
4		×			×	PI	$K_T=\frac{T_i}{2K_0T_\Sigma}$，$T_1=4T_\Sigma$	给定滤波	$T_t=\sqrt{2}T_\Sigma$	
5		×	×		×	PID	$K_T=\frac{T_i}{2K_0T_\Sigma}$，$\tau_1=T_1$，$T_D=4T_\Sigma$		$T_t=\sqrt{2}T_\Sigma$	
6		×	×		×	PID	$K_T=\frac{T_i}{2K_0T_\Sigma}$，$T_1=4T_\Sigma$	给定滤波	$T_t=\sqrt{2}T_\Sigma$	

2.4 领先，滞后及滞后—领先校正

与建立在消去法及二阶最佳整定基础上的比例—微分—积分调节器相类似，也有用领先环节、滞后环节及滞后—领先环节来做校正的。它们的作用分别相当于比例—微分、比例—积分及比例—积分—微分校正。

领先环节的传递函数为 $$G_T(s)=\frac{1+Ts}{1+\alpha Ts}\quad(\alpha<1)\tag{B.37}$$

滞后环节的传递函数为 $$G_T(s)=\frac{1+Ts}{1+\beta Ts}\quad(\beta>1)\tag{B.38}$$

滞后—领先环节的传递函数为 $$G_T(s)=\frac{(1+T_1s)(1+T_2s)}{\left(1+\frac{T_1}{\beta}s\right)(1+\beta T_2s)}\quad(\beta>1)\tag{B.39}$$

领先环节基本上是一个高通滤波器。它在高频时的放大倍数较大，低频时较小，并且输出的相位领前输入的相位（领前的相位随频率改变），它能使暂态响应得到显著的改善，对稳态的调差影响不大，滞后环节基本上是一个低通滤波器，也就是说滞后校正使低频增益提高，这就减少了稳态误差；同时使高频增益减小，这就减小了过调及不稳定的现象，这与比例—积分的作用是相同的。我们主要是利用滞后环节高频段的幅值衰减特性，而它的相位滞后误差是很小的。与领前环节相反，它使暂态响应时间增加，降低了调节快速性。在励磁控制中，滞后校正最常用在快速励磁系统中，作为串联校正，其主要作用就是减小暂态过程中的增益，故又称暂态增益减小（Transient Gain Reduction，简称 TGR）详见第 4 章。

滞后—领先环节的特点是，当 $0<\omega<\omega_1$ 时，它起滞后环节的作用；当 $\omega_1<\omega<\infty$ 时，它起领先环节的作用。而 $\omega_1=\dfrac{1}{\sqrt{T_1T_2}}$。当 $\beta=10$ 和 $T_2=10T_1$ 时，由滞后—领先环节的对数特性图可见，在高频及低频段，幅值都没有衰减，而中间一段幅值显著衰减，所以它是一个“带阻滤波器”。上面已经说明，在频率域内，领先校正提供了额外的相位裕量，提高了高频段的增益，因而能使动态响应得到改善，但它使稳态的精度改善较少。滞后校正的主要作用是使高频段增益减小，在低频段上可以采用较大增益，使稳态调节精度提高，但动态响应时间将有所增加。而滞后—领先环节，则综合了上述两者的特性。它的领先部分，在原来未被校正的系统的增益交界频率（即对数幅值频率特性上幅值为零的那一点的频率），提供额外的相角裕量。而它的滞后部分，在上述增益交界频率以下，将产生幅值的衰减，因而容许低频段提高增益，以改善系统的稳态特性。根据调节对象的需要，确定哪一种校正环节比较合适。在励磁控制系统中，对于慢速励磁系统，有提高动态响应时间的要求；同时也希望有较高的电压精度，所以采用滞后—领先校正，其作用与比例—积分—微分的作用也大致相同。

利用错开原理及对消法来设计滞后—领先环节，可以设 $T_2=T'_{\mathrm{d}}$，T'_{d} 大致为发电机带负荷时的时间常数，约 1s 左右，$\beta=5\sim10$，$T_1=T_{\mathrm{E}}$，T_{E} 为励磁机时间常数，大约为 0.5s。这样就把系统时间常数错开了。至于放大倍数不必拘泥于二阶最佳，可在试验调整中加以确定。

3. 并联校正

一般说来，串联校正比并联校正简单，但是串联校正常常需要附加放大器以增大增益或进行隔离。我们可以把校正环节安排在前面通路中能量最低的点上，对于励磁系统来说，就是把校正装置放在调节器中而不是放到功率输出级。一般说，在并联校正中，信号是从功率高的点向功率低的点传递的。

在励磁控制中，最常见的并联校正就是励磁机的微分负反馈，如图 B.6 所示。

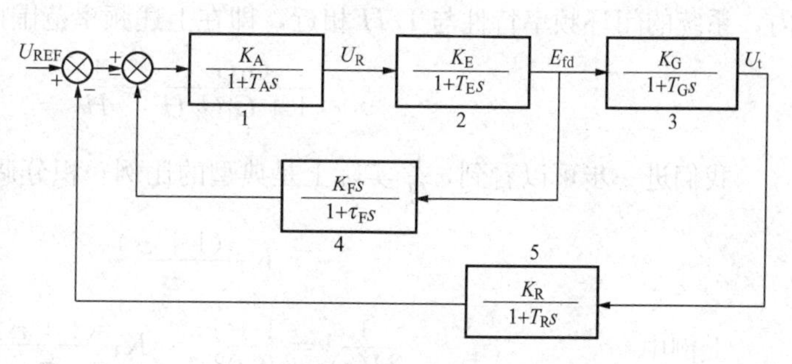

图 B.6 励磁机的微分负反馈系统

当加入并联校正后，在调节器与励磁机之间形成了另一个小的闭环系统，如图 B.7 所示，现在我们来研究一下闭环系统的特性。

图中 $R(s)$ 为参考量，$N(s)$ 为扰动量，$G_1(s)$ 为调节器，$G_2(s)$ 为励磁机，$C(s)$ 为输出量，$H(s)$ 为并联校正。若参考量 $R(s)=0$，我们来看扰动对输出的影响。

由图可见
$$\frac{C(s)}{N(s)}=\frac{G_2(s)}{1+G_1(s)G_2(s)H(s)} \tag{B.40}$$

若扰动量 $N(s)=0$，我们再来看参考量变动对输出的影响。

由图可见
$$\frac{C(s)}{R(s)}=\frac{G_1(s)G_2(s)}{1+G_1(s)G_2(s)H(s)} \tag{B.41}$$

如果我们设计时，使得 $|C_1(s)G_2(s)H(s)| \gg 1$ 以及 $|C_1(s)H(s)| \gg 1$，则由上述两式可见

对扰动的作用
$$\frac{C(s)}{N(s)}\approx 0 \tag{B.42}$$

对参考量变动的作用
$$\frac{C(s)}{R(s)}\approx\frac{1}{H(s)} \tag{B.43}$$

由上可以看出，只要 $|G_1(s)|$ 选得足够大，采用并联负反馈以后，扰动对系统的影响非常小；闭环传递函数（反映参考量变动对输出的影响）将与前向传递函数（或者说与对象的传递函数）无关，而仅仅由并联反馈传递函数所决定，这就是并联反馈的主要优点。

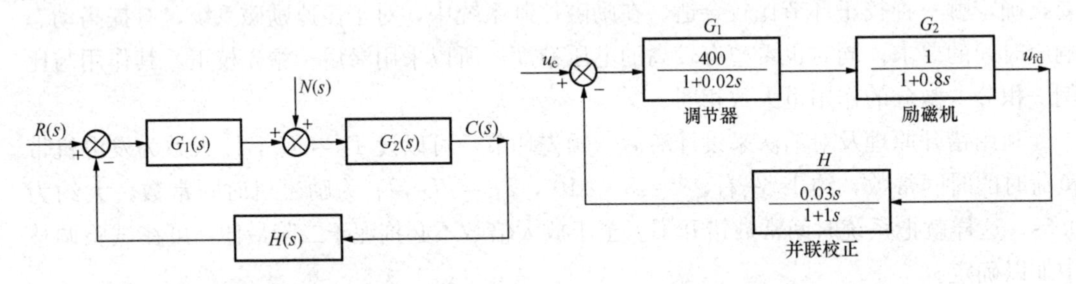

图 B.7 励磁机闭环系统　　图 B.8 旋转励磁机系统

如图 B.8 所示的旋转励磁机系统，作出相应的对数频率特性后可知，由于 $|G_1|$ 较大，所以频率为 0.09～20rad/s（0.014～3.18Hz），也就是电力系统低频振荡的频率范围内，系统的闭环频率特性与 $1/H$ 相近，即在上述频率范围内
$$\frac{G_1G_2}{1+G_1G_2H}\approx\frac{1}{H} \tag{B.44}$$

我们进一步可以看到，$\frac{1}{H}$ 实际上是典型的比例—积分调节器，其传递函数为
$$K_{\mathrm{T}}\frac{(1+\tau s)}{\tau s}$$

上例中
$$\frac{1}{H(s)}=\frac{1+1s}{0.03s}=K_{\mathrm{T}}\frac{(1+\tau s)}{\tau s}$$
所以相当于 $\tau=1$，则 $K_{\mathrm{T}}=33.3$。

上面的分析证明，电压调节器、交流励磁机及并联的软反馈所构成的小闭环，可以等效为一个比例—积分环节。这样一来，整个调节对象就变成一个大惯性环节（发电机励磁绕组）及一个小惯性环节（电压调节器测量等环节的惯性很小，可以略去），按照二阶最佳原理，就可以很方便地计算出并联反馈的参数，详见本附录 2.2。

附录C　交流励磁机系统中系数 K_D 的算例

某 4 号机组：型号 QFQS-220-2，$S_N = 220MW$，$U_N = 15.75kV$，$U_{FDN} = 442.4V$，$I_{FDN} = 1844.8A$，$\cos\varphi = 0.8$，$R_{FD} = 0.239\Omega$（U_{FDN}/I_{FDN}），$I_{FDO} = 800A$（估计），$U_{FDO} = 191.2V$，$x_d = 2.2$，$x'_d = 27$，$x''_d = 0.156$，$x_2 = 0.19$，$T'_{elo} = 7.07s$。

交流励磁机：型号 JL-1140-4/2p-31.0-500，$S_{eN} = 1140kVA$，$p_N = 50kW$，$U_{eN} = 410V$，$U_{Emax} = 906V$，$I_{eN} = 1600A$，$f_{eN} = 100Hz$，$T'_{edo} = 1.35s$，$R_{eFD} = 0.2045\Omega$（15℃），$x_{de} = 1.7$，$x'_{de} = 0.233$，$x''_d = 0.144$，$x_2 = 0.156$。

发电机励磁标幺系统的励磁电流标幺值 $i_{fdbase} = I_{FDO} = 800A$

发电机励磁标幺系统的励磁电压标幺值 $u_{fdbase} = 800 \times 0.239 = 191.2V$

交流励磁机标幺系统的定子电流基值 $I_{ebase} = 1140 \times 10^3 / (\sqrt{3} \times 410) = 1607A$

交流励磁机标幺系统的定子电压基值 $U_{ebase} = 410V$

整流器换向电抗 X_C(标幺值) $= \frac{1}{2}(x'_{de} + x'_{qe}) = 0.233$

整流器换向电抗(有名值) $= 0.233 \times 410/1607 = 0.0594$

系数 $F_{xd} = X_C(\text{有名值})/R_{FD} = 0.0594/0.239 = 0.248$

查图 3.26 得　$B_1 = 0.42$

$$B_2 = B_1 \times I_{fdbese}/I_{ebase} = 0.42 \times 800/1607 = 0.21$$

$$K_d = B_2(x_{de} - x'_{de}) = 0.21(1.7 - 0.233) = 0.306$$

$$K_D = K_d \frac{U_{ebase}}{u_{fdbase}} = 0.306 \times 410/191.2 = 0.657$$

附录D 矩阵特征根的性质

1. 特征根定义

如果当且只有当 $$\det(A-\lambda I)=0 \tag{D.1}$$

式中，数值λ是矩阵**A**的特征值，并具有相应的非零特征向量，式D.1即为矩阵**A**的特征方程式。

数值λ为矩阵**A**的特征根的必要充分条件是：

(1) 有一个非零的向量**X**，使得：$\boldsymbol{AX}=\lambda\boldsymbol{X}$。

(2) 矩阵$\boldsymbol{A}-\lambda\boldsymbol{I}$是奇异的（singular）。

(3) $\det(\boldsymbol{A}-\lambda\boldsymbol{I})=0$。

2. 矩阵A的n个特征根之和等于矩阵A的对角线元素之和，即

$\lambda_1+\lambda_2+\cdots+\lambda_n=a_{11}+a_{22}+\cdots+a_{nn}$（$a_{11}$、$a_{22}$、…、$a_{nn}$为**A**的对角线元素）

对角线元素之和称为矩阵**A**的秩

例如：

$$\boldsymbol{A}=\begin{bmatrix}1 & -1 & 0\\ -1 & 2 & -1\\ 0 & -1 & 1\end{bmatrix}$$

$$\det(\boldsymbol{A}-\lambda\boldsymbol{I})=\begin{bmatrix}1-\lambda & -1 & 0\\ -1 & 2-\lambda & -1\\ 0 & -1 & 1-\lambda\end{bmatrix}=-\lambda^3+4\lambda^2-3\lambda$$

特征方程 $$-\lambda^3-4\lambda^2-3\lambda=\lambda(\lambda-1)(\lambda-3)=0$$

$$\lambda_1=0,\ \lambda_2=1,\ \lambda_3=3$$

故 $$\lambda_1+\lambda_2+\lambda_3=0+1+3=a_{11}+a_{22}+a_{33}=1+2+1=4$$

现在来看下面不同的情况：

(1) 发电机用经典模型，只有$\Delta\omega$，$\Delta\delta$两个变量，且设$D=\mathbf{0}$。

则状态方程为

$$\begin{bmatrix}\Delta\dot{\delta}\\ \Delta\dot{\omega}\end{bmatrix}=\begin{bmatrix}0 & \omega_0\\ \dfrac{-K_1}{T_J} & 0\end{bmatrix}\begin{bmatrix}\Delta\delta\\ \Delta\omega\end{bmatrix} \tag{D.2}$$

对角线元素之和等于零，所以特征值之和也应为零。

式D.2的特征方程为

$$S^2+\frac{\omega_0 K_1}{T_J}=0$$

解出来的根是一对无实部的共扼虚根

$$S_{1,2}=\pm \mathrm{j}\sqrt{\frac{K_1\omega_0}{T_J}} \tag{D.3}$$

其和为零，如果特征方程中 ω_0 或 K_1 改变，特征根的数值变化了，但它们的和仍然为零。

(2) 如果 $D\neq 0$，则

状态方程为

$$\begin{bmatrix}\Delta\dot{\delta}\\ \Delta\dot{\omega}\end{bmatrix}=\begin{bmatrix}0 & \omega_0\\ \dfrac{-K_1}{T_J} & \dfrac{-D}{T_J}\end{bmatrix}\begin{bmatrix}\Delta\delta\\ \Delta\omega\end{bmatrix} \tag{D.4}$$

其根为一对共轭复数，即

$$S_{1,2}=\frac{1}{2}\frac{D}{T_J}\pm \mathrm{j}\sqrt{\frac{D^2}{4T_J^2}-\frac{K_1\omega_0}{T_J}} \tag{D.5}$$

虚部相加，互相抵消，实部相加等于：$-D/T_J$，与对角线元素之和相等。

(3) 单机无穷大系统，有电压调节器

状态方程为

$$\begin{bmatrix}\Delta\dot{\omega}\\ \Delta\dot{\delta}\\ \Delta\dot{E}'_q\\ \Delta\dot{E}'_{jd}\end{bmatrix}=\begin{bmatrix}-\dfrac{D}{T_J} & \dfrac{-K_1}{T_J} & \dfrac{-K_2}{T_J} & 0\\ \omega_0 & 0 & 0 & 0\\ 0 & -K_4/T'_{d0} & -\dfrac{1}{K_3T'_{d0}} & \dfrac{1}{T'_{d0}}\\ 0 & -\dfrac{K_5K_A}{T_E} & -\dfrac{K_6K_A}{T_E} & -\dfrac{1}{T_E}\end{bmatrix}\begin{bmatrix}\Delta\omega\\ \Delta\delta\\ \Delta E'_q\\ \Delta E'_{jd}\end{bmatrix} \tag{D.6}$$

可见：

1) T_E、K_3、T'_{d0}减少，D/T_J 增大，特征根实部之和增大，可使其中的机电模式的实部，也可使励磁模式的实部增大，总而言之，是有益的。

2) 非对角线上的元素增大或减小，例如 K_A 的增大或减小，对特征值实部之和无影响，但各个特征值实部得到的分配会发生变化，这种现象可以称之为特征值再分配。

由表 D.1 可见这种再分配现象。

表 D.1 **特征值再分配**

K_A	λ_1、λ_2	λ_3	λ_4	$\Sigma\lambda$
0	$-0.388\pm j9.259$	-20.0	-0.121	20.89
20	$-0.380\pm j7.046$	-18.125	-2.011	20.89
40	$-0.353\pm j7.013$	-15.641	-4.550	20.89
60	$-0.315\pm j6.990$	$-10.133\pm j1.387$		20.89
80	$-0.281\pm j6.990$	$-10.167\pm j6.100$		20.89
100	$-0.256\pm j7.000$	$-10.192\pm j8.411$		20.89

(4) 如果采用 $\Delta\omega$ 作输入的 PSS，设其传递函数框图见图 D. 1

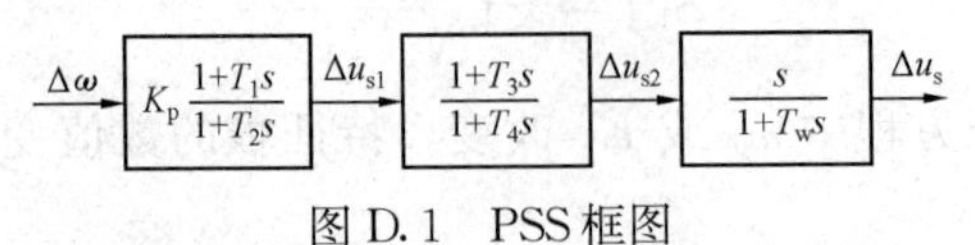

图 D. 1 PSS 框图

为简化起见，其状态方程可参见表 D. 2，该矩阵左上角方框即代表一台机有 PSS 的状态方程，由该矩阵的对角线可见：

1) 配置了 PSS 以后，只有 PSS 传递函数中分母的时间常数 $1/T_2$、$1/T_4$、$1/T_w$ 在对角线上，它们使得所有特征根实部总量增加，且 T_2、T_4、T_w 越小，特征根实部的总量越大，分子上的 K_p、T_1、T_3 等的改变，不影响实部的总量，表 D. 2 为 K_p 改变后特征根的变化。

2) λ_1 及 λ_3 是机电模式，随 K_p 的增大，实部增大，但励磁模式 λ_3 及 λ_4 实部逐步减小，也有特征根实部重新分配的现象。

$x_1=0.6$，$\delta=70°$，$K_A=40$，$T_2=T_4=0.03s$，$T_w=4s$，$T_1=T_3=0.15s$，$T_E=0.05s$，PSS 增益改变后特征根的变化。

表 D. 2 **K_p 改变后特征根的变化**

K_p	λ_1、λ_2	λ_6	λ_3	λ_5	λ_4	λ_7	$\Sigma\lambda$
0	−0.353±j7.013	−33.33	−15.641	−33.33	−4.550	−0.25	87.81
3.14	−0.843±j7.056	−20.401±j2.464		−40.584	−4.489	−0.251	87.81
6.23	−1.365±j7.047	−18.614±j6.783		−43.181	−4.421	−0.252	87.81
12.56	−2.488±j6.844	−15.586±j10.534		−46.600	−4.268	−0.255	87.81
18.84	−3.582±j6.272	−13.621±j13.286		−49.069	−4.081	−0.257	87.81
25.12	−4.356±j5.431	−11.960±j15.780		−51.064	−3.855	−0.260	87.81
31.4	−4.801±j4.642	−10.789±j17.943		−52.766	−3.585	−0.263	87.81
37.68	−5.088±j4.016	−9.913±j19.775		−54.265	−3.278	−0.266	87.81
43.96	−5.307±j3.538	−9.180±j21.353		−55.612	−2.956	−0.269	87.81
50.24	−5.484±j3.177	−8.540±j22.743		−56.842	−2.647	−0.273	87.81
65.94	−5.798±j2.592	−7.185±j25.658		−59.539	−2.033	−0.282	87.81
81.64	−5.999±j2.244	−6.048±j28.048		−61.850	−1.594	−0.293	87.81
113.04	−6.200±j1.835	−4.150±j31.909		−65.727	−1.060	−0.323	87.81
144.44	−6.312±j1.592	−2.569±j35.02		−68.956	−0.714	−0.378	87.81

(5) 多机系统

多机系统 **A** 矩阵对角线元素如图 D. 2（只列出两台机）所示。

由此可见：

1) 机组数增加，特征根实部的总量是增加的，越多机组配置 PSS，总量越大，这可以由单机的分析看出，所以从增加总量上看，是有好处的。

2) PSS 的增益增加与单机相同，特征根的实部会在各模式间再分配，会使机电模式

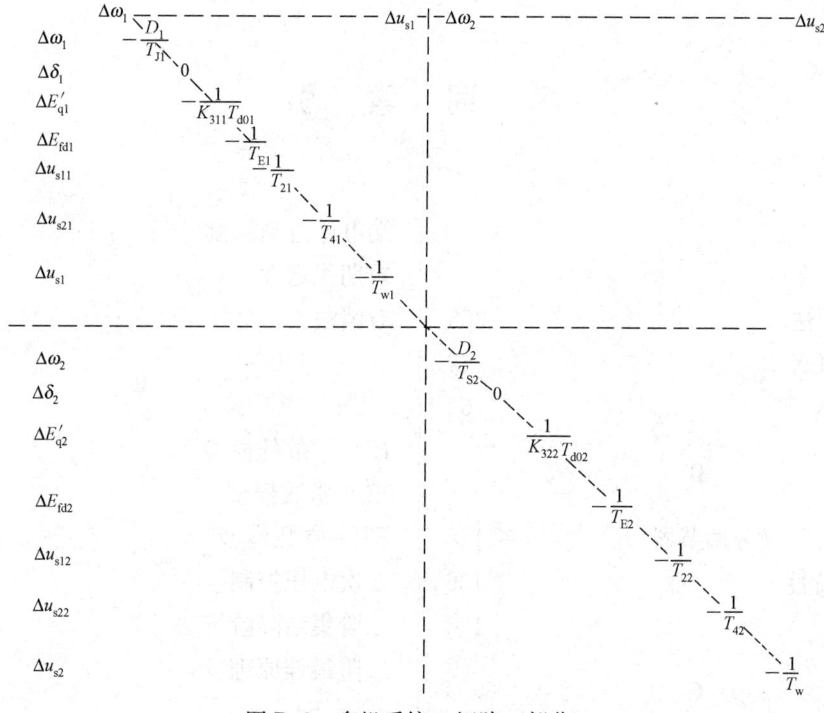

图 D.2　多机系统 **A** 矩阵（部分）

实部增加，励磁模式实部减少。这会不会使得机电模式的实部重新再分配，也就是使部分机电模式实部增加，部分减少呢？从理论上说，这是可能的。但实践上总结出来的规律是，只要机组的 PSS 增益不要选得过大，则机组机电模式的增加，是由励磁模式实部减小得到的，一般不会使其他机电模式实部有明显的变化。这支持了系统中机组应多装 PSS 的论点。多装 PSS 使特征根实部总量增加，只要参数选得合适，会使个别的机电模式实部，也就是使系统的阻尼得到改善。

名 词 索 引

后 记

自从本书于2007年问世以来，受到各方面的好评，台湾大学许源裕教授说：“It is without doubt one of the most important and excellent books on power system small signal stability and PSS design in the world（毫无疑问，这是目前世界上最重要且最优秀的关于电力系统小信号稳定性及PSS设计的专著）。”根据此书在各地所作的学术报告，亦受到好评，中国工程院院士俞贻鑫强调说：这是经过几十年钻研“悟”出来的。中国电力科学研究院的秦晓辉博士称报告使他“茅塞顿开”。中国电力出版社邀请的专家评审会上全票推选此书为优秀图书。浙江电力科学研究院赠送了条幅——“高屋建瓴，深入浅出，大师风范”（见左图）。

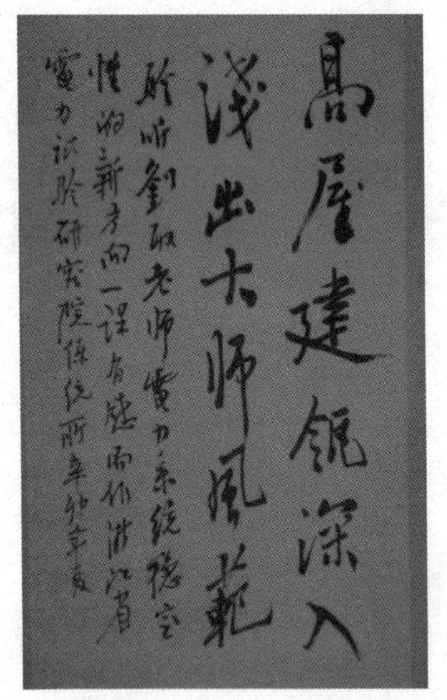

在此衷心感谢广大的读者及专家们，也使我相信了“天道酬勤”这四个字。

为青年学子铺一条通向科学前沿的道路，也是本书写作的初衷。非常欣慰地看到新的一代青出于蓝而胜于蓝，随文附上中国电力科学研究院李文锋博士的读后感。

有一种观点认为电力这个行业成熟、老旧，剩下的是一堆啃不动的鸡肋。在电力系统这个学科中，引进现代控制理论及现代数学被认为是改造这个老专业、创新发展的必由之路，在国内外都有大量的学者投入，发表了大量的文章。在电力系统方面，随着励磁控制技术——电力系统稳定器PSS（power system stabilizer）的出现（包括在中国），在励磁系统上应用现代控制理论的研究逐渐被人们淡忘了，1995年美国著名专家F. P. de Mello，在IEEE—ASME自动控制会议上的主题发言中指出：“在这种控制研究上的投入，远远超过了过去、现在、将来可能的潜在效益”。这段话成为这种励磁控制步入历史的标志。

PSS的诞生，是由北美一批从事励磁控制及现场试验的工程师提出来的，他们对电力系统的动态特性及系统运行，对于励磁控制的要求非常清楚，他们利用了人的头脑思维的探索、发明及透彻理解现象本质的能力，使得思维与实践循环和互动，认识到发电机的低频振荡，是由于电压调节器提供的附加励磁与发电机转速相差180°，产生了负的阻尼转矩，由此启发想到用一个新的信号使调节器可以提供与转速同相位的附加励磁电流，也就是正阻尼转矩，这样就把一个复杂的现象用非常简单的物理观念说透了，也解决了一个“老大难”的课题。之后又结合电力系统及发电机过渡过程的理论，控制理论及电子技术，推出了电力系统稳定器，其目的是用来克服以低频振荡形式出现的不稳定。

20世纪60年代作者作研究生时，对应用励磁控制提高系统稳定性这个课题进行过钻研，也曾经尝试达到理想功率极限，可以说离目标只差一步。但因种种不可控的原因，研究中断了十多年。在1977年，当读到P. de Mello及C. Concordia那篇著名的文章后，很快就心领神会，并在动模试验室进行了成功试验。试验证明了电力系统稳定器不但能克服低频振荡，还能克服以滑行失步的形式失步的小干扰不稳定性，可以把稳定性限制的功率传输极限推高到理想最大的数值，即功率极限只受传输线阻抗的限制，又称为线路功率极限，这是比克服低频振荡更高的境界，反映更高层次的性能，试验的结果使作者非常兴奋，我们实现了一代人追求的理想。

进一步作者提出同步转矩及阻尼转矩是建立在一个降阶后成为二阶系统的基础上的，这深化了对系统稳定性的认识，简化了对稳定性的分析。在多机系统方面，作者提出了多机系统存在着模式与机组的稀疏关联特性，这为大规模系统降阶打下了基础，也为在多机系统励磁控制的设计提供了一种简便而具有适应性的方法，这些都是对电力系统稳定性与励磁控制技术的拓展及跃进。

随着电力系统稳定器的普遍采用，利用计算技术，发展了大规模互联电力系统复频域分析综合方法及软件，利用信号处理及辨识等新技术，形成一套现场测试及调整方法，所有这些组成了有关电力系统稳定器的理论、方法和技术，可以说是20世纪后50年内的技术上一项重要的突破（参见第5～7章）。它的意义，不能不说重大，它大幅度地提升了稳定输送的功率极限，同时亦改变了整个电力系统的动态物理特性，更值得一提的是，它所花费的代价非常低，它用几毫瓦的输入就改变了几兆瓦的输出功率，说明人的创造发明潜力是何等的巨大。

控制系统是为了改进某个对象/过程的运行特性的，它必须充分融合到被控对象/过程中去，所以具体的控制系统都具有该对象/过程的特殊性，每个对象/过程个性都很强，因而在结构、模型、规律、控制的目的、控制性能指标的要求等方面都是不同的。鲜有一种对象的控制系统，可以移植或照搬到另一种对象上去的情形。

设计控制必须充分掌握该对象的特殊性。以励磁控制来说，首要的要求是保证发电机端电压在稳态工况下，运行在一定的偏差范围内，例如正负0.5%，这实际上也是提高功角静态稳定及电压稳定的要求。为此，在电压调节器中，电压的误差反馈是第一位的，现代发电机励磁控制，还引入了功率/频率/转速等量的反馈来抑制系统的振荡，但这些反馈是反馈补偿控制，而不能是误差反馈，反馈量需经过隔离环节隔离了直流量，只取变化量，否则系统将出现负面的控制作用，危害发电机的运行。违反了这个原则的控制都是不可行的。至于动态性能指标，它不追求最优（例如二阶系统最优阻尼比0.707）。事实上在一个多机电力系统中，由于系统的运行状态时刻都在改变，不可能、也不需要达到最优，而是要求起决定性作用的那个振荡模式，在所有工况下阻尼比大于一个合理的数值，例如0.03。这体现了对控制的自适应性的要求，PSS在设计和整定时，使合适的相位补偿所覆盖的频带尽可能宽，这样可使PSS达到满意的适应性（参见第9章）。

大规模互联电力系统成功应用了复频域的状态空间—特征法，这是为了满足励磁对电力系统特别是大规模系统分析的需要而发展起来的。传统控制理论只能处理低阶系统，而状态空间—特征根法则可以求解几千阶的特征方程式的特征根及特征向量，有了它们，系统动态特性就可全部掌握了。在电力系统的应用中，还发现与特征根同时计算出来的特征向量，可以指示系统某个振荡模式在系统里振幅的分布，机组之间相位关系，从而使人们更深刻地认识系统动态行为，这在以前是做不到的。可以说状态空间—特征根法是对电力系统的加深认识及对控制理论的重要贡献（参见第9章）。

大规模电力系统是一个包含了成千上万个子系统的非常复杂的高阶互联系统，用何种方法来破解分析和设计这样的控制系统的难题呢？作者没有去控制理论或数学库里去寻找答案，而是深入地研究了电力系统的动态特性，发现从频域的角度来看，系统里的不同频率的振荡模式与各个子系统具有非常稀疏的耦合特性，这样就可以把单机或少数机组构成的系统“分割”出来，再应用相位补偿的方法来设计PSS。这是一个成功从对象/过程本质研究入手解决控制的范例（参见第9章）。

另一个例子就是提高功角暂态稳定的全过程智能励磁控制的研发。作者先从励磁控制在暂态过程中的影响着手。经过深入的反复的试验研究，发现励磁控制的作用可分为五个阶段，这为分阶段实行不同的控制提供了理论依据。在第一阶段中，即短路开始到短路跳开，由于在这个阶段中，发电机与系统的等值联系阻抗大大增加了，即使强制增大励磁，其作用也非常小。到了第二阶段，即短路跳开至功角摆到最大，励磁的作用增大了，这个阶段应增大励磁，以增大同步转矩，阻止转子向前摆动。当转子角摆到最大值时，施行负向励磁，以减小转子向回的摆动，然后利用PSS，以增加阻尼转矩，并使电机平稳过渡到事故后的小干扰稳定状态。（详见第11章）。在这里，应当指出，俄国科学家柯斯琴可，在20世纪50年代就已经指出：励磁控制若提供与功角同相位的分量，则可以减小功角摆动中的幅值，若提供与转速同相位的分量，则可使振荡衰减。

电力系统是一个非常复杂的大跨距、多层次、多时标互联系统，从事电力系统的大师级专家，都有经过多年实践建立起来的一种感悟、一种鉴别能力。这与他们对电力系统这个服务对象存有敬畏之心、热爱这个专业是分不开的。美国大师级的专家查理士·康考蒂亚（C. Concordia）曾说：“If you walk through a power plant but didn′t find anything interesting，you are a dull boy”。

电机及电力系统过渡过程和控制理论是这个专业的基础，这两门课程都比较抽象，从事这个专业的人员，需要具备的控制方面的知识大致是：开环和闭环系统，拉氏变换，微分方程式的解，矩阵和状态空间特征根法，输入—输出，传递函数，方块图的简化，频率[illegible]、领前及滞后补偿等内容。有机会最好到大电机制造厂参观一下，参加动模或现场的[illegible]实验，亲身体验闭环控制是怎样工作的，对于掌握理论、分析计算或提出[illegible]无以言表的益处，日积月累，必然成为本领域内的专家。

刘取

2018年8月

熟读此书，可了解电力系统的励磁控制之优雅、神奇！

2004年我参加工作，在刘取教授的指导下，有机会参与本书的编写，本书是刘取教授几十年工作的结晶。我在工作中，实际感受到了刘取教授对推动电力系统励磁控制技术发展的重大贡献。今天，电力系统稳定器及自并励励磁系统这两项技术已被广泛采用，是系统稳定运行及提高系统输送能力的保证。在中国，刘取教授是最早进行研究和推广这两项技术的学者，他的著作《电力系统稳定性及发电机励磁控制》一书为该领域的发展奠定了基础。

电力系统稳定及发电机励磁控制这个课题，虽然历史悠久，但是其涉及知识面之广、数学模型之复杂，令无数人望而却步。要真正了解这门重要技术之优雅、神奇需下苦工夫。

什么是优雅？什么是神奇？举例来说，当投入PSS以后，随着输出功率逐渐地增大，超过了常规的稳定功率极限，人们心情开始紧张起来，外部出现扰动，系统只轻轻抖一下，马上恢复正常，表现得十分优雅，一直到最大可能的线路功率极限提高50%以上，重大的突破，令人兴奋不已。这就是励磁控制的神奇。刘取教授能够抓住本质、化繁为简、深入浅出地阐述了这门学问，该著作被行业内技术人员奉为经典。

本书包含了励磁控制的基本概念、原理及工程应用的各方面。本书中的重要理念，已经在我国大区电网互联、西电东送、特高压输电等重大工程中获得了成功的应用。

20世纪末以来，一场新能源革命在世界范围悄然兴起，电力系统规模和格局正在经历前所未有的巨大变化，将本书的精髓加以引申，可触类旁通，必将在新一代电力系统中发挥更大作用。

认真研读本书，您所得到的将不仅仅是技术本身，您能感受到电力系统励磁控制的优雅及神奇，能感受到你在与电力系统稳定领域内传道、授业、解惑的德高望重的大师在对话。

中国电力科学研究院　李文锋